Strata Control and Sustainable Coal Mining

岩层控制与煤炭科学开采文集

钱鸣高

中国矿业大学出版社

China University of Mining and Technology Press

图书在版编目（C I P）数据

岩层控制与煤炭科学开采文集 / 钱鸣高.—徐州：
中国矿业大学出版社，2011.6

ISBN 978 - 7 - 5646 - 1064 - 7

Ⅰ.①岩…Ⅱ.①钱…Ⅲ.①岩层控制－文集②煤矿
开采－文集 Ⅳ.①TD325-53②TD82-53

中国版本图书馆 CIP 数据核字（2011）第 094171 号

书　　　名	岩层控制与煤炭科学开采文集
著作责任者	钱鸣高
责 任 编 辑	姜　华　王江涛
出 版 发 行	中国矿业大学出版社有限责任公司
	（江苏省徐州市解放南路　邮编221008）
营 销 热 线	（0516）83885307　83884995
出 版 服 务	（0516）83885767　83884920
网　　　址	http://www.cumtp.com　E-mail：cumtpvip@cumtp.com
印　　　刷	江苏淮阴新华印刷厂
经　　　销	新华书店
开　　　本	787×1092　1/16　**印张** 61.5　**插页** 2　**字数** 1530 千字
版 次 印 次	2011 年 6 月第 1 版　2011 年 6 月第 1 次印刷
定　　　价	180.00 元

（图书出现印装质量问题，本社负责调换）

自　序

    "УГОЛЬ ЭТО НАСТОЯЩИЙ ХЛЕБ ПРОМЫШЛЕННОСТИ."（煤是当代工业的食粮），这是 20 世纪初的一句名言。那时，正值工业化时代初期，能源主要依靠煤炭，煤炭在世界能源构成中的比例高达 70％～80％。后来，由于煤炭在环境保护和利用效率方面的原因逐步被石油和天然气替代，煤炭所占比例下降到 20％～30％。然而，我国是富煤国家，石油和天然气资源相对贫乏。在新中国成立时，煤炭在我国能源构成中占 90％以上，至今仍然占 70％左右。根据最近预测，即使到 2050 年，煤炭在我国能源构成中的比例仍会在 40％以上。因此，在可再生能源未形成规模之前，煤炭仍然是我国工业的食粮。因此，对于我国科技人员来说，如何科学地开发和利用煤炭资源是一种社会责任。

    1950 年，我从苏州中学毕业，考入东北工学院就读于机械系，尔后听从号召转学采矿系，从事煤炭事业。记得那时全国煤炭产量仅仅几千万吨，而且大煤矿的开采如开滦和抚顺均采用英国和日本的技术。在校学习期间没有完整的中文教材，那时是全面学习苏联，因此大量课本是俄文本或翻译本。大学毕业后攻读北京矿业学院研究生，由此使我的一生与煤炭的教学和科学研究联系在一起。

    20 世纪 50 年代，我国煤矿产量低、技术落后。当时，工作面大量使用单体支架，先是木支架，尔后是金属支架。由于单体支架工作阻力小且支护结构很不稳定，因此工作面冒顶事故不断，伤亡严重。当时，如何避免冒顶事故成为煤矿生产中的主题，内容主要在矿压规律和支护稳定性方面。我当时的研究工作也就集中在采场上覆岩层的活动规律、支架工作阻力计算和支护质量监测上。在这方面，我与我的研究集体着重研究了采场上覆岩层的破断规律以及老顶破断后再次形成平衡结构的可能性。至 20 世纪 80 年代，我们提出了采场上覆岩层破断后重新组合成"砌体梁"的结构力学模型，讨论了"砌体梁"结构的"S-R"稳定条件，尔后发展为视上覆岩层"老顶"为"板"的破断规律和破断前后的力学效应。这些研究成果，对之后工作面采用液压支架的架型和参数选择、工作面来压预报、支护质量监测和离层区形成的研究均有重要影响。该力学模型后被收录于《中国大百科全书·矿冶卷》有关条目，并作为基本理论被编入教科书，为矿业高等院校广泛采用。这里应该提到的是，当时国内由矿山压力中心站负责每两年举行一次煤矿采场矿压理论与实践讨论会，会上对各种理论进行热烈争论，并将讨论内容出版专辑，同时写纪要对各种认识做出评价，其中就包括对采场上覆岩层的活动规律和"砌体梁"结构的评价。在此感谢矿山压力中心站对完善我国矿山压力理论所做的贡献。

    长时间以来，"矿山压力"和"岩层移动"一直是采矿学科中研究岩体运动的两个重要分支。前者采用力学方法研究采矿活动引起的应力变化及其对工作空间稳定性的影响，后者由于岩层的复杂性常采用数学方法（统计方法）研究开采对地表沉陷的影响。而开采过程对岩层内部运动的影响仍然无法预测。为此,我们基于层状矿体的特点,提出了岩层运动中"关键层"的作用,即开采后岩层运动引起的应力或位移变化主要决定于上覆岩层中的硬而厚的岩层(关键层)的变形和破断。至此,对于开采活动引起的上覆岩层应力场和裂隙场以及地表沉陷才有了一个全面而统一的解释。

进入21世纪,由于国民经济的快速发展,我国煤炭产量由1999年的10亿t很快发展到2009年的29亿t,约占全世界总产量的40%。由于采矿对环境的负外部性,如此大规模的开采必然对水和土地资源以及排出矸石给区域环境带来严重影响。而所有这一切均与采动后的岩层运动尤其是裂隙场的形成密切相关。由此我和我的研究集体提出了"采动岩体力学"概念和以控制"关键层"为基础的煤矿"绿色开采技术",其中包括煤与瓦斯共采、保护水资源、控制地表沉陷、不出或少出矸石和矸石替换煤柱等。绿色开采技术提出后,引起了很大反响,上述技术尤其是各种充填技术在煤炭系统得到了大力发展。著名的国际采矿专家 A. K. Ghose 专门评论认为:"绿色开采不仅仅是一个新的术语,同时还试图对煤矿开采及其对环境的多种影响的整体认识引入一个统一的概念。本刊被授权在本期发表由中国矿业大学钱鸣高院士、许家林教授以及他们的合作者完成的一篇带有方向性的有关绿色开采技术的论文。这篇论文是相当重要的,因为它首次提出了如何利用绿色开采技术来最大限度地减轻煤矿开采引起的诸多影响。"

随着科学发展观和低碳经济的提出,煤炭作为主体能源地位必然受到质疑。因此,首先必须解决煤炭利用对环境的影响问题,以使其在环境容量范围得以利用。而目前其他可替代的能源,尤其是可再生能源难以形成规模,因此发展洁净煤和二氧化碳处理技术是当务之急。煤炭是自然界的森林经过地质历史时期的自然物理化学过程而形成的自然资源,地球只给予一次,属于不可再生的可耗竭的稀缺性自然资源,应该特别珍惜。煤炭开采不仅在环境上存在负外部性,而且由于煤矿井下作业环境和开采期间地应力的多变及由其引起的煤、岩和瓦斯的动力事故难以预测,因此在这些问题没有解决以前煤炭开采业是一种本质不安全的高危行业。矿工的劳动是神圣而伟大的,正是他们点燃了自己而照亮了别人。我还记得入大学时听到的一句话:"ШАХТЁР ПЕРВЫЙ ВСЕГДА!"(矿工始终是第一位的!)随着国家经济状况的改善,以人为本是必然的理念,煤炭开采业应该脱离高危行业。因此,珍惜资源、发展机械化和自动化、保护环境和保证人员安全的"科学采矿"观是必然的选择。显然,科学的产能不应仅仅是资源量的反映,而应该是可持续的资源量与科学技术、人才和装备的综合体现。据统计,2007年我国高产高效矿井产煤量8亿t,百万吨死亡率为0.04,也就是说全国煤产量的1/3在保证安全生产方面是科学的,而其余的2/3产能是不科学的,尤其是乡镇煤矿的产能在保证安全和保护环境方面均不可取。虽然,煤炭工业为了保证国民经济发展的需要为国家做出了巨大贡献,但一直是在超能力生产,其结果必然导致煤矿事故不断、严重破坏环境,最后延伸到破坏行业形象、人才难以汇集。煤炭行业在为国民经济做出巨大贡献的同时也引起社会责难,付出了巨大社会成本。这意味着,原有的采矿技术和理念需要有一重大变革,而实行"科学采矿"是必然的选择。为此,我们对"科学采矿"的科学内涵进行了深入探索。2000年世界采矿大会提出:"Everything begins with mining"(一切始于采矿)。采矿是一门既古老又现实的学科,没有采矿就没有资源（能源）。因此，采矿工程必然随着时代的进步而不断发展和完善。

从高中到大学的学习，培养了我的自学习惯，不受书本约束，与同学热切地讨论，做读书报告，并且学会了提出问题、归纳和疏理问题的能力。1954 年毕业后又经过研究生学习，为我之后的科研工作奠定了基础。大学毕业至今已 50 多年，回忆起来，开始的 10 年是积累的时期，1966 年至 1978 年是因"文化大革命"的影响而处于停顿的时期。尔后才迎来科学研究的春天，加之研究生制度的恢复，研究工作形成了集体攻关，因而大量的论文发表在这个时期。科学研究只有具备虔诚地进入科学殿堂的精神，才能排除名利的干扰，才能逐步形成正确的思路，而正确的思路源于实践，研究的成果必须得到实践的检验。因此，我坚持的科学研究是一个"实践—理论—再实践"的完整过程。同时，在研究过程中还要始终保持勤奋，"勤于实践，勤于学习，勤于思考，勤于总结"，四方面缺一不可。另外，在研究过程中要不断注意"局部—整体"、"树木—森林"、"现象—本质"的关系，可以少走弯路，避免钻牛角尖。一个人的思维往往是不够完整的，而集体的讨论能弥补不足。因此，学术争论是形成完整学术观点的必不可少的重要途径和手段。

"上天难，入地也不易"。目前煤炭开采存在的安全、保护环境和机械化等问题，实际上是科技资金和人力投入不足的结果。尤其是探索开采后岩层破断引起的应力场、裂隙场变化和地面沉陷规律，它直接涉及安全生产、环境和资源保护，至今仍然留下不少疑问和需要进一步完善的地方。出版这本文集的目的，是记录半个世纪以来，随着煤炭事业的发展，我和我的研究集体在矿山压力及其控制方面，尔后延伸到在"绿色采矿"和"科学采矿"所做的探索和研究工作，其中亦反映了一些经验和不少教训，可作为后人的借鉴。事实上，这本文集仅仅是一个素材的汇集，本应该出版一部专著，但由于各种原因未能如愿。希望这本文集作为后继者出版完整著作的基础；同时用以表达我对与我在一起付出辛勤劳动的我的研究集体由衷的感谢。60 多年时间，弹指一挥间。只有利用好有限的人生，才能够使科学研究以最高的效率、像接力一样达到科学的顶峰，造福于人类。

今年是我与夫人何其敏的金婚纪念。50 年来，她陪伴我度过了不少艰难岁月，有条不紊地处理了许多家庭琐事，保持着家庭的稳定和美满，使我能够以最大的精力从事我的教学和科研工作。这本文集的出版亦作为我对她的感激和我与她的金婚纪念。

中国工程院院士　钱鸣高

2011.1

Author's Preface

"УГОЛЬ ЭТО НАСТОЯЩИЙ ХЛЕБ ПРОМЫШЛЕННОСТИ" (Coal is a provision to the modern industry). This is a well-known saying during early 20th century. It is a time at the beginning of the industrial age when coal is a main part of energy which composes 70% ~ 80% of the total energy in the world. After that time, due to the mining damage to the environment and the low utilization efficiency of coal, coal was replaced by petroleum and natural gas, and the percentage of coal decreased to 20% ~ 30% of the total energy in the world. China is rich in coal, while lacking in petroleum and natural gas. At the time new China was founded, more than 90% of energy resources in China was coal, and now (in the 21st century) coal still takes up more than 70%. According to a recent study, the percentage of coal in total energy resources will be more than 40% until 2050. Therefore, before large-scale renewable energy is found, coal is and still will be the provision of China's industry and it is the responsibility of researchers to study the development and utilization of coal.

I graduated from Suzhou Middle school and was admitted by Northeast Engineering College in 1950 in the Mechanical Engineering program. I changed the major to Mining Engineering according to the encouragement of the college and worked in the coal mining area. At that time, coal production in China was only tens of millions of tons per year, and the big coal mine companies' technology, such as Kailuan and Fushun coal mine companies, are from Britain and Japan. There are no integrated Chinese text books available and most of the text books are in Russian or translated from Russian. After graduated from college, I was enrolled in the graduate school of Beijing Mining College, and since that time, I have worked on the coal mining research for the rest of my life.

In the 1950s, the coal production in China was low and the technologies used were backwards. The working face first used wood single support and then used metal single support. Roof fall accidents happened more often and caused serious injuries and deaths because of less working resistance and instability of the single support. The main research topic at that time was how to prevent roof fall, which includes the underground pressure behaviour and the support stability. Thus, my research interests were focused on the movement behaviour of overlying strata, support working resistance calculation, and support quality monitoring. In these areas, my research group and I studied the behaviour of overlying strata breakage and the possibility to re-form structure after the main roof was broken. In the 1980s, we proposed the "voussoir beam" structure mechanical model after the breaking of overlying strata, discussed the "S-R" stability condition of the voussoir beam structure, and found the breakage law if treating the main roof as a "plate" and its mechanical effects pre and post broken. All the above achievements contributed to the later research of the selection of the type and parameters of hydraulic support, prediction of ground pressure, monitoring of the support quality, and the cause of the separation zone. The voussoir beam model was included in the *China encyclopaedia* (*mining part*) underground section and the mining college text books which was widely used as basic theory. One thing I want to mention is the Ground Pressure Theory Conference which is held every two years by the Central information Station of Ground Pressure Research. In the conference, different kinds of theory were discussed deeply, and the discussion was published and commented on, which includes a comment on the movement behaviour of overlying strata and the voussoir beam structure. I would like to acknowledge the contribution of the Central information Station of Ground Pressure Research to improve the ground pressure theories in China.

Ground Pressure and Strata Movement are two of the most important branches in the subject of mining. The Ground Pressure branch uses the mechanical method to study the variation of stresses caused by mining and its influence on the stability of the working space. While the Strata Movement branch, due to the complexity of the strata, usually uses the mathematics method (statistics) to study the influence of mining on ground subsidence. But the statistics method can not predict the underground strata movement during mining. Therefore, based on the characteristics of the laminar orebody, we proposed the "key stratum theory", which states that the stress variation and rock displacement caused by the strata movement after mining are mainly determined by the deformation and breakage of the overlying hard and thick strata (the key strata). The key stratum theory explained the overlying strata stress distribution, fracture distribution, and ground subsidence comprehensively and uniformly.

In the 21st century, along with the rapid economic development, the coal production in China increased from a thousand million tons per year in 1999 to two thousand nine hundred million tons per year in 2009, which comprises 40% of the world's coal production. Due to the negative influence of extensive mining, the environment has been seriously affected such as with water resources, ground subsidence, and land used by gangue. The above affections closely related to the strata movement after mining, especially the fracture distribution. I, together with my research group, proposed the "Mining Rock Mechanics" conception and the Green Mining technology based on the key strata control. The Green Mining technology includes simultaneous extraction of coal and gas, water resources protection, ground subsidence control, less or no production of gangue, and replacement of coal pillar by gangue. The green mining technology got a positive response from academia and the coal mining industry, and the technologies, especially the backfilling technology, improved dramatically. International mining expert A. K. Ghose reviewed the green mining in China and states that: "The term 'green mining' is not just a new nomenclature, but a unifying concept of value that would seek to inculcate a holistic look at mining and its diverse impacts on the environment. The Journal is privileged to present in this issue a trend setting paper on green mining techniques authored by Academician Qian Minggao, Professor Xu Jialin, and their associates at China University of Mining and Technology. The paper is of considerable import as it puts forward for the first time how best to mitigate the impacts of coal mining using green mining techniques."

Coal resources as the priority of energy is questionable under the conception of the sustainable development view and the low carbon economy. Thereby, it is very important to solve the mining negative influence on the environment and to use coal within the environment capacity. But other resources, especially renewable energy, are still not available in large scale, so it is an urgent task to develop clean coal and carbon sequestration technology. Coal is a natural resource, which we should treasure, formed from forests by extensive physical and chemical processes, and is a non-renewabe resource. The mining industry is instrinsiclly non-safe not only because of the negative affects on the environment, but also because of the poor mining working environment and hard to predict coal, rock and gas accidents due to the ground stress change during mining. The miner's work is of great important that they consume themselves in their work and bring lights others. I still remember a saying when I started college: "ШАХТЁР ПЕРВЫЙ ВСЕГДА!" (Miners' are always the first place). The mining industry should be removed as the most dangerous industry because of the improvement of the economy and the implementation of the people oriented idea. It is an inevitable choice to use "sustainable mining", which includes sustainably using resources, developing mechanization and automation, protecting the environment, and insuring the workers' safety. Obviously, the sustainable mining throughput is not only the amount of resource production; it is the comprehensive ability which combines resources, people, technology, and equipment. According to the survey, the federal coal mine production is eight hundred million in 2007 and the death rate per million tons is 0. 04.

Which is to say that 1/3 of production is sustainable regarding to safety, while 2/3 of production is not, especially the town mine company did very poor on safety and environmental protection issues. The coal industry have made a great contribution to the development of the national economy, but the burden production caused coal mining accidents, environmental damages, and eventually spoiled the image of the coal industry and caused hard to recruit professionals to work in the coal industry. Consequently, although coal industry has made contribution but the society still blames them for their negative affects which pays a lot of social cost. Coal mining technology and ideas need a revolution to perform sustainable mining. Therefore, we studied deeply on the contents of sustainable mining. In 2000, the International Mining Conference proposed the idea: "Everything begins with mining". Mining engineering is an old and practical subject. Less energy and mineral resources can be used without mining and mining engineering should be developed with time.

My study from high school to college trained my self-learning ability not only to the text books, but also to discussions with colleagues, and keeping notes while reading. By doing that, I learned the ability to propose, induce, and organize questions. My graduate study after 1954 built the basis for my research work. It has been more than 50 years after my graduation. The first ten years were an knowledge accumulation period. From 1966 to 1978, my work has been stagnated due to the Cultural Revolution in China. After that, the research "spring" came; the graduate student system was restored, and my research work had a team. Most of my papers were published during that time. Research needs sincere sustainable spirit to get rid of the disturbance of fame and gain and to gradually form the correct thoughts. The correct thoughts come from practice and the research achievements need the test of practice. Therefore, I insist that research is a complete process of "practice-theory-repractice". At the same time, research needs diligence which includes diligence in practicing, studying, thinking, and summarizing and in addition, paying attention to the relationship between loca and global 1, trees and forests, appearance and essence to avoid a tortuous path and head into a blind alley. Team discussion can cover the shortage of one people's thoughts, and academic debate is indispensable to form an integrated academic viewpoint.

It is hard to go to outer space, but it is also not easy to work underground. The safety, environmental, and mechanization problems in mining are the consequences of lower science and technology investments. Especially there are a lot questions and issues to be improved in the study of stress field change, fracture field change, and the law of ground subsidence, which directly influence safety, environment, and resource protection. The purpose of this collection is to record my and my team's research work during the last fifty years, which includes ground pressure and control, green mining, and sustainable mining. It is actually a collection of source materials and I was supposed to publish a monograph, but for many reasons could not do that, but this collection can provide the materials to publish the monograph for the follower later . This collection is also an acknowledgement to the work my team did. More than sixty years has passed in an instant, and I am always thinking of how to make the scientific research reaching the summit with more efficiency like a relay race ,to benefit humans in our limited life.

This year is me and my wife, Qimin He's, golden wedding. During these fifty years, she went through lots of hard times together with me, did much of the housework, and contributed a lot to keeping stability of the family. What she did allowed me to put most of my energy in my research work. I especially want to acknowledge her and memorize our golden wedding in this collection.

Member, Chinese Academy of Engineering *Minggao Qian*

2011. 1

前　言

　　钱鸣高院士是著名的采矿工程专家,是我国矿山压力和岩层控制学科的奠基人和开拓者之一,在矿山压力和岩层控制领域做出了系统、全面和创造性的贡献,在国内外产生了深远影响。

　　钱鸣高院士 1950 年考入东北工学院机械系学习,后听从学校号召转学采矿工程,毕业后进入北京矿业学院读研究生,从事煤炭开采研究和教学工作,迄今已逾 60 年。我们是钱老师的学生,在即将迎来恩师 80 寿辰之际,愿共同回顾在恩师指导下一起度过的科学研究峥嵘岁月。

　　按照钱老师自己的说法:他悟"道"是有一个过程的。新中国成立以前,我国在矿山压力和岩层控制科学研究方面几乎是空白,新中国成立以后"一切得从零开始"。1950～1957 年,他经历了由一个学生学习知识到研究生学会做学问的学习过程。1958～1965 年,包括"文化大革命"前后(1965～1978 年),是他大量接触实际的时期,这期间他在实践中获得了不少书本上没有的感性认识。这两个时期使他明确了研究方向和需要解决的问题以及可能怎样去解决。在这近 30 年的时间阶段,是他创建科学理论的一个孕育和准备过程。没有这 30 年的学习、实践和思考,就不可能有尔后对采动岩层运动规律和控制的全面发展以及由此进一步开启"绿色采矿"和"科学采矿"科技的研究。下面,根据我们的理解和体会,对钱鸣高院士的学术成就做一简要回顾和总结,以便读者更好地阅读本文集以及领会他的学术思想和科学贡献。

一、采场上覆岩层活动规律与"砌体梁"结构力学模型

　　煤炭开采活动引起岩层运动,随之发生一系列的特殊力学现象,从而影响着生产安全和生态环境。因此,研究开采活动引起的岩层运动规律是探索和发展开采技术的基础。首先遇到的是工作空间维护对象的特点问题。工作面冒顶是煤矿经常发生的事故,因而掌握老顶来压规律和控制顶板稳定是研究的重点。为了解决煤矿工作面冒顶事故的防治问题,钱鸣高院士先后提出了采场上覆岩层活动规律中老顶岩层破断的"砌体梁"结构力学模型,建立了"砌体梁"结构的"S-R"稳定条件,揭示了老顶岩层"板"的"O-X"型破断规律;以老顶岩层"砌体梁"模型为基础,在考虑直接顶(顶煤)变形条件下,结合"支架—围岩"相互作用刚度系统,建立了采场整体力学模型;提出了采场"支架—围岩"关系和支护质量监测原理并给出了相关软件,形成了一整套监控指标及其控制方法。上述研究成果,为防治顶板事故和科学确定维护工作面支架的参数、架型提供了依据。

1."砌体梁"结构力学模型

开采后老顶破断引起的上覆岩层运动对采场矿山压力显现起决定性作用,研究老顶破断前后可能形成的平衡结构对控制工作面顶板稳定和决定支护参数十分重要。"砌体梁"力学模型证明了"老顶"破断后岩块在一定条件下可以互相咬合而形成的结构,其外形为"梁",实质上为支点向煤壁的半拱结构。由此解释:① 开采后上覆岩层的结构形态;② 工作面前支承压力大于后支承压力的原因;③ 给出采场"直接顶—支架"上部的位移约束边界条件,从而为论证采场矿山压力控制的各项支护参数奠定理论基础。"砌体梁"结构模型被认定为迄今解释采场矿山压力最完善的力学模型,是对传统定性假说的重大突破,遂被收入《中国大百科全书·矿冶卷》。

2."砌体梁"结构的"S-R"稳定条件

鉴于"砌体梁"结构的稳定是随工作面推进形成的动态平衡,老顶破断后岩块的咬合特点就成为研究的关键,由此得出老顶"砌体梁"结构的关键岩块的滑落失稳(S)和回转时形成的变形失稳(R)对直接顶的"力—变形"解,建立了其"S-R"稳定的判别方法。"砌体梁"结构的关键块分析为采场直接顶的上部边界提供了受力条件(老顶破断后的滑落或转动),即:由于老顶"砌体梁"关键块的"S-R"失稳而后经直接顶(包括顶煤)传递的支架压力为"松脱体压力"和"回转变形压力"以及"砌体梁"回转形成的变形量,从而为分析和确定支架承受的载荷和变形(支架工作阻力和可缩量)奠定理论基础。

3. 老顶板破断的"O-X"形规律和断裂前后在岩体内引起的扰动

其主要成果如下:① 老顶断裂前后在岩体内将引起扰动,即在板的被夹持的(煤体)端部形成"反弹",而在深入一定距离范围则形成"压缩";② 老顶断裂位置在煤体内,由老顶断裂到工作面来压存在时间差,因而利用该时间差即可对老顶来压进行预报;③ 老顶岩层板破断时呈"O-X"形,即先是周边破断呈"O"形,而后是"O"形板内部呈"X"形破断;④ 可解释沿工作面各个部位来压的不一致性。

至此,开采后老顶破断时引起的扰动和破断后形成的结构形态及其稳定性,对整体工作面的影响遂形成一个总体矿山压力概貌。

4. 采场整体力学模型

由于放顶煤开采技术的出现,使人们对"顶煤刚度"对支架参数的影响有了新的认识。放顶煤可使直接顶尤其是顶煤得到松动而成为"变形体",从而导致作用于支架上的力发生变化。老顶的部分作用力可以转移为由煤壁支撑,转移力的大小随顶煤和直接顶刚度大小而变化。其主要意义在于:支架载荷是一个变数,实测的支架工作阻力并非本质反映,必须考虑"老顶—直接顶(顶煤)—支架—煤壁"整体的刚度匹配性。支架受力大小受以下因素影响:① 支架的特性是否与老顶破断后关键块的"S-R"稳定条件相匹配;② 直接顶(顶煤)的刚度大小,刚度小则上覆岩层将"直接顶(顶煤)—支架"的部分作用力转移至煤壁,刚度大则支架有可能承受其不需要承受的载荷;③ 支架工作阻力确定的主要任务是维持回采工作空间的稳定,同时它还与支架的工作可靠性和支架在井下的服务时间等有关。

5. 工作面支护质量监测

要保证支架对顶板的有效控制、防止冒顶事故,除需要选择合适的架型外,还要保证支架的实际支护质量。为此,需要对工作面支护质量进行监测,即通过井下工作面生产过程中"支架—围岩"系统状态的监测及时发现各种可能造成"支架—围岩"系统故障的隐患并采取措施加以消除,使得支架最有效地发挥其设计支护效能而实现对顶板的有效控制。其主要意义在于:及时进行监测,保证支护质量,是工作面高产和安全生产的根本保证。该成果主要体现在创造了一整套监测仪器和开发了一套支护质量监控软件上。

二、岩层控制的关键层理论

20 世纪 90 年代中期,随着对岩层控制科学研究的不断深入和为了解决采动对环境的影响,相关研究涉及岩层控制中更为广泛的问题,主要是开采引起岩体裂隙场的改变和更准确地描述开采对地表沉陷的影响。显然,岩体中部分厚硬岩层(即关键层)在覆岩移动中起控制作用。为此,在已有采场老顶岩层"砌体梁"和"板"结构模型基础上,钱鸣高院士领导的研究团队进一步提出了岩层控制的关键层理论,旨在研究覆岩中厚硬岩层对层状矿体开采过程中的矿山压力和采动对环境的影响。关键层理论的主要学术思想如下:以关键层作为岩层运动研究的主体,用力学方法求解采动后岩体内部的应力场和裂隙场改变,由此对采场矿压、开采沉陷、采动岩体中水和瓦斯运移有统一的认识和完整的力学描述。关键层理论为其后提出的煤矿绿色开采研究提供了新的理论基础,因而随后被学术界和工程界普遍接受和广泛应用。

(1)关键层理论的重要进展之一是揭示了相邻硬岩层间相互作用的复合效应,提出了关键层复合效应对矿山压力的影响:① 相邻两硬岩层复合破断时,两硬岩层间并不会出现离层;② 相邻硬岩层的复合效应将引起工作面来压步距增大,此时不仅第一层硬岩层对采场矿压显现造成影响,而且与之产生复合效应的上部硬岩层也将对矿压显现产生影响。

(2)关键层运动对采动裂隙演化的影响规律。关键层运动对岩层采动裂隙演化起控制作用:① 在关键层破断前,上覆岩层最大离层区均位于关键层下采空区的中部;② 关键层破断后,采空区中部离层趋于压实,而在采空区四周由于"砌体梁"结构效应仍各自保持一个离层区,从平面看在采空区四周存在一沿层面横向连通的离层发育区,称之为采动裂隙"O 形圈";③ 关键层破断控制着顶板裂隙的动态发育过程,且覆岩主关键层的位置影响裂隙发育的最大高度;④ 采动裂隙发育区对岩层导水、导气的动态过程起控制作用。

(3)关键层运动对开采沉陷的影响规律。由于开采引起的岩层移动的复杂性,过去只采用测量和统计的方法描述开采对地表的影响曲线,而对岩层内部移动却无法进行描述。开采沉陷是一个力学问题,关键层理论的提出可以对开采沉陷有一个更接近实际的解释:① 覆岩主关键层对地表移动的动态过程起控制作用,覆岩主关键层的破断将引起地表下沉速度的明显增大和周期性变化;② 深部开采覆岩亚关键层层数一般多于浅部开采,从而影响主关键层运动对地表沉陷的影响规律,影响充分采动的各项参数。

三、煤矿绿色开采

自 2000 年开始我国煤炭开采规模越来越大，从而引起日益严重的环境问题。钱鸣高院士的研究团队提出了煤矿"绿色开采"的理念和技术框架。由于矿区环境问题是由采掘活动引起的，因此研究的基本出发点是控制岩层运动、防止和减少采动对环境的不良影响。提出从广义资源角度认识和对待瓦斯、水、土地、矸石等各种曾给环境造成损害的"资源"，变废为宝加以利用。煤矿"绿色开采"及相应技术是以取得最佳的环境效益和社会效益为目标的，"绿色开采"的提出得到了学术界和煤炭行业的积极响应，经过 10 余年研究和发展，我国在煤与瓦斯共采技术、充填减沉开采技术、保水开采技术等方面有了大力发展，取得了显著成效，有力促进了我国煤炭工业的健康持续发展。同时，绿色开采技术也得到国际采矿学术界的高度评价，如国际著名采矿专家 A. K. Ghose 在其主编的 *Journal of Mines, Metals and Fuels* 杂志上专门撰文对绿色开采进行评价。他认为："……绿色开采……对煤矿开采及其对环境的多种影响的整体认识引入一个统一的概念……中国专家在绿色开采技术方面的创新性发展是基于'关键层'理论。关键层理论巧妙地把岩层移动和上覆断裂岩层中瓦斯和水的渗流和流动结合在一起。他们同样还促进了一系列技术的发展……这些技术为减少采矿对环境的破坏提供了方向，有望改变煤矿开采作为环境掠夺者的面貌……"

（1）提出"绿色开采"的原则，即在环境容量内取得最大的资源，使环境损害与单位资源的比值最小。开采后的岩体（特别是关键层）的运动造成岩体内裂隙场改变，导致地下水流失、瓦斯渗出和地面沉陷，从而影响环境。因此对关键层的控制是"绿色开采"的基础。

（2）实施保护地表的减沉开采技术。采用充填与条带开采和离层注浆减沉技术，实施与塌陷土地治理相配合的开采技术，以保护环境和生态。关键层对地表移动过程起控制作用，控制关键层就是控制地表沉陷，因此可以通过形成"条带煤柱（充填体）——上覆岩层——关键层"的结构体系控制地表沉陷，以提高建筑物下煤炭资源回收率，降低充填开采成本，实现建筑物下压煤的回收。对于地面环境当开采不影响地下水系时，则可以采取复垦办法解决。

（3）实施保护水资源的保水开采技术。当开采破坏地下水系时，必须研究保护水资源的技术。若不能形成相关技术，则应该将有关储量定为不可采储量。在我国西北缺水矿区必须研究开采对隔水带的破坏和重新恢复的条件，研究开采对岩层裂隙和地形地貌的改变及其对地表水、地面植被和地下水径流的影响，甚至还要研究再造隔水带的可能，或者在干旱条件下以沙充填采空区形成对开采的约束条件以保护水资源，从而形成治沙和保水开采一体化技术。

（4）实施煤与瓦斯共采技术。鉴于开采后岩体应力场的改变，在围岩压力降低区域可形成裂隙发育区，大量瓦斯得到解吸并在裂隙中运移，有利于瓦斯抽采。显然，瓦斯的卸压运移和抽采与岩层移动及采动裂隙的动态分布特征有着紧密关系：① 覆岩关键层结构对邻近层瓦斯卸压涌出特征起控制作用，在初采期随关键层的逐层破断使瓦斯量排放出现相应高峰,据此可以提出有利于煤层群开采初采期瓦斯治理的抽采钻孔布置原则;② 主关键层影响煤层瓦斯最大卸压解吸范围,为提高卸压瓦斯抽采率提供依据;③ 关键层破断后形成的采动裂隙"O形圈"通道,对卸压瓦斯抽采钻孔布置起指导作用。

四、煤炭科学开采

2006 年以来,钱鸣高院士的研究团队,针对我国大规模开采煤炭不仅对环境产生影响而且在安全方面也存在很多隐患的现状,认为我国的煤炭开采技术必须实现重大变革以适应经济社会发展的需要,提出了"科学采矿"的学术思想。综合考虑煤炭资源开发中的安全、环境、经济和行业社会地位等方面因素后,钱鸣高院士认为煤炭资源开发要遵循经济原则、安全原则和环保原则。科学采矿,是指在保证安全、保护环境和珍惜资源的前提下高效地采出煤炭。其主要内容包括综合机械化高效开采技术、绿色开采技术、安全开采技术和提高资源采出率开采技术等。他提出,科学的产能应该是指"与环境容量相匹配,具有持续发展储量以及与赋存条件相应的科学、安全和保护环境的技术,将资源最大限度采出的能力"。对于具体的矿井而言,科学产能即意味着"资源、人才及相应的科学技术和装备"都必须到位,是综合能力的体现。他认为,要实现科学采矿,必然要求实行煤炭的完全成本。他提出,煤炭行业必须协调好科技、经济与管理的关系。具体而言:煤炭的产能必须要有科技保障,尤其是安全和保护环境技术的保障,否则应属于不可采储量;由于产业的负外部性和地质条件以及区位对成本的严重影响,因此必须协调好经济关系,使企业之间实现公平竞争;行业管理应使行业各方面的能力资源得到最佳配置。自 2007 年以来已连续 3 年召开全国性科学采矿学术研讨会,引起学术界同行和煤矿现场工程技术人员的广泛关注和重视。

通过上述对钱鸣高院士的学术思想和学术成就的简要回顾,作为他的弟子,我们再一次深刻体会到老师的高瞻远瞩的学术眼光、敏锐性的学术思想、不断创新的奋斗精神及对煤炭行业的深深热爱和高度责任感。他带领我们创立了一套完整的煤矿采动岩层控制理论和技术体系,科学地解释了采动岩层破断运动过程中的矿压显现、裂隙演化、应力场变化和地表沉陷等一系列采动岩体活动规律,建立了定量分析的力学模型和设计方法,形成了相应的控制技术,并由此发展到"绿色采矿"和"科学采矿",从而推动和影响采矿学科向前发展。这是前人所没有过的,具有鲜明的创新性。

60 余年来,钱鸣高院士以严谨求实的科学态度和矢志不移的奉献精神,为采矿工程学科的建设和学术梯队的培养做出了重大贡献。由此他得到了一系列的社会荣誉——国家中青年有突出贡献专家称号(1984 年)、江苏省优秀研究生教师称号(1989 年)、享受政府特殊津贴专家(1990 年)、江苏省劳动模范(1991 年)、中国科学技术发展基金会孙越崎科技教育基金"能源大奖"(1994 年)、中国工程院院士(1995 年)、全国"五一"劳动奖章(1996 年)、国务院学位委员会学科评审组矿业学科召集人(1997 年)、全国先进科技工作者(2000 年)和中国煤炭学会名誉理事长(2007 年)等。

在即将迎来钱鸣高院士 80 寿辰之际,作为他的弟子,我们为了总结钱鸣高院士在不同时期对教育和科技做出的贡献,整理出版了这部文集。本文集收录了钱鸣高院士及其研究团队在不同时期的有代表性的论著。为了体现这些论著的时代原貌,在本书编辑过程中基本保持了不同时期文章发表时的格式和体例。本文集的出版既是对钱院士多年来科研工作的梳理和总结,也是对其为人为学优秀思想的展示和颂扬,以使采矿工程领域的同行、学者和师生们有所启迪和激励。

钱鸣高院士桃李满天下。他为学生的成长倾注了大量心血,他那优秀的品德、严谨治学的态度和敢为人先的创新精神,鼓励和培养了大批优秀学生。他的许多学生已成长为采矿工程领域学术界的精英或工程界的栋梁,并正在沿着老师开拓的方向和道路、为继承和完善岩层运动与控制(煤矿开采的基础)和科学采矿的研究而努力奋斗。借此机会,我们祝老师身体健康,万事如意!

感谢中国矿业大学出版社为本文集的出版付出的辛勤劳动。

钱鸣高院士的全体弟子
(执笔:缪协兴、许家林、曹胜根)
2011 年 1 月

Introduction

Minggao Qian, who is an academician and mining engineering expert, is one of the founders and pioneers in the field of underground pressure and strata control. He made comprehensive and creative contribution and has profound influence at home and abroad in the field of underground pressure and strata control.

Minggao Qian was admitted by Northeast Engineering College in 1950 in the major of Mechanical Engineering. He changed the major to Mining Engineering according to the encourage of the college and went to the graduate school of Beijing Mining College after graduation. He has been working in the industry of coal mining and research for more than 60 years. As his students and at the time of his 80 years' birthday, we would like to review the memorable years of study and research under his instruction.

Our teacher Qian states that there is a path to realization. Before liberation in China, the sustainable research was blank in the field of underground pressure and strata control, everything in the research had to start from zero after liberation. During 1950 and 1957, he experienced the process from knowledge learning as an undergraduate student to research study as a graduate student. He did numerous practical work, from 1958 to 1965 and the time after that when cultural revolution happened (1965~1978), and he got lots of perceptual knowledge which can not be learned in classes and text books. After these two procedures, he understood the research direction, the problems to be solved, and how to solve them. These thirty years prepared him to establish his sustainable theory. It is difficult to completely develop the law and control of mining strata movement, and further to start the research on green mining and sustainable mining technology without these thirty years.

On the purpose to help readers to easily read the book of collected works and better understand academician Minggao Qian's academic thoughts and contribution, we will briefly review and summarize his academic achievement, based on our understanding and experience.

1. Movement behaviour of overlaying strata and "voussoir beam" structure mechanical model

Coal mining causes strata movement and a series of particular mechanics phenomenon, which will influence the production safety and ecological environment. Therefor, study on the behaviour of strata movement after mining is the basis of the improvement of mining technology. The first issue is the feature of workspace maintenance. Roof fall is a frequent accident in coal mines, thus understanding the rule of main roof pressure and how to control its stability is the key point of the study. To solve the roof fall problems, academician Minggao Qian established three methods: the structural mechanics model of voussoir beam for the rule of main roof breakage during overlying strata movement, the "S-R" (sliding and rotation) stability condition of the voussoir beam structure, and the plate "O-X" breakage rule of main roof. Based on the main roof voussoir beam model, which considers the immediate roof deformation and combines the interaction of "support-surrounding rock" stiff system, he established the whole mechanical model of workface. Finally, he founded the relationship between support and surrounding of workface, created principle of support quality monitor, developed related software, designed monitor control index and the control method. The above achievements provided the basis to prevent roof fall accident and sustainableally determine the workface support parameter and model.

(1) "voussoir beam" structural mechanics model. The movement of overlying strata caused by main roof breakage after mining decisively affects the workface pressure behaviours. It is very important to study the possible balanced structure before and after the main roof break to control workface roof stability and determine support parameters. Voussoir beam mechanics model proved rock block can occlude as structure after the main roof break. The shape of the structure is a beam, and actually is semi-arched from the pivot point to the coal wall. This model explained: ① structure of overlying strata after mining; ② workface front support pressure is larger than back pressure; ③ the displacement boundary condition above the immediate roof and support, which is the theoretical foundation to demonstrate underground pressure support parameters. Voussoir beam structural model was considered as the most perfect model to demonstrate underground pressure and is a great breakthrough of conventional qualitative hypothesis. It is included in < China encyclopaedia > (mining part) underground section.

(2) The "S-R" stability condition of the "voussoir beam" structure. Due to the dynamic stability equilibrium of the "voussoir beam" structure during the process of mining, it is of necessity to study the feature of the rock occlusion after main roof breakage. The force of the key rock of the "voussoir beam" structure caused by sliding and rotation lead to deformation of the immediate roof, based on which can be used to determine the stability condition of the "voussoir beam" structure. The key rock

analysis of the "voussoir beam" structure provides the boundary conditions for immediate roof, which are the "S-R" instability of the key rock caused by "lose pressure", "rotation pressure" to the immediate roof and the support, and the deformation caused by the rotation of the voussoir beam. The above established the theoretical foundation to analyze and determine the pressure and deformation of the support (working resistance and contraction of support).

(3) The "O-X" breakage style of the main roof and its disturbance in the rock. The main achievements are: ① The breakage of the main roof will have a disturbance influence on the rock, which is the bounce at the coal wall and the compress in the coal body at a certain distance from the coal wall. ② The main roof break place is in the coal body and there is a delay before main roof pressure comes. Therefore, ground pressure can be predicted using the time difference when the main roof breakage occurs and pressure comes. ③ The style of the main roof breakage is "O-X". The breakage is "O" style at first, and then "X" style in the "O" breakage. ④ The different pressure at different places of the workface is explained.

Based on all the above, the influence from the disturbance during main roof breakage, the breakage style and its stability determine the general characteristics of ground pressure.

(4) Integral mechanical model of stope. People have new understanding of the influence of roof coal rigidity to support parameters due to the technology of caving mining. The immediate roof, especially if the roof is coal, is loosened and becomes a deformable body after caving, which changes the force on the support. The pressure from the main roof can be partially supported by the coal wall, and the amount of support is decided by the rigidity of the immediate roof. The load of support is variable and the measured support working resistance is not enough unless the rigidity balance between main roof, immediate roof, support and coal wall is considered. The pressure on the support is affected by the following factors: ① whether the characteristic of support matches the key rock "S-R" stability condition of the main roof after breakage. ② The rigidity of immediate roof. Less rigidity causes part of the pressure on the immediate roof and support to shift to the coal wall, while more rigidity of the immediate roof causes more pressure on the support. ③ The stability of workspace is mainly determined by working resistance of the support, but also related to the working reliability and service life of the support.

(5) Workface support quality monitor. To ensure the effective control of the roof and prevent roof fall incidents, it is not only important to choose an appropriate support, but also essential to ensure the quality of the support. Therefore, it is a

necessity to monitor the support quality. Monitoring "support-surrounding rock" during mining can detect all kinds of possible faults in time which can cause system failure of "support-surrounding rock", and then take steps to eliminate them. The support efficiency can be improved and support the roof effectively. The main achievements are: created monitoring instrument and developed support quality monitor software. Monitor support quality in time ensures the support quality which guarantees the efficiency and safety of production.

2. Key strata theory of strata control

In the middle of the 1990's, along with the deepening study on strata control and minimization the environmental influences after mining, strata control study dramatically expanded. The study focuses on the rock fracture field and surface subsidence caused by mining. Obviously, the hard thick strata (the key strata) plays an important role during strata movement. Based on the voussoir beam and plate structure model, the key strata theory of strata control, which is to study the influence of hard thick strata to ground pressure and environment during mining, was proposed by the research team under academician Minggao Qian's leadership. The academic ideology is: to focus on the key strata in the study of strata movement, using mechanics method to study the stress and fracture field after mining. And finally give a integral description on ground pressure, mining subsidence, and water and gas migration. The key strata theory provides a new theoretical basis for the green mining study and has been widely accepted and applied in academia and industry.

(1) The key strata theory explains the compound effect between hard strata and the influence of the key strata compound effect on ground pressure. ① There is no separation between two adjacent hard strata after compound breakage. ② The compound effect of adjacent strata will cause a longer pressure step. Ground pressure is influenced by not only the first layer hard strata, but also the strata above which have the compound effect.

(2) The influence of key strata movement in mining-induced fractures. The key strata are the main cause of the development of mining-induced fractures. ① Before the key strata are broken, the maximum strata layer separation occurs under the key strata and in the middle of the gob. ② After the key strata break, the separation in the middle of the gob will close, while the separation around the gob remains because the effect of voussoir beam. The separation zone around the gob is called an "O style" mining induced fracture. ③ The maximum height of the roof fracture is controlled by the key strata. ④ Mining induced fracture zones control the dynamic process of water and gas flow.

(3) The influence of key strata movement on ground subsidence. Due to the complexity of strata movement after mining, former technology only uses the survey and statistics method to describe the subsidence curve, but did not include the strata movement. Mining subsidence is a mechanical problem, and the key strata theory can explain it more practically. ① The main key stratum controls the ground subsidence. The breakage of main key stratum can increase the subsidence rate and periodic variation. ② Deep mining has more inferior key strata than shallow mining, which influences ground subsidence due to key strata movement and the parameters of full subsidence.

3. Green mining of coal resources

Since 2000, the coal mining capacity in China was increasing day by day and creates severe environmental problems. Minggao Qian's team presented the green mining idea and technological framework. Because the environmental problems are caused by mining, controlling the strata movement is a primary starting point to prevent and reduce adverse impact on the environment. The extended resources idea was also proposed, which considers the "resources": such as methane, water, ground and coal gangue, harmful to the environment, as resources and utilize them. The goal of green mining technology is to gain maximum environmental, and social benefits. The green mining technology got a positive response from academia and the coal mine industry. After 10 year's research and development, great achievements were gained in the field of simultaneous extraction of coal and gas, grouting to reduce ground subsidence, and water conservation mining, which motivated the sustainable development in mining industry. Moreover, green mining technology received a high evaluation in the international academia. For example, international mining expert A. K. Ghose published an article in < Journal of Mines, Metals and Fuels > to review green mining in China, which says "… Green Mining… a unifying concept of value that would seek to inculcate a holistic look at mining and its diverse impacts on the environment … The innovative developments in 'green mining' techniques by Chinese specialists hinge on the concept of 'key stratum theory' which neatly weaves together the interconnected processes of strata movement, with the seepage and flow behavior of methane and water in the fractured overlying ground. They also advance a basket of techniques…. The techniques hopefully will provide necessary directions for mitigating environmental damages, changing coal mining's visage as a predator on the environment …"

(1) Proposed the principle of green mining, which is to gain the maximum resources within the environmental capacity and minimize the ratio of environmental damage to unit resource. The rock movement, especially the key strata, cause fracture

change in rocks, which results in environmental damage, including groundwater loss, methane leakage, and ground subsidence. Therefore, the control of key strata is the basis of green mining.

(2) Use subsidence reduce mining technology to protect ground. Use backfilling and grouting into overburden bed-separation method, and combine ground subsidence management technology to protect environment and ecology. Key strata play an important role on ground surface movement and ground subsidence can be controlled by key strata control. The "strip coal pillar (or backfill)—overlaying strata - key strata" structure system can control ground subsidence, which can further increase coal recovery under buildings, reduce cost of backfilling, and achieve efficient green mining of coal under buildings. Otherwise, the method of reclamation can be used if underground water system is not influenced by mining.

(3) Use water preserved mining technology to protect water resource. The research on technology to protect ground water after mining is necessary. Otherwise, the coal should be considered as unrecoverable reserves. In the northwest ore district, where water is scarce area, it is very important to study the damage to aquifuge after mining; the condition to recover; the change of strata fracture and topography after mining; the influence to surface water, ground water and vegetation; and the possibility to rebuild aquifuge or use sand to backfill the gob in drought condition to protect water resources in order to control desert at the same time.

(4) Use technology to simultaneously extract coal and methane. Due to the stress field change after mining, a fracture zone is developed in low stress zone, and plenty of methane is desorbed and flows in to the fracture, which makes it easy for degasification. Obviously, methane flow and degasification after stress release have very close relationship with strata movement and fracture distribution after mining. ① The overlying key strata have domination effect on methane desorption in adjacent layers. During preliminary extraction period, the methane desorption peak occurs according to key strata breakage, based on which, the principal of degasification borehole layout can be proposed to better manage methane during preliminary extraction period. ② The key strata influence the maximum methane desorption range, which provides foundation to improve methane recovery. ③ The "O" style fracture zone after key strata breakage provides guideline for degasification borehole layout.

4. Sustainable Coal Mining

Since 2006, academician Qian's team believes that the mining technology, due to the influence of mining to the environment and its potential safety hazard, needs revolution to adapt to social development, and proposed the sustainable coal mining ideology. Considering safety, environment, economy, and its social status, Qian thinks coal mining should comply with economy, safety, and environmental protection principle. Sustainable coal mining means efficiently mine the coal resources while at the same time ensure safety, protection of environment, and sustainable use of resources. It includes fully mechanized efficient coal mining technology, green mining technology, safety mining technology, and recovery improvement mining technology, ect.. Also, they state that sustainable throughput is the maximum mining ability which matches environmental capacity, keeps sustainable reserves, and use corresponding sustainable, safe, and environment protective technology. To a specific coal mine, the sustainable throughput is comprehensive ability which combines resources, people, technology, and equipment. It is also important to account for the complete coal cost. It is of great necessity for coal industry to coordinate the relationship between technology, economy and management. Specifically, coal throughput must be ensured by technology, especially safe and environment protective technology, otherwise, the coal is unrecoverable reserves. Due to the negative externality, geological conditions and regional differences influence on the cost of coal, coordination of the economy can achieve fair competition between companies. Industry management can allocates the industry resource optimally. Sustainable coal mining academic conference was held three consecutive years since 2007, which brought attention from academia and industry.

Through the brief review and summarization of academician Minggao Qian's academic thoughts and contribution, as his students, we again realize his far seeing, academic thought agility, the spirit of innovation, and the love and response to the coal industry. He led us created the strata control theory and technology; explained the strata behavior, fracture evolution, stress field change, and ground subsidence during mining strata breakage; established mechanical model and design method to quantitative analysis; created the control technology and further developed green mining and sustainable coal mining, which may influence the development of coal mining. All of the above are innovations which no one in the past has done.

During the 60 years, academician Minggao Qian, with rigorous attitude and spirit of contribution, made great contribution to the mining engineering and alents cultivation. He also received many honors, such as National Experts Who Made Prominent Contribution or Achievements (1984), Jiangsu Province Outstanding Graduate Students' Advisor (1989), Winner of Special Government Allowance (1990), Jiangsu Province Model Worker (1991), China Science and Technology Development Fund Sunyue Qi Energy Price (1994), member, Chinese Academy of Engineering (1995), The National May 1 Labour Medal (1996), the organizer of Mining Subject in

The State Academic Committee (1997), National Advanced Sustainable and Technological Worker(2000), and Honorary Chairman of China Coal Socity(2007).

At the time of Qian's 80 years' birthday, as his students, in order to summarize his contribution to education, science and technology, we published this collection. This collection collected Qian and his team's representative works. The works' formats and styles are kept to keep its original appearance. The publication of this collection is not only the review and summary of Qian's research work, but also to show and praise his excellent personal and academic character, to inspire the peers, scholars, faculty and students in mining engineering.

Academician Qian has students all over the country. He gave much attention and thought to bring up his students. A large number of students were encouraged and fostered by his excellent morality, rigorous scholarship, and innovative spirit. Many of his students have became elite in the mining engineering academia or industry, and are working on research to perfect strata movement and control theory and sustainable coal mining. We would like to take this opportunity to give our teacher, Minggao Qian, best wishes.

We also want to acknowledge China University of Mining and Technology Press for the effort during the publication of this collection.

Students of Academician Minggao Qian
(Wrote by: Xiexing Miu, Jialin Xu, Shenggen Cao)
January 2011

目　次

第一编　综　述

第二编　采场上覆岩层的"砌体梁"结构和平衡条件

第三编　采场老顶和底板岩层破断规律

第四编　岩层控制的关键层理论及其应用

第五编　采场"支架—围岩"关系和工作面支护质量监测

第六编　绿色开采技术体系

Contents

Ⅰ Review

Ⅱ Overlaying Strata at Working Areas—Voussoir Beam and Conditions Required for Equilibrium

Contents

Ⅲ The Low of the Fracture of Main Roof and Floor

Ⅳ Theory and Application of the Key Strata

Ⅴ The Relationship Between the Support and the Surrounding Rock and the Supporting Quality Monitoring in Working Face

Ⅵ The Framework of the Green Mining Technology

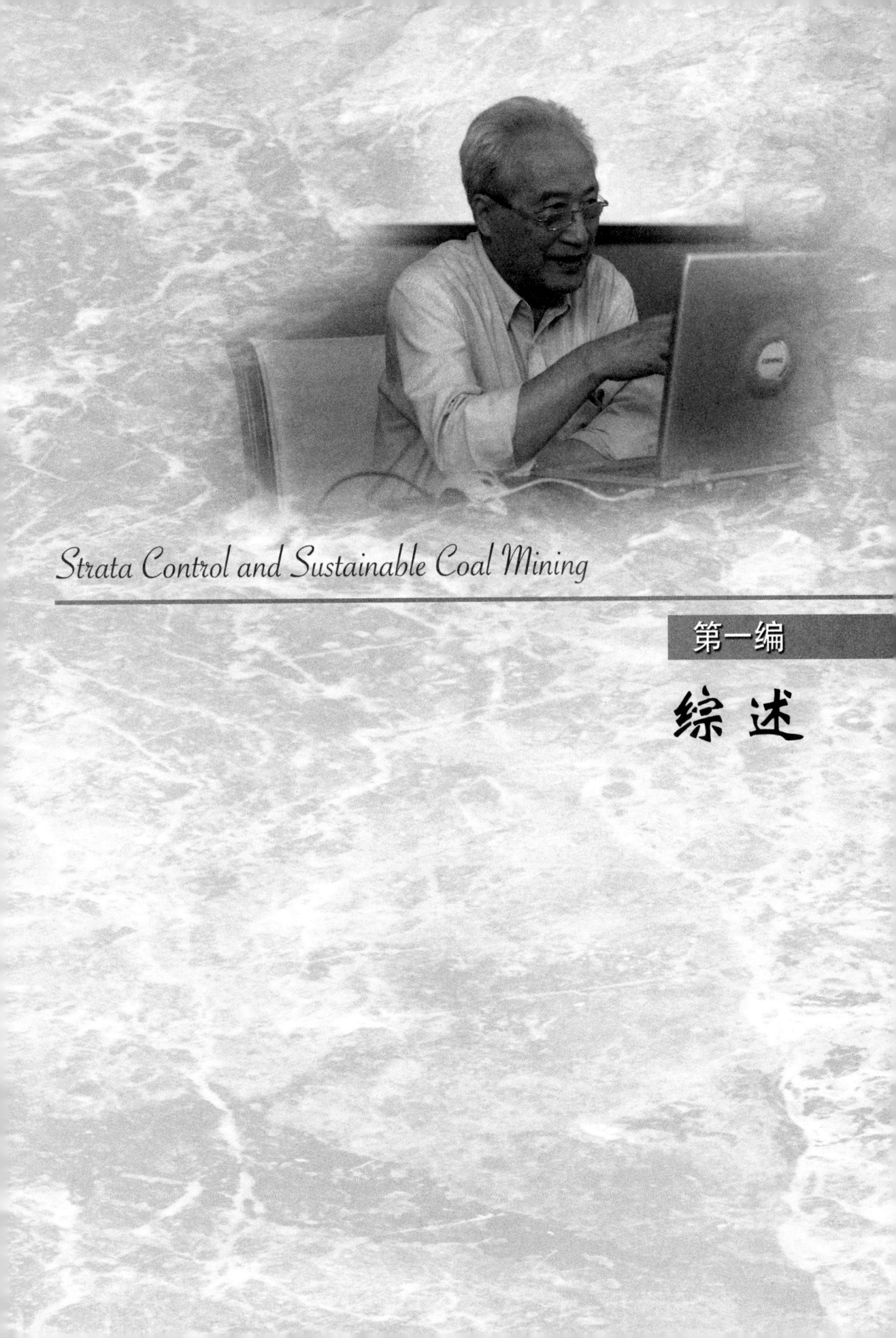

Strata Control and Sustainable Coal Mining

第一编

综 述

煤炭的科学开采[①]

钱鸣高

(中国矿业大学,江苏 徐州 221008)

摘 要:针对煤炭在我国能源中的地位以及巨大的产能和产业负外部性对环境和安全的影响,全面阐述了科学采矿的内涵及实现科学采矿在管理、科技和经济方面的要求,提出了实现科学产能的条件。认为要实现科学采矿,必然要求实行煤炭完全成本化。

关键词:科学采矿;安全采矿;负外部性;环境容量;完全成本

科学采矿是指在保证安全、保护环境和珍惜资源的前提下,实现高效采出煤炭的开采技术。科学采矿的内涵主要包括机械化高效开采、绿色开采、安全开采和提高资源采出率开采等方面。

1 煤炭在能源构成中的地位及其问题[1-3]

1.1 我国煤炭产量占世界煤炭产量的比重

2004～2006 年,世界煤炭产量分别为 46.338 亿 t、49.340 亿 t 和 53.698 亿 t,中国的煤炭产量分别为 19.560 亿 t、21.589 亿 t 和 24.815 亿 t,分别占世界煤炭产量的 42.2%、43.8% 和 46.2%。

1.2 煤炭大规模利用受环境约束

煤炭作为能源,其主要的制约因素是利用过程中的环境约束。煤炭在燃烧过程中要排放大量的固体废弃物、SO_2 和 NO_x 等。燃烧 1 t 煤即产生 10 kg 烟尘,其中细粒子(PM2.5)是大气阴霾现象的重要诱因。同时,燃煤还可排放大量温室气体 CO_2。2005 年我国共排放 53 亿 t CO_2,其中燃煤产生的 CO_2 达 43 亿 t。

目前,碳捕集和封存技术尚不够成熟,成本超过 30 美元/t,而且其运行以耗能为基础(增加 1/4 的耗电量和煤量)。

1.3 煤炭在我国能源构成中的地位

能源是制约我国经济发展的突出"瓶颈"。目前,我国能源构成中能够比较主动解决的是煤炭。至今在能源构成中煤炭占 70%,油气占 20%,其他占 10%。

由于煤炭的开发和利用对环境和气候的负面影响,我国应尽快降低煤炭在能源中的比例。但是,由于可再生能源形成规模尚需一个过程,根据各方面预测,煤炭在我国近半

---

① 本文发表于《煤炭学报》,2010 年第 4 期,第 529～534 页。

个世纪的能源构成中的比重可能由70％降低至44％(基准情景)、甚至34％(强化低碳情景)。

显然,煤炭在未来半个世纪仍然是我国的基础能源,在能源结构中仍然是排头兵。我国的煤炭年产量有可能会发展到40亿 t 高峰,而后回落至25亿 t。煤炭行业为应对这种变化必须要做好准备。

1.4　我国煤炭资源的特点

我国的煤炭资源虽然丰富,但同时亦严重受开采安全和环境条件的制约。

开采安全方面——我国南方和东部地质构造复杂,煤炭储量短缺,安全开采条件差,全国近50％的储量处于高瓦斯地区。

环境条件方面——我国北方和西部地质构造简单,煤炭储量丰富,但生态环境恶劣。晋、陕、蒙、宁地区煤炭储量占全国储量的近65％,严重受运输条件约束。

因此,煤炭行业必须从科技、经济和管理方面加强,首先在煤炭洁净利用的相关领域达到世界领先水平,由此对保护环境和全球气候无疑具有重要意义;其次,必须解决开采中的安全、环境和运输条件的制约。

1.5　煤炭生产面临的形势

可能出现的情况:① 新能源发展的不确定性导致煤炭需求的不稳定。② 在相当长的过渡期间,经济的发展决定仍然会大量使用煤炭。是时,煤炭科技水平应在"能源需求和保证安全和环境容量"之间找到平衡点以实现科学发展。③ 煤炭科技水平的发展必须同煤炭生产和利用的最大需求相匹配。因此,必须研究:① 新能源的发展及其可靠程度。② 在国民经济发展要求大规模利用煤炭时环境容量如何?目前在技术和经济上解决的难度如何?从开采技术上审视是否能实现符合矿业发展规律的科学采矿?其实现的经济环境又如何?

1.6　煤炭生产的贡献与责难

贡献:为了满足国民经济发展的要求,在相当长时期煤炭行业一直是在进行大规模超能力生产。

责难:缺乏相应的领先技术,超越了环境容量和对安全的控制能力,由此造成巨大隐性社会成本。其中,对环境和气候的影响比生产本身更为社会化,受到社会的巨大责难(包括安全保障能力),由此影响到煤炭行业的社会形象。

1.7　3E 系统工程

环境(environment)、能源(energy)和经济(economic)三者密切相关。环境约束能源,能源制约经济。其关系如图1所示。

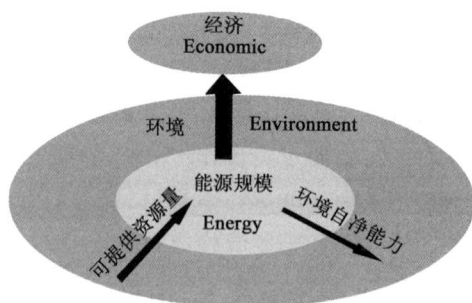

图 1　环境、能源和经济的关系图

Fig. 1　The relation of environment, energy and economic

2　煤炭开采的特点及其负外部性[4]

煤炭产业具有以下不同于其他产业的特

点:① 煤炭质量与开采科技无关。煤炭产品质量(发热量、灰分、含硫量等)一般决定于几亿年地质作用形成的沉积条件和变质过程,而并不决定于开采技术。② 煤炭赋存条件和区位决定煤炭产品的成本。开采的难易和运输距离长短决定于煤炭赋存的地质过程和地点,企业不能自主选择。③ 劳动就业压力大。煤炭企业大部分位于经济不发达地区,经济结构单一,大部分需要依靠煤炭开发发展经济,由此企业均背负着解决地方沉重的劳动就业压力。④ 煤炭除在利用过程中对环境有明显的负面影响外,煤炭开采同样具有明显的负外部性。经济学中提出的"市场失灵"的一种表现即"外部性",是指一种消费或生产对其他由于消费或生产而产生的并不反映在市场价格中的直接效应;对社会不利即称为负外部性。外部性的范围越广,市场价格机制有效配置的资源量即越小。

2.1 煤炭资源的天赋性

煤炭是自然界的森林经过地质历史中自然力(物理化学过程)和漫长的地质作用过程而形成的自然资源,利用后不能回收,是一种不可再生的耗竭型、稀缺性自然资源,是人类无法估量的宝贵财富。但事实是,由于资源的天赋性易于取得和难以定价而导致无偿、廉价使用、过度开发和不被人们珍惜。

2.2 开采破坏的环境难以定价

采矿将直接破坏亿万年来自然力作用形成的土地、水、植被、草原等环境要素。以目前的科学技术水平而言还无力原状复制被破坏的包含全部信息的环境资源。

由于环境整体难以市场化,因此采矿需要为环境付出巨大的无形代价。

2.3 矿井的本质不安全直接影响安全投入

矿井工作环境安全难以控制。我国煤炭赋存的地质条件复杂,在客观上容易发生严重事故。井下作业环境是人工开凿于地层中的有限空间,开采形成的有害气体和粉尘直接对工人的安全和健康形成影响,因此采矿属于本质不安全的高危行业。百万吨死亡率是衡量矿井生产安全的重要指标。

由于人的安全和健康是难以用市场调节其安全费用的量化指标,由此而形成其外部性。

根据煤炭产业的特点和生产的外部性(隐性)特点,必然需要政府加强在科技方面的投入,在经济和管理上施以规则性调控,以克服其外部性,实现行业的健康发展。

3 科学采煤的主要方面

实现煤炭科学开采的技术主要体现在以下方面:高效开采——煤炭生产机械化以提高效率;绿色开采——保护环境;安全开采——保护人身作业安全;高回收开采——提高资源采出率;经济开采——实行循环经济和采用先进的科学技术以降低成本。若不在这些方面进行管理,必然是在利益驱动下的不顾及环境、安全和资源的粗放、野蛮、掠夺式的采矿,而不是科学采矿。

3.1 高效开采——煤炭生产机械化

目前,全国平均采煤机械化程度仅为45%,国有重点煤矿机械化程度为82.72%,乡镇煤矿几乎没有机械化开采,全国约有200万以上的矿工仍在从事手工采煤。实现机械化开采,以机械代替人力,是保证煤矿安全的重要手段。国有重点煤矿采煤机械化程度和百万吨死亡率统计表明：机械化程度为40%、60%和80%时，其对应的百万吨死亡率分别为5、2和1。

（1）国有重点煤矿的高效生产——全国极少数矿井（如神东矿区）已建成世界一流的高产高效矿井，为煤炭工业做出了榜样。

（2）乡镇煤矿和复杂地质煤矿的高效生产——处在地方经济不发达地区的乡镇煤矿（如南方十多个省），大量使用工资低廉的农民工，从而阻碍了其机械化发展。

（3）南方十省地质条件复杂，需要发展各种能力和形式的机械与其相匹配，否则难以实现现代化。

无人工作面开采技术是高效开采的指标性技术。首先要在薄煤层和煤与瓦斯突出厚煤层本层开采保护层等特定条件下形成机电一体化和利用先进的检测监控及智能化技术，最终实现安全、高效无人工作面开采技术。

我国是煤炭资源和生产大国，随着经济的快速发展和劳动力水平的提高，必然要采用各种先进的煤炭采、掘和运输机械，以适应高效矿井的需要。

3.2 绿色开采

3.2.1 绿色开采的基础、认识、理念和原则

基础：开采后岩体运动造成岩体内应力场和裂隙场改变，影响开采的安全、地下水流失、地面沉陷和瓦斯渗出，从而影响环境。

认识：① 环境是一种稀缺资源——矿产资源与土地、水、植被和草原等环境要素紧密相关，大规模地采矿将直接构成对环境的威胁和破坏。自然环境是亿万年来自然力作用的结果，具有唯一性、不可复制性和破坏后的不可逆性。人类在贫穷时常不惜以牺牲环境（损害后人的权益）而获得经济发展，富裕后则产生对美好环境的强烈要求，因此有责任处理好这个"度"。② 环境容量[5]——环境为人类生产提供资源和消纳废弃物的能力。国家、地区、矿区生产和消费规模的确定均受环境容量制约。

理念：根据矿产资源开发对环境的负外部性，应遵循自然规律和自然意志，在环境容量内规划产能，以达到最低环境成本。超过环境容量时，人类必须及时投入技术进步以回馈和养护自然，从而在人类经济活动和自然之间建立起复合生态平衡机制。

原则：为了保护环境，在设计矿区的同时必须对环境治理做出规划，形成开采与环境协调的开采方法。显然，随着生活水平的提高，保护环境的成本也越大。开采的原则只能是在环境容量内取得最大的资源量，使环境损害和单位资源消耗达到最小。

3.2.2 资源与环境协调的绿色开采技术[6-7]

绿色开采技术体系如图2所示。

要实现资源与环境协调（绿色）开采，其技术途径如下：① 实施保护地表的开采技术，有充填和条带开采技术以保护建筑物，实施开采与塌陷土地治理相配合的开采技术；② 实施矸石不上井的开采技术（煤巷支护、矸石井下充填）或矸石地面利用（制砖、做复垦材料等）；③ 实施保护水资源的保水开采技术；④ 实施煤层气抽采技术，以实现煤与瓦斯共采；⑤ 地下气化技术。

（1）充填开采技术

为了保护环境或维持原来的环境状态，开采技术的选择应该使其对岩层的扰动达到

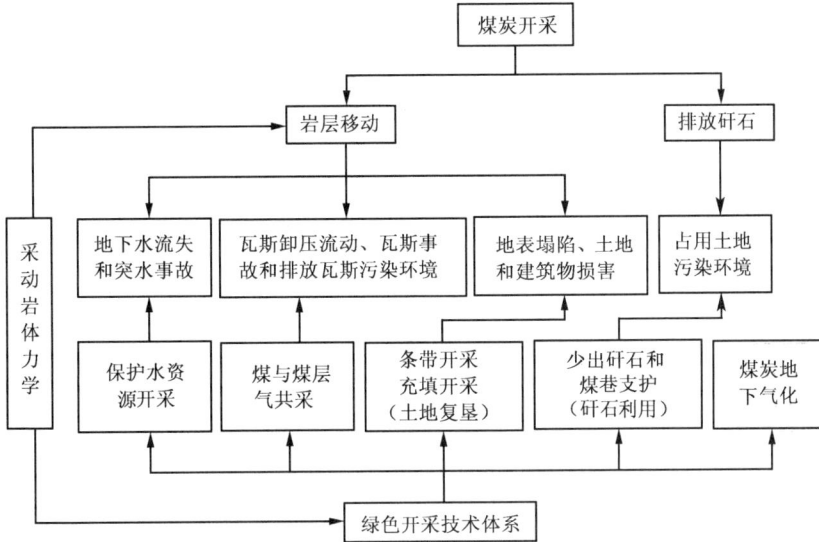

图 2 绿色开采技术体系

Fig. 2 Technology system of green mining

最小。其办法如下:① 在环境容量内采矿成本最低;② 以资源为代价,如采用留煤柱办法;③ 采用充填开采置换煤炭。因此,充填开采是保护环境的必然选择。主要研究方向:① 如何降低成本,如材料成本;② 如何利用岩层控制达到最小的充填量(条带充填,利用非充分采动等),保证岩层稳定。若以采用目前充填技术(高水、膏体和固体)维护原来的环境状态估计,则环境治理成本最高可达 60～100 元/t。

(2)保水开采

开采是一次大面积的疏干行为。很多实例均表明,开采常使泉水减少甚至断流。南方由于水资源丰富,环境容易修复,因此成本低;但在我国西北地区必须研究开采对隔水带的破坏和重新恢复的条件。开采对岩层裂隙场和地形的改变对地表水、地面植被和地下水径流的影响很大,因此要研究以砂和黄土等充填采空区以保护隔水带的可能和形成对开采的约束条件以保护水资源。

在没有隔水带或无法修复条件下,为了避免地下水的全部流失,应考虑将其保存在采空区或更深的裂隙岩层内,形成地下储水层而后再加以利用。

(3)开采沉降控制技术

我国东部地区村庄下压煤有上百亿吨,村庄下采煤和对人文环境的破坏常引发与农民的剧烈矛盾。

建筑物下条带(充填)开采设计的原则:构建"条带煤柱(充填)—上覆岩层—主关键层"结构体系。

关键层理论对建筑物下开采设计的原则:判别上覆岩层中的主关键层位置,在对主关键层破断特征进行研究基础上,通过设计条带煤柱(充填)或对覆岩离层注浆等技术手段,保证覆岩主关键层的破断和变形在建筑物允许范围之内以达到减沉目的。

（4）瓦斯抽采

瓦斯的温室气体效应是二氧化碳的 20 倍以上；瓦斯又是清洁能源；若治理不当，瓦斯还是重大安全隐患。90％的瓦斯均吸附在煤炭上，而游离瓦斯不到 10％，只有降低压力才能使吸附瓦斯变成游离瓦斯。

虽然我国在总体上瓦斯资源丰富，但我国大部分煤层透气性低 [0.005～0.100 $m^2/(MPa^2 \cdot d)$]，很难抽离。若以瓦斯含量 20 m^3/t 计，采集后全部发电价值仅为 30～50 元，比吨煤价值低很多，因而低透气性瓦斯是吸附在煤炭上难于采集和资源密集度低的伴生能源。因此，利用采煤时必然要进行的井下工程开采保护层扰动岩体以增加煤层透气性是抽采瓦斯最经济而有效的办法。

3.3 安全开采

图 3 表明，由于近 10 a 来在管理上的努力，我国的安全情况明显好转。我国的高产高效矿井安全状况已经达到世界先进水平（表 1）。应该认识到，我国绝大部分的安全事故均发生在乡镇煤矿（图 4）。

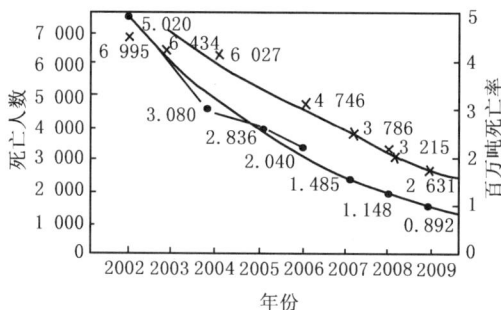

图 3　2002 年以来我国煤矿百万吨死亡率和死亡人数

Fig. 3　Million tons of mortality and the number of deaths since 2002

表 1　高产高效矿井的产量和安全状况

Table 1　Production and security of high-yield and high efficient mines

指　标	2002 年	2004 年	2005 年	2007 年
矿井数量/个	134	177	197	271
煤炭产量/亿 t	3.67	5.60	6.53	8.04
百万吨死亡率	0.082	0.064	0.045	0.040
全国百万吨死亡率	5.020	3.080	2.836	1.478

由于南方地质构造复杂引起的地应力和瓦斯涌出，安全生产难以驾驭，因此安全状况远不如北方。南方 9 省和北方 9 省安全生产状况的比较如图 5 所示。

在高产高效矿井的地理位置分布中，晋、陕、蒙、宁、甘占全国矿井的 55.42％，而华南仅占全国的 0.49％，说明目前的科学技术对华南矿井的地质条件难以驾驭；华东矿井面临向深部发展，要全面建设亦存在保证安全的难度。

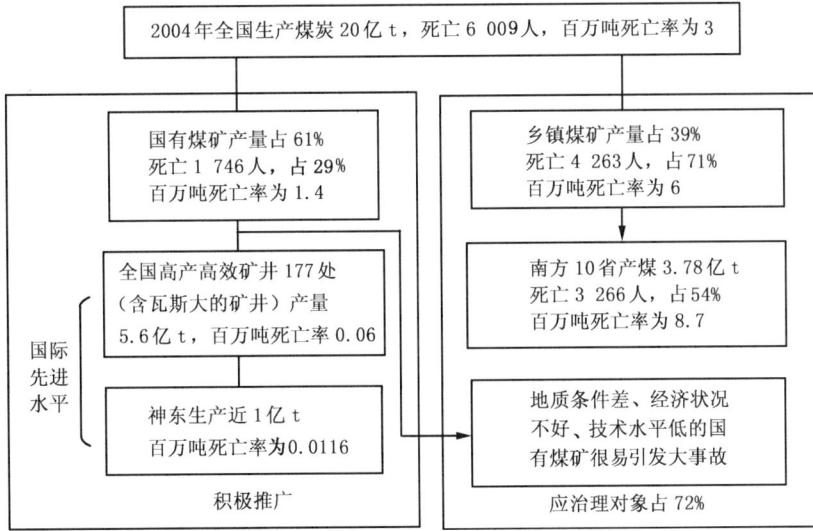

图 4 2004 年我国各类煤矿安全状况分析

Fig. 4 Analysis of various types of coalmine safety in 2004

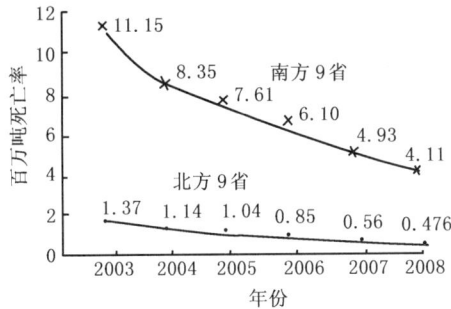

图 5 南方 9 省和北方 9 省安全状况比较图

Fig. 5 Comparison of security between nine provinces in
Southern China and nine provinces in Northern China

上述情况说明,安全成果不仅取决于管理,更取决于科技的驾驭能力和经济的投入。即安全的百万吨死亡率 $I = f(E, T, C)$。其中,E 为经济影响(允许的安全成本);T 为科技影响(机械化程度、瓦斯和地应力控制能力等);C 为管理水平(企业的进入门槛,对矿井安全水平的评估)。

由于管理得力,我国近期的安全生产取得了很大成绩,但百万吨死亡率每年的递减速度在降低,由 2002 年的 1.3 递减到近期的 0.26。因此,必须在科技和经济管理上取得进步和保障,否则百万吨死亡率只能在一定范围稳定,很难达到"零"死亡。

煤矿事故的发生使行业和国家付出了巨大的社会成本。随着我国国民经济在世界的地位不断递增,矿工的生命终将实现接近"零"死亡。因此,必须调配经济、科技和管理等要素,以实现安全生产,这需要列出与国际水平相衔接的时间表。

3.4 高回收开采——提高资源采出率

据测算,我国目前煤炭资源采出率平均为 30%,乡镇煤矿仅为 10%;共生、伴生矿的利用率只有 20%左右。为了减少资源损失,最有效的办法是提高资源的利用效率,以减少资源的开采量和使用量。此外,还要研制适用各种条件的开采方法及机械和装备,发展地下气化技术以回收残留煤柱。

3.5 经济开采

在市场经济条件下,采用先进的科学技术以降低成本始终是科学采矿的主题。

4 产能、完全成本和经济管理

4.1 关于生产规模——产能[4]

对于一个矿井而言,生产规模决定于资源、装备、经济、科技和人才,而地区的产量规模则还受环境的约束。科学产能与资源、科技和人才的关系如图 6 所示。

科学的产能,应该是指与环境容量相匹配的、具有持续发展储量和与赋存条件相适应的科学、安全和保护环境的技术,从而将煤炭最大限度采出的能力。

矿井的科学产能意味着"资源、人才及相应的科学技术和装备"均必须到位,是综合能力的体现。

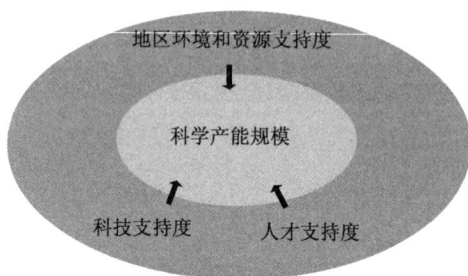

图 6 科学产能与资源、科技和人才的关系
Fig. 6 The relation of scientific capacity, resources, technology and human resources

乡镇煤矿和落后的地方经济+科技能力的缺失+产业的负外部性=落后产能。

由此而形成的低成本,虽在市场经济中获得了较强的竞争能力,但却使安全事故不断发生、资源和环境遭到严重破坏。

4.2 完全成本问题

煤炭的完全成本,应包括企业在生产、安全、环境、资源、发展和运输各环节投入的总和,其大小受矿区区位、资源、安全和环境条件的差别影响而存在很大差异。实现完全成本的难度和特点如下:① 开采形成的资源、安全和环境损失以及矿区资源枯竭后的转产有相当一部分难以评估的;② 这类成本存在很大的弹性和相对性;③ 随着经济发展,资源的稀缺性(回收率)和安全的以人为本(百万吨死亡率)以及人们对环境破坏和恢复的要求,使完全成本越来越高。完全成本是科学采矿的经济基础,它意味着科学采矿的实现。

4.3 "资源陷阱"和环境损失

落后地区的经济发展首先依赖的是开发资源,然后逐步大量聚集劳动力和形成城镇。若资源价格建立在不完全成本基础上(只破坏、不治理模式),产出地便形成大量隐形损失;若非煤产业得不到发展,经济结构不平衡,则这些城镇就难以由资源优势转变为经济优势。待到资源枯竭时经济势必下滑,留下一大批面临失业的矿工及其后代、破损的环境,缺失了发展经济的原动力,从而使当地经济落入困境——"资源陷阱"。因此,"资源陷阱"是管理的误区,是不完全成本、不合理价格和缺乏补偿机制的结果。

5 结 论

(1) 能源是制约我国经济发展的"瓶颈",而在能源中目前能够比较主动解决的是煤炭。面对低碳经济,利用和发展可再生能源是必然的选择。由化石能源为主过渡到可再生能源为主需要有一个相当长的时期,在这期间我国的能源基础仍然是煤炭。以科学发展观审视煤炭工业,保证其健康发展必将对国民经济和行业本身产生重要影响。实现以"完全成本"为基础的"科学采矿"和"科学利用"是必由之路。

(2) 煤炭是我国丰富的自然资源,是不可再生的耗竭性、稀缺性自然资源,自然只赋予我们一次,应该倍加珍惜。因此,必须在安全状况和损害环境最小的状态下取得和利用好煤炭资源。煤炭开采业是直接从自然界获取产品,开采活动对环境有很大影响,矿工的作业环境安全又难于控制,因而在环境与保证安全方面有明显的负外部性。管理不善势必形成不完全成本,从而很难实现全面的科学采矿。

(3) 煤炭利用对环境的影响比煤炭生产的影响更社会化,这也是煤炭成为主体能源的主要障碍。因此,需要在煤炭的科学利用上取得开创性成果。

(4) 基于煤炭工业产业特点而实现其科学发展,必须随时协调科学技术、经济和管理的关系,即必须认识到科技是第一生产力。目前,煤炭科技发展远远不能满足产量规模对安全、机械化和环境保护的要求。显然,要使煤炭在保护资源和环境、在安全生产上得到保证从而实现科学发展,必然要大幅度提升成本。

(5) 由于开采和环境条件千差万别,因此为了实现科学采矿,必须解决相应的科技难题。同时,必须客观地评价各类条件、实现科学采矿应付出的费用,以便正确地估算各类矿井的生产成本和进行分类管理。

(6) 为了使煤炭行业得到科学发展,人才是关键。在争取社会力量支持的同时,必须培养一支强大的懂得科技、经济和管理的人才队伍。由此,必须改变行业形象,凝聚社会的人才,来为我国的基础能源——煤炭服务。

参 考 文 献

[1] 中国科学院可持续发展战略研究组. 2007 年中国可持续发展战略报告[M].北京:科学出版社,2007.
[2] 钱鸣高.对煤炭工业发展的思考[J].中国煤炭,2005,31(6):5-9.
[3] 钱鸣高,许家林.煤炭工业发展面临几个问题的讨论[J].采矿与安全工程学报,2006,23(2):127-132.
[4] 钱鸣高.煤炭产业特点与科学发展[J].中国煤炭,2006,32(11):5-8.
[5] 刘传江,侯伟丽.环境经济学[M].武汉:武汉大学出版社,2006.
[6] 钱鸣高,许家林,缪协兴,等.煤矿绿色开采技术[J].中国矿业大学学报,2003,32(4):343-348.
[7] 钱鸣高,缪协兴,许家林.资源与环境协调(绿色)开采[J].煤炭学报,2007,32(1):1-7.

On Sustainable Coal Mining in China

QIAN Minggao

(China University of Mining and Technology, Xuzhou 221008, China)

Abstract:Aiming the position of coal in China's energy, and the effect of huge production capacity and industry negative externality on environment and safety, the connotation of sustainable mining and the requirements in management, technological and economic to achieve sustainable mining were fully expounded, and put forward the conditions of achieving scientific production. For the purpose of sustainable mining, complete cost of coal is necessarily required.

Keywords:sustainable mining; safety mining; negative externality; environment capacity; complete cost

论科学采矿①

钱鸣高¹ 缪协兴² 许家林¹ 曹胜根¹

(1.中国矿业大学矿业工程学院,江苏 徐州 221116；2.中国矿业大学理学院,江苏 徐州 221116)

摘 要: 针对我国煤炭产业现状和产业特点,提出了科学采矿的理念,全面阐述了科学采矿的内涵以及实现科学采矿对煤炭的成本和价格及国民经济的影响。科学采矿,是指实现既能最大限度地高效采出煤炭而又保证安全和保护环境的开采技术。科学采矿主要包括机械化高效开采、绿色开采、安全开采和提高资源回采率等方面。为了使煤炭开采业健康发展,必须实现科学采矿。要实现科学采矿,必然要求实行煤炭完全成本化,即煤炭成本应包括生产成本、安全成本、环境成本、资源成本、发展成本等方面。煤炭完全成本化必将对煤炭价格和市场及国民经济产生重大影响。

关键词: 煤炭产业;科学采矿;高效开采;绿色开采;安全开采;高回采率;完全成本

1 煤炭与主体能源

根据我国能源资源状况,2005 年的能源结构如下:煤炭占 69.6%,石油和天然气占 23.8%,水电和核电占 6.6%。2002 年,我国煤炭探明储量为 1 145 亿 t;我国常规可采石油总资源量为 114.9 亿 t,居世界第 9 位,人均资源量居第 41 位;天然气累计探明可采储量为 2.56 万亿 m³,居世界第 17 位,人均只是世界人均的 5%。随着勘探技术的发展,油、气储量虽然会得到进一步增加,但总产量 1.8 亿 t 左右不会有太大变化,至 2020 年缺口可达 3 亿 t(对外依赖达 60%)。随着国外油、气的大量开发,势必带来能源安全问题。能源是制约我国经济发展的"瓶颈",各类能源之中能比较主动解决的是煤炭。多年来,为保证国民经济高速发展,煤炭一直是在超能力生产,2006 年生产煤炭 23.25 亿 t,约占世界 1/3(35.5%)强。有关专家预测,到 2010 年我国煤产量 25 亿 t,2020 年可达 30 亿 t,2050 年煤炭在能源中的比重仍会到 50%,将主要依靠生态脆弱、运输成本高的中西部地区。

以煤炭作为主体能源,在主观上是因为我国煤炭储量丰富和经济发展对能源的迫切需求。在客观上煤炭能否作为主体能源,要从多方面加以审视,不仅仅要考虑从开采技术上能否为国家提供煤炭,而且还要考虑安全能否得到保障,环境能否得到保护,资源是否可以回收,能否实现既能最大限度地高效采出煤炭而又保证安全和保护环境的开采技术——实现科学采矿。为实现科学采矿所付出的经济代价,为采矿的完全成本。

① 本文发表于《采矿与安全工程学报》,2008 年第 1 期,第 1～10 页。

2 煤炭开采的负外部性作用

一般产业的科技水平直接与产品质量、数量和市场价格有关(图 1),而煤炭产业的特点则如图 2 所示。

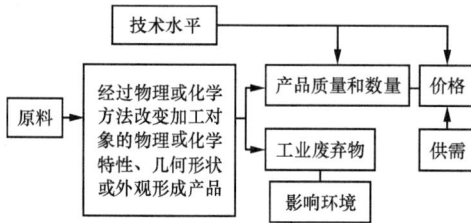

图 1 一般产业的特点

Fig. 1 The character of general industry

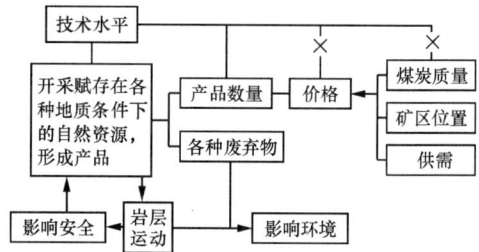

图 2 煤炭产业的特点

Fig. 2 The character of coal industry

(1) 产品是自然资源。煤炭开采业是直接从自然界获取产品,煤炭质量决定于几亿年的地质作用——沉积和变质过程,而不决定于开采技术。由于赋存条件(深度、地质构造、煤层厚薄及引发事故的可能性等)不同,开采方法的科技含量有很大差别。由此可见,生产成本与所开采的难度有关,开采技术水平仅与产品数量有关,与产品质量和市场价格无关。

(2) 对环境的影响。矿产资源与土地、水、植被等环境要素紧密相关,采矿活动必将直接构成对它们的破坏。采矿会引起地面沉陷,地下水系破坏,需排出大量矸石和有害气体以及很多难以处理的对环境有害的废弃物。由于各地区生态环境的差别,保护开采后的环境费用(外部成本)也不同。

(3) 煤炭开采是高危行业。在地质历史时期,我国大陆是由众多小型地块多幕次汇集而形成的,煤炭赋存地质条件复杂,由此带来了高地应力、高瓦斯、高地温等灾害,采动引起的高应力动力现象难以预防,客观上容易发生严重事故。煤矿井下作业环境又是人工开凿于地下的有限空间,有毒有害、易燃易爆气体和固体(煤尘)的混入人工调节十分困难,工作环境恶劣,属于高危行业。百万吨死亡率是衡量煤矿生产安全的重要指标。因此,井下工人越少越好,不应该将其视为解决劳动就业的场所,安全费用在成本中应该占很大比例。

统计表明,我国国有重点煤矿中,地质构造复杂或极其复杂的煤矿占 36%,地质构造简单的煤矿只占 23%;水文地质条件复杂或极其复杂的煤矿占 27%,属于简单的占 34%。

根据煤炭产业特点,煤炭企业管理首先遇到的问题是:用于煤炭开采本身的成本仅占一部分,大量的费用是保护资源、环境和安全的外部成本。管理不善带来成本中不包括这些难以商品化的各项费用,使内部成本外部化——形成不完全成本和低廉的煤炭价格。同时也使资源输出地承受外部成本而导致经济得不到发展,成为"资源陷阱"。

经济学中提出"市场失灵"的一种表现是"外部性",它是指一种消费或生产活动对其他消费或生产活动产生的不反映在市场价格中的间接效应。

由于煤炭产业的特点,在管理失控情况下,乡镇煤矿为了扩大赢利空间,经济状况差的国有煤矿为了生存,常以牺牲安全、采肥丢瘦和破坏环境为代价而获得低成本(如成本仅为 55 元/t,煤炭回收率为 10%～15%,高死亡率),从而将内部成本转化为社会成本;而在同样条件下的国有重点煤矿生产成本达 150～250 元/t,由此形成不公平竞争。

显然,采矿工程需要以科学开采为基础,即以实现安全、保护资源和环境等全部为采矿工程学科的基础。

为实现科学开采所支付的总费用即为完全成本。

3 科学采煤的主要方面

我国煤炭的开采量已经超过世界的三分之一,同时开采条件差别很大,因此在煤炭开采的科学和技术方面理应处在世界前沿,即不仅应达到世界水平,而且要解决世界上难以解决的问题。实现科学采矿,是采矿者的责任。

实现煤炭科学开采的技术主要体现在以下几方面:

① 机械化开采以提高效率;

② 保护环境;

③ 安全生产;

④ 提高资源采出率;

⑤ 采用先进科学技术以降低成本。

若不在这些方面进行管理,必然不是科学采矿,而是在利益驱动下的野蛮采矿。

因此,煤炭工业的科学技术和管理目标就是要实现安全、清洁和节约生产的可持续发展。

3.1 煤炭生产机械化

由于井下的工作环境特殊,煤炭开采健康发展的重要标志是机械化。煤炭生产机械化可降低劳动成本和百万吨死亡率。高度机械化的矿井劳动成本仅占 2%～3%,中等机械化的可达 12%～16%,机械化程度差的占到 30% 以上。

对国有重点煤矿的采煤机械化程度和百万吨死亡率统计表明[1]:机械化程度和装备水平越低,安全情况越差(图3)。

采煤机械化程度全国平均仅为 45%,国有重点煤矿为 82.72%,乡镇煤矿几乎没有机械化开采。全国约有 200 万以上的矿工还在从事手工采煤。由于煤矿地质条件复杂、生产规模不同,因此需要各类机械满足全国采煤的要求。

驱动企业提高机械化程度的动力,是不断提高的劳动和安全事故补偿成本。

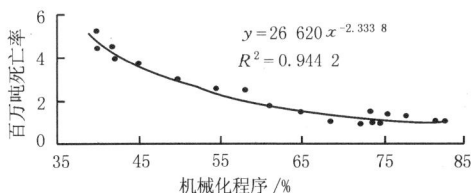

$y = 26\,620\,x^{-2.333\,8}$
$R^2 = 0.944\,2$

图 3 国有重点煤矿采煤机械化程度与
百万吨死亡率的关系

Fig. 3 The relationship between mechanized grade and death rate in state-run coal mines

3.1.1 国有重点煤矿的高效生产

全国极少数矿井已建成世界一流的高

产高效矿井,为煤炭工业做出了榜样。

(1) 神东矿区 2005 年煤产量达 1 亿 t,职工总数 7 500 人,全员工效 119 t/工,是美国平均水平(41.73 t/工)的 2.5 倍,是国有重点煤矿(3.739 t/工)的 31 倍。其中,哈拉沟煤矿全员工效达 189 t/工,矿井控制系统已实现自动化。

(2) 我国研发的放顶煤开采技术已在很多矿井实现高产高效。如兖州东滩煤矿年产原煤 800 万 t,一井一放顶煤工作面年产 600 万 t,回采工效 300 t/工,原煤生产工效 18～20 t/工。潞安王庄煤矿 4326 放顶煤工作面最高月产量达 35.3 万 t。潞安矿业集团 2003 年产煤 1 700 万 t,原煤生产工效 13.484 t/工。

(3) 薄煤层开采取得了一定进展。辽宁铁法煤业集团使用国产液压支架、德国 DBT 公司生产的刨煤机和电液控制系统,在煤厚 1.5 m 时平均日产煤 3 712 t,最高达 6 480 t,生产能力可达 120 万～150 万 t/a。它也是实现薄煤层无人工作面开采的前奏。

枣庄田陈煤矿用国产综采设备开采 1.1 m 厚的煤层,最高日产达 3 504 t,基本达到了年产百万吨能力。

新汶矿业集团对薄煤层进行了钻采法试验,取得一定成效。

(4) 最近发展的短壁和房柱开采机械对提高矿井残留煤柱回收率有益。

3.1.2 乡镇煤矿面临发展机遇

处在地方经济不发达地区的乡镇煤矿,在产权不清晰、管理不到位的情况下大量使用工资低廉的农民工,从而阻碍了机械化发展。因此需要有效的管理办法,使其实行科学采矿。

由此可见,机械化、自动化开采是矿业科学发展的根本性指标。

我国是煤炭资源和煤炭生产大国,必然需要先进的煤矿机械以适应高度机械化矿井的需要,而且要形成无人工作面开采技术,以便在特定条件下使用(如薄煤层,在煤与瓦斯突出厚煤层本层保护层等)。随着乡镇煤矿的整顿和走上正规化,必然需要发展各种能力和形式的采煤机械,以与我国复杂地质条件相匹配。目前我国的煤矿机械制造远远不能满足实际需要。

3.2 煤炭开采中的环境保护

3.2.1 认识、理念、基础和原则

(1) 认识

① 环境是一种资源。自然环境是亿万年来自然力作用的结果,破坏后很长时间难以得到恢复,因而具有不可逆性。矿产资源与土地、水、植被等环境要素紧密相关,大规模地采矿必将直接构成对环境的威胁和破坏。

② 环境容量。环境通过各种各样过程转化人类生产和消费产生的废弃物的能力,称为环境的自净能力。

(2) 理念

根据矿产资源开发的正负价值两面性,应遵循自然规律、尊重自然意志,在人类向自然索取的同时时刻不忘回馈自然和养护自然,从而在人类和自然之间建立起复合的生态平衡机制。

(3) 基础

开采对环境的影响直接与采动后岩体运动有关,没有岩层运动也就没有环境破坏。因此,研究开采后岩层运动规律是保护矿区环境的基础(图4)。

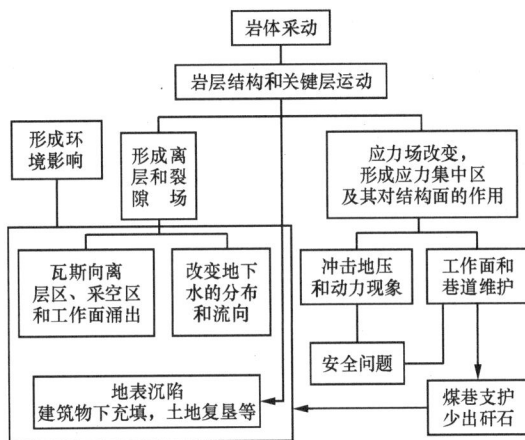

图 4 煤矿开采安全、环境与岩层运动的关系

Fig. 4 The relationship among mining safety,environment and strata movement

(4)原则

依靠科技进步,力求在环境损害最小状态下达到最大的资源回收率。即如何在损害环境最小的状态下取得最大量的资源:环境损害/单位资源 —→ 最小。

过去由于环境资源没有进入经济系统的分析过程,导致环境不断恶化,环境资源稀缺程度不断提高。由此生产与环境协调的技术创新就成为社会的甚至市场的必然需求。

因此,必须形成矿区环境容量和环境评价体系等计算方法。

3.2.2 资源与环境协调的绿色开采体系

要实现资源与环境协调(绿色)开采,其技术途径如下[2-3]:

(1)实施保水开采技术,进行水资源保护;

(2)实施充填和条带开采技术以保护地表建筑物,同时实施塌陷区治理——土地复垦;

(3)实施少出矸石技术(煤层巷道支护,矸石井下充填)和矸石地面利用技术(制砖,作复垦材料等);

(4)全面实施瓦斯抽采,实现煤与瓦斯共采技术;

(5)地下气化技术。

其技术体系如图5所示。

3.2.3 瓦斯(煤层气)抽采

低透气性煤层气(瓦斯),是吸附在煤炭上难于采集、资源密集度低的伴生资源。利用必然要进行的井下工程先采瓦斯而后采煤,以及利用岩层采动采集释放的瓦斯是最经济而有效的办法。

(1)认识过程

① 瓦斯是灾害。煤矿重大灾难源是瓦斯,因此对瓦斯的定义是:矿井中主要由煤层气构成的以甲烷为主的有害气体。

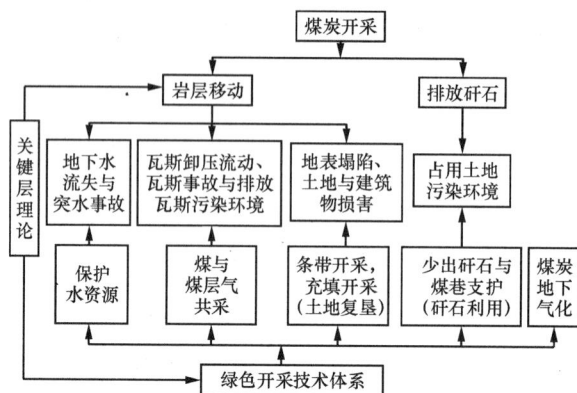

图 5　绿色开采技术体系

Fig. 5　The system of green mining technology

② 瓦斯是能源。1 m^3 瓦斯的发热量为 35.6 MJ，相当于 1.2 kg 标煤，可发电 3～3.5 kW·h。在烟煤和无烟煤煤田中，我国埋深 300～2 000 m 范围的煤层气资源有 31.46 万亿 m^3，相当于天然气的储量。

③ 低透气性煤层瓦斯是一种吸附在煤炭中难于采集、资源密集度低的伴生能源。瓦斯大部分吸附于煤炭表面(80%～90%)，游离瓦斯仅占 5%～12%。大部分煤层透气性低[0.005～0.1 m^2/(MPa^2·d)]，很难抽离。以瓦斯含量 20 m^3/t 煤计，相当于 24 kg 标准煤/t 煤，全部发电价值仅为 30～50 元，比吨煤的价值低几十倍。

(2) 治理和利用瓦斯的科学技术难点

瓦斯解吸技术——瓦斯在煤体上的吸附主要受压力和温度影响，当压力减小或温度升高时，吸附瓦斯形成解吸，转化为游离瓦斯。但如何才能形成瓦斯解吸的压力和温度环境呢? 另一办法是置换。最近，美国在抽采瓦斯时注入 CO_2 使瓦斯抽采量提高，有时产量可以增加 10 倍。但 CO_2 对采煤又有什么影响?

瓦斯回收技术——采集的瓦斯，尤其是采空区的瓦斯中混有空气，其中氧气是危险的助燃物质，因而称为含氧煤层气。它可对输送和利用形成阻力，只能就地使用或放空。因此，低含量瓦斯的利用和提纯成为关键技术。目前已在四个方面进行研究:变压吸附、膜分离、燃烧脱氧和低温精馏分离。我国采用低温分离将瓦斯从含氧煤层气中分离和液化已获得成功，问题在于成本。

对大部分低透气性煤层，即使瓦斯含量相对较高，其抽采难度和利用成本均不一定具备商业价值。因此首先考虑的应该是解决安全和环境的社会效益。

(3) 两种抽采方式的争议

① "先地面采气，后地下采煤"——条件是煤层透气性好，在煤炭开采以前在地面钻井抽采瓦斯。即使如此，一口井投资 260 万元，日产气仅 2 000 m^3，抽采半径很小。一口天然气井日产量可达数百万立方米，煤层气水平井在晋城矿区产量为 2 万～3 万 m^3/d。地面采气 40 亿 m^3，投资 120 亿元(3 元/m^3)，还存在着很大风险。

② "先利用井下工程抽采瓦斯而后采煤"——我国大部分煤层透气性均极低，按照美

国标准,地面抽采瓦斯时煤层透气性不得低于 0.987 mD,因此我国大部分矿区均不能先在地面采集。由此"利用必然要进行的井下工程抽采瓦斯而后采煤"是最经济而有效的办法。其方法是在本层打排孔抽采,利用岩层运动解除应力抽采采空区和废弃矿井释放的瓦斯和回风并回收瓦斯技术。这样采气 15 亿 m^3,投资仅为 9 亿元(0.6 元/m^3,是地面采气的 1/5),且风险小。

应该说,大量的瓦斯是由排风井排出的低体积分数(0.5%~1%)瓦斯,如何回收利用风排低含量瓦斯应该尽快进行研究和试验。

以德国为例(煤与瓦斯共采)。据 1998 年统计,德国全年煤矿瓦斯产量达 10.19 亿 m^3,其中:生产矿井抽采 3.72 亿 m^3(36.5%),通风井回收 4.67 亿 m^3(45.8%),报废矿井回收 1.8 亿 m^3(17.7%)。实质上包含了煤与瓦斯共采的 3 项技术。

3.2.4 保护水资源

科学问题:开采引起大范围岩层移动所形成的裂隙场的形态及其对地下水系渗漏、流动及对水资源和生态带来的影响。

我国水资源分布很不均衡,且水资源与煤炭资源呈逆向分布。大概有 70%的矿区缺水,尤其是"三西地区"缺水更为严重,大量使用地表水和地下水必将对当地生态产生严重影响。对于缺水地区,保护水资源是煤炭开发和生产中的关键问题。

开采对水资源的影响随地区和上覆岩层隔水特性而异:

① 在一些地区可以进行河湖海下采煤,显然这些地区开采对水文地质影响不大;

② 在一些地区(如我国东部)开采后地面形成水洼,说明上覆岩层隔水良好;

③ 在一些地区(如我国中西部)开采后地面形成塌陷但并不积水。此时就有可能造成水文地质条件改变,甚至使地下水流失,从而影响植被和产生荒漠化。

几点认识:

① 保水开采必须研究开采后岩层运动对水文地质条件变化的影响。

② 在我国西北地区,必须研究所开采的煤层是否有隔水带、开采活动对地下水的破坏形成的漏斗以及在降雨水后的恢复过程、开采对岩层裂隙和地形的改变及由此对地表水、地面植被及地下水径流的影响,甚至要研究再造隔水带的可能。

③ 依此理论有助于明晰地下水是全部流失还是保存在更深的岩层内、形成地下储水层而后再决定利用方式。

3.2.5 减沉技术

减沉技术属力学研究范畴,常用长时间的统计方法描述岩层沉降。随着开采向深部发展,原有的办法已难以使用。为此需要形成开采影响预测、减沉技术的力学原则和一套设计方法,以解决控制对象(地面和建筑物等)和煤柱及充填体的稳定性问题。

采矿对环境最大的破坏是地面沉陷,在我国东部地区则是直接破坏良田。其处理办法是复垦和减沉,大量破坏的农田需依靠复垦解决。而建筑物下采煤则要依靠减沉——条带和充填开采解决。

建筑物下条带(充填)开采设计的原则是:构建"条带煤柱(充填)—上覆岩层—主关键层"结构体系。

关键层理论对建筑物下开采设计的原则为:判别上覆岩层中的主关键层位置,在对主关键层破断特征进行研究基础上,通过设计条带煤柱(充填)或对覆岩离层注浆等技术手段,保证主关键层的破断和变形在建筑物允许范围之内以达到减沉目的。

我国东部地区建筑物下的呆滞煤量很大,因此利用矸石和其他废弃物充填以置换煤炭势在必行。

充填技术是一种成熟的技术。煤矿研究的主题是如何降低充填成本和选择各类充填置换方法以获得最大的利益。

3.2.6 矿井矸石的处理和利用

科学问题:由于煤矸石对环境的恶劣影响,应该首先实行矸石在井下处理;其次是进行矸石利用。从开采技术而言,要多开煤巷和发展矸石井下充填技术,随后即是如何应用矸石充填以置换煤炭,这方面涉及矸石充填的密实度、煤柱的稳定性和地面控制等技术问题。

煤矸石给自然环境造成的灾害主要表现在以下几个方面:一是大量占用土地面积。二是对自然环境造成严重污染。煤矸石中的含硫矿物被雨水浸湿后加速氧化过程,能引起煤矸石山的燃烧,生成 SO_2 等大量有毒有害的气体和粉尘,从而对周围环境和地表水造成严重污染。三是矸石山滑坡、崩塌等,造成地质灾害。

值得提出的是,最近邢台等矿业集团为了矸石不上井,用矸石在井下直接充填废旧巷。他们于 2004 年自行设计和制造了井下巷道矸石输送机和井下巷道抛掷矸石后减少沉降的注浆充填机械。在煤矿井下处理矸石,对形成绿色矿山有重大意义。

认识:鉴于全部充填会提高开采成本,因此矸石充填主要目的在于解决环境保护问题,附带利用其置换煤炭。应该研究矸石充填的密实程度对控制地面沉降的作用及其对煤柱稳定性的影响。

我国开采条件的多样性导致煤炭的"绿色开采技术"是永恒和必需的主题,体现其复杂性和前沿性。

不仅要形成各项技术,而且还要估算其在成本中的比例。

3.3 煤矿安全生产

统计表明[4-7],乡镇煤矿安全事故死亡人数占全国煤矿总死亡人数的 70%,国有地方煤矿占 15%,国有重点煤矿占 15%。顶板和瓦斯事故死亡人数约占总死亡人数的 70% 左右。死亡人数中:乡镇煤矿占 70% 以上,国有地方煤矿和国有重点煤矿各占 10% 以上,其中瓦斯事故国有重点煤矿占比例较大。2005 年全国瓦斯事故死亡 2 157 人,冒顶事故死亡 1 995 人,水害事故死亡 593 人,运输事故死亡 559 人。2006 年全国死亡 4 746 人,百万吨死亡率为 2.04,比 2005 年下降 27.4%。我国不同类型煤矿事故对比如图 6 所示。

安全是个系统工程,需要科学技术、劳动者和干部的素质和管理等方面的保障。

随着和谐社会的建设,矿工的劳动进一步得到尊重,待遇和安全费用都会进一步增加,必然导致安全自然条件差矿井的关闭和发展高产高效矿井的建设。

我国煤矿发生事故最多的是乡镇小煤矿,而南方各省煤矿事故尤多。南方十省由于地质条件复杂、开采技术难度大、科技人员缺乏、矿机械化程度低、安全装备落后,矿井生产规模比较小,小煤矿居多。南方十省煤炭产量约为 2 亿 t,死亡人数却占全国的 1/2。湖南 2003 年生产煤炭 4 800 万 t,死亡 600 人;而兖矿产出相同量的煤,仅死亡 6 人。

2005年,我国197处煤矿产煤6.3亿t,百万吨死亡率为0.04。根据煤层安全生产条件,有些矿井的安全费用在吨煤成本中达到52元。据调查,我国国有重点煤矿的安全欠账曾高达689亿元。

显然,为了保证安全,必须根据矿井条件使安全费用在成本中占重要地位。而且随着和谐社会的建设,矿工的劳动将进一步得到尊重,安全的要求更高,若要使煤炭行业脱离高危行业,安全费用在成本中所占比例应更高。

安全生产的决定因素如下:

① 决定于煤层赋存的致灾条件;

② 决定于有否解决灾害的技术能力和装备;

③ 劳动者和技术干部的素质;

④ 行业和企业的经济环境和管理水平。

安全事故分易控和难控两类:

治理对象

2004年全国产煤20亿t,死亡6 000人,百万吨死亡率为3	南方十省产煤近2亿t,死亡3 000人,约占全国的1/2,百万吨死亡率为15
国有煤矿产量占61%,死亡1 746人,百万吨死亡率为1.4	全国乡镇煤矿产量占39%,死亡4 263人,占70%,百万吨死亡率为6
全国高产高效矿井177处(含瓦斯大的矿井)产煤5.6亿t,百万吨死亡率为0.06	地质条件差(瓦斯和地应力复杂),经济状况不好,很易引发大事故

图6 我国不同类型煤矿事故的对比

Fig. 6 Comparison of different types of accident in Chinese coal mine

易控不安全因素——目前,大量的死亡事故是冒顶事故,从技术上只要开展机械化开采和推广支护质量检测即可以顺利得到解决。

难控不安全因素——煤层赋存条件决定开采时对安全控制的难易程度。采矿的动态过程导致应力场不断变化,高应力及其形成的能量是发生动力的根源,遇到地质变化和小构造等地质现象时很容易发生事故。我国煤层属高瓦斯煤层且透气性低,难于抽采,因此对这类矿井必须开发有关的检测技术,使工作面前方一定范围(如30～50 m)内应力、瓦斯、地下水和地质构造情况清楚,对可能产生的动力现象进行可靠预测。而这项科学技术,亦是世界未解决的难题。

安全生产的科学技术难点:难控制的不安全因素除瓦斯、粉尘、火等外,大部分均与岩层内的高应力场及其形成的能量和对煤岩体(地质异常体)及瓦斯可能产生的动力影响有关。在这方面,目前尚缺乏有效的预测、检测技术和控制手段。

3.4 提高资源回收率

煤炭及其伴生矿是自然界上亿年形成的不可再生资源,应倍加珍惜。据测算,我国目前煤炭资源回收率平均仅为30%,乡镇煤矿仅为10%。共生、伴生矿物的利用率只有20%左右。其主要原因是资源廉价甚至无偿占有,例如乡镇煤矿就是以损失资源为代价而获取利润的。为此,提高煤炭资源回收应采取以下办法。

(1)资源有偿使用。资源应该有偿使用,其价格应该根据煤层赋存条件、开采方法和对安全控制的难易程度、对环境的影响和所在的区位而定,由此使煤炭企业之间进行公平竞争。

资源的廉价或无偿使用必然带来浪费和效率低下,矿产资源开采粗放,势必鼓励浪费资源的生产和消费方式。

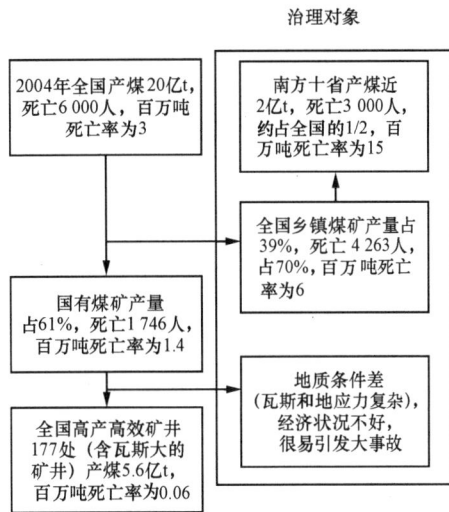

另一方面,资源资产化有利于实现因资源流失而得到补偿。

实现资源有偿使用的关键要形成比较实用的评价体系。

(2)要研制各种条件下的开采方法和机械装备。开采方法如薄煤层高效开采技术;目前正规条件下采区回采率比较高(75%),但矿井回采率仅50%左右,因此要发展边角煤柱的回采技术,如房柱和短壁开采等。

(3)发展地下气化技术等回收残留煤炭。

4 完全成本和经济管理

4.1 关于产能

产能,是指在有保证持续发展储量前提下,用高效、安全和环保的方法将资源最大限度采出的能力。产能意味着"资源、人、科学技术和装备"都必须到位,是综合能力的体现。

我国煤炭产量由2000年的10亿t到2005年的20亿t(乡镇煤矿占38%),5年增加了10亿t。若按照科学采矿(安全生产、保护环境和保护资源)要求,目前我国的科技力量、干部配备和机械化要求的综合能力最多只能满足1/2要求。乡镇煤矿的"产能"在发达国家是不能实现的,它是以安全、资源和环境作为代价而换取的,只能作为补充。显然,这样的"产能"不仅不可持续,还直接影响整个行业的形象、社会地位和煤炭应有价格。若要在5~10 a内实现科学采矿,除资源量外,科学、技术、装备和人才都必须达到标准。目前制定的规划大部分仅考虑资源。

4.2 开采成本问题

要实现科学采矿,必须解决煤炭开采中劳动保护、安全、环境和保护资源等问题。而科学采矿的各项技术,绝大部分要增加生产成本,由此提出了完全成本(资源、环境、生态成本、转产成本再加上原有的"生产成本")概念。而完全成本的形成,将随着对环境、安全等标准的提高和该地区开采后的环境及生态治理难度的增加而变化。显然"完全成本也意味着科学采矿的实现"。原有的乡镇煤矿将不复存在,从而影响着产能,而企业成本的增加必然影响市场价格。

实现此目的要解决:

① 如何使劳动保护、安全、环境和资源商品(价格)化。

② 如何对因条件不同而导致完全成本有很大差异进行分类管理。

③ 如何确定对安全(百万吨死亡率)和环境与资源的保护程度和标准。显然,标准要求越高,成本越高。

随着国家经济发展,社会对资源、安全和环境等要求更严格。例如:

安全成本——有的矿达到52元/t,一些难以治理的矿井可能还要高。

环境成本——有人以榆林地区为例,按开采对土地、水质、大气和人力资本的影响,2003年环境成本达52.88亿元,合74.18元/t。环境损失占当年GDP的18.83%。

表1所示为目前一般条件下部分高产高效机械化矿井的不完全成本构成。表中矿区成本是平均数,各矿的成本由176~353元/t。由此成本可以看出,安全费用占成本的12%,在一般条件下就可以使百万吨死亡率降低至0.06。另外,成本之中虽然包括了安全和部分环境保护内容,但缺少资源的有偿使用、转产和大量环境保护费用等;工资在成

本中的比例却高达 30%。

表 1　某矿区煤炭生产的成本构成

Table 1　Constitution of coal producing cost in a certain mine field

单位:元/t

成本项目	材料	工资	职工福利	电力	折旧	井巷和维简	安全	新井建设	修理	塌补	其他	合计
某矿区	46.72	84.18	72.50	13.28	14.20	15.00	33	8	6.93	10.00	38.38	276.94
某矿	67.10	57.03	10.50	8.54	9.95	8.53			5.20	12.04	83.74	280.62
某矿	25.91	30.08	4.21	6.36	4.61	8.50			2.28	12.00	58.01	151.95

根据上述有可能出现的完全成本,可以将煤矿分为 A、B、C 三类,各类可能估计的完全成本为 200~400 元/t,如表 2 所示。

表 2　按生产成本的矿井分类

Table 2　Classification of coal mines by producing cost

类型		生产条件		安全条件		环境条件		完全成本
		简单	复杂	简单	复杂	简单	复杂	
A		●		●		●		最低
B	B1	●		●		●		中等偏低
	B2		●	●			●	或偏高
C			●		●		●	最高

在德国,煤矿地质条件复杂,劳动工资高,矿井安全保证(德国煤矿生产的事故率仅为每百万小时 22 起,低于建筑行业每百万小时 40 起事故的水平,与化工行业每百万小时 17 起事故基本持平)和环境保护(应用充填技术)要求高。考虑完全成本后,开采的吨煤价格高达 110 美元,而美国的开采成本为 20 美元、市场价格为 60 美元。

以前,德国政府每年为煤炭开采业提供 25 亿欧元作为补贴。德国现政府认为,这违背"市场经济规律"。虽然德国拥有 2 300 亿 t 的煤炭地质储量,但现有的最后 8 家煤矿亦将在 2018 年前关闭。

完全成本与不完全成本对煤炭价格和经济影响的对比如图 7 所示。

由此,若考虑科学采矿,大部分煤炭企业的完全成本就可能达到 300~400 元/t。这与酝酿出台的有关煤炭产业政策——将足额核算安全、资源、环境、劳动力和转产成本相比,在现有生产成本不分类情况下要普遍增加 70~80 元/t,两者基本接近。若如此,由于平均到港煤价为 450 元/t,则对于使完全成本达到 350 元/t 开采条件的矿井就难以为继,或者无法实现科学采矿。煤炭是我国的主体能源,每年以上亿吨产量递增,而且主要是依靠生态环境脆弱、区位没有优势的中西部地区。这样又如何实现科学采矿? 现实是:在不完全成本下,煤炭行业尤其是国有企业本身并不处于良好经济环境下。而对于西部甚至中部,由于没有区位优势,运输成本增加,因此要保证科学采矿的完全成本就难以实现。再加上很多国营企业历史遗留问题还未理清和完全解决,煤炭行业赢利能力必将下降。

显然,为了保证安全和环境保护等要求所形成的完全成本,必将影响煤炭价格,并将传导到能源和国民经济的全局。

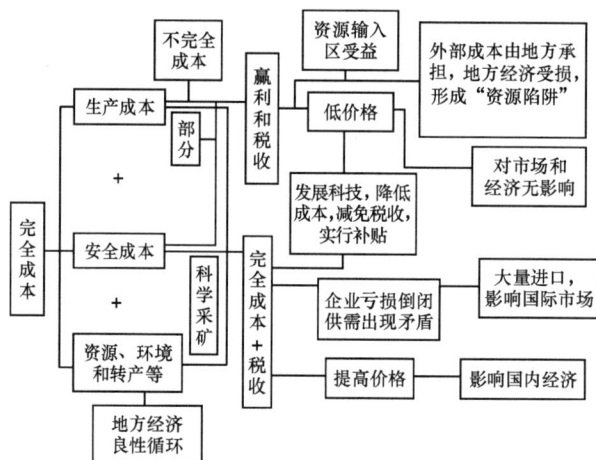

图 7　完全成本与不完全成本对煤炭价格和经济影响的对比

Fig. 7　Comparison between complete cost and incomplete cost to coal price and economy impact

鉴于煤炭价格的变化将影响国民经济全局,若维持原来价格,必然使很多企业在经济上难以为继。结果是:

① 形成严重的供需矛盾;

② 企业为了维持和得到应有的利润,在管理难以完善的情况下将千方百计采用不科学的办法以降低生产、安全和环境成本。

因此,为了实现科学采矿和国民经济的稳定,应该考虑煤炭产业特点实施分类管理。另外,考虑到煤炭作为初级产品对国民经济和各行业的贡献作用,对环境治理等方面应让以煤炭作为原料进行加工的最大受益者分摊部分费用和做出一定补偿(即资源输入区对资源输出区的补偿),或者政府用补贴和减免税收的办法加以解决。这样也可弥补分配上的部分不公平,以帮助矿区环境治理步入良性循环。

4.3　"资源陷阱"问题

我国资源城市和地区的历史经验说明,某些自然资源比较富集的地区,由于价格建立在不完全成本基础上,结果是贡献了外部(社会)成本——安全、资源和环境,产业结构演进受阻,经济得不到相应发展,从而落入"资源陷阱",难以由资源优势转变为经济优势。

4.3.1　资源地区经济

以山西省为例,全省人口 3 000 万,是煤炭大省,产量的 80% 外销。人均 GDP 1970 年为 113 美元(全国第 8 位),2001 年为 660 美元(全国第 21 位)。

从《2007 年中国可持续发展战略报告》分析可知,山西的经济情况并没有根本好转。

国外的经验值得借鉴——英国最初是世界产煤大国,产量占世界的 1/3 强,出现了一批煤炭城市。随着产量由 3 亿 t 下降至 1990 年的 8 930 万 t,原来繁荣的矿区成为萧条区,矿工大量失业,政府将这些地区确定为特别开发区,给以额外的资助和减免政策,以鼓励相关企业进入,以使其保持繁荣。

4.3.2　煤炭行业经济现状

由于地方以煤矿作为劳动就业场所,致使很多煤矿企业背负着沉重的人员包袱(表面上地方得益)而无法发展。当前要落实科学发展观,实现节约、安全和清洁生产,由资源优势转变为经济优势,这就使煤炭企业在经济和责任等很多问题处理上处于两难境地。

以山西省为例,国有重点煤矿的机械化程度达 90% 以上,原煤工效达 6.1 t/工。显然,生产 2.66 亿 t 煤炭只需要 13 万人,而实际情况见表3。

表3 山西不同类型煤矿产量与从业人员

Table 3 The output and employees of different type of coal mines in Shanxi province

	从业人员/万人	年产煤炭/亿 t	平均/[t/(a·人)]
国有重点煤矿	51.1	2.66	520
地方国有煤矿	18.8	0.86	457
乡镇煤矿	27.7	1.90	686

以大同为例,大同市年产煤近亿吨,按现代化矿井从业人员标准只需要 1～2 万人。而大同现在的情况是从业人员为 20 万人,其中包括办社会人员、学校、医院,还有公安、消防等。同时供养矿区人口达 70 万人,每年工资性支出 30 亿元,致使国有煤炭企业只能保持低工资水平,处于工业各行业的第 46 位。

另外,还需要解决企业办社会的问题。煤矿的经济实体与煤矿所在地(偏远,经济不发达)形成明显反差,致使企业很难剥离其社会职能,主要体现在以下方面:

① 下岗职工和分离职工再就业难度大,分离办社会职能必然涉及大量职工失业;

② 由于受到诸多因素的困扰,地方政府的财政收入无力接收煤矿分离出的社会职能;

③ 由于当地经济不发达,社会需求较小,国有煤炭企业所办的辅业若脱离母体将难以生存;

④ 相关政策不配套,制约了国有煤炭企业分离办社会职能的步伐。

4.4 市场经济和政府行为

在现实经济活动中,完全竞争的市场机制不可能存在,因此就可能出现"市场失灵",从而成为政府作为调控主体参与和干预市场的理由。在宏观经济上表现为处理分配和经济稳定,在微观经济中则表现在处理垄断和不正当竞争以及经济的外部性等。

煤炭是主体能源,产业运行状况必将影响国民经济发展。因此,政府在宏观调控和微观管制上干预是必然的,如通过税收、补贴等实现再分配;制定政策以减少资源的掠夺性开采、破坏土地和环境等负外部性,实现科学采矿。

煤炭产业正处在变革时期,为此,各煤炭企业首先应该依靠自身和利用社会有关经济管理力量对煤炭企业应该采取的税收政策进行评估并提出可能存在的利和弊,然后汇集到行业进行科学论证,以作为政府制定政策的根据。这显然是保证煤炭企业健康发展的重要内容。

5 结 论

(1)在相当长的时期内我国的能源主体仍然是煤炭,因而如何保证煤炭工业健康发展必将对国民经济产生重要影响。为了使煤炭工业走资源利用率高、安全有保障、经济效益好、环境污染少和可持续的煤炭工业发展道路,实现科学采矿是必由之路。

(2)煤炭企业的产生是直接从自然界获取产品,为后续能源和加工制造业提供原料,同时又是对环境有很大影响、安全难以控制的第一产业。煤炭是自然资源,煤炭质量与开采技术无关,若管理不善,很易形成不完全成本。煤炭开采的科学技术主要体现在安全、高采出率、保护环境和机械化高效开采等方面,从而形成完全成本。

(3)为了实现科学采矿,必然要客观地评价实现科学采矿应付出的费用(技术、装备、材料和人力等),以便正确地估算各类矿井的完全成本。目前,煤炭企业要实现完全成本,必然会影响其经济环境。为了使企业得到健康发展,只能经过有关经济和技术专家(尤其是从事煤炭行业)研究其规律,由国家统一考虑对能源的需求、全球能源市场,处理好国家、地方和企业的利益关系,制定有关经济政策,使企业有一个宽松的经济环境来解决科学采矿的有关问题。

(4)应该认识到:煤矿生产是高危作业。随着我国经济的发展,彻底抛弃落后的掠夺式的生产方式,提倡科学采矿已成为可能。当前煤炭企业正面临重大改革,大型煤炭企业是煤炭生产的主体,由于我国煤层赋存和安全条件千差万别,应采用高科技积极支持高效、安全、高回收率和注意环境保护的现代化生产。乡镇煤矿的发展是我国地方经济影响的结果,由于掠夺式开采对安全、资源和环境的影响,它只能是产量的补充。没有科技的采矿只能是野蛮的掠夺式采矿,因此必须根据煤炭产业特点、采用经济手段和制定相关法律法规促使乡镇煤矿实行科学采矿和健康发展。

参 考 文 献

[1] 钱鸣高,许家林.煤炭工业发展面临几个问题的讨论[J].采矿与安全工程学报,2006,23(2):127-132.
[2] 钱鸣高,许家林,缪协兴,等.煤矿绿色开采技术[J].中国矿业大学学报,2003,32(4):343-348.
[3] 钱鸣高,缪协兴,许家林.资源与环境协调(绿色)开采[J].煤炭学报,2007,32(1):1-7.
[4] 钱鸣高.对煤炭工业发展的思考[J].中国煤炭,2005,31(6):5-10.
[5] 钱鸣高.煤炭产业特点与科学发展[J].中国煤炭,2006,32(11):5-8.
[6] 钱鸣高,曹胜根.煤炭开采的科学技术与管理[J].采矿与安全工程学报,2007,24(1):1-6.
[7] 李建民.关于对煤炭企业成本问题的思考[J].采矿技术,2006,6(3):53-58.

On Scientized Mining

QIAN Minggao[1]   MIAO Xiexing[2]   XU Jialin[1]   CAO Shenggen[1]

(1. School of Mining Engineering, China University of Mining & Technology, Xuzhou Jiangsu 221116;
2. School of Science, China University of Mining & Technology, Xuzhou Jiangsu 221116)

Abstract:Aiming at the actuality and character of coal industry in China, we propose the idea of Scientized Mining (ScM) and roundly expound the connotation of scientized mining and the effect of realizing ScM on cost and price of coal and on national economy. The scientized mining technology includes efficient mechanized mining, green mining, safety mining, and mining with high exploitation rate while the scientized mining refers to the one which can realize the coal mining with the highest efficiency on the precondition of safety and environment friendly. For the purpose of developing coal industry healthily, the ScM must be realized. In realizing the ScM, complete cost of coal is necessarily required, namely, production cost, safety cost, environment cost, resource cost, developing cost, and so on. The complete cost of coal will have a decisive effect on the price and market of coal, and on national economy as well.

Keywords: coal industry; scientized mining; high efficient mining; green mining; safety mining; high exploitation rate; complete cost

资源与环境协调(绿色)开采[①]

钱鸣高　　缪协兴　　许家林

(中国矿业大学能源与安全工程学院,江苏 徐州　221008)

摘　要: 分析了研究煤炭资源绿色开采的必要性和意义,对煤炭资源绿色开采的内涵做了进一步阐述,介绍了绿色开采技术体系框架及其研究进展。从煤炭经济和管理角度分析了实现绿色开采存在的困难,提出了相应的政策建议。

关键词: 煤炭资源;绿色开采;循环经济;关键层

在我国一次能源结构中,煤炭将长期是我国的主要能源。煤炭工业能否健康发展,是事关我国能源安全和经济可持续发展的重大问题。目前,尽管我国的煤炭产量和消费已占世界的 1/3,但整个煤炭行业距离经济有竞争力、充分考虑安全和环境保护的健康发展还有很多问题没有根本解决。资源与环境协调开采是解决煤炭开采环境问题的根本出路。

关于资源与环境的几点认识:① 环境是一种资源,自然环境是亿万年来自然力作用的结果。有些稀缺公共资源,破坏后很长时间得不到恢复,因而具有不可逆性。② 环境通过各种各样过程转化人类生产和消费产生废弃物的能力称为环境的自净能力,也称为环境容量。③ 矿产资源与土地、水、植被等环境要素紧密相关,大规模地开采必将直接构成对环境的威胁和破坏。④ 过去由于环境资源没有进入经济系统的分析过程,导致环境不断恶化、环境资源稀缺程度不断提高。由此,生产与环境协调的技术创新遂成为社会的,甚至市场的必然需求[1]。

1　煤炭与主体能源

制约我国经济发展的"瓶颈"是能源。根据我国的资源赋存情况,能源资源储量中煤炭占 92%,石油占 2.9%,天然气占 0.2%,水电占 4.7%。近期,我国煤炭生产和煤炭消费占整体能源的 70%,而油气仅占 20%。发展可再生能源是能源战略的选择,但太阳能和风能能量密度极低,高度分散,利用成本高。有人认为,高度分散的太阳能、风能和生物质能应服务于农村和小城镇,进入常规能源尚需一个过程,而煤炭在近几十年仍然是我国的主体能源。我国 2005 年生产煤炭 21.9 亿 t,规划 2010 年为 25 亿 t,2020 年达 28 亿 t。为此,在考虑发展可再生能源的同时,应该下大力气解决煤炭开发和利用中出现的问题。

---

① 本文发表于《煤炭学报》,2007 年第 1 期,第 1~7 页。

我国在经济高速发展的过程中大量使用煤炭(产量和消费均已超过世界的1/3),由此突显对环境的影响。煤炭能否成为主体能源,关键要解决煤炭开发和利用对环境的影响。由于没有一个国家有完整的办法可以借鉴,因此我国必须依靠政府和企业投入大量资金,科技人员和研究机构在科学技术和经济管理上做出实质的创新性成果,而且要跟上经济发展对煤炭利用的需求,否则环境的承受能力和温室气体对气候的影响必将限制煤炭成为主体能源,也将影响经济的快速发展。

以煤炭开采为主的煤炭企业面临的两大任务是:为国家"安全生产煤炭"和形成"煤炭开发与环境协调发展"的技术,最终将矿区建成绿色家园。

2 煤炭开采的现实与绿色开采的提出

2.1 资源开采的两种情况

资源开采的两种可能:① 人类的索取超过自然生产力,生态资本出现赤字,人类必将自食其果;② 在向自然索取的同时遵循自然规律,时刻不忘回馈自然和养护自然,从而在人类和自然之间建立起复合生态平衡机制。经济学家指出:"真正文明"的产出,应当从生产量中扣除低于平均效率的能源浪费和污染等部分,否则速度越高的经济效益越低,这是一种不可持续的(虚假)繁荣。

2.2 煤炭开采与环境

矿区在开发建设之前与周围环境已形成一定协调方式,而一旦开发地层被采空和破坏,大量废弃物随之而产生,原有的环境系统发生巨大变化,由此形成了特有的矿区生态环境问题。若不及时控制和治理,历史证明必将后患无穷。

事实上,采矿是以破坏环境为代价而为国民经济做贡献的。煤炭开采对环境的破坏和污染表现在以下方面:① 对土地资源的破坏。地下开采主要表现为地表塌陷和矸石山压占土地。② 对水资源的破坏和污染。表现在对其进行人为疏干排水和采动形成的导水裂隙对煤系含水层的自然疏干,从而破坏了地下水资源。同时开采活动和堆积的矸石山亦会污染水资源。③ 对大气环境的污染。主要来自矿井排出的煤层瓦斯和煤矿矸石山的自燃形成的废气。

由于煤炭的大面积、大规模、高强度开采,地表塌陷、地下水破坏、植被衰退等已成为我国煤炭采区的共性问题。矿区生态系统失衡问题进一步突出,煤炭开发带来的一系列环境问题已成为影响矿区社会安定和经济社会可持续发展的"黑色生态灾难"。而解决这些问题的关键,除在新的开发过程中注意生态恢复和环境保护外,亟待建立一套完善的煤矿开采环境损害评价和补偿机制。

2.3 开发规模与环境容量

以山西省为例:山西煤炭年产量5亿t,占全国的1/4～1/3,因而开采对环境影响最大。据相关报道:1978～2003年,山西共采出煤炭65.3亿t,80%的原煤运出省外。以采矿对水资源影响为例:通过对山西5 403个矿井的调查,在年生产量为25 871.18万t时,排水量为22 486.47万 m^3,吨煤排水系数为0.87。山西煤炭大规模开采,不仅对地下水系统中的裂隙水有很大影响,而且对泉流量影响也较大,甚至使泉流干枯。如晋祠泉域随着煤炭和地下水的不断开采,泉水流量逐渐减少,最终于1994年5月断流。因此,在生态环境比较脆弱的山西(事实上每一个地区、尤其是西部地区亦如此)存在资源开发与利用的容量问题和实现经济增长与环境的双赢问题。

2.4 值得思考的几个问题

(1)环境是稀缺资源,煤炭开采对环境的影响很多是不可逆的,尤其在原来生态环境比较脆弱的地区,大规模开采对环境的影响不可忽视。长期以来,煤炭开采技术主要是保证安全、提高回收率、高产高效。显然,必须要形成"资源与环境协调开采技术",使开采导致的环境破坏控制在环境允许容量内。

(2)煤炭产地以其资源为国家做贡献,最后应该成为矿工的绿色家园。实际情况是:很多煤炭城市在资源枯竭后不仅损失了资源,而且又破坏了生态和环境,结果是留下了贫穷。煤炭开采成为环境的掠夺者,从而破坏了采矿工作者形象。

(3)由于矿产资源与土地、水、植被等环境要素紧密相关,采矿必将直接构成对它们的破坏。煤炭是经过几亿年地质作用富集起来的,是不可再生资源和稀缺资源。而环境也是亿万年来自然力造成的,破坏后不可逆,因而也是稀缺资源。煤炭是我国主体能源,随着开采规模扩大,对环境的影响越加显著。因此,必须依靠技术进步,实现在损害环境最小的状态下取得最大量的资源,或者在同样环境损害状态下达到最大资源回收率,使得

环境损害/单位资源——→最小。

3 资源与环境协调(绿色)开采的内涵

3.1 对原有矿井废弃物实现资源化和再利用

在矿区范围,除开采煤炭外,应尽量减少对土地的破坏和矸石排出。从广义的资源角度而论,对矿区范围内的地下水、煤层瓦斯乃至煤矸石和在煤层附近的其他矿床都应该将其资源化,并视为矿区的开发对象而加以利用。原来的定义,矿井瓦斯是矿井中主要由煤层气构成的以甲烷为主的有害气体。而事实是瓦斯是一种清洁能源,浓度大于 90%时发热量大于 33.472 MJ/m^3,1 m^3 瓦斯可发电 3.0~3.5 $kW \cdot h$。

矿井水文地质类型,是根据矿井水文地质条件、涌水量、水害情况和防治水难易程度等因素进行划分的,是将矿井水作为水害对待的。其实,亦可以在防治地下水的同时将矿井水资源加以利用。其他如塌陷地的复垦和矸石作为塌陷地的复垦材料和制砖加以利用等。

3.2 开采技术涉及的方面

(1)采矿方法的改变。如保护地面建筑物的充填和条带开采(含条带充填)技术;采空区和离层区充填技术;煤与瓦斯共采技术;保护地下水资源开采技术——保水开采技术;煤炭地下气化技术。

(2)为保护土地而考虑的开采后土地的复垦。

(3)加强煤巷支护技术,不出或少出矸石。

3.3 绿色开采技术的理论基础问题

开采的环境问题均由采动引起,因此均与开采后造成的岩层运动有关(岩体不破坏上述问题都不会发生)。岩层运动不仅对工作面矿山压力有影响,而且造成岩体松动、形成

岩体内"裂隙场",由此影响离层的发育状态、位置和地表沉陷,从而改变瓦斯和地下水在裂隙岩体内的渗流规律。绿色开采的理论基础:① 采动岩体"节理裂隙场"分布及离层规律;② 开采对地表的影响规律;③ 液体和气体在裂隙岩体中的渗流规律;④ 岩层控制(主要是煤巷支护)和岩体应力场分布规律。

岩层中的关键层对整个岩层运动和岩体"裂隙场"起控制作用,因此与绿色采矿密切相关,岩层控制的关键层理论是绿色采矿的基础理论[2]。

4 资源与环境协调(绿色)开采的技术体系[3]

4.1 煤与瓦斯共采

瓦斯是温室气体,又是矿井重大事故的起源,但它也是一种洁净能源。因此应该使瓦斯资源化,其技术途径有:① 采前抽采。开采前将煤层瓦斯抽出,是利用瓦斯改善煤矿安全的最好办法。由于我国大部分煤体透气性低,在本层内抽采瓦斯有难度。② 煤与瓦斯共采。鉴于开采后围岩压力降低,大量瓦斯在采空区释放,从而带来瓦斯抽采的好机遇,因此可形成煤与瓦斯共采体系。显然,采空区卸压瓦斯的运移与岩层移动和采动裂隙的动态分布特征有着紧密关系。由关键层理论建立的关键层破断后形成"O"形通道理论,对在一些矿区和废弃矿井抽放卸压瓦斯的钻孔布置有指导作用[4-6]。③ 废弃矿井抽采瓦斯。鉴于废弃矿井煤层经过采动而充满瓦斯,因而可以利用采动后岩体内裂隙场的分布,通过钻孔并将瓦斯抽排管装在井下、封闭井口后抽出瓦斯。④ 回风井回收瓦斯。

我国的煤层气资源十分丰富,在烟煤和无烟煤煤田中,埋深 $300 \sim 2\,000$ m 范围内的资源有 31.46 万亿 m^3,相当于天然气储量。但由于我国大部分煤层透气性低,难以在开采前抽采。因此,在开采高瓦斯煤层的同时利用岩层运动的特点将煤层气开发出来,将是我国煤层气开发的重要途径。为此,经过瓦斯资源评价,若在开采时形成采煤和采瓦斯两个完整系统,则不仅有益于矿井安全,而且采出的还是洁净能源。

煤与瓦斯共采技术发展的一个关键问题是利用门槛高。2005 年,全国煤炭企业共抽采瓦斯 23 亿 m^3,其中约 60% 的浓度低于 30%。当前最重要的问题,是解决浓度低于 30% 的瓦斯如何安全利用的技术难题。以德国为例,德国为鼓励回收利用煤矿瓦斯,出台了一系列优惠政策,从而促进了利用生产煤矿和关闭煤矿瓦斯的供暖发电厂的发展。针对煤矿瓦斯供应量的不稳定、周期不很长的问题,德国开发了集装箱结构的移动式综合供暖发电厂,将所有供暖发电设备装在集装箱中,既有利于减少投资风险、缩小电厂空间、少占地,又能加快建厂速度。

4.2 保水开采技术

4.2.1 开采与地下水分布

我国水资源分布很不均衡,水资源与煤炭资源呈逆向分布。我国大概有 70% 的矿区缺水,尤其西部矿区缺水更为严重。矿区开发大量使用地表水和地下水,而煤炭开采又是对地下水资源人为疏干的过程、采动形成的导水裂隙对煤系含水层形成自然疏干过程,这些都将对当地生态产生严重影响。随着开采后的岩层运动,地下水位将发生改变,在矿区地下水位形成下降漏斗。地下水位能否恢复,决定于上覆岩层中有否泥质软弱岩层(事实上它是研究地下水渗漏的关键层)[7],随着工作面推进,经重新压实导致裂隙闭合而形成隔水带。若有隔水带,则随着雨水再次补给下降漏斗消失,地下水位随之恢复。

陕西煤田地质局对大柳塔煤矿开采的观测有同样的结果——在初次放顶后水位迅速下降,而后曾经一度回升,但随着回采面积扩大逐渐下降,最终稳定在基岩界面附近。另外,地下水流与基岩界面有关,而开采将直接影响基岩地形变化,从而影响地下水流的集聚和流向。

4.2.2 保水开采技术的几点说明

(1)保水开采与防止溃水是两个概念,后者是从安全考虑,而保水开采则必须研究开采前后岩层的水文地质变化。

(2)在我国西北地区必须研究以下问题:所开采的煤层是否有隔水带?开采对地表和地下水系的破坏形成的降落漏斗在降雨后能否消失?地下水流失是否变成矿井水排出?若是,矿井水如何利用?为了保证生态稳定,能否在复垦时建造相应的隔水层?

(3)地下水是全部流失,还是保存在更深的岩层内形成地下岩层积水而后再利用?

开采对水资源的影响随上覆岩层而异:一些地区开采后地面会形成水洼,甚至可以在河、湖、海下采煤,显然这些地区开采对水文地质影响不大;一些地区开采后暂时形成下降漏斗,随着雨水补给下降漏斗消失,说明上覆岩层隔水性良好;一些地区开采后可能造成水文地质条件发生很大改变,甚至导致地下水流失。

4.3 减沉技术

采矿活动对环境最大的破坏是开采对地面建筑物的破坏和地面沉陷对农田的破坏,其处理办法是:对破坏的农田复垦;建筑物下开采采用条带和充填开采办法减沉。研究证明[8]:主关键层对地表移动过程起控制作用,主关键层的破断导致地表快速下沉,地表下沉速度随主关键层周期性破断而呈现跳跃性变化。因而,控制主关键层就是控制地表沉陷,形成"条带煤柱或充填体—上覆岩层—主关键层"结构体系控制地表沉陷。

煤系地层属于层状岩层,与一般金属矿岩层产状不尽相同,采后岩层移动和破坏规律也不尽一致,充填的目的不完全一样。因此,煤矿充填开采技术的研究与发展必须适应煤系岩层活动规律和控制要求,形成符合煤矿开采特点的充填开采理论和技术。近几年,随着煤炭价格回升和环境保护意识的加强,提倡保护环境、充分利用有限资源的充填开采已开始进行试验性研究,但如何发展适合煤矿特点和要求的充填开采技术的问题仍有待解决。

条带开采与传统充填开采都存在明显不足之处。条带开采控制地表沉陷技术存在的主要问题是:采出率低,浪费大量煤炭资源;而传统的煤矿全充填开采控制地表沉陷技术存在的主要问题是:充填成本相对煤炭价格偏高,充填量大,充填材料来源受限,充填工艺不能适应煤矿高效开采要求。

基于以上认识,提出了煤矿部分充填开采技术[9]:充填量和充填范围仅是采出煤量的一部分,仅对采空区的局部或离层区和冒落区进行充填,靠覆岩关键层结构、充填体和部分煤柱共同支撑覆岩控制开采沉陷。按部分充填的位置不同,提出了3种建筑物下压煤开采的部分充填开采技术——采空区膏体条带充填,覆岩离层分区隔离注浆充填,条带开采冒落区注浆充填。利用条带开采和部分充填技术,结合岩层控制的关键层理论,选择工作面长度和不充分采动对地表进行控制,可以做到不留煤柱的全柱条带低成本充填不迁村采煤。目前,济宁太平煤矿、新汶孙村煤矿、枣庄蒋庄煤矿、淮北矿区等积极开展充填开采的试验研究工作。

4.4 矸石的处理

我国矸石排量占原煤产量的 15%~20%,按年产 25 亿 t 煤计算,矸石排量就达 4 亿~5 亿 t。排出的矸石占用土地,破坏地貌,其自燃引起大气污染,雨水淋滴污染地下水,风化扬尘污染环境。原来遗留的矸石由于各种原因还没有得到全部处理,新的排放量越来越多。因此,煤炭企业应该研制有关技术,而地方政府为了保护环境也应该有相宜的激励政策处理好矸石排放问题。

绿色开采技术首先是少出或不出矸石,即优化巷道布置,在薄煤层中采用宽巷掘进,多开煤巷少开掘岩石巷,这样就涉及少出矸石的关键技术——煤巷维护技术。但随着采深增加,岩石巷的开掘不可避免,处理好如此大量的矸石并非易事。根据矸石成分可以采取不同的处理方法,如含碳量大于 20% 的煤矸石发热量为 $6.276\sim12.552$ MJ/kg,可用于发电、供热,含碳量低的煤矸石可做建筑材料、复垦回填材料等。由于有些矸石成分导致不宜于在地面使用,考虑到环境要求必须把矸石在井下处理,用做充填采空区以保护地表。如邢台矿业集团邢东煤矿将矸石在井下直接充填废旧巷,不但多采出了煤炭,而且免除了矸石的提升、运输、修路、占地、管理、运营等费用。

4.5 煤炭地下气化

煤炭地下气化是一种整体绿色开采技术。煤的地下气化作为绿色开采技术来理解,只是指其不将煤炭采出地面而将其在地下直接气化。该技术始于英国 1912 年,由于热值低、成本高而未得到发展。我国于 1958~1960 年曾在 16 个矿区进行试验,于 1962 年停止。1984 年又开始新的试验,1994 年达到连续产气 295 d,产气量为 200 m³/h,热值为 $13.8072\sim17.5728$ MJ/m³,采用的是有井式、长通道、大断面的煤炭地下气化方法。2005 年中国矿业大学与重庆中梁山矿业集团合作在其北矿的高瓦斯、高硫、复杂薄煤层群进行了地下导控气化的工业性试验,取得连续稳定生产优质水煤气和混合煤气的效果。但是,地下煤炭气化燃烧产生的苯和酚是致癌物质,有可能毒化水资源。其次,煤炭气化燃烧形成的大量 CO_2 对空气也是严重污染。

目前我国的地下气化技术仍处于工业试验阶段,有很多问题需要去研究和探索。因此,国家和有关部门应给予资金等大力支持,以推动这方面的研究工作。

煤炭绿色开采理念及其技术框架的提出,已引起国内外广泛关注。国际著名采矿专家 A. K. 高斯教授撰文评价说[10]:"中国专家提出的绿色采矿技术的创新性发展,关键在于将岩层运动过程的关键层理论概念与地下水和瓦斯在上覆破断岩体中的渗流相互联系。同时提出了为保护地面建筑物采用的充填、条带开采、离层区注浆等技术。这些技术有望提供减轻对环境的损害和改变采矿是环境破坏者的形象。"

5 煤炭循环经济、产业链和经济管理

5.1 循环经济和产业链

根据煤炭开采活动排放的废弃物特征、矿区的资源条件和外部环境,有的矿区在主导产业链的基础上延伸出"煤矸石、煤泥—热电厂—热电","灰渣、矸石—建材厂—建材产

品"，"煤矸石—充填复垦—土地资源"，"矿井排水—水处理站—供水"，"瓦斯抽采(煤与瓦斯共采)—瓦斯发电(瓦斯利用)"等多条产业链，以实现煤炭开采的循环经济。兖州、潞安、新汶、神华、淮南等矿业集团都开发了具有自身特色的生态恢复生产系统。无论是循环经济还是资源优势如何转变为经济优势，其最终目的就是将矿区建设成绿色家园。

5.2 关于经济管理问题[11]

处理好经济关系是煤炭企业发展绿色开采技术的根本。

5.2.1 变废为宝循环经济产业链与价值链

随着国家经济的发展，社会对环境保护的要求将越来越严格，绿色开采技术必然成为煤炭开采的主导技术而受到充分重视。其中，部分技术可以成为产业，甚至可以通过变废为宝而进一步降低开采成本。例如，瓦斯发电和矿井地下水及部分矸石资源的利用、地下残煤气化等。但另一方面，由于绿色开采技术的实施也可能影响正常开采效率，甚至有相当部分的煤矿企业为了保护环境亦需要增加生产成本；而若环境资源还没有进入经济分析系统，这样就可能使一些本来开采成本高而售价又低的煤炭企业难以接受，从而形成产业链与其相应的价值链相制约。

循环经济价值链的形成是以其利润大于零为前提条件的，这也是循环经济持续发展的经济动力。实现物质流、能量流的合理运行是循环经济价值链持续运行的必要条件。由于对自然资源价格评估的不全面，煤炭伴生物、废弃物作为循环物质进行生产时，其资源转化成本若高于使用其他自然资源成本，就会失去再利用的经济价值。企业对废弃物的处理成为公益事业，对物质使用成本的选择必将使废弃物资源循环停止，产业链即面临中断危险。因此，绿色开采技术必然存在着环境和经济评价问题。

5.2.2 煤炭成本和赢利空间

舆论认为，煤炭成本核算不合理，内容不全，因此要求变不完全成本为完全成本，如在煤炭成本中增加煤炭资源税、安全生产费、矿区生态环境补偿费、矿区转产发展基金等。如果这些费用全部增加到煤炭成本中，必将使吨煤成本明显增加，加之近期国家调整了电力价格、提高了铁路运价和港务费，吨煤的运输费用增加，而煤炭价格上涨空间有限，再加上很多国营企业历史遗留问题尚未理清和完全解决，煤炭行业盈利能力必将下降。

据我国东部一些矿井测算，煤炭成本可能达到 300 元/t，相当于山西煤炭售价。这样对于中、西部运输成本高的企业显然承受不起，而煤炭产量将来又大部分依靠西部解决。由此，如何让企业在正常情况下存在赢利空间呢？又如何推动企业实现资源与环境协调(绿色)开采的积极性呢？显然，煤炭的成本改革将影响煤炭价格，并将传导到我国的能源全局。

5.2.3 市场竞争问题

煤炭作为产品进入市场，受市场规则约束，而市场规则是管理部门用以规范市场，使其在有序、规范和公平的环境下运转。显然，成本改革是利益再分配问题，前提应该是现有企业赢利过分而且不合理。事实上，由于煤炭产业特点(区位、赋存的煤质、煤层厚薄和深浅、致灾条件和破坏环境状况等)和经济管理上的缺陷也会形成行业之间和行业内部竞争的不公平，从而带来分配上的不公平。煤炭是我国的主体能源，其行业是一个管理复杂的行业，希望用科学而审慎的办法解决。

（1）行业之间。煤炭是发电和煤化工的原料，类似农业中的粮食，是初级产品。长时期以来其价值依靠产业链实现，加之下游产业技术和垄断很难进入，遂形成行业之间价格和管理上的不公平竞争。

（2）行业内部。开采煤炭本身改变不了产品质量，因此赋存条件和区位决定了煤炭的赢利性。而乡镇煤矿是以牺牲资源、环境和安全为代价的掠夺开采方式形成低成本以取得最大利润。因此，由于区位、赋存条件和管理上的差异等因素，导致行业内部竞争的不公平。这样在行业内部有的赢利，而有的可能处于亏损状态。

5.3　受益与补偿

由于现行矿产资源价格不尽合理，保护和治理矿区环境如按照"谁污染、谁治理，谁破坏、谁恢复"就存在一定局限性。在建立矿区生态环境恢复问题上，是否可以考虑用"受益与分摊"加以补充——环境治理应该让以煤炭作为原料进行加工的受益者分摊，让最大受益者做出一定补偿。这样既可弥补分配上的部分不公平，也能帮助矿区环境治理步入良性循环。

国外有很多成功的补偿机制，因此可以借鉴与我国煤炭赋存条件类似国家的成功经验，结合我国具体情况进行分类（根据区位、煤层赋存和乡镇矿还是国营矿）合理解决。

6　结　　论

（1）绿色开采是形成矿区绿色家园的重要技术组成，目前还仅仅是一个框架，能否实现决定于经济的合理和技术的可行。能否实现绿色开采，经济是根本。希望政府充分考虑煤炭是我国的主体和可靠能源，在产业链上又处于初级产品，分配上不合理等特点，对煤炭企业在经济上予以关心和支持，使煤炭企业健康发展。

（2）在科学方面，应该将研究岩层运动对工作面的矿山压力影响转为研究开采后岩层运动对岩体内形成的空隙及其对气、液体渗流规律的影响，以及研究再次形成岩体平衡结构用来保护地面的可能性。在技术上涉及充填和复垦、瓦斯抽采、保水技术、矸石利用、煤巷支护和地下气化等。

（3）各矿区应根据自身特点加强并重点突出其资源与环境协调（绿色）开采技术，形成各自的模式（例如，东部以保护地面为主，西部则以保护水资源为主）。应该加强研究各类矿区保护生态环境的模式和经济评价体系及其与企业成本的关系，为政府制定政策做出建议。

参 考 文 献

[1]　刘传江,侯伟丽.环境经济学[M].武汉:武汉大学出版社,2006.

[2]　钱鸣高,缪协兴,许家林,等.岩层控制的关键层理论[M].徐州:中国矿业大学出版社,2003.

[3]　钱鸣高,许家林,缪协兴.煤矿绿色开采技术[J].中国矿业大学学报,2003,32(4):343-348.

[4]　许家林,钱鸣高.地面钻井抽放上覆远距离卸压煤层气试验研究[J].中国矿业大学学报,2000,29(1):78-82.

[5]　许家林,钱鸣高,金宏伟.基于岩层移动的"煤与煤层气共采"技术研究[J].煤炭学报,2004,29(2):129-132.

[6]　刘泽功,袁亮,戴广龙,等.开采煤层顶板环形裂隙圈内走向长钻孔抽放瓦斯研究[J].中国工程科

学,2004,6(5):32-38.

[7] 刘卫群,顾正虎,王波,等.顶板隔水层关键层耦合作用规律研究[J].中国矿业大学学报,2006,35(4):427-430.

[8] 许家林,钱鸣高,朱卫兵.覆岩主关键层对地表下沉动态的影响研究[J].岩石力学与工程学报,2005,24(5):787-791.

[9] 许家林,朱卫兵,李兴尚,等.控制煤矿开采沉陷的部分充填开采技术研究[J].采矿与安全工程学报,2006,23(1):6-11.

[10] Ghose A K. Green mining-a unifying concept for mining industry [J]. Journal of Mines, Metals & Fuels, 2004, 52(12):393.

[11] 钱鸣高,许家林.煤炭工业发展面临几个问题的讨论[J].采矿与安全工程学报,2006,23(2):1-5.

Green Mining of Coal Resources Harmonizing With Environment

QIAN Minggao   MIAO Xiexing   XU Jialin

(School of Mining and Energy Resources Engineering,
China University of Mining and Technology, Xuzhou   221008, China)

Abstract: The necessity and significance of researching the coal resource green mining were analyzed, especially the connotation of green mining was further explained. Companied with the discussion on the technological system of coal resource green mining and research status were analyzed in depth, The difficulties to develope green mining were analyzed from the viewpoint of coal economic and management, some policy proposals were put forward.

Keywords:coal resource; green mining; circular economy; key strata

煤矿绿色开采技术[①]

钱鸣高[1]　许家林[1]　缪协兴[2]

(1. 中国矿业大学能源科学与工程学院，江苏 徐州　221008；2. 中国矿业大学理学院，江苏 徐州　221008)

摘　要：提出了煤矿绿色开采概念，阐述了其内涵和技术体系。绿色开采的理论基础——开采后岩层中的关键层运动形成的节理裂隙和离层规律以及瓦斯和地下水在破断岩层中的渗流规律。绿色开采技术的主要内容包括：保水开采，建筑物下采煤和离层注浆减沉，条带和充填开采，煤与瓦斯共采，煤巷支护与部分矸石的井下处理，煤炭地下气化等。

关键词：绿色开采；关键层理论；岩层移动；绿色开采技术体系

1　煤矿绿色开采的提出

党的十六大报告明确提出："……走出一条科技含量高、经济效益好、资源消耗低、环境污染少、人力资源优势得到充分发挥的新型工业化路子。"因此，我们必须充分考虑我国资源相对短缺、环境比较脆弱的基本特点，建立起适合我国国情的资源节约、环境友好的新型工业化发展道路。

近期提出的循环经济(recycling economy)，是指遵循自然生态系统的物质循环和能量流动规律重构经济系统[1]，将经济活动高效、有序地组织成一个"资源利用—绿色工业—资源再生"的封闭型物质能量循环的反馈式流程，保持经济生产的低消耗、高质量、低废弃，从而将经济活动对自然环境的影响破坏减少到最低程度。它不同于传统经济的"高开采、低利用、高排放"，而是达到"低开采、高利用、低排放"的可持续发展目标。显然，此处的"绿色工业"是一个广义的概念，应由各个工业部门去实现。对矿业来说就是要实现"绿色矿业"。"绿色矿业"的核心内容之一就是要实现"绿色开采"。

矿区在开发建设之前与周围环境是协调一致的，而进行开发建设后，强烈的人为活动使环境发生巨大变化，由此形成了矿区独特的生态环境问题，如造成农田及建筑物破坏，村庄迁徙，矸石堆积，河川径流量减少，以及地下水供水水源干枯，土地沙漠化，由于开采而使矿物中的有害物质流入地下水等。我国目前的煤矿生产是在以下两种情况下进行的：一是生产成本不完全，如投入不足，技术装备落后，安全设施欠账，工人工资太低；二是相关费用支付不全，如矿产资源费以及植被恢复、地面塌陷和水的损失、污染治理等。提

---

① 本文发表于《中国矿业大学学报》，2003 年第 4 期，第 343～347 页。

出并形成绿色开采技术,是为了使我们正视开采对环境造成的影响和破坏,并有清醒的认识与足够的估量,以便提出必要的对策和对政府提出必要的政策建议。

煤炭开采形成的环境问题主要为:

(1) 对土地资源的破坏和占用——煤炭开采对土地资源的破坏损害,井工开采以地表塌陷和矸石山压占土地为主,而露天开采则以直接挖损和外排土场压占土地为主。

(2) 对水资源的破坏和污染——煤炭开采过程中,进行的人为疏干排水和采动形成的导水裂隙对煤系含水层的自然疏干,破坏了地下水资源。同时开采还可能污染地下水资源。

(3) 对大气环境的污染——主要来自矿井排出的煤层瓦斯和煤矿矸石山的自燃。

以山西省为例:1949~1998 年共生产原煤 56 亿多吨。地面塌陷破坏面积达 6.67 多万公顷,其中 40% 是耕地。矸石山占地 0.2 万多公顷。至 1998 年,煤炭地下采空面积达 1 300 km^2(占全省面积的 1%)。采煤破坏地下水 4.2 亿 m^3/a,地表水径流减少,导致井水水位下降或断流共计 3 218 个,影响水利工程 433 处、水库 40 座、输水管道 793.89 km,造成 1 678 个村庄、81.271 5 万人、10.824 1 万头牲畜饮水困难。使本来缺水的山西环境受到进一步破坏。平均每采万吨原煤造成塌陷土地 0.2 hm^2,每年新增塌陷地约 2 万 hm^2。

矿井瓦斯是比 CO_2 还严重的温室气体,也是导致煤矿重大安全事故的根源。据初步估计,我国埋深 2 000 m 以浅范围有 30 万亿~35 万亿 m^3 煤层气资源,居世界前列。但由于我国煤层透气性低,难以在开采前抽出。1949 年以来,我国煤矿共发生煤与瓦斯突出事故 1 500 余次,仅 2001 年由于瓦斯事故的死亡人数即达 2 356 人,为煤矿总死亡人数的 40%。煤矿每年排放瓦斯 70 亿~190 亿 m^3。同时,瓦斯又是最好的清洁能源,因此必须加以利用,变害为宝。

由此可见,提出并尽快形成煤矿的"绿色开采技术"已迫在眉睫。

2 绿色开采的内涵和技术体系

从广义的资源角度而论,在矿区范围内的煤炭、地下水、煤层气(瓦斯)、土地乃至煤矸石以及在煤层附近的其他矿床,都应该是经营该矿区的开发对象而加以利用。

原来对矿井瓦斯的定义是:"矿井中主要由煤层气构成的以甲烷为主的有害气体。"而在"矿井水文地质类型划分"中认为:"根据矿井水文地质条件、涌水量、水害情况和防治水工作难易程度,矿井水文地质类型划分为简单、中等、复杂、极复杂等 4 种。"显然,上述概念将原本为矿区资源的瓦斯和水单纯作为有害物来对待是不合适的。

煤矿绿色开采及其相应的绿色开采技术,在基本概念上是从广义资源角度上来认识和对待煤、瓦斯、水等一切可以利用的各种资源的;基本出发点是防止或尽可能减轻开采煤炭对环境和其他资源的不良影响;目标是取得最佳的经济效益和社会效益。根据煤矿区的土地、地下水、瓦斯以及矸石排放等,绿色开采技术主要包括以下内容:① 水资源保护——形成"保水开采"技术;② 土地和建筑物保护——形成离层注浆、充填和条带开采技术;③ 瓦斯抽放——形成"煤与瓦斯共采"技术;④ 煤层巷道支护和减少矸石排放技术;⑤ 地下气化技术。这些内容构成的绿色开采技术体系简要表达如图 1 所示。

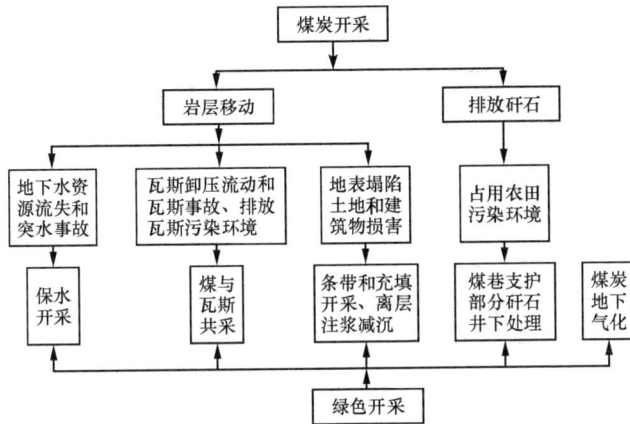

图 1 煤矿绿色开采技术体系

Fig. 1 The green technical system in coal mining

开采引起环境和主要安全问题的发生均与开采后造成的岩层运动有关(岩体不破坏上述问题均不会发生),因此,绿色开采的重大基础理论为:① 采矿后岩层内的"节理裂隙场"分布和离层规律;② 开采对岩层和地表移动的影响规律;③ 水和瓦斯在裂隙岩体中的渗流规律;④ 岩体应力场分布规律和岩层控制技术。

3 岩层控制的关键层理论

采场老顶岩层"砌体梁"结构模型是针对开采过程中的矿山压力控制而提出的。近年来,为了解决岩层控制中更为广泛的问题,提出了岩层控制的关键层理论[2-4]。关键层理论提出的目的,是为了研究覆岩中厚硬岩层对层状矿体开采中节理裂隙的分布及其对瓦斯抽放和突水防治以及对开采沉陷控制等的影响。

3.1 相邻硬岩层间相互作用的复合效应

关键层复合破断研究表明,一定条件下相邻两关键层会同步破断。如假设相邻两关键层岩性相同,厚度分别为 h_1 和 h_2,各自承担的岩层组厚度分别为 $\sum h_2$ 和 $\sum h_3$,则按梁的破断距计算公式可导出 h_1 和 h_2 同时垮落应满足的条件为:

$$\sum h_3 + h_2 = (\sum h_2 + h_1)(h_2/h_1)^2 \tag{1}$$

例如:h_2 是 h_1 的 2 倍,则 $\sum h_3 + h_2$ 只要等于或大于 $\sum h_2 + h_1$ 的 4 倍,h_2 和 h_1 即会同时垮落。此时,虽然 h_2 远大于 h_1,但上部关键层将不会产生离层。

3.2 关键层初次破断前的离层和采动裂隙"O"形圈

(1) 沿工作面推进方向,关键层下离层动态分布呈现两阶段发展规律:关键层初次破断前,随着工作面推进离层量不断增大,最大离层位于采空区中部。关键层初次破断后,关键层在采空区中部离层趋于压实,而在采空区两侧仍各自保持一个离层区。靠工作面侧的离层区是随着工作面开采而不断前移的,其最大高度仅为关键层初次破断前最大离层量的 1/3~1/4(图 2)。从平面看,在采空区四周存在图 3 所示一沿层面横向连通的离层发育区,称之为采动裂隙"O"形圈。

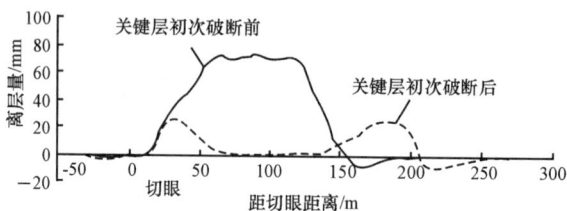

图 2　关键层破断前后离层分布图

Fig. 2　The bed separation distribution when the key stratum break

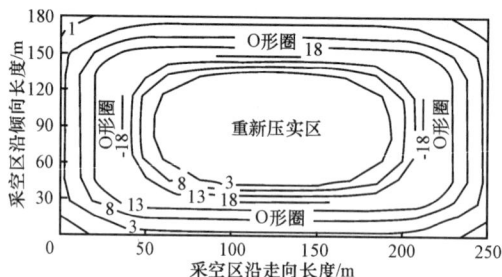

图 3　采动裂隙分布的"O"形圈

Fig. 3　The O-shaped circle of the mining-induced fractures

图中数字为离层率

（2）沿顶板高度方向，随工作面推进离层呈跳跃式由下往上发展。首先，第 1 层亚关键层下出现离层，当其破断后其下离层呈"O"形圈分布；此时，上部第 2 层亚关键层下出现离层，当其破断后其下离层呈"O"形圈分布，如此发展直至主关键层。

（3）贯通的竖向裂隙是水和瓦斯涌入工作面的通道，对"导气"裂隙发育动态过程的研究表明，在开采初期，下位关键层的破断运动对"导气"裂隙从下往上发展的动态过程起控制作用，导气裂隙高度由下往上发展是非均速的，随关键层的破断而突变。当采空区面积达到一定值后，"导气"裂隙的分布也同样呈"O"形圈特征，它是正常回采期间邻近层卸压瓦斯流向采空区的主要通道。

上述成果对"注浆减沉"和"卸压瓦斯抽放"的钻孔布置具指导作用。

3.3　关键层对地表移动的影响

实验及实测研究结果都证明[5]，主关键层对地表移动过程起控制作用，主关键层的破断导致地表快速下沉，地表下沉速度随主关键层周期性破断而呈现跳跃性变化。关键层破断后对地表变形的影响与表土层的厚度有关，从而形成基于关键层理论的建筑物下采煤设计新原则。

4　绿色开采技术的主要内容

4.1　开采对地下水分布的影响

煤层开采后，随着关键层的破断，在该区域地下水将形成下降漏斗。地下水位能否恢复，则决定于随着工作面推进上覆岩层中是否有软弱岩层（事实上它是研究地下水渗漏的

"关键层")经重新压实导致裂隙闭合而形成的隔水带。若有隔水带,则随着雨水的再次补给下降漏斗逐渐消失。其对地面生态的影响则决定于漏斗形成和消失的时间间隔。

淮北矿区冲积层中的第四含水层(简称四含)与煤系地层直接相连,煤层开采后四含水位持续下降,形成多个水位降落漏斗。目前淮北临涣矿区四含水位下降范围已达 40 km²,造成四含水资源的永久破坏。以临涣矿西风井 85-02 四含水文观测孔为例,其 1985 年水位为 -97.2 m,2001 年其水位降至 -205.8 m,16 年间水位下降了 108.6 m。

实际观测表明,含水层的水位下降与开采形成的导水裂缝通道紧密相关。图 4 为淮北朱仙庄煤矿 84-15 四含水文观测孔水位变化曲线,2000 年 3 月以前水位呈缓慢下降,从 2000 年 3 月开始 84-15 钻孔邻近的 84 采区开采,导致钻孔水位急剧下降。黄县煤矿在进行含水砂层下采煤试验中,在 1201 面沿走向布置了一组观测钻孔,在回采前后和整个回采过程中进行了为期一年的水位观测,结果如图 5 和表 1 所示[6]。由表 1 可知,水位下降与钻孔孔底到开采煤层距离有关。由图 5 可见,孔 1 水位短暂变化后可恢复原状,孔 2、孔 3、孔 4、孔 5 的水位下降后亦有所恢复,但在观测期未能恢复原状,而孔 6 则完全漏失。因此,为了保护地下水资源,形成的保水开采技术应能使地下水位仅发生孔 1 所示的变化。

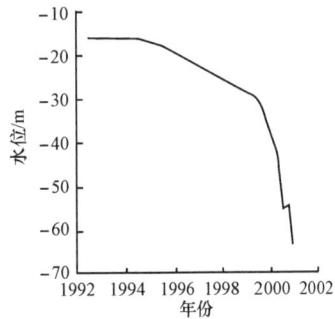

图 4 朱仙庄煤矿 84-15 四含水文观测孔水位变化曲线

Fig. 4 The water level change of the fourth aquifer in the 84-15th bore of observation bore of the Zhuxianzhuang colliery

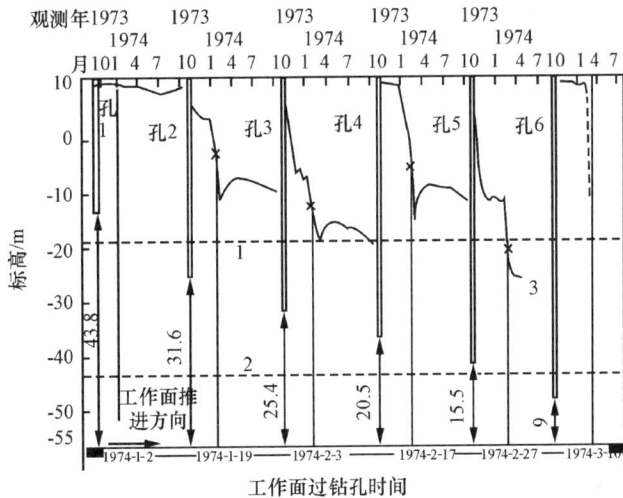

图 5 黄县煤矿 1201 工作面水文观测孔水位动态

Fig. 5 The water level development in the observation the 1201 working face of the Huangxian colliery

× ——工作面通过钻孔正下方的时间

表1 黄县煤矿1201工作面观测孔水位动态

Table 1 The water level development in the observation bore of the 1201 working face fo the Huangxian colliery

孔　　号	1	2	3	4	5	6
孔底离煤层高度/m	43.8	31.6	25.4	20.5	15.5	9.0
水位动态	短暂变化	有变化	有变化	有变化	有变化	全部漏失
水位下降幅度/m	0	13.79	20.97	16.11	25	—

在一般地区要把地下水视为资源。在西北地区则必须形成保水开采技术,即使开采后地表水暂时形成的下降漏斗仍能恢复到原来状态的开采技术。另外,还应该进一步观察和研究水位变化对地表生物根系的影响。对于开采导致的底板承压水变化的防治,也同样应遵循绿色开采原则。

4.2　建筑物下采煤与减沉技术

（1）基于关键层理论的建筑物下采煤设计新原则

基于岩层控制的关键层理论的提出,可把保证覆岩主关键层不破断失稳作为建筑物下采煤设计的基本原则。为了保证建筑物下采煤既具有较好的经济效益同时又确保地面建筑物不受到损害,关键在于根据具体条件下覆岩结构和关键层特征来研究确定合理的减沉开采技术及相关参数。

（2）离层注浆减沉技术

确定覆岩中的关键层位置,掌握其离层和破断特征参数,是注浆减沉技术应用可行性分析、钻孔布置和注浆工艺设计及减沉效果评价的基础[7]。

关键层初次破断前的离层区发育、离层量大,易于注浆充填。而一旦关键层初次破断后,关键层下离层量即明显变小,仅为关键层初次破断前的1/3~1/4(参见图2),从而使注浆难度增加。因此,离层注浆必须在关键层初次破断前进行。钻孔布置和最佳的注浆减沉效果应保证关键层始终不发生初次破断。

4.3　采空区充填开采技术

采空区充填开采技术是绿色开采技术的重要组成部分,尤其是在经济发达地区,解决建筑物下开采的充填开采技术更应受到重视。从理论上来说,充填采矿是解决煤矿开采环境问题的理想途径,但由于目前充填采矿的成本相对偏高,因而限制了该项技术在煤矿的试验和应用。

在市场经济条件下,充填技术的关键是选取充填材料和如何降低成本。另外就是充填技术本身,它应该包括充填系统与开采系统的协调,充填运输系统的畅通,充填后材料的力学特性等。顺利解决上述问题,就能从根本上改变未来我国经济发达区域的开采技术。为了降低充填成本,基于岩层控制的关键层理论提出了部分充填(条带充填)控制开采沉陷的思路——仅充填部分采空区,只要保证未充填采空区的宽度小于覆岩主关键层的初次破断跨距且充填条带能保持长期稳定,就可有效控制地表沉陷。

4.4　煤与瓦斯共采

我国煤层普遍具有变质程度高、渗透率低和含气饱和度低的特点,70%以上煤层的渗

透率小于 $1\times10^{-3}\mu m^2$，这对我国开展煤层瓦斯采前预抽是极为不利的。正因为如此，我国已钻进的 200 多口采前地面煤层气井之中稳产高产井很少，单井产气量超 3 000 m³/d 的钻进只有 30 口左右[8]。实践表明，一旦煤层开采引起岩层移动，即使是渗透率很低的煤层，其渗透率也会增大数十倍至数百倍，遂为瓦斯运移和抽放创造条件。因此，若在开采时形成采煤和采瓦斯两个完整的系统，即形成"煤与瓦斯共采"技术，则不仅有益于矿井安全生产，而且还可变废为宝、采出洁净能源。因此，在开采高瓦斯煤层的同时，利用岩层运动的特点将煤层气开采出来将是我国煤层气开发的一条重要途径。

在"煤与瓦斯共采"技术方面，岩层运动中的关键层理论所得出的节理裂隙场分布、离层规律，对卸压瓦斯抽采技术有重要参考作用[9]。

4.5　煤巷支护技术与减少矸石排放

采矿引起的矸石排放对环境的负面影响很大，而减少矸石排放的主要措施是把巷道设置在煤层内。巷道维护是煤矿的永恒主题。过去，鉴于煤巷围岩呈大变形且不可抗拒，因此其维护原理是"大断面预留量—可缩性支架—巷旁充填"。目前推行锚杆支护，关键是能否在煤巷中全面使用锚杆支护。显然，需要形成一套"应力场测定—数值计算—支护设计—现场测定"完整技术和煤巷锚杆支护理论。沿空巷道的维护方式与采动后岩体内应力重新分布及关键层的破断和形成的平衡结构有关，且直接影响支护参数的选择（如锚杆不完全受拉而受剪切），因而要形成抗剪切锚杆。

矸石不上井涉及煤巷维护问题，而且随着采深增加，岩石巷的开掘亦不可避免。因此，矸石不上井必然需要有一个矸石井下处理系统。但其成本如何？另一种考虑是能否将矸石在地面处理——变废为宝，如做建筑材料、充填材料等。终究，矸石在地面处理总要比在井下处理简单得多。

应该说，在经济可行原则下矸石的井下处理是绿色采矿问题。而矸石的井上处理就像地面复垦一样则是环境治理问题，而不属于绿色开采技术。

4.6　煤炭地下气化

煤炭地下气化是一种整体绿色开采技术。它是将地下煤炭通过热化学反应在原位将煤炭转化为可燃气体的技术，是对传统采煤方式的根本性变革。不仅可极大地减少井下工程和艰苦作业，而且可消除煤炭开采对环境的污染和煤炭燃烧对生态环境的不利影响及危害。

我国的煤炭地下气化技术在近 10 余年来经余力教授等的实践积累了一定经验，为今后发展我国煤炭地下气化打下了良好技术基础。地下气化技术尚需解决：

①　提高热值和生产适合于用户的气体；

②　建立一套行之有效的测控系统，重点放在燃烧位置和燃烧速度的控制技术上；

③　燃烧后地下气化炉体结构变化和地面沉降状况的研究；

④　首先要解决如何使地下煤炭气化产生的致癌物质苯和酚不扩散、不污染和毒化地下水资源问题，其次是如何处理燃烧形成的大量二氧化碳对空气的污染。否则，煤炭地下气化就会失去绿色开采意义。

5　结　语

绿色采矿首先要把岩层运动对工作面的影响转化为研究开采后岩层运动对岩体内形

成空隙的影响以及瓦斯、地下水的渗流规律。另外,几个重要标志如下:

(1) 将瓦斯作为资源,变害为利,在采煤的同时形成地面或井下瓦斯共同开采系统;

(2) 根据岩层组成,确定保水采煤的地层判别和相宜的开采方法;

(3) 根据具体条件,形成充填、条带开采、离层区注浆等保护建筑物和地表的技术;对于我国东部发达地区城镇下采煤,充填和条带开采是必然的选择,因而如何降低充填成本和提高充填技术是科学研究的方向;

(4) 形成在煤层内维护巷道的技术,减少矸石排量;

(5) 形成煤炭地下气化技术,并研究其对地下水环境的影响。

参 考 文 献

[1] 中国科学院可持续发展战略组. 中国现代化进程战略构想[M]. 北京:科学出版社,2002.

[2] 钱鸣高,缪协兴,许家林. 岩层控制中的关键层理论研究[J]. 煤炭学报,1996,21(3):225-230.

[3] 许家林. 岩层移动与控制的关键层理论及其应用[D]. 徐州:中国矿业大学,1999.

[4] 钱鸣高,缪协兴,许家林,等. 岩层控制的关键层理论[M]. 徐州:中国矿业大学出版社,2000.

[5] 许家林,钱鸣高. 关键层运动对覆岩及地表移动影响的研究[J]. 煤炭学报,2000,25(2):122-126.

[6] 刘天泉. 煤矿地表移动与覆岩破坏规律及其应用[M]. 北京:煤炭工业出版社,1981:146-147.

[7] 许家林,钱鸣高. 覆岩注浆减沉钻孔布置的研究[J]. 中国矿业大学学报,1998,23(2):28-30.

[8] 黄盛初,朱超,刘馨,等. 中国煤矿区煤层气开发产业化前景[C].//煤炭信息研究院主编. 2001年煤矿区煤层气项目投资与技术国际研讨会论文集. 徐州:中国矿业大学出版社,2001:5-11

[9] 许家林,钱鸣高. 地面钻井抽放上覆远距离卸压煤层气试验研究[J]. 中国矿业大学学报,2000,29(1):78-81.

Green Technique in Coal Mining

QIAN Minggao[1]   *XU Jialin*[1]   *MIAO Xiexing*[2]

(1. College of Mineral and Energy Resources, CUMT, Xuzhou, Jiangsu 221008, China;

2. School of Sciences, CUMT, Xuzhou, Jiangsu 221008, China)

Abstract: The concept of green technique in coal mining was proposed. Its connotation and technical system were explained. The theory foundation of the green technique in coal mining is the distribution behaviour of joints, fractures and bed separations, the seepage flow behaviour of methane and water in the broken rock strata caused by the key strata break after mining. The main content of the green technique in coal mining includes water-preserved-mining, coal mining under building and bed separation grouting to reduce surface subsidence, partial extraction and backfill mining, simultaneous extraction of coal and coal-bed methane, coal roadway supporting, underground discharge of partial rock refuse and underground coal gasification, etc.

Keywords: green technique in coal mining; the key stratum theory in ground control; strata movements; green technical system of mining

我国煤层与甲烷安全共采技术的可行性[①]

李树刚　　　　　　　　　　钱鸣高

（西安科技学院，西安　710054）　　（中国矿业大学，徐州　221008）

主要基于生态环境保护和治理的目的，国家对矿物资源开采工业可持续发展的呼声越来越高。尚处于粗放性、低科技含量、低劳动效率和经济条件相当困难的我国煤炭工业如何抓住发展机遇、积极应对快速发展的世界经济的挑战，是摆在科技工作者面前迫在眉睫需要解决的问题。矿物燃料的不可再生和燃烧矿物燃料引发的不断恶化环境的后果，促使人们努力寻求新的替代能源技术。新能源和可再生能源技术的开发和完善日益受到重视；但要完全取代现在占一次能源 90% 的矿物能源，则是人类一项十分艰巨的任务。替代能源的开发达到经济实用和商业规模远非一朝一夕所能实现。

目前与矿物燃料相比，替代能源依然昂贵得令人望而却步，能否安全、高效、洁净地开发和利用丰富的煤炭资源和可贵的煤层甲烷资源，已成为解决能源接续的战略性课题。煤层与甲烷安全共采技术就是在这样的大背景下提出的。因此说，从事煤层与甲烷安全共采理论与技术的研究是一项很有意义的事。

我国煤炭储量丰富，目前已探明地质储量约为 5 万亿 t，同时也是世界上煤层甲烷（煤层气、煤层瓦斯）资源最丰富的国家之一。据测算，仅陆上烟煤和无烟煤煤田中 2 000 m 以浅煤层中就蕴藏着 30 万亿～35 万亿 m³ 的煤层甲烷资源。从可持续发展的战略眼光看，煤矿仅开采原煤而不顾及其他资源的生产模式早已过时。多年来，抚顺、阳泉和芙蓉等大矿区既大量开采煤炭资源又抽排煤层甲烷，以保证煤矿的安全生产和充分利用甲烷资源，但与先进产煤国的勘探开发现状相比仍有不少差距。据统计，我国 42 个矿务局（公司）117 对矿井平均甲烷抽放率仅为 16.5%，最好的抚顺矿区也只在 30%～50% 之间。近年来在山西柳林、阜新刘家屯、铁法大兴等地进行钻井开采煤层甲烷试验，其效果并不理想，主要原因由我国煤层甲烷本身的赋存特征所致。

一、我国煤层甲烷的储存特征和储层的低透气性

与美国、俄罗斯等国相比，我国煤层甲烷的赋存有明显的"两高三低"特征：① 煤层甲烷贮存量高，主要分布在华北、西北和华南地区，是美国的 3 倍多。② 煤层吸附甲烷能力高。③ 煤层甲烷压力较小，大部分甲烷压力仅为 0.5～3.0 MPa，而美国布莱克沃里尔（Black Warrior）和圣胡安（San Juan）盆地在深 600～822 m 处甲烷压力可达 5.6～8.8

---

① 本文发表于《科技导报》，2000 年第 6 期，第 39～40 页。

MPa。④ 煤层在水力压裂等强化措施下形成常规破裂裂隙所占比例低。美国布莱克沃里尔盆地裂隙半长为 76～91.44 m,而我国仅 30 m 左右,抚顺煤田钻孔影响范围可达 50 m。⑤ 煤层甲烷储层渗透系数低,绝大多数在 0.001 mD 以下,渗透系数最大的是抚顺煤田,约为 0.54～3.87 mD。其中,煤储层渗透性是煤层甲烷开采的关键性参数,低渗透性等特征在一定程度上给煤层甲烷的勘探和开采带来困难。煤储层渗透性与煤的孔隙结构、破坏特征、矿山压力、甲烷含量、甲烷吸附解吸特性、煤层温度和煤岩层水分均有密切关系。

采动过程中煤层甲烷运移状态会发生变化,矿山压力对煤层渗透性变化有决定性作用,而渗透性变化又对甲烷的聚集和排放(涌出)、甲烷压力的分布起重要作用。我国煤矿年抽放甲烷量近 6 亿 m³。多年的科研和抽放实践表明:煤岩体既是甲烷气体的生气源岩,又是储气岩;生储于煤岩体中的甲烷只有在煤层被开采和围岩体在采动影响下变形、移动和破断失稳后才会有大量运移,其中包括渗流、扩散、升浮、向回采空间自然涌出或人工抽排等正常运移和超限聚集、突出、喷出及倾出等异常运移。事实已表明,我们不宜完全像美国那样大规模直接进行地面钻井(孔)抽放甲烷,而应该着力于采动影响下层状岩体应力分布和裂隙分布与煤层甲烷运移形态的研究和实践,从而高效安全地开采煤炭和甲烷这两种优质资源。

二、“采动岩体关键层理论”为煤层与甲烷共采研究注入新的活力

缘于成岩时间、矿物成分和地质构造的不同,煤岩层中各层厚度和力学特性等方面存在着不同程度的差别,而其中一些较坚硬厚岩层在采场围岩变形和破坏中起主要控制作用。它们以某种力学结构支承上部岩体压力,而其破断后形成的平衡结构形式(如砌体梁)又直接影响着采动矿压显现和岩层移动。这种在岩层活动中起主要控制作用的一层或几层坚硬岩层,称为关键层。采场覆岩关键层未破断失稳前,是以 Winkler 弹性地基板或梁的结构形式产生挠曲下沉变形的,此时关键层下部产生不协调性的连续变形离层。如有亚关键层存在,则局部破断后的关键层(或岩层组)即形成砌体梁结构,从而在主关键层下部产生非连续变形和连续变形之间的不协调性离层。这种离层发生在开采边界的四周而并非中部。离层量大小取决于已破断关键层的断裂块度、垫层软散系数和开采深度。

覆岩离层裂隙和破断裂隙的存在及其变化形态,可为工作面回采过程中本煤层甲烷和邻近层(含围岩)甲烷运移和聚集提供通道和空间。在此形成过程中关键层的结构、破断及失稳对煤岩层中甲烷运移具有很大影响。而采场甲烷大量快速涌出或异常涌出,则是关键层初次破断或周期破断失稳的一种矿山压力显现。对于开采含甲烷煤层而言,“关键层理论”及其控制实践为煤层与甲烷共采研究注入新的活力。通过关键层变形、活动规律的研究,掌握甲烷运移和聚集的通道和时间,采取合理有效的抽放措施即可达到安全共采的目的。

三、主关键层失稳前后覆岩裂隙带的空间分布

覆岩采动裂隙带分布并非传统认识中的位于垮落带之上的层状均匀分布。研究表明,主关键层下部会产生较为显著的离层变形,同时在主关键层破断失稳前离层与破断裂

隙贯通后在空间上构成形似椭圆抛物面内外边界所包围的椭抛带状分布,其层面切割为椭圆形(又称"O"形圈)的裂隙发育区。充分采动后,主关键层经历了初次破断和周期破断,覆岩裂隙椭抛带不复存在,但层面展布的椭圆形裂隙区仍会出现。而且裂隙带宽在初采边界处相当于关键层初次破断步距,而在回采面上方裂隙带宽变化在 $1\sim2$ 倍的周期破断距范围内。

可见,覆岩裂隙带的空间分布以及来自本煤层和邻近层甲烷运移聚集都将随工作面开采而处在动态变化过程中,因此相应的抽排甲烷技术要遵循这种变化规律。由流体力学原理可知,采动中来自本煤层或邻近层的甲烷高浓度聚集,因与周围环境气体(有效风或漏风)存在密度差而升浮,在浮力作用下沿裂隙带上升过程中不断掺入周围气体,使涌出源甲烷与环境气体的密度差渐减至零,甲烷则会聚集(漂浮)在裂隙带上部较发育的离层裂隙内,甲烷升浮高度与本煤层和邻近层甲烷含量及涌出强度成正比。混入矿井空气中的甲烷在其浓度梯度作用下会引起气体分子向上的普通扩散和压强扩散。甲烷的"升浮—扩散"理论解释了覆岩采动裂隙带是甲烷运移和聚集带,这为裂隙带内钻孔抽放巷道排放甲烷技术措施提供了科学依据。

四、煤层与甲烷共采的技术关键

采动后支承压力对开采煤层渗透系数变化起主导作用,采场前方应力集中带内煤层渗透系数极低而甲烷压力增大,故其内甲烷涌出量会下降;当开采煤层卸压围岩松动后,甲烷涌出量急剧增加,渗透系数值增大很多,可达数百倍,并使解吸流量也增加很多,此即"卸压增流效应"。由此得出结论:不论原始渗透系数怎样低的煤层,在采动影响煤层卸压后,其渗透性均会急剧增加,煤层内甲烷渗流速度大增,甲烷涌出量亦随之剧增,漏风影响会使涌出甲烷升浮扩散至覆岩采动裂隙带,从而为甲烷抽排提供极便利条件。此点即为我们主张的我国矿山煤层和甲烷"共采"的理论根据。

可见,无论是在煤壁前方和覆岩采用钻孔抽放、巷道排放或地面钻井(孔)抽放何种措施,均应将巷道或钻井(孔)终孔点布置在甲烷运移活跃区和富集区。可实现的技术关键有:① 工作面前方甲烷卸压增流区内合理布置边采边抽钻孔;② 利用采动区(半封闭式采空区)井(孔)替代采空区井(孔),依据采动过程中覆岩裂隙带的动态变化合理布置井(孔)位置,以高浓度抽出甲烷;③ 在覆岩采动裂隙带内布置走向高抽巷、倾向高抽巷或水平长距离($500\sim600$ m)大直径($200\sim300$ mm)钻孔抽放裂隙带内富集甲烷;④ 采用保护层开采技术,以其中综放开采中的预采顶分层或邻近层作为保护层开采等,既可使坚硬顶板预破碎以减缓采场矿压显现程度,又可使卸压范围内甲烷运移速度加快、流量增加,以充分抽排甲烷。当然,为保证工作面安全回采,可预测甲烷大量涌出或涌出异常。众所周知,这种涌出是矿山压力的一种显现,因而是可预测的。

五、煤层与甲烷共采可实现的良好效益

自有煤炭开采以来,易燃易爆的甲烷曾导致无数次矿毁人亡重大事故。然而,煤层甲烷具有其他能源无法比拟的无污染、无油污等多种优点,实现煤层与甲烷两种资源的有效共采,定会获得良好的经济效益和社会效益。

以高瓦斯突出矿井淮北芦岭矿为例,其煤层甲烷含量为 15 m³/t,根据开采后形成的采动裂隙椭圆形发育区特征,利用地面垂直采动区钻孔、顶板长距离水平钻孔和顶板穿层钻孔相匹配抽放甲烷,可供 4 000 户居民燃用,每年即节支 180 万元、增收 146 万元,经济效益十分可观;甲烷作为原料,可用于发电和一次性加工为合成氨、甲醇、乙炔等产品,其使用价值更高;以等效发热量计,1 000 m³ 甲烷相当于 4 t 原煤,若甲烷年涌出量的 80% 能充分利用,即可节省原煤 10.12 万 t,并解决了甲烷排放对环境的污染。

总之,实现煤层与甲烷共采:① 可减少工作点的甲烷涌出量,保证安全生产,基本消除采掘工作中甲烷的突出现象,减轻矿井通风负荷,降低工作面风速,减少煤尘飞扬,改善劳动环境;② 变废为宝,利用甲烷做生活燃料既方便又卫生,是优质的"绿色能源",有利于职工劳动热情增高、企业凝聚力增强;③ 既可减少因燃煤造成的环境污染,又可消除瓦斯直接排入大气造成的污染。以芦岭矿年节燃煤 1.2 万 t 计,则全年可减少排放 SO_2 约 96 t,烟尘 768 t。两淮煤田埋深 2 000 m 以浅保有和预测煤炭储量为 867 亿 t,煤层甲烷资源量为 9 087 亿 m³,这样丰富的煤炭和甲烷资源,若能安全高效地"共采",则对华东经济发展极具重大战略意义。更进一步讲,我国现有矿井中 30% 以上为高瓦斯突出矿井,随着矿井开采规模和深度不断扩增,由甲烷引起的事故隐患亦逐渐增大,煤层与甲烷共采的理论和技术的研究及应用对防治瓦斯隐患意义重大。

绿色开采的理念与技术框架①

许家林 钱鸣高

(中国矿业大学能源科学与工程学院,江苏 徐州 221008)

摘 要:绿色开采的理念是针对煤炭开采造成严重环境问题而提出的。它从广义资源角度认识和对待煤、瓦斯、地下水、土地、矸石等一切可以利用的资源,基于采动岩层运动规律防止或尽可能减轻开采煤炭对环境和其他资源的不良影响,其目标是取得最佳的经济效益、环境效益和社会效益。绿色开采的技术框架包括保水开采、减沉开采、煤和煤层气(瓦斯)共采、矸石减排、煤炭地下气化等。

关键词:煤炭资源;环境保护;循环经济;绿色开采;关键层

我国是一个富煤、贫油、少气的国家,煤炭在一次能源构成中占70%左右。在我国一次能源结构中,煤炭仍将长期是我国的主要能源。煤炭工业能否健康发展是事关我国能源安全和经济可持续发展的重大问题。尽管我国目前的煤炭产量和煤炭消费已占全世界的1/3,但整个煤炭行业距离经济有竞争力、充分考虑安全和环境保护的健康发展还有很多问题没有根本解决,我国煤炭资源开发和利用所引发的环境问题日益突出。在2005年国务院出台的《关于促进煤炭工业健康发展的若干意见》中,对煤炭开发与生态环境协调发展提出了具体要求。如何落实这些要求是摆在政府、煤炭企业和科技工作者面前的严峻挑战。由于世界上没有哪个国家像中国这样大量地开发和利用煤炭资源,没有一个完整的可供借鉴的办法,故必须依靠我们自己做出实质性的技术创新和政策创新。

1 采矿引起的环境问题

长期以来,煤炭开采一直被认为是对环境的掠夺行为。煤炭开采后形成了独特的矿区生态环境问题,如造成农田和建筑物破坏、村庄迁徙、矸石堆积如山,使河川径流量减少,以及地下水供水水源干枯、土地沙漠化等。随着我国煤炭产量不断增加,煤炭开采带来的环境问题愈加突出,主要表现为以下方面。

1.1 水资源的破坏

煤矿开采过程中破坏了地下含水层的原始径流,大量排出地下水。同时,造成区域含水层水位下降,形成大规模地下水降落漏斗,直接影响区域水文地质条件。开采产生的地表变形往往影响到地表水体(河流、湖泊、井泉等),从而使部分沟泉水量减少甚至干涸,影

---

① 本文发表于《科技导报》,2007 年第 7 期,第 61～65 页。

响当地居民正常的生产和生活,进而影响区域植被生长,甚至土地沙漠化。这一问题在西部缺水地区显得尤为突出。据统计,我国每年采煤破坏的地下水资源达 22 亿 m^3。山西省对 5 403 个煤矿排水量进行统计,结果显示平均开采 1 t 煤炭矿井需排水 0.87 t,致使山西本来就缺水的生态环境受到进一步破坏。如晋祠泉在 1954 年的流量为 2 m^3/min,由于晋祠泉域内西山煤田的大规模开采,泉水流量逐渐减少,终于于 1994 年 5 月断流。由于煤矿开采破坏地下水而引起当地居民失去饮用水水源的情况在媒体上时有报道。

1.2　土地资源的破坏

采矿活动对土地的破坏包括地表塌陷、水土流失、沙漠化、固体废弃物对土地压占和污染严重破坏土地资源。煤炭开采所造成的沉陷对土地资源的破坏是十分严重的。我国因采煤区地表塌陷造成的土地破坏总量约为 40 万 hm^2,开采万吨原煤造成的土地塌陷面积平均达 0.20~0.33 hm^2,每年因采煤破坏的土地以 3 万~4 万 hm^2 的速度递增。如山西省目前煤炭开采引起的地下采空面积达 1 300 km^2(约占山西全省面积的 1%)。这一问题在华东地区及粮食和煤炭复合主产区显得尤为突出。此外,煤矿开采会产生等于煤炭产量 10%~20% 的矸石。目前我国煤矸石累计堆存近 40 亿 t,均占用土地 1 万 hm^2。

1.3　大气的污染

煤矿排放瓦斯和矸石山自燃释放大量的 SO_2、CO_2、CO,造成了对大气的严重污染。矿井瓦斯产生的温室效应是 CO_2 的 21 倍。我国煤矿年排放瓦斯 120 亿 m^3,平均利用率不到 20%。

综上所述,煤炭开采造成的环境破坏是非常严重的,大大超出了矿区环境容量。可以说,我国的煤炭开采是以牺牲环境为代价的,而煤炭作为我国主要能源的状况在短期内却难以改变。为了避免开采对矿区环境的继续造成破坏,国家和煤炭行业必须考虑煤炭资源与环境协调开采问题。按照国务院《关于促进煤炭工业健康发展的若干意见》的要求,必须转变煤炭开采理念,开展煤炭资源绿色开采技术研究,依靠技术进步,把煤炭生产活动对自然资源和生态环境的影响降低到最小程度。

2　绿色开采的理念和内涵

绿色开采的内涵是减少采煤对环境的破坏,为此就要形成一种使资源和环境相互协调的开采技术。煤矿绿色开采及其相应的绿色开采技术,在基本概念上是从广义资源角度认识和对待煤、瓦斯、水、土地等一切可以利用的资源;基本出发点是从开采角度防止或尽可能减轻开采煤炭对环境和其他资源的不良影响;目标是取得最佳的经济效益、环境效益和社会效益。煤矿绿色开采具有以下三方面的内涵和特点。

2.1　对原有矿井废弃(或有害)物观念的转变

从广义资源角度而论,在矿区范围的煤炭、地下水、煤层瓦斯、土地、煤矸石以及在煤层附近的其他矿床都应该是矿区的开发对象而加以利用。而原来矿井瓦斯的定义是:矿井中主要以甲烷为主的有害气体。事实上,瓦斯又是清洁能源,1 m^3 瓦斯可发电 3~3.5 kW·h。

原来矿井水文地质类型的定义是根据矿井水文地质条件、涌水量、水害情况和防治水难易程度等划分类型,其基本思路是把矿井水作为水害对待的。而现在,则是在防治地下水的同时把矿井水资源加以利用。

应该减少对土地的破坏和矸石的排放。矸石是开采中产生的固体废弃物,但也可作为塌陷地的复垦材料、采空区充填骨料和制砖材料等。

2.2 从源头上采取措施减轻开采对环境的破坏

从开采的角度采取措施,从源头消除或减少采矿对环境的破坏,而不是先破坏后治理,这样才符合循环经济原则。应通过采矿方法的改变和调整来实现地下水资源的保护、减缓地表沉陷、减少瓦斯和矸石的排放等。

2.3 基于岩层运动的特点建立绿色开采理论基础

岩层运动对矿山压力造成影响,煤层开采后引起的岩层变形—破断—移动是造成一系列环境问题的根源。

岩体不被破坏,则水和瓦斯的流动、地表沉陷和土地破坏等环境问题都不会发生。绿色开采的重大基础理论依据是:① 采矿后岩层内的"节理裂隙场"分布和离层规律;② 开采对岩层和地表移动的影响规律;③ 水和瓦斯在裂隙岩体中的渗流规律;④ 岩体应力场分布规律和岩层控制技术。近年来,为了解决上述与环境相关的理论问题,提出了岩层控制的关键层理论[1],为煤炭资源绿色开采的研究提供了理论基础。

绿色开采(green mining)的理念提出后,已得到国际采矿界认同,如国际著名采矿专家 A.K.高斯教授曾在其主编的刊物上发表专论介绍中国的绿色开采[2],并建议将绿色开采作为现代采矿科学的新词汇。绿色开采在国内也被越来越多的学者、企业家和管理层所接受,如矿山绿色开采关键技术作为一个课题已被列入国家"十一五"科技支撑计划,淮南、潞安、神东、淮北等矿区已经开始进行绿色开采实践。

3 绿色开采的技术框架

在构建了图 1 所示的煤炭资源绿色开采技术框架的基础上[3],笔者对减沉开采、煤与煤层气共采、保水开采、矸石减排等各技术体系和适用条件开展了研究,对我国不同矿区的绿色开采模式提出了建议。

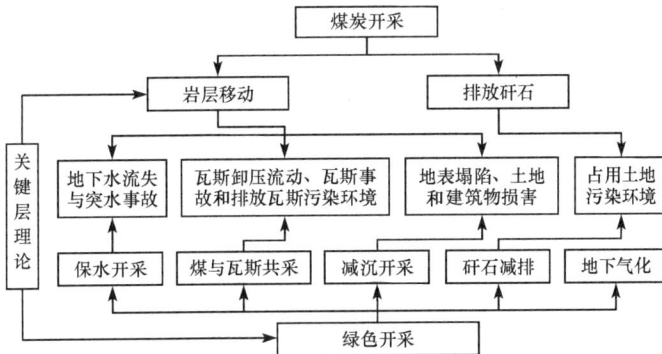

图 1 绿色开采技术框架

Fig.1 Technical framework of green mining

减沉开采就是减少开采所引起的地表沉陷,以保护土地资源和地面建筑物。我国东部矿区和粮食与煤炭复合主产区应重视减沉开采技术研究,将减沉开采作为矿区绿色开采的重点。笔者构建了图2所示的减沉开采技术体系。

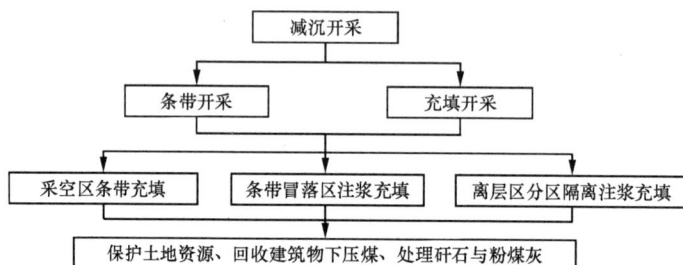

图 2　减沉开采技术体系

Fig. 2　Technical system of mining with retarding surface subsidence

3.1　减沉开采

研究证明[4],覆岩主关键层对地表移动过程起控制作用,主关键层的破断可导致地表快速下沉,地表下沉速度随主关键层周期性破断而呈现跳跃式变化。因而,控制主关键层就是控制地表沉陷,应形成"条带煤柱或充填体—上覆岩层—主关键层"结构体系以控制地表沉陷。

减沉开采技术主要包括条带开采和充填开采。条带开采和传统充填开采都存在明显的不足之处。条带开采技术存在的主要问题是采出率低、浪费大量煤炭资源;而传统的全部充填开采技术存在的主要问题是充填成本相对煤炭价格偏高、充填量大、充填材料来源受限、充填工艺不能适应煤矿高效开采要求。根据综合条带开采和充填开采的特点,笔者提出了煤矿部分充填开采技术[5]:充填量和充填范围仅相当于采出煤量的一部分,仅对采空区的局部或离层区和冒落区进行充填,靠覆岩关键层结构、充填体和部分煤柱共同支撑覆岩以控制开采沉陷。按部分充填的位置和时间不同,提出了采空区膏体条带充填、条带开采冒落区注浆充填、覆岩离层分区隔离注浆充填等3种部分充填开采技术。目前,济宁、新汶、枣庄、淮北等矿区正在积极开展有关充填减沉开采的试验研究工作。

3.2　煤与煤层气(瓦斯)共采

煤与煤层气(瓦斯)共采,就是将煤炭和赋存于煤储层中的瓦斯均作为矿井资源加以开采,实现两种资源的共同开采。我国高瓦斯矿区应重视煤与瓦斯共采技术的研究,将煤与瓦斯共采作为矿区绿色开采的重点。笔者构建了图3所示的煤与煤层气(瓦斯)共采技术体系。

煤层气开采方法分为煤层采前预抽和采动卸压抽采。在煤层开采前,煤层气开采的效果取决于煤层原始渗透率大小。研究表明[6],我国埋深2 000 m以浅有30万亿~35万亿 m^3 煤层气资源,而我国70%以上煤层的渗透率小于 $1 \times 10^{-3} \mu m^2$。正因为如此,我国已钻进的200多口采前地面煤层气井中,除个别矿区(如晋城)外,稳产、高产井很少,而如何提高采前煤层渗透率是尚未解决的难题。实践表明,一旦煤层开采引起岩层移动,即使是渗透率很低的煤层,其渗透率也将增大数十倍至数百倍,可为煤层气运移和开采创造

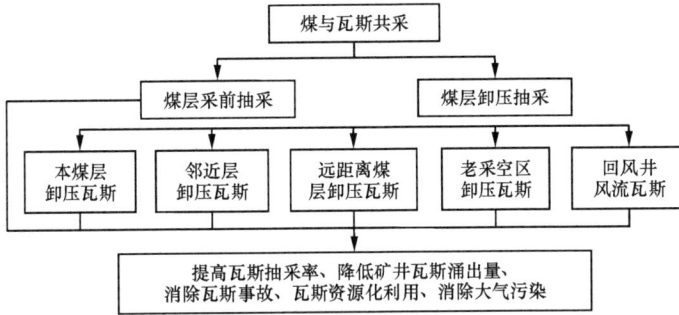

图 3　煤与煤层气（瓦斯）共采技术体系

Fig. 3　Technical system of simultaneous extraction of coal and coal-bed methane

条件。因此,利用岩层运动的特点将卸压煤层气开采出来,是我国煤层气开采的一条重要途径。基于对岩层采动裂隙动态分布规律的认识提出的卸压瓦斯抽采"O"形圈理论,在一些矿区的卸压瓦斯抽采中对钻孔布置具有指导作用[7-9]。阳泉、淮南、晋城、铁法、淮北、松藻等矿区,在煤与煤层气共采中已取得很大成绩和经验。目前,我国矿井抽采瓦斯的利用率仍然很低,大部分仍排放到大气中,这是煤与煤层气共采需要进一步解决的关键问题之一。

3.3　保水开采

保水开采是指在采煤过程中对地下水资源进行保护并对矿井排水进行资源化利用。我国西北干旱缺水矿区应重视保水开采技术的研究,把保水开采作为矿区绿色开采的重点。笔者构建了图 4 所示的保水开采技术体系。

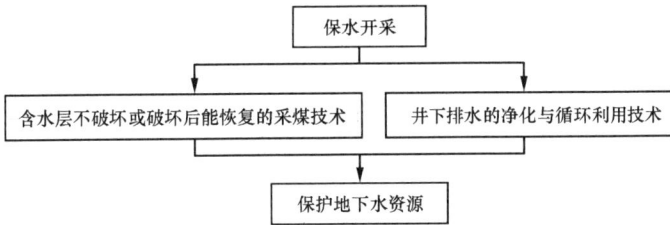

图 4　保水开采技术体系

Fig. 4　Technical system of mining with water-preservation

煤层开采后,随着上覆岩层关键层的破断,在该区域内地下水常形成水位下降漏斗。地下水水位能否恢复,取决于随工作面推进上覆岩层中有无软弱岩层经重新压实而导致裂隙闭合所形成的隔水带。若有隔水带,则随着雨水的再次补给下降漏斗逐渐消失,地下水水位亦随之恢复。而它对地面生态的影响则决定于漏斗形成和消失的时间间隔。我国西北部分地区(如山西大同)顶板为厚层坚硬岩层,表土层薄,煤层开采后顶板破断裂缝从井下采空区贯穿地表,原有顶板含水层的水全部通过岩层裂缝漏失,造成区域地下水干枯。由于贯通地表的破断裂缝难以闭合,地表降雨通过裂缝渗入井下采空区,原有顶板含水层无法恢复。只有对岩层裂缝进行人工注浆封闭、阻断地表雨水渗漏,才能逐步恢复原有含水层。

我国西北矿区虽已开始重视保水开采问题并开展了初步研究[10-11]，但保水开采的技术难度很大，目前有关研究工作刚刚起步，要实现保水开采还有大量艰巨的工作要做。

3.4 矸石减排

矸石减排是指减少煤矿矸石排放量、消除矸石山堆积。我国所有煤矿都应重视矸石减排技术研究。笔者构建了图5所示的矸石减排技术体系。

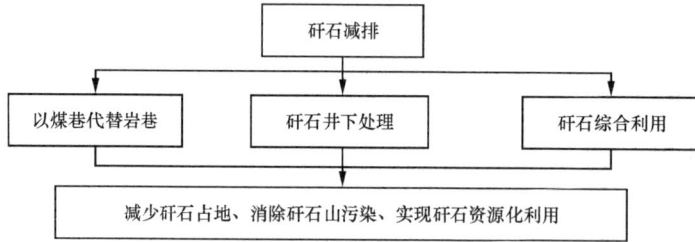

图 5　矸石减排技术体系

Fig. 5　Technical system of reduction of rock waste

首先要少出或不出矸石，以煤巷取代岩巷。这涉及煤巷维护问题，需要不断研发煤巷高效支护技术。矸石井下处理是指将井下岩巷掘进矸石不提升出井，通过建立井下矸石转运、储存和充填系统，将矸石充填到采空区，或进行巷旁和废弃巷道充填以及矸石充填置换井下煤柱等[12]。矸石综合利用包括把地面矸石作为减沉充填或复垦充填材料、矸石制砖、矸石发电等。

3.5 煤炭地下气化

煤炭地下气化，是指不将煤炭采出地面而将其在地下通过热化学反应在原地转化为可燃气体。它是一种整体绿色开采技术。对于难以回收的残留煤柱、低品位煤、难采煤层，应积极开展地下气化技术的试验研究。

目前我国的煤炭地下气化技术仍处于工业试验阶段[13]。地下煤炭气化燃烧产生的苯和酚是致癌物质，有可能毒化水资源。该问题和煤炭地下气化多联产技术等很多问题均需要去研究和探索。

4　结　语

资源与环境协调的绿色开采，是解决煤炭开采环境问题的根本出路。要实现绿色开采，需要综合研究和解决政策、经济、技术等诸多难题，需要花大力气开展相关技术和政策的研究和创新，使得其技术上可行、经济上合理。在技术方面，应该把研究岩层运动对工作面的影响转为研究开采后岩层运动对岩体内形成空隙和地表沉陷的影响，以及研究采动岩体中气体、液体的渗流规律，为保水开采、煤与瓦斯共采、减沉开采、矸石减排等绿色开采技术的发展提供理论基础。在政策方面，应研究适合不同矿区特点的绿色开采模式和经济评价体系及其与企业成本的关系，综合研究煤炭资源的经济特点，为政府制定政策提供建议。国家应在政策和税收等方面对绿色开采加以支持，以使煤炭企业得到持续健康发展。

参考文献

[1] 钱鸣高,缪协兴,许家林,等. 岩层控制的关键层理论[M]. 徐州:中国矿业大学出版社,2003.

[2] GHOSE A K. Green mining—A unifying concept for mining industry[J]. J Mines, Metals Fuels, 2004,52(12):393.

[3] 钱鸣高,许家林,缪协兴. 煤矿绿色开采技术[J]. 中国矿业大学学报,2003,32(4):343-348.

[4] 许家林,钱鸣高,朱卫兵. 覆岩主关键层对地表下沉动态的影响研究[J]. 岩石力学与工程学报,2005,24(5):787-791.

[5] 许家林,朱卫兵,李兴尚,等. 控制煤矿开采沉陷的部分充填开采技术研究[J]. 采矿与安全工程学报,2006,23(1):6-11.

[6] 叶建平,史保生,张春才. 中国煤储层渗透性及其主要影响因素[J]. 煤炭学报,1999,24(2):118-122.

[7] 许家林,钱鸣高. 地面钻井抽放上覆远距离卸压煤层气试验研究[J]. 中国矿业大学学报,2000,29(1):78-82.

[8] 许家林,钱鸣高,金宏伟. 基于岩层移动的"煤与煤层气共采"技术研究[J]. 煤炭学报,2004,29(2):129-132.

[9] 刘泽功,袁亮,戴广龙,等. 开采煤层顶板环形裂隙圈内走向长钻孔法抽放瓦斯研究[J]. 中国工程科学,2004,6(5):32-38.

[10] 师本强,侯忠杰. 陕北榆神府矿区保水采煤方法研究[J]. 煤炭工程,2006(1):63-65.

[11] 张东升,马立强. 特厚坚硬岩层组下保水采煤技术[J]. 采矿与安全工程学报,2006,23(1):62-65.

[12] 张吉雄,缪协兴. 煤矿矸石井下处理的研究[J]. 中国矿业大学学报,2006,35(2):197-200.

[13] 梁杰. 煤炭地下气化技术[J]. 中国科学人,2006(4):82-83.

Concept of Green Mining and Its Technical Framework

XU Jialin   QIAN Minggao

(China University of Mining and Technology, Xuzhou 221008, Jiangsu Province, China)

Abstract:With respect to the serious environment problems of coal mining, a new concept of green mining is proposed, which is related to viewing and treating coal, coal-bed methane, ground water, rock waste and any other useful resources in a broad sense as "resources". It is based on the law of strata movement to prevent or to alleviate the adverse influence of coal mining on other resources and the environment as far as possible. The goal is to maximize the economic and social benefits. The technical framework of green mining includes water-preservation in mining areas, coal mining to retard surface subsidence, simultaneous extraction of coal and coal-bed methane, reduction of rock waste, underground coal gasification, and others.

Keywords:coal resource,environment protection,circular economy,green mining,key stratum

Green Mining Techniques in the Coal Mines of China[①]

JIALIN XU   WEIBIN ZHU   WENQI LAI   MINGGAO QIAN

This article advances an innovative concept, explaining the connotation and technical system of "green" mining. The important theoretical foundations of "green" mining are the distribution and development characteristics of joints, fractures and bed separations, and the seepage and flow behaviour of methane and water in the broken rock strata following coal mining. The main focus of "green" mining technique includes water-preservation in mining areas, coal mining under buildings with bed separation spaces grouted to retard surface subsidence, partial extraction and backfill mining, simultaneous extraction of coal and coal-bed methane, coal roadway supporting and underground disposal of rock waste, underground coal gasification, etc.

Propounding the concept of green mining

The relationship between the mining area and its surrounding environment is harmonious before mining. But after mining, the impact of human activities change the environment, and many environmental problems in mining areas surface, e. g. the destruction of farmlands and buildings, the migration of villages, the occupation of land by waste rock dumps, fall in the flow rate in rivers and creeks, exhaustion of groundwater, desertification of soil and groundwater pollution. The conceptualization and development of green mining enable us to have a sober judgment of the mining-induced problems so that counter-measures can be suggested, and rational proposals can be put forward to the government.

The main problems induced by coal mining can be listed as follows:

(1) The destruction and occupation of land, which is mainly due to surface subsidence and the land occupied by waste dumps in underground mining; however, in surface mining, it is mainly the damage due to surface excavation and land occupied by waste dumps.

(2) The destruction and pollution of water resources. In the process of mining, the

---

① 本文发表于 *Journal of Mines, Metals & Fuels*, 2004 年, 第 395~398 页。

underground water resources are damaged by the man-made drainage for safety and the automatic drainage through flow fractured passages induced by mining.

(3) The pollution of the atmosphere, which is mainly caused by coal mine methane emission and the harmful gas emissions due to the spontaneous combustion of carbonaceous materials in waste dumps.

We can take Shanxi province as an example, where the raw coal output increased by more than 5.6×10^9 t between 1949 to 1998. But the land area damaged due to coal mining, the subsided area approaches 670×10^6 m^2, of which 40% is cultivated land. The waste dumps have occupied about 20×10^6 m^2. Up to 1998, the underground gob area reached 1,300 km^2 (occupying 1% of the area of the province). The damaged underground water resources is about 420×10^6 m^3/a. The surface runoffs have decreased; this caused 3,218 well levels to drop; 433 water projects, 40 reservoirs and 793,890 m of water pipes were damaged; 1,678 villages, 812,715 people and 108,241 domestic animals faced problems of drinking water. Shanxi's water-scarce environment has been further wrecked. The damaged land is about 0.2 hectares for per 10kt of raw coal on the average and the fresh addition of damaged land is about 20 thousand hectares annually.

Mine methane is a coal-bed gas; it is a greenhouse gas far worse than CO_2, and it is also the ultimate reason of gas explosions in coal mines. On the basis of preliminary estimates, there is $30 \times 10^{12} - 35 \times 10^{12}$ m^3 of coal-bed methane above 2,000m depth, and reserves belong to front rank in the world. Since 1949, more than 1,500 accidents of coal and gas outbursts have happened. In 2001, there were 2,356 deaths owing to gas explosions in Chinese coal mines, accounting for 40% of the total death toll in coal mines. The amount of methane emitted from Chinese coal mines is $7 \times 10^9 - 19 \times 10^9$ m^3 each year. However, methane is a kind of clean energy resource and drainage of methane and utilizing it as an energy resource is fundamental to the solution of these problems.

All these have confirmed that it is very urgent to put forward and implement green mining techniques in Chinese coal mines.

The connotation and technical system of green mining

The essential of green mining is to view and treat coal, coal-bed methane, water and any other useful resources in a broad sense as "resources". Its basic starting point is to prevent or to alleviate the adverse influence of coal mining on other resources and the environment, as far as possible. The goal is to maximize the economic and social benefits. Corresponding to land, underground water, methane, rock waste, etc, the green mining technique comprises the following:

(1) the protection of water resources, through water preserving mining technique;

（2）the protection of land and buildings，using mining technique with bed separation spaces grouted，backfill and partial extraction；

（3）the drainage of methane，constituting the technique of simultaneous extraction of coal and coal-bed methane；

（4）reduction of rock waste output；

（5）the technique of underground coal gasification.

These ingredients make up the technical system of green mining and are shown in Fig. 1.

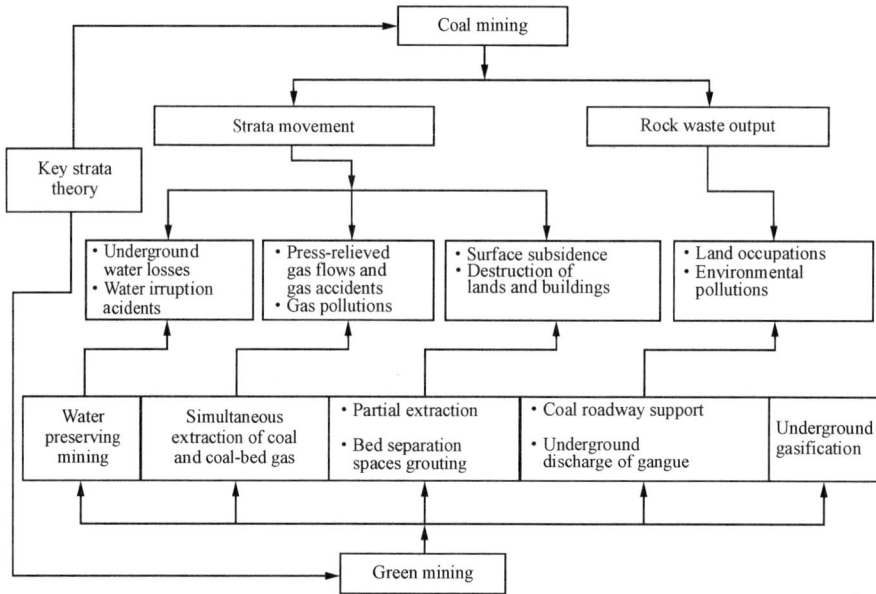

Fig. 1　the technical system of green mining

Most of the safety and the environmental problems are related to mining-induced rock strata movements（the above problems would not arise if the rock strata did not break）. Therefore，the crucial theory of the foundations of the green mining is：

（1）the development and distribution of joints，fractures and bed separations in overburden after mining；

（2）the influence of mining on the movement of rock strata and surface subsidence；

（3）the seepage and flow of gas and water in the broken rock strata；

（4）the distribution of the stress field in the rock mass.

Over the past several years，in order to study how the thick and strong rock strata in overburden control the distribution of joints and fractures，the methane drainage，the prevention and cure of water irruption，and surface subsidence，the key stratum theory in ground control has been put forward[1-3] and it provides the theoretical foundation for "green" mining.

The main contents of green mining technique

MINING FOR PRESERVATION OF UNDERGROUND WATER RESOURCES

After mining, along with the break of the key strata, a cone of depression of underground water will appear. Whether the underground water level can recover rests on the existence of water-impervious strata that are the recompressed soft strata along with the advancement of the work face. If the water-impervious strata exist, due to the supply of surface water, the cone of depression will gradually disappear, its influence on the surface ecological environment is determined by the interval between the emergence and the disappearance of the cone of depression.

The fourth water-bearing stratum in the alluvium of Huaibei mining area connects with the coal measure strata; its water level had dropped continuously after mining, and several cone of depression appeared. At present, the drop area of the fourth water-bearing stratum has approached 40 km^2 in Huaibei Linhuan coal mine, leading to the permanent destruction of the fourth water-bearing stratum. As an example, the water level of the fourth water-bearing stratum in the 85-02nd bore nearby the west air shaft in Huaibei Linhuan coal mine was 97.2 m in 1985; it dropped to 205.8 m in 2001; the water level has dropped 108.6 m over 16 years.

According to practical observations, the lowering of the water level in the fourth water-bearing stratum is closely connected with the water flowing in fractured passages. Fig. 2 shows the water level change curve of the fourth aquifer in the 84-15th observation bore in Huaibei Zhuxianzhuang coal mine. The velocity of lowering the water level is slow before 2000 March. The working section nearby the 84-15th observation bore began to mine in 2000 March. From then on, the water level in this bore dropped rapidly. In the test mining below the water and sand-bearing stratum in Huangxian coal mine, a set of observation bores along the strike of the 1201st work face had been laid out. The observations began before mining, and had

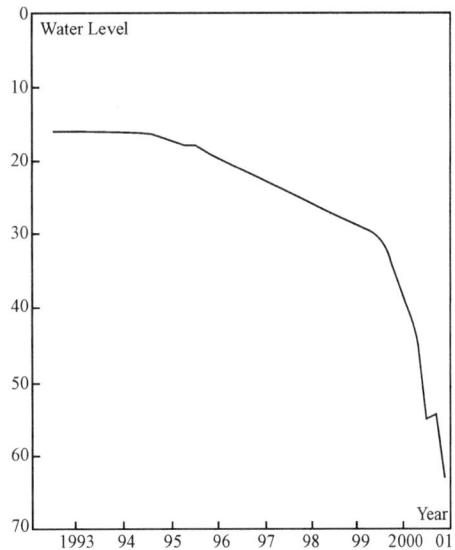

Fig. 2 The water level change of the forth aquifer in the 84-15th observation bore in the Zhuxianzhuang coal mine

been undertaken for a year till the completion of the mining in this work face. The results are shown in Fig. 3 and Table 1[4]. According to Table 1, we know that the water level descent has a relation with the height from the bore bottom to the mined coal seam. From Fig. 3, we can see the following phenomenon: the water level in bore 1 had recovered to its original state after a little change; while the water level in bore 2, 3, 4 and 5 did not recover to their original state, though some recoveries have occurred; and the water in bore 6 leaked entirely. Therefore, to protect the underground water resources, the water preserving mining technique must ensure that the underground water level only changes as in bore 1.

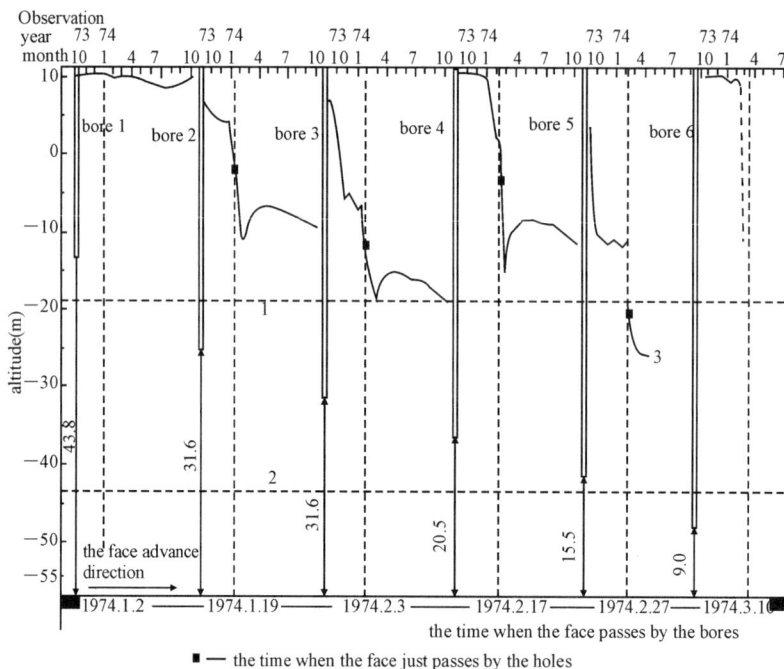

Fig. 3   the water level development in the observation bores
of the 1201 work face in the Huangxian coal mine

Table 1   Water Level Observations in Bores Over 1201 Work Face of the Huangxian Coalmine

Bore hole number	1	2	3	4	5	6
Height from the bore hole bottom to seam/m	43.8	31.6	25.4	20.5	15.5	9
Water level change	transient change	changed	changed	changed	changed	leaked entirely
Lowing of the water level/m	0	13.79	20.97	16.11	25	—

In general, the underground water should be treated as a resource. Mining techniques for water preservation must be developed in the northwest of China. That is, the mining-induced cone of depression of underground water must recover to its original state.

COAL MINING UNDER BUILDINGS

There are about 900 million tons of coal under buildings in eastern China. It is always a puzzle for China's coal mines for mining under buildings. At present, partial extraction is the main method to conduct mining under buildings. The low mining efficiency and the low recovery rate are its shortcomings.

The experimental and in-situ survey research results prove that the primary key stratum control the dynamic process of surface movement, and the breakage of the primary key stratum will obviously augment the subsidence velocity and the boundary of subsidence[5-6]. Based on the key stratum theory in ground control, the basic principles for the design of mining under buildings should ensure that the primary key stratum does not break. In order to obtain the highest economic benefit and at the same time the buildings should not be damaged, it is important to select a rational technique and parameters to alleviate surface subsidence according to the actual overburden structure and key stratum characteristics.

Grouting of bed separation spaces is a new technique to reduce surface subsidence. Its function is to support the overburden by grouting the bed separation spaces induced by the rock strata movements, preventing the overburden movements from being transmitted to the surface. The study of the key stratum theory shows that the bed separations mainly occur under the key strata[7]. Since for the current bed separation spaces grouting technique cannot prevent the initial break of the key strata, based on bed separation developing dynamicaly below the key strata, the authors have advanced the concept of "section-grouting for the overburden bed separation spaces"[7].

MINING WITH BACKFILLING OF GOB AREAS

The gob area backfill technique is an important component of green mining technique. Especially, in developed areas, attention is called for in solving the issue of mining under buildings. Theoretically speaking, backfill mining is the perfect way to solve the environmental problems induced by mining, but its high cost restricts the experiments and applications of this method in China.

In order to cut down the cost of backfill, based on the key stratum theory in ground control, an idea of partial backfilling to control coal mining subsidence has been put forward[8]: just to fill parts of the goaf instead of the whole goaf, ensuring that the width of the unfilled goaf is less than the initial break span of the primary key stratum and the backfilling strips can maintain stability for a long time. Thus surface subsidence can be controlled effectively, and the quantity and the cost of filling can be cut down.

SIMULTANEOUS EXTRACTION OF COAL AND COAL-BED METHANE

Methane drainage method includes methane drainage without destressing from the solid before coal extraction and stress-relieved methane drainage during or after coal extraction. According to the national statistics, permeability of coal seams in China is low, about 70% coal seam permeability coefficient is less than 0.001mD. Due to the low permeability of coal seams, the results of field tests of the un-pressure-relieved methane drainage in China recently are not ideal. There are only 30 gas wells producting up to

3,000 m³/d among the 200 test gas wells[9]. So, the stress-relieved methane drainage method should deserve more attention in China.

The changes in stress field and mining-induced fractures resulting from the overburden movement cause the gas pressure to release and the coal permeability to increase. The flow pattern of the stress-relieved methane is closely related to the movement and deformation of rock mass and its fractures distribution. In order to improve the pressure-relieved methane drainage rate and reduce the drilling works, the study of pressure-relieved methane drainage should be combined with rock strata movement. Based on the key stratum theory in ground control, the conception of "simultaneous extraction of coal and coal-bed methane system" has been put forward[10].

REDUCTION OF ROCK WASTE OUTPUT

Mine rock waste is harmful to the environment and the main measure to reduce rock waste output is to use coal roadways instead of rock roadways. The coal roadway supporting techniques need therefore to be developed, such as bolting technology. Along with the increasing mining depth, it is inevitable to excavate roadways in rock. In order to reduce rock waste output, a system of underground disposal of rock waste must be established. This brings a question: how much is its cost? In fact, the underground discharge of rock waste under the economical principle belongs to the green mining issues. The disposal of rock wastes on surface is not a green mining issue and belongs to environmental protection, such as reclamation.

UNDERGROUND COAL GASIFICATION

Underground coal gasification is an overall green mining technique. As a result of Professor YuLi's 10-year practice in China[11-12], this technique has accumulated considerable experience; all these are the good foundation for subsequent works. In future, the following problems in underground coal gasification must be solved: (1) how to produce domestic gas with high calorific value; (2) how to establish an effective monitoring and controlling system, especially in the method that control burning location and burning velocity; (3) the structure of the gasified furnace and the surface subsidence characteristics after burnout; (4) how to prevent the burning-induced carcinogens (benzene and phenol) from polluting the underground waters; (5) how to deal with the ever-emitting contaminant, CO_2, which can pollute the aerosphere. If these problems are not solved successfully, underground coal gasification will lose its significance as a part of green mining techniques.

Conclusions

To prevent or alleviate the environmental problems induced by coal mining, the green mining technique deserves to be studied in depth. The study of the distribution of fractures in the process of strata movement and the seepage and flow behaviour of methane and water in the broken rock are the bases of green mining. The following are the significant trends for green mining:

(1) To treat methane as an useful resource, to change wastes into valuables, and to form surface or underground methane drainage system along with mining;

(2) According to the structures of rock strata, to select appropriate water preserving mining methods;

(3) According to the actual condition, to develop the technique of backfill, partial extraction, bed separation space grouting and so on in order to protect buildings and land. For mining in China's eastern developed area, it is the inevitable selection, and thus the research direction is to cut down the cost of backfill and to promote the backfill technique;

(4) To maintain roadways within coal seams, and reduce the output of rock waste;

(5) To develop underground coal gasification technique, and to study its influence on underground water.

A. K. Ghose 对"煤矿绿色开采技术"的评价①

Green mining—a unifying concept for mining industry

In the lexicon of the mining industry, we can now add yet another word-green mining-to the string of smart, clean and such other terms which almost have become buzz words. The term "green mining" is not just a new nomenclature, but a unifying concept of value that would seek to inculcate a holistic look at mining and its diverse impacts on the environment. The Journal is privileged to present in this issue a trend setting paper on green mining techniques authored by Academician Qian Minggao, Professor Xu Jialin, and their associates at China university of Mining and Technology. The paper is of considerable import as it puts forward for the first time how best to mitigate the impacts of coal mining using green mining techniques.

Coal mining and its concomitant impacts on the surrounding environment are many and diverse. Apart from the subsidence damages and occupation of land, it affects the underground water regime which is a key resource today. The issues of environmentally compatible ways of disposal of rock waste, and optimal utilization of coal bed methane are equally important. The innovative developments in "green mining" techniques by Chinese specialists hinge on the concept of "key stratum theory" which neatly weaves together the interconnected processes of strata movement, with the seepage and flow behaviour of methane and water in the fractured overlying ground. They also advance a basket of techniques such as backfilling, partial extraction and grouting of bed separation cavities for protection of surface structures. The techniques hopefully will provide necessary directions for mitigating environmental damages, changing coal mining's visage as a predator on the environment.

The Journal would like to compliment the authors for this innovative concept of green mining which holds much promise.

A. K. Ghose

---

① 本文为 *Journal. of Mines*, *Metals & Fuels* 主编 A. K. Ghose 为该杂志 2004 年发表的 *Green Mining Technignes in the Coal Mines of China* 所撰写的编者按。

绿色开采——采矿专业的统一概念

译文：在采矿工业词汇中，我们现在可以在一系列智能的、清洁的以及其他已经成为采矿术语的名词中再加入另一个词汇——绿色开采。绿色开采不仅仅是一个新的术语，同时还试图对煤矿开采及其对环境的多种影响的整体认识引入一个统一的概念。本刊被授权在本期发表由中国矿业大学钱鸣高院士、许家林教授以及他们的合作者完成的一篇带有方向性的有关绿色开采技术的论文。这篇论文是相当重要的，因为首次提出了如何利用绿色开采技术来最大限度地减轻煤矿开采引起的诸多影响。

煤矿开采及其伴随的对周围环境的影响是多种多样的。除了下沉损害和土地损失，它还影响当今一个很关键的资源——地下水。具有同等重要的两个问题是合乎环境要求的矸石处理方式以及煤层瓦斯的优化利用。中国专家在绿色开采技术方面的创新性发展是基于"关键层"理论的。关键层理论巧妙地把岩层移动与上覆断裂岩层中瓦斯和水的渗流及流动结合在一起。他们同样还促进了一系列技术的发展，比如采空区充填、条带开采和覆岩离层注浆等来保护地表建筑。这些技术为减少采矿对环境的破坏提供了方向，有望改变煤矿开采作为环境掠夺者的面貌。

本刊对作者提出的具有重大前景的绿色开采的创新概念表示赞赏！

A. K. Ghose

科学采矿人才培养的思考①

王家臣　　钱鸣高

(中国矿业大学(北京)资源与安全工程学院,北京　100083)

摘　要: 煤矿开采必须从传统的以满足单一经济建设为目的的工程活动转向安全、高效、高回收率、保护环境、完全成本的科学采矿。科学采矿人才应具有扎实的基础理论、相关知识融合、知识综合运用和创新能力,具有开放的、系统的科学思维。在研究生层次的人才培养中,应继续强化基础理论知识、创新能力培养、资源经济和环境知识等,多方面开展学术交流,拓展学术思维和研究的空间。

关键词: 科学采矿;人才培养;安全开采;保护环境;创新能力

1　科学采矿的内涵

采矿是一种古老的行业,也是现代和未来社会难以消失的行业,采矿提供了工业和农业的原材料及社会生活、生产所需的能源等。据测算,采矿为我国国民经济发展提供了95%的能源资源、80%以上的工业原料和70%以上的农业原料[1]。一般说来,采矿是指自地壳内或地表开采矿产资源的技术和科学,包括金属或非金属矿床开采。由于煤矿开采、石油开采具有特殊性,因此通常将煤炭开采和石油开采单独列出,而本文所指的采矿即是指煤矿开采。在现阶段可以定义煤矿开采是指综合运用相关理论和技术,按照科学的工程程序,使用一定的机电设备及其配套系统,采出地下煤炭的一种工程活动和科学技术。煤矿开采分为地下开采和露天开采,其中地下开采在我国占统治地位。目前,我国地下开采的煤炭产量占总产量的94%以上,随着西部煤炭资源开发,露天开采的产量比例会有所增加。但据预测,露天开采的产量比例难以超过10%。

近年来,随着社会理念和技术的进步,钱鸣高院士提出了科学采矿概念。科学采矿,是指最大限度地高效采出煤炭及伴生矿产而又保证安全和保护环境的开采技术。为实现科学采矿所付出的经济代价称为采矿的完全成本[2]。对比采矿(煤矿开采)与科学采矿的定义,我们发现其中有很多区别。传统采矿的定义,是从单一矿产资源开采的工程活动和技术方面给出的,其侧重点是开采活动本身的过程。这是一个非常传统和古老的定义,它对开采活动与外部的联系并没有给出、也不重视。在现代社会,由于技术融合和社会协调及系统发展,传统采矿的定义显然是过时的,已无法适应和健康地促进采矿学科和采矿人才培养的需

---

①　本文发表于《煤炭高等教育》,2011 年第 5 期。

要。为此,我们应基于科学采矿的定义重新构建采矿学科的知识理论框架和人才培养模式。

科学采矿的目的是实现煤矿安全、清洁和节约化生产的可持续发展。实现科学采矿的技术主要体现在如下几个方面:

① 机械化或自动化开采,以提高生产效率和改善工人安全及作业条件;

② 实现安全生产,主要安全生产指标达到或接近国际先进水平;

③ 保护和修复与开采扰动相关的一切自然环境;

④ 提高煤炭及伴生资源采出率,最大限度地节约或采出地下资源;

⑤ 采用先进的科学技术,以降低煤炭开采直接生产成本。

概言之,实现科学采矿应具有的基本要求是:

① 采矿必须保障安全生产,采矿业具有或者好于全国其他基础行业的安全状况;

② 煤矿开采必须在全国或地区环境容许的承载能力之内,且对开采扰动造成的环境损害进行修复或者保护环境;

③ 实现高资源回收率的机械化或自动化开采;

④ 煤矿企业实行煤炭开采的完全成本,以体现煤炭的真实价值,为煤炭价格确定、维持煤炭的合理、持续高位价格提供坚实基础。

2　培养科学采矿人才的基本思路

这里所指的采矿人才,是指采矿工程专业的人才。采矿工程与矿业工程是两个不同的概念。采矿工程,主要研究矿产资源开采的过程及相关的理论、技术、装备等。矿业工程,则是指包括矿产资源开发、生产、加工和利用等的科学和技术。在学科分类上,矿业工程属于一级学科,它涵盖采矿工程、安全工程、矿物加工工程等3个二级学科。

按科学采矿的定义,科学采矿人才是指具备煤炭资源开采的系统理论知识和相关技术技能,了解煤炭及伴生矿产的成因、用途和经济价值,具有煤矿开采的外部效应及减少和修复负外部效应的知识,掌握一定的煤炭资源开采和矿区建设的经济评价知识,能够从事煤矿行业生产、管理、设计、技术研发和经营的专业人才。科学采矿人才应具备的基本知识框架如图1所示。

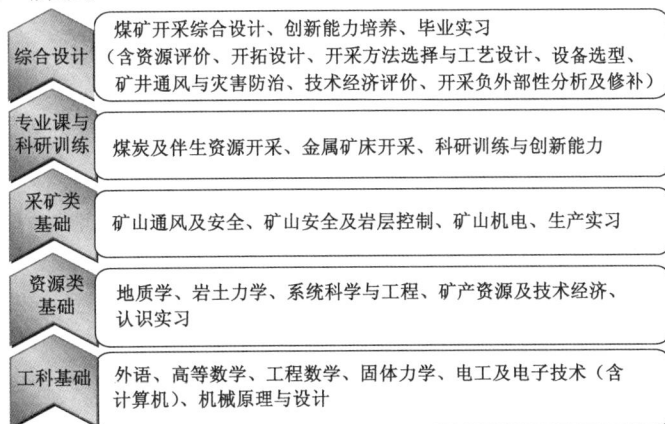

图1　科学采矿人才培养的基本知识框架

这个基本知识框架的特点是,除传统的重视理论技术课程外,强调坚实的理论基础(外语、数学、力学等),重视相关知识的融合(煤炭资源特性、资源经济学、系统科学等)和培养知识综合运用和创新能力(进行科研训练和拓展毕业设计内容等)。同时,将大学的学习分成五个阶段:① 工科基础理论和知识学习阶段;② 矿业与资源类基础理论和知识学习阶段;③ 采矿工程专业基础理论和知识学习阶段;④ 专业课学习、科研训练、创新能力培养阶段;⑤ 综合设计、实践能力和创新能力培养阶段。基本知识框架的理念可以通过修改培养计划和课程教学大纲体现出来,对课程教学大纲和教学内容也需要进行更新,以适应现代煤矿开采和社会和谐、可持续发展的需要,其中新观念、新理论尤其是新技术的引入是修改培养计划的关键。

事实上,采矿作为一个传统行业,人才培养方案亦经历了多年修改和完善,已经形成了相对固定的经典模式,即注重采矿技能训练和培养,忽视宏观、综合知识培养,忽视坚实的数学、力学、外语等基础知识培养,这就在客观上压缩了学生未来无论是在生产、管理方面还是在学术研究等方面的进一步发展空间。若改变传统的采矿人才培养方案,以适应科学采矿人才培养的要求,则必须在人才培养目标上有所改变。传统人才培养的目标虽主要定位于能够从事煤矿生产、设计、管理的高级技术人才,但其实质上主要是培养煤矿开采工程师。这里所指的煤矿,主要是指煤矿矿井或露天矿坑范围,即指煤矿开采范围内而不是煤矿企业或煤炭行业。因此,在人才培养方案制定上主要是针对煤矿开采的直接生产工艺及相关基础知识,而不是面向煤矿开采及开采影响范围内的开放大系统。这就导致多年来煤矿开采人才培养的知识结构偏窄,对生产系统和工艺熟悉而基础理论偏弱,对煤炭资源的经济属性和价值了解得偏少,对煤矿行业的走向以及在国内外市场竞争中的地位和前途关心较少。传统的采矿人才培养方案把主要精力集中于井下的煤矿生产,从而导致目前煤炭行业资源类专家学者、经济类专家学者、高层管理人员、煤矿基础理论研究人员缺失,知识结构老化。所谓科学采矿人才培养,是指在有限的时间内,增加资源经济学、开采环境学和系统科学等方面的知识,同时加强现代数学、力学、机械、控制等方面理论,培养学生的创新精神和能力;同时根据人才培养层次不同和学校招收学生来源不同,科学采矿人才培养的层次和要求也不相同。

3 科学采矿人才培养的多层次性

目前采矿人才的学历层次主要分为高职、本科和研究生(硕士、博士),这里指的采矿人才是指本科、硕士研究生和博士研究生人才。目前为止,本科学士层次人才培养以全日制统招为主,硕士和博士研究生则分为全日制学生和在职(含工程硕士、单独考试、定向培养、委托培养、自筹经费等多种方式)学生两种(图2)。

3.1 采矿本科人才培养

本科人才培养,是指培养能够从事采矿行业生产、管理、设计、咨询、市场开发、经济

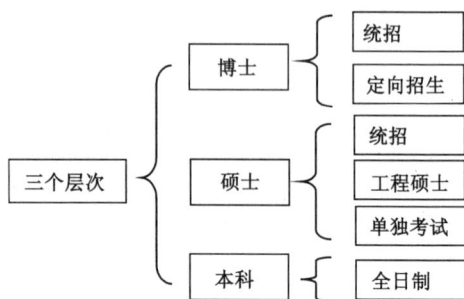
图2 人才培养的三个学历层次

评价和技术服务的基础人才。课程设置方面,除传统的培养课程外,还应适当加强理论基础知识,尤其是力学、外语、经济、环境等方面知识,适当弱化工艺环节和具体技术细节等方面的教学内容;同时需要更新现有教材内容,尤其是专业基础课和专业课教材以适应现代技术发展需要,对一些不用或很少使用的落后技术应从教材中删去,补充和增加一些新技术及其所需的相关基础理论知识,如矿压理论中应加强放顶煤、大采高、充填开采的矿压研究内容,加强开采后引起的上覆岩层和地表移动规律以及采动后煤层底板破坏规律等内容,增加开采采动裂隙及扰动对瓦斯气体、采场周围水体(含水层)流动影响的研究内容;采煤学中应加强现代大型及特大型煤矿矿区建设、开采采区及工作面布置、无轨运输系统及特厚煤层和大倾角煤层综合机械化开采等工艺技术等;煤矿机械课程中应增加现代化大型矿山设备、无轨运输设备及自动控制等内容。同时,培养计划中应增加资源经济学、资源环境学课程,介绍煤及伴生资源的用途、开发、利用及经济价值,加强从资源环境、资源经济、开采环境等方面进行矿区规划设计、外部系统对开采影响等方面的内容;除煤矿开采的基本知识和理论外,应加强学生的宏观和大系统观念。

在矿山系统工程课程中,除传统的矿山开采工艺过程优化外,应补充煤矿开采外部环境、外部工艺、外部经济的优化和分析,就是从矿井封闭系统拓展到外部开放系统。系统研究开采的完全成本,以资源开采经济学作为煤矿企业开发的基础知识等。根据科学采矿理念,为了培养科学的采矿人才,需要对现有的采矿本科生培养计划进行修改,对课程教学大纲进行更新,同时教师的知识结构也需要调整。

在有限的大学四年时间内,要在原有课程基础上增加了一些新的课程和教学内容,势必挤压原有传统课程学时,这是一种必然。在传统课程讲授中,需要在授课内容上进行调整,精简一般工艺性、技术技能性、常规工序、操作性内容,改由实习和实践学习这些内容,可以收到事半功倍效果。要加强实习实践环节,提高实习质量。

3.2 研究生层次人才培养

相比 20 年前甚至 10 年前,全国研究生的招生数量有了大幅度增加,而指导教师的数量增加则相对滞后。研究生导师指导的研究生数量倍增,势必导致指导教师对每位个体研究生的指导时间和精力相对不足。在这种现实和新的研究生教育形势下,如何提高研究生培养质量、分方向分领域地培养出高层次的科学采矿人才,是一个值得深入研究的课题。目前在研究生层次人才培养中,无论博士还是硕士研究生,大部分都是由导师指定研究课题或是跟随导师的科研题目,在项目研究中以一定或部分的项目研究成果作为毕业学位论文。这种培养方式既具有合理性也有不足之处,主要不足之处是学生论文的创新性不足,学生对学科的研究现状、研究中存在的问题不很清楚,对相关文献资料尤其是外文资料的阅读数量明显不够,对国外相关研究进展缺少必要了解,往往只了解导师研究团队的一些研究成果,知识面和基础知识偏窄。另外,导师课题中有许多是属于为企业技术服务性质的,以解决企业的具体难题为主,对于博士生尤其是统招的博士生而言,仅仅如此是不够的。因此,在博士生这一高层次人才培养中,至少应该有 20%~30% 的人从事采矿基础性、共性科学问题的研究,以便为推动行业科技进步做一些理论和技术储备;应该有 30%~50% 的人从事与矿山具体的开采理论和技术相关的课题研究,解决目前为止我国煤矿生产中的一些理论和技术难题;应该有 20%~30% 的人从事一些与煤矿开采相关的资源经济、资源环境、开采环境等方面的研究。对于一些在职和定向博士生或硕士生而言,在论文选题上应加强一些结合具体企业实际且有技术含量课题的研究,多选一些具有方向性的课题。在研究生培养过程中,加强学术交流、进行广泛的学生之间的研究和探讨也是十分必要的。导师与学生之间要有经常性的、正式的学术探讨和交流,鼓励和提供条件让研究生多参加国内外的学术会议和各种研讨会等。

4 结 论

(1)煤矿的科学开采是煤矿行业可持续发展的现实和必然要求,保障安全开采、高资源回收率的机械化开采、保护和修补环境的协调开采、实行完全成本的经济核算是科学采矿的基本内涵。

(2)科学采矿人才的培养是当前矿业类高等院校面临的基本研究课题之一,为了适应科学采矿的需要,科学采矿人才应具备扎实的基础理论、相关知识融合、知识综合运用和创新能力,具有开放的学术思维和综合的知识框架。

(3)研究生层次的人才培养,应继续强化基础理论、创新精神以及资源经济和环境等方面知识的培养,进行多方面的学术交流,在较高的层次上拓展其思维和研究空间,充分发挥导师的指导作用。

参 考 文 献

[1] 杜计平,孟宪锐.采矿学[M].徐州:中国矿业大学出版社,2009.
[2] 钱鸣高,缪协兴,许家林,等.论科学采矿[J].采矿与安全工程学报,2008,25(1):1-10.

The Approach to Foster a Engineer of Ability on Sustainable Coal Mining

WANG Jiachen   QIAN Minggao
(School of Resources and Safety Engineering, China University of Mining and Technology, Beijing, 100083)

Abstract:The coal mining should be changed from the mining process only for economic construction to the sustainable coal mining including safety, efficiency, high recovery, environmental protection and complete cost. The engineers of ability on sustainable coal sustainable coal mining should have the solid theoretical foundation, relative knowledge, innovation ability, the system of open and scientific thinking. At the graduate level of talent training, we should continue to strengthen basic theoretical knowledge, cultivating their innovative ability and increase their resource economy and environmental knowledge. The academic exchanges of the graduated student should be carried out in many aspects, and the space of the academic thinking and research of the students should be opened.
Keywords:sustainable coal mining;fostering a engineer of ability;safety mining;environmental protection;innovation ability.

20 年来采场围岩控制理论与实践的回顾[①]

钱鸣高

(中国矿业大学 采矿工程系,江苏 徐州 221008)

摘 要:简要地回顾了近 20 年来中国矿业大学在采场围岩控制理论和实践方面的进展,其中包括"砌体梁"力学模型和"关键层理论"的提出,"砌体梁"结构的"S-R"稳定,采场整体力学模型和矿山压力"支架—围岩"稳定性监测。最后提出了今后展望。

关键词:砌体梁;关键层;整体力学模型;矿山压力监测

自 1980 年至今的 20 年是我国回采工作面综采大发展时期。以兖州矿务局为例,1980 年综采工作面每月平均单产仅为 5 万～6 万 t,而到 1999 年已达到 20 万～30 万 t。全国出现了年产达 500 万 t 的综采队。由此可见,我国回采工作面综采技术已达到国际水平。这其中当然也应包括采场围岩控制理论和技术的研究成果。显然,实践的进展和需要不断推动着理论研究和对客观事物认识的不断深化。就此本文对我们 20 年来在采场围岩控制的理论和实践方面的工作做一简单的回顾和概括。

1 "砌体梁"结构力学模型和"关键层理论"研究

众所周知,煤层开采后上覆岩层将形成新的平衡结构,结构形态及其稳定性将直接影响采场支架的受力大小、参数和性能选择,同时也将影响开采后上覆岩体内节理裂隙和离层区的分布以及地表塌陷形态。因此,采场上覆岩层结构的特点及其形态一直为采矿工作者所重视。

1.1 关于上覆岩层结构形态的研究

主要研究工作始于 20 世纪 60 年代初,一直到 70 年代末,借助于大屯孔庄矿开采后岩层内部移动观测,上覆岩层开采后呈"砌体梁"式平衡的结构力学模型遂被正式提出。该项研究所提出的典型论文是 *A Study of the Behaviour of Overlying Strata in Longwall Mining and Its Application to Strata Control* 等[1-3]。该项研究的意义主要在于:开采以后上覆岩层结构形态的研究成果为采场给出了具体的上部边界条件,该结构的形态和平衡条件为论证各项采场矿山压力控制参数奠定了基础。由于"砌体梁"结构的研究是限于采场中部沿走向的平面问题,因而随着采场矿山压力研究的深入,尤其是老顶来压预测预报的发展,必然讨论到把老顶岩层视为四周各种支撑条件的"板"的破断规律、老

---

① 本文发表于《中国矿业大学学报》,2000 年第 1 期,第 1～4 页。

顶在煤体上方的断裂位置以及断裂前后在煤和岩体内所引起的力学变化,由此提出了岩层断裂前后的弹性基础梁力学模型和各种不同支撑条件下的 Winkler 弹性基础上的Kichhoff 板力学模型。结合此项研究工作发表的典型文章有《老顶岩层断裂形式及其对工作面来压的影响》、《老顶断裂前后的矿山压力变化》等[4-7]。该项研究取得的主要成果如下:

(1)老顶断裂前后在煤壁前方将引起扰动,即在梁被夹持的端部形成"反弹"区,而再深入一定的距离则形成"压缩"区;

(2)老顶断裂位置在煤体之内,因此由老顶断裂到工作面来压存在时间差,利用此时间差即可对老顶来压进行预报;

(3)老顶岩层板破断时主裂隙呈"O-X"形,即先是周边破断呈"O"形断裂,而后是"O"形板内部呈"X"形破断;

(4)对"板"破断时引起的扰动研究证明,可在采煤工作面上下两侧的巷道内测得"反弹"和"压缩"现象;

(5)根据上覆岩层以硬岩层作为形成结构主体的观念,提出了判断开采后上覆岩体变形破断形成的离层区和压实区位置的可能性。

至此,开采后老顶的稳定性、破断时引起的扰动和破断后形成的结构形态即形成了一个总体概貌。

1.2 关于"关键层理论"的研究

随着开采对上覆岩层内地下水、岩体内赋存气体分布的改变以及地表塌陷规律的影响,必然导致"关键层理论"的研究。这方面集中的研究成果归结于《岩层控制中的关键层理论研究》、《采场覆岩中关键层的破断规律研究》、《采场覆岩中关键层上载荷的变化规律》及《覆岩采动裂隙分布的'O'形圈特征研究》等[8-11]。关键层理论的研究,实质是进一步研究硬岩层所受的载荷及其变形规律,进而了解影响工作面和地表沉陷的主要岩层及其变形形态。关键层研究中的重要组成部分是:两层坚硬岩层破断时的组合关系、采动后岩体内的裂隙分布、离层区位置以及对地表破坏规律的识别。

2 "砌体梁"结构的"S-R"稳定

采动后岩体内形成的"砌体梁"力学模型是一个大结构,而该大结构中影响采场顶板控制的主要是岩层移动中形成离层区附近的几个岩块(即"砌体梁"中的 A、B、C 岩块)。显然,关键块平衡与否直接影响采场顶板的稳定性和支架受力大小。因此,在"砌体梁"结构研究的基础上,重点分析了其中关键块的平衡关系,有关的典型研究论文是《采场"砌体梁"结构的关键块分析》等[12-14]。在这项研究中主要提出了"砌体梁"关键块的滑落和转动变形失稳条件,即"S-R"稳定条件。

(1)滑落稳定条件(S 条件):

$$h + h_1 \leqslant \frac{\sigma_c}{30\rho g}(\tan \varphi + \frac{3}{4} \sin \theta_1)^2$$

式中 h——承载层厚度;

h_1——承载层所负载岩层厚度;

σ_c——承载层的抗压强度；

ρg——岩体的重力密度；

θ_1——"砌体梁"中 A 岩块断裂后的回转角；

$\tan\varphi$ 为岩块间的摩擦系数。

（2）回转变形稳定条件（R 条件）：

$$h + h_1 \leqslant \frac{0.15\sigma_c}{\rho g}\left(i^2 - \frac{3}{2}i\sin\theta_1 + \frac{1}{2}\sin^2\theta_1\right)$$

式中：i 为岩块的厚长比，即 $i = h/l$（l 为岩块长度）；其他符号意义同上。

"砌体梁"关键块的分析为采场直接顶的上部作用力和位移提供了边界条件，从而为分析直接顶稳定性奠定了基础。

3 采场"支架—围岩"关系研究和整体力学模型的建立

采场顶板控制的关键是直接顶的控制，因此"支架—围岩"关系的研究长期以来一直是矿山压力控制研究的主题。其内容包括：在单体支柱工作面如何防止顶板事故的发生；液压自移支架架型和合理支护阻力的确定；更重要的是如何防治液压自移支架端面顶板的冒落。其研究成果如《两柱支掩式支架的工作状态及其对直接顶稳定性的影响》、《综采工作面直接顶的端面冒落》等[15,16]。而影响支护参数选择的主要观点是"P—Δl"关系，即支架工作阻力 P 与顶板下沉量 Δl 之间存在着类双曲线关系。这一观点在中厚煤层开采的采高条件下，似乎已成为普遍规律。在这些研究中一直视直接顶为"似刚体"。待到放顶煤开采，直接顶中以破碎或几近破碎的顶煤为主，此时视直接顶（含顶煤）为似刚体显然不合适，而且实践中测定的支架载荷要比原来的估算值小得多。因此，必然引起"支架—围岩"关系的再研究，此时，"砌体梁"的关键块研究为直接顶上部边界的受力状态提供了有力的理论基础，由此在《再论采场矿山压力理论》、《采场围岩整体结构与砌体梁力学模型》及《采场支架与围岩耦合作用机理研究》等[17,18]论文中提出了由于"砌体梁"的"S-R"稳定而引起的对直接顶的"松脱体压力"和"回转变形压力"概念。论文《采场直接顶对支架与围岩关系的影响机制》及《采场支架—围岩关系的新研究》[19,20]则进一步论证了由于直接顶变形致使"砌体梁"对直接顶的回转变形载荷有可能被破碎的直接顶所吸收，从而导致在该情况下的"P—Δl"关系中类双曲线关系不再存在。

该项研究的主要结论如下：

（1）根据采场四边形直接顶的失稳特征，按刚度可将其划分为似刚度、似零刚度和中间型刚度 3 类。

（2）当直接顶刚度为零刚度时，支架处于"给定载荷"或"限定载荷"工作状态；当处于似刚度时，支架处于"给定变形"工作状态；当处于中间型刚度时，P—Δl 呈典型双曲线关系。

（3）鉴于当直接顶为似零刚度时（如放顶煤条件），"P—Δl"已不再存在类双曲线关系，此时合理工作阻力的确定主要决定于其对端面稳定性的影响。

这些研究工作最终导致了采场整体力学模型的建立，其主要研究成果除上述有关论文外，还体现在 *The System of Strata Control Around Longwall Face in China* 及《采场矿山压力理论研究的新进展》[21,22]等论文中。

4 工作面矿山压力与支护质量监测

任何一项工程质量的保证,均决定于设计是否符合实际及之后的施工是否到位。矿山压力控制也是一样,如何保证施工符合设计标准亦决定于对工程质量的监测。事实证明,在矿山压力控制中,实际支护阻力和设计要求往往是两回事。这常常是导致工作面顶板事故的根本原因。尤其是回采工作面总是在不断推移的过程之中,且顶板条件又在不断地变化,因此及时地进行监测是保证工作面进行安全生产的根本保证。我国自20世纪80年代开始,较大规模地进行了回采工作面顶板和支护质量监测,由此回采工作面顶板事故大幅度减少,创造了良好的社会效益和经济效益。其中的关键是运用矿山压力理论确定监测指标,从而形成了"支架—围岩"稳定性诊断技术,使事故消灭于形成之初。有关研究成果的代表性论文有 *Monitoring Indices for the Support and Surrounding Strata on a Longwall Face* 等[23-26]。该成果主要体现于创造了一整套监测仪器和开发了一套支护质量监测的软件。

5 展 望

认真回顾20年来的研究工作,对今后的研究工作是有益的。今后的工作将从以下方面进行:

(1)进一步完善采场整体力学模型,在研究直接顶稳定性的基础上建立各项参数的关系,由此为监控技术提供端面顶板稳定性监控指标,进一步简化监测仪表和"预测—监控"体系,为回采工作面高产高效安全生产服务。

(2)深入研究岩层控制中的"关键层理论",以便对上覆岩层的离层区分布做出定量描述,为发展离层区充填技术和地面或井下抽放瓦斯技术奠定基础。在"关键层理论"中将重点研究坚硬岩层破断的组合效应以及关键层破断形态与表土层变形的耦合关系。

参 考 文 献

[1] Chien (Qian) Minggao. A study of the behaviour of overlying strata in longwall mining and its application to strata control[M]. Strata Mechanics, Elsevier Scientific Publishing Company, 1982:13-17.

[2] 钱鸣高,李鸿昌.采场上覆岩层活动规律及其对矿山压力的影响[J].煤炭学报,1982(2):1-12。

[3] 钱鸣高,缪协兴.采场上覆岩层结构的形态与受力分析[J].岩石力学与工程学报,1995,14(2):97-106.

[4] 钱鸣高,朱德仁,王作棠.老顶岩层断裂形式及其对工作面来压的影响[J].中国矿业学院学报,1986,15(2):9-18.

[5] 钱鸣高,赵国景.老顶断裂前后的矿山压力变化[J].中国矿业学院学报,1986,15(4):11-19.

[6] 朱德仁,钱鸣高.长壁工作面老顶破断的计算机模拟[J].中国矿业大学学报,1987,1-6(3):1-9.

[7] Qian M G, He F L. The behaviour of the main roof in longwall mining: Weighting span, fracture and disturbance[J]. J of Mine, Metals & Fuels, June-July, 1989:240-246.

[8] 茅献彪,缪协兴,钱鸣高.采动覆岩中关键层的破断规律研究正[J].中国矿业大学学报,1998,27(1):39-42.

[9] 钱鸣高,茅献彪,缪协兴.采场覆岩中关键层上载荷的变化规律[J].煤炭学报,1998,23(2):135-230.

[10] 钱鸣高,许家林.覆岩采动裂隙分布的"O"形圈特征研究[J].煤炭学报,1998,23(5):466-469.

[11] 钱鸣高,缪协兴.岩层控制中的关键层理论研究[J].煤炭学报,1996,21(3):225-230.

[12] 钱鸣高,缪协兴,何富连.采场"砌体梁"结构的关键块分析[J].煤炭学报,1994,19(6):557-563.

[13] 钱鸣高.砌体梁的"S-R"稳定及其应用[J].矿山压力与顶板管理,1994(3):6-10.

[14] 钱鸣高,何富连,王作棠,等.再论采场矿山压力理论[J].中国矿业大学学报,1994,23(3):1-12.

[15] 钱鸣高,刘双跃.两柱支掩式支架的工作状态及其对直接顶稳定性的影响[J].煤炭学报,1985(4):1-11.

[16] 钱鸣高,殷建生,刘双跃.综采工作面直接顶的端面冒落[J].煤炭科学技术,1992(1):41-44.

[17] 缪协兴,钱鸣高.采场围岩整体结构与砌体梁力学模型[J].矿山压力与顶板管理,1995(3,4):3-12.

[18] 钱鸣高,缪协兴,何富连,等.采场支架与围岩耦合作用机理研究[J].煤炭学报,1996,21(1):40-44.

[19] 刘长友,钱鸣高,曹胜根,等.采场直接顶对支架与围岩关系的影响机制[J].煤炭学报,1997,22(5):471-476.

[20] 曹胜根,钱鸣高,刘长友.采场支架—围岩关系的新研究[J].煤炭学报,1998,23(6):575-579.

[21] Qian M G,He F L,Miao X X. The system of strata control around longwall face in China[J]. In:Guo Yuguang, Tad S Golosinski, eds. Minging Science and Technology. Rotterdam:A A Balkema,1996:5-18.

[22] 钱鸣高,缪协兴.采场矿山压力理论研究的新进展[J].矿山压力与顶板管理,1996(2):17-20.

[23] Qian M G ,He F L,Zhu D R. Monitoring indices for the support and surrounding strata on a longwall face [C]. The 11th International Conference on Ground Control in Mining, The University of Wollongong,1992:25-262.

[24] 钱鸣高,何富连,李全生,等.综采工作面端面顶板控制[J].煤炭科学技术,1992(2):41-45.

[25] 钱鸣高,何富连,缪协兴.采场围岩控制的回顾与发展[J].煤炭科学技术,1996,4(1):1-3.

[26] 钱鸣高,何富连,李全生.综采工作面矿压显现与支护质量监控[J].中国煤炭,1995(7):48-51.

Review of the Theory and Practice of Strata Control Around Longwall Face in Recent 20 Years

QIAN Minggao

(Department of Mining Engineering,CUMT,Xuzhou,Jiangsu 221008,China)

Abstract:The theory and practice,established and conducted by China University of Mining and Technology in recent 20 years,contain the mechanical model of stacked layer of blocks, theory of key stratum,the"S-R"stability of the mechanical model,the concept of viewing the mechanical situation around longwall face as a whole,and monitoring technique for the stability of "suppor-surrounding strata" system. Finally, some future research ideas were put forward.

Keywords:mechanical model of stacked layer of blocks; key stratum; mechanical model around longwall face as a whole; monitoring technique of "support-surrounding strata"

采场围岩控制的回顾与发展[①]

钱鸣高　　何富连　　缪协兴

(中国矿业大学)

摘　要：总结了近年来采场围岩控制方面取得的成果,指出了今后的发展方向。

关键词：采场;围岩控制;发展方向

1　概　述

随着科学研究和生产技术的发展,我国采场围岩控制技术水平有了很大提高。特别是近年来综采液压支架及普采工作面实施支架工况和顶板状态监控以来,顶板已不再对矿工的安全和生产形成严重威胁。采场围岩控制的实践已由被动转向主动、由经验走向科学、由定性变为定量。自 20 世纪 80 年代开始,矿山压力情报中心站每两年组织一次采场矿压理论与实践讨论会,针对顶板控制中的问题进行理论分析,并对实践经验进行交流。1985 年后煤炭部生产司每年均组织召开煤矿顶板管理专业会议,总结交流顶板管理经验和矿山压力研究成果,大大地推动了采场围岩控制新技术的应用,有力地推动了采场围岩控制整套技术的形成。目前,采场围岩控制技术已形成"顶底板围岩分类、矿压计算预测、支架架型与参数合理选择及支架工况与顶板状态监控"的完整体系。该体系形成了如图 1 所示的 P(plan:计划、设计)、D(do:实施、执行)、C(check:检查、验收)和 A(action:整改、处理)循环。通过 PDCA

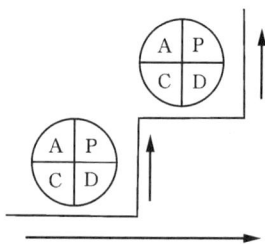

图 1

循环的不断运动,采场围岩控制体系不断趋向完整和科学,从而保证了采场安全生产。

2　采场围岩控制技术"分类—预测—监控"体系的形成

2.1　提出了适合我国煤层地质条件和现有控制技术水平的顶底板分类方案

我国煤矿生产地质条件复杂多样。为了适应液压支架和单体液压支柱发展的需要,在汇集大量采场矿山压力实测资料和总结生产经验的基础上,对采煤工作面的直接顶、老顶进行了分类和分级,并提出了"缓倾斜煤层回采工作面顶板分类"方案。经过近 20 年的试用,目前正在结合控制措施把最难以管理的破碎顶板和坚硬顶板加以区别,以期对这类

---

①　本文发表于《煤炭科学技术》,1996 年第 1 期,第 1~3 页。

顶板采取专门的控制措施(如围岩固化和弱化技术);同时又考虑到底板对支护性能的影响,近期提出了"缓倾斜煤层工作面底板分类"。在这种分类原则下,就有可能对各类顶板提出相应的支护技术和控制措施,使采场围岩控制技术进一步科学化。

2.2 发展了采场矿山压力理论

为实现采场矿山压力预测和确定支护参数,必须对矿山压力的形成、开采后围岩运动规律(尤其是上覆岩层活动规律)加以研究。根据实践及理论研究的发展,我国于20世纪50年代提出了开采后上覆岩层形成"大结构"而采场支护是包含于大结构之下的"小结构"的论点,而该大结构的形式取决于老顶岩层断裂后岩块的相互作用。经过近20年努力,在大量实测基础上,我国学者提出了采场上覆岩层的"砌体梁"力学模型,并对其形成、力学关系和形式进行了论证,同时由大屯孔庄矿采场上覆岩层实测数据得到证明。在此基础上又提出了顶板下沉量和支架受力大小预测,进而建立了老顶的弹性基础"梁"和"板"力学模型,研究了老顶破断时形成的扰动规律及来压步距的计算和预报方法。

与此同时,发展了根据实测数据进行回归分析的方法,得到了相应的实用计算方法,如临界值计算,支架工作阻力与顶板下沉量相互关系及其合理值的确定等。

2.3 开展了支护质量与顶板动态监测

在很长一段时期,人们认为矿山压力的大小即支架上测定载荷的大小,并以此作为设计支护密度的依据。但是,这种观点在具体指导改善顶板状态中常常显得束手无策。随着山东、开滦等矿区对支护质量提出疑问并进行初步监测,人们才普遍认为设计是一回事,施工质量和支护实际性能则又是一回事。尤其是对支架初撑力对改善顶板状态的重要性有了新的认识,从而使对支护质量和顶板状态的监控在全国普遍开展起来。这时,结合理论研究提出了相应的监控指标确定方法和整套数据的采集仪器及计算机软件。图2即系统地表示了这一过程。

事实证明,支护工况和顶板状态的监控使工作面支护质量上了一个台阶,大大地减少了由于顶板和支架造成的停产事故,从而形成了工作面"支架—围岩"稳定性保障系统,为实现工作面高产高效奠定了基础。

2.4 形成了比较全面的顶板控制特殊技术

迄今为止,对采场而言难于处理的两类顶板是特别坚硬的顶板和特别破碎的顶板。

采空区大面积悬露的坚硬顶板容易发生大面积区域性冒顶,严重威胁煤矿安全生产。为此我国已成功地实施了如下措施:对坚硬顶板进行高压注水,使岩体得到压裂或弱化;超前对顶板进行深孔松动爆破以弱化顶板;使用高工作阻力、大流量安全阀和在支架结构上能抗垮落岩石冲击的支撑掩护式液压支架等技术措施,从而为取消刀柱法开采、在坚硬顶板条件下得以实现综合机械化采煤创造了条件。

对于松软破碎顶板,除在支架设计方面尽量扩大护顶面积、缩小端面距、保证足够的初撑力外,还开展了煤帮和顶板的化学加固,研究了相应的加固材料和利用各类锚杆的加固技术;对于软底板则采取支柱穿底靴等办法。

上述方法,有的因为成本过高,有的由于工艺过于复杂,因而至今未能彻底解决上述顶板控制问题。这两类顶板的控制目前仍然是困扰工作面高产高效的难题之一。

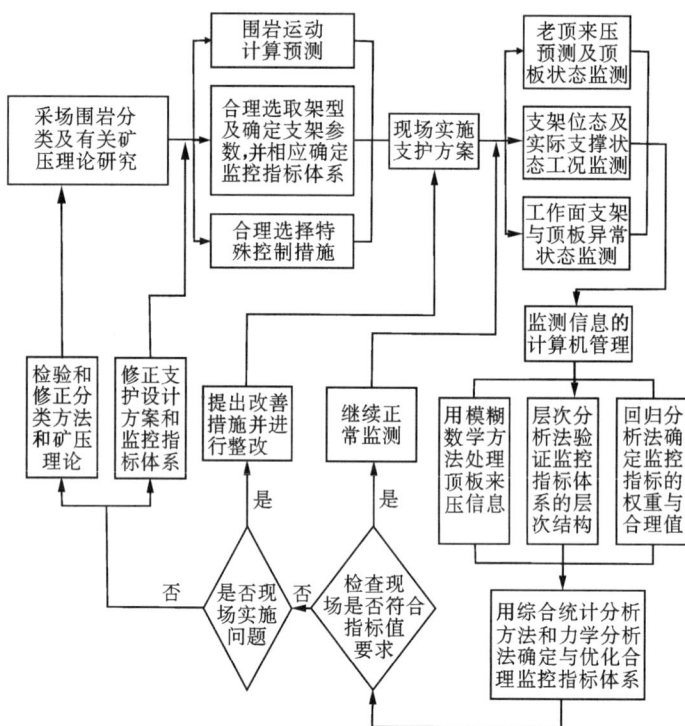

图 2

3 今后的发展

由以上所述可知,长壁工作面由于实现了分类指导、矿山压力预测和合理确定参数,在实践中全面地进行了支护和顶板动态监测,从而形成了"支架—围岩"正常运行的保障系统。

目前还需进一步完善的方面是:

(1)进一步完善矿山压力理论并使其量化(如监控指标确定的简化办法等),使理论正确指导实践,对各类顶板控制的关键技术做到心中有数。

(2)完善和简化监控技术,并对可能形成的事故进行预报。

(3)顶板控制的难点仍然是破碎顶板和坚硬顶板的控制。到目前为止,虽然已研制出一定的办法和控制技术,但由于成本和实施上的困难,还远未达到完善,因而应进一步研制经济而实用的加固和顶板弱化技术。

(4)仰斜开采对控制顶板甚为不利,尤其是在仰斜角度超过 6°~12°时(视顶板性质而异)更为艰难,因而应发展具有前倾力的支架,使其挤压端面顶板和煤壁以增强其稳定性,同时也应研制端面冒顶后的及时处理技术。

(5)放顶煤开采技术应重点研究顶板(煤)冒放性(如如何保持端面顶板稳定而在放顶处顶煤又保持合适的破碎块度)和开采后的上覆岩层活动规律及其"支架—围岩"相互作用体系,以确定其合理的支护参数和控制技术。

The System of Strata Control
Around Longwall Face in China[①]

Minggao Qian   Fulian He   Xiexing Miao

(Department of Mining Engineering, China University of Mining & Technology, Xuzhou, Jiangsu, China)

Abstract: This paper provides an overview of the strata control technique around coal face in China. Classification of surrounding strata, optimum selection of the support parameters and monitoring the condition of roof and support quality is described. The system has remarkably improved the safety conditions of the working face, and can increase coal productivity.

1 INTRODUCTION

In recent years, with the development of science and technology in coal mining, great progress has been made in the field of strata control around coal face. In particular, the monitoring technique for the roof and powered support condition has played an important role in improving the safety and productive condition of longwall face. The system called "Properties of Classification of the Surrounding Rock, Prediction of the Strata Behaviour and Monitoring the Support Quality and Roof Condition" has been established and is known as PDCA (P—planning for the parameters and type of support and the measures of control, D—doing of the plan of the strata control in the field, C—checking or monitoring of the support and roof condition, A—action or keeping the performance of the support as desired.) cycle.

2 THE STRATA CONTROL SYSTEM

2.1 The schemes of roof and floor classifications suitable for geological condition of the coal seams

Due to different properties of coal surrounding strata in China, research work must be conducted on its classifying strategy. Analysis of mining practice and field measurements on strata behaviour around coal face, and verification of test results and

---

① 本文载于 Gao Yuguang, Tad S. Golosinski: *Mining Science and Technology*, A. A. Balkema, 1996, 第 15~18 页。

mathematical modelling in the laboratory allow classification and quantification the properties of immediate and main roof of the coal face. As a result, the "Scheme of Roof Classification for Working Faces in Gently Inclined Coal Seams" and the "Scheme of Floor Classification" have been established, as shown in Tables 1, 2 and 3. The principle of the classification of the immediate roof is its load carrying capacity, and classification principle of main roof is the intensity of its weighting classification principle of floor is its resistance to the prop's penetration into the floor. Research involving theoretical studies and regression analyses, indicates that an engineering index indicates the stability of the immediate roof There are three main factors which affect the intensity of main roof weighting, the first weighting(L_0), the extraction height of the coal seam (M) and the ratio of thickness of immediate roof to extraction height of coal seam (N). Index D_L is applied as an index of equivalent intensity of weighting, and the relationship between D_L and the other factors is shown in Table 2.

The friable roof is very difficulty to control, class la It requires studies to find out how to protect such a roof against flaking at the canopy tip-to-face area. The very strong roof, class Ⅳb, requires studies to find measures to protect it against abruptly violent cave in occurring.

Table 1　Classification of stability of immediate roof

Stability of the immediate roof	1a　　　1b		2	3	4
	unstable		weak to stable	stable	very stable
index l_z	$l_z \leqslant 4$	$4 \leqslant l_z \leqslant 8$	$9 \leqslant l_z \leqslant 18$	$19 \leqslant l_z \leqslant 28$	$l_z > 28$

l_z —the first caving span of immediate roof(m).

Table 2　Classfication of main roof using intensity of weighting

Intensity of the weighting (class)	very weak	weak	strong	very strong(a)	extremely strong(b)
	Ⅰ	Ⅱ	Ⅲ	Ⅳ	
main index D_L	$D_L < 895$	$895 < D_L < 975$	$75 < D_L < 1075$	$1075 < D_L < 1145$	$D_L > 1145$
auxiliary index L_0	22~41	28~54	43~82	63~120	>120

D_L —equivalent of intensity of weighting(kN/m²), $D_L = 241.3\ln L_0 - 15.5N + 52.6M$;

L_0 —the span of first weighting (m);

M —extraction height of coal seam (m);

N —ratio of thickness of immediate roof to extraction height of coal seam.

Table 3　The classification of floor in coal face index class

index	very soft (a)	soft (b)	relatively soft (c)		strong (d)	very strong (e)
			(c_1)	(c_2)		
q_c	<0.3	0.3~6	6~9.7	9.8~16	16.1~32	>32
K_c	<0.003 5	0.035~0.32	0.32~0.67	0.68~1.27	1.28~2.76	>2.76

q_c —resistance of floor to prop penetration (MPa);

K_c —rate of prop penetration (MPa/mm).

2.2　Formation and development of roof pressure

In order to improve support performance and prevent roof falls, a great number of field observations or strata measurements and laboratory experiments have been performed in China, followed by physical modelling of "stacked layer of blocks" A special structure can be formed by the interaction of the blocks of the overlying strata after coal mining. The parameters and type of

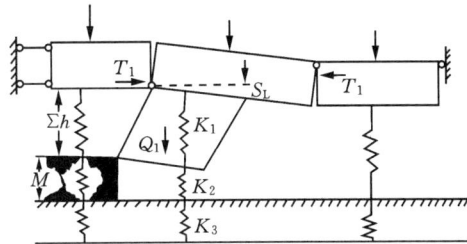

Fig. 1　Full mechanical model of the coal face with the structure of overlying strata

the support would be affected by the stability and the form of structure of overlying strata. Based on the analysis of stiffness of the "roof-support-floor" system, the full mechanical model of the coal face with the structure of overlying strata has been built as shown in Fig. 1. Analysis of stability of main and immediate roof, allows selection of the justifiable setting load, yield, performance and type of the support and to estimate critical support resistance.

2.3　Methodology of monitoring roof and support condition

In the past, research on strata control around the coal face was concentrated on selection of support designs and determination of support parameters. A series of formula's has been obtained which are still useful in some situations. More recently the research on monitoring support quality has proven that the actual roof behaviour and the original design requirements of support parameters differ greatly. The support quality is required to keep the coal face roof persistently in good condition. This means that some sort of roof monitoring needs to be developed in order to quantify the interaction between support and surrounding strata to provide a firm basis for support selection.

The method of monitoring roof and support condition can include: taking special and systematic stress measurements, locating the local deficiencies of the support system and investigating the face roof safety factors and expert systems. Improving roof condition and preventing roof fall accidents before they occur. The system of monitoring is shown in Fig. 2. This technique allows for trouble-shooting and makes the contributes to increase of coal production in China.

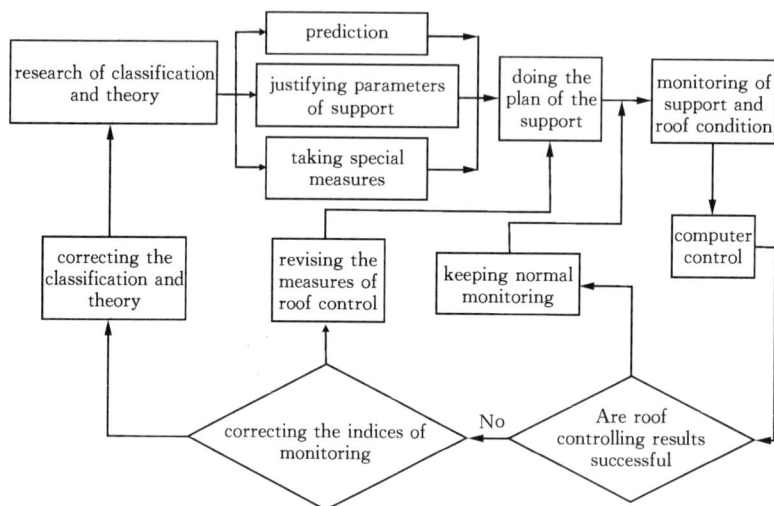

Fig. 2　System of monitoring the roof and support condition

2.4　Strata control at coal face

The very strong roof and friable roofs are two examples of difficult roof conditions. Collapse of the very strong roof, class IVb, exposed at large area, has caused severe safety problems in coal mining. In this case, in order to prevent the accident of weighting of the roof, several techniques have been developed. They include fracturing or weakening the strong roof with high pressure water infusion, advanced deep borehole concussion blasting in combination with equipping the coal face with heavy-duty shield—chock powered support that is shock—resistent to the falling of waste rocks.

The soft and friable roof results in roof falls, face sloughings and degradation of support performance. It has been proved that the roof condition would be improved if the setting load of the support is properly applied and the canopy-tip structure of the support is properly designed. In those places where the geological conditions are very poor, for instance in severely friable roof and extremely unstable face wall, the techniques of using rockbolts or grouted roofbolting to reinforce the roof or face wall, or using chemical reinforcement can usually get good results.

The strata control of the very strong roof and the friable roof is still an unsolved problem in China because of high cost and technical complexity of the methods involved.

3　FURTHER DEVELOPMENT

Although the technology of strata control around the coal face has made significant progress in China, it cannot satisfy the demands of rapid development of coal production. Owing to very complex geological conditions in coal seams and technical and economic limitations, strategic thinking is to develop a series of appropriate techniques for these conditions by making use of the new achievements of the relevant subjects in science and technique.

3.1 To refine theory of strata behaviour

Structural behaviour, the mechanism of the failures and equilibriums of the surrounding rocks in steeply pitching and thick seam coal face, and the mining of deeper seams should be studied.

3.2 To optimize monitoring technique of roof and support condition

Firstly, the monitoring technique in longwall mining should be optimized by improvement of the measuring instrumentation to make it more accurate, durable, pocket and easy to use.. In the meantime, it is neccessory to carry out monitoring under different conditions which include: strong roof, soft and friable roof, steeply pitching seams, longwall mining and short-wall mining.

3.3 To develop strata control techniques

The high pressure water infusion for strong roof and the chemical reinforcement for the friable roof are expensive and complicated. Therefore, it is necessary to develop new reinforcement material or new techniques for strata control under both very strong and friable roofs.

At the same time, emphasis should be put on the strata control of pitching mining advancing to the rise, especially for the pitch angle of $6°\sim12°$, and on strata behaviour and failure capacity of top coal in the sublevel method.

In addition, development of powered supports to improve its performance and allowing a rapid advance system will also be studied. For the individual prop coal face, research work of the blasting-resistant, light-sized and the inflated airbag supports is to be undertaken, especially in thin and steeply pitching seams.

For coal mining in awkward mining conditions, such as seams prone to rock bursts and the strong roof prone to collapse in a large area, the advanced remote metering and predicting the forewarning signs of failure will be continuously studied.

References

[1] Shi Yuanwei, The New Classification of Roof and Floor around Coal Face, *J. of Coal Science & Engineering*, Vol. 1, No. 1, pp. 13-19.

[2] Smart, B. GD., and Redfern, A., The Evaluation of Powered Support Specifications from Geological and Mining Practice Information, *Proceedings 27th U.S. Symposium on Rock Mechanics*, *SM-AIME*, 1986, pp. 367-377.

[3] Thomas M. Barczak, Practical Consideration in Long-wall Support Selection, *Proceedings of 9th International Conference on Ground Control in Mining*, 1991, pp. 128-134.

［4］ Qian Minggao, et al. Monitoring Indices for the Support and Surrounding Strata on a Longwall Face, *Proceedings of 11th International Conference on Ground Control in Mining*, *the University of Wollongong*, 7-10 July, 1992, pp. 255-262.

［5］ Chen Yanguang, Qian Minggao, et al. , Strata Control around Coal Face in China, *Publishing House of China University of Mining and Technology*, 1994.

［6］ Qian Minggao, et al. A Further Discussion on the Theory of the Strata Behaviours in Longwall Mining, *J. of China University of Mining & Technology*, 1994, Vol. 23, No. 3,pp. 1-9.

采场矿山压力理论研究的新进展[①]

钱鸣高 缪协兴

（中国矿业大学）

摘 要：本文简述了几年来采场矿山压力研究的成果,如作为直接顶边界条件的老顶"砌体梁"结构的形式和如何简化,关键块分析中提到的"S-R"稳定、采场整体力学模型的建立,"支架工作阻力—顶板下沉量"双曲线的再讨论,以及如何应用断裂岩块的相互作用机制分析煤矿开采后的底板突水准则等。期望矿压界科研工作者为进一步完善采场矿山压力理论的研究进行讨论。

关键词：砌体梁 "S—R"稳定;采场整体力学模型;"支架工作阻力—顶板下沉量"双曲线

1 引 言

自 1981 年开展"采场矿压理论讨论会"以来,随着生产实践的不断发展和人们对自然界认识的深入,矿山压力理论亦得到不断深化,从而促使了矿山压力实践的进展。这种"实践—理论—再实践"的循环,导致了采场岩层控制体系的形成。在前几次讨论会上争论的焦点是：采场上覆岩层结构的形态、平衡条件、"支架—围岩"相互作用机理,以及"给定载荷"、"给定变形"和"限定变形"等。同时,也涉及非连续介质力学如何在破断岩块研究中的应用等。鉴于放顶煤开采的应用及其所测得的矿山压力现象,导致矿山压力理论、尤其是"支架—围岩"关系的认识有了新的突破。"实践是检验真理的唯一标准"。正是实践推动着矿山压力理论研究日益趋于完善。鉴于此,近期矿山压力理论研究又形成了一个新的讨论园地,参考文献中[1-8]即是一个引子。

2 近期几个关键问题研究的新进展

2.1 "砌体梁"的关键块分析[1-2]

鉴于老顶破断后形成的"砌体梁"结构,既是采场整体力学模型的边界条件又是影响岩层移动特征关键所在,因此为从事矿山压力研究工作者普遍注视,文章[1]再次成功地分析了老顶破断岩块随长壁工作面开采的特定条件形成平衡结构的力学机制及其形态。显然,这是一个复杂结构,为了便于在建立采场整体力学模型中得到应用,必须将其加以简化,由此引出"砌体梁"结构的关键块分析[2]。该文章重点解决了结构平衡的"S-R"稳定条件,如图 1 所示。即防止 B 岩块相对于 A 岩块发生滑落失稳(unstability in sliding),

---

① 本文发表于《矿山压力与顶板管理》,1996 年第 2 期,第 17~20 页。

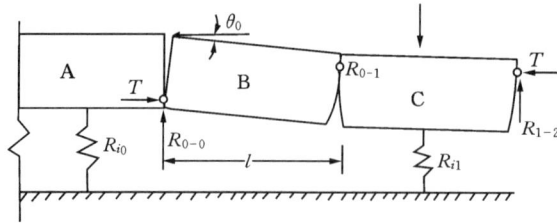

图 1 "砌体梁"结构的关键块分析

否则将导致顶板沿工作面煤壁形成台阶下沉。另外,防止 B 岩块发生变形失稳 (unstability in rotation),否则亦将导致工作面顶板发生过度下沉。论文提出了老顶岩层及其载荷层厚度形成滑落失稳的条件如下:

$$h + h_1 > \frac{\sigma_c}{30\rho g}(\tan \varphi + \frac{3}{4}\sin \theta_0)^2$$

式中　　h——"砌体梁"岩层厚度;

$\qquad h_1$——载荷层总厚度;

$\qquad \sigma_c$——"砌体梁"岩层抗压强度;

$\qquad \rho g$——岩层的重力密度;

$\qquad \tan \varphi$——破断岩块间的摩擦系数;

$\qquad \theta_0$——B 岩块的回转角。

回转变形失稳的条件如下:

$$h + h_1 > \frac{0.15\sigma_c}{\rho g}(i^2 - \frac{3}{2} \cdot i \cdot \sin \theta_0 + \frac{1}{2}\sin^2 \theta_0)$$

式中　　i——"砌体梁"岩层厚度 h 与断裂长度 l 之比值。

显然,根据上述关系即能推断形成"砌体梁"平衡结构岩块的所在位置,同时上述关系亦为分析岩层移动中的"关键层"理论奠定基础。

2.2 采场围岩整体力学模型的建立[3-5,8]

采场支护性能及其参数确定,在很大程度上取决于采场围岩整体力学模型建立得是否正确。在很长一段时间,煤层开采条件常局限于采高为 2~3 m 范围,因此老顶形成的稳定"砌体梁"结构岩层离开采层较近。过去的力学模型(其中典型的如英国 Wilson 力学模型)大多视直接顶为刚体来估算支架受力。而后虽然在长时期生产实践中人们也认识到直接顶和底板的刚度对支护受力的影响,但还远未能从力学角度分析问题。直至实行放顶煤开采后对矿山压力的观测,由于顶煤与直接顶厚度的影响使人们对这一问题有一反省的机会,再借助于老顶"砌体梁"关键块"S-R"稳定分析的成功,有可能得出如图 2 所示的整体力学模型。

该力学模型回答了以下几个问题:

(1)老顶岩层断裂后形成"砌体梁"结构的力学特性和形态主要取决于采高、老顶岩层的力学特性及煤壁和采空区充填体(含垮落的直接顶岩块)的刚度,加之直接顶断裂角

(或煤壁支承影响角 α)的影响,因而支架对老顶岩块(指 B 岩块)最终回转角很难形成影响,因此,B 岩块的回转变形角 θ_0 主要决定于下述关系:

$$\theta_0 = \arctan \frac{M - \sum h(K_0 - 1)}{l}$$

式中 M——采高,对放顶煤而言 M 为全厚度;

$\sum h$——直接顶厚;

K_0——直接顶垮落后未经压实的松散系数;

l——老顶破断岩块(B 岩块)的长度。

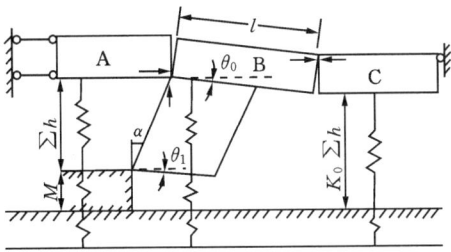

图 2 采场围岩整体力学模型

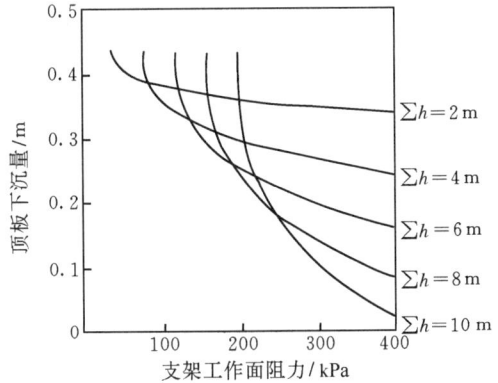

图 3 "支架工作阻力—顶板下沉量"关系曲线

(2) 支架所受载荷来源于两部分,其一为顶板松脱体压力,即直接顶松散体载荷(放顶煤时应包括顶煤在内)$\sum h \cdot \gamma$,在老顶形成滑落失稳时还应包括部分老顶及其负载的压力;其二为由老顶断裂岩块回转时迫使直接顶变形而形成的回转变形压力,它决定于老顶回转角 θ_0 和直接顶本身的刚度,根据文献[8]得出:

$$P = \frac{E L^2 b \cos \alpha \sin(\theta_0 - \theta_1)}{2\sum h}$$

式中 E——直接顶弹性模量;

L——控顶距宽度;

b——沿工作面长支架宽度;

α——直接顶断裂角;

θ_0, θ_1——老顶和直接顶的回转角。

若考虑直接顶为已经破碎的松散体,则老顶断裂岩块回转是对直接顶松散体的压实过程。令 K 为压实系数,n 为压实指数,则

$$P = \frac{b \cdot K L^{n+1} \cos \alpha \sin^n(\theta_0 - \theta_1)}{(n+1)\sum h^n}$$

(3) 关于"支架工作阻力—顶板下沉量"双曲线关系的解释

由上述力学关系,文献[8]同样可以得出"支架工作阻力—顶板下沉量"的类似双曲线关系(图 3)。

由上述分析,显然直接顶的变形过程是一复杂过程,但为了实用,对直接顶介质采用

适当降低其弹性模量的办法以易于求解,并能解释一系列压力现象。因此,图 2 所示的力学模型包括英国 B. G. D. Smart 教授和美国 T. M. Barczak 于 1991 年提出的类似的力学模型均可适用。

（4）关于"限定变形"问题

由上述可知,采场顶板下沉量与支架工作阻力的双曲线关系是由于"直接顶—支架"刚度系统相互耦合而形成的。它并不能改变老顶的最终变形量,因此"限定变形"只能解释在此刚度系统中寻求支架的最佳工作点,而非对老顶"位态"有什么限制作用。

2.3 断层块的咬合关系与底板破坏[6-7]

过去,岩体的渗流常以岩石试块的损伤试验求取其体积变形,在这方面有很多学者进行了大量研究。但事实上,煤矿的突水问题常由于开采(即引起应力场和岩层受力条件变化)使底板岩层发生断裂和破坏而引起。这种破坏形式类似于顶板岩层作为弹性基础板而发生的"O-X"形破坏,因此渗流的突发点必将与此"O-X"形破坏后岩块间形成结构的稳定性有关。其次,层状矿体岩层在地质运动过程中本身已是一损伤体(即指断层等的切割),因此当煤层开采后,断层两侧的底板岩层将发生受力条件变化,此时有可能使断层形成张开型和闭合型两种,其力学模型如图 4 所示。

其中第一种情况为张开型断层,由于 A、B 两岩块间无约束,因此其受力后的挠度差即为底板突水创造了条件。

按平面问题考虑,A 与 B 的张开位移量为 Δ:

$$\Delta = (\delta_B - \delta_A) \cdot \cos \alpha_1$$

式中　δ_B——受力后 B 块的最大挠度;

δ_A——受力后 A 块的最大挠度;

α_1——断层倾角。

由于

$$\delta_A = \frac{1}{8EI} q k_1^4 \cdot a^4$$

$$\delta_B = \frac{1}{8EI} q (1-k_1)^4 \cdot a^4$$

因此:

$$\Delta = \frac{q a^4 \cos \alpha_1}{8EI}(1 - 4k_1 + 6k_1^2 - 4k_1^3)$$

式中　EI——刚度条件;

q——载荷条件。

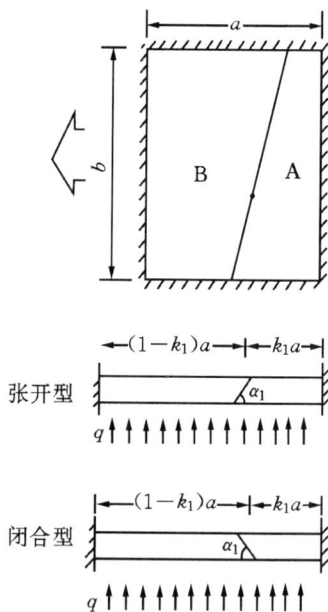

图 4　断层受力条件及其可能的形态

显然,随着工作面向前推进(若顶板空间仍没有垮落),则 k_1 值越小 Δ 将越大。

而对第二种情况,必然形成闭合型断层,此时透水的地点不一定会在断层面上发生,而可能与 B 块岩板的破断有关。若令断层面上的作用力为 p,则 A 与 B 的最大挠度分别为:

$$\delta_A = \frac{q k_1^4 \cdot a^4}{8EI} + \frac{p k_1^3 \cdot a^3}{3EI}$$

$$\delta_{\mathrm{B}} = \frac{q(1-k_1)^4 \cdot a^4}{8EI} - \frac{p(1-k_1)^3 \cdot a^3}{3EI}$$

鉴于在接触点上位移是协调的,即 $\delta_{\mathrm{A}} - \delta_{\mathrm{B}} = 0$,所以

$$p = \frac{3}{8}q \cdot a \frac{(1-k_1)^4 - k_1^4}{(1-k_1)^3 + k_1^3}$$

而此 p 力作为 N 岩板破断时的边界力。然后再求取岩板本身的破断形式及其可能的突水点。

上述力学机制有可能对开采后底板受力条件做出判断,从而对底板突水的可能性和地点做出判断并进行预报。

3 结 论

(1)由于生产实践和科学研究本身的发展,采场整体力学模型有可能建立并将逐步加以完善,而此整体力学模型的上部边界即为老顶断裂后有可能形成的"砌体梁"结构。

(2)"砌体梁"结构对直接顶的作用力取决于其"S-R"稳定,从而给直接顶并通过直接顶给支架施加载荷。

(3)直接顶及老顶引起滑落失稳(S)时对支架所施加的载荷称松脱体压力,而老顶变形失稳(R)时对支架所施加的载荷称回转变形压力。

(4)支架难以对老顶断裂岩块的最终回转变形量有影响。"支架—围岩"的双曲线关系应由"直接顶—支架"的刚度决定。

(5)岩层断块的力学关系完全可以应用于煤矿开采后底板突水的预测机制。

参 考 文 献

[1] 钱鸣高,等. 采场上覆岩层结构的形态与受力分析. 岩石力学与工程学报,1995,Vol.14,№2.

[2] 钱鸣高,等. 砌体梁结构的关键块分析. 煤炭学报,1994.6.

[3] 钱鸣高,等. 再论采场矿山压力理论. 中国矿业大学学报,1994.1.

[4] 钱鸣高,等. 砌体梁的"S-R"稳定及其应用. 矿山压力与顶板管理,1994.3.

[5] 缪协兴,钱鸣高. 采场围岩整体结构与砌体梁力学模型. 矿山压力与顶板管理,1995.3~4.

[6] Qian Minggao,et al. Mechanical Behaviour of Main Floor for Water Inrush in Longwall Mining,J. of CUMT,1995,Vol.5,№1,pp.9~16.

[7] 钱鸣高,缪协兴,黎良杰. 采场底板岩层破断规律的理论研究. 岩土工程学报,1995.11.

[8] 钱鸣高,等. 采场支架与围岩耦合作用机制研究. 煤炭学报,1996.1.

再论采场矿山压力理论[①]

钱鸣高　　何富连　　王作棠　　高存宝

(中国矿业大学采矿系,徐州　221008)

摘　要: 本文介绍了采场上覆岩层的结构模型及其形成的"给定变形"概念以及原有采场支架受载大小的计算原则、实际测定结果和存在问题。根据近年来对直接顶和放顶煤矿山压力显现的研究,本文提出了较为完整的采场矿山压力力学模型,并详细分析了"直接顶(顶煤)—支架—底板"支撑体系的系统刚度及各自刚度变化时对工作面矿山压力显现的影响,给出了支架存在给定变形工作状态的条件,修正了支架受力与采高成正比的传统观念。

关键词: "砌体梁";给定变形;刚度;支撑体系

1　问题的提出

采场矿山压力理论的讨论已有几十年历史,在此期间科研工作者根据当时实践提出过相应的力学模型,最早当推"拱"和"梁"的力学模型。鉴于采场上覆岩层在工作面推进过程中均处于破断状态,20 世纪 50 年代国外发展了"铰接岩块"和"假塑性梁"等力学模型。国内在上述力学模型基础上发展了"砌体梁"和之后视老顶岩层为"板"的力学模型,研究了老顶岩层的破断规律和破断时在岩体中引起的"扰动"现象。至此,人们对老顶断裂时的影响及其后可能形成的"结构"有了较充分认识。但是,随着生产实践发展,这些模型对某些矿山压力现象仍然解释不清,其原因之一在于对直接顶在矿山压力显现中的作用缺乏足够认识。随着人们对综采工作面直接顶稳定性的研究以及近十年来对放顶煤开采时矿山压力的测定,人们对采场支架受力的本质及其与直接顶的关系、支架同顶板的相互作用等有了更进一步认识,为发展采场矿山压力理论奠定了新的基础,从而有可能对原有研究成果取其精华而去其不适当部分,进一步完善采场矿山压力的力学模型,对采场矿山压力显现有一新的认识。

2　对已有研究成果的认识

众所周知,采场支架的受力来自老顶和直接顶岩层的活动。长时期以来,人们对老顶断裂前后可能形成的"结构"进行了大量研究工作,其中以视老顶断裂前为"梁"或"板"、初

---

①　本文发表于《中国矿业大学学报》,1994 年第 3 期,第 1~9 页。

次断裂和多次断裂后岩块相互咬合而形成的"砌体梁"力学模型最为典型,如图 1 所示。图 1(a)为开采后岩层动态图,图中 A 为煤层支承影响区,B 为岩层离层区,C 为重新压实区;Ⅰ、Ⅱ、Ⅲ分别为冒落带、裂隙带和弯曲下沉带。图 1(b)所示为岩体中以坚硬岩层为主体形成的"砌体梁"力学模型组;图 1(c)所示为单一层"砌体梁"力学模型,图中 R_i 为支承力、Q_i 为载荷、m_i 为载荷系数、$R_{0-1} \sim R_{4-5}$ 等为块间作用力、T 为水平推力。

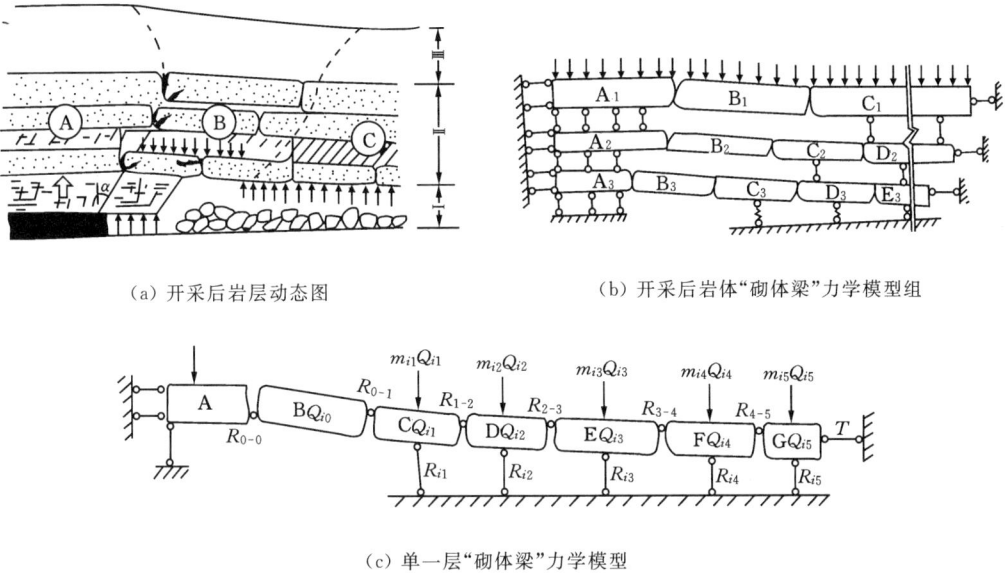

(a) 开采后岩层动态图

(b) 开采后岩体"砌体梁"力学模型组

(c) 单一层"砌体梁"力学模型

图 1 岩层断裂后形成的"砌体梁"力学模型

对上述结构的分析可知,随着工作面推进,B 岩块将引起回转,且当 A、B 岩块间剪切力大于摩擦力时会形成错动,而所有上述的回转和错动均直接影响回采工作面顶板状态和支架工作阻力。例如,若视直接顶为刚体,则 B 岩块的回转变形将全部变为工作面顶板的位移,即所谓支架的"给定变形"工作状态。

对于支架受力,过去常将其分为由直接顶引起的载荷和由老顶断裂后周期来压形成的载荷。

基于将直接顶岩层视为不可压缩又不能自身取得平衡的岩体,支架应承受其全部重力 Q_1,以工作面单位斜长计,为:

$$Q_1 = \sum h \cdot L \cdot \gamma$$

式中:$\sum h$ 为直接顶厚度;L 为控顶距;γ 为重力密度。

若 $\sum h$ 的大小以是否填满采空区为准,即

$$\sum h + M = K_0 \sum h$$

则

$$\sum h = \frac{M}{K_0 - 1}$$

一般情况 $K_0 = 1.25 \sim 1.5$,即 $\sum h = (2 \sim 4)M$,M 为采高。

因此,直接顶的载荷可以取相当于采高的(2～4)倍岩柱的重量进行估算。

对于老顶的载荷,常以测定的动载系数 η 进行估算,η 一般取值为 2。因此,在考虑老

顶载荷的条件下,可以采用相当于采高(4~8)倍岩柱的重量对支架载荷进行估算。

上述情况在我国主要矿区71个工作面的具体条件下(采高和直接顶厚度)经实测数据统计亦得到证实,有关的代表性工作面列于表1中。

表1 我国主要矿区工作面条件、来压步距和工作阻力状况

矿(局)工作面号	采高 M /m	直接顶厚 $\sum h$ 与采高 M 之比 N	$\sum h \cdot \gamma$ /(kN/m²)	来压时最大平均工作阻力 $\overline{P}_m$ /(kN/m²)	$\dfrac{\overline{P}_m}{\sum h \cdot \gamma}$	使用支架架型	来压步距 /m	原分类级别
大同四矿 8207	3.17	0	0	1415	∞	DT550/4	160	IV
大同白洞矿 14⁻²	2.25	0	0	1340	∞	DT550/4	91	IV
徐州义安矿 7012	2.5	0.32	20	345	17.25	W.S1.7	68	III
徐州夹河矿 7605	2.5	0.4	25	351	14.3	W.S1.7	49	III
阳泉 15 号煤层	3.0	0.6	45	550	12.5	支掩式	40	II
鸡西小恒山矿四层	1.8	0.7	31.5	500	15.9	支撑式	36	II
淮北四层	1.6	0.8	32	370	11.56	支掩式	15	II
铁法十五层	2.5	0.83	52	340	6.67	支掩式	25	II
东庞 2214	3.5	0.86	75	288	3.84	BY320—23/45	33	
显德汪 1021	2.5	0.93	58	330	5.7	QY200—14/31		
铁法七层	1.6	1	40	467	11.68	支掩式	23	
淮北杨庄矿 633	3.0	1.1	82.5	520	6.25	ZY35	20	II
开滦范各庄 1355	2.2	1.2	66	480	7.27	G320	27	II
阳泉一矿 1103	2.5	1.2	75	390	5.3	W.S1.7	40	II
西山西铭矿 4205	2.8	1.3	91	560	6.15	伽利克	43	II
阜新四组五层	2.3	1.4	80.5	223	2.78	支撑式	20	II
开滦范各庄矿 1307	2.2	1.5	82.5	320	3.87	G320	27	II
鹤壁四矿 21031	2.6	1.5	97.5	357	3.7	G320	20	I
东庞 2108 顶	2.5	1.52	95	299	3.15	QY250—13/32	35	
西山西铭矿 2801	2.8	1.6	112	458	4	伽利克	43.4	II
邢台 7601 顶	2.8	1.78	125	367	2.94	两柱掩护式	27	
南屯 7304-2	2.9	1.99	144.3	638	4.42	三井三池 4×560	39	
徐州义安矿 7014	2.5	2.1	131.25	468	3.6	W.S1.7	55	III
晋城 3 号煤	3.0	2.1	157.5	580	3.7	DT550	38	II
南屯 6308-1	2.6	2.26	146.9	590	4.01	三井三池 4×560	55	
南屯 7309-1	2.6	2.26	146.9	796	5.4	三井三池 4×560	61	
义马千秋矿 11042	2.5	2.3	143.7	342	2.4	支掩式	35	II
铜川 5-1 号	2.0	2.7	135	320	2.37	YZ—1	22	
兴隆庄 2308-1	2.5	2.8	175	692.7	3.95	三井三池 4×560	42.5	
兴隆庄 5303-1	2.5	2.8	175	662	3.78	三井三池 4×560	39.2	
义马千秋矿 21007	2.6	3.0	195	357.2	1.8	支掩式	35	I
本溪采屯矿 3196	2.2	3.0	165	250	1.5	支掩式	20	I
枣庄柴里矿 321	2.5	3.0	187.5	260	1.4	W.S1.7	35	
阜新王龙矿 212	2.4	3.2	192	200	1.04	G320	20	I
阳泉三矿 405	2.0	3.4	170	507.6	3	支掩式	40	I
阳泉 3 号层	2.3	3.5	201.25	450	2.2	支掩式	30	I
义马千秋矿 21033	2.6	4	260	286	1.11	支掩式	35	I
铜川金华山 1408	3.4	4	340	310	0.9	支掩式	44	I
双鸭山七星矿 3542	1.9	4	190	536	2.85	G320	15	I
阳泉 12 层	2.0	4.5	225	450	2	支掩式	38	

在上述 71 个工作面中,若以最大平均工作阻力 $\overline{P}_\mathrm{m}$ 与 $\sum h \cdot \gamma$ 的比值为纵坐标、以 $\sum h/M$ 为横坐标,则可以发现其间的关系几近双曲线关系,如图 2 所示。

经整理,当 $\sum h/M>1$ 时,满足下述关系:

$$\frac{\overline{P}_\mathrm{m}}{\sum h \cdot \gamma} \cdot \frac{\sum h}{M}=6\sim 8$$

即

$$\overline{P}_\mathrm{m}=(6\sim 8)M \cdot \gamma$$

而当 $0.5M<\sum h<M$ 时,则有

$$\overline{P}_\mathrm{m}=(7\sim 9)M \cdot \gamma$$

当 $\sum h<0.5M$ 时,$\overline{P}_\mathrm{m}$ 主要取决于老顶来压步距大小和滑落失稳时所形成的载荷。

上述结论常被用做相应开采条件下设计支架支护强度的依据。

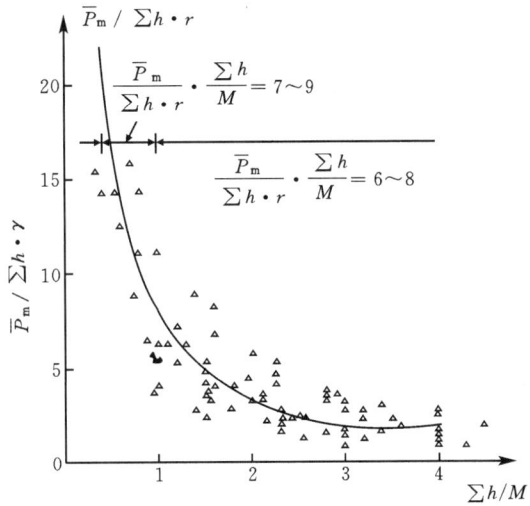

图 2　$\overline{P}_\mathrm{m}/\sum h \cdot \gamma$ 与 $\sum h/M$ 统计关系曲线

3　新的起点

近十年来放顶煤开采在我国得到了广泛应用,按照上述认识,对放顶煤开采时的矿压显现规律似应有如下预计:

(1)放顶煤开采一次采出厚度大,老顶的活动规律应以整个放出的煤层厚度为基础,因而老顶断裂时形成的"给定变形"量应远大于分层开采。

(2)支架受力应大于分层开采,若以采厚的(2～4)倍岩柱重力估算直接顶载荷,再考虑老顶来压时的动载系数,放顶煤支架受力应远大于分层开采时的支架受力。

但是,实测的实际情况并非如此,现举例如下:

(1)阳泉 4 矿 8312 综采放顶煤工作面[2]

煤层厚 5.75 m,直接顶为 1～2 m 厚的黑色泥岩,老顶为 3.21 m 厚的石灰岩。

采用放顶煤开采方法,支架型号为 2FS4400—1.65/2.6,支架初撑力为 4 000 kN,额定工作阻力为 4 400 kN。支架阻力测定结果如表 2 所示。

表 2　支架阻力及其利用率

指　　标	支架平均阻力±均方差/kN			支架阻力占额定值的百分比/%		
	初撑力	时间加权阻力	循环末阻力	初撑力	时间加权阻力	循环末阻力
非周期来压期间	1 040±500	1 444±683	1 829±814	26	33	42
周期来压期间	1 432±598	2 600±331	3 475±540	36	59	79
总　平　均	1 067±540	1 534±701	2 022±895	27	35	46

支架支护面积为 6 m²，若以 (4～8)$M \cdot \gamma$ 计算支架载荷，则支架工作阻力应为 2 160～4 320 kN/架。而由表 2 可知，实际支架工作阻力仅为 1 444～2 600 kN，只有计算值的 60%～70%。

（2）潞安王庄矿 4309 工作面[3]

煤厚 7.26 m，直接顶厚 3 m，老顶为 12 m 厚的中细粒砂岩，支架型号为 ZFD400—17/30，初撑力为 3 600 kN，额定工作阻力为 4 000 kN。

测定结果是：支架整架平均阻力为 1 797 kN，大部分支架载荷只有额定工作阻力的 60%，仅相当于该条件下 (1～2) 倍顶煤厚度岩柱的重力。

（3）类似的情况

扎赉诺尔局灵北矿——采放高度为 6.6 m，煤的坚固性系数 $f=1.6$，实测初撑力为 1 276 kN/架，末阻力为 1 950 kN/架。

铁法大明二矿——采放高度为 6.5 m，煤的坚固性系数 $f=2～3$，实测初撑力为 1 901 kN/架，加权阻力为 2 155 kN/架，末阻力为 2 313 kN/架。

根据上述测定结果可知：

（1）支架载荷与采出高度并非呈线性关系，因而用采出高度的 (6～8) 倍岩柱重力进行估算误差较大；

（2）支架载荷大小主要与直接顶（放顶煤开采时即为顶煤）的整体力学性质有关。

通过对大屯孔庄矿开采后岩层内部移动观测资料（图 3）的分析可知，煤壁对上覆岩层的活动存在影响角 α。图中 S_1、S_2……为测点位置。图 3(a) 表示老顶刚断裂，断裂岩块仍受煤体支承影响，因而回转角 θ_1 仅为 0.4°。图 3(b) 表示断裂岩块逐渐脱离煤壁影响，回转角 θ_1 为 3.4°。图 3(c) 表示断裂岩块已脱离煤壁支承影响，回转角 θ_1 达 4.8°，开始移动点 S_3 在工作面后一定距离。由此可知，煤壁对上覆岩层的活动存在影响角 α。

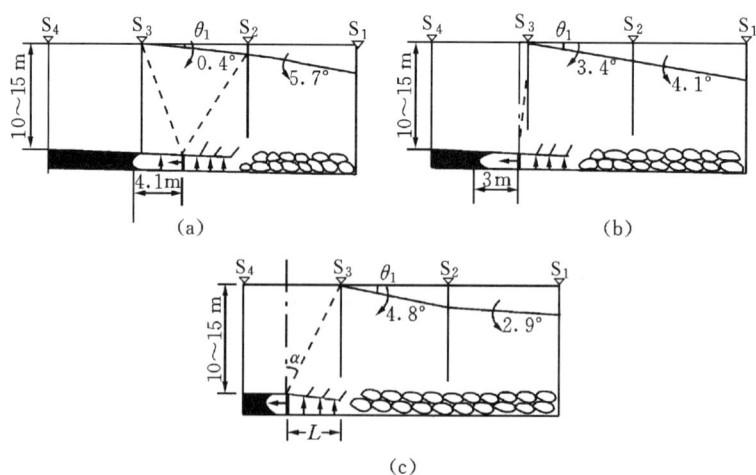

图 3　大屯孔庄矿岩层内部移动规律图示

4 采场矿山压力整体力学模型的建立

在考虑岩层内部移动观测结果和"直接顶——支架——底板"支撑系统与老顶"大结构"的相互作用后,可建立如图 4 所示的力学模型,以便对较多的采场矿山压力现象做出解释。

该模型的特点如下:

(1) 保留了老顶断裂岩块间的"砌体梁"力学模型;

(2) 考虑了煤壁对"砌体梁"支撑的影响角 α;

(3) 显然,将直接顶视为刚体是不合适的。为了简化,可宏观地将"直接顶—支架—底板"支撑体系视为由不同刚度且可压缩的变形体组成。

由此,可以对以下问题做出较为满意的解释。

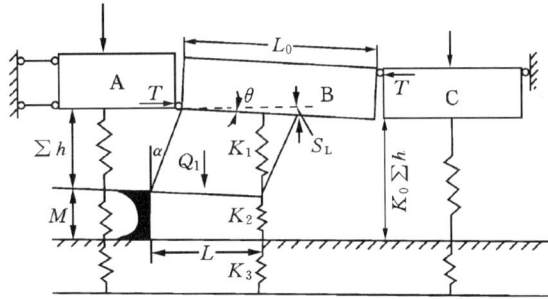

图 4 采场矿山压力整体力学模型

4.1 "给定变形"问题

显然,老顶断裂岩块的回转角 θ_1 与老顶断裂岩块的长度 L_0、直接顶厚度 $\sum h$ 及其碎胀系数 K_0 和采高 M 有关(图 4),即

$$\sin \theta_1 = \frac{\sum h + M - K_0 \sum h}{L_0}$$

老顶断裂岩块回转时对工作面可能形成影响的变形量 S_L 为:

$$S_L = L \cdot \sin \theta_1 = \frac{L}{L_0}[M - \sum h(K_0 - 1)]$$

式中 L——工作面控顶距。

由于煤壁对"砌体梁"支撑存在影响角 α,随着回采工作面推进,支架形成的对老顶断裂岩块 B 回转的反力矩最终变为零,因而支架无法改变岩块 B 最终的变形量 S_L。由此可知,在有老顶的工作面,老顶断裂岩块的最终变形量 S_L 与支架阻力的大小无关。

4.2 支架所受压力的来源

显然,根据岩层内部移动测定数据建立的"砌体梁"力学模型表明,开采后上覆岩层可能形成"大结构"。若此结构处于平衡状态,则其上覆岩层的重力即由该结构传递到煤壁前方和采空区已垮落矸石之上。

由此可知,支架所受的载荷由以下两部分组成:

(1) 支架上方至"砌体梁"结构(含顶煤及直接顶部分)岩层,由于自身不能平衡又充满裂隙,因而其重力全部作用于支架上,此部分载荷可称为顶板松脱体压力 Q_L;另外,当A、B 岩块间形成滑落失稳时还可形成载荷 Q_S;

(2) 由于老顶断裂岩块回转(图 4 中的 B 块),迫使直接顶变形而作用于支架上的载荷 Q_R,可称之为转动变形压力(与其相应的支架支撑力为 P_R)。显然,这部分载荷对支架受力大小的影响将取决于"直接顶—支架—底板"各部分的刚度。

4.3 "直接顶—支架—底板"支撑体系刚度对支架受力和变形量的影响

这里,主要讨论支撑系统各部件的刚度对 Q_R 和支架缩量的影响。

由图 4 可知,老顶"大结构"在控顶距范围形成的变形量仍然符合前述 S_L 的计算值。

令直接顶刚度为 K_1,支架刚度为 K_2,底板刚度为 K_3,而"直接顶—支架—底板"支撑体系的总刚度为 K,相应的变形量为 S_1、S_2、S_3 及 S_L。

因此可得:

$$S_L = S_1 + S_2 + S_3$$

$$\frac{1}{K} = \frac{1}{K_1} + \frac{1}{K_2} + \frac{1}{K_3} \qquad K = \frac{K_1 K_2 K_3}{K_1 K_3 + K_2 K_3 + K_1 K_2}$$

支撑力为:

$$P_R = K S_L = \frac{K_1 K_2 K_3}{K_1 K_3 + K_2 K_3 + K_1 K_2} \cdot \frac{L}{L_0} \left[M - \sum h (K_0 - 1) \right]$$

$$= K_1 S_1 = K_2 S_2 = K_3 S_3$$

变形量的分配应为:

$$S_1 = \frac{K}{K_1} S_L \qquad S_2 = \frac{K}{K_2} S_L \qquad S_3 = \frac{K}{K_3} S_L$$

4.3.1 直接顶的刚度 K_1

由材料力学可知,直接顶变形量 S_1 与 Q_R 的关系如下:

$$Q_R = \frac{E \cdot L \cdot S_1}{\sum h}$$

式中 Q_R——单位工作面长度的载荷;

E——弹性模数。

因此,显然有

$$K_1 = \frac{Q_R}{S_1} = \frac{E \cdot L}{\sum h}$$

由此可知,直接顶的刚度正比于其控顶距而反比于其厚度。显然,在 $\sum h$ 较小且直接顶强度大时,其刚度远大于支架的刚度,因而可将其视为刚体。而当 $\sum h$ 越大、直接顶越破碎时,根据直接顶的残余强度,其刚度不仅可能等于而且还可能小于支架增阻阶段的刚度。

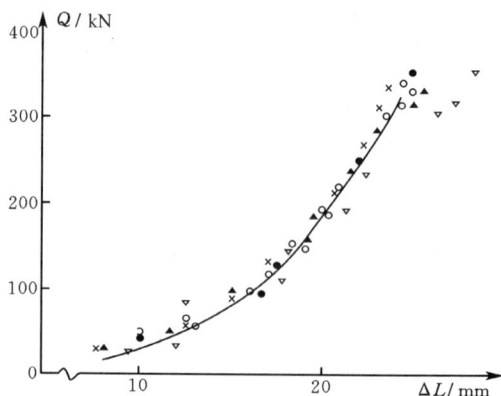

图 5 单体液压支柱增阻阶段的刚度

4.3.2 支架的刚度 K_2

对大屯孔庄矿液压支柱刚度的实验室测定(图 5)表明,增阻阶段的 K_2 值约为 240 kN/cm。

4.3.3 顶底板刚度对系统刚度 K 的影响

若令 $K_1 = nK_2$,$K_3 = mK_2$,则系统刚度 K 为:

$$K = \frac{mn}{mn + m + n} K_2$$

若取底板刚度 K_3 为 K_2 的 10 倍，即 $m=10$，可认为底板刚度较大，称为硬底。同样，取 $m=1$，称为软底。系统刚度 K 随 n 的变化规律如图 6 所示。图中，取 $m=10$，$m=1$ 和 $m=n$ 三种情况。

因而支架所受转动变形压力 P_R 为：

$$P_R = \frac{mn}{mn + m + n} \cdot K_2 \cdot S_L$$

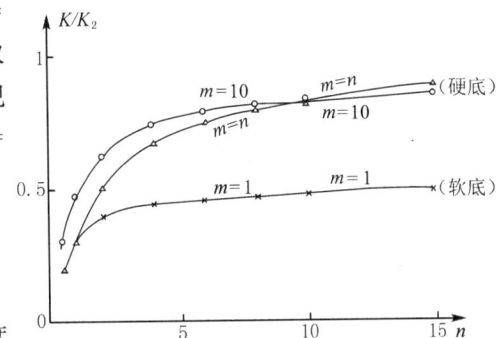

图 6 顶底板刚度系数对系统刚度的影响

由此可知，只有在硬顶硬底时，支架刚度 K_2 才基本与支护系统整体刚度接近，即直接顶可视为"刚体"，支架额定工作阻力可得到充分发挥。而当硬顶软底（$K_1 \geqslant 10K_2$，$K_3 = K_2$）或硬底软顶（$K_1 = K_2$，$K_3 \geqslant 10K_2$）时，支架载荷仅为上述情况的 $1/2$ 左右；当软顶软底（$K_1 = K_3 = K_2$）时，支架载荷仅为硬顶硬底时的 $1/3$ 左右。

4.3.4 系统刚度对顶板下沉量的影响

如前所述，只有在硬顶硬底时才能视直接顶为刚体，此时 $S_2 \rightarrow 0.85S_L$，即老顶的给定变形全部传递到支架上。而在硬顶软底或硬底软顶时，$S_2 \rightarrow \frac{1}{2}S_L$；在软顶软底时 $S_2 \rightarrow \frac{1}{3}S_L$。因此，支架的"给定变形"工作状态只有在"硬顶硬底"时成立。

此处应注意，支架可缩量（S_2）和顶底板移近量是两个不同的概念。例如在硬顶软底条件下支架可缩量 $S_2 \rightarrow \frac{1}{2}S_L$，但顶底板移近量却由于支柱钻底而显著增加。

4.3.5 支架刚度对支架受力的影响

由木支柱、摩擦支柱、单体液压支柱到掩护式液压支架，其刚度值不断增加，因而也在调节着顶底板刚度与支架刚度的相对关系。

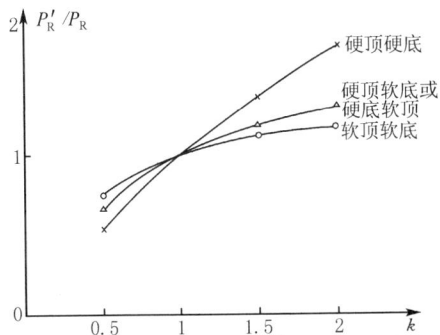

图 7 支架刚度对支架受力的影响

若采用刚度为 K_2' 的另一支架，而 $K_2' = kK_2$，随之而形成的支架载荷为 P_R'，则

$$\frac{P_R'}{P_R} = \frac{mn + (m+n)}{mn + k(m+n)} k$$

令 $\frac{m+n}{mn} = N$，则

$$\frac{P_R'}{P_R} = \frac{(1+N)k}{1+kN}$$

为此仍按顶底板的三种情况，则随着 k 的变化，$\frac{P_R'}{P_R}$ 的变化如图 7 所示。

由图可知，支架刚度变化对支架受力影响并

非线性关系,但随着支架刚度增加,支架载荷均将增加。例如,在硬顶硬底条件下,支架刚度增加 1 倍,则其受力将为原来的 1.72 倍。这也是为什么液压支架的工作阻力应比单体液压支柱高的原因。

5 结 论

(1)开采后老顶断裂岩块回转形成的"给定变形"是绝对的,支架无法阻止。

(2)支架的变形量主要体现在活柱缩量上,它既与老顶的"给定变形量"有关,更主要取决于"直接顶—支架—底板"支撑系统刚度。

(3)支架承受的载荷及其变形量与直接顶(或煤顶)和底板的刚度有关,只有在硬顶硬底情况下支架才呈"给定变形"工作状态,支架要承受由于老顶结构变形而对直接顶形成的压紧力。而在软顶或软底情况下此压紧力和"给定变形"无法全部传递给支架,仅能传递 1/2;在软顶软底情况下只能传递 1/3。

(4)支架刚度的增加虽可引起其载荷增加,但支架刚度与其载荷并非正比关系且与围岩的刚度有关,只有在硬顶硬底时增长较快,其他情况仍很缓慢。

(5)在采用放顶煤等开采方法时,由于顶煤厚度大、强度低、向采空区一侧的变形量大,因此其刚度较低。为此,支架额定工作阻力的利用率将随顶煤刚度而变化,刚度大则利用率高,反之则小。其合理利用率应以顶煤在采空区一侧破碎(利于放煤)而在端面部分又能维持其稳定性为原则。

(6)上述结论更接近于实际,因而证明采场矿山压力模型的修正是成功的。

参 考 文 献

[1] 钱鸣高,刘听成.矿山压力及其控制(修订本).北京:煤炭工业出版社,1991.
[2] 阳泉矿务局综采放顶煤矿压观测报告,1990 和 1992.
[3] 潞安矿务局王庄矿综采放顶煤矿压观测报告,1992.
[4] Barczak T M, Oyler D C. A Model of shield-strata interaction and its implications for active shield setting requirements. Ground Control in Mining "Tenth Conference",1991:35-42.

A Further Discussion on the Theory of the Strata Behaviors in Longwall Mining

Qian Minggao   He Fuliang   Wang Zuotang   Gao Cunbao

(Department of Mining Engineering, CUMT)

Abstract: A brief comment has been made on the structure models of the overlying strata and the principles for determining the load acting upon the face supports. Based on the recent researches on the rigidity of the roof and the floor, especially on the roof behavior at sublevel caving faces, the paper proposes a more complete mechanical model for studying roof strata behavior in longwall mining. The influence of the total rigidity of the support system (immediate roof-support-floor), as well as the rigidity of each element, on the strata behavior has been analyzed in detail. The paper gives the condition under which the supports work in "given deformation" state, and points out that the load acting on the support is not always in proportional to the mining height.

Keywords: stacked layers of blocks; given deformation; rigidity; support system

煤矿采场矿压理论与实践讨论会会议纪要

钱鸣高

第一届煤矿采场矿压理论与实践讨论会会议纪要

(1981 年 8 月 21 日)

煤炭工业部矿山压力科技情报中心站召开的"第一届煤矿采场矿压理论与实践讨论会"于 1981 年 8 月 14 日至 21 日在中国矿业学院(徐州)举行,历时 5 天。应邀出席讨论会的有部属部分高等院校和科研机构、生产单位、《煤炭学报》编辑部及部生产司、教育司的代表,共 34 人。

讨论会的目的是,研究煤矿采场矿压理论,交流学术思想和科研成果,藉以沟通情报、活跃学术思想,促进有我国特点的理论联系实际的煤矿采场矿压理论的发展。

讨论会得到了有关方面的极大关注和支持,收到学术报告 17 篇,有 10 位同志作了报告。内容涉及采场矿压理论中的采场围岩运动规律、采场围岩应力分布和采场支架与围岩相互作用等方面。

讨论会以煤矿采场矿压基本理论为中心,着重讨论了采场上覆岩层的运动规律。讨论会认为,有关同志在这方面做了大量的理论研究和实践工作,对发展矿压理论是有着推动作用的。

根据大屯孔庄矿岩层移动深基点观测资料,提出的采场上覆岩层裂隙带按其走向方向分为三区,即煤壁支撑影响区、支架支撑或离层区、采空区冒落矸石支撑区的新见解以及对岩层移动力学模型的阐述,说明"砌体梁"平衡理论具有实践意义。与会同志对这一独具特点的矿压理论给予积极评价并希望能得到进一步发展。

与会同志对孔庄矿运用"砌体梁"平衡理论观测上覆岩层,从而成功地论证了该矿 7 号和 8 号煤层上行开采的可能性给予了热情赞许。

讨论会认为,关于采场支承压力显现规律的研究以及据以进行的采场周期来压的预测和预报是有成绩的,对生产具有积极推动作用。

此外,讨论会还围绕上述问题就相关的垮落带和裂隙带、直接顶、老顶等基本概念做了探讨。

讨论会认为,把地质力学引入采场矿压研究领域的尝试是值得欢迎的。同时认为,地下开采覆岩变形移动的研究、"给定破坏"及其对支架判据的研究提出了采场矿压理论研究的新设想;还认为,支架围岩的动态相互作用的研究、用有限单元法计算采场顶板应力的研究、支架水平推力的研究和在大量实际观测基础上对动载系数的研究等取得的成果都是可喜的。

上述各方面的情况生动地反映出我国煤矿采场矿压理论研究工作蓬勃发展的景象。

在与会同志的共同努力下,讨论会取得圆满成功。讨论会贯彻了"百家争鸣、百花齐放"的方针,自始至终充满着各抒己见、畅所欲言、求同存异、取长补短、共同提高的学术活跃气氛。在与会同志一致积极讨论会取的成果,并建议在1983年举行第二届煤矿采场矿压理论与实践讨论会。

第二届煤矿采场矿压理论与实践讨论会会议纪要

（1983 年 8 月 7 日）

煤炭工业部矿山压力科技情报中心站与云南省煤炭学会联合召开的"第二届煤矿采场矿压理论与实践讨论会"于1983年8月2日至7日在云南省昆明市举行,历时6天。应邀出席会议的有高等院校、中等技术学校、科研机关、生产单位、部教育司和云南省煤炭工业厅代表共57人。

这次会议受到矿压工作者的极大关注,共收到学术论文20篇,有17位同志作了报告。与第一届会议比较,报告内容更为广泛,涉及采场围岩运动规律、采场围岩压力分布和围岩与支架相互作用、特殊条件下的矿压控制等方面。

讨论会认为,自上次会议以来,各种矿压理论正向深度和广度发展,"砌体梁"平衡理论通过模型试验对砌体梁的平衡条件认识更加深入,但在研究方法上应进一步完善,并与生产实践更加紧密结合。

会议认为,传递岩梁理论紧密结合生产实践,进行采场周期来压预测预报,取得了一定成绩,对此表示赞赏。其支承压力的研究引起会议极大兴趣,做了专题讨论。多数代表认为,支承压力分为内外应力区的观点有待进一步研究证实。

会议报告中对岩体属性提出多种看法,建立多种力学模型,除砌体梁及传递岩梁外,尚有弹性基础梁、悬臂梁、多种支承条件下的薄板、松散介质的压力拱以及用能量原理作为支护判据等多种学派观点。会议认为,应分别具体条件加以应用,以促进各种学派共同发展,繁荣我国采场矿压理论研究,共同为生产实践服务。

在研究方法上,除广泛采用数学力学分析和实测数据统计分析外,还应用相似材料模拟实验进行研究。值得注意的是,这次会议上用有限单元法研究采场周围应力场、直接顶稳定性和支架结构等论文都取得了可喜成绩,在模型图形和假设条件的选取上较上届会议论文更加结合煤矿实际、更加深入细致。会议认为,应面向生产实际发展多种研究方法,以互相配合、取长补短。

会议论文中提出的消除坚硬岩层来压的威胁,对软弱破碎顶板采取有效控制,对冲击地压机埋的探讨,运用水平工作阻力观点设计新型液压支架的研究,倾斜长壁开采矿压规律等方面,取得了一定成果。与会同志希望在这些领域能进一步开展深入研究,以取得更大成就。

来自生产现场的同志提出了多篇密切结合生产实际的报告,并力图提高到理论上进行分析,具有一定的水平,引起会议的极大兴趣。

第三届煤矿采场矿压理论与实践讨论会会议纪要

(1985 年 8 月 25 日)

煤炭工业部矿山压力科技情报中心站于 1985 年 8 月 21 日至 25 日在镇江市煤炭工业公司伏牛山矿召开"第三届煤矿采场矿压理论与实践讨论会",历时 5 天。应邀出席讨论会的有部分高等院校和科研机构、生产单位、《煤炭科学技术》编辑部的代表,共 50 人。

会议得到有关方面的极大关注和支持,收到学术报告 20 篇,会上有 16 位同志作了报告,与会同志做了畅所欲言的热烈讨论。

会议收到了积极效果,表现在:

一、在前两届讨论会的基础上矿压理论的研究正向纵深发展。各学派通过各自的科学实践丰富了自己的内容。"砌体梁"平衡理论继续联系上覆裂隙梁的活动探讨了上覆岩梁平衡条件及其控制,并开始转入研究岩板受力破坏的动态,以寻求改善控制方法的途径,得到了与会同志赞许。

"传递岩梁"学派结合裂隙岩梁的受力计算,分析采场控制设计,思路有了发展,但似乎还应充分考虑上覆岩梁平衡的条件。

二、在理论结合实践方面也正向广度发展。会议对生产中所关心的有关课题做了广泛细致的研究,并以极大的注意力讨论了将科研成果转变为生产力和提高经济效益的问题。例如,对坚硬顶板来压规律、采场底板破坏区、支架的合理架型、端头支护、工作面两道的维护、新型巷旁支护材料的研究等的讨论研究均获得了可喜的成果,从而更加证实理论与生产实践相结合的方针具有强大的生命力。

三、会议注意到利用多种领域学科的成就进行综合研究取得的显著效果,如运用地表岩层移动的成果与采场矿压研究探索采场上覆岩层的活动;研究材料性质及留巷矿压规律寻求巷旁支护新型材料等。

会议提出的论文体现了在研究方法上运用多种手段取得的进展,例如简易立体模型、有限元计算、各种先进的实测仪器和科学的数据分析等。

会议充分发扬学术民主,展开了认真热烈讨论,体现了各抒己见、取长补短、互相提高的精神。会议就顶板来压机理反弹现象和确定合理的工作阻力等问题进行了集中讨论,提出了各种不同看法,对此尚有待进一步研究。

会议对来自矿区、科研机构代表的论文表示欢迎。这些论文实际资料丰富,亦有一定理论水平。

会议还提出应加强对岩体基本力学属性的研究等基础工作,对某些研究领域应继续加强理论研究与生产实践的联系以达到相互促进的目的。与会同志决心继续努力,为创立有我国特色的矿压理论以推进煤炭生产和改善安全状况而贡献力量。

第四届煤矿采场矿压理论与实践讨论会会议纪要

（1987年8月5日）

"第四届煤矿采场矿压理论与实践讨论会"在煤炭部矿山压力科技情报中心站主办下，于1987年8月1日至5日在北京煤矿机械厂举行，历时5天。会议是与支护设备分站的"厚煤层开采支护设备研讨会"联合召开的。应邀参加讨论会的有高等院校、生产、科研、设计和煤炭工业出版社等单位的代表共102人。部科技情报所芮素生所长到会指导并做了重要讲话。

讨论会收到矿压论文30篇，评选出优秀论文8篇、受表彰论文6篇。

讨论会表明，煤矿采场矿压理论与实践在前三届讨论会基础上又有了新的进展，表现为：

（1）各学派通过各自实践，使研究工作延伸到新的领域。"砌体梁"假说在继续研究岩板的受力破坏机理基础上，提出了夹持于弹性基础边界的岩板力学模型，研究了其破断线分布，同时探讨了老顶破断的预测和控制途径并指出老顶对直接顶稳定性的影响，从而推进和完善了对安全生产有重要影响的端面冒落机理的研究。

传递岩梁学派提出，以上覆多层岩梁计算和支架阻力控制岩梁断裂后初始回转点的观点分析采场控制设计，并应用屈服线分析法研究岩板的周期性断裂规律，在理论工作上有了深化。

此外，其他学派对采场矿山压力的动态变化、冲击作用等均有新的阐述和进展。

（2）会议表明，在矿压理论用于指导工程实践方面也取得了广泛进展。应该着重指出的是，厚煤层开采、顶板来压预测预报、支护改革、放顶煤、大采高、滑移顶梁、切顶支柱、新型支架的设计和使用、沿空留巷、跨巷等研究方面在矿压理论的指导下都产生了良好的效果和较高的经济效益。例如，通过采动后上覆岩层结构问题的讨论，使与会的设计、生产部门的代表得到启迪，有助于他们取得工作实效。

（3）会议表明，一大批年轻有为的矿压研究工作者已经脱颖而出。他们的研究成果说明，他们的基础是扎实的，功底是较深厚的，具有很好的发展前景。会议热切期望这些同志加强实际锻炼，躬行实践，使理论与生产实践紧密结合，以期得到全面发展。

（4）会议就上覆岩层的结构、支承压力的分布、老顶断裂线的位置、顶板反弹的机理和工作面合理支护阻力的确定开展了深入讨论。与会同志在块体梁结构平衡、根据不同条件具有若干种断裂线位置，以及确认反弹如何可以作为老顶断裂来压的预兆等方面取得了较为一致的认识。在应力场产生双峰状变化、支架高低阻力的合理性等方面尚需进一步研究和探讨。

（5）会议一致提出，矿压研究应进一步结合生产实际需要进行（如在新的支护设备、预测预报方法方面等），以不断提高和改善煤矿安全生产水平。矿压工作者还应以极大注意力采取多种研究方法推动矿压理论研究。会议呼吁，进一步开展矿压科技情报工作，加强国内外信息交流，举办多种形式的活动以吸引广大矿压工作者参加，从而不断扩大这支队伍，为推动有我国特色的矿压理论与实践的发展、建设现代化的煤炭工业而努力奋斗。

《岩层控制的关键层理论》绪论[①]

钱鸣高

1 绪 论

岩层移动与控制理论是采矿学科的一门重要分支,随着国民经济的快速发展和人们对生产安全和环境保护的要求越来越高,这门学科分支迎来了蓬勃发展的机遇。岩层控制的关键层理论就属此范畴。

1.1 岩层移动与控制研究的任务

随着地下资源采出,围岩必将产生变形或破坏。采动岩体对工程和环境的损害包括:

(1) 危及井下工作面人员的安全和设备的正常运行。井下常见的灾害性事故有:顶板岩石垮落、煤与瓦斯突出、瓦斯爆炸和矿井突水等。

(2) 岩层移动裂隙造成岩体内水和瓦斯运移。尤其是在干旱地区,地下开采对含水岩层的破坏可加剧矿区水土流失和土地沙化灾害。

(3) 开采沉陷毁坏地面建筑物、耕地和环境。煤矿开采对地面造成的损害有:房屋、桥梁、道路的开裂和倒塌,河流干涸,耕地荒废等。

上述灾害均由岩体受开挖损伤和破坏引起。无论是采场底板突水或顶板垮落,还是岩层移动和地表沉陷,其力学研究对象都是一个——采动岩体。长期以来,采矿研究工作者对此投入了很大的研究力量。由于各自关注的问题方面不同以及研究手段和方法的差异,形成了几个相对独立的学科研究领域和体系,如矿山压力学科和开采沉陷学科等。矿山压力学科偏重于对采动岩体行为的力学机理分析,而开采沉陷学科则偏重于对采动岩体行为的数理统计分析和描述。这些研究都取得了相当丰硕的成果,主要表现在对靠近工作面的下部岩体活动规律的认识和对地表沉陷形态分布特征的描述方面。但是,采场围岩活动和地表沉陷是煤炭采出后岩体损伤和破坏变化的结果,掌握整个采动岩体的活动规律特别是岩体内部岩层的活动规律,才是解决采动岩体灾害的关键。

对于采动岩体的活动规律,需要重视的研究方面有:

(1) 控制采动岩体活动的主要因素分析。从十分复杂的采动岩体活动中寻找起控制作用的岩层,建立采动岩体的结构力学模型,从而展开对采场矿压、采场突水、岩层移动和地表沉陷规律的系统描述。

(2) 采动岩体裂隙动态分布规律研究。从采动岩体裂隙由下向上扩展、闭合演化过程中掌握其动态变化规律,确定其导水、导气通道,为瓦斯抽放、减沉注浆和治水工程提供

---

① 选自专著《岩层控制的关键层理论》,中国矿业大学出版社 2003 年版,第 1～9 页,绪论。

理论依据。

（3）岩层移动边界线分析。岩层移动边界线包括：纵向破断边界线，纵向移动边界线，横向破断边界线，横向裂隙边界线等。由采动岩体的变形、破断力学机理分析入手，描述清楚其变形、破断的纵横几何形态分界线，为采场矿压与地表沉陷预计提供定量依据。

上述问题的深入研究，必将有力推动岩层控制理论的发展。

由于成岩时间和矿物成分不同，煤系地层形成了厚度不等、强度不同的多层岩层。在宏观上可分为第四系表土层和基岩两部分。表土层段多为松散沙土质地层，与基岩段相比具有不同的变形移动特性。研究岩层移动时应将基岩段与表土层段区别处理。基岩段由厚度不等、软硬不同的岩层相间组成，其中一层或数层厚硬岩层在整个煤层上覆岩层的移动过程中起着控制作用。例如，大同矿区直接赋存于煤层之上的厚硬砂岩、新汶华丰矿靠近地表的巨厚砾岩层，它们一旦破断垮落，不仅会造成采场强烈的矿压显现，而且其上部岩层直至地表还会随之同步垮落下沉。因此，要研究清楚岩层变形、破断、移动的动态过程，关键在于分析清楚岩层中起主要控制作用的厚硬岩层的变形、破断运动规律及其运动过程中与上下部软硬岩层间相互耦合的作用关系。这即是建立并发展采动岩体活动的关键层理论的思路。

据统计，目前我国仅统配煤矿的生产矿井"三下"（建筑物下、铁路下、水体下）压煤就达137.9亿t，可供10个年产1 000万t的矿井开采140年。其中，一些老矿区随着煤炭资源的枯竭，开采"三下"压煤势在必行。近40年来，我国共发生矿井突水事故2 000余次，有2 000余人丧生，直接经济损失高达40多亿元。据统计，我国统配煤矿中半数煤矿具有突水危险性，且突水危险越来越严重。一方面，煤矿瓦斯爆炸、煤与瓦斯突出一直是我国煤炭开采面临的重大灾害；另一方面，随着煤炭不断开采，我国每年向大气排放的甲烷气体约770亿 m^3，约占世界煤矿瓦斯排放量的32.5%，造成了严重环境污染。有人估计，我国陆上埋深2 000 m以浅的煤层甲烷资源量可达36万亿 m^3，大致与常规天然气资源量相当，潜力巨大。

岩层移动与控制理论发展到今日，迫切需要建立对岩层由下向上移动过程的整体认识，并建立起岩层活动控制的关键层理论；迫切需要建立起地表沉陷与岩层移动的内在联系，以指导地表沉陷的预计和控制；迫切需要掌握上覆岩层移动过程中的裂隙场分布规律，以指导覆岩离层注浆减沉和卸压、瓦斯抽放钻孔布置的优化；迫切需要分析清楚岩层变形、破断中突水"通道"的形成机理，为采场突水灾害防治提供新的理论方法和技术途径。因此，进一步发展岩层控制理论，对采矿工程来说具有重大的实践意义。

1.2 岩层移动与控制研究的概况

1.2.1 岩层移动与控制研究

岩层移动与开采沉陷作为采矿学科的基础之一，其研究学者和研究成果众多。多年来，采矿工作者和矿山测量工作者分别从不同的角度、以不同的方法对岩层移动和地表沉陷规律进行了研究。采矿工作者从回采工作面顶板支护和管理出发，基本掌握了对回采工作面生产和支护影响较大的下部岩层的移动规律。同时针对下部岩层移动特征，就采场矿压显现的解释和控制提出了多种假说和理论，其中有代表性的有压力拱假说、悬臂梁假说、预成裂隙假说、铰接岩块假说、砌体梁理论、传递岩梁假说等。以钱鸣高院士为首的科研团队提出的砌体梁理论,为采场矿压显现的科学解释、预测预报和控制提供了理论基础,形成了矿山压力及其控制的完备理论体系。对整个上覆岩层直至地表岩层的整体运动规律也提出了如图 1-1 所示的"横三区"、"竖三带"认识,即沿工作面推进方向上覆岩层分别经历煤壁支撑影响区、离层区和重新压实区,由下向上岩层移动分为垮落带、裂缝带、整体弯曲下沉带。

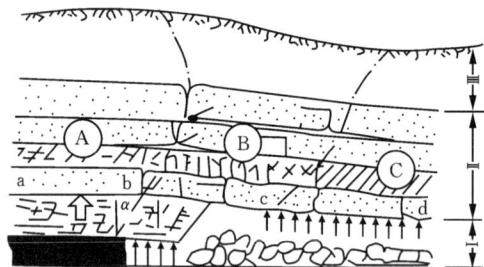

图 1-1   上覆岩层移动的"横三区"和"竖三带"

A——煤壁支撑影响区(a-b);B——离层区(b-c);C——重新压实区(c-d);

α——支撑影响角;Ⅰ——垮落带;Ⅱ——裂缝带;Ⅲ——弯曲下沉带

同时,测量工作者广泛开展了地表沉陷的实测和统计工作,掌握了缓斜、倾斜、急倾斜煤层开采后地表沉陷的分布形态特征,提出了多种地表沉陷预测方法,如典型曲线法、影响函数法、概率积分法等。其中,以概率积分法应用最为普遍,但其预计结果在有些条件下常与实测结果相差甚远。针对概率积分法预计结果与实际的差异,许多学者都试图从岩层内部的移动机理来修正地表下沉的预计方法。例如,何国清提出了地表下沉预计的威布尔分布法,郝庆旺在地表下沉预计中提出了采动岩体空隙扩散模型,邓喀中在地表沉陷预计中考虑了岩层移动层间错动的影响,隋旺华研究了厚表土层土体变形对地表沉陷的影响。所有这些,都丰富和完善了地表沉陷预计法。然而完全根据岩层移动规律直接预计地表下沉的方法目前尚未提出。

实践表明,上覆岩层的岩性对岩层移动和地表沉陷有很大影响。因此,在岩层移动研究中必须考虑上覆岩层的岩性因素。从回采工作面矿山压力控制的角度出发,我国对煤层顶板进行了分类,并以研究硬岩的破断运动为主体建立了砌体梁理论,对坚硬岩层板模型的破断规律进行了研究。近年来,针对坚硬岩层在岩层移动中的控制作用,钱鸣高院士领导的课题组提出了岩层移动与控制的关键层理论。同时在地表沉陷预计中也注意到覆岩岩性影响因素,将覆岩分为坚硬、中硬、软弱三类,根据不同的覆岩类型选取预计公式中的各项参数值。如在概率积分法中,其下沉系数的取值在覆岩平均为坚硬、中硬、软弱时,即分别取值为 0.4~0.65,0.65~0.8,0.8~1.00。

为了减缓煤层开采引起的地表沉陷,目前国内外常采用的开采技术措施如下:

(1)采空区充填,即煤层开采后用水砂充填或风力矸石充填工作面后方采空区。该方法在德国和波兰应用普遍,如波兰采用采空区充填法的采煤量占全国"三下"总采煤量的 80%左右。我国目前仅在个别矿井应用该方法。

(2)部分开采法,主要有条带开采、房柱开采等。该方法的采出率低,一般只达到

30%～60%。条带开采是目前我国"三下"开采所采用的主要方法。

（3）协调开采，按照开采沉陷理论协调优化设计工作面位置和开采顺序，使地表变形值不产生累加，甚至能抵消一部分变形值。由于受到组织工作和生产地质条件限制，此法一般难于做到。

（4）覆岩离层注浆法，是 20 世纪 80 年代发展起来的一种技术。它与采空区充填法相比，不受井下作业空间、时间的限制，不干扰工作面生产。覆岩离层注浆减缓地表沉陷技术，在我国最先由齐东洪、范学理等在抚顺老虎台矿试验并取得了一定成效，已先后在抚顺、大屯、新汶、兖州等矿区开展了工业性试验，取得了一定的减沉效果。国外也有该项技术应用的报道。覆岩离层注浆减沉的基本原理，是利用岩移过程中覆岩内形成的离层空洞，从地面布置钻孔往离层空间充填外来材料以支撑覆岩，从而减缓覆岩移动向地表的传播。覆岩离层注浆减沉技术应用的前提条件是对煤层采后覆岩内部所形成的离层分布有所了解，从而根据离层位置的判别合理地布置注浆钻孔。国内外许多学者都对覆岩离层进行了多方面的研究，但目前对离层的时空动态分布规律仍然缺乏深入认识。而这对于离层注浆能否取得效果是至关重要的。

1.2.2 瓦斯抽放研究

在煤层形成过程中，由于生物化学作用和煤化学作用产生了大量甲烷（CH_4）气体，通常称之为煤层气，亦称为矿井瓦斯。瓦斯以吸附和游离两种状态赋存在煤体中，其中大部分瓦斯以吸附状态存在。瓦斯不仅对矿井生产安全造成危害，还会造成环境破坏（作为重要的温室气体，CH_4 对臭氧层的破坏比 CO_2 强 16 倍）。对瓦斯进行抽放并加以利用能将其变为一种清洁能源，因而瓦斯抽放是一项变害为利的技术。瓦斯抽放最早只是出于对矿井安全的考虑，而把瓦斯作为一种新型能源加以开发利用（即目前常说的煤层气抽放）则是从 20 世纪 70 年代开始的。瓦斯抽放方法总体上可分为煤层开采前预先抽放和煤层开采中或开采后的卸压抽放两大类。

美国的第一口商业性生产气井于 1976 年投产，迄今美国已成功地开发了布莱克沃里尔（Black Warrier）和圣胡安（San Juan）两个煤盆地的煤层气。与此同时，加拿大、澳大利亚、苏联等 20 多个国家和地区亦开展了煤层气资源评价和开发试验工作。目前，采前地面钻孔抽放煤层气方法在美国应用效果最好，已达到商业规模。以 1993 年为例，美国煤层气生产井数目达 5 497 个，产气量达 214 亿 m³，约占美国天然气年产量的 5%。

我国政府和有关工业部门高度关注煤层气资源的勘探和开发。目前，我国煤层开采前煤层气开发的研究工作仍处于起步阶段，尚未进入工业开发阶段。1993 年以来，我国石油、煤炭和地质矿产部门开展了多项煤层气地质、煤层气勘探方法和开采工艺等方面的专项研究；在辽宁铁岭，山西寿阳、霍东、西山、晋城，陕西韩城，河北峰峰，河南平顶山，安徽淮南、淮北，江西丰城，重庆南桐等近 30 个煤田或矿区，施工煤层气资源评价井和生产试验井 80 余口，完成了"全国煤层气资源评价"等多个研究项目。"全国煤层气资源评价"项目的研究结果表明，我国煤层气含气量在 4 m³/t 以上、埋深 2 000 m 以浅的煤层气资源总量达 14.34 万亿 m³，其中华北聚气区占 66.6%。我国煤储层渗透率变化于 $0.002×10^{-3}～16.17×10^{-3}\mu m^2$ 之间，煤层渗透率总体偏低，煤储层一般为低压异常煤层。我国煤储层的临界解吸压力、理论采收率（平均为 27%）和含气饱和度在总体上偏低的特征,对我国煤层气的开采有不利影响。从目前已有资料分析看,我国采用美国的采前地面钻井抽放煤层气方法的前景并不十分乐观,虽然也不排除在个别煤田或某个煤田的局部块段会取得理想的开发效果。可见,对于采后卸压瓦斯抽放方法仍不能予以忽视。

世界各主要采煤国家都开展了矿井瓦斯抽放,年抽放量超过 1 亿 m³ 的国家有 10个,其中苏联矿井瓦斯抽放量最多,达 21.2 亿 m³/a。我国于 20 世纪 50 年代开始从煤矿安全生产角度进行矿井瓦斯抽放,并在某些高瓦斯矿区(如阳泉)将抽出的瓦斯投入小规模民用和工业利用。目前,全国共有 110 多对矿井建立了瓦斯抽放系统,年抽放量达 6 亿 m³,其中以抚顺、阳泉两矿区抽放量最大。阳泉矿区 1957 年正式抽放矿井瓦斯,至 1992 年底共抽放瓦斯 18.5 亿 m³,1991 年的抽放量达 1.06 亿 m³,平均吨煤抽放瓦斯量达 9 m³,其大部分抽放瓦斯已作为阳泉市民用气化燃料的气源。国内外矿井瓦斯抽放多属煤层开采过程中或采后的卸压抽放,我国阳泉矿区的 90% 以上的瓦斯抽放都属煤层开采后卸压抽放。我国卸压瓦斯抽放总体上仍存在抽出率低和钻孔工程量大等问题。

瓦斯在煤岩体中的运移属于多孔介质中的渗流,其渗透性系数取决于煤岩体的裂隙场分布。目前,地面采前煤层气井都采用人工水力压裂以增加煤层裂隙和渗透性,而采后岩层移动导致应力场和裂隙场改变,煤岩体的渗透性显著增大,为瓦斯流动提供了便利条件。由于目前人们对岩移过程及其裂隙场的动态分布特征缺乏深入认识,尤其缺乏对覆岩采动裂隙场动态分布的定量描述,在采后卸压瓦斯运移规律研究中尚未充分揭示出采后煤岩体裂隙场的特征,从而影响到卸压瓦斯抽放的钻孔布置和抽出率。

1.2.3 岩层移动研究方法

就基岩段岩层而言,岩层介质具有两个显著特性:其一是其层状特性,在移动过程中易出现层与层间的离层现象;其二是岩层具有破断前的近似连续介质特性和破断后的非连续介质特性的双重性。对于厚硬岩层,其破断前后的连续和非连续双重性更为明显。岩层移动贯穿于岩层变形破断直至破断后运动的全过程。要弄清岩移过程,不仅要研究岩层破断前的变形和断裂特征,更要研究其破断后的运动特性,这是岩层移动学科研究有别于主要考察岩体破断前运动特征的其他岩土工程学科的显著特征。岩层移动研究方法只有很好地适应岩层的上述特点,才能得出符合实际的结论。

岩层移动研究方法总体上有三类:① 实测研究方法,主要包括地表沉陷观测,从地面向岩层打岩移观测钻孔或在煤层顶板布置岩移观测巷,尽管研究取得了很多成果,但该方法成本大、周期长且难以掌握岩层移动的全貌。② 实验室模拟研究方法,目前多为平面应力模型,模型的侧向变形和干燥收缩变形误差难以估计和排除。实验室模拟研究方法不失为一种经济有效的方法,应进一步发展岩移研究的模拟实验技术,包括采用三维立体模型、改善实验的测试手段、开展实验误差机理及误差排除方法的研究,从而提高模型实验研究结果的可靠性和可用性。③ 理论研究方法,是岩移研究最便捷的方法,其实质在于根据研究的问题建立其数学力学模型,然后求解此模型得到问题的解和认识。将岩体以何种介质来处理,决定了理论研究方法所采用的数学力学方法和相应的结果。

将上覆岩层视做连续介质,用连续介质的力学方法来研究岩层移动规律,形成了以阿维尔申等为代表的连续介质学派。所用力学方法从弹性力学到塑性力学、从线性力学到非线性力学,研究方式往往采用解析法和有限元数值模拟,以获得岩层移动的位移场和应力场分布,常采用的数值模拟软件有 ADINA、SAP 等。如李增琪即以弹性理论为基础,将整个覆岩视为层状介质模型,分析了岩层的变形和位移情况,使岩层移动的理论计算研究有了突破。连续介质模型方法难以解释岩移过程中的离层,且只能研究到岩层破断为止,而对于岩层破断后的力学行为则不能进行研究。因此,该方法获得的结果仅可以在某些方面作为定性的参考和解释,与岩移实际情况相差甚远。

20 世纪 50 年代,波兰学者李特维尼申等应用颗粒体力学研究岩层和地表移动问题,认为开采引起的岩层和地表移动的规律与作为随机介质的颗粒体介质模型所描述的规律在宏观上相似;认为岩层或地表下沉盆地的函数形式与正态分布概率密度函数相同,从而建立了岩层和地表下沉预计的随机介质理论。后来由刘宝琛、廖国华、周国铨等发展为概率积分法,该方法是目前我国较成熟且应用最广的地表下沉预计方法之一。

目前用于研究非连续介质体运动的方法还有离散单元法和块体力学理论。离散单元法是美国学者坎达尔在 1971 年提出来的,20 世纪 80 年代中期由王泳嘉引入国内。离散单元法将岩体看做独立的块体,用运动学方法研究块体运动过程中的应力和位移规律。离散单元法适用于解决被节理切割岩体的大位移、大变形问题,能较好地模拟岩层的层状特征和移动过程中的离层现象。

为了适应岩层介质的特征,将现有多种方法组合使用是现阶段具有可行性的研究出路,如砌体梁理论研究即利用了组合方法。将上覆岩层中坚硬岩层视为承载主体,而将软弱岩层视为其载荷或弹性基础,从而以坚硬岩层为对象(视其为梁、板力学模型),按连续介质力学方法研究其变形破断规律。坚硬岩层破断后的力学行为以结构模型思想来研究,从整体上分析破断岩体的结构效应,在块体铰合的局部研究其失稳条件。据此提出的上覆岩层移动的砌体梁理论,显然具有十分重大的理论和实践意义,尤其为采场顶板管理和支护提供了理论基础。近年来,砌体梁理论也在进一步深化,正不断由下部采场矿山压力的研究转向上部岩层移动的研究。但是,该方法对硬岩或砌体梁与软岩层(包括表土层)间的耦合作用关系一直研究不多,因而也未能建立起岩层移动由下向上传播的动态过程和预计方法。

下一步应注重关键层与软岩间耦合关系的研究,尤其要加强砌体梁与表土层间耦合关系的研究,为建立基于砌体梁理论的地表下沉预计方法奠定基础。

1.3 采场围岩控制理论和实践的简要回顾

1980 年至今的 20 多年是我国回采工作面综采大发展时期,如兖州矿务局 1980 年综采工作面每月平均单产为 5 万～6 万 t,到 1999 年已达到 20 万～30 万 t。在全国,则出现了年产达 500 万 t 的综采队。由此可见,我国回采工作面综采技术已达到国际水平。这其中当然也应包括采场围岩控制理论和技术的研究成果。显然,实践的进展和需要不断推动着理论研究和对客观事物认识的不断深化。在此,有必要对我们这 20 多年来在采场围岩控制方面的理论和实践工作做一简单回顾和概括。

1.3.1 砌体梁结构力学模型和关键层理论研究

众所周知,煤层开采后上覆岩层将形成平衡结构,该结构的形态及其稳定性直接影响采场支架的受力大小、参数和性能的选择,同时也将影响开采后上覆岩体内节理裂隙和离层区的分布以及地表塌陷的形态。因此,采场上覆岩层形成的结构特点及其形态一直为采矿工作者所重视。

1.3.1.1 关于上覆岩层结构形态研究

关于上覆岩层结构形态的主要研究工作始于 20 世纪 60 年代初期,直到 70 年代末,借助于大屯孔庄矿开采后岩层内部移动观测资料,上覆岩层开采后呈砌体梁式平衡的结构力学模型才被正式提出来,结合该项研究提出的典型论文有 *A Study of the Behaviour of Overlying Strata in Longwall Mining and Its Application to Strata Control* 等。该项研究的意义主要在于:对开采后上覆岩层结构形态的解答为采场给出了具体的上部边界条件,此结构的形态和平衡条件为论证各项采场矿山压力控制参数奠定基础。由于砌体梁结构的研究是限于采场中部沿走向的平面问题,因而随着采场矿山压力研究的深入,尤其是老顶来压预测预报的发展,必然会讨论到把老顶岩层视为四周为各种支撑条件下的"板"的破断规律、老顶在煤体上方的断裂位置以及断裂前后在煤和岩体内所引起的力学变化。由此,便进一步提出了岩层断裂前后的弹性基础梁力学模型和各种不同支撑条件下 Winkler 弹性基础上的 Kichhoff 板力学模型。结合此项研究工作发表的典型文章有《老顶岩层断裂形式及其对工作面来压的影响》《老顶断裂前后的矿山压力变化》等。该项研究获得的主要成果有:

① 老顶断裂前后在煤壁前方将引起扰动,即在梁被夹持的端部形成"反弹"区,而再深入一定距离则形成"压缩"区;

② 老顶断裂位置在煤体之内,因此由老顶断裂到工作面来压存在时间差,利用该时间差即可对老顶来压进行预报;

③ 老顶岩层板破断时,主裂隙呈"O-X"形,即先是周边破断呈"O"形断裂,而后是"O"形板内部呈"X"形破断;

④ 对板破断时引起的扰动研究证明,可在采煤工作面上下两侧的巷道内测得"反弹"和"压缩"现象;

⑤ 根据上覆岩层以硬岩层作为形成结构主体的观念,提供了判断开采后上覆岩层变形破断后形成的离层区和压实区位置的可能性。

至此,由开采后老顶的稳定性、破断时引起的扰动和破断后形成的结构形态勾画出了一个覆岩结构形态的总体概貌。

1.3.1.2 关于关键层理论研究

随着开采对上覆岩层内地下水、岩体内赋存气体分布的改变以及地表塌陷规律的影响,必然导致关键层理论的深入研究。这方面的研究成果集中反映在《岩层控制中的关键层理论研究》《采场覆岩中关键层的破断规律研究》《采场覆岩中关键层上载荷的变化规律》和《覆岩裂隙分布的"O"形圈特征研究》等论文中。关键层理论的研究实质是进一步研究硬岩层所受的载荷及其变形规律,进而了解影响工作面和地表沉陷的主要岩层及其变形形态。关键层研究中的重要组成部分是:两层坚硬岩层破断时的组合关系、采动后岩体内的裂隙分布、离层区位置以及对地表破坏规律的识别。

1.3.2 砌体梁结构的"S-R"稳定

采动后岩体内形成的砌体梁力学模型是一个大结构,而此大结构中影响采场顶板控制的主要是岩层移动中形成的离层区附近的几个岩块。显然,关键块平衡与否直接影响采场顶板的稳定性和支架受力大小。因此,在砌体梁结构研究的前提下应重点分析其中关键块的平衡关系,有关代表性研究论文有《采场"砌体梁"结构的关键块分析》等。在这项研究中主要提出了砌体梁关键块的滑落和回转变形稳定条件,即"S-R"稳定条件。

1.3.2.1　滑落稳定条件(S 条件)

$$h + h_1 \leqslant \frac{\sigma_c}{30\rho g}(\tan \varphi + \frac{3}{4}\sin \theta_1)^2$$

式中　h——承载层厚度;

　　　h_1——承载层所负载岩层厚度;

　　　σ_c——承载层的抗压强度;

　　　ρg——岩体的重力密度;

　　　θ_1——砌体梁中悬露岩块断裂后的回转角;

　　　$\tan \varphi$——岩块间的摩擦因数。

1.3.2.2　回转变形稳定条件(R 条件)

$$h + h_1 \leqslant \frac{0.15\sigma_c}{\rho g}(i^2 - \frac{3}{2}i \sin \theta_1 + \frac{1}{2}\sin^2 \theta_1)$$

式中　i——岩块的厚长比,即 $i = h/l$(l 为岩块长度)。

对于砌体梁关键块的分析,为采场直接顶的上部作用力和位移提供了边界条件,从而为分析直接顶稳定性奠定基础。

1.3.3　采场"支架—围岩"关系研究和整体力学模型的建立

采场顶板控制的关键因素是直接顶的控制,因此,"支架—围岩"关系研究长期以来一直是矿山压力控制研究的主题。其内容包括:在单体支柱工作面如何防止顶板事故发生;液压自移支架架型和合理支护阻力的确定;尤其重要的是如何防治液压自移支架端面顶板的冒落。其研究成果有《两柱支掩式支架的工作状态及其对直接顶稳定性的影响》、《综采工作面直接顶的端面冒落》等。影响支护参数选择的主要观点是"$P—\Delta l$"关系,即支架工作阻力 P 与顶板下沉量 Δl 之间存在着类双曲线关系。这种观点在中厚煤层开采采高条件下,似乎已成为普遍规律。在这些研究中一直视直接顶为"似刚体"。若是采用放顶煤开采厚煤层的情况,直接顶中呈现以破碎或几近破碎的顶煤为主,此时再视直接顶(含顶煤)为"似刚体"显然是不合适的,况且由实践中测定所得的支架载荷要比原来的估算值小得多。由此必然引起"支架—围岩"关系的再研究。此时,砌体梁关键块的研究为直接顶上部边界的受力状态提供了有力的理论基础,由此在《再论采场矿山压力理论》、《采场围岩整体结构与砌体梁力学模型》及《采场支架与围岩耦合作用机理研究》等文章中提出了由于砌体梁的"S-R"稳定而引起的对直接顶的"松脱体压力"和"回转变形压力"概念。直至论文《采场直接顶对支架与围岩关系的影响机制》和《采场支架—围岩关系的新研究》,进一步论证了由于直接顶变形致使砌体梁对直接顶的回转变形载荷有可能被破碎的直接顶所吸收,从而导致在该情况下的"$P—\Delta l$"关系中类双曲线关系不再存在。该项研究的主要结论有:

① 根据四边形直接顶的失稳特征,按刚度可将直接顶划分为似刚性、似零刚度和中

间型刚度 3 类。

② 当直接顶刚度为零刚度时,支架处于"给定载荷"或"限定载荷"工作状态;当处于似刚性时,支架处于"给定变形"工作状态;当处于中间型刚度时,"P—Δl"呈典型双曲线关系。

③ 鉴于当直接顶为似零刚度时(如放顶煤条件)"P—Δl"已不再存在类双曲线关系,此时合理工作阻力的确定将主要决定于它对端面顶板稳定性的影响。

这些研究工作最终导致采场整体力学模型建立,其主要研究成果除上述有关论文外,还体现在 The System of Strata Control Around Longwall Face in China 和《采场矿山压力理论研究的新进展》等论文中。

1.3.4 工作面矿山压力和支护质量监测

任何一项工程的质量保证都决定于设计是否符合实际和之后施工是否到位。矿山压力控制也是一样,如何保证施工符合设计标准亦决定于对工程质量的监测。事实证明,在矿山压力控制中,实际支护阻力与设计要求往往是两回事,这常常是导致工作面顶板事故的根本原因。尤其是回采工作面处在不断推移的过程中,其顶板条件亦在不断变化。因此,及时进行监测是工作面安全生产的根本保证。我国自 20 世纪 80 年代开始,开展了比较大规模的回采工作面顶板与支护质量监测,由此回采工作面顶板事故大幅度减少,创造了良好的社会效益和经济效益。其中的关键是运用矿山压力理论确定监测指标,从而形成了"支架—围岩"稳定性诊断技术,使事故消灭于形成之初。有关研究成果的代表性论文有 Monitoring Indices for the Support and Surrounding Strata on a Longwall Face 等。该成果主要体现在创造了一整套监测仪器和开发了一套支护质量监测软件。

1.3.5 展望

回顾 20 多年来的研究工作,必然对今后的研究工作大有裨益,今后的工作将从以下两方面进行:

① 进一步完善采场整体力学模型,在研究直接顶稳定性的基础上建立各项参数的关系,由此为监控技术提供端面顶板稳定性的监测指标,进一步简化监测仪表和"预测—监控"体系,为回采工作面安全和高产高效服务。

② 深入研究岩层控制中的关键层理论,以便对上覆岩层内的离层区分布做出定量描述,为发展离层区充填技术和地面或井下抽放瓦斯技术奠定基础。在关键层理论中将重点研究坚硬岩层破断的组合效应和关键层破断形态与表土层变形的耦合关系。

采动岩体力学——
一门新的应用力学研究分支学科[①]

钱鸣高 缪协兴

（中国矿业大学，徐州 221008）

一、引 言

采动岩体，是指随着矿体采出受采动应力场影响的那部分岩体（或称围岩）。采动岩体力学属矿山岩石力学的一部分，是固体力学与采矿工程相结合的一门交叉学科。在煤矿开采中，一般情况下覆岩受采动影响后均要发生破坏，直至引起地表移动（或称地表沉陷），因此采动岩体往往由破坏后的各种块状岩体组成，其最显著的力学行为特征是破断和运动。破碎岩体的行为对采矿工程、岩体内流体和气体运移以及地面建筑和环境均会造成严重影响。

矿山岩石力学在基础研究方面取得的成就已大大促进采矿工程的发展和生产技术与方法的变革。20 世纪 60 年代初，因岩石弹塑性理论在地下采矿工程稳定性分析中的应用，人们认识到地下工程围岩既可能是一种载荷也可能是一种能承受载荷的结构体，并提出了以新奥法为代表的新的岩石支护和施工方法。新方法充分发挥了围岩的自承能力，大大降低了对人工支撑结构和支撑材料承载强度的要求，产生了巨大的经济和社会效益。70 年代，岩石黏弹、黏弹塑性理论研究使岩石流变学取得了巨大进展，为预测采矿工程中围岩的长期稳定性提供了理论基础。岩石刚性压力实验机可以测定岩石由变形至破坏的应力应变全过程，它为研究岩石破坏后的力学行为、采场矿压分析、矿柱设计、岩体失稳研究、岩爆和地震机理研究提供了实验基础。岩石多孔介质力学理论和渗流理论的研究为采油工艺、煤矿瓦斯抽放技术和地下水渗流问题奠定了基础。

但是，作为矿山岩石力学的研究重点，采动岩体力学成为一门完整独立的学科分支尚未成熟。因为作为分析采动岩体破裂—失稳—运动的固体力学基础并没有完全建立起来，它尚需在采动岩体力学的发展中逐步形成。也就是说，随着采动岩体力学的发展，固体力学本身也会得到发展和完善。

二、岩石材料的本构理论

一般认为，岩石材料是对固体力学研究工作者最具吸引力的固体介质。岩石内部的

---

① 本文发表于《科技导报》，1997 年第 3 期，第 29～31 页。

细观结构和力学特性与时间、温度、水等影响因素的相互关系,均对固体本构理论提出了严重挑战。

岩石是大自然的产物,是由多种矿物晶粒、孔隙和胶结物组成的混杂体。亿万年的地质历史演变和多幕次的复杂构造运动,使岩石结构在本质上由宏观到微观都成为极其复杂的非连续和非均质体。它具有非线性、各向异性和随时间变化的力学属性。在应用数学力学方法研究岩石力学行为时,必须考虑岩石介质本身的物质属性,因为其变形性质和破坏性质不但与岩石的复杂结构密切相关,而且还受到温度、围压、孔隙和水、气等环境因素影响。

岩石材料自身具有的多种内部缺陷,是造成岩石非弹性变形的主要原因。为描述岩石的状态,岩石损伤力学引入内变量来刻画岩石介质微观结构的裂隙变形扩展,从而得出岩石宏观破坏的力学准则。其中,分形、混沌、分叉等现代数学理论的应用为描述岩石细观结构和演化过程开辟了新的有效途径。同时也为新的力学分支的建立奠定了基础。但是,岩石材料的本构描述,尤其是断裂以后的力学行为的特征描述尚有待于新的数学和力学理论的发展。

三、采动岩体中的灰色结构

面对在地下数百米、甚至上千米的深部从事煤岩开采中的问题,人们首先想到的是如何控制覆岩的活动。完全用人工办法控制整个上覆岩层不产生活动是不可能的。只有采用推断岩体在破坏后可能形成的结构模式和形态并加以验证,而后掌握其活动规律,才能达到安全生产的目的。采场上覆岩层结构为非人工结构,且只能局部观测到其形态特征,所以称之为灰色结构。这种结构随地质条件、采场布置、支护方式等不同而发生变化。

从 19 世纪末开始,人们就对采场覆岩中的这种灰色结构提出了种种推测,形成了岩体结构假说,如自然平衡拱假说、假塑性梁假说、砌体梁结构假说等。能否准确地推断采场上覆岩层灰色结构的模式,将对一系列采矿工程问题产生重大影响。例如,采场工作面顶板来压与支架受力、上覆岩体裂隙分布与地面瓦斯抽放、上覆岩体的断裂失稳与地表沉陷、煤岩分离控制与放顶煤回收率的提高等。值得指出的是,由我国学者建立的砌体梁结构理论正在逐步完善,应用范围也在不断扩大。例如,由砌体梁全结构力学解的求得,得到了砌体梁稳定的"S-R"条件以及砌体梁关键块体运动与支架受力的定量关系;由砌体梁全结构的形态推导出了地表沉陷曲线和岩层内部离层情况;将砌体梁稳定理论应用于底板结构研究得到了底板结构运动与突水的关系等等。

采动岩体内部结构模型的建立,是十分复杂的研究工作。这种灰色结构不像传统固体力学中的人工搭接结构那样可以准确地描述其形态特征和测定构件的受力状态。灰色结构模型的建立需要更丰富的经验、突出的想象力和正确的推断力。

四、岩体变形—破裂—结构—运动全过程描述

受采动应力场影响,采动岩体必将发生变形、直至破裂。破裂后的块状围岩体将形成堆砌结构,堆砌结构的失稳即造成岩体运动,直至再形成稳定的块状堆砌结构。在采矿工程中,围岩的破坏是不可避免的。特别是对于煤矿采动覆岩而言,大多数情况下覆岩的及

时垮落则是必需的,否则会对工作面安全造成严重威胁。但对于煤矿工程来说,覆岩的垮落必将对采场形成来压,使岩层内部造成裂隙和离层,从而引起气体和水体运移,同时由于地表沉陷造成地面建筑、道路、水体和环境的严重破坏。因此,必须研究岩层控制技术,以便对岩层活动加以人为控制。

在岩层控制方面,经过几十年研究已逐步形成独立学科分支。对层状矿体开采而言,岩层控制主要包括三个方面:采场覆岩活动规律及其对支架和围岩的影响;开采引起岩体内的裂隙和离层变化及其对地下水和瓦斯流动的影响;地表沉陷对建筑物、水体和环境的影响。由于这三方面研究的目标不同,因而长时期以来在研究手段和方法等方面也存在差异。如对采场矿山压力大部分人是从力学机理上进行研究,而对岩层移动大多偏重于用数学统计方法进行地表沉陷曲线描述。而事实上,这三方面都是采场上覆岩层活动的结果,因而必然能采用同一的力学原理对上述开采引起的岩体—破裂—结构—运动及其形态全过程进行描述。

事实上,在煤系岩层中,由于成岩时代和矿物成分等不同,在各层厚度和力学特性等方面总存在着不同程度差别。一些较为坚硬的厚岩层在采动覆岩的变形和破坏中起着主要的控制作用,它们以某种力学结构形式支承上部岩体压力,而其破断和失稳又直接影响采场矿压显现和地表沉陷。在实践中发现,由于各坚硬岩层的特征不一,因而并不是每一层都对覆岩的运动起决定性作用,有时仅仅为一层或几层。因此,我国学者把这种岩层活动中起主要控制作用的坚硬岩层称为关键层。关键层的变形—破裂—结构—运动可在采场覆岩中引起大范围岩层活动,这种活动下可影响至采场和支架、上可影响地表。因此,关键层结构模型可作为地表沉陷和采场矿压研究共同的基础。

当在采场覆岩中存在多层坚硬岩层时,可做如下定义——对岩体活动全部或局部起决定作用的岩层,称为关键层。关键层判别的主要依据是其变形和破断特征,即在关键层破断时其上覆全部岩层或局部岩层的下沉变形是相互协调的,前者称为岩层运动中的主关键层,后者称为亚关键层。一般来说,关键层即为主承载层,在破坏前以板(或简化为梁)结构形式承受上覆岩层的部分重量,断裂后则可形成砌体梁式结构,其结构形态即是岩层移动形态,而各亚关键层之间移动的不协调即形成岩体内部离层,块体间的不平整铰接即形成裂隙。

采动覆岩中的关键层就是控制破裂岩体活动的主要因素或主要结构,也是描述和反映覆岩活动的结构力学模型。与一般结构所不同的是,它是一种自然结构且随采场推进而不断运动。关键层的确定,即是对采动覆岩的变形—破裂—结构—运动全过程的描述,从而勾画出上覆岩层运动的大体轮廓。

五、采动应力场

采动应力场是指围岩内由于矿体被采出而引起的重新分布的应力场。采动应力是岩体变形—破裂—运动之源。由于原岩应力状态和开采后应力场难以测定,因此它像采动岩体中的灰色结构一样,其相关的理论描述和现场测定均不成熟。

随着矿体的采出,在采场两侧和前后方围岩内均要形成采动应力集中,特别是垂直方向上的支承压力集中,峰值可达$(3\sim5)\gamma H$(其中,γ为岩体的重力密度,H为采深),有时甚至还要高。在深部开采时,如采场两侧巷道围岩受支承压力峰值影响,必将给巷道围岩稳定性控制造成严重困难。现场资料表明,有些巷道受一次采动影响即全部毁坏,有时则使巷道围岩的变形呈流变状态且在一般支护条件下难以克服。因此,在巷道围岩稳定性控制方面有两种截然不同的方法:一是控制围岩的整体完整性,如采用全封闭支架、围岩注浆、锚杆支护等,尽量提高围岩的整体强度以承受采动应力作用,从而达到控制巷道围岩稳定性的目的。另一种与之相反的方法是人工破坏围岩的完整性,降低围岩的整体强度,使之不能在巷道周边形成采动应力峰值,让应力峰值向远处转移,从而达到控制巷道围岩稳定性的目的。在这方面实际使用的方法有巷道底板切缝和巷道围岩内放松动炮等。针对采动应力场的影响,如何把握控制巷道围岩的"刚"或"柔",是采动岩体力学的中心任务之一。

采动应力的集中,是造成冲击矿压和煤与瓦斯突出灾害的主要原因之一。随着采深的增加,煤矿冲击矿压事故越来越严重。专家们曾预言,煤矿冲击矿压是 20 世纪矿山压力研究的焦点之一。采动应力与开采设计和开采方式有关,因而在深入研究冲击矿压发生机理的同时,采动岩体结构运动与采动应力场变化的关系研究是防治冲击矿压技术发展的关键。

采动应力场研究也是带动采矿新方法和新工艺发展的重要基础。例如,当前在全国重点研究和推广的放顶煤开采方法的技术关键就是提高顶煤的回收率。顶煤的回收率高低主要受其破碎块度大小的影响。顶煤块度大,不易冒落;顶煤块度小,易引起冒顶事故。因此,有效地利用支承压力的作用来控制顶煤破碎的块度,是提高顶煤回收率的重要途径之一。

在煤矿生产过程中,对采动应力场的正确描述是预测矿山压力显现的基础。

六、结　语

在以往的采动覆岩活动规律研究中,只利用一些传统的力学理论和成果,并没有把其归结为一门有特色的力学分支。事实上,采场覆岩的变形—破裂—运动,完全是一种独具特色的力学现象。在采矿工程中,覆岩的损伤、断裂和失稳往往是不可避免的,不像机械和建筑等工程结构那样一定要防止这类现象的发生。目前的固体力学还只能对较为理想的弹性、塑性和损伤体进行可靠的变形和受力分析,而在采场覆岩的变形、运动和受力分析中,更多的是要面对材料或结构破坏后的力学行为以及结构破坏和失稳的全过程。采矿工程师们更加关心的问题恰恰就是岩体结构是如何破断的、破断后的岩块是否趋于稳定状态以及结构失稳后的形态变化。例如,随着工作面推进,采场坚硬老顶不断地由连续体破断为块体,块体重新排列后的自然结构再受覆岩和自重作用而不断变化、运动和失稳,直到引起地表沉陷。

要推动材料和结构破坏后的力学行为研究,还涉及思想观念的转变。传统的观念认为,材料和结构的破坏意味着废弃,因而无任何研究价值。可以肯定,要解决采矿工程中的流变、损伤、断裂和失稳问题,首先要发展现有的流变理论、损伤理论、断裂理论和失稳理论。采动岩体是一种连续与非连续相耦合的复杂介质,要形成新的力学分支,必须深入研究其岩体内的多种耦合作用关系。例如,坚硬岩层与软弱岩层、坚硬岩层与坚硬岩层、坚硬岩层与软弱垫层、块状体与连续体、块状体与松散体等之间的相互作用关系。只有对岩体内部各种作用关系有了透彻的了解之后,才能建立起较为完整的力学模型、给出系统运动的控制方程。

现代计算机技术以及相应数值计算理论和方法的高速发展,为从理性上建立采动覆岩活动规律理论提供了前提。这门新的岩石力学分支的发展必将促使相应计算机软件的开发,因而也将促进采动岩体力学研究的进一步深入。

采矿工程中存在的力学难题[①]

缪协兴　钱鸣高

(中国矿业大学,徐州　221008)

力学同数、理、化、天、地、生并列为七大基础学科之一。力学又属技术科学,应用范围十分广泛。它根植于国民经济的各个产业部门,包括采矿科学技术部门。有文章指出:"哪里有技术难题,几乎那里就有力学难题。"[1]

科学技术是第一生产力。我国正在进行的经济改革和技术改造,为科学技术提供了广阔的发展天地。特别是煤炭工业的技术改造和发展对我国国民经济发展作用重大。我国煤炭储量丰富,在下世纪仍将是我国的第一能源。有研究报告指出,直至 2030 年,煤炭在我国能源消耗中的比重仍将占到 70% 左右。

在采矿工程技术的发展中,力学将始终扮演着重要的角色,采矿工程有许多复杂的力学问题,随着这些问题的解决力学学科本身亦将得到很大发展。

下面谈谈采矿工程中的力学问题。

1　采场上覆岩层中的灰色结构

在地下数百米、甚至上千米的深部从事煤炭开采,人们肯定首先要想到如何控制上覆岩层的活动。想用机械的办法控制整个上覆岩层的活动是不可能的,只能采用推断岩体结构模式形态、掌握其活动规律,以实现在采场工作面周围局部控制其活动规律,达到安全生产的目的。采场上覆岩层结构为非人工结构且只能局部观测到其形态特征。所以,称之为灰色结构。这种结构将随地质条件、采场布置、支护方式等变化而发生变化。

从 19 世纪末开始,人们就对采场上覆岩层中的这种灰色结构提出种种推测,即岩体结构假说,如自然平衡拱假说、假塑性假说、砌体梁结构假说、板结构假说等。

准确地推断采场上覆岩层灰色结构的模式,将对一系列采矿工程问题产生重大影响。如采场工作面顶板来压与支架受力,上覆岩体裂隙分布与地面瓦斯抽放,上覆岩体断裂失稳与地表沉陷,控制煤岩分离与提高放顶煤回收率等。

值得说明的是,由我国学者钱鸣高提出的"砌体梁"结构假说的理论研究正在逐步完善、应用范围在不断扩大。随着砌体梁全结构力学解的求得,得到了砌体梁关键块体运动和支架受力的定量关系[2];从砌体梁全结构的形态推导出地表沉陷曲线和岩层内部离层情况[3];将砌体梁假说引入底板结构研究,给出了底板结构运动与突水的关系[4];等等。

---

① 本文发表于《力学与实践》,1995 年第 5 期,第 70～71 页。

2 围岩的流变、损伤、断裂与失稳

煤系岩层大多属软岩,加之深部高地应力作用,采场(包括巷道)围岩常反映出非常明显的流变特性。有些断面为 $10\ m^2$ 左右的巷道,经几个月流变会收敛成连人都难以通过的硐穴,特别是巷道底板的隆起(工程中称底鼓)变形,更是软岩巷道流变破坏的主要形式。

岩石类固体流变本构关系是固体本构关系研究中的难题之一。其主要困难在于:① 煤系岩层流变多伴随有明显的体积变形,而且随着应力水平变化,既有体积收缩又有体积膨胀;② 对于过强度峰值后的岩石流变行为,就目前的实验测试手段而言都很困难;③ 岩石流变过程中弹性、塑性和损伤行为的不可分割性等。

在采矿工程中,围岩的损伤、断裂和失稳往往是不可避免的,不像机械和建筑等工程中的结构那样一定要防止这类现象发生。目前的固体力学还只能对较为理想的弹性、塑性和损伤体进行可靠的变形和受力分析。而在对围岩的变形、运动和受力分析中,更多的是要面对材料破坏后的力学行为以及结构破坏和失稳的全过程。采矿工程师们更加关心的问题恰恰就是岩体结构是如何破坏和失稳的以及失稳后的形态如何。例如,随着工作面推进,采场坚硬老顶不断地由连续体破断成块体。块体重新排列后的自然结构再受上覆岩层和自重的作用,又将不断变形、运动和失稳,直至影响地表的沉陷。

要研究材料和结构破坏后的力学行为,还涉及思想观念的转变。传统的观念认为,材料和结构的破坏即意味着废弃,因而也就无任何研究价值。

可以肯定,要解决采矿工程中的流变、损伤、断裂和失稳问题,首先要发展现有的流变理论、损伤理论、断裂理论和失稳理论。

3 多相流体运动

流体力学、特别是多相流问题,在采矿工程中也十分突出。采矿工程中的流动介质有水、空气、瓦斯和煤粉尘等。

单就围岩中水的渗流而言,它并不会对工程产生明显危害。渗流与断层、渗流与裂缝作用后水的突出,即从量变到质变的过程才是井下水害的根源。如何准确地预计围岩中突水的位置、分析清楚突水量的大小,这是治水的根本。煤系岩层中的渗流往往不仅是水的流动,同时还常伴随有瓦斯和气态水的运动,这也是多相流体力学中的突出的难题。

瓦斯突出和井下通风及防火安全也属典型的多相流体问题。随着人们对井下环境保护意识的增强和劳动保护法的深入实施,如何测定瓦斯和煤粉尘在井下空气中的浓度问题,不仅仅是单纯的防爆问题,更重要的是对井下工人基本生存环境的保护问题。进一步发展井下通风技术、降尘技术以及对瓦斯和粉尘的检测技术,对多相流的研究而言,是一种较大的挑战。

随着煤矿采深不断增加,冲击地压问题会越来越突出,必将成为今后井下主要的灾害性事故之一。煤与瓦斯突出(包括煤或岩体的突出)中存在着十分复杂的力学机理,用现有的数学力学手段分析这些问题尚存在一定的困难。

4 膨胀岩

膨胀岩遇水后会发生体积膨胀、强度减弱、刚度下降（即变软）以及崩解和泥化等。仅仅研究清楚膨胀岩遇水作用机理，并不意味着完全解决了采矿工程中的膨胀岩问题。而解决水和围岩应力场共同作用问题将会形成一门新的岩石力学分支。为此，需要建立相应的本构方程、水分扩散与应力平衡的耦合微分方程系统，以及这些复杂微分方程系统的数学解法。从基本的数学和力学分析着手，是岩石膨胀理论的发展方向。

5 围岩的变性

为了提高生产效率和保证采矿安全，现代采矿技术中常采用多种方法来改变煤岩力学性质。例如，采用向煤体和采场顶板高压注水或放松动炮，以降低煤体或采场坚硬顶板的硬度和强度；采用向采场直接顶和巷道围岩注黏结剂的方法提高其黏结度和强度；巷道支护中"新奥法"的中心思想就是"加固围岩"，而不是传统意义上的"支承围岩"；等等。

从力学角度看，研究用围岩变性技术实施控制矿压比用研究简单支护技术控制矿压要复杂得多。

6 新型支护材料

井下支护技术的发展，总是与新材料的应用分不开的。在现代化矿井中，传统意义上的木支护几乎已经不见了，取而代之的是钢和混凝土材料。发展趋势表明，高强度轻便的高分子材料将逐步应用于井下支护，而专门特殊用途的井下支护材料也正在应运而生。例如，用于井下巷道充填的高水速凝材料。

现代采矿工程技术的发展同宇航和交通工业一样也需要强度更高、重量更轻的新型材料，同时更加强调经济效益。一般而言，只要一种新材料的出现，总会给力学学科带来无尽的课题。例如，如何改进材料的加工过程、如何评价材料结构的力学行为等。

7 结 语

应当承认，采矿科学中的理论研究部分并不等于力学研究。但是，采矿科学技术的发展离不开力学，而采矿科学技术的进步又会有力地推动力学学科发展。可以肯定，在 21 世纪的采矿工程中将会出现更多、更为复杂的力学问题。

参 考 文 献

[1] 中国力学学会.力学——迎接 21 世纪新的挑战.力学与实践,1995,17(2):1-18.
[2] 钱鸣高,缪协兴.采场砌体梁结构的关键块分析.煤炭学报,1994,19(6):557-563.
[3] 钱鸣高,缪协兴.采场上覆岩层的形态与受力分析.岩石力学与工程学报,1995(2):1-10.
[4] 钱鸣高,缪协兴.采场底板岩层破断规律的理论研究.岩土工程学报,1995(即将刊出).

煤炭产业特点与科学发展①

钱鸣高

(中国矿业大学,江苏省徐州市,221008)

摘 要:从分析煤炭产业的特点出发,提出了科学采煤的 5 个主要方面——煤炭生产机械化、煤炭生产与环境保护、矿井矸石利用、煤矿安全生产和提高资源回收率。认为解决煤炭企业的经济问题是煤炭工业健康发展的前提。研究了煤矿产业链和煤炭城市(地区)由资源优势向经济优势的转换问题,应处理好受益与补偿的关系。

关键词:科学采煤;煤炭经济;煤矿产业链;煤炭城市

1 煤炭产业的特点

一般加工业的工业生产过程,是一个通过科学技术而使加工对象增值的过程,科学技术直接与产品质量和价格挂钩。同时,一般加工业可以根据需要选择企业地点(区位),以获取最大利益。而煤炭产业却有很大不同。

(1)煤炭产业是直接从自然界获取产品,为后续能源和加工制造业提供原料的第一次产业。煤炭是自然资源,是长时间以来没有市场价格而无偿使用的公共物品。煤炭又是在历经几亿年地质作用富集起来的。煤炭质量(发热量、灰分、含硫量等)决定于其沉积和变质过程而不决定于开采技术。

(2)煤层赋存的地质条件决定煤炭分布的不均衡性,从而造成煤炭开采是否紧靠市场无法自己选择,由此形成煤炭的大量调运和价格差异。

(3)煤炭企业生产的产品是一种特殊商品,其质量并不能体现开采时的科技含量。而同样质量的煤炭由于赋存条件(深度、地质构造、煤层厚薄及引发事故的可能性等)不同,开采过程中的科技含量会有很大差别,从而影响成本。因此,煤炭产品的赢利多少与所在地的区位、煤层赋存、煤质状况、开采难易程度和能转化程度有关,这些因素只影响其成本而不影响价格。

(4)煤炭是不可再生资源。由于矿产资源与土地、水、植被等环境要素紧密相关,因而采矿将直接构成对它们的破坏。煤炭开采又多是井下作业,属于高危行业,因此百万吨死亡率是重要指标。由于产品质量和安全及环保的投入并不相关,因此有些煤矿为了扩大赢利空间就采取以牺牲安全、资源回收率和破坏环境为代价而获得其低廉成本。

---

① 本文发表于《中国煤炭》,2006 年第 11 期,第 5～8 页。

（5）煤矿开发都经过"勘探—前期开采—扩大生产—鼎盛—衰退—枯竭"的过程,而且煤矿需要不断投资延续和接替生产能力。煤炭城市随开发而兴,随耗竭而衰。因此,在煤炭城市发展鼎盛时期,政府应提取必要的资金,来完善作为城市应具有的功能,大力培育和发展接替性产业,使其由资源优势向经济优势转变。

（6）煤炭行业进入门槛低,很容易成为解决贫困地区农民劳动就业和脱贫致富的途径。大多数煤矿都在经济不发达地区,工作环境艰苦,子女教育质量得不到保证,没有特殊政策以提高待遇,很难吸引人才。矿工多处于地下深处作业,危险因素多,职业病多,重大人身安全事故多。矿工在企业服务年限比一般工业企业短,自然减员和新增人员要比一般企业频繁,劳动保护费用比一般工业企业多得多。

煤炭开采特点(区位,煤层的煤质、厚薄、深浅,致灾条件和破坏环境程度等)决定企业的经济技术活动,若不在安全、高产高效、高回收率和洁净生产等方面加以约束(如安全赔偿、环境和资源的合理定价、有偿使用等),必将导致:乡镇煤矿不会像民营加工制造企业那样注重科学技术,而是采用原始办法采矿,以牺牲安全、环境和资源为代价来获利;一些矿区由于区位、开采难度、安全状况、成本高低等因素影响不了价格而无法实现公平竞争,极易造成采用浪费资源(回收率低)和破坏环境的开采方法;煤炭企业用延长产业链以取得效益,但要面对下游产业很难进入、形成价格和管理上的不公平竞争。

2 煤炭开采特点要求必须实施科学开采

由上面的分析应该认识到,煤炭开采的科学技术主要体现在以下方面:一是安全生产,二是提高资源采出率,三是保护环境,四是机械化开采以提高效率。若不在这些方面进行管理,必然不是科学采矿,而是在利益驱动下的野蛮采矿。

2.1 煤炭生产机械化

国有重点煤矿采煤机械化程度和百万吨死亡率统计表明:机械化程度和装备水平越低,安全情况越差。例如:

机械化程度/％	百万吨死亡率/人
40	3
60	2
80	1

全国平均采煤机械化程度仅为45％,国有重点煤矿机械化程度为82.72％,全国约有200万以上的矿工仍在从事手工采煤。由于我国煤层地质条件复杂,必须有各类机械相匹配,因此要求煤机制造业做好充分准备。例如,最近发展的短壁和房柱开采机械,对于提高矿井残留煤柱回收率有益。

应当认识到,煤矿并非因为小就不需要技术。乡镇煤矿白手起家,没有人员包袱,但必须保证资源回收、环境保护和安全状况,从而实现正规采煤方法,逐步实现机械化,促使其配备一定的科技人员和保证安全投入,变不利因素为有利因素。应该说,在市场经济条件下小煤矿的发展虽面临机遇,但必须寻找出一种发展小煤矿的途径和办法。

2.2 煤炭生产与环境保护

环境是一种资源,自然环境是亿万年来自然力作用的结果。有些稀缺公共资源,破坏后很长时间得不到恢复,因而具有不可逆性。过去由于环境资源没有进入经济系统分析过程,从而导致环境不断恶化,环境资源稀缺程度不断提高,由此生产与环境协调的技术创新就成为社会的、乃至市场的必然需求。基于对绿色 GDP 的考虑,必须正视资源环境成本。

(1) 实现资源与环境协调(绿色)开采,其技术途径是:实施保水开采技术,进行水资源保护;实施充填和条带开采技术(塌陷区治理——土地复垦),保护地表建筑物;实施少出矸石技术(煤层巷道支护,矸石井下充填),或者矸石地面利用(制砖,做复垦材料等);全面实施瓦斯抽放,实现煤和瓦斯共采技术;实施地下气化技术。

(2) 实现资源与环境协调(绿色)开采的重点是:东部地区实施建筑物下采煤,加强对土地的保护;中西部干旱与半干旱地区实施保水采煤和土地保护;高瓦斯矿井实施抽采瓦斯及其利用技术;矿井矸石利用技术。由于各个矿区情况不一样,因而应形成各自的协调(绿色)开采模式。

(3) 关于瓦斯抽采。开采的环境问题都与采动造成的岩层运动有关。岩层运动的关键层理论可以帮助认识开采后岩层节理裂隙场和离层区的发育状态和位置、地表沉陷、瓦斯和地下水在裂隙岩体内的渗流规律等。由于开采后岩层运动形成了新的裂隙场,因而利用它可以寻找瓦斯积聚带、可以获得水的流向和积聚处。随着瓦斯采集和贮存技术的解决,煤炭地下气化和废弃矿井采抽瓦斯并加以利用是完全可以实现的。

(4) 关于减沉技术。采矿对环境最大的破坏是地面沉陷,其处理办法是减沉和复垦。减沉的办法是条带和充填开采。建筑物下条带(充填)开采设计的原则是:构建“条带煤柱(充填)—上覆岩层—主关键层”结构体系。关键层理论对建筑物下开采设计的原则是:判别上覆岩层中的主关键层位置,在对主关键层破断特征进行研究基础上,通过设计条带煤柱(充填)或对覆岩离层注浆等技术手段,保证覆岩主关键层不破断并保持长期稳定,以达到减沉目的。我国东部地区,建筑物下的呆滞煤量很大,具区位优势,因此为了置换煤炭和处理部分无法处理的矸石利用充填技术势在必行。

2.3　矿井矸石利用

要加强煤巷维护技术研究,使矿井少出矸石。根据矸石成分,形成以下产业链:“煤矸石、煤泥—热电厂—热电”、“灰渣、矸石—建材厂—建材产品”、“煤矸石—充填复垦—土地资源”。事实上,目前将矸石变废为宝的仅仅是一小部分,随着对环境保护要求的提高,对矸石都要进行处理,有些则根据地面保护要求作为充填材料充填采空区。

2.4　煤矿安全生产

煤矿安全状况与我国煤层赋存状况有关,也是我国煤炭经济、技术和管理等水平的综合体现。南方各省煤层地质条件复杂,开采技术难度大,科技人员缺乏,煤矿机械化程度低,安全装备落后,矿井生产规模比较小,产量仅占全国的 1/6,必然事故多发。同时,我国高产高效矿井安全情况已经达到世界水平。

总结和分析安全生产好的工作面生产经验,特别是地质条件和生产环境复杂的工作面,按照相应模式,根据需要配备人力、装备和管理等加以推广,扩大对现有矿井的改造和新井建设,加大力度关闭不具备安全生产条件的矿井,就有希望在近期内将百万吨死亡率降低至世界平均水平。

2.5　提高资源回收率

煤炭及其伴生矿是经过勘探而获得的,是不可再生资源,因此应该加以珍惜。据测算,我国目前煤炭资源回收率平均仅为30％,共生、伴生矿的利用率只有20％左右。其主要原因是资源廉价甚至无偿使用。提高煤炭资源回收率应采取以下办法:

(1) 资源有偿使用。资源有偿使用的价格应该根据煤层的赋存条件、开采和对安全控制的难易程度、对环境的影响和所在的区位而定,由此使煤炭企业之间得以公平竞争。同时,要建立科学的资源有偿使用评价体系。

(2) 研制各种条件下的开采方法和机械装备,如薄煤层高效开采技术。目前正规条件下采区回采率比较高(75％),但矿井回采率仅有50％左右。因此要发展边角煤柱的回采技术,如房柱和短壁开采等。

(3) 发展地下气化技术以回收残留煤柱。

3　关于煤炭企业的经济问题

3.1　煤矿产业链

煤炭是初级产品,开采赢利很少。煤矿的效益向后续加工工业传递和辐射,必须依靠延长产业链加以补偿。在计划经济时代可以靠政府进行调节,但在市场经济条件下,加之运输的约束,必将相对地造成挖煤的越挖越穷而下游产业却利用煤炭富裕起来的局面,造成社会分配的不公平。在利益驱动下,煤炭企业应千方百计延长产业链,以摆脱经济上的困境。

将煤炭转化以增加附加值,首选是发电,其产值可增加5倍;其次是煤化工,也可以产生高附加值。因此,每个煤炭企业都在根据自身情况而形成产业链。但必须看到:这些都将对环境造成影响。

以煤炭资源为基础的产业链纵向构建方式有以下几种:煤炭—电—建材—市场;煤炭—电力—电解铝市场;煤炭—气化—市场;煤炭—气化—化工—市场;煤炭—焦化—市场;煤炭—建材—市场;煤炭—液化(煤变油)—化工—市场等。显然,这些都是目前许多矿区以发电和煤化工为主的产业链结构。

煤化工产品包括煤焦化、煤气化、煤液化和电石等产品,煤化工产业的发展对煤炭资源、水资源、生态、环境、技术、资金和社会配套条件要求较高。而我国煤炭资源主要分布在经济社会发展水平相对较低的中西部地区,依托条件相对较差。因此,必须科学规划、合理布局,统筹兼顾资源产地的经济发展和环境容量。

另一方面,根据煤炭开采生产排放的废弃物特征、矿区的资源条件和外部环境,矿区除去矸石利用的产业链外还有:"矿井排水—水处理站—供水"、"瓦斯抽采(煤与瓦斯共采)—瓦斯发电(瓦斯利用)"等产业链。

在产业链形成的同时,也形成相应的价值链,产业链的运行在经济上必然受价值链的制约。煤炭伴生物、废弃物作为循环物质进行生产时,其资源转化成本若高于使用其他自然资源成本,就会失去再利用的经济价值。企业对物质使用成本的选择必将导致废弃物资源循环停止,产业链面临中断危险。而煤炭伴生物、废弃物对资源和环境保护有重要的社会意义。因此,政府应该进行适时评估,帮助企业解决这一问题。

3.2　煤炭城市资源优势向经济优势的转换

煤炭城市(地区)依托资源优势吸引了人才和积累了资本,理应成为具备经济优势的受人们欢迎的绿色城市和地区。照理说,无论企业和政府都会这样做,但事实并非如此。早期形成的煤炭城市,大部分处于欠发达地区,在煤炭产业鼎盛时期没有注意产业转化和产业结构调整,因此没有一个资源城市转变为经济发达城市。其结果是:科技进步和机械化带来的富余人员很难下岗,成为煤炭企业的沉重包袱。而这些遗留下来的问题,在市场经济条件下得不到解决。煤炭产地以其资源为国家做了贡献,最后却落得个破坏了环境、留下了贫穷。历史的教训必须记取。

一些原来煤炭生产的重要国家,在矿区开始衰败时均通过一定的经济援助促使劳动力向繁荣区转移(事实上我们现在就处于这种状态),结果是矿区更难以为继。最后改变为制订"特别地区开发条例",即政府对资源城市以向私人企业提供贷款和办厂土地、减让租金和新办企业收入所得税等办法来改变资源城市的经济结构。由此从鼓励失业人员外迁转变为鼓励企业迁入的办法,促进资源城市的长远持久稳定和繁荣。这些经验值得借鉴。

3.3　煤炭企业在很多问题上处于两难境地

由于煤炭行业并没有做好由计划经济转向市场经济的准备,如计划经济遗留下来的问题尚未完全解决,产业链还未完全形成,煤炭企业没有足够的竞争力等,加之人们对资源开发、经济和管理规律认识不足,煤炭行业管理仍处于极度分散状态。

为了使科学发展在煤炭行业得到落实,必须解决煤炭行业中的安全、环境和保护资源等问题。因此煤炭企业应该考虑安全成本、资源成本、环境成本、发展成本以及改革、稳定成本等内容。

煤炭的价值是由整个产业链系统表现出来的,而产业链与其价值链是不匹配的。煤炭企业认为:煤炭的价值要依靠延长产业链形成,开采煤炭本身赢利很少,仅靠出售原煤在高额成本下企业利润空间越来越小、甚至没有。若考虑完全成本,则不仅全面影响企业本身健康发展,而且难以促进地方经济发展。

3.4　处理好受益与补偿的关系

为了满足国家经济发展对能源的要求,一种办法是国家帮助煤炭企业完成整个产业链,另一种办法是从煤炭开采到利用的整个系统来考虑形成宏观调控补偿机制。

煤炭企业虽为国家开发资源,但煤炭企业并不是能源需求和价格的最大受益者。因此,除应该考虑对企业从事采掘活动造成的矿区所在地地表沉陷、水土流失、地下水破坏等环境问题给予补偿外,还应该由最大受益者做出一定补偿,或者在税收政策上加以体现。

实际情况表明:由于煤炭资源空间分布和经济重心不匹配,使得煤炭资源富集地区(山西、内蒙古、贵州等)必然成为辐射全国的煤炭生产基地,并由此导致相关高耗能重工业的集聚和不断加剧对煤炭资源富集区的生态破坏和环境污染,而利用能源的地区在获取发展的同时却把生态破坏和环境污染的代价留在煤炭生产基地。矿产资源的流动,实际上隐藏着环境资源的流动。根据"谁受益,谁补偿"的原则,受益者应对煤炭生产基地进行补偿,用于该地区的生态保护和调整经济结构及发展经济。例如,可由煤炭资源富集区政府根据煤炭输出情况,按比例统一征收补偿费,这样可以起到协调区域经济发展的宏观调控作用。

鉴于产业链与价值链不匹配,也有人建议将煤电捆绑在一起,以电的赢利补贴煤炭。以德国为例,目前煤炭转化的电力仍占全国发电总量的51.3%。鲁尔集团2001年生产原煤5400万t,有煤炭生产人员5万人,人均1080 t。即便如此,公司仍然亏损1700万欧元。但该集团所属的STEAG火力发电公司提供的年利润为3700万欧元,足以弥补采矿的亏损。这说明矿区办电是为了更好地办煤矿。

4 几点认识

(1)大型煤矿企业是煤炭生产的主体。由于我国煤层赋存和安全条件千差万别,所以应采用高科技积极支持高产、高效、安全和高回收率的现代化生产,同时应该注意环境保护。目前是变革时期,舆论认为煤矿生产成本不完全(如应考虑安全、环境、发展、稳定和资源等成本),因此煤炭企业应该根据自身条件加以应对,希望政府提供相应政策,以解决其在市场竞争中出现的矛盾。同时,应在政府的大力支持下,发展附加值高的煤炭下游产业和非煤产业,使资源优势转化为经济优势。

(2)煤矿生产是高危作业,乡镇煤矿只能做产量的补充。随着我国经济发展,彻底抛弃落后生产方式、提倡科学采矿已成为可能,即用现代的科学技术方法、以最少的人力和环境代价而达到高效、安全生产和相应的回收率。由此确定出相应的指标是百万吨死亡率、资源回收率、吨煤环境影响指数和机械化程度等。再以相应的政策法规为基础、以经济为手段,根据有关要求对煤炭整个行业进行控制和管理。

(3)资源开发过程必然形成各类人员的集结,而矿山在我国均处于不发达地区,因而必然形成资源型城镇,这也符合国家城镇化要求。一个地区的矿业发展必然遵循着"勘探—前期开采—扩大生产—鼎盛—衰退—枯竭"的规律。这期间,企业有什么责任,政府有什么责任,国家应该制定什么政策给予扶持? 这些问题都必须着手解决。

中国能源与煤炭工业[①]

钱鸣高

(中国矿业大学,江苏 徐州 221008)

众所周知,能源工业是国民经济的基础。历史发展表明,从 18 世纪产业革命以来,在世界范围煤炭逐渐成为主要能源,但到 20 世纪中叶,石油、天然气逐渐取代煤炭成为主要能源(表 1)。随着人们对环保的重视,根据可持续发展的要求,一次能源充分利用太阳能、风能、海洋能和地热能,逐步取代化石燃料而成为主要能源是发展的必然趋势。

1998 年世界煤炭消费比重已下降至 23%。

表 1　全世界主要能源的消费比重　　　　　　　　%

年　份	煤炭	石油	天然气	水力和核能
1950	61.2	26.9	10.1	1.8
1955	54.6	31.2	12.3	1.9
1960	49.9	33.1	14.9	2.1
1965	41.6	38.4	17.7	2.3
1970	34.9	42.9	19.8	2.4
1975	31.9	44.4	20.7	3.0
1980	30.6	44.1	21.8	3.5
1985	33.3	39.5	22.5	4.7
1990	32.4	38.7	23.9	5.0
1995	27.0	39.8	23.2	10.0

1　中国能源的现状

1.1　能源产量

近年来中国能源的生产有了很大发展,以 1995 年的产量为例:

——原煤产量 13.6 亿 t,增长 4.73%;

——石油产量 1.5 亿 t,增长 1.64%;

——天然气产量 180 亿 m^3,增长 3.30%;

——水力发电量 1906 亿 kW·h,增长 8.51%;

[①]　本文发表于《煤》,2000 年第 1 期,第 1~5 页。

——秦山、大亚湾核电相继投入运行,核电 128 亿 kW·h。

以上增长均为"八五"期间。

全国一次商品能源产量及其构成如表 2 所示。

由表 2 可知,中国的能源以煤炭为主。近几年的变化值得注意:煤炭产量 1996 年为 13.97 亿 t,1998 年为 12.5 亿 t,1999 年控制在 11 亿 t;而煤炭消费量 1996 年为 10.36 亿 t,1998 年仅为 9.74 亿 t,但生产能力可达 16.5 亿 t,出现了严重的供大于求情况。

表 2 我国一次商品能源产量及其构成

年份	产量						产量构成/%			
	总量 /Mtce	煤 /亿 t	石油 /亿 t	天然气 /(亿 m³)	总发电量 /(万亿 W·h)	其中水电 /(万亿 W·h)	煤	油	气	水电
1950	31.74	0.43	0.002	0.07	4.6	0.7	96.8	0.9	0	2.3
1955	72.95	0.98	0.009 7	0.17	12.3	2.4	95.9	1.9	0	2.2
1965	188.24	2.32	0.113	11.0	6.75	10.4	88.0	8.6	0.8	2.6
1975	487.54	4.82	0.771 0	88.5	195.8	47.6	70.6	22.6	2.4	4.4
1985	855.47	8.723	1.249 1	129.3	401.7	92.4	72.8	20.9	2.0	4.3
1995	1 290.34	13.607	1.500 5	180.05	1 007	190.6	75.3	16.6	1.9	6.2

1.2 能源消费构成

1995 年中国一次商品能源消费量为 1 310 Mtce,消费构成是:煤占 74.6%,油占 17.5%,气占 1.6%,水电占 5.9%。农村有 7 000 万人没有用上电,主要靠生物质能,据统计,1996 年的生物质能消费量为 203 Mtce,其中秸秆占 120 Mtce,薪柴占 83 Mtce。

1995 年中国能源供需的特点是:

——一次能源供需总量平衡矛盾趋缓,煤炭有些积压,1998 年以来严重积压。

——电力生产增势稳定,缺电局面逐步缓解。电力供需矛盾由过去既缺电力又缺电量转化为以缺电力为主,全国缺电力约 10%。

——石油进口剧增,自 1993 年起成为石油净进口国,1995 年净进口 1 200 万 t。

——一次能源消费结构发生明显变化,石油、水电比重上升,煤炭比重下降。

——节能率保持较高水平,能源消费弹性系数大幅降低。

1.3 能源资源及其布局

——截至 1994 年末,全国累计探明煤炭储量约为 10 229 亿 t,保有储量为 10 018 亿 t,其中烟煤约占 75%,无烟煤占 12%,褐煤占 13%。由表 3 可知储量的 83% 集于中国北部。

根据全国第二次油气资源评估,石油的总资源量为 940 亿 t,天然气的总资源量为 38 万亿 m³。从油气资源的地理分布情况来看,我国的油气资源主要分布在华北、西北和东北等我国北方地区。全国陆地天然气的总储量中,75% 在我国中西部地区,约为 22 万亿 m³(表 4)。

表 3　我国煤炭储量地理分布(1994 年)　　　　　　　　　　　　　　亿 t

地　　区	累计探明储量	保有储量	生产、在建矿井占有储量	尚未利用精查储量
全国合计	10 229	10 018	1 925	856
一、华北地区 (不含内蒙古东四盟)	4 673	4 602	817	290
二、东北地区 (含内蒙古东四盟)	769	728	212	186
三、华东地区	577	543	244	88
四、中南地区	319	290	133	38
五、西南地区	860	844	173	111
六、西北地区	3 031	3 031	346	143

表 4　我国石油、天然气的地理分布

地　　区		石油资源量/亿 t	天然气资源量/万亿 m³
陆上	东北区	159	1.33
	华北区	189	2.67
	中部区	38.5	11.52
	新疆区	205	10.75
海　上		246	8.09

从石油资源赋存的深度来看:

深度	资源量	所占比例
<2 000 m	127.5 亿 t	18.49%
2 000~3 500 m	356.4 亿 t	51.68%
3 500~4 000 m	103.2 亿 t	14.97%
>4 500 m	102.5 亿 t	14.86%

由表 5 可知,我国油气资源量探明程度很低,我国油只占 17%,气占 7%,即油为 152亿 t,天然气为 1.71 万亿 m³。而据世界能源委员会估计则更低,仅分别为 32.5 亿 t 和1.127万亿 m³。近期探明储量在增加,1998 年仅西部天然气累计探明储量就已达 1.31万亿 m³。我国目前油产量为 1.5 亿 t,按回收率 30% 估计,则 32.5 亿 t 储量只能供应不到 10 a 的开采量。其潜力只能是加强勘探,另外是提高回收率。据估计,石油勘探要投入 1 900 亿元才能增长 140 亿 t 储量,因此从资源保障程度预测,石油、天然气属于不能保证范围。

铀:以 100 万 kW 电站估计,每天需烧煤 9 600 t,烧气则需 8 万 m³,而核燃料²³⁵U 只要 3.4 kg,即 1 kg 铀相当于 2 800 t 煤,合 2 万 t TNT。

从世界范围看,英国铀研究所认为,铀产量不足以供核反应维持运转需求。我国铀资源储量约在 170 万 t 以上。一座百万千瓦级压水堆核电站,每年需新换入低浓铀不超过

30 t,折合天然铀约 150 t,按发电机组运行寿命期 30~40 a 考虑,则每台百万千瓦机组全寿命期加上首炉燃料约消耗天然铀 5 000~6 500 t。据此推算,到 2020 年,如果核电发展能填补电力的缺口,即实现 5 000 万 kW 装机容量,则需要配备 25 万~33 万 t 天然铀。这个数量经过努力后是有可能提供的。近期矿产预测,铀属于基本可以保证的矿产。

表 5 我国石油和天然气地理分布

	石油/亿 t		天然气/万亿 m³	
	总资源量	探明	总资源量	探明
渤海湾	188.4	71.69	2.12	0.52
松辽	128.9	56.23	0.88	0.26
塔里木	107.6	2.39	8.39	0.08
准噶尔	69.4	13.19	1.23	0.14
鄂尔多斯	19.1	4.97	4.18	0.19
四川	1.14	0.25	7.36	0.40
吐哈	15.8	1.76	0.37	0.06
柴达木	12.4	1.88	0.29	0.05

由于核电基本投资昂贵,因此未来二三十年内,在人口多、国土广的我国,核能不可能在能源结构中占较大比例。而在一次能源缺乏而交通运输又很紧张的地区(如华东地区)发展核电站有其突出优势。

另外,发展核的和平利用也可作为核技术的储备。它既可培养核科学人才,又为积累核技术创造条件。

欧洲一些国家和地区对核电依赖的程度更高,以核电占本国总发电量为例,德国为 29%,法国为 76%,匈牙利为 42%,斯洛伐克为 44%,瑞典为 47%,乌克兰为 39%。

我国水能资源丰富,预计全国蕴藏量达 6.76 亿 kW,可能开发达 3.78 亿 kW(年发电量为 1.9 万亿 kW·h),占世界首位。但大部分集中于西南地区,占 67.8%,其次中南区占 15.5%,而西北区占 9.9%,华东区占 3.6%,东北区占 2%,华北区占 1.2%。目前,我国水资源开发利用仅为 7.8%,世界平均为 20%,其中美国达 39%。主要原因是水电建设投资大、工期长(相对于火力发电而言)。

由此可知,我国以煤为主的能源格局在近期不会有多大变化,但煤资源集中于晋、陕、蒙。水能资源比较丰富但又集中于西南地区,因而开发、输送都很困难。一次能源以煤为主必然引起一系列问题,如环境污染、运输量大等。我国能源总储量虽然尚可,但折合为人均资源占有量则十分短缺。当然,随着科学技术发展,使用的能源也在扩大,如我国可开发的风能资源可达 1.6 亿 kW,地热资源相当于 320 Mtce(3.2 亿 t 煤当量),还有太阳能等,因而潜力很大。

根据 1992 年世界能源会议公布的数据,若没有新的探明储量,世界石油和天然气将在几十年内枯竭,而煤炭储量还可供开采 200~300 a。

事实上煤是宝贵的化工原料源。目前,煤炭为我国提供了 60%~75% 的化工原料,其中芳烃化工原料是石油产品所不能替代的。

美国拥有世界上 1/4 的探明煤储量,国内矿物能源中煤炭占 94％,然而美国一次能源消费中煤炭尚不足 1/4(1994 年为 24％),而石油占 40％以上(石油和天然气占 66％),1990 年美国用 480 亿美元进口石油(已超过本国需求量的 40％)。

能源发展的良性循环——一个国家拥有强大的充足的能源供应,保证经济稳定发展→国家经济实力不断提高→采取措施发展科技、改造企业、提高效率、保护环境,开发新能源。

恶性循环——能源不足→国家经济实力上不去→无力考虑其他一切。

2　中国能源需求和供给预测

我国专家对今后能源需求原来有一预测,但考虑到 CO_2 的排放量,近期有若干替代方案,现以洁净煤方案为例(表 6)。

表 6　我国能源供给预测

项　目	1990 年	2000 年	2020 年	2050 年
总量/Mtce	1 256	1 681	2 535	3 290
煤/亿 t	10.55	14.85	19	20.9
油/亿 t	1.15	2	3	4
气/亿 m³	215	320	1 600	2 500
水/GW	36	68	160	260
核/GW	—	2.1	40	120
生物质能/Mtce	267	213	300	450

3　中国能源面临的主要问题

3.1　煤炭与环境

在这里主要分析煤炭。煤炭一直是我国的主要能源,煤炭在国民经济发展中做出了很大贡献。在预测期内,煤炭供应能力可以满足需求增长。2010 年后,各类煤矿企业通过公司制改组和改造,国有煤矿和乡镇煤矿逐步融合。晋、陕、蒙西部煤炭基地占全国产量的比重将由 1990 年的 32％上升到 2050 年的 50％,东部地区则由 52％下降到 30％。预计到 2050 年将有 70％的煤用于发电,而 13％的煤用于生产合成液体燃料。

煤炭作为能源在国民经济发展中做出巨大贡献的同时,目前尚存在以下问题:

——生产严重过剩,社会煤炭库存 2 亿 t 左右,大大超过正常水平,在市场经济企业相互竞争条件下处境十分不利。

——我国大部分国有重点煤矿用人过多,尤其是早期形成的煤炭城市,由于产品单一、效率低下,因而给煤炭企业带来沉重包袱,煤炭企业应当变狭义的自然资源观为广义资源观,不能对不可再生的自然资源"竭泽而渔",要兼顾环境、教育,使科技、资本、人力等社会资源逐步替代矿产资源,转化为源源不断的生产力。从技术方面看,目前国内外先进的矿井均致力于集中生产,有的采用超长工作面(290～430 m),日产量高达 4 万 t。我国神华大柳塔矿 230 m 工作面日产近 3 万 t;潞安王庄煤矿 4326 工作面长 270 m,最高月产量达 35.3 万 t,最高日产 1.83 万 t。兖州兴隆庄煤矿计划建设成为年产原煤 700 万 t 的现代化矿井,一井一面,工作面年产 600 万 t,面长 300 m,回产工效 300 t/工,矿井原煤生产人员 1 500~1 800 人,原煤生产工效 18~20 t/工。

——乡镇煤矿失控,增产过度,竞争无序,资源浪费,事故严重。目前,乡镇和地方小煤矿产量已超过全国产量的一半。这种情况能维持多久?当乡镇和地方煤矿产量下滑而国有煤矿基建又一时难以跟上时,将直接影响国家对能源的需求。

——铁路运煤能力不足。

——缺水严重,全国 40% 的煤矿区严重缺水,山西省 1993 年因缺水损失工业总产值 65 亿元。

——煤矿在开发和利用过程中带来一系列环境污染问题。产生等量能源,煤比石油和天然气需多排放 29% 和 80% 的碳,从而危及生态平衡和人类生存。

中国是世界上少数几个能源以煤为主的国家之一,能源对环境的影响主要是煤炭的生产和利用对环境的危害。据估计,排放到大气中的 SO_2 和烟尘总量中,分别有 90% 和 70% 来自燃煤。

在煤炭生产过程中对环境的主要危害是:

——采百万吨煤可造成地面塌陷面积约 20 hm^2。截至 1990 年,全国约有 30 万 hm^2 土地塌陷,其中 1/3 在平原地区。每年约新增塌陷地 1.33 万~2 万 hm^2。

——矿井酸性水和洗煤厂废水污染。

——每年煤矸石排出量约 1 亿 t,累计存量 16 亿 t。全国 1 500 座矸石山中有 140 座自燃,对大气和环境造成严重污染。

——年排放 CH_4 超过 50 亿 m^3。

在煤炭燃烧、利用过程中对环境的主要危害是:

——大气污染,1996 年我国燃煤导致的 SO_2 排放量达 2 300 万 t,已超过美国(1 600 万 t),煤尘排放量在 1992 年已达 1 416 万 t。

——排放大量温室气体 CO_2。我国年排放量(1995 年)为 30 亿 t,居世界第 2 位。

与煤伴生的常见有害元素有硫、磷、汞、砷、铅等 10 多种,煤在燃烧时将不同的元素释放到大气中,计有未燃烧的碳、硫磺和氧化氮、二氧化碳、一氧化碳、部分燃烧的碳氢化合物和其他微量元素。煤的无机部分在燃烧后成为灰保留下来,其中部分进入大气。有的对工业生产有害,更多的则是对生态环境有害。当前,若非采取特别措施,使我国 SO_2 排放量保持 1990 年排放水平(1 495 万 t)已难做到,甚至控制到 1995 年水平(1 920 万 t)都十分困难。1993 年,据 73 个城市统计,降水的 pH 值范围平均为 3.94~7.63,低于 5.6 的城市占 49.3%。重庆、贵阳、长沙、南昌等城市已频繁出现酸雨,酸雨对农田的危害面积达 530 万 hm^2。

3.2 提高煤炭能源效率与节能

近年来,由于大力推广节能技术和产品、淘汰高耗能机电产品和限制浪费能源的生产方式,节能降耗取得了显著成效。1981~1990 年单位产值能耗下降 30%,而 1991~1995 年又下降了 25%。1980~1995 年,主要耗能产品单位能耗明显下降:

——火电厂供电煤耗降低 8%；

——吨钢综合能耗降低 25.6%；

——水泥熟料综合能耗降低 15%；

——合成氨综合能耗降低 32.4%。

1996 年全国估计节能 6 000 万 t 标准煤。尽管在节能方面取得了较大进展，但仍普遍存在能源效率低和浪费严重的情况，单位产值能耗高，主要工业产品能耗比国际水平高 40%。例如，我国火电厂供电煤耗为每千瓦时 412 g 标准煤，而国际先进水平为每千瓦时 317 g 标准煤。

3.3　逐步改善能源的结构和布局

鉴于我国煤炭储量丰富、在相当长时期煤炭仍是主要能源，而煤炭燃烧势必带来不少环境问题，因此煤在能源结构中的比重必需考虑环境治理能力。要大力发展水电，积极开发石油、天然气，适当发展核电，积极推动风能、太阳能、地热能、海洋能等新能源的研究和利用。

3.4　能源运输

能源产品我国货运量最大的货物，目前占铁路货运量的 49%、公路货运量的 26%、水运货运量的 37%、我国内河和沿海主要港口货物吞吐量的 51%。今后，煤炭、石油开发重点将向西部转移，晋、陕、蒙煤炭外运能力已成为能源工业发展的制约因素。为此，建设坑口电站、改输煤为输电和发展高效运输技术是必经之路。

4　洁净煤技术

鉴于煤炭作为我国主要能源是无法回避的问题，因而提出了洁净煤技术。它包含煤的洁净开采、煤炭燃烧前、燃烧中和燃烧后的净化技术，以及煤炭的转换技术。

4.1　煤的洁净开采

首先应做到煤的洁净开采，其含义为推广减少废弃物排放和对环境影响的开采技术，其中包括：① 矸石井上下处理技术。② 煤层瓦斯抽放技术——其一是由地面开采煤层气，即在煤层开采前从地面打钻孔采用类似常规天然气开采的方式进行瓦斯抽放；其二是对于地面难于抽放的瓦斯，建议发展在采煤的同时抽放瓦斯的技术，形成瓦斯和煤共采技术。③ 煤的地下气化技术——即将地下煤炭通过热化学反应在原地转化为可燃气体的技术。1912 年，它始于英国，后发展于 1949～1956 年，共进行了 60 次试验，烧煤 5 000 t；美国始于 1946 年，现在还处于试验阶段；苏联始于 1932 年至 1965 年，共生产煤气约 20 亿 m³，后由于发现大量天然气和石油资源而地下气化成本高、热值低遂逐渐关闭；其他国家如德国、法国、荷兰、西班牙都进行过试验，但由于热值低、成本高均未得到发展。我国于 1958～1960 年曾在 16 个矿区进行试验，于 1962 年停止，1984 年又开始新的试验，1994 年达到连续产气 295 d，产气量为 200 m³/h，热值 13.81～17.58 MJ/m³，采用的方法是有井式、长通道、大断面的煤炭地下气化。④ 保水开采技术——我国北方地区严重缺水，而矿区开采又直接影响地下水的分布状态，甚至引起土地沙漠化，因此必须开发保水开采技术。⑤ 减轻地表沉陷的开采技术——研究该技术对矿区环境的保护十分重要，同时也应重视已塌陷区的复垦技术。保护矿区环境迫在眉睫。

4.2　煤炭燃烧的净化技术

煤炭燃烧前、燃烧中和燃烧后的净化技术是洁净煤技术的主要内容。选煤是合理利用煤炭资源、保护环境最经济和有效的技术,也是使电站和工业燃煤大大减少烟尘和 SO_2 排放量的最经济和有效的途径。它是煤炭深加工的前提,是国际公认的洁净煤技术的重点。型煤加工也是煤炭燃前的洁净技术内容,对环境的效益也很高。将煤制成水煤浆,也能使燃烧时烟尘和 SO_2 排放远低于烧原煤。

煤炭燃烧中采用先进的燃烧器是燃烧中净化技术的重要课题。我国正在开发的先进的层煤工业锅炉,可使原始排尘浓度降低 60%、SO_2 减排 40%。

煤炭燃烧后的净化技术:已有的常规煤粉炉发电厂用烟气净化技术可减少 SO_2、NO_x 的排量。烟道气净化包括 SO_2、NO_x 和颗粒物控制。烟气脱硫(FGD)有干式和湿式两种方法。烟气脱氮有多种方法,烟气通过催化剂在 $300\sim400$ ℃下加入氨,使 NO_x 分解成无害的氨和蒸汽。烟气除尘,目前广泛采用静电除尘器,除尘效率虽达 99% 以上,但投资运行费用较昂贵。

4.3　煤炭的转换技术

主要内容是煤炭气化和煤炭液化。

洁净煤技术是一项多层次、多学科的综合技术,其中有常规技术、高新技术和某些尖端技术。洁净煤技术虽然开发难度大、投入多、周期长,但是只要煤仍作为主要能源加以利用,就不可避免地需要下大力气研究其洁净利用技术,尤其是要对洁净燃烧以排除或减少有害气体对环境的污染进行研究。因此,只有全面规划、通力合作,才能取得进展。

5　结　论

(1)中国能源工业的发展取得了举世瞩目的成就。作为能源工业主体的煤炭工业,虽然为保证国民经济高速发展做出了重大贡献,但能源供应总量不足问题依然存在。我国整体上能源的消费水平还很低,人均水平不足世界平均水平的一半。到 2050 年,人均能耗约为 $2.3\sim2.7$ tce,大致相当于目前世界平均水平。随着国民经济持续增长,煤炭供求矛盾将得到解决,应该说我国能源的总量平衡矛盾将是长时期的。

(2)随着经济的发展和人民生活水平的提高,石油、天然气等优质能源和适销对路的优质煤炭供应将趋于紧张,能源的结构性矛盾将成为制约经济发展的主要因素之一。

(3)鉴于我国以煤为主的能源消费结构长时期难以改变,随着国民经济的发展燃煤对环境形成的压力将更为严重,因而,煤炭系统应积极组织和协调洁净煤技术的开发、示范和推广应用工作,并使能源与环境保护达到同步发展。考虑到目前煤炭供大于求的情况,应坚持封存高硫煤的开采。

(4)在目前市场经济条件下,应大力开展煤炭的高产高效高回收率低成本生产,优化煤炭企业结构,协调供需矛盾,增加煤炭企业竞争能力。

(5)我国应重点开发和研究包括水能、风能、太阳能、地热能等洁净能源,以减轻能源发展中对环境引起的破坏作用。

参 考 文 献

［1］ 范维唐. 中国能源工业的发展与展望［R］. 北京:中国工程院,1995.

［2］ 中华人民共和国国家计划委员会交通能源司. 中国能源:'97 白皮书［M］. 北京:中国物价出版社,1997.

对中国煤炭工业发展的思考[①]

钱鸣高

(中国矿业大学，江苏 徐州 221008)

摘　要：从煤炭生产的经济性、对环境的影响、高产高效角度分析了中国煤炭工业面临的发展现状和存在问题，提出应按煤炭城市发展规律引导其健康发展，发展下游产业和非煤产业，采用新技术进行高产高效生产；对乡镇煤矿进行整顿，促进技术、管理升级；煤炭企业要走新型工业化道路。

关键词：经济；环境；安全；高产高效；可持续发展；煤炭工业

鉴于我国的资源赋存情况，近期我国以煤为主的能源格局不会有多大变化。据有关专家预测，到 2050 年，煤炭在我国能源中的比重仍然会达 50%。

多年来，我国煤炭工业为了保证国民经济高速发展做出了重大贡献，煤炭产量和消费量已占世界的 1/3。2004 年我国煤炭产量达 19.56 亿 t。但是，在煤炭企业为国家做出贡献的同时，煤炭企业整体上并没有走出困境，行业的社会地位低下，国家和企业没有投入足够的力量来解决煤炭开发和利用中对环境污染的问题。人们在大量利用煤炭的同时，对于煤炭开采和燃煤对环境的污染提出了很多疑问，加之煤矿事故频发，因此社会目光急剧集中在可再生能源的发展上。

我国进入市场经济前，煤炭企业只是生产煤炭、为社会供应原煤，而不考虑如何利用煤炭来获取最大利益。原来的煤炭城市除了生产煤炭没有其他经济优势，相当一些城市已资源枯竭、更难以转变为经济优势，事实上全国 118 个资源城市还没有一个已转变为经济城市。以 1979 年计，统配煤矿出煤 3.58 亿 t，产值 81.3 亿元，原煤生产人员 130.9 万人，原煤全员效率仅为 0.965 t/工（1981 年为 0.87 t/工，全国最好的潞安局为 1.67 t/工）。在这样的基础上进入市场经济，加之 1998 年亚洲经济风暴，遂使煤炭企业面临前所未有的考验。而随着经济发展，企业不仅面临着人员、安全的压力，还进一步面临社会舆论对环境保护的压力。

作为从事煤炭工业的科技人员，有责任呼吁社会的科技力量来解决煤矿安全以及煤炭开采和利用过程中对环境的影响问题，以经济、环保、高产高效三大原则促进煤炭工业健康发展。

---

① 本文发表于《中国煤炭》，2005 年第 6 期，第 5～9 页。

1 煤炭生产的经济性

1.1 煤炭生产的经济性现状

1.1.1 煤炭生产现状

目前国有及国有控股煤炭企业有 3 000 处,生产能力占全国总量的 70%。我国 1998 年平均每处矿井产煤 2 万 t 左右,大中型煤矿产煤 100 万 t,小型国有煤矿产煤 9.6 万 t,乡镇煤矿产煤 0.88 万 t。据 1997 年统计,全国有各类小煤矿 8.2 万多处,产煤 5.7 亿 t,经过关井整顿目前全国还有小煤矿 2.3 万处,2004 年产量达 7.42 亿 t。2004 年全国煤炭产量为 19.56 亿 t,原国有重点煤矿、地方国有和乡镇煤矿产量的比例为 47.0%,15.1% 和 37.9%。

由于经济持续快速增长、煤炭供不应求、价格回升,因而煤炭企业经济情况有一定好转,其中得益最多的是资源回收率低、安全和环境得不到保障的乡镇煤矿。而整个煤炭行业却远未达到经济有竞争力、充分考虑安全和环境保护的健康发展状态。

目前我国虽然有技术精良、安全完全有保障、年生产规模每 1 万 t(甚至 10 万 t)用 1 个人的现代化企业,但也普遍存在着技术落后、人员素质低下、安全得不到保障、年生产规模每 1 万 t 用 50 个人的企业。

1.1.2 煤炭职工收入状况

2004 年全国有煤炭职工 600 多万。一个中等水平的国有矿业集团,年产煤炭 2 000 万 t,用人达 8 万,人均年产值 5 万元;如果按先进水平衡量,仅仅用 2 000~20 000 人,人均年产值就可达 20 万~200 万元,如神华集团、潞安矿业集团公司等。据 2001 年统计,在全国 49 个行业中,煤炭行业收入排名倒数第二,职工平均月收入 901 元。2002 年国有重点煤矿在岗职工平均年收入 11 442 元,而全国年均收入为 17 124 元。据统计,全国煤炭系统的大中专毕业生到煤炭企业工作的不足 5%。煤矿工资吨煤劳动成本美国为 3.8 美元,南非为 2.9 美元。由于我国大部分煤矿用人过多,按 2002 年效率和年均收入计,我国吨煤劳动成本高达 4.2 美元,占成本的 30%。而神东大柳塔煤矿由于高度机械化,吨煤劳动成本为 2.5 元,仅占成本的 3%。

前几年我国矿山从业人员人均实现产值仅 5 万元。其中,油气人均实现 54.5 万元,有色、黑色和化工人均实现产值 4 万~5 万元,而煤炭人均实现产值仅为 2.75 万元。

1.1.3 煤炭产品的市场特点

进入市场经济后,煤炭作为一种特殊产品,其市场特点如下:

(1)煤炭产品的价值并非由其原产品体现,而是用整个产业链体现的。如国有重点煤矿的煤炭出矿价为 160~170 元/t,经运输到秦皇岛港后煤价为 373.9 元/t,流通费用高达 204.7 元/t(以大同为例)。经过就地发电吨煤可创造 1 000~1 500 元价值。事实上,它为国家创造的 GDP 则更高。

(2)煤炭是一种特殊商品,价格并不能体现开采时的科技含量。由于赋存条件(地质构造、煤层厚度等)和地理位置不一样,开采所采用技术的科技含量、运输所需成本会有很大差别。但生产成本不仅仅与技术水平有关,还与安全和环保的投入有关。这样,有些煤矿(尤其小煤矿)若管理不好就可以用牺牲安全、资源和环境为代价而获得极其低廉的成本(如 40 元/t),而在同样条件下的国有重点煤矿其成本可达 150 元/t,不公平竞争因而形成。

1.1.4 煤炭城市和煤矿人员问题

我国大部分国有重点煤矿用人过多。1998 年,我国生产 12 亿 t 煤,从业人员约有 660 万人(县营煤矿以上为 425 万人),即产煤每 200 t 需要 1 人。国有重点煤矿生产 5 亿 t 煤也需要 94 万人。相比之下,美国生产 9 亿 t 煤需要 10 万从业人员,约为 1 万 t 煤用 1 个人。我国煤矿人均年工资仅为 1 万元,远低于全国各行业的平均水平,尤其是早期形成的煤炭城市,大部分处于欠发达地区,科技进步和机械化带来的富余人员很难下岗,给煤炭企业带来沉重包袱。而这些问题,好多都是计划经济遗留下来的,在市场经济条件下难以得到解决。

1.2 煤炭生产经济性的两难选择

提高煤炭生产经济性是煤炭企业提升竞争力的必然选择。提高煤炭生产经济性,需要逐步破解政策、机制、规划、管理、价格、技术等诸多难题,才能使企业、社会、环境进入和谐发展的轨道。

1.2.1 减人提效

提高机械化和自动化程度,提高技术水平,走减人提效之路。目前,新建矿井都在按上述模式进行,其中以神东矿区最为典型,因此可以实现低成本生产。但对于原有大多数煤炭企业来说,由于原来用人过多而所在地区都是经济欠发达地区,科技进步造成的富余人员很难得到再就业机会。这已成为原有国有煤炭企业的难题。

1.2.2 煤炭生产总量

在机构改革过程中,有些行业随着部委撤消而成立了几个大公司,以经营原来的所属企业,因此机构变动比较小。而煤炭行业则不然,需要由每一个集团(矿务局)独立面对市场。煤炭生产有一段时间严重过剩,煤炭库存大大超过正常水平,加之乡镇和地方煤矿的产量超过国有重点煤矿,从而形成了国有煤矿之间以及国有与乡镇和地方煤矿之间的激烈竞争。由于煤矿随资源开发过程而兴衰,对于开发时间比较长的矿区,原有人员负担过重,能维持现状就不错。这种竞争事实上是不公平的。同时,煤炭生产总量很难控制,在市场经济条件下,原有的企业、尤其是资源即将枯竭的企业处境十分不利。在煤炭供不应求的情况下矛盾并不突出,一旦供大于求,企业自身便没有任何协调能力,又将陷于困境。

因此,从体制和开采规划上控制煤炭总量,使煤炭供求平衡适当,以保持应有的价格,是煤炭企业稳定发展的前提。最近全国将建 13 个大型煤炭基地,这一举措可保证我国的煤炭供应,亦有利于控制无序竞争。

1.2.3 产业链

开采煤炭本身赢利很少,依靠延长产业链所办的企业能带来较高利润。这种情况在计划经济时代可以靠政府调节,但在市场经济条件下,若政府不在延长产业链上给以支持,则只会造成挖煤的越挖越穷而下游产业却可利用煤炭富裕起来的局面,从而导致社会分配的不公平;同时煤炭开采业将越来越萧条,势必直接影响国民经济发展。除非政府制定政策把煤炭企业与主要的用煤企业捆绑在一起进行发展。

1.2.4　管理模式

我国的煤矿生产中,容易开采与难开采,开采对环境的影响程度,矿井抵抗灾害的程度,均有很大差异,不能用同一模式加以管理。

解决的办法是区分资源条件和环境影响,实施分类管理、区别对待。对开采成本本来就很高的企业,除通过高产高效以形成经济优势外,政府还应该根据煤炭对全国或地区产出 GDP 的作用以及开采条件分别管理,甚至给于补贴(国外也是这样,如英国和德国)。

1.2.5　资源优势向经济优势转变

我国尚没有一个煤炭城市以及类似的资源大省成功地转变为经济城市和经济强省,反而却有很多在资源枯竭时变成了经济极为困难的城市。如东北的一系列过去为国家做出重大贡献的煤炭名城,又如华北的大同、阳泉等。山西是煤炭大省,2004 年产煤 5 亿 t,80％外销。山西省的人均 GDP,1970 年为 113 美元、列全国第 8 位,1980 年为 180 美元、列第 12 位,1990 年为 320 美元、列第 16 位,2000 年为 621 美元,列第 20 位,到 2001 年为 660 美元,在全国 31 个省市中落到第 21 位。在全国空气质量差的城市中,山西占了好几个。据 1997 年统计,全国城市第一、二、三产业的比例为 20.6：42：37.3。而煤炭城市二产高出 5.6％,三产则低 5.8％。

解决办法是:政府应充分认识到资源型企业的"勘探—前期开采—扩大生产—鼎盛—衰退—枯竭"的发展规律。在发展鼎盛时期,政府应提取必要的资金,用以完善作为城市应具备的功能,大力培育和发展接替性产业,使其产业向多元化发展。对传统产业进行新型工业化(节水节能、减污降耗、高效安全)改造,并进行总量控制。依靠科技进步,促进资源的合理利用和综合开发,延长产业链,实行多元化经营。选择有利地点建立生态工业园区,实现循环经济。大力发展第三产业和新兴产业,推进产业结构多元化发展。

2　煤炭生产对环境的影响

矿产资源开发利用明显具有正负价值的两面性。矿区在开发建设之前与周围环境是协调一致的;而一旦开发建设,强烈的人为活动即会使环境发生巨大变化,由此形成独特的矿区生态环境问题,如造成农田和建筑物破坏、村庄迁徙、矸石堆积、水土流失以及由于地下水分布的改变而导致土地沙漠化。

2.1　煤矿生产对环境的破坏形式

(1)对土地资源的破坏和占用。煤炭开采必然会对土地资源造成破坏和损害,井工开采以地表塌陷和矸石山压占为主,露天开采则以直接挖损和外排土场压占为主。

(2)对水资源的破坏和污染。煤炭开采过程中,进行的人为疏干排水和采动形成的导水裂隙对煤系含水层的自然疏干,都会破坏地下水资源。同时,开采还可能污染地下水资源。

(3)对大气环境的污染。主要来自矿井排出的煤层瓦斯和煤矿矸石山自燃所形成的废气。

我国的煤炭储量分布以西部为主,而该地区又是干旱和半干旱地区,生态环境十分脆弱。因此,如何进行资源和环境协调开采是科学发展观对采矿人员提出的要求。山西省1949～1998 年共生产原煤 56 亿多吨,地面塌陷面积达 6.67 万多公顷,其中 40％是耕地,矸石山占地 0.2 万多公顷。到 1998 年,煤炭地下采空面积达 1 300 km² (占全省的 1%)。据测算,山西省采煤可破坏地下水 4.2 亿 m³/a,造成 1 678 个村庄、81 万人口、10 万口牲畜饮水困难,使本来缺水的山西环境遭到进一步破坏。据统计,山西省每生产 1 t 煤炭造成环境损失 9 元,每生产 1 t 焦炭造成环境损失 21 元。仅此三项,造成的环境代价转移近 20 年就达 500 亿元。其他还有废水、烟尘等对全省的影响,而相当部分治理费用并未计入成本。

2.2 资源与环境协调的绿色开采模式

从广义资源的角度讲,除煤炭外,矿区范围的地下水、煤层瓦斯、土地乃至煤矸石以及与煤层伴生的其他矿床都应该是经营该矿区的开发对象。我国绝大多数煤矿生产是在生产成本不完全、环境治理相关费用支付不全(如矿产资源费以及植被恢复、地面塌陷和水损失补偿、污染治理等费用)的情况下进行的。基于对绿色 GDP 的考虑,必须正视资源环境成本,有的地区已经提出要求对资源和环境损失进行补偿。资源与环境协调(绿色)开采的技术途径有:

(1) 实施保水开采技术,进行水资源保护;

(2) 实施充填和条带开采技术(塌陷区治理——土地复垦),保护地表建筑物;

(3) 实施少出矸石技术(如煤层巷道支护、矸石井下充填)和矸石地面利用技术;

(4) 瓦斯抽放——煤和瓦斯共采技术;

(5) 地下气化技术。

其中,资源与环境协调(绿色)开采的重点是:东部地区实施建筑物下采煤,对土地进行保护;中西部干旱与半干旱地区进行保水采煤和土地保护;高瓦斯矿井抽采瓦斯并加以利用技术;矿井矸石利用技术。各矿区应根据自身条件,形成各自协调的绿色开采模式。

2.3 岩层运动关键层理论的应用

开采的环境问题均由采动引起,均与开采后造成的岩层运动有关(岩体不破坏,上述问题都不会发生)。岩层运动的关键层理论可以帮助认识开采后岩层节理裂隙场和离层区的发育状态和位置、地表沉陷、瓦斯和地下水在裂隙岩体内的渗流规律等。由于开采后岩层运动形成了新的裂隙场,利用它可以寻找瓦斯的积聚带,还可以获得水的流向和积聚处。

2.3.1 在瓦斯抽采方面的应用

(1) 实施大面积抽放。淮北芦岭矿 8 煤采空区卸压瓦斯方案,解决了 8 煤顶分层回采面瓦斯超限问题,抽出了大量可用瓦斯。

(2) 揭示了阳泉 15 煤综放面岩层移动对邻近层瓦斯涌出的影响规律,提出并实施了阳泉矿区 15 煤综放面上邻近层卸压瓦斯高抽巷布置优化方案和初采期瓦斯超限治理方案。

(3) 在淮北桃园矿开展了地面钻井抽放上覆远距离煤层卸压瓦斯的工业性试验,结果表明,上覆远距离煤层卸压瓦斯可通过"O"形圈大面积抽放出来。

(4) 淮南矿区在潘一和潘三矿顶板岩层进行"环"形圈抽放,瓦斯纯量达 19～20 m³/min,抽放率达 48% 以上。

2.3.2 在保护水资源方面的应用

（1）防止溃水是从安全角度考虑的，原来研究的开采形成的三带及其计算公式都是从安全开采中总结的经验算法，它不适用于保水开采。保水开采必须研究开采后岩层运动对水文地质变化的影响。

（2）在我国西北地区，必须研究所开采的岩层是否有隔水带、开采对地下水破坏形成的地下水水位降落漏斗及其在降雨水后的恢复过程，也就是开采对隔水带的破坏和重新恢复的条件。研究开采对岩层裂隙以及地形的改变，由此对地表水和地下水径流的影响，甚至还要研究再造隔水带的可能。

（3）依据该理论，有助于明晰地下水是全部流失还是保存在更深的岩层内、形成了地下水库，而后再利用。

3 煤炭生产的高产高效

3.1 国有重点煤矿的高产高效

全国有极少数矿井已建成世界一流的高产高效矿井，为煤炭工业做出了榜样。

（1）神华集团神东矿区所属矿井——大柳塔矿 2004 年两井两面生产原煤 2 151 万 t/a，全矿定员 481 人，全员工效 135.12 t/工，回采工效 700.65 t/工。2005 年 4 月份，大柳塔矿创月产原煤 2 093 484 t 的新记录，其中 4 月 23 日创日产原煤 86 900 t 的记录。年产 1 000 万 t，定员 100 人的神东哈拉沟煤矿已投入试生产。矿井控制系统实现自动化，没有岗位工，全部实现巡回检查。一名调度就能控制井下运输、通风、供电等各大生产系统。

（2）山西将建成 1 500 万 t 矿井 3 对，其中大同塔山矿定员 600 人。

（3）潞安王庄煤矿 4326 放顶煤工作面，最高月产量达 35.3 万 t。潞安矿业集团 2003 年产量为 1 700 万 t，原煤生产工效 13.484 t/工。

（4）兖矿集团东滩煤矿是年产原煤 800 万 t 的现代化矿井，仅一井一放顶煤工作面就年产 600 万 t，回采工效 300 t/工，原煤生产工效达 18～20 t/工。

薄煤层开采亦取得了一定进展。辽宁铁法煤业集团开发的薄煤层高产高效自动化工作面，采用刨煤机获得成功。它使用国产的液压支架、德国 DBT 公司生产的刨煤机和电液控制系统，在煤厚 1.5 m 时平均日产 3 712 t，最高达 6 480 t，生产能力可达 120 万～150 万 t/a；它是我国实现薄煤层无人工作面开采的前奏。山东枣庄田陈煤矿用国产综采设备开采 1.1 m 厚的煤层，最高日产 3 504 t，基本达到了年产百万吨生产能力。新汶矿对薄煤层进行了钻采法试验，取得一定成效。

3.2 市场经济条件下乡镇煤矿面临发展机遇

2004 年全国乡镇煤矿产量达 7.4 亿 t，占全国总产量的 37.9%。不少乡镇煤矿矿井是以吃肥丢瘦、采易弃难、浪费资源（回收率仅 15% 左右）为代价取得效益的。没有合格的管理和技术人员，事故严重，安全情况极差，乡镇煤矿几乎没有机械化。

事实上，乡镇煤矿是白手起家、没有包袱的，因此各级政府应该鼓励企业家对这些乡镇煤矿进行投资，改造它们，使其逐步实现机械化。在这些乡镇煤矿，配备一定的科技人员，保证安全投入，完全可以做到低成本高产高效安全生产，从而变不利因素为有利因素。

应该看到，市场经济条件对于小煤矿而言是一个发展的机遇，必须寻找出一种使小煤矿发展的办法并做出示范。

4　几点认识

（1）根据我国的资源状况，我国的能源在近数十年内 50％以上仍需要依靠煤炭。因而，煤炭工业是我国的基础工业，国家必须下大力气进行研究或借鉴有关国家经验，以走出适合我国国情的能源以煤炭为基础的路子来。

（2）我国是一个资源大国，也是资源生产大国，煤炭生产已占世界的 1/3。要加强资源经济研究，使其符合由勘探、开发、环境破坏到资源枯竭，而后转变为经济城市的全过程规律。要研究资源开发、利用及其对环境影响全过程的成本，使进行资源开发的行业得以健康发展。

（3）目前，大型煤炭企业应引进高科技，积极支持高产高效高回收率低成本生产，在市场竞争中轻装上阵。同时，应在政府大力支持下发展附加值高的煤炭下游产业和非煤产业，使资源优势转化为经济优势。

（4）对乡镇管理的小煤矿必须坚决整顿，使其配备必要的技术力量和投入，以提高其管理、技术和机械化水平。配备必要的安全装备，坚持生产必须安全的原则，以保障矿工安全，维持煤炭企业在工业生产中的良好形象。

（5）煤炭企业必须以科学发展观为指导，走新型工业化道路，成为经济效益好、具有竞争力、注意环境保护和安全得到保障的企业。

（6）资源开发过程必然形成各类人员的集结。我国矿山多在不发达地区，必然形成资源型城镇，这也符合国家城镇化要求。一个地区的矿业发展必然遵循着"勘探—前期开采—扩大生产—鼎盛—衰退—枯竭"过程，这期间企业有什么责任、政府有什么责任，国家应该有什么样的政策给予扶持，这些问题必须着手研究解决。

第二编

采场上覆岩层的"砌体梁"结构和平衡条件

采场上覆岩层的平衡条件[①]

钱鸣高

（中国矿业学院）

摘　要：根据实际测定的采场上覆岩层的移动曲线和在一定条件下采场上覆岩层有可能形成"结构"的实际现象，本文提出了采场上覆岩层形成"结构"的力学模型。由此力学模型，人们可以得出上覆岩层形成"结构"的平衡条件。根据分析，这些条件与上覆岩层的厚度、采高、直接顶总厚度、管理顶板方法和上覆岩层的力学性质有密切关系。

一、问题的提出

近年来结合采场液压支架的使用，对其架型的适应性和参数的决定进行了广泛的讨论。事实上，所有这些问题都与采场上覆岩层在开采以后内部形成的力学关系有关。

由于采场是随着时间不断推移的建筑物，因而研究采场上覆岩层在短时间内是否可能形成"结构物"将对支架参数的决定有直接影响。例如，在采场上覆的破断的岩块间，若能自身形成一个大的结构，或临时形成一暂时的稳定结构，则这种结构将保护回采工作面支架不至于承受很大的压力。

长时期以来，采场矿山压力方面的研究工作者或者从采场前后的支承压力分布情况来推断采动后岩层内部可能形成的力学关系，并提出其可能形成的结构形式；或是用对岩层运动中可能形成的结构形式提出假说，而后推断回采工作面前后支承压力波的形式及大小。

在这方面进行工作的研究者很多，例如有的提出"拱"和"梁"等假说，即认为采动后的上位岩层在运动中可能形成"拱"与"梁"等结构形式。因而提出了回采工作面前后支承压力的分布图。但这些假说并没有具体回答"拱"或"梁"的结构是什么形式及其形成的机理。更没有回答这种结构对设计采场支架的性能与参数应提出的要求。

根据实践及很多的实测工作，普遍对采空区能否形成支承压力波抱怀疑态度，从而也就影响着对可能形成的围岩内部结构形式的看法。

近一时期，西欧有关的研究工作者普遍提出回采工作面前后的支承压力图形，如图1的形式。认为回采工作面前支承压力的峰值发生在回采工作面前 $3\sim5$ m 处，其最高可

---

①　本文发表于《中国矿业学院学报》，1981 年第 2 期，第 31～40 页。

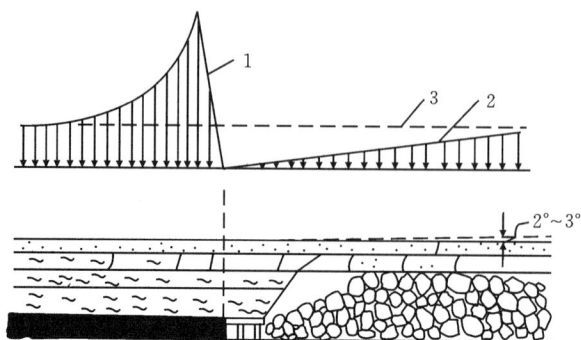

图 1　回采工作面前后支承压力的压力图
1——前支承压力；2——后支承压力；3——原始应力

达到的应力峰值为原岩应力(指 γH)的 4 倍,并且支架的支撑力对这种支承压力的分布没有什么影响。认为回采工作面后方采空区的垂直压力随着上覆岩层将已冒落的矸石逐步压实而逐渐增加,但最终只恢复到原岩应力的垂直应力(γH)为止。有些研究者认为可能稍有增加。

有些国家的研究者曾为此专门对采空区底板所承受的压力状态进行了实测,测定结果证明有些情况可能出现比 γH 稍大的应力,且出现两次(第一次为 $1.31\gamma H$,第二次为 $1.2\gamma H$);有些情况只回复到 γH 即停止了(见参考文献 7)。

近期有些研究者认为采动后的岩块可能互相咬接而成铰接岩梁,铰接的方式为"三铰拱"。有些则认为采动后的破断岩块能互相咬接而成岩层桥。从而使回采工作面处于减压带的范围内。但这些认识都没有详细分析岩层运动的力学关系,更没有研究其形成的条件,从而说明其是普遍现象还是特殊现象。

破断后的岩层,由于岩块间相互的限制作用,有可能形成结构物。巷道中形成自然拱,已为大家所熟知。而对于回采工作面,在实践中也曾多次碰到,例如肥城陶阳煤矿 8 层煤的石灰岩顶板(厚 4 m 左右),峰峰煤矿野青煤层厚 $0.7 \sim 1.2$ m,直接顶为 $1.8 \sim 2.2$ m 的石灰岩层,在回采工作面后方采空区形成了典型的岩层缓慢下沉(即石灰岩层悬露一定距离而后与底板相接触)。

假若认为直接顶以上的岩层都能形成这种平衡,那么支架所受的力显然只要考虑直接顶岩层重量即可以了。但事实并非如此。在现实中恰恰最难于确定的是老顶通过直接顶而加于支架的力。在观测岩层移动时,有时也能发现已破断岩块不能咬接而形成台阶切落(如浅部开采、煤层采高过大或上覆岩层是厚层的坚硬岩层)。

所有这些说明了采动后的上覆岩层形成铰接岩梁并不是必然的。而是有其一定的条件。

为此,必须解决两个问题:

(1)裂缝带岩层形成的缓慢下沉式的岩层平衡是一种什么样的力学关系;

(2)这种结构形成的条件如何。

二、裂缝带岩层形成平衡的力学模型

煤层经长壁回采,在初次来压以后,上覆岩层一般形成冒落带、裂缝带与弯曲下沉带,这在岩层移动的实际测定中已得到证实。由于裂缝带以上的岩层在破断后依然能保持整齐排列,因而在变形过程中(下沉过程)由于岩块间的互相咬接并互相限制有可能造成力的平衡,从而形成对回采工作面起保护作用的结构物。

为了研究这些岩层移动后可能形成的结构方式,先必须对岩层移动的特点作一分析。

图2所示为范各庄矿七煤层顶层开采时离煤层5.28 m处的岩层 A 移动的观测资料。这种图形在国内外所有的观测结果中,其特点几乎都是一致或大同小异的。

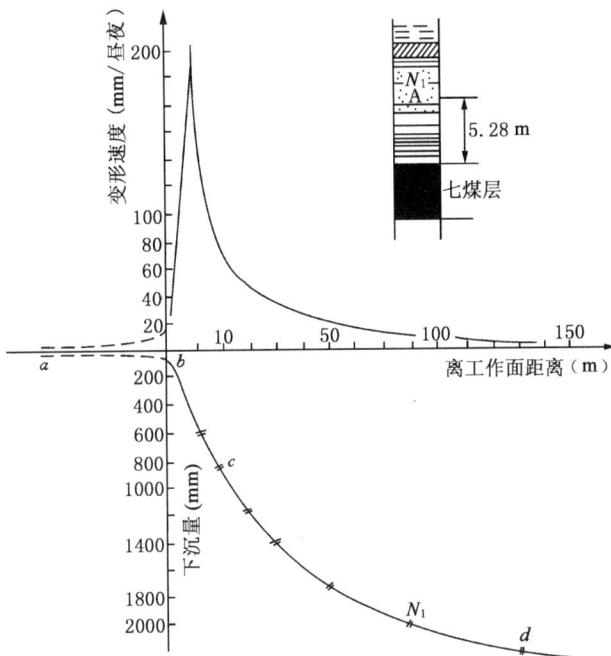

图2　范各庄矿七煤层上覆岩层移动实测资料

这种邻近煤层的上位岩层在回采工作面前后的变形特点是:

(1)岩层变形始于回采工作面前方30～40 m、甚至更远,但由于受到煤层支撑,变形极为平缓。如图2中的 a—b 段。

(2)回采工作面刚过或在其附近,由于煤层支撑点已不再存在,岩层急剧下沉,有时岩层移动(下沉)速度可达613 mm/昼夜,一般为240 mm/昼夜。形成如图2中的 b—c 段。

(3)岩层又受到采空区已冒落矸石(或充填带)支撑,岩层下沉速度大幅度下降。以范各庄矿测定资料为例,在未经接触已冒落矸石前,下沉速度达250～340 mm/昼夜。而当岩层接触已冒落的矸石(如在工作面后13 m处),岩层变形(下沉)速度迅速降至80 mm/昼夜。而后在20 m范围下沉速度基本稳定在40～60 mm/昼夜。当离工作面150～160 m时岩层移动速度已近于零。由此在这一范围内煤层上位岩层随着已冒落矸石的逐

渐压实而呈极为缓和的 c—d 段变形曲线。

表 1 所示为范各庄矿测定时,五煤层和七煤层的上位岩层在刚受到已冒落矸石支撑时,支撑点所在的位置及该点的沉降值。

由图 2 可知,邻近煤层上位岩层的移动曲线 a—b—c—d,在回采工作面前后是不均匀的,若以回采工作面为拐点,则可知主要的变形量是在回采工作面采空后才形成的。

同时,由图 2 可知,岩层在刚离开工作面(即指曲线 a—b—c 段)时形成了凸面向上的弯曲变形,从而在岩层上部形成张开的断裂裂缝,说明此时岩块间挤压后的咬合点是在岩层底部。

表 1

煤层名称	测点号	开始触矸点离工作面的距离(m)	该点的沉降值(mm)	采高(m)
五煤层		12	350	0.9
七煤层	M_1	14～16	850	2.4
	M_2	14～16	910	2.4
	M_5	12～14	870	2.3
	M_6	14～16	1020	2.2

当岩层受到已冒落矸石的支撑(即曲线 b—c—d 段)时则形成凹面向上的变形,因而在已断裂了的岩层中形成了下部张开的断裂裂缝,从而说明岩块与岩块的咬合点是在岩块的上部。

对岩层移动图形做如上的分析,就有可能对该岩层建立相应的力学模型,从而有可能讨论这种力学模型是否可能形成内在的力的平衡。

所建立的力学模型如图 3 所示。

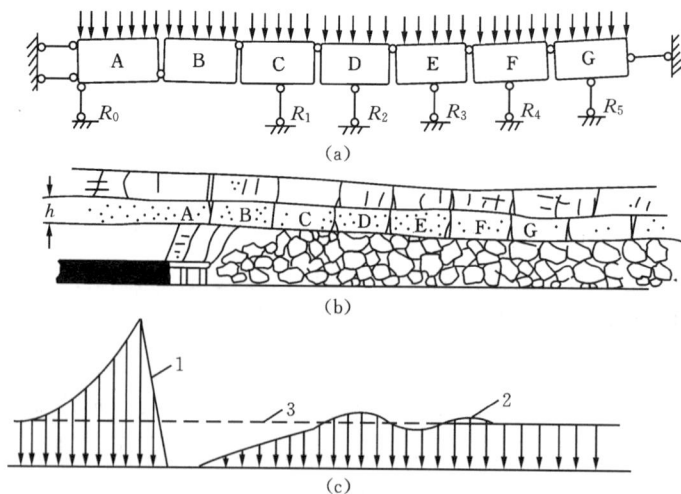

图 3　裂缝带岩层的力学模型

现在研究裂缝带岩层形成平衡结构的机理。

先简化几个条件：

（1）认为岩层厚度是均匀的，在弯曲并折断过程中，受力情况一致，因而破断后岩块长度相等，均为 L；

（2）在研究岩层本身能否取得平衡时，先不考虑支架支撑力对构成岩层结构的影响；

（3）采空区已冒落矸石对岩层的支撑力，认为对每个岩层破断岩块是均匀分布的；

（4）由于工作面长度较长，因而沿走向方向视为平面问题，将沿倾斜的长度视为单位宽度。

由于上位已破断的岩块排列整齐，虽经变形，但最终又恢复到原来位置，且由于水平方向是无限的，因而水平方向的变形最终应为零。由此岩块在回转过程中形成了强大的水平挤压力。当岩块恢复到水平位置时，岩块之间不再存在剪切力，而只存限制水平方向位移的水平力。因此在恢复到水平位置时，岩块间仅用一水平链杆表示其间的力的关系。

为了使力学模型简单而又明了，假设此岩层上覆一定厚度的软岩层，因而假定加于此结构上的载荷是匀布载荷，并在计算时将其一并考虑在每段岩块的重量 Q 之内。

由于已冒落矸石对此岩层只存在有垂直的支撑力，并不能阻止上覆岩层的水平方向移动，因而每一块岩块的支撑力用一垂直链杆来表示，且认为作用于岩块的中央。

在图中，岩块 A 处在煤层回采工作面前方，此处假设其还没有断裂。岩块 B 在回采工作面上方，且没有冒落带矸石的支撑而又不计支架的作用，因而认为是悬露状态。

由此，若恢复到水平位置的岩块数为 n，则岩块间的铰接点数为 $n-1$ 个。而此结构的链杆总数为 $n+3-1$ 个，因此这个结构的自由度为：

$$W = 3 \cdot n - 2(n-1) - (n+3-1) = 0$$

即说明此结构满足了稳定静定结构的必要条件。

同时从几何组成分析，也是一个几何不变体系。

在这种结构情况下，若去掉一个支承链杆（例如假设岩块 C 也处于悬露状态），则整个结构就将成为不稳定结构，自由度 $W>0$。此时，只有当岩块 B、C 互相回转而并成一体，才有可能恢复为稳定静定结构。

相反，若在岩块 B 下多一个支承链杆（如采用密实充填处理采空区），则整个结构属于稳定结构且是超静定的，即自由度 $W<0$。

既然这种岩层组成了稳定静定结构，从而在裂隙带与弯曲下沉带中就可能出现多层的这种结构。由它承受各自上覆岩层的重量并进而向下位岩层以及煤壁和采空区充填带或冒落带传递应力。

由于这种结构的存在导致岩层在破断后还能悬露一定的空间，并且有可能形成层与层之间的离层。

现在具体分析这种结构的力学关系。

先把图 3 中的各个岩块的受力情况绘成图 4 的形式。由于它是静定结构，因而很容易求得各支承链杆及各岩块咬合间的受力大小。

为了表达上的方便，图中取 7 个岩块取得平衡。设岩块 A 的反力为 R_0，其他各个支承链杆的反力为 $R_1, R_2, \cdots, R_5$。有关各个岩块上的符号及含义见图 4。

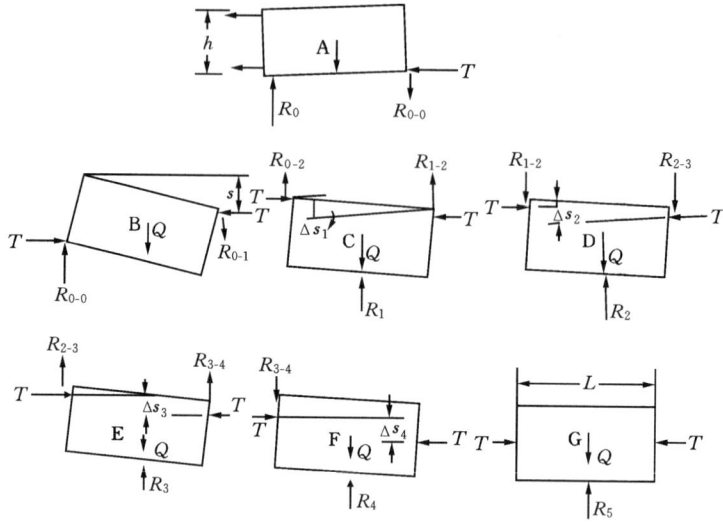

图 4　裂缝带各岩块受力图

设岩层厚度为 h，根据岩层移动特点，设岩块 B 与岩块 C 的铰接点下降值为 s，而其他各铰接点相对于其前的铰接点的下降值各为 Δs_1，Δs_2，Δs_3，…

根据静力平衡关系：

$$\begin{cases} \sum F_x = 0 \\ \sum F_y = 0 \\ \sum M = 0 \end{cases}$$

由此可求得为形成这种结构的平衡应具有的水平支撑力 T 为：

$$T = \frac{LQ}{2\left[h - s + 2(\Delta s_1 - \Delta s_2 - \Delta s_3 - \Delta s_4)\right]}$$

各个支承链杆的反力及有关铰接点的剪切力为：

$$R_{0-0} = \left[\frac{h - s + (\Delta s_1 - \Delta s_2 + \Delta s_3 - \Delta s_4)}{h - s + 2(\Delta s_1 - \Delta s_2 + \Delta s_3 - \Delta s_4)}\right]Q$$

$$R_{0-1} = \left[\frac{h - s}{h - s + 2(\Delta s_1 - \Delta s_2 + \Delta s_3 - \Delta s_4)} - 1\right]Q$$

$$R_1 = Q + \left[\frac{\Delta s_1 - 2\Delta s_2 + 2(\Delta s_3 - \Delta s_4)}{h - s + 2(\Delta s_1 - \Delta s_2 + \Delta s_3 - \Delta s_4)}\right]Q$$

$$R_2 = Q + \left[\frac{\Delta s_2 - 2(\Delta s_3 - \Delta s_4)}{h - s + 2(\Delta s_1 - \Delta s_2 + \Delta s_3 - \Delta s_4)}\right]Q$$

$$R_3 = Q + \left[\frac{\Delta s_3 - \Delta s_4}{h - s + 2(\Delta s_1 - \Delta s_2 + \Delta s_3 - \Delta s_4)}\right]Q$$

$$R_4 = Q + \left[\frac{\Delta s_4}{h - s + 2(\Delta s_1 - \Delta s_2 + \Delta s_3 - \Delta s_4)}\right]Q$$

为了简化上述计算关系，令 $\Delta s_1 = \Delta s_2$，$\Delta s_3 = \Delta s_4$。而从围岩移动的特点可以推断，显然 $\Delta s_3 < \Delta s_1$。则上述关系可以简化为：

$$T = \frac{L}{2(h - s)}Q$$

$$R_{0-0} = Q, \quad R_{0-1} = 0$$

$$R_1 = Q - \frac{\Delta s_2}{h-s}Q$$

$$R_2 = Q + \frac{\Delta s_2}{h-s}Q$$

$$R_3 = Q - \frac{\Delta s_4}{h-s}Q$$

$$R_4 = Q + \frac{\Delta s_4}{h-s}Q$$

从上述结果可以看出,这种结构的力学特性如下:

(1) $R_{0-1}=0$,即在岩块 B 与岩块 C 之间的铰接点只存在水平推力,而不存在剪切力。事实上该点相当于整个拱结构的拱顶所在点。

(2) $R_{0-0}=Q$,在图 3 的结构中,只设岩块 B 处于悬露状态。由此可知在这种结构中,悬露岩块的重力基本上全由工作面前方的支承点(煤壁)来承担。若考虑岩块 A 处于极限状态,则 $R_0=2Q$,即达到了最大值。

(3) $R_1+R_2+R_3+R_4=4Q$,即采空区已冒落的矸石从平均值看只承受其上覆岩层的原岩重量(γH),但显然 $R_1 < Q, R_2 > Q, R_3 < Q, R_4 > Q$,且 $\Delta s_4 < \Delta s_2$,因此 $R_2 > R_4, R_3 > R_1$。所有这些说明了每一裂缝带岩层对已冒落的矸石所形成的压力呈波形发展,且这种波形愈来愈微弱[图 3(c)]。

这里值得指出的是:上面所叙述的仅是一组岩层对工作面前后应力分布的影响。但实际所测得的回采工作面推进后方的应力分布,是由回采工作面上覆各组岩层对已冒落矸石压实而形成的综合结果。由于各组岩层破断后其跨距(L)不相等,又加上每组岩层对采空区底板应力分布的波形性质。因此,实际上在采空区所测得的支承压力完全有可能出现稍大于 γH 的波形,但这种波相对于回采工作面前方的支承压力波要缓和并微弱得多。也有可能各组岩层影响的组合并不出现十分明显的高于 γH 的波形,基本上回复到原岩应力 γH 即告终了。这些与有些国家的研究者所测的结果相符。

上面的力学模型只假设到 G 岩块即恢复到水平位置,显然上述关系也可假设到第 n 个岩块(n 为任意数)才恢复到水平位置。从上述的推导关系可知,对上述结论不会有本质的改变。只是可能再出现 $R_5=Q-\frac{\Delta s_6}{h-s}Q, R_6=Q+\frac{\Delta s_6}{h-s}Q$ 等情况而已。由于 $\Delta s_6, \Delta s_8, \cdots$ 根据岩层移动曲线只会愈来愈小,因此往后的变化则完全可以忽略不计了。

关于回采工作面前方的支承压力波,根据上述分析,由于是煤壁支承,其刚性远比采空区已冒落的矸石群为大。而上位岩层,凡形成如上述结构者,其所悬露岩层的重量全集中于煤壁,因此必然在煤壁内形成一个既集中而又剧烈的支承压力区。这一点在实践与理论上的认识都是一致的。

由上述可知,采动后的上位岩层内部,尤其是裂缝带以上岩层是完全可能形成一种形如砌块咬合成的"梁"而实质上是一种"拱"式平衡的结构。由于这种结构的存在才有可能使采场支架处于减压区内,同时要求支架具有随着这种结构的岩层移动的外形而变形(即可缩)的特性,才能达到既经济而又合理的目的。显然当这种结构存在时,回采工作面支架完全可以设计为只承受这种结构以下到煤层间岩层的重量即可。

三、裂缝带断裂岩块间互相咬合的条件

在实际的回采工作面,有些条件下常常发生顶板的台阶下沉,甚至发生切顶现象。这些现象又说明了上述裂缝带形成的"结构"并不是无条件的,它存在有岩块咬合的平衡条件问题。

从上述结构各咬合点的受力分析,可知剪切力最大发生在回采工作面上方岩块 A 与岩块 B 的咬合点处。此时剪切力为 Q,而平衡它的力是由于水平推力 T 挤压而形成的摩擦力。因此该处咬合点的平衡条件是:

$$T \cdot \mathrm{tg}(\varphi - \theta) \geqslant R_{0-0}$$

式中:φ 为岩块间的摩擦角;θ 为岩块断裂面与垂直面的交角。

由于这一点的平衡与否,直接与维护回采工作面的安全有关。同时这一点也是这个结构能否形成平衡的关键。现分析如下。

1. 水平撑力 T

根据公式 $T = \dfrac{LQ}{2(h-s)}$,此处的水平撑力为形成这种结构必须具备的水平撑力。

而实际岩层内所具备的原始侧向应力是一个复杂的因素。根据原始侧向应力形成的条件,在弹性情况下,$\sigma_2 = \lambda \gamma H = \dfrac{\mu}{1-\mu}\gamma H$(式中,$\lambda$ 为侧向压力系数,μ 为泊松系数)。在塑性条件下,特别是由于蠕变条件的影响,$\lambda = 1$,即 $\sigma_2 = \gamma H$。由于裂缝带岩石性质的不一致,因而 λ 所处的情况可能是:$\dfrac{\mu}{1-\mu}\gamma H < \lambda < 1$。

其次由于岩块回转挤压而形成的水平撑力,其值必须小于该处岩块的强度,否则也是咬合不住的。

分析上述水平撑力的公式,为平衡这种结构,所需的水平推力可以从以下几种情况进行讨论:

(1)s 值愈小,则平衡此结构所需的水平推力也愈易于满足。控制 s 的因素有以下几个方面:① 采用充填法时的 s 值要比采用冒落法时为小;② 直接顶厚度大时形成的 s 值要比直接顶薄时为小;③ 采高小时形成的 s 值要比采高大时形成的 s 值为小。因此在同样条件下采用充填法、直接顶又比较厚、采高又比较小时,上位岩层就易于形成这种结构。因而必然导致顶板压力比较稳定,支架受力也就比较小。

由于上位岩层离开采煤层距离愈大,则 s 值就愈小,因而弯曲下沉带岩层比裂缝带岩层更易于形成这种"结构物"。

(2)当 $s = h$ 时,该岩层要取得这种平衡所需的水平推力达 ∞,这事实上是不可能的。因此形成这种结构的条件之一是 $s < h$,且应远小于 h。

(3)h 值的影响,即岩层要有一定的厚度,凡岩层厚度很薄(小于 s),就难于形成这样的结构物。

上述各种条件,在实际工作中是很易于理解的。

2. 关于 $tg(\varphi-\theta)$

显然,若 $\varphi=\theta$,则 $tg(\varphi-\theta)=0$,此时不论具备有多大的 T 值,此种结构也无法取得平衡。为此在这种条件下,切忌工作面与这些节理裂隙相平行。

3. 咬合的摩擦条件

若令水平撑力 T 是由岩块回转过程而形成,则其间的关系为:

$$\frac{LQ}{2(h-s)} \cdot tg(\varphi-\theta) \geqslant Q$$

即

$$tg(\varphi-\theta) \geqslant \frac{2(h-s)}{L}$$

式中:L 为岩层断裂时形成的极限跨距。

以岩块 A 处于极限状态为准,则岩层内形成的最大弯矩为:

$$M_{max} = \frac{3}{2} \cdot L \cdot Q$$

因而岩层内形成的拉应力为:

$$\sigma_{拉} = \frac{\frac{3}{2} \cdot L \cdot Q \cdot \frac{h}{2}}{\frac{h^3}{12}} = \frac{9 \cdot L \cdot Q}{h^2}$$

此处以平面问题处理,h 为岩层厚度。

若将 Q 分为岩层本身的重量及其上覆软岩层的载荷量 $q(t/m)$,则

$$Q = L \cdot h \cdot \gamma + q \cdot L \quad (t)$$

式中:γ 为岩层容重。

因此:

$$\sigma_{拉} = \frac{9L^2(h\gamma+q)}{h^2}$$

若取 $\sigma_{拉}$ 为极限抗拉强度 $\bar{\sigma}_{拉}$,则每一岩块形成的跨距 L 为:

$$L = \frac{h}{3}\sqrt{\frac{\bar{\sigma}_{拉}}{h\gamma+q}} \quad (m)$$

为此可得平衡条件为:

$$tg(\varphi-\theta) \geqslant \frac{2(h-s)}{\frac{h}{3}\sqrt{\frac{\bar{\sigma}_{拉}}{h\gamma+q}}}$$

则这种结构可能承担的附加载荷为:

$$q \leqslant \left[\frac{h\,tg(\varphi-\theta)}{6(h-s)}\right]^2 \bar{\sigma}_{拉} - h\gamma \quad (t/m)$$

若令 $s=\eta h$,则

$$q \leqslant \left[\frac{tg(\varphi-\theta)}{6(1-\eta)}\right]^2 \bar{\sigma}_{拉} - h\gamma$$

此公式的含义为:由岩块挤压而形成的结构物,若其上覆的软岩层形成的载荷 q 超过上述极限值时,则工作面上方的岩块 A 与 B 就咬合不住,必然将导致切落或台阶下沉。

而当：

$$h\gamma = \left[\frac{\mathrm{tg}(\varphi-\theta)}{6(1-\eta)}\right]^2 \overline{\sigma}_{拉}$$

或

$$h = \left[\frac{\mathrm{tg}(\varphi-\theta)}{6(1-\eta)}\right]^2 \frac{\overline{\sigma}_{拉}}{\gamma} \quad (\mathrm{m})$$

则此时 $q=0$,意即这种结构已不能承受任何载荷,其本身的自重已导致咬合点的平衡处于极限状态了。

由此可知,这种咬合而形成的结构与一般的梁不一样,它并不是岩层愈厚其承载能力就一定愈大。

在实际工作中,顶板来压时常常有几种预兆,如顶板有"吭吭"的声响、在切顶前预先掉渣,以及顶板的钻孔中平时流清水,而来压时改为流白糊状的液体。事实上,从上述分析可知都是由于岩块间错动而形成的声响、由于岩块间的强大剪切力及挤压力而导致掉渣、或者摩擦而成岩粉与水混合后而呈现白糊状。

有时当 A 岩块与 B 岩块错动一定距离后,由于 s 的增加而促使 η 加大,这样可能导致水平撑力 T 进一步加大,从而形成新的平衡,这就是为什么在有些情况下顶板形成一定的台阶而并不切落的原因。

四、结　论

综上所述,可知在回采工作面采动以后的上覆岩层,有可能由于岩块之间的咬合而形成"结构",这种结构导致回采工作面支架只承受局部岩层的重量(如冒落带岩层),但这种结构的形成有一定的条件,例如要求 s 值要小,岩层要有一定的厚度 h,此 h 值应远大于 s 值,但又不宜于过大,岩层的节理裂隙面或破断角与垂直面形成的 θ 角必须小于岩块的内摩擦角 φ;同时要求有这种结构的上覆岩层所给予的载荷不宜过大,否则就可能形成顶板的切落与台阶下沉。从而就要考虑如何提高支架的支撑力来协助岩层形成平衡,此时支架的支撑力就不再只是支撑冒落带岩层的重量了。

为此在决定一定具体条件下支架的工作阻力时,必须对该具体条件下上覆岩层的一些特定条件作具体的分析。

参 考 文 献

[1]　从围岩移动的力学关系论采场支架基本参数的决定.钱鸣高,煤炭科学技术,1978.11.
[2]　采场上覆岩层运动的基本规律.山东矿业学院,1974.
[3]　SME Mining Engineering Handbook. Vol I,1972.
[4]　Variatons aspects of Longwall roof supports. A. H. Wilson Colliery Guardian,1978.
[5]　Proceedings of the European Congress on Ground movement,1967.
[6]　Совертенствование Управления Горным Давлением,1967.
[7]　采空区底板承受压力测定情况.Уполг,1973,№6.
[8]　采煤学.中国矿业学院,煤炭工业出版社,1979.

Conditions Required for Equilibrium of Overlying Strata at Working Areas

Qian Minggao

Abstract: On the basis of the subsidence curves of overlying strata at working areas, obtained by measurements on the spot, and with the aid of actual phenomena of possible "structural" formation observed in those strata, the paper puts forward a mechanical model showing "structural" formation of the overlying strata. From this model it is possible to find out the equilibrium conditions for structural formation of overlying strata. On analysis, it is found that these conditions are closely related to the thickness of overlying strata, mining height, total thickness of immediate roof, method of roof control and the mechanical nature of overlying strata.

采场上覆岩层岩体结构模型及其应用[①]

钱 鸣 高

（中国矿业学院）

摘 要：本文在分析采场上覆岩层活动规律和岩层结构平衡的基础上，进一步提出了岩体结构模型。事实证明，不论采空区应力场发生多少变化还是岩层破断距离是否相等，悬露区岩块的受力特征仍然不变。该模型为分析开采中有关的一系列问题从机理上打下了基础。

一、前 言

由于回采工作面是煤矿生产的核心部分，且回采工作空间随着回采工作面的推移而不断前移。既经济而又安全地维护好回采工作空间，无论对矿工的安全以及提高矿工的生产效率都有极为重要的关系。回采工作空间的支护无疑是一构筑物，只是由于它不断地推移而具有一定的临时构筑物的性质。而且此构筑物所受的载荷以及其变形特点又密切与其上覆岩层的活动规律有关。为了使支护物既经济而又可靠，研究采场上覆岩层形成"结构"的可靠性以及研究此"结构"失稳的条件将都具有十分重要的现实意义。文献[1]根据采场在推进过程中的围岩移动特点，建立了岩块互相咬合关系的结构力学模型。本文将进一步探讨并建立采场上覆岩层的整体"结构"模型，从而为进一步确定支护物的参数以及向有关开采技术方面提供依据。

二、采场上覆岩层活动规律

根据国内外有关采场上覆岩层内部深基点移动观测，尤其是大屯孔庄矿的测定，可将如图 1（a）所示柱状图形成的采场上覆岩层的变形破坏绘成如图 1（b）所示。

在岩层内部可划分为三个区：A——煤壁支撑影响区；B——离层区及支架支撑影响区；C——已冒落矸石支撑区（岩层重新压实区）。从而说明离层区以上破断了的岩块互相咬合而形成的"结构"为"煤壁—采空区已冒落的矸石"支撑体系所支撑。而对于裂隙带的下位岩层所形成的岩块互相咬合的"结构"则为"煤壁—支架—采空区已冒落的矸石"支撑体系所支撑。

由于支撑体系的力学特性，即煤壁具有一定的刚性，而已冒落的矸石则经过一压实的

---

① 本文发表于《中国矿业学院学报》，1982 年第 2 期，第 1～11 页。

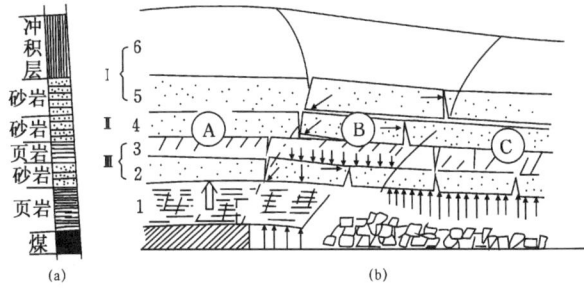

图 1

过程,可缩性比较大,因而决定了采场上覆岩层的下沉变形是按照接近于 $W_x = W_m \cdot (1-e^{-az^b})$ 的负指数曲线变化。此方程中的 a 与 b 是两个系数,它随着与开采层不同的距离及岩层力学性质而变化。W_m 为岩层下沉基本稳定时离工作面为 L m 处的下沉值。根据测定,L 在研究采场矿山压力时可取 $50\sim60$ m。$z = \dfrac{x}{L}$,x 是由工作面开始计算向采空区方向的任意距离。一般来说,此曲线的斜率 $\dfrac{\mathrm{d}W_x}{\mathrm{d}z}$,随着岩层远离开采层而逐渐地接近于正态分布。

煤层开采后的上覆岩层,根据移动曲线的斜率变化可知它将为大小不等的断裂裂隙所切割,其破坏的程度将视岩性的不同而不同。一般来说,越是软的岩层(如页层、薄层的砂页岩等),则不仅要经受开采时岩层弯曲变形而导致的破坏,而且在煤壁前支承压力的作用下就可能使其处于碎裂状态。但对于坚硬岩层(如砂岩或石灰岩),则裂隙的形成主要是由于随着回采工作面的推进岩层的弯曲变形而导致的周期性破断,因而常常呈整齐的块条状。根据文章[1]的结论,显然只有把这些坚硬岩层视为可形成"结构"的岩层,如图 1 中 2、4、5 岩层。而对碎裂了的或为纵横交错的裂隙所切割的软岩层,如图 1 中的岩层 3 与冲积层 6,则视为坚硬岩层的载荷以及传递垂直力的媒介。为此可将开采煤层的上覆岩层群以坚硬岩层为底层而将其划分为若干岩层组。如图 1 所示,可将其划分为 3 组,即 2 和 3 为Ⅲ组;4 单独为Ⅱ组;而 5 和 6 为Ⅰ组。

根据岩层内部深基点的测定,随着回采工作面的推进,此深基点不仅有垂直位移,而且还有沿回采工作面推进方向以及沿煤层倾斜方向的水平位移。现将由大屯孔庄矿 7111 工作面观测巷(它位于开采层八号层之上 25 m 的走向方向,煤层倾角为 $25°$)用经纬仪及水准仪测得的观测点移动轨迹叙述如下:

图 2 所示曲线是以回采工作面为固定坐标,观测点与工作面不同相对距离时的下沉曲线。

图 3 所示为观测点在沿煤层倾斜方向垂直面上的移动轨迹。

图 4 所示为几个观测点在沿开采层走向方向垂直面上的移动轨迹。

图 5 所示为观测点在水平投影面上的移动轨迹。

由此可知,岩层内部深基点移动的基本规律是:

(1) 图 2 的下沉曲线性质及其作用已在文献[1]中阐述。

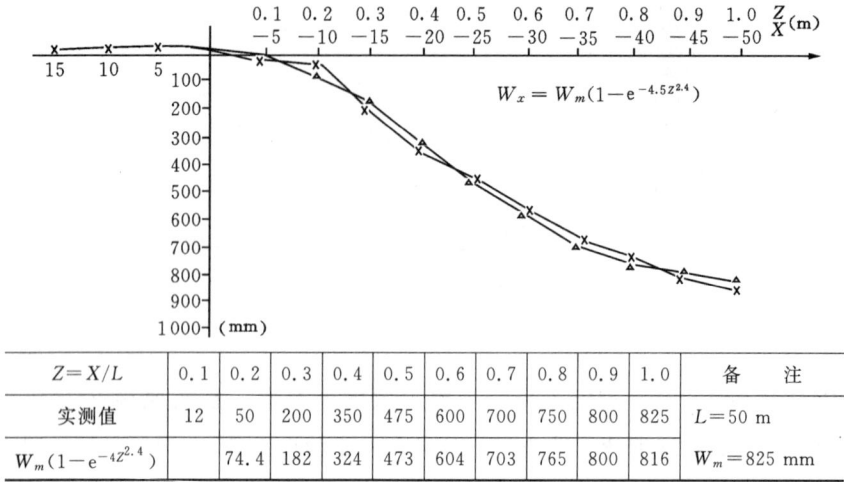

$Z=X/L$	0.1	0.2	0.3	0.4	0.5	0.6	0.7	0.8	0.9	1.0	备　　注
实测值	12	50	200	350	475	600	700	750	800	825	$L=50$ m
$W_m(1-e^{-4Z^{2.4}})$		74.4	182	324	473	604	703	765	800	816	$W_m=825$ mm

图 2

（2）由图3可知，随着煤层开采其上覆岩层（指回采工作面中部上方）基本上是沿着与层面成垂直的方向向下移动。图中因为煤层倾角为25°，因而上覆岩层的观测点基本上按照与水平面成65°角的方向向下运动。

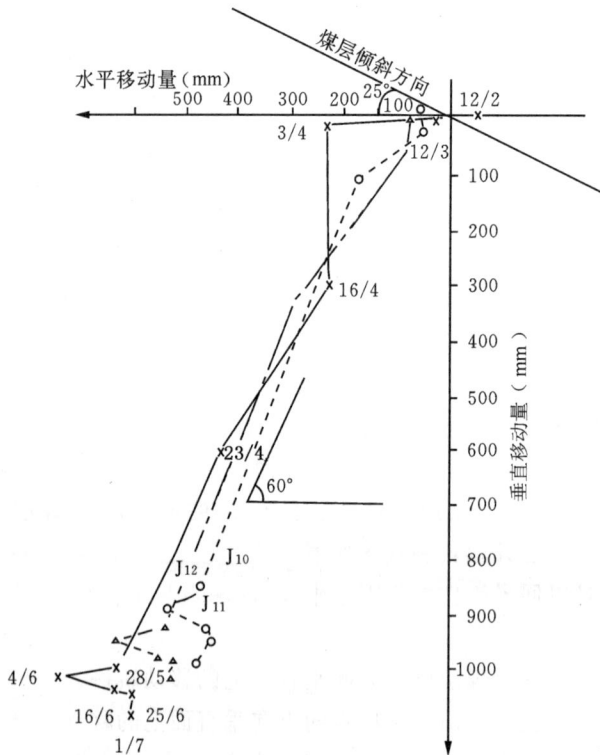

图 3

（3）根据图 4 可知,上覆岩层的观测点沿走向方向先向采空区方向移动,而当达到图 2 中曲线的拐点时,此深基点转而向开采面推进的方向移动,而且最后超过其原来的位置。由图可知此数值常可达 100 多毫米。

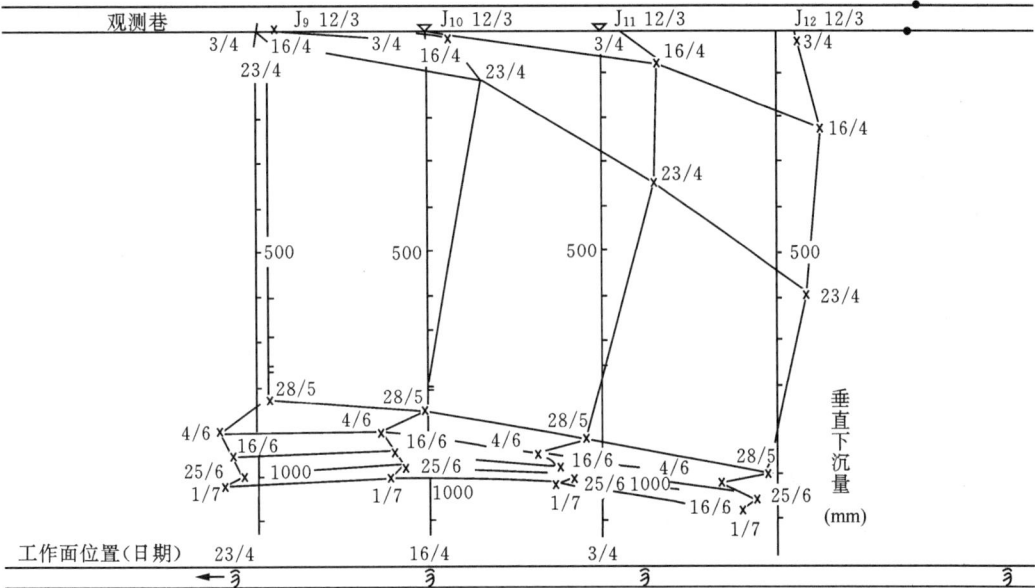

图 4

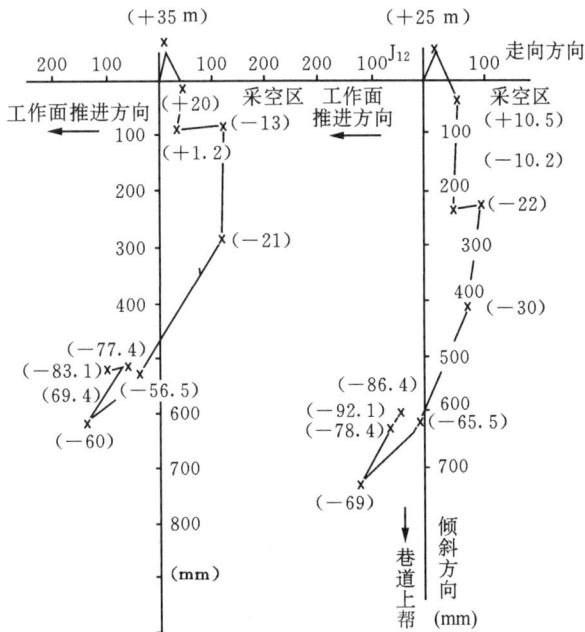

图 5

注:( )内数字为距工作面距离

（4）图 5 说明观测点的总的水平移动情况。显然,沿着 Y 轴方向的移动量大小将随着开采层的倾角以及观测点离开采层的距离而变化。

岩体内岩层与岩层间的水平错动,也在观测巷底板中所打的观测孔中得到证实。因而可以断定层间所具有的摩擦力不足以阻挡岩层间的相互错动、相对之下是极小的。

三、上覆岩层的岩体结构力学模型

如前所述,在研究开采后引起的岩层运动规律时,可将主宰整个岩层运动的几层坚硬岩层作为研究的主体,而将其各自的上覆软岩层或碎裂了的岩层视为载荷。

显然力学模型的建立应以上述上覆岩层深基点观测作为依据。如根据图 2 可决定岩块之间咬合点的位置及形成结构的外形轮廓线。根据图 3 可知所研究的对象主要是指回采工作面中部上方的岩层,而且是研究垂直于层面的垂直面内的岩块相互关系。

由此可将图 1 所示的示例,根据文献[1]所研究的成果,绘制成如图 6 所示的岩体整体结构的力学模型。

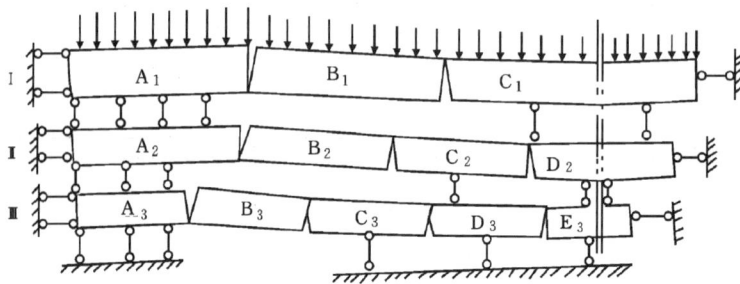

图 6

图 6 中形成“结构”的几个依据是:

（1）以各坚硬岩层为主体,将破断了的岩块作为每一元件,按照下沉曲线的特性决定块间咬合点的位置。

（2）将软岩层或碎裂了的岩层视为载荷或传递垂直力的媒介,且由于层间不能阻挡水平错动,因而可将其简化为相应的支承链杆。

（3）离层区视为无支撑区。

（4）最上岩层组的坚硬岩层,由于其上只是软岩层及冲积层,因而可视为均布载荷作用于此第 1 组的坚硬岩层上,而后各岩层组则不然。

（5）最上的坚硬岩层,随着回采工作面的推进,由于载荷条件一致,因而此岩层破断后的各岩块长度可视为一致。但对而后的各组岩层,由于互相影响,破断后的岩块长度则不一定相等。

现在分析各组岩层的平衡关系。

先分析第 I 组岩层,显然由于表土层的散体,根据前述原则,载荷是均布载荷。

为了表达方便起见,仍然按照 A→G 岩块相排列。并且由于讨论几组岩层,为了将各自的岩块及力相区别,将每个符号的第一个脚标表示纵向的岩层编号,而把第二个脚标作为岩层分块的横向排列。而且把 B 块的编号作为 0,由 C 块开始为 1,例如 R_{15} 即表示第 I 岩层组第 G 块岩块的支撑力;Q_{20} 即表示第 II 岩层组 B 块岩块的重量及载荷;等等。

这样根据第 I 组各岩块咬合点的受力关系如文献[1]中所提到的,应符合以下关系:

$$T_1 = \frac{L_{10}Q_{10}}{2(h_1 - s_{10})} \tag{1}$$

$$(R_1)_{0-1} = 0 \tag{2}$$

$$(R_1)_{0-0} = Q_{10} \tag{3}$$

$$R_{11} = Q_{11} - \frac{\Delta s_{11}}{h_1 - s_{11}}Q_{10} \tag{4}$$

$$R_{12} = Q_{12} + \frac{\Delta s_{11}}{h_1 - s_{11}}Q_{10} \tag{5}$$

$$R_{13} = Q_{13} - \frac{\Delta s_{13}}{h_1 - s_{11}}Q_{10} \tag{6}$$

$$R_{14} = Q_{14} + \frac{\Delta s_{13}}{h_1 - s_{11}}Q_{10} \tag{7}$$

$$R_{15} = Q_{15} \tag{8}$$

现再分析第 II 岩层组,此时 $R_{11},R_{12},\cdots,R_{15}$ 将作为此岩层组的载荷,且由于各破断岩块不等长,因而各岩块本身的载荷也不等,如图 7 所示。

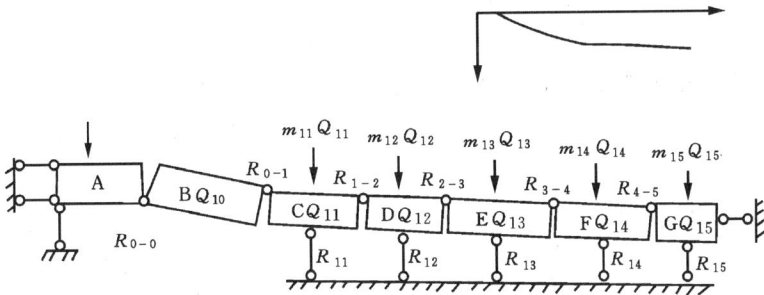

图 7

此时岩层的结构力学模型仍可参照图 7,只是各岩块的断裂长度 B_2 为 L_{20},载荷为 Q_{20},而 $C_2,D_2,E_2,\cdots$ 各块的长度各为 $L_{21},L_{22},\cdots$ 其本身的重量各为 $Q_{20},Q_{21},Q_{22},\cdots$ 由于考虑到 $R_{11},R_{12},R_{13},\cdots$ 的作用,因此 $C_2,D_2,E_2,\cdots$ 的载荷将分别为 $Q'_{21},Q'_{22},Q'_{23},\cdots$ 若此处取 $\frac{Q'_{21}}{Q_{21}} = m_{21},\frac{Q'_{22}}{Q_{22}} = m_{22},\cdots$ 由此可将第 II 岩层组各个未知力的关系列成如下的矩阵。

$$
\begin{bmatrix}
\dfrac{L_{20}}{2}Q_{20}\\[4pt]
\dfrac{L_{20}}{2}Q_{20}\\[4pt]
\dfrac{L_{21}}{2}m_{21}Q_{21}\\[4pt]
\dfrac{L_{21}}{2}m_{21}Q_{21}\\[4pt]
\dfrac{L_{22}}{2}m_{22}Q_{22}\\[4pt]
\dfrac{L_{22}}{2}m_{22}Q_{22}\\[4pt]
\dfrac{L_{23}}{2}m_{23}Q_{23}\\[4pt]
\dfrac{L_{23}}{2}m_{23}Q_{23}\\[4pt]
\dfrac{L_{24}}{2}m_{24}Q_{24}\\[4pt]
\dfrac{L_{24}}{2}m_{24}Q_{24}
\end{bmatrix}
=
\begin{bmatrix}
L_{20} & & -(h_2-s_{20})\\[4pt]
0-L_{20} & & (h_2-s_{20})\\[4pt]
L_{21}\dfrac{L_{21}}{2} & & \Delta s_{21}\\[4pt]
\dfrac{L_{21}}{2}L_{21} & & -\Delta s_{21}\\[4pt]
-L_{22}\dfrac{L_{22}}{2} & & \Delta s_{22}\\[4pt]
\dfrac{L_{22}}{2}-L_{22} & & -\Delta s_{22}\\[4pt]
& L_{23}\dfrac{L_{23}}{2} & \Delta s_{23}\\[4pt]
& \dfrac{L_{23}}{2}L_{23} & -\Delta s_{23}\\[4pt]
& -L_{24}\dfrac{L_{24}}{2} & \Delta s_{24}\\[4pt]
& \dfrac{L_{24}}{2} & -\Delta S_{24}
\end{bmatrix}
\begin{bmatrix}
(R_2)_{0-0}\\[4pt]
(R_2)_{0-1}\\[4pt]
R_{21}\\[4pt]
(R_2)_{1-2}\\[4pt]
R_{22}\\[4pt]
(R_2)_{2-3}\\[4pt]
R_{23}\\[4pt]
(R_2)_{3-4}\\[4pt]
R_{24}\\[4pt]
T
\end{bmatrix}
$$

显然上述分析对于而后的各个岩层组都适用，若以$\{M_i\}$表示第i岩层组等式左面的载荷矩列向量；$\{R_i\}$表示等式右边的第i层的各岩块所受未知力的列向量；$[F_i]$表示未知力前的系数矩阵。则第i层的方程组可表达为：

$$\{M_i\}=[F_i]\cdot\{R_i\}$$

由此可知第i层方程组的增广矩阵$\overline{A}$为：

$$
\overline{A}=
\begin{bmatrix}
L_{i0} & & -(h_i-s_{i0}) & -\dfrac{L_{i0}}{2}Q_{i0}\\[4pt]
0-L_{i0} & & (h_i-s_{i0}) & \dfrac{L_{i0}}{2}Q_{i0}\\[4pt]
L_{i1}\dfrac{L_{i1}}{2} & & \Delta s_{i1} & \dfrac{L_{i1}}{2}m_{i1}Q_{i1}\\[4pt]
\dfrac{L_{i1}}{2}L_{i1} & & -\Delta s_{i1} & -\dfrac{L_{i1}}{2}m_{i1}Q_{i1}\\[4pt]
-L_{i2}\dfrac{L_{i2}}{2} & & \Delta s_{i2} & \dfrac{L_{i2}}{2}m_{i2}Q_{i2}\\[4pt]
\dfrac{L_{i2}}{2}-L_{i2} & & -\Delta s_{i2} & -\dfrac{L_{i2}}{2}m_{i2}Q_{i2}\\[4pt]
& L_{i3}\dfrac{L_{i3}}{2} & \Delta s_{i3} & \dfrac{L_{i3}}{2}m_{i3}Q_{i3}\\[4pt]
& \dfrac{L_{i3}}{2}L_{i3} & -\Delta s_{i3} & -\dfrac{L_{i3}}{2}m_{i3}Q_{i3}\\[4pt]
& -L_{i4}\dfrac{L_{i4}}{2} & \Delta s_{i4} & \dfrac{L_{i4}}{2}m_{i4}Q_{i4}\\[4pt]
& \dfrac{L_{i4}}{2} & -\Delta s_{i4} & -\dfrac{L_{i4}}{2}m_{i4}Q_{i4}
\end{bmatrix}
$$

$\overline{A}$ 经过行的初等变换可得：

$$
\overline{A} =
\begin{bmatrix}
1 & & -\dfrac{h_i - s_{i0}}{L_{i0}} & & \dfrac{Q_{i0}}{2} \\[2mm]
& 1 & -\dfrac{h_i - s_{i0}}{L_{i0}} & & -\dfrac{Q_{i0}}{2} \\[2mm]
& & 1 & 2\left(\dfrac{h_i - s_{i0}}{L_{i0}} + n_{i1}\right) & Q_{i0} + m_{i1}Q_{i1} \\[2mm]
& & 1 & -\left(\dfrac{h_i - s_{i0}}{L_{i0}} + 2n_{i1}\right) & -\dfrac{Q_{i0}}{2} \\[2mm]
& & 1 & -2\left(\dfrac{h_i - s_{i0}}{L_{i0}} + 2n_{i1}\right) + 2n_{i2} & -(Q_{i0} - m_{i2}Q_{i2}) \\[2mm]
& & 1 & -\left[\dfrac{h_i - s_{i0}}{L_{i0}} + 2(n_{i1} - n_{i2})\right] & -\dfrac{Q_{i0}}{2} \\[2mm]
& & 1 & 2\left[\dfrac{h_i - s_{i0}}{L_{i0}} + 2\left(n_{i1} - n_{i2} + \dfrac{n_{i3}}{2}\right)\right] & Q_{i0} + m_{i3}Q_{i3} \\[2mm]
& & 1 & -\left[\dfrac{h_i - s_{i0}}{L_{i0}} + 2(n_{i1} - n_{i2} + n_{i3})\right] & -\dfrac{Q_{i0}}{2} \\[2mm]
& & 1 & -2\left[\dfrac{h_i - s_{i0}}{L_{i0}} + 2(n_{i1} - n_{i2} + n_{i3}) - n_{i4}\right] & -(Q_{i0} - m_{i4}Q_{i4}) \\[2mm]
& & & 2\left[\dfrac{h_i - s_{i0}}{L_{i0}} + 2(n_{i1} - n_{i2} + n_{i3} - n_{i4})\right] & Q_{i0}
\end{bmatrix}
$$

式中，$n_{i1}, n_{i2}, \cdots$ 表示第 i 岩层中 $\mathrm{C}_i, \mathrm{D}_i, \mathrm{E}_i, \cdots$ 各岩块的斜率，即 $\dfrac{\Delta s_{i1}}{L_{i1}}, \dfrac{\Delta s_{i2}}{L_{i2}}, \dfrac{\Delta s_{i3}}{L_{i3}}, \cdots$。

由此方程组很容易得到各未知力的解，也即岩体内任意破断了的岩块的受力状态。同时也可解出各层岩层在开采过程中采空区的支承压力分布状态。

由上述矩阵可得：

$$
2\left[\frac{h_i - s_{i0}}{L_{i0}} + 2(n_{i1} - n_{i2} + n_{i3} - n_{i4})\right]T_i = Q_{i0}
$$

因此

$$
T_i = \frac{Q_{i0}}{2\left[\dfrac{h_i - s_{i0}}{L_{i0}} + 2(n_{i1} - n_{i2} + n_{i3} - n_{i4})\right]}
$$

为了对岩体内形成的结构作一粗略的定性分析，仍然可以假定相邻两岩块的斜率几近一致，即 $n_{i1} \approx n_{i2}, n_{i3} \approx n_{i4}$，如此，任意层的水平推力 T_i 为：

$$
T_i = \frac{L_{i0}Q_{i0}}{2(h_i - s_{i0})}
$$

对照于公式（1）可知每层形成的水平推力的大小，仅与处于悬露状态岩块的破断长度 L_{i0}、层厚 h_i、下沉量 s_{i0} 以及其重量 Q_{i0} 有关。而与采空区岩体内的应力分布状态无关。

同理可求得其他有关的力如下：

$$
(R_i)_{0-1} = 0
$$

$$
(R_i)_{0-0} = Q_{i0}
$$

$$R_{i1} = m_{i1} Q_{i1} - \frac{n_{i1} L_{i0} Q_{i0}}{h_i - s_{i0}}$$

$$R_{i2} = m_{i2} Q_{i2} + \frac{n_{i2} L_{i0} Q_{i0}}{h_i - s_{i0}}$$

$$R_{i3} = m_{i3} Q_{i3} - \frac{n_{i2} L_{i0} Q_{i0}}{h_i - s_{i0}}$$

$$R_{i4} = m_{i4} Q_{i4} + \frac{n_{i4} L_{i0} Q_{i0}}{h_i - s_{i0}}$$

......

由此可知,虽然在第Ⅱ、Ⅲ组结构的载荷及岩块破断长度发生了变化,但此岩层结构的主要特征仍然没有变化,即仍然符合以下几条:

(1)悬露岩块的重量几乎全部由前支承点(煤壁)承担;

(2)岩块 B_i 与 C_i 间的剪切力几近为零,即此处相当于半拱的拱顶;

(3)此结构的最大剪切力发生在岩块 A_i 与 B_i 之间,其值相当于岩块 B_i 本身的重量及其上覆软岩层之载荷。

如此,任意层平衡的条件为:

$$T_i \text{tg}(\varphi - \theta) > (R_i)_{0-0}$$

$$\frac{L_{i0} Q_{i0}}{2(h_i - s_{i0})} \cdot \text{tg}(\varphi - \theta) > Q_{i0}$$

因此要求形成的破断岩块长度必须满足如下要求:

$$L_{i0} > \frac{2(h_i - s_{i0})}{\text{tg}(\varphi - \theta)}$$

粗略地计算,在 $\theta = 0$,$\text{tg}\,\varphi = 1$ 的条件下,且不计 s_{i0},则破断岩块的长度至少应是其层厚的两倍。

因此有时采场周期来压步距突然变小(或由于断层或上位岩层组断裂的影响),反而可能形成工作面沿煤壁的切顶事故。

所以回采工作面的矿山压力显现,主要是由于各岩层组中岩块 B_i 的回转和剪切等原因而造成的。

对于各层在采空区的支承压力分布,则主要决定于 m_{ij} 的确定,此待以后再讨论。

四、岩体结构模型的应用

1. 支护强度的确定

根据前述,可将支护在最困难条件下的岩层活动情况用图 8 表示。由于支架所能影响的范围只是离层区以下的岩层,因此图中只表示了裂隙带的下位岩层及采场直接顶部分对支架的作用关系。

由图及前述分析,显然可以将裂隙带的下位岩层视为采场支架应协助维护的最下位岩层结构。直接顶与此结构之间不应存在垂直方向的离层(由于水平错动而造成的缝隙除外)。由于支架工作阻力对煤壁形成的力矩远小于裂隙带下位岩层岩块在回转过程中对煤壁形成的力矩,因此支架的可缩量设计应按照裂隙带下位岩层的变形条件进行。

为了满足支架的下位岩层的平衡条件,支架对它的支撑力 P_1 可以用下式做粗略的估算:

$$P_1 = \left[2 - \frac{L_0 \, \mathrm{tg}(\varphi - \theta)}{2(h - s_0)} \right] Q \quad (\mathrm{t/m})$$

图 8

式中,L_0 为裂隙带下位岩层的断裂步距,一般可取工作面周期来压步距中的最小步距;Q 为相应的破断岩块及其上覆软岩层的重量;其余符号同前。

上式中 P_1 不可能为负值,最小为零。若计算时出现负值,即说明此下位岩层本身能取得力系的平衡而无需支架的协助。

事实上 P_1 的计算,一直要到裂隙带岩层中的平衡岩层为止。因此 P_1 的支撑力有时不只维护一层裂隙带的下位岩层。

而对于直接顶形成的载荷,从维护采场的安全性考虑则应支撑其全部重量,因此支架的支护强度应是:

$$p = \sum h \cdot \gamma + \left[2 - \frac{L_0 \, \mathrm{tg}(\varphi - \theta)}{2(h - s_0)} \right] \frac{Q_0}{R} \quad (\mathrm{t/m^2})$$

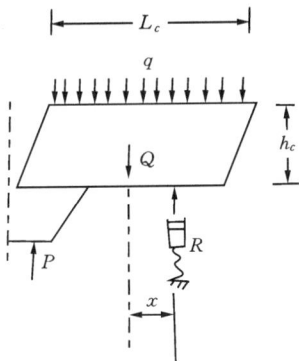

图 9

在有些地区,直接顶 $\sum h$ 比较薄,而位于其上的坚硬岩层破断后仍属于规则垮落带的范围,因而此岩层断裂步距超过控顶距,但块间又无水平力的联系,即此时岩块的 $T = 0$,因而 $R_{0-0} = 0$。为此,为了满足 $\sum F_r = 0$ 的条件,P_1 应等于 Q_0。

但考虑到采空区冒落后的矸石,在岩块经过一定的回转时对它产生一定的支撑力 $R_{\text{矸}}$,如图 9 所示。这样 P_1 应承担的力量将是:

$$n(h_c \gamma L_c + q L_c) = n \cdot L_c (h_c \gamma + q)$$

其中,n 为一系数。

若其上的裂隙带岩层也不能得到平衡,则支架应具备的工作阻力必须满足于下面的公式:

$$P = \sum h \cdot \gamma \cdot R + n \cdot L_c (\gamma h_c + q) + \left[2 - \frac{L_0 \, \mathrm{tg}(\varphi - \theta)}{2(h - s_0)} \right] Q_0 \quad (\mathrm{t/m})$$

当然具体情况具体分析,若直接顶较厚而规则垮落带在采空区又无悬顶情况,则上式中的第 2 项为零。同理,若裂隙带的下位岩层能自身平衡,则上式中的第 3 项应为零。

若开采层倾角较大,P 值中还应考虑 $\cos \alpha$ 的系数(α 为煤层倾角)。

2. 顶板下沉量的确定

根据图 6 的结构力学模型,可知决定回采工作面顶板下沉量的主要因素是 B 岩块的倾斜度。由大屯孔庄矿的测定,在采场的上覆岩层中各层相当于 B 岩块的回转角度如表 1 所示。表中列出了离开采层不同距离的回转角。

表 1

离开采层顶板的距离(m)	0(工作面)	5~10	10~15	15~20	25
S_1—S_2 倾斜度	7°左右	5.7°	3.1°	1.4°	0.6°

* S_1—S_2 倾斜度,指岩块中两个点连线的倾斜度。

由上表可知,由于开采后岩层的松动,倾斜度越向上越缓和,同时也可知工作面顶板的倾斜度是与上覆岩层中 B_i 岩块的倾斜度直接有关的。

根据前面所叙述的原则,即直接顶与裂隙带下位岩层之间不应有垂直方向的离层。因此,工作面顶板的下沉量应在一定程度上保持与裂隙带下位岩层"结构"沉缩量的一致性。

关于裂隙带下位岩层结构的变形情况,可以将其简化为如图 10(a)所示的形式。

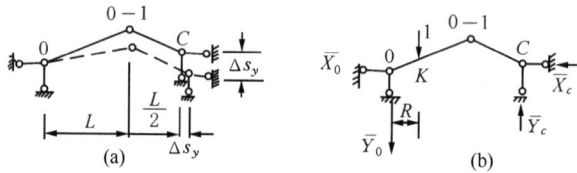

图 10

图 10 中,0 点相当于结构中 A、B 岩块的咬合点,0—1 为 B、C 岩块的咬合点,C 相当于 C 岩块。如此 Δs_y 即表示 C 岩块的垂直下沉量,Δs_x 为其水平移动量。鉴于 Δs_x 仅只 100~200 mm,相对于 Δs_y 则较小。此结构的虚拟状态如图 10(b)所示。为了求取控顶距为 R 处的下沉量,取结构中的 K 点,并令其受单位力,考虑刚架整个的平衡,$\sum M_0 = 0$,则:

$$\overline{Y}_c \cdot \left(L + \frac{L}{2} \right) = 1R$$

所以

$$\overline{Y}_c = \frac{2R}{3L}$$

再以右侧为脱离体,取 $\sum M_{0-1} = 0$,则:

$$\overline{Y}_c \cdot \frac{L}{2} = \overline{X}_c \cdot \frac{h}{2} \quad (h \text{ 为岩层厚})$$

所以

$$\overline{X} = \frac{L}{h} \cdot \frac{2R}{3L} = \frac{2R}{3h}$$

如此,在 R 处的变形量 Δs_R 为:

$$\Delta s_R = -\sum F \cdot \Delta s = -\left[\overline{Y}_c \cdot \Delta s_y + \overline{X}_c \cdot \Delta s_x \right]$$

$$= -\left[-\left(\frac{2R}{3L} \cdot \Delta s_y \right) + \left(\frac{2R}{3} \cdot \Delta s_x \right) \right] = +\frac{2R}{3} \left(\frac{\Delta s_y}{L} - \frac{\Delta s_x}{h} \right)$$

由于 Δs_x 较小,忽略后一项,则

$$\Delta s_R = +\frac{2R}{3} \cdot \frac{\Delta s_y}{L}$$

此处 Δs_y 可称为采空区触矸点的下沉量,若此数值以 $[m - \sum h(K_P - 1)]$ 代入(式中 m

为采高,K_P为矸石处于较松散状态的膨胀系数),则:

$$\Delta s_R = \frac{2}{3} \cdot \frac{R}{L}\left[m - \sum h(K_P - 1)\right]$$

3. 开采顺序

由于对开采层上覆岩层的平衡进行了研究,因而就有可能将采场的上覆岩层在垂直方向划分为非平衡带(相当于冒落带)、部分平衡带(相当于裂隙带的下位岩层)与平衡带(相当于裂隙带的上位岩层)。显然,若被采动的煤层位于平衡带之上,则其所受的破坏将较小,此时若在煤层工作面的安排上作适当布置,则可进行上行开采。

除此,目前使用的工作面,开采方向大部分是沿走向,经过对上覆岩层平衡关系的研究,工作面若沿倾斜下向开采,所形成的工作面矿山压力要比其他条件为优越。

4. 其他

由于对开采后的上覆岩层结构有一宏观的认识,因而就有可能进一步确定边界条件,以分析工作面前后方的支承压力分布图形及其影响因素。

除此,还可对开采后地表移动时形成台阶状下沉作出解释。

参 考 文 献

[1]　采场上覆岩层的平衡条件. 钱鸣高,中国矿业学院学报,1981 年第二期.
[2]　从围岩移动的力学关系论采场支架基本参数的决定. 钱鸣高,煤炭科学技术,1981.11.
[3]　采煤学. 中国矿业学院,煤炭工业出版社,1979.
[4]　The Effects of Interaction in Mine Lagonts. H. I. King, B. N. Whittaker, A. S. Bathchelor. 5th International Strata Control Conference, London 1972.

A Structural Model of Overlying Strata in Longwall Workings and Its Application

Qian Minggao

Abstract: On the basis of analysis of behaviours of overlying strata in longwall workings and conditions required for the creation of a structural equilibrium of them, a further study has been made with the aid of a structural model. It is proved that whatever changes occur in the stress field of the gob area and no matter how long the ruptured strata are, characters of rock mass in the exposed area, as a result of pressure acting on it, will remain unchanged. The model will serve, in the way of mechanism, as a foundation for the analysis of a number of problems which may arise in mining.

采场上覆岩层活动规律及其对矿山压力的影响[①]

钱鸣高　李鸿昌

（中国矿业学院）

摘　要：本文在分析已有研究成果和对大屯孔庄煤矿七号及八号层之间岩层移动的实际观测的基础上，提出了岩层内部移动曲线比负指数曲线更接近于实际。根据此曲线的性质提出了曲线的前最大曲率点至煤壁以内应属于煤壁支撑影响区；而由此至曲线的后最大曲率点之间，则应属于离层区和支架影响区；其后则是岩层重新压实区。文章还叙述了各区岩层移动的特点和支架可能影响的范围，同时提出了对各个区域岩体属性的认识。

根据实际测定，文章分析了裂隙带岩层"结构"的静、动态平衡过程及其平衡条件，从而提出了对采场支护结构设计的要求。此处分两种类型叙述：其一是岩层在破断后岩块间有水平力互相作用的情况；其二是指规则垮落带中破断岩块间无水平力作用时支架的受力分析。

一、问题的提出

近年来随着煤矿生产技术的发展，提出了一系列的顶板管理问题。例如：工作面支架型式的选择，支架工作阻力和支柱可缩量的确定，在回采工作面最威胁矿工安全的沿煤壁切顶问题，以及在某些特定条件下探讨上行开采顺序的可能性等。为了解决以上这些问题，要求研究采动后采场上覆岩层的活动规律，研究其形成某种"结构"的可能性。事实上，探讨开采后上覆岩层的变形、移动、破坏及其在破断后再次形成平衡的可能性，历来是研究矿山压力的主要课题之一。

二、采场上覆岩层活动规律

1. 已有的成果

国内外大量的生产实践及科学研究活动中，有关采场围岩活动规律方面已得出下列众所周知的结论与现象：

（1）采场采动后的上覆岩层，根据其开采厚度与冒落空间的关系可分为垮落带（包括不规则垮落带与规则垮落带）、裂隙带与弯曲下沉带。与采场顶板管理密切相关的则是垮落带与裂隙带。

---

① 本文发表于《煤炭学报》，1982年第2期，第1～12页。

（2）特定条件下，煤层上覆的顶板岩层可能形成缓慢下沉，即顶板岩层在采空区悬露相当距离并弯曲下沉而后逐渐与底板岩层相接触；

（3）开采后的上覆顶板岩层在弯曲变形过程中可能发生"离层"，即层与层之间互相脱开；

（4）苏联学者 Г. Н. 库兹聂佐夫认为，裂隙带岩层能形成"三铰拱"式的平衡，在西欧各国则认为采场上覆岩层中有"岩层桥"存在，但这些假说都没有探讨其存在应具备的条件。

所有上述研究成果，都未能全面地解决前面提出的各项问题。

2. 实际测定

为了进一步研究开采后采场上覆岩层的活动规律，在大屯孔庄矿七号与八号层之间进行了岩层内部深基点观测。

测定地点的开采条件如图 1 所示，七号与八号层之间的岩层柱状图参见图 3。

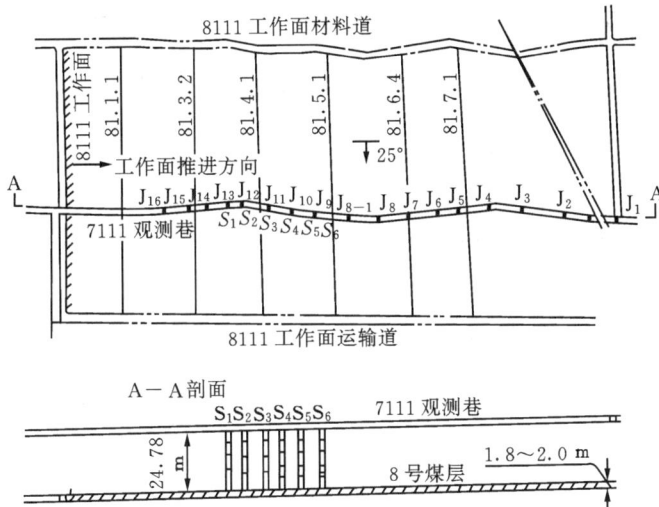

图 1　测定地点的开采条件

图中八号层层厚 1.8～2 m，煤层倾角 25°，八号层工作面 8111 的长度为 115 m。在八号层 8111 工作面上方七号煤层中沿走向开掘有一条 7111 工作面的材料道。七号层由于是大量的天然焦，因而尚未开采。决定先采八号层，而后再采七号层，进行上行开采的试验。因此岩层内部的深基点都是由七号层的 7111 材料道向 8111 工作面顶板岩层中布置。在初次来压步距（估计为 50 m）以后设有 6 个深孔，即图中 S_1，S_2，…，S_6 的位置，每一深孔中设有 3～5 个深基点，基本位置在离八号开采层顶板 5～10 m、10～15 m 及 15～20 m。将 7111 材料道作为观测巷，除上述深孔外，在巷道内还布置水准点进行水准测量及导线测量，同时还对 7111 材料道本身的围岩移动进行测量。

观测结果如下：

取 S_1 深基点为例，图 2 表示离八号层不同深度基点的位移与工作面所在位置的关系。

资料比较完整的观测点都在离煤层顶板 6 m 以上，也就是都在规则垮落带与裂隙带岩层之中。根据所测得的各深基点的移动规律特征，可将每一岩层划分为三个区。

（1）岩层的垂直位移，一般开始于回采工作面前方 30～40 m，甚至更远。但由于受到未采煤层的支撑，下沉极为微小，且在相当多的场合下测点出现负值（即岩层于该处有微量的上升现象），此负值一般小于 40 mm。此种变形如图 2 中典型下沉曲线中的 ab 段所示，b 点的下沉仅 10～20 mm，因此 ab 几近直线。b 点所在的位置可延续到回采工作面推过以后 4～8 m，甚至更远。

（2）回采工作面向前推进通过测点位置后，未采煤层对测点所在岩层的支撑影响已经消失，断裂了的岩块急剧下沉，从而形成了下沉曲线中的 bc 段（见图 2）。b 点常位于工作面之后，b 点至工作面煤壁的连线与垂直线形成的 α 角称为煤层支撑影响角。在 bc 段范围内，一般下位岩层的运动速度要大于上位岩层。如以工作面每推进 1 m 的下沉量（即曲线的斜率）作为岩层下沉速度的指标（mm/m），则所得结果如表 1 所示。

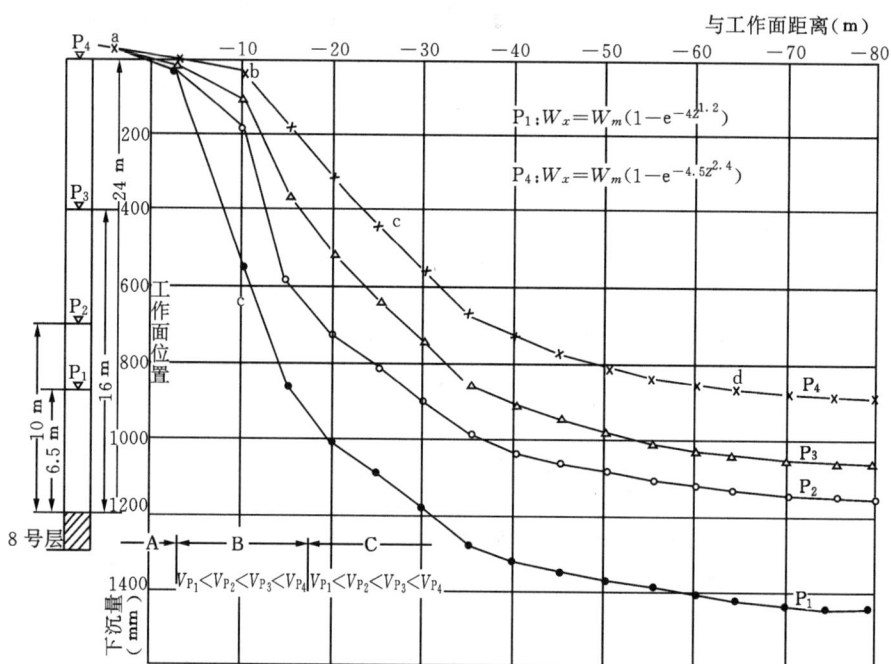

图 2　S_1 各深基点的位移

图中公式：
$$P_1: W_x = W_m(1-e^{-4z^{1.2}})$$
$$P_4: W_x = W_m(1-e^{-4.5z^{2.4}})$$
$$V_{P_1} < V_{P_2} < V_{P_3} < V_{P_4}$$

显然在 bc 区内，由于岩层下沉速度是下层大于上层，因而在层间就可能形成离层。下沉曲线中的 bc 段事实上也是岩层在断裂并失去煤壁支撑影响后的严重失稳阶段。

表 1

测点离煤层顶板的距离(m)	6～10	10～15	15～20	25
最大下沉速度(mm/m)	180	100	70	50
平均下沉速度(mm/m)	80—100	60—80	55	45

表 2

测点离煤层顶板的距离(m)	6～10	10～15	15～20	25
平均下沉速度(mm/m)	18.5	18.4	22.6	23.6

（3）裂隙带岩层下沉到一定位置，又受到已冒落矸石的支撑，岩层的下沉速度急剧减少到 $15\sim25$ mm/m。与 bc 段相反，在这范围内常常是下位岩层的下沉速度小于上位岩层的下沉速度（见表2），使岩层从离层又逐渐重新压实。

当工作面继续往前推进时，上覆岩层的下沉速度几近于一致。当测点离工作面 $50\sim60$ m 时，下沉几近平稳而且减至很小，仅 $1\sim3$ mm/m。

上述第三区域如图2曲线中的 cd 段。

上面叙述了一个深基点孔在回采工作面推进过程中各深基点的垂直下沉过程。

图3表示随着回采工作面的推进，在同一时间内，沿走向6个钻孔中各深基点的活动规律。由此给出了岩层在开采过程中的全部活动概貌，同时也可以看出随着离煤层距离的增加，岩层下沉情况的变化规律。

若以 S_1—S_2 倾斜度的变化来表示某一岩层段在开采后的变化情况，则由图3可知，岩块由开始处于水平状态而转入剧烈倾斜状态，最后又恢复到接近水平状态的全部过程。以离煤层顶板为 $10\sim15$ m 的深基点为例，S_1—S_2 倾斜度的变化如表3所示。

由图3可知，虽然岩层离煤层顶板的距离不同，但其活动规律基本上是一致的，只是越向上越缓和而已。仍以 S_1—S_2 的深基点为例，在同一时间内离煤层顶板不同距离时岩块的倾斜度如表4所示。

表3

观测日期 （日/月）1981年	25/3	1/4	6/4	15/4	1/5	5/5
$10\sim15$ m 处 S_1—S_2 倾斜度	0.5°	3.2°	4.2°	3°	1.7°	1.4°
工作面推进距 （m）		←4.1 m→		←17.2 m→		
	←7.9 m→		←8.6 m→		←4.7 m→	

表4

离煤层顶板 距离（m）	0	$5\sim10$	$10\sim15$	$15\sim20$	25
S_1—S_2 内相对 应深基点连 线的倾斜度	7°左右	5.7°	3.1°	1.4°	0.6°

图4表示了在7111观测巷用水准仪观测到的巷道底板岩层随着8111工作面推进的移动曲线，以及在巷道内用动态仪测到的巷道顶底板间距变化率（以每昼夜毫米计）。

图4表示了在回采工作面所处位置的上方，巷道顶板与底板之间在移近，而在往采空区方向的一段距离内，巷道顶板与底板的间距在增大（即图中出现的负值）。这种情况说明巷道的底板下沉先于顶板，或者说底板的下沉快于顶板的下沉，因此岩层间出现了离层。在一次观测中，此离层量达 120 mm。在此区域以后，巷道顶底板又出现了相对移近，即岩层在此区间又重新压实。

图4所表示的岩层移动过程，在一定程度上代表了开采后上覆岩层活动的一个典型过程。

图5为 S_3 深孔内各深基点所代表的各岩层下沉曲线。

根据上述岩层下沉曲线，可将其各段 ab、bc、cd 分别以 A、B、C 表示之，而将 A 区域称为煤壁支撑影响区；B 区域为岩层离层区；C 区域为岩层重新压实区。

3. 几点认识

（1）岩层移动特点

① 岩层移动的下沉曲线，在裂隙带的下位岩层或在相当于规则垮落带的地区，A 区域几近直线，而 B、C 区域则接近于如下述的负指数曲线，即

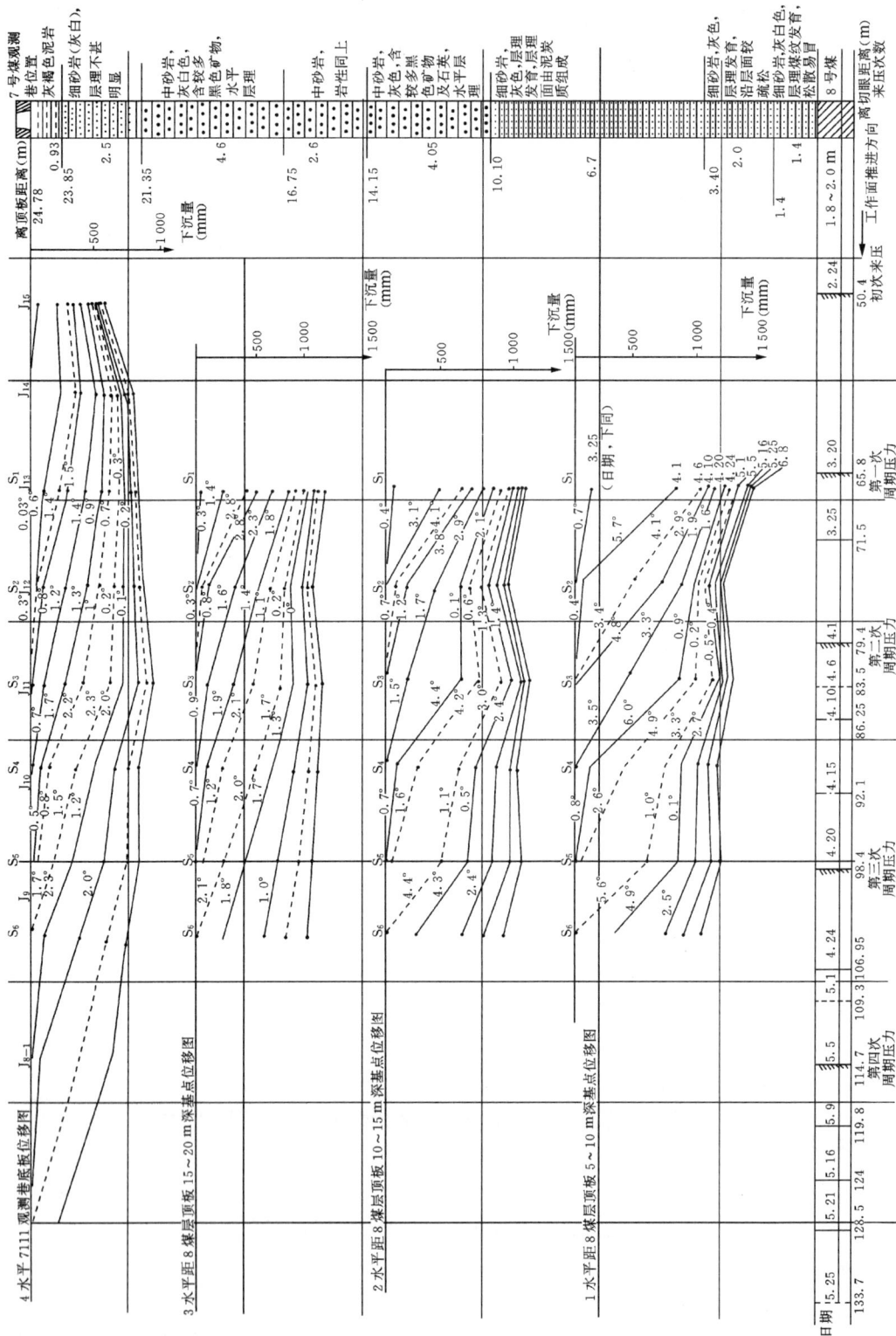

图 3　开采后岩层各层面活动规律

与工作面距离（m）

$$W_x = W_m(1 - e^{-4.5z^{2.4}})$$

计算值
实测值

观测巷变形速度（mm／d）

120 mm

与工作面距离（m）

A 区　B 区　C 区
煤壁支撑影响区　负值区　重新压实区

岩层变形斜率（mm／m）

与工作面距离（m）

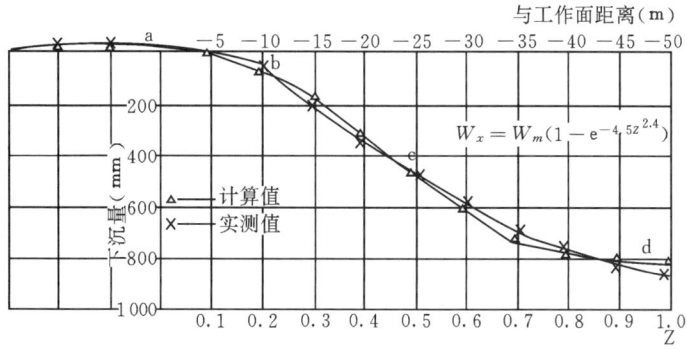

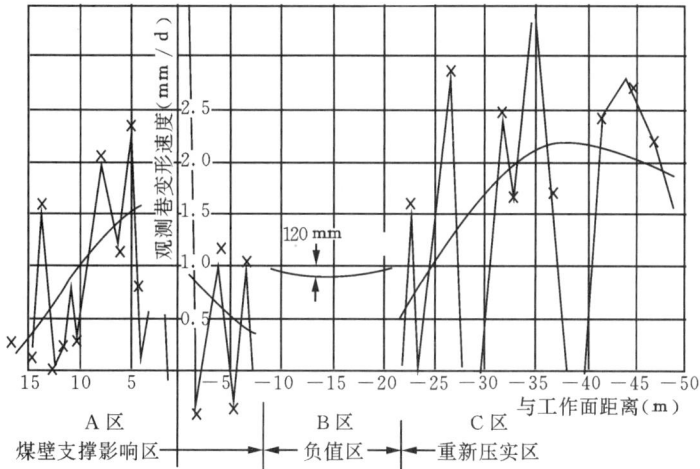

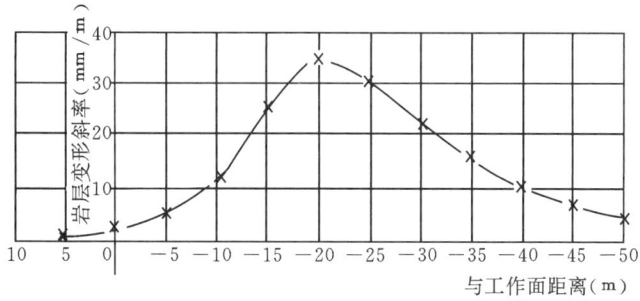

图 4　7111 观测巷顶底板移动情况

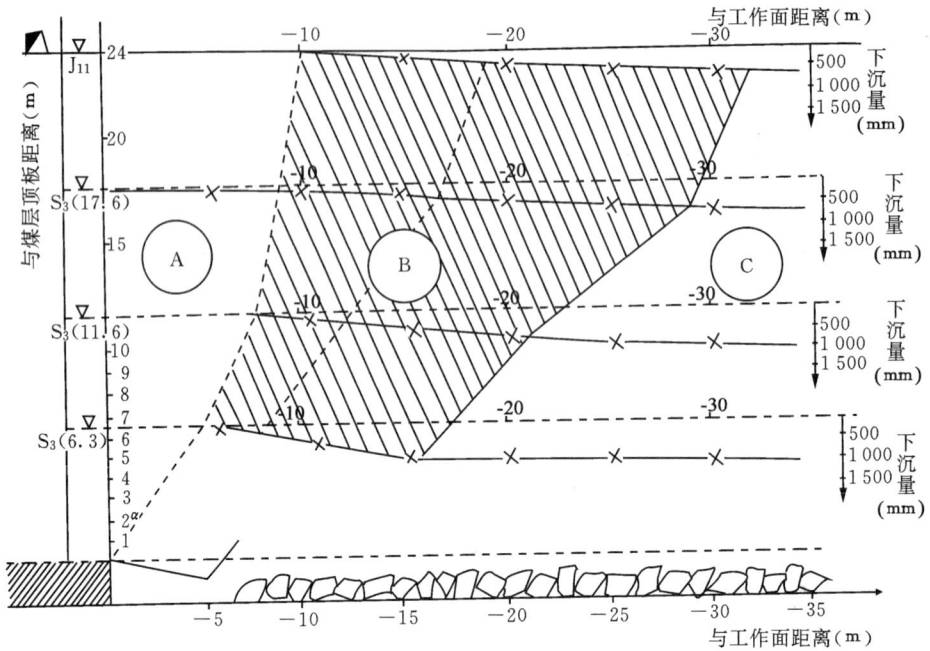

图 5 S_3 深孔各深基点下沉曲线

$$W_x = W_m(1 - e^{-aZ^b})$$

式中,$Z = \dfrac{X}{L}$,X 是采空区方向某一点与工作面位置沿走向的距离,L 为由工作面位置到下沉基本稳定地点的沿走向距离(一般取 $50 \sim 60$ m 即可);W_m 为距工作面 L 处的最大下沉值;W_x 则为距工作面为 x 处的下沉值;a 与 b 为两个系数,它与岩性及岩层离煤层顶板的距离直接有关。

以 S_3 深孔离顶板为 6.3 m 处深基点为例,其下沉曲线基本上符合

$$W_x = W_m(1 - e^{-4Z^{1.2}})$$

式中,L 取 50 m。

计算结果与实测数值对照如表 5。由表 5 可知,两者基本上是接近的。

表 5

X(m)	3.9	7.65	12.05	15.65	22.25	26.65	30.95	34.35	38.05	39.95	44.9	48.65
Z	0.08	0.16	0.25	0.32	0.46	0.56	0.64	0.71	0.78	0.82	0.92	1
实测下沉值(mm)	224.6	553.0	779.2	912.5	1 095.0	1 179.3	1 235.4	1 291.6	1 338.7	1 361.2	1 385.0	1 403.9
计算值(mm)	238.7	505.4	744.1	898.5	1 109.1	1 207.4	1 263.5	1 305.6	1 333.7	1 347.7	1 361.8	1 389.9
差值(mm)	+14.1	−47.6	−35.1	−14	+14	+28.1	+28.1	+14	−5	−13.5	−23.2	−14

注:$L = 48.65$ m;$W_m = 1\ 403.9$ mm。

由 7111 观测巷测到的离开煤层顶板 25 m 处岩层下沉曲线为

$$W_x = W_m(1 - e^{-4.5Z^{2.4}})$$

表 6 表示实测与计算值是比较接近的。

表6

$Z=\dfrac{X}{L}$	0.1	0.2	0.3	0.4	0.5	0.6	0.7	0.8	0.9	1.0
实测值(mm)	12	50	200	350	475	600	700	750	800	825
计算值(mm)	14.6	74.4	182	324	473	604	703	765	800	816
差值(mm)	+2.6	+24.4	-18	-26	-2	+4	+3	+15	0	-9

注：$L=50$ m；$W_m=825$ mm。

② 对岩层移动曲线的分析

由上述公式可知岩层移动曲线的最大斜率点,其位置是

$$Z=\left(\frac{b-1}{ab}\right)^{\frac{1}{b}}$$

而其最大曲率则应分为前最大曲率与后最大曲率两处,其位置是

$$Z=\left[\frac{3(b-1)\pm\sqrt{(5b-1)(b-1)}}{2ab}\right]^{1/b}$$

由图2及实际资料分析,可知岩层的 B 区域为离层区,此处下位岩层的运动速度超过上位岩层。而在 C 区域则相反,岩层又趋于压实。

这种曲线的形成,主要是由支撑裂隙带岩层的支撑体系,即"煤壁—已冒落的采空区矸石"支撑物的特性所决定的。煤壁有较大的刚性,冒落带的矸石则具有更大的压实性。

(2) 采动后上覆岩层的分区

如前所述,采动后的上覆岩层在垂直方向可分为冒落带Ⅰ、裂隙带Ⅱ与缓慢下沉带Ⅲ。它各自具有不同的力学特性。根据实际测定结果,还可将受"煤壁—采空区已冒落的矸石"支撑的裂隙带岩层分为三个区,即

A——煤壁支撑影响区;

B_1、B_2——支架支撑及离层区;

C——已冒落矸石支撑区。

图 6 表示了这三个区及三个带的分布状况。

裂隙带的下位岩层 B_1 区应是支架可能的影响区,而其上位岩层 B_2 区则应属于离层区。后者一般来说都可以取得"结构"上的平衡。

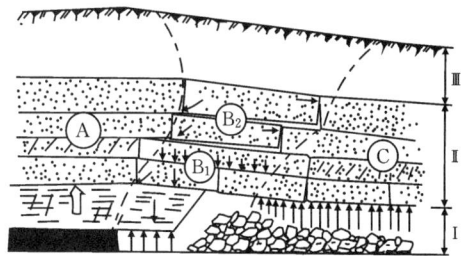

图 6　采动后岩层的分区及分带

煤壁与采空区的冒落矸石则是这个"结构"的支撑体系。

此外还可以认为,垮落带的矸石由于堆积成杂乱无章或破断后边缘破碎程度比较大,因而可以认为在水平力的传递上没有联系或没有一定的规律性。

而在裂隙带岩层中,由于破断的岩块互相回转时的制约条件,可以认为在水平力的传递上足具有一定规律性的。

由此可知,裂隙带的上位岩层,其重量将由"煤壁—采空区已冒落的矸石"体系来承担。支架对此区域没有影响,而只有在此上位岩层不能取得平衡时才需要支架的支撑力对其施加影响。一般来说支架支撑力仅对离层区以下的裂隙带、下位岩层起作用。因此,

在研究岩层本身能否形成"结构"时,应先不考虑支架支撑力的影响。

(3)对于裂隙带岩体属性的认识

根据测定,显然可将煤壁支撑影响区 A 视为连续体。而在离层及支架影响区 B_1、B_2 区,工作面每推进 1 m 所引起的下沉量可达 100 mm,即使在顶板以上 25 m 处的岩层也可达 45 mm/m,这种下沉量显然不可能是整体砂岩层的挠曲变形(砂岩层一般在每米达到几个毫米时即断裂)。因此,在此区域内,随着回采工作面的推进,较为坚硬的岩层或按自然断裂面或受力破坏断裂成块状。且由于此区域内层与层之间的离层,使力的传递呈不连续性。事实上,在此区域内岩体的运动就是这些断裂了的岩块的运动。控制这些岩块运动的基本因素是岩块与岩块间的摩擦力。摩擦力的大小则由块间的水平推力与摩擦系数的大小决定。

在 C 区域,开始是岩块间的相互作用,待到岩块恢复到水平位置时,则又可以认为是连续体了。

同时根据测定,采动后的上覆岩层中,软岩层是跟随坚硬岩层而运动,同样岩性的岩层则薄岩层跟随着厚岩层而运动。因而控制整个上覆岩层运动规律的主要岩层是上覆岩层群中具有一定厚度且强度较高的岩层。

上面所述的岩体分区及分带情况提供了对岩体属性的进一步认识,从而不是简单地把岩体视为连续体来求各种解。这样也就为研究裂隙带岩层形成平衡的形式及其条件等创造了基础。

三、采场裂隙带岩层的平衡及其条件

1. 裂隙带岩层的静态平衡

根据上述分析,在研究裂隙带岩层形成"结构"的可能性时,应以岩层移动曲线为准则,由此决定 B、C 区域内岩块相互咬合点的位置,以及岩层"结构"的力学模型。

由于在一般情况下采场周期来压步距为 6~8 m,而岩块逐渐恢复到水平位置的距离 L 为 50~60 m 左右,因此可取 7~9 块岩块建立力学模型。图 7 即根据上述假定所建立的力学模型。

关于此力学模型的计算可见"采场上覆岩层的平衡条件"一文。

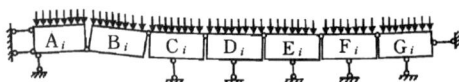

图 7　裂隙带岩层形成"结构"的力学模型

文中的主要结论为:

(1) B_i 与 C_i 岩块间的剪切力接近于零,因而此处的咬合点相当于半拱结构的拱顶;

(2)最大剪切力发生在 A_i 与 B_i 岩块之间的咬合点,剪切力的大小等于 B_i 岩块自重及其承受载荷之和;

(3)垮落带矸石承受接触后各裂隙带岩块的全部重量;

(4)根据 $T \operatorname{tg}(\varphi-\theta) \geqslant R_{0-0}$ 的关系[T 为水平推力,$\operatorname{tg}(\varphi-\theta)$ 为考虑断裂面斜度时的摩擦系数,R_{0-0} 为 A_i 与 B_i 岩块间的剪切力],可求得在一般条件下此种"结构"能承受的单位面积的载荷量 q 为:

$$q \leqslant \left[\frac{\mathrm{tg}(\varphi - \theta)}{6(1-\eta)} \right]^2 R_p - h\gamma, \ \mathrm{t/m^2}$$

极限厚度 h_1 为:

$$h_1 = \left[\frac{\mathrm{tg}(\varphi - \theta)}{6(1-\eta)} \right]^2 \frac{R_p}{\gamma}, \ \mathrm{m}$$

式中,R_p 为岩层抗拉强度;h 为岩层厚度;η 为 B_i 岩块一端下沉量与岩层厚度 h 的比值;γ 为岩层的容重。

2. 裂隙带岩层的动态平衡

图 7 所示的结构只是在一般条件下的最终状态。事实上回采工作面在不断前移,因此这种结构也就随着回采工作面的推进而不断地变化(见图 8)。先不考虑支架的影响,工作面推进到一定距离,A_i 岩块悬露达 L 时,岩块断裂,从而使岩块 A_i 本身失去承受抗弯矩的能力,此时岩块 A_i 与 B_i 之间明显地形成了不稳定结构,从而导致 A_i 岩块有一顺时针方向的转矩,而 B_i 岩块则具有相反方向的转矩,以致使 A_i 与 B_i 岩块间的咬合点失稳。由实际测定的资料,也可观察到每一深基点都经历了这个过程。

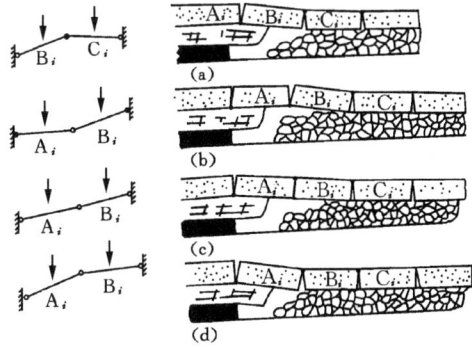

图 8　工作面的推进与岩层结构的变化

此种"结构"的暂时失稳也是导致回采工作面出现一系列矿山压力现象的原因。

在岩块 A_i 刚断裂时,A_i 与 B_i 岩块的受力情况可用图 9 来表示。

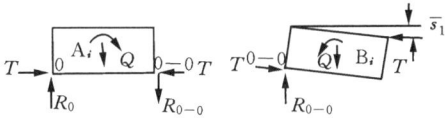

图 9　A_i 与 B_i 岩块失稳时的受力分析

由此,若 A_i 岩块能形成平衡,则必须满足下述条件,即

$$\sum F_x = 0, \ T = T;$$
$$\sum F_y = 0, \ R_0 - Q - R_{0-0} = 0;$$
$$\sum M = 0, \ \frac{L}{2}Q + R_{0-0}L = 0.$$

为此,必须要求 $R_0 = Q + R_{0-0}$,才能使岩块 A_i 靠近岩体一端不发生滑动。另外,必须使 $\frac{L}{2}Q = R_{0-0}L$,才能使岩块 A_i 不回转。但因为 R_{0-0} 与 Q 力所造成的转矩方向是一致的,因此 $\sum M = 0$ 的条件事实上难于满足,所以 A_i 岩块的回转显然是不可避免的。也即岩块 A_i 将回绕 0 点回转,从而使裂隙带岩层的结构由图 8(a)变成图 8(b)及图 8(c)而最终成为图 8(d)的情况。此时图 7 所示的结构再次出现,即又处于稳定状态,如此随着回采工作面的推进呈反复周期性地出现。

若此时要求岩块不在 0 点切落,且考虑 R_{0-0} 的最大值为 B_i 岩块的重量及其载荷 Q 之和,则此时要求 0 点形成的摩擦力 R_0 应超过 $2Q$。为此,在考虑动态平衡时,应修正前述平衡条件,此时结构所允许的临界载荷及其厚度的极限值分别为

$$q' \leqslant \frac{R_P}{4}\left[\frac{\mathrm{tg}(\varphi-\theta)}{6(1-\eta)}\right]^2 - h\gamma, \mathrm{t/m^2}$$

$$h' = \frac{R_P}{4\gamma}\left[\frac{\mathrm{tg}(\varphi-\theta)}{6(1-\eta)}\right]^2, \mathrm{m}$$

若考虑支架及煤壁支撑力的影响,则形成如图 10 的情况。图中 F_2 为煤壁的支撑力;F_1 为上位岩层阻止其回转的阻力;P_1 为支架对此岩块的影响力。

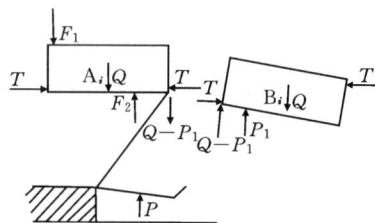

图 10 A_i 岩块的实际受力情况

实际上此结构所允许承担的载荷将小于 q 而大于 q',而其极限厚度也将大于 h' 而小于 h。

以上分析表明,岩层的结构将随着回采工作面的推进而经历着"平衡—动平衡—再平衡"的过程。

四、采场支架受力分析

支架的作用有二:其一为支,即对采场顶板压力的反作用,不让其沿工作面切顶或形成大量的台阶下沉;其二是护,即护住破碎了的顶板不让其冒空,因为冒空可能导致对支架传递力的不均匀。下面只讨论前者。

1. 支架对于裂隙带下位岩层的作用力

由于支架支撑力对煤壁形成的力矩远比裂隙带中 A_i 或 B_i 岩块的重力对煤壁形成的力矩要小,因而支架的阻力不可能阻止岩块 A_i 或 B_i 的回转。同时支架的支撑力也不可能对裂隙带岩层的位移有实质性的影响。因此,对支架的受力分析,是在支架应能满足必要的可缩量的前提下进行的。

考虑到支架的作用力(P_1),则满足 $\sum F_y = 0$ 的条件为

$$P_1 + T \mathrm{tg}(\varphi-\theta) = R_{0-0} + Q$$

此处,同样取 $R_{0-0} = Q$,则

$$P_1 + T \mathrm{tg}(\varphi-\theta) = 2Q$$

因此

$$P_1 = 2Q - \frac{LQ}{2(h-s_1)}\mathrm{tg}(\varphi-\theta) = \left[2 - \frac{L\mathrm{tg}(\varphi-\theta)}{2(h-s_1)}\right]Q$$

由于 $\frac{LQ}{2(h-s_1)}\mathrm{tg}(\varphi-\theta)$ 是摩擦力,因此它不可能大于 $R_{0-0}+Q$。

若考虑直接顶,支架的工作阻力还应承担控顶区内直接顶的全部载荷 $\sum h_i\gamma W$。因此支架的支撑力 P 为:

$$P = \sum h_i\gamma W + \left[2 - \frac{L\mathrm{tg}(\varphi-\theta)}{2(h-s_1)}\right]Q, \mathrm{t/m}$$

而支护强度 p 应为:

$$p = \sum h_i\gamma + \frac{Q}{W}\left[2 - \frac{L\mathrm{tg}(\varphi-\theta)}{2(h-s_1)}\right], \mathrm{t/m^2}$$

式中,$\sum h_i$ 为直接顶的厚度;W 为控顶距。

显然上述关系式中并没有考虑煤壁支撑力的影响,因而是一个粗略的但考虑一定安

全系数的估算值。

2. 对规则垮落带岩块的支撑力

在有些地区，$\sum h_i$ 很薄。其上位的岩层由于有一定的强度，冒落时能整齐排列，但相互间并无水平力作用。这样有可能形成如图 11 所示的力学模型。

此时，$T=0$，R_{0-0} 也将等于零，则 $P_1=Q$。若考虑到采空区冒落矸石有可能对 Q 有一定的影响，显然冒落矸石的支撑力 $R_矸$ 与直接顶厚 $\sum h_i$ 有关。此时支架只需承受 Q 力的一部分，若考虑载荷系数为 n，则支架应承受的此区域的岩层载荷应是

$$P = \sum h_i \gamma W + nQ = \sum h_i \gamma W + n(h\gamma L + qL), \quad \text{t/m}$$

支架单位面积的支撑力为

$$p = \sum h_i \gamma + n \frac{(h\gamma + q)L}{W}, \quad \text{t/m}^2$$

图 11 支架受力的另一类型

若 $\sum h_i$ 较大，则图 11 中的 x 值将较小，$R_矸$ 将较大，n 值变小（可至 0.25）。若 $\sum h_i$ 趋近于零，即无直接顶时，$R_矸=0$，$n=1$，x 达到最大值。

若裂隙带岩层也没有取得平衡，则上述关系式中还应考虑平衡此部分岩块重力的支撑力，即相当于 $\left[2 - \dfrac{L\,\mathrm{tg}(\varphi-\theta)}{2(h-s_1)}\right]Q_i$ 部分的附加支撑力。

五、几点结论

（1）在煤层开采过程中，采场上覆岩层的下沉曲线一般按 $W_x = W_m(1 - e^{-az^b})$ 规律变化，随着离煤层距离的不同以及岩性的差异，此公式中的 a、b 值也发生变化。一般来说，此曲线的斜率变化规律是非正态分布，但离煤层越远（即越接近地表）则越接近于正态分布。

（2）裂隙带岩层下沉曲线的特性，由支撑体系的力学性能所决定。根据曲线的特点，可分为 A、B、C 三个区。而在 B 区域中又可分为离层区（岩层平衡区）与支架影响区（岩层非平衡区）。

（3）在 B 区及 C 区的一部分岩体，其属性应视为块体，此时对其运动规律性有影响的主要因素是块间的水平推力、摩擦系数与块体的几何形状及尺寸。水平推力是导致岩块形成"结构"的根本因素。

（4）根据岩层下沉曲线所建立的力学模型可视为一静定结构。在 A_i 与 B_i 岩块间的剪切力最大，而在 B_i 与 C_i 岩块间的剪切力则为最小。

（5）决定此结构能否取得平衡的主要因素是水平推力、摩擦系数 $\mathrm{tg}(\varphi-\theta)$ 及剪切力 R_0 或 R_{0-0}，最终将反映在极限厚度 h' 及临界载荷 q' 上。

（6）随着回采工作面的推进，此结构经历着"平衡—动平衡—再平衡"的过程。

（7）为了控制裂隙带岩块在工作面推进过程中造成的影响，要求 $\sum F_x = 0$，$\sum F_y = 0$，但并不能满足 $\sum M = 0$ 的要求。支架的工作阻力及工作特性必须适应于这种要求。

（8）为了控制顶板，支架支撑力的大小除了承受直接顶的载荷外，还应考虑裂隙带下

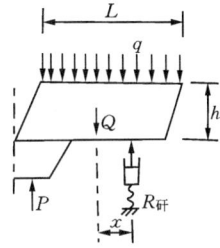

位岩层及规则垮落带岩块在不能形成自身平衡的条件下所给予的载荷。

The Movement of Overlying Strata in Longwall Mining and Its Effect on Ground Pressure

Qian Minggao   *Li Hongchang*

(China Institute of Mining)

Abstract：Having analysed the achievements in previous researches in the field of strata movement and observed the movement of strata between Seam No. 7 and Seam No. 8 in Kongzhuang Colliery，Datun Coal Mines，the authors hold that the negative exponential curve close to the actual movement of strata，According to the curve profile，the area in front of the maximum front curvature points is the area effected by the solid；the area between the maximum and back curvature points is the strata separation area and the area influenced by the face supports；still further comes the reconsolidated area of broken rocks. The characteristics of rock movement and the potential limits of influence of supports, as well as rock properties of each area are discussed in the paper.

Based on field observation, the processes and prerequisite of static and dynamic equilibrium of strata structure in fissured zone are also analysed. As a result，the requirements to the support design for longwall faces are proposed under the following two conditions：① with interaction of horizontal forces between broken blocks；② without interaction of horizontal forces between broken blocks within regularly caving zone.

A Study of the Behaviour of Overlying Strata in Longwall Mining and Its Application to Strata Control[①]

Chien Minggao

(Associate Professor, Head of the Laboratory of Strata Control,

Department of Mining Engineering,

China Institute of Mining,

People's Republic of China.)

Summary: The objective of this investigation was to describe the behaviour of strata above a longwall face through a study of the movement of inter-strata plugs in a longwall working area. The investigations were conducted in the Datun coal mine, Province Jiangsu, China. By analysing the subsidence curves of the overlying strata a structural model was constructed to examine the behaviour of the strata. By using this model, some of the phenomena of ground subsidence and roof pressure in the longwall mining can be explained.

INTRODUCTION

In the Chinese coal mining industry systems of exploitation and of face support are determined by roof conditions and the effects of multi-seam exploitation. In the last 10 years in China hydraulic powered support installations have been widely used in many coalfields and in various roof conditions. In order to define the field of their application and to determine the rock loads which the supports must be capable of resisting, many studies have been undertaken to investigate the interaction between the support and roof pressure.

An important basis for the study of roof control and ground subsidence is the behaviour of strata overlying the working coal seam.

---

① 本文发表于 *Proceedings of the Symposium on Strata Mechanics*, Elsevier Scientific Publishing Company, 1982 年,第 13~17 页。

UNDERGROUND INVESTIGATIONS

Conditions and methods of investigation

The general outline of the experimental roadway and investigation boreholes at the Dai-Tun coal mine are shown in Figure 1.

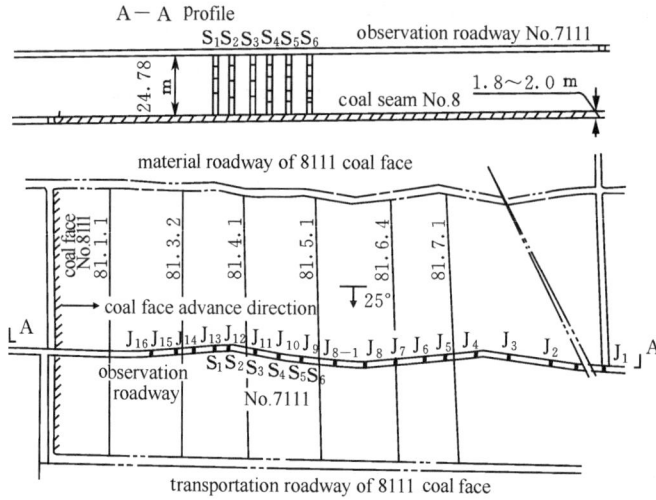

Fig. 1

There were 6 boreholes ($S_1 - S_6$) placed in the roadway which was over the middle of the working face No. 8111 in the direction of the face advance.

The spacing between the adjacent boreholes along the roadway was 8 m. 3—5 plugs were placed in each borehole and these were placed at intervals of 5—10, 10—15 and 15—20 m above coal seam No. 8, to intercept beds of interest.

The experiment was essentially designed to observe the behaviour of the floor in the roadway overlying coal face No. 8111 with precise level measurement, and to determine the relative displacement between the plugs and the floor in this roadway through the multi-wire boreholes. The roadway was 178m deep and coal face No. 8111 was 115 m long and inclined at 25°. Its extracted height was 2 m. The vertical distance between the coal seam No. 8 and the roadway was 24.78 m.

In addition to the borehole on the floor of the roadway there were other support points $J_1 - J_{15}$ placed for levelling and traverse surveying.

The strata overlying coal seam No. 8 are mainly sandstones. The lowest sandstones, having a total thickness of 10m, which overlie the coal seam are inherently weak so that they readily fracture during mining operations. They contain frequent natural weakness planes and partings. Above the immediate roof there are four stronger strata of sandstones having thicknesses of 4.05, 2.6, 4.6 and 2.5 m.

Vertical displacement（V.D.）

In discussing vertical displacements, the results of measurements at boreholes S_1 are taken as an example. Fig. 2 shows the behaviour of the inter-strata plugs in S_1.

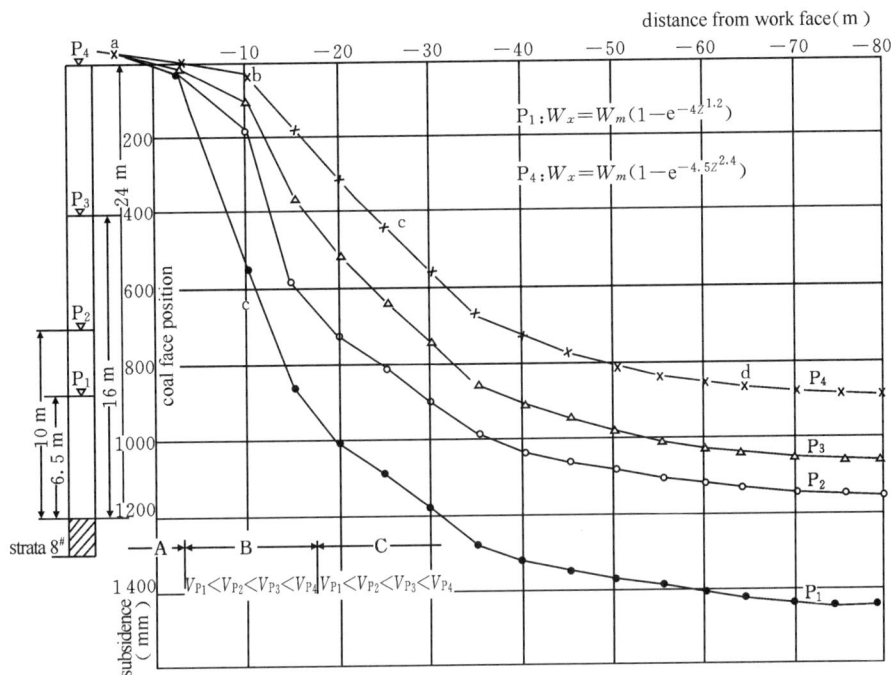

Fig. 2

The form of the curves is similar to a negative exponent curve and can be expressed by:

$$W_x = W_m(1 - e^{-aZ^b})$$

where　W_x is the vertical displacement at distance X form face;

and　　W_m is the displacement at distance L from face, where the variation of this curve is just stable.

$Z = \dfrac{X}{L}$, a and b are two coefficients, which are closely related to the mechanical properties of the overlying strata and the interval between the working coal seam, and the strata being investigated.

An example of this curve in the 24.78 m vertical interval above the working coal seam is shown in the following table:

$Z = \dfrac{X}{L}$	0.1	0.2	0.3	0.4	0.5	0.6	0.7	0.8	0.9	1.0
measured value (mm)	12	50	200	350	475	600	700	750	800	825
calculated value (mm)	14.6	74.4	183	324	473	604	703	765	800	816

In this example $L = 50$m, $W_m = 825$ mm.

According to this curve, the distribution of its gradient is an abnormal curve. On the basis of the mechanical characteristics of these curves, the overlying strata can be divided into three zones (see Figure 2) along the direction of face advance.

1. Zone ab—abutment pressure influence (API or A) zone

The strata in this zone is supported by the influence of the working coal seam and the vertical displacement of the plugs is very slight, and usually, but not always, a slight negative magnitude occurred. This was always less than 40 mm.

The vertical displacement of the point b was slight, even of the lower plugs (5—10 m from the coal seam), until the face was 4—8 m past the borehole.

2. Zone bc—bed separation (BS or B) zone.

When the influence of the working coal seam is removed the displacement rate of the points increases, rapidly. The plug displacement rates in borehole S_1 are shown as follows:

The interval form plug to the working seam (m)	6—10	10—15	15—20	25
The max. displacement rate of the plug (mm/m)	180	100	70	50
The average displacement rate of the plug (mm)	80—100	60—80	55	45

This indicates that the displacement rate of the overlying bed is not as fast as its underlying bed, i. e.

$$V_{P_1} > V_{P_2} > V_{P_3} > V_{P_4}$$

In this zone the strata groups are separated from each other.

3. Zone cd—consolidation (C) zone.

In this zone the separated strata are reconsolidated and the rate of displacement of the plugs in boreholes S_1 is as follows:

The interval from plug to the working coal seam (m)	6—10	10—15	15—20	25
The average rate of displacement (mm/m)	18. 5	18. 4	22. 1	23. 5

The phenomenon is the opposite to that in separation zone bc, i. e.

$$V_{P_1} < V_{P_2} < V_{P_3} < V_{P_4}$$

Fig. 3 shows the vertical displacement of all the inter-strata plugs placed in the six boreholes.

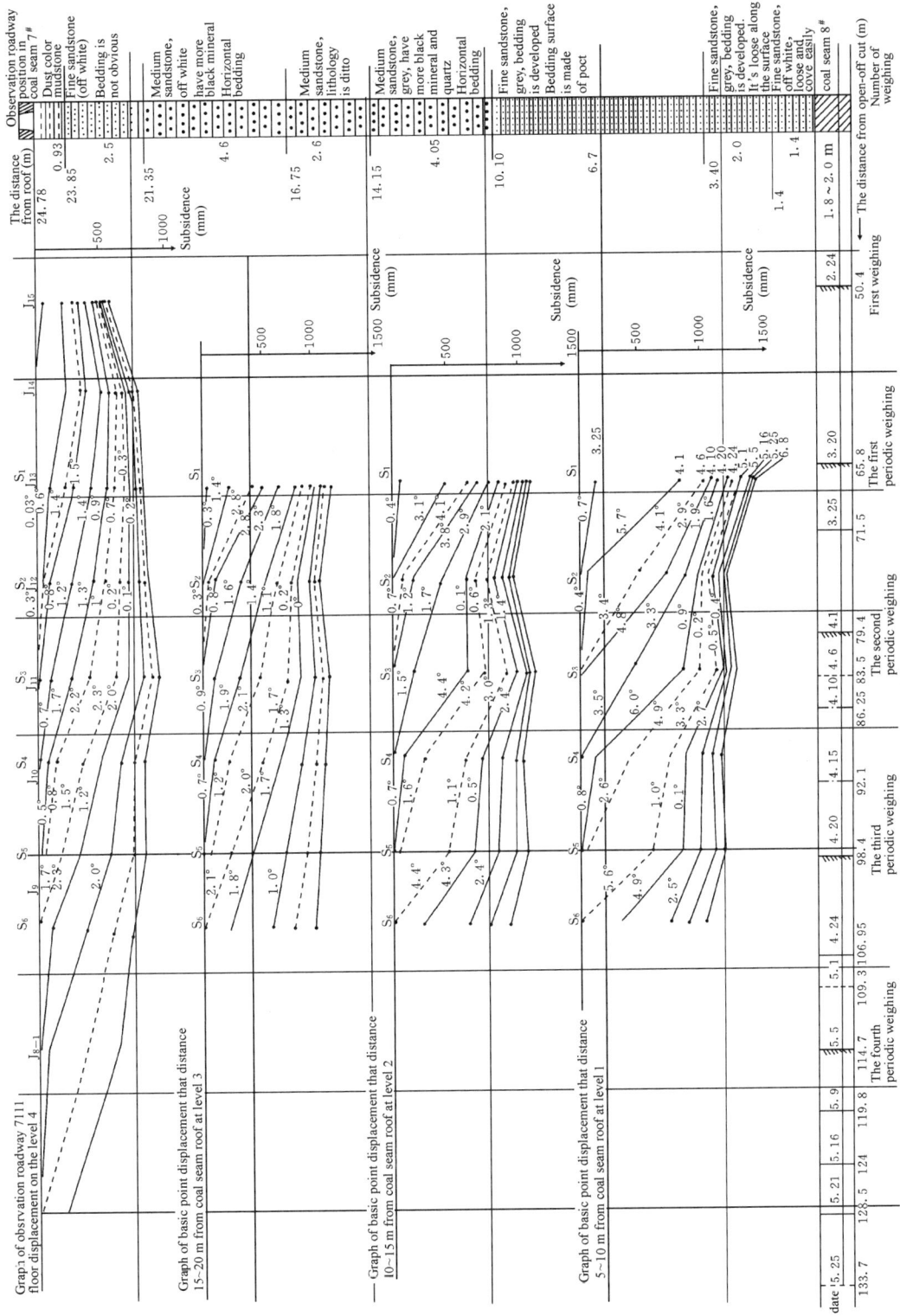

Fig. 3

The behaviour of the strata can be expressed through the variation of the linear gradient between the pairs of plugs in adjacent boreholes. The example for $S_1 - S_2$ is shown in the following table.

Date of the measurement	25th Mar.	1at Apr.	6th Apr.	15th Apr.	1at May	5th May
The gradient for the level 6—10 m(%)	12	100	72	33	30	24

The linear gradient of $S_1 - S_2$ at the same date (1st Apr.) for the different intervals from the working coal seam is expressed below:

The interval from plug to working coal seam (m)	At the roof	5—10	10—15	15—22	25
The gradient of the line $S_1 - S_2$(%)	123	100	54	24	10

Horizontal displacement(H.D.)

The horizontal displacement was measured only for the points placed in the floor of the roadway by theodolite.

Fig. 4 shows the horizontal displacement path of the points. It illustrates that when the roadway is undermined, the movement at the beginning is in a direction opposite to that of the face advance and then after a time the displacement changes to the direction of face advance. At the same time a horizontal displacement occurs in the direction of rise of the seam inclination.

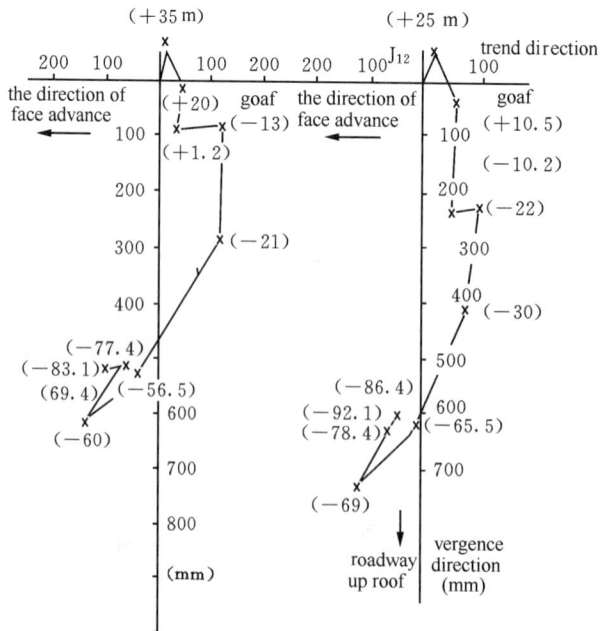

Fig. 4

From this datum, the displacement path in the vertical plane along the seam inclination can be obtained as in Fig. 5. In Fig. 5 it can be seen that the path of the point is just normal to the stratification of the worked coal seam.

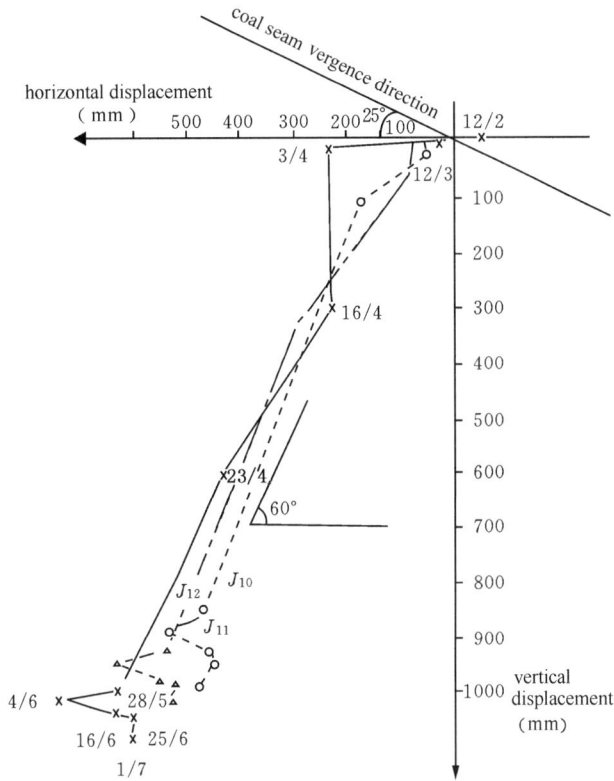

Fig. 5

Fig. 6 shows the displacement path in the vertical plane along the direction of face advance. In this figure it can be seen that the final position of the point always overpasses the original space by 100—200 mm.

From this date, it can be seen that the intermediate friction between the strata is insufficient to resist horizontal displacement.

Analysis

From the above results, Fig. 7 can be put forward to illustrate the situation which arises as the overlying strata are undermined. In Fig. 7 the lower immediate roof caves irregularly into the goaf area. Above it are stronger strata (main roof), which are broken into regular blocks with the advance of the coal face. These regular blocks may be interlocked and grade into the subsurface strata.

The weight of the higher layers of overlying strata ara supported by a system of "working coal seam-waste caved blocks" and the lower layers are supported by a system

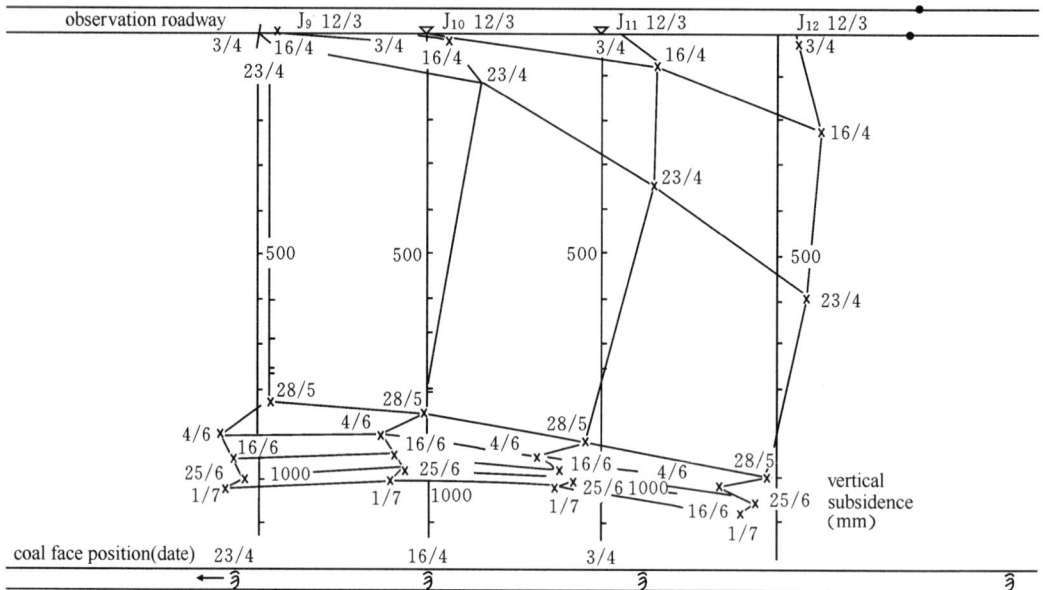

Fig. 6

of "working coal seam-roof support-waste caved materials".

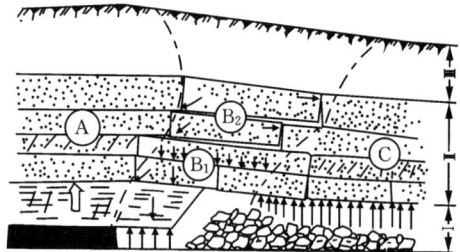

For this reason, in order to develop a "structural" description for the support of overlying strata, the influence of the roof support resistance on the higher stronger strata should be ignored. From an engineering standpoint, the overlying strata can be divided into several groups.

Fig. 7

The lower bed of every group is the strongest and thickest bed (e. g. sandstone or limestone and others). The weak strata which overlie this bed—can be considered as a load acting on this stronger bed and as an intermediate supporting—layer for the overlying group strata.

For example, the strata shown in Fig. 7 can be divided into 3 groups (that is Ⅰ, Ⅱ and Ⅲ). The interlocked space between the adjacent blocks of the stronger bed was determined by the characteristic of its vertical displacement curve. For example, when the curve was bending concave downwards, the interlocked space was at the bottom of the blocks and in the opposite case, i. e. bending concave upwards, the interlocked space was at the head of the blocks.

STRUCTURAL MODEL

Assumptions

On the basis of the foregoing statement the following assumptions can be made to build a "structural" model.

(1) Every stronger bed in every group state is assumed to be a "structural" formation.

Thus, in group strata I, as shown in Fig. 7, the surface deposit is assumed to behave like a uniform boundary load under its own weight, which acts on the stronger bed. For the lower group strata the load acting on the stronger bed will not be uniform.

(2) Because the stronger bed undermined by the working coal face has been separated into a series of regular blocks, it is assumed that the regular blocks can be considered as the elements of the structural formation, and its overlying weak strata as the load acting on this structural formation.

(3) Considering the conditions in interbed separation zone bc, there is no resistance from the blocks in this zone to the higher overlying strata.

(4) Because the intermediate friction between strata cannot resist the horizontal deformation of the strata, the weak strata between two adjacent stronger beds can be assumed to act as a series of columns to support overlying strata and to load the underlying strata.

Then, considering these conditions, the structural formation of Fig. 7 can be designated as in Fig. 8.

Model calculation

It is now possible to analyse the interaction of forces in every structural formation as shown in Fig. 9.

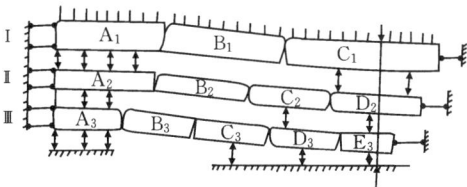

Fig. 8

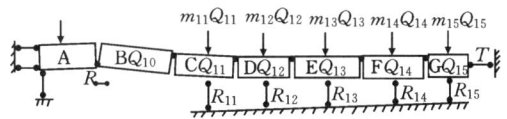

Fig. 9

The symbols which appear in the subsequent analysis are given below:

A,B,C,D⋯ —The symbols of blocks.

T —Lateral thrust of the blocks.

R —Resistance of the underlying strata and the shear force between the adjacent blocks.

q —Uniform load per unit length, per unit width of the block.

Q —The weight of a block in a group strata.

L —Length of the block.

S_1, S_2 —The relative displacement from one end to another of a block.

h —Thickness of the bed.

n —Gradient of the block.

m —Loaded coefficient of the blocks.

In order to represent and distinguish every bed and every block, to every symbol there is a subscript. For example in R_{11}, "11" means that the first subscript represents the number of the seam and the second one is the number of the block along the direction to the goaf area.

Taking the bed, number i, for the calculation (Fig. 9) the following abbreviated matrix equation can be obtained:

$$\{R_i\} = \{A_i\} \ \{M_i\}$$

Where $\{R_i\}$ is the column matrix of the force;

$\{M_i\}$ is the column matrix of the moment;

$\{A_i\}$ is the matrix of coefficient.

From this matrix, the horizontal thrust acting on the blocks can be calculated by the following formula:

$$2\left[\frac{h_i - S_{i0}}{L_{i0}} + 2(n_{i1} - n_{i2} + n_{i3} - n_{i4})\right]T_i = Q_{i0}$$

If it is assumed that the gradient of a pair of adjacent blocks is the same, i. e. $n_{i1} = n_{i2}; n_{i3} = n_{i4}$, then the approximate value of the horizontal thrust can be obtained as follows:

$$T_i = \frac{L_{i0}Q_{i0}}{2(h_{i0} - S_{i0})}$$

This means the magnitude of T_i depends only on the physical and geometrical characteristics of the block B.

The approximate value of the other unknown forces of the "structural" model can be calculated as follows:

$$(R_i)_{0-1} = 0 \qquad (R_i)_{0-0} = Q_{i0}$$

$$R_{i1} = m_{i1}Q_{i1} - \frac{n_{i1}L_{i0}Q_{i0}}{h_i - S_{i0}}$$

$$R_{i2} = m_{i2}Q_{i2} + \frac{n_{i1}L_{i0}Q_{i0}}{h_i - S_{i0}}$$

$$R_{i3} = m_{i3}Q_{i3} - \frac{n_{i3}L_{i0}Q_{i0}}{h_i - S_{i0}}$$

$$R_{i4} = m_{i4}Q_{i4} + \frac{n_{i3}L_{i0}Q_{i0}}{h_i - S_{i0}}$$

From these formulae, some interesting results can be obtained, as follows:

(1) The weight of the strata blocks in the inter-bed separation zone bc is loaded almost on the abutment of the working coal seam.

(2) The shear force $(R_i)_{0-1}$ between the block B and C is equal to zero. The interlocked space 0—1 is like the top of the "half arch" for every "structural" formation.

(3) The maximum shear force in the structural model occurs in the interlocked space 0—0, i. e. between blocks A and B, and its value is equal to the total weight of the block B.

Conditions required for equilibrium of the structural model

From the standpoint of roof control, it follows that in the inter-bed separation zone bc, degradation between adjacent blocks should not be allowed to occur.

The safety factor can be considered in the light of the relation of the friction force to shear force at the interlocked space. If the shear force exceeds the friction force, sliding between block A and B will occur along the crack and the roof will collapse unless additional support is provided.

A simple method to analyse possible sliding along the cracks is to resolve the resultant of the horizontal thrust T_i and the shear force $(R_i)_{0-0}$ into components, normal and parallel to the crack surface.

Hence, the conditions, required for roof control, can be expressed in the following formula:

$$T_i \cdot \mathrm{tg}(\varphi - \theta) > (R_i)_{0-0}$$

$$\text{i. e.} \quad L_{i0} > 2\frac{h_i - S_{i0}}{\mathrm{tg}(\varphi - \theta)}$$

If we take $\theta = 0°$, $\mathrm{tg}\varphi = 1$, $L_{i0} > 2h_i$, the structural formation in the strata can be determined.

All the previous analyses are based on the assumption that the coal face is always moving forward. So that the "structural" formation of the strata is always changing with the advance of the face, which can be shown in Fig. 10.

Fig. 10 shows that block A will be out of balance when it was broken, and under

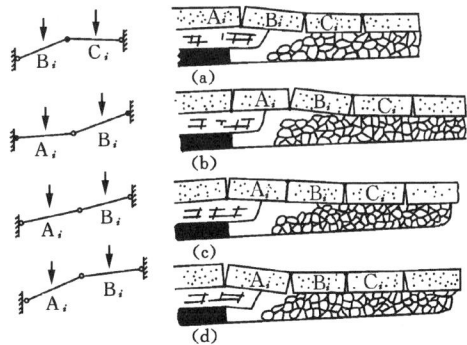

Fig. 10

the influence of the moment block A will rotate until the foregoing structural formation appears again.

In order to prevent the appearance of steps and falls in block A, enough resistance must be provided to act on block A. Unless there is enough friction force in the interlocked space, it must be resisted by means of supports in the working area.

APPLICATION

From the previous analysis, the immediate roof is the caving block with lateral expansion. Above the immediate roof the caved material in the goaf provides the overlying strata with support and a thrust force parallel to the strata is created by this buttressing forming a structural unit in the strata.

Now let P_R represent the resistance to be provided by face supports to prevent degradation of the immediate roof. Then it must be equal to:

$$P_R + T_i \cdot \text{tg}(\varphi - \theta) \geqslant (R_i)_{0-0} + Q_{i0}$$

If $(R_i)_{0-0}$ is equal to the maximum, it will be equal to: Q_{i0}, i.e.:

$$P_R + T_i \cdot \text{tg}(\varphi - \theta) \geqslant 2Q_{i0}$$

then

$$P_R > 2 - \frac{L_{i0} \cdot \text{tg}(\varphi - \theta)}{2(h_i - S_{i0})} Q_{i0}$$

If the calculated value of P_R is negative, this means that the conditions required for equilibrium in the stratum are perfect and the P_R may not be needed.

If the supports must have sufficient resistance to prevent the immediate roof from falling, the resistance of the support per unit length of the face can approximately be calculated as follows:

$$P \geqslant \sum h \, r \, W + \left[2 - \frac{L_{i0} \cdot \text{tg}(\varphi - \theta)}{2(h_i - S_{i0})} \right] Q_{i0} \quad (\text{t/m}^2)$$

Where $\sum h$ represents the total thickness of the stratified immediate roof (in the caving block), W is the width of the working area and r is the unit weight of the rock.

Thus, the density of the resistance of the supports is:

$$p \geqslant \sum h \, r + \left[2 - \frac{L_{i0} \cdot \text{tg}(\varphi - \theta)}{2(h_i - S_{i0})} \right] \frac{Q_{i0}}{W} \quad (\text{t/m}^2)$$

Here P and p are approximate values for designing the resistance of the support in a longwall working area.

Besides the aforesaid application, some other phenomena in ground subsidence and in roof pressure can be explained by this model.

CONCLUSIONS

On the basis of measurement from inter-strata plugs in the working area in Dai-Tun coal mine, the vertical displacement of the plugs, relative to the coal face, can be assumed to be a negative exponent curve. The distribution of the gradient dW_x/dz of this curve is an abnormal curve.

Depending on the strength of the overlying strata, these can be divided into several groups. The lowest layer of every group is a stronger and thicker bed. With the advance of the face, between the adjacent blocks in the bed, a lateral thrust will occur creating a structural formation in the bed. These structural formations are supported by a system of "working coal seam-roof support-caved material in the goaf" and a system of "working coal seam-caved or broken blocks underlying strata". The rock masses of the overlying strata in the working area can then be divided into three zones.

On the basis of approximate calculations, the value of the force acting on the block B can be shown to be independent of the vertical stress distribution in the goaf area.

According to calculations, the total weight in the inter-bed separation zone is loaded almost on the abutment of the working coal seam. From the formation the space in which the. shear force is maximum, can be obtained and the conditions, required for equilibrium can be analysed.

With the advance of the coal face, the process "equilibrium-dynamic equilibrium-equilibrium again" occurs in every structural formation.

In order to prevent the degradations of block A (steps and falls), there should be enough resistance (which can be approximately calculated) from the face supports.

References

[1]　Chien Minggao. "Conditions Required for Equilibrium of overlying strata at working areas". Journal of China Institute of Mining Technology,1981. 2.

[2]　Li Hongzhang, Chien Minggao. "A study of the system of the exploitation in upward order in Dai-Tun coal mine". 1981.

[3]　King, H. I. , Whittaker, B. N. and Batchelor, A. S. "The effects of interaction in mine layouts". 5th Inter. Strata Control Conf,1972, London.

[4]　Proceedings of European Congress on Ground Movement. 1957.

[5]　Wright, F. D. "Roof control through beam action and arching". SME Mining Engineering Handbook, 1973.

老顶断裂前后的矿山压力变化[①]

钱鸣高　　赵国景

(中国矿业学院)

摘　要： 本文利用煤层开采时老顶的破断特征建立了老顶断裂前后的弹性基础梁模型,利用其解可求得老顶断裂后回采工作面前方老顶在一些区域形成"反弹"而在另一些区域则形成"压缩"。无疑,这种现象可用以预示出老顶断裂,从而预报老顶断裂后对工作面来压的影响。

一、采场老顶断裂前后的力学模型

众所周知,随着回采工作面的推进,老顶断裂呈间断性,从而导致工作面顶板来压的周期性。为了确保工作空间的良好维护状态,老顶断裂前后所引起的矿山压力现象及其与老顶断裂时岩体的应力应变状态的关系,一直为人们所重视。长时间来为了探求对工作面顶板来压进行预报与预测,也常常应用老顶断裂前后的矿山压力机理作为根据。

根据煤矿老顶岩层的破断及其与工作面长度和推进距离的关系,一般可视其为"板"。

当板破坏时,若工作面长度远大于工作面推进距离,则显而易见,板中部破坏型式不同于两端的破坏型式。而可作为平面问题处理的部分仅仅是工作面中部(即沿走向可视为平面变形问题)。因而由工作面两端(运输巷与回风巷)所测得的有关数据并不能代表工作面中部的情况。

根据对开采后采场上覆岩层活动规律测定时所建立的力学模型[1],可将老顶断裂前后的工作面中部的情况用图 1 表示。

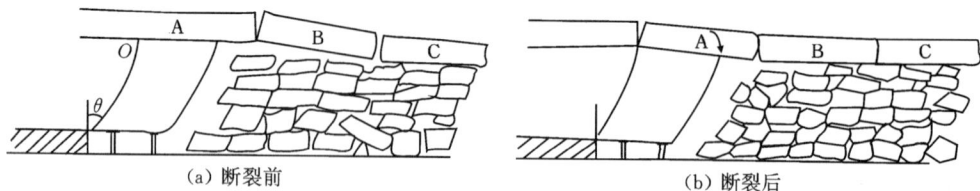

(a) 断裂前　　　　　　　　　　　　(b) 断裂后

图 1

---

①　本文发表于《中国矿业学院学报》,1986 年第 4 期,第 11～19 页。

图 1 中老顶断裂前,岩块 A 还处于悬伸状态,θ 为煤壁支撑影响角,此时老顶对工作面顶板的影响仅仅是由于老顶悬伸段的变形所形成。而图 1 中 B 是由于工作面的推进,已处于断裂状态的 A 岩块失稳而迫使工作面顶板急剧下沉。

为此,可将老顶岩层视为上下被夹持的弹性基础梁。考虑到煤壁支撑的影响,夹持段从 O 点开始计算。O 点离工作面的距离必然与直接顶厚度有关。直接顶越厚,则越靠近采空区一侧,而当直接顶厚度为零时,则夹持段的起点可从煤壁计算。

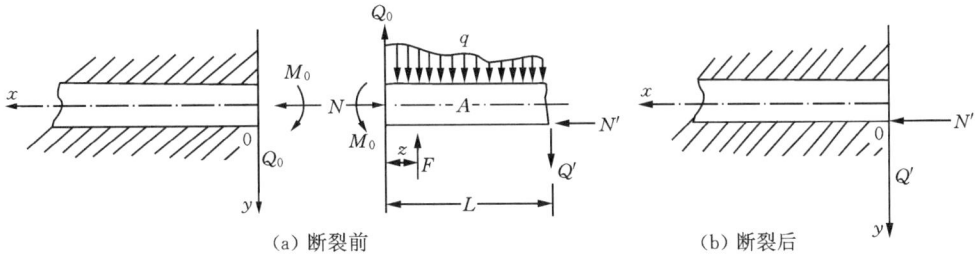

(a) 断裂前   (b) 断裂后

图 2

如此,老顶断裂前后的弹性基础梁力学模型可用图 2 的方式表示。

二、力学模型的解

根据《采场上覆坚硬岩层的变形运动与矿山压力》[2] 一文,假设直接顶及煤层是被夹持老顶的弹性基础,并符合 Winkler 假设,即 $p = -ky$,式中 y 为老顶岩层的竖向变形量;k 为垫层系数,单位量纲为力/[长度]^2,物理含义为使直接顶与煤层发生单位竖向变形所需的压强;p 则为作用于直接顶及煤层上的压力线集度,事实上即相当于由于老顶而引起的直接顶与煤层上的支承压力分布值。但邻近煤壁部分是塑性状态,因而对于 p 在靠近煤壁部分的分布情况应作相应的修正。

另外,老顶岩块断裂前后的作用力及其解则可采用《采场上覆岩层岩体结构模型及其应用》[1] 一文中的计算结果,即

$$N' = \frac{LQ'}{2(h - \Delta S)} \tag{1}$$

$$Q' = L(h \cdot \gamma + q) \tag{2}$$

式中 N'——已破断岩块回转而形成的横向力;

       L——断裂岩块的长度;

       h——老顶岩层的厚度;

       Q'——断裂岩块的重量及其载荷;

       γ——老顶岩层的容重;

       ΔS——断裂岩块 B 两端竖向位移的差值;

       q——断裂岩块(处于离层区)的载荷集度。

为此,老顶断裂前后,岩梁的位移(y)、弯矩(M)及剪力(Q_S)分布的关系如下[2]。

1. 老顶岩层断裂前

$$y = \mathrm{e}^{-\alpha x}\left[\frac{rM_0 + 2\alpha Q_0}{EIr(r-s)}\cos\beta x - \frac{2\alpha rM_0 - sQ_0}{2EIr(r-s)\beta}\sin\beta x\right] \tag{3}$$

$$M = EIy'' = \mathrm{e}^{-\alpha x}\left[M_0\cos\beta x + \frac{\alpha(r+s)M_0 + rQ_0}{(r-s)\beta}\sin\beta x\right] \tag{4}$$

$$Q_s = EIy''' = \mathrm{e}^{-\alpha x}\left[\frac{2\alpha M_0 s + rQ_0}{r-s}\cos\beta x - \frac{(2r^2-s^2)M_0 + 2\alpha rQ_0}{2(r-s)\beta}\sin\beta x\right]$$

$$\tag{5}$$

$$\Delta s_1 = \theta_0 \cdot L + \frac{Q'}{3EI}L^3 + \frac{q}{8EI}L^4 - \frac{Ez^2}{6EI}(3L - z)$$

式中　$M_0 = \frac{1}{2}qL'^2 + Q'L' + N'\Delta s_1 - F \cdot z$（$F$ 为支架反力）；

$Q_0 = qL' + Q' - F$；

$s = \frac{N}{EI}, r^2 = \frac{k}{EI}$（即 $r = \sqrt{\frac{k}{EI}}$）（s 与 r 的单位量纲为 $1/[\text{长度}]^2$）；

$\alpha = \left(\frac{r}{2} - \frac{s}{4}\right)^{\frac{1}{2}}, \beta = \left(\frac{r}{2} + \frac{s}{4}\right)^{\frac{1}{2}}$（$\alpha$ 与 β 的单位量纲为 $1/[\text{长度}]$）。

E、I 为老顶层的弹性模数及断面模数；θ_0 为老顶岩层的截面转角；Δs_1 为悬伸端相对于 $x = 0$ 处的下沉量；L' 为悬伸部分长度；其余符号见图 2。

上式中 y 可改写为：

$$y = \mathrm{e}^{-\alpha x}Y\cos(\beta x - \varphi)$$

式中　$Y = \frac{M_0[r + w^2 + 2\alpha(1 + s/r)w]^{\frac{1}{2}}}{EIr\beta}$；

$\mathrm{tg}\,\varphi = \frac{2r\alpha + sw}{2\beta(r + 2\alpha w)}$；

$w = Q_0/M_0$。

因此，若不考虑煤壁的塑性变形段，则由于老顶岩层而引起的支承压力 p 分布应为：

$$p = -kY \cdot \mathrm{e}^{-\alpha x}\cos(\beta x - \varphi)$$

即所引起的支承压力是按照负指数 $\mathrm{e}^{-\alpha x}$ 规律衰减的余弦函数曲线分布的。

2. 老顶岩层断裂后

此时 $M_0 = 0$；$Q_0 = Q'$。

因此，老顶岩层的竖向位移（y）、弯矩（M）及梁内剪力（Q_s）将变化如下：

$$y = \mathrm{e}^{-\alpha x}\left[\frac{2\alpha Q'}{EIr(r-s)}\cos\beta x + \frac{sQ'}{2EIr(r-s)\beta}\sin\beta x\right]$$

$$M = \mathrm{e}^{-\alpha x}\left[\frac{rQ'}{(r-s)\beta}\sin\beta x\right]$$

$$Q_s = \mathrm{e}^{-\alpha x}\left[\frac{rQ'}{r-s}\cos\beta x - \frac{2r\alpha Q'}{2(r-s)\beta}\sin\beta x\right]$$

在老顶岩层未断裂前，最大弯矩发生的位置可按下述方法求得 α：

$$\frac{2\alpha M_0 s + rQ_c}{r-s}\cos\beta x - \frac{(2r^2-s^2)M_0 + 2\alpha rQ_0}{2(r-s)\beta}\sin\beta x = 0$$

即

$$\mathrm{tg}\,\beta x = \frac{2\beta[2\alpha M_0 s + rQ_0]}{(2r^2 - s^2)M_0 + 2\alpha rQ_0}$$

鉴于在一般情况下 s 远小于 r,因此上式可忽略 s^2 项,则最大弯矩所在位置为:

$$x = \left\{ \mathrm{tg}^{-1}\left[\frac{\beta(2\alpha M_0 s + rQ_0)}{r^2 M_0 + \alpha rQ_0}\right]\right\}\Big/\beta$$

最大弯矩值为:

$$M_{\max} = M_0 \cdot \mathrm{e}^{-\alpha x}\left[\cos\beta x + \frac{\alpha(r+s) + r\cdot Q_0/M_0}{\beta(r-s)}\sin\beta x\right]$$

三、举例及分析

为了说明实际情况,可按照一般煤层赋存条件,举例说明。

如老顶为砂岩岩层,厚 4 m,其上为 2 m 厚的页岩层。显然,此页岩层将视为老顶岩层上的载荷,随老顶岩层的变形而变形。

设砂岩层的弹性模数 $E = 30 \ \mathrm{GN/m^2}$;取平面问题,岩层的 $I = bh^3/12$(取 $b = 1$),则 $I = 5.33 \ \mathrm{m^4}$,砂岩的容重 γ 取 25 $\mathrm{kN/m^3}$。

首先粗算老顶的断裂步距 L,为了简化起见,按 $M_0 = (R_s + N/bh)bh^2/6$ 进行计算。

$$M_0 = \frac{\gamma}{2}(2+4)L'^2 + Q'\cdot L' + N\cdot\frac{h}{2} + \Delta s_1 - F\cdot z$$

$$N = \frac{LQ'}{2(h - \Delta s)}$$

若取 B 岩块断裂长度与 A 岩块相等,$\Delta s = h/6$。同时考虑支架在控制直接顶后,对老顶岩层控制影响甚微(主要是由于煤壁支撑影响角 θ 的影响),因而不计 F 及 $F\cdot z$。且由于 Δs_1 值较小,因而 $N\cdot\Delta s_1$ 也暂忽略不计。

因此 $M_0 = \dfrac{1}{2}(6\times25)L^2 + (6\times25)L^2 + \dfrac{6\times25\times L^2}{2\times4\times\frac{5}{6}}\times\dfrac{4}{2} = 2.70L^2$

$$N = \frac{6\times25\times L^2}{2\times4\times\frac{5}{6}} = \frac{90}{4}L^2$$

取砂岩层的抗拉强度 $R_s = 6 \ \mathrm{MN/m^2}$,则可求得 $L = 7.92$ m。

因而 $M_0 = 16.94 \ \mathrm{MN\cdot m}$; $N = 1.41 \ \mathrm{MN}$;

     $Q' = 1.19 \ \mathrm{MN}$; $Q_0 = 2.38 \ \mathrm{MN}$;

     $s = N/EI = 0.000\,008\,81/\mathrm{m^2}$。

考虑各种不同的垫层系数,相应的 r、α、β 值如表 1 所示。

表 1

k (MN/m²)	0.5×10^2	1×10^2	1.5×10^2	2×10^2	2.5×10^2	5×10^2	10×10^2
r (1/m²)	0.017 68	0.025	0.030 6	0.035 4	0.039 5	0.055 9	0.079
α (1/m)	0.094	0.112	0.124	0.133	0.14	0.167	0.1987
β (1/m)	0.094	0.112	0.124	0.133	0.14	0.167	0.198 7

由于在一般情况下 r 远大于 s，因此由表 1 可知，α 与 β 值可视为相等。

为了求得老顶岩层断裂前后 y、M 变化，现取 $k = 1 \times 10^2 \ \mathrm{MN/m^2}$ 为例进行计算。

将上述各有关数值代入相应的公式，可得老顶岩层断裂前的 y 与 M 为：

$$y = \mathrm{e}^{-0.112x}[0.009\,58\cos(0.112x) - 0.004\sin(0.112x)]$$

$$M = \mathrm{e}^{-0.112x}[16.94\cos(0.112x) + 38.207\,6\sin(0.112x)]$$

老顶岩层断裂后的 y 与 M 为：

$$y_F = \mathrm{e}^{-0.112x}[0.002\,67\cos(0.112x) + 0.000\,000\,43\sin(0.112x)]$$

$$M_F = 10.628\mathrm{e}^{-0.112x} \cdot \sin(0.112x)$$

根据计算结果可得表 2 及图 3。

表 2

	x (m)	0	1	2	3	4	5	6	7	8	9	10	15	20	25	30
断裂前	y (mm)	9.58	8.1	6.72	5.5	4.35	3.36	2.49	1.74	1.1	0.57	0.13	−0.97	−0.98	−0.63	−0.29
	M (MN·m)	16.94	18.86	19.98	20.43	20.32	19.79	18.91	17.79	16.49	15.09	13.62	6.37	2.07	−0.192	−0.86
断裂后	y (mm)	2.67	2.37	2.1	1.8	1.54	1.3	1.07	0.86	0.68	0.52	0.36	−0.05	−0.18	−0.15	−0.09
	M (MN·m)	0	1.06	1.88	2.50	2.94	3.22	3.37	3.42	3.38	3.28	3.12	1.96	0.89	0.22	−0.08

由图 3 可知，老顶在断裂后在一定区域内出现了"反弹"现象，而在另一些区域则出现了"压缩"现象。

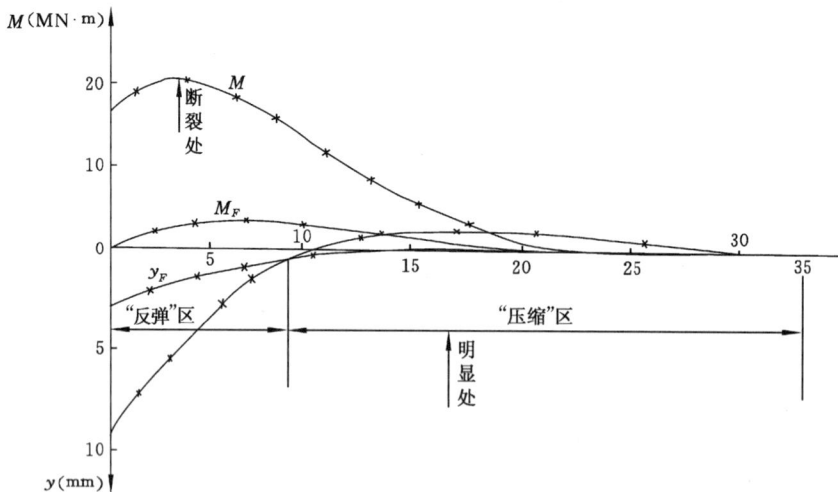

图 3

现将其分述如下：

1. "反弹"区及"压缩"区

由图 3 中可知，当 $x < 9.1$ m 时，由于老顶断裂形成的扰动，y 值变小，即形成"反弹"

现象。但当 $9.1 < x < 35$ 范围内，随着老顶的断裂而 y 值变大，也即对直接顶与煤层形成了压缩现象，故称之为"压缩"区。

从一般意义讲，"反弹"区的范围可用下述方法求得：

$$e^{-\alpha x}\left[\frac{rM_0 + 2\alpha Q_0}{EIr(r-s)}\cos\beta x - \frac{2\alpha r M_0 - sQ_0}{2EIr(r-s)\beta}\sin\beta x\right]$$

$$= e^{-\alpha x}\left[\frac{2\alpha Q'}{EIr(r-s)}\cos\beta x + \frac{sQ'\cdot\sin\beta x}{2EIr(r-s)\beta x}\right]$$

即

$$\text{tg}\,\beta x = \frac{2\beta\,rM_0 + 4\alpha\beta(Q_0 - Q')}{2\alpha\,rM_0 - s(Q_0 - Q')}$$

$$x = \left\{\text{tg}^{-1}\left[\frac{2\beta\,rM_0 + 4\alpha\beta(Q_0 - Q')}{2\alpha\,rM_0 - S(Q_0 - Q')}\right]\right\}\Big/\beta$$

若忽略 $s(Q_0 - Q')$ 项，且取 $\alpha = \beta$，则

$$x = \left\{\text{tg}^{-1}\left[1 + \frac{2\beta(Q_0 - Q')}{rM_0}\right]\right\}\Big/\beta$$

而当 x 进入上述区间时，随着老顶岩层的断裂，它形成的竖向位移，对于直接顶岩层及煤层形成了压缩区。

$$\left\{\pi + \text{tg}^{-1}\left[1 + \frac{2\beta(Q_0 - Q')}{rM_0}\right]\right\}\Big/\beta \geqslant x \geqslant \left\{\text{tg}^{-1}\left[1 + \frac{2\beta(Q_0 - Q')}{rM_0}\right]\right\}\Big/\beta$$

2."反弹"值及"压缩"值

由图 3 中可知，"反弹"值 Δy 在 $x = 0$ 处达到最大。其数量为：

$$(\Delta y)_{\max} = \frac{rM_0 + 2\alpha Q_0}{EIr(r-s)} - \frac{2\alpha Q'}{EIr(r-s)} = \frac{rM_0 + 2\alpha(Q_0 - Q')}{EIr(r-s)}$$

显然，它将随着 M_0、E、I 及 k 等数值的变化而变化。

若仍以所提供的条件为计算依据，仅改变各种不同的垫层系数 k，则其"反弹"区及最大"反弹"值 Δy 的变化将如表 3 所示。

表 3

$k(\text{MN/m}^2)$	0.5×10^2	1×10^2	1.5×10^2	2×10^2	2.5×10^2	5×10^2	10×10^2
"反弹"区 x(m)	11.2	9.1	8.1	7.47	7	5.75	4.7
"反弹"值 $(\Delta y)_{\max}$ (mm)	10.46	6.91	5.43	4.6	4	2.69	2

由表 3 可知，直接顶层与煤层的垫层系数越大，则"反弹"区域及"反弹"值越小。而垫层系数越小，则上述数值越大。

顶板来压预测预报常企图利用这种"反弹"值，但由于是在煤层巷道中测定，因此，老顶岩层断裂带来的扰动（反弹），有可能被已破碎的直接顶岩层所吸收而难于测到。

但从另一方面讲，只要是在老顶断裂形成的"反弹"区，巷道支架上所受的力将由于老顶岩层的"反弹"而减弱。因此，当直接顶岩层较厚时，可改为采用测定支架受力突然变小的办法来预示老顶岩层的断裂（必须是在"反弹"区）。

由图 3 可知,在"压缩"区,可以有 0~1 mm 左右的压缩量,在这个区域内必然表现为巷道支架上受力的增加。

3. 老顶岩层断裂前变形量与顶板下沉量的变化关系

老顶岩层断裂时,老顶岩层变形量的变化与工作面顶板下沉量的变化呈不同步关系。

计算老顶最大弯矩所在位置,按照各种不同的垫层系数,其结果如表 4 所示。

表 4

$k(MN/m^2)$	0.5×10^2	1×10^2	1.5×10^2	2×10^2	2.5×10^2	5×10^2	10×10^2
最大弯矩所在位置 $x(m)$	4.39	3.31	2.78	2.54	2.27	1.7	1.3

显然,老顶断裂线即是最大弯矩所在点,一般处于煤壁向里。只有在垫层系数较大时,最大弯矩所在点就可能处在开始夹持部分的端部,即煤壁上方附近。

如前所述,当老顶悬伸时对煤壁形成了 y 值变形量,但对工作面顶板下沉量的影响,只是由于老顶岩层的弹性变形量所引起,因而其值并不大。但当老顶断裂时,在煤壁处形成的 y 迅速变小,但由于老顶断裂而导致 A 岩块的回转却形成了工作面顶板的最大下沉量。这样形成了煤壁变形与工作面顶板下沉变化的不同步关系,如图 4 所示。

按照 Winkler 假设,$p = -ky$。因此 y 值的变化必然带来应力值的变化。由于它只是由于老顶断裂所带来的应力值的变化,因而称它为老顶断裂对支承压力引起的扰动。理论上讲这种扰动波形如图 4 中(b)、(c)所示。图中还表示了老顶断裂时梁内弯矩 M 的变化。

而这种扰动,按照 $p = -ky$ 计算。如前述假设 $k = 1 \times 10^2$ MN/m^2,而 y_{max} 值在前述给定条件下仅由 9.58 mm(断裂前)变为 2.67 mm(断裂后)。因此对 p 值的变化仅由 958 kN/m 变为 267 kN/m,它相对于 γH 值来说是极小的数字。因此,由于老顶断裂对于煤壁前方整个支承压力的分布,应该说不可能有明显的改变。

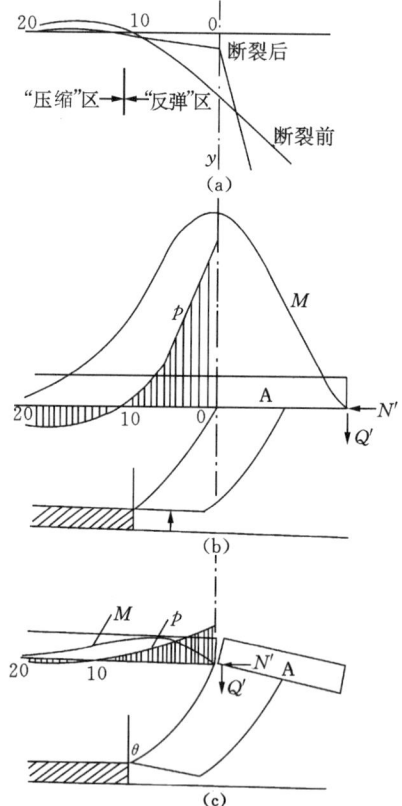

图 4

四、结 论

根据老顶岩层以直接顶及煤层作为基础的半无限长梁,可解得老顶岩层断裂前后对岩体发生的扰动作用。

主要表现为：

(1) 在梁的被夹持的端部(即煤壁附近)形成了"反弹"区；而在深入一定距离后则形成了"压缩"区；

(2) 此"反弹"区与"压缩"区均可利用作为工作面顶板来压预测预报的指标；

(3) 在"反弹"区，一些情况下可采用位移法测得，而在直接顶较厚时，则可采用测定巷道支架受力突然变小的办法求得；

(4) 由于老顶断裂而引起对支承压力的扰动其影响甚微，但由于它而引起的变形与工作面顶板下沉量的变化则可能呈现不同步的关系，因而也可利用测定煤壁附近变形量的变化来预示工作面来压的变化。

参 考 文 献

[1]　钱鸣高：《采场上覆岩层岩体结构模型及其应用》，《中国矿业学院学报》，1982 年第二期。
[2]　赵国景、钱鸣高：《采场上覆坚硬岩层的变形运动与矿山压力》(待发表)。

The Influence of the Fracture of the Main Roof on the Mining Ground Pressure

Qian Minggao　　*Zhao Guojing*

Abstract：The main roof across the central line of the longwall working face can be considered as a semiinfinite long beam on a winkler elastic foundation and analyzed as a plane strain problem，according to the characteristics of it s fracture. The solution of the differential equations of the long beam indicates that in the region some distance ahead of the faceline the phenomenon of "bound back" of the strata occurs，and in other region compression zone is formed. Such kinds of phenomena can predict the fracture of main roof，hence the influence of the fracture on the mining ground pressure.

采场上覆坚硬岩层的变形运动与矿山压力[①]

赵国景[1]　钱鸣高[2]

（1. 中国矿业学院北京研究生部；2. 中国矿业学院）

摘　要：本文以地下开采工作面前方的上覆坚硬岩层为研究对象，建立了夹支于弹性地基中受轴向压力的半无限长平面应变梁的计算模型，求解了平衡微分方程。并应用所得解对坚硬岩层的变形运动和矿山压力的分布规律、岩层可能出现断裂的位置和发生"反弹"现象的原因等进行了分析。

一、前　言

近年来有很多从事矿山压力研究的工作者进行了采场顶板来压的预测预报工作，无疑对保证矿山安全起到积极作用。为了对顶板来压进行预测预报，必须对坚硬岩层（老顶）在回采工作面前方所处的力学状态进行分析，并根据其可能发生的变形、断裂及运动，推断工作面的来压。

二、计算模型的建立及其解

1. 计算模型的建立

根据对岩层内部深基点移动观测，通常可得到回采工作面上覆岩层的变形和运动如图 1 所示[1]。本文着重讨论回采工作面前方岩层的变形运动（图 1 中 A 区），因而可以将采场前方一层或数层老顶岩层视为在走向方向上下被较松软的岩层夹支在其中的平面应变梁。梁的长度在采面推进方向可以认为是无限长，在采空区方向侧为已经断裂了的岩块所支承。

当老顶为数层互相邻接的坚硬岩层时，可以采用折算方法作为单一岩层考虑。因此为简单起见，现仅讨论老顶为单一岩层的

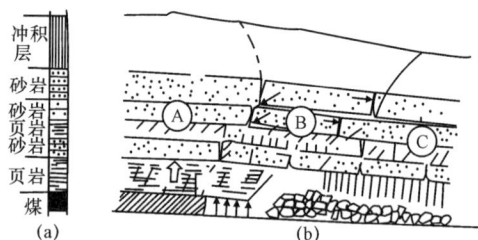

图 1

（a）柱状图；（b）采场上覆岩层分区

A——煤层支撑影响区；B——离层区及支架支承影响区；C——已冒落矸石支撑区

---

①　本文发表于《煤炭学报》，1987 年第 3 期，第 1～7 页。

情况。将老顶上下各一定厚度的介质视为弹性介质,并认为近似地满足 Winkler 弹性地基假定,即

$$p = -ky \tag{2-1}$$

式中　p——作用在老顶上的由于采动所造成的扰动压力;

　　　y——老顶的竖向位移;

　　　k——Winkler 地基系数,与上下夹支的软岩层(在老顶下边的直接顶与煤层及底板)的厚度及力学性质有关。

由此可将所论老顶简化为图 2(a)所示的半无限长平面应变梁。M_0,Q_0,N 为与工作面煤壁位置($x=0$)所对应的梁截面内力。由于受采动影响,上下夹支的软岩层将对该梁作用一分布压力 p。图 2(b)表示老顶在工作面上方的悬伸段(L),力 N' 与 Q' 为已经断裂了的岩块对悬伸段的作用力。支架阻力 F 到煤壁距离为 Z。q_c 为悬伸段所受的分布荷载。

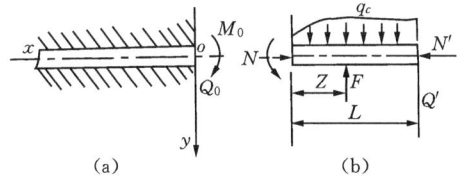

图 2

2. 老顶的平衡微分方程及其解

将老顶岩层视为半无限长梁,受到横向分布荷载 p 及轴向力 N 作用。参照文献[2],梁的弯曲变形微分方程可以写成

$$EIy'''' + Ny'' = p \tag{2-2}$$

式中　EI——抗弯刚度。

在平面应变条件下老顶的弹性模量 E 应取值为 $E/(1-\nu^2)$,ν 为波桑系数。

将式(2-1)代入式(2-2),并令

$$\left.\begin{array}{l} s = N/EI \\ r^2 = k/EI \end{array}\right\} \tag{2-3}$$

$$y'''' + sy'' + r^2 y = 0 \tag{2-4}$$

设方程(2-4)有解 $y = Ae^{\lambda x}$,代入式(2-4)得特征方程

$$\lambda^4 + s\lambda^2 + r^2 = 0 \tag{2-5}$$

解出特征根为

$$\lambda_{1,2,3,4} = \pm \left[-s/2 \pm (s^2/4 - r^2)^{1/2} \right]^{1/2} \tag{2-6}$$

在式(2-3)中考虑到轴向力 N 的实际数值较小,使得 $s < r$,可以将特征根写成复数形式,即

$$\lambda_{1,2,3,4} = \pm a \pm i\beta \tag{2-7}$$

其中

$$\left.\begin{array}{l} \alpha = (r/2 - s/4)^{1/2} \\ \beta = (r/2 + s/4)^{1/2} \end{array}\right\} \tag{2-8}$$

由此得到方程(2-4)的通解

$$y = A\,\mathrm{ch}\,\alpha x\,\cos\beta x + B\,\mathrm{ch}\,\alpha x\,\sin\beta x + C\,\mathrm{sh}\,\alpha x\,\cos\beta x + D\,\mathrm{sh}\,\alpha x\,\sin\beta x \tag{2-9}$$

在 $x=0$ 处有边界条件:$y = y_0$;$\theta = y' = y_0'$,$M_0 = EIy_0''$;$Q_0 = EIy_0''' + Ny_0'$。最后一个条件考虑了轴向力 N 对剪力 Q_0 的影响。将方程(2-4)对 x 积分一次即可得此条件。

分别求出式(2-9)直到 3 阶的导数,并利用 $x=0$ 处边界条件可求得各常数为

$$
\left.\begin{array}{l}
A = y_0 \\
B = [(r+s)y_0{}' + y_0{}''']/2\beta r \\
C = [(r-s)y_0{}' - y_0{}''']/2\alpha r \\
D = (2y_0{}'' + sy_0)/4\alpha\beta
\end{array}\right\} \tag{2-10}
$$

将式(2-10)代入式(2-9)即可得到由 $x=0$ 处的 $y_0,y_0{}',y_0{}'',y_0{}'''$ 所表达的变形曲线方程。因方程(2-9)还可以改写为

$$
y = \frac{1}{2}e^{\alpha x}[(A+C)\cos\beta x + (B+D)\sin\beta x] +
$$
$$
\frac{1}{2}e^{-\alpha x}[(A-C)\cos\beta x + (B-D)\sin\beta x] \tag{2-11}
$$

由边界条件: $x\to\infty,y\to 0$ 可知

$$
\left.\begin{array}{l}
A+C = 0 \\
B+D = 0
\end{array}\right\} \tag{2-12}
$$

不难由此解出

$$
y''_0 = -ry_0 - 2\alpha y'_0 \tag{2-13}
$$
$$
y'''_0 = 2\alpha r y_0 + (r-s)y'_0 \tag{2-14}
$$

将式(2-10)、式(2-13)及式(2-14)代入式(2-11)后得老顶的变形曲线方程为

$$
y = e^{-\alpha x}\left[\frac{rM_0 + 2\alpha Q_0}{EIr(r-s)}\cos\beta x - \frac{2\alpha r M_0 + sQ_0}{2EIr(r-s)\beta}\sin\beta x\right] \tag{2-15}
$$

对式(2-15)逐次求导,便可求出岩层截面转角 θ、弯矩 M 及剪力 Q 的公式,即

$$
\theta = y' = e^{-\alpha x}\left[-\frac{2\alpha M_0 + Q_0}{EI(r-s)}\cos\beta x - \frac{sM_0 + 2\alpha Q_0}{2EI(r-s)\beta}\sin\beta x\right] \tag{2-16}
$$

$$
M = EIy'' = e^{-\alpha x}\left[M_0\cos\beta x + \frac{\alpha(r+s)M_0 + rQ_0}{(r-s)\beta}\sin\beta x\right] \tag{2-17}
$$

$$
Q = EIy''' = e^{-\alpha x}\left[\frac{2\alpha sM_0 + rQ_0}{r-s}\cos\beta x - \frac{(2r^2-s^2)M_0 + 2\alpha r Q_0}{2(r-s)\beta}\sin\beta x\right] \tag{2-18}
$$

当 $x=0$ 时变形数值为

$$
y_0 = (rM_0 + 2\alpha Q_0)/EIr(r-s) \tag{2-19}
$$
$$
\theta_0 = -(2\alpha M_0 + Q_0)/El(r-s) \tag{2-20}
$$

对于图 2(b)所示工作面上方老顶悬伸段,我们假设它所承受的上部软岩层的重量(包括老顶自重) q_c 为均布载荷。由平衡条件容易得出下列公式,即

$$
M_0 = \frac{1}{2}q_cL^2 + Q'L + N'\Delta - FZ \tag{2-21}
$$

$$
Q_0 = q_cL + Q' - F \tag{2-22}
$$

其中悬伸端相对于 $x=0$ 端的下沉量为

$$
\Delta = \theta_0 L + \frac{Q'}{3EI}L^3 + \frac{q_c}{8EI}L^4 - \frac{EZ^2}{6EI}(3L-Z) \tag{2-23}
$$

三、老顶岩层的位移、断裂与矿山压力

1. 老顶的竖向位移和扰动压力的波形

根据上述分析计算，可以将老顶的竖向位移公式(2-15)写成

$$y = e^{-\alpha x} Y \cos(\beta x - \varphi) \tag{3-1}$$

式中　φ——岩石的内摩擦角；

$$Y = \frac{M_0 [r + w^2 + 2\alpha(1+s/r)w]^{1/2}}{EIr\beta}; \tag{3-2}$$

$$\text{tg } \varphi = \frac{2r\alpha + sw}{2\beta(r+2\alpha w)}; \tag{3-3}$$

$$w = Q_0 / M_0 。 \tag{3-4}$$

此外，按照式(2-1)，作用在老顶上的扰动压力 p 与竖向位移 y 除了相差一常数因子 $-k$ 外，具有相同的变化规律，即

$$p = -kY e^{-\alpha x} \cos(\beta x - \varphi) \tag{3-5}$$

由此可见，老顶竖向位移 y 及所受扰动压力 p 为按照负指数 $e^{-\alpha x}$ 规律衰减的余弦函数。变形波的周期长度为

$$t = 2\pi/\beta = 4\pi/(2r+s)^{1/2} \tag{3-6}$$

通常老顶岩层的轴向力 N 可由原岩的水平应力 σ_x 决定，即 $N = bh\sigma_x$。而原岩应力 σ_x 变化范围较广，在地下开采的一般情况下，常可按静水压力 $\sigma_x = \gamma H$ 确定。H 为老顶埋深，γ 为老顶上方直到地表的岩石平均容重。若考虑埋深 H 及老顶厚度 h 的变动范围为 $H = 100 \sim 1\,000$ m，$h = 1.5 \sim 4.5$ m，并取 $E = 30$ GPa，$k = 1.4$ GPa(相当于 $r = 0.08 \sim 0.48$ m^{-2})，则由式(2-3)可知 $r \gg s$。故在式(3-6) 中可以认为 $s \approx 0$。由此画出周期长度 t 随 r 的变化曲线，如图 3 所示。

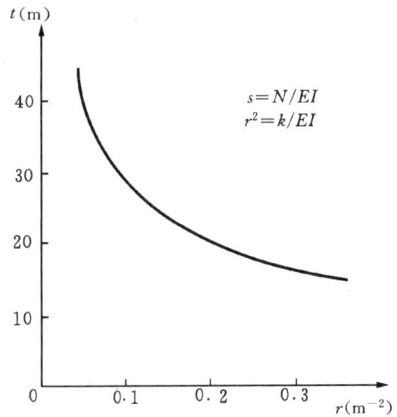

图 3

随着 $r = (k/EI)^{1/2}$ 的增大，即对较大的地基系数 k 和较小的老顶厚度 h，变形波长 t 将减小。此外，若考虑地质构造形成了很大的原岩水平应力，或者由于已经断裂的岩块可能形成拱作用而使力 N' 达到很大的数值[图 2(b)]，这时需要计及 s(即 N)的影响，变形波长 t 会变得更小一些。

相邻两波峰高度之比(衰减率)d 为

$$d = \frac{Y \cdot e^{-\alpha x}}{Y \cdot e^{-(x+t)}} = e^{\alpha t} = e^{2\pi\alpha/\beta} \tag{3-7}$$

在上述 H, h, k, E 的取值范围内，衰减率 $d = 517 \sim 534$，故发生在老顶中的位移及扰动压力波形衰减得快。通常变形波形约在半个周期长度 $t/2$ 内已经衰减为可以忽略不计的程度。在煤壁上方($x = 0$)具有最大的向下竖向位移，经过不到 $t/4$ 的长度后即转变为向上的竖向位移，并在接近 $t/4$ 的长度内趋于零。因此，上述半无限长梁的计算模型也适

用于向煤壁内延伸并不很长而发生过断裂的情况。例如在讨论重复开采问题时,老顶岩层中可能已经发生过断裂就属于这种情况。

2. 老顶的断裂与周期来压

在研究岩层的断裂问题时,可以引用各种强度条件(本文不拟详细讨论在岩层中出现的断裂过程,这个较复杂的问题将另文讨论)。通过某种简单的强度条件,来预示可能出现的断裂。按照 Coulomb 或者 Griffith(修正)强度理论[3],主应力 σ_1 对 σ_3 有线性关系,即

$$\sigma_1 = C_0 + q_c\sigma_3 \tag{3-8}$$

式中　C_0——岩石的单轴抗压强度;

$q_c = [(\mu^2+1)^{1/2}+\mu]^2, \mu = \text{tg } \varphi$。当 μ 取值为 $0.5\sim1.0$ 时,对应的 q_c 值约为 $26.18\sim58.28$ kN。

考虑到老顶弯曲变形时会出现拉应力,在应用准则式(3-8)时,若

$$\sigma_1 < C_0(1 - q_cT_0/C_0) \tag{3-9}$$

应改用由 Paul 指出的准则,即

$$\sigma_3 = -T_0 \tag{3-10}$$

式中　T_0——岩石的单轴抗拉强度。

通常岩石单轴抗拉与抗压强度之比约为 $T_0/C_0 \approx 1/6\sim1/10$。将强度条件式(3-8)、式(3-9)及式(3-10)用于上述平面应变梁,可得到用截面弯矩 M_s 表示的强度条件:

当 $N/bh \leqslant C_0(1-q_cT_0/C_0)$ 时

$$M_s = (T_0 + N/bh)bh^2/6 \tag{3-11}$$

当 $N/bh > C_0(1-q_cT_0/C_0)$ 时

$$M_s = [C_0 + (q_c-1)N/bh]bh^2/6 \tag{3-12}$$

由式(2-17)、式(2-18)可知,老顶中最大弯矩发生在 $Q=0$ 处,即

$$\text{tg } \beta x = \frac{2\beta(2\alpha s + rw)}{2r^2 - s^2 + 2r\alpha w} \tag{3-13}$$

最大弯矩的公式为

$$M_{max} = M_0 e^{-\alpha x}\left[\cos\beta x + \frac{\alpha(r+s)+rw}{\beta(r-s)}\sin\beta x\right] \tag{3-14}$$

若令式(3-14)所确定的最大弯矩 $M_{max}=M_s$,则可以近似地认为老顶中将在式(3-13)所确定的位置 x 处产生断裂。为了得到一些更具体的认识,我们取岩层轴向压力 N 的值为埋深 H,并给定了一系列的 r 值,分别算出老顶的断裂位置 x、断裂时的悬伸长度 L 等与轴向压力 N 的关系曲线(图4、图5)。

在计算 w 值时需要用到公式(2-21)~(2-23),其中由于 Δ 值很小而忽略不计,同时考虑了实际上 $Q_0 \geqslant 0$ 的条件。在计算中取 $q_c = 400$ kN/m,$F = 4$ MN,$Z = 4$ m,其他参数及变化范围与前述相同。

图4画出断裂前老顶悬伸段长度 L 与 N 及 r 的关系。悬伸段长 L 表示工作面周期来压的周期长度。由图4可知,随着 N 的增大及 r 的减小(例如老顶厚度 h 的增大),L 将增大。除了 EI,k 及 N 等因素外,悬伸段长 L 还与岩石的抗拉强度 T_0 及抗压强度 C_0

有关。图 5 表示断裂位置 x 与 N 及 r 的关系。老顶断裂通常发生在距离煤壁内不深的截面上,且 r 越大,x 值越小。若考虑地基系数 k 在 $0.7\sim2.1$ GPa 内变动,其他参数及其变化范围如上所述,计算的 x 值约为 $0.1\sim3.0$ m。

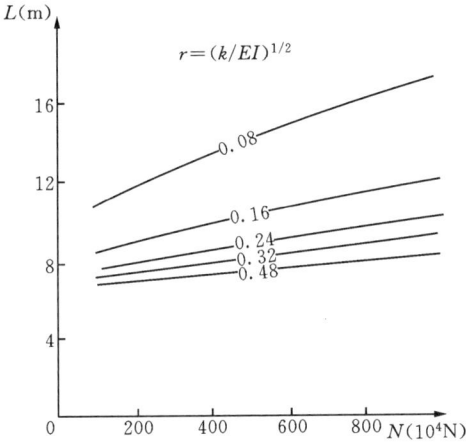

图 4

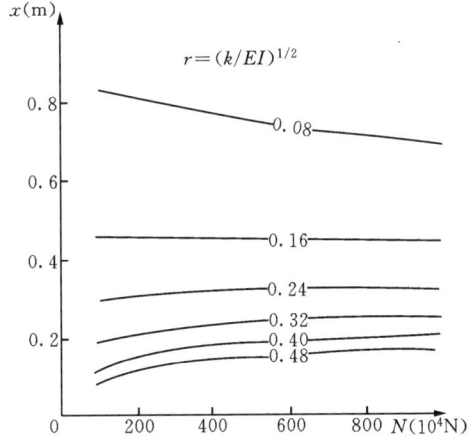

图 5

3. "反弹"现象

由于老顶断裂时,采动影响所积蓄的应变能将得到恢复,从而形成了老顶岩层的"反弹"。图 6 即表示了这种关系。

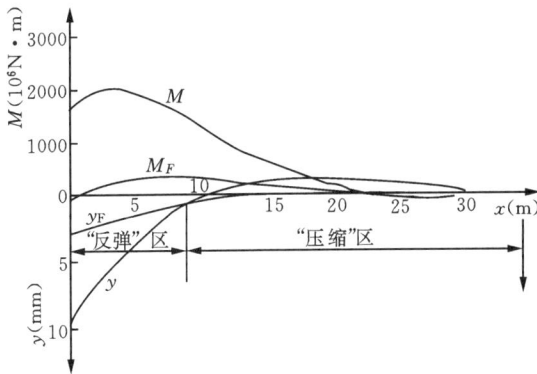

图 6

图 6 中以厚 4 m 的砂岩层为老顶,同时其上还赋存 2 m 厚的页岩层,再上则又为坚硬岩层。砂岩的弹性模数 E 取 30 GPa,容重 γ 取 2.5×10^3 kg/m^3,抗拉强度 $T_0=6$ MPa,地基系数 $k=10^2$ MPa,则老顶呈悬露状时的变形曲线如图中 y 曲线,相应的弯矩变化曲线为 M 曲线。

当老顶岩层断裂后,则变形曲线变为 y_F 曲线,弯矩分布则为 M_F 曲线。

由图 6 中可知,在 $0<x<9.1$ m 的范围内,老顶岩层断裂后的变形量变小,即形成了变形恢复,也即出现了"反弹"现象。而当 $x>9.1$ m 时,岩层变形则趋于增加。因此可知,老顶断裂时形成的反弹仅仅是在老顶断裂处开始向未采动部分延伸几米到十几米的范围内发生。而且反弹量从断裂处开始向深部越变越小。

四、结束语

本文提出一个岩层力学的理论分析模型,用来研究采场上覆坚硬岩层的变形运动和矿山压力。根据所建立的平衡微分方程及其解答,分析了老顶的变形、断裂及矿山压力分布的某些规律。并在一系列参数的实际可能取值范围内进行了数字计算,从而对老顶的变形运动及矿山压力的一些现象和规律作出了解释。例如:

(1) 由于采动影响,老顶的位移及其所承受的扰动压力的分布规律是按负指数很快衰减的周期函数,其分布长度通常不会超过半个周期长度 $t/2$。

(2) 老顶的断裂通常可能出现在深入煤壁内不远的截面上。

(3) 当老顶发生断裂时,反弹运动将引起老顶沿断裂前位移的相反方向运动等。

从岩层力学的角度讨论采场上覆岩体的变形、断裂和运动、矿山压力分布以及地表沉降等问题,其特点在于突出所论岩体的不均匀性及其在采动影响下可能发生断裂和运动这两个基本特征的作用,从而使得理论分析模型有可能更接近岩体的实际状态。显然本文所述只是一种初步探索,作者希望今后在这方面能够引起更深入的研究。

参 考 文 献

[1] 钱鸣高:采场上覆岩层岩体结构模型及其应用,《中国矿业学院学报》,1982 年,第 2 期.

[2] Timoshenko, S. : Strength of Materials, Part 11, Advanced Theory and Problems, D. Van Nostrand Company, Inc. Princeton, New Jersey, 1956.

[3] 耶格,J. C. 和库克,N. G. W. :《岩石力学基础》,科学出版社,1981 年.

Behaviour of Overlying Hard Strata Above Workings and Its Effect on Roof Pressure

Zhao Guojing

(Beijing Graduate School, China Institute of Mining and Technology)

Qian Minggao

(China Institute of Mining and Technology)

Abstract:A calculating model is established in the paper to investigate the behaviour of overlying hard strata ahead of face in under ground mining, in which it is considered as a semi-infinite long beam clamped in a winkler elastic base, and it is regarded as a plane strain problem. A differential equation of equilibrium is solved. Based on the obtained results, the behaviour of rock strata, distribution of rock pressure, the position of fractures that might occur in the strata, the reasons for rebound phenomenon, etc. are analysed.

老顶断裂位置及断裂后回转角的数值分析[①]

刘双跃 钱鸣高

(中国矿业大学,江苏 徐州 221008)

摘 要: 本文利用数值分析方法模拟了煤的采出、直接顶垮落和采空区矸石充填的全过程。从中分析和确定了老顶在回采过程中的断裂位置和可能形成的回转角以及相关影响因素。由此得到的结论与现场实测和理论推理相一致,从而解决了直接顶稳定性研究中的上部边界条件问题。

关键词: 直接顶;老顶;初次来压;断裂位置;回转角

一、问题的提出

从实际调查可知,日前综采工作面提高生产能力的主要障碍之一是由顶板事故所引起的停产事故,一般占 20%,个别矿区甚至达到 40%~60%。顶板事故中主要是端面(梁端到煤壁的无支护工作空间)顶板的冒落。经过对一些具体矿的调查,端面顶板的冒落与老顶的周期来压密切相关。表 1 为阳泉 3602 工作面实际观测结果。

表 1 阳泉 8602 工作面观测结果

项 目	片帮(mm)	片长/工作面长(%)	破碎度(%)	冒长/工作面长	冒高(mm)
平 时	682.6	27.4	24.6	27.7	617
来 压	827.0	33.4	49.0	52.9	713
来压/平时	1.2	1.2	1.99	1.9	1.2

由表 1 可知,老顶周期来压时工作面煤壁的片帮、端面顶板的冒长和冒高均可达到平时的 1.2~2 倍。

显然,为了探索直接顶顶板在端面的稳定性,就必需引入老顶的边界条件,同时观察在各种不同老顶断裂后的运动状态下,对直接顶稳定性的影响。

长时期以来,由于老顶断裂的规律及其运动状态不清楚,因而难于用一种简单的力学模型来探讨直接顶的稳定性,但是随着老顶岩层弹性基础梁力学模型的建立,老顶的断裂位置就有了定性的甚至是量化的数值解。同时随着根据实际测定得到老顶断裂后形成"砌体梁"概念的形成,认识到老顶断裂后根据其具体条件可能形成滑落失稳与变形失稳

---

① 本文发表于《中国矿业大学学报》,1989 年第 1 期,第 31~36 页。

两种形态,这两种失稳形态都将对直接顶的稳定性发生影响。

根据大屯孔庄矿等矿的实际测定,断裂后的岩块将发生回转运动(变形失稳),因而本文将先研究老顶断裂后变形失稳的规律,也就是主要用数值模拟方法,定量地解决以下两个问题:

(1)回采过程中老顶岩层可能发生的断裂位置,即老顶断裂线与煤壁之间的水平距离;

(2)断裂后的岩块运动规律。为了简便起见,此运动规律将以断裂岩块的回转角(老顶岩块与水平面的夹角)表示,并寻求影响此回转角大小的主要因素。

二、数值计算模型的建立

鉴于所提问题的特点,采用以工作面中部为主的平面应变模型,如图 1 所示。模拟的假设条件为:底板厚度为 8 m,煤层厚度 2 m,直接顶厚度为 8 m,老顶厚度为 4 m 或 8 m,而后为 2 m 厚的夹层,其余为载荷层。全模型长为 160 m,高为 32 m。模型的两侧边界条件是水平位移 $u=0$,底部的边界条件是水平位移 u 和垂直位移 v 都为零。另外根据解决问题的要求,采用 ADINA 程序求解。

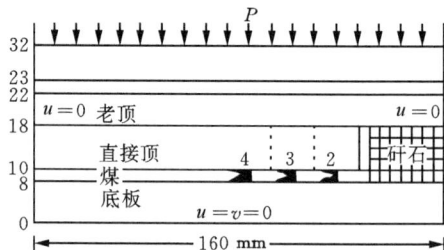

图 1　模拟回采过程的计算模型

此模型的特点为:

(1)计算程序中体现了煤的采出,直接顶的垮落以及采空区冒落矸石的充填,因而模拟了随着回采工作面推进过程中的老顶断裂过程;

(2)老顶断裂后,老顶于断裂处不再具备承受拉应力的能力,即当单元积分点拉应力 $\sigma_1 > R_t(R_t$ 为岩层抗拉强度)时,程序将自动执行拉断计算,从而可求得老顶的断裂位置;

(3)老顶断裂后,程序执行计算老顶岩块的回转角,并假设破断岩块之间不发生错动。

计算过程的框图如图 2 所示,每步回采 4 m,模型共计回采 30 步,合计采出 120 m(图中 T 为时间步)。

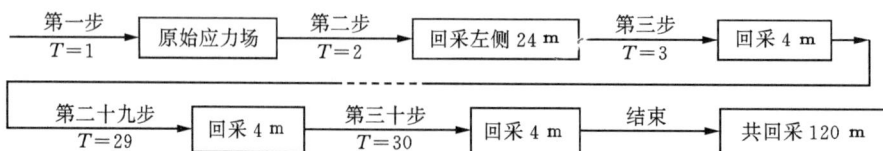

图 2　断裂位置数值计算流程

三、老顶断裂位置的分析

按照上述所给的条件,其数值模拟的结果如图 3 所示。

图 3(a)表示底板内,随着工作面推进所测得的支承压力分布。由图可知,它也呈一定的周期性变化,应力集中系数随着老顶悬露长度的增加而增大,可达 2.25~2.7。

图 3(b)表示工作面推至 $T=5$、14、22 和 30 时老顶形成了断裂,图中也表示了断裂的位置。由图可知,断裂在煤壁前方,约在煤壁前 4~8 m。断裂长度为 32~36 m。

图 3(c)表示老顶断裂前的垂直位移量以及在断裂后急剧增长的情况以及而后逐渐趋于平稳的过程。

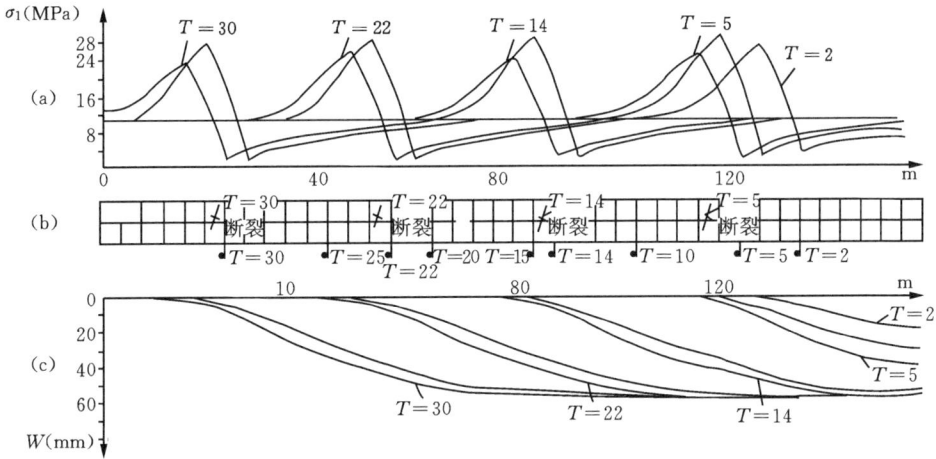

图 3　回采过程数值模拟结果

上述计算结果与一般实际测定所得结论在性质上是一致的,因而也就增加了其可信性。

由数值模拟所得的老顶断裂位置与岩层的抗拉强度、载荷层厚度、老顶本身厚度及垫层(直接顶和煤层)的力学性质之间的关系如表 2 所示。

由表 2 可知:

(1)垫层 E 值的减小,老顶断裂块长度增大,老顶断裂线伸向煤体内;

(2)老顶的载荷层加大,老顶断裂线位置内移;

(3)老顶抗拉强度增大,老顶的断裂线位置向采空区方向外移;

(4)老顶厚度增大,老顶断裂块长度增大,断裂线位置向煤体内移。

在上述条件下,老顶断裂线的位置一般在煤壁内 0~8 m 处。

表 2　老顶断裂位置影响因素

影响因素	计算参数	断裂位置(m)	断块长度(m)	备注	影响因素	计算参数	断裂位置(m)	断块长度(m)	备注
载荷层厚度(m)	4	0~4	32~36	$R_t=6$ MPa	老顶厚度(m)	4	−4~0	24~28	载荷层为8 m
	8	−4~0	24~28			8	−8~−4	32~36	
	12	−8~−4	20~24		垫层弹性模量(MPa)	$E_d=1.0×10^3$ $E_m=2×10^2$	−12~−8	36~40	老顶厚8 m
老顶抗拉强度(MPa)	4	−12~−18	16~24	载荷层为8 m		$E_d=1.5×10^3$ $E_m=4×10^2$	−8~−4	32~36	$R_t=6$ MPa
	6	−4~0	24~28			$E_d=2.0×10^3$ $E_m=6×10^2$	−4~0	24~32	载荷层8 m
	8	0~4	32~36						

四、老顶断裂后回转角的分析

对于直接顶稳定性的上部边界条件分析,除老顶断裂位置的求取外,还有老顶断裂后的回转变形,这种变形量的大小将直接影响端面顶板的稳定性。

由于断裂后的岩块是一个整体运动,因此,此处将以随着回采工作面推进引起断裂岩块的回转角表示其边界条件。

老顶断裂后回转过程如图 4 所示。

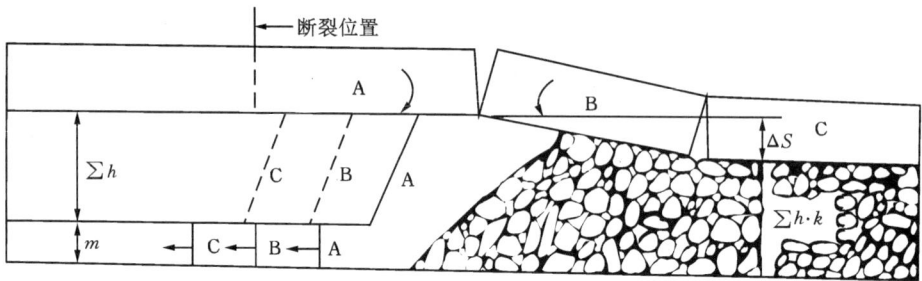

图 4   老顶断裂岩块结构

从图 4 可知:$\Delta S=(\sum h+m)-K\cdot\sum h$,令 $N=\sum h/m$,则

$$\Delta S=m[(1-K)\cdot N+1]$$

为了计算上的方便,主要求取三种情况下断裂岩块的回转角,即当 $x=-4$ m(回采工作面前方 4m),$x=0$ 以及 $x=+4$ m(回采工作面后方 4 m)。

由上述关系式可知,在煤壁前方断裂时,开始处在煤壁和直接顶支撑的影响下,因而回转角比较小,而后随着工作面的推进,煤壁支撑的影响越来越小,此时回转角的大小主要取决于冒落后直接顶的碎胀系数,以及在采空区内填实的程度。

为此,决定 A 块回转角 α 的主要因素如下:

(1) A 岩块的断裂位置与煤壁的水平距离 x;

(2) 直接顶厚度 $\sum h$ 与采高 m 之比 N;

(3) 采空区矸石的碎胀系数为 K。

计算过程如图 5 所示(T 为时间步)。

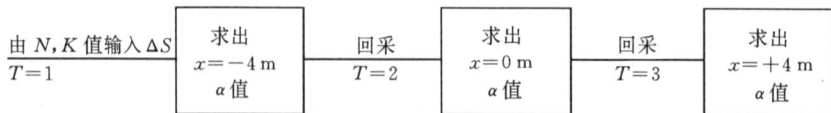

图 5   回转角数值计算流程图

根据一般情况,K 值可取 1.0、1.15 和 1.2,而 N 值则可取 1、2、3 和 4。图 6 表示的是一个例子,其计算条件如表 3 所示。

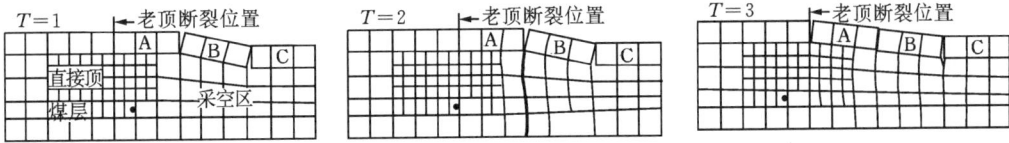

图 6　老顶回转过程的数值模拟结果

表 3

N	K	老顶断块长 (m)	老顶厚度 (m)	弹性模量(GPa)			
				老顶	直接顶	煤层	矸石
2	1.15	24	8	2.5	1.5	0.4	0.01

经过大量的计算,可以归纳为以下的几种结果:

(1) 矸石碎胀系数 K 越大,老顶的回转角 α 越小,情况如下(N 取值为1~4):

K	$x=-4$	$x=0$	$x=4$
1.10	0.6~1.1	1.4~2.4	4.0~6.2
1.15	0.3~0.9	1.2~2.2	3.2~5.8
1.2	0.2~0.8	1.1~2.0	3.0~5.4

(2) N 值增大,α 值减小。若 $K=1.1$~1.2,α 值随 N 值的变化如下:

N	$x=-4$	$x=0$	$x=4$
1	0.9~1.1	2.1~2.4	5.4~6.2
2	0.6~0.9	1.5~2.1	4.1~5.4
3	0.3~0.8	1.2~1.8	3.0~4.8
4	0.2~0.6	1.0~1.6	3.0~4.2

(3) 煤壁与老顶断裂位置的水平距离 x 值对老顶回转角 α 的影响很大,当 $K=1.1$~1.2,$N=1$~4 时,α 值的变化范围:

$$x=-4\quad \alpha=0.2\sim0.4;\quad x=0\quad \alpha=1.2\sim2.4;\quad x=4\quad \alpha=3.2\sim6.2$$

上述分析结果,可以由孔庄矿深基点观测的结果加以验证,如图 7 所示。图 7(a)是工作面煤壁距 S_3 测点 4.1 m 时老顶的转动情况,$\alpha=0.4°$;图 7(b)是煤壁与 S_3 测点基本上在同一垂线上,$\alpha=3.4°$。图 7(c)是煤壁采过 S_3 测点 3 m,$\alpha=4.8°$。

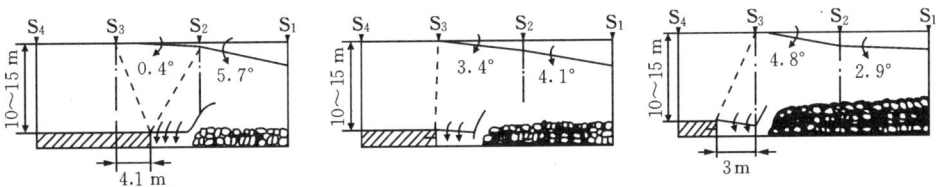

图 7　老顶回转过程的实测结果

综上所述,老顶断裂位置和回转角及其影响因素的分析,不仅对老顶结构平衡分析有重要参考价值,而且对直接顶稳定性的研究更有重要意义。合理确定直接顶运动的上部边界条件,使直接顶破坏机理研究今后有可能取得突破性的进展。

五、几点主要结论

(1)现场实测表明,工作面来压时,顶板的破碎度及冒高增大,来压时的顶板破碎度是平时的 1.9～2.7 倍。因此直接顶的破坏程度与老顶岩层结构的活动有关。

(2)直接顶运动的上部边界是老顶岩层,它在回采过程中的断裂位置及可能形成的回转角是直接顶稳定性研究中的首要问题。

(3)影响老顶断裂位置的因素有:老顶的抗拉极限 R_t,老顶担负的载荷,老顶的厚度,以及垫层的弹性模量等。一般来讲,老顶厚度为 4～8 m,$R_t = 4～6$ MPa,老顶将在煤壁前方 0～8 m 处断裂。

(4)老顶断裂后可能形成的回转角 α 反映了老顶活动的剧烈程度,其影响因素有:老顶断裂线与煤壁的水平距离 x,直接顶厚度 $\sum h$ 与采高 m 之比 N,以及采空区矸石的碎胀系数 K。

(5)本文所进行的数值分析,比较真实地模拟了煤的采出、直接顶的垮落及矸石的充填,其结果与实测和理论上的推理相一致。

参 考 文 献

[1] 钱鸣高、李鸿昌:采场上覆岩层活动规律及其对矿山压力的影响,《煤炭学报》,1982 年,No.2.

[2] 赵国景、钱鸣高:采场上覆岩层的变形运动与矿山压力,《煤炭学报》,1987 年,No.3.

[3] 刘双跃:综采工作面直接顶稳定性研究及控制(博士学位论文),中国矿业学院,1988 年 4 月.

The Numerical Analysis of the Cracked Position and Inclination of the Main Roof

Liu Shuangyue   Qian Minggao

Abstract: The paper presents the simulation of the whole process of coal extraction, immediate roof collapse and the goaf packing. On this basis the cracked position and inclination of the main roof are determined. The results obtained have been found to be close to that of in situ experiments and theoretical reasoning, and the upper boundary condition in studying the stability of immediate roof can thus be resolved.

Keywords: immediate roof; main roof; first weighting; cracked position; inclination

Methods of Controlling Thick and Strong Roof in Longwall Mining[①]

Deren Zhu，*Associate Professor*

Minggao Qian，*Chairman and Professor*

（China University of Mining & Technology Xuzhou）

Mea Wan，*Engineer*

（Zaozhun Colliery，Shandong CHINA）

Abstract：The principle of roof control in longwall mining is to control main roof fractures so as to reduce roof weighting，plus reasonable and effective design of supports to reduce the convergence and premature caving of the immediate roof. This paper introduces a comprehensive test for better roof control based on the geological conditions of coal seam No. 16 in Zaozhuan Colliery，China.

INTRODUCTION

A better roof control is the key to ensure a safe and productive longwall mining. Based on the analysis of the behavior of the overlying strata in longwall mining，there are two methods of roof control：

（1）Employing optimum panel layout and extraction technology to reduce the effect of main roof fractures and movement on a working face.

（2）Designing a rational and effective support that conforms with the main roof movement and control collapse of the immediate roof.

Longwall panel should be designed to offer correct measures for roof control based on the geological conditions of the roof，coal，and floor.

In Chinese coal mines，the geological conditions of many coal seams are very complex. Some seams are overlain by thick and strong sandstone，others have the roof consisting of weak and fractured shale，and still others have soft floor such as soft mudstone. Therefore it is very important to select extraction and support technologies based on seam occurrence and roof and floor conditions.

Zaozhuan Colliery，China extracted coal seam No. 16. Its roof is thick and strong

---

①　本文发表于 10th *INTERNATIONAL CONFERENCE ON GROUND CONTROL IN MINING*，第 59～64 页。

sandstone and the floor is soft mudstone. Therefore it is difficult to achieve a good roof control. In order to gain a better roof control, the colliery has performed a comprehensive study in longwall panel No. 6216 with success.

GEOLOGICAL CONDITIONS OF COAL SEAM NO. 16

Fig. 1 is a stratigraphic column for seam No. 16. It was 0. 6 — 0. 8 m thick including a dirt band of 0. 1—0. 2 m thick. The immediate roof was limestone of 6—8 m thick, and the immediate floor was mudstone 0. 25 — 0. 3 m thick, below which it is sandstone 2. 5 m thick.

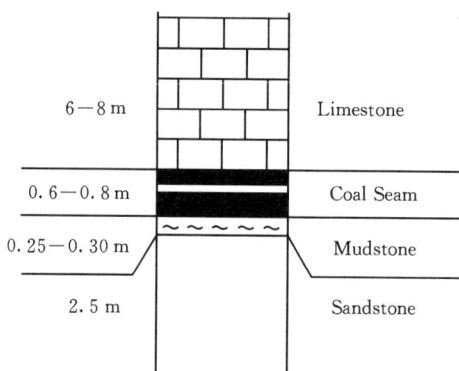

Fig. 1 Stratigraphic Column of Seam No. 16

Table 1 shows the mechanical properties of the roof and floor. It can be seen that limestone roof is a strong stratum with uniaxial compressive strength 58. 7 MPa (8 629 psi), but the immediate floor with uniaxial compressive strength 10. 1 MPa (1 485 psi) is a soft one causing the floor control problems.

Table 1 Properties of Roof and Floor

Strata	Density (g/cm³)	Tensile Strength (MPa)	Compressive Strength (MPa)	Interval Angle Degree
Roof	2. 69	58. 7	2. 82	25. 35
Dirt Bed	2. 16	61. 2	2. 15	37. 20
Floor	2. 32	10. 1	0. 69	37. 52

CHARACTERISTICS OF ROOF FRACTURE AND MOVEMENT

According to observations of longwall panels in seam No. 16 there were four characteristics of roof fractures and movement:

1. Roof weighting was severe

Almost all longwall panels in seam No. 16 had severe roof weighting, especially the first weighting. Based on underground measurements, the first weighting interval was 30—40 m and during the weighting period, support pressure was twice as large as that in non-weighting period. The severe roof weighting often caused roof fall accidents. For example in panel No. 6217, a severe roof fall occurred during the first weighting with 20 m wide roof collapsed. It stopped coal mining activities for many days.

2. More roof convergence and cavity

In longwall panels of seam No 16, roof convergence was more than 250—300 mm (10—12 in.) which was about 35% of the mining height. The larger convergence caused the immediate roof to break and cave even during non-weighting period. A special feature was that the caving height was usually less than 2m.

3. Friction props dig deep into the floor

Friction props were used for face support before the test was performed in longwall panel No. 6216. The props usually sunk all the way through the mudstone floor of 0.25 —0.3 thick. This contributed to large roof convergence and more roof cavities.

4. Lower support resistance

Based on underground measurements the resistance of the friction props used in longwall panels of seam No. 16 was lower, averaging 50—70 kN (5.6—7.84 tons) due to the soft mudstone floor. The maximum resistance, P, of the prop was determined by

$P =$ (uniaxial compressive strength of the mudstone floor) (prop's bearing area)

$\quad =$ (10.1 MPa)(0.007 2 m^2) = 72.7 kN (8.2 tons)

The computed result was consistent with insitu measurements mentioned above.

Based on the characteristics of roof fractures and movement mentioned above, it was concluded that the limestone stratum could be divided into two layers; a 5—6 m thick upper layer and a 1—2 m thick lower layer (Fig. 2) Fracturing of the upper layer caused roof weighting while fracturing of the lower layer caused roof cavities during non-weighting period.

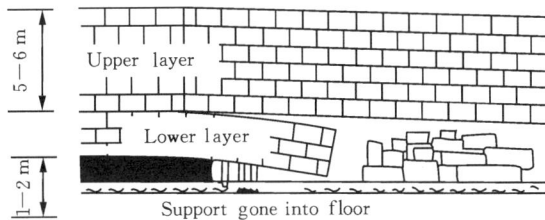

Fig. 2　Upper and Lover Layers of Roof Strata

According to the operational statistics for panel No 6105 the interval of the first roof fall caused by fracturing of the upper layer and that of the first weighting caused by fracturing of the upper layer were 14.5—20.5 m and 30.7—34.0 m, respectively, which were consistent with the underground measurements of 12—13 m and 29—30 m, respectively (1).

Therefore the objectives of roof control in seam No. 16 were to weaken the roof weighting, especially the first weighting caused by the upper layer, and to reduce the roof falls during non-weighting period caused by the lower layer.

METHODS OF ROOF WEIGHTING CONTROL

Analysis of the fracture process of the main roof considered as a Kirchoff plate supported by Winkler elastic foundation indicated that there are three methods for controlling roof weighting caused by a thick and strong main roof:

(1) To reduce the strength of the main roof so as to decrease the roof weighing interval by injecting high-pressure water into the main roof. It can be seen from Fig. 3 that as the roof weighting interval decreases the length of the fractured main roof blocks reduces. Therefore its rotation before it reaches a new self-equilibrium condition becomes slower and its effect on a working face should be weaker.

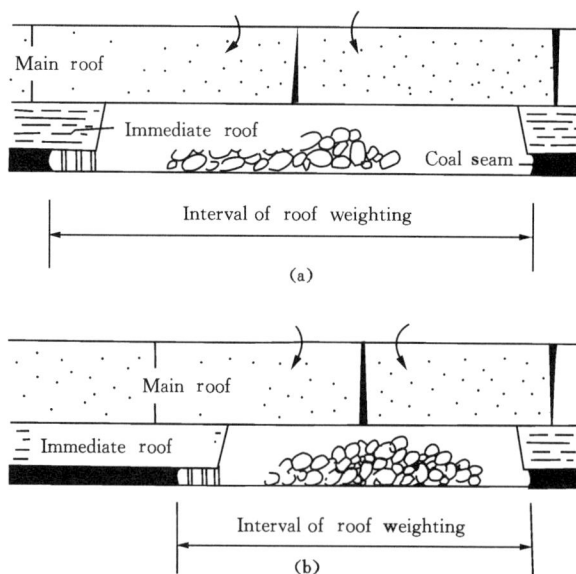

Fig. 3 Decrease Interval of Roof Weighting

(2) To decrease the elastic modulus of the coal seam or immediate roof so as to increase the distance between the faceline and the fracture of the main roof occurring in front of the faceline. It can be seen from Fig. 4 that increasing the distance between the faceline and fracture line can also decrease the effect of main roof block rotation on the working face.

(3) To change the direction or shape of the longwall faceline so as to control and reduce the effect of main roof fractures. This can be illustrated by Fig. 5, which shows the distribution of main roof fractures under different boundary conditions, based on the

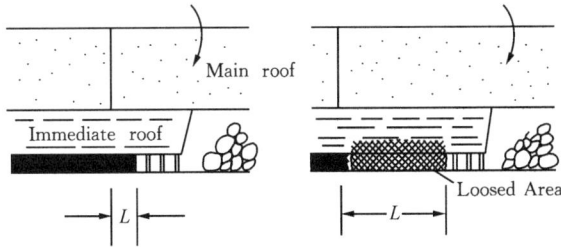

Fig. 4　Increase of Distance between Face and Fracture Lines

analysis of main roof fracture process using the computer simulation code, FEAEBP (3).

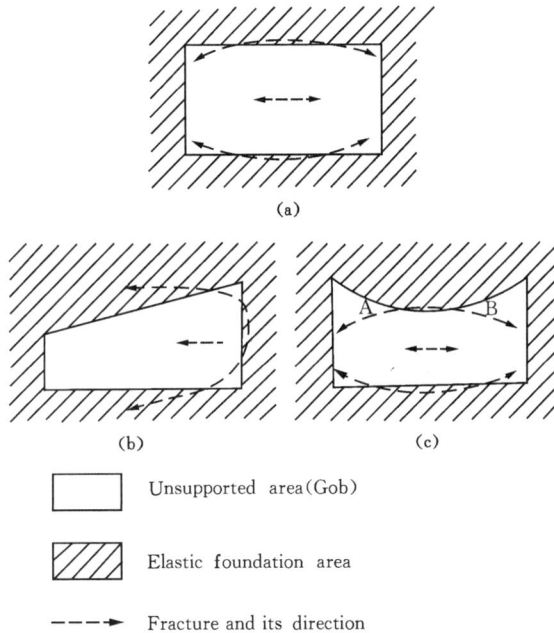

Fig. 5　Distributions of Main Roof Fracture

Comparison of Figs. 5(a) and 5(b) shows that the main roof fractures in Fig. 5(b) develop slower and the area affected by the fracture process is smaller than those in Fig. 5(a). Therefore the case shown in Fig. 5(b) should have a weaker roof weighting than that shown in Fig. 5(a).

Comparison of Figs. 5(a) and 5(c) indicates that a large portion (areas A and B) in Fig. 5(c) is protected by the triangular cantilever structure of the main roof (1). Therefore the roof weighting is weaker in Fig. 5(c) than in Fig. 5(a).

CONTROL OF ROOF WEIGHTING BY THE UPPER LAYER

In panel No. 6216 the 3rd method mentioned previously was easily applied to its use of friction props. Fig. 6 shows the plane view of panel No. 6216 which was divided into two faces of 110 m wide each being divided by a middle entry. The total panel width was 230 m. The direction of the set up room for face No. 1 was at an oblique angle to the tail and middle entries. As the face advanced, the angle was changed slowly and then became a straight one. During the first fracture of the upper layer its unsupported gob cantilevered to from a stair-shape [Fig. 6(a)]. The direction of the setup room of face No. 2 was perpendicular to the middle and head entries. As the face advanced its direction remained unchanged. Therefore when the first fracture of the upper layer occurred, its unsupported gob cantilevered to form a rectangular shape [Fig. 6(b)].

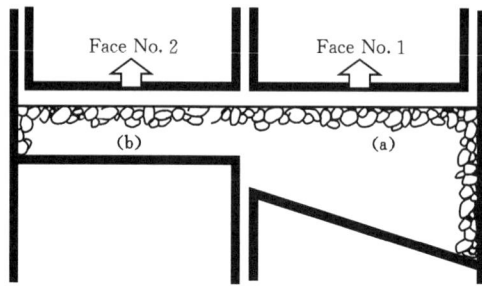

Fig. 6   Plane View of Panel No. 6216

Fracture development and distribution in the upper layer with stair-shape and rectangle-shape resemble those shown in Fig. 5b and 5a, respectively. Therefore the first weighting in Face No. 1 will be weaker than in Face No. 2.

Underground observations in panel No. 6216 concerning the first roof weighting showed that when Face No. 1 had advanced for a distance of 22 m from the setup entry the lower layer of the roof strata collapsed 1.5—2.0 m high (Fig. 7). When the interval was 27 m, the first roof weighting began at position A near the tailentry and then the weighting moved slowly from A to B and C. Finally when the interval reached 37 m the weighting moved to D near the middle entry. The whole roof weighting period lasted for 10 days, but the area and pressure of the roof weighting reduced day by day.

On the other hand, the roof weighting process in Face No. 2 was different from that in Face No. 1. When Face No. 2 had advanced for 22 m from the setup entry the lower layer collapsed. When the interval was 25—27 m the first weighting occurred at the center of the face and then the weighting moved toward both the middle and head entries. The roof weighting period lasted for about 5 days, but the area and pressure of the roof weighting was stronger day by day, and also stronger than that in Face No. 1.

Therefore change in the direction of a longwall faceline can indeed reduce the roof weighting pressure and area.

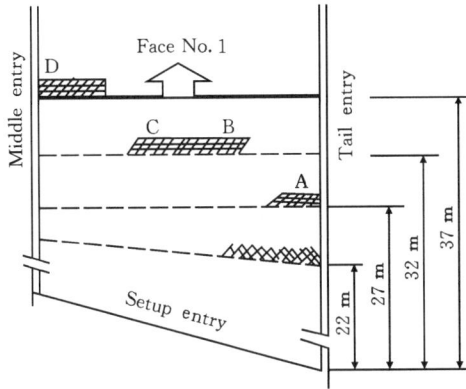

Fig. 7 Roof Weighting of Face No. 1

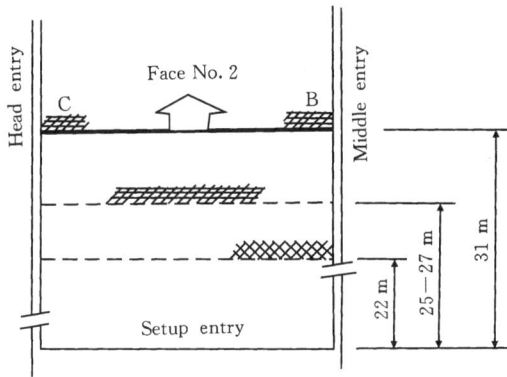

Fig. 8 Roof Weighting of Face No. 2

CONTROL OF ROOF CAVING BY THE LOWER LAYER

The resistance and stability of friction props used in seam No. 16 were considerably lower because they usually sunk deep into the mudstone floor resulting in large roof convergence and caving.

In order to improve the conditions in some longwall panels, both coal and mudstone were totally extracted and the props setup on sandstone main floor. This way prop resistance increase from $50-70$ kN ($5.60-7.84$ tons) to $150-200$ kN ($16.8-79.4$ tons) per prop. Roof convergency decreased from $250-300$ mm ($10-12$ in.) to $100-150$ mm ($4-6$ in.) and roof caving reduced significantly. But this method resulted in more production work and decreased the quality of coal produced.

In panel No. 6216, another method of controlling the lower layer was employed (Fig. 9). In this method the last row (nearest the gob) of friction props was replaced by the breaker props which have the following advantages:

(1) It has a larger bearing area at the bottom which reduces its penetration into the

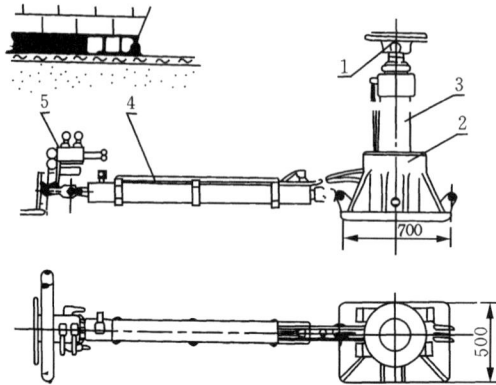

Fig. 9　Breaker Prop

1——Prop cap;2——Base;3——Prop;4——Jack;5——Control valve

floor and increases its resistance and stability. When the prop reaches its designed capacity of 800 kN (89. 6 tons), it produces a pressure density on the floor of only 2. 7 MPa (397 psi) which is less than the uniaxial compressive strength of the floor.

(2) Its higher setting and final resistances reduce roof convergence and prevent the lower layer from detaching from the upper layer of the limestone roof resulting in less fractures and caving during non-weighting period.

Fig. 10 shows the average load of the breaker props measured in the panel. It indicates that the average setting load of the props was 389 kN (43. 6 tons) i. e. 83% of the designed setting load. During non-weighting period the average final load was 533 kN (59. 7 tons), i. e. 67% of the designed final load. During roof weighting period, the average load was 779 kN (87. 2 tons), i. e. 97% of the designed final load.

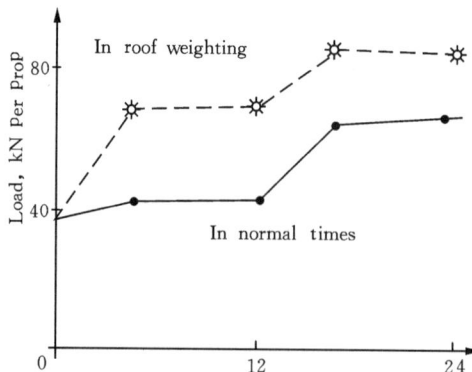

Fig. 10　Average Load of Break Props

Due to higher prop resistance, roof convergence measured in this panel reduced to 100－150 mm (4－6 in.) and there was no roof caving reported and insured safe production of the panel. The results demonstrated that the method for controlling the lower layer of limestone roof was successful.

A better roof control in longwall panel No. 6216 also demonstrated that soft floor greatly affects roof convergence and roof caving in longwall mining and floor control is just as important as roof control in some panels.

CONCLUSIONS

(1) According to the fracture characteristics of the limestone roof in seam No. 16 of Zaozhuan Colliery, China, the roof strata can be divided into two layers: the upper and lower layers. Fracturing of the upper layer caused the roof weighting while breakage of the lower layer caused the roof caving during non-weighting period.

(2) Underground observation of longwail panels in seam No. 16 indicated that props sunk deep into the floor resulting in low prop resistance, large roof convergence and more roof caving.

(3) A series of tests were performed in panel No. 6216 to improve roof control including change in the direction of the faceline to reduce the area and pressure of the roof weighting, and application of the breaker props to reduce the amount of floor penetration. As a result prop resistance and stability increased, and roof convergence and caving decreased.

(4) The test in longwall panel No. 6216 demonstrated that rational extraction and support technologies must be selected based on seam occurrence and roof and floor conditions. It was also noted that sometimes floor control is more important for gaining a better roof control.

References

[1] Zhu, D., 1986. Structure of the Roof at the End of Longwall Face and Its Support. Ground Movement and Control Related to Coal Mining, The AuslMM IIIawarra Branch Symposium, pp. 276-231.

[2] Zhu, D., Qian, M. and Peng, S. S., 1989. A Study of Displacement Field of Main Roof in Longwall Mining and Its Application. Proceedings of the 30th U. S. Symposium, West Virginia University, pp. 149-156.

[3] Zhu, D. and Qian, M., 1988. A Computer Simulation of Breakage of the Main Roof in Longwall Mining. Proceedings of the 7th International Conference on Ground Control in Mining, Morgantown, WV, pp. 205-211.

[4] Qian, M. and Zau, G., 1988. Deformation and Roof Pressure of the Overlaying Strata. Proceedings 26th U. S. Symposium of Rock Mechanics.

[5] Qian, M., Zhu, D. and Wang, Z., 1986. The Fracture Types of Main Roof and Their Effects on Roof Pressure in Coal Face, Journal. CIMT, No. 2, pp. 9-17.

[6] Niu, X. and Gu, T., 1983. Controlling Hard Roof by Mean of Injecting Water, Journal. CCS, No. 4, pp. 1-10.

坚硬顶板来压控制的探讨[①]

朱德仁　　钱鸣高　　　　徐林生

（中国矿业大学）　　　　（大同矿务局）

摘　要：本文将长壁工作面上覆老顶视为位于 Winkler 弹性基础上的 Kirchhoff 板。通过对主结构块的受力、活动和平衡的分析，指出在坚硬顶板条件下工作面矿山压力显现的主要特征是来压时具有较强烈的冲击载荷，造成直接顶大面积垮落和支架严重损坏。冲击载荷的强烈程度与老顶断裂线至工作面煤壁的相对距离有关，断裂线愈向煤壁内深入，冲击载荷愈缓和，老顶稳定性愈高。在 Winkler 弹性基础上 Kirchhoff 板破断规律的研究发现，老顶断裂线至工作面煤壁的相对距离与支承煤体、直接顶的弹性系数有关，弹性系数愈小，断裂线愈向煤壁内深入。由此，本文提出采用工作面煤壁前方煤体松动爆破减缓老顶来压强度方法。该方法已在大同矿务局云岗矿得到实践证明，取得了良好的技术、经济效果。

关键词：坚硬顶板；长壁工作面；来压控制；Kirchhoff 板；Winkler 弹性基础

在煤炭生产中，具有坚硬、难冒顶板的煤层经常使用刀柱法开采，它不仅回采率很低，而且随着顶板悬露面积的增加，构成采空区自然发火和大面积冒落的隐患。为此，大同等矿区在对坚硬、难冒顶板采取深孔爆破强制放顶、高压注水软化顶板等技术措施的基础上，进行了长壁垮落式开采实践，取得了成功的经验。这些经验给予的启示是：坚硬、难冒顶板矿山压力控制途径，主要在于利用顶板自身的破断规律，而控制方法则是应采取多种手段的综合治理。

本文在研究长壁工作面老顶破断规律的基础上，根据大同矿务局的实践经验，提出利用煤体松动爆破减缓老顶来压强度的方法，可作为坚硬、难冒顶板综合治理手段之一。

1　老顶岩层的破断特征

坚硬老顶岩层的主要力学特征是强度高、分层厚度大、整体性好，在长壁开采时能形成较大的悬顶，类似支承在煤层和直接顶上的"板"。在一般条件下，工作面长度为 $100 \sim 200\ \mathrm{m}$，坚硬老顶岩层的分层厚度约 $5 \sim 10\ \mathrm{m}$，断裂步距在 $50 \sim 100\ \mathrm{m}$ 左右，此时，悬露老顶的厚宽比为 $1/5 \sim 1/20$，完全符合弹性薄板的假设条件（厚宽比小于 $1/4$），所以可把它视为弹性薄板，即 Kirchhoff 板。支承老顶的煤层和直接顶属弹塑性介质，由于在矿山压

---

①　本文发表于《煤炭学报》，1991 年第 2 期，第 11～19 页。

力研究中,一般只求宏观控制,所以可假设它们为单一的弹性体,并附合 Winkler 弹性基础条件。由此,本文将老顶简化为 Winkler 弹性基础上的 Kirchhoff 板。

根据作者对简化为 Winkler 弹性基础上 Kirchhhoff 板的老顶破断过程相似材料和计算机模拟[1,2],得到它们的主要破断特征是:

(1) 老顶起始破断主要是拉伸破坏,宏观裂缝的出现是微观裂隙发展的结果。起始破断出现后,由于破断岩块的回转活动,才引起挤压、剪切等破坏形式。由此可以确定,老顶断裂线的位置发生在最大拉应力区域,断裂线方向与拉应力方向相互垂直。

(2) 由于弹性基础效应,老顶在工作面附近的最大拉应力大多深入到煤壁以内,并在支承压力峰值的前方。由特征(1)可见,断裂线也位于工作面前方煤壁内,如图 1.1 所示。

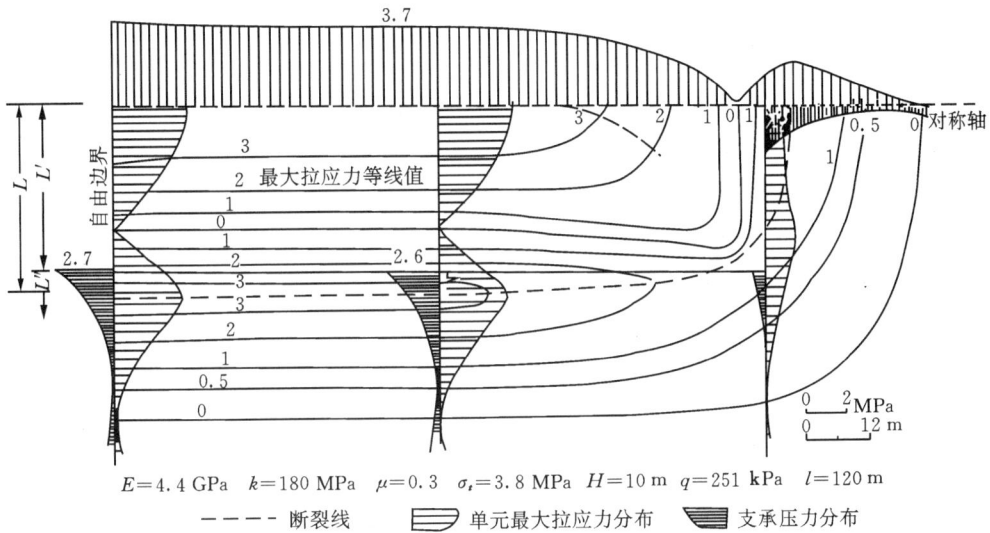

图 1.1　老顶内最大拉应力与断裂线分布(取老顶的 1/2)

Fig. 1.1　Maximum tensile stress and distribution of fractures in the main roof
(take half of the fracture distance of the main roof)

E——老顶弹性模量;μ——泊松系数;k——煤体和直接顶的弹性系数;l——工作面长度;

H——老顶厚度;q——载荷集度;σ_t——抗剪强度;L'——从对称轴至煤壁的距离;

L''——断裂线到工作面煤壁的距离;L——断裂线至对称轴的距离

(3) 在老顶几何、力学参数一定的条件下,断裂线与工作面煤壁之间的距离 L'' 随煤体和直接顶的弹性系数 k 下降而增加,如图 1.2 所示。老顶破断的这一特征是本文应用的基础,称它为断裂线深入煤壁或断裂线内移。

(4) 一般条件下,老顶破断后的空间结构如图 1.3 所示。图中结构块 1 称主结构块,它的稳定性决定了整个老顶空间结构的稳定性,所以老顶空间结构的稳定性分析可以简化为主结构的稳定性分析。

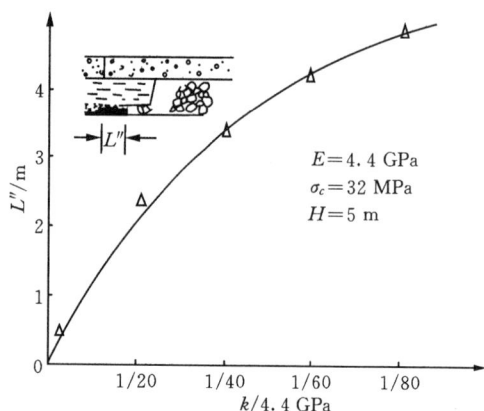

图 1.2　弹性系数下降引起断裂线内移

Fig. 1. 2　The inward movement of fractures
induced by decrease of clastic coefficient

图 1.3　老顶主结构块

Fig. 1. 3　Main structural block
of the main roof

2　老顶断裂时主结构块的活动特征

在图 1.3 中,由于主结构块自重和它上部载荷的作用,在它破断过程中要发生回转活动,块与块之间相互挤压,形成三铰拱结构,如图 2.1 所示。

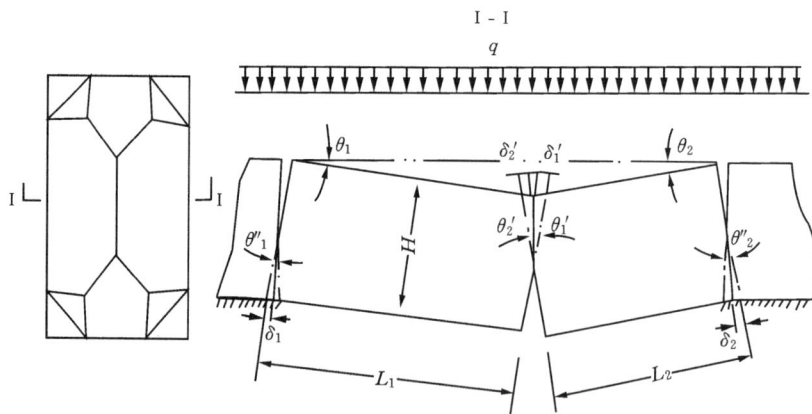

图 2.1　主结构块回转与挤压

Fig. 2. 1　Rotation and squeezing of main structural blocks

图 2.1 中各挤压面上的应力分布可假设如图 2.2 所示,即挤压量小于岩块弹性极限时,挤面上应力按 Hooke 定律计算;挤压量超过弹性极限时,超过部分的挤压面视为"塑性区",面上应力均布,恒等于岩层的抗压强度。因此,挤压面上的挤压力大小与位置参数可由下式计算,即

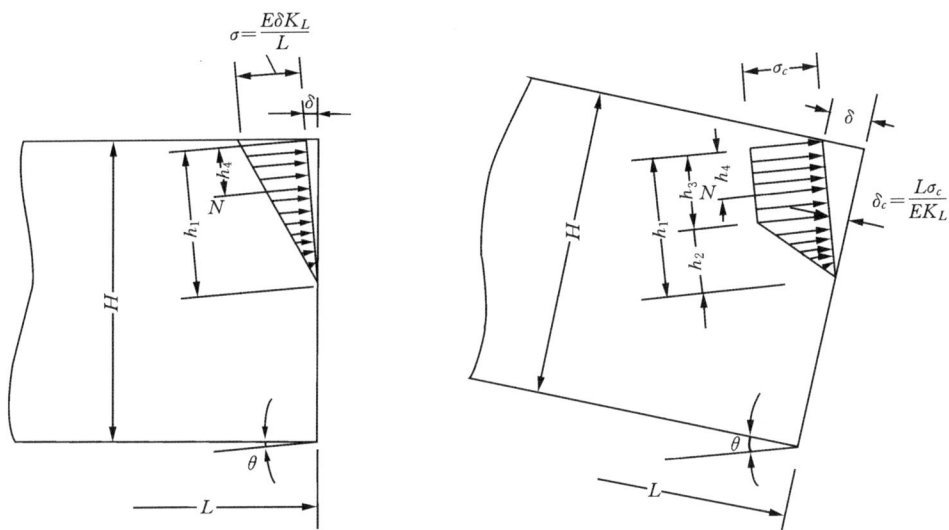

图 2.2　挤压面上挤压力计算

Fig. 2.2　Calculation of the pressure on squeezing face

$$N = f(\delta) = \begin{cases} \dfrac{K_L E \delta^2}{2L\sin\theta} & \delta \leqslant \delta_c \\[3mm] \dfrac{\sigma_c}{\sin\theta}\left(\delta - \dfrac{\delta_c}{2}\right) & \delta > \delta_c \end{cases} \tag{2.1}$$

$$h_4 = \begin{cases} \dfrac{h_1}{3} & \delta \leqslant \delta_c \\[3mm] \dfrac{h_3/2 + h_2 h_3/2 + h_2/3}{h_3 + h_2/2} & \delta > \delta_c \end{cases} \tag{2.2}$$

式中　N——挤压面上的挤压力；

　　　h_4——挤压力作用位置参数；

　　　h_2——挤压面上"弹性区"高度；

　　　h_3——挤压面上"塑性区"高度；

　　　h_1——挤压面高度；

　　　H——主结构块厚度；

　　　L——主结构块宽度；

　　　δ——挤压面上的最大挤压量；

　　　δ_c——主结构块挤压量的弹性极限；

　　　σ_c——主结构块抗压强度；

　　　K_L——长度系数，一般取 2；

　　　θ——挤压角。

图 2.1 中，两主结构块回转活动共形成 6 个挤压面，当回转角 θ_1 和 θ_2 确定后，若令 $\theta'_1 = \theta_1/2$，$\theta'_2 = \theta_2/2$，则 6 个挤压面上的几何、力学参数应满足以下关系，即

$$\begin{cases} \theta_1{}' + \theta_2{}' = \theta_1 + \theta_2 \\ \dfrac{\delta_1{}'}{\sin \theta_1{}'} = \dfrac{\delta_2{}'}{\sin \theta_2{}'} \\ f(\delta_2{}') = f(\delta_1{}') \\ f(\delta_2) = f(\delta_1{}') \\ f(\delta_1) = f(\delta_1{}') \\ 2(\delta_1 + \delta_2) + \delta_1{}' + \delta_2{}' = \Delta L_1 + \Delta L_2 \end{cases} \quad (2.3)$$

式中，ΔL_1，ΔL_2 分别为 L_1 和 L_2 岩块回转引起的伸展量，由下式计算，即

$$\Delta L_i = \frac{H \sin \theta - L_i (1 - \cos \theta)}{\cos \theta} \quad (2.4)$$

式(2.3)有 6 个未知量，由于存在 6 个方程，所以可以用计算机求解 $\delta_1{}'$，再由 $\delta_1{}'$ 求出结构块之间的各挤压力大小与作用位置参数。

根据主结构块的回转角和挤压力作用位置参数，可以由图 2.3 计算力臂 a，即

$$a = L \operatorname{tg}\left[\operatorname{arctg}\left(\frac{H - h_4 - h_4{}'}{L} \right) - \theta \right] \quad (2.5)$$

最后，可得到老顶主结构块回转时由挤压力引起的阻力矩 M_c，即

$$M_c = Na = F(\sigma_c, E, H, L, \theta) \quad (2.6)$$

也可以由 Mohr 强度理论计算挤压面（又称咬合面）上所承担的最大剪力 Q_c，即

$$Q_c = \begin{cases} N \operatorname{tg} \varphi + h_1 \tau_r \\ N \operatorname{tg} \varphi + h_2 \tau_r \end{cases} \quad (2.7)$$

式中，τ_r 为老顶的抗剪强度；φ 为老顶的内摩擦角。

由式(2.6)、式(2.7)可见，在主结构块几何尺寸和力学参数确定时，M_c、Q_c 与回转角 θ 有关。若老顶弹性模量 E、老顶抗压强度 σ_c、老顶抗剪强度 τ_r、老顶内摩擦角 φ、主结构块宽度 L 和厚度 H 等几何、力学参数确定了，代入式(2.6)、式(2.7)，可得 M_c、Q_c 与 θ 的关系(图 2.4)。

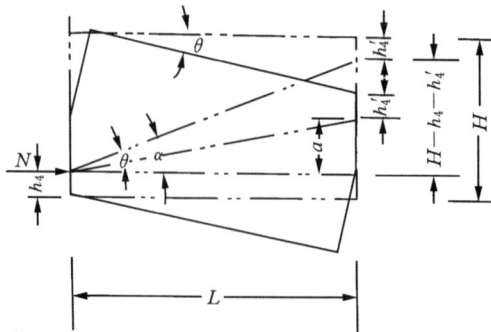

图 2.3　挤压力矩的力臂计算

Fig. 2.3　Calculation of arm of squcezing moment

由图 2.4 可见,在老顶断裂瞬间,主结构块的挤压阻力矩等于零,咬合面上允许承受的剪力 Q_c 由 30 MN/m 突然下降一半左右,所以它在断裂时发生回转活动是不可避免的,滑落活动也可能同时出现,这种回转与滑落活动引起工作面的来压现象。在坚硬顶板条件下,来压更为显著,经常造成直接顶大面积冒落,工作面压力剧增,有时还引起支架冲击性破坏。

随着主结构块回转角 θ 的增加,M_c 和 Q_c 都不断增大,当 θ 等于 θ_c 时,两者都达到极大值 $M_{c,\max}$ 和 $Q_{c,\max}$。由此可见,主结构块的回转与滑落活动是不断受到制约的,最终可能进入平衡状态。

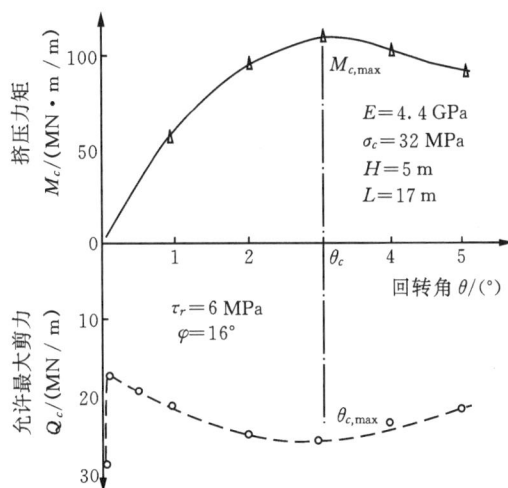

图 2.4　M_c、Q_c 与回转角 θ 的关系

Fig.2.4　M_c and Q_c vs θ

但是,一旦它的回转角超过了 θ_c,结构块的 M_c 和 Q_c 都随回转角 θ 的增加而下降,进入不稳定状态,产生回转与滑落失稳,最终导致整个老顶空间结构的破坏,工作面将会产生更为强烈的来压现象。

针对上述主结构块的回转、滑落活动,以及可能出现的失稳现象,可以采用高吨位的液压支架和大流量安全阀控制和适应老顶的活动。但是,根本改善途径在于减缓它断裂时回转、滑落活动和避免出现回转、滑落失稳。

3　老顶断裂线深入煤壁与来压控制

老顶断裂线深入工作面煤壁可以充分利用煤体的支承能力,有效地发挥支架的作用。因此能减缓老顶断裂时的回转、滑落活动,避免出现严重失稳现象,其基本原理可用图3.1和图 3.2 表示。

图 3.1 中,M_0 为主结构块 EF 断裂瞬间的外力矩、θ_0 为当时的回转角,M_{c0} 为相应的挤压力矩。由于 M_0 大于 M_{c0},所以 EF 要发生回转活动。若断裂线没有深入煤壁内,则阻止 EF 回转的力矩仅有挤压力矩 M_c 的增量 ΔM_c(此时支护的阻力矩很小),如图 3.1 中 M_c—θ 关系曲线(EF 岩块的几何、力学参数与前文所给相同),因此 EF 必须有较大的回转角 $\Delta\theta_1$,M_c 才能与 M_0 相平衡。若断裂线深入煤壁内部,则阻止岩块 EF 回转的力矩除 M_c 的增量 ΔM_c 外,还有煤体阻力矩 M_{e0} 和支护阻力矩 M_{s0} 的增量 $\Delta M_e + \Delta M_s$,其中 ΔM_s 可视为恒值,ΔM_e 与 $\Delta\theta$ 的关系可以由下式计算,即

$$\Delta M_e = \frac{kL''^3 \pi}{3 \times 180} \Delta\theta \tag{3.1}$$

由于阻力矩增加,EF 回转活动的加速度较小,达到平衡时的回转角 $\Delta\theta_{21}$ 也很小,所以在一定条件下能减少老顶回转活动的冲击性。$\Delta\theta_{22}$,$\Delta\theta_{23}$ 是工作面继续向断裂线推进时引起 EF 的回转角增加,由此可见,断裂线深入煤壁之内,能把主结构块一次性强烈回

图 3.1　主结构块回转活动的缓和

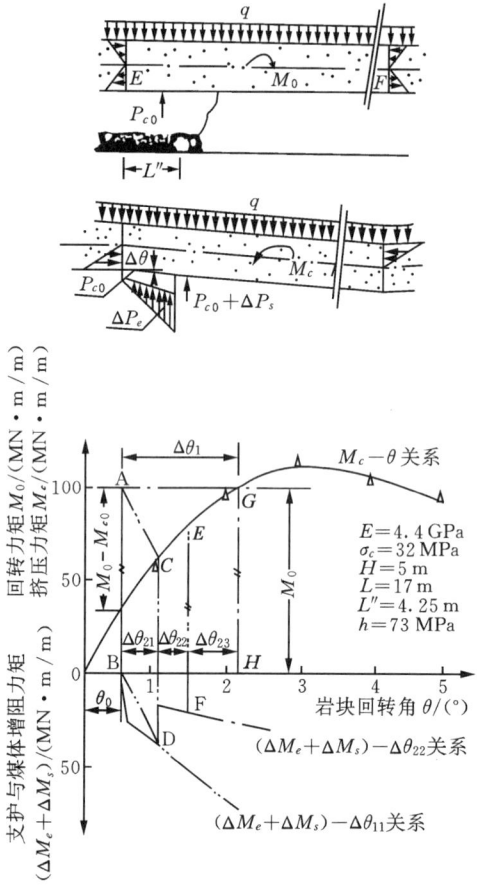

Fig. 3.1　Ease of rotation of the main structure block

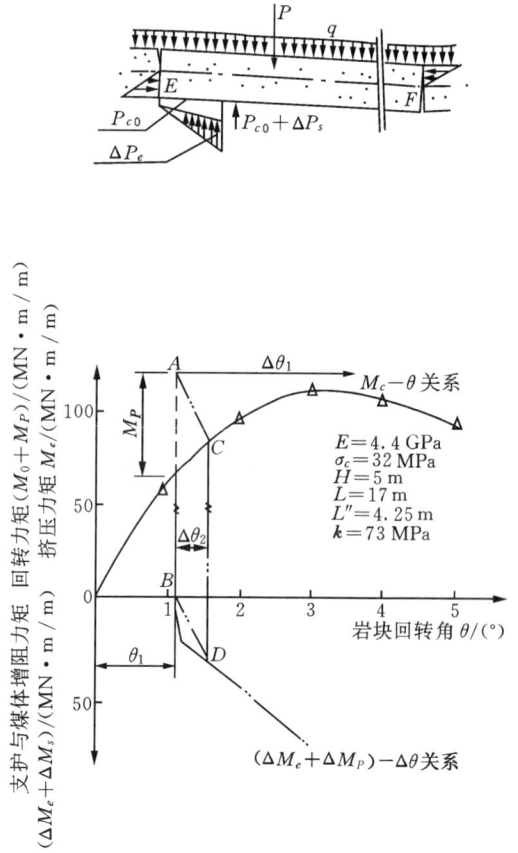

图 3.2　主结构块稳定性的提高

Fig. 3.2　Improvement of stability of the main structure block

转变成多次性缓和的回转，给老顶控制带来一定的好处。

　　图 3.2 则表示了另一种情况，θ_1 表示 EF 岩块断裂后达到平衡时的回转角，P 和 M_P 是由于外来原因加给 EF 的冲击载荷和力矩。由图 3.2 可见，若 EF 的断裂线在煤壁位置，则在 P 和 M_P 的作用下，它再也不能进入平衡状态，发生回转与滑落失稳现象。若断裂线深入煤壁，则在它回转 $\Delta\theta_2$ 后，$\Delta M_c + \Delta M_e + \Delta M_s$ 能与 M_P 相平衡，不会发生回转失稳，由于煤体的支承，也不会出现由 P 引起的滑落失稳。说明后者的稳定性大大高于前者，对上部老顶断裂活动引起的冲击载荷有较好的抵抗能力。

　　除此而外，断裂线深入到工作面前方煤壁内，也是老顶来压预测预报的基础，以及来压前采取主动防治措施的必要条件。所以从顶板管理角度，也希望老顶断裂线向煤壁内深入。

4 断裂线向煤壁内深入的方法

如图 1.2 所示,直接顶和煤层的弹性系数下降,可以使主结构块断裂线向工作面煤壁内深入。弹性系数 k 与它的弹性模量 E 和厚度 m 存在关系为

$$k = \frac{E}{m} \tag{4.1}$$

因此,使老顶断裂线内移只需降低煤层和直接顶的弹性模量即可。

根据弹性力学,岩层的弹性模量反映了它的变形性质,可由应力—应变曲线的斜率确定。图 4.1 中,曲线由直线段 OA 进入曲线段 AB,反映了岩石内微裂隙的增加,弹性模量下降的特征,这个特征可以推广到宏观的岩体中,只要适当增加煤体、直接顶的微裂隙,那么它们的变形性能增加,弹性模量下降。

工作面前方煤体和直接顶的松动预爆破、注水等方法可以使它们产生较多的微裂隙,而且还可以加大它们塑性区的范围,所以是使老顶断裂线向煤壁内深入的简单、实用的方法。

综上所述,可以把媒体松动爆破减缓坚硬老顶来压强度的基本思路归纳如下:

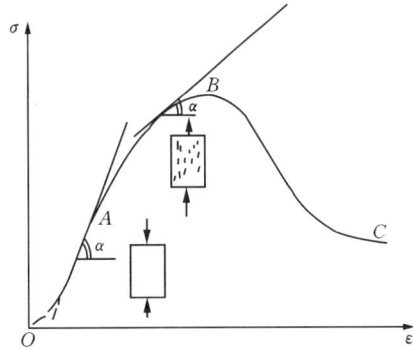

图 4.1 岩块的应力—应变关系曲线
Fig. 4.1 Stress and strain curve of rock blocks

煤体、直接顶(也可包括底板)松动爆破→微裂隙增加→弹性模量下降→弹性系数减小→断裂线向煤壁内深入→主结构块断裂活动减缓→老顶来压显现缓和。

5 应用条件和实例

5.1 应用条件

煤体松动爆破能使老顶断裂线向煤壁内深入,对老顶来压强度的控制是有利的,但是它也使煤体的强度降低,使直接顶遭到一定程度的破坏。所以,它只有在大同等具有较高强度的煤层和比较完整的直接顶板条件下,用于坚硬老顶的来压强度控制。在煤质比较松软和直接顶板比较破碎的条件下不宜采用,也不必要采用。

5.2 应用实例

大同矿务局云岗矿 3 号煤层三个相邻的工作面 8305、8307 和 8303 的围岩条件、开采边界条件和顶板处理方法都相同,只有 8303 工作面采取了煤体松动爆破技术措施,如图 5.1 所示。结果,不但由于煤体强度下降,使 8303 工作面的割煤效率比相邻工作面提高一倍以上,而且由于煤体弹性系数下降,老顶主结构块断裂线向工作面前方煤壁内深入,使工作面的矿山压力显现比相邻工作面有显著改观。三个工作面的矿压观测结果如表 5.1 所列。由表 5.1 可知,8303 工作面矿压显现现象最引人注目的特点是来压次数少,来压强度减缓。整个开采期间,它经历一次轻微的来压,是 8305 工作面的 1/22,8307 工作面的 1/33,支架一直处于大马拉小车的工作状况。由此证明,煤体松动爆破是坚硬顶

板断裂和来压控制的有效方法。

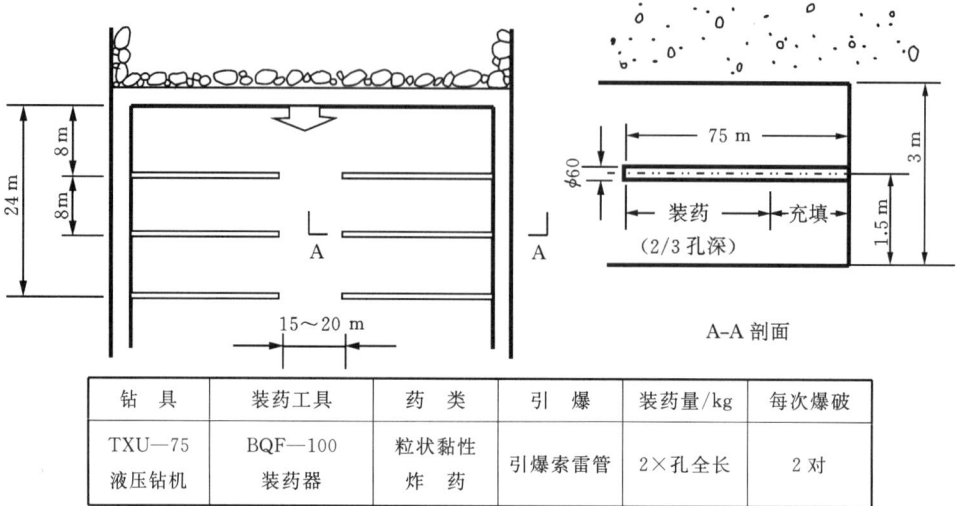

图 5.1　煤体松动爆破技术方案

Fig. 5.1　Blasting technique for loosing coal rib

钻　具	装药工具	药　类	引　爆	装药量/kg	每次爆破
TXU—75 液压钻机	BQF—100 装药器	粒状黏性 炸　药	引爆索雷管	2×孔全长	2 对

表 5.1　工作面矿压显现对比

Table 5.1　Comparison of ground pressure manifestation in face

工作面	推进度 （m/d）	初次来压步距 （m）	周期来压步距 （m）	来压次数	支架平均阻力 （MN/架）	冲击显现	
						MN/m²	%
8305	1.66	83.3	18～38	17	4.7～5.5	6～30	56
8307	3.53	83.7	12～20	11	4.8～5.5	8～18	50
8303	5.3	不明显	不明显	1	3.1～3.2	不明显	不明显

5.3　松动爆破的范围与区域

采用 FEAEBP 老顶破断计算机模拟方法[2]，模拟 8303 工作面不同煤体松动爆破范围条件下的老顶破断，得到断裂线深入煤壁的结果如表 5.2 所列。由表 5.2 可见，工作面前方大范围的煤体松动爆破造成断裂线内移的效果反而下降，所以一次松动爆破的范围不宜过大，一般在工作面前方 20 m 以内。

表 5.2　老顶松动爆破范围与断裂线深入煤壁的关系

Table 5.2　The extent of loosening area in the main roof and depth of fracture penetrating into the coal rib

松动爆破范围(m)	0	18	36	54
断裂线深入煤壁(m)	5	11	8	8
老顶内最大拉应力(MPa)	3.70	4.43	4.34	4.33

此外，计算分析发现，弹性系数 k 下降能使断裂线内移，但主结构块的断裂宽度 L 却变化不多。所以，沿工作面推进广泛全面松动爆破是没有必要的，而应根据老顶断裂步距，合理确定松动爆破的区间。例如，老顶初次断裂步距为 60 m 左右，则采取煤体松动

爆破的区间应在距开切眼 50～70 m 内。

6 结 论

在坚硬顶板条件下,长壁工作面矿山压力显现的主要特征是来压时有较强烈的冲击载荷,造成直接顶大面积冒落和支架的严重损坏,对生产与安全构成很大的威胁。通过对大同矿区坚硬顶板矿山压力控制实践和本文对老顶岩层破断过程与破断岩块活动规律的分析,证实了这类顶板矿山压力控制途径主要在于利用它自身的破断规律,控制方法则应采取综合治理。根据位于 Winkler 弹性基础上 Kirchhoff 板的断裂线随基础的弹性系数下降而深入工作面前方煤壁的特征,本文提出用煤体松动爆破使老顶断裂线内移,从而减缓它来压强度的方法。大同云岗矿 8303 工作面的实践证明,这种方法在理论上和实践上都是有效的,可作为对大同等矿区坚硬顶板矿山压力控制综合治理手段之一。

参 考 文 献

[1] 钱鸣高等. 老顶岩层断裂型式及其对工作面来压的影响. 中国矿业学院学报,1986(2).
[2] 朱德仁,钱鸣高. 长壁工作面老顶破断的计算机模拟. 中国矿业学院学报,1987(3).

Discussion on Control of Hard Roof Weighting

Zhu Deren　　*Qian Minggao*
(China University of Mining and Technology)

Xu Linsheng
(Datong Mining Administration)

Abstract:The paper considers the overlying main roof over a longwall face as a Kirehhoff plate on the Winkler elastic fundament. Based on analysis of loading, movement and balance of the main structural block, the authors point out that the main characteristics of ground pressure manifestation of hard roof face is intensive impact loading when weighting, which makes the nether roof collapse over large area and brings about severe damage of the roof support. And the intensity of the impact is related to the relative distance between the fracture Line in the main roof and coal rib at face. The deeper the fracture penetrates into the coal rib, the more the impact loading is released, and the main roof becomes more stable. On the other hand, according to the discovery of the study of rules of fracture developed in Kirchhoff plate on Winkler elastic fundament, the relative distance from the fracture line in the main roof to coal rib is related to elastic coefficient of the supporting coal rib and the nether roof. The smaller the elastic coefficient, the deeper the fracture penetrates into coal rib. Therefore, the paper proposes a blasting method for loosing the coal rib in front of face to release weighting of the main roof. This method has been proved in Yungang Colliery, Datong Mining Administration to be satisfactory technically and economically.

Keywords:hard roof;longwall face;weighting control;Kirchhoff plate;Winkler elastic fundament

孔庄矿上行开采的研究[①]

李鸿昌　　钱鸣高

（中国矿业学院）

摘　要：本文根据上煤层内观测巷的实际测定采场上覆岩层移动、移近量和压力等资料，说明采动岩体沿走向可根据支撑条件分为煤柱支撑、离层和矸石压实三区，使上覆岩层形成平衡结构，而上行开采的最小煤层间距应达到此平衡带高度。由顶板下沉曲线和岩块变形的几何条件分析得出此安全间距应与下煤层的采高、层间岩性和结构等有关。

一、概　况

上行开采是一种特殊顺序的开采方法。使用这种异常的开采顺序不需增添任何投资及设备，但在一些特殊条件下：诸如开采具有煤及瓦斯突出或坚硬顶板的煤层，以及为解除由于上层薄或劣质煤层所造成的呆滞煤量、复采遗留资源等情况下具有独特的功效。

对于上行开采的机理及允许准则的说法不一，有认为上层煤应处于下层开采后形成的围岩弯曲下沉带才可行，煤层间距应超出下层煤厚的 40～45 倍。亦有认为上层煤只要在下层煤开采后形成的垮落带以外即可，而垮落带的上限并无明确的界限。

为了探索采动后围岩移动规律及上行开采的机理，特在孔庄矿进行这次观测。

大屯孔庄矿有两层主采煤层。上层 7 号煤，厚 2～4 m，下层 8 号煤，厚 2.5～3.5 m，间距 15～26 m，因火成岩侵入上层，约占 3/5 面积，使气煤变成硬度达 2～4 度、灰分为 15%～41% 的劣质焦煤，煤层分叉变薄及后生结构复杂，极不稳定，使工业储量急剧减少，矿井受下行开采程序的限制，长期达不到设计产量。此外，上层的老顶为坚硬完整的砂岩，来压强度大，初次来压步距可达 50～70 m。实行上行开采后可增加顶板中的采动裂隙，以减少初次来压对采面的威胁。故上行开采是关系到矿井前途的重大生产课题。

在孔庄矿东一采区第一区段实行先采下煤层试采 8111 采面。该处煤厚 2.26 m，倾角 25°～26°，采面长 112 m，走向长度 452 m，采深 221 m。其顶部有 7111 采面，已完成采煤巷道的掘进，因有火成岩侵入成焦煤，故未采。

为观测下层采动影响情况，将 7111 材料道修复作为观测巷，刚好处于 8111 采面中部的顶板内，巷内安设仪器、测点位置如图 1 所示。观测巷长 238 m，此处两煤层间距为 24 m。

---

①　本文发表于《中国矿业学院学报》，1982 年第 2 期，第 12～24 页。

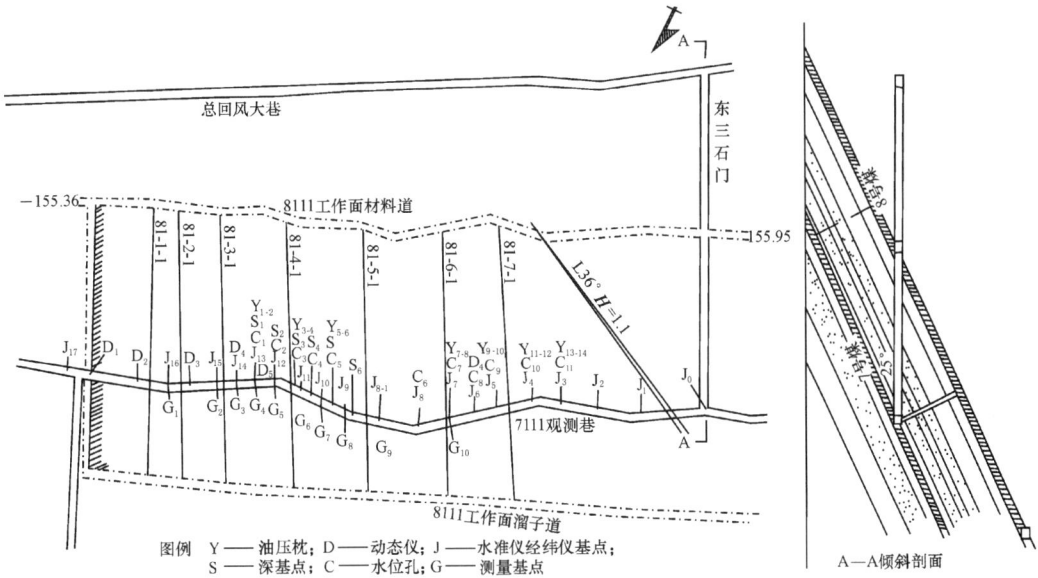

图例　Y —— 油压枕；D —— 动态仪；J —— 水准仪经纬仪基点；
S —— 深基点；C —— 水位孔；G —— 测量基点

图 1　上行试采观测布置图

A—A倾斜剖面

8 号煤层顶板柱状图见图 2。

观测项目有：

（1）观测巷内设有基点 21 个，进行水准仪及经纬仪测量，以测定基点的垂直及水平位移；

（2）在初次来压后的正常回采区段，每 8 m 设一个 ϕ75 mm 的深钻孔共 6 个，每孔安设压缩木制作的深基点 4～5 个，在观测巷内利用钢丝拉紧各基点以测定岩体移动；

（3）观测巷内设顶底及两帮测点共 10 个剖面以及动态仪测点共 6 对，以测定巷道垂直及水平移近量和移近速度；

（4）巷道内钻有 2 m 浅钻孔共 14 个，其中位于巷道上帮的水平钻孔及底板的垂直钻孔各半，装有钻孔液压枕以测定围岩的垂直压力及巷道纵向的水平压力；

（5）对巷道裂隙进行观测统计并对典型裂隙进行测定，巷道底板钻有浅钻孔 11 个，测定水位变化以测定裂缝导水情况；

（6）对 8111 采面进行矿压情况素描统计。

8111 采面于 1980 年 11 月试采，由单体金属支柱及铰接顶梁支护，控顶距 2.7～4.5 m，观测共经历 204 天。

岩 性	柱 状	厚度(m)	深度(m)
冲积层		153.30	153.30
泥 岩		8.79	162.09
中砂岩		8.79	170.88
砂质泥岩		3.09	173.97
煤 (7)		1.36	
		1.73	
		1.54	179.10
泥 岩		0.81	179.91
细砂岩		2.50	182.41
粉砂岩		4.60	187.01
中砂岩		2.60	189.61
中砂岩		4.05	193.60
薄 层 细砂岩		10.10	203.76
煤 (8)		2.00	205.76

图 2　煤层柱状图

二、采面来压及层间砌体梁的活动

8111 采面推进至距切眼 17 m 时,伪顶薄层冒高 0.4 m,至 19 m 时直接顶冒高 1.2 m;至 21 m 时直接顶沿采面已全部冒落,采面下部 65 m 已冒严。推至 50 m 时老顶初次来压,采面中上部沿煤壁切开,台阶下沉 0.4 m,以后随采面推进有 4 次不明显的周期来压。当推进 120 m 后,采空区内已形成坚实的砌体梁后基座以提供必需的水平推力,且采面前亦形成强大支承压力,顶板采动裂隙发育,弯曲性能增强,同时采高略减,故采面已无周期来压现象。详见表 1。

表 1 采面来压

项 目	直接顶 初次垮落	老 顶 初次来压	周 期 压			
			一	二	三	四
日 期	02-17	02-24	03-20	04-01	04-20	05-05
垮落距(m)	21	50	15.4	13.6	19	16.3
矿压显现	冒高 1.2 m	顶板台阶下沉 0.4 m,长 65 m 淋水严重	压力大、顶板响	顶板台阶下沉 0.07 m,40 m 长	顶板台阶下沉 0.4 m,10 m 长	压力大

将深钻孔中各基点的下沉曲线画在同一起点标高,可得如图 3 所示。

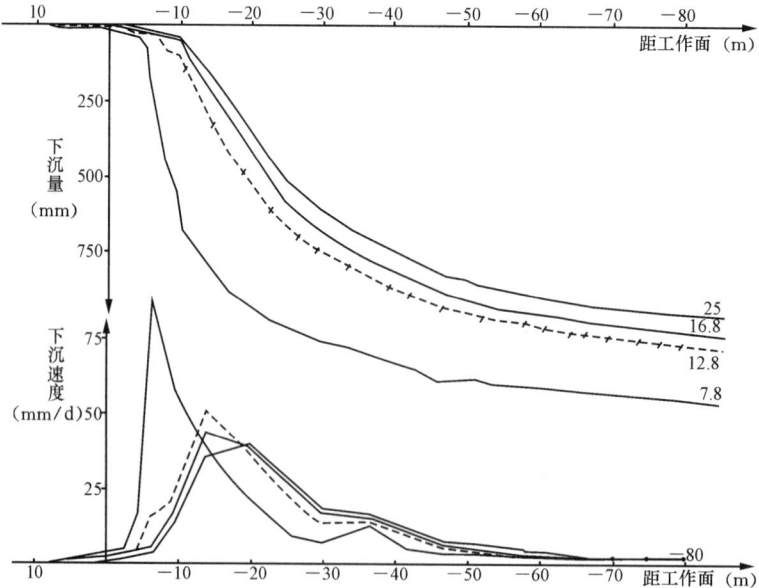

图 3 S_2 深基点位移图

图 3 中各基点的下沉均经历由缓慢至剧烈以至稳定的阶段。一般岩层间的离层量由下而上逐渐减少,上位岩层的下沉比较一致,离层小,波动小,由 S_1 至 S_6 曲线离散程度减少,对采面的动压影响减弱。

由下沉速度曲线可见:最下基点的下沉速度最早达到高峰,即曲线拐点。以后上位岩层的下沉速度由下而上逐层超过下层,直至加载于下层,并引起下层加快沉缩而出现波形。同时使下部岩层垮落带的碎胀系数由 1.32 按负指数曲线减为 1.11,裂隙带的离层膨胀系数亦减少如表 2 所示,直至采面后 50 m 渐趋一致。

表 2 碎胀离层系数

距煤壁(m) 垂高(m)	-5	-10	-20	-30	-40	-50	$W_{50}/m(\%)$
16~25		1.01	1.02	1.02	1.02	1.02	50
8~16		1.01	1.02	1.01	1.01	1.01	59
5~8		1.12	1.10	1.07	1.07	1.06	63
<5	1.32	1.25	1.15	1.14	1.11	1.10	74

影响到上煤层中观测巷的水准点,一般在采面前 20 m 附近开始变化,平均在采面前 7.94 m 开始有超过 10 mm 的显著移动。有上升亦有下降,这与上位砌体梁的悬露情况有关。如悬伸入已采区愈远,砌体块度愈大则上升值愈大。

观测巷内水准点的最大下沉量如表 3 所示,考虑到尚要少量下沉才能稳定,最大下沉量以 1 100 mm 计,下沉系数为 0.61,下沉曲线如图 4 所示。类似于表达地表下沉的负指数方程。

表 3 观测巷最大下沉量及下沉速度

观 测 点	J_{13}	J_{12}	J_{11}	J_{10}	平 均
下沉量(mm)	1033	1072	1066	993	1026
距煤壁距离(m)	94.7	85.2	75.3	67.1	81.1
末速度(mm/d)	1.7	2.3	1.6	2.3	1.92
最大速度(mm/d)	35.3	52	51	36	43.6

图 4 上方的倾斜曲线亦表示下沉速度的变化,此为偏态概率分布曲线。平均最大倾斜为 36.75 mm/m,即 2.1°,最大倾斜为 66.5 mm/m,平均偏移距为 19 m,拐点处下沉量为最大下沉量的 38.8%。

测点经采动后的水平移动的趋势为约在采面前 40 m 开始向采空区方向移动,工作面采过后移动加快,同时向倾斜下方移动,当接近拐点转为向煤壁方向移动直至超过原点。水平移动量平均为 271.9 mm,水平移动系数为 0.25。

上层采后的最大曲率 K_0 为 $2.05\times10^{-3}/m$,最大水平变形 ε_0 为 6.6 mm/m。

上行开采的关键在于两层各为 4.05 及 4.6 m 的砂岩不致因过分失稳错动而破坏上煤层。为此统计了离煤层不同高度的岩层在各深钻孔间的下沉坡度变化,发现下面部分砌块梁产生开裂、回转甚至失稳。

失稳的标志为:

(1)岩块下沉速度显著变大,急剧回转,短期内坡度突然加大;

(2)同一时刻上下高度的下沉曲线明显分离,坡度差异大;

(3)失稳是失去水平推力的结果,使砌块梁沿走向的坡度变化大,如表 4 所示;

(4)采面有压力大、台阶下沉及淋水等现象。

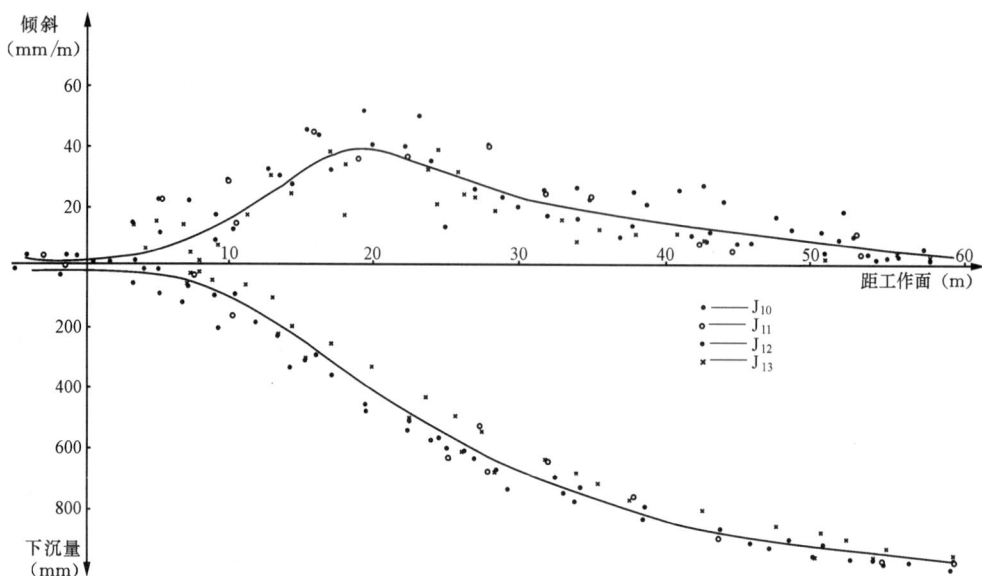

图 4 观测巷下沉曲线

表 4 周期来压时顶板下沉坡度

高　　　度	来压(二)	来压(三)	来压(四)
15～20 m	0.1°～1.4°	0.7°～1.9°～1.4°	1.8°～1.7°
10～15 m	0.1°～3.1°	0.7°～4.4°～−0.1°	4.3°～0.5°
5～10 m	0.4°～5.7°	0.8°～6°～0.9°	4.9°～0.1°

各高度的岩层断裂情况为：

(1) 在 5～10 m 高度内几乎每个深基点孔间均有岩块断裂,即断裂步距小于 8 m。

(2) 10～15 m 高度内于 S_2 处产生断裂,随采面推进显著移动处亦不断前移,但仍能保持岩梁前后坡度差别不大。当采面至 S_4 位置时,岩梁产生二次显著断裂。又采面至 S_6 位置时产生第三次断裂,故 4.05 m 厚砂岩的断裂步距约 15 m。

(3) 15～20 m 高度内亦有同样断裂,但岩块回转后坡度无明显突变处,最大坡度约 2°,仍能保持自身的平衡,和观测巷的下沉比较一致。

三、采动岩体分区

从支架—围岩关系的观点来看,采动岩体由下而上可分为三带:

悬梁带——在采空区即垮落带,据深基点的移动情况确定,8111 采面的垮落带高度为 4.4～5.1 m,为采高的 2.4～2.8 倍。在初次来压前采空区内直接顶垮落后比较整齐,碎胀系数较小,靠风巷处垮落高度达 6.1 m,为采高的 3.4 倍。

部分平衡带——带内砌体梁经常失稳,造成采面来压及台阶下沉;亦可能在足够支架阻力的支撑下砌体梁能保持平衡。在观测中该带的高度约 15 m。

平衡带——砌体梁依靠自身回转导致足够的水平撑力使能保持平衡,支架支撑力无须参与其平衡,对岩层的平衡结构亦无明显影响。

以上各带都可能为导水裂缝带。导水裂缝带高度在测定中由钻孔水位、巷道积水等情况来估计。导水裂缝带高度并非定值,在初次来压期可波及上煤层的含水砂岩顶板,沿初次来压时巷道内出现的斜裂缝流水,涌水量约 2 t/h,此时高度达 32 m。

根据深钻孔中水位测定:平均在采面前 11.4 m 处水就流失,至采面后 20.5 m 又恢复存水,无水区长度约 32 m。其起始点和巷道采动裂隙明显增长处相符,终止点和下沉曲线拐点即水平应变转为与压缩处相符。

根据巷道底板深 2 m 的浅钻孔的水位统计,一般在采面越过后水就流失。当采面推进离切眼 91 m 后,浅钻孔虽在采面后方 25～70 m,仍保持有水,可见导水裂缝尚未发展至此高度。故平时高度为 23 m,为采高的 13 倍。

采动后观测巷两帮出现裂缝,其情况为:

(1) 裂缝分水平离层裂缝及斜交裂缝两种,以后者为主,与层面斜交角为 60°～85°。

(2) 巷道裂缝大多由弱面及原生裂隙形成,而且两者的走向及倾向是一致的,新裂缝比例小于 10%。

(3) 裂缝在巷道两帮破裂的锚喷层上表现得特别明显,平均密度为 1.03～1.13 条/m,宽度为 12.6～14.2 mm,离层宽度达 30～40 mm。

(4) 巷道裂缝部分可深入岩体内部,部分只在巷道破碎圈内发展,深度不大,这种裂缝引起巷道两帮裂开剥落,并不能随巷道稳定而闭合。

(5) 采动裂缝在采面前 24.4 m 附近开始出现,至 11.6 m 起逐渐明显,在 -10～-22 m 区间发展最充分;离层及岩体裂缝在 -22～-46 m 逐渐闭合。

对典型的 D_4 附近离层裂缝的张开闭合情况统计见表 5,此裂缝长度为 24.6 m。

表 5 D_4 离层裂隙宽度

距采面(m)	18	4.5	-13.5	-21.4	-25.5	-26.4	-26.8	-30.1	-34.1	-42.3	-46.3
宽度(mm)	5	50	100	120	116	114	100	90	80	60	闭合
日　期	2.5	3.3	3.25	4.1	4.6	4.7	4.8	4.11	4.15	4.22	4.27

将深基点的下沉曲线按离煤层高度分组统计可得出见表 6 的参数值。各组同名参数值相连可将采动岩体沿走向分为三区,如图 5 所示:前曲率最大点以前为煤柱支撑区 I;前后曲率最大点之间为离层或支架支撑区 II;后曲率最大点至基本稳定点间为矸石压实区 III。

表 6 采动岩体沿走向分区

距煤层高(m)	前曲率最大点(m)	拐点(m)	后曲率最大点(m)	基本稳定点(m)	W_{60}(m)
25	-9	-18.86	-33	-61	0.94
17～22	-8.5	-14.25	-32.3	-56	1.05
12～17	-8.4	-13.4	-26.2	-51	1.05
8～12	-6.4	-11.2	-19.8	43.5	1.2
5～8	-4.66	-7.9	-18.4	-37	1.35

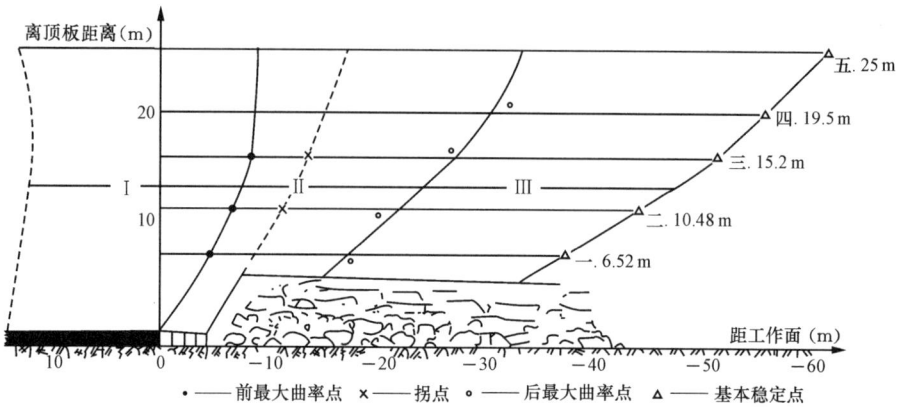

图 5　采动岩体沿走向分区

　　各区分界面呈曲线状且有明显的转折处,位置大致高约 15 m,也就是在 4.6 m 厚砂岩处,这是由于平衡砌体梁的水平推力造成主应力方向的改变,促使主剪应力滑移面方向改变而造成的。

　　根据观测巷内动态仪的测定,如图 6 所示三区的矿压显现明显不同,各区参数见表 7。

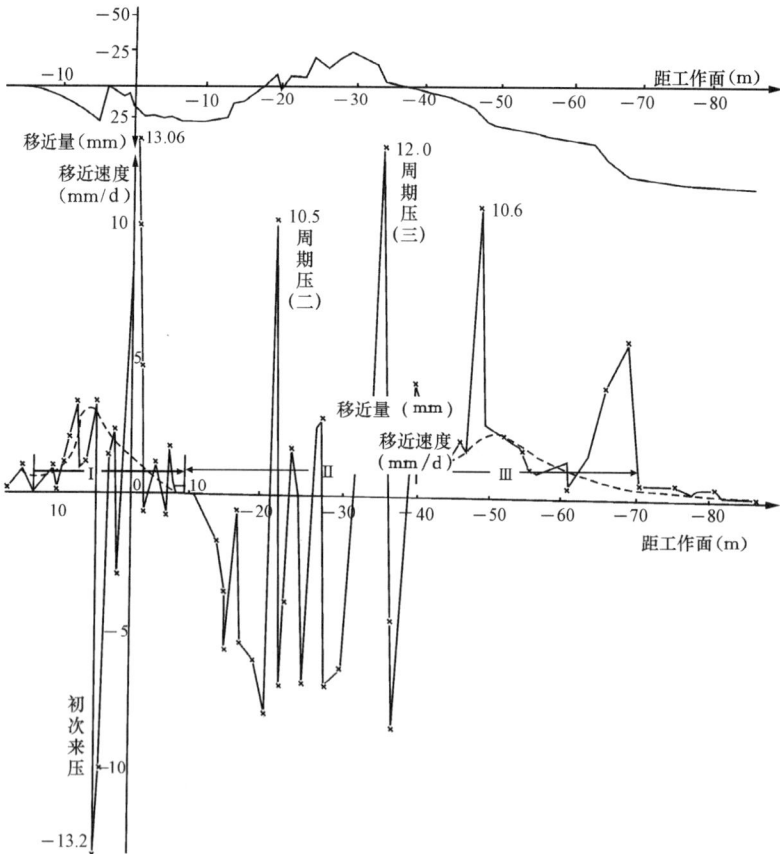

图 6　观测巷的移近量及速度

表7　观测巷内各区参数

测点号	Ⅰ煤柱支撑区			Ⅱ离层区				Ⅲ矸石压实区			总移近量(mm)	备注
	范围(m)	最高移近速度		范围(m)	宽度(m)	移近量(mm)	升降次数	范围(m)	最高速度位置(m)	移近速度(mm/d)		
		位置(m)	数值(mm/d)									
D₃	6～-12	-6	2.8	-12～-31	19	16	4	-31～-45	-42	2	63.55	初次来压范围
D₄	15～-9	3	13.1	-9～-44	35	50	4	-44～-63	-49	1.7	71.79	动压明显
D₅	20～1	2	11	-1～-10	11	124	1	-10～-50	-35	4	299.68	动压不明显

　　Ⅰ区可扩展至采面前10～20 m,垂直移近速度由0.2 mm/d逐渐增加。在初次来压前D_3处测得的煤柱支撑区可延伸至采空区上方。移近速度高峰可至-12 m才消失,一般高峰在+2～+4 m处。

　　在D_4、D_5测站中间位置的Y_2钻孔液压枕测得的支承压力如图7所示。初始压力为29 kg/cm²,由+25 m开始逐渐增加,至采面前9 m达最高峰66 kg/cm²,压力集中系数为2.28,以后迅速下降,至煤壁前1.7 m处为0。由支承压力分布和该处移近速度相比,支承压力高峰要超前移近速度的高峰,约在移近速度曲线的曲率最大处,即围岩开始破裂,压力开始下降时其围岩移近速度才迅速加快。

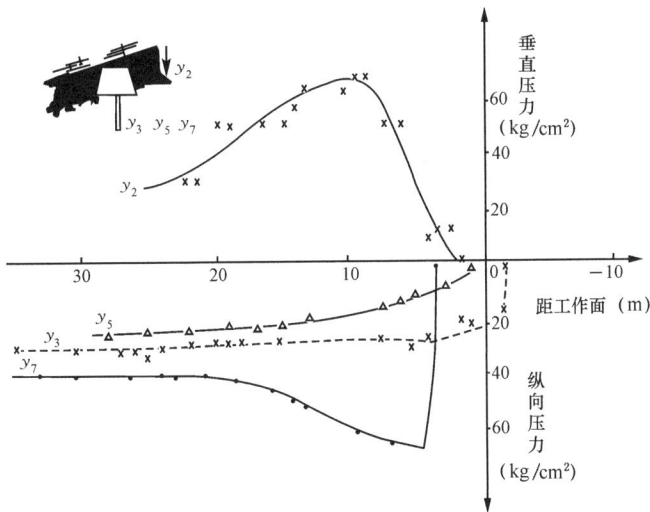

图7　支承压力的分布

　　由巷道底板钻孔中安设的钻孔液压枕可测得沿巷道纵向水平力如图7所示,一般由+25 m开始逐渐下降,直至煤壁附近为0。Y_7液压枕由18.8 m处的33 kg/cm²增加至+4.5 m处达67 kg/cm²,应力集中系数为1.76倍,至+3.5 m处降为0。可见由于砌体梁的成拱作用,在煤壁附近可能因水平推力在铰接处的作用而产生压力集中。

　　Ⅱ区的移近速度曲线表现为升降往复的形态。曲线上升说明底板下降快于顶板下沉;曲线下降是因下方离层而使上煤层顶板加速下沉。离层区愈宽,升降次数愈多,则采面动压愈明显,如 D₄ 测站所得结果即是。而 D₅ 附近离层区仅 11 m 宽,虽移近值达 124 mm,但采面动压不明显。

Ⅲ区的垮落带矸石逐渐压实,离层已闭合,出现稳定的下降,巷道顶板下沉速度大于底板。此区的移近速度呈锯齿形峰状,说明是多层砌体梁后支点由下而上逐层加载的结果,此区巷道渐趋稳定。

Ⅲ区后方的上覆岩层随时间而沉缩,巷道移近速度逐渐下降至 0.3 mm/d,恢复至原始应力状态。

观测巷开掘已 5 年,断面为 5 m²,靠开切眼 103 m 为锚喷支护,部分加套临时木棚,其余为钢轨梯形支架。观测巷采动后虽下沉 1.1 m,但巷道最大移近量水平为 400 mm,垂直为 380 mm。巷道呈整体下沉,此反映上煤层亦为整体下沉。

整个巷道在观测期间除在锚喷层开裂处为保护测站而架设部分临时木棚外,仅进行少量维修,情况基本良好。因此只要选择足够缩量的可缩性支架,在足够间距的采动煤层中维持巷道是可能的。为了减少巷道维护量,上层巷道的开掘应在下层采面后方 60 m 以外的范围进行。

四、上行开采与围岩平衡

由深基点的移动曲线可得出采动岩层的下沉曲线方程如下式:

$$W_x = W_0(1 - e^{-az^b})$$

式中　W_x——离起始点 X 距离处下沉量;

W_0——最大下沉量;

$Z = \dfrac{X}{L}$;

L——由起始点至基本稳定点间距;

a——岩层碎胀及离层系数的特性指标,在试验区的岩体条件下约为 4;

b——前后基础的特性差异,离煤层愈高,b 值愈大,分布曲线的偏态程度减弱,如表 8 所示。

表 8　各高度的下沉方程

离煤层高度(m)	系数 a	系数 b	拐点位置(m)	坡度角(°)	滑移斜角(°)
6.3	4	1.2	−3.5	5.7	60
10	4.1	1.5	−9.4	3.1	68
16	4.1	2.0	−17.5	1.4	78
25	4.5	2.4	−21	0.6	87

由此可见,离煤层愈近,岩块的坡度角 α 愈大。当超过一定量,岩块就易失稳而产生台阶式错动。经常性的失稳错动则造成岩层层状的不连续性,这不利于上行开采,将造成采动煤层的回采与顶板管理困难。为此上行开采的采用准则应为:

(1)当上位岩层中有厚层坚硬岩层时,上煤层应在平衡带岩层内;

（2）当上位岩层均为薄层软岩层组成，上煤层应在稳定的裂隙下沉带内。

众多的实测资料证明：坚硬顶板岩层的冒落裂缝带高度较薄层软弱岩层为大，因此适合上行开采的安全间距可先按具有坚硬岩层顶板的平衡情况来估计。

关于砌体梁的变形失稳情况可由图 8 说明。当岩块 B 达一定长度，将沿采动裂隙或因弯曲张拉而断裂成块。这是显然的，因为即使在远离煤层高达 25 m 的观测巷内，测得的水平应变为 6.6 mm/m，而该砂岩顶板的极限应变值仅为 0.35 mm/m。

岩块 B 断裂后就产生正向回转以至和岩块 C 逐渐密合成一致的坡度[图 8（b）]，这时两岩块密合后呈不等高支座的半拱结构，总长 $2L$。在和单块坡度角相同的条件下可满足 2 倍的高差，这也是砌体梁在周期下沉时较初次来压更易于取得平衡的原因。因初次垮落时砌体梁一般呈等高支座的三铰拱式平衡，故采高稍大容易失稳。

图 8（c）中岩块 B 还要继续下沉作正向回转，而岩块 C 受后端的支撑作用而反向回转。当前铰接点处 $\dfrac{R_1}{T} > \mathrm{tg}[\varphi - (\theta' + \alpha)]$，则将因摩擦力不足而失稳如图 8（d）状，将使采面端部顶板产生台阶下沉。由此实际上起到减少岩块下沉量 S_0 的作用，故台阶下沉后，B 岩块重新获得水平力支撑，台阶下沉量 y 可按图 8（e）计算得：

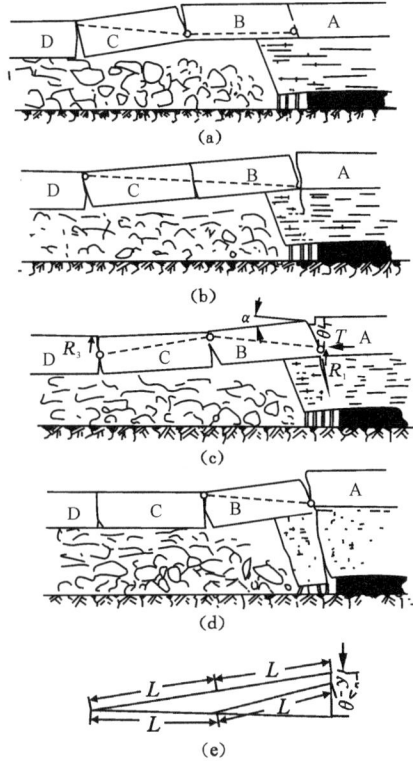

图 8　砌体梁的变形失稳

$$y = S_0 - \sqrt{2L\sqrt{4L^2 - S_0^2} + S_0^2 - 4L^2}$$

式中：L 为岩块断裂长度；S_0 为后曲率最大点处下沉量。当 $L = 15$ m，$S_0 = 1$ m 时，可得 $y = 0.3$ m。

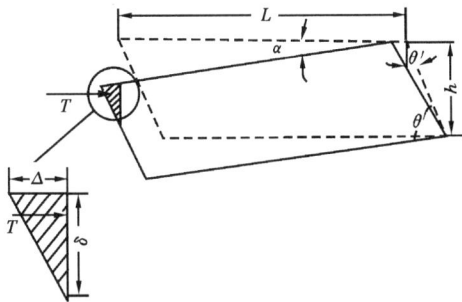

图 9　岩块的倾斜变形

采场支架的支撑阻力一部分要承担直接顶的悬梁带载荷，另一部分要参与部分平衡带岩层的平衡作用，尽可能对岩块梁的坡度角加以控制，从而发挥平衡结构的成拱效应。并且补足摩擦力在铰接处的支撑作用，以防止采面上方岩块作反向回转，造成采面顶板的台阶下沉。

现由岩块铰接变形的几何条件来求取砌体梁的平衡坡度角。

当岩块倾斜后，和前岩块间产生张开

伸长,如图 9 所示。此伸长量为 $h \cdot [\operatorname{ctg}(\theta-\alpha)-\operatorname{ctg}\theta]$,同时由于岩层倾斜,使岩块的水平投影缩短,岩块倾斜主要产生在拐点前后对称的距离 L 上,则缩短量为 $2L(1-\cos\alpha)$,此伸长量主要表现为拐点前后岩块的铰接点压缩变形 Δ。

由几何条件得:

$$\Delta = \frac{h}{2}\big[\operatorname{ctg}(\theta-\alpha)-\operatorname{ctg}\theta\big] - L(1-\cos\alpha)$$

设变形处接触面长为 δ:

$$\delta \approx \Delta \cdot \operatorname{tg}(\theta-\alpha)$$

试验证明接触面上的应力呈三角形分布,则水平推力 T 为:

$$T = \delta \cdot \frac{\sigma_c}{2}$$

式中 σ_c——岩块单向抗压强度。

水平推力之间的垂距 A 为:

$$A = h - 2L\sin\alpha - \frac{2}{3}\delta$$

用以平衡岩块回转的力矩为 $T \cdot A$,离层区的岩层受到自重及上方部分载荷的作用,由上而下作用力不断增加,使岩块的坡度角 α 亦增加,水平推力 T 值将增加,但 A 值减少。当达到平衡坡度角时,力矩 $T \cdot A$ 值为最大,若再加载,则岩块将加速回转而失稳。此计算中假设 C 岩块后咬合点的剪力接近 0,忽略其对弯矩的影响,因此该处岩层垂直移动已接近稳定。平衡坡度角应由下式求取:

$$\frac{\mathrm{d}T \cdot A}{\mathrm{d}\alpha} = 0$$

例如:设 $L=15$ m,$\theta=75°$,$h'=4.05$ m,$\sigma_c=704$ kg/cm^2,则计算结果见表 9。表中求得该岩层的平衡坡度角为 3°。

表 9　岩层的平衡坡度角

α	1°	2°	3°	4°	5°
Δ(m)	0.036	0.067	0.095	0.118	0.137
δ(m)	0.125	0.220	0.292	0.343	0.377
T(t)	438	776	1027	1208	1327
A(m)	3.44	2.86	2.29	1.73	1.18
$T \cdot A$(t·m)	1509	2211	2347	2088	1571

由此平衡坡度角 α 及直接顶初始碎胀系数 K_0 及岩层拐点位置的碎胀系数 K、离层系数 K' 可求取上行开采的煤层安全间距 H 为:

$$H \geqslant h' + \frac{m - h(K-K') - L\sin\alpha}{K'-1}$$

因 $h=\dfrac{m}{K_0-1}$,故

$$H \geqslant h' + \frac{m \cdot \left(1 - \dfrac{K - K'}{K_0 - 1}\right) - L\sin \alpha}{K' - 1}$$

式中　h'——平衡岩层厚度,m;

　　　　h——垮落带岩层高度,m。

例如:$m = 1.8$ m,$h' = 4.05$ m,$K_0 = 1.32$,$K = 1.15$,$K' = 1.06$,求得 $H = 12.5$ m。

因此可认为在孔庄矿的岩层条件下,当煤层间距大于 12.5 m 时就可实行上行开采。

上行开采的煤层安全间距和下煤层采高及层间岩性、结构等有关。而后者表现在层间有无坚硬的厚岩层,岩层离层碎胀系数以及垮落步距等指标上。一般情况下,碎胀系数愈大则安全间距愈小。

五、结　论

(1) 孔庄矿在煤层间距为 24 m 条件下,上煤层被采动后呈弯曲下沉,下沉系数为 0.61;当下煤层采高为 1.8 m 时,最大下沉量为 1.1 m。平均最大倾斜值为 37 mm/m (2.1°)。平均最大水平移动量 272 mm,水平移动系数为 0.25。

(2) 垮落带高度为 4.4～6.1 m,为采高的 2.4～3.4 倍。导水裂隙带平时为 23 m,初次来压期为 32 m,为采高的 13～17.8 倍,裂隙导水主要在离采面 +13～-25 m 范围内。

(3) 采动岩体的动态下沉曲线可用方程

$$W_x = W_0(1 - e^{-az^b})$$

表示,其下沉速度呈偏态概率分布曲线。随着离煤层愈高,曲线愈对称。

(4) 采动岩体沿走向可分为煤柱支撑、离层及矸石压实三区,各区分界面呈曲线状,岩梁开始平衡处曲线有明显的转折。

(5) 采动岩体沿垂直方向由下而上分悬梁垮落、部分平衡及平衡三带。由岩块咬合变形的几何条件可决定砌体梁结构的平衡坡度角,此角由水平推力力矩的极大值求取。

(6) 上行开采的采用准则为:当上位岩层中有厚层坚硬岩层时,上煤层应在平衡带岩层内。当顶板均为薄层软岩层组成,则安全间距较前者为小。

(7) 上行开采的煤层安全间距可由下式决定:

$$H \geqslant h' + \frac{m\left(1 - \dfrac{K - K'}{K_0 - 1}\right) - L\sin \alpha}{K' - 1}$$

上式中表示安全间距 H 与下层采高 m 及岩体结构、力学特性有关。在孔庄矿的岩层条件下 $H \geqslant 12.5$ m 即可实行上行开采。

参 考 文 献

[1]　孔庄矿上行开采的研究,中国矿院、大屯煤矿指挥部孔庄矿,1981.

[2]　采场上覆岩层的活动规律,钱鸣高、李鸿昌,采场矿压理论讨论会论文,1981.

[3]　谈谈用陷落法上行开采的可能性,煤炭研究院北京开采所特采室,1980.

[4]　The effects of interaction in Mine Layouts,H. J. King,5th International Strata Control Conference,1972.

A Study of Ascending Mining Method
at Kongzhuang Mine

Li Hongchang   Qian Minggao

Abstract：On the basis of data obtained in roadways under observation, concerning movement of strata overlying excavated workings, amount of closure and pressure, it is found that the movement of rock mass along the strike can be divided, according to support systems, into three zones：pillar support, interbed dispersion and solid packing. In order to make the overlying strata form an equilibrium structure, it is necessary that the minimum spacing between seams in, ascending mining should be the height of this equilibrium zone. By analysing the roof subsidence curve and the geometrical configuration of deformations of rock masses, it is found that this safety spacing is related to the mining height of lower seam and the property and structure of interstratified rocks.

坚硬顶板冒落大块台阶下沉的控制[①]

高存宝　钱鸣高

（中国矿业大学，徐州　221008）

摘　要： 讨论了坚硬顶板冒落大块的冒落运动规律以及防止其在整体运动过程中产生台阶下沉所必需的支架阻力（包括总阻力和切顶力）。同时分析了将冒落顶板切断于切顶线之外所需要的切顶力等必要条件。基于上述研究，文中同时给出了在冒落前需要采取特殊措施的坚硬顶板条件。

关键词： 坚硬顶板；台阶下沉；顶板垮落

坚硬顶板的垮落步距很大，特别是初垮之前，顶板悬露跨度有时达 50 m 以上，冒落顶板块体往往产生巨大的动载，在其作用下冒落大块有时会在老塘或煤壁之外被"摔"成数块，若工作面支护阻力设计不当，有时会在工作面引起较大的台阶下沉，甚至导致推棚垮面事故。图 1 为某矿坚硬顶板初次来压阶段的显现情况。因此防止冒落大块产生阶下沉是坚硬顶板控制研究的重要内容。

坚硬顶板冒落块体在不能相互咬合的情况下，有时能够形成长度很大的"自由"块体，特别是初压阶段，顶板在跨度中部的下表面受拉断开，在来压所产生的巨大水平挤压力作用下，有时形成长度可达 30 m 以上的大块（触矸之前）。这种大块是形成冲击载荷，引起台阶下沉的典型结构。现场情况表明，坚硬顶板来压时，冒落大块与前方岩体之间的断隙往往处于煤壁内一定的距离，有时也处于煤壁附近，因此，煤壁附近往往会出现明显的断隙。其中尤以断隙处于煤壁附近时，顶板大块对工作面的动压冲击最大，因此讨论采用如图 2 所示的简化力学模型。

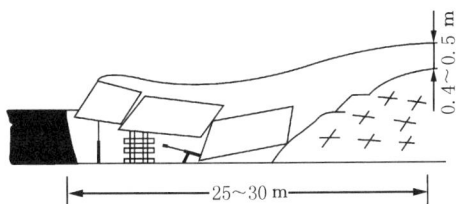

图 1　初压阶段老塘顶板冒落情况

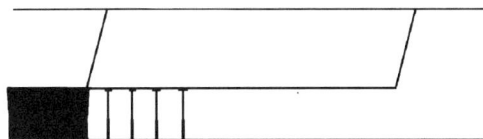

图 2　顶板大块简化力学模型

①　本文发表于《矿山压力与顶板管理》，1993 年第 3～4 期，第 32～37 页。

顶板块体的运动可以分成触矸前与触矸后两个阶段。在这两个阶段之内,顶板块体运动具有不同的特点,其可能导致台阶下沉的运动趋势也有所不同。此外,在第一阶段内,若支架—围岩关系满足一定的条件,则冒落顶板块体有可能被切断于切顶排之外;在第二阶段内,顶板块体具有产生动载冲击的可能性。显然,若冒落顶板块体在触矸之前能被切断于切顶线之外,则顶板大块触矸时可能导致的巨大冲击动载就可以避免,这是最有利的控顶状态。因此,支护设计应首先保证冒落顶板块体在第一阶段之内不会产生台阶下沉,并且尽可能地创造条件,把顶板块体切断于顶排之外,这样可以避免第二阶段所可能产生的冲击动载;若顶板块体在第一阶段不能被切断于切顶线之外,支护设计应能保证它不会在控顶之内产生再断裂,若发生这种情况,将加重第二阶段的动压冲击;另外,对于在第一阶段不能被切断于切顶线之外的顶板块体,支护设计还应能够承受得起第二阶段的动载冲击,保证顶板块体直至进入稳定状态都不会产生台阶下沉。

下文将基于前述思路讨论防治冒落顶板大块产生台阶下沉所必备的支护阻力条件。

1 冒落大块末端触矸(底)前台阶下沉的防治

图 1 所示的顶板块体,若取消其下的支撑,显然在重力作用下将做自由落体运动;若块体下有支架的支撑作用,在支架的阻力小于冒落块体重量的情况下,顶板块体在自重与支架阻力的共同作用下,具有两种运动趋势:一种是在力差 $W-P$ 作用下的垂直平动(如图 3 所示,图中 P 为支架反力的合力,W 为块体重量)将产生向下的垂直位移 Δh_1;另一种则是在力矩 $P \cdot L_{pw}$ 作用下绕块体质心 O 的转动,在 A 点将产生向上的垂直位移 Δh_2。

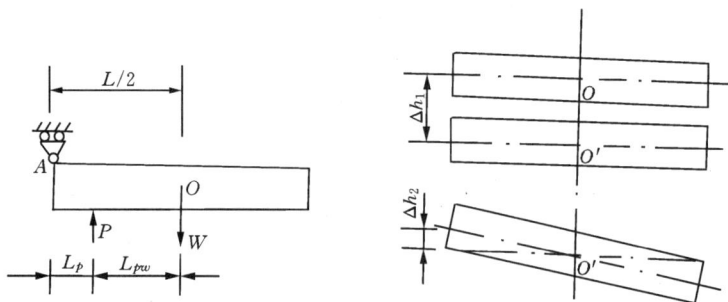

图 3 冒落块体的运动趋势

欲使冒落块体不产生台阶下沉,则块体在 A 点处的位移应为零,即:

$$\Delta h_1 + \Delta h_2 = 0 \tag{1}$$

可以列出两方程:

$$\begin{cases} W - P + R = Wa/g \\ -R \cdot \dfrac{L}{2} + P \cdot L_{pw} = J_0 \cdot \varepsilon \end{cases} \tag{2}$$

式中 a——块体垂直平动的加速度;

　　　ε——块体绕质心转动的加速度;

　　　J_0——块体绕质心转动的惯性矩,$J_0 = \dfrac{1}{12} q L^3 / g$;

g——重力加速度；

q——块体所受自重载荷集度；

R——块体上翘时所受向下的反力。

欲使式(1)满足,显然必须：

$$R \geqslant 0$$

由此可以解出：

$$P \geqslant W \cdot (1 + 6L_{pw}/L)^{-1}$$

上式即为保证块体触矸之前不会发生台阶下沉所必备的支护阻力条件。

2　冒落大块在转动过程中被切断于切顶排之外的条件

由图 3 可见,若 $R=0$,则顶板块体仅作刚体运动,块体内无弯矩作用；若 $R>0$,则此时转动块体内已存在弯矩作用。特别是在支架阻力 P 满足 $P=R+W$ 时,块体无已无垂直平动,仅存在转动,并且转动轴已由质心位置移到 A 点；不过在块体绕 A 点转动时,存在一离心力的作用,将致使顶板块体具有向老塘方向滑动的趋势。若支架反力以及顶板与冒落块体之间的摩擦力小于一定的量,不足以克服顶板块体的滑动,一旦滑开,则块体内的弯矩又降为零,块体的转动轴又移到质心位置,致使顶板块体在 A 点再次触顶,产生内弯矩……这样冒落块体与上方或前方顶板总处于"滑开—接触—滑开"的循环临界状态,冒落顶板块体的内弯矩很难上去,此时顶板块体很难被切断于切顶排之外。反过来还有可能导致顶板块体在控顶区产生控顶所不希望发生的不利情况——顶板块体在控顶区内产生再断裂。为了使顶板块体在切顶排被切断,支架首先必须提供足够的反力来防止块体的滑动,以保证它绕 A 点稳定转动。根据图 3 作顶板块体的受力图如图 4 所示。图中：α 为块体的转角；F_1 为块体与顶板之间的摩擦力,且

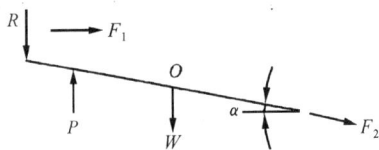

图 4　顶板块体受力图

$$F_1 = f \cdot R$$

F_2 为顶板块体转动所产生的离心力且

$$F_2 = \frac{2WV^2}{gL}$$

式中　V——块体质心的线速度。

支架反力必须满足以下关系：

$$\begin{cases} P - W - R = 0 \\ F_1 \geqslant F_2 \cdot \cos \alpha \end{cases} \tag{4}$$

由式(4)可以解出：

$$P \geqslant \left(\frac{\cos \alpha}{f} + \sin \alpha \right) F_2 + W$$

因 α 角一般很小,$\sin \alpha \ll \dfrac{\cos \alpha}{f}$,则有

$$P \geqslant \frac{\cos \alpha}{f} \cdot F_2 + W \qquad (5)$$

又根据能量守恒原理有：

$$\frac{1}{2} \cdot W \cdot L \sin \alpha = P \cdot L_p \cdot \sin \alpha + \frac{1}{2} m V^2$$

联合式(5)与上式则有：

$$P \geqslant W \cdot \left(1 + \frac{\sin 2\alpha}{f}\right) \Big/ \left(1 + \frac{4L_p}{L} \sin \alpha\right) \qquad (6)$$

上式即为保证顶板块体绕前咬合点(即图 3 中 A 点)稳定转动的条件。此时图 3 所示的模则将可以转化成图 5 所示的模型。图中，L_R 为最大控顶距，$q(x)$ 为支架阻力的集度，且

$$\int_{L-L_R}^{L} q(x) \mathrm{d}x = P$$

$$q(x) = P_i \cdot \delta(x_i, x), \qquad x = 1, 2, \cdots, n_k$$

式中　$\delta(x, x_i)$——克罗内克函数(Kronecker function)；

　　　　P_i——第 i 排支柱的阻力；

　　　　n_k——支柱排数。

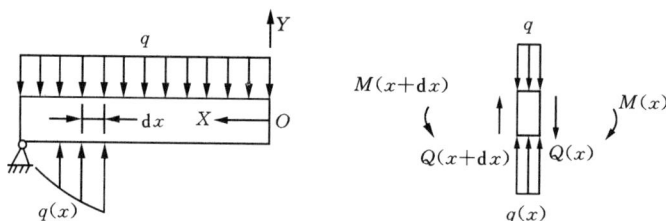

图 5　顶板块体再断裂分析模型

据此模型可解出运动顶梁内的弯矩与剪力分别为：

$$\begin{cases} M(x) = -\dfrac{1}{2} q x^2 + \displaystyle\int_{L-L_R}^{x} (x-v) q(v) \mathrm{d}v + \dfrac{q(M-M_p)}{2 J_A g} \left(-\dfrac{1}{3} x^2 + L x^2\right) \\[2mm] Q(x) = q x - \displaystyle\int_{L-L_R}^{x} q(v) \mathrm{d}v + \dfrac{q(M-M_p)}{2 J_A g} \cdot X \cdot (x - 2L) \end{cases} \qquad (7)$$

式中　M——块体的自重弯矩，$M = \dfrac{1}{2} q L^2$；

　　　　M_p——支架总的反力矩，$M_p = \displaystyle\int_{L-L_R}^{L} (x-v) q(v) \mathrm{d}v$；

　　　　J_A——顶板块体绕 A 点的转动惯性矩，且 $J_A = \dfrac{1}{3} q L^3 / g$。

据论证，顶板块体若再产生断裂，只可能是弯曲折断，而不可能为剪切断裂。欲使顶板块体不会再在控顶区内产生断裂，应把顶板块体内的弯矩极值点控制于切顶线之处，即必须满足：

$$\left. \frac{\partial M(x)}{\partial x} \right|_{x=L-L_R} = 0$$

由上式有：

$$P_n = q(L - L_R) - \frac{q(M - M_p)}{2J_A g}(L^2 - L_R^2) \qquad (8)$$

式中 P_n——切顶力。

欲使顶板块体在切顶排被切断，除满足式（8）外，切顶排处顶板块体内的拉应力还应达到强度极限，即：

$$M(L - L_R) \geqslant [\sigma_l] \cdot W_z \qquad (9)$$

式中 $[\sigma_l]$——顶板岩石的抗拉强度；

W_z——顶板块体的抗弯刚度。

综合上述分析，欲把冒落顶板块体切断于切顶线之外，必须同时满足（5）、（8）与（9）三式，即工作面总的支护阻力应满足式（5），切顶力应满足式（8），切顶排处顶板应满足式（9）。

3 冒落大块末端触矸之后台阶下沉的防治

3.1 冒落大块动压冲击的防治

（1）冒落块体中部的再折断

顶板冒落块体末端触矸时可以简化成图 6 所示模型。图中 q_d 为冲击动载载荷集度，m_0 为采高。则工作面支架可能受到的最大动载为：

$$P_{d,max} = q_d \cdot L \cdot \frac{1}{2} \cos \alpha$$

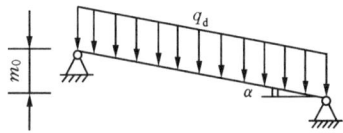

图 6 动压冲击分析模型

因为 α 一般很小，以后讨论取 $\cos \alpha = 1$。

实际上，若顶板块体长度超过一定的量，动载达到一定的值时，冒落块体会在中部产生断裂，致使动载体达不到上式所示数值。顶板块体动载所可能达到的数值为：

$$q_{d,max} = 8[\sigma_l] \cdot W_z/L^2$$

另外，顶板块体内的动载集度是否能达到 $q_{d,max}$，还取决于支架反力的大小。欲使冒落顶板块体在动载作用下在中部折断，支架反力应满足：

$$P \geqslant \frac{1}{2}q_{d,max}L$$

联合上述两式，可以求出支架反力与顶板块体可能在中部折断的最小长度之间的关系为：

$$L_{max} = \frac{4[\sigma_l] \cdot W_z}{P_{max}} \qquad (10)$$

式中 L_{min}——顶板块体可能在中部折断的最小长度；

P_{max}——支架可能提供的最大支撑力。

若冒落顶板块体长度小于 L_{min}，则块体不会再在中部折断；若长度大于 L_{min}，则块体有可能在顶板块体中部再折断，这取决于块体长度等因素，再折断的次数还有可能不止一次。可以推出，冒落顶板块体产生中部再折断的次数与冒落顶板块体长度 L_{min} 之间存在以下关系：

$$n = \left\{ R_e \sqrt{\mathrm{INT}\left[(\ln L - \ln L_{\min})/\ln 2 + 1 \right]} \right\}^2 \tag{11}$$

相应地,顶板块体在中部产生多次再折断之后,靠近煤壁所可能产生的最小顶板块度为:

$$L'_{\min} \leqslant L \cdot 2^{-n} \tag{12}$$

(2) 冒落大块动压冲击的防治

显然,当冒落顶板块体触矸产生 n 次中部再折断之后,若控顶区上方最后形成的顶板块体在触矸前所释放的能量不大于支架反力所做的功,则在该块体触矸时,它就没有多余的动能,从而可以防止顶板块体进入稳定状态之前绕触矸点反转引起台阶下沉。据推导,此时支架反力必须满足以下关系:

$$P_d \geqslant K \cdot W \tag{13}$$

式中 K——载荷系数,且

$$K = 0.5 \left(\frac{4^{n+1} - 1}{3} + 1 \right) \bigg/ \left(\frac{16^{n+1} - 1}{15} + 1 \right) \cdot \frac{L}{L_p}$$

据式(13)可以作图 7,图中:

$$W_1 = \frac{1}{6} q L_{\min}^2 / L_p$$

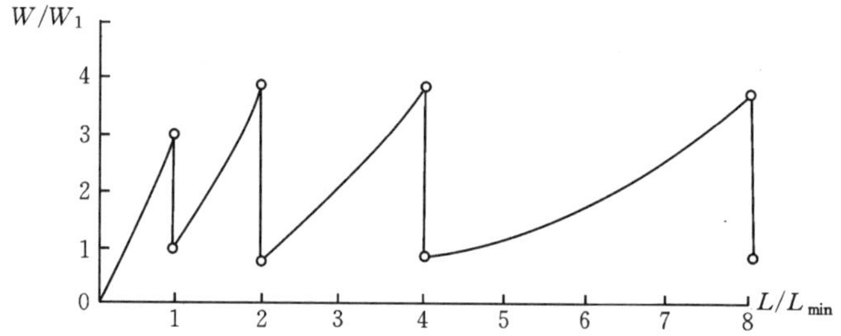

图 7   顶板动压与冒落块体长度之间的关系

由图 7 可见,对于给定的顶板条件(比如岩体强度、冒落层厚度等一定),防止冒落大块冲击引起台阶下沉所需要的支架反力,并不随着顶板块体长度的增大而无休止地增大,而是存在一最大的极限,即支架反力不需要大于 $4W_1$。并且若通过调节支架反力使冒落顶板块体的长度为 $L_{\min}$ 的 2^{n-1} 倍,则防止动压冲击所需要的支架反力不会超过 W_1,支架所受载荷相对较小,为最经济的支护阻力设计。此时式(10)则变为:

$$P_{\max} = \frac{4[\sigma_1] \cdot W_z}{L} \cdot 2^{n-1}, \quad (n \geqslant 1) \tag{14}$$

对于给定的顶板条件,则联合(13)、(14)两式,令 $P_{\max} = P_d$,可以求出一块顶板块体中部再折断次数 n,将此 n 取整加 1 之后代入式(14),则可以求出防止动压冲击所需的最小支架反力 $P_{d,\min}$。支架反力应不小于这一数值,即:

$$P \geqslant P_{d,\min} \tag{15}$$

因式(13)、式(14)所构成的方程求解比较麻烦,为求出上述防止动压冲击产生台阶下沉所需的最小支架反力 $P_{d,\min}$,可以采用列表对比计算的方法。例如冒落顶板分层厚取 3 m,岩石抗拉强度取 2.5 MPa,块体长取 40 m,支架合力作用点距煤壁 3 m,则由式(13)、式(14)列表计算如附表所示。据式(15)的要求,则可以由表1求出最经济的支架阻力1 125 kN/m。

表1 支架阻力与顶板动载

n	0	1	2	3	4
P_{max}(kN/m)	0	375	750	1 125	1 500
P_d(kN/m)	216 000	7 200	1 728	427	107

3.2 块体运动进入稳定状态之后,对切顶力的要求

在单体支柱工作面,当顶板冒落块体运动进入相对稳定状态之后,随着工作面的推进,块体下支柱的排数逐渐减少,切顶排的切顶力应保证只有自身一排柱处于顶板块体下时,仍能保证顶板块体不会绕触矸点反向转动引起台阶下沉。此时切顶力还需满足:

$$P_n \geqslant \frac{1}{2}qL'_{min} \qquad (16)$$

总之,支护阻力设计应首先考虑把顶板切断于切顶线之外,以避免动载冲击,此时支架总的支护阻力应不小于式(6)的要求,切顶力应不小于式(8)的要求;对于不能够被切断于切顶线之外的顶板块体,工作面支架总的支护阻力应不小于式(3)与式(5)要求,切顶力应不小于式(16)的要求,以保证顶板块体从冒落运动直至被"摔"入采空区的整个阶段都不会产生台阶下沉。对于支护阻力很难满足防治台阶下沉要求的坚硬顶板条件,则需预先对未冒顶板采取特殊的处理措施。

采场"砌体梁"结构的关键块分析[①]

钱鸣高   缪协兴   何富连

(中国矿业大学,徐州   221008)

摘　要： 在"砌体梁"全结构力学分析基础上,将影响采场工作面安全生产的"砌体梁"关键块体部分简化为三铰拱式结构。该结构的基本失稳形式有两种,即滑落(S)失稳和回转(R)变形失稳。块体的回转角、长高比、岩性和负载岩层的高度是影响结构稳定的主要因素。在详细分析这些影响关键块体结构稳定性因素和范围基础上,初步建立了采场围岩结构的 S-R 稳定理论。用此理论可就开采时上覆岩层对工作面的影响、压力变化和需控岩层范围等问题进行定量分析。文中还给出了"砌体梁"关键块体结构的稳定范围及在各种条件下应采取的相应措施。

关键词： 砌体梁;滑落失稳;回转变形失稳;"S-R"稳定

1　引　言

长期以来,人们一直在讨论采场上覆岩层可能形成的结构。这主要是因为它直接涉及采场岩层控制的基本问题,例如采场事故形成的原因、顶板压力的来源、采场支护原理及各项参数的确定等。70 年代末建立的"砌体梁"力学模型[1]比"铰接岩块"及"假塑性梁"等假说在力学分析上前进了一步。但是由于采场上覆岩层结构及其运动的复杂性,"砌体梁"理论仍需不断发展,使之与实践结合而得到更为广泛的应用。本文将就"砌体梁"结构的关键块进行分析,这样可以使"砌体梁"整体结构的分析简化而易于判别,使其更适合于实际应用。

解此矩阵可得各个力的关系,同时可知"砌体梁"结构的关键块是图 1(b)中的 B 和 C 岩块,或当 A 断裂后与 B 岩块的相互作用决定了此结构的稳定状态。而后面的岩块由于有垫层的支撑仅起辅助作用。至此,可将"砌体梁"结构的多块体运动简化为三铰拱式结构进行运动和受力分析。

图 1 表示开采后的岩层活动状态[图 1(a)]及其承载层所构成的"砌体梁"力学模型[图 1(b)]。

对此结构分析可知为一静定结构,并可得各块体的力与力矩关系,即

$$\{R_i\} = \{A_i\}\{M_i\} \tag{1}$$

---

①　本文发表于《煤炭学报》,1994 年第 6 期,第 557～563 页。

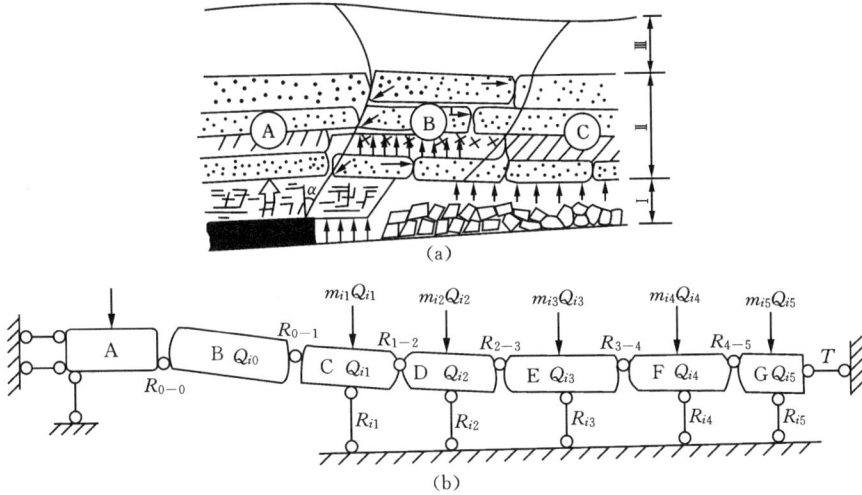

图 1 开采后岩层活动状态及承载层的"砌体梁"结构模型

Fig. 1 Model of strata movement after mining and structure of voussoir beam

(a) 开采后岩层活动状态;(b) 承载层的"砌体梁"结构模型;Ⓐ——煤壁支撑影响区;Ⓑ——离层区;
Ⓒ——重新压实区;Ⅰ,Ⅱ,Ⅲ——分别为垮落带、裂缝带和弯曲下沉带;T——结构的水平推力;Q——载荷;
R——块间铰接力和支撑力;m——载荷系数;i——任意承载层号;A,B,…,G——铰接岩块

式中 $\{R_i\}$——支撑力矩阵;

$\{A_i\}$——系数阵;

$\{M_i\}$——力矩矩阵。

2 关键块体运动的几何受力关系

现将两关键岩块构成如图 2 的模式。图 1(b) 中 B 岩块在采空区的下沉量 W_1 与直接顶总厚度 $\sum h$、采高 m 及岩石破断后的松散系数 K_P 有关,即

$$W_1 = m - \sum h(K_P - 1) \tag{2}$$

鉴于考虑此结构自身平衡的可能性,因而不考虑支架作用力。

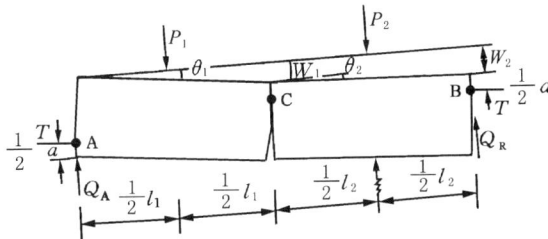

图 2 两块体结构运动形态与受力

Fig. 2 Moving state and stressing of two-block structure

P_1, P_2——块体承受的载荷;θ_1, θ_2——B,C 块体的转角;W_2——C 块体的下沉量;

Q_A, Q_B——A,B 接触铰上的摩擦剪力;R_2——C 块上的支承反力;a——接触面高度;l_1, l_2——B,C 岩块长度

图 3 为岩块回转后的接触几何关系。由图 3 可知

$$2a = h - W_1 = h - l_1 \sin \theta_1$$

显然，岩块两端接触应是均等的，因此

$$a = \frac{1}{2}(h - l_1 \sin \theta_1) \qquad (3)$$

鉴于块与块之间的接触是塑性铰接关系，因此图 2 中水平推力 T 作用点的位置可取 $a/2$ 处。

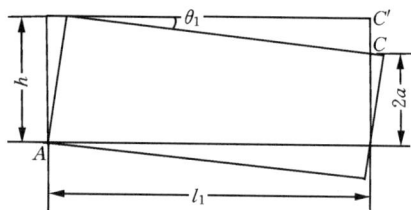

图 3　岩块回转时的几何关系

Fig. 3　Geometric relation when rock rotates

3　两块体受力分析

在图 2 中取 $\sum M_A = 0$ 和 $\sum M_C = 0$。由于岩块长度决定于其受力条件，而岩层形成周期性断裂条件基本一致，这在周期来压步距上可作出判断，因此可假设 $l_1 = l_2 = l$，则

$$T = \frac{l(P_1 + P_2 - R_2)}{2(h + W_2 - 2W_1 - a)}$$

$$Q_B = \frac{1}{2}\left[\frac{(W_2 - W_1)(P_1 + P_2 - R_2)}{h + W_1 - 2W_1 - a} + P_2 - R_2\right]$$

由几何关系可知 $W_1 = l \sin \theta_1$，$W_2 = l(\sin \theta_1 + \sin \theta_2)$。根据对"砌体梁"全结构计算得，$R_2 = 1.03P_2$，因此可近似地视 $R_2 = P_2$。再令 $i = h/l$ 表示断裂度，则有

$$T = \frac{P_1}{i - \sin \theta_1 + 2\sin \theta_2} \qquad (4)$$

由全结构计算得到的位移规律 $\theta_2 \approx \theta_1/4$，将式（4）进一步简化为

$$T = \frac{P_1}{i - \frac{1}{2}\sin \theta_1} \qquad (5)$$

这样，T 与 i 及 θ_1 的关系见图 4。由此图可知，当 $i \geq 0.3$ 时，随 θ_1 角的变化，T 值变化甚小。而当 $i < 0.3$，且 i 值愈小时，T 值随着 θ_1 角的加大增长很快。说明此结构为几何非线性结构。

由上述关系可得 Q_B 的简化式

$$Q_B = \frac{P_1 \sin \theta_1}{2(2i - \sin \theta_1)} \qquad (6)$$

由 $Q_A + Q_B = P_1$ 得

$$Q_A = \frac{4i - 3\sin \theta_1}{2(2i - \sin \theta_1)}P_1 \qquad (7)$$

鉴于 Q_A 为第一断裂岩块与未断岩层间的剪切力对工作面矿山压力影响较大，Q_A 随着 i 与 θ_1 角的变化情况如图 5 所示。

由图 5 可知，当 $\theta_1 = 0$ 时，不论 i 为何值，Q_A 等于 P_1。而当 θ_1 逐步增加时，Q_A 将有所下降，i 越大时下降较小，$i < 0.3$ 时则下降较大。

根据对第二岩块的分析可知

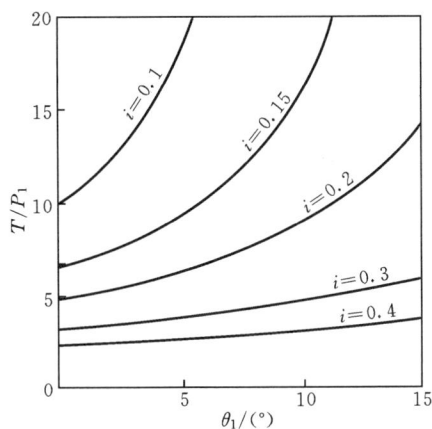

图 4　水平推力 T 与 θ_1 的关系

Fig. 4　Horizontal thrust T vs θ_1

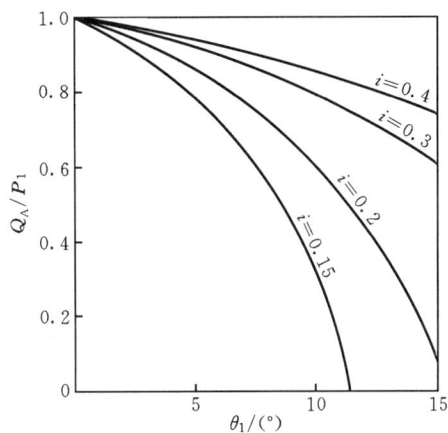

图 5　Q_A 与 θ_1 的关系

Fig. 5　Q_A vs θ_1

$$Q_C \approx Q_B = \frac{P_1 \sin \theta_2}{2(2i - \sin \theta_1)} \tag{8}$$

由式(4)与式(3)可得

$$\frac{Q_C}{Q_A} = \frac{\sin \theta_1}{4i - 3\sin \theta_1}$$

Q_C 与 Q_A 的比值关系与 i 及 θ_1 的关系可见图 6。同样,当 θ_1 趋于零时,即采空区支撑物刚度较大时(如采用留小煤柱或采用充填法等),Q_A/Q_C 趋于无穷大或 $Q_A \to P_1$。这说明此时采空区悬露岩块的重量将全由前支撑点 A 所承担。因而岩块的铰接关系实质上是一支点在 A,拱顶点在 C 的半拱平衡。显然,随着 θ_1 的增加,Q_C 在不断增加,而 Q_A/Q_C 将随之而降低。

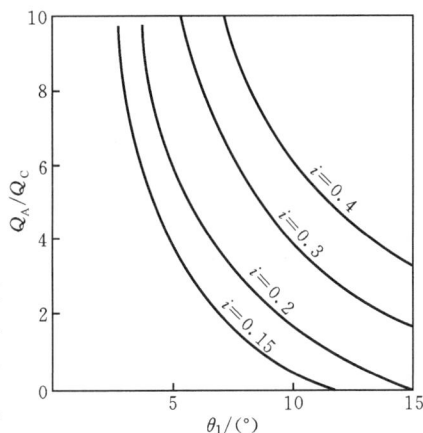

图 6　Q_A/Q_C 与 θ_1 的关系

Fig. 6　Q_A/Q_C vs θ_1

4　关键块体结构的稳定性分析

上面只是对关键块的一般分析,下面将讨论此结构的滑落(sliding)失稳及转动(rotation)变形失稳。

(1) 滑落失稳

由前面分析可知,此结构的最大剪切力 Q_A 发生在 A 点,为防止结构在 A 点发生滑落失稳,必须满足以下条件,即

$$T \tan \varphi \geqslant Q_A \tag{9}$$

式中　$\tan \varphi$——岩块间的摩擦系数,一般可取 0.3。

将式(5)及式(7)代入可得

$$i \leqslant \tan \varphi + \frac{3}{4} \sin \theta_1$$

或 $$\theta_1 \geqslant \arcsin\left[\frac{4}{3}(i - \tan\varphi)\right] \tag{10}$$

由此可知,此结构不发生滑落失稳的条件直接与块度 i 及回转角有关(图7)。

众所周知,滑落失稳是在断裂线刚裸露于采场煤壁上方时最易发生。此时 θ_1 值决定于煤壁的刚度,若刚度越大,θ_1 越接近零,则要求块度 i 小于 0.3。若刚度较小,θ_1 一般也只有 $3°$ 左右,i 则应小于 0.34。由此可知,"砌体梁"承载层的岩层断裂度 i 需在 0.34 以下。

若将式(10)中 i 以 h/l 代入,且 l 以周期来压步距计算,即 $l = h\sqrt{\dfrac{\sigma_c}{30\rho g(h + h_1)}}$,则有

$$h + h_1 \leqslant \frac{\sigma_c}{30\rho g}\left(\tan\varphi + \frac{3}{4}\sin\theta_1\right)^2 \tag{11}$$

式中 h_1——承载层负载岩层的厚度;

$\quad\quad\ \sigma_c$——承载层抗压强度;

$\quad\quad\ \rho g$——岩体的容重。

将 $h + h_1$ 与 θ_1 的关系绘入图8中,图中取承载层两种抗压强度,即 $\sigma_c = 60$ MPa(实线)及 $\sigma_c = 80$ MPa(虚线)。显然,此曲线以下部分才进入稳定区,它随 θ_1 角的增加而加大。

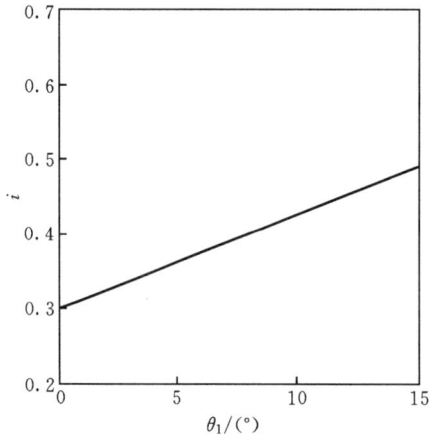

图7　滑落失稳与 θ_1 及 i 关系

Fig. 7　Rotation instability vs θ_1 and i

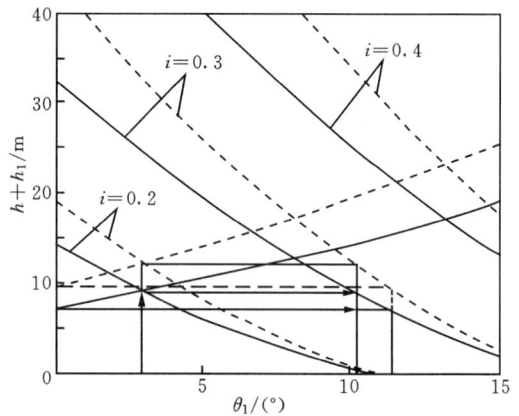

图8　结构承载厚度 $(h + h_1)$ 与回转角 (θ_1) 的关系

Fig. 8　Carrying thickness of the structure $(h + h_1)$ vs rotational angle (θ_1)

(2) 回转变形失稳

如前所述,随着 B 岩块的回转,T 值将越来越大,其结果可能导致转角处岩块挤碎而失稳,我们称之为回转变形失稳。为此,保持结构稳定的第二个条件为

$$T \leqslant a\eta\sigma_c \tag{12}$$

分析式(12),T/a 表示接触面上的平均挤压应力,$\eta\sigma_c$ 表示岩块在角端处的挤压强度。鉴于角端的特殊条件,根据文献[2]的大量实验测定,可取 $\eta = 0.3$。将有关数据代入式(12)可得

$$\frac{P_1}{i - \frac{1}{2}\sin\theta_1} \leqslant \frac{1}{2}(h - l\sin\theta_1)\eta p_c$$

将 $P_1 = \rho g (h + h_1) l$ 及有关参数代入得

$$\frac{\rho g (h + h_1)}{\left(i - \frac{1}{2}\sin\theta_1\right)(i - \sin\theta_1)} \leqslant 0.15\sigma_c$$

为了满足上述条件,承载层及载荷层总厚度 $(h + h_1)$ 必须满足下述条件,即

$$h + h_1 \leqslant \frac{0.15\sigma_c}{\rho g}\left(i^2 - \frac{3}{2}i\sin\theta_1 + \frac{1}{2}\sin^2\theta_1\right) \tag{13}$$

将此关系同样绘入图 8 中,则可得在不同 i 时的 $h + h_1$ 与 θ_1 关系曲线。由图 8 可知, $h + h_1$ 将随 θ_1 的增加而减小,即随 θ_1 的增加转动变形失稳可能性增大。

5　"砌体梁"结构的"S-R"稳定理论

由前面分析,随着回采工作面的推进,上覆岩层所形成的"砌体梁"的稳定性主要受图 1(b) 中 B、C 岩块所控制。它既要防止在 θ_1 角较小时(岩层刚断裂时)可能形成的滑落(sliding)失稳,又要防止在 θ_1 角增大时咬合点挤碎而形成的转动(rotation)变形失稳。在满足这两个条件下的"砌体梁"结构才是稳定的,因而称之为"砌体梁"结构的"S-R"稳定理论。

根据图 8,其条件为

$$h + h_1 \leqslant \frac{\sigma_c}{30\rho g}\left(\tan\varphi + \frac{3}{4}\sin\theta_1\right)^2 \qquad \text{(S 条件)}$$

$$h + h_1 \leqslant \frac{0.15\sigma_c}{\rho g}\left(i^2 - \frac{3}{2}i\sin\theta_1 + \frac{1}{2}\sin^2\theta_1\right) \qquad \text{(R 条件)}$$

由此在图 8 中可找到结构保持"S-R"稳定的范围及其相应的 θ_1 角。现将 $\sigma_c = 60$ MPa 和 $\sigma_c = 80$ MPa 时,相应的起始回转角、最终允许回转角及可能负荷的岩层高度列于表 1 中,图 8 中也表明了相应的区域。

表 1　关键块体"S-R"稳定性区域

Table 1　Stable area of key block

项　目	抗压强度 σ_c/MPa			
	60		80	
起始回转角 θ_1/(°)	0	3	0	3
最大负荷层高 $h + h_1$/m	7.2	9.2	9.6	12.27
最大允许回转角 θ_1/(°) ($i = 0.3$ 时)	11.5	10.3	11.5	10.3
($i = 0.25$ 时)	8	6.8	8	6.7

由图 8 可知,影响滑落失稳的关键是此结构负荷的岩层厚度($h+h_1$),例如以 $\sigma_c=$ 60 MPa计,$h+h_1$ 仅为 7.2 m。影响转动变形失稳的关键是回转角 θ_1,而此回转角的大小最终将决定于

$$\sin \theta_1 = \frac{1}{l}\left[m - \sum h(K_P - 1)\right] \tag{14}$$

因此,若 m 越小,$\sum h$ 越大,且 l 又比较长时,不易产生转动变形失稳。

此时,根据采区岩层柱状分层性质及其采高,就可对稳定性作出判断。

(1) 当 $h+h_1$ 不能满足式(11)时,应防止工作面沿煤壁的顶板切落,加强支柱的初撑力以防止工作面出现压垮型事故;

(2) 当最终回转角超出变形稳定范围时,例如 $\sum h/m$ 过小或采高过大等,则应注意支柱刚度的调节,以及保证支架有足够的稳定性,防止工作面发生推垮型事故。

6 结 论

由上述分析可知,对"砌体梁"结构的分析可简化为离层区内两关键块的三铰拱结构分析。由此可引出关键块体结构滑落失稳及回转变形失稳的范围和影响因素,从而形成了"砌体梁"结构的"S-R"稳定理论。应用此理论可对开采后上覆岩层对工作面的影响作出分析,并可决定工作面上方需控岩层的范围及对应采用的控制原理和相应的参数作出决定。

参 考 文 献

[1] 钱鸣高,刘听成. 矿山压力及其控制(修订本). 北京:煤炭工业出版社,1991.
[2] 缪协兴. 采场老顶初次来压时的稳定性分析. 中国矿业大学学报,1989(3).

Analysis of Key Block in the Structure of Voussoir Beam in Longwall Mining

Qian Minggao   Miao Xiexing   He Fulian
(China University of Mining and Technology)

Abstract:Based on mechanical analysis of a complete structure of voussoir beam in longwall mining, the key block, which affects safety of production at work face, in simplified into an arch with three articulations. Basically, there are two modes of instability, namely instability due to sliding(S), and instability due to rotation(R). The major factors that affect the stability of the structure are rotational angle of the voussoir beam, ratio of length and height, rock type and height of carrying rock strata. And based on detailed analysis of these factors and their range, the theory of "S-R" stability for rock structure in the workings is preliminary established. And it can be applied to quantitative analysis of many problems, such as, effect of overlying strata on workface in mining, changes of ground pressure and extent of area to be controlled. The paper also gives the range of stability of key block of voussoir beam and measures to be taken iv various conditions.

Keywords：voussoir beam；instability due to sliding；rotational distortion instability；"S-R" stability

砌体梁的"S-R"稳定及其应用[①]

钱鸣高　　张顶立　　黎良杰　　康立勋　　许家林

(中国矿业大学，徐州　221008)

摘　要： 采场上覆岩层能否形成"砌体梁"结构，其核心是"砌体梁"关键块所处的"S-R"稳定条件。本文对此进行了详细分析并给出了判定依据，由此进一步建立了考虑直接顶力学特性在内的采场较为完整的力学模型，对支架工作状态也做了更为深入的分析，由此能较为全面地解释采场矿山压力现象。

关键词： 砌体梁；关键块；"S-R"稳定；给定变形

1　引　言

采场上覆岩层结构的形成显然直接影响着支护小结构受载大小及工作原理，从而进一步影响支护参数的确定及岩层控制技术的选择。早在 80 年代初，国内矿山压力学术界对采场上覆岩层的"砌体梁"力学模型进行了广泛而有益的讨论。但对于"砌体梁"的稳定条件讨论尚不充分，尤其是与"直接顶—支架—底板"支撑体系的相互作用以及进而对工作面顶板稳定性影响更感不足。而后者恰恰是顶板控制的根本问题，本文将对此问题作深入的讨论。

2　"砌体梁"结构关键块的"S-R"稳定

根据对采场上覆岩层动态[图 1(a)]而建立的"砌体梁"力学模型[图 1(b)]的分析，对工作面影响最大的是上覆岩层中离层区的 B、C 岩块。因此可将 B、C 岩块视为"砌体梁"的关键块，并将其单独形成结构模型[图 1(c)]，显然，它是一超静定的三铰拱结构。

根据对结构的分析及生产实际情况的反映，此结构有两种失稳形式：

(1) 滑落失稳 (unstability in sliding)

当 B 岩块的水平推力(T)所形成的块间摩擦力小于块间的剪切力($R_{0\text{-}0}$)时，块间即发生错动，在工作面的表现形式为顶板的台阶下沉。条件为：

$$T \cdot f < R_{0\text{-}0} \tag{1}$$

式中　f——岩块间摩擦系数。

鉴于此，B 岩块的水平推力 T 将随着岩块的回转而增大，因而随着岩块的回转越不

[①]　本文发表于《矿山压力与顶板管理》，1994 年第 3 期，第 6～11 页。

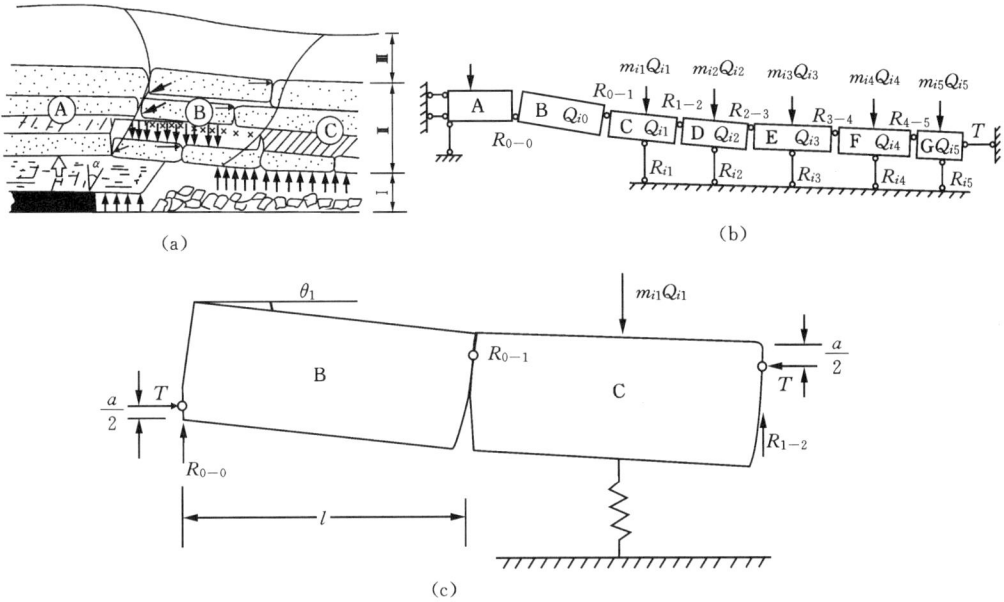

图 1 采场上覆岩层动态建立的"砌体梁"力学模型及其关键块结构

(a) 采场上覆岩层动态图；A——煤层支撑影响区；B——离层区；C——重新压实区

(b) "砌体梁"力学模型；(c) "砌体梁"关键块分析

易发生滑落失稳，此时"砌体梁"本身的厚度 h 与其载荷层厚度 h_1 与块间摩擦系数 $\tan \varphi$、回转变形角 θ_1 等的相互关系及稳定条件为：

$$h + h_1 \leqslant \frac{\sigma_c}{30\rho g}(\tan \varphi + \frac{3}{4}\sin \theta_1)^2 \qquad (2)$$

式中 σ_c——"砌体梁"岩层抗压强度；

ρg——岩层的容重。

（2）回转变形失稳（unstability in rotation）

若 B 岩块绕 A 点的回转超过一定角度，则使结构块之间失去力的联系。其原因大部分是由于回转时形成的推力（T）大于咬合点处的抗挤压强度，即

$$T > a \cdot \eta \cdot \sigma_c \qquad (3)$$

式中 a——咬合点处接触面积；

$\eta \sigma_c$——接触面处的挤压强度。

根据计算，h、h_1、θ_1 及岩块块度 i（即岩块厚度 h 与断裂长度 l 的比值）之间的关系及保持不发生回转变形失稳的条件为：

$$h + h_l \leqslant \frac{0.15\sigma_c}{\rho g}(i^2 - \frac{3}{2} \cdot i \cdot \sin \theta_1 + \frac{1}{2}\sin^2\theta_1) \qquad (4)$$

将公式（2）及在不同 i 条件下的公式（4）（给出相应的 σ_c 值为 60 MPa 或 80 MPa）绘入图 2 中，即可得出岩块断裂后不发生滑落失稳及回转变形失稳的条件，即岩体结构块的"S-R"稳定。

以图 2 所给定的条件为例 1 说明：

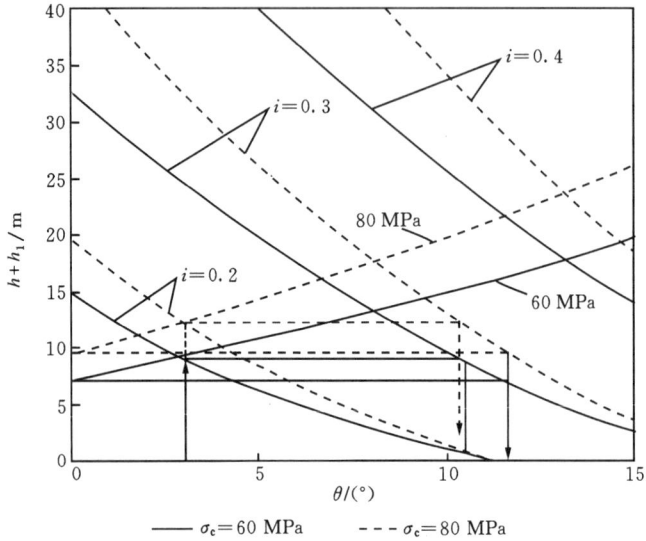

图 2　岩体结构关键块的"S-R"稳定

（1）此结构的总承载厚度 $h+h_1$，在断裂时不大于 7.2 m（$\sigma_c=60$ MPa）及 9 m（$\sigma_c=80$ MPa），若考虑到断裂岩块在脱离煤壁影响时已有一相当的回转角（如以 3°计），则相应的 $h+h_1$ 可为 9～12 m；

（2）当 $i=0.3$ 时，则此结构块最大回转角不能超过 10°（$\sigma_c=60$ MPa）及 11.5°（$\sigma_c=80$ MPa）。

图 3 表示了大屯孔庄矿 8 号层开采后上覆岩层的移动特点，由图应注意以下几个问题：

（1）岩层断裂始于煤壁以里，因而刚断裂的岩块受到煤壁支承的影响，开始回转角较小，如图表示仅为 0.4°；

（2）由于煤壁支承的影响，岩块剧烈回转迟后于工作面煤壁，图中表明了煤壁支撑影响角 α。

3　采场矿山压力力学模型与支架工作状态

根据对大屯孔庄矿的实际测定资料及近期对直接顶与底板的刚度分析，可将采场

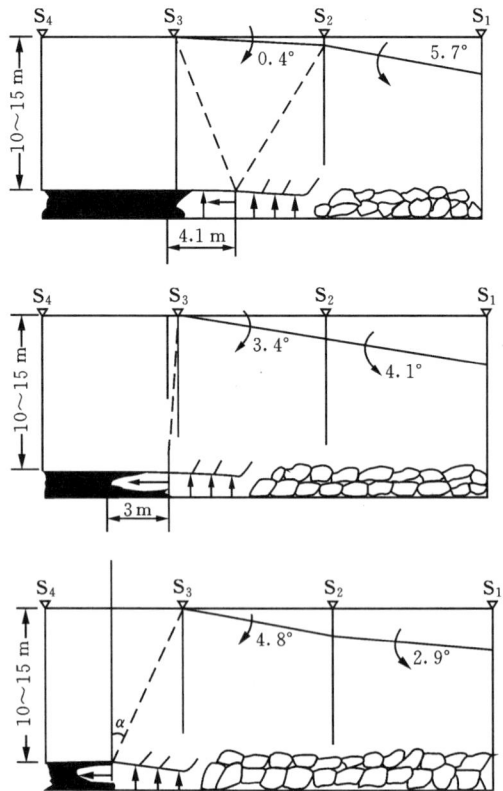

图 3　大屯孔庄矿 8 号层岩层移动实测图
（S_1、S_2、S_3、S_4 为实测位置）

"直接顶—支架—底板"支撑体系与老顶"砌体梁"结构的相互作用,构筑成如图4所示的采场矿山压力力学模型。

此模型的特点为:

(1) 沿用了"砌体梁"的研究成果;

(2) 将"直接顶—支架—底板"支撑体系宏观上视为具有一定刚度的可变形体;

(3) 考虑了煤壁支撑影响角 α 对"砌体梁"结构的影响。

由此力学模型可得出如下的几个观点:

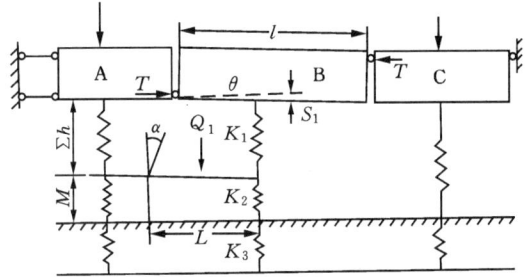

图4　采场矿山压力力学模型

(1) 鉴于煤壁支撑影响角 α 的存在,因而支架的工作阻力最终无法改变老顶断裂岩块的回转角 θ_1,因而老顶断裂岩块是处于"给定变形"工作状态,其大小仅与采高 M、直接顶厚度 $\sum h$、松散系数 K_p 及老顶断裂岩块长度 l 有关,即:

$$\sin \theta_1 = \frac{1}{l}\left[-\sum h(K_p-1)\right] \tag{5}$$

(2) 支架工作状态与老顶断裂岩块的"给定变形"有关,但还取决于"直接顶—支架—底板"支撑系统的总刚度及各部分的刚度;

(3) 支架上承受的载荷由两部分组成,其一为支架顶梁到"砌体梁"之间形成的松脱体压力 Q_L 及由于结构块滑落失稳形成的载荷 Q_S,此两部分载荷将全部由支架所承担;其二则是由于老顶岩块回转变形即老顶岩层的"给定变形"经由直接顶施加于支架上的载荷,称为回转变形压力 Q_R,显然这部分载荷对支架的影响将取决于直接顶、底板及支架本身的刚度。

4　Q_R 及支架变形量分析

根据前述,老顶断裂岩块在控顶距范围内形成的"给定变形" S_L 为:

$$S_L = L \cdot \sin \theta_1$$

式中:L 为工作面的控顶距。

由力学模型可知

$$S_L = S_1 + S_2 + S_3$$

式中:S_1、S_2 及 S_3 分别为直接顶、支架及底板的变形量。

若 K_1、K_2 及 K_3 分别为直接顶、支架及底板的刚度,则总体刚度 K 为:

$$\frac{1}{K} = \frac{1}{K_1} + \frac{1}{K_2} + \frac{1}{K_3}$$

$$K = \frac{K_1 \cdot K_2 \cdot K_3}{K_1 K_3 + K_2 K_3 + K_1 K_2}$$

则

$$Q_R = K \cdot S_L = \frac{K_1 \cdot K_2 \cdot K_3}{K_1 K_2 + K_2 K_3 + K_3 K_1} \cdot \frac{1}{l}\left[M - \sum h(K_p-1)\right]$$

$$= K_1 \cdot S_1 = K_2 \cdot S_2 = K_3 \cdot S_3$$

为此,变形量分配为:

$$S_1 = \frac{K}{K_1} \cdot S_L ; \quad S_2 = \frac{K}{K_2} \cdot S_L ; \quad S_3 = \frac{K}{K_3} \cdot S_L$$

现进一步讨论刚度对支架变形 S_2 及 Q_R 的影响。

若以支架刚度 K_2 为基准,令 $K_1 = nK_2$,$K_3 = mK_2$,则系统刚度 K 为:

$$K = \frac{mn}{mn + m + n} \cdot K_2$$

因此

$$Q_R = \frac{mn}{mn + m + n} \cdot K_2 \cdot S_L$$

$$S_2 = \frac{mn}{mn + m + n} \cdot S_L$$

现若将顶底板条件设为以下几种:① 硬顶硬底,并假设 $m = n = 10 \sim 20$ 属于此类;② 硬顶软底,即 $n = 10 \sim 20$,$m = 1$;③ 硬底软顶,即 $n = 1$,$m = 10 \sim 20$;④ 软顶软底,即 $m = n = 1$。则可得以下关系:

硬顶硬底 $\quad Q_R = (0.8 \sim 0.9)K_2 \cdot S_L$,$S_2 = (0.8 \sim 0.9)S_L$;

硬顶软底 $\quad Q_R = (0.48 \sim 0.49)K_2 \cdot S_L$,$S_2 = (0.48 \sim 0.49)S_L$;

硬底软顶 $\quad Q_R = (0.48 \sim 0.49)K_2 \cdot S_L$,$S_2 = (0.48 \sim 0.49)S_L$;

软顶软底 $\quad Q_R = 0.33K_2 \cdot S_L$,$S_2 = 0.33S_L$

由上述可知,Q_R 将随着顶板、支架及底板的刚度发生变化。在使用常规开采方法,即采高为 3 m 左右,且顶底板强度较大时,Q_R 也大;而当顶底板比较松软时,Q_R 也将变小。

同样,支架的"给定变形"工作状态,也只有在硬顶硬底时才能形成,而在此情况下老顶所形成的"给定变形"只有 30% ~ 50% 由直接顶传递给支架。当然,这里应说明的是,此处所叙述的是支架变形量,即支架可缩量,而并不包含由于支柱插入顶板及底板而形成的顶底板移近量。

由此也可知,在使用放顶煤开采时,由于一次采出高度大,因而导致顶煤与直接顶的刚度大幅度减小(当然,由于煤及顶板的硬度不一,因此刚度上仍有差异),为此支架设计时,就不必按照设计支护强度(即相当于采高的 6 ~ 8 倍岩柱重量)及支架变形量。

同样,由上述关系可知,支架本身刚度越大,则 Q_R 值也越大,由此也可解释,为什么支架由木支柱发展到液压支架,所设计的支护强度由 200 kN/m² 增加到 600 ~ 800 kN/m² 的原因。

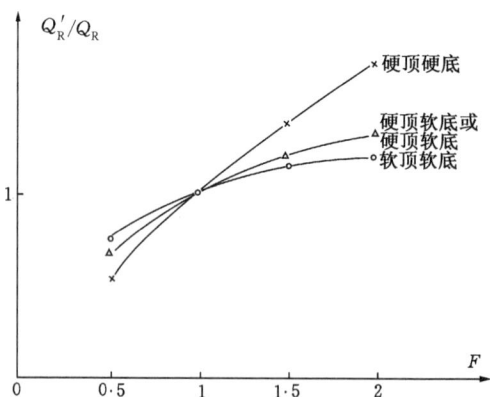

图 5 Q'_R / Q_R 与 F 的变化关系

图 5 表示了支架刚度、变形对 Q_R 的影响。

令新支架刚度 $K'_2 = FK_2$,则采用 K'_2 的变形压力 Q'_R 与原来支架 Q_R 的比值为:

$$Q'_R / Q_R = \frac{mn + (m+n)}{mn + F(m+n)} \cdot F$$

图 5 即表示了 Q'_R / Q_R 与 F 的关系。

由图可知,支架刚度变化对支架受力 Q_R 的影响并非线性关系,例如在硬顶硬底的条件下,支架刚度增加一倍,Q'_R 将是原有 Q_R 的 1.83 倍。

5　松脱体压力 Q_L 及需控岩层范围

根据"砌体梁"结构块的"S-R"稳定理论,就可以判别采场上覆各岩层对工作面的影响。显然,第一次在于寻找"砌体梁"岩层结构处于稳定的岩层,而此岩层对工作面顶板压力的影响为 Q_R 及其可能形成的变形量 S_L。在此结构层之下的岩层(即普遍称之为直接顶的岩层),根据图 4 所示的力学模型及大屯孔庄矿的实际测定,显然,随着工作面的推进,终将断裂而形成前后失去力联系的松脱体。这一部分载荷将全部作用于支架,而与支架性能及刚度无关。

关于这部分岩层厚度(即相当于 $\sum h$)的求取,将依靠"砌体梁"结构块"S-R"稳定位置,尤其是断裂岩块最终能形成的稳定的回转角 θ_1 而定。上述关系完全可以由公式(4)及(5)求取。若以图 2 中所示的 θ_1 为例,可知:

$$\frac{1}{l}[M - \sum h(K_p - 1)] = 0.17 \sim 0.26$$

取 $K_p = 1.25$,则

$$\frac{\sum h}{M} = 4 - \frac{l}{M}(0.68 \sim 1.04)$$

由此,以 $\dfrac{\sum h}{M}$ 为纵坐标,而以 $\dfrac{l}{M}$ 为横坐标,可得图 6。

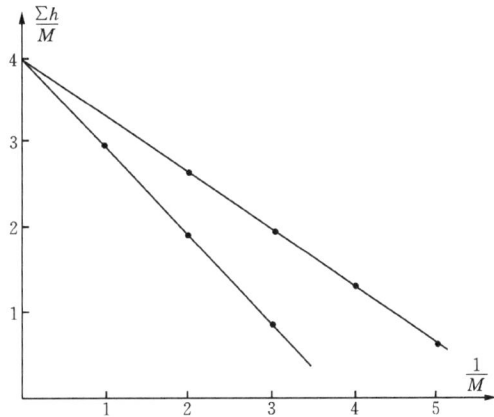

图 6　$\sum h/M$ 与 l/M 的关系

由此可用以判别采场上覆岩层中"砌体梁"结构处于"S-R"稳定的位置。

显然,若"砌体梁"结构位置一定,则支架上所承受的松脱体载荷 Q_L 也将迎刃而解了。

6　结　论

(1) 开采后采场上覆岩层"砌体梁"结构的形成决定于破断岩块(结构块)的"S-R"稳定;

(2) 根据对结构块的"S-R"稳定分析,可以确定承载层的位置及其可以承载岩层的厚度(h_1)以及允许的回转角 θ_1;

(3) 根据大屯孔庄矿岩层移动的测定,老顶断裂岩块的最终回转变形值与支架工作阻力无关,即老顶岩层始终处于给定变形工作状态;

(4) 支架的变形(可缩量)与老顶的回转变形量有关,但更主要的将决定于"直接顶——

支架—底板"的系统刚度,只有在硬顶硬底时支架才处于"给定变形"工作状态;

(5) 根据岩体结构的"S-R"稳定分析,支架载荷可分为顶板岩体松脱体载荷 Q_L,"砌体梁"结构滑落失稳形成的载荷 Q_S 及回转变形载荷 Q_R。在上述载荷中,仅 Q_R 与"直接顶—支架—底板"的系统刚度及各自的刚度有关,从而可以解释采用放顶煤开采时支架载荷反而变小及液压支架的设计支护强度要比单体支架及支护强度大的原因。

参 考 文 献

[1] 钱鸣高,刘昕成.矿山压力及其控制(修订本).煤炭工业出版社,1991.

[2] 缪协兴.采场老顶初次来压时的稳定性分析.中国矿业大学学报,1989:3.

[3] Barezak T. M., Oyler D. C. A Model of Shield-Strata Interaction and its Implications for Active Shield Setting Requirements, Tenth International Conference On Ground Control in Mining, 1991: 35~42.

采场上覆岩层结构的形态与受力分析[①]

钱鸣高　缪协兴

（中国矿业大学，徐州　221008）

摘　要：本文以开采后岩层移动实测形态曲线为基础建立了断裂岩块间的铰合关系，进一步证明了"砌体梁"力学模型是层状矿体开采后岩层的基本结构形式。该结构平衡与否的关键块是离层区上方的铰接岩块。本文以该结构的力学模型为基础推得岩层内部位移曲线——$(W_x)_i = (W_0)_i(1 - e^{-\frac{x}{2l_i}})$。上下层结构位移曲线的曲率变化导致离层区形成。

关键词：砌体梁；上覆岩层；岩层结构；稳定性

1　引　言

众所周知，煤层开采后上覆岩层形成的结构，其形态将影响着地表岩层移动曲线的形式，同时也将影响到采场支架小结构的参数、性能等。因此，采场上覆岩层形成结构的特点及其形态一直为层状矿体开采所重视。

从另一方面讲，采场上覆岩层移动的形态又是研究此结构特点的基础。为此，近几十年来国内外进行了大量的岩层内部移动的实际观测工作，国内如开滦、阳泉及大屯孔庄矿等获得了大量的基础资料，岩层移动后形成的"砌体梁"结构模型即是在此基础上提出来的。自从提出此结构模型以后，对采场矿山压力显现规律有了全面的认识。但是对此结构的受力状态原先只有一初步解，而对于此结构的形态曲线（即岩层内部移动曲线）还未得到全面的解。而研究岩层移动的科技工作者大部分是从地表移动的形态，根据实测数据统计分析而得，没有直接与岩体结构形态联系在一起。

岩体结构形态的求解将直接影响到采动后岩体内孔隙的分布与流体在其中的流动规律，因此进一步发展"砌体梁"力学模型实属必要。

2　"砌体梁"结构的形态和受力分析

在总结前人丰富研究成果的基础上，经过长期的实践观测和研究分析，提出了裂缝带岩层可能形成的岩体结构模型如图1所示。

图1(a)表示回采工作面前后岩体形态，其中Ⅰ为垮落带、Ⅱ为裂缝带、Ⅲ为弯曲下沉

---

①　本文发表于《岩石力学与工程学报》，1995 年第 2 期，第 97～106 页。

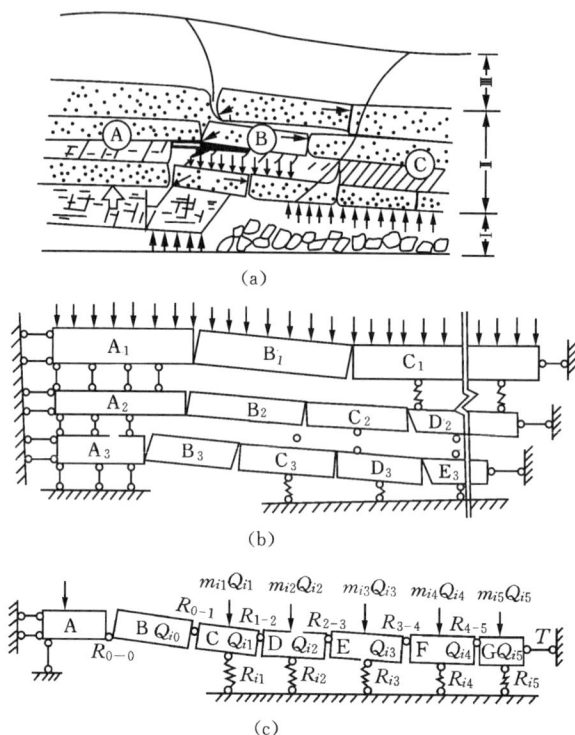

(a)

(b)

(c)

图 1　采场上覆岩层"砌体梁"结构

Fig. 1　The structural model of the overlying strata in longwall mining

带,A 为煤壁支承区、B 为离层区、C 为重新压实区;图 1(b)为根据观测的岩层形态而推测的岩体结构形态;图 1(c)为此结构体中任一组(i)的结构受力状态,其中 Q 表示岩块自重及其载荷,R_i 表示支承力,R_{0-1} 等则表示岩块间的垂直作用力,T 为水平推力。鉴于它的结构似砌体一样排列而组成,因而称之为"砌体梁"。

砌体梁结构是基于采场上覆岩层移动的如下特征而提出的:

(1)采场上覆岩层结构的骨架是断裂了的坚硬岩层,其上部的软弱岩层可视为直接作用于骨架上的载荷,同时也是更上层坚硬岩层与下部骨架联结的垫层。

(2)随工作面的推进,采空区上方坚硬岩层在裂缝带内将断裂成排列整齐的岩块,岩块间将受水平推力作用而形成铰接关系,层状移动曲线的形态经实测呈开始为下凹而随工作面的推进逐渐恢复水平状态的过程,由此决定了断裂岩块间铰接点的位置。若曲线下凹则铰接点位置在岩块断裂面的偏下部,反之则在偏上部,在回采空间以及邻近的采空区上方出现明显的离层区,说明该区内断裂的岩块可以形成悬露结构。

(3)由于垫层传递剪切力的能力较弱,因而两层骨架间的联结可用可缩性支杆代替。

(4)当骨架层的断裂岩块回转恢复到近水平位置时,块间的剪切力趋近于零,此时的铰接关系可转化为水平连杆联结关系。

(5)最上层为表土冲积层,可将其视为均布载荷作用于岩体结构上,而骨架结构各岩块上的载荷将随垫层的压实程度而变化。

为了验证方便,可取此结构系列中的最下层骨架结构进行分析。而为了表达上的方便,对此结构作如下的简化:

(1) 岩块除受自重作用外,还受上部结构载荷的作用,根据在采空区的实际测定,此载荷从离层区后重新压实开始到岩块恢复水平位置几近线性关系,且最后逐步恢复到原岩应力强度 γH。

(2) 垫层对岩块的作用是通过可缩性支杆集中于每个岩块的中部。

(3) 根据大屯孔庄矿岩层内部测定结果,岩块在离工作面 $60\sim80$ m 时,回转恢复到水平位置,而工作面周期来压步距为 $7\sim16$ m,因而可取 8 块岩块组成此结构的基本模式。

如此,此结构的铰接关系及载荷状态如图 2 所示。

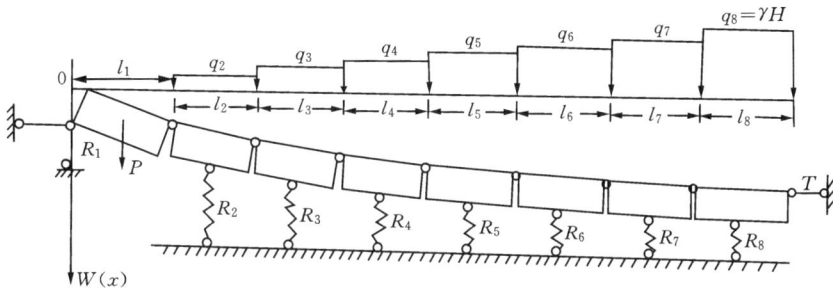

图 2　"砌体梁"结构受力图

Fig. 2　The structural model of the first strong stratum and its loads

设此结构的自由度为 ω,并假设第一岩块为悬露岩块,则

$$\omega = 3n - 2(n-1) - (n+2) = 0$$

式中　n——岩块的块数;

$\quad\quad n-1$——铰链数;

$\quad\quad n+2$——链杆数。

由此可知,此结构为静定结构,若考虑到支架的作用,则此结构为超静定结构。先以静定结构考虑,并从左到右分别取 8 个铰接点的右边部分对铰取矩平衡,可得矩阵(1)见下页。其中:

$\quad\quad l$——岩块长度;

$\quad\quad h'$——岩块高度 h 的 $2/3$;

$\quad\quad W_i$——从左到右($i=1,2,\cdots,8$)各岩块的最大下沉值;

$\quad\quad R_i$——($i=1,2,\cdots,8$)各岩块可缩性支杆中的反力;

$\quad\quad \rho$——左边第一岩块上的载荷加自重;

$\quad\quad \gamma H$——垂直原岩应力,γ 为岩石的容重,H 为采深;

$\quad\quad T$——水平推力。

鉴于实际测得的周期来压步距(即岩块的长度)比较接近,因此可先假设在此单一结构中各个断裂岩块长度相等,如此矩阵(1)可简化为矩阵(2)。

$$
\begin{bmatrix}
l_1+\frac{1}{2}l_2 & \sum_{i=1}^{2}l_i+\frac{1}{2}l_3 & \sum_{i=1}^{3}l_i+\frac{1}{2}l_4 & \sum_{i=1}^{4}l_i+\frac{1}{2}l_5 & \sum_{i=1}^{5}l_i+\frac{1}{2}l_6 & \sum_{i=1}^{6}l_i+\frac{1}{2}l_7 & \sum_{i=1}^{7}l_i+\frac{1}{2}l_8 & -(W_8-h') \\
\frac{1}{2}l_2 & \sum_{i=2}^{2}l_i+\frac{1}{2}l_3 & \sum_{i=2}^{3}l_i+\frac{1}{2}l_4 & \sum_{i=2}^{4}l_i+\frac{1}{2}l_5 & \sum_{i=2}^{5}l_i+\frac{1}{2}l_6 & \sum_{i=2}^{6}l_i+\frac{1}{2}l_7 & \sum_{i=2}^{7}l_i+\frac{1}{2}l_8 & -(W_8-W_1) \\
0 & \frac{1}{2}l_3 & \sum_{i=3}^{3}l_i+\frac{1}{2}l_4 & \sum_{i=3}^{4}l_i+\frac{1}{2}l_5 & \sum_{i=3}^{5}l_i+\frac{1}{2}l_6 & \sum_{i=3}^{6}l_i+\frac{1}{2}l_7 & \sum_{i=3}^{7}l_i+\frac{1}{2}l_8 & -(W_8-W_2) \\
0 & 0 & \frac{1}{2}l_4 & \sum_{i=4}^{4}l_i+\frac{1}{2}l_5 & \sum_{i=4}^{5}l_i+\frac{1}{2}l_6 & \sum_{i=4}^{6}l_i+\frac{1}{2}l_7 & \sum_{i=4}^{7}l_i+\frac{1}{2}l_8 & -(W_8-W_3) \\
0 & 0 & 0 & \frac{1}{2}l_5 & \sum_{i=5}^{5}l_i+\frac{1}{2}l_6 & \sum_{i=5}^{6}l_i+\frac{1}{2}l_7 & \sum_{i=5}^{7}l_i+\frac{1}{2}l_8 & -(W_8-W_4) \\
0 & 0 & 0 & 0 & \frac{1}{2}l_6 & \sum_{i=6}^{6}l_i+\frac{1}{2}l_7 & \sum_{i=6}^{7}l_i+\frac{1}{2}l_8 & -(W_8-W_5) \\
0 & 0 & 0 & 0 & 0 & \frac{1}{2}l_7 & \sum_{i=7}^{7}l_i+\frac{1}{2}l_8 & -(W_8-W_6) \\
0 & 0 & 0 & 0 & 0 & 0 & \frac{1}{2}l_8 & 0
\end{bmatrix}
\cdot
\begin{bmatrix} R_2 \\ R_3 \\ R_4 \\ R_5 \\ R_6 \\ R_7 \\ R_8 \\ T \end{bmatrix}
=
$$

$$
\begin{bmatrix}
\frac{1}{2}Pl_1+(l_1+\frac{l_2}{2})q_2l_2+(\sum_{i=1}^{2}l_i+\frac{l_3}{2})q_3l_3+(\sum_{i=1}^{3}l_i+\frac{l_4}{2})q_4l_4+(\sum_{i=1}^{4}l_i+\frac{l_5}{2})q_5l_5+(\sum_{i=1}^{5}l_i+\frac{l_6}{2})q_6l_6+(\sum_{i=1}^{6}l_i+\frac{l_7}{2})q_7l_7+(\sum_{i=1}^{7}l_i+\frac{l_8}{2})q_8l_8 \\
\frac{1}{2}q_2l_2^2+(\sum_{i=2}^{2}l_i+\frac{l_3}{2})q_3l_3+(\sum_{i=2}^{3}l_i+\frac{l_4}{2})q_4l_4+(\sum_{i=2}^{4}l_i+\frac{l_5}{2})q_5l_5+(\sum_{i=2}^{5}l_i+\frac{l_6}{2})q_6l_6+(\sum_{i=2}^{6}l_i+\frac{l_7}{2})q_7l_7+(\sum_{i=2}^{7}l_i+\frac{l_8}{2})q_8l_8 \\
\frac{1}{2}q_3l_3^2+(\sum_{i=3}^{3}l_i+\frac{l_4}{2})q_4l_4+(\sum_{i=3}^{4}l_i+\frac{l_5}{2})q_5l_5+(\sum_{i=3}^{5}l_i+\frac{l_6}{2})q_6l_6+(\sum_{i=3}^{6}l_i+\frac{l_7}{2})q_7l_7+(\sum_{i=3}^{7}l_i+\frac{l_8}{2})q_8l_8 \\
\frac{1}{2}q_4l_4^2+(\sum_{i=4}^{4}l_i+\frac{l_5}{2})q_5l_5+(\sum_{i=4}^{5}l_i+\frac{l_6}{2})q_6l_6+(\sum_{i=4}^{6}l_i+\frac{l_7}{2})q_7l_7+(\sum_{i=4}^{7}l_i+\frac{l_8}{2})q_8l_8 \\
\frac{1}{2}q_5l_5^2+(\sum_{i=5}^{5}l_i+\frac{l_6}{2})q_6l_6+(\sum_{i=5}^{6}l_i+\frac{l_7}{2})q_7l_7+(\sum_{i=5}^{7}l_i+\frac{l_8}{2})q_8l_8 \\
\frac{1}{2}q_6l_6^2+(\sum_{i=6}^{6}l_i+\frac{l_7}{2})q_7l_7+(\sum_{i=6}^{7}l_i+\frac{l_8}{2})q_8l_8 \\
\frac{1}{2}q_7l_7^2+(\sum_{i=7}^{7}l_i+\frac{l_8}{2})q_8l_8 \\
\frac{1}{2}q_8l_8^2
\end{bmatrix}
\tag{1}
$$

$$
\begin{bmatrix}
\frac{3}{2}l & \frac{5}{2}l & \frac{7}{2}l & \frac{9}{2}l & \frac{11}{2}l & \frac{13}{2}l & \frac{15}{2}l & -(W_8-h') \\
\frac{1}{2}l & \frac{3}{2}l & \frac{5}{2}l & \frac{7}{2}l & \frac{9}{2}l & \frac{11}{2}l & \frac{13}{2}l & -(W_8-W_1) \\
0 & \frac{1}{2}l & \frac{3}{2}l & \frac{5}{2}l & \frac{7}{2}l & \frac{9}{2}l & \frac{11}{2}l & -(W_8-W_2) \\
0 & 0 & \frac{1}{2}l & \frac{3}{2}l & \frac{5}{2}l & \frac{7}{2}l & \frac{9}{2}l & -(W_8-W_3) \\
0 & 0 & 0 & \frac{1}{2}l & \frac{3}{2}l & \frac{5}{2}l & \frac{7}{2}l & -(W_8-W_4) \\
0 & 0 & 0 & 0 & \frac{1}{2}l & \frac{3}{2}l & \frac{5}{2}l & -(W_8-W_5) \\
0 & 0 & 0 & 0 & 0 & \frac{1}{2}l & \frac{3}{2}l & -(W_8-W_6) \\
0 & 0 & 0 & 0 & 0 & 0 & \frac{1}{2}l & 0
\end{bmatrix}
\cdot
\begin{bmatrix}
R_2 \\ R_3 \\ R_4 \\ R_5 \\ R_6 \\ R_7 \\ R_8 \\ T
\end{bmatrix}
=
\begin{bmatrix}
\frac{Pl}{2}+\frac{154}{7}\gamma Hl^2 \\
\frac{126}{7}\gamma Hl^2 \\
\frac{197}{14}\gamma Hl^2 \\
\frac{145}{14}\gamma Hl^2 \\
7Hl^2 \\
\frac{29}{7}\gamma Hl^2 \\
\frac{27}{14}\gamma Hl^2 \\
\frac{1}{2}\gamma Hl^2
\end{bmatrix}
\tag{2}
$$

根据碎裂岩体的压实曲线,压实量 Δ 与压实力 F 并非线弹性关系,而呈如下形式

$$F = K\Delta^n \tag{3}$$

式中　K——比例系数,为材料常数;

n——常数,一般可取 3。

即支承杆的反力 R_i 与其压缩量 Δ_i 之间的关系为

$$R_i = K\Delta_i^3 \tag{4}$$

再由岩块间相互运动的关系可求取 W_i 与 Δ_i 之间的关系,见图 3。

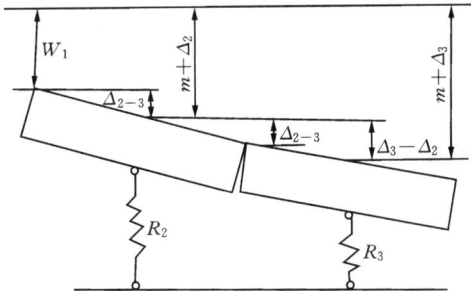

图 3　W_i 与 Δ_i 之间的关系图

Fig. 3　Relation between W_i and Δ_i

鉴于两块之间斜度比较接近,因此可假设为

$$\Delta_{2-3} \approx \frac{1}{2}(\Delta_3 - \Delta_2)$$

因此

$$W_1 = m + \Delta_2 - \Delta_{2-3} = m + \Delta_2 - \frac{1}{2}(\Delta_3 - \Delta_2) = m + \frac{1}{2}(3\Delta_2 - \Delta_3) \tag{5}$$

同理　$W_2 = m + \frac{1}{2}(3\Delta_3 - \Delta_4)$

$$W_3 = m + \frac{1}{2}(3\Delta_4 - \Delta_5)$$

$$W_4 = m + \frac{1}{2}(3\Delta_5 - \Delta_6)$$

$$W_5 = m + \frac{1}{2}(3\Delta_6 - \Delta_7)$$

$$W_6 = m + \frac{1}{2}(3\Delta_7 - \Delta_8)$$

$$W_7 = W_8 = m + \Delta_8$$

式中 $m = M - \sum h(K_p - 1)$； (6)

M——采高；

$\sum h$——直接顶厚；

K_p——垮落后直接顶岩层的碎胀系数。鉴于第 8 岩块恢复到水平状态，因而该处的垂直应力应为原岩应力状态，即

$$R_8 = K\Delta_8^3 = \gamma H l \quad (7)$$

且 Δ_8 是由垫层从松散状态到压实状态，因而

$$\Delta_8 = \sum h(K_p - K'_p)$$

其中，K'_p 为垮落后直接顶岩层的残余碎胀系数。故

$$K = \frac{\gamma H l}{\Delta_8^3} = \frac{\gamma H l}{[\sum h(K_p - K'_p)]^3}$$

由此可对矩阵(2)整理而得矩阵(8)的位移关系：

$$
\begin{bmatrix}
3 & 5 & 7 & 9 & 11 & 13 & -\frac{2}{l}(m+\Delta_8-\frac{2}{3}h) \\
1 & 3 & 5 & 7 & 9 & 11 & -\frac{2}{l}(\Delta_8+\frac{1}{2}\Delta_3-\frac{3}{2}\Delta_2) \\
0 & 1 & 3 & 5 & 7 & 9 & -\frac{2}{l}(\Delta_8+\frac{1}{2}\Delta_4-\frac{3}{2}\Delta_3) \\
0 & 0 & 1 & 3 & 5 & 7 & -\frac{2}{l}(\Delta_8+\frac{1}{2}\Delta_5-\frac{3}{2}\Delta_4) \\
0 & 0 & 0 & 1 & 3 & 5 & -\frac{2}{l}(\Delta_8+\frac{1}{2}\Delta_6-\frac{3}{2}\Delta_5) \\
0 & 0 & 0 & 0 & 1 & 3 & -\frac{2}{l}(\Delta_8+\frac{1}{2}\Delta_7-\frac{3}{2}\Delta_6) \\
0 & 0 & 0 & 0 & 0 & 1 & -\frac{3}{l}(\Delta_8-\Delta_7)
\end{bmatrix}
\cdot
\begin{bmatrix}
K\Delta_2^3 \\ K\Delta_3^3 \\ K\Delta_4^3 \\ K\Delta_5^3 \\ K\Delta_6^3 \\ K\Delta_7^3 \\ T
\end{bmatrix}
=
\begin{bmatrix}
P+\frac{308}{7}\gamma H l+15K\Delta_8^3 \\
\frac{252}{7}\gamma H l+13K\Delta_8^3 \\
\frac{197}{7}\gamma H l+11K\Delta_8^3 \\
\frac{145}{7}\gamma H l+9K\Delta_8^3 \\
14\gamma H l+7K\Delta_8^3 \\
\frac{58}{7}\gamma H l+5K\Delta_8^3 \\
\frac{27}{7}\gamma H l+3K\Delta_8^3
\end{bmatrix}
$$

(8)

3 砌体梁的形态与受力的理论解

矩阵(8)中有 7 个未知数即 $\Delta_2 \sim \Delta_7$ 和 T，未知数个数刚好与矩阵的阶数相等。由于该矩阵表示的方程组为非线性方程组，所以必须采用数值解。现在，可取大屯孔庄矿的岩层内部移动实测数据为例进行计算，其条件为 $H=200$ m，$\gamma=2.4\times10^3$ kg/m³，$K_p=1.4$，

$K'_p=1.1, l=8.0 \text{ m}, M=1.8 \text{ m}, h=3.4 \text{ m}; \sum h=3.4 \text{ m}$。因此

$$m=M-\sum h(K_p-1)=0.44 \text{ m}$$

$$\Delta_8=\sum h(K_p-K'_p)=1.02 \text{ m}$$

$$K=\frac{\gamma H l}{\Delta_8^3}=38.4\times10^6 \text{ kg/m}^4$$

将大屯孔庄实测的数据代入矩阵(8)后,通过数值计算可得

$\Delta_2=0.52 \text{ m}$ 　　　　 $W_1=0.89\text{m}$

$\Delta_3=0.65 \text{ m}$ 　　　　 $W_2=1.04 \text{ m}$

$\Delta_4=0.75 \text{ m}$ 　　　　 $W_3=1.16 \text{ m}$

$\Delta_5=0.82 \text{ m}$ 　　　　 $W_4=1.25 \text{ m}$

$\Delta_6=0.89 \text{ m}$ 　　　　 $W_5=1.33 \text{ m}$

$\Delta_7=0.95 \text{ m}$ 　　　　 $W_6=1.39 \text{ m}$

$\Delta_8=1.02 \text{ m}$ 　　　　 $W_7=W_8=1.44 \text{ m}$

由矩阵(8)可知,当 M、$\sum h$、K_p 和 K'_p 一定以后,$W(x)$ 仅取决于岩块的长度。图 4 为 $l=8$、10、12 m 时的计算曲线及大屯孔庄矿 $l=7\sim9$ m 时的实测曲线,由图可知计算结果与实际测定是比较吻合的。

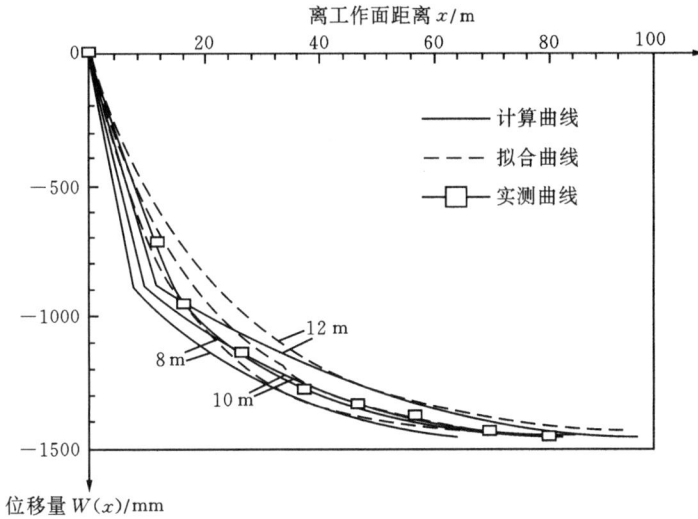

图 4　"砌体梁"结构位移曲线

Fig. 4　The displacement curves of the voussoir beam

由矩阵(8)可解出形成此结构时的水平推力 T 为

$$T=\frac{\frac{P}{2}l}{\frac{4h}{3}+4(W_6+W_4+W_2)-4(W_5+W_3)-2W_7-3W_1} \tag{9}$$

将上述条件的数据代入,则

$$T \approx \frac{Pl}{3} \tag{10}$$

第一岩块与第二岩块铰接处的垂直剪切力 $Q_{1\text{-}2}$ 为

$$Q_{1\text{-}2} \approx \frac{P}{4} \tag{11}$$

而已断裂岩块与未断岩块间的剪切力 R_1 为

$$R_1 \approx \frac{3}{4}P \tag{12}$$

由此可知,离层区悬露岩块的重量及其载荷绝大部分由煤壁支承区所承担,而仅有一小部分转向采空区。同时,此断裂岩块相互铰合的结构,实质上是在各层内形成了类似于一拱脚趋向于煤壁的半拱结构。显然,在此结构中第一、二断裂块对平衡与否起关键作用,因而它们是结构中的关键块。

4 岩层内移动曲线

众所周知,开采后的地表移动曲线是由岩层内部移动曲线演变而成的。而迄今为止,提出的种种地表移动典型曲线都是经过大量实测数据统计分析而得,并没有从开采后形成的上覆岩层结构形式进行研究。显然,若上覆岩层在受采动影响后的"砌体梁"力学模型成立,则其形态曲线如图4所示,即应是岩层内部的移动曲线[由矩阵(8)求出]。而此种关系也可近似地用下述拟合曲线表示,即

$$(W_x)_i = (W_0)_i \cdot (1 - e^{-\frac{x}{2l_i}}) \tag{13}$$

式中 $(W_x)_i$ ——第 i 组结构的位移曲线;

$(W_0)_i = M - (\sum h')_i [(K'_p)_i - 1]$,其中 $(\sum h')_i$ 为第 i 组结构到煤层顶板的距离,$(K'_p)_i$ 为 $(\sum h')_i$ 内岩层的残余碎胀系数。

$l_i = h_i \sqrt{\frac{R_T}{3q}}$,其中 R_T、h_i 为第 i 组坚硬岩层的抗拉强度及厚度,q 则为其自重及其上软岩层的载荷。

由式(13)可知,此岩层移动曲线将主要决定于采高、相应垫层的松散系数及其厚度以及断裂岩块的长度。而其中采高和相应垫层的厚度及松散系数主要决定最终下沉值 $(W_0)_i$,而断裂块度的长短将直接影响此曲线的挠曲性质,如图5所示。

显然,由于各个骨架层断裂块度不一致,必然导致曲线挠度不一样,从而导致采空区上方离层区的形成。

应特别指出的是:本文只是研究了各骨架层结构的受力及其形态,而对岩体由岩层进入表土层的转换并未涉及。显然,开采后形成的地表移动曲线将与松散介质的移动规律有直接的影响,这将有待以后讨论。

5 结 论

(1)经力学计算证明的以岩层运动形态实测为依据的"砌体梁"力学模型是层状矿体开采后岩层运动的基本结构;

(2)决定此结构稳定与否的关键块是结构中的第1、2岩块,它们的形态与受力后平

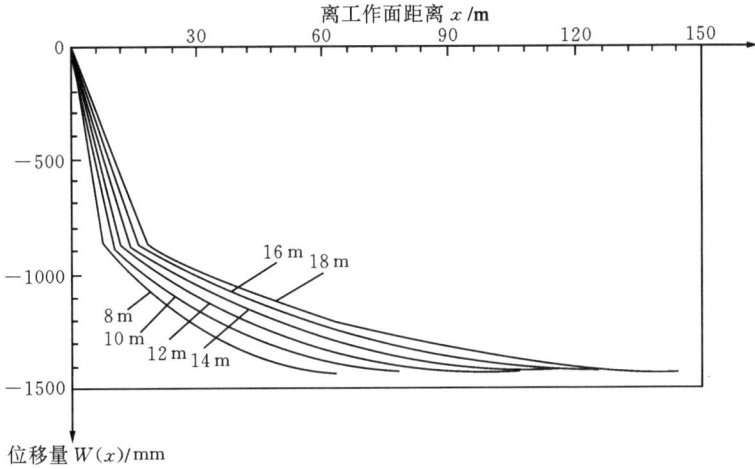

图 5　断裂块度对位移曲线的影响

Fig. 5　The influence of the displacement curves by the length of the fractured blockes

衡与否对回采工作面的矿山压力有直接影响。由此结构的解得到水平推力 $T=\dfrac{Pl}{3}$，而第一岩块与第二岩块间的剪切力 $Q_{1\text{-}2}\approx\dfrac{P}{4}$，它远小于第一岩块与未断岩块间的剪切力 $R_1=\dfrac{3}{4}P$。再次证明了离层区的载荷大部分由煤壁支撑区承担的结论；

（3）由此结构得出的位移曲线拟合的岩层内部形态曲线，应以下式表示为宜，即

$$(W_x)_i = (W_0)_i(1 - e^{-\frac{x}{2l_i}})$$

此曲线的挠度与断裂岩块的长度直接有关，而其最大下沉值则与此结构离开采层的距离及其间岩体松散后压实的特性有关。显然，上下结构形态曲线挠度不同（上层挠度小于下层）是形成离层区的基础。

参 考 文 献

[1]　钱鸣高,刘听成.矿山压力及其控制（修订本）.北京:煤炭工业出版社,1991.

The Mechanical Analysis on the Structural Form and Stability of Overlying Strata in Longwall Mining

Qian Minggao　Miao Xiexing

(China University of Mining & Technology，Xuzhou 221008)

Abstract：Based on the displacement behaviour of the overlying strata in longwall mining，the interaction between the fractured blocks of the overlying strong strata has been discussed in this paper and then a model of the voussoir beam in this condition is performed. The key block of this structure is the 1-st and 2-nd block of the fractured stratum. The stability of this structure will be determined by the interaction between these blocks. Then the displacement curve of the structure is also discussed. The form will bc as follows

$$(W_x)_i = (W_0)_i (1 - e^{-\frac{x}{2l_i}})$$

It is obvious that the separated zone above the mined area is performed by the variations of the curvature of the strata displacement.

Keywords: voussoir beam, overlying strata, stratum structure, stability

采场围岩整体结构与砌体梁力学模型[①]

缪协兴 钱鸣高

(中国矿业大学,徐州 221008)

摘 要: 本文是近两年来深入开展砌体梁理论研究的总结,提出了把采场围岩作为一个有机整体,在围岩运动中起骨架作用的结构可视为砌体梁。在围岩整体结构思想前提下分析了采场底板破坏和突水、岩层移动和离层、砌体梁结构的受力和关键块稳定、砌体梁结构的 S-R 稳定性等矿压机理。

关键词: 砌体梁;围岩;坚硬岩层;稳定

1 引 言

在以往的矿压理论研究中,较为注重于把采场底板的破坏与承压水的突出、采场顶板的垮落与支架的破坏、岩层移动与地表沉陷等方面的问题分割为较为独立的部分分别加以研究。但是,无论是采场底板还是顶板或是地表,本与被采矿体一起属一个整体,所有一系列的矿山压力现象都是随着矿体的采出,采场围岩整体结构的破坏与运动所引起的。如在这种整体结构思想的前提下,采用统一的矿压模型和理论对原本较为独立的矿压理论研究方面进行统一分析,无疑将对矿压理论的发展起到较大的推动作用。

在众多的矿压模型和理论中,砌体梁结构模型和理论最为典型,具有很强的代表性。煤矿开采,均在层状岩体中进行。岩层有硬有软,坚硬岩层是承载的主体。坚硬岩层在破坏前可视为板或梁,破坏后的块状体将成砌块结构。由此,钱鸣高教授提出了砌体梁理论。采场围岩砌体梁结构模型并非仅指单纯的岩块堆砌,它是一个有机的运动着的围岩整体,包括坚硬岩层的变形、破断和失稳,也包括块与块、块与垫层、块与连续岩层的接触与铰合,还包括裂隙、离层、水和瓦斯流动等等。随着砌体梁理论的发展,由于采场围岩变形、破坏、失稳引起的顶底板突水、瓦斯流动、老顶来压、岩层移动和地表沉陷等一系列矿压显现规律将被人们理性所揭示,因而将有力地促进矿压控制技术的发展。

2 坚硬岩层的破断规律

2.1 无断层坚硬岩层

随采场工作面不断向前推进,采空区越来越大,垂直方向减压区的顶(底)板面积随之

---

① 本文发表于《矿山压力与顶板管理》,1995 年第 3~4 期,第 3~12 页。

增加。由于受垂直方向上地压和水压的共同作用,顶
(底)板作为承载结构而言,将达到它的强度极限。类似
于老顶岩层的板结构分析,理论和试验都已证明,老顶
(底)作为四周固支的矩形板,将以如下规律发生破坏(见
图 1):首先在长边中部(最大弯矩处)出现裂纹,并沿长
边方向向两端扩展;当这两条裂纹增至一定长度时,短边
中部将出现裂纹,并也向两端扩展;当长边和短边方向裂
纹不断扩展,并在四个角处由弧形曲线贯通而呈 O 形封
闭裂纹,随后 O 形封闭曲线内部将很快形成与四周贯通
的 X 形裂纹。此时,四边固支板就破裂成四块几何可移岩块。

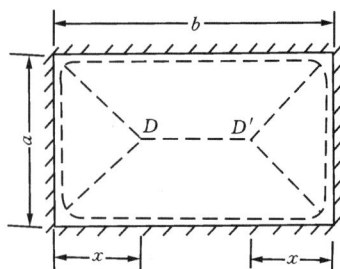

图 1 老底板结构的极限破坏形式

根据四边固支板的 O-X 形破坏形状,采用板的极限分析方法,可计算出最大变形点,
即裂纹交叉点 D 点的位置和板所能承受的极限载荷。设板在变形破坏过程中外力所做功
为 U_e,内力所做功为 U_i,则分别为

$$U_e = \frac{1}{6} qa(3b - 2x)\delta W \tag{1}$$

$$U_i = 4M_p \frac{a^2 + 2bx}{ax}\delta W \tag{2}$$

式中 δW——板的最大挠度;

M_p——岩层的极限弯矩;

x——破断最大变形点 D 到短边的距离;

q——作用在坚硬岩层上的分布载荷。

如果将水压和地压合为 p,板厚为 h,负载岩层高为 h_1,岩体平均重力密度为 ρg,则

$$q = p \pm \rho g(h + h_1) \tag{3}$$

式中:"+"为顶板载荷,"−"为底板载荷。

由 $U_e = U_i$ 得

$$q = \frac{24M_p(a^2 + 2bx)}{a^2 x(3b - 2x)} \tag{4}$$

按式(4)求极值,则有

$$x = \frac{a^2}{2b}\left(\sqrt{1 + 3\frac{b^2}{a^2}} - 1\right) = \frac{1}{2}k^2\beta b \tag{5}$$

这里,$k = \frac{a}{b}$,$\beta = \sqrt{1 + 3\frac{b^2}{a^2}} - 1$。由式(5)代入式(4)得板的极限载荷

$$q_{\max} = \frac{12M_p}{A} \frac{(1 + \beta)}{k\beta(3 - k^2\beta)} \tag{6}$$

式中:$A = ab$。

式(5)中的 x 与 k 的关系表明,随 k 值降低,x 值越来越小。这说明采场中部岩层的
变形规律越来越接近梁模式。梁的平衡与否将直接影响由板破断后组成的块状结构的稳
定性。

式(6)中的极限载荷 $q_{\max}$ 与 k 的关系表明,随 k 值降低,$q_{\max}$ 值越来越大。这说明,在

同样面积的四周固支矩形板中,k 的比值越接近 1,即越接近正方形者,所能承受的极限载荷越小。在工程中,称之为顶(底)板破坏的成方效应。

2.2　有断层坚硬顶板

2.2.1　倾向断层

断层的倾角方向对底板(假定为底板)的破坏规律会产生很大影响。图 2(a)中,由于 B 部分变形量比 A 部分大,因而 A、B 两部分板互不约束,此断层称为 I 型断层,断层边界可以作为自由边处理。图 2(b)中则相反,B 部分垂直方向变形要受到 A 部分的约束,这种断层称为 II 型断层,断层边界可以作为简支边处理。

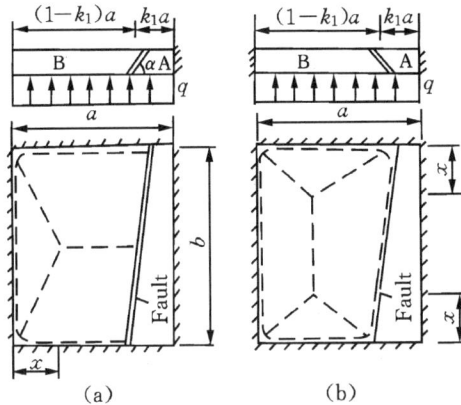

图 2　倾向断层及底板结构破坏规律

理论和试验分析可知,如图 2(a)所示的三边固支、一边自由的四边形板,将以 O-Y 形规律破坏。类似于四边固支板极限分析方法,可得到载荷计算公式

$$q_{max} = \frac{12M_p(b^2 + 4a'x)}{b^2 x(3a' - x)} \tag{7}$$

式中:$a' = (1 - k_1)a$。由式(7)求极值得

$$x = \frac{b^2}{4a'}\left(\sqrt{1 + 12\frac{a'^2}{b^2}} - 1\right) \tag{8}$$

如 $\frac{a'}{b} = 1$,由式(8)可求得 $x = 0.65a'$,代入式(7)可得 $q_{max} = 28.8\, M_p/A$。与四边固支板比较,此极限载荷仅为它的 0.68 倍。这说明有断层底板比无断层情况更易破坏。

如图 2(b)所示,三边固支、一边简支的四边形板将以 O-X 形规律破坏。同样,可求得

$$q_{max} = \frac{12M_p(2a'^2 + bx + 4x^2)}{a'^2 x(3b - 2x)} \tag{9}$$

$$x = \frac{2a'^2}{7b}\left(\sqrt{1 + \frac{21}{4} \times \frac{b^2}{a'^2}} - 1\right) \tag{10}$$

如 $\frac{a'}{b} = 1$,则有 $x = 0.43b$,$q_{max} = 3\,617\, M_p/A$。此时的极限载荷是三边固支、一边自由板的 1.28 倍,是四边固支板的 0.87 倍。这说明三边固支、一边简支板的承载能力强于前

者而弱于后者。

2.2.2　走向断层

走向断层与倾向断层相同,也可分为Ⅰ型和Ⅱ型断层。这两种情况也分别对应于O-Y形和O-X形破坏,与图2相似,但工作面长度不是 b 而是 a 。

2.3　断层的变形与受力

2.3.1　断层的张开位移

如图2(a)中的Ⅰ型断层,由于A、B两部分挠度互相没有约束,其挠度差就造成了断层的张开位移,易于发生突水,这可用图2(a)上部两个悬臂梁模型来计算断层的张开位移量 Δ 。

设A、B梁在断层处的挠度分别为 δ_A 和 δ_B ,断层倾角为 α ,则

$$\Delta = (\delta_B - \delta_A)\cos\alpha \tag{11}$$

而

$$\delta_A = \frac{1}{8EI}qk_1^4a^4 \tag{12}$$

$$\delta_B = \frac{1}{8EI}q(1-k_1)^4a^4 \tag{13}$$

式中: EI 为岩梁的弯曲刚度。

由式(12)和(13)代入式(11)得

$$\Delta = \frac{qa^4\cos\alpha}{8EI}(1 - 4k_1 + 6k_1^2 - 4k_1^3) \tag{14}$$

从上式可以看到, k_1 值越小,断层的张开位移量就越大。同时,B梁在固定端处的最大弯矩值也越大。

2.3.2　断层的相互约束

如图2(b)的Ⅱ型断层,由于B部分的挠度要受到A部分的约束,则在断层面上要形成约束反力。这可用两端固支、断层处为铰接的连续梁模式来分析断层面上的约束力 P 。可求得

$$\delta_A = \frac{9k_1^4a^4}{8EI} + \frac{Pk_1^3a^3}{3EI} \tag{15}$$

$$\delta_B = \frac{q(1-k_1)4a^4}{8EI} - \frac{P(1-k_1)^3a^3}{3EI} \tag{16}$$

由位移协调条件 $\delta_A = \delta_B$ 得

$$P = \frac{3}{8}qa\frac{(1-k_1)^4 - k_1^4}{(1-k_1)^3 + k_1^3} \tag{17}$$

从上式可以看到, k_1 值越小,断层处的约束力 P 就越大。在断层处会发生两种形式的破坏,一是断层的剪断,二是断层的相互错动,可称断层的活化。

断层的剪断极限 τ_{max} 可由下式求得

$$\tau_{max} = \frac{2P_{max}}{h} = \frac{3qa}{4h} \tag{18}$$

断层的活化(错动)极限可由下式求得

$$\alpha \geqslant \varphi \tag{19}$$

式中　φ——断层面上的摩擦角。

2.4　断层上的突水危险点

显然,当老底达到承载极限时,开裂折断后的最大变形点处,即 O-X 形或 O-Y 形破坏的 X 或 Y 的叉点处就成为了突水危险点。但是,当遇到断层时,在老底还没有达到破坏状态,断层就可能成为突水的自然通道。然后,老底受力变形后,断层上最具突水危险的点应在哪里?

这里,首先分析两直边固支、斜边自由的直角三角形板,在受均布载荷作用后,其最大挠度点一定发生在自由边(斜边)上。设两条直角边长分别为 a 和 b,b 边的对角为 α_1,最大挠度点到 b 边的距离为 x,则到 a 边的距离为 $(a-x)\tan \alpha_1$。挠度的大小正比于载荷集度 q 和到两边距离的平方之积,所以,其挠度 y_{max} 为

$$y_{max} = kqx^2(a-x)^2 \mathrm{tg}^2 \alpha_1 \tag{20}$$

式中,k 为比例常数。由此式求极值得

$$x = \frac{a}{2} \tag{21}$$

即最大挠度点发生在斜边的中部。不论 I 型或 II 型断层,其中部是突水的最危险处。

3　采场围岩中的砌体梁结构

3.1　砌体梁结构的受力

坚硬岩层破坏成块体以后,其结构形态如何,钱鸣高教授在总结前人丰富研究成果的基础上,提出了裂缝带岩层可能形成的砌体梁结构模型。

为了验证方便,可取此结构系列中的最下层骨架结构进行分析。其铰接关系及载荷状态如图 3 所示。

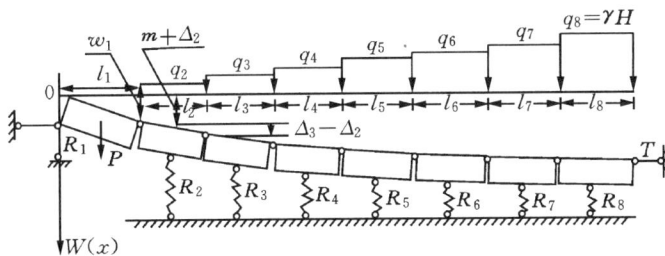

图 3　砌体梁结构受力图

此结构为静定结构。若考虑到支架力的作用,则此结构为超静定结构。先以静定结构考虑,从左到右分别取 8 个铰接点的右边部分对铰取矩平衡,并假设岩块长度均为 l,可得矩阵如下:

$$
\begin{bmatrix}
\frac{3}{2}l & \frac{5}{2}l & \frac{7}{2}l & \frac{9}{2}l & \frac{11}{2}l & \frac{13}{2}l & \frac{15}{2}l & -(W_8-h') \\
\frac{1}{2}l & \frac{3}{2}l & \frac{5}{2}l & \frac{7}{2}l & \frac{9}{2}l & \frac{11}{2}l & \frac{13}{2}l & -(W_8-W_1) \\
0 & \frac{1}{2}l & \frac{3}{2}l & \frac{5}{2}l & \frac{7}{2}l & \frac{9}{2}l & \frac{11}{2}l & -(W_8-W_2) \\
0 & 0 & \frac{1}{2}l & \frac{3}{2}l & \frac{5}{2}l & \frac{7}{2}l & \frac{9}{2}l & -(W_8-W_3) \\
0 & 0 & 0 & \frac{1}{2}l & \frac{3}{2}l & \frac{5}{2}l & \frac{7}{2}l & -(W_8-W_4) \\
0 & 0 & 0 & 0 & \frac{1}{2}l & \frac{3}{2}l & \frac{5}{2}l & -(W_8-W_5) \\
0 & 0 & 0 & 0 & 0 & \frac{1}{2}l & \frac{3}{2}l & -(W_8-W_6) \\
0 & 0 & 0 & 0 & 0 & 0 & \frac{1}{2}l & 0
\end{bmatrix}
\cdot
\begin{bmatrix}
R_2 \\ R_3 \\ R_4 \\ R_5 \\ R_6 \\ R_7 \\ R_8 \\ T
\end{bmatrix}
=
\begin{bmatrix}
\frac{Pl}{2}+\frac{154}{7}\gamma Hl^2 \\
\frac{126}{7}\gamma Hl^2 \\
\frac{197}{14}\gamma Hl^2 \\
\frac{145}{14}\gamma Hl^2 \\
7\gamma Hl^2 \\
\frac{29}{7}\gamma Hl^2 \\
\frac{27}{14}\gamma Hl^2 \\
\frac{1}{2}\gamma Hl^2
\end{bmatrix}
\tag{22}
$$

式中　l——岩块长度；

　　　W_i——从左到右$(i=1,2,\cdots,8)$各岩块的最大下沉值；

　　　γH——垂直原岩应力，γ 为岩石的容重，H 为采深；

　　　T——水平推力。

根据碎裂岩体的压实曲线，压实量 Δ 与压实力 F 并非线弹性关系，而为

$$F = K\Delta^n \tag{23}$$

式中　K——比例系数，为材料常数；

　　　n——常数，一般可取 3。

支承杆的反力 R_i 与其压缩量 Δ_i 之间的关系为

$$R_i = K\Delta_i^3 \tag{24}$$

3.2　砌体梁结构的位移

鉴于两块之间斜度比较接近，因此可假设为

$$\Delta_{2-3} \approx \frac{1}{2}(\Delta_3-\Delta_2)$$

由图 3 知　　　　　　　　$m+\Delta_2 = W_1+\Delta_{2-3}$

则　　　　　　　　$W_1 = m+\frac{1}{2}(3\Delta_2-\Delta_3) \tag{25}$

同理　　　　　　$W_i = m+\frac{1}{2}(3\Delta_{i+1}-\Delta_{i+2}), \quad i=1\sim6$

$$W_7 = W_8 = m+\Delta_8 \tag{26}$$

式中　$m=M-\sum h(K_p-1)$；

　　　M——采高；

　　　$\sum h$——直接顶厚；

　　　K_p——直接顶垮落后顶的碎胀系数。

鉴于第8岩块恢复到水平状态,因而该处的垂直应力应为原岩应力状态,即

$$R_8 = K\Delta_8^3 = \gamma H l \tag{27}$$

且 Δ_8 是由垫层从松散状态到压实状态,因而

$$\Delta_8 = \sum h(K_p - K'_p)$$

式中　K'_p——直接顶垮落后的残余碎胀系数。因此

$$K = \frac{\gamma H l}{\Delta_8^3} = \frac{\gamma H l}{\left[\sum h(K_p - K'_p)\right]^3}$$

由此可对矩阵(26)整理而得如下位移关系:

$$
\begin{bmatrix}
3 & 5 & 7 & 9 & 11 & 13 & -\frac{2}{l}(m + \Delta_8 - \frac{2}{3}h) \\
1 & 3 & 5 & 7 & 9 & 11 & -\frac{2}{l}(\Delta_8 + \frac{1}{2}\Delta_3 - \frac{3}{2}\Delta_2) \\
0 & 1 & 3 & 5 & 7 & 9 & -\frac{2}{l}(\Delta_8 + \frac{1}{2}\Delta_4 - \frac{3}{2}\Delta_3) \\
0 & 0 & 1 & 3 & 5 & 7 & -\frac{2}{l}(\Delta_8 + \frac{1}{2}\Delta_5 - \frac{3}{2}\Delta_4) \\
0 & 0 & 0 & 1 & 3 & 5 & -\frac{2}{l}(\Delta_8 + \frac{1}{2}\Delta_6 - \frac{3}{2}\Delta_5) \\
0 & 0 & 0 & 0 & 1 & 3 & -\frac{2}{l}(\Delta_8 + \frac{1}{2}\Delta_7 - \frac{3}{2}\Delta_6) \\
0 & 0 & 0 & 0 & 0 & 1 & -\frac{3}{l}(\Delta_8 - \Delta_7)
\end{bmatrix}
\cdot
\begin{bmatrix}
K\Delta_2^3 \\
K\Delta_3^3 \\
K\Delta_4^3 \\
K\Delta_5^3 \\
K\Delta_6^3 \\
K\Delta_7^3 \\
T
\end{bmatrix}
=
\begin{bmatrix}
P + \frac{308}{7}\gamma H l + 15K\Delta_8^3 \\
\frac{252}{7}\gamma H l + 13K\Delta_8^3 \\
\frac{197}{7}\gamma H l + 11K\Delta_8^3 \\
\frac{145}{7}\gamma H l + 9K\Delta_8^3 \\
14\gamma H l + 7K\Delta_8^3 \\
\frac{58}{7}\gamma H l + 5K\Delta_8^3 \\
\frac{27}{7}\gamma H l + 3K\Delta_8^3
\end{bmatrix}
\tag{28}
$$

3.3　实例计算

矩阵(28)中有7个未知数即 $\Delta_2 \sim \Delta_7$ 和 T,未知数个数刚好与矩阵的阶数相等。由于该矩阵表示的方程组为非线性方程组,所以必须采用数值解。现可取大屯孔庄矿的岩层内部移动实测数据为例进行计算,其参数为 $H = 200$ m, $\gamma = 24$ kN/m³, $K_p = 1.4$, $K'_p = 1.1$, $l = 8.0$ m, $M = 1.8$ m, $h = 3.4$ m, $\sum h = 3.4$ m。

由矩阵(22)可知,当 M, $\sum h$, K_p 和 K'_p 一定以后,$W(x)$ 仅取决于岩块的长度。图4分别为 $l = 8$、10、12 m 时按参

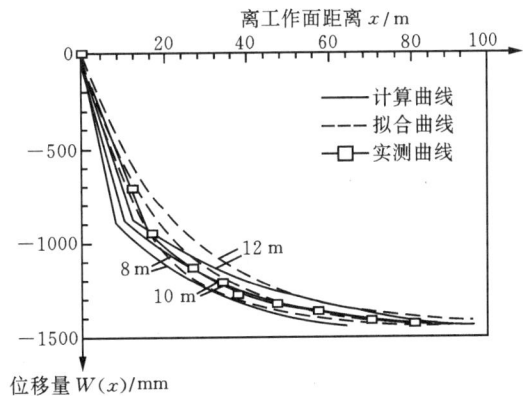

图4　砌体梁结构位移曲线

数值的计算曲线及大屯孔庄矿 $l=7\sim9$ m 时的实测曲线,由此图可知计算结果与实际测定是较吻合的。

由矩阵(28)可解出形成此结构时的水平推力 T 为

$$T=\frac{\frac{P}{2}l}{\frac{4h}{3}+4(W_6+W_4+W_2)-4(W_5+W_3)-2W_7-3W_1} \tag{29}$$

将具体数据代入,则

$$T\approx\frac{Pl}{3} \tag{30}$$

第一岩块与第二岩块铰接处的垂直剪切力 Q_{1-2} 为

$$Q_{1-2}\approx\frac{P}{4} \tag{31}$$

已断裂岩块与未断岩块间的剪切力 R_1 为

$$R_1\approx\frac{3}{4}P \tag{32}$$

由此可知,离层区悬露岩块的重量及其载荷绝大部分由煤壁支承区所承担,而仅有一小部分转向采空区。同时可知此断裂岩块相互铰合的结构,实质上是在各层内形成了类似于一拱脚趋向于煤壁的半拱结构。显然,在此结构中第一、二断裂块对砌体梁平衡起关键作用,因而它们是结构中的关键块体。

4 岩层移动与离层

众所周知,开采后的地表移动曲线是由岩层内部移动曲线演变而成的。而迄今为止,提出的种种典型的地表移动曲线都是经过大量实测数据统计分析而得,并没有从开采后形成的上覆岩层结构中进行研究。显然,若上覆岩层在受采动影响后的砌体梁力学模型成立,则其形态曲线如图4所示,即应是岩层内部的移动曲线。而此种关系也可近似地用下述拟合曲线表示,即

$$(W_x)_i=(W_0)_i(1-e^{-\frac{x}{2l_i}}) \tag{33}$$

式中 $(W_x)_i$——第 i 组结构的位移曲线;

$(W_0)_i=M-(\sum h')_i[(K'_p)_i-1]$;

$(\sum h'_p)_i$——第 i 组结构到煤层顶板的距离;

$(K'_p)_i$——$(\sum h')_i$ 内岩层的残余碎胀系数;

$l_i=h_i\sqrt{\frac{R_T}{3q}}$($R_T$、$h_i$ 为第 i 组坚硬岩层的抗拉强度及厚度);

q——自重及其上部软岩层的载荷。

由式(33)可知,此岩层移动曲线将主要决定于采高、相应垫层的松散系数及其厚度以及断裂岩块的长度。而其中采高和相应垫层的厚度及松散系数主要决定最终下沉值 $(W_0)_i$,而断裂块度的长短将直接影响此曲线的挠曲性质,如图5所示。

显然,由于各个骨架层断裂块度不一致,必然导致曲线挠度不一样,从而导致采空区

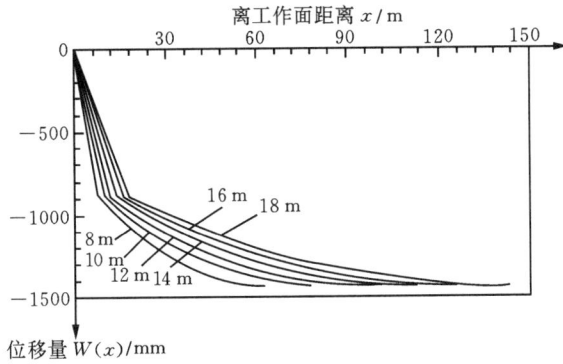

图 5 断裂块度对位移曲线的影响

上方离层区的形成。其第 $i-1$ 层与第 i 层坚硬岩层间的离层高度为 ΔW 为

$$\Delta W = W_i - W_{i-1} \tag{34}$$

5 砌体梁结构中的关键块

5.1 关键块的受力

前面提到,图 3 所示砌体梁结构中的第一和第二块岩块为关键块体,关键块体的稳定决定了整个砌体梁结构的稳定,两关键岩块如图 6 所示。第一岩块在采空区的下沉量 W_1 与直接顶总厚度 $\sum h$、采高 M 及岩层破断后的松散系数 K 有关,即

$$W_1 = M - \sum h(K_p - 1) \tag{35}$$

鉴于考虑此结构自身平衡的可能性,因而不考虑支架作用力。

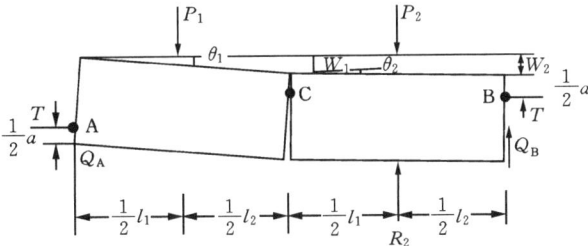

图 6 两块体结构运动形态与受力

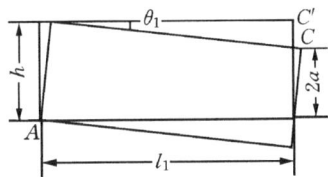

图 7 岩块回转时的几何关系

图 7 为岩块回转后的接触几何关系。由图 7 可知

$$2a = h - W_1 = h - l_1 \sin \theta_1$$

显然,岩块两端接触应是均等的,因此

$$a = \frac{1}{2}(h - l_1 \sin \theta_1) \tag{36}$$

鉴于块与块之间的接触是塑性铰接关系,因此图 6 中水平推力 T 作用点的位置可取 $a/2$ 处。

在图 6 中取 $\sum M_A$ 和 $\sum M_C = 0$。由于岩块长度决定于其受力条件,而岩层形成周期性断裂条件基本一致,因此可假设 $l_1 = l_2 = l$,则

$$T = \frac{l(P_1 + P_2 - R_2)}{2(h + W_2 - 2W_1 - a)} \tag{37}$$

$$Q_B = \frac{1}{2}\left[\frac{(W_2 - W_1)(P_1 + P_2 - R_2)}{h + W_1 - 2W_1 - a} + P_2 - R_2\right] \tag{38}$$

由几何关系可知 $W_1 = l\sin\theta_1$，$W_2 = l(\sin\theta_1 + \sin\theta_2)$。根据对全砌体梁计算得，$R_2 = 1.03P_2$，因此可近似地视 $R_2 = P_2$。再令 $i = h/l$ 表示断裂度，则有

$$T = \frac{P_1}{i - \sin\theta_1 + 2\sin\theta_2} \tag{39}$$

由全结构计算得到的位移规律 $\theta_2 \approx \theta_1/4$，将式（39）进一步简化为

$$T = \frac{P_1}{i - \frac{1}{2}\sin\theta_1} \tag{40}$$

由上式可知，T 与 i 及 θ_1 的关系是非线性的，说明此结构为几何非线性结构。

由上述关系可得 Q_B 的简化式为

$$Q_B = \frac{P_1\sin\theta_1}{2(2i - \sin\theta_1)} \tag{41}$$

由 $Q_A + Q_B = P_1$ 得

$$Q_A = \frac{4i - 3\sin\theta_1}{2(2i - \sin\theta_1)}P_1 \tag{42}$$

根据对第二岩块的分析可知 $Q_C \approx Q_B$，可得

$$\frac{Q_C}{Q_A} = \frac{\sin\theta_1}{4i - 3\sin\theta_1}$$

5.2 关键块体结构的稳定性

上面只是对关键块的一般分析，下面将讨论此结构的滑落（sliding）失稳及转动（rotation）变形失稳。

5.2.1 滑落失稳

此结构的最大剪切力 Q_A 发生在 A 点，为防止结构在 A 点发生滑落失稳，必须满足以下条件，即

$$T\tan\varphi \geqslant Q_A \tag{43}$$

式中　$\tan\varphi$——岩块间的摩擦系数，一般可取 0.3。将式（40）和式（42）代入上式可得

$$i \leqslant \tan\varphi + \frac{3}{4}\sin\theta_1 \quad \text{或} \quad \theta_1 \geqslant \arcsin\left[\frac{4}{3}(i - \tan\varphi)\right] \tag{44}$$

由此可知，此结构不发生滑落失稳的条件直接与块度 1 和回转角有关。

众所周知，滑落失稳是在断裂线刚裸露于采场煤壁上方时最易发生。此时 θ_1 值决定于煤壁的刚度，若刚度越大，θ_1 越接近零，则要求块度 i 小于 0.3。若刚度较小，θ_1 一般也只有 3°左右，i 则应小于 0.34。由此可知，砌体梁承载层的岩层断裂度 i 需在 0.34 以下。

若将式（44）中 i 以 h/l 代入，且 l 以周期来压步距计算，即 $l = h\sqrt{\dfrac{\sigma_c}{30\rho g(h + h_1)}}$，则有

$$h + h_1 \leqslant \frac{\sigma_c}{30\rho g}(\tan\varphi + \frac{3}{4}\sin\theta_1)^2 \tag{45}$$

式中　h_1——承载层负载岩层的厚度；

　　　σ_c——承载层抗压强度。

将 $h+h_1$ 和 θ_1 的关系绘入图8中,图中取承载层两种抗压强度,即 $\sigma_c=60\ \text{MPa}$（实线）及 $\sigma_c=80\ \text{MPa}$（虚线）。显然此曲线以下部分才进入稳定区,它随 θ_1 角的增加而加大。

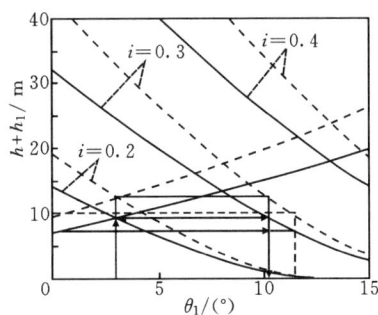

图8　结构承载厚度（$h+h_1$）
与回转角（θ_1）的关系

5.2.2　回转变形失稳

随着第二岩块的回转,T 值将越来越大,其结果可能导致转角处岩块挤碎而失稳,称之为回转变形失稳。为此,保持结构稳定的第二条件为

$$T \leqslant \alpha\,\eta\,\sigma_c \tag{46}$$

式中,T/α 表示接触面上的平均挤压应力,$\eta\sigma_c$ 表示岩块在角端处的挤压强度。鉴于角端的特殊条件,根据大量实验测定,可取 $\eta=0.3$,将有关数据代入式（46）可得

$$\frac{P_1}{i-\frac{1}{2}\sin\theta_1} \leqslant \frac{1}{2}(h-l\sin\theta_1)\eta\,\sigma_c \tag{47}$$

将 $P_1=\rho g(h+h_1)l$ 及有关参数代入得

$$\frac{\rho g(h+h_1)}{(i-\frac{1}{2}\sin\theta_1)(i-\sin\theta_1)} \leqslant 0.15\sigma_c \tag{48}$$

为了满足上述条件,承载层及载荷层总厚度（$h+h_1$）必须满足下述条件,即

$$h+h_1 \leqslant \frac{0.15\sigma_c}{\rho g}(i^2-\frac{3}{2}i\sin\theta_1+\frac{1}{2}\sin^2\theta_1) \tag{49}$$

将此关系同样绘入图8中,则可得在不同 i 时的 $h+h_1$ 与 θ_1 关系曲线。由图可知,$h+h_1$ 将随 θ_1 的增加而减小,即随 θ_1 的增加,转动变形失稳的可能性增大。

6　砌体梁结构的"S-R"稳定理论

由前面分析可知,随着回采工作面的推进,上覆岩层所形成的砌体梁的稳定性主要受关键块体所控制。它既要防止在 θ_1 角较小时（岩层刚断裂时）可能形成的滑落（sliding）失稳,又要防止在 θ_1 角增大时铰合点挤碎而形成的转动（rotation）变形失稳。在满足这两个条件下的砌体梁结构才是稳定的,因而称之为砌体梁结构的S-R稳定理论。其S条件以式（45）表示,R条件以式（49）表示。

由此在图8中可找到结构保持S-R稳定的范围及其相应的 θ_1 角。

由图8可知,影响滑落失稳的关键是此结构负荷岩层厚度（$h+h_1$）。例如以 $\sigma_c=60\ \text{MPa}$ 计,仅为 7.2 m。影响转动变形失稳的关键是回转角 θ_1,而此回转角将决定于

$$\sin\theta_1=\frac{1}{l}\big[M-\textstyle\sum h(K_p-1)\big] \tag{50}$$

因此,当 M 越小,$\sum h$ 越大,且 l 又比较长时,不易产生转动变形失稳。

此时,根据采区岩层柱状分层性质及其采高,就可对结构稳定性作出判断：

（1）当 $h+h_1$ 不能满足式（49）时，应防止工作面沿煤壁的顶板切落，加强支柱的初撑力以防止工作面出现压垮型事故。

（2）当最终回转角超出变形稳定范围时，例如 $\sum h/M$ 过小或采高过大等，则应注意支柱刚度的调节，以及保证支架有足够的稳定性，防止工作面发生推垮型事故。

7 结 语

（1）采场围岩中，坚硬岩层作为承载的主体，随着采空区的扩大，总要达到它的承载极限而破断成块状岩体。具有断层的岩层更容易达到承载极限状态，断层和裂缝是突水和瓦斯流动的通道。

（2）采场上（下）部坚硬岩层破断后，还将作为围岩运动的骨架，砌体梁模型作为采场围岩整体结构的主体，起到部分承载作用。

（3）砌体梁的形态曲线即为岩层移动曲线，考虑表土层作用后，进而可以求得地表沉陷曲线。

（4）离采场工作面最近的两砌块为砌体梁结构中的关键块体，决定着砌体梁结构的稳定性。这两块块体形态类似于三铰拱结构，但为几何非线性结构。

（5）砌体梁关键块体结构的稳定，决定了整个砌体梁结构的稳定，可用"S-R"稳定理论分析砌体梁结构的稳定性。

"砌体梁"结构的稳定性及其应用[①]

曹胜根　缪协兴　钱鸣高

(中国矿业大学,徐州　221008)

摘　要：介绍了"砌体梁"结构的"S-R"稳定理论。在此基础上分析了采场顶板事故形成的原因和预防措施。

关键词：砌体梁;S-R 稳定;应用

采场上覆岩层结构的形成直接影响着支护小结构受载大小及工作原理,并进一步影响支护参数的确定及岩层控制技术的选择。从 19 世纪末开始,人们就对采场上覆岩层中的这种灰色结构提出了种种推测,即岩体结构假说。例如压力拱假说、悬梁假说、预成裂隙假说、铰接岩块假说等。早在 20 世纪 80 年代初,国内矿山压力学术界对采场上覆岩层的"砌体梁"力学模型进行了广泛而有益的讨论。目前,"砌体梁"结构假说的理论研究正在逐步完善,应用范围也在不断扩大。随着"砌体梁"全结构力学解的求得,得到了"砌体梁"关键块体运动与支架受力的定量关系,从"砌体梁"全结构的形态推导出了地表沉陷曲线及岩层内部离层情况,将"砌体梁"假说引用到底板结构中,给出了底板结构运动与突水的关系等等。"砌体梁"理论正在从定性阶段向定量分析阶段发展。

"砌体梁"结构的稳定性对采场矿山压力现象有很大的影响,结构的失稳将直接导致工作面顶板来压,从而有可能形成工作面的顶板事故。

1　"砌体梁"的"S-R"稳定理论[1]

图 1 表示了开采后的岩层活动状态及其承载层所构成的力学模型。根据分析,对工作面影响最大的是上覆岩层中离层区的 B、C 岩块。因此可将 B、C 岩块视为"砌体梁"的关键块体,并将其单独形成结构模型。根据对此结构的分析及生产实际情况的反映,此结构有两种失稳形式:滑落失稳及转动变形失稳。

由力学分析,可得"砌体梁"结构不致发生滑落失稳的条件为

$$h + h_1 \leqslant \frac{\sigma_c}{30\rho g}(\tan \varphi + \frac{3}{4}\sin \theta_1)^2 \tag{1}$$

结构不致发生回转变形失稳的条件为

$$h + h_1 \leqslant \frac{0.15\sigma_c}{\rho g}(i^2 - \frac{3}{2}i \sin \theta_1 + \frac{1}{2}\sin^2 \theta_1) \tag{2}$$

---

①　本文发表于《东北煤炭技术》,1998 年第 5 期,第 21~25 页。

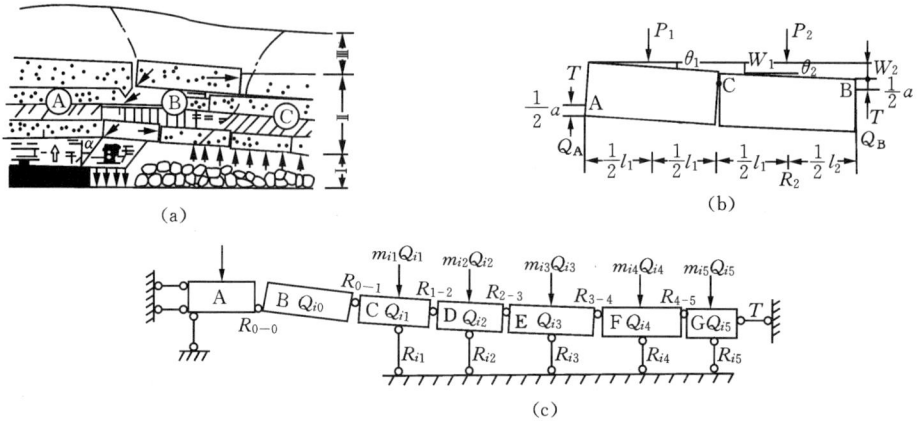

图 1　采场上覆岩层动态"砌体梁"力学模型及关键块结构
（a）上覆岩层动态；（b）关键块分析；（c）"砌体梁"力学模型

式中　h,h_1——结构层及载荷层厚度；

　　　　σ_c——岩层单向抗压强度；

　　　　$\tan\varphi$——块间摩擦系数；

　　　　θ_1——回转变形角；

　　　　i——岩块的厚长比，即 $i=h/l$。

随着回采工作面的推进，上覆岩层所形成的"砌体梁"的稳定性主要受图 1（c）中 B、C 岩块所控制。它既要防止在 θ_1 角较小时（岩层刚断裂时）可能形成的滑落失稳，又要防止在 θ_1 角增大时咬合点挤碎而形成的转动变形失稳。只有满足这两个条件的"砌体梁"结构才是稳定的，因而称之为"砌体梁"结构的"S-R"稳定理论。

2　"砌体梁"结构稳定性的应用

2.1　对顶板事故的预防

由"砌体梁"结构的"S-R"稳定理论可知，"砌体梁"结构有两种失稳形式，即滑落失稳和转动变形失稳。只有满足 S 条件和 R 条件的"砌体梁"结构才是稳定的。根据一定的开采技术条件，就可对其上覆岩层"砌体梁"结构的稳定性进行判断。

（1）当 $h+h_1$ 不能满足式（1）时，容易发生滑落失稳，应防止工作面沿煤壁的顶板切落，同时要加强支柱的初撑力，以防止工作面出现压垮型事故。

（2）当最终回转角超出变形稳定范围时，例如 $\sum h/m$ 过小或采高过大等，则应注意支柱刚度的调节，以保证支架有足够的稳定性，防止工作面发生推垮型事故。

2.2　对支架工作状态的确定

支架的工作状态与基本顶断裂岩块的"给定变形"有关，同时还取决于"直接顶—支架—底板"支撑系统的总刚度及各部分的刚度。根据研究，只有在硬顶硬底时支架才处于"给定变形"工作状态。

根据岩体结构的"S-R"稳定分析，支架上承受的载荷由两部分组成，其一为支架顶梁到"砌体梁"之间形成的松脱体压力 Q_L 及由于结构块滑落失稳形成的载荷 Q_S，此两部分载荷将全部由支架所承担;其二则是由于基本顶岩块回转变形即基本顶岩块的"给定变形"给直接顶施加于支架上的载荷,称为回转变形压力 Q_R,这部分支架载荷将取决于直接顶、底板及支架本身的刚度。

2.2.1　松脱体压力 Q_L

根据"砌体梁"结构的"S-R"稳定理论,就可以判别采场上覆各岩层对工作面的影响。首先要寻找"砌体梁"岩层结构处于稳定的岩层,而此岩层对工作面顶板压力的影响为 Q_R 及其可能形成的变形量 S_L,而在此结构层之下的岩层(即直接顶岩层),随着工作面的推进,终将断裂而形成前后失去力联系的松脱体。这部分载荷将全部作用于支架,而与支架性能及刚度无关。其大小主要取决于这部分岩层的厚度。

关于这部分岩层厚度(即相当于 $\sum h$)的求取,将依靠"砌体梁"结构块的"S-R"稳定位置,尤其是断裂岩块最终能形成稳定的回转角 θ_1 而定。

基本顶断裂岩块是处于"给定变形"工作状态,其大小仅与采高 M、直接顶厚度 $\sum h$、松散系数 K_P 及基本顶断裂岩块长度 l 有关,即

$$\sin \theta_1 = \frac{1}{l}\left[M - \sum h(K_P - 1)\right]$$

若以 $\sin \theta_1 = 0.17 \sim 0.26$ 为例,则

$$\frac{1}{l}\left[M - \sum h(K_P - 1)\right] = 0.17 \sim 0.26$$

取 $K_P = 1.25$,则

$$\frac{\sum h}{M} = 4 - \frac{l}{M}(0.68 \sim 1.04)$$

由此以 $\sum h/M$ 为纵坐标,l/M 为横坐标,可得图 2。

由此可用以判别采场上覆岩层中"砌体梁"结构处于"S-R"稳定的位置。此位置一经确定,则支架顶梁上所承受的松脱体载荷 Q_L 也将随之而确定。

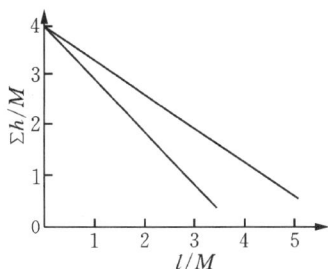

图 2　$\sum h/M$ 与 l/M 的关系

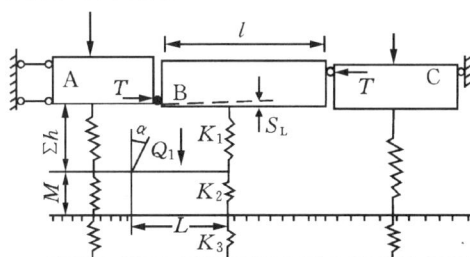

图 3　采场矿山压力力学模型

2.2.2　回转变形压力 Q_R

根据对"砌体梁"结构的分析及现场实测分析,可将采场"直接顶—支架—底板"支撑体系与基本顶"砌体梁"结构的相互作用构成如图 3 所示的采场矿山压力力学模型。

由此模型,可得基本顶断裂岩块在控顶距范围内形成的"给定变形" S_L 为

$$S_L = L\sin \theta_1$$

式中　L——工作面控顶距;

$S_L = S_1 + S_2 + S_3$，S_1、S_2、S_3 分别为直接顶、支架、底板变形量。

若 K_1、K_2、K_3 分别为直接顶、支架及底板刚度，则总刚度 K 为

$$\frac{1}{K} = \frac{1}{K_1} + \frac{1}{K_2} + \frac{1}{K_3}$$

$$K = \frac{K_1 K_2 K_3}{K_1 K_2 + K_2 K_3 + K_3 K_1}$$

则

$$Q_R = K \cdot S_L = \frac{K_1 K_2 K_3}{K_1 K_2 + K_2 K_3 + K_3 K_1} \cdot \frac{L}{l} \left[M - \sum h(K_P - 1) \right]$$

令 $K_1 = n K_2$，$K_3 = m K_2$，则

$$K = \frac{mn}{mn + m + n} K_2$$

$$Q_R = \frac{mn}{mn + m + n} K_L S_L$$

由此可知，Q_R 将随着顶板、支架及底板的刚度发生变化。

2.3 "S-R"稳定理论在工作面收尾中的应用

工作面的收尾与上覆岩层结构的稳定性密切相关。当工作面上覆岩层结构处于稳定状态之下，撤架才比较顺利。对于综放开采来说，在保证支架安全回撤的情况下，如何缩短终采和终放线的距离，最大限度地提高顶煤回收率，这也需要运用上覆岩层结构稳定性理论进行分析。

潞安矿务局漳村煤矿 1303 综放面位于 13 采区中部，煤层埋藏深度 142.9～231.2 m，倾角一般为 2°～3°，平均煤厚 6.86 m。图 4 为综放面布置示意图。

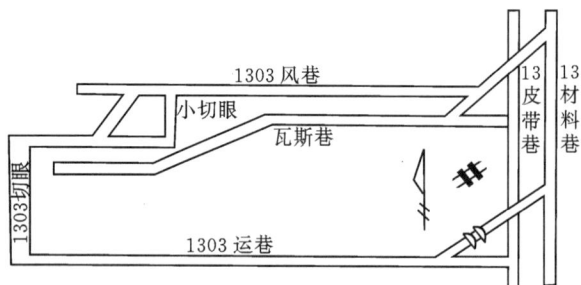

图 4　工作面巷道布置

矿压观测结果分析表明，1303 综放面周期来压明显，工作面中部来压步距 18.4 m。根据该工作面地质开采条件，可得出 1303 综放面顶板结构模型如图 5 所示。

$$h' = K_0 h_1 + K_m h_2 \times 0.2 = 4.53 \times 1.7 + 3.86 \times 0.2 \times 1.15 = 8.59 \text{(m)}$$

$$h'' = K_m h_1 + K'_m h_2 \times 0.2 = 4.53 \times 1.15 + 3.86 \times 0.2 \times 1.1 = 6.06 \text{(m)}$$

模型图中的 B、C 块为"砌体梁"平衡结构的关键块，它既要防止在 θ_1 角较小时（岩层刚断裂时）可能形成的滑落失稳，又要防止在 θ_1 角增大时咬合点挤碎而形成的回转变形失稳。因此其稳定性影响整个模型结构的稳定性，并对顶煤及支架的稳定性产生影响。

根据"砌体梁"结构的"S-R"稳定理论，结构不发生滑落失稳的条件为

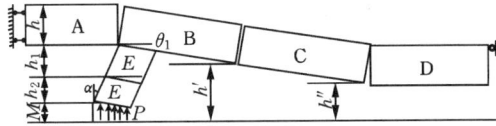

图 5　1303 综放面顶板结构模型

M——煤层采高,3 m;h_2——顶煤厚度,3.86 m;h_1——直接顶厚度,4.53 m;
h——基本顶厚度,6.09 m;α——煤壁支撑影响角;θ_1——基本顶断裂岩块的回转角;
P——支架支护阻力;h'——煤岩垮落后的碎胀高度;h''——垮落煤岩压实后的高度

$$\theta_1 \geqslant \arcsin\left[\frac{4}{3}(i - \tan\varphi)\right]$$

式中　i——断裂度,$i = h/l$;

　　　l——来压步距;

　　　$\tan\varphi$——岩块面的摩擦系数,取 0.3。

可见,此结构不发生滑落失稳的条件直接与块度 i 及回转角 θ_1 有关。根据该面具体条件

$$i = h/l = 6.09/18.4 = 0.33$$

计算得:$\theta_1 \geqslant 2.3°$。

因该煤层为中硬煤层,刚度较小,实测转角 $\theta_1 \geqslant 3.0°$,因此该结构不会发生滑落失稳,这在现场实测中已得到证实。

随着 B 岩块的回转,水平挤压力 T 值将越来越大,其结果可能导致转角处岩块挤碎而失稳,即回转变形失稳。

防止结构发生回转变形失稳的条件:

$$h + h_1 \leqslant \frac{0.15\sigma_c}{\rho g}\left(i^2 - \frac{3}{2}i\sin\theta_1 + \frac{1}{2}\sin^2\theta_1\right)$$

当支护阻力 P 对 B 岩块的反力矩为零时,B 岩块此时的回转角 $\theta_1 = 12.76°$。考虑这种极限情况,则得 $h + h_1 \leqslant 8.6$ m,即载荷层的总厚度为 2.5 m。仅考虑基本顶自重即 $h + h_1 \leqslant 6.09$ m,则得 $\theta_1 = 14.39°$。

由此可见,工作面控顶区在推过断裂线 $E-E$ 线前,此结构不会发生回转变形失稳。当控顶区完全推过 $E-E$ 线后,如果此结构仍不发生回转变形失稳,则基本顶的回转角 θ_1 为 16.8°,代入上式中得 $h + h_1 \leqslant 2.76$ m,显然此式不成立,故工作面控顶区进入 A 岩体范围后,B 岩块继续回转将发生回转变形失稳。失稳后的基本顶结构模型如图 6 所示。

由图中可见,此结构中 B 岩块将形成对 A 岩块及直接顶起稳定作用的推力,在这种基本顶结构条件下,对工作面收尾撤架是很有利的。

结合上述分析结果和工作面的具体生产条件,综放面收尾撤架必须遵循以下

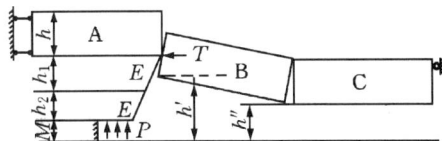

图 6　失稳后的基本顶结构模型

原则：

（1）避开周期来压的影响，使撤架空间处在一个稳定的围岩条件下；

（2）提高支架的支护质量，保证支架足够的初撑力，维护端面空间的稳定性，保持支架的良好工作位态；

（3）进行工作面来压预测预报工作，准确掌握来压的时间、地点及强度等；

（4）在确保撤架空间安全稳定的条件下，回收撤架空间后方的顶煤，最大限度地减少综放面未采损失。

3 结　语

对"砌体梁"结构稳定性的分析可简化为离层区内两关键块的三铰拱的稳定性分析，由此引出了关键块体结构滑落失稳及回转变形失稳的范围和影响因素，从而形成了"砌体梁"结构的"S-R"稳定理论。应用此理论，可就采场事故形成的原因及预防措施进行分析，还可对开采后上覆岩层对工作面的影响、工作面上方需控岩层范围及支架参数作出判定，此外"S-R"稳定理论还可以用来指导工作面特别是综放面的收尾撤架工作。

参 考 文 献

[1] 钱鸣高,缪协兴.采场砌体梁结构的关键块分析.煤炭学报,1994,19(6).
[2] 缪协兴.砌体梁结构分析与应用.中国矿大博士后研究工作报告,1996(4).
[3] 钱鸣高.再论采场矿山压力理论.中国矿业大学学报,1994(3).

Stability and Application of Bond-beam Structure

Cao Shenggen　Miao Xiexing　Qian Minggao

Abstract：Discussed the "S-R" stability theory of bond-beam structure,analysed the reason for roof fall accident on the basis of "S-R" theory,offered some protective measures.
Keywords：bond-beam;"S-R"stability;application

浅埋煤层采场老顶周期来压的结构分析[①]

黄庆享[1]　钱鸣高[2]　石平五[1]

（1. 西安矿业学院 采矿系，陕西 西安 710054；2. 中国矿业大学 采矿系，江苏 徐州 221008）

摘　要：建立了浅埋煤层采场老顶周期来压的"短砌体梁"和"台阶岩梁"结构模型，分析了顶板结构的稳定性，揭示了工作面来压明显和顶板台阶下沉的机理是顶板结构滑落失稳，给出了维持顶板稳定的支护力计算公式，为浅埋煤层顶板控制定量化分析提供理论基础。

关键词：浅埋煤层；顶板结构；稳定性；支护力

1　老顶"短砌体梁"结构分析

1.1　老顶"短砌体梁"结构关键块模型

根据现场实测分析和模拟研究[1]，浅埋煤层工作面顶板关键层周期性破断后，老顶岩块的块度 i 接近于 1 或大于 1，形成的铰接岩梁可以称为"短砌体梁"结构[2]。按照砌体梁结构关键块的分析方法[3]，建立老顶"短砌体梁"结构关键块的模型如图 1 所示。

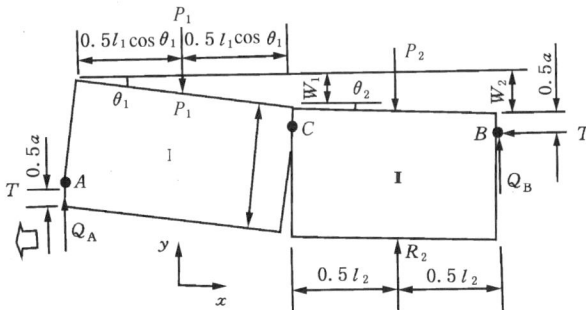

图 1　"短砌体梁"结构关键块的受力

Fig. 1　Loading on two-block structure of "short block voussoir beam"

P_1, P_2——岩块 I、II 承受的载荷；R_2——岩块 II 的支承反力；

θ_1, θ_2——岩块 I、II 的转角；a——接触面高度；

Q_A, Q_B——A、B 接触铰上的剪力；l_1, l_2——岩块 I、II 的长度

图 1 中 θ_2 很小，P_2 作用点的位置忽略了 $\cos \theta_2$ 项。岩块 I 在采空区的下沉量 W_1 与

① 本文发表于《煤炭学报》，1999 年第 6 期，第 581～585 页。

直接顶厚$\sum h$、采高m及岩石碎胀系数K_p有如下关系,即

$$W_1 = m - (K_p - 1)\sum h \qquad (1)$$

根据岩块回转的几何接触关系,岩块端角挤压接触面高度近似为

$$a = \frac{1}{2}(h - l_1\sin\theta_1) \qquad (2)$$

鉴于岩块间是塑性铰接关系,图1中水平力T的作用点可取在$0.5a$处。

1.2 老顶"短砌体梁"结构关键块的受力分析

由于老顶周期性破断的受力条件基本一致,可以认为$l_1 = l_2 = l$。在图1中取$\sum M_A = 0$,并近似认为$R_2 = P_2$[4],可得

$$Q_B(l\cos\theta_1 + h\sin\theta + l_1) - P_1(0.5l\cos\theta_1 + h\sin\theta_1) + T(h - a - W_2) = 0 \qquad (3)$$

同理,对岩块Ⅱ取$\sum M_C = 0$,$\sum y = 0$,可得

$$Q_B = T\sin\theta_2 \qquad (4)$$

$$Q_A + Q_B = P_1 \qquad (5)$$

由几何关系,$W_1 = l\sin\theta_1$,$W_2 = l(\sin\theta_1 + \sin\theta_2)$。根据文献[4],$\sin\theta_2 \approx \frac{1}{4}\sin\theta_1$,令老顶岩块的块度$i = \dfrac{h}{l}$,由式(3)~(5)求出

$$T = \frac{4i\sin\theta_1 + 2\cos\theta_1}{2i + \sin\theta_1(\cos\theta_1 - 2)}P_1 \qquad (6)$$

$$Q_A = \frac{4i - 3\sin\theta_1}{4i + 2\sin\theta_1(\cos\theta_1 - 2)}P_1 \qquad (7)$$

Q_A为老顶岩块与前方未断岩层间的剪力,顶板稳定性取决于Q_A与水平力T的大小。浅埋煤层工作面顶板周期破断的块度比较大,根据几个工作面的实测,$i = 1.0 \sim 1.4$;水平力T随块度i的增大而减小,剪力$Q_A = (0.93 \sim 1)P_1$,工作面上方岩块的重量几乎全部由位于煤壁之上的前支点承担,这是浅埋煤层顶板"短砌体梁"结构的一个突出特点。

1.3 老顶"短砌体梁"结构的稳定性分析

周期来压期间,顶板结构失稳一般有2种形式——滑落失稳(sliding)和回转变形失稳(rotation)。下面分析"短砌体梁"结构关键块的稳定性,探讨浅埋煤层工作面顶板台阶下沉的机理。

(1)回转失稳分析

顶板结构不发生回转变形失稳的条件为

$$T \geqslant a\eta\sigma_c^* \qquad (8)$$

式中,$\eta\sigma_c^*$为老顶岩块端角挤压强度;T/a为接触面上的平均挤压应力。

根据实验测定[5]$\eta = 0.4$,令h_1为载荷层作用

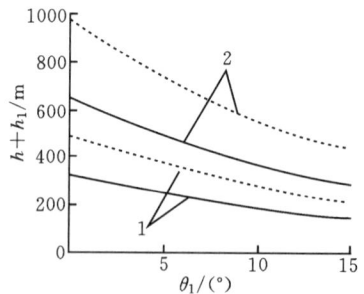

图2 回转失稳与$h + h_1$及θ_1的关系
Fig. 2 Rotation instability vs $h + h_1$ and θ_1
1——$i = 1$;2——$i = 1.4$

于老顶岩块的等效岩柱厚度,并将$P_1 = \rho g(h + h_1)l$,$a = \dfrac{1}{2}(h - l_1\sin\theta_1)$及有关参数代入

式(8),可得

$$h+h_1 \leqslant \frac{[2i+\sin\theta_1(\cos\theta_1-2)](i-\sin\theta_1)\sigma_c^*}{5\rho g(4i\sin\theta_1+2\cos\theta_1)} \tag{9}$$

按照神府浅埋煤层厚梁特点,分别取块度 $i=1.0$、1.4,基岩强度 σ_c^* 取 40(实线)、60 MPa(虚线),将 $h+h_1$ 与 θ_1 的关系绘入图 2 中。由图可知,只要载荷层厚度小于 180 m,则不会出现回转失稳。显然,浅埋煤层条件下老顶"短砌体梁"结构不可能出现回转失稳。

(2)滑落失稳分析

防止结构在 A 点发生滑落失稳,必须满足条件

$$T\tan\varphi \geqslant Q_A \tag{10}$$

式中,$\tan\varphi$ 为岩块间的摩擦因数,由实验确定为 0.5。

将式(6)、式(7)代入式(10),可得

$$i \leqslant \frac{2\cos\theta_1-3\sin\theta_1}{4(1-\sin\theta_1)} \tag{11}$$

将上式关系绘于图 3 后可见,i 一般在 0.9 以内顶板不会出现滑落失稳。浅埋煤层工作面周期来压期间 i 一般在 1.0 以上,顶板滑落失稳就成为工作面的必然现象。

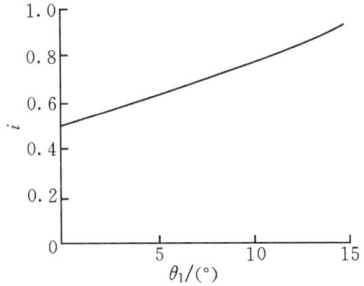

图 3 滑落失稳与 θ_1 与 i 的关系
Fig. 3 Sliding instability vs θ_1 and i

2 老顶"台阶岩梁"结构分析

由浅埋煤层工作面现场实测和模拟实验发现,开采过程中顶板存在架后切落(滑落失稳)现象。架后切落前,老顶关键块的前铰点位于架后,老顶悬伸岩梁端角受水平力和向下的剪切力的复合作用,端角挤压系数仅为 0.13[5]。根据"S-R"稳定条件,此时更容易出现滑落失稳,说明浅埋煤层工作面顶板架后切落并不是偶然现象。

老顶架后切落形成的结构形态如图 4 所示,可以形象地称为"台阶岩梁"结构。结构中岩块 N 完全落在垮落岩石上,岩块 M 随工作面推进回转受到岩块 N 在 B 点的支撑,此时岩块 N 基本上处于压实状态,可取 $R_2=P_2$。岩块 N 的下沉量由式(1)确定,可取 $K_p=1.3$。

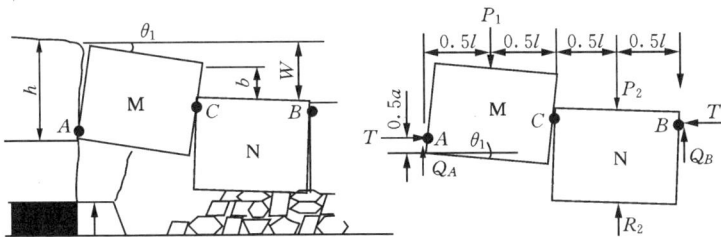

图 4 老顶"台阶岩梁"结构模型
Fig. 4 The main roof "step voussoir beam" structure model

P_1, P_2——块体承受的载荷;R_2——岩块 N 的支承反力;θ_1——岩块 M 的转角;
a——接触面高度;Q_A, Q_B——A,B 接触铰点的剪力;l——岩块长度

取 $\sum M_B=0$,$\sum M_A=0$,并代入式(5),可得

$$Q_A \approx P_1 \tag{12}$$

$$T = \frac{lP_1}{2(h - a - W)} \tag{13}$$

由图 4 可知,岩块 M 达到最大回转角时 $\sin \theta_{1\max} = \dfrac{W}{l}$,由式(13)可得

$$T = \frac{P_1}{i - 2\sin \theta_{1\max} + \sin \theta_1}. \tag{14}$$

分别取 $\theta_{1\max}$ 为 8°(实线)和 12°(虚线),绘出水平力与块度及回转角的关系如图 5 所示。水平力随回转角 θ_1 的增大而减小,随块度的增大明显下降,随最大回转角的增大而增大。

将式(12)、式(14)及 $\tan \varphi = 0.5$ 代入式(10),可得"台阶岩梁"结构不发生滑落失稳条件为

$$i \leqslant 0.5 + 2\sin \theta_{1\max} - \sin \theta_1 \tag{15}$$

按照浅埋煤层工作面的一般条件,取 $\theta_{1\max} = 8° \sim 12°$,如图 6 所示,只有在块度小于 0.9 时才不出现滑落失稳。浅埋煤层老顶周期破断块度 i 一般在 1.0 以上,所以"台阶岩梁"也容易出现滑落失稳。

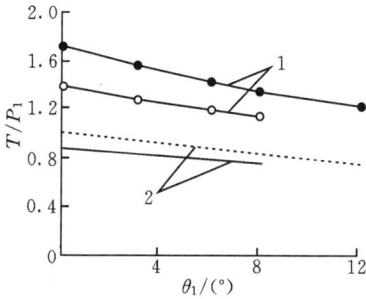

图 5　水平推力 T 与 θ_1 及 i 的关系
Fig. 5　Horizontal thrust T vs θ_1 and i
1——$i = 1.0$;2——$i = 1.4$

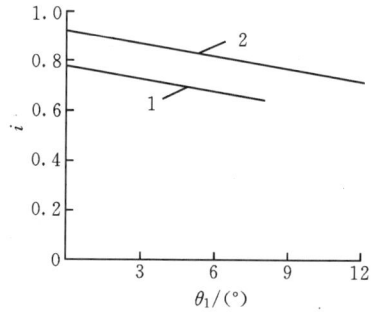

图 6　滑落失稳与 θ_1 及 i 的关系
Fig. 5　Sliding instability vs θ_1 and i
1——$\theta_{1\max} = 8°$;2——$\theta_{1\max} = 12°$

3　控制老顶结构滑落失稳的支护力确定

根据浅埋煤层"短砌体梁"和"台阶岩梁"结构分析可知,这两种结构形态都难以保持自身稳定而出现滑落失稳,这是浅埋煤层工作面顶板来压强烈和存在顶板台阶下沉现象的根本原因。因此,浅埋煤层老顶周期来压控制的基本任务是控制顶板滑落失稳,为此必须对顶板结构提供一定的支护力 R,其条件为

$$T\tan \varphi + R \geqslant Q_A \tag{16}$$

3.1　控制"短砌体梁"结构滑落失稳的支护力

将式(6)、式(7)代入式(16),取 $\tan \varphi = 0.5$,得

$$R \geqslant \frac{4i(1 - \sin \theta_1) - 3\sin \theta_1 - 2\cos \theta_1}{4i + 2i\sin \theta_1(\cos \theta_1 - 2)}P_1 \tag{17}$$

由图 1 可知,回转角 θ_1 由下式确定,即

$$\sin \theta_1 = \frac{1}{l}\left[m-(K_p-1)\sum h\right]$$

支护力与块度和回转角的关系如图 7 所示。可见,控制"短砌体梁"结构滑落失稳的支护力随老顶块度的增大而增大,随回转角的增大而减小。

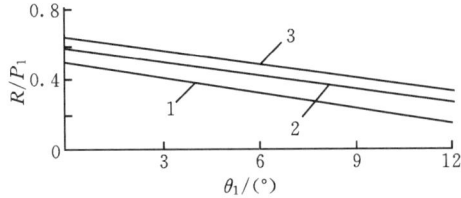

图 7　"短砌体梁"结构的支护力 R 与 i 和 θ_1 的关系

Fig. 7　The support force R of the "short voussoir beam" vs θ_1 and i

1~3——$i=1.0,1.2,1.4$

3.2　控制"台阶岩梁"结构滑落失稳的支护力

将式(12)、式(14)代入式(16),取 $\tan \varphi=0.5$,可得

$$R_t = \frac{i-\sin\theta_{1max}+\sin\theta_1-0.5}{i-2i\sin\theta_{1max}+\sin\theta_1}P_1 \tag{18}$$

支护力与 i,θ_1 和 θ_{1max}($8°$为实线,$12°$为虚线)的关系如图 8 所示,支护力随老顶块度和回转角的增大而增大。

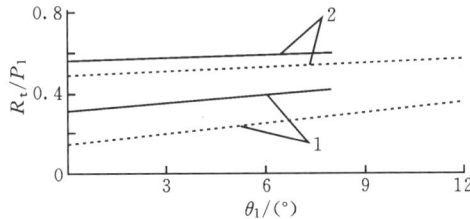

图 8　"台阶岩梁"结构的支护力 R_t 与 i 和 θ_1 的关系

Fig. 8　The support force R_t of the "step voussoir beam" vs θ_1 and i

1——$i=1.0$;2——$i=1.4$

一般条件下,$i=1.0\sim1.4$,$\theta_{1max}=8°\sim12°$,$\theta_1=4°\sim6°$,控制"台阶岩梁"滑落失稳的支护力 $R_t=(0.23\sim0.59)P_1$,控制"短砌体梁"结构滑落失稳的支护力 $R=(0.2\sim0.5)P_1$。这两类结构所需的支护力都随老顶块度的增大而增大,"短砌体梁"结构所需的支护力随回转角的增大而减小,而"台阶岩梁"结构则相反。总体上,"台阶岩梁"的顶板压力比较大。

4　结　论

(1) 在现场实测和模拟研究的基础上,提出了浅埋煤层老顶周期来压的"短砌体梁"和"台阶岩梁"结构模型。

（2）根据浅埋煤层的一般条件，"短砌体梁"结构和"台阶岩梁"结构的水平力都随块度的增大而下降，工作面上方老顶岩块的载荷基本上由前支点承担。两类顶板结构都将出现滑落失稳，这是浅埋煤层工作面周期来压强烈和出现台阶下沉的根本原因之一。

（3）必须对顶板施加一定的支护力控制顶板结构滑落失稳，支护力的大小是确定工作面支护阻力的依据。一般条件下控制顶板"台阶岩梁"结构所需的支护力比"短砌体梁"略大。

参 考 文 献

[1] 黄庆享,石平五,钱鸣高.浅埋煤层长壁开采的矿压特征[A]//面向国民经济可持续发展战略的岩石力学与岩土工程[C].北京:中国科学技术出版社,1998:643～648.

[2] 史元伟,韩风鸣.液压支架选型与顶底板条件的关系[J].煤炭科学技术,1979,7(3):11～16.

[3] 钱鸣高,缪协兴,何富连.采场"砌体梁"结构的关键块分析[J].煤炭学报,1994,19(6):557～563.

[4] 钱鸣高,缪协兴.采场上覆岩层结构的形态与受力分析[J].岩石力学与工程学报,1995,14(6):97～106.

[5] 黄庆享.浅埋煤层长壁开采顶板控制研究[D].徐州:中国矿业大学,1998.

Structural Analysis of Main Roof Stability During Periodic Weighting in Longwall Face

HUANG Qingxiang[1]   QIAN Minggao[2]   SHI Pingwu[1]

(1. Xi'an Mining Institute, Xi'an 710054, China;

2. China University of Mining and Technology, Xuzhou 221008, China)

Abstract:The "short block voussoir beam" and the "step voussoir beam" structure model during main roof periodic weighting are advanced. Through stability analyzing, it is revealed that the intense roof weighting and roof step in shallow seam longwall mining are caused by roof key block sliding, and the resistance force to control roof sliding is put forward. Thus, the base of roof control theory in shallow seam is established.

Keywords:shallow seam;roof structure;stability;support force

老顶岩块端角摩擦系数和挤压系数实验研究[①]

黄庆享　石平五　　　　　　钱鸣高

（西安科技学院 采矿系,陕西 西安　710054）　　（中国矿业大学,江苏 徐州　221008）

摘　要：通过岩块实验、相似模拟和计算模拟,研究了采场老顶岩块端角摩擦和端角挤压特性。得出了老顶岩块端角摩擦角为岩石残余摩擦角,摩擦系数确定为 0.5;端角挤压强度受弱面影响明显且具有规律性,端角挤压系数确定为 0.4。

关键词：老顶岩块;端角摩擦;端角挤压

1 引　言

采场老顶结构稳定性判据中有两项重要参数,即老顶关键块与前方岩体之间的端角摩擦系数 $\tan\varphi$ 和岩块间的端角挤压系数 $\eta^{[1]}$。这两项参数的大小直接关系到顶板结构的稳定性及失稳形式的判定,对采场顶板岩层控制的定量化分析至关重要。关于老顶岩块摩擦系数的确定,目前还没有进行过专门的实验研究。文献[2]对老顶岩块端角挤压系数进行了初步研究,发现了端角挤压强度小于标准试件单向抗压强度的重要现象,研究只进行了连续介质试块的实验,符合老顶岩块（岩体）特性的端角挤压机理及其参数还需进一步实验确定。随着顶板控制由定性分析向定量分析的进展[3],有必要对这两项岩层控制中的关键参数进行系统的研究。

2 $\tan\varphi$ 的实验分析确定

采场老顶关键层破断后形成的岩块将在自重及载荷层作用下回转,初次来压和周期来压都会存在这种状况。工作面上部岩块与前方岩体为端角接触状态,实质上形成塑性三角接触区（图1）。端角挤压接触面高度 a 随老顶岩块回转挤压运动而增大,其大小与老顶岩块厚度 h、长度 l 和回转角 θ_1 有关,见文献[1]。

老顶是自然破断的,故岩块端角塑性挤压面是粗糙的,岩块间的摩擦符合无充填粗糙面摩擦规律。由于岩块端角挤压接触面为极限挤

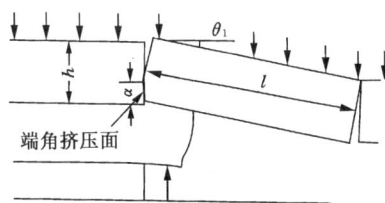

图 1　老顶岩块的端角挤压

Fig.1　Inserting of main roof block corner

① 本文发表于《岩土力学》,2000 年第 1 期,第 60～63 页。

压状态,因此属于高应力限制法向位移的摩擦状态。Goodman(1980)的研究发现,限制法向位移后剪应力没有应变软化现象,残余强度与初始强度基本相同[4]。挪威学者Barton的研究认为,岩体粗糙摩擦面的摩擦角一般由摩擦面间的峰值剪胀角 d_n、残余摩擦角 φ_b 和粗糙面突台强度 S_n 三部分组成[5]。摩擦面上的剪应力 τ 与法向应力 σ_n 有如下关系:

$$\tau = \sigma_n \tan(\varphi_b + d_n + S_n) \tag{1}$$

上式是基于非风化、无充填节理条件推导出的,对采场老顶破断面间的摩擦分析比较适用。老顶岩块端角摩擦处于约束法向位移的极限应力状态,可以认为无应变软化现象,峰值剪胀角 d_n 不存在。在老顶回转和滑落运动中的端角摩擦为动摩擦状态,常规支护条件时端角挤压面的突台将被剪断,S_n 应取 0。由式(1),老顶岩块间的摩擦角为残余摩擦角,即

$$\tan \varphi = \tan \varphi_b = \frac{\sigma_n}{\tau} \tag{2}$$

我们对神府某矿顶板砂岩进行了摩擦系数专项实验,摩擦面面积为 5 cm×5 cm,得出的砂岩残余摩擦角如表1所示。实验发现,在法向应力比较小时,岩石干摩擦角小于湿摩擦角,随法向应力增大两种摩擦角接近相等。当法向应力接近岩石抗压强度($0.8\sigma_c$)时,干摩擦角略有增大,湿摩擦角减小。压应力最大的实验接近老顶岩块摩擦状态,则干、湿摩擦角分别为 32.6°和 28.4°,相差 4.2°。

表 1　平整砂岩粗糙面的残余摩擦角

Table 1　The residual friction angle of rough surface of sandstone

摩擦角类别	法向应力 σ_n/kg				岩块摩擦角
	$0.2\sigma_c$	$0.4\sigma_c$	$0.6\sigma_c$	$0.8\sigma_c$	
干摩擦角/(°)	30.6	31.1	30.5	32.6	32.6
湿摩擦角/(°)	31.0	31.0	30.5	28.4	28.4

为了研究老顶岩体的摩擦角,采用相似模拟技术,按石英砂：石膏：云母粉为 9：1：0.1 的质量比,加10%的水配制岩体模拟试块,进行模拟岩体摩擦实验。摩擦面的尺寸分别为 5 cm×10 cm,5 cm×5 cm,5 cm×25 cm,结果表明,干、湿残余摩擦角分别为 35°和 31.7°。

国内学者通过大量研究给出的沉积岩平均干、湿残余摩擦角分别为 32.7°和 30.7°,相差 2°[5]。Barton 根据大量实验得出沉积岩的残余摩擦角一般为 25°~35°,并建议取 30°[6]。

综合上述实验与分析,国内外对岩石残余摩擦角的实验研究数据比较一致,基本上在 25°~35°之间,多数情况下在 30°左右。湿环境条件下一般降低 2°~4°,可按 3°计。考虑到煤矿井下湿环境因素,老顶岩块间的摩擦角可取 22°~32°,平均 27°。因此,摩擦系数范围 0.4~0.6,一般可取 0.5。

3　η 的实验分析确定

老顶岩块回转过程中,将在接触端角挤压形成近似三角形塑性区,引起回转变形失

稳。老顶岩块端角挤压系数是基于挤压端角在复杂应力状态下的强度小于岩石单向抗压强度的认识而提出的,即

$$\eta = \frac{\sigma_{nj}}{\sigma_c} \tag{3}$$

式中:η 为端角挤压系数;σ_{nj} 为端角挤压强度;σ_c 为岩石单向抗压强度。

　　由于老顶岩体在不同程度上存在天然节理裂隙等弱面,这些弱面对端角强度必然存在影响。鉴于过去没有进行考虑弱面影响的对比实验,研究是必要的。由于老顶端角挤压难以实测,因此实验测定为主要研究手段。为了提高研究的准确性和可靠性,采用了数值计算、岩块实验和相似模拟实验相结合的方法。

3.1　端角挤压的数值模拟

　　根据砌体梁结构模型,老顶岩块端角挤压面主要存在法向挤压力(老顶岩块的水平力)和摩擦力(剪切力),相应平面力学模型如图 2(a)所示。为了对比,还列出了仅有法向压应力的端角抗压和单向受压平面应变模型。

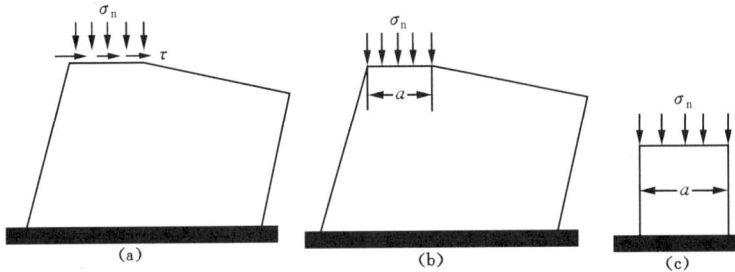

图 2　端角挤压对比模型

Fig. 2　The contrast model for squeezing at block corner

(a) 端角挤压模型;(b) 端角抗压模型;(c) 单向受压模型

　　数值模拟采用美国 ALGOR 计算软件,以神府大柳塔矿 1203 工作面老顶砂岩为原形,砂岩弹性模量 12 000 MPa,泊松比 0.21,内聚力 7.4 MPa,模拟老顶岩块厚度 8 m,取回转角 10°,端角挤压接触面高度 $a = 0.71$ m。考虑到 $\tan \varphi = 0.5$,模型(a)中按 $\tau = 0.5\sigma_n$ 同步加载,所有模型都采用分级加载,梯度系数为 0.01~0.1。

　　采用工程中常用的 Drucker-Prager 准则判断岩石的破坏性,由于 Tresca 应力分布与 Drucker-Prager 准则得出的岩体破坏程度分布形态类似,分别给出了三种模型的 Tresca 应力分布和破坏区分布。其中,端角挤压模型的端部应力最高;端角抗压模型高应力区也集中于端部呈滑移线状,但应力大小较前者小;单向受压模型大范围内应力较小,仅在边角有很小的高应力区。端角挤压在端角部有集中应力且处于压剪状态,而单向受压则基本处于均匀受力状态,端角抗压虽有应力集中却只受法向压力作用,所以端角挤压模型必然最易破坏。

　　模型破坏推测在加载中得到证实,单向受压模型破坏时的强度 $\sigma_c = 30$ MPa,模型全部进入塑性状态;端角抗压模型加载到 18.6 MPa 时出现破坏;端角挤压模型中法向应力达 13.5 MPa 便出现破坏,强度最小。模拟得出端角抗压强度为单向受压强度的 0.62 倍,端角挤压则为 0.45 倍。

3.2 端角抗压和端角挤压实验

将砂岩加工成厚 5 cm,两直角边长为 10 cm 和 5 cm 的三角形岩样,其角度分别为 $30°,60°,90°$。将端角加工出 5 mm 宽的小平面,共进行 3 组端角抗压实验,每组每类岩样 3～5 个。实验发现,90°端角抗压破坏形态与数值模拟结果极为相似[图 2(b)],体现了模拟和实验的可靠性。结果表明,30°端角的抗压强度最小,为单向抗压强度的 0.35 倍;60°端角的抗压强度为单向抗压强度的 0.42 倍;90°端角的抗压强度为单向抗压强度的 0.94 倍,端角强度小于单向抗压强度。

90°端角抗压实验情况与采场老顶岩块端角受力状况最接近,其强度变化规律主要分两种情况,岩性致密连续性好的岩样端角强度较大,有大于单向抗压强度的现象;岩性连续性比较差,单向抗压强度较低的岩样端角强度比较小,说明岩体内的弱面对岩块端角强度的影响比较显著。

采用行之有效的模拟实验方法研究普遍含有弱面的岩体特性,相似材料块的端角挤压实验分两个大类进行,一类采用石英砂和石膏粉配制模拟试块,模拟致密连续的块体;另一类则再加云母粉模拟含弱面的岩体。为了减小误差,端角实验模拟试块和单向抗压模拟试块取自同一个大模拟试块中。单向抗压实验试块为方柱体,截面 5 cm×5 cm,高 10 cm。端角挤压试块为长方体,厚 5 cm,边长为 10 cm 和 15 cm。实验分为端角抗压和端角挤压两种,模拟老顶岩块回转角 10°,端

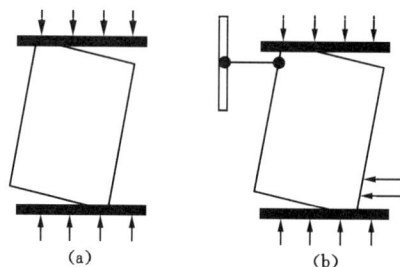

图 3 模拟岩块端角挤压实验加载方式
Fig. 3 Simulation of loading form in squeezing test at rockblock corner
(a)端角抗压;(b)端角挤压

角挤压与数值模拟对应,也按 0.5 倍正压力加水平力,如图 3 所示。

实验结果如表 2 所示,与砂岩实验一致的规律是连续性好、强度大的试块端角挤压和端角抗压系数都比较高。胶结物含量少(模拟内部空隙)或含云母粉(模拟弱面)的试块端角抗压系数减小不大,但其端角挤压系数却明显减小且数据离散性小,为 0.36～0.42,平均 0.4,与数值模拟系数 0.45 比较接近。

表 2 模拟岩块端角抗压实验

Table 2 Simulation of compression tests for rock block corner

模拟类型	质量比	实验组数	单向抗压强度	系 数	
	石英砂∶石膏∶云母粉		MPa	端角抗压	端角挤压
致密坚硬	7∶1∶0	3	0.70	0.87	0.69
低强度	9∶1∶0	3	0.42	0.67	0.41
含弱面	7∶1∶0.1	3	0.66	0.86	0.42
	7∶1∶0.3	3	0.57	0.79	0.36
平　均				0.77	0.40

4　结束语

(1) 老顶结构中岩块间的摩擦处于限制法向位移的高应力状态,没有应变软化,岩块间的摩擦角为残余摩擦角。根据实验,湿环境条件下,老顶岩块间的摩擦角一般为 $22°\sim32°$,平均 $27°$。摩擦系数一般可取 0.5。

(2) 老顶岩块端角挤压为压剪复合受力状态,端角应力分布和岩体的弱面是端角挤压强度小于岩石单向抗压强度的根本原因。根据实验,老顶岩块端角挤压强度有比较明显的规律性,端角挤压系数一般可取 0.4。

(3) 将这两项重要参数修正为 0.5 和 0.4(以往按经验均取 0.3),客观地反映了砌体梁结构存在的普遍性,增大了利用围岩自承能力的范围。

(4) 老顶岩块端角挤压系数和岩块间摩擦系数的实验分析确定,为实现采场顶板控制的定量化分析奠定了基础。

参 考 文 献

[1]　钱鸣高,缪协兴,何富连.采场"砌体梁"结构的关键块分析[J].煤炭学报,1994,19(6):557~563.
[2]　缪协兴.采场老顶初次来压时的稳定性分析[J].中国矿业大学学报,1989,18(3):88~92.
[3]　黄庆享.浅埋煤层长壁开采顶板控制研究[D].徐州:中国矿业大学,1998.
[4]　布雷迪 B H G,等.冯树仁,等译,葛修润校.地下采矿岩石力学[M].北京:煤炭工业出版社,1990:88~103.
[5]　于学馥,郑颖人,刘怀恒,等.地下工程围岩稳定分析[M].北京:煤炭工业出版社,1983.
[6]　周维恒.高等岩石力学[M].北京:水利电力出版社,1990:29~33.

Experiment Study on the Coefficients of Friction and Inserting of Main Roof Block Corner

Huang Qingxiang　　*Shi Pingwu*
(Xi'an University of Science and Technology, Xi'an 710054, China)

Qian Minggao
(China University of Mining and Technology, Xuzhou 221008, China)

Abstract:Through tests on rock block simulation of similarity of rock material and finite element calculation, the characteristics of friction and squeezing at main roof block comer are studied. It is found that the friction angle of main roof block comer is the residual friction angle, and the coefficient of friction is determined as 0.5. Weak planes have an obvious and regular effect on the squeezing strength of main roof block comer, and the coefficient of roof block comer is determined as 0.4.
Keywords:main roof block; Friction of block comer; inserting of block comer

断层突水机理分析[①]

黎良杰　　　钱鸣高　　　李树刚

（北京大学）　（中国矿业大学）　（西安矿业学院）

摘　要：根据煤层底板的层状结构特征，建立了分析底板突水的关键层（KS）结构模型。根据断层性质，断层可以划分为张开型断层和闭合型断层。张开型断层的突水机理是断层两盘的关键层在水压作用下产生了过大的张开位移，并且在断层张开的同时，承压水对断层带进行渗透冲刷；闭合型断层的突水机理是断层两盘的关键层或关键层的接触部产生了强度破坏。

关键词：断层；突水；关键层；张开型；闭合型

对于层状矿体最适合的结构模型是薄板模型。从采场底板突水时工作面由切眼推进的距离（一般为 30～40 m）与底板隔水层的厚度（一般为 20～30 m）来看，即使去掉采动底板破坏带深度（一般为 8～12 m），有效隔水层也不能满足薄板理论的基本要求——板的厚度与宽度之比小于 1/5～1/7。但是，由于煤系地层具有分层结构特征，且其分层厚度一般为 2～6 m，因此在采动破坏带以下含水层以上总能找出一层承载能力最大的岩层，我们将其称为底板关键层。如果将底板关键层看作薄板，显然它就较好地满足了薄板的基本要求，因此在断层构造条件下，断层两盘的关键层结构模型便简化为均布荷载下三边固支一边自由或三边固支一边简支的矩形薄板[1]，对断层突水机理的研究，就转化为对断层两盘关键层的相对位移及关键层结构模型破坏规律的研究。

1　张开型断层的突水机理

如图 1 所示，假设断层落差为 H_0，断层带宽度为 b，断层破断角为 θ，关键层厚度为 d，则当 $b \geqslant (d + H_0) \cos \theta$ 时，断层两盘的关键层 A、B 板块间相互没有约束，我们称之为张开型断层，因此张开型断层两盘的关键层结构模型可以简化为均布荷载下三边固支一边自由的矩形薄板。承压水要从含水层突入工作面至多存在 3 种可能性，即断层两盘关键层在水压等作用下产生强度破坏形成导水通道；或断层两盘

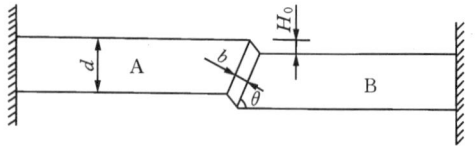

图 1　断层的约束关系

Fig. 1　The constraint relation of the two faulted walls

---

①　本文发表于《煤炭学报》，1996 年第 2 期，第 119～123 页。

产生过大的位移差形成导水通道;或在断层重新张开(或活化)时,承压水对断层带进行渗透冲刷形成导水通道。

1.1　按关键层产生强度破坏分析

根据塑性极限理论,三边固支一边自由均布荷载下的矩形薄板,其破损机构如图 2 所示。

若设其最大虚挠度为 δ,则其内力功 $W_i = 2\delta(4r/L + L/x)M_p$,外力功为 $W_e = q\delta L(3r-x)/6$,由 $W_i = W_e$ 得

$$q = 12(4r/L + L/x)M_p/[L(3r-x)] \qquad (1)$$

式中,M_p 为关键层的塑性极限抗弯弯矩,N・m;L 为工作面长度,m;r 为关键层的破断跨距或突水跨距,m;q 为板上荷载,$q = q_w - q_H - q_0$;q_w 为含水层水压;q_H 为隔水层岩石荷载集度;q_0 为冒落矸石荷载集度;x 见图 2。

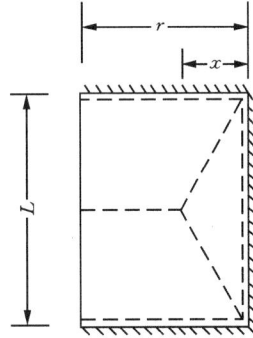

图 2　张开型断层关键层的破损机构

Fig. 2　Mechanism of failure of the key stratum in the open type fault

由极值方法即可求得式(1)在假定极限载荷 q 和 L 为已知的条件下的最小破断跨距为

$$r = 2\sqrt{3}\, lQL^2/(3L^2 - 12l^2Q^2) \qquad (2)$$

式中,l 为单位荷载下关键层塑性极限破断跨距基准数,$l = d\sqrt{\sigma_s}$;Q 为与含水层水压、隔水层厚度、顶板冒落状况等因素有关的修正系数,$Q = \sqrt{1/q}$;σ_s 为底板关键层的塑性极限强度。

式(2)即为按关键层产生强度破坏时的断层突水准则。

1.2　按断层张开量分析

当工作面从任意一方向推过断层时,在水压等作用下,断层两盘的关键层可能产生相对位移差,从而导致断层活化。并且当工作面刚推过断层时,其张开量达到极大值,若取图 2 中自由边中点为直角坐标系原点,则矩形板在垂直板方向的位移量为

$$w(x,y) = 4qr^4[1+\cos(\pi x/r)][1+\cos(2\pi y/L)]/\pi^4 D(3+8r^2/L^2+48r^4/L^4) \quad (3)$$

式中,D 为底板关键层的抗弯刚度。

由 $\partial^2 w(x,y)/\partial x^2 = 0$ 得 $x=0$,由 $\partial^2 w(x,y)/\partial y^2 = 0$ 得 $y=0$。因此,在断层边界的中点是最大位移差点,也即突水最危险点,其最大位移差为 $w_{max} = 16qr^4/\pi^4 D(3+8r^2/L^2+48r^4/L^4)$。若设断层张开度为 K,则由断层上、下盘的几何关系可得 $K = w|_{x=0}(x,y)\cos\theta$,所以断层的最大张开面积 S 为

$$S = \int_{\frac{L}{2}}^{\frac{L}{2}} w\Big|_{x=0}(x,y)\cos\theta \mathrm{d}y = \frac{8qr^4 L\cos\theta}{\pi^4 D(3+8r^2/L^2+48r^4/L^4)} \qquad (4)$$

如果工作面允许底板涌水量为 Q_w,那么工作面产生突水的准则为单位时间内流过断层张开断面的水量大于工作面允许底板涌水量,即

$$Sv\rho > Q_w \qquad (5)$$

式中,v 为断面水流速度,m/s;ρ 为水的密度。

将式(4)代入式(5)并整理得

$$r > L \sqrt{(4A + \sqrt{3AB - 128A^2})/(B - 48A)} \qquad (6)$$

式中，$A = \pi^4 D Q_w$；$B = 8qvL^5 \rho \cos \theta$。

式(6)为工作面刚推过断层，断层张开量第 1 次达到极值时可能的突水跨距 r，若实际此时还未突水，则随着工作面的推进，断层又逐渐闭合，当工作面推进至大于已知盘的 2 倍时，其张开量再一次达到极值，且其张开面积为

$$S = \frac{8q(r - L_0)^4 L \cos \theta}{\pi^4 D[3 + 8(r - L_0)^2/L^2 + 48(r - L_0)^4/L^4]} - \frac{8qL_0^4 L \cos \theta}{\pi^4 D(3 + 8L_0^2/L^2 + 48L_0^4/L^4)}$$

$$(7)$$

式中，L_0 为已知盘的长度，m。

将式(7)代入式(5)得最小突水跨距为

$$r > L \sqrt{(4A_2 + \sqrt{3BA_2 - 128A_2^2})/(B - 48A_2)}$$

式中，$A_2 = \pi^4 D[Q_w + 8qL_0^4 L v \rho \cos \theta / \pi^4 D(3 + 8L_0^2/L^2 + 48L_0^4/L^4)]$。

式(6)、(8)即为按断层张开量计算的最小突水跨距。由此可见，按断层张开量计算的突水准则仅与底板关键层的抗弯刚度、含水层水压、工作面长度、工作面允许涌水量等因素有关。

1.3 按断层带被渗透冲刷计算

随着断层的逐渐张开，断层带的透水阻力将逐渐减小，因此在水压和渗透力等作用下极有可能将断层带冲刷掉形成突水通道。若渗透传递给张开缝隙壁面上的剪应力为 τ，则 $\tau = K \rho g J/2$，其中，J 为水力梯度，g 为重力加速度。当工作面刚推过断层时，断层张开量取极值，且在断层边界的中点取最大值，即 $K = W\big|_{\substack{x=0\\y=0}}(x, y)\cos \theta = 16qL^4 \cos \theta / \pi^4 D$ $(3 + 8r^2/L^2 + 48r^4/L^4)$。因此断层带被冲刷掉的条件是渗透力与水压力克服岩层重力与内聚力的阻止，即工作面产生底板突水的准则为

$$\frac{d_1}{\sin \theta} \frac{K}{2} \rho g \int_{J_0}^{J} \mathrm{d}J + q_w b \sin \theta > \frac{Cd_1}{\sin \theta} + \frac{2bCd_1}{\sin \theta} + G \sin \theta$$

式中，G 为断层带充填物的重量；d_1 为隔水层厚度；C 为断层带内聚力。

令 $A_1 = (d_1/2)\rho g \int_{J_0}^{J} \mathrm{d}J$，$B_1 = Cd_1 + 2bCd_1 + G\sin^2 \theta - q_w b \sin^2 \theta$，则

$$r > L\{[\pi^4 D B_1 + \pi^2 (3A_1 B_1 DqL^4 \cos \theta - 8\pi^2 B_1^2 D^2)^{\frac{1}{2}}]/4(qA_1 L^4 \cos \theta - 3\pi^4 B_1 D)\}^{\frac{1}{2}}$$

$$(9)$$

若 A 板块长度较小，而 B 板块长度是 A 板块长度 2 倍以上时，则

$$K = 16q(r - L_0)^4 \cos \theta / \pi^4 D[3 + 8(r - L_0)^2/L^2 + 48(r - L_0)^4/L^4] -$$
$$16qL_0^4 \cos \theta / \pi^4 D(3 + 8L_0^2/L^2 + 48L_0^4/L^4), \qquad (10)$$

令 $F' = 16qL_0^4 \cos \theta / \pi^4 D(3 + 8L_0^2/L^2 + 48L_0^4/L^4) + B_1$，则

$$r > L\{[\pi^4 F' D + \pi^2 (3A_1 F' DqL^4 \cos \theta - 8\pi^2 F'^2 D^2)^{\frac{1}{2}}]/$$
$$4(qA_1 L^4 \cos \theta - 3\pi^4 F' D)\}^{\frac{1}{2}} + L_0 \qquad (11)$$

式(9)或(11)即为按断层带被渗透冲刷掉计算的最小可能突水跨距，可见它主要取决于含水层的水压及断层带的内聚力。

比较式(2)、(6)或(8)与式(9)或(11),取其最小者作为张开型断层的突水准则。作式(2)、(6)、(9)中 r 与 q_w 的关系曲线,如图3所示。由此可见,当断层带比较破碎时,张开型断层的突水机理为断层在水压等作用下产生了张开或活化,且承压水对断层带进行渗透冲刷;当断层带充填物胶结较好时,断层突水的主要原因是断层在水压等作用下产生过大的张开或活化所致。

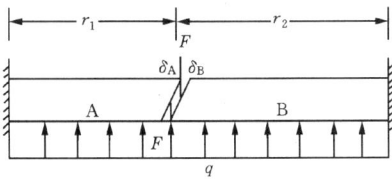

图3 $r-q_w$ 曲线

Fig. 3 $r-q_w$ curves

1~3——C 分别为 0.01,0.05,0.008 MPa;

4,5——σ_s 分别为 8,7 MPa;

6,7——Q_w 分别为 2×10^3,1×10^3 kg/min

2 闭合型断层的突水机理

在图1中,当 $b < (d + H_0) \cos \theta$ 时,A 和 B 板块的运动相互制约,此时称这种断层为闭合型断层。显然,闭合型断层的突水机理与工作面的推进方向有关。

2.1 工作面从 A→B

(1) 当 $r_2 < r_1$ 时。工作面推过 A 板块时,断层边界可看作自由边界,A 板块可看做均布荷载下三边固支一边自由的矩形薄板,即闭合型断层实质上转化为张开型断层,突水准则为式(2)、(6)、(9)。

(2) 当 $r_2 > r_1$ 时。A、B 板块上挠时相互制约,此时突水的原因可能是断层两盘关键层或关键层的接触部产生强度破坏形成导水通道。

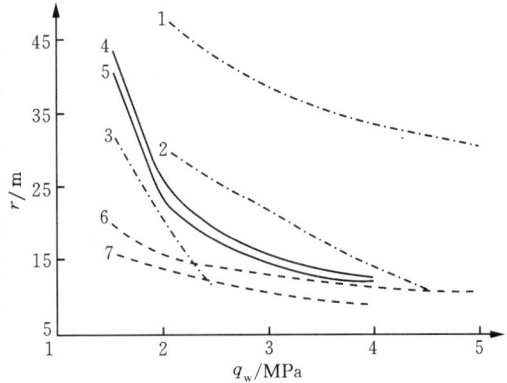

图4 闭合型断层关键层的受力模型

Fig. 4 A model showing stressing of the key stratum in the closed type fault

由牛顿迭代法即可求得 r_2,即

① 按 A、B 板块产生强度破坏分析。据文献[1],在绝大多数情况下,本文板模型可简化为梁模型,取中央板条作为梁来分析,其受力模型见图4。据变形协调条件,其接触部受力为 $F = 3q(r_2^4 - r_1^4)/8(r_1^3 + r_2^3)$。A、B 梁的最大弯矩分别为 $M_{A,max} = Fr_1 + qr_1^2/2$,$M_{B,max} = F^2/2q$。其产生强度破坏的条件为

$$M_s = d^2 \sigma_t / 6 < M_{A,max}(\text{或} M_{B,max}) \quad (12)$$

$$r_2 > f(d, \sigma_t, q, r_1) \quad (13)$$

式中,σ_t 为底板关键层的极限抗拉强度。

② 按关键层接触部产生强度破坏分析。关键层接触部的力学模型可以简化为三角形悬臂梁,由弹性力学知其最大拉应力 $\sigma_{t,max} = -3F \cos \theta / d \tan^2 \theta + q_w$,且当 $\sigma_{t,max} > \sigma_t$ 时关键层接触部即产生强度破坏,利用牛顿迭代法同样可由 $\sigma_{t,max} > \sigma_t$ 求得

$$r_2 > f(d, \theta, q, \sigma_t) \quad (14)$$

比较式(13)、(14)取其最小者作为突水准则。

2.2 工作面由 B→A

当工作面刚推过 B 板块时,断层边界可以看作简支边界,B 板块可以看作均布荷载下三边固支一边简支的矩形板。底板水要从含水层突入工作面,就必须使关键层或者关键层接触部产生强度破坏。

(1)按 B 板块产生强度破坏。由塑性极限理论可求得 B 板块的最小破断跨距,即突水准则为

$$r = \sqrt{3L/(L-4lQ)}\, lQ \ (r \leqslant L) \quad \text{或} \quad r = 4L^2 lQ(L^2 - 2l^2Q^2) \ (r > L) \quad (15)$$

(2)按关键层接触部产生强度破坏。由三角形悬臂梁模型可得接触部产生强度失稳的条件为

$$r \leqslant 8d\tan^2\theta\, \sigma_t/9q\cos\theta \quad (16)$$

作式(15)、(16)中 $r-q_w$ 曲线,如图 5 所示。可见闭合型断层如果产生突水,一般在高水压下是以断层两盘关键层接触部的破坏为主;在低水压下是以关键层的破坏为主。比较图 3、图 5,还说明了张开型断层的突水几率远大于闭合型断层的突水几率,这事实上也就解释了正断层突水几率比逆断层大的原因。因为从 $b \geqslant (d+H_0)\cos\theta$ 为张开型断层来看,正断层比逆断层更容易成为张开型断层。

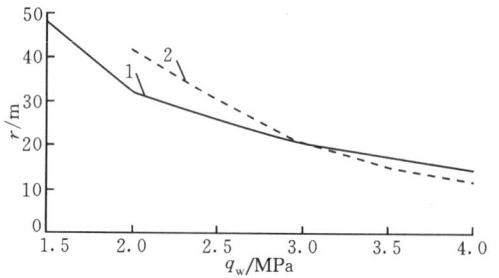

图 5　$r-q_w$ 曲线

Fig.5　$r-q_w$ curves

1——按板破坏;2——按接触部破坏

值得指出的是,上述分析均是讨论的断层走向与工作面方向平行或接近平行的情况。同理,也可分析与工作面垂直或接近垂直的情况.

3 实例分析

朱庄矿 3612 工作面在靠工作面下半部切眼附近有一条几乎平行切眼的断层,断层倾向工作面煤壁,当工作面下半部仅推进 28 m 时产生了底板突水。从断层倾向及工作面推进方向看,该断层属于张开型断层,其突水准则为式(2)、(6)、(9),该工作面隔水层总厚度为 50 m,含水层水压为 2.8 MPa,工作面下半部长度为 60 m(上半部已冒实),关键层厚 4 m,为砂岩。根据相邻工作面的开采情况,其步距基准数 $l=21.1$ m[1],若取关键层弹性模量为 37.4×10^9 N/m²[1],断层带内聚力为 0.01 MPa[1],工作面允许涌水量为 1×10^3 kg/min,断层倾角为 60°,断层带宽度为 0.3 m,则由式(2)、(6)、(9)可分别求得突水跨距为 31.2,19.5,21.2 m;若取 $Q_w = 2 \times 10^3$ kg/min,$C = 0.012$ MPa,则由式(6)、(9)可得 23.2 m 或 24.0 m。事实上 3612 工作面下半部刚推进 20 多米,断层就开始突水,到 28 m 时工作面只好搬家。显然实际与计算结果相吻合,当然 C、弹性模量等参数如果能测定准确,计算结果会更加接近、可靠。从 3612 工作面的断层位置来看,如果切眼布置时能将断层边界压在煤柱下使断层变为闭合型,情况肯定会大不一样。焦作矿区就有一些这样的开采实例。另外,实验室突水试验也证明了张开型断层比闭合型断层更容易突水[1]。以上说明利用关键层结构模型分析断层突水是成功的。

4　结　论

（1）断层突水可以划分为张开型断层突水和闭合型断层突水，用关键层模型对其突水机理进行分析可以取得令人满意的效果。

（2）张开型断层的突水机理是断层两盘在承压水作用下产生了张开，承压水沿张开缝隙突出，同时对断层带进行渗透冲刷.闭合型断层的突水机理主要是断层两盘按板的规律破坏或断层两盘关键层接触部产生强度失稳。

（3）张开型断层比闭合型断层突水的可能性大得多，即一般正断层比逆断层更容易产生突水事故。但是，闭合型断层突水的可能性与工作面的推进方向有很大的关系，在一定条件下闭合型断层可以转化为张开型断层。

参 考 文 献

［1］　黎良杰.采场底板突水机理的研究［学位论文］.徐州：中国矿业大学，1995.

Mechanism of Water-inrush Through Fault

Li Liangjie　　　　　　*Qian Minggao*　　　　　　*Li Shugang*

(Peking University)　　(China University of Mining and Technology)　　(Xi'an Mining Institute)

Abstract：Based on laminated characteristics of the coal seam floor，a structural model of a key stratum(KS)is built to analyze water inrush from the floor. The faults can be divided into two categoriess：the open type and the closed type. The mechanism of water-inrush through the open type of fault is that excessive displacement of key strata between two sides of the fault，takes place under the water pressure of the confined aquifer. And at the same time，the fault zone is permeated and eroded by the confined wa-ter. The reason for water-inrush through the closed type of fault is that the strength failure happens in the key stratum or at the interface between the key stratum in two sides of the fault.

Keywords：fault；water-inrush；key stratum；open type；closed type

第三编

采场老顶和底板岩层破断规律

老顶岩层断裂型式及对工作面来压的影响[①]

钱鸣高 朱德仁 王作棠

(中国矿业大学,徐州 221008)

摘 要:众所周知,沿着工作面长度方向顶板压力是不尽相同的。长期以来,人们主要研究工作面中部的顶板压力,事实上工作面煤层上方的老顶如同支承在煤柱上的"板"一样,而"板"的断裂对工作面中部及上、下部的顶板压力影响是不一样的。

本文研究了各种不同支承条件下老顶岩层的初次破断型式。根据模型试验和实测资料研究了老顶的断裂过程、条件和断裂的型式。根据试验,老顶断裂的型式可分为横 X 型、破坏 X 型和竖 X 型破坏。

试验证明,只有老顶呈横 X 型破坏时,工作面中部才可以采用"砌体梁"理论研究矿山压力,而对其他情况则必须用"板"的破坏理论研究矿山压力。

近期大同矿务局先后在四老沟矿、云岗矿对开采后的老顶岩层活动情况进行了钻孔电视观测。所得的结果,不仅对于难以控制的坚硬岩层给出了启示,而且也对一般条件下的老顶岩层的研究工作有帮助。显然,采场矿山压力问题用单一的平面问题来求解已难以全面地说明问题。为此,必须解决在什么条件下哪些部分可作为平面问题处理,老顶的来压规律若考虑到两侧的边界条件又将发生什么变化,以及巷道与工作面交叉处的上覆岩层结构形状及其对支护物要求的基本准则如何等等,从而为矿山压力研究的深化及解决采场矿山压力与维护问题提供了新的途径。本文拟就坚硬顶板(或老顶)的初次破断规律及其与采空面积的几何参数和支承条件的关系做一初步探讨。事实证明,它将会帮助我们对坚硬顶板的来压规律有新的认识。

一、坚硬顶板的应力分布

随着回采工作面自开切眼开始推进,根据已采空面积的情况,如以华北地区一般条件而言,回采工作面长 150~200 m,推进 20 m 左右老顶岩层初次来压,而一般老顶岩层厚 2~4 m。按照薄板的假设,其厚(h)和宽(a)之比为 $h:a=1:7\sim1:15$,则悬露的老顶岩层由于与上部岩层的离层刚好可以视为薄板。根据开采条件及采区边界煤柱的尺寸,又可将老顶岩层假设为如图 1 所示的情况(指老顶初次断裂前),即:(a) 四周固支;(b) 三边固支及一边简支;(c) 两邻边固支及两邻边简支;(d) 一边固支及三边简支。

---

① 本文发表于《中国矿业学院学报》,1986 年第 2 期,第 9~18 页。

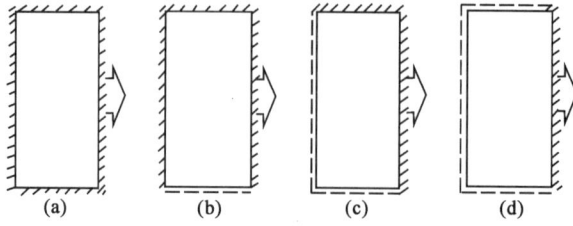

图 1

根据薄板理论,求解这些板所处的应力状态是一个比较复杂的过程。但由于采矿的条件及其所要求解决的问题,我们只求在总体上或宏观上说明一些问题,因而可采用 Marcus 简算式,而且以求解弯矩为主。现将这四种支承条件的弯矩分布叙述如下(见图 2～图 5)。

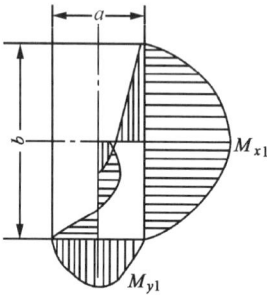

图 2

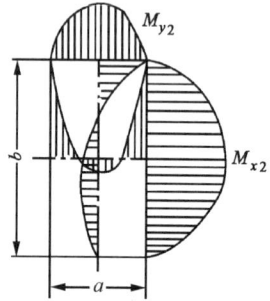

图 3

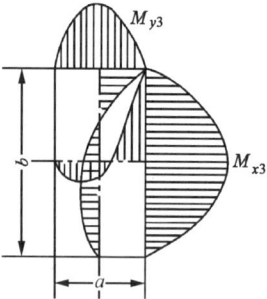

图 4

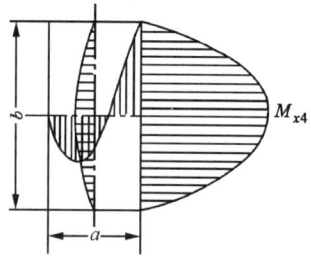

图 5

(一) 四边固支且受均布载荷

其弯矩分布如图 2 所示。

关系式为:

$$q_x = q \cdot \frac{b^4}{a^4 + b^4} \qquad v_x = v_y = v$$

$$q_y = q \cdot \frac{a^4}{a^4 + b^4} \qquad v = 1 - \frac{5}{18} \cdot \frac{a^2 b^2}{a^4 + b^4}$$

$$M_{x1} = -\frac{q_x a^2}{12} \qquad M_{y1} = -\frac{q_y b^2}{12} \quad (a < b)$$

(1)

$$M_{x1max}=\frac{q_x a^2}{24}\cdot v \qquad M_{y1max}=\frac{q_y b^2}{24}\cdot v$$

（二）三边固支一边简支

其弯矩分布如图 3 所示。

简算式为：

$$q_x=q\cdot\frac{2b^4}{a^4+2b^4} \qquad v_x=1-\frac{5}{9}\cdot\frac{a^2b^2}{a^4+2b^4} \qquad (2)$$

$$q_y=q\cdot\frac{a^4}{a^4+2b^4} \qquad v_y=1-\frac{15}{32}\cdot\frac{a^2b^2}{a^4+2b^4}$$

$$M_{x2}=-\frac{q_x\cdot a^2}{12} \qquad M_{y2}=-\frac{q_y\cdot b^2}{8}$$

$$M_{x2max}=\frac{q_x\cdot a^2}{24}v_x \qquad M_{y2max}=\frac{9}{128}q_y\cdot b^2\cdot v_y$$

（三）两邻边固支两邻边简支

其弯矩分布如图 4 所示。

简算式为：

$$q_x=q\cdot\frac{b^4}{a^4+b^4} \qquad v_x=v_y=v \qquad (3)$$

$$q_y=q\cdot\frac{a^4}{a^4+b^4} \qquad v=1-\frac{15}{32}\cdot\frac{a^2b^2}{a^4+b^4}$$

$$M_{x3}=-\frac{q_x a^2}{8} \qquad M_{y3}=-\frac{q_y b^2}{8}$$

$$M_{x3max}=\frac{9}{128}q_x\cdot a^2\cdot v \qquad M_{y3max}=\frac{9}{128}q_y\cdot b^2\cdot v$$

（四）三边简支一边固支

其弯矩分布如图 5 所示。

简算式为：

$$q_x=q\cdot\frac{5b^4}{2a^4+5b^4} \qquad v_x=1-\frac{75}{32}\cdot\frac{a^2b^2}{2a^4+5b^4} \qquad (4)$$

$$q_y=q\cdot\frac{2a^4}{2a^4+5b^4} \qquad v_y=1-\frac{5}{3}\cdot\frac{a^2b^2}{2a^4+5b^4}$$

$$M_{x4}=-\frac{1}{8}q_x a^2 \qquad M_{y4}=0$$

$$M_{x4max}=\frac{9}{128}q_x\cdot a^2\cdot v_x \qquad M_{y4max}=\frac{q_y b^2}{8}\cdot v_y$$

（五）四边均处于简支

为了研究老顶岩层四周断裂后可能形成的平衡关系，常要研究四边均处于简支（靠水平力与摩擦力啮合的裂缝）条件板的稳定性，此时板内的弯矩分布如图 6 所示。

其弯矩的简算式为：

$$q_x=q\cdot\frac{b^4}{a^4+b^4} \qquad v_x=v_y=v \qquad (5)$$

$$q_y = q \cdot \frac{a^4}{a^4 + b^4} \qquad\qquad v = 1 - \frac{5}{6} \cdot \frac{a^2 b^2}{a^4 + b^4}$$

$$M_{x0} = M_{y0} = 0$$

$$M_{x5\max} = \frac{q_x \cdot a^2}{8} \cdot v \qquad\qquad M_{y5\max} = \frac{q_y \cdot b^2}{8} \cdot v$$

最大弯矩必然发生在板的中央部位。

二、坚硬顶板岩层的破断规律

根据老顶岩层及开采特点,可采用相似材料模型试验,研究在不同支承条件下,板的破断形状。

(一)四边固支条件

随着工作面的推进,一般情况下在长边的中心区首先超过极限弯矩而断成裂缝,而后在短边的中央形成裂缝,待四周裂缝贯通后再形成 X 型破坏,其过程如图 7 所示。

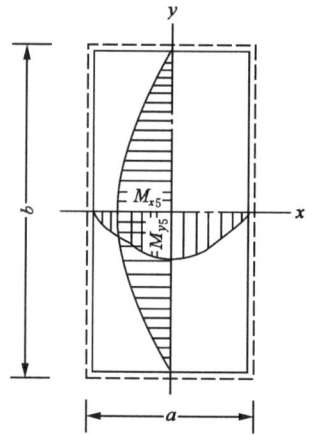

图 6

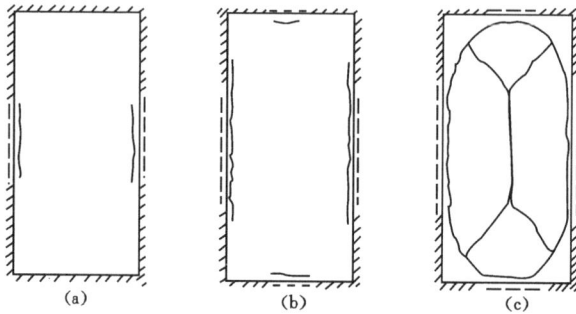

图 7

此破断形状又随 a/b 的值变化而变化,当 $a/b < 1$ 时发生横向 X 型破坏,如图 8(a)所示。当 $a/b = 1$ 或接近 1 时,则形成 X 型破坏,如图 8(b)所示。而当 $a/b > 1$ 时,则形成竖向 X 型破坏,如图 8(c)所示。在图 8 中,板的四周形成上部张开下部闭合的裂缝,而在 X 型部位则形成上部闭合而下部张开的裂缝。

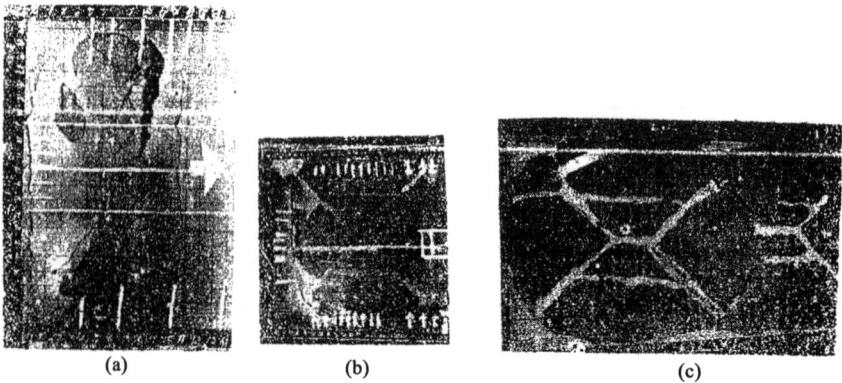

图 8

为了说明板的破坏过程,我们可以随着裂缝的发展,将裂缝部位改为简支条件,而后再考察其弯矩分布的变化及新的裂缝形成的部位和破断方式。

这样可以按图 9 的方式进行推理。图中横坐标为 a/b 值,纵坐标则表示公式 $M=f\cdot q\cdot b^2$(由上述 Marcus 简算式改写的形式,M 为弯矩,q 为单位面积的载荷,b 相当于工作面长度)中的 f 值。鉴于回采工作面长度在各种不同支承条件下可作为一个稳定因素,从而 f 值的大小即表示了弯矩值的可比系数。

图 9 中曲线 1 表示四周固支条件下长边中部的弯矩系数 f 随 a/b 值变化而变化的值。曲线 2 则表示当全部长边形

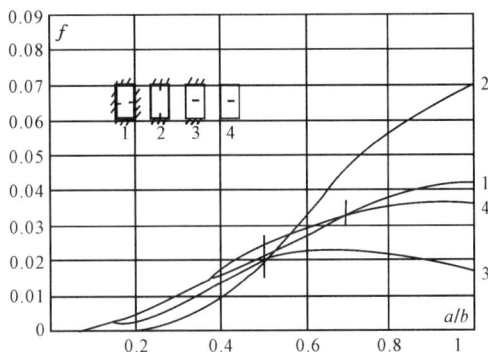

图 9

成裂缝时,短边中部形成的弯矩系数。曲线 3 表示此时板中央在 x 轴方向形成的弯矩系数。曲线 4 则表示四周均形成裂缝时,板中央在 x 轴方向的弯矩系数。

根据图 9 及实际模拟试验,可以将处于此种条件下的岩层破坏过程划分为以下几个区域:

(1) 当 $f<0.02$ 时

破断时,先沿固定边长边形成裂缝的延伸。在长边形成裂缝时,板中央的 y 向裂缝开始延伸。若 $f=0.01$ 为顶板岩层的极限弯矩系数,则当 a/b 达到 0.35 时,长边中央区形成裂缝的延伸,随着它的延长,板中央 y 向将随之形成裂缝,而后导致破断。

(2) 当 $0.02<f<0.032$ 时

破断裂缝先沿长边延伸→短边裂缝的延伸→裂缝在四周形成贯通→板中央沿 y 向裂缝延伸→板的横向 X 型断裂。

(3) 当 $f>0.032$ 时

破断裂缝先沿长边延伸→短边裂缝延伸→板仍处于暂时稳定→工作而继续推进导致 a/b 值的增加→达到简支板的极限状态,原有工作面上方板的裂缝闭合→新裂缝产生并与短边裂缝贯通→寸导致板的 X 型破坏或形成横向 X 型破坏。

由上可知,当 $f<0.032$ 时,坚硬岩层的初次断裂步距应以长边中部达到极限弯矩时为计算准则;但当 $f>0.032$ 时,则应以四周作为简支条件达到极限弯矩时作为计算准则。

(二) 三边固支一边简支

老顶初次断裂的型式,从模型试验结果看,X 型破坏仍为基本型式。

破坏过程可用图 10 所示曲线来描述。图中曲线 1 为固支边长边中部的弯矩系数,当长边全部形成裂缝后,将形成仅一短边为固定边,其余三边为简支边的条件,此时短固定边中部的弯矩系数如曲线 2 所示,曲线 3 则表示与曲线 2 同样支承条件下板中央 x 轴方向形成的最大弯矩系数。曲线 4 则为四边为简支时中央 x 轴方向的弯矩系数。

由图 10 可知:

（1）当 $f<0.025$ 时

长边形成裂缝→板中央 y 轴方向形成裂缝→板的断裂。

（2）当 $0.025<f<0.032$ 时

长边形成裂缝→短边形成裂缝→工作面继续推进→原有长边裂缝（工作面推移端）闭合→沿工作面新的位置板形成裂缝→与短边裂缝贯通→X 型破坏。

为此，在此条件下当 $f<0.032$ 时应按三边固支一边简支的条件求取极限跨距，当 $f>0.032$ 时则应按四周为简支的条件求取极限跨距。

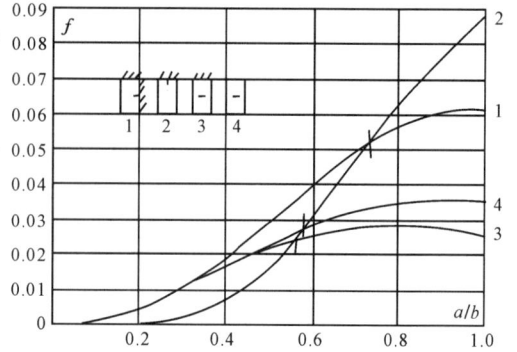

图 10

（三）两边固支与两边简支

破坏过程可用图 11 加以描述。图中曲线 1 为两邻边固支两邻边简支时长固支边中央的弯矩系数，曲线 2 为一短边固支，其余三边为简支时的固支边中部的弯矩系数。曲线 3 为与曲线 2 相同支承条件下的板中央 x 轴方向的弯矩系数。曲线 4 为四周简支时板中央 x 轴方向的弯矩系数。

由图 11 可知：

（1）当 $f<0.01$ 时

长边形成裂缝→板中央形成裂缝→破坏。

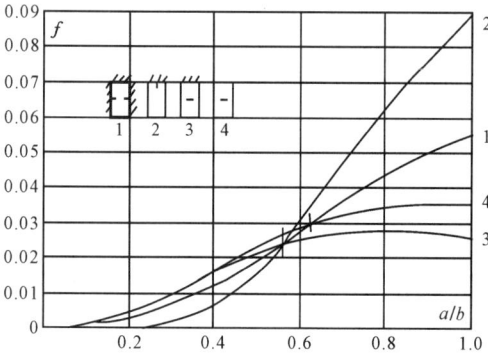

图 11

（2）当 $0.01<f<0.025$ 时

长边出现裂缝→工作面推进→长边另出现新裂缝→板中央出现裂缝→破断。

（3）当 $0.025<f<0.028$ 时

长边出现裂缝→工作面推进→长边另出现新裂缝→短边出现裂缝→板的 X 型破坏。

（4）当 $f>0.028$ 时

长边出现裂缝→短边出现裂缝→工作面继续推进→工作面上方出现新裂缝→与短边裂缝贯通→板呈 X 型破坏。

为此，在 $f<0.025$ 时应按短边固定时板中央达到极限弯矩作为计算极限跨距的根据，而当 $0.025<f<0.028$ 时则应按照短固定边达到极限弯矩时作为计算极限跨距的根据。当 $f>0.028$ 时则应按四周简支条件作为计算极限跨距的根据。

（四）三边简支一边固支

破坏过程可按图 12 所示曲线加以描述。图中曲线 1 为三边简支一长边固支时固支边中央的弯矩系数，曲线 2 为四周简支时板中央 x 轴方向的最大弯矩系数。

由图 12 可知，不论 f 为何值，其破坏型式均是长边出现裂缝→工作面继续推进→工作面新位置处板又出现裂缝→裂缝贯通→板的 X 型破坏。

因而在这种条件下的极限跨距应按四周为简支条件加以计算。

三、老顶的初次破断步距

（一）初次破断步距的确定

若以最大拉应力破坏作为强度理论，则极限弯矩为：

$$\frac{M_S \cdot y}{J} = \sigma_S$$

式中，σ_S 为抗拉强度极限。

令岩层厚为 h，则

$$M_S = \frac{h^2 \cdot \sigma_S}{6}$$

根据在不同支承条件及 a/b 条件的弯矩值可知达到极限弯矩时的弯矩系数 f 为：

$$\frac{h^2 \cdot \sigma_S}{6} = f(\gamma h + q) \cdot b^2$$

所以
$$f = \frac{h^2 \cdot \sigma_S}{6(\gamma h + q)b^2} \tag{6}$$

为此，在各种不同支承条件下初次破断步距的计算将按下述关系进行。

（1）四边固支

当 $f < 0.032$ 时，最大弯矩绝对值为[式（1）]：

$$|M_{x1}| = \frac{1}{12}\left(\frac{b^4}{a^4+b^4}\right) \cdot \left(\frac{a}{b}\right)^2 \cdot q_0 \cdot b^2$$

即
$$f = \frac{1}{12}\left(\frac{b^4}{a^4+b^4}\right) \cdot \left(\frac{a}{b}\right)^2 \tag{7}$$

使式（6）与式（7）相等，则

$$\frac{1}{12}\left(\frac{b^4}{a^4+b^4}\right) \cdot \left(\frac{a}{b}\right)^2 = \frac{h^2 \cdot \sigma_S}{6(\gamma h + q) \cdot b^2}$$

因此得
$$b = a\left[\frac{2 \cdot h^2 \cdot \sigma_S}{a^2 \cdot (\gamma h + q) - 2h^2\sigma_S}\right]^{1/4}$$

令 $\left(\frac{a}{b}\right)^2 = \mathrm{tg}\,A$，可得

$$a = \frac{h}{\cos A}\left(\frac{2 \cdot \sigma_S}{\gamma h + q}\right)^{1/2} \tag{8}$$

而当 $f > 0.032$ 时，则

$$f = \frac{1}{8}\left(\frac{b^4}{a^4+b^4}\right) \cdot \left(1 - \frac{5}{6} \cdot \frac{a^2 b^2}{a^4+b^4}\right) \cdot \left(\frac{a}{b}\right)^2 \tag{9}$$

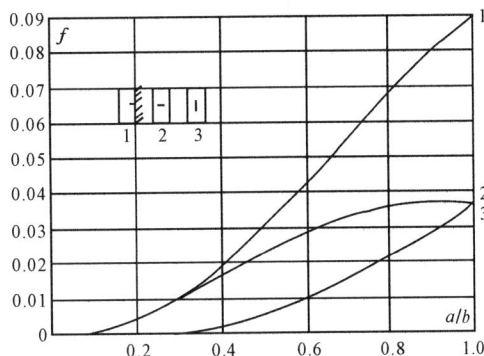

图 12

令式(9)与式(6)相等,并令 $\dfrac{\sigma_S}{6\times(\gamma h+q)}=C$,则可得

$$a=\frac{h}{\cos A}\left[\frac{8C}{1-\dfrac{5}{12}\sin 2A}\right]^{1/2} \tag{10}$$

相应的工作面长度 b 为:

$$b=h\left[\frac{16C}{\sin 2A\left(1-\dfrac{5}{12}\sin 2A\right)}\right]^{1/2} \tag{11}$$

(2) 三边固支一边简支(短边)

当 $f<0.032$ 时

$$a=h\left[\frac{\sigma_S(2+\mathrm{tg}^2 A)}{\gamma h+q}\right]^{1/2} \tag{12}$$

当 $f>0.032$ 时,a 值与式(10)相同。

(3) 两邻边固支两邻边简支

如前所述,在两邻边固支两邻边简支条件下,均可近似地按四周简支条件计算,a 值与式(10)相同。

(4) 三边简支一边固支

均可按公式(10)计算初次破断步距。

综上所述,可将各个因素,如 h、σ_S、b、f 及 a/b 及各种条件汇总如图13所示。

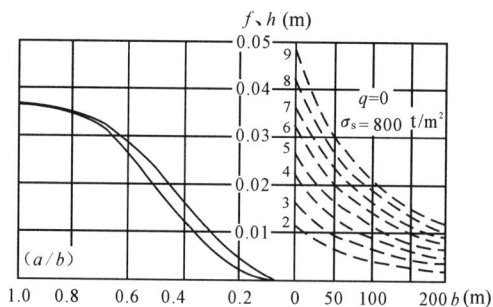

图 13

由图13可以粗略地说,当 $f<0.03$ 左右时,由于支承条件的变化可出现两种类型的初次破断步距,当 $f>0.03$ 时,则不论何种支承条件其初次断裂步距是一致的,支承条件对它无影响。

(二) 工作面长度对初次破断步距的影响

可按以下几种情况分析:

(1) 当 $f<0.032$,$\dfrac{a}{b}<0.7$ 时

初次破断步距与工作面长度无关。

举例:老顶厚 $h=3$ m,$\sigma_S=600$ t/m²,附加载荷 $q=2\times2.5$,按四周固支条件计算得表1。

表 1

工作面长度(m)	初次来压步距(m)	备　　注
78	29.86	$h=30$ m
82	29.83	$\sigma_S=600$ t/m^2
85	29.81	
91	29.78	$\gamma=2.5$ t/m^3
99	29.76	$q=2\times2.5$ t/m^2
114	29.23	
157	29.21	四周固支条件

由表 1 可知,工作面长度由 78~157 m 时,初次断裂步距基本不变。

(2) 当 a/b 处在 0.7 前后时

随工作面长度变化,f 有可能小于 0.032,又有可能大于 0.032 时,工作面长度的长短就可能影响来压步距的大小。

举例:$h=10$ m,$\sigma_S=800$ t/m^2,$q=0$。

此时若 $L>127$ m,则由公式(10)计算可知 $f<0.033$,所以应用公式(8)计算来压步距。当 $L<127$ m 时,$f>0.033$,因此又应该应用公式(10)计算来压步距,计算结果如表 2 所列。

表 2

工作面长度(m)	358	203	158	141	127	120
初次来压步距(m)	80.05	81.00	83.00	85.06	89.60	120

由表 2 可知,在此条件下,当工作面长度超过 141 m 时,初次来压步距基本不受工作面长度的影响,但当工作面长度小于 141 m 时,将有明显的影响。

四、对工作面矿山压力的影响

(一) 工作面来压的分区

由于进行了板的实验,显然,能使人们对工作面的矿山压力显现有一比较全面的判断,全工作面的上覆老顶岩层应视为一个统一的"结构"。根据图 14 可知,板的 X 型破坏不仅初次来压时呈现,而且周期来压时也呈现,显然根据 X 型破坏的特点可将工作面来压分为上、中、下三个区,如图 15 所示。

由图 15 可知,在工作面中部区域,上覆岩层的活动规律可按"砌体梁"的平衡概念加以解释,即它形成了沿走向方向推进而形成的块体咬合

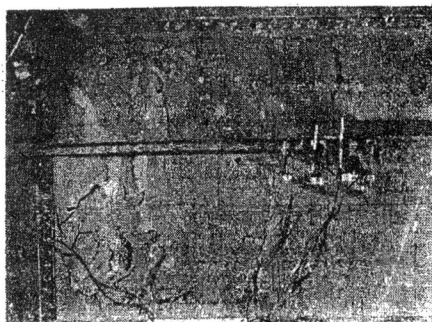

图 14

的力的平衡关系,但对于上、下两侧则显然不同。根据研究,它应属于板的弧形破坏,在此处板破断后形成的块间咬合关系,尚待做专门的研究。

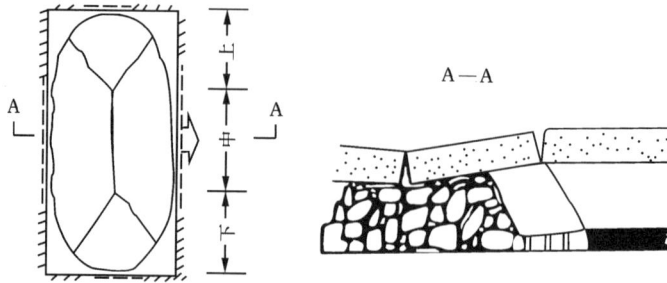

图 15

由图 14 可知,当岩层破断时,a/b 值越小,则上覆岩层中属于"砌体梁"式平衡的范围越大。

但当岩层破断时,a/b 值若接近于 1,则工作面来压现象已不能用"砌体梁"理论及其力的相互关系解释了。

当岩层破断时,a/b 值>1,则发生了如图 16 所示的破坏及力学关系,显然工作面的来压沿走向也不能用"砌体梁"加以解释,但沿倾斜方向,在采空区的中部则可以形成一系列的沿倾斜方向的"三铰拱"。

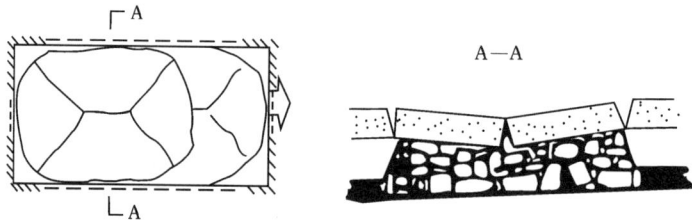

图 16

(二)对工作面顶板预测预报的补充

从上面的叙述可知,由于边界支承条件的变化,来压步距的计算方法也是不同的。

除此,根据支承条件及破断时 a/b 的值,破坏过程也不尽相同,在横向 X 型破坏及破坏时 a/b 值较小时,一般裂缝的产生与岩块的破断过程所经历时间较短,当四周裂缝一经贯通,岩层即行塌落,而在第 3、4 支承条件以及 $a/b \geqslant 0.7$ 时,工作面上方的裂缝可能多次出现,此时板的第一次裂缝出现并不能作为预报的依据。

五、后 语

上面只是将老顶岩层视为"板"结构时带来的对矿山压力现象研究的补充,根据初步探讨可看到它可以帮助人们全面认识整个工作面的矿山压力。我们坚信随着"板"结构的破坏及破断后形成重新平衡的可能性等的深入研究,必将对岩层力学的理论与煤矿安全生产带来更大的效益。

The Fracture Types of Main Roof and Their Effects on Roof Pressure in Coal Face

Qian Minggao　Zhu Deren　Wang Zuotang

Abstract：As a matter of fact, the roof pressure will vary noticeably along face line. Nevertheless, most of mining engineers take only the pressure at the middle of the coal face into consideration, and deem it as a rule of thumb. Probably this will lead astray, since the main roof over the coal face acts as a pillar-supported "plate". During the course of the fracture of the "plate", the resulted pressures appeared at the ends and the middle of the coal face are obviously different in nature.

By means of the "plate" theory, this paper is intended to study the form of fracture for the overlying main roof with different boundary supported conditions. The course, conditions and the types of fracture of the main floor were investigated on the basis of model tests and field data. The form of main roof fracture, according to the geometrical relationship between the first weighting span of main roof and the length of the coal face, can be lumped into three types: flat X, regular X, and slender X.

Experimental evidence showed that only in the case of flat X type of fracture, the pressure at the middle of longwall coal face then can be described by the theory of "beam built up with interlocked rock blocks". Otherwise, the theory of "plate" should be applied in the remaining cases.

老顶的初次断裂步距[①]

钱鸣高

(中国矿业大学,徐州 221008)

一、引 言

工作面矿山压力的控制,主要是指控制老顶断裂后引起的工作面来压,以及由于直接顶破碎而引起的冒落。事实证明,在工作面的安全事故中,顶板事故占着很大的比重。顶板事故中大部分是由于直接顶所引起的,但直接顶的失稳常常是与直接顶的破碎及其与老顶之间形成离层有关。目前国内所进行的顶板压力预测预报主要是针对老顶来压而言的,显然,预测预报的可靠性决定于对老顶来压规律的认识。鉴于目前对机理研究得还不够深入,因而预测预报大部分依靠实测,而且采用的指标也是多样化的。事实上,老顶来压的预测,首先即是老顶初次断裂步距的预测。而断裂步距的预测可以采用计算办法加以解决,这样既可以节省人力,而且即使使用实测的办法,也可以选定更为科学的指标。而老顶断裂步距的计算关键在于选择符合实际的力学命题,而这个问题开始都是采用梁的办法进行计算。事实上,由于边界支撑条件的不一致,以及工作面长度与来压步距间的关系,老顶来压的特征已远远不是采用梁的办法所能解决的。例如,在实践中一再提出的来压步距是否与工作面长度有关的问题。在大同煤矿开采过程中常有"顶板见方最易于来压"一说。这是否正确呢? 凡此一系列有关问题都有待于逐一解决和说明。而所有上述问题的解决,在采用老顶岩层作为支承在各种不同边界上的"板"的认识时,却可以得到合理的解释。由于采用了"板"的力学模型就可以为进一步探索上、下出口安全事故的形成及两巷的围岩变形提供重要依据。

二、以"梁"计算初次断裂步距

这种力学模型如一般采煤学中所提及的,老顶岩层视为两侧嵌固的固定梁,因而其弯矩、剪力的分布如图 1 所示。

剪力分布为

$$Q_x = R_t - qx = \frac{qL}{2}\left(1 - \frac{2x}{L}\right)$$

弯矩分布为

---

① 本文发表于《矿山压力》,1987 年第 1 期,第 1～6 页。

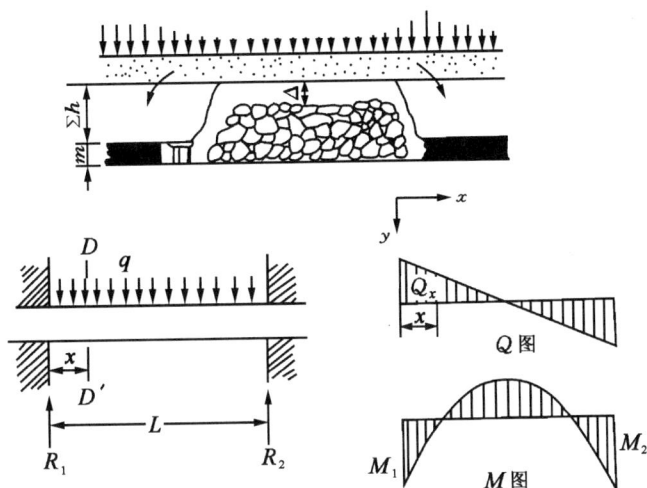

图 1

$$M_x = \frac{q}{12}(6Lx - 6x^2 - L^2)$$

最大弯矩发生在两侧固定支座处,该处形成的最大拉应力为

$$\sigma_{\max} = \frac{6 \times \frac{1}{12}qL^2}{h^2} = \frac{qL^2}{2h^2}$$

当 $\sigma_{\max}$ 等于岩梁抗拉强度极限 R_T 时,梁开始断裂,因而此时梁的跨度即为极限跨距,即

$$L_{eT} = h\sqrt{\frac{2R_T}{q}} \tag{1}$$

所有上述符号均见图 1。

式(1)即经常用做计算老顶初次来压步距的公式。

式(1)中难以决定的是 q 值。在实际工作中常可以采用下式计算:

$$(q_n)_1 = \frac{E_1 h_1^3 (\gamma_1 h_1 + \gamma_2 h_2 + \cdots + \gamma_n h_n)}{E_1 h_1^3 + E_2 h_2^3 + \cdots + E_n h_n^3} \tag{2}$$

式中　$E_1, E_2, \cdots, E_n$——各层岩层的弹性模量,n 为层数;

$h_1, h_2, \cdots, h_n$——各层岩层的厚度;

$\gamma_1, \gamma_2, \cdots, \gamma_n$——各层岩层的容重;

$(q_n)_1$——考虑到老顶以上岩层对老顶岩层作用而形成的载荷(包括老顶本身自重在内)。

三、以"板"计算老顶初次断裂步距

事实上,老顶岩层是一块处于四周不同支承条件下的"板"。根据四周开采的情况,它可以是:① 四周固定支承的板[图 2(a)];② 三边固定支承,一边简支的板[图 2(b)];③ 二边固定支承,二边简支的板[图 2(c)];④ 三边简支,一边固支,即俗称在孤岛采煤条

件下的板[图 2(d)]。其状况如图 2 所示。

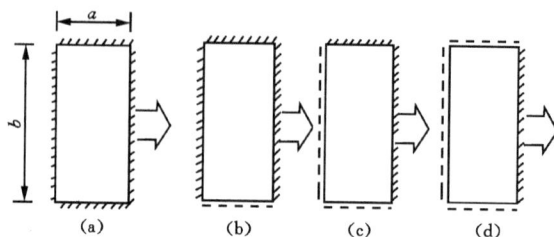

图 2

因而只有在 $a \ll b$ 的情况下(如初次来压步距为 $20\sim30$ m,工作面长度为 $100\sim150$ m 时),仅工作面中部有可能利用平面应变问题加以处理,而且它所反映的问题并不能代表工作面的两端。而当来压步距接近于工作面长度时,则即使是工作面中部也难以作为平面应变问题加以处理了。

根据实验,老顶"板"在处于悬露极限状态时,呈三种破坏型式,即:横 X 型破坏、X 型破坏和竖 X 型破坏(均以工作面为基准)。

破坏过程为先在悬板的长边中间形成沿长边方向延伸的裂缝,而后于短边中间开始形成沿短边方向延伸的裂缝,继而四条裂缝互相贯通,而在拐角处则形成圆弧状裂缝;待到四周形成贯通裂缝后板中间形成 X 型破坏。

形成上述破坏过程的原因,仍然是由于板内形成的弯矩超过其强度极限所致。

若在板内所形成的弯矩(在各种支承条件下)用下述关系式加以表示,即

$$M_{a/b} = f(a/b) \cdot q_0 \cdot b^2 \tag{3}$$

此处采用 $q_0 \cdot b^2$ 的原因是由于随着工作面的推进,$f(a/b)$ 值在变化,而 $q_0 \cdot b^2$ 值则不变。

在极限状态下,则

$$f(a/b) \cdot q_0 \cdot b^2 = \frac{h^2 \cdot R_{\mathrm{T}}}{6} \tag{4}$$

此处 $f(a/b)$ 称为随着工作面推进(导致 a 值的变化)引起弯矩变化的弯矩系数。因而在各种不同支承条件下的极限弯矩系数为:

$$f(a/b) = \frac{h^2 \cdot R_{\mathrm{T}}}{6 \cdot q_0 \cdot b^2} = \frac{L_{\mathrm{eT}}^2}{12 \cdot b^2} \tag{5}$$

等号右侧对于某一特定的生产地质条件,显然是一固定值,而等号左侧 $f(a/b)$ 却是随着工作面的推进,即 a/b 值的变化以及在各种不同支承条件下所求弯矩值的部位而变化。

若以四周固支板的破坏过程为例,可用图 3 所示各种不同部位及裂缝发展情况(凡发展了裂缝的场所以简支边代替固支边)的弯矩系数与 a/b 值的关系曲线。

图 3 曲线 1 表示四周固支状态下长边两端中间 x 向的弯矩值随 a/b 值的变化曲线;曲线 2 则表示长边已开裂,因而化为简支,而短边为固支时,其中部 y 向的弯矩随 a/b 的变化值;曲线 3 则为四周均为裂缝时,作为简支板时的板中央 x 向的弯矩值与 a/b 值的

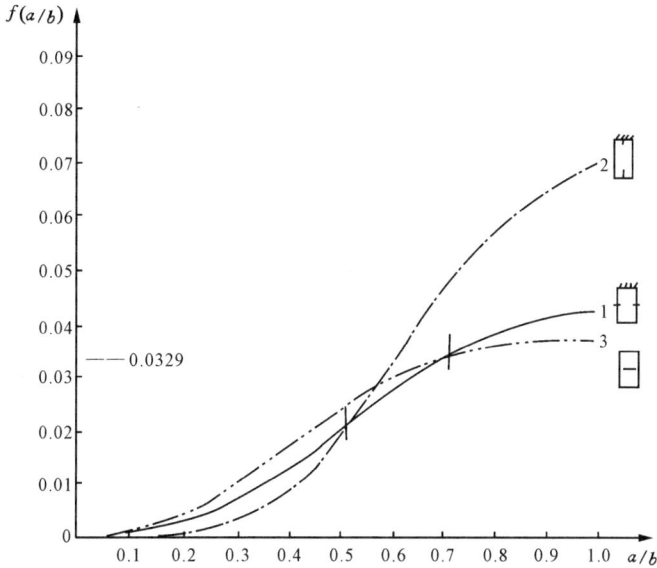

图 3

变化关系。

上述曲线，若以 Marous 对"板"的简化解，可用下述关系表示：

曲线 1：
$$f(a/b)=\frac{1}{12}\cdot\frac{b^4}{a^4+b^4}\cdot(a/b)^2 \tag{6}$$

曲线 2：
$$f(a/b)=\frac{1}{12}\cdot\frac{5a^4}{5a^4+b^4} \tag{7}$$

曲线 3：
$$f(a/b)=\frac{1}{8}\cdot\frac{b^4}{a^4+b^4}\cdot\left(1-\frac{5}{6}\cdot\frac{a^2\cdot b^2}{a^4+b^4}\right)\cdot(a/b)^2 \tag{8}$$

为此，当 $f(a/b)<0.0329$ 时，只要长边固支边中央弯矩超过极限形成裂缝时，短边也将随之形成裂缝，而且随之而来的板中央也形成裂缝以至整个板失稳形成 X 型破断。

为此，此时初次断裂步距应采用下式求得：

$$a=\frac{b}{L_{eT}}\left(\frac{b^2-\sqrt{b^4-4L_{eT}^4}}{2}\right)^{1/2} \tag{9}$$

式中，$L_{eT}=h\sqrt{\dfrac{2R_S}{q}}$；$b$ 为工作面长度。

此时，计算所得的初次断裂步距根据 L 的大小及 b 的大小而不同。显然，若 b 值越大而 L 较小，则由公式（9）求得的值与用公式（1）求得的值几乎接近；相反，则差别较大。其情况详见表 1。

表 1

L_{eT}(m) \ b(m)	200	180	160	140	120	100	90	80	75	70	60
40	40.03	40.05	40.08	40.13	40.25	40.53	41.83	41.40	41.90	42.67	46.84
50	50.09	50.15	50.24	50.40	50.80	51.76	52.90	55.48	58.55		
60	60.21	60.40	60.60	61.10	62.10	65.19	70.27				
70	70.50	70.80	71.40	72.50	75.20	90.40					
80	81.07	81.68	82.82	85.85	93.69						
90	91.99	93.17	95.55	101.8							
100	103.5	105.8	110.97								

当 $f(a/b)>0.0329$ 时,由图 3 可知,此时板的破断规律将遵循曲线 3 进行,即此时虽然四周固支的板已形成裂缝,但并未达到四周简支条件的极限状态,因而在工作面上方将出现多次断裂而并不导致老顶岩层垮落的现象。图 4 所示为长边经过三次断裂后才形成 X 型破坏的现象。

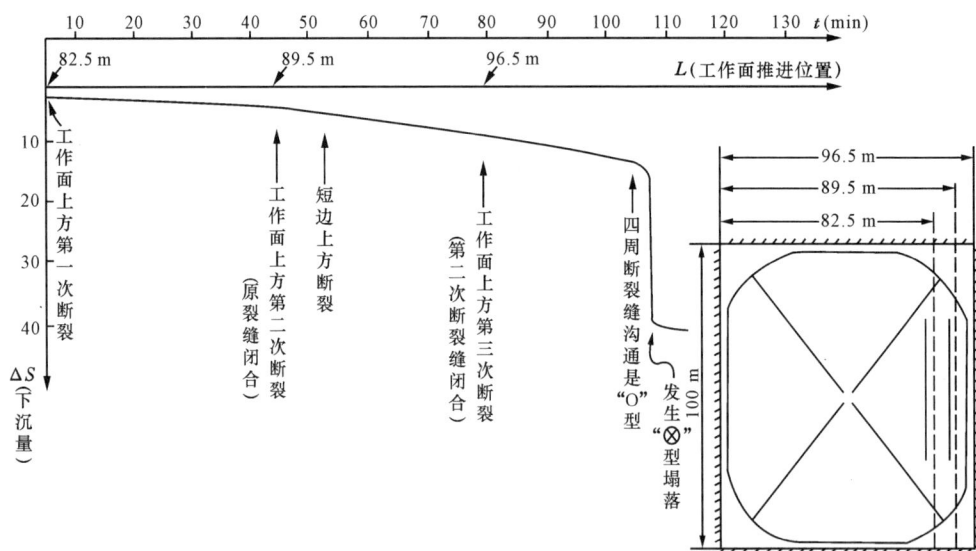

图 4

此时,老顶的初次断裂步距就必须按照如下的公式计算:

$$a = b \cdot \sqrt{\mathrm{tg}\left\{\frac{1}{2} \cdot \sin^{-1}\left[\frac{6}{5}\left(1 - \frac{1}{3}\sqrt{9 - 20\frac{L_{eT}^2}{b^2}}\right)\right]\right\}}$$

式中符号同前。

此时工作面长度与由平面变形算得的初次断裂步距(L_{eT})及改变后的断裂步距(a)之间的关系如表 2 所示。

表 2　　　　　　　　　　　　　　　　　　　　　　　　　　　　　　　　　　　　单位:m

a\b / L_{eT}	190	182	170	166.5	160	151.19	140	136.1	130	125	120.95
80									84.95	92.3	120.2
90							105.3	132.2			
100					109	149.7					
110			131.85	156.2							
120	133.73	164.1									

由表 2 可知,在这种情况下工作面长度对断裂步距将有较大的影响。

若考虑到老顶四周的支承情况,例如两面或三面已经采空,则此时老顶断裂步距可能均要采用公式(10)进行计算,此时与采用平面变形求得的解将有较大的出入。

四、坚硬顶板悬露“见方易垮”问题

根据大量生产实践活动,大同矿务局一再提出“老顶处于见方状态最易来压”之说,长时期以来未能得到解释,总认为是一种偶然性。表 3 表示部分工作面的实际统计材料。

从表 3 所示的统计值分析可知,有些情况近于正方形,而有些则不一定。

表 3

矿别	煤层	工作面编号	工作面长度(m)	顶板岩性	初次来压步距(m)	冒高(m)
四老沟	2#	8203	110	砂砾岩	102.3	10
四老沟	2#	8207	150	砂砾岩	159.7	10
四老沟	2#	8209	150	砂砾岩	144.8	
晋华宫	3#	8117	144	细砂岩	184	10
晋华宫①	3#	8106	136	细、中砂岩	81.5	>10
云　岗①	2#	8143	83	砂砾岩	95.3	
云　岗①	3#	8305	142	砂砾岩	83.3	10~20
永定庄	8#	81103	80	细砂岩	80	5~7
同家梁	11#	8304	120	细砂岩	68	5~7
同家梁	12#	8302	186	中粒砂岩	90	5~10
同家梁	12#	8604				
白　洞	14#	8409	120	中细砂岩	60	<10
煤峪口	9#	8907	90	细砂岩	40	5~7
王　村	11#	8106	186		65	

① 注水。

以老顶作为“板”分析其破断规律,可知当 $f(a/b)>0.0329$ 时,工作面长度的变化对断裂距的影响较大,甚至有时工作面长度仅不大的变比即可能对来压步距影响很大。

鉴于采用平面变形求算的初次断裂步距公式 $L_{eT}=h\sqrt{\dfrac{2R_S}{q}}$ 中，h、R_S、q 在一定地质条件下均可视为定值，因此可采用它表示一定的地质赋存条件。由此，从表 2 可见，在采用一定的工作面长度范围内，均有使老顶岩层趋于正方形进行初次断裂的可能。如在 $L_{eT}=$ 80 m 时，取工作面长度为 121 m；或 $L_{eT}=90$ m 时，取工作面长度为 136 m 等均可能出现见方来压的现象。

因此从理论上讲，当 $f(a/b)>0.0329$ 时，即

$$\frac{L_{eT}^2}{12\times b^2}>0.0329,\qquad \frac{L_{eT}}{b}>0.628$$

即工作面长度选择在 $\dfrac{L_{eT}}{0.628}$ 时就有可能出现正方形来压现象。例如，若 $L_{eT}=70$ m，当 $b\leqslant$ 110 m 左右时，$L_{eT}=80$ m，当 $b\leqslant127$ m 时，就可能如此。图 4 也说明了这种关系。

五、工作面长度与老顶初次断裂步距

长时期以来人们认为工作面长度与顶板来压的剧烈程度无关，事实上，若将老顶岩层视为"板"进行分析，就可知道，这也是有一定条件的。

由表 2 可知，当 L_{eT} 为 40 m 时，工作面长度只要 >65 m，其初次断裂步距基本上可以认为是一定值。事实上，也就是说当 $f(a/b)<0.0329$，即 $b>\dfrac{L_{eT}}{0.628}$ 时，工作面长度对初次断裂步距可以认为没有影响。同样由表 2 可知，工作面长度的选择对老顶初次断裂步距的影响就可能很大。也即当 $b<\dfrac{L_{eT}}{0.628}$ 时，工作面长度对老顶断裂步距就有很大影响。当然，这种情况在一般的回采工作面条件下不会发生，因为一般的初次来压步距按梁计算公式为 20～30 m，而实际工作面长度都选择在 150～200 m，它远远大于 $\dfrac{20}{0.628}-\dfrac{30}{0.628}$ 即 30～50 m。但对于大同、京西等条件，即 L_{eT} 可达 70～80 m 以上，即相当于 $h=10$ m，$R_S=10$ MN/m²，$q_0=25$ kN/m³，则 $L_{eT}=10\times\sqrt{\dfrac{2\times10\ 000}{25\times10}}=90$（m）。而选择的工作面长度在 140 m 附近时，工作面长度对顶板的初次断裂步距将有很大的影响。而根据目前的生产条件，这些地区的工作面长度大部分选择在这个范围附近。因此，在这些地区工作面长度对矿山压力是有很大影响的。

六、结　论

（1）初次断裂步距的估算是顶板来压预测预报的主要内容，它的估算只有在 $b\gg\dfrac{L_{eT}}{0.628}$ 时可以采用梁的公式加以计算。而在 $b=\dfrac{L_{eT}}{0.628}$ 附近时，则必须考虑"板"的破断规律而加以修正。

（2）当 $b\leqslant\dfrac{L_{eT}}{0.628}$ 时，顶板有可能出现见方来压现象。

（3）当 $b = \dfrac{L_{eT}}{0.628}$ 附近时，工作面长度对顶板来压有较大影响；当 $b \gg \dfrac{L_{eT}}{0.628}$ 时，工作面长度对顶板来压剧烈程度影响不大。

（4）虽然应该以"板"的稳定性来考虑老顶的破断规律，但 $L_{eT} = h\sqrt{\dfrac{2R_{S}}{q_{0}}}$ 仍然可以作为分析顶板力学性质的一个重要工作指标。

参 考 文 献

[1] 钱鸣高、朱德仁、王作棠：《老顶岩层断裂型式及对工作面来压的影响》，《中国矿业学院学报》，1988年第 2 期。
[2] 徐林生：《坚硬定量顶板的控制》，载于《安全手册》（待发表）。

The Behaviour of the Main Roof Fracture in Longwall Mining and Its Effect on Roof Pressure[①]

Minggao Qian

（China Institute of Mining & Technology）

Guojing Zhao

（Beijing Graduate School. China Institute of Mining & Technology）

Abstract：Analysed on the strata displacement measured data collected from collieries，it can be found that when the hanging section of main roof is caving，a part of the fixed section in the abutment place would be appeared in rebound condition. It is clear that this mani-festation may be used as an index to predict the variation of the roof pressure in longwall coal mining. In order to explain this manifestation，a model as a semi-infinite long beam to be clamped on a Winkler elastic foundation has been put forward in this paper. Besides，the position of the fractured surface and the rebound district of the main roof also had been discussed in this paper.

1　INTRODUCTION

In coal mining，especially in longwall mining，the fracture of the main roof would affect the distribution of the abutment pressure ahead of the longwall face and following the fracture of main roof a series of phenomena would be happened around face area. For instance，the convergence in the working area and the load acting on the support would be increased and sometimes some kinetic phenomena may be happened. Because of this，the mining engineers and researchers in China always paid special attention to this problem.

2　MECHANICAL MODEL OF MAIN ROOF BEFORE AND AFTER ITS FRACTURE

In according of the relationship between length of the longwall face，thickness of

---

　① 本文发表于 28th US Symposium on Rock Mechanics/Iucson/29 June 1 July 1987.

the main roof and its span of first weighting the main roof hanging over the caved area can be suggested as a "plate" fixed (or simplified) to the boundary pillar and coal face. By the experience in the laboratory, the fracture form of these "plate" can be described in Fig. 1. Fig. 1a shows the fracture form when the span of first weight (L) is less than the length of coal face (1). Fig. 1b indicates that both of length is approximately same. Fig. 1c shows when L is much longer than 1.

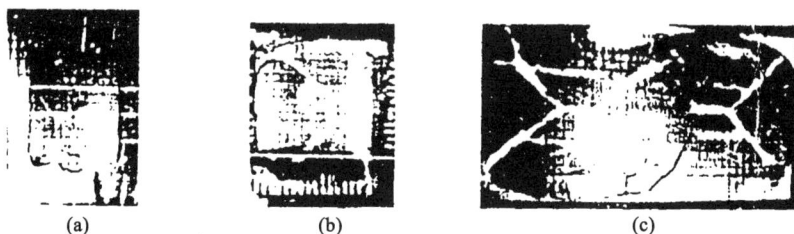

(a)   (b)   (c)

Fig. 1

It is particularly interesting to notice the process of the plate collapse. The first crack is occurred on the top of the plate above the middle of the longer supported line and then the crack is extended along the longer line. In the meantime the cracks will be appeared on the top along the shorter boundary line. At the end the boundary cracks would be connected each other and formed as an ellipse shown in Fig. 1. Following this, the plate will collapse as a "X" form.

After further removal of the coal face, the "plate" will collapse periodically and its form is indicated in Fig. 2.

Fig. 2

According to the measured data in situ the behaviour of the overlying strata across the middle of the face line can be represented in Fig. 3. Clearly, this case is just for the condition Fig. 1a.

From Fig. 3a mechanical model as a semiinfinite long beam to be clamped on a Winkler elastic base can be suggested as illustrated in Fig. 4.

In Fig. 4a M_0, Q_0, indicate the bending moment and shear force in the beam. N shows the axial force acting at the point $x = 0$. Fig. 4b represents the condition of the cantilever district of the beam A. N' and Q' indicate the forces formed from the

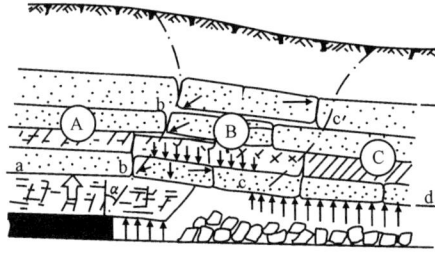

Fig. 3

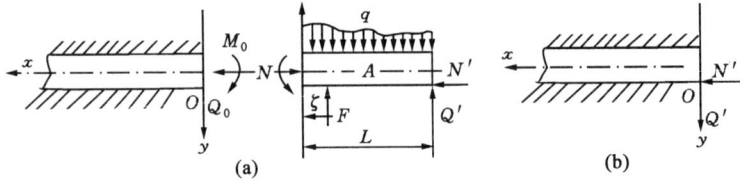

Fig. 4

collapsed rock block B and acting on the end of the cantilever district.

3　THE SOLUTIONS OF THE MECHANICAL MODEL

According to the assumed Winkler elastic foundation, the relationship between pressure p and vertical settlement y can be given by:

$$p = -ky \tag{1}$$

where k is the index of Winkler elastic foundation.

The differential equation of the bending deformation in the beam can be expressed as follows:

$$EIy'''' + Ny'' = p \tag{2}$$

where EI is the flexural rigidity

Substituting p by y and assuming $S = N/EI$, $r^2 = k/EI$, the following, equation can be given from (2).

$$y'''' + Sy'' + r^2 y = 0 \tag{3}$$

If $y = a \cdot e^{\lambda x}$ is the solution of this equation then we can substitute it into (3) and the following formular would be obtained:

$$\lambda^4 + S\lambda^2 + r^2 = 0 \tag{4}$$

The root of this equation will be given by:

$$\lambda_{1,2,3,4} = \pm \left[-\frac{S}{2} \pm \left(\frac{S^4}{4} - r^2 \right)^{1/2} \right]^{1/2} \tag{5}$$

Because S is always less than r, formula (5) can be achieved by putting: $\lambda_{1,2,3,4} = \pm\alpha \pm i\beta$, where $\alpha = (r/2 - S/4)^{1/2}$; $\beta = (r/2 + S/4)^{1/2}$ and then the general solution of formula (2) would be:

$$y = A\mathrm{ch}\alpha x\ \cos\beta x + B\mathrm{ch}\alpha x\ \sin\beta x + C\mathrm{sh}\alpha x\ \cos\beta x + D\mathrm{sh}\alpha x\ \sin\beta x \tag{6}$$

From Fig. 4 the following relationships can be obtained: $y = y_0$; $M_0 = EIy_0''$; $Q_0 = EIy_0''' + Ny'$, when $x \to \infty$ then $y \to 0$ and $A + C = 0, B + D = 0$ and then the equation of the deflection of the elastic beam would be given as follows:

$$y = \mathrm{e}^{-\alpha x}\left[\frac{rM_0 + 2\alpha Q_0}{EIr(r-S)}\cos\beta x - \frac{2\alpha r M_0 + SQ_0}{2EIr(r-S)\beta}\sin\beta x\right] \tag{7}$$

The equations of bending moment and shear force in the beam can be expressed by formulae (8) and (9).

As the overhanging beam collapse, the bending moment $M_0 = 0$; Shear force $Q_0 = Q'$ and then the equations for deflection, bending moment and shear force in the beam (main roof) would become as formulae (10)、(11) and (12).

$$M = EIy'' = \mathrm{e}^{-\alpha x}\left[M_0\cos\beta x + \frac{\alpha(r+S)M_0 + rQ_0}{(r-S)\beta}\sin\beta x\right] \tag{8}$$

$$Q = EIy''' = \mathrm{e}^{-\alpha x}\left[\frac{2\alpha S M_0 + rQ_0}{r-S}\cos\beta x - \frac{(2r^2 - S^2)M_0 + 2\alpha r Q_0}{2(r-S)\beta}\sin\beta x\right] \tag{9}$$

$$y_f = \mathrm{e}^{-\alpha x}\left[\frac{2\alpha Q'}{EIr(r-S)}\cos\beta x + \frac{SQ'}{2EIr(r-S)\beta}\sin\beta x\right] \tag{10}$$

$$M_f = \mathrm{e}^{-\alpha x}\left[\frac{rQ'}{(r-S)\beta}\sin\beta x\right] \tag{11}$$

$$Q_f = \mathrm{e}^{-\alpha x}\left(\frac{rQ'}{r-S}\cos\beta x - \frac{2r\alpha Q'}{2(r-S)\beta}\sin\beta x\right] \tag{12}$$

4　THE FRACTURE POSITION OF THE OVERHANGING MAIN ROOF

From aforesaid condition, the position of the maximum bending moment in main roof can be obtained from following formula:

$$\mathrm{tg}\beta x = \frac{2\beta(2\alpha M_0 S + rQ_0)}{(2r^2 - S^2)M_0 + 2rQ_0}$$

$$x = \mathrm{tg}^{-1}\left[\frac{2\beta(2\alpha M_0 S + rQ_0)}{2(r^2 - S^2)M_0 + 2\alpha r Q_0}\right]\Big/\beta \tag{13}$$

An example can be used to explain this formula, the conditions into account are as follows: $E = 30\ \mathrm{GN/m^2}$; thickness of main roof $h = 2, 4$ or $6\ \mathrm{m}$; $k = 0.25 \times 10^2\ \mathrm{MN/m^2}$ or $4 \times 10^2\ \mathrm{MN/m^2}$ and the bending strength of main roof $\sigma_s = 6\ \mathrm{MN/m^2}$ then the r, α and β can be listed in following Table.

$k=$	0.25×10^2		4×10^2	
h	r	$\alpha = \beta$	r	$\alpha = \beta$
2	0.035	0.132	0.141	0.266
4	0.0125	0.079	0.05	0.158
6	0.0068	0.058	0.027	0.116

Based on the aforesaid conditions, the fractured position of the overhanging main roof and the length of fractured block can be listed by the following Table.

It is clear that when k is increased the fractured length of the overhanging beam would be shorter and the fractured line would lie closely to the face line.

After fracture of the overhanging section of the main roof, clearly, the fractured block would sit itself in rotation condition and then the load acting on the support along the face line would be increased.

$k=$	0.25×10^2		4×10^2	
h	fractured block length	limited overhanging length	fractured block length	limited overhanging length
2	8~10 m	5~6 m	6~8 m	6~8 m
4	1~14 m	7~8 m	10~12 m	8~10 m
6	14~16 m	8~9 m	12~14 m	11~12 m

5   REBOUND AND COMPRESSION OF THE MAIN ROOF

During the fracture of overhanging section, the deflection of the main roof in some district would become less, this phenomena can be named "rebound" of the main roof, and in some district would be greater than original deflection of the main roof, that is to say the main roof in this district would further compress the immediate roof and coal seam. In this condition, the convergence and the pressure measured in the roadway ahead of the face would be varied with the variation of the deflection of the main roof.

Fig. 5 shows this variation, a is the convergence and b is the prop pressure.

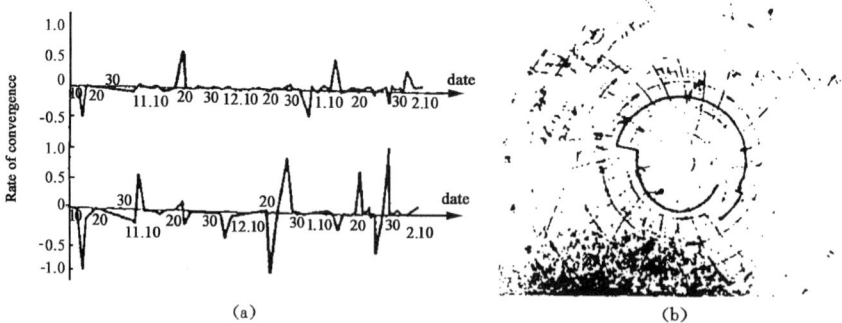

Fig. 5

The district of the rebound section can be obtained by:

$$x_r = \mathrm{tg}^{-1} \left[\frac{2\beta r M_0 + 4\alpha \beta (Q_0 - Q')}{2\alpha r M_0 - S(Q_0 - Q')} \right] \Big/ \beta \tag{14}$$

In the district $\pi/\beta + x_r > x > x_r$, the main roof would have an effect on the immediate roof and coal seam into further compression condition.

The value of the maximum rebound caused at the fractured line of the main roof is equal：

$$(\Delta y)_{max} = \frac{r M_0 + 2\alpha(Q_0 - Q')}{EIr \ (r - S)} \tag{15}$$

Fig. 6 shows an example of the variation of the deflection before and after the fracture of the main roof.

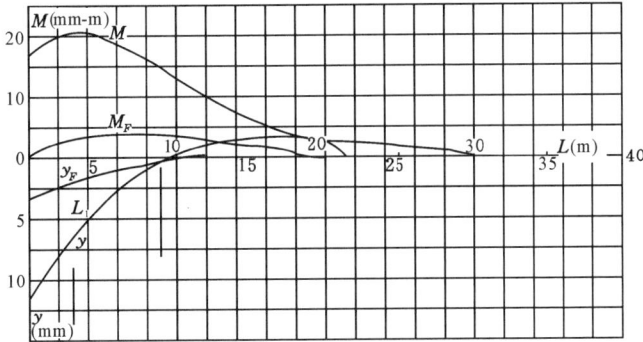

Fig. 6

Some data to indicate the relationship between k, Δy (maximum value of the rebound of the main roof) and L_1 (the district of rebound) are illustrated in following Table：

k MN/m²	0.5　10	1　　10	1.5　10	2　　10	2.5　10	5　　10	10　　10
L_1 m	11.2	9.1	8.1	7.47	7	5.75	4.7
Δy mm(max)	10.46	6.91	5.43	4.6	4	2.69	2

6　CONCLUSIONS

（1）When the span of the hanging main roof reaches to its limit, the crack would firstly occur at the top along the longer supported boundary and then the shorter boundary. If the cracks along the boundary are connected with each other, the hanging main roof should be collapsed in different "X" form.

（2）According to the relationship between index k and thickness of main roof, immediate roof and coal seam, the fractured line of the main roof may be lain in different distance ahead of the coal face.

（3）As the overhanging section of main roof is caving, some district of the fixed abutment section of main roof would appear in rebound condition and in the meantime at the other district a compressive effect on the immediate roof and coal seam would be occurred.

（4）It is clear that in the longwall mining with strong hard caving roof the phenomena measured by the variation of the convergence or the load acting on the hydraulic prop in the roadway ahead of the longwall face can be used as an index to predict the first and periodical weighting of the strong main roof and the increase of the roof pressure or some kinetic phenomena to be happened at working area.

References

[1] Timoshenko S. , 1956. Strength of materials. Part Ⅱ, advanced theory and problems. D. Van Nostrand Company, inc. Princeton, New Jersey.

[2] Qian(Chien) Minggao, 1982. A study of the behaviour of overlying strata in longwall mining and its application to strata control. Proc. Symp. on strata mechanics, Newcastle 5-7th April.

The Behaviour of the Main Roof in Longwall Mining—Weighting Span, Fracture and Disturbance[①]

QIAN Minggao   HE Fulian

It is well-known that the method for monitoring the behaviour of the main roof, especially in tile longwall faces with prop support, is an important problem and always studied by the mining engineers. Based on observations in situ and model research, the weighting span, fracture capacity and the disturbance after fracture of the main roof have been described in this paper. Obviously, with these information, the method for monitoring weighting can be used in the collieries successfully.

A. Introduction

The fracture and weighting of main roof often have great influence on working area of longwall face, especially in the face supported by individual props. In the fully mechanized face, the weighting of main roof makes nether roof flaking in the prop-free area of working face, even the powered support will be broken in some cases as shown in Fig. 1. So it is very important to study the movement of the main roof in strata mechanics.

Fig. 1

---

① 本文发表于 *Journal of Mine, Metals and Fuels*,1989 年 June-July,第 240~246 页。

In the past, mechanical models of beam, arch, etc. were built to study the behaviours of the main roof, but these mechanical models are only suitable to the middle of the face in some condition, and they cannot explain the phenomena of the roof pressure along the working face. From observations in situ. following the advance of the longwall face the nether roof will be fractured and cave in the extracted area and the main roof would suspend above the goal area and separate from the overlying strata. On this fact, the main roof above the extracted area can be assumed as a plate supported and clamped by the elastic foundation in different boundary conditions, then the mechanical model for analysing the behaviour of the main roof can be formed and the weighting span, fracture capacity of the main roof and the disturbance following fracture can be resolved.

B. Analysis of the fracture process of main roof in longwall mining and calculating of weighting span

1. THE MECHANICAL MODEL OF THE STRUCTURE OF MAIN ROOF

The condition of the main roof can be represented as in Fig. 2. It is known that in most cases the boundary of coal body and pillar can be simplified as fixed and simply supported boundary for the analysis of the fracture of the main roof and on the field inter-borehole television observations and physical model research the main roof will be separated with its overlying strata before its breakage. The effect of bed separation leads the main roof above the goaf area to separate from the stress field of overlying strata, so the main roof, before its breakage, can be assumed as an elastic plate structure and its boundary is supported or clamped by the coal and immediate roof body. As the ratio of thickness/width of plate structure is generally less than 1/4 during the weighting of the main roof, the plate can be regarded as a Kirchhoff elastic plate and it can be calculated and analysed by use of small deflection theory of plate.

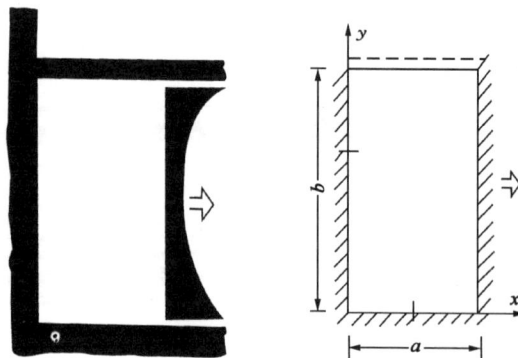

Fig. 2

2. THE BREAKAGE OF THE MAIN ROOF

The physical model research of mining under plate structure indicates that with the longwall face being put forward, the first crack always occurs on the top of the plate above the middle of the longer fixed edge and the crack is extended along the longer side of the goaf, then the crack occurs and extends along the shorter side of the goaf. After these cracks connect each other, the crack will be formed in the middle of the plate. At last, the plate structure of main roof will collapse in the form of " * ". In some cases, for example, all the sides of plate with rectangular form is nearly equal to each other, though the boundary cracks are connected, the main roof can remain to hang over goal area and does not cave down. With the face continually advancing, the main roof will not collapse and weight until the crack occurs in the centre of plate.

The form of the fractured main roof will be varied with the value a/b, shown in Fig. 3. If a/b is less than 1, it will be in form Fig. 3a. If $a/b = 1$, it will be as shown in Fig. 3b and if the value a/b is greater than 1, in Fig. 3c.

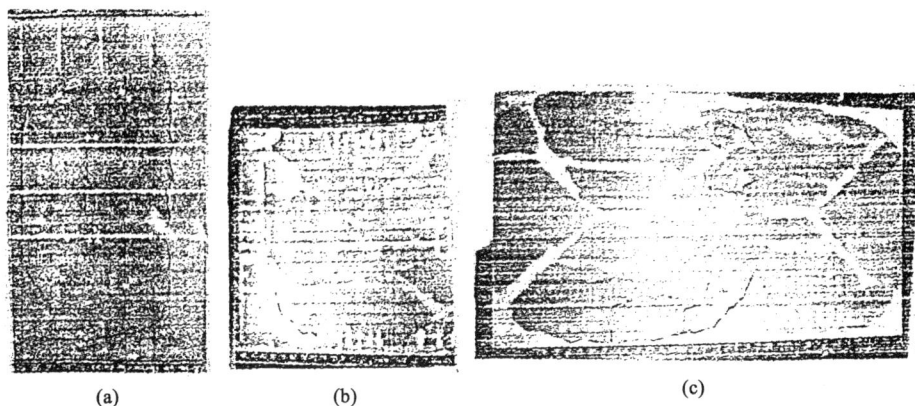

(a)　　　(b)　　　(c)

Fig. 3

As the main roof breaks in the form of " * ", apparently, if a/b is less than 1, the weighting in the middle of longwall face is different from that at the end of longwall face. In the middle of face, the behaviour of main roof can be considered as a plain strain problem. But at the end of longwall face, the main roof breaks in the arc-triangular form, obviously its stability must be resolved as a three-dimensions problem.

3. BREAKING PROCESS OF MAIN ROOF

Assuming that the breaking of the plate structure is due to the bending stress in plate attaining its tensile strength, according to theory of thin plate, the breaking process of the plate can be analysed as follows: the example is illustrated in Fig. 4.

The boundary condition of the plate structure is fixed by the coal body. Then the maximum bending moment M is equal $f(a/b)qb^2$ where q is the uniform load per unit area of the main roof. If we assume $f(a/b)$ as a coefficient of the maximum bending moment, obviously it varies with face advancing.

In Fig. 4, the curve 1 indicates the bending moment coefficient about y axis at the middle portion of longer side varies with the ratio of a/b; the curve 2 indicates $f(a/b)$ about x axis at the middle portion of shorter side, after the longer side of the plate is fractured,

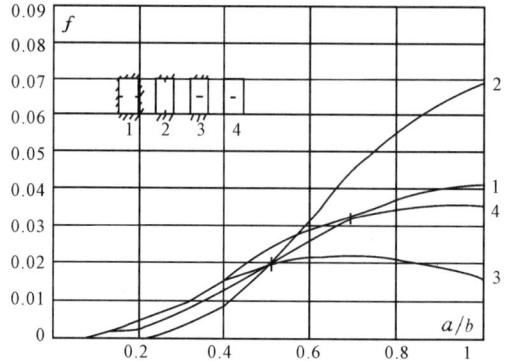

Fig. 4

varies with (a/b); the curve 3 is about y axis at the centre of the plate, after the whole longer side is fractured; curve 4 indicates about y axis at the centre of the plate, after the boundary cracks are connected to each other.

From Fig. 4 the fracture process of main roof, in this condition, can be divided into three sections.

(a) $f(a/b) < 0.02$

The fracture cracks will extend along the longer fixed boundary line at first, then in the centre of the plate, at last the plate structure collapses in the form " * "

(b) $0.02 < f(a/b) < 0.032$

The fracture cracks will extend along the longer fixed boundary line at first, then the fracture cracks extend along the shorter fixed boundary line, and at last these cracks connect each other in form "O", in almost the same time the "O" plate will collapse in form of "X".

(c) $f(a/b) < 0.032$

The first extends along the longer fixed boundary line and then the crack extends along the shorter fixed boundary line, at last the plate breaks as a form "O", but in this case the "O" plate structure is still stable. With the face continually being put forward, the value a/b reaches its limit of plate with simply supported boundary, then the main roof collapses in the form of "X".

4. PREDICTION OF WEIGHTING SPAN OF THE MAIN ROOF

(a) Calculating principle

According to the analysis of the fracture process of plate structure with fixed or simply supported boundary and the breakage criterion of maximum tensile stress, for calculating the weighting span, it is necessary to calculate the main stress on the boundary of the main roof and at the centre of plate structure, when the crack at the boundary has occurred.

For practical use, the maximum bending moment of the plate structure of the main roof can be solved by correcting Marcus' simplified formulae, and the classical solution is considered as the standard for correcting Marcus' simplified formulae. From these corrected formulae, the programme ESL-A used to solve the weighting span of the main roof can be adopted. Furthermore, the programme ESL-A includes the sub-programme calculating the difference of weighting span between the elastic foundation and simplified boundary (fixed or simply supported). In this case, if we input the parameters of the main roof and the geometries of the working face, the weighting span can be predicted from programme ESL-A.

(b) Weighting span of the main roof

By the use of the programme ESL-A, the curve $f(a/b)$ illustrated in $f(a/b)$ against a/b system, and the curve A/Lce illustrated in A/Lce against w/Lce system can be shown in Fig. 5.

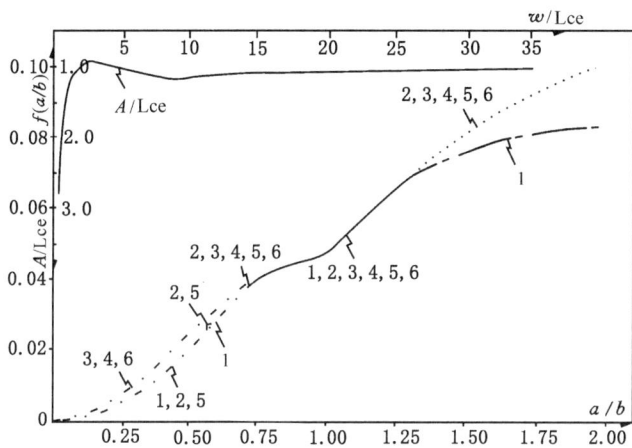

Fig. 5

In Fig. 5, Lce indicates first weighting span of mechanical model of main roof beam under the boundary simplified as fixed condition; A is the first weighting span of the main roof under the boundary of elastic foundation; h is the thickness of main roof; δ_t is the tensile strength of main roof; K is the index of Winkler elastic foundation and EI is the flexural rigidity of main roof beam. Curve 1 shows the condition with 4 sides fixed; Curve 2 is in condition of 3 sides fixed and 1 side simply supported; Curve 3 is in condition of 2 adjacent sides fixed and the other 2 adjacent sides simply supported; Curve 4 indicates the condition of 1 side fixed and 3 sides simply supported; Curve 5 is in the condition of the opposite sides fixed and the other opposite sides simply supported; Curve 6 shows the condition of 4 sides simply supported.

In general condition, $w/\text{Lce} > 2.5$ $[w = (K/EI)^{1/4}]$, so $A/\text{Lce} \approx 1$. The further calculation of programme ESL-A indicates that for the calculation of first weighting span, in most cases the boundary of coal body or pillar can be respectively simplified as

```
                              ┌──────────┐
                              │  Begin   │
                              └──────────┘
                                    │
          ┌─────────────────────────────────────────────────┐
          │  input the controlling variable K and other       │
          │  original calculating parameters σt, h,g,b         │
          └─────────────────────────────────────────────────┘
                                    │
          ┌─────────────────────────────────────────────────┐
          │  compute the limit of the bending moment ft        │
          └─────────────────────────────────────────────────┘
                                    │
                    N          ◇ K≠0 ◇
                                    │ Y
          ┌─────────────────────────────────────────────────┐
          │  input the assumed first weighting span AA,        │
          │  and AA>A,than let A1=0,A2=AA,a=(A1+A2)/2           │
          └─────────────────────────────────────────────────┘
                                    │
          ┌─────────────────────────────────────────────────┐
          │  according to the Marcus' corrected formulae,      │
          │  compute the maximum bending morment coffieient    │
          │  f(a/b) corresponding to the plate struture under  │
          │  the boundary simplified as fi red or simply       │
          │  supported condition                               │
          └─────────────────────────────────────────────────┘
                                    │
          ┌─────────────────────────────────────────────────┐
          │  compute f(a/b) in the centre of plate structure   │
          │  with 4 sides simply supported                     │
          └─────────────────────────────────────────────────┘
                                    │
                          ◇ f(a/b)>fs(a/b) ◇      N
                                    │ Y
                         ┌──────────────────────┐
                         │  let f(a/b)=fs(a/b)   │
                         └──────────────────────┘

          ◇ ft>f(a/b) ◇      N      → let A2=a
                    │ Y
          ┌──────────────┐
          │  let A1=a     │
          └──────────────┘

                                         let a=(A1+A2)/2

          ◇ AZ−A1<0.05m ◇        N
                    │ Y
          ┌─────────────────────────────────────┐
          │  output the value of first          │
          │  weighting span A,A=(A1+A2)/2        │
          └─────────────────────────────────────┘
                                    │
                              ┌──────────┐
                              │   End    │
                              └──────────┘
```

adopt the boundary of elastie foundation to compute the first wighting span, then output the value A

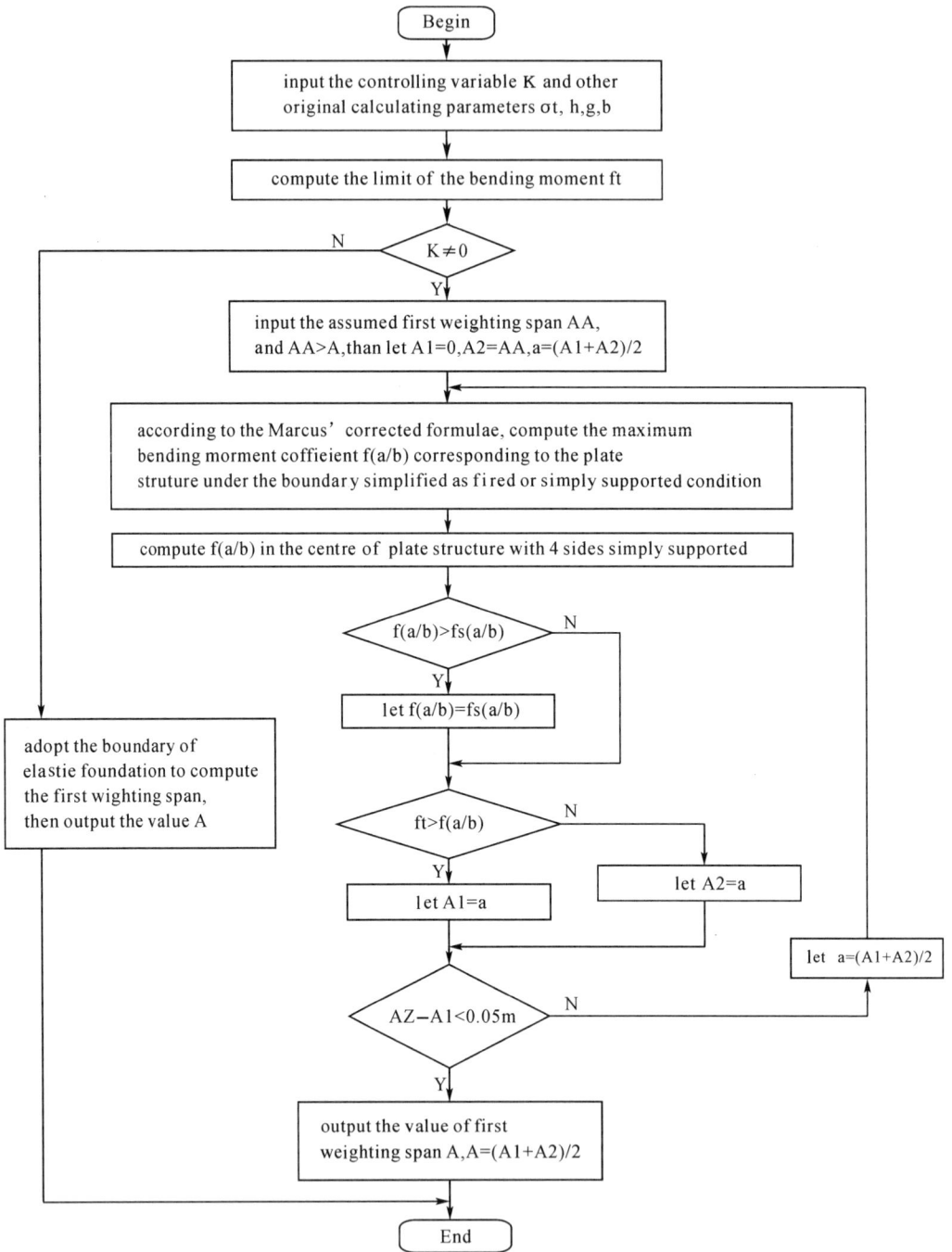

fixed or simply supported condition, and there is no need to consider the boundary as an elastic foundation.

Therefore, the first weighting span can be solved from Fig. 5 in the following way: according to the limit of the bending moment coefficient $f(a/b)$ of the main roof, rhe *value* a/b corresponding to the coefficient $f(a/b)$ can be found in Fig. 5, then the first weighting span A can be obtained from a/b and the length of the working face b.

Fig. 6 shows the relationship between A/Lce and b/Lce, when the plate structure is in the condition of 4 sides fixed.

From Fig. 6, if face length $b < 1.05$ Lce, the first weighting span A of the main roof would be several times as long as face length, even the weighting does not happen in the process of face advancing. If 1.05 Lce $< b < 1.6$ Lce, the variation of b has great influence on the weighting span A, and when $b = 1.325$ Lce, $A = b = 1.325$ Lce. If $b > 1.6$ Lce, the variation of b almost has no influence on the first span, and A is nearly equal to Lce.

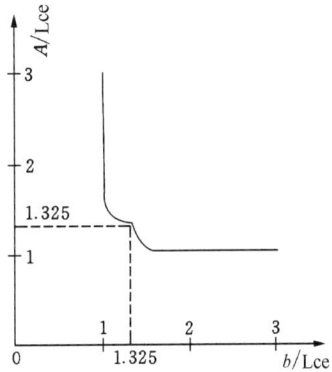

Fig. 6

C. Disturbance of the main roof after its fracture

The analysis results of the breaking process of the main roof as a Kirchhoff elastic plate supported on Winkler elastic foundation by use of finite element method can be shown in Fig. 7.

Obviously, Fig. 7 is an example to indicate the disturbance of the main roof after its fracture.

As the maximum bending moment in main roof is ahead of the face rib, it is clear that the fracture of main roof also happens there. When the main roof is fractured, the bending moment in fractured line should be decreased and because of the elasticity of main roof, immediate roof and coal body, the deflection of main roof ahead of the fractured line would be changed (Fig. 7). In the region near and ahead of the fractured line, the deflection becomes less, i. e., the main roof in this region would rebound, and this region can be named the rebound zone. In the region relatively far ahead of the fractured line, the deflection of main roof becomes greater, that means the immediate roof and coal body in this region would be compressed, and this is named as compression zone. Obviously, the displacement of the rebound is very small, so it is very difficult to measure the rebound of the main roof by displacement in the gate ahead of the coal face, but it can be easily measured by the variation of the prop Icad there. When the main roof rebounds, it is clear that the load acting on the prop supports in the gate would become less, and in the compression zone in the gate the load acting on the prop certainly becomes greater.

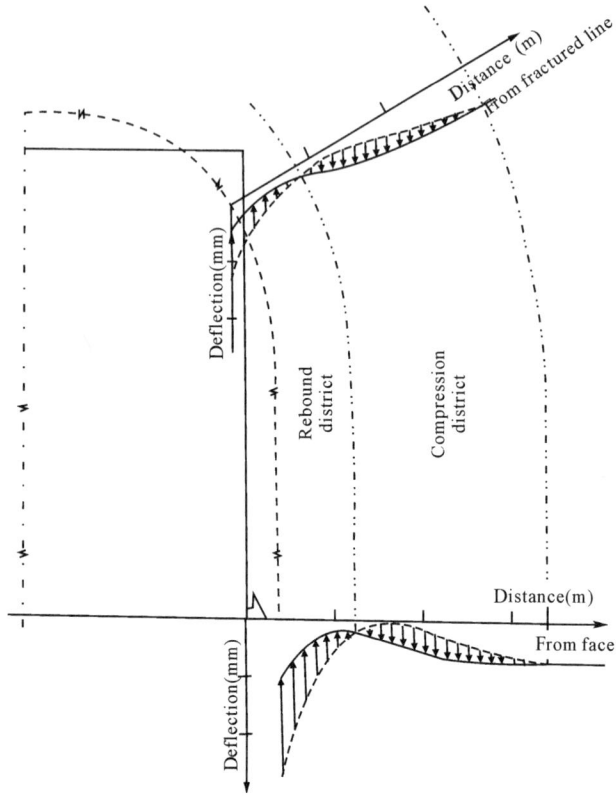

Fig. 7

D. Field investigations and results

Field observations were conducted in collieries Chai-Li and Jia-He. Fig. 8 shows the conditions of the face no. 7417 in colliery Jai-He; it is 143 m long and equipped with individual props. The main roof is sandstone 2.79 m thick. There is a normal fault in the direction of seam trend, the fault displacement is 4 m and the distance from the fault to tail entry is 33 m. The main roof above the goaf area can be divided into two plate blocks. We can assume that the block A and B are independent, and then according to the fracture of the block A and B, the weighting of the main roof at the face can be divided into two regions. On the calculation of programme ESL-A, the first weighting span of the plate block A is 42.7 m, and the plate block B is 25.7 m.

When the fracture of the plate block occurs, the signs of rebound and compression can be measured by a hydraulic prop equipped with a pressure gauge at the monitoring station in the gate ahead of the coal face (Fig. 9).

The results of observations, for an example, are shown in Fig. 10. Fig. 10a shows the suddenly applied load in the compression zone of the gate road, at the same time, the signal of rebound (Fig. 10b) was measured at the rebound zone in the gate ahead of

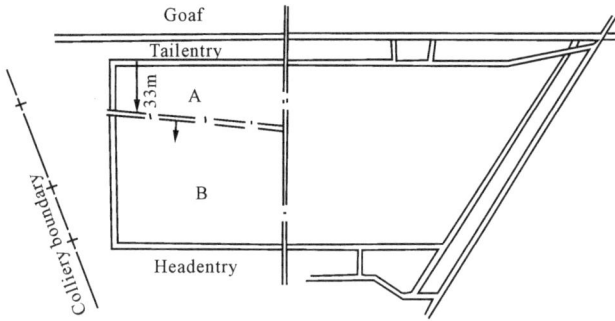

Fig. 8

Fig. 9

the face.

In the calculation of programme ESL-A, the distance from the fractured line of the main roof to the face rib is 6 m. From aforesaid condition, the monitoring of the behaviour of the main roof can be conducted successfully and the weighting span can be predicted by calculation or by the signals of rebound or compression getting in the gate road.

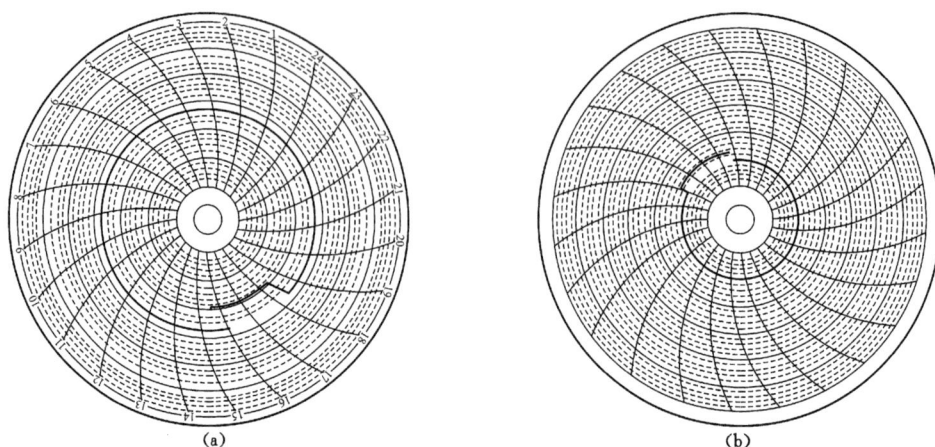

Fig. 10

E. Conclusions

(1) The main roof can be assumed as a Kirchhoff plate fixed or clamped oa a Winkler elastic foundation and it breaks in the form of " * ", when the suspended span of the main roof reaches its limiting value.

(2) Only when the main roof breaks in the form of flat " * ", the beam model can be used to study roof pressure in the middle of longwall face. In other cases, the main roof must be studied as a plate structure.

(3) The first weighting span of the main roof can be predicted by use of the programme calculation or the illustration for calculating first weighting span, and it can be determined according to some rules by the properties and boundary condition and length of coal face.

(4) As the main roof is breaking, effects of disturbance will occur and in some zones ahead of the coal face the main roof appears in rebound condition and at the same time a compressive effect on the immediate roof and coal seam will occur at the adjacent zone far from the face rib.

(5) The fracture line of main roof occurred always ahead of the face rib. It is in time to predict the weighting of main roof by use of the signals of compression and rebound in the gate road by use of the hydraulic prop and pressure gauge.

References

[1] Qian (Chien) Ming-gao(1982): "A Study of the Behaviour of Overlying Strata in Longwall Mining and Its Application to Strata Control". Proceedings of the Symposium on Strata Mechanics held in New-castle-upon-Tyne, pp. 13-17.

[2] Qian Ming-gao, Zhu De-ren and Wang Zuo-tang(1986): "The Fracture Types of Main Roof and

Their Effects on Roof Pressure in Coal Face". Journal of China University of Mining & Technology, No. 2, pp. 9-18.

[3] Qian Ming-gao(1987): "The Span of First Weighting the Main Roof". Rock Pressure in Coal Mining, No. 1, pp. 1-6.

[4] He Fu-lian: "The Span of First Weighting and Analysis of Factors Influencing It". MSc Thesis, China University of Mining & Technology.

[5] Timoshenko, S. and Woinowsky-Kireger(1959): "Theory of Plates and Shells". McGraw-Hill Book Company, Inc.

[6] Qian Ming-gao and Zhao Guo-jing(1986): "The Influence of the Fracture of the Main Roof on the Mining Ground Pressure". Journal of China University of Mining & Technology, No. 4, pp. 11-19.

[7] Smart, B. G. D. and Redfern, A. (1986): "The Evaluation of Powered Support Specifications from Geological and Mining Practice Information". Proceedings 27th U. S. Symposium on Rock Mechanics, SME-AIME, pp. 367-377.

A Computer Simulation of Breakage of the Main Roof in Longwall Mining[①]

Deren Zhu   Minggao Qian

(Department of Mining Engineering China University of Mining & Technology XuZhou,

PEOPLE'S ,REPUBLIC OF CHINA)

Abstract:Based on the results of field observation and physical model analyses, a computer simulation method, FEAEBP, has been developed for simulating the breakage of the main roof by considering it as a Kirchhoff plate on Winkler elastic foundation. By this method various parameters of rock property, different boundary conditions of the working face and the initiation, development and results of the breaking process of the main roof with different geometric dimensions can be effectively simulated. Since the main and immediate roofs, and the coal seems are treated as an integrated mechanical system, the interaction among them can be studied in detail.

INTRODUCTION

It is known that the main roof should be induced to break in longwall mining and the breakage of the main roof will have an effect on the maintenance of the working area of a longwall face. In order to ensure the safety of miners, it is necessary to keep a safe working area during and after the breakage of the main roof, Hence the study of the behavior of the breakage of the main roof and control methods has become a unique subject of rock mechanics in coal mining.

BASIS OF STUDY

The basis of the study on the breakage of the main roof lies in developing a mechanics model in line with its occurrence and abutment conditions, and in determining a reasonable breakage criterion.

1. Mechanics Model of Kirchhoff Plate on Winkler Elastic Foundation

Normally, the longwall faces are about $100-200$ m in length and its first weighting

---

①   本文发表于 *7th INTERNATIONAL CONFERENCE ON GROUND CONTROL IN MINING*,第 205~211 页。

interval 30—50 m. The thickness of main roof beddings is usually 2—8 m. According to the assumed conditions for the elastic plate, its ratio of thickness/width should be smaller than 1/4. So the main roof in this case can be considered as an elastic plate, or a Kirchhoff plate, when it is separated from the upper strata or when the friction force between them is very small. The immediate roof and coal seam around the plate, being served as supporting abutments for the main roof, can be considered as an elastic medium and conform with the assumption for Winkler elastic foundation.

Based on the two assumed conditions mentioned above, the mechanics model of the main roof can be simplified as a Kirchhoff plate on Winkler elastic foundation. The advantages of the model for studying the breakage behavior of the main roof are:

a. The whole process of the initiation and development of the breakage of the whole piece of the main roof can be studied including the form of the spatial structures of the broken blocks.

b. By considering the main and immediate roofs, and coal seam as an integrated mechanics system, the relationship between their mechanics characteristics and states can be studied in greater depth.

c. It simplifies the true three-dimensional problem of roof strata in longwall mining without losing their main characteristics, leading to the easy implementation of the physical and computer modeling.

2. Breakage Criterion

Considering that a macro-qualitative analysis is sufficient for coal mine ground control the breakage criterion of the main roof can be summarized, based on the results of field observations and physical modeling, as follows:

a. The breakage of main roof is caused by tension. Initial fractures in the main roof occur at the areas where the tensile stress is maximum and reaches the tensile strength of the main roof. The fracture direction is perpendicular to the direction of the tensile stress.

b. Formation, propagation, and extension of the fractures, from mini to micro, are time-dependent processes. The propagation speed, from slow to fast, is controlled by the stress conditions around the fractures.

COMPUTER SIMULATION METHOD OF MAIN ROOF BREAKAGE

Based on the control equations for Kirchhoff plate on Winker elastic foundation, a finite element method, FEAEBP, for analyzing the main roof breakage has been developed. The program is developed to run on a main frame computer, IBM-4341.

In FEAEBP the element is rectangular with 8 nodes, (Fig. 1). The matrix of the essential unknown variables is written as

$$\begin{Bmatrix} W_n \\ M_n \end{Bmatrix} = \begin{bmatrix} W_1 & W_2 & W_3 & W_4 & M_5 & M_6 & M_7 & M_8 \end{bmatrix}^{\mathrm{T}} \tag{1}$$

Where W_n——displacements of the corner nodes;

M_n——bending moments of the center nodes on each side.

The matrix of the essential known variables corresponding to the unknown variables in Eq. 1 is

$$\begin{Bmatrix} F_n \\ \theta_n \end{Bmatrix} = \begin{bmatrix} F_1 & F_2 & F_3 & F_4 & 2a\,\theta_5 & 2b\,\theta_6 & 2a\,\theta_7 & 2b\,\theta_8 \end{bmatrix}^{\mathrm{T}} \tag{2}$$

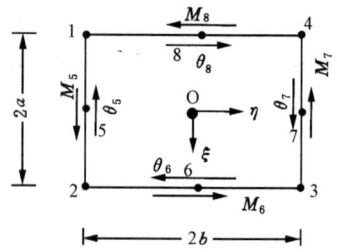

Fig. 1 Essential unknown parameter for FEAEBP element

Where F_n——normal forces of corner nodes;

θ_n——rotation angles of the center nodes on each side;

a,b——1/2 of the side dimension.

The relationship between the unknowns and knowns can be written as

$$\begin{bmatrix} K_{FW} & K_{FM} \\ K_{OW} & K_{OM} \end{bmatrix} \begin{Bmatrix} W_n \\ M_n \end{Bmatrix} = \begin{Bmatrix} F_n \\ \theta_n \end{Bmatrix} \tag{3}$$

Where K_{FW} is stiffness sub-matrix built upon the potential energy principle, K_{OW} and K_{FM} are geometry, sub-matrice built upon the displacement field and the equilibrium relation between force and moment, respectively, K_{OM} is flexibility sub-matrix built upon the principle of excess energy.

The method of composing the global matrix from each element's matrix, treatment of element loads and boundary conditions, and solving the algebraic equations are similar to those employed for conventional finite element method.

The special features of FEAEBP are the inclusion of the elastic foundation elements of the main roof abutment, addition of the step and the breakage tracing analyses.

1. Introduction of Elastic Foundation

According to the assumption for Winkler elastic foundation

$$p = -kw \tag{4}$$

Where w——displacement of any point on elastic foundation;

p——elastic reaction farce;

k——elastic coefficient.

The elastic reaction forces against the angular nodes of the plate element upon the elastic foundation can be derived as

$$\{P_n\} = -k \iint [N]^{\mathrm{T}} [N] \cdot \mathrm{d}\zeta \mathrm{d}\eta \cdot \{w_n\} \tag{5}$$

Where $[N]$——displacement shape function;

$$[N] = [N_1, N_2, N_3, N_4]$$

$$N_i = \frac{1}{4}\left(1 + \frac{\zeta}{\zeta_i}\right)\left(1 + \frac{\eta}{\eta_i}\right) \qquad i = 1,2,3,4$$

Where ζ_i, η_i——local coordinates of corner node i.

Let
$$K_{PW} = k \iint [N]^T [N] \mathrm{d}\zeta \, \mathrm{d}\eta \tag{6}$$

Then Eq. 5 can be written as

$$\{P_n\} = - K_{PW} \{W_n\} \tag{7}$$

By adding $\{P_n\}$ to the corner nodal forces $\{F_n\}$, Eq. 3 becomes

$$\begin{bmatrix} K_{FW} + K_{PW} & K_{FM} \\ K_{\theta W} & K_{\theta M} \end{bmatrix} \begin{bmatrix} W_n \\ M_n \end{bmatrix} = \begin{bmatrix} F_n \\ \theta_n \end{bmatrix} \tag{8}$$

Then K_{PW} can be derived by integrating Eq. 6.

$$K_{PW} = \frac{kab}{9} \begin{bmatrix} 4 & 2 & 1 & 2 \\ 2 & 4 & 2 & 1 \\ 1 & 2 & 4 & 2 \\ 2 & 1 & 2 & 4 \end{bmatrix} \tag{9}$$

Thus, the elastic foundation element can be established for any part of the main roof based on its supporting conditions.

The elastic coefficient k in Eq. 9 can be determined this way, i. e. if the elastic modulus of the stratum is E' and the thickness of that stratum is m, then

$$k = \frac{E'}{m} \tag{10}$$

When multiple strata are used as the elastic foundation, their composite elastic coefficient k is

$$\frac{1}{k} = \sum \frac{1}{k_i} \tag{11}$$

Where　k_i——the elastic coefficient of the i-th stratum.

2. Step Tracing Analysis

The step tracing analysis consists of the following processes: ascertain whether or not initial fractures appear in the main roof and determining such parameters as fracture locations and directions, based on the distribution of the principal stresses in the main roof. This analysis is iterative. Each one is carried out by adding an incremental length to the span between the working face and the setup entry, until the maximum tensile stress of some elements reaches the tensile strength of the main roof. At that time, the fractures are produced in these elements and their directions

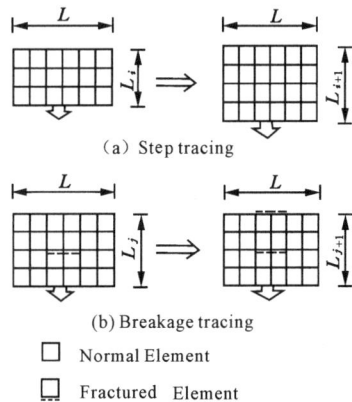

(a) Step tracing

(b) Breakage tracing

□　Normal Element

▯　Fractured　Element

Fig. 2　Simulation of face advance
and breakage of main roof

are perpendicular to that of the maximum tensile stress(Fig. 2a).

3. Breakage Tracing Analysis

The main purpose of the breakage tracing analysis is to further understand the extension and coalescing of these fractures after their initiation and finally gain the overall distributions of the fracture lines. The analysis is iterative. The span between the working face and the setup entry remains unchanged in each calculation step. The continuity conditions between elements of which the maximum tensile stress has attained (or exceeded) the tensile strength of the main roof and its adjacent elements are changed. The method of simulating the fracture propagation (Fig. 2b) can be described as follows:

a. When it is in the development stage of mini-fracture, the bending moment Mi of the side node is reduced several times.

b. If a fracture is formed but relative movement between both sides of the fracture plane has not yet occurred, the bending moment M_i equals to zero.

c. If a fracture is opened up and relative movement occur freely, steps mentioned in step b must be used and the angular nodes on both sides of the fracture must be dealt with individually when composing the global relationship matrix.

When the fractures propagate to such an extent that breakage of the main roof is imint, the distribution of the fracture lines can be mapped out directly with the analysis of its maximum tensile stress at that time.

The scheme of the computer source program of FEAEBP is shown in Fig. 3.

CHARACTERISTICS OF MAIN ROOF BREAKAGE AND ITS CONTROL

With reference to the field observations of Face No. 8143 in Yungang Colliery, Datong[2], the geometrical and mechanical properties of the main and immediate roofs, and coal seam are:

Tensile strength of main roof (coarse sandstone), $\sigma_t = 3.8$ MPa

Thickness of main roof beddings, $H = 10$ m

Elastic modules of main roof, $E = 4.4$ GPa

Poisson's ratio of main roof, $\mu = 0.3$

Composite elastic coefficient of immediate roof and coal seam, $k = 180$ MPa

Length of working face, $L = 120$ m

The results show that the breaking characteristics of the main roof can be simulated completely and some new understandings are discovered.

1. Distribution of Fracture Lines in Main Roof

According to the step tracing analysis the initial fractures in the main roof occur when the face advances for a distance of 60 m. At that time the distribution of the principal stress contour lines and the abutment pressure curves are shown in Fig. 4.

From the breakage tracing analysis the distribution of the fracture lines can be

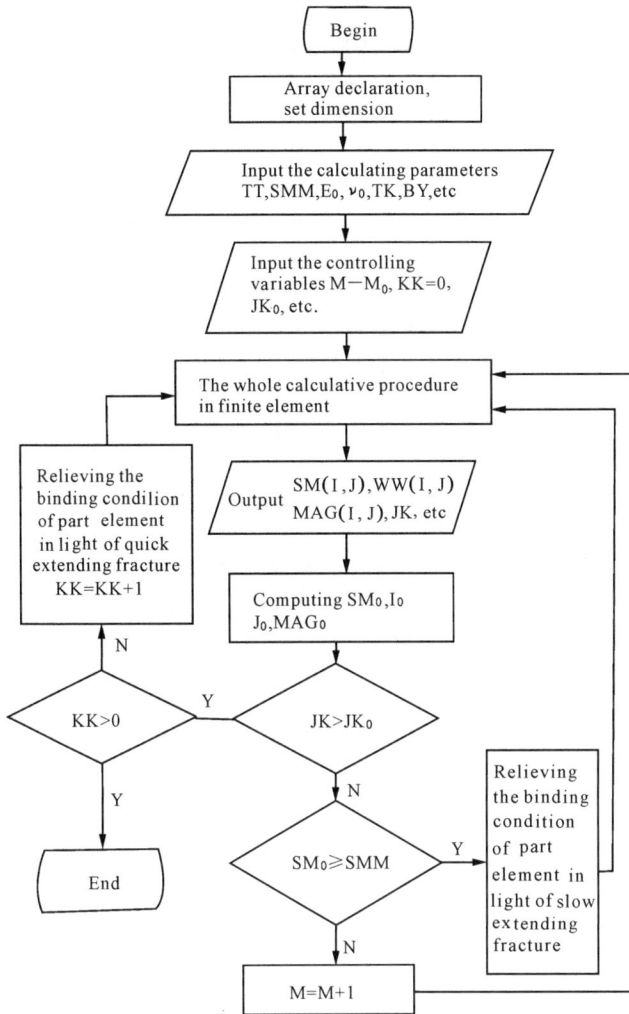

Fig. 3 Flow chart of the main program simulating the breakage of main roof in FEAEBP.

Where   TT——thickness of main roof; SMM——tensile strength of main roof; E_0——elastic modulus of main roof; ν_0——poisson's ratio of main roof; TK——elastic coefficient of the elastic foundation; BY——length of working coal face (or one half); M——element number of the step (or one half); JK_0——parameters prescribing the conditions for rapid fracture propagation; JK——number of broken element along face direction; KK——control variable; SM(I, J)——the maximum tensile stress in the element; WW(I, J)——the deflection of the element; MAG(I, J)——the angle between the direction of maximum tensile stress in the element and X axis; SM_0——the maximum tensile stress in the main roof; MAG_0——the angle between the direction of maximum tensile stress in the main roof and X axis; I_0, J_0——matrice indicating the position of the maximum tensile stress of the main roof; K_1——symbol of the boundary condition

obtained (dotted lines in Fig. 4) and their characteristics are:

a. The initial fracture occurs at the center of the hanging main roof along the longer side or adjacent to the face line where the tensile stress reaches the maximum.

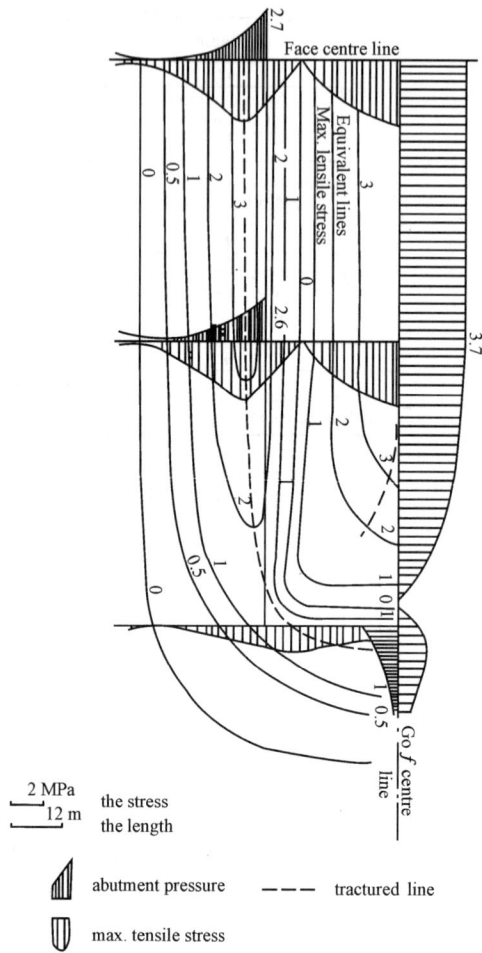

Fig. 4 Stress field and distribution of breakage lines in main roof

b. Two types of distribution of the fracture line at the end of the working face: arc form at the end by coal pillars and linear form at the end of the gob[3].

c. Due to the effect of elastic foundation the maximum tensile stress occurs mostly ahead of the face line. Therefore the fracture lines also occur there.

From these characteristics the distribution of the fracture lines in the main roof around the gob look like an ellipse.

2. The Factors Affecting the Distribution of the Fracture Lines

The distribution of the fracture lines is affected by the parameters of geometry and mechanics in the main and immediate roofs, and coal seam. These parameters are:

a. Length of the working face (l)

b. Elastic modulus of the main roof (E)

c. Tensile strength of the main roof (σ_t)

d. Thickness of the main roof (H)

e. Composite elastic coefficient of the immediate roof and coal seam (k)

The influence of parameter l has been discussed[1]. By analyzing the latter four parameters by mean of FEAEBP, various figures similar to Fig. 4 can be obtained. In order to analyze the distribution characteristics of the fracture lines, four characteristic values are selected from this series of results (see Fig. 4):

a. When the first caving fracture of the main roof occurs the half span between face line and setup entry (L');

b. Length of the broken block of the main roof (L);

c. Distance between the fracture line and the face line, L'' where $L'' = L - L'$;

d. Location of the first caving.

The relationship between those four values and the governing factors is shown in Fig. 5. It may be seen that:

a. With the increase of σ_t, both L and L' increase, but L'' decreases. When σ_t is small, the first caving fracture occurs at the center of the main roof. Conversely, it occurs ahead of the face line.

b. When E is near zero, L and L' are equal to half of the breaking span of the main roof considered as a fixed end plate, L'' equals to zero. With the increase of E, L' increases first and then decreases; L increases first and then basically remains unchanged, however, L'' increases. When E is small, the first caving fracture occurs ahead of the face line. Conversely, it occurs at the center.

c. As h increases, both L and L' increase, so is L''. When H is small, the first caving fracture occurs ahead of the face line. Conversely, it occurs at the centre.

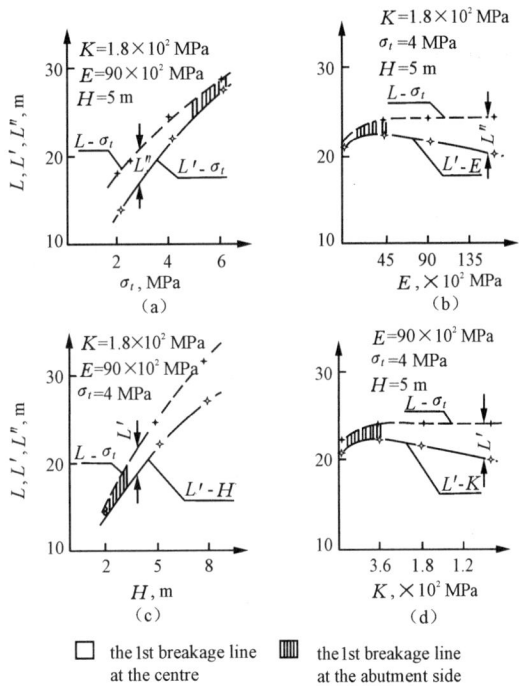

□ the 1st breakage line at the centre   ▥ the 1st breakage line at the abutment side

Fig. 5   Analysis of effective factors

d. When k becomes ∞, L and L' equal to half of the caving span as above, L'' equals to zero. As k decreases, L' first increases and then decreases. L increases first and then basically remains unchanged and L'' increases. When k is large the first caving fracture occurs ahead of the face line. Conversely, it occurs at the center.

3. Ratio of E to k

An analysis of Fig. 5 shows that identical distribution characteristics of the fracture lines are found in (b) and (d) despite the difference in E and k. It indicates that E and k are interrelated. Further numerical simulations indicate that if other coefficients are held constant and E/k remains unchanged, the distribution and magnitude of the principal stress in the main roof will remain unchanged. In (b) and (d) of Fig. 5, E/k of the abscissa is equal correspondingly. Thus L, L' and L'' are also equal.

Based on the above characteristics of the mechanics of E/k, a new coefficient can be established and call "Ratio E_k". It is obvious that Ratio E_k is jointly determined by mechanics characteristics of the main and immediate roofs, and coal seam.

From the above discussion the governing factors for the distributions of the fracture lines in the main roof can be simplified to three, i. e. σ_t, H and Ratio E_k.

The value of L, L' and L'' can be determined separately by changing σ_t, H and Ratio E_k, respectively (Fig. 6). Fig. 6 can be used for determining the first weighting interval of the main roof and analysing the effects of Ratio E_k upon the distribution of the fracture lines.

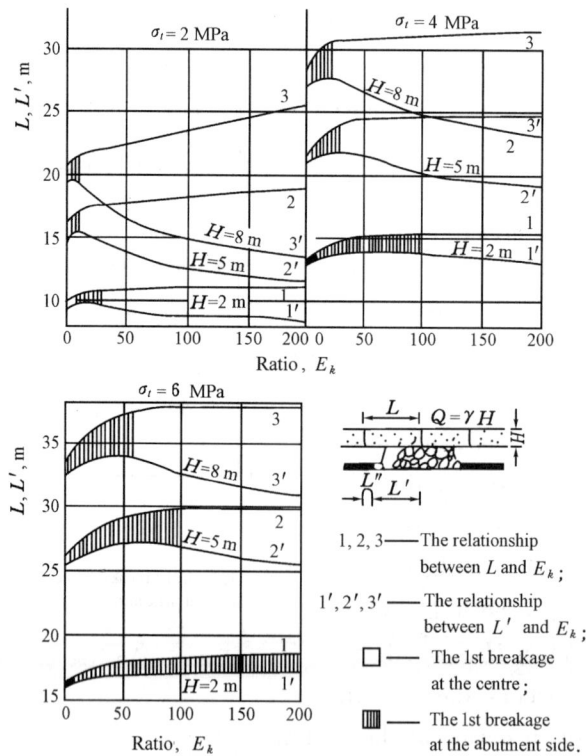

Fig. 6　Relationship between E_k and L, L'

a. A change of Ratio E_k affects the location of the initial fracture. When E_k is small the initial fracture occurs ahead of the face line. Conversely, it occurs at the center.

b. When ratio E_k reaches zero, L' is half of the breaking span of the main roof considered as a fixed ends plate. With the increase of Ratio E_k, L' increases first and then drops continuously.

c. Usually, a change in E_k has little effect on L.

d. From b and c it can be seen that with the increase of E_k, the distance L'' increases accordingly.

e. Usually, the higher the level of a roof stratum, the larger its Ratio E_k.

4. Methods of Controlling the Breakage of Main Roof

From Fig. 6 it can be seen that the methods of controlling the fracture lines are:

a. reducing the tensile strength σ_t of the main roof;

By reducing the tensile strength σ_t of the main roof, L and L' will be reduced. Thus its roof weighting interval will be reduced. This method has been used by Colliery Yunggang with the injection of high-pressure water into the main roof[2].

b. reducing the thickness H of main roof beddings;

By reducing the thickness H of the main roof beddings, it can also reduce L and L' so as to lower σ_t.

c. increasing Ratio E_k;

By increasing the Ratio E_k, L' will be lowered, L kept unchanged, and L'' increased. Therefore by increasing the Ratio E_k, the fracture lines will occur deeply into the coal seam ahead of the face line, which would be beneficial to control the pressure from the main roof.

In order to increase the Ratio E_k, it is clear that increasing E of the main roof is very difficult. As to the latter, the decrease of k, from Formula (10), can be obtained by reducing elastic modulus E' of the coal seam or the immediate roof, for instance loosening the coal seam (by minorblast) ahead of the face line. This method has been applied to Face No. 8303, Colliery Yunggang, Province Shanxi.

CONCLUSIONS

(1) Based on the occurrence of the main roof in longwall mining, Kirchhoff plate on Winkler elastic foundation was employed to study the breaking behavior of the main roof.

(2) Computer simulation method using FEAEBP can be applied to obtain stress and displacement of the main roof and its breaking characteristics.

(3) The distribution of the fracture lines in the first weighting of the main roof around the gob area is an ellipse and extends outwardly.

(4) An important coefficient, i. e. Ratio E_k for the mechanics model was defined. As the Ratio E_k increases the distance between the fracture line and face line increases. This conclusion can be applied to lower the roof pressure in longwall mining successfully.

ACKNOWLEDGMENTS

The authors gratefully acknowledge engineers and surveyors at Colliery Yunggang for their cooperation during the field observations.

References

[1] Qian Minggao, Zhu Deren and Wang Zuotang, The Fracture Types of Main Roof and Their Effects on Roof Pressure in Coal Face, Jou. CIMT, 1986, No. 2, pp. 9-17.

[2] Niu Xizhou and Gu Tiegeng, Controlling Hard Roof by Means of Injecting Water, Jou. CCS, 1983, No. 4, pp. 1-10.

[3] Zhu Deren, Structure of the Roof at the End of Longwall Face and its Support, Ground Movement and Control Related to Coal Mining, The AusIMM Illawarra Branch, Symposium, 1986, pp. 226-231.

老顶初次来压步距的计算预测法①

王作棠　钱鸣高

（中国矿业大学，徐州　221008）

摘　要：本文根据大量初次来压步距统计和老顶"板"模型破断规律研究，论述了老顶初次来压步距 a_i 的构成，得出了工作面长度对老顶来压步距及其极限悬露面积的影响均呈 W 形曲线关系的结论。开采边界不同，W 形曲线也略有差异。据此，提出了常见的 4 种开采边界条件下来压步距的计算方法和利用实测步距推广到邻近工作面的换算方法。同时，对顶板分类提出应以步距准数 l_m 为指标并用做 W 形曲线图法分类。

关键词：老顶；初次来压；步距准数；开采边界

一、引　言

　　生产实践表明，回采工作面初次来压步距的大小，直接关系到老顶的破断方式和来压强度，也直接关系到工作面支护形式、密度和采空区处理方法，是顶板管理决策中一个极为重要的参数。因此，初次来压步距及其强度的预测，对生产管理具有重要的指导意义。

　　目前，来压预测预报主要靠工作面实测。但是，由于实测工作面的个数是有限的，并且其来压步距是特定开采条件下的综合反映，如何将实测步距推广到工作面长度和开采边界条件变化较大的相邻工作面中去；对于初采工作面或遇到地质条件和开采参数显著变化的工作面，其来压步距又如何通过计算方法来进行预测，是生产中亟待解决的问题。显然，计算法要比实测节省人力、物力，其关键在于建立符合实际的力学模型。对于来压步距较大、开采边界复杂的情况，采用梁的平面问题计算，往往与实际步距相去甚远。在文献[1][2]中，提出运用"板"模型来解决，可以得到更全面的认识。而究竟面长和开采边界对来压步距如何影响，尚待进一步分析。此外，在顶板分类中，习惯上常以来压步距作为重要指标之一，但由于面长和开采边界支承条件的影响，往往出现同一性质的顶板有差异较大的步距，造成了指标的不确定性。

　　为此，本文在对大同矿区 28 个工作面和徐州矿区 64 个工作面的来压步距统计的基础上，应用老顶"板"模型破断规律的实验结果和 Marcus 修正解，提出了老顶初次来压步距的预算法和推广实测步距的换算法，并在夹河矿预测预报实践中得到了成功的验证。

---

①　本文发表于《中国矿业大学学报》，1989 年第 2 期，第 9～18 页。

二、老顶初次破断形式及其步距构成的二要素

据我国 20 个局 60 个工作面的统计表明,其中 44 个工作面初次来压步距在 23～110 m 之间,而大同 2#、14# 层,因老顶岩石强度高、厚度大,其来压步距可达 120～160 m。初次来压前老顶岩层呈矩形板状悬露于采空区上方,其四周的支承边界条件常见有如下 4 种形式:

(1) 四周均为实体煤固支的板;

(2) 一边采空或断层简支、三边固支的板;

(3) 两邻边简支、两邻边固支的板;

(4) 三边简支、一边固支,即俗称"孤岛"工作面条件下的板。

老顶"板"模型的相似材料模拟实验表明,初次破断过程,一般总是由长固支边中部上表面首先发生断裂,然后短固支边中部上表面出现断裂,采空区中央下表面沿长轴出现断裂,接着断裂线向四个对角线扩展成 X 形,尔后四周边断裂线扩展沟通成 O 形,板发生破断,最终形成 O-X 形拱式平衡结构。O-X 拱的结构特点是拱顶(脊)呈 X 形咬合线,拱脚呈 O 形咬合线。其破断结构块主要有一对梯形块和一对扇形块,组成四块屋顶状结构。它的失稳形式主要是 O 形拱脚处的滑落失稳和压碎、拉劈的变形失稳。

实验表明,在相同顶板条件下,无论开采边界条件是固支还是简支,老顶破断形式均呈 O-X 形,但是来压步距随简支边数增多而趋于减小。而当工作面长度缩短或顶板强度增加,老顶的来压步距将随之增大,其破断形式也将由横 O-X 形($a < b$)演变成正 O-X 形($a = b$)或竖 O-X 形($a > b$)。

为了进一步分析老顶的破断机理及其步距,由"板"模型的应力分析表明,在四周固支条件下,老顶处于极限悬露状态时,四固支边形成负弯矩区,其最大主弯矩值 M_a 在长固边中部。而在采空区中心处形成正弯矩区,其最大主弯矩为 $M_c = \sqrt{M_x^2 + M_y^2}$。根据 Marcus 修正解[3]可得:

$$|M_a| = \frac{(1-\mu^2)(1+\mu\lambda_1^2)}{12 \times (1+\lambda_1^4)} \cdot q a_1^2 \tag{1}$$

$$M_c = \frac{(1-\mu^2) \cdot \lambda_1^2 \cdot (\mu+\lambda_1^2)}{12 \times (1+\lambda_1^4)} \cdot q b^2 \tag{2}$$

式中　μ——岩层的泊松比;

q——岩层自重及其上载荷;

$\lambda_1 = a_1/b$,采空区几何形状系数。

由于在固支条件下周边弯矩绝对值总是大于采空区中心处的弯矩,即 $|M_a| > M_c$,老顶的初次断裂总是在长固支边中部首先出现。因此,可由长固支边中部主弯矩 M_a 来求解老顶的初次来压步距。

由弯矩与应力关系式得

$$M_a = \frac{h^2 \sigma_s}{6} \tag{3}$$

将(3)式代入(1)式,即可求得四周固支边界条件下老顶初次来压步距的关系式:

$$a_1 = \frac{h}{1-\mu^2} \cdot \sqrt{\frac{2\sigma_s}{q} \cdot \frac{1+\lambda_1^4}{1+\mu\lambda_1^2}} \tag{4}$$

同理,可求得上述第(2)、(3)、(4)类边界条件下来压步距的关系式分别为:

$$a_2 = \frac{2h}{1-\mu^2} \cdot \sqrt{\frac{\sigma_s}{q} \cdot \frac{2+\lambda_2^4}{4+3\mu\lambda_2^2}} \tag{5}$$

$$a_3 = \frac{2h}{1-\mu^2} \cdot \sqrt{\frac{\sigma_s}{3q} \cdot \frac{1+\lambda_3^4}{1+\mu\lambda_3^2}} \tag{6}$$

$$a_4 = \frac{2h}{1-\mu^2} \cdot \sqrt{\frac{\sigma_s}{15q} \cdot \frac{5+2\lambda_4^4}{1-\mu\lambda_4^2}} \tag{7}$$

式中,a、λ 的下角标 1、2、3、4 表示相应的边界条件。

对式(4)~(7)中令

$$l_m = \frac{h}{1-\mu^2} \cdot \sqrt{\frac{2\sigma_s}{q}} \tag{8}$$

$$\left.\begin{array}{ll} w_1 = \sqrt{\dfrac{1+\lambda_1^4}{1+\mu\lambda_1^2}} & w_2 = \sqrt{2\times\dfrac{2+\lambda_2^4}{4+3\mu\lambda_2^2}} \\[4mm] w_3 = \sqrt{\dfrac{2}{3}\times\dfrac{1+\lambda_3^4}{1+\mu\lambda_3^2}} & w_4 = \sqrt{\dfrac{2}{15}\times\dfrac{5+2\lambda_4^4}{1+\mu\lambda_4^2}} \end{array}\right\} \tag{9}$$

则老顶初次来压步距可以写成:

$$\left.\begin{array}{ll} a_1 = l_m \cdot w_1 & a_2 = l_m \cdot w_2 \\ a_3 = l_m \cdot w_3 & a_4 = l_m \cdot w_4 \end{array}\right\} \tag{10}$$

其通式为:

$$a_i = l_m \cdot w_i \quad (i=1,2,3,4,\text{分别表示上述四类边界条件}) \tag{10'}$$

可见,在顶板条件一定的情况下,无论哪种开采边界条件,初次来压步距 a_i 总是由相同的 l_m 与相应的 w_i 之积构成。而 l_m 值就是四边固支无限长板条的极限跨距,即 $a_1 = l_m$ ($b\to\infty$, $w_1\to1$)。它仅由岩层自身力学性质(σ_s、μ、h、q)所决定,而与面长和边界条件无关,故称 l_m 为顶板的步距准数。w_i 主要由采空区几何形状系数 λ 和边界约束条件决定,它反映了工作面长度和开采边界对来压步距的影响,故称 w_i 为"边—长"系数。

因此,老顶初次来压步距是由反映其自身稳定性的步距准数 l_m 和反映开采边界条件与面长影响的"边—长"系数 w_i 的这两个要素构成的。对于顶板条件相似的邻近工作面,其步距准数是相同的,老顶来压步距仅随"边—长"系数不同而变化。而顶板岩性的变化,将导致步距准数的改变。

三、步距准数 l_m 和"边—长"系数 w_i 对来压步距的影响

开采边界条件对来压步距的影响,主要表现为"边—长"系数 w_i 随简支边数增加而减小,即有 $w_1 \geq w_2 \geq w_3 \geq w_4 \geq (2/3)^{1/2}$,且其影响程度也随采空区几何形状系数 λ 增加而增大,如图 1 所示。当 $\lambda < 0.3$ 时,四周固支边界与一边简支边界的步距基本相同,均为准数值 l_m;而邻边简支与三边简支边界的步距则均为 $\sqrt{\dfrac{2}{3}}l_m$。当 $\lambda > 0.3$ 时,其影响程度较

为显著,且有 $a_1 > a_2 > a_3 > a_4 > \sqrt{\dfrac{2}{3}}\,l_{\mathrm{m}}$,即以四周固支为最大,以三边采空为最小,但其步距值不会小于 $\sqrt{\dfrac{2}{3}}\,l_{\mathrm{m}}$。

工作面长度对来压步距的影响可由式(4)~(7)演化而得。现以四边固支条件为例(为了讨论问题的方便,略去 μx_1^2 的微小项),由式(4)解得

图 1 "边—长"系数 w_i 对来压步距的影响

$$a_1 = \begin{cases} b \cdot \sqrt[4]{\dfrac{l_{\mathrm{m}}^2}{b^2 - l_{\mathrm{m}}^2}}\,, & (l_{\mathrm{m}} < b < \sqrt{2}\,l_{\mathrm{m}}) \\[3mm] \dfrac{b}{\sqrt{2}\,l_{\mathrm{m}}} \cdot \sqrt{b^2 - \sqrt{b^4 - 4l_{\mathrm{m}}^4}}\,, & (b \geqslant \sqrt{2}\,l_{\mathrm{m}}) \end{cases} \tag{11}$$

而老顶极限悬露面积随工作面长度和顶板条件变化的关系是:

$$s = a_1 \cdot b = \begin{cases} b^2 \cdot \sqrt[4]{\dfrac{l_{\mathrm{m}}^2}{b^2 - l_{\mathrm{m}}^2}}\,, & (l_{\mathrm{m}} < b < \sqrt{2}\,l_{\mathrm{m}}) \\[3mm] \dfrac{b^2}{\sqrt{2}\,l_{\mathrm{m}}} \cdot \sqrt{b^2 - \sqrt{b^4 - 4l_{\mathrm{m}}^4}}\,, & (b \geqslant \sqrt{2}\,l_{\mathrm{m}}) \end{cases} \tag{12}$$

工作面长度与来压步距和极限悬露面积关系曲线如图 2 所示。

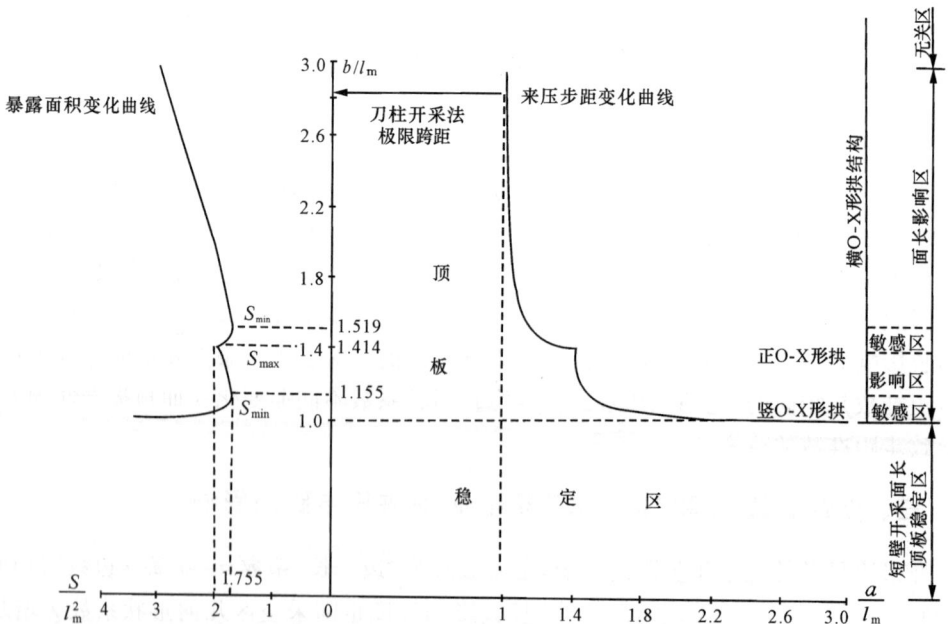

图 2 工作面长度对老顶来压步距和极限悬露面积的影响

由此可见,工作面长度对老顶来压步距及其极限悬露面积的影响均呈 W 形曲线关系,且以 l_m 为渐近线。这表明,在顶板性质和开采边界条件一定的情况下,来压步距总是随工作面长度增减而在同一条 W 形曲线上变化。这就从顶板岩性角度,为确定合理工作面长度提供了科学依据,同时也说明了工作面推进距接近工作面长度时,坚硬顶板极易出现初次垮落的道理。

当 $b > 3l_m$ 时,来压步距趋于准数值,即 $a = l_m$,说明面长对步距的影响甚微(误差 < 5‰)。一般地,对于初次来压步距在 30 m 左右的 II 类顶板,面长超过 90 m 时,对来压步距就几乎没有影响。

当 $3l_m \geqslant b > \sqrt{2}\,l_m$ 时,则 $l_m < a < \sqrt{2}\,l_m$ 表明随面长的缩短,步距显著增大;而极限悬露面积先减小后增大,在 $b = 1.519 l_m$ 处,出现最小值 $S_{min} = 1.755$。老顶破断方式呈横 O-X 形。

当 $b = a = \sqrt{2}\,l_m$ 时,极限悬露面积达到极大值 $S_{max} = 2l_m^2$,老顶呈正 O-X 形破断,即见方垮落。

当 $l_m < b < \sqrt{2}\,l_m$ 时,则 $a > \sqrt{2}\,l_m > b$。即出现来压步距大于工作面长度的情况,老顶呈竖 O-X 形破断。随面长缩短,步距仍由缓增到急增,悬露面积也是由减小变为增大,在 $b = 1.155 l_m$ 处;出现最小值 $S_{min} = 1.755 l_m^2$。

当 $b < l_m$ 时,老顶稳定不垮落,即形成短壁开采工作面或巷道的情形。

此外,工作面长度在 $(1.155 \sim 1.519) l_m$ 范围内最可能出现见方垮落现象,其主要原因是极限悬露面积达到峰值 $2l_m^2$,老顶在采空区中心的两个弯矩分量也同时达到最大值,极易出现中点突破,且破断后呈正 O-X 形拱的咬合稳定性较差,因此,极易造成老顶的失稳垮落,即俗称"见方易垮"现象。

工作面长度和开采边界条件对来压步距影响的部分实例见表 1。

表 1 工作面长度和开采边界对来压步距影响的部分实例

矿别	工作面号	工作面长度 (m)	初次来压步距 (m)	顶板岩性	开采边界	影 响 因 素
同家梁	14⁻² 8302	114	82	灰白粗砂	一边采空	
	14⁻² 8304	152	76	灰白粗砂	一边采空	
王 庄	352	18.5	46 *	砂页岩	四周实体煤	
	353	50	18 *	砂页岩	四周实体煤	
夏 桥	701	112	32.4	砂岩	四周实体煤	顶板条件一样,开采边界也一样,面长不同的步距变化情况。
	702	154	23	砂岩	四周实体煤	* 者为直接顶初次垮落距。
庞 庄	101	20	36 *	砂页岩	四周实体煤	
	103	60	15 *	砂页岩	四周实体煤	
旗 山	103	8.4	25 *	砂页岩	四周实体煤	
	107	27	7.2 *	砂页岩	四周实体煤	
云 岗	2# 8143	83	91.3	细砂岩	四周实体煤	顶析条件一样,面长一样,而开采边界不同的步距变化情况
	2# 8145	84	86	细砂岩	一边采空	

矿别	工作面号	工作面长度 (m)	初次来压步距 (m)	顶板岩性	开采边界	影 响 因 素
四老沟	2# 8203	110	102.3	砂砾岩	四周实体煤	
	2# 8207	150	159.7	砂砾岩	一边采空	
	2# 8209	150	144.8	砂砾岩	一边采空	
	2# 8611	100	120.5	粗砂岩	一边采空	
	2# 8613	104	122	粗砂岩	一边采空	大同矿区 2#、3#、7#、14# 层顶板易出现正 O-X 形破断的见方垮落现象。
晋华宫	2# 8317	84	85	砂砾岩	一边采空	
	3# 8117	144	134.3	细砂岩	一边采空	
	7# 81008	100	100	砂岩	一边采空	
雁崖	3# 81404	117	133	细砂岩	四周实体煤	
	14# 8903	120	110	粗砂岩	四周实体煤	
	14# 8913	110	106.7	粗砂岩	四周实体煤	

四、初次来压步距的计算预测方法与实例

根据如上所述的步距构成二要素及其影响因素分析可知,在已有某个面的实测来压步距时,要将此步距推广到顶板条件相同而面长和边界显著不同的邻近工作面中去,就不能简单地搬用现有步距,而要进行如下步骤的换算,如图 3。

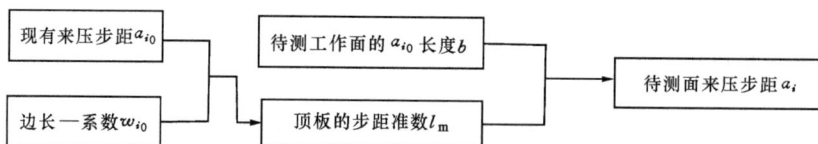

图 3　来压步距的推广换算法

首先,基于前述的顶板条件相似,其步距准数相同的原则,须将现有来压步距 a_{i0} 化成该面顶板的步距准数 l_m,即

$$l_m = \frac{a_{i0}}{w_{i0}}$$

式中　a_{i0}——现有工作面的来压步距;

　　　w_{i0}——现有工作面的边—长系数。

其次,将 l_m 和待求的工作面面长 b 代入如下相应边界条件的步距公式,即得所求来压步距。

(1)四周实体煤固支的步距公式见式(11);

(2)一边采空或断层简支、三边固支的步距公式:

$$a_2 = \begin{cases} b \cdot \sqrt[4]{\dfrac{l_m^2}{2(b^2 - l_m^2)}}, & (l_m < b < \sqrt[4]{2}\, l_m) \\[3mm] \dfrac{b}{l_m} \cdot \sqrt{b^2 - \sqrt{b^4 - 2l_m^4}}, & (b > \sqrt[4]{2}\, l_m) \end{cases} \tag{14}$$

（3）两邻边简支、两邻边固支的步距公式：

$$a_3 = \begin{cases} b \cdot \sqrt[4]{\dfrac{2l_m^2}{3b^2 - 2l_m^2}}, & \left(\sqrt{\dfrac{2}{3}}\, l_m < b < 2\sqrt{\dfrac{2}{3}}\, l_m\right) \\[3mm] \dfrac{b}{2l_m} \cdot \sqrt{3b^2 - \sqrt{9b^4 - 16l_m^4}}, & \left(b > 2\sqrt{\dfrac{2}{3}}\, l_m\right) \end{cases} \tag{15}$$

（4）三边采空或有断层的孤岛面步距公式：

$$a_4 = \begin{cases} b \cdot \sqrt[4]{\dfrac{4l_m^2}{15b^2 - 10l_m^2}}, & \left(\sqrt{\dfrac{2}{3}}\, l_m < b < 2\sqrt[4]{\dfrac{10}{225}}\, l_m\right) \\[3mm] \dfrac{b}{2\sqrt{2}\, l_m} \cdot \sqrt{15b^2 - \sqrt{225b^4 - 160l_m^4}}, & \left(b > \sqrt[4]{\dfrac{10}{225}}\, l_m\right) \end{cases} \tag{16}$$

对于初采工作面或顶板条件与相邻面有显著差异时，没有经验步距可参考或换算，则需根据顶板岩层的力学参数（σ_s、μ、q、h），首先求得该顶板的步距准数 l_m，公式见式（8）。若工作面长度 $b > 3l_m$，并且开采边界属第1、2类时，则 $a_{1,2} = l_m$，即这时步距准数值就是来压步距；而边界条件属第3、4类时，其来压步距 $a_{3,4} = (2/3)^{1/2} l_m$。若 $b \leqslant 3l_m$，则必须根据相应的边界条件代入公式（11），（14）、（15）、（16）求得来压步距。

〔实例〕 在徐州局夹河矿7417工作面的来压预测预报中，采用计算预测与工作面实测相结合的方法，取得了成功的验证。其具体条件和效果如图4所示，

该面长150.6 m，其中有一走向断层将工作面顶板分为上部26.6 m，中下部124 m的两个板块。其边界条件上、下部均可视为一边断层简支与三边实体煤固支的第2类边界。由详细钻孔资料和岩性力学参数，求得该面顶板的步距准数 $l_m = 25.7$ m。由于中下部面长 $b_下 > 3l_m$，则中下部的计算步距 $a_下 = 25.7$ m，而实测步距为26.0 m。

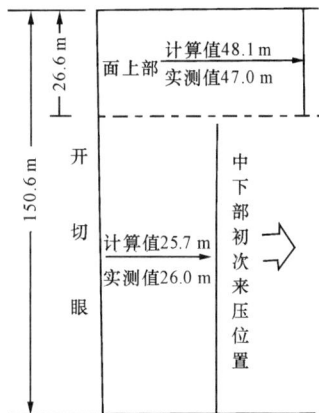

图4 夹河矿7417面来压预测预报实例

测得中下部来压步距后，即可利用此步距推测工作面上部短面的来压步距。即将实测 $l_m = 26$ m，$b_上 = 26.6$ m 代入公式（14），求得 $a_下 = 48.1$ m，而实测的上部来压步距为47.0 m。这两次初次来压步距的计算值与实测值达到了足够理想的报准度。

五、顶板分类中步距准数的指标

目前,老顶分级中主要采用直接顶厚度和采高的比值 $K_m = \sum h / m$,另外再参考老顶初次来压步距。但由于面长和边界条件的影响,即使同一顶板,也可能出现差异较大的来压步距,这往往给顶板分类造成指标的模糊性。直接顶的分类也同样存在这种情况。为此,根据顶板步距准数的性质,建议以 l_m 为指标。这样既可消除面长和开采边界的影响,更直接地反映顶板的自身稳定性,还可以反映顶板强度、厚度呈同一双曲线 $\sigma_s \cdot h = \gamma \cdot l_m^2 / 2$ 变化时,仍可均属同一类顶板。

对已有大量来压步距统计资料的矿区,要求计算各煤层的顶板类型和待采面来压步距时,不宜采用简单的步距平均值法,而应当依据步距在同一条 W 形曲线上时应有相同的步距准数,应属同一类顶板的原则,作 W 形曲线图

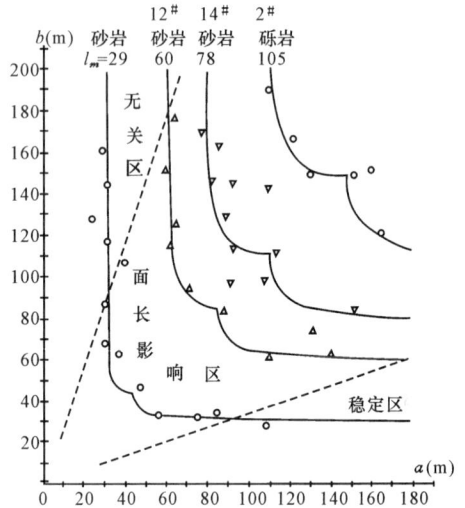

图 5　来压步距统计图

求得。对徐州矿区 64 个工作面和大同矿区 28 个工作面的来压步距作 W 形曲线图,如图 5 所示。并且求得部分煤层顶板的步距准数和容易出现见方垮落的工作面长度(见表 2)。

表 2　两矿区部分煤层顶板的步距准数

矿　　区	徐　　州				大　　同			
顶板岩性	页　岩	砂页岩	砂　岩	石灰岩	2 号层砾岩	3 号层砂砾岩	12 号层砂岩	14 号层砂岩
步距准数(m)	7	15	29	34	105	70	60	78
见方易垮的面长(m)	10	21	41	48	148.5	90	84.8	110

六、主要结论

(1) 无论是固支或简支边界条件,老顶破断形式均呈 O-X 形拱结构,但随来压步距与工作面长度比值 λ 增大,将会由横 O-X 形拱(λ<1)演变成正 O-X 形拱(λ=1)或竖 O-X 形拱(λ>1)。

(2) 老顶初次来压步距是由反映顶板自身稳定性的步距准数 l_m 和反映工作面长度与开采边界条件影响的"边—长"系数 w_i 之积构成的,即 $a_i = l_m \cdot w_i$。

(3) 工作面长度对老顶来压步距和极限悬露面积的影响均呈 W 形曲线关系。对于同一性质的顶板,其步距准数相同,而来压步距则随工作面长度增减在同一条 W 形曲线上变化。

面长 $b > 3l_m$ 时,来压步距几乎不受面长影响而趋于定值 l_m;$b = (1.155 \sim 1.519)l_m$ 范

围内，老顶极限悬露面积出现极大值 $2l_m^2$，则最易形成正 O-X 形的见方垮落现象。$b <$ $\sqrt{\frac{2}{3}}\, l_m$ 时，老顶稳定不垮。

（4）无论是利用实测来压步距来推广换算邻近面来压步距，还是利用顶板岩层力学参数来计算初采面来压步距，都必须首先求得该工作面顶板的步距准数 l_m，而后代入相应边界条件下的来压步距公式。

（5）顶板分类应选用步距准数 l_m 为指标，作 W 形曲线统计图来进行分类。

本文引用了徐州矿务局邬显炎高工的部分统计资料，特此表示感谢。

参 考 文 献

[1] 钱鸣高、朱德仁、王作棠：《老顶岩层断裂形式及其对工作面来压的影响》，《中国矿业学院学报》，1986 年第 2 期。

[2] 钱鸣高：《老顶的初次断裂步距》，《矿山压力》，1987 年第 1 期。

[3] 邬显炎：《关于顶板初次冒落的几点认识》，徐州矿务局，1965 年 9 月。

The Calculating Methods of the First Weighting Span of Main Roof

Wang Zuotang　　*Qian Mingnao*

Abstract：Based on the statistics of first weighting span in some collieries and the study on the fracture behaviour of the "plate" model of main roof, it is obtained that the first weighting span of main roof can be expressed by $a_i = l_m \cdot w_i$, where l_m is span criterion, which represents the beam stability of the main roof and the boundary-length coefficient w_i, represents the effect of face length and boundary conditions on first weighting span.

The relation of face length to the first weighting span and the limit overhanging area can be plotted as a W-shaped curve. Taking l_m as criterion, and plotting W-shaped curves a new method of roof classification can also be obtained.

Keywords：main roof；first weighting；span criterion；extracting boundary

A Study of Displacement Field of Main Roof in Longwall Mining and Its Application[①]

Deren Zhu   Minggao Qian

(China University of Mining and Technology, Xuzhou, Jiangsu, People's Republic of China)

Syd S. Peng

(Department of Mining Engineering, College of Mineral and Energy Resources,
West Virginia University, Morgantown, W. Va. , USA)

Abstract: Based on the results of in-situ observations and physical model analysis, a computer simulation method, FEAEBP, has been developed to predict the behaviors of main roof breakage in longwall mining by considering it as a Kirchhoff plate on Winkler elastic foundation. This method is used to investigate the initiation, and development of the breaking process of main roof and its displacement field before and after its breakage. In this paper the simulation method is introduced, characteristics of the displacement field of the main roof is discussed and monitoring variation of the displacement field of the main roof in a Chinese longwall face is demonstrated.

1 INTRODUCTION

It is well known that the main roof should be induced to break in longwall mining. Without it the main roof will cause roof weighting which may endanger the miners and mining operations.

Normally, in China a longwall face is about 100—200 m wide and the thickness of the main roof is usually 2—8 m. Thus, the main roof in this case can be considered as an elastic plate, or a Kirchhoff plate, when it is separated from the upper strata or when the friction force between them is very small. On the other hand, the immediate roof and coal seam around the plate, being served as supporting abutments for the main roof, can be considered as an elastic medium to conform with the assumption for the Winkler elastic foundation.

---

① 本文发表于 *The International Conference on Ground Control in Mining*, WVU. , 1988 年, 第 205~211 页。

Based on these assumptions, the theoretical model of main roof can be simplified as a Kirchh off plate on Winkler elastic foundation (Fig. 1), and a computer simulation method, FEAEBP, has been developed. This model is capable of simulating a moving face under different boundary conditions.

FEAEBP has demonstrated that it can effectively simulate the breaking process of the main roof (1,2). Using this model the displacement fields of the main roof before and after its breakage were obtained, and some new concepts found which are introduced in this paper.

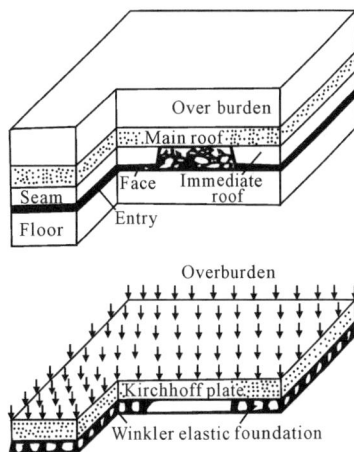

Fig. 1　Kirchhoff plate on Winkler elastic foundation

2　DISPLACEMENT FIELD OF MAIN ROOF BEFORE ITS FIRST BREAKAGE

In the middle of a longwall face, the model can be simplified as a beam on Winkler's elastic foundation [Fig. 2(a)], the displacement,

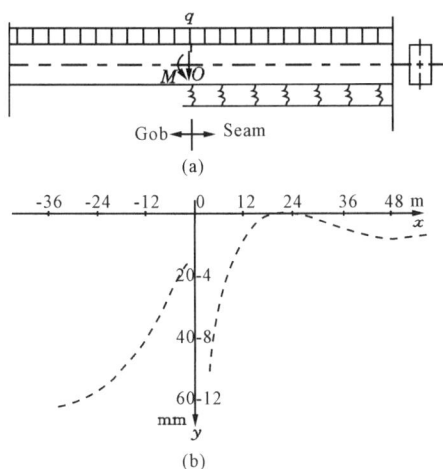

Fig. 2　Beam on Winkler elastic foundation and its deflection

y, of the main roof over the seam is derived by the following equation

$$EIy^{(4)} + ky = q \qquad (1)$$

and boundary conditions

$$EIy^{(2)} = M \qquad x = 0 \qquad (2)$$
$$EIy^{(3)} = Q \qquad x = 0 \qquad (3)$$
$$y = q/k \qquad x = \infty \qquad (4)$$

where　M——Internal bending moment of the main roof at $x=0$;

Q——Internal shearing force of the main roof at $x=0$;

k——Composite elastic coefficient of the immediate roof and the seam.

Solving for Eqs. (1)—(4)

$$y = e^{-\beta x}[(Q/\beta + M)\cos\beta x - M\sin\beta x]/2EI\beta^2 + q/k$$

where　$\beta \sqrt[4]{k/4EI}$——calculation parameter.

Fig. 2(b) is the displacement curve of main roof in Yunggang Mine by substituting into Eq. 5 the following parameters obtained through field observations and laboratory test:

Tensile strength of the main roof　$S=3.8$ MPa

Thickness of the main roof $H=10$ m

Young's modulus of the main roof $E=4.4$ GPa

Poisson's ratio of the main roof $\nu=0.3$

Composite elastic coefficient of the immediate roof and coal seam $k=180$ MPa/m

Width of the working face $L=120$ m

Figure 2(b) indicates that the displacement of the main roof also occurs ahead of the face line in the form of a declined cosine curve. But the beam model is too simple to determine the displacement field of the whole main roof, so computer simulation FEAEBP is applied using the same input parameters as above. The results are shown in Fig. 3. It can be seen that deformation of the main roof appears not only in the gob area but also in the unmined area. In the gob area the deformation is in the form of sag while in the unmined area it is in the form of wave.

In Section A—A' located at the center of the working face the displacement is a declined cosine curve, just as the same as that of the beam on elastic foundation (Fig. 3b).

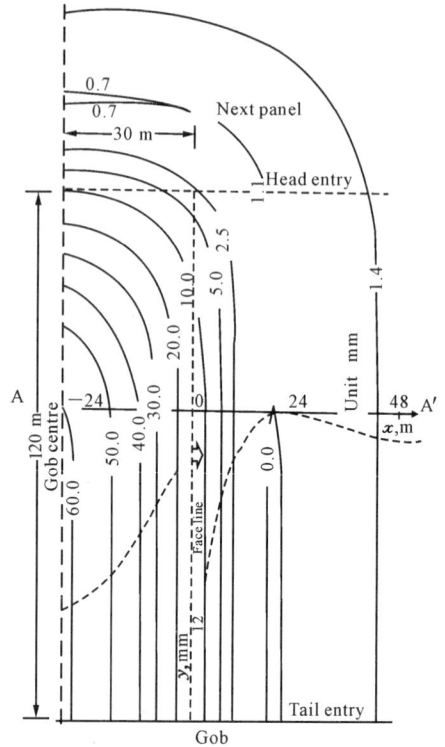

Fig. 3 Displacement field of main roof

3 VARIATION OF DISPLACEMENT FIELD OF MAIN ROOF DURING ITS BREAKAGE

In order to understand the variation of displacement field of the main roof after its breakage, the first thing is to simulate the breakage of the main roof. In this paper, the tensile failure criterion is selected, i. e. fractures of the main roof will occur in the area where the tensile stress reaches or exceeds the tensile strength of the main roof. The fracture was simulated by reducing the internal bending moment M and internal shearing force Q. The maximum tensile stress in the main roof occurs mostly 5 to 15 m ahead of the face line due to the interaction between main roof, immediate roof and coal seam.

Figure 4 shows the deformation of the main roof during its breakage. The dotted and solid curves represent the displacements of the main roof before and after its breakage, respectively. The main roof behind the fracture line sags down, but in some areas near and ahead of the fracture line it rebounds while in other areas far ahead the line it moves down again. The former is the rebound area and the latter the compression area. For convenience of discussion, RUP and PDP will be used to represent the phenomena of the rebound and compression areas, respectively.

4 CONDITIONS FOR OCCURRENCE OF RUP AND PDP

Equation 5 can be used to analyze RUP and PDP. If M_b and Q_b denote the internal bending moment and shearing force at fracture line of the main roof before its breakage, respectively, the displacement curve y_b is

$$y_b = e^{-\beta x}[(Q_b/\beta + M_b)\cos \beta x - M_b \sin \beta x]/2EI\beta^2 + q/k \qquad (6)$$

If M_b and Q_b are reduced to M_a and Q_a, respectively, to simulate breakage of the main roof at the fracture line, then its displacement curve is

$$y_a = e^{-\beta x}[(Q_a/\beta + M_a)\cos \beta x - M_a \sin \beta x]/2EI\beta^2 + q/k \qquad (7)$$

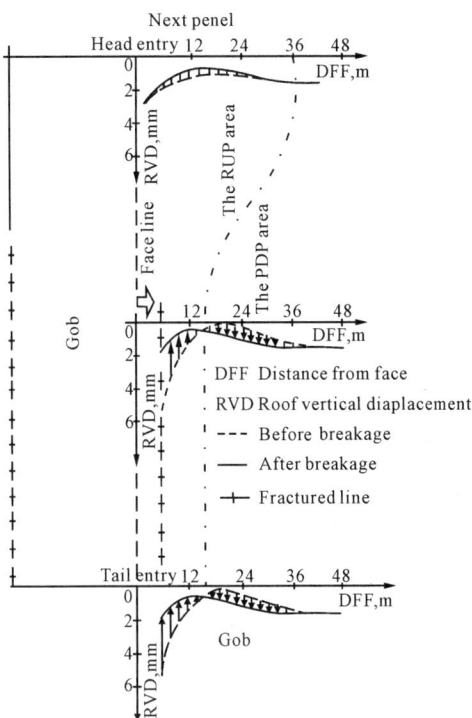

Fig. 4　Changes in displacement field, RUP, and PDP

The change in displacement curves of the main roof before and after its breakage is

$$\Delta y = e^{-\beta x}[(\Delta Q/\beta + \Delta M)\cos \beta x - \Delta M\sin \beta x]/2EI\beta^2 \qquad (8)$$

where　Δy——Deformation of the main roof during its breakage, $y = y_b - y_a$;

ΔM——Decrement of the internal bending moment, $\Delta M = M_b - M_a$;

ΔQ——Decrement of the internal shear force, $\Delta Q = Q_b - Q_a$;

In order to simplify the analysis, let $\Delta Q = 0$ then Eq. 8 becomes

$$\Delta y = \Delta M e^{-\beta x}(\cos x - \sin x)/\sqrt{EIk} \qquad (9)$$

From equation 8 it can be seen that if the main roof, immediate roof, and coal seam are considered as rigid media, e. g. $E = \infty$ or $k = \infty$, then $\Delta y = 0$.

Conversely, if main roof, immediate roof and coal seam are considered as plastics media, e. g. $E = 0$ or $k = 0$, then Eq. 12 is insignificant.

On the other hand, if the main roof does not break, e. g. $\Delta M = 0$, then $\Delta y = 0$.

Similarly, the computer simulation also determines that there are no displacement change under the following cases:

a. When E and k approach zero, i. e. plastic roof or seam.

b. When E and k approach infinite, i. e. rigid roof or seam

c. When ΔM approaches zero, i. e. no breakage.

According to the analysis mentioned above the conditions causing the changes in the displacement, RUP, and PDP of the main roof are:

a. The main roof, immediate roof, and coal seam are excellent elastic media, producing the displacement of the main roof in the form of a declined cosine surface ahead of the face line. In other words, if the roof and coal seam are very strong or very weak the cosine surface will be insignificant, so its change will be very small resulting in little RUP and PUP.

b. Only when the main roof breaks, the internal bending moment M in the main roof will be decreased such that the changes in the cosine surface RUP and PUR are detectable.

5 MONITOR OF RUP AND PREDICTION OF ROOF WEIGHTING

As discussed above, the breakage of the main roof leads to RUP ahead of the fracture line. Since it is known that breakage of the main roof is always followed by roof weighting in longwall mining, monitoring RUP in the head and tail entries ahead of the face line, can predict the breakage of the main roof and roof weighting.

RUP was performed in Face No. 2322 in Chaili Colliery, China where the roof was sandstone of several layers 2—6 m thick, the floor was coal and mining height was 2.7 m. Fig. 5 shows the layout of monitoring stations. The monitoring begun on Nov. 23, no pressure changes were detected until Dec. 8.

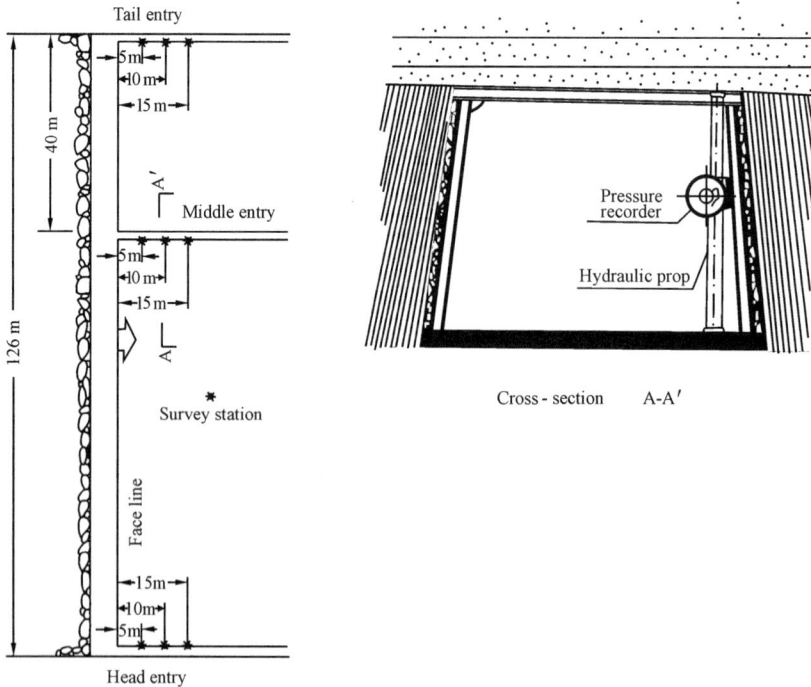

Fig. 5 Layout of survey station

At 1:15 p. m., Dec. 9, when the working face advanced for a distance of 33 m from the setup entry, a pressure drop of 9.5 MPa was recorded at survey station #8 located in the middle entry. Two days later, at 1:05 p. m. Dec. 11, when the face advanced for a distance of 35 m, another drop of 2 MPa was recorded at survey station #1 located in the tail entry. According to this information the breaking process of main roof was inferred as shown in Figure 6, and Dec. 14 was predicted as the day when the first weighting appeared at the working face. It was proven to be true later.

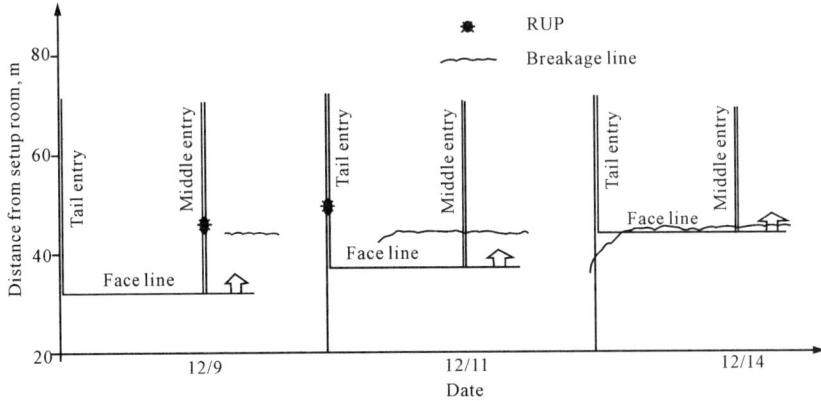

Fig. 6　Breakage process of main roof and occurrence of the first weighting

At 2:30 p. m. Dec. 15, when the working face advanced for a distance of 43 m from the setup entry, a drop of 8.5 MPa was recorded at survey station #9 located in the middle entry. Two days later, at 12:00 a. m. Dec. 18, when the face advanced for a distance of 49 m, another drop of 3 MPa was recorded at survey station #2 located in the tail entry. According to this information the second breakage of the main roof was predicted on Dec. 19. It was also proven to be true later.

During the period of monitoring 15 pressure drops were recorded. Their values and dates are shown in Table 1. Analyses of the results indicate that:

Table 1　Predicted and actual RUP and roof weighting

Value of RUP(MPa) Date / Entry	12/9	12/11	12/15	12/18	12/22	12/24	1/2	1/8	1/9	1/12	1/19	1/23	1/24	2/1	2/3
Middle	9.5	0	8.5	0	3.0	6.7	3.0	0	3.5	0	2.5	0	0	7.5	0
Tail	0	2.0	0	3.3	0	0	0	4.5	0	5.0	0	3.0	0	2.0	0
Head	0	0	0	0	0	0	0	0	0	0	0	0	2.0		2.0
Date Predicted		12/13		12/19		12/5		1/10		1/14		1/26		2/2	
Date of Weighting		12/14		12/19		12/25		1/11		1/16		1/28		2/2	

a. The values of RUP measured in the middle entry was larger than that in the head or tail entry. This conclusion was identical to that of the computer simulation (see Figure 4).

b. From Dec. 9 to Jan. 23 the roof surrounding the head entry encountered the faults, so no RUP was measured. This was also predicted by the theoretical analysis.

c. For every breakage of the main roof, the RUP was measured firstly in the middle entry, then in the tail and head entries. This represents the sequence of the breaking process of the main roof.

d. The predicted and actual dates of occurrence of roof weighting were almost identical. Therefore, by measuring the roof pressure in the head and tail entries to monitor the RUP (or the PUP), breakage of the main roof and roof weighting could be predicted.

6 CONCLUSIONS

Based on the occurrence of the main roof in longwall mining, the elastic beam and Kirchhoff plate on Winkler elastic foundation were employed to study the breaking behavior of the main roof and computer simulation method FEAEBP was developed to simulate its breakage using the tensile failure criterion.

The results of simulation indicate that the displacement of the main roof occurs not only in the area over the gob but also over the solid coal seam supporting it. In the area over the seam the displacement is in the form of a declined cosine surface and its change during the breakage causes two special phenomena, RUP and PDP, which can be found by measuring the roof pressure or the convergence between the roof and floor in the head and tail entries.

In Face No. 2322 of China, monitoring the RUP to predict the breakage of the main roof and roof weighting was performed successfully. This demonstrates that the method employed in this paper to analyze the displacement of the main roof was correct.

References

[1] Zhu, D. and Minggao Qian, 1988. A computer simulation of breakage of the main roof in longwall mining. Proc. 7th International Conference on Ground Control in Mining. Morgantown, West Virginia University: 205-211.

[2] Zhu, D. , 1986. Structure of the roof at the end of longwall face and its support. Ground Movement and Control Related to Coal Mining. AusIMM Illawarra Branch: 226-231.

[3] Peng, S. S. , 1978. Coal Mine Ground Control. John Wiley & Sons, New York: 124-126.

[4] Qian, M. and G. Zau. , 1988. Deformation and roof pressure of the overlaying strata. Proc. 26th U. S. Symposium of Rock Mechanics.

Structure and Stability of Main Roof After Its Fracture[①]

Zhu Deren（朱德仁） *Qian Minggao*（钱鸣高）

（Department of Mining Engineering）

Abstract：A series of physical modellings in which a main roof is considered as a Kirchhoff plate supported or clammed by Winkler elastic foundation were performed to simulate the fracturing process of the main roof in longwall mining. Based on these modellings spatial structures of the main roof after its fracture are described, blocks of the fractured main roof are classified and their behaviors are analyzed in this paper. Additionally, two stability indexes of the structures are defined, and the factors affecting stability of the structures with different boundaries and geometric conditions are discussed.

Keywords：coal mining；main roof；fracture；stability；modeling Introduction

Introduction

In recent years a mechanical model in which the main roof is considered as a Kirchhoff plate supported or clammed by Winkler elastic foundation, has been developed by the authors to study the fracturing process and the behaviors of the main roof, and the research results have been successfully applied to roof pressure control in longwall mining[1][2]. After that the objective of the consequent work is to understand what are the structures and equilibrium conditions of the main roof after its fracture.

In order to study these problems, 13 physical models have been performed to simulate the fracturing process of the main roof[3], as shown in Fig. 1, it is indicated that the fracture process can be divided into three stages and the fractures into three types, as shown in Fig. 2.

When the interval between the setup room and face line reaches a limit value as a longwall face advances, micro-cracks occur at the center and sides of the unsupported spanning area of the main roof where the tensile stresses are relatively higher, then the cracks develop and extend gently. Finally, fracture group A is formed, which is the first

① 本文发表于 *Journal of China University of Mining & Technology*，1990 年第 1 期，第 21～30 页。

Fig. 1　Physical modeling to simulate main roof fracture

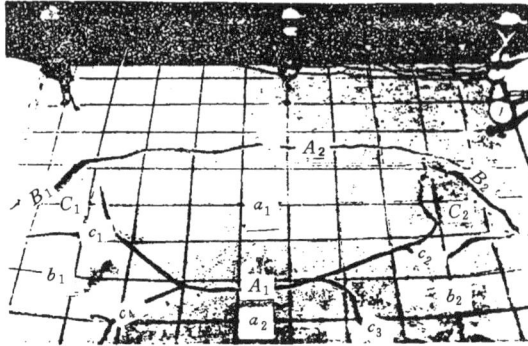

Fig. 2　Fracture Process of main roof

stage and the fracture group A is named the initial one.

The initial fractures extend until reaching a certain length, they run through each other in a shape of an arc, the fracture group B is rapidly formed, which is the second stage and the fracture group B is named the through one.

After the through fractures were formed, the fractured main roof rotates downward to its center and the initial fracture A: extends and branches at both tips towards four corners of the main roof and fracture group C is formed, which is the third stage and the fracture group C is named the branched one.

After all the stages, the whole main roof is divided into several blocks which are squeezed together and form a spatial structure, the types and stability of the structure of the fractured main roof can be analyzed.

1　Types of Structures of Fractured Main Roof

By measuring 13 physical models, it was found that the structures of the fractured main roof can be classified into three types based on the relationships between the face length and the interval from the setup room to the face line, they are the flat X, normal X and tall X, as shown in Fig. 3 a,b,c, respectively. And each type of them can be divided into three shapes, they are the double-arc in the case that both head and tail entries of a panel are adjacent to unmined areas; the single-arc in the case that the head entry is adjacent to an unmined area but the tail entry to a mined out area and non-arc in the case that both head and tall entries are adjacent to mined out areas as shown in Fig. 4.

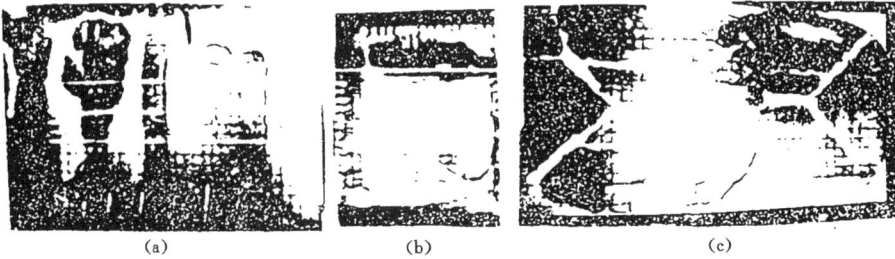

Fig. 3　Structure types of fractured main roof

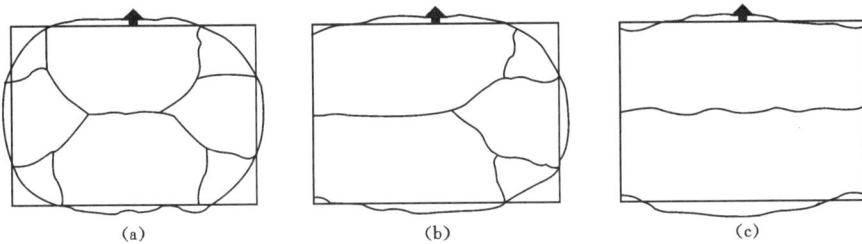

Fig. 4　Three shapes of fractured main roof

In order to simplify the analysis of the structures the curves depicted in Fig. 2 are replaced by straight lines and an approximate structure is obtained and shown in Fig. 5 a, tile figure indicates that

(1) The relationship among the numbers of nodes T, lines L and plates F of each main roof structure satisfies the Euler's formula[1]

$$T - L + F = 2 \tag{1}$$

for example, in Fig. 5 a the numbers of nodes, lines and plates are 14,21 and 9, respectively, which satisfies the formula. So, it is possible for the main roof to form a spatial structure after its fracture.

(2) The structures may fail, or lose stability, under some special geometric and mechanical conditions. Stability loss is caused by two ways, rotating and sliding, as shown in Fig. 6 b, c. In comparison of both ways, obviously, the latter can induce a stronger roof weighting than the former.

(3) The blocks of the fractured main roof can be divided into three types, they are

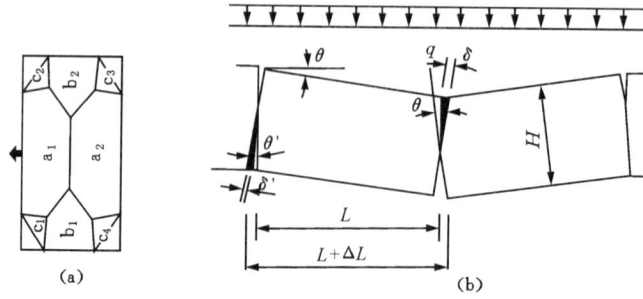

Fig. 5   Key blocks and their equilibrium

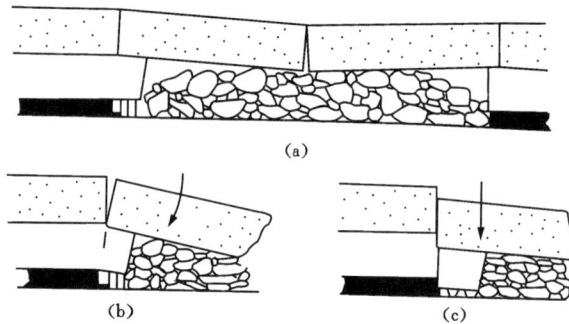

Fig. 6   Two ways of Stability loss main roof

blocks a_{1-2}, blocks b_{1-2} and blocks c_{1-2} (see in Fig. 2, 5).

Observing the performances of these block we can find that if blocks a_{1-2} lose stability, the others will lose stability too: if blocks b_{1-2} lose stability, blocks c_{1-2} will lose stability but blocks a_{1-2} may remain stable; if blocks c_{1-2} lose stability. blocks a_{1-2} and blocks b_{1-2} may still maintain their stability. For this reason blocks a_{1-2} can be defined as the key blocks, blocks b_{1-2} as the second ones and blocks c_{1-2} as the third ones, respectively, based on their stability.

So, we can conclude that the fractured main roof can constitute a spatial structure and the stability of the structure depends on the stability of its key blocks, in other words, evaluation of the stability of the whole main roof can be simplified to assessing the stability of its key blocks.

2   Moment Caused by Squeeze of Blocks

As the blocks of the fractured main roof rotate downward they squeeze each other, which results in the moments resisting rotation of the blocks. Taking the key blocks of the main roof into account, as shown in Fig. 5 b, we can analyze the squeeze forces and the moments.

When the squeeze deformation of the couple of blocks in Fig. 5 b. does not exceed their elastic limit the stress distribution on their squeezed area is shown in Fig. 7 a, conversely, the stress distribution as shown in Fig. 7 b. in which we suppose that the stresses are equal to the strength of the main roof in the portion where the squeeze deformation has exceeded the elastic limit. From Fig. 7 the squeeze forces and their acting position can be calculated by the following equations

$$N = f(\delta) = \begin{cases} \dfrac{K_L E \delta^2}{2L\sin\theta}, & \delta \leqslant \delta_c \\[3mm] \dfrac{\sigma_c}{\sin\theta}\left(\delta - \dfrac{\delta_c}{2}\right), & \delta > \delta_c \end{cases} \tag{2}$$

$$h_4 = \begin{cases} \dfrac{h_1}{3}, & \delta \leqslant \delta_c \\[3mm] \dfrac{(h_3^2/2 + h_2 h_3/2 + h_2^2/6}{h_3 + h_4/2}, & \delta > \delta_c \end{cases} \tag{3}$$

where δ —maximum deformation of squeeze face;

δ_e —elastic limit of block deformation;

σ_c —compressive strength of main roof;

θ —rotated angle of block;

E —young's modulus of main roof;

K_L —length coefficient, normally it is 2.0;

h_1 —height of squeezed area;

h_2 —height of elastic protion of squeezed area;

h_3 —height of plastic portion of squeezed area;

h_4 —acting position of squeeze force.

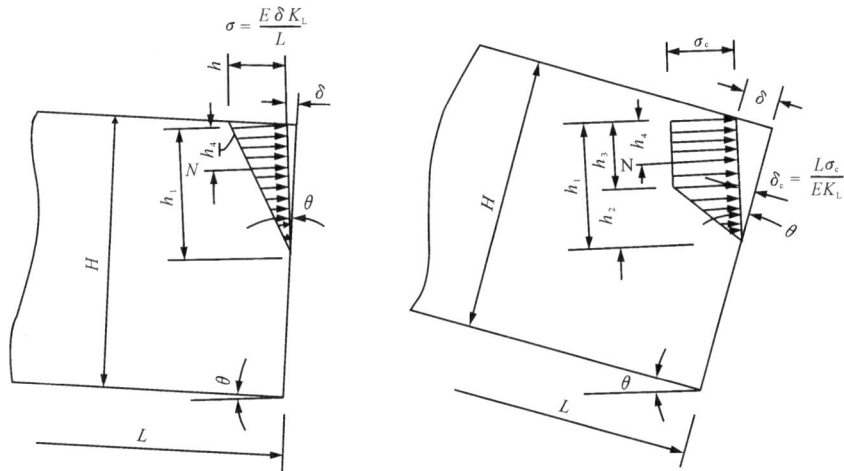

Fig. 7 Stress distribution of squeezed faces of blocks

In reality, there are 3 couples of squeezed plates in Fig. 5, let $\theta' = \theta/2$, thus their squeeze forces and deformations should satisfy the following equations

$$f(\delta) = f(\delta') \tag{4}$$

$$2\delta' + \delta = \Delta L \tag{5}$$

$$\Delta L = [H\sin\theta - L(1 - \cos\theta)]/\cos\theta \tag{6}$$

where ΔL is the total extended length at the horizontal direction corresponding to the rotated angle θ, and H is the thickness of the blocks. The arm of the forces acting at both diagonal ends of a block is

$$a = L \cdot \mathrm{tg}\left[\mathrm{arctg}\left(\frac{H - h_4 - h'_4}{L}\right) - \theta\right] \tag{7}$$

finally, the moment can be calculated by equations $(2) \sim (7)$ and expressed in the following form

$$M_c = N \cdot a = F(\sigma_c, E, H, L, \theta) \tag{8}$$

in addition, the shear forces at both abutment areas can be calculated as

$$Q = \begin{cases} N \cdot \mathrm{tg}\,\phi + h_1 \cdot \tau & \delta \leqslant \delta_c \\ N \cdot \mathrm{tg}\,\phi + h_2 \cdot \tau & \delta > \delta_c \end{cases} \tag{9}$$

where τ —shear strength of main roof;

ϕ —internal friction angle of main roof.

Table 1 Geometric & Mechanical Properties of Key Blocks

Young's modulus (GPa)	Compressive strength (MPa)	shear strength (MPa)	Internal friction angle (Degree)	block width (m)	Block thickness (m)
4.4	32	6	16	17	5

By substituting the parameters listed in table 1 which were obtained through field observation and laboratory tests into equations $(2) \sim (7)$, variation of the resisting moment and shear force with the rotated angle of the key blocks is illustrated in Fig. 8. From the figure it can be seen that the moment decreases to zero and the shear force does from 30 MN/m to 14 MN/m while the main roof fractures, therefore, rotation of the main roof can not be avoided when its fracturing and the shear movement may happen sometime, which results in roof weighting in longwall mining.

3　Stability Indexes of Main Roof

As the rotated angle increases the moment and the shear force increase at first until they reach the maximum, then they decrease, so that the rotating and sliding of the key blocks are restricted during the first stage, but when the angle is larger than θ as shown in Fig. 8 the key blocks will rapidly rotate or/and slide, which will result in a stronger roof weighting.

Moment M_{cm} and shear force Q_{cm} corresponding to rotated angle θ_c, play an important role for determination of the stability of the key blocks, hence the two indexes are defined here

$$K_r = M_{cm}/M_1 K_1$$
$$K_s = Q_{cm}/Q_1 K_1$$

(10)

where M_1 —moment caused by weight of key blocks;

Q_1 —weight of the blocks;

K_1 —load coefficient.

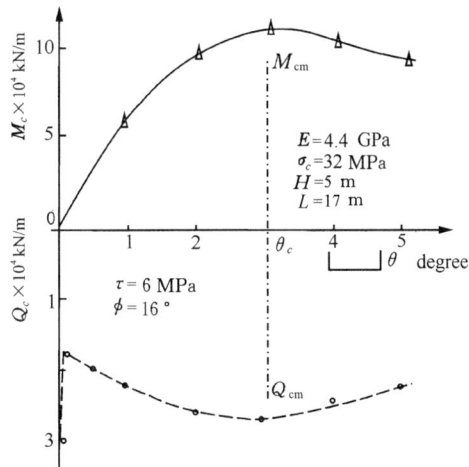

Fig. 8   Relation between moment, shear force and rotated angle

K_r and K_s are named as the rotated stability index and the slide stability one of the key blocks, respectively. Apparently, if rotated stability index K_r is less than 1. 0, the key blocks will lose stability caused by their rotating; if K_r is equal to 1. 0 the blocks are at the limit equilibrium condition; the larger the K_r, the more stable are the blocks. For the same reason, if slide stability index K_s is less than 1.0 the blocks will lose stability caused by their sliding, K_s is equal to 1. 0 the blocks are at the limit equilibrium condition, and the larger the K_s, the more stable are the blocks.

In the same way the squeeze force distribution of each block of the main roof and both stability indexes can be calculated. Let $K_1 = 1.0$, the calculated results are shown in Fig. 9 from which it is concluded that

(1) The third blocks have the maximum rotated angle and squeeze forces, therefore, it is easy for them to lose stability, which is the reason why the both portions of a longwall panel, M and N shown in Fig. 9. have stronger roof pressure and more roof cavity.

(2) As mentioned above, the stability of the whole main roof depends on that of the key blocks, therefore, when the structure is a flat X the stability of the main roof depends on the block above the face, and when the structures is a tall X it depends on the block above the head or tail entry.

4 Factors Affecting Stability of Main Roof

Both stability indexes of the key blocks, or of the main roof, are affected by their mechanical and geometric parameters. In order to find the major factors, numerical analysis was completed. Fig. 10 a, b show the variation of the stability indexes in terms of the thickness and width of the key blocks.

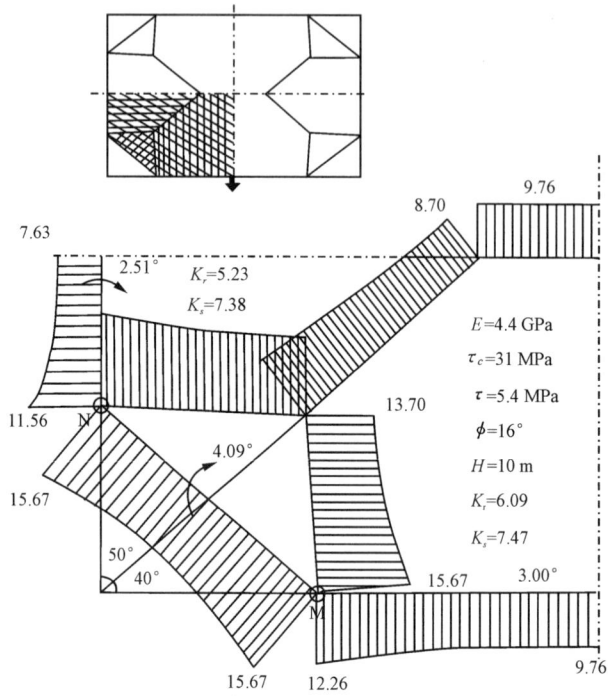

Fig. 9   Squeezed force distribution of blocks

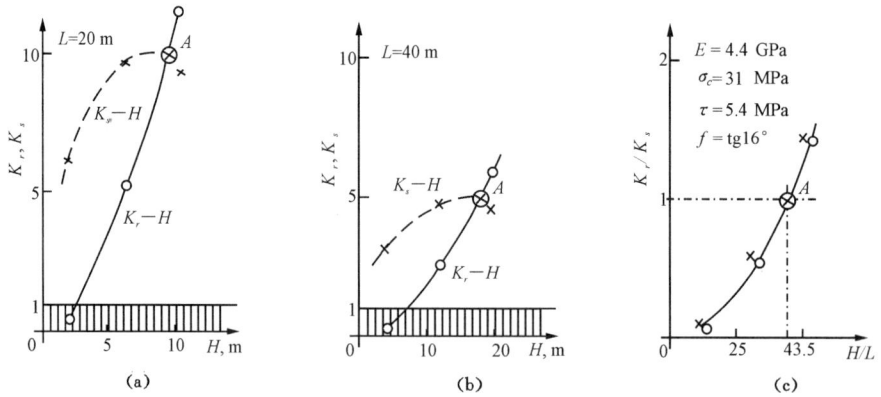

Fig. 10   Variation of both stability indexes

From Fig. 10 it can be seen that if the width L of the key blocks remains constant with increasing their thickness, the rotated stability index increases and the slide stability index increases at first, then decreases; if the thickness H is constant, both rotated and slide stability indexes decrease with increasing the width.

If using two new indexes which are the ratio of the thickness to the width and the ratio of the rotated stability index to the slide stability one, we can get the same curve from Fig. 10 a,b, as shown in Fig. 10 c. Fig. 10 c demonstrates that if the ratio of the rotated stability index to slide stability one is larger than 1. 0, stability loss of the key blocks caused by sliding is more probable than that done by rotating, otherwise, the ratio is less than 1. 0, the stability loss caused by rotating is more probable than that by sliding.

A demarcation value which is defined as the ratio of the thickness to width of the key blocks corresponding to the condition of $K_r/K_s = 1.0$ is an important geometric parameter of the main roof. in Fig. 10 the value is 0. 43. The effect of the mechanical properties of the main roof on the value resulting from numerical analysis is expressed in Table 2 from which it is known that as the Young's modulus and the compressive strength of the main roof increase, the value decreases, and as the shear strength and the internal friction angle increase, the value increases too. so generally, the value of main roof ranges from 0. 30 to 0. 70.

Table 2　Effect of Properties of Main Roof on Dema. Value

Variables	Young's modulus (GPa)	Compressive strength (MPa)	Shear strength (MPa)	Internal friction angle (Degree)
property variation	4. 4—13. 2	32—93	6—16. 2	16—30
Dema. value variation	0. 43—0. 37	0. 43—0. 40	0. 43—0. 65	0. 43—0. 66

5　Analysis of Main Roof Stability Using Stability Indexes

Two examples related to roof pressure problems in longwall mining were discussed using both stability indexes, which are introduced as follows.

5.1　Determination of the possible way of stability loss of main roof

To understand the demarcation value of a main roof is significant in longwall mining, for instance, if the value of a main roof is 0. 5 and its thickness is 4. 0 m, thus when the interval of the first weighting which is equal to twice the width of key block, is larger than 16. 0 m or the interval of the periodic weighting is larger than 8. 0 m, it is more probable for the fracture main roof to fail by rotating, otherwise, if the intervals are less than 16. 0 m or 8. 0 m. respectively, it is more probable by sliding. The instance means that if the interval of roof weighting is small at a longwall panel, the roof weighting may be stronger than that of the interval is larger. This coincides with the results of some field observations. For example, at Face 8305 and Face 8307 of Yuangang colliery, the initial roof weighting were completed two times, the intervals of the first and second one were about 80. 0 m and 10. 0 m, respectively, according to the instrumentation in situ the second time was much more intense than the first one and at the second one some slide fractures at the face line were found out.

5.2   Relationship between main roof stability and face length

Many mining engineers and researchers are concerned for whether it is true that the longer is the face length, the stronger the roof weighting in longwall mining will be. According to the geometric and mechanical conditions at Yungang colliery, the fracturing process of the main roof was simulated[5] and both rotated and slide stability indexes were calculated. Fig. 11 shows the relationship between both stability indexes and the face length, from which it is presented that when the face length is 84m the structure of the fractured main roof is in the type of normal X and both rotated and slide stability indexes are 3.5 and 5.6, respectively, as the length increases from 84m to 120m the type of structure is changed to the flat X, and both indexes rise. Then they become constants with increasing the face length continually.

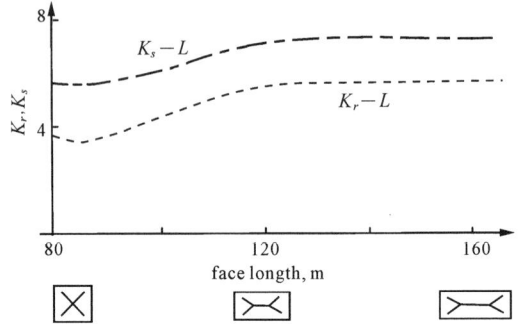

Fig. 11   Relationship between face length and both stability idexes

In conclusion, increase of the face length in longwall mining can not cause decrease of the main roof stability and induce a relatively strong roof weighting, in other words, it is not true that the longer a longwall face, the stronger is its roof weighting.

6   Conclusion

(1) Based on the results of physical modeling, the spatial structures of the fractured main roof can be constituted and classified into three types, they are the flat X, normal X and tall X, each of them can be divided into three shapes, they are double-arc, single-arc and non-arc. The blocks of the structures can also be divided into three types which are the key block, the second and the third ones.

(2) A series of equations for calculating the squeeze forces, resisting moments and shear forces were inducted, by using these equations the numerical analysis indicated that while the main roof fractures, its slight rotation can not be avoided and sometimes sliding may happen. These cause roof weighting in longwall mining.

(3) Two ways of stability loss of the fractured main roof. rotating and sliding, were discussed, in addition, both rotated and slide stability indexes of the key blocks are defined which can be employed to analyze the stability of the fractured main roof.

(4) An important geometric parameter, the demarcation value, is defined, by using the value, the probable way of stability loss of a fractured main roof can be judged, it was indicated that if the interval of roof weighting is small, the roof weighting may be stronger in a longwall face.

（5）The relationship between the face length and both indexes of the main roof in a longwall panel is discussed，which represents that it is not true that the longer a longwall face，the stronger is the roof weighting.

References

［1］ 朱德仁:《长壁工作面老顶破断活动规律及其应用》,中国矿业大学博士论文,1988.

［2］ Zhu Deren，Qian Minggao，S. S. Peng：A Study of Displacement Field of Main Roof in Longwall Mining and Its Application，Proceedings of the 30th U. S Symposium，USA，1989.

［3］ 钱鸣高、朱德仁、王作棠:《老顶岩层断裂型式及对工作面来压的影响》,《中国矿业学院学报》,1986 年 No. 2.

［4］ 希尔门格:《直观几何》,高等教育出版社,1984.

［5］ Zhu Deren，Qian Minggao：A Computer Simulation of Breakage of the Main Roof in Longwall Mining and its Application，Proceedings of 7th International Conference on Ground Control in Mining，USA，1988.

［6］ Xu Linsheng，Shon Yongjing：The Research on the Mechanical Properties of Hard Roof in Underground Coal Mining，Proceedings of the 30th U. S. Symposium，USA，1989.

利用顶板扰动进行矿压监测预报的探讨①

付国彬 钱鸣高

（中国矿业大学，徐州 221008）

摘 要：在文献[1]基础上，本文建立了以煤层为基础、以老顶的挠曲变形压力为载荷的直接顶弹性基础梁模型。求解模型并分析影响因素，从理论上阐明了在煤层巷道中捕捉到老顶破断扰动信息的可能性及其原因，并且指出：通过观测巷道支架载荷获得扰动信息的方法较之通过观测巷道顶板下沉速度更具广泛适用性。本文研究结果可供利用顶板扰动进行矿压监测预报时参考。

关键词：矿山压力；扰动；弹性基础梁

一、引 言

老顶断裂时，在断裂线前方产生反弹压缩—扰动现象[1]，图1是扰动现象的相似材料模拟实验结果[2]。无疑，这种现象可以用来监测老顶破断。实践[3]证明，利用扰动监测老顶破断进而预测采场来压的方法机理比较清楚，它克服了长期以来在来压预报中预报指标"临界值"难以确定的缺陷，方法简单可靠，有推广价值。

利用顶板扰动实现矿压监测预报成功的关键在于扰动信息的捕捉。我们知道，所谓扰动是指断裂线前方的老顶在其破断瞬间产生与破断前方向相反的竖向位移的现象，扰动是老顶的扰动。由于在我国绝大多数矿山，老顶并不直接赋存在煤层上，因此，用现有的观测手段在工作面两巷通常并不能直接观测到老顶的扰动。然而，由于煤层和直接顶共同作为老顶的基础[1]，故我们可以通过观测老顶扰动在基础中引起的力学效应捕捉扰动信息。于是又产生了下述问题：扰动是否总会在基础中引起相应的力学效应？在不同的煤层和顶板条件下，力学效应的形式有何不同？换言之，就是在两巷捕捉扰动信息的可能性如何？在不同条件下，应该采用

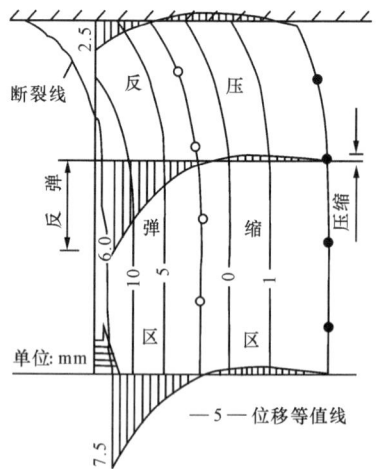

图1 相似材料模拟实验结果

---

① 本文发表于《中国矿业大学学报》，1990年第4期，第1～7页。

什么方法观测？这是利用扰动现象进行矿压监测预报必须回答的两个基本问题。本文对此进行了初步探讨。

二、直接顶力学模型的建立

由于开采边界的影响，顶板变形、破断在整个工作面的规律不同，老顶扰动量大小及其分布在工作面中部和两巷也有差异（图 1），因此用平板力学模型研究采场矿压问题比较接近实际。但本文的目的在于从理论上分析老顶破断扰动在基础中引起的力学效应及其形式，具有定性的特点，所以主要考虑工作面中部沿推进方向可以视为"梁"的部分。

根据老顶、直接顶和煤层的力学性质特点，把煤层和直接顶共同视为老顶的基础[1]。由于同样的原因，在煤层和直接顶共同作为老顶基础的同时，煤层也可以视为直接顶的基础。暂不考虑塑性区，假定煤层近似符合 Winkler 条件：

$$p_1 = -k_m \cdot y_1 \tag{1}$$

式中　p_1——煤层反力，N/m；

　　　y_1——直接顶竖向位移，m；

　　　k_m——垫层（煤层）刚度系数，Pa。k_m 与直接顶弹性模量 E_1、厚度 h_1 和老顶的垫层（煤层和直接顶）刚度系数 k 有关系：

$$\frac{1}{k} = \frac{1}{k_m} + \frac{h_1}{E_1} \tag{2}$$

因只研究老顶扰动对直接顶下沉的影响，故可以不考虑上覆岩层作用的已经平衡的那部分压力，只考虑老顶挠曲变形施加在直接顶上的压力 $q_1(x)$。引用文献[1]的结果，$q_1(x)$ 为：

老顶断裂前

$$q_1(x) = ke^{-\alpha x}\left[\frac{rM_0 + 2\alpha Q_0}{EIr(r-s)}\cos\beta x - \frac{2\alpha rM_0 - sQ_0}{2EIr(r-s)\beta}\sin\beta x\right] \tag{3}$$

老顶断裂后

$$q_1(x) = ke^{-\alpha x}\left[\frac{2\alpha Q'}{EIr(r-s)}\cos\beta x + \frac{2Q'}{2EIr(r-s)\beta}\sin\beta x\right] \tag{3'}$$

式中　EI——老顶岩梁抗弯刚度，N·m²；

　　　r——计算参数，$r=\sqrt{k/EI}$，1/m²；

　　　Q_0——破断前煤壁处剪力，N；

　　　α——计算参数，$\alpha=\left(\frac{r}{2}-\frac{s}{4}\right)^{\frac{1}{2}}$，1/m；

　　　Q'——破断后煤壁处剪力，N；

　　　β——计算参数，$\beta=\left(\frac{r}{2}+\frac{s}{4}\right)^{\frac{1}{2}}$，1/m；

　　　M_0——破断前煤壁处弯矩，N·m；

　　　s——计算参数，$s=\frac{N}{EI}$（N 为挤压力），1/m²。

由此可将直接顶简化为图 2 所示的 Winkler 基础上的半无限长平面应变梁。煤壁为坐标原点,l 为直接顶悬露段长,R 为支架阻力分布,q_0 为直接顶岩重,其余如图示。

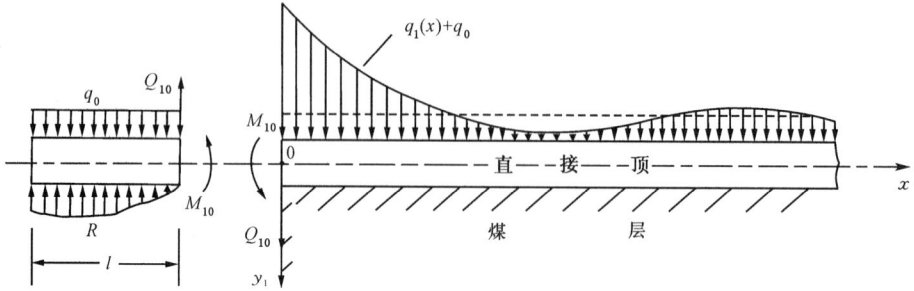

图 2 直接顶的弹性基础梁模型

三、力学模型的解

图 2 所示的弹性基础梁平衡微分方程为[4]:

$$E_1 I_1 y_1^{(4)} = q_1(x) - k_m y_1 \qquad (4)$$

式中:$E_1 I_1$ 为直接顶抗弯刚度,N·m²。其中 E_1 在平面应变模型中应取值 $\dfrac{E_1}{1-\mu^2}$(μ 为泊松比)。

将式(3)、(3′)分别代入方程(4)求解,然后利用边界条件确定待定系数[2],得老顶破断前、后直接顶的竖向位移分别为 y_{11}、y_{12}:

$$y_{11} = e^{-\alpha x}(A_1 \cos \beta x + B_1 \sin \beta x) + e^{-\zeta x}(C_1 \cos \zeta x + D_1 \sin \zeta x) + \frac{q_0}{k_m} \qquad (5)$$

$$y_{12} = e^{-\alpha x}(A_2 \cos \beta x + B_2 \sin \beta x) + e^{-\zeta x}(C_2 \cos \zeta x + D_2 \sin \zeta x) + \frac{q_0}{k_m} \qquad (5')$$

由式(5′)−(5)得老顶破断扰动引起的直接顶竖向位移(下沉)变化量:

$$\Delta y_1 = y_{12} - y_{11} = e^{-\alpha x}\left[(A_2 - A_1)\cos \beta x + (B_2 - B_1)\sin \beta x\right] +$$
$$e^{-\zeta x}\left[(C_2 - C_1)\cos \zeta x + (D_2 - D_1)\sin \zeta x\right] \qquad (6)$$

式中 ξ——计算参数,$\xi = (K_m/4E_1 I_1)^{\frac{1}{4}}$,1/m;

$$A_2 - A_1 = \frac{k}{E_1 I_1 EIr(r-s)\varphi}\left\{(\alpha^4 + \beta^4 + 4\zeta^4 - 6\alpha^2 \beta^2)\left[2\alpha(Q'-Q_0) - rM_0\right] + \right.$$
$$\left. 2\alpha(\alpha^2 - \beta^2)\left[s(Q'-Q_0) + 2\alpha rM_0\right]\right\},\text{m};$$

$$B_2 - B_1 = \frac{k}{E_1 I_1 EIr(r-s)\varphi}\left\{\frac{1}{2\beta}(\alpha^4 + \beta^4 + 4\zeta^4 - 6\alpha^2 \beta^2)\left[s(Q'-Q_0) + 2\alpha rM_0\right] - \right.$$
$$\left. 4\alpha\beta(\alpha^2 - \beta^2)\left[2\alpha(Q'-Q_0) - rM_0\right]\right\},\text{m};$$

$$C_2 - C_1 = \frac{1}{2\zeta^3}\left\{(A_2 - A_1)\left[\alpha(\alpha^2 - 3\beta^2) + \zeta(\beta^2 - \alpha^2)\right] + \right.$$
$$\left. (B_2 - B_1)\left[\beta(\beta^2 - 3\alpha^2) + 2\alpha\beta\zeta\right]\right\},\text{m};$$

$$D_2 - D_1 = -\frac{1}{2\zeta^2}\left[(A_2 - A_1)(\beta^2 - \alpha^2) + 2\alpha\beta(B_2 - B_1)\right],\text{m};$$

$$\varphi=(\alpha^4+\beta^4+4\zeta^4-6\alpha^2\beta^2)^2+[4\alpha\beta(\alpha^2-\beta^2)]^2,1/m^8。$$

图 3 为老顶参数按表 1 取值时,扰动引起的直接顶下沉变化及其分布。本文除特别指明外,老顶参数均取值于表 1。从图 3 可见,老顶破断扰动时将使一定条件的直接顶竖向位移增减,其最大值 $\Delta y_{1\max}=(\Delta y_1)_{x=0}$,且具有与老顶扰动区域相同的分布规律。直接顶竖向位移的这种变化的特征是不连续,在老顶破断时发生突变,因而实际上也是顶板下沉速度的变化,但方向与原方向相反。其实质是扰动使直接顶上的外载荷突然改变,导致直接顶下沉速度产生瞬间反方向变化,它是老顶破断扰动和煤层弹性恢复共同作用的结果。按照能量的观点,开采使顶板挠曲变形而积累了弹性应变能,老顶破断使自身积累的能量得到释放而产生扰动,老顶扰动又使直接顶积累的能量得以释放并企图恢复到采前的位置,从而产生与老顶破断前方向相反的竖向位移(下沉)。由于老顶扰动必然使作用在直接顶上的压力 $q_1(x)$ 变化,在一定条件下引起直接顶下沉速度变化,因此,我们完全可能在工作面两巷观测到这种压力和顶板下沉速度的变化,预测老顶破断,实现采场来压预报。

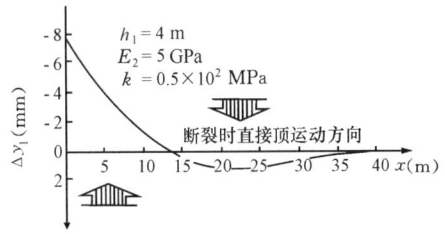

图 3　老顶断裂时直接顶下沉变化

表 1

序号	参数	单位	数值	序号	参数	单位	数值
1	E	GPa	30	5	Q'	MN	1.19
2	I	m^4	5.33	6	N	MN	1.40
3	M_0	MN·m	16.94	7	k	MPa	50
4	Q_0	MN	2.38				

四、影响因素分析

为了叙述和讨论问题方便起见,以 $\Delta y_{1\max}=(\Delta y_1)_{x=0}$ 为例分析。一般地说,影响 Δy_1 的因素有直接顶弹性模量 E_1、厚度 h_1、垫层刚度系数 k_m 以及老顶的几何、力学参数。根据本文研究的问题,可以假定老顶参数一定(按表 1 取值)。

(一)直接顶弹性模量 E_1

如图 4,当 h_1 和 k 一定时,存在 $\Delta y_{1\max}$ 的一个极值点 E_{10},在 E_{10} 处 $\Delta y_{1\max}$ 值最大。当 $E_1>E_{10}$ 时,$\Delta y_{1\max}$ 随 E_1 增大略有减小;当 $E_1<E_{10}$ 时,$\Delta y_{1\max}$ 随 E_1 减小急剧下降,并很快接近于零。由式(3)、(3′)知,对于一定的老顶岩层和垫层刚度系数 k,扰动引起的直接顶上的压力变化一定,但它引起的直接顶下沉变化却因煤层和直接顶条件不同而不同。$\Delta y_{1\max}$ 与 E_1 的关系说明,如果直接顶弹性模量很小,扰动虽然使直接顶上的外力变化,但扰动几乎不会使直接顶下沉速度改变,仅仅使其松动压实。由此得到一条有益的结论:在直接顶破碎的条件下,在两巷难以观测到扰动引起的顶板下沉速度变化,只能通过观测扰动引起的压力(支架载荷)变化捕捉扰动信息。

（二）直接顶厚度 h_1

当 E_1 和 k 一定时，Δy_{1max} 随 h_1 增大几乎呈线性关系下降（图5）。这说明直接顶较厚时，老顶破断释放的弹性能大部分将被直接顶吸收，扰动引起的直接顶下沉（速度）变化不明显。于是我们又得到一条有益的结论：在直接顶较厚的条件下，宜采用在两巷测压力的方法捕捉扰动信息。

分析和计算结果表明，老顶最大反弹量 Δy_{max} 始终比 Δy_{1max} 大（图5）。这是因为老顶扰动量由直接顶和煤层的弹性恢复两部分组成。Δy_1 仅仅是煤层的弹性恢复，是我们在两巷可以观测到的部分。由图5可见，Δy_{max} 与 Δy_{1max} 的差随 h_1 减小而减小，当 $h_1 \to 0$ 时，$\Delta y_{1max} \to \Delta y_{max}$ 而与 E_1 和 k 无关（图5、图6）。可见，仅当老顶直接赋存在煤层上时，才可以在两巷直接观测到老顶扰动现象，这与实际情况完全一致。

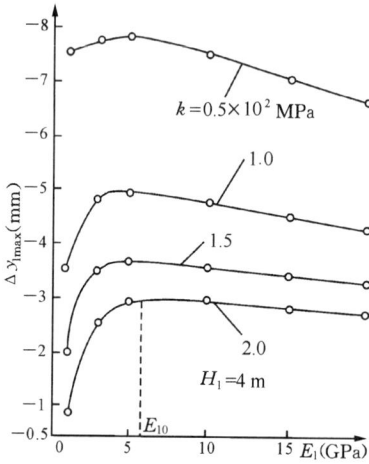

图4　弹性模量的影响

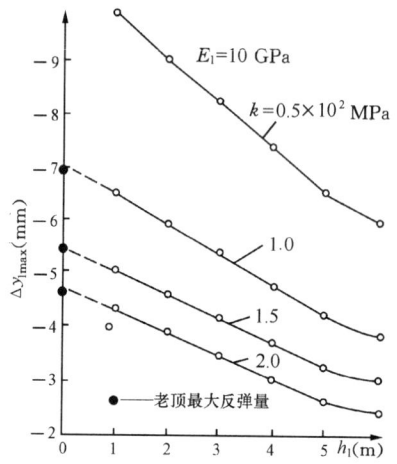

图5　直接顶厚度的影响

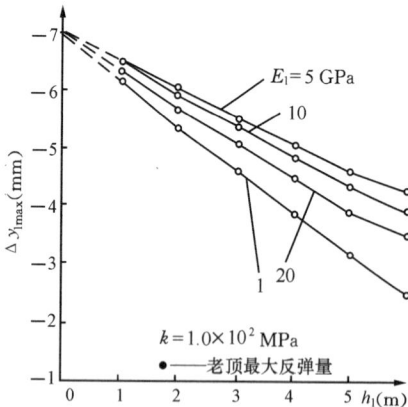

图6　Δy_{1max} 与老顶最大反弹量的关系

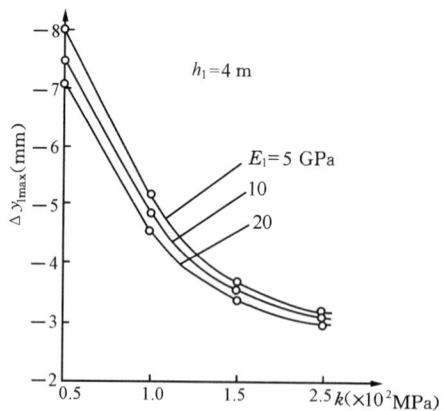

图7　k 的影响

（三）老顶垫层刚度系数 k

Δy_{1max} 随 k 增大呈近似负指数关系下降（图7）。这是因为 k 影响扰动量，从而影响直接顶外载变化大小。此外，由式(2)易知，当 E_1 和 h_1 一定时，k 是 k_m 的单值函数，且 $\dfrac{\mathrm{d}k}{\mathrm{d}k_m} = E_1^2/(E_1+k_mh_1)^2 > 0$ 恒成立，即 k 是 k_m 的单值单增函数，而 Δy_1 必然随 k_m 增大而减小，可见，k 在一定程度上又体现了 k_m 对 Δy_1 的影响。

综上分析可见，在直接顶中等稳定且厚度不大(若中等稳定以上，厚度相应更小)的条件下，扰动将引起直接顶下沉速度瞬间明显改变，且具有反向加速的特点；在直接顶破碎的情况下扰动仅仅使直接顶松动压实；当直接顶较厚时，扰动引起的顶板下沉速度变化不明显。

如上所述，本文是在文献[1]基础上进行的，建立模型时根据研究问题的性质做了适当简化。当考虑松塌区和塑性区时，实际上相当于老顶悬伸段长度 L' 增大，最大弯矩位置亦即老顶破断位置将前移，扰动范围随之相应前移；另一方面，扰动量与 L' 也有关，现以最大反弹量 Δy_{max} 为例说明：由文献[1]，$\Delta y_{max} = \dfrac{1}{EIr(r-s)}[rM_0 + 2\alpha(Q_0 - Q')]$，其中 $M_0 = \dfrac{1}{2}qL'^2 + Q'L' + N' \cdot \Delta s_1 - F \cdot z, Q_0 - Q' = qL' - F$，式中 F 和 $N' \cdot \Delta s_1$ 与 L' 无关，$F \cdot z$ 与 L' 项相比很小，显然，Δy_{max} 随 L' 增大而增大。由此可见，考虑松塌区和塑性区时，扰动范围前移，扰动量在一定程度上(因 $EIr(r-s) \gg [rM_0 + 2\alpha(Q_0 - Q')]$)增大，扰动在基础中引起的力学效应将更明显。其次，当考虑支承压力时，扰动量还应包括老顶破断时支承压力变化引起的部分。我们知道，支承压力在老顶破断前达到峰值，破断后降低，这种变化(其中包括老顶变形压力的变化)将在一定程度上加强扰动现象及其在基础中引起的力学效应。

五、结 论

(1)老顶破断通常是采场来压的先决条件，破断将产生扰动现象，扰动使作用在直接顶上的压力变化，并使一定条件的直接顶产生瞬间反方向位移，因此，在需要进行来压预报的采场，都可以在两巷通过观测顶板压力和顶板下沉速度的这种变化捕捉老顶破断扰动信息，实现采场矿压监测预报。

(2)在工作面两巷观测扰动引起的顶板下沉速度变化进行矿压监测预报，一般只有在直接顶中等稳定以上且厚度不大的条件下有可能成功，而在两巷观测压力(支架载荷)的变化捕捉扰动信息则普遍适用。柴里 2322 工作面在直接顶中等稳定和夹河 7417 工作面在直接顶破碎的条件下在两巷用带有圆图压力自记仪的单体液压支柱捕捉扰动信息都获得了成功[3][5]，使本文的研究结果在上述条件下得到了证明。

参 考 文 献

[1] 钱鸣高、赵国景：老顶断裂前后的矿山压力变化，《中国矿业学院学报》，1986 年第 4 期。

[2] 付国彬：再论老顶破断引起的扰动及在 2322 工作面的实践[学位论文]，中国矿业大学，1988 年 4 月。

[3] 朱德仁：工作面矿压监测和来压预报方法，《矿山压力》，1988 年第 1 期。

[4] 龙驭球：弹性地基梁的计算，人民教育出版社，1981 年 9 月。

[5] 何富连：老顶初次来压步距及其影响因素分析[学位论文]，1988 年 11 月。

Application of the Roof Disturbance to the Monitoring and Prediction of the Underground Pressure

Fu Guobin   Qian Minggao

Abstract: Based on the study of the influence of the fracture of the main roof on the mining ground pressure, this paper considers the immediate roof as a semi-infinite long beam on a winkler elastic foundation. In the model the coal seam is the foundation and the pressure of the main roof deflection is the load. Having solved the model and analyzed related factors , the authors indicate that the disturbance caused by the breakage of the main roof can be observed in both gates of longwall face and explain why it can be. The paper points out that the applicability of this method to obtain the disturbance information by measuring loads on supports is wider than that by measuring rates of roof subsidence. The results are useful to the monitoring and predicting of the mining ground pressure.

Keywords: underground pressure; roof disturbance; beam on elastic foundation

A Method of Predicting the First Weighting Span of Main Roof Affected by Faults[①]

Dr. Wang Zuotang　　*Prof. Qian Minggao*

(Department of Mining Engineering China University of Mining & Technology)

Abstract: Based on the fracture behaviors of the "plate" model of main roof under different boundary support conditions, this paper proposes a method of predicting the first weighting span of main roof with or without faults in it. The first weighting span can be determined by the formula $a_i = l_m \cdot W_i$, where l_m is criterion, which represents the stability of the main roof itself; and the boundary-length coefficient W_i reveals the effect of the face length and boundary conditions. The relation of face length to the first weighting span is plotted as a W-shaped curve. With cut faults in it, the main roof above goaf area can be divided into several plate blocks differing from length, boundary and shape, thus a different plate block corresponds to a different boundary-length coefficient W_i, in return, the main roof can be put into a few segments along the face of which the weighting spans are different. This paper presents the coefficients W_i, required by the above formulas and illustrations for forecasting the first weighting span. The calculated results are in correspondence with the statistics of observation in situ.

Introduction

While advancing, all coalface are more or less affected by such constructional details as faults, which bring a lot of troubles to roof-control especially during the period when the roof is caved for the first time. Faults constitutions not only make it easy to lead to roof falls resulting from the formation of broken zones, but also change the law of the main roof breakage into that it weights by segments along the face. The weighting spots and the order of priority of the main roof not being known, some valid and corresponding measures can't be taken in time to prevent roof fall. Therefore, it is urged to be solved for mining practice how to determine the weighting order and weighting span of the main roof in every plate block, which is the topic the paper deals with.

Ⅰ　The basic categories that faults affect the styles of main roof breakage

The faults whose influences on the styles of the main roof breakage can be put into

---

① 本文发表于 *The 2nd International Symposium on Mining Tech & Science*，1991 年，第 590～598 页。

three categories: one is the strike faults of which the strike is identical with the advancing direction of the coalface; another is the slanting fault which cuts the line indicating the coalface's advancing direction; and still another is the parallel fault which is parallel to the face. In each category, the lengths, boundaries and shapes depend upon the number of faults and the width of the faults' broken zones, which is discussed respectively as follows:

1. When the strike fault cuts the main roof, and its plate blocks are all rectangle-shaped. which is shown in Fig. 1, in this case, only one side of the border plate blocks are affected, and other three sides are tightly supported by solid coal. As for the middle block, two sides are influenced by the faults, while two ends are still tightly supported by the solid coal. Then the style of the boundary support of the fault can be determined by the coefficient of the fault occurence, i. e

$$f = \frac{h + \Delta H}{W} \cos \varphi \qquad (1)$$

where f is the coefficient of the fault occurence, and $\Delta H, \varphi, w, h$ is the fall, dip angle, width of broken zone of the fault and the thickness of main roof, respectively.

If the block overlies the fault plane adding the condition $f > 1$, the two neighbouring blocks will break one after another, and the boundary on this side is simply supported, All the boundaries except that can meet the two above-mentioned conditions are free, and the neighbouring two blocks breaks respectively. Therefore the border block has two boundary support styles while the middle block has three.

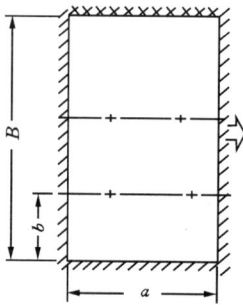

Fig. 1 The plate block pattern of
the main roof cut by strike fault

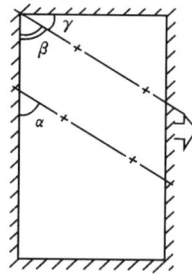

Fig. 2 The plate block Patterns of the
main roof cut by slanting faults

2. Three shapes-trapezoid, triangle and parallelogram can be formed in main roof after it is cut by slanting faults (Fig. 2). On this occasion, the border block is probably trapezoid-shaped and triangle-shaped, while the middle block is frequently parallelogram-shaped. The boundary support style nearing the fault can be decided by the above-mentioned procedure, however only seven boundary support styles are frequently used.

3. Parallel faults include two cases, one is the fault that nears the end stope, another is that which is in front of ribside. The face can be put into primarily active one and the one which has been affected by the goaf according to the influential degree as shown in Fig. 3(a), (b) and Fig. 4(a), (b).

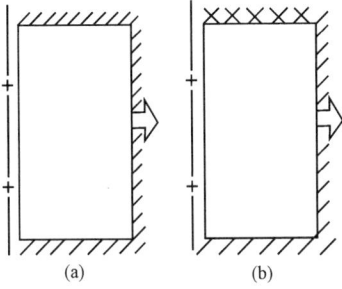

Fig. 3　The influence of parallel fault on main roof's breakage nearing end stope

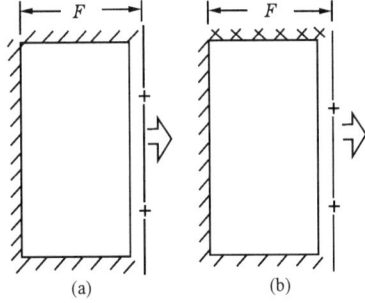

Fig. 4　The influence of the parallel faults in front of the ribside on main roof's breakage

Ⅱ　The influence of strike fault on the first weight of main roof

The research on the breakage law of the "plate" model of main roof has revealed that the first weighting span of the main roof (a_i) depends upon the formula $a_i = l_m \cdot W_i$ in which the span criterion l_m represents the stability of the main roof itself, and the boundary-length coefficient W_i indicates the effect of the face length and boundary conditions, furthermore, under a certain given conditions of stratum stucture and strength features of the main roof, l_m is a constant, i. e

$$l_m = \frac{h}{1-\mu^2}\sqrt{\frac{2\sigma_s}{q}} \tag{2}$$

But the boundary-length coefficient is determined by the boundary support conditions of the main roof and the coalface length. On those occasions that the main roof of a primarily active face is not affected by faults, this coefficient is computed by

$$W_0 = \begin{cases} \dfrac{b}{\sqrt{2}\,l_m}\sqrt{\left(\dfrac{B}{l_m}\right)^2 - \sqrt{\left(\dfrac{B}{l_m}\right)^4 - 4}} & (B \geqslant \sqrt{2}\,l_m) \\[4mm] \dfrac{B}{l_m}\sqrt[4]{\dfrac{1}{(B/l_m)^2 - 1}} & (l_m \leqslant B < \sqrt{2}\,l_m) \end{cases} \tag{3}$$

where B is the face length.

If it is cut by strike faults, the main roof is divided into a few rectangle-shaped plate block varying in length and boundary. For the same main roof stratum, the span criterion of every block still remains equal, however, the boundary-length coefficient varies greatly. This coefficient not only doesn't equal that of the full main roof, but also doesn't equal that of the other plate blocks Right the difference leads to different span and different order of the weighting of the main roof in each block, consequently, the breakage of the main roof is by blocks and its weighting by segment along the face. Thus the problem how to determine the segmental weighting span of each block can be converged that how to decide the boundary-length coefficient of each block after the main roof is cut by faults.

1. If the border block is free or connected and simply supported on the side of the fault, the coefficient is calculated by

$$W_1 = \frac{b}{\sqrt{2}\,l_m}\sqrt{3\left(\frac{b}{l_m}\right)^2 - \sqrt{9\left(\frac{b}{l_m}\right)^4 - 6}} \qquad \left(b \geqslant \sqrt{\frac{2}{3}}\,l_m\right) \qquad (4)$$

$$W_2 = \frac{l_m^2}{3b^2} + 1 \qquad \left(b \geqslant \sqrt{\frac{1}{6}}\,l_m\right) \qquad (5)$$

2. The coefficient of the middle block is discussed respectively according to three boundary support styles as follows:

(1) Both sides are simply supported by the fault:

$$W_3 = \frac{b}{\sqrt{2}\,l_m}\sqrt{5\left(\frac{b}{l_m}\right)^2 - \sqrt{25\left(\frac{b}{l_m}\right)^4 - 11}} \qquad \left(b \geqslant \sqrt[4]{\frac{11}{25}}\,l_m\right) \qquad (6)$$

(2) One side is connected and simply supported by the fault, the other is free:

$$W_4 = \frac{1}{2b^4} + 1 \qquad (7)$$

(3) Both sides are free, i. e the middle block is not affected by the neighbouring blocks on the two sides, in this case, the weighting span equals the span criterion, which means

$$W_5 = 1 \qquad (8)$$

The analysis results of the coefficient W_i of the main roof block which is/isn't cut by strike faults are arranged in a table for reference. (Tab. 1)

Referring to the above table, the curves predicting the segmental weighting span of the main roof which has been cut by strike faults is plotted in Fig. 5.

From the above discussion, it is concluded that the nearer the distance between the road and the fault and the longer the face are, the greater the increase of the weighting span is till the main roof suspends instead of caving, conversely, the longer the border blocks, the less the weighting span, but it isn't less than l_m.

Generally, the weighting span of the middle block become less but not less than l_m yet. Only when the middle block overlies the fault plane and yields connected breakage with the border block, can its weighting span equal that of the border block.

Hence the order of priority of the segmental weighting and the breakage of the main roof under the control of the faults are as follows:

Tab. 1　The boundary-Length coefficient of main roof before/after it is cut by strike faults

B/l_m	W_0	b_1/l_m	W_1	b_2/l_m	W_2	b_3/l_m	W_3	b_4/l_m	W_4	b_5/l_m	W_5	Note
1.0026	2.0052	0.8527	1.7055	0.4148	1.3825	0.8365	1.6730	0.02	1.0450	0~∞	1.0000	
1.0118	1.8396	0.8732	1.5876	0.4300	1.2287	0.8178	1.4782	0.04	1.0381			
1.0251	1.7085	0.8982	1.4972	0.4512	1.1279	0.8649	1.4415	0.06	1.0344			
1.0430	1.6047	0.9267	1.4260	0.4779	1.0619	0.8842	1.3602	0.08	1.0315			
1.0648	1.5211	0.9607	1.3724	0.5091	1.0181	0.9070	1.2957	0.10	1.0287			
1.0903	1.4537	0.9978	1.3304	0.5443	0.9896	0.9322	1.2429	0.12	1.0253			
1.1203	1.4003	1.0390	1.2987	0.5829	0.9715	0.9601	1.2001	0.14	1.0229			
1.1538	1.3574	1.0826	1.2737	0.6248	0.9612	0.9901	1.1649	0.16	1.0202			
1.1905	1.3228	1.1271	1.2523	0.6695	0.9564	1.0225	1.1362	0.18	1.0181			
1.2309	1.2957	1.1510	1.2116	0.7162	0.9549	1.0569	1.1125	0.20	1.0150			
1.2745	1.2745	1.1785	1.1785	0.7668	0.9559	1.0927	1.0927	0.22	1.0127			
1.2947	1.2300	1.2097	1.1492	0.8147	0.9585	1.1317	1.0751	0.24	1.0101			
1.3228	1.1905	1.2457	1.1211	0.8655	0.9617	1.1767	1.0590	0.26	1.0089			
1.3574	1.1538	1.2901	1.0966	0.9177	0.9660	1.2295	1.0451	0.28	1.0052			
1.4004	1.1203	1.3429	1.0743	0.9698	0.9698	1.2904	1.0323	0.30	1.0018			
1.4537	1.0903	1.4055	1.0541	1.0759	0.9781	1.3617	1.0213	0.32	1.0000			
1.5211	1.0648	1.4823	1.0376	1.1819	0.9849	1.4454	1.0018					
1.5771	1.0430	1.5741	1.0232	1.2871	0.9901	1.5453	1.0044					
1.6863	1.0251	1.6863	1.0118	1.3912	0.9937	1.6660	0.9996					
1.8393	1.0018	1.8251	1.0038	1.4949	0.9966	1.8110	0.9960					
2.0052	1.0026	1.0068	1.0011	1.7493	0.9996	1.9885	0.9942					
3.3340	1.0020	2.00	1.0000	2.004	1.002							

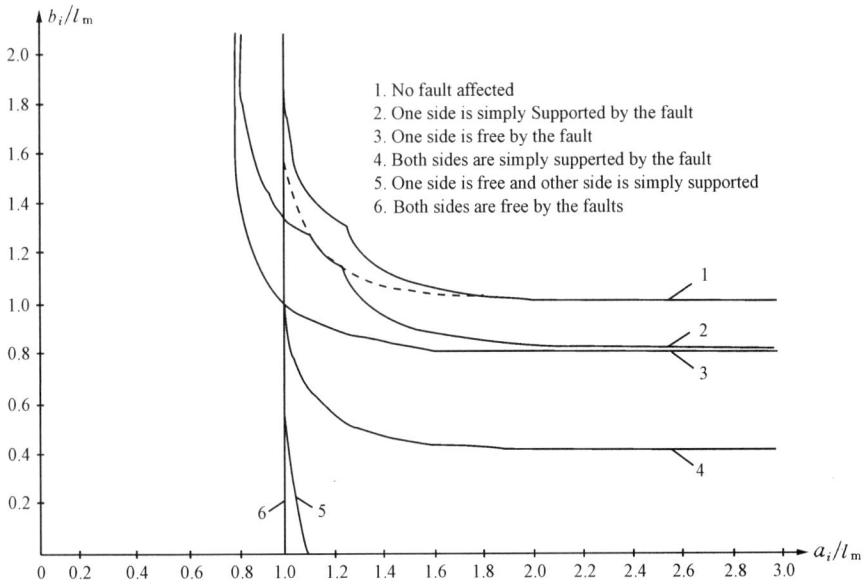

Fig. 5　The curve predicting the segmental weighting span of the
main roof which has been cut by strike faults

The middle block is under the fault plane → the border block is under the fault plane when it width is great → the border block is on the fault plane when its width is great → the middle block is on the fault plane → the border block is under the fault plane when its width is short → the border block overlies the fault plane when its width is short.

〔**A living example**〕 The weighting prediction at No. 7417 coalface of Jiahe Colliery Xuzhou Mine Manage Bureau employed the method combining prediction by computation with survey in situ to forecast the location and the order of priority of the segmental weighting of the main roof cut by faults, which has achieved a comparative high precision. Refer to Fig. 6.

The face is 150. 6 m long which is cut by a strike fault F_7 and is divided into two blocks, the upper block is 26. 6 m long (includes the width of the broken zone which is 6. 5 m), the lower one 124 m long. The fault fall is 3. 8 m and its dip angle is 40°, the main roof is 4. 1 m thickness.

The procedure computing the segmental weighting spans of the upper block and the lower on of the mian roof above the face is as follows:

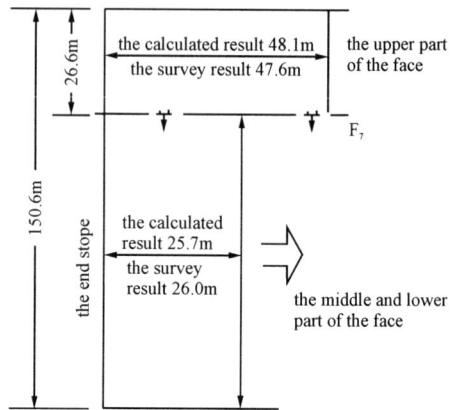

Fig. 6　An example forecasting the segmental weighting pan of No. 7417 face of Jiahe Colliery

1. Apply the rock parameters of the main roof to the equation (2) to determine the spancriterion l_m of which the result is $l_m = 25. 7$ m.

2. Adopt the coefficient of the fault occurence to decide the connecting relationship between the upper block and the lower one. Use equation (1) to obtain the fault $f = 0. 93 < 1$ which means that both the upper block and the lower one are free on the side of the fault, and breaks respectively by segments.

3. Determine the boundary-length coefficient W_i of the two blocks. Apply the equation (4),(5) to obtain the results:
$$W_{upper} = 1. 87 \qquad W_{lower} = 1$$

4. Then determine the breakage order of priority of each main roof block. Hence W_{lower} is less than W_{upper} (i. e $W_{lower} < W_{upper}$), the lower block has a breakage priority to that of the upper one.

5. Lastly, the segmental weighting spans of the main roof can be calculated. Employ the equation $a_i = l_m \cdot W_i$ to achieve the results:
$$a_{lower} = 25. 7 \text{ m} \qquad a_{upper} = 48. 1 \text{ m}$$
Which can also be obtained from Fig. 5.

Ⅲ The effect of the slanting fault on the first weight of the main roof

After the main roof is cut by the slanting fault, the plate blocks with different width, boundary and shape are formed. (Fig. 2), the boundary-length coefficient of each block not only relates to the support boundary and the plate length, but also is affected by the shape. Therefore. the solution of segmental weighting span of the main roof demands that the boundary-length coefficient of each block should be firstly worked out.

1. The boundary-length coefficients of the two styles of boundary conditions of the trapezoid-shaped block are computed by

a. When the hypotenuse of the fault is connected and simply supported

$$W_6 = \frac{2b - l_m \mathrm{ctg}\,\alpha}{2l_m} \sqrt{\left(b - \frac{1}{2}l_m \mathrm{ctg}\,\alpha\right)^2 - \sqrt{\left(b - \frac{1}{2}l_m \mathrm{ctg}\,\alpha\right)^4 - \frac{4}{9}l_m^4}} \tag{9}$$

b. When the hypotenuse of the fault is free

$$W_7 = \frac{4l_m^2}{3(2b - l_m \mathrm{ctg}\,\alpha)} + 1 \tag{10}$$

2. The boundary-length coefficients of the three styles of the boundary condition of the prism block are worked out by one of the following formulas.

a. when the two hypotheses of the fault are connected and simply supported

$$W_8 = \frac{b}{\sqrt{2}\,l_m^2} \sqrt{5b^2 \sin^2 \beta - \sqrt{25(b\sin\beta)^4 - 11l_m^4}} \tag{11}$$

b. When one hypotenuse is connected and simply supported but another one is free

$$W_9 = \frac{1}{2b^4 \sin^4 \beta} + 1 \tag{12}$$

c. When both hypotenuses are free

$$W_{10} = \sin \beta \tag{13}$$

3. The boundary-length coefficients of the three styles of boundary conditions of the triangle-shaped block are obtained from:

a. when the hypotheses of the fault is connected and simply supported

$$W_{11} = \frac{5}{4\sin\gamma} \tag{14}$$

b. when the hypotenuse of the fault is free

$$W_{12} = \frac{5}{6\sin\gamma} \tag{15}$$

After the main roof being cut by the slanting fault, the coefficient of each block of the main roof becomes less as the ratio b/l_m or the slanting angle rises. Thus, the order of priority of the breakage of the main roof is frequently as follows:

The middle prism block→the middle trapezoid-shaped block→the trapezoid-shaped border block→the triangle-shaped border block, the segmental weighting spans of the main roof depend upon the equation $a_i = l_m \cdot W_i$ by employing the corresponding $W_i{}'$s and $l_m{}'$s.

Ⅳ The effect of the parallel fault on the first weight of the main roof

If there is a parallel fault by the side of the end stope, the first weight of the main roof is remarkably influenced by it. The boundary-length coefficient of the main roof of the primarily active face affected by the parallel fault depends on the following formula:

$$W_{13} = \frac{B}{2l_m} \sqrt{\frac{3}{2}\left(\frac{B}{l_m}\right)^2 - \sqrt{\left(\frac{B}{l_m}\right)^4 - 4}} \tag{16}$$

Thus the decrease of the weighting span is

$$\frac{a_0 - a_{13}}{a_0} = \frac{W_0 - W_{13}}{W_0} = 1 - \sqrt{3}/2 = 13.4\%$$

When one side has been extracted, and it is also affected by a certain parallel fault by the side of the end stope, the boundary-length coefficient of the main roof is

$$W_{14} = \frac{B}{2l_m} \sqrt{3\left(\frac{B}{l_m}\right)^2 - \sqrt{9\left(\frac{B}{l_m}\right)^4 - 16}} \tag{17}$$

But when only one side has been extracted, the coefficient is

$$W'_0 = \frac{B}{\sqrt{2}\,l_m} \sqrt{3\left(\frac{B}{l_m}\right)^2 - \sqrt{9\left(\frac{B}{l_m}\right)^4 - 8}} \tag{18}$$

Hence the decrease of the first weighting span of the main roof which has been affected by the end-stope-sided faults is

$$\frac{a'_0 - a_{14}}{a'_0} = 1 - \frac{W_{14}}{W'_0} = 1 - \sqrt{2}/2 = 29.29\%$$

From the above analyses, it is concluded that the decrease of the first weighting span of the main roof affected by the end-stope-sided fault is $13.4\% \sim 29.29\%$.

As for the parallel fault met in the front coal rib of the face, it affects the weighting of the face considerably, the influential degree goes up as the distance F between the fault and the end stopes increases. When F is in the range $0.4l_m \sim 1.3l_m$, the weight occurs from the face till the lower part of the fault, especially when F ranges from $0.8l_m$ to $1.3l_m$, the face feels the strongest weight of the main roof at the spot where the fault is met. However, if $F > 1.3l_m$ the fault doesn't affect the first weight, but affects the periodic weight, if $F < 0.4l_m$, the face can't feel the main roof's weight when it is below the fault, and the first weight occurs after the face strides across the fault for $0.4l_m$. Hence the first weighting span of the face met by a front parallel fault can be determined by

$$a_{15} = \begin{cases} F + 0.4l_m & (F \leqslant 0.4l_m) \\ F & (0.4l_m \leqslant F < 1.3l_m) \end{cases} \tag{19}$$

Ⅴ The principal conclusions

1. The faults affect the first weight of the main roof which is divided into three categories in 16 styles. The principal feature is that the main roof is put into a few plate blocks varying in width, boundary and shape. As the breakage condition and the order of priority of each block are different, the main roof weights by segments along the face.

2. Apply f which is the coefficient of the fault occurence to judge whether the inequality $f \leqslant \dfrac{h + \Delta H}{W} \cos \varphi$ is met or not to determine whether the plate blocks on the two sides of the fault are connected breakage or free breakage.

3. The feature of the fault affect on the first weight of the main roof is that the difference of the boundary-length coefficients of the main roof in each block causes the decrease/increase of the weighting span of the main roof. This paper presents the formulas computing the boundary-length coefficients in 16 styles and the curves to forecast the segmental weighting span.

References

〔1〕 钱鸣高、朱德仁、王作棠：老顶岩层断裂型式及其对工作面来压的影响,《中国矿业学院学报》,第 2 期,1986 年。

〔2〕 钱鸣高：老顶的初次断裂步距,《矿山压力》,第 1 期,1987 年。

〔3〕 朱德仁：长壁工作面老顶的破断规律及其应用,中国矿业学院博士学位论文,1987 年 6 月。

〔4〕   S. Timoshenko and S. Woinowsky-Krieger: Theory of Plates and Shells, Mcgraw-Hill Book Company, INC. New York, 1959.

〔5〕 王作棠、钱鸣高：老顶初次来压步距的计算预测法,《中国矿业大学学报》,第 2 期,1989 年。

Control of Strong and
Thick Roof in Longwall Mining[①]

Zhu Deren   *Qian Minggao*

(China University of Mining & Technology, Xuzhou Jiansu, CHINA)

Abstract: In China some coal seams are overlaid by thick and strong strata, fracture of these roof strata in longwall mining produces severe roof weighting which seriously affects safety and production of a working face. Based on analysis of fracture process of the roof which was considered as a Kirchhoff plate laying on Winkler elastic foundation, it was indicated that there are three approaches for controlling the roof weighting caused by fracturing of the thick and strong roof, they are: (1) reduce strength of the roof strata to decrease interval of the roof weighting, (2) reduce elastic modulus of the coal seam to increase distance between the face line and the fracture line producing in front of the face, (3) change direction or shape of a longwall face ling to control and reduce the area occurring roof weighting. This paper introduces principle of the fracture control of the thick and strong roof and describes three study cases in which the methods mentioned above have been successful applied, in addition, the conditions for using these methods are discussed.

INTRODUCTION

In some coal mines of China, such as Datong, Pindingsha, Zaozhuang etc. , the seams are immediately overlaid by thick and strong strata consisted of sandstone, limestone and conglomerate, in these coal seams longwall mining almost always cause roof control problems such as large interval of roof weighting, roof fall in large area, damage of powered supports, which affect production and safety of activity longwall faces, for example, in panel No. 8207 of Silaogo Colliery, Province Shanxi, its roof was 10 m thick sandstone, the interval of the first weighting was 159.7 m and roof fall in large area was produced with severe air flow during the first weighting, and in panel No. 6217 of Zaozhuan Colliery, Province Shandong, its roof was 8 m thick limestone, a severe roof fall occurred during the first weighting with 20 m wide roof collapsed[1][2]. So that it is important to control roof fracture and weighting in the longwall panel with

---

① 本文发表于 *XV World Mining Congress* , *The Mining Outlook* , Madrid, 1992 年, 第 359~368 页。

thick and strong roof.

It is inaccessible to resist the fracture and movement of strong and thick roof by supports, even by powered ones with high resistance, because the fracture and movement of the roof almost always occur suddenly and in large area. Therefore, methods of controlling roof weighting and pressure under such roof condition relate to control the roof fracture and movement by means of spatial technologies and select suitable supports.

KIRCHHOFF PLATE ON WINKLER ELASTIC FOUNDATION

In order to study the characteristics of strong roof fracture and movement in longwall mining a new mechanical model, Kirchhoff plate laying on Winkler foundation, was developed, as shown in Fig. 1, in the model the seam was considered as a elastic foundation, the strong roof as a elastic plate, and strata over the roof as load.

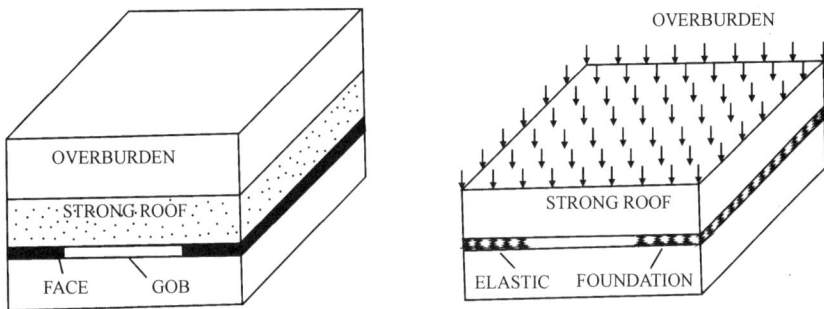

Fig. 1　Kirchhoff plate on winkler elastic foundation

Physical and computer modelling were designed to study the process of roof fracture and movement.

1. Physical Modelling

The physical modelling can clearly observe the process of roof fracture, as shown in Fig. 2. The results from physical modelling indicated that

Formation, propagation, and extension of cracks of the roof, from small to large, are time-dependant process. The extension

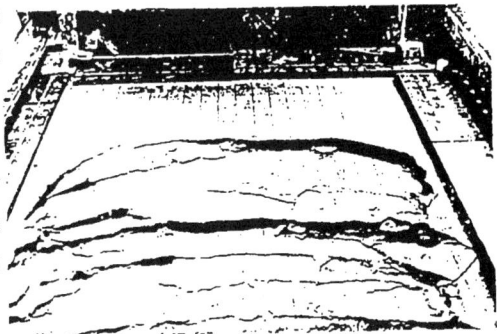

Fig. 2　Physical model

speed of the crack, from slow to fast, is depended on the stress conditions around the cracks.

Tile cracks of strong roof are generated by tension. Initial cracks occur at the areas where the tensile stress is maximum and reaches the tensile strength of the roof. The crack direction is perpendicular to that of tensile stress.

The movement of strong roof is gently during forming and propagating cracks, but sudden while cracks have developed.

2. Computer Simulation

According to the physical modelling a computer simulation method, FEAEBP, was developed[3]. In FEAEBP a strong roof is divided into many elements which are rectangular with 8 nodes, as shown in Fig. 3. The matrix of the essential unknown variables of the elements is written as

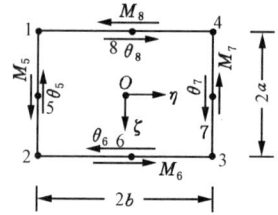

Fig. 3 Essential Variables of Element

$$\begin{bmatrix} W_n \\ M_n \end{bmatrix} = \begin{bmatrix} W_1 & W_2 & W_3 & W_4 & M_5 & M_6 & M_7 & M_8 \end{bmatrix}^{\mathrm{T}} \tag{1}$$

where W_n ——displacements of corner nodes;

   M_n ——bending moments of center nodes on sides.

The matrix of the essential known variables corresponding to unknown variables in Eq. (1) is

$$\begin{bmatrix} F_n \\ Q_n \end{bmatrix} = \begin{bmatrix} F_1 & F_2 & F_3 & F_4 & 2a\,Q_5 & 2b\,Q_6 & 2a\,Q_7 & 2b\,Q_8 \end{bmatrix}^{\mathrm{T}} \tag{2}$$

where F_n ——normal forces of corner nodes;

   Q_n ——rotation angles of center nodes of sides;

   $2a, 2b$ ——length and width of element.

The relationship between the unknown and known variables can be written as

$$\begin{bmatrix} K_{FW} & K_{FM} \\ K_{QW} & K_{QM} \end{bmatrix} \begin{bmatrix} W_n \\ M_n \end{bmatrix} = \begin{bmatrix} F_n \\ Q_n \end{bmatrix} \tag{3}$$

where K_{FW} is stiffness matrix built upon the potential energy principle, K_{QW} and K_{FM} are geometry submatrixes built upon the displacement field and equilibrium relation between force and moment, respectively, K_{QM} is flexibility submatrix built upon the principle of excess energy.

Characteristics of the computer simulation method are as following:

The unmined coal seam surrounding a gob of longwall panel, such as pillars, face rib etc., can be simulated by elastic forces acting upon the roof, at that case the roof elements become ones with elastic foundation and their relationship matrix, e. g. Eq. (3) is substituted by

$$\begin{bmatrix} K_{FW} + K_{PW} & K_{FM} \\ K_{QW} & K_{QM} \end{bmatrix} \begin{bmatrix} W_n \\ M_n \end{bmatrix} = \begin{bmatrix} F_n \\ Q_n \end{bmatrix} \tag{4}$$

where K_{PW} is elastic foundation sub-matrix

$$K_{PW} = k \iint [N] [N]^T dx dy \qquad (5)$$

in Eq. (5) k and $[N]$ are elastic coefficient of the seam and displacement shape function, respectively.

The face advancing can be simulated by changing the elastic foundation elements into normal ones, as shown in Fig. 4.

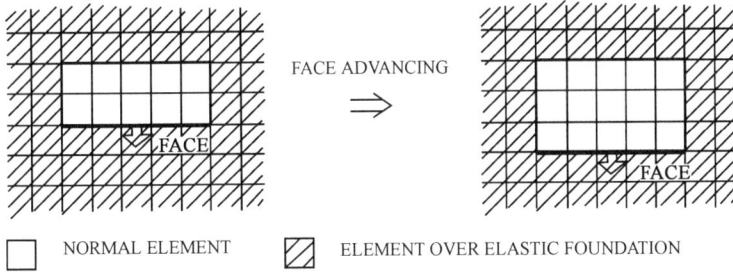

Fig. 4   Simulation of face advance

The fractures and cracks in the strong roof can be simulated, for example, a fracture can simulated by reducing the moment M_i of both sides of the crack to zero, as shown in Fig. 5, and a micro-cracks call be done by reducing the M_i by several times.

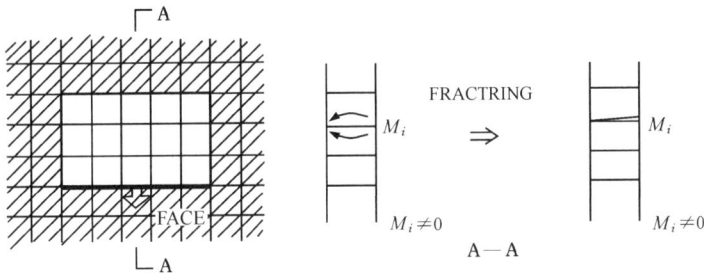

Fig. 5   Simulation of a fracture

CONTROLLING THICK AND STRONG ROOF IN LONGWALL MINING

Based on both physical and computer modelling the fracture distribution in the thick and strong roof is illustrated in Fig. 6, and there are three methods for controlling characteristics of the fracture distribution and roof weighting:

To reduce the strength of the strong and thick roof, which can decrease the distance between the fracture lines produced at setup entry and face L (see in Fig. 6), e. g. reduce the roof weighting interval. It can be seen from Fig. 7 that as the roof weighting interval decreases the length of the broken roof blocks reduces, therefore its rotation before it reaches a new self-equilibrium condition becomes slower and its effect on a working face should be weaker.

To decrease the elastic modulus of coal seam, which can increase the distance

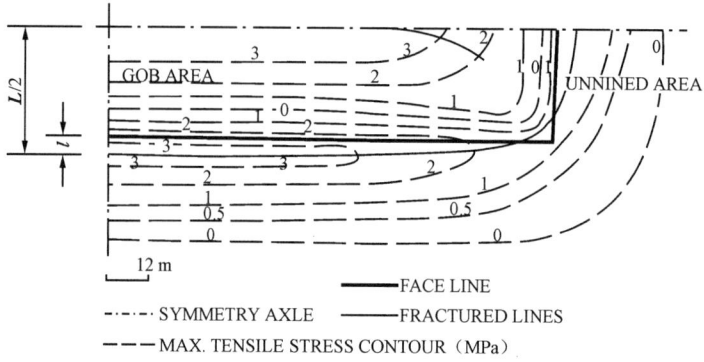

Fig. 6   Fracture distribution of roof

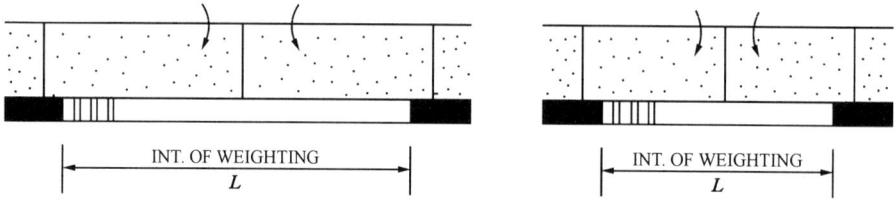

Fig. 7   Decrease interval of roof weighting

between the faceline and the fracture line occurring in front of the face l (see in Fig. 6).
It can be seen from Fig. 8 that increasing the distance between the faceline and fracture
line can also decrease the effect of roof block rotation on the working face.

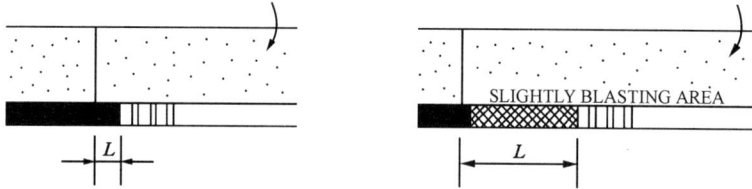

Fig. 8   Increase distance between face and fractured line

To change the direction or shape of the longwall faceline, which can control roof
fracture distribution and weighting, and be illustrated by Fig. 9. The Fig. shows
distributions of the roof fractures under different boundary conditions from using the
computer simulation code, FEAEBP.

Comparison of Fig. 9(a) and 9(b) shows that the roof fractures in Fig. 9(b) develop
slower and the area affected by the fracture process is smaller than these in Fig. 9(a).
Therefore the case shown in Fig. 9(b) should have a weaker roof weighting than that
shown in Fig. 9(a).

Comparison of Fig. 9(a) and 9(c) indicates that a large portion (area A and B) in
Fig. 9(c) is protected by the triangular cantilever structure of the roof[4]. Therefore the
roof weighting is weaker in Fig. 9(c) than in Fig. 9(a).

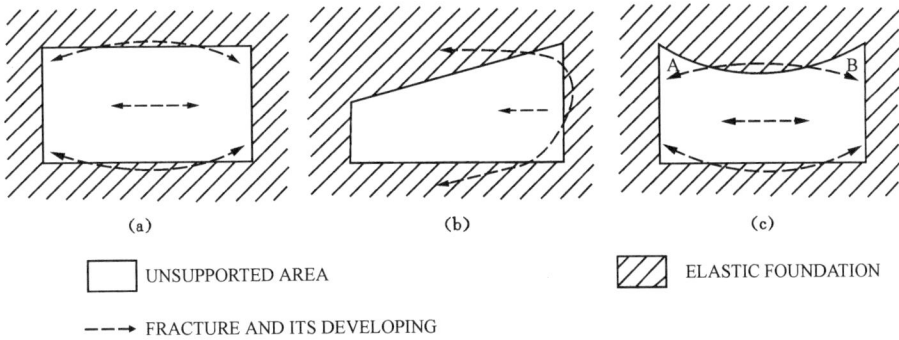

(a)   (b)   (c)

☐ UNSUPPORTED AREA   ▨ ELASTIC FOUNDATION

--- → FRACTURE AND ITS DEVELOPING

Fig. 9   Fracture distribution of roof with different boundary conditions

In conclusion, reducing strength of the thick and strong roof, modulus of the coal seam, or changing direction or shape of the longwall face can control fracture distribution of the roof and weaken roof weighting.

STUDY CASES

1. Reducing Strength of Strong and Thick Roof[1][5]

In Panel No. 8209 of Silaogo Colliery, Datong coal area, the coal seam No. 2 was immediately overlaid by strong sandstone and conglomerate strata, Fig. 10 shows the typical stratigraphic column. In order to extract the seam by longwall mining safely the roof strength should be deceased to reduce the interval of roof weighting which were very severe. According to the results of laboratory tests the strength of the sandstone and conglomerate decreased and its micro-fissures increased after immersed in water. So the injecting water with high pressure into the roof was employed to reduce the roof strength and weighting interval. The injecting water were performed at both entries, as shown in Fig. 11, the water pressure was $10-15$ MPa and the injecting volume was more than $1.5-3.6$ m^3/h.

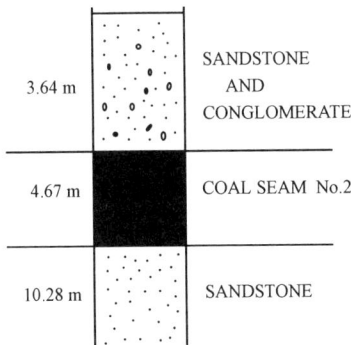

Fig. 10   Stratigraphic column of seam No. 2

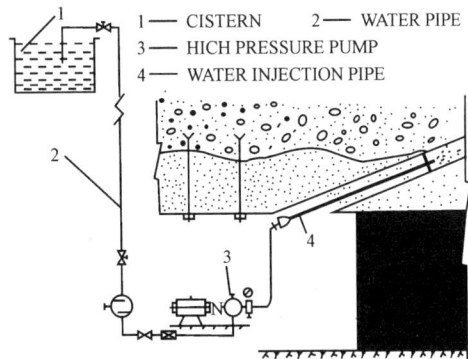

1 — CISTERN   2 — WATER PIPE
3 — HICH PRESSURE PUMP
4 — WATER INJECTION PIPE

Fig. 11   Inject water into roof

Tab. 1 shows the results from in situ observations at panel No. 8209 with injecting water into roof and Panel No. 8207 without injecting water, the Tab. indicates that the intervals of the first and period roof weighting of Panel No. 8209 were smaller than that of Panel No. 8207, and the roof pressure was controlled at the former.

Tab. 1   Results form observation at Panels NO. 8209 & 8207

Panel	Interval of the 1st weighting(m)	interval of period weighting(m)
No. 8207	159. 4	21. 6—57. 7
No. 8209	144. 8	6. 0—22. 0

Beginning from 1978, Datong coal mining bureau has finished 21 panels safely by gradually using the method of injecting pressure water into roofs in recent 10 years.

2. Reducing Modulus of Coal Seam[6]

In Panel No. 8303 of Yunggang Colliery, Datong coal area, the seam No. 3 extracted was also immediately overlaid by strong sandstone and conglomerate strata. In order to control roof pressure more effectively, besides injecting water into roof slightly blasting the coal seam in front of the face was also used to increase micro-fissures of the coal and reduce its modulus, which can make the fracture line deeper into the face rib mentioned above. The slightly blasting the coal produced in both entries, as shown in Fig. 12.

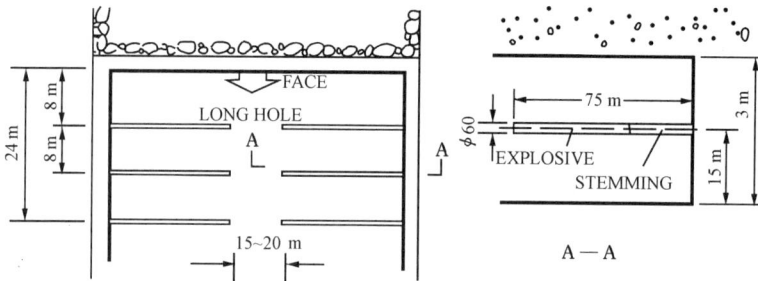

Fig. 12   Slightly blasting coal seam

Tab. 2 shows the results from in situ measurements at Panel No. 8303 with slightly blasting the coal seam and Panels No. 8305 and No. 8307 without slightly blasting the coal, the Tab. indicates that the roof weighting interval and severity of Panel No. 8303 were less than that of Panels No. 8305 and No. 8307, the Panel No. 8303 got better roof control and high productivity.

Tab. 2   Results form Observation at Panels No. 8305 8307 & 8303

Panel	Interval of the 1st weighting (m)	Interval of period weighting (m)	Times of weighting	Load of support MN/Set
No. 8305	83. 3	18. 0—38. 0	17	4. 7—6. 5
No. 8307	83. 7	12. 0—0. 0	11	4. 8—5. 5
No. 8303	not obvious		1	3. 1—3. 2

3. Changing Direction or Shape of Longwall Face[2]

Zaozhun Colliery, Provence Shandong, extracted coal seam No. 16 which was overlaid by strong limestone strata, the stratigraphic column for the seam is shown in Fig. 13. Almost all longwall panels in seam No. 16 had severe roof weighting, especially the first weighting.

In order to weaken the roof weighting a comprehensive test was performed at panel No. 6216. Fig. 14 shows the plane view of the panel which was divided into two faces of 110 m wide by middle entry, face No. 1 and No. 2. The direction of the setup entry for face No. 1 was at an oblique angle to the tail and middle entries. As the face advanced, the angle was changed slowly and then became a straight one. During the first weighting the roof cantilevered to form a stair-shape. The direction of the setup entry of face No. 2 was perpendicular to the middle and head entries. As the face advanced its direction remained unchanged. Therefore when the first weighting occurred, the roof cantilevered to form a rectangular shape.

Fracture development and distribution in the roof with stair-shape and rectangle-shape resemble those shown in Fig. 9(b) and 9(a), respectively. Obviously, the first weighting in face No. 1 will weaker than in Face No. 2.

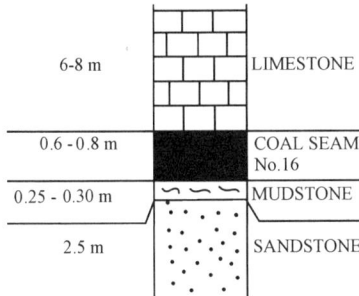

Fig. 13   Stratigraphic column of seam No. 16

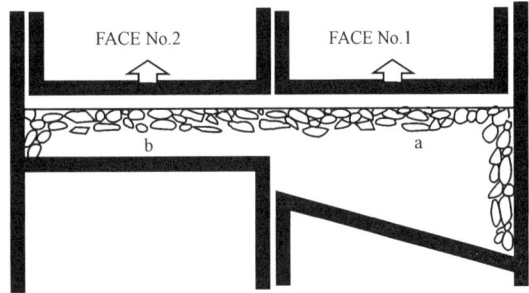

Fig. 14   Plane view of panel No. 6216

Underground observations in panel No. 6216 concerning the first roof weighting showed that when face No. 1 had advanced for a distance of 27 m from the setup entry the roof weighting began at position A near to the tail entry and then the weighting moved slowly from A to B and C. Finally when the interval reached 37 m the Weighting moved to D near the middle entry, as shown in Fig. 15(a). The whole roof weighting period lasted for 10 days, but the area and pressure of the roof weighting reduced day by day.

On the other hand, the roof weighting process in face No. 2 was different from that in face No. 1. When face No. 2 had advanced for a distance of 25—27 m the first weighting occurred at the center of the face and then the weighting moved toward both the middle and head entries, as shown in Fig. 15(b). The roof weighting period lasted

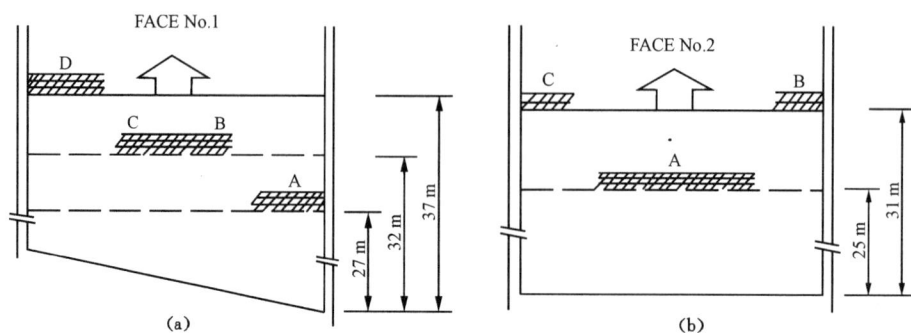

Fig. 15　Roof weighting in faces No. 1 and No. 2

for about 5 days, but the area and pressure of the roof weighting was stronger than that in face No. 1.

Therefore changing the direction of longwall faceline can indeed weaken the roof weighting pressure and area.

CONCLUSION

(1) The thick and strong roof fracture in longwall mining causes severe roof weighting and roof fall in large area, which damages powered supports and affects safety and production of a longwall panel.

(2) A new mechanical model, Kirchhoff plate laying on Winkler elastic foundation, was developed to study the fracture process of the thick and strong roof, based on which physical and computer modelling were performed.

(3) There are three methods for controlling fracture distribution and process of the strong and thick roof to weaken roof weighting, they are: to decrease strength of the roof, reduce modulus of the coal seam and change direction or shape of a longwall face.

(4) Three study cases using the methods to control roof weighting caused by fracturing are introduced, which have proved that control of severe roof weighting should be mainly based on employing the characteristics of roof fracture.

Reference

[1]　Niu Xizhou and Gu Tiegeng, 1983. Controlling Hard Roof by Means of Injecting Water. Jou. CCS, 1983, No. 4: 1-10.

[2]　Zhu Deren, Qian Minggao and Wan Mea, 1990. Methods of Controlling Thick and Strong Roof in Longwall Mining. Proc. 10th International Conference on Ground Control in Mining, Morgantown, West Virginia University: 59-64.

[3]　Zhu Deren, Qian Minggao, 1988. A Computer Simulation of Breakage of the Main Roof in Longwall Mining. Proc. 7th International Conference on Ground Control in Mining, Morgantown, West Virginia University: 205-211.

[4]　Zhu Deren, 1986. Structure of the Roof at the End of Longwall Face and its Support. Ground

Movement and Control Related to Coal Mining, The AusIMM Illawrra Branch Symposium: 226-231.

[5] Xu Lisheng, Shong Yongjing, 1989. The Research on the Mechanical Properties of Hard Roof in Underground Coal Mining. Proc. of the 30th U. S Symposium, Morgantown, West Virginia University: 579-586.

[6] Zhu Deren, Qian Minggao and Xu Linsheng, 1991. Discussion on Control of Hard Roof Weighting. Jou. CCS, 1991, No. 2: 11-20.

Mechanical Behaviour of Main Floor
for Water-inrush in Longwall Mining [①]

Qian Minggao　　*Miao Xiexing*　　*Li Liangjie*
（钱鸣高）　　　　（缪协兴）　　　　（黎良杰）

（Department of Mining Engineering，CUMT）

Abstract：In this paper a new mechanical model indicating the mechanical behaviour of main floor in longwall mining is proposed. In the model the unfractured main floor is considered as an elasto-plastic plate，and the combination of fractured blocks as a voussoir beam. Using the plastic limit theory of plates，the limit load acting on main floor and the position of its largest deformation are gotten. The stability conditions for the key blocks of the voussoir beam are analysed by "S-R" stability theory. The results of the theoretical analysis are important for the study on the water inrush from seam floor.

Keywords：floor water inrush，main floor fracture，voussoir beam，"S-R" stability

1　Introduction

Water inrush from mining floor has always affected the safety and production of collieries. The mechanism of floor water inrush has been paid attention in the world since 1940's because the study can provide the predicting and controlling basis of water inrush from the floor for us. A lot of field data show that the floor can be divided into two parts，i，e. immediate floor and main floor，as the mining roof was done. The main floor is a structure to bear water pressure and vertical stress. The immediate floor is as a reverse load acting on the main floor and resisting water pressure. In the light of the mining conditions of a longwall face，its length is generally $80\sim200$ m，the thickness of a single main floor is $2\sim6$ m，and the accidents of floor water inrush occur generally when a mining face advances $20\sim70$ m from its open-off cut. Therefore，the ratio of thickness to width of main floor satisfies the condition of a thin plate，and it can be considered as a thin elastoplastic plate.

---

①　本文发表于 *Journal of China University of Mining and Technology*，1995 年第 1 期，第 9～16 页。

Like the analysis of the structural model of mining roof, it is very important to study its fracture behaviour, stability, and maximun deformation position for the mechanical analysis of the floor structure. A number of statistical data show that 80% of the water inrush accidents takes place where faults exist in mining floor. Therefore, it is especially important to study the fracture behaviour of the floor with faults, A systematic theoretical study, which is from the fracture of the plate structure of main floor with or without faults to the stability of fractured blocks, is carried out in this paper.

2 The Fracture Behaviour of Floor without Faults

2.1 The limiting failure of the plate structure

With the continuous advancing of a working face, the mined-out area gets the greater and greater, and a decompression area within its floor in the vertical direction increases. Because of the common action of water and ground pressures in the vertical direction, it will reach its strength limitation so far as main floor is regarded as a structure to bear loads. As the limit analysis of main roof as a plate was done[1,2], both theories and experiments have proved that a rectangle plate with four fixed boundaries will fail in the following law. Firstly, cracks occur at the centers of two long sides and develop along with the two sides. When both the cracks develop to some length, which varies with the ratio $k = a/b$ of length to width, new cracks will occur at the centers of two short sides and develop to both their ends, too. As the four cracks continuously develop and join at the four corners of the plate by arc curves, an O-type fracture curve is formed. The plate encircled by the curve will soon produce a X-type crack, as shown in Fig. 1. In this time, the plate with four fixed boundaries will break into four moveable geometrical blocks[3].

In the light of the fractured shape of the plate with four fixed boundaries, its maximum deformation points, D and D', and limit load can be determined by the limit analysis theory of plates[4]. Let U_e and U_i, respectively stand for the virtual work of external and internal forces, then

$$U_e = \frac{1}{6} qa(3b - 2x)\delta w \qquad (1)$$

$$U_i = 4M_p \delta w \frac{a^2 + bx + 2x^2}{ax} \qquad (2)$$

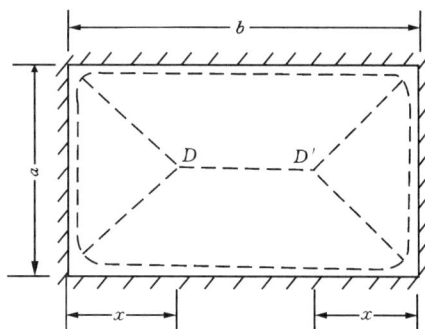

Fig. 1 The O-X fracture for a plate with four fixed boundaries

where δw——maximum deflection of the plate;

M_p——limit moment of main floor as a plate;

x——distance from the maximum deformation point D to a short side;

q——distributed load acting on main floor.

If p stands for water pressure, h the thickness of main floor, h_1 the reduced thickness of immediate floor and caving immediate roof, and ρg the average gravity per unit volume of rock mass, then

$$q = p - \rho g (h + h_1) \tag{3}$$

From $U_e = U_i$, we can get

$$q = \frac{24M_p(a^2 + bx + 2x^2)}{a^2 x(3b - 2x)} \tag{4}$$

Solving the extreme value of Eq. (4), we can get

$$x = \frac{a^2}{4b}\left(\sqrt{1 + 6\frac{b^2}{a^2}} - 1\right) = \frac{1}{4}k^2 \beta b \tag{5}$$

where $k = \dfrac{a}{b}, \beta = \sqrt{1 + 6\dfrac{b^2}{a^2}} - 1$.

Substituting Eq. (5) into(4), we can get the limit load of the plate as follows:

$$q_{max} = \frac{24M_p}{A}\frac{8 + 2\beta + k^2\beta^2}{k\beta(6 - k^2\beta)} \tag{6}$$

where $A = a \cdot b$.

The relationship between x and k in Eq. (5) indicates that x will reduce with the decrease of k. This shows that the strata at the center of a working face has roughly the same deformation law as a beam model. Equilibrium for a beam will directly affect the stability of the block structure formed after the fracture of a plate.

The relationship between q_{max} and k in Eq. (6) shows that q_{max} will become the bigger and bigger with the decrease of k. This shows that the limit load of a square plate is smallest in rectangle plates with four fixed boundaries and the same area, which is called the "square effect" of the fracture of roof and floor in mining engineering.

2.2 The theoretical analysis of S-R stability for the block structure

When O-X type failure occurs in seam floor, the fractured blocks at the center of a working face will form a model similar to the voussoir beam in the overlying strata. Two fractured blocks, A and B, near the face are key blocks (see Fig. 2). They are linked with other blocks by natural hinge joints formed in the course of their deformation and movement. When the equilibrium of forces at these hinge joints is upset, the key block structure will get unstable[5].

There are two kinds of basic failure models for a natural hinge. One is sliding instability or S-instability. The instability occurs when the friction force between blocks is insufficient. The other is rotation instability or R-instability. The reason is that the stress on contact surfaces between blocks exceeds the strength of rock. For the block structure, if the rotation angle between two blocks is smaller, the structure will be out

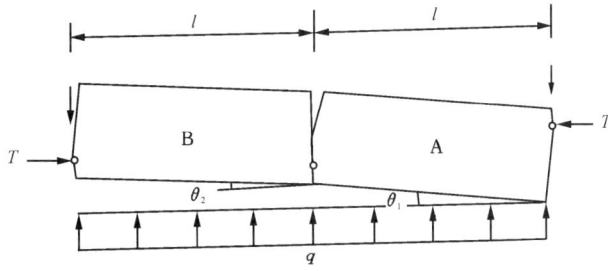

Fig. 2 The key block structure

of stability for sliding. If the angle is too large, the structure will become unstable for rotation. Therefore, the key block structure can merely ensure the "S-R" stability within some extent. Beyond the extent, S- or R-instability will occur.

Based on reference [5], to make sliding instability not take place, q must be

$$q \leqslant \sigma_c (\tan \varphi + \frac{3}{4} \sin \theta_1)^2 \qquad (7)$$

And to want rotation instability not to occur, q must be

$$q \leqslant 0.15\sigma_c \left(i - \frac{3}{2} i \sin \theta_1 + \frac{1}{2} \sin^2 \theta_1 \right) \qquad (8)$$

where σ_c——compressive strength of main floor;

θ_1——rotation angle of block A;

i——ratio of height to length of blocks, $i = h/l$;

φ——friction angle on the contact surface.

When Eqs. (7) and (8) are drawn in Fig. 3 at the same time, the S-R stability range of the key block structure is obtained. For example, if $i=0.3$, $\sigma_c=60$ MPa and $q = 250$ kPa, then the S-R stability range of block A is 4.0°$<\theta_1<$10° (see Fig. 3). On the other hand, if we want block A to be stable within some range, the load acting on it can not exceed a relevant limit value and this value can be found out in Fig. 3. In addition, if the limit load and water pressure are determined. the thickness of main floor and loading strata necessary for the structure stability can be derived from Fig. 3.

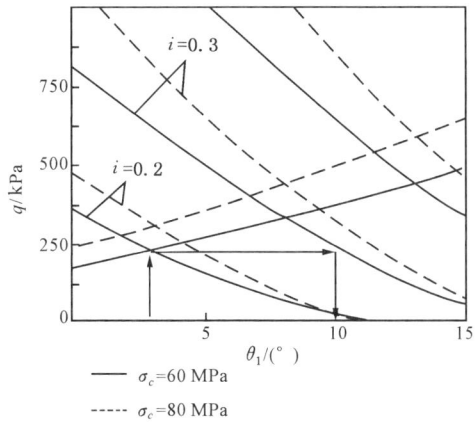

Fig. 3 The S-R stability range of the key block structure

3　The Fracture Behaviour of Floor with faults

3.1　Floor with a dip fault

The slope angle of a dip fault has a great effect on the fracture behaviour of main floor [see Figs 4(a) and 4(b)]. As is shown in Fig. 4 (a), part A is independent of part B because the deformation of part B is larger than that of part A. We call it a I-type fault, and its boundary can be considered a free one. In Fig. 4(b), the deformation of part B in the vertical direction is affected by part A. We call it a II-type fault, and its boundary can be regarded as a simple one.

Based on a lot of theoretical and experimental studies, a quadrilateral plate with three fixed and one free

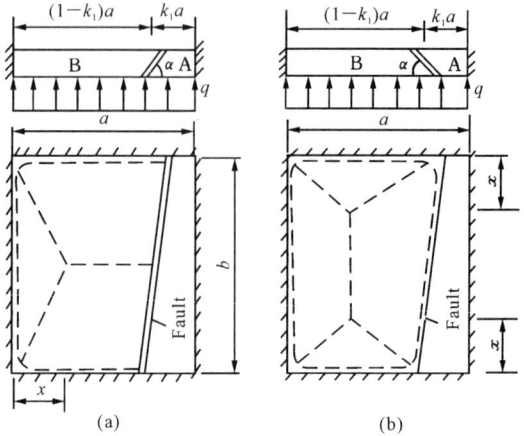

(a)　　　　　　　　(b)

Fig. 4　The fracture behaviour
of main floor with a dip fault

boundaries will fail with an O-Y fracture line. In much the same way as the limit analysis of a rectangular. plate with four fixed boundaries, we can get

$$q_{max} = \frac{12M_p(b^2 + 4a'x)}{b^2 x(3a' - x)} \tag{9}$$

where $a' = (1 - k_1)a$. Solving the extreme value of Eq. (9), we can get

$$x = \frac{b^2}{4a'}\left(\sqrt{1 + 12\frac{a'^2}{b^2}} - 1\right) \tag{10}$$

If $a'/b = 1$, we have $x = 0.65a'$ from Eq. (10). Substituting it into Eq. (9), we get $q_{max} = 28.3\ M_p/A$. The limit load is 0.60 times as large as that of a rectangular plate with four fixed boundaries. This indicates that the floor with faults fails more easy than the floor without faults.

As is shown in Fig. 4(b), a quadrilateral plate with three fixed and one simple boundaries will fracture with an O-X fracture line. Then, we have

$$q_{max} = \frac{12M_p(2a'^2 + bx + 4x^2)}{a'^2 x(3b - 2x)} \tag{11}$$

$$x = \frac{2a'^2}{7b}\left(\sqrt{1 + \frac{21}{4}\frac{b^2}{a'^2}} - 1\right) \tag{12}$$

If $a'/b = 1$, we can get $x = 0.43b$ and $q_{mex} = 41.3\ M_p/A$. The limit load is 1.46 and 0.88 times as large as that of the plates with three fixed and one free boundaries and with four fixed ones, respectively. This indicates that the bearing capacity of the plate is larger than the former and smaller than the latter.

3.2 Floor with a strike fault

Strike faults may also be divided into Ⅰ- and Ⅱ-type faults as dip faults are done. It is necessary for us to respectively discuss them. As is shown in Figs 5(a) and 5(b), they are respectively corresponding to the O-Y and O-X types of floor fracture.

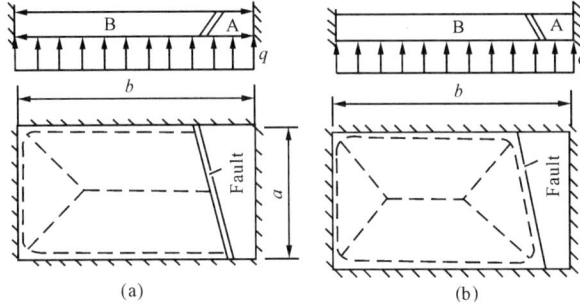

Fig. 5   The fracture behaviour of main floor with a strike fault

From Fig. 5(a), we have

$$q_{max} = \frac{12M_p(a^2 + 4b'x)}{a^2 x(3b' - x)} \tag{13}$$

$$x = \frac{a^2}{4b'}\left(\sqrt{1 + 12\frac{b'^2}{a^2}} - 1\right) \tag{14}$$

where $b' = (1 - k_1)b$.

From Fig. 5(b), we have

$$q_{max} = \frac{12M_p(2a^2 + b'x + 4x^2)}{a^2 x(3b' - 2x)} \tag{15}$$

$$x = \frac{2a^2}{7b'}\left(\sqrt{1 + \frac{21}{4}\frac{b'^2}{a^2}} - 1\right) \tag{16}$$

3.3 Floor with a simple boundary

For pillarless mining, floor should be simplified into a plate with three fixed boundaries and a simple one. Based on the elastoplastic limit theory of plates, its fractured figure is the same as that of the plate with four fixed boundaries. However, the value of its x is different because this fracture needs less external energy on the principle of energy. For example, if a short side of the plate in Fig. 4(a) is a simple boundary, its fractured figure is O-Y type for a Ⅰ-type fault, and its limit load corresponding to Eq. (9) is

$$q_{max} = \frac{12M_p(b^2 + 2a'x)}{b^2 x(3a' - x)} \tag{17}$$

while

$$x = \frac{b^2}{2a'}\left(\sqrt{1 + 6\frac{a'^2}{b^2}} - 1\right) \tag{18}$$

If $a'/b=1$, we get $x=0.82b$ and $q_{max}=17.7\ M_p/A$. This extreme value is only 0.63 times as large as that of the plate in Fig. 4a. Besides, the places of the maximum deformation points in the two cases are different.

4 The Relative Displacement and Interaction of Two Walls of a Fault

4.1 The relative displacement

As shown in Fig. 4(a), the relative displacement of fault walls induced by mining is the difference between the deflections at the contact of beams A and B because the deflection of A is independent of that of B. This case is the most dangerous so far as water inrush from floor is concerned. The relative displacement, Δ, in the vertical direction can be calculated by means of two cantilever beam models.

Let δ_A and δ_B respectively stand for the deflections at the contact of beams A and B and α be the dip angle of the fault, we can get

$$\Delta = (\delta_B - \delta_A)\cos \alpha \tag{19}$$

while

$$\delta_A = \frac{1}{8EI}qk_1^4 a^4 \tag{20}$$

$$\delta_B = \frac{1}{8EI}q(1-k_1)^4 a^4 \tag{21}$$

where EI is bending stiffness of the beams.

Substituting Eqs. (20) and (21) into Eq. (19), we can get

$$\Delta = \frac{qa^4 \cos \alpha}{8EI}(1 - 4k_1 + 6k_1^2 - 4k_1^3) \tag{22}$$

Eq. (22) indicates that the smaller k_1 is, the larger the relative displacement of fault walls induced by mining is and the bigger the maximum moment at the fixed end of beam B is.

4.2 Mutual constraint between fault walls

As shown in Fig. 4(b), there is a constrainted force between fault walls because the deflection of part B is restricted by part A. This force P can be calculated by means of a continuous beam model (Fig. 6). From Fig. 6, we get

$$\delta_A = \frac{qk_1^4 a^4}{8EI} + \frac{Pk_1^3 a^3}{3EI} \tag{23}$$

$$\delta_B = \frac{q(1-k_1)^4 a^4}{8EI} - \frac{P(1-k_1)^3 a^3}{3EI} \tag{24}$$

From the constraint condition, $\delta_A = \delta_B$, we can get

$$P = \frac{3}{8}qa\frac{(1-k_1)^4 - k_1^4}{(1-k_1)^3 + k_1^3} \tag{25}$$

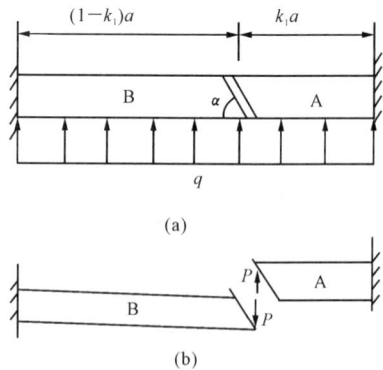

(a)

(b)

Fig. 6 The continuous beam model of main floor

Eq. (25) indicates that the smaller k_1 is, the larger the constrainted force P is. For a fault, there exist two kinds of failure models. One is shear failure, and the other is relative sliding between fault walls.

4.3 The dangerous point of water inrush from a fault

Obviously, when floor without faults reaches its load limit, its maximum deformation points are the dangerous places of floor water inrush. However, when there is a fault in floor, the fault could be a natural water inrush passageway although main floor has not failed. Therefore, there is the most dangerous point of water inrush along with a fault.

We first analyse a right-angled triangle plate under a uniform load and with two fixed right-angled sides and a free hypotenuse. Its maximum deflection must be at the free side. If the lengths of the right-angled sides are respectively a and b, and the opposite angle of the side with a length b is α_1 and distances from the maximum deflection point to the right-angled sides are respectively x and $(a-x) \tan \alpha_1$, then the maximum deflection, $y_{\max}$, is

$$y_{\max} = Kqx^2 (a - x)^2 \tan^2 \alpha_1 \qquad (26)$$

where K is a proportionality constant.

Solving the extreme value of Eq. (26), we can get

$$x = \frac{a}{2} \qquad (27)$$

i. e. , the maximum deflection point is at the center of the hypotenuse.

Therefore, the maximum relative displacement of fault walls must be at the fault center for a I -type fault because the deformation of part B is not restricted by part A, and so the point must be the most dangerous for floor water inrush. For a II -type fault, the maximum constrained force is at the fault center. So this kind of faults could be failed by a shear or sliding friction force, and the point would be dangerous for floor water inrush, too.

5 Conclusions

This paper sets up a new structural model for water inrush from mining floor on the basis of natural structures of rock mass. After a series of mechanical analyses have been given, the following conclusions are obtained.

(1) If there do not exist faults in mining floor, a rectangular plate with four fixed boundaries will fracture with an O-X break line. Its limit load and maximum deformation points are obtained by the limit theory of plates. The limit load is related to the ratio of length to width of the plate. If the area of a rectangular plate is given, the more approximately the ratio is one, the smaller the limit load is.

(2) The fractured blocks of main floor at the center of working faces form a

structure similar to the voussoir beam. There are two kinds of basic forms of structural instability, i. e. sliding instability and rotation instability. The stability range of key blocks is obtained by "S-R" stability theory.

（3）The dangerousness of water inrush from floor with faults is larger than floor without faults. Whether strike faults or dip faults can be divided into Ⅰ- and Ⅱ-type faults by their dip angle. The Ⅰ- type fault can be simplified into a free boundary, and the Ⅱ-type fault a simple boundary. For floor with a Ⅰ-type fault, the fracture figure of main floor is an O-Y shape. For floor with a Ⅱ-type fault, the fracture figure is an O-X shape. The limit load for the O-Y fracture is smaller than that for the O-X facture, while the limit load of floor with faults is smaller than that of floor without faults.

（4）The floor for pillarless mining is considered a rectangular plate with one simple and three fixed boundaries. Similarly, its fracture figure is an O-X shape.

（5）The maximum relative displacement and shear force of two walls of a Ⅰ-type fault, derived by a beam model, are at the centre of working faces, so the centre is possibly dangerous position for water inrush from a fault.

References

［1］ 钱鸣高,刘听成.矿山压力及其控制(修订本).北京:煤炭工业出版社,1991.

［2］ 钱鸣高,朱德仁,王作棠.老顶岩层断裂形式及其对工作面来压的影响.中国矿业大学学报,1986(2):9～18.

［3］ Goodman R E,Shi G H. Block theory and its application to rock engineering. Prentic-Hall,1985.

［4］ 徐秉业,陈森灿.塑性理论简明教程,北京:清华大学出版社,1981.

［5］ 钱鸣高,缪协兴,何富连.砌体梁结构的关键块体分析.煤炭学报,1994(6):557～563.

The Influence of a Thick Hard Rock Stratum on Underground Mining Subsidence[①]

Lixin WU   *Mingao* QIAN   *Jinzhuang* WANG

1　INTRODUCTION

During the process of underground coal mining, the surface will experience movement, deformation and damage; but in many cases it had been shown that when the goaf is not very large, i. e. when the dimension D_1 along strike and D_2 along dip do not exceed certain critical values, the surface subsidence can be slight. However, caving and breaking of overburden around the goaf is serious. When the goaf dimension reaches critical values, the surface may experience large and rapid subsidence and deformation that will sometimes cause the surface to suddenly collapse. If the goaf dimensions could be continuously enlarged, surface subsidence would gradually become stable.

Why does this concentration of subsidence or even sudden collapse of the surface come about? It occurred when there is a thick, hard rock stratum within the overburden above the goaf. It has strong potential to disrupt mining. If the goaf area is not too large, the thick, hard rock stratum will not break.

2　CASES OF CONTROL ACTION AGAINST MINING SUBSIDENCE

2.1　Longwall mining

During 1987－1988, longwall face 2107 was extracted in the Dongpang Mine of Xintai Coal Bureau in northern China. The average mining depth was 267 m, coal layer thickness 4.4～4.9 m, average inclination angle of strata 7°, goaf dimension along strike $D_1 = 1055$ m and along dip $D_2 = 153$ m. A BYA-23/45 hydraulic support frame was used. The mining height was 3.9 m, and the moving speed of longwall face was 2 m per day.

The observed curve of surface subsidence W via longwall face moving distance D_1 is shown in Fig. 1. It can be seen that the surface subsided slowly when $D_1 < 60$ m, but increased so rapidly when $D_1 = 80 \sim 200$ m that the maximum subsidence speed V_{max}

---

① 本文发表于 *Int. J. of Rock* Mech. *Min. Sci.*, 1997 年第 2 期, 第 341～344 页。

reached 33 mm/day. The maximum subsidence reached 2 240 mm. Then, the surface subsidence speed decreased gradually. After $D_1 > 300$ m, it was less than 1 mm/day, and the surface subsidence stabilized at a value of 2 500 mm. A flat subsidence basin appeared.

The cause was a 12-m-thick grit stratum below the approx. 100-m-thick alluvium at a depth of 178 m. This grit was argillaceous, tightly cemented, ferruginous and contained quartz. It had a high strength and controlled surface subsidence,

2.2 Non-continuous mining

Between the years 1985 and 1990, three coal layers C5, B4 and B3 (from top down) of N8 working district in Shamushu Mine of Furong Mine Bureau in south-west China were extracted under Miao nationalities villages, in a mountainous area. The mining heights were $0.83 \sim 2.20$ m, average inclination angle of strata 17°, which is basically parallel to the mountain slope, mining depth $130 \sim 180$ m. Longwall mining was used and the caving method controlled the roof.

Many faults existed in this area, there are $4 \sim 5$ faults of drop height $0.35 \sim 6.0$ m each 10 000 m² area. Because of the influence of faults, many coal pillars are of irregular shape and kept to isolate these faults, which cut the longwall goaf into a series of non-continuous small zones of irregular shape. The lengths of these zones were $40 \sim 188$ m, and the recovery ratio of C5, B4 and B3 was found, respectively, to be 65%, 73% and 78%.

There existed two layers of thick hard rock strata in the overburden: one was a 35-m-thick siltstone above the main roof (15-m-thick siltstone) of C5 coal layer; the other was a 18.7-m-thick calcareous sandstone above this siltstone. Their uniaxial tensile strength was, respectively, found to be 2.19 MPa and 2.82 MPa, which was higher than that of other strata in this area ($0.70 \sim 1.48$ MPa).

Observations have shown that surface movement and deformation were controlled by these two thick hard rock strata. The characteristics of surface movement and deformation were as follows:

(1) Delaying and concentrating of subsidence

When accumulation of the goaf area had reached 78% of the final total goaf area, the surface subsidence of the main observation line along the dip only reached 15% of the final maximum subsidence; but, 78% of the final maximum subsidence developed in the period which was only 17% of the total subsidence time. The curve of surface subsidence W, average subsidence speed V_{max} via mining time T is shown in Fig. 2. The curve of maximum subsidence W_{max} of the main observation line along the dip via the accumulation goaf area $\sum S$ (1 — goaf area of effect on observation line; 2 — whole goaf area) is shown in Fig. 3.

(2) Stage and plate-breaking of subsidence

Ine process of surface subsidence, and strata movement and deformation (observed in a adit entry of another small mine which is just above our longwall face) can be divided into five stages. The subsidence and time were obviously related to the "stability losing" process of these two thick hard rock strata, The surface soil layer was so thin (0 ~1.2 m) that, at some places, basement rocks directly appeared at the surface without surface soil. Many surface cracks were seen on the mountain slope on breaking and stability loss of these two thick hard rock strata. The longest crack was 450-m-long (11) and the widest was 120-m-wide (23) as shown in Fig. 4.

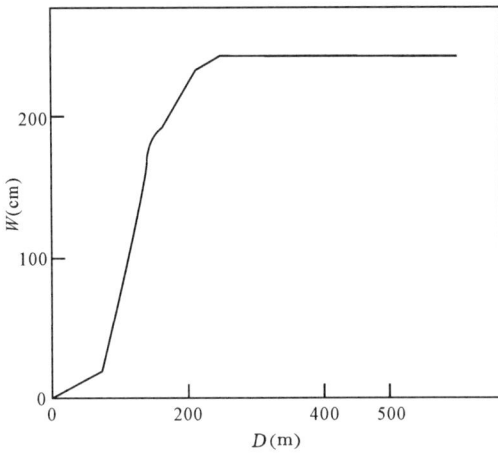

Fig. 1　The curve of surface subsidence
via Longwall face advance distance

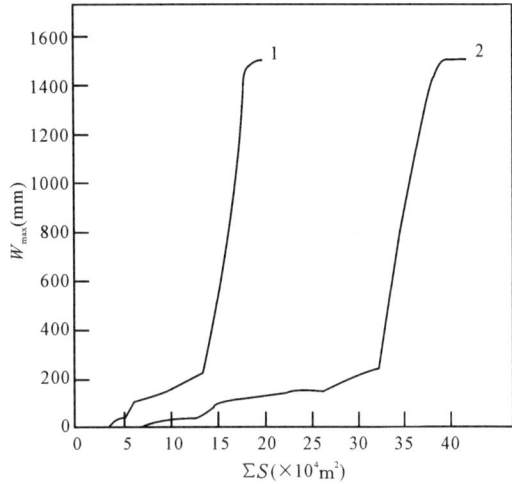

Fig. 2　The curve of surface subsidence
and its speed via mining time

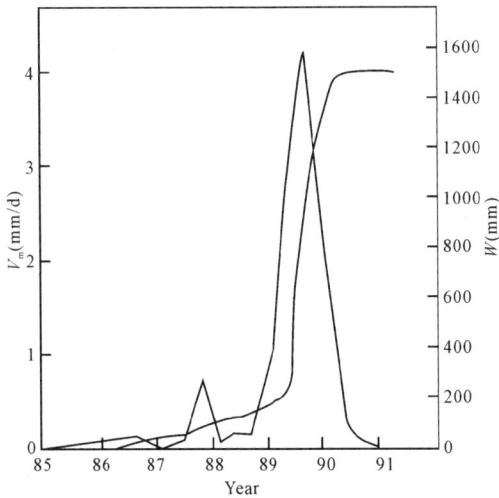

Fig. 3　The curve of surface subsidence via
the accumulated goaf area

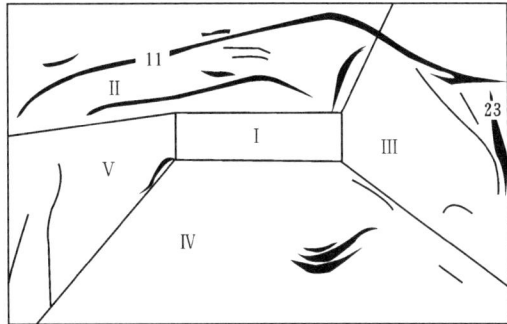

Fig. 4　Surface cracks on the mountain slope
above longwall goaf

2.3 Pillar support mining

Datong Coal Bureau, which is the biggest in China, had been using the pillar support mining method for the past 30 years. More than 40 cases of large areas of sudden roof caving had occurred. When these sudden roof cavings occur, blast waves and rapid surface subsidence have resulted, and surface buildings and other structures were seriously damaged.

In 1975, Majiling Mine extracted the 6-m-thick no. 2 coal layer in mining district 402. The mining depth was $50 \sim 160$ m. When the accumulation of goaf area reached 151 000 m^2 (pillars take 19.4% of total area), strong sounds were emitted within the roof, and the bearing pressure increased greatly for several days. Finally. the roof caved in rapidly and an earthquake of class 3.2 was detected by Taiyuan Earthquake Station 50 km away. A 70 000 m^2 elliptic subsidence basin of depth 0.7 m, as well as many cracks appeared on the surface. The widest crack was 4 m wide.

The cause of that was that the roof of no. 2 coal layer was extremely hard sandstone or conglomerate rock. Its thickness was $4 \sim 10$ m, and its uniaxial tensile strength was 10 MPa. Firstly, the roof was efficiently supported by pillars, but with the enlarging of the accumulation goaf area, pillars began to fail gradually and lost their support ability to the roof. This resulted m a large area of suspended thick hard roof breaking and caving.

2.4 Partial strip mining

In 1991, no. 2 Mine of Fengfeng Coal Bureau in northern China extracted coal layer V under an industrial area by use of the partial strip mining method. The unit goaf width was 13 m, and the pillar width 17 m. In order to study the movement of strata due to this mining, four holes were drilled from the remaining coal tunnel in the upper coal layer IV to lower layer V, and five compressed woods were installed in different positions in each of the holes.

The observed strata movement diagram is shown in Fig. 5. The final subsidence difference of compressed woods at depths of 5 m and 7 m away from the hole top of hole no. 4 was 780 mm. The subsidence of 5 m wood, in relation to the hole top was only 80 mm, but that of 7 m wood was 820 mm. The great subsidence difference of woods above and below the interface of two

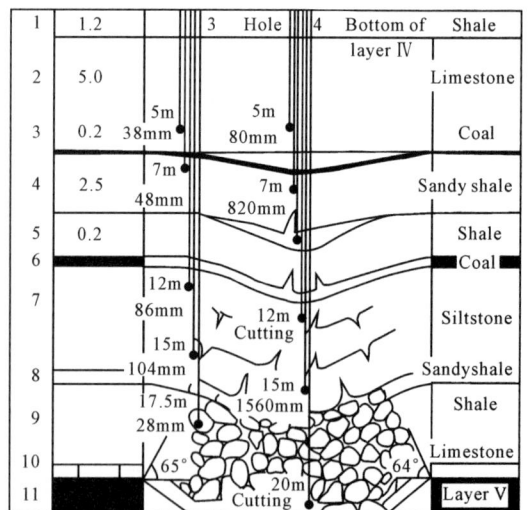

Fig. 5   Observed strata movement due to partial strip mining.

layers of rock strata indicated that the 5-m-thick limestone was strong enough to keep stable on the condition that the strip goal's width is no more than 13 m. So, it could support the overburden (include the caved roof of layer Ⅳ) and prevent the caving and cracking of strata from developing upward.

3 EXPERIMENTAL AND THEORETICAL STUDY OF PLATE BREAKING

Research proved that the maximum tensile stress of a plate with a simple support on four boundaries, always takes place on the lower surface of the plate and along the longer central line. Therefore, the breaking of the plate begins with the cracking of the lower surface of plate, and is along the shorter central line due to its maximum tensile stress reaching the plate's tensile strength. With this cracking, the stress is redisstributed on the plate surface, and then cracks and damage occur along the longer central line on both the lower and upper surface of the plate, and along the shorter or central line on the upper surface of the plate, In fact, the breaking of the plate is not a simple linear shape, but in the form of regional damage. Fig. 6 shows the experimental results of a concrete plate placed

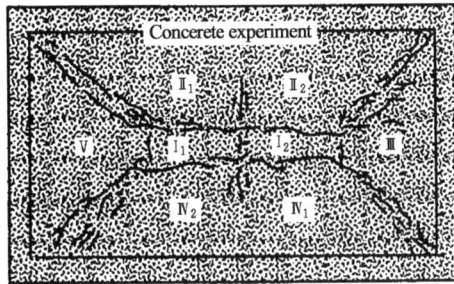

Fig. 6 Concrete plate breaking due to uniform distributed vertical load[1]

parallel to the horizontal face and suffering an evenly distributed vertical load. tt can be seen that 5~8 blocks will occur after the concrete plate breaks.

The breaking and caving of the main roof has been widely studied by many researchers. Zhu[2] took the main roof as a Kirchhoff plate supported by a Winkler elastic base, and used a simulation material model to study the breaking and stability of the main roof. The results are shown in Fig. 7. The breaking type of the main roof was very similar to that of the concrete plate, and because of the bending subsidence of the broken blocks it would not collapse at once due to the extrusion of key blocks. As soon as the rocks in the extrusion region were seriously cracked into fragments and the region of fragments became wide enough, the broken blocks would suddenly collapse.

It can be seen that the distribution shape of the surface cracks in Fig. 4 is quite similar to the cracks shape in the main roof as shown in Fig. 7. That is to say that no matter if the roof is concrete, the main roof or thick hard rock stratum all have the same action of a holding-plate, and similar breaking process and shape.

A thick hard rock stratum could be theoretically looked at as a thin plate and the Thin Plate Theory of Small Deformation could be used to study the holding-plate control action to strata and surface subsidence. There are three kinds of lateral confining conditions to each boundary of the plate, that is fixed, simply supported and free.

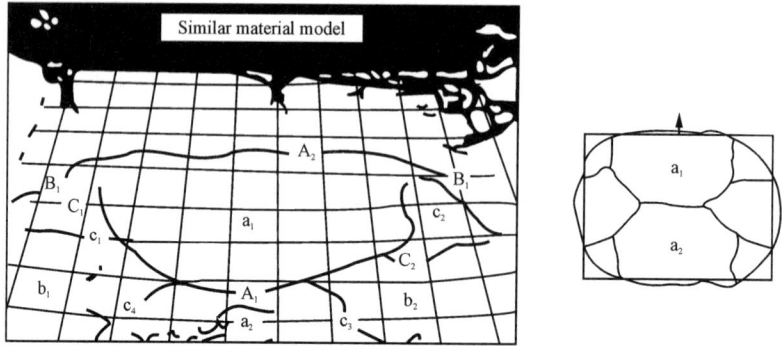

Fig. 7   Main roof breaking in simulation material model[2]

Then, there are in total 81 kinds of boundary models. Of these models, 23 have been solved, and the solutions for no. 11 model (the four boundaries are all simply supported) has been used to analyze the holding-plate control action of a thick hard rock stratum to surface subsidence due to partial strip mining[3] and non-continuous mining[4,5]. Also the solutions have been used to analyze the breaking mechanism of the holding-plate as introduced in case 2.

4   CONCLUSIONS

The existence of a thick, hard rock stratum is of great importance to underground mining. It has a holding-plate control action to strata and surface subsidence due to both the behavior and processes of the thick, hard rock stratum keeping stable, and then breaking and collapsing. Surface subsidence has special characteristics such as subsidence delaying, concentrating and surface plate-breaking cracks. This control action needs further study, and the achievements should be used to solve practical problems in mining engineering design and surface buildings and constructions.

References

[1]   Zhuang M N, el al. *Engineering Plastic Mechanics*. Publication House of High Education, 1983. 8 (in Chinese).

[2]   Zhu D R and Qian M G. *Structure and stability of main roof after its fracture*. J. C. U. M. T. 10 (1990).

[3]   Wu L X and Wang J Zh, et al. *Theory and practices of strip-partial mining under constructions*. Publication House of C. U. M. T. , 1994. 1 (in Chinese).

[4]   Wu L X and Wang J Zh, et al. *Study of mining subsidence of delay and concentration under the control of holding-plate*. J. C. U. M. T. 4 (1994) (in Chinese).

[5]   Wang J Zh and Wu L X, et al. *Study of surface and surtface movement and mining under village houses in the mountainous area in Furong coal field*. J. C. U. M. T. 2 (1995) (in Chinese).

采场底板岩层破断规律的理论研究[①]

钱鸣高　缪协兴　黎良杰

（中国矿业大学,徐州　221008）

摘　要：本文针对采场底板的层状结构特征建立了分析采场底板突水问题的结构模型——将破断前的老底视做板结构,把破断后的块状体视作"砌体梁"结构。用板的极限分析理论求出了各种边界条件下底板的破坏极限荷载和形态以及最大变形点位置。用 S-R 稳定理论分析了破断后底板块状岩体结构的稳定条件和范围。通过对采场底板结构系统性的力学分析,提出了治理底板突水的新的理论依据。

关键词：底板突水;底板破坏;砌体梁;S-R 稳定;断层突水

1　引　言

采场底板突水的威胁一直影响着煤矿生产和安全。从 20 世纪 40 年代起,国际上就开始注意底板突水机理的研究了。近年来,国内外更加重视该项工作。许多现场资料表明,像采场顶板那样,可将底板分为直接底和老底两类分层结构。其中,老底是指采动破坏范围含水层以上的一层强度最大的岩层;直接底则为老底之上的其他岩层。因此,老底是抵抗水压的主体结构,直接底是老底结构上抵抗水压的反向荷载。根据我国长壁开采的实际情况,工作面长度一般在 80~200 m 之间,老底的厚度为 2~6 m,常在工作面推进20~70 m 时发生突水事故。这样,一般情况下,老底岩层在卸压区的宽厚比就大于 1/5~1/7,符合力学中的薄板假设。因此,从层状岩体结构特征出发,现在较为集中的研究是把采场底板作为板结构处理,这为理论研究提供了切实可行的力学模型。

对采场底板结构的力学分析,像分析采场上覆岩层结构模型一样,不仅要研究它破坏前和破坏时的各项力学指标,更重要的是要研究其破坏后块状结构失稳或破坏规律及最大变形点的位置。大量的统计结果表明,80% 左右的突水发生在底板有断层的情况。因此,有断层底板结构的破坏规律有更为重要的研究意义。本文对从采场老底的板结构和带断层的板结构破坏到破坏后块状体结构的稳定性问题展开了较为系统的理论研究。

---

① 本文发表于《岩土工程学报》,1995 年第 6 期,第 55~62 页。

2 无断层底板的破坏规律

2.1 底板的极限破坏

随采场工作面不断向前推进,采空区越来越大,垂直方向减压区的底板面积随之增加。由于受垂直方向向上水压和地压的共同作用,底板作为承载结构而言,将达到其强度极限。类似于老顶岩层的板结构分析[1,2],理论和试验都已证明,老底作为四周固支的矩形板,将以如下规律发生破坏(图1):首先在长边中部(最大弯矩处)出现裂纹,并沿长边方向向两端扩展[图1(a)];当这两条裂纹增至一定长度(随边长比 $k=a/b$ 而变化)时,短边中部将出现裂纹,并也向两端扩展[图1(b)];当长边和短边方向裂纹不断扩展,并在四个角处由弧形曲线贯通而呈 O 形封闭裂纹,随后 O 形封闭曲线内部将很快形成与四周贯通的 X 型裂纹[图1(c)]。此时,四边形固支超静定板就破裂成了四块几何可移岩块,用赤平投影法分析[3],四块体均为潜在的关键块体。

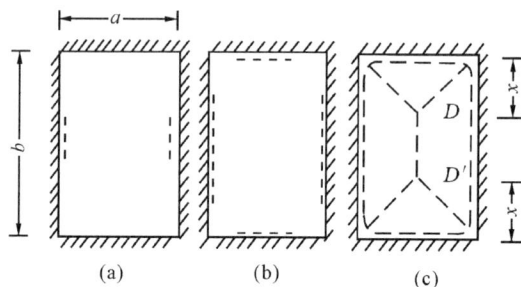

图 1 老底板结构的极限破坏形式

根据四边固支板的 O-X 形破坏形状,采用板的极限分析方法[4],能计算出最大变形点,即裂纹叉点 D(或 D')的位置和板所能承受的极限荷载。设板在变形破坏过程中外力所做功为 U_e,内力所做功为 U_i,则分别有

$$U_e = \frac{1}{6}qa(3b-2x)\delta W \tag{1}$$

$$U_i = 4M_p\delta W \frac{a^2+2bx}{ax} \tag{2}$$

其中,δW 为板的最大挠度;M_p 为岩层的极限弯矩;x 为破断最大变形点 D 到短边的距离;q 为作用在老底岩层上的分布载荷。

如果将水压和向上地压用 p 表示,板厚为 h,总的负载岩层高 h_1(即除老底外,煤层以下、含水层以上的其他岩层高为 h_1),岩体平均容重为 ρg,则

$$q = p - \rho g(h+h_1) \tag{3}$$

由 $U_e=U_i$ 得

$$q = \frac{24M_p(a^2+2bx)}{a^2x(3b-2x)} \tag{4}$$

按式(4)求极值,则有

$$x = \frac{a^2}{4b}\left(\sqrt{1+3\frac{b^2}{a^2}}-1\right) = \frac{1}{2}k^2\beta b \tag{5}$$

这里,$k=\dfrac{a}{b}$,$\beta=\sqrt{1+3\dfrac{b^2}{a^2}}-1$。由式(5)代入式(4)得板的极限载荷

$$q_{max}=\frac{12M_p}{A}\cdot\frac{1+\beta}{k\beta(3-k^2\beta)} \tag{6}$$

其中,$A=a\cdot b$。

式(5)中的 x 与 k 的关系可用图 2 表示。从图 2 中可以看到,随 k 值降低,x 值越来越小。这说明采场中部岩层的变形规律越来越接近梁模式。梁的平衡与否将直接影响由板破断后组成的块状结构的稳定性。

式(6)中的极限载荷 q_{max} 与 k 的关系可用图 3 表示,从图中可以看到,随 k 值降低,q_{max} 值越来越大。这说明,在同样面积的四周固支矩形板中,是的比值越接近 1,即越接近正方形,所能承受的极限载荷就越小。在工程中,我们称之为顶底板破坏的成方效应。

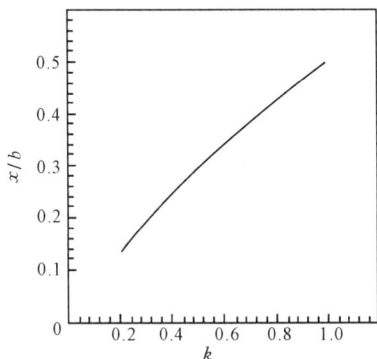

图 2 x 与 k 的关系曲线

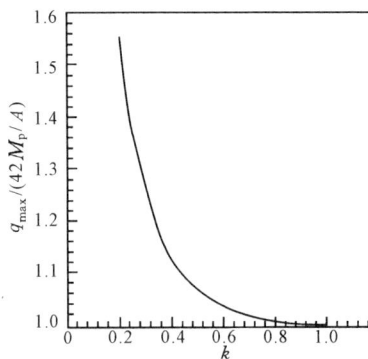

图 3 q_{max} 与 k 的关系曲线

2.2 块状岩体结构的 S-R 稳定理论分析

底板发生 O-X 形破坏后,中部岩块就形成了类似于上覆岩层的"砌体梁"模式,而临近工作面周围的块体为关键块体(见图 4),它们靠在变形运动过程中形成的自然铰与周围互相联系在一起。一旦铰接处的摩擦和挤压平衡关系被打破,关键块体结构就将失稳[5]。

自然铰接处的基本失稳模式有两种:一种是由于接触处的摩擦力不足,块体之间发生相互滑动(sliding)型错开,我们称之为滑动失稳,或 S 型失稳;另一种是当块体之间有较大相对转动(rotation)时,接触面上的挤压应力超过岩块的挤压强度而使接触角被挤碎,我们称之为转动失稳,或 R 型失稳。在自然条件下,块体结构如要不发生滑动(S)型失稳,必须要保持一定量的相对转角(相对转角大,水平挤压力 T 也大)。但如要不发生转动(R)型失稳,它们的相对转角又必须小于某个极限值。因此,关键块体结构仅在一定范围内才能保持 S-R 稳定的共存性。在此之外,它们必将发生 S 或 R 失稳。这里,引用文献[5]的成果,分析图 4 中关键块体结构的 S-R 稳定性。由文献[5]可知,要使关键块体结构不发生滑动失稳,必须要

$$q\leqslant\sigma_c(\tan\varphi+\frac{3}{4}\sin\theta_1)^2 \tag{7}$$

要使其不发生转动失稳,必须要

$$q \leqslant 0.15\sigma_c \left(i - \frac{3}{2} i \sin \theta_1 + \frac{1}{2} \sin^2 \theta_1 \right) \tag{8}$$

上两式中,σ_c 为老底岩块的抗压强度;θ_1 为块体 A 的转角;i 为块体的高长比,即 $i = h/l$;φ 为接触面上的摩擦角。

将式(7)和式(8)同时绘入图 5,就可得到关键块体结构 S-R 稳定的范围。例如图 5 中,当 $i=0.3$,$\sigma_c=60$ MPa,$q=25$ kPa 时,块体 A 的 S-R 稳定范围为 $4° < \theta_1 < 10°$。反之,如果块体要在某个范围内稳定,则它承受的荷载不能超过与之相应的极限值,这个极限值可以在图 5 中找出。此外,当极限值确定后,可以根据实际水压由式(3)求得必须的老底和负载岩层高度,否则,结构将失稳。

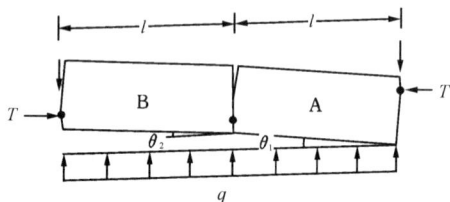

图 4　关键块体结构的形态与受力

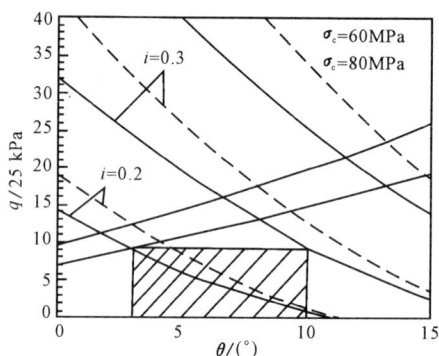

图 5　关键块体结构的承载能力 q 与 θ_1 的关系

2.3　三角形块稳定的块体理论分析

不能简化为梁式结构的三角形岩块,必须用文献[3]块体理论的方法来分析其稳定性。由块体理论可知,三角块稳定的条件为

$$q \leqslant h \sum_{i=1}^{3} l_i \tan \varphi_i \tag{9}$$

其中,l_i 为三角块边长($i=1,2,3$);φ_i 为滑移面上的摩擦角。

3　有断层底板的破坏规律

3.1　倾向断层

沿工作面方向的断层称之为倾向断层。断层的倾角方向对底板的破坏规律会产生很大影响,如图 6(b)、(c)所示。图 6(b)中,由于 B 部变形量比 A 部大,因而 A、B 两部分板互不约束,我们称这种断层为 I 型断层,断层边界可以作为自由边处理。图 6(c)中则相反,B 部垂直方向变形要受到 A 部的约束,我们称这种断层为 II 型断层,断层边界可以作为简支边处理。

由理论和试验分析可知,图 6(b)所示的三边固支、一边自由的四边形板,将以 O-Y 形规律破坏。类似于四边固支板极限分析方法,可得到载荷计算公式

$$q_{max} = \frac{12M_p(b^2 + 4a'x)}{b^2 x(3a' - x)} \tag{10}$$

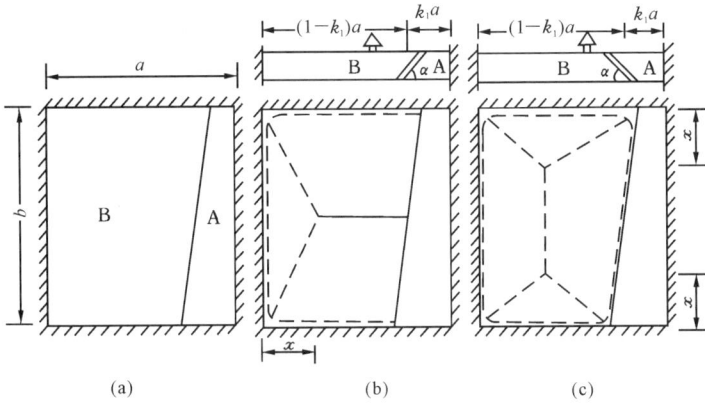

图 6　倾向断层及底板结构破坏规律

其中，$a' = (1-k_1)a$，并由式(10)求极值得

$$x = \frac{b^2}{4a'}\left(\sqrt{1+12\frac{a'}{b^2}}-1\right) \tag{11}$$

如 $a'/b=1$，由式(11)可求得 $x=0.65a'$，代入式(10)可得 $q_{max}=28.8M_p/A$。与四边固支板比较，此极限荷载仅为它的 0.68 倍。说明有断层底板比无断层情况更容易破坏。

如图 6(c)所示，三边固支、一边简支的四边形板将以 O-X 形规律破坏。同样，我们可求得

$$q_{max} = \frac{12M_p(2a'^2 + bx + 4x^2)}{a'^2 x(3b-2x)} \tag{12}$$

$$x = \frac{2a'^2}{7b}\left(\sqrt{1+\frac{1}{4}\frac{b^2}{a'^2}}-1\right) \tag{13}$$

如 $a'/b=1$，则有 $x=0.43b$，$q_{max}=36.7M_p/A$。此时的极限载荷是三边固支、一边自由板的 1.28 倍，是四边固支板的 0.87 倍。这说明三边固支、一边简支板的承载能力强于前者而弱于后者。

3.2　走向断层

如图 7 所示，沿工作面推进方向的断层称之为走向断层。与倾向断层相同，走向断层也有断层倾角问题，也须分为图 7(b) Ⅰ型断层和图 7(c) Ⅱ型断层两种情况讨论。这两种情况也分别对应于 O-Y 形和 O-X 形破坏。

对应图 7(b)有：

$$q_{max} = \frac{12M_p(a^2 + 4b'x)}{a^2 x(3b'-x)} \tag{14}$$

$$x = \frac{a^2}{4b'}\left(\sqrt{1+12\frac{b'^2}{a^2}}-1\right) \tag{15}$$

对应图 7(c)有：

$$q_{max} = \frac{12M_p(2a^2 + b'x + 4x^2)}{a^2 x(3b'-x)} \tag{16}$$

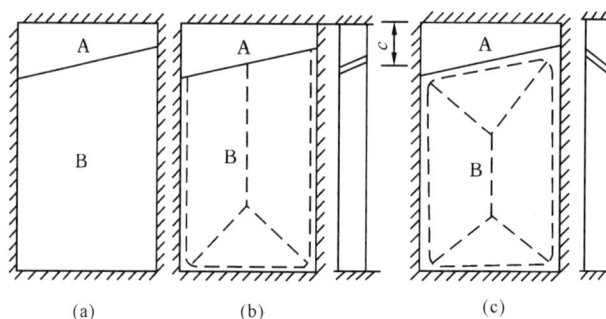

图 7　走向断层及底板破坏规律

$$x = \frac{2a^2}{7b'}\left(\sqrt{1 + \frac{21}{4}\frac{b'^2}{a^2}} - 1\right) \tag{17}$$

其中，$b' = b - c$。

3.3　底板中有一边简支

在前面的讨论中，我们都把底板简化为四边固支型矩形板。但在无煤柱开采情况下，将其简化为三边固支、一边简支更为合适。根据板的极限分析理论，其破坏形状与四边固支板仍是相同的。只是根据能量原理分析，形成这种破坏所需外能要少，因而形状参数 x 值有所不同。例如，设图 6 的板中有一条短边是简支边，则在 I 型断层情况下形成图6(b)O-Y 形破坏，与式(10)对应的荷载为

$$q_{max} = \frac{12M_p(b^2 + 2a'x)}{b^2 x(3a' - x)} \tag{18}$$

$$x = \frac{b^2}{2a'}\left(\sqrt{1 + \frac{3}{2}\frac{a'^2}{b^2}} - 1\right) \tag{19}$$

如 $a'/b = 1$，则可求得 $x = 0.29b$，$q_{max} = 23.7M_p/A$。此极值仅为图 6(b)情况的 0.82 倍，也即底板四边中有三边固支、一边简支时(不计断层)，比四边固支情况更容易发生破坏。尽管两者破坏的类型相同，但其折断时的最大变形点位置 x 是不同的。

4　断层的变形与受力

4.1　断层的张开位移

如图 6(b)中的 I 型断层，由于 A、B 两部分挠度互相没有约束，它们的挠度差就造成了断层之间产生张开位移。对于容易发生突水的底板来说，这是一种最危险的情况。这里，我们用图 6(b)上部两个悬臂梁模型来计算断层的张开位移量 Δ。

设 A、B 梁在断层处的挠度分别为 δ_A 和 δ_B，断层倾角为 α，则

$$\Delta = (\delta_B - \delta_A)\cos\alpha \tag{20}$$

而

$$\delta_A = \frac{1}{8EI}qk_1^4 a^4 \tag{21}$$

$$\delta_B = \frac{1}{8EI}q(1 - k_1)^4 a^4 \tag{22}$$

其中 EI 为岩梁的弯曲刚度。将式(22)和式(21)代入式(20)得

$$\Delta = \frac{qa^4\cos\theta}{8EI}(1 - 4k_1 + 6k_1^2 - 4k_1^3) \tag{23}$$

根据上式可得到图 8 的 Δ 与 k_1 值的关系曲线。从图 8 中可以看到，k_1 值越小，断层的张开位移量就越大。同时，B 梁在固定端处的最大弯矩值也越大。

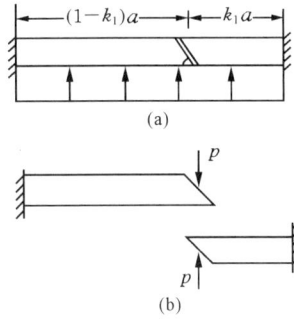

4.2　断层的相互约束

如图 6(c)中的 II 型断层，由于 B 部分的挠度要受到 A 部分的约束，则在断层面上要形成约束反力。这里，我们用图 9 两端固支，断层处为铰接的连续梁模式来分析断层面上的约束力 p。由图 9(b)可求得

$$\delta_A = \frac{qk_1^4a^4}{8EI} + \frac{pk_1^3a^3}{3IE} \tag{24}$$

$$\delta_B = \frac{q(1-k_1)^4a^4}{8EI} - \frac{p(1-k_1)^3a^3}{3EI} \tag{25}$$

由位移协调条件 $\delta_A = \delta_B$ 得

$$p = \frac{3}{8}qa\,\frac{(1-k_1)^4 - k_1^4}{(1-k_1)^3 + k_1^3} \tag{26}$$

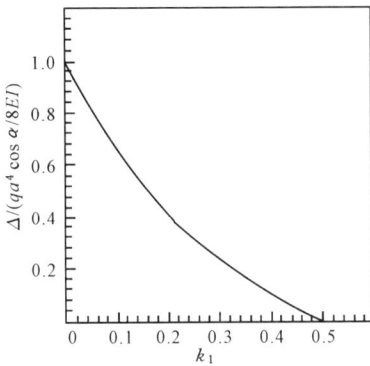

图 8　Δ 与 k_1 的关系曲线　　　　图 9　断层面上的约束力计算模式

根据上式可得到图 10 中 p 与 k_1 的关系曲线。从图 10 中可以看到，k_1 值越小，断层处的约束力 p 就越大。在断层处会发生两种形式的破坏，一是断层的剪断，二是断层的相互错动，也称断层的活化。断层的剪断极限 τ_{max} 可由下式求得

$$\tau_{max} = \frac{2p_{max}}{h} = \frac{3qa}{4h} \tag{27}$$

断层的活化（错动）极限可由下式求得

$$\alpha \geqslant \varphi_1 \tag{28}$$

其中，φ_1 为断层面上的摩擦角。

4.3　断层上的突水危险点

显然，当老底达到承载极限时，开裂折断后的最大变形点处，即 O-X 形或 O-Y 形破坏的 X 或 Y 的交叉点处就成为突水危险点。但是，当遇到断层时，在老底还没有达到破坏状态，断层就可能成为突水的自然通道。然而，老底受力变形后，断层上最具突水危险的点在哪儿？这也是我们所关心的问题。

这里,首先分析两直边固支、斜边自由的直角三角形板,在受均布荷载作用后的最大挠度点位置。我们知道,最大挠度点一定发生在自由边上。设两条直角边长分别为 a 和 b,b 边的对角为 α_1,最大挠度点到 b 边的距离为 x,则到 a 边为 $(a-x)\tan\alpha_1$。挠度的大小正比于荷载集度 q 和到两边距离的平方之积,所以,其挠度 y_{max} 为

$$y_{max} = Kqx^2(a-x)^2\tan^2\alpha_1 \tag{29}$$

其中,K 为比例常数。由此式求极值得

$$x = \frac{a}{2} \tag{30}$$

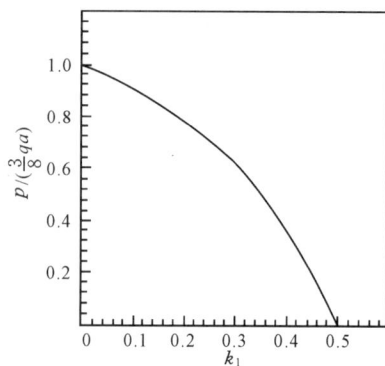

图10　p 与 k_1 的关系曲线

即最大挠度点发生在斜边的中部。

根据以上分析可知,如果是 Ⅰ 型断层,则 A、B 部分板变形互不约束,在断层中部处产生最大张开位移。因此,这是 Ⅰ 型断层突水的最大危险处。如果是 Ⅱ 型断层,则 A、B 两部分板的弯曲变形会受到互相制约,在断层中部形成最大的约束反力,可能使斜面剪断破坏或断层活化,因而也会形成突水危险处。值得说明的是,这里没有考虑断层倾角 α 沿断层走向的变化。

5　结　论

(1) 如果底板无断层,作为四边固支的矩形板达到承载极限后,将形成 O-X 形破坏。我们采用极限分析方法求出了极限荷载和破坏后的具体形状及最大变形点的位置。当矩形板面积一定时,极限荷载的大小与边长比有关。比值越接近1,承载能力越弱,即所谓成方效应。

(2) 底板破坏后,采场中部岩块形成砌体梁结构。滑动(S)和转动(R)失稳是此结构的两种基本失稳模式。通过 S-R 稳定性分析,得到了砌体梁关键块体结构的稳定范围。

(3) 受断层影响的底板发生突水危险更大。无论走向断层或倾向断层,根据断层倾角的不同可分为 Ⅰ 型和 Ⅱ 型断层。Ⅰ 型断层可简化为自由边,Ⅱ 型断层可简化为简支边。断层简化为自由边时,老底破坏形式为 O-Y 形。简化为简支边时,破坏形式为 O-X 形。O-Y 形的极限破坏荷载小于 O-X 形。有断层的极限荷载小于无断层者。

(4) 当为无煤柱开采时,底板可视为一边简支、三边固支的矩形板。同样也形成 O-X 形破坏,但具体形状与四边固支情况是有区别的,相应的极限破坏荷载也小。

(5) 通过梁式模型,求出 Ⅰ 型断层的最大张开位移和 Ⅱ 型断层面上的最大剪切力及断层活化条件。理论证明了断层将在采场中部处产生最大张开位移或最大剪切力,因而此处可能成为断层突水的最危险点。

参　考　文　献

[1]　钱鸣高,刘听成.矿山压力及其控制(修订本).北京:煤炭工业出版社,1991.

[2]　钱鸣高,朱德仁,王作棠.老顶岩层断裂形式及其对工作面来压的影响.《中国矿业大学学报》,1986(2).

［3］　Goodman R E,Shi G H. Block theory and its Application to Rock Engineering. Prentic-Hall,1985.

［4］　徐秉业,陈森灿. 塑性理论简明教程. 北京:清华大学出版社,1981.

［5］　钱鸣高,缪协兴,何富连. 砌体梁结构的关键块体分析.《煤炭学报》,1994(6).

Mechanism for the Fracture Behaviour
of Main Floor in Longwall Mining

Qian Minggao　　Miao Xiexing　　Li LiangJie

（China University of Mining & Technology）

Abstract:A new calculating method for the mechanical behaviours of floors with underground water-inrush in longwall mining is proposed in this paper. The main floor under the influence of longwall mining can be considered as an elastic-plastic plate with various support conditions and the stability of the fractured plate can be analysed as a Voussoir Beam. Using the plastic limit theory of plates, the limit load of main floor and its largest deformation point can be obtained. By S-R stability theory, the stability conditions for the key blocks of the Voussoir Beam of the fractured main floor also can be determined. These theoretical results are also important for the study on the water inrush from floor in longwall mining.

Keywords:water-inrush from floor; main floor fracture; voussoir beam; S-R stability; water-inrush through fault

KS 结构的稳定性与底板突水机理[①]

黎良杰　　　　　　　　殷有泉　　　　　　　　钱鸣高

（中航勘察设计研究院　北京　100086）　　（北京大学　北京　100871）　　（中国矿业大学　徐州　221008）

摘　要：根据采场底板岩体结构特征,建立了底板岩体的关键层(KS)结构模型。应用 KS 结构模型分析了采场底板突水机理,取得了满意效果。

关键词：关键层；稳定性；底板突水

1　KS 结构模型的建立

目前,对底板突水机理的分析,无论是突水系数法或下三带理论,还是等值隔水层厚度法等,都没有注意到煤层底板作为层状岩体的板结构特征和破坏机制,也没有注意到关键岩层在阻止底板突水中的力学骨架作用,都是以铅直方向每米岩层抵抗水压力的能力作为底板突水危险性评价的标准,即都是以对点的突水危险性评价来代替对面(采场)的评价,因而对作为面的采场来说它们均有很大的局限性。

从华北型煤田煤系地层构造来看,许多煤田煤层底板以下、含水层以上均有一层较坚硬的岩层,如砂岩等。因此,如果将煤层底板采动破坏带以下含水层以上承载能力最大的一层岩层定义为底板关键层(key stratum),那么根据采场不断推进的特点,在关键层达到极限破断跨距以前,隔水层中的其他各岩层均早已达到了极限破断跨距,因此隔水层中各岩层和顶板冒落矸石的重力荷载便可看做关键层上的载荷或承压水的部分平衡荷载,对采场底板突水机理的研究就简化为底板关键层破断条件及破断后各岩块平衡关系的研究。根据关键层的板结构特征和采空区卸载空间的边界条件,在没有断层构造条件下,底板岩体的 KS 结构模型便简化为在均布荷载下四周固支的矩形薄板；在有断层构造条件下,则视断层性质,KS 结构模型可以简化为均布荷载下三周固支一边自由或三周固支一边简支的矩形薄板[1]。

2　KS 结构破断前的稳定条件

在没有断层构造的条件下,采场底板突水问题实质上就是底板关键层的破断问题。根据 KS 结构模型,由塑性理论知[2],其破损机构为如图 1 所示的"四坡屋顶"机构,即采矿工程中常称的 O-X 形破坏。若设破损机构的最大虚挠度为 δ,则当 $a<b$ 时,其内力

---

①　本文发表于《岩石力学与工程学报》,1998 年第 1 期,第 40～45 页。

功为

$$W_i = 4\delta\left(\frac{2b}{a} + \frac{a}{x}\right)M_p$$

外力功为

$$W_e = \frac{q}{6}\delta a(3b - 2x)$$

由 $W_i = W_e$ 得

$$4M_p\left(\frac{2b}{a} + \frac{a}{x}\right) = \frac{q}{6}a(3b - 2x) \quad (1)$$

式中,M_p 为关键层的塑性极限弯距;a 为关键层的破断跨距,m;b 为工作面长度,m;q 为板上荷载,$q = q_w - q_f - q_r$,q_w 为含水层水压,q_f 为隔水层岩荷集度,q_r 为冒落矸石荷载集度;x 见图1。

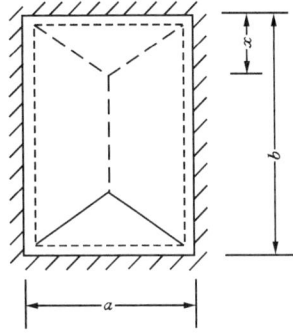

图1 四边固支板的破损机构

Fig. 1 The damage mechanism of a plate with four fixed-boundaries

由 $\dfrac{\mathrm{d}q}{\mathrm{d}x} = 0$ 得 $x = \dfrac{a}{2}(\sqrt{3 + \lambda^2} - \lambda)(\lambda = a/b)$,代入式(1)得关键层所能承受的最小极限破坏载荷为 $q_u = \dfrac{48M_p}{a^2}(\sqrt{3 + \lambda^2} - \lambda)^{-2}$;反之,在假定极限载荷 q 和 b 为已知的条件下关键层的最小破断跨距为

$$a = \frac{2\sqrt{3b}lQ}{\sqrt{3b - 4\sqrt{3}lQ}} \quad (a < b) \quad (2)$$

同理

$$a = \frac{4\sqrt{3}b^2 lQ}{3b^2 - 12l^2Q^2} \quad (a > b) \quad (3)$$

式中:$l = h\sqrt{\sigma_s/q_0}$,$Q = \sqrt{q_0/q}$,$q_0 = 1$ MPa,并且称 l 为单位荷载下关键层破断跨距基准数;Q 为与含水层水压、隔水层厚度、顶板冒落状况等有关的无量纲系数;σ_s 为关键层的塑性极限抗拉强度,MPa;h 为关键层厚度,m。式(2)或式(3)即为底板关键层的破断准则。但是由于其中隐含的岩体强度 σ_s 是较难测定的,因此实际利用式(2)或式(3)还是有一定困难。但是在类似条件下,冒落带高度、含水层水压、隔水层总厚度等都可以通过开采时的具体情况或水文网的监测等确定。因此,利用已知突水事故信息来确定 σ_s,从而来预测同类条件下工作面的突水情况就显得特别有意义。若已知事故面的长度为 b_0,m;突水跨距为 a_0,m;则预测面的突水跨距为

$$a = \frac{a_0\sqrt{b}K(\sqrt{\lambda^2_0 + 3} - \lambda_0)}{\sqrt{3b - 2a_0K(\sqrt{\lambda^2_0 + 3} - \lambda_0)}} \quad (a < b) \quad (4)$$

$$a = \frac{2a_0b^2b_0^2K(\sqrt{3\lambda^2_0 + 1} - 1)}{3a_0^2b^2 - b_0^2K^2(\sqrt{3\lambda^2_0 + 1} - 1)^2} \quad (a > b) \quad (5)$$

式中:$\lambda_0 = a_0/b_0$,$K = Q/Q_0$。

如果没有突水事故资料,那么用初次来压步距代替 a_0 代入式(4)或式(5),则说明预测面至少在 a m 内是安全的[3]。

3 KS 结构破断后岩块间的相互咬合与平衡

当底板关键层达到破断跨距时,随着回采工作面的推进,只要工作面老顶的极限破断步距大于底板关键层的破断跨距,关键层就要产生断裂,断裂后的一般状态如图 2 所示。将工作面底板分为图示的上、中、下 3 个区,破断的岩块由于互相挤压形成水平力,从而使岩块间产生摩擦力。卸载空间底板的上、下两区是圆弧形破坏,岩块间的咬合是一个立体咬合关系,而中部如图中剖面 A—A,则可能形成如图 2(b)所示的反三铰拱式平衡结构。因此,并不是关键层刚一达到断裂极限发生断裂就产生突水,它还取决于它们之间的相互咬合与平衡关系。

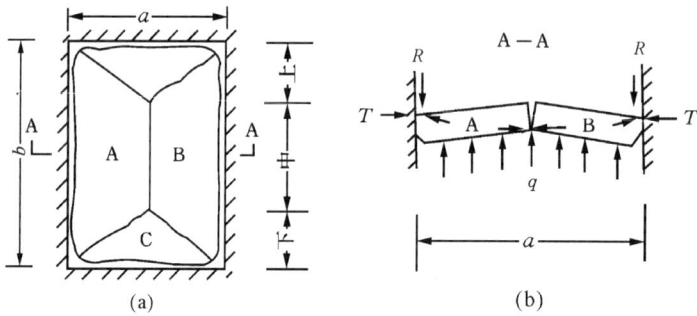

图 2 关键层破断后的一般状态

Fig. 2 The general state after KS fracture

3.1 反三铰拱的 S-R 稳定性

如图 2(b),设 A、B 岩块在采空区的最大上挠量为 w,则由图 3 岩块回转时的几何关系得 $w=\frac{a}{2}\sin\theta$;$d=\frac{1}{2}\left(h-\frac{a}{2}\sin\theta\right)$;$d,\theta$ 见图 3。鉴于块与块之间的接触是塑性铰接关系,因此图 2(b)中水平推力 T 作用点的位置可取 $d/2$ 处[4],由此可得:$T=qa^2/4(h-a\tan\theta+a\sin\theta/2)$,$R=qa/2$。由于 θ 很小,$\tan\theta\approx\sin\theta$,所以

$$T = qa^2/4\left(h-\frac{a}{2}\sin\theta\right) \quad (6)$$

令 $i=h/(a/2)$,并且定义 i 为关键层断裂块度,则 $F=T/(qa/2)=1/(i-\sin\theta)$,作 T 与 i 及 θ 的曲线如图 4 所示。可见,当 $i\geqslant0.4$ 时,随着 θ 的变化,T 值变化较小。而当 $i<0.4$ 时,则 i 值愈小,T 值随 θ 角的加大增大得越快,从

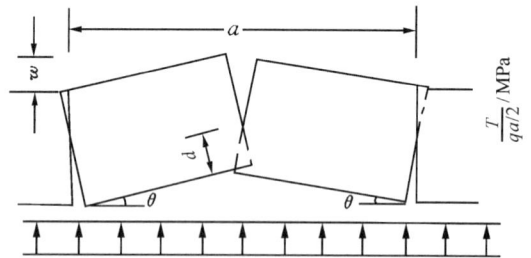

图 3 岩块回转时的几何关系

Fig. 3 The geometric relationship for rotating rock block

力学上说明该结构为几何非线性结构,从工程上说明关键层要形成反三铰拱结构,其厚宽比必须满足一定的条件。

3.1.1 结构的滑动失稳

图 2(b)中结构不产生滑动失稳的条件为

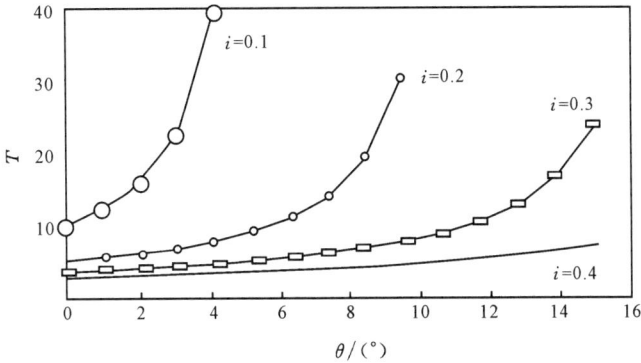

图 4　T 与 i 及 θ 的关系

Fig. 4　The relation among T,i and θ

$$T \sin(\varphi \pm \alpha) - R \cos(\varphi \pm \alpha) \geqslant 0 \tag{7}$$

式中：R 为剪切力；φ 为岩块相互间的摩擦角，一般 $\tan \varphi = 0.3^{[4]}$；α 为断裂面与铅直面的夹角，当断裂面的外法线方向指向采空区时，取正，反之取负。令 $\alpha = 0$，并将 R,T 代入式 (7) 得

$$i \leqslant \tan \varphi + \sin \theta \tag{8}$$

式 (8) 即为结构不产生滑动失稳的条件。一般地，$\theta = 3°$ 左右[4]，$\tan \varphi = 0.3$，则 $i \leqslant 0.35$。即断裂岩块的长度要大于厚度的 2.85 倍，结构才不会产生滑动失稳。

3.1.2　结构的回转失稳

随着 A、B 岩块向上回转，T 值将越来越大，其结果将可能导致转角处岩块被挤碎而失稳，即产生回转变形失稳。因此，不产生回转变形失稳的条件为 $\sigma_p \geqslant T/d$，σ_p 为岩块允许的挤压强度。令 $\sigma_p = \bar{k}\sigma_c$，$\bar{k}$ 为挤压强度与抗压强度的比值，σ_c 为岩块的抗压强度。将 T,d 代入得

$$i \geqslant \sqrt{\frac{2q}{k\sigma_c}} + \sin \theta \tag{9}$$

式 (9) 即为结构不产生回转变形失稳的条件。

因此底板关键层形成稳定的反三铰拱结构的条件即 S-R 稳定条件为：

$$\sqrt{\frac{2q}{k\sigma_c}} + \sin \theta \leqslant i \leqslant \tan \varphi + \sin \theta \tag{10}$$

3.2　弧三角的稳定性

根据文献[3]，图 2(a) 中的弧三角 C 岩块与 A、B 等岩块是空间咬合，只有在某一特定条件下才能取得平衡，在一般情况下它极难与 A、B 等岩块形成稳定结构。

尽管对关键层破断后可否形成稳定的结构作了定量分析，但是由于板破坏时的角隅效应，岩体参数的选择等因素的影响，其稳定性分析事实上还停留在定性上。对其进行分析只是为了更加清晰地解释一些突水现象与规律。因此，目前关键层的破断准则即可视为突水准则。

4 KS 结构模型的应用

4.1 突水实例计算

表 1 是利用 KS 结构模型对焦作矿区一些无断层构造条件下的底板突水实例的计算结果。可见利用式(2)或式(3)计算,其结果主要取决于对 σ_s 的测定,而利用式(4)或式(5)计算,则不仅可以避开对 σ_s 的测定,而且可以取得更加令人信服的结果。说明利用 KS 结构模型分析无断层构造条件下的底板突水机理是成功的。

4.2 对某些突水现象的再认识

4.2.1 底板突水与底鼓

已往突水理论[5]认为底板突水的前兆——底鼓是由于承压水先沿构造裂隙进入采空区底板浅部的离层裂隙,在水压、矿压甚至地应力的共同作用下,塑性较强的岩层产生底鼓,然后于适合的通道突破形成突水。而事实上,既然采空区浅部为采动导水裂隙带,且岩石材料多为塑性差的脆性材料,因此它不可能在采空区底板浅部形成离层区域使浅部岩层产生 0.2~0.6 m 这样大的底鼓(遇水膨胀岩层除外)。用 KS 结构模型分析知,在断层构造条件下,底鼓是由于断层两盘的关键层在水压作用下产生上挠而形成的[1]。在没有断层构造条件下,底鼓是由于关键层在产生 O-X 形破坏后形成图 2(b)所示的反三铰拱结构的缘故,且其在最大控顶距 L 处的底鼓量为 $L\sin\theta$。若取 $L=5$ m,$\theta=4°$,则底鼓量为 0.35 m,与实际情况是比较吻合的。这说明 KS 模型可用来分析底板突水时底鼓的形成机制。

表 1 计算实例

Table 1 Calculation for engineering examples

序号	工作面名称	工作面已知参数					按式(2)或式(3)取 $\sigma_s=2.5$ MPa a/m	按式(4)或式(5) a/m	实际 a/m
		b/m	q_w/MPa	q_t/MPa	q_r/MPa	h/m			
1	12031	110	1.00	0.667	0.125	2.9	22.6		23
2	12031	100	0.92	0.592	0.125	2.9	23.3	23.7	24
3	12031	45	0.82	0.592	0.125	2.9	55.6	55.5	36
4	12011	70	1.10	0.592	0.125	6.0	43.8		40
5	12011	70	1.03	0.592	0.125	6.0	46.3	46.0	43
6	1281	80	1.18	0.467	0.125	6.0	30.8		32
7	12121	85	1.30	0.475	0.125	6.0	27.4	30.1	31
8	12021	130	1.50	0.592	0.125	6.0	23.8		21
9	11051	113	1.50	0.542	0.125	6.0	23.5	20.7	23

注:1 与 2,3,4 与 5,6 与 7,6 与 9 号工作面情况类似。

4.2.2 突水点沿工作面的分布

突水事例统计表明,采场底板突水呈现在工作面中部单位长度上机率最小、上出口次之、下出口最大的特点。由底板关键层破断后的平衡条件分析可知,上、下两端是采场底板突水的最危险点。从关键层的 O-X 形破坏特点看,由于 O 形裂缝均是下表面张开,X 形裂缝均是上表面张开,只有在 O 形裂缝与 X 形裂缝的交点才是突变点,因此从 O-X 形破坏来看也说明了工作面上、下两端是突水最危险点。事实上突水的相似材料模拟试验也证明了上面的分析[3]。又由于缓倾斜煤层中,下出口处水压比上出口处水压大 $b\sin\varphi$ 个水柱(φ 为煤层倾角),因此下出口处比上出口处突水概率更大。这就解释了底板突水点的分布特点。

5 结 论

(1) 利用 KS 结构模型分析无断层构造条件下的底板突水机理,解释突水现象可以取得令人满意的效果。

(2) KS 结构在水压等作用下产生 O-X 形破坏,破坏后中部岩块在一定条件下可以形成反三铰拱式平衡,上、下两端弧三角则极难与其他岩块咬合形成稳定的平衡结构。

参 考 文 献

[1] 黎良杰,钱鸣高,等.断层突水机理分析.煤炭学报,1996,21(2):119~123.
[2] 徐秉业,刘信声.结构塑性极限分析.北京:中国建筑工业出版社,1985.
[3] 黎良杰.采场底板突水机理的研究[博士学位论文].徐州:中国矿业大学,1995.
[4] 钱鸣高,等.砌体梁结构的关键块体分析.煤炭学报,1994,19(6):557~563.
[5] 沈光寒,李白英,等.矿井特殊开采的理论与实践.北京:煤炭工业出版社,1992.

Stability of KS Structure and Mechanism of Water-inrush From Floor

Li Liangjie[1] *Yin Youquan*[2] *Qian Minggao*[3]

([1] China Aviation Industry Institute of Geotechnical Investigation & Surveying & Design, Beijing 100086)

([2] Peking University, Beijing 100871)

([3] China University of Mine and Technology, Xuzhou 221008)

Abstract:Based on tile structural characteristics of floor in the longwall face, the structural model of the key stratum (KS) in floor is established. The mechanism for the water-inrush from floor is analysed by the KS-model, and good results are achieved.

Keywords:key stratum; stability; water-inrush from floor

采场底板突水相似材料模拟研究①

黎良杰　　　　　　　钱鸣高　　　　　　　殷有泉

（北京大学　100871）　　（中国矿业大学　221008）　　（北京大学　100871）

摘　要： 利用相似材料模拟试验模拟了采场底板突水机理。实验表明,在无断层构造条件下,底板在承压水作用下呈"O-X"形破坏,并且在 O 与 X 的交点处最容易产生突水通道;在有断层构造条件下,断层突水的实质是在承压水作用下断层两盘的关键层向上产生相对位移差。断层越产生最大位移差越容易突水,且突水的同时伴随着断层带充填物冲刷。

关键词： 模拟试验底板;突水;断层;煤矿;充填物;材料模拟

1　引　言

由于采场底板突水问题的特殊性,人们不可能在现场观察到底板突水时的破坏过程,本文采用相似材料模型法来研究采场底板突水机理。

相似材料模型法的实质就是用与原型物理力学性质相似的材料按几何相似常数缩制成模型,在模型中开挖各类工程,观测模型在开挖过程中发生的一系列现象,以研究工程围岩的变形、破坏、塌落和突水等问题,从而得出问题的本质或机理。煤炭科学研究总院北京开采所刘天泉、张金才采用平面应力模型,利用弹簧模拟水压,模拟了煤层及其顶、底板的应力、位移变化情况[1]。山东矿业学院特殊开采所、中国矿业大学等也曾经做过类似的工作,并得到了基本一致的结论。但是这些模型试验基本上是采用平面应力模型,不仅边界条件很难满足,而且在模拟水压时,既不能完全反映承压特点,也不能反映水的渗透冲刷性能。因此,本文的相似材料模型法采用了定性立体模型和平面应力模型,而且含水层的水压力仍然用水来模拟。

2　相似理论基础

不管是平面应力模型,还是立体模型,都必须满足几何、物理力学性质、时间相似以及边界条件和开采过程相似。

2.1　几何相似

对二维或三维相似材料模型,各个方向都必须按如下相似常数比例制作,即满足：

---

①　本文发表于《煤田地质与勘探》,1997 年第 1 期,第 33～36 页。

长度相似 $\qquad \alpha_1 = l_p / l_m$ $\qquad$ (1)

面积相似 $\qquad \alpha_A = l_p^2 / l_m^2$ $\qquad$ (2)

体积相似 $\qquad \alpha_V = l_p^3 / l_m^3$ $\qquad$ (3)

其中，α_1、α_A、α_V 分别为长度、面积和体积相似常数；下角号 m 和 p 分别表示模型和原型。

2.2 物理力学性质相似

在弹性范围内，原型与模型都应当满足平衡微分方程，在考虑自重作用时，可推出满足方程的相似指标为：

$$\frac{\alpha_\sigma}{\alpha_1 \, \alpha_\gamma} = 1 \qquad (4)$$

其中 α_γ——重力密度相似常数，$\alpha_\gamma = \gamma_p / \gamma_m$；

α_σ——强度相似常数，$\alpha_\sigma = \sigma_p / \sigma_m$。

另外，物理力学性质还要求满足弹性模量相似，即常数 $\alpha_\varepsilon = E_p / E_m$ 和变形相似，即常数 $\alpha_\varepsilon = \varepsilon_p / \varepsilon_m$。

严格地讲，对于破坏过程应当使模型材料与原型材料的强度曲线相似，但是这一要求往往很难完全满足。事实上，在底板突水机理的定性模拟中也没有必要，因此可利用将莫尔圆包络线看做直线的简化方法，即满足：

$$\alpha_{\sigma l} = (\sigma_l)_p / (\sigma_l)_m \qquad (5)$$

$$\alpha_{\sigma t} = (\sigma_t)_p / (\sigma_t)_m \qquad (6)$$

$$\alpha_C = C_p / C_m \qquad (7)$$

$$\alpha_\varphi = \varphi_p / \varphi_m \qquad (8)$$

式中 $\alpha_{\sigma l}$——抗压强度相似常数；

$\alpha_{\sigma t}$——抗拉强度相似常数；

α_C——黏聚强度相似常数；

α_φ——内摩擦角相似常数。

另外，破坏过程涉及运动学，严格地说还应满足牛顿第二定律，但是本文只考察破坏形式和结果，因此对运动过程相似不作考虑。

2.3 时间相似

由 $\alpha_p = \alpha_m = g$，有 $\dfrac{l_p}{l_m} \cdot \dfrac{t_m^2}{t_p^2} = 1$，所以时间相似常数为：

$$\alpha_t = \frac{t_m}{t_p} = \sqrt{\alpha_1} \qquad (9)$$

式中 α_p——原型重力加速度，m/s^2；

α_m——模型重力加速度，m/s^2；

g——重力加速度，m/s^2；

α_t——时间相似常数；

t_m——模型上进尺单位长度所需时间；

t_p——原型上进尺单位长度所需时间。

2.4 边界条件和开采过程相似

模型的边界条件和开采过程与原型应尽量一致。

3 无断层条件下底板突水模拟研究

3.1 模型总体设计及相似材料选择

本模型模拟的目的是要弄清楚在没有断层构造条件下底板在承压水作用下的破坏形式及破坏后的结构特征和最容易突水的位置。根据文献[2]，主要模拟在底板突水中起关键作用的关键层的破坏形式。因此特别设计了一个长方体(1.3 m× 0.4 m×0.2 m)的模拟架，总体模型设计如图1所示。

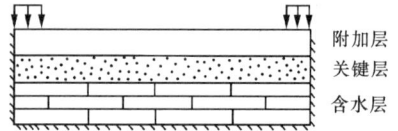

图 1　模型的总体设计

模型采用的几何相似常数为 $\alpha_l = 100$，重力密度相似常数为 $\alpha_\gamma = 1.54$，泊松比、内摩擦角相似常数均为1，时间相似常数 $\alpha_t = 10$。相似材料选用砂子、碳酸钙及石膏，以硼砂作缓凝剂，其配比如表1。

表 1　相似材料的配比及物理力学参数

序号	岩层	厚度 /cm	配比 号	重力密度 /(N/cm³)	σ_C /kPa	σ_t /kPa	σ_t/σ_C
model 7、8	附加层	4	655	15	121	16	1/7.6
	关键层	4	337	15	283	56	1/5.05
	含水层	10					

注：含水层由石子和水组成。

3.2 实验结果及分析

当水压增加到一定大小时，首先可以看到从模型表面中央沿长边方向出现微裂缝。事实上，从老顶板模型来看，模型应当首先在下表面沿长边边界方向出现微裂缝[图2(a)]，然后沿短边方向出现微裂缝[图2(b)]，接着再沿长边中央方向出现微裂缝[图2(c)]，只是由于模型的上表面在四周边界处是受挤压的，下表面受张拉情况无法观察到，以致于在模型上看到的是先在其中央长边方向出现裂缝。最后中央方向裂缝与四周裂缝贯通，即形成所谓的"O-X"形破坏，如图2(d)所示(上述裂缝发展和本文中的全部实验结果均有彩色照片显示，见参考文献[3])，并且很快在X与O的交点处形成突水通道。此时沿长边的两个板块与周边仍可形成如图3所示的反三铰拱式"S-R"平衡结构[2]。只有当水压进一步加大时，才会破坏它的稳定性，从周边产生突水。最容易产生突水的突水点位于O与X的交点，这主要是因为在X形裂缝中都是下表面相互咬合，而在O形裂缝中都是上表面相互咬合，只有在O与X形裂缝的交点处上、下表面都不咬合，因此，这一位置最容易产生底板突水。文献[2]的理论分析也证实了这一点。对应于工作面就是上、下出口处最容易突水，尤其是下出口，因为靠工作面上、下出口附近，一般直接顶板还未垮落，其底板关键层上的反向荷载比采空区小，而下出口标高一般较低，其水压比上出口大，中部岩梁则可能形成反三铰拱式"S-R"平衡结构[2]。这就从实验上解释了工作面下出口处突水概率最大,上出口次之,中部最小的现象。

另外,从底板岩层的"O-X"形破坏特点证明,尽管在底板关键层上加铺了附加岩层,但破坏仍取决于底板关键层,仍然是"O-X"形破坏,这就从实验上证明了底板突水的关键层(KS)理论[2-4]是正确的。

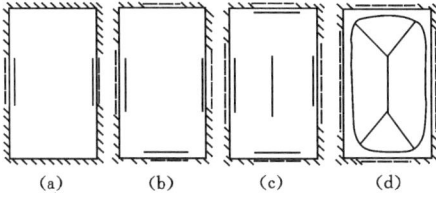

图 2　底板的破坏形式

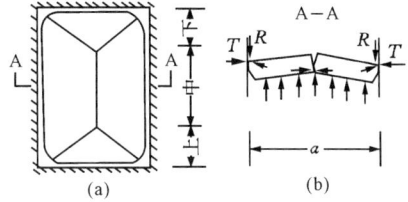

图 3　关键层形成的反三铰拱结构

a——关键层的破断跨距;T——水平挤压力;

R——剪切力

4　断层构造条件下底板突水的模拟研究

4.1　模型总体设计及相似材料选择

本模型模拟的目的是要弄清楚断层突水的实质及其影响断层突水的主要因素。根据文献[4],对断层突水的模拟,可以简化为对断层两盘关键层闭合、张开(活化)情况及其随工作面推进方向、推进位置关系的模拟。考虑到支承压力对底板的破坏作用,在模拟关键层的破坏时,在其上加铺一层附加较软岩层,模型采用平面应力模型,其总体设计如图 4。

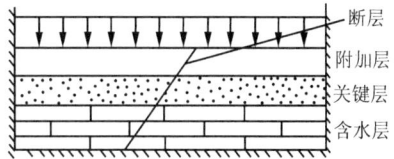

图 4　断层突水模型的总体设计

该模型采用的几何相似常数为 $\alpha_l=100$,重力密度相似常数为 $\alpha_\gamma=1.54$,泊松比、内摩擦角相似常数均为 1,时间相似常数为 $\alpha_t=10$。相似材料选用砂子、碳酸钙及石膏,其配比如表 2。

表 2　相似材料的配比及其物理力学参数

序号	岩层名称	配比号	重力密度/(N/cm³)	σ_C/kPa	σ_t/kPa	σ_f/kPa	σ_t/σ_C	σ_f/σ_C
Model 1、2	附加层	655	15	121	16	42	1/7.6	1/2.9
	关键层	537	15	197	30	75	1/6.6	1/2.6
Model 3~6	附加层	673	15	78	11	32	1/7.1	1/2.4
	关键层	537	15	197	30	75	1/6.6	1/2.6
含水层								

注:含水层由砂和石子组成。

4.2　实验结果及分析

模型 1、2、3 设计如图 5,主要考察断层倾向相对于推进方向不同的突水难易程度及其本质。实验结果表明,当断层倾向向左,而工作面从左往右推进,且左边长度较小时,其突水的可能性小于工作面从右向左推进的情况,即与文献[4]中分析的张开型断层比闭合型断层更容易产生突水的结论完全一致。对于某一具体矿区范围,由于其地质构造运动经历基本相同,因此其断层的倾向也具有一定的规律性,这就为特定条件下工作面开切眼的布置提供了理论依据。对于断层突水的实质。实验结果表明,随着工作面的不断推进,由于断层两边板块的长度不同,断层两盘

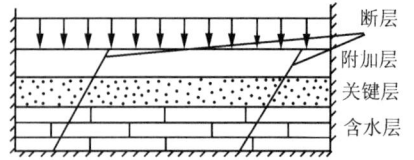

图 5   断层突水机理模型总体设计

向上位移就不一致。当两盘相对位移差达到一定大小时,承压水即通过断层带突出,并且在突水的过程中伴有断层带充填物的冲刷,这与文献[4]的理论分析也是完全一致的。

对 Model 4~Model 6 考察了断层张开程度 K 距工作面煤壁 L_1 和距老塘煤柱 L_2 距离的关系,实验结果见表 3。

从表 3 可以看出,断层两盘关键层越容易产生相对位移时,断层就越容易突水,即张开型断层两盘长度相差越大,越容易突水。

表 3   突水时断层两盘岩梁最大向上位移

序号	距煤壁距离 L_1/cm	距煤柱距离 L_2/cm	靠煤壁岩梁最大位移 δ_1/mm	靠煤柱岩梁最大位移 δ_2/mm
Model 4	30	24	63	41
Model 5	32	22	24	5
Model 6	27	27	70.5	70.5

注:Model 6 突水与其他模型不同,Model 6 是从岩梁的两侧冒水而不是从断层带冒水,这主要是由两侧密封所给的位移量大小所决定。

5   结   论

(1) 在没有断层构造条件下,承压水的作用使底板呈"O-X"形破坏,并且在 O 与 X 的交点处最容易产生突水通道,即对应于工作面上、下出口处最容易产生突水通道。

(2) 断层突水的实质是断层在承压水作用下断层两盘关键层向上产生张开位移,而且当断层越容易产生最大张开量时,越容易发生突水事故。在突水的同时一般伴有断层带充填物的冲刷。

(3) 断层突水与否与工作面布置及推进方向有关,张开型断层比闭合型断层更容易产生底板突水。

(4) 底板突水机理的相似材料模拟研究结果,证明了文献[2][3][4]分析底板突水的关键层(KS)理论体系是正确的。

参 考 文 献

[1]   张金才,刘天泉.论煤层底板采动裂隙带的深度及分布特征.煤炭学报,1990,15(2).

[2]   黎良杰,钱鸣高.底板岩体结构稳定性与底板突水关系的研究.中国矿业大学学报,1995,24(4):18~23.

[3]   黎良杰.采场底板突水机理的研究[博士学位论文],中国矿业大学,1995.

[4]   黎良杰,钱鸣高.断层突水的力学分析.煤炭学报(待刊).

Research on the Tests of Water-inrush
From Floor Simulated by Similar Materials

Li Liangjie   Yin Youquan   *Qian Minggao*

(Peking University)   (China University of Mining & Technology)

Abstract：The mechanism of water-inrush from coal floor in longwall face is simulated by the similar material tests. The results show that the O-X type failure will occur in the floor without fault hut under the water-pressure of the confined aquifer，and the passage of water-inrush will be most easily formed at the point of intersection of "O" and "X" The reason for water-inrush through fault is that the difference of upward relative displacements happens at the key strata of two sides of fault under the confined water pressure ，and the more easily the most difference of displacement！ occurs ，the more easily the accident of water-inrush happens，and the fill in the fault zone is eroded by the confined water while the fault of water-inrush occurs.

Keywords：simulation tests；flour；inrush；fault

底板岩体结构稳定性与底板突水关系的研究[①]

黎良杰　钱鸣高　闻　全　孟益平

（中国矿业大学 采矿系　徐州　221008）

摘　要：把煤层底板至含水层之间承载能力最大的一层岩层看做底板关键层，从而将采场底板突水研究转化为对底板关键层破断机制的研究。将关键层看做受水压等均布载荷作用的弹性薄板，得出了其极限破断跨距公式，提出了利用已知突水事故资料反演预测岩体强度的方法，提高了理论计算精度。分析了底板关键层破断后的块体平衡条件，解释了突水点的分布特点和突水时产生的底鼓现象。

关键词：关键层；底板突水；破断跨距

众所周知，开采将在煤层底板中形成一定深度的破坏带，我们将底板破坏带以下、含水层以上承载能力最大的一层岩层，称为底板关键层（key stratum），用力学公式表示即为：

$$M_{ks} > M_i \tag{1}$$

式中，M_{ks} 为底板关键层的极限抗弯弯矩；M_i 为除关键层以外的其他各底板岩层的极限抗弯弯矩。

因此，在无断层构造的条件下，采场底板突水就取决于关键层的破断及破断后能否取得平衡。在我国，工作面长度一般为 80～120 m，底板突水多发生在初次来压期间，工作面距开切眼 20～40 m 处，而底板关键层厚度一般为 2～6 m，显然底板关键层满足薄板的基本条件。这样，在初次来压期间，在无断层构造的条件下，底板关键层便可视作均布载荷下四周固支的弹性矩形薄板（图 1），从而将采场底板突水问题转化为关键层板模型的破坏及破坏后的平衡问题。

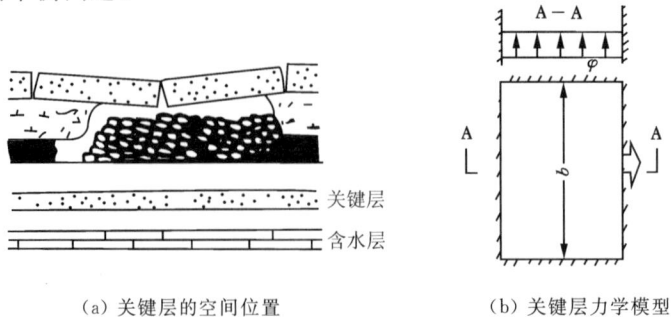

（a）关键层的空间位置　　　　　　　（b）关键层力学模型

图 1　底板关键层力学模型

---

① 本文发表于《中国矿业大学学报》，1995 年第 4 期，第 18～23 页。

1　底板关键层的破断分析

1.1　正演分析

在无断层构造的条件下,工作面初次来压期间的突水问题,实质上就是底板关键层——板的破坏问题。均布载荷下四周固支的弹性矩形薄板早已有了精确解,但是精确解对采矿应用而言不仅十分复杂,而且更为重要的是板的弯矩是一个隐函数,因此本文采用 J. Marcus 的工程简算法。根据文献[1],底板关键层的破断跨距 a 可以表示为

$$a = h \sqrt{\frac{2\sigma_s}{q}} \cdot \sqrt{\frac{1}{12 f(\lambda)}} \tag{2}$$

式中,$f(\lambda)$ 为板的最大主弯矩系数;σ_s 为关键层的极限抗拉强度,MPa;h 为关键层的厚度,m;q 为作用在关键层上的均布载荷,$q = q_w - q_H - q_0$,其中,q_w 为含水层水压,q_H 为隔水层载荷集度,q_0 为冒落直接顶载荷集度,MPa。

若令 $l = h\sqrt{2\sigma_s}$,$W(\lambda) = \sqrt{\frac{1}{12 f(\lambda)}}$,$Q = \sqrt{\frac{1}{q_w - q_H - q_0}}$,则

$$a = l \cdot Q \cdot W(\lambda) \tag{3}$$

式中,l 为单位载荷下关键层的破断跨距准数;$W(\lambda)$ 为边界—面长影响系数;Q 为准数 l 的无量纲修正系数。

于是,根据文献[1],用跨距准数 l 及其修正系数 Q 表示的底板关键层的极限破断跨距 a 为:

当工作面长度 $b \geq \sqrt{2(\sqrt{2}-\mu)}\, Ql$ 时,有

$$a = Qlb \sqrt{\frac{(2\mu^2+1)b^2 - 2\mu Q^2 b^2 - \sqrt{b^4 + 4\mu b^2 Q^2 l^2 - 4Q^4 l^4}}{(\mu^2 b^2 - Q^2 l^2)(\mu b^2 - 2Q^2 l^2 + \sqrt{b^4 + 4\mu b^2 Q^2 l^2 - 4Q^4 l^4})}}; \tag{4}$$

当 $b < \sqrt{2(\sqrt{2}-\mu)}\, Ql$ 时,有

$$a = b \sqrt{\frac{-\mu b^2 + \sqrt{\mu^2 b^4 + 4b^2 Q^2 l^2 - 4Q^4 l^4}}{2(b^2 - l^2 Q^2)}} \tag{5}$$

式(4)、(5)即为底板关键层在水压等作用下的极限破断跨距公式(式中 μ 为泊松比)。

1.2　反演预测

由于破断跨距准数 l 中岩体的抗拉强度 σ_s 很难测定,因此直接用式(4)或(5)预测工作面底板关键层在水压等作用下的破断跨距,事实上是比较困难的。但是,在同一矿区或类似条件下,如同一煤层的相邻工作面,其底板关键层厚度一般是基本稳定的。当然,隔水层厚度有时有些微小出入,冒落带高度会因采高等的变化而变化,含水层水压也会因季节不同、工作面标高不同或者相邻工作面曾经突水与否而不同。但是即使如此,这些因素也还是比较容易通过钻孔、水文网的监测和开采时的具体情况等确定的。因此,充分利用已知的突水事故资料确定底板关键层的抗拉强度 σ_s,进而预测相邻或同类条件工作面的突水情况特别有意义。

如果将发生过突水的工作面称为事故面,那么,在同类条件下,由预测面和已知事故面底板关键层的破断跨距相等,可得预测面的破断跨距为

$$a = a_0 \frac{Q}{Q_0} \frac{W(\lambda)}{W_0(\lambda_0)} \qquad (6)$$

式中，a_0，Q_0 和 $W_0(\lambda_0)$ 分别为事故面已知的破断跨距、边界—面长影响系数和准数的无量纲修正系数。

显然，反演不仅解决了 σ_s 的确定问题，而且使计算结果更加可信。

1.3 计算实例

表1是利用正、反演方法对焦作矿区无断层构造条件下在初次来压期间发生的底板突水实例的计算结果。

表 1 部分突水事故实例计算

序号	工作面名称	工作面参数					a/m				备注
		b/m	q_w/MPa	q_H/MPa	q_0/MPa	h/m	正演计算		反演预测	实际	
							$\sigma_s=5$ MPa	$\sigma_s=6$ MPa			
1	12031	110	1.00	0.667	0.125	2.9	20.9	22.0		23	突水事故 1、2 和 3 条件类似；4、5、6 和 7 条件类似；8 和 9 条件类似
2	12031	100	0.92	0.592	0.125	2.9	20.4	22.3	23.3	24	
3	12031	45	0.82	0.592	0.125	2.9	36.0	39.1	40.0	36	
4	12011	70	1.10	0.592	0.125	6.0	30.7	33.6		40	
5	12011	70	1.03	0.592	0.125	6.0	33.9	37.2	44.2	43	
6	1281	80	1.18	0.467	0.125	6.0	24.9	27.3	32.4	32	
7	12121	85	1.30	0.475	0.125	6.0	22.5	25.7	29.4	31	
8	11021	130	1.50	0.592	0.125	6.0	21.5	23.5		21	
9	11051	113	1.50	0.542	0.125	6.0	20.7	22.7	20.4	23	

从表1可见，正演计算的准确性取决于关键层极限抗拉强度 σ_s 的确定，只要 σ_s 确定准确，就可使计算结果很接近实际情况；反演预测则不仅可以避开对 σ_s 的测定，而且能获得满意的结果。由此说明，利用底板关键层结构模型分析无断层构造的底板突水问题是可行的。

2 底板关键层破断后的平衡

当底板关键层达到极限（破断）跨距后，随工作面继续推进，只要老顶的极限破断步距大于底板关键层的极限破断跨距，关键层将发生断裂，如图2所示。

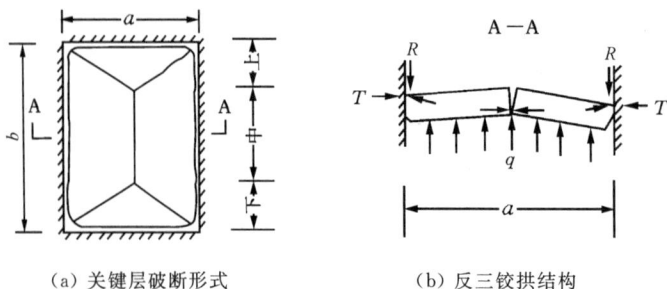

（a）关键层破断形式　　　　（b）反三铰拱结构

图 2 关键层破断型式主反拱结构

　　显然,根据关键层的 X 形破断特点,可以将工作面分为上、中、下三个区。上、下两区呈圆弧形破断,岩块间为空间咬合关系。而对于工作面中部,则可能形成如图 2(b)所示的反三铰拱式平衡结构。因此,并不是底板关键层一断裂就产生底板突水,它还取决于破断块体之间的咬合与平衡关系。

2.1　反三铰拱的平衡条件

2.1.1　结构的滑落失稳

　　由于反三铰拱的平衡原理与三铰拱是一致的,因此根据文献[2],并考虑关键层的孔隙水压力,则结构产生滑落失稳的条件为

$$T\sin(\varphi\pm\theta)-R\cos(\varphi\pm\theta)\geqslant dp\sin\varphi \tag{7}$$

式中,T 为水平推力;R 为剪切力;p 为关键层的孔隙水压力;φ 为岩块间的摩擦角;θ 为断裂面与铅直面的夹角,当断裂面外法线方向指向采空区时,取正,反之取负;d 为岩块间接触面长度。

　　若孔隙水压力 p 可以忽略不计,则上式变为

$$R/T\leqslant\tan(\varphi\pm\theta) \tag{8}$$

　　显然,当上式取"−"号,且 $\theta\geqslant\varphi$ 时,则不论水平推力 T 有多大,都不能取得平衡。一般情况下 $\tan\varphi=0.8\sim1$,即 $\varphi=38°\sim45°$。因此,当节理面与层面交角小于 45°∼52° 时,都将发生岩块的滑落失稳。并且,研究表明[3],包括砂岩在内的某些深厚地层和快速沉积层等地带都会造成高孔隙水压力,因此当 $dp\sin\varphi$ 不能忽略时,即使节理面与层面的交角大于 45°∼52°,也可能产生滑落失稳。当 θ 取正时,岩块的平衡显然比上述情况要好得多。

2.1.2　结构的变形失稳

　　断裂后的关键层岩块在水压等作用下的上翘与老顶岩块在自重和上位载荷作用下回转的力学分析是一致的,因此根据文献[2],结构变形失稳的条件为

$$\Delta\geqslant h\left(1-\sqrt{\frac{1}{3n\bar{k}k}}\right) \tag{9}$$

式中,$n=\sigma_c/\sigma_s$,σ_c 为关键层的抗压强度;$\bar{k}=\sigma_p/\sigma_c$,$\sigma_p$ 为岩块间的挤压强度;Δ 为岩块咬合处的上挠量;k 为根据梁固支或简支等状态而定的系数,一般为 1/2∼1/3。

　　因此,底板关键层破断后,只要满足一定的条件,工作面中部仍然可能形成反三铰拱式平衡结构。

2.2　弧三角形板块的稳定性分析

　　为简化起见,将图 2(a)简化成图 3(a),并取图 3(b)所示直角坐标系。作用在(弧)三角板块 C 上除载荷 q 外,还有相邻岩块对它的挤压力 T_1,T_2,T_3[见图 3(b)]以及岩块间阻止滑动与回转的摩擦力。根据对称性,假设各挤压力和摩擦力的合力点均在断裂线的中点,则有 $T_1\perp Oyz$ 平面,$T_2\perp OMQ$ 平面,$T_3\perp PQN$ 平面,其产生的摩擦力则分别垂直于 Oxy,A 和 B 平面,并且 $T_2=T_3$。故根据空间解析几何与空间力系的平衡,由 $\sum F_x=0$ 得

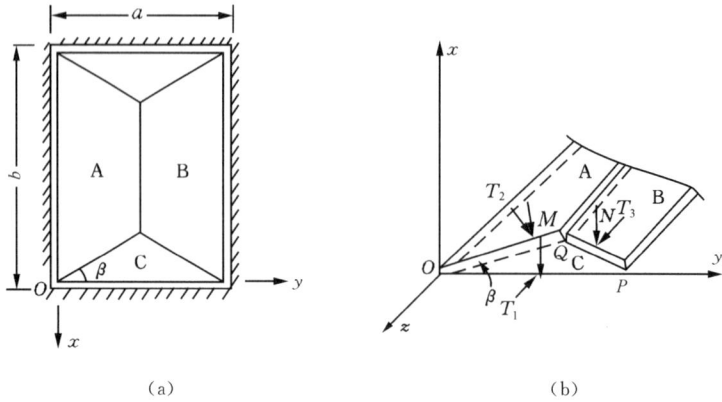

(a)   (b)

图 3   弧三角形板的稳定性分析

$$T_1 - 2T_2 \cos \beta - \frac{1}{4} q a^2 \tan \beta \sin \gamma = 0 \tag{10}$$

式中，γ 为 C 岩块与 Oxy 平面的夹角；T_1 为工作面下部边界与 C 岩块间的（水平）挤压力；T_2，T_3 分别为 A、B 岩块与 C 岩块间的挤压力。

由 $\sum F_y = 0$，得

$$T_2 = T_3$$

由 $\sum F_x = 0$，得（a 为 A、B 岩块与水平面 Oxy 的夹角）

$$T_1 + 2(\cos \alpha - \sin \alpha \sin \beta \cot \varphi) T_2 - \frac{1}{4} q a^2 \tan \beta \cot \varphi \cos \gamma = 0 \tag{11}$$

由 $\sum M_x(F) = 0$，得

$$T_1 \tan \varphi + 2 T_2 \tan \varphi \cos \alpha - 4 T_2 \sin \alpha \sin \beta - \frac{1}{4} q a^2 \tan \beta \cos \alpha \cos \gamma -$$

$$\frac{1}{12} q a^2 \operatorname{tg}^2 \beta \sin^2 \gamma = 0 \tag{12}$$

由 $\sum M_y(F) = 0$，得

$$T_2 = \frac{1}{12} q a^2 \tan \beta \sin \beta \cos \alpha (\tan \varphi \cos \alpha \sin \beta - \sin \alpha) \tag{13}$$

此外，由对称性可知 $\sum M_x(F) = 0$ 应当自动满足。又由于 C 岩块与水平面 Oxy 的夹角 γ 取决于 A、B 岩块与水平面 Oxy 的夹角 α 和 C 岩块的破断角 β［图 3(a)］，并且 α、β 均小于 $90°$，因此由式(10)～式(13)决定的 T_1，T_2，α 和 β 最多有一组解。即 C 岩块至多在满足式(10)～式(13)的特殊条件下能与 A、B 岩块咬合形成稳定结构，而在一般情况下它是极难与 A、B 等岩块咬合形成稳定结构的。

因此，从底板关键层的破断型式及破断后的平衡条件分析可知，采场上、下两端是底板突水的最危险点。又由于工作面下出口处水压比上出口处水压高 $0.01 b \sin \psi$ MPa（ψ 为煤层倾角），若取 $b = 100$ m，$\psi = 5° \sim 25°$（即缓倾斜煤层），则工作面上、下两端水压相差 $0.09 \sim 0.42$ MPa，因此下出口比上出口更易发生底板突水。这就从理论上解释了采场底板突水的分布特点——工作面中部单位长度上突水的概率最小，上出口次之，下出口最大。

若设工作面控顶距为 L,则在 L 处的底鼓量 u_L 为

$$u_L = \frac{2L}{a}h\left(1 - \sqrt{\frac{1}{3nk\bar{k}}}\right) \tag{14}$$

取 $h=3$ m,$k=1/3$,$n=10$,$\bar{k}=1$,$a=30$ m,$L=4$ m,则 $u_L=0.55$ m。这与许多工作面在突水时都伴随有 0.5 m 左右的底鼓量吻合。

尽管对工作面底板岩体结构的平衡已有一个定量的概念,但是由于板破坏时的角隅效应及岩体参数确定等诸多因素的影响,因此在目前阶段,可将关键层的极限破断跨距或破断准则视为工作面的突水准则。

3 结 论

(1) 将煤层底板至含水层之间承载能力最大的一层岩层看做底板关键层,将其视为弹性薄板分析无断层构造条件下的底板突水规律可以取得令人满意的结果。

(2) 底板关键层破断后工作面中部反三铰拱的形成及上、下两端弧三角形结构的难以平衡,解释了突水点的分布特点和突水时伴随的底鼓现象。

参 考 文 献

[1] 黎良杰.采场底板突水机理的研究[学位论文].徐州:中国矿业大学采矿系,1995.
[2] 钱鸣高,刘听成.矿山压力及其控制.北京:煤炭工业出版社,1991.
[3] 毛昶熙.渗流计算分析与控制.北京:水利电力出版社,1990.

Relationship Between the Stability of Floor Structure and Water-inrush From Floor

Li Liangjie   Qian Minggao   Wen Quan   Meng Yiping

(Department of Mining Engineering, CUMT)

Abstract: In this paper the stratum with the most bearing capacity among strata from coal seam to aquifer is regarded as a key stratum in floor. Therefore, the study of water-inrush from mining floor is transformed into one of the fracture law of the key stratum. And the key stratum is considered to be an elastic thin plate under the uniform loads of water pressure etc, and its limiting fracture span is obtained. The way to predict the strength of rock mass from the known information of water-inrush accidents is put forward, which makes the calculating precision get improvement. Finally, the equilibrium conditions of the rock blocks formed for the fracture of the key stratum are analysed, and the distributed characteristic of water-inrush position and the phenomenon of floor heave accompanying water-inrush are explained.

Keywords: key stratum, water inrush from floor, fracture span

Strata Control and Sustainable Coal Mining

第四编

岩层控制的关键层理论及其应用

岩层控制中的关键层理论研究[①]

钱鸣高　缪协兴　许家林

（中国矿业大学）

摘　要：首次提出采场上覆岩层活动中的关键层理论,建立了关键层的判别准则,深入研究了在关键层作用下岩层的变形、离层和断裂规律,根据关键层作用特性描述了采场上覆岩层活动中的整体结构形态。关键层理论的建立为岩层移动和采场矿压研究提供了统一的思想和方法。

关键词：关键层；岩层移动；采场矿压；岩体结构

在岩层控制(strata control)方面,经过几十年的研究,已逐步形成了独立的学科分支。从层状矿体开采来讲,岩层控制主要包括 3 个方面：① 采场上覆岩层结构形态及其对"支架—围岩"的影响；② 开采引起岩体的裂隙和离层分布状态及其对水和瓦斯流动的影响；③ 岩层移动规律和地表沉陷对建筑物的影响。由于这 3 个方面研究对象的一致性(均为采场上覆岩层),因而有其共性。但又由于其研究目标不同,包括研究手段和方法等都存在着差异,如采场矿山压力大部分是从力学的机理上进行研究的,而岩层移动大多偏重于根据测量数据,用数学统计方法描述地表沉陷,因而一直未能建立相互联系的力学模型。鉴于此,常常不能对一些关键的矿山压力显现、岩层移动及开采后上覆岩层的离层现象作出统一的相互关联的解释,尤其是对开采时各岩层破断的动态过程更是难以作出统一的描述。

事实上,在煤系岩层中,由于成岩时间和矿物成分等不同,各层厚度和力学特性等方面存在着不同程度的差别。而其中一些较为坚硬的厚岩层在采场上覆岩体的变形和破坏中起着主要的控制作用,它们以某种力学结构(板或简化为梁等)形式支承上部岩体的压力,而它们的破断后形成的结构形式(如砌体梁)又直接影响着采场矿压显现和岩层移动。

在现实中,我们又发现,由于各坚硬岩层的特征不一,因而并不是每一层坚硬岩层对采场上覆岩层的运动都起决定作用,有时仅仅为 1 层或几层。因此,我们把这种在岩层活动中起主要控制作用的坚硬岩层称为关键层(key stratum)。

1　关键层的定义和特征

在采场上覆岩层中存在着多层坚硬岩层时,对岩体活动全部或局部起决定作用的岩

---

①　本文发表于《煤炭学报》,1996 年第 3 期,第 225～230 页。

层称为关键层,前者可称为岩层运动的关键层,后者可称为亚关键层。采场上覆岩层中的关键层有如下特征:① 几何特征——相对其他相同岩层厚度较厚;② 岩性特性——相对其他岩层较为坚硬,即弹性模量较大,强度较高;③ 变形特征——在关键层下沉变形时,其上覆全部或局部岩层的下沉量与它是同步协调的;④ 破断特征——关键层的破断将导致全部或局部上覆岩层的破断,引起较大范围内的岩层移动;⑤ 支承特征——关键层破坏前以板(或简化为梁)的结构形式,作为全部岩层或局部岩层的承载主体,断裂后若满足岩块结构的 S-R 稳定[1],则成为砌体梁结构,继续成为承载主体。

2 关键层上的载荷

如采场上覆岩体中有 m 层岩层,从下至上 $n(n \leqslant m)$ 层同步变形(图 1)。图中每层岩层的厚度为 $d_i(i=1,2,3,\cdots,m)$;密度为 $\rho_i(i=1,2,3,\cdots,m)$。

由于在图 1 中有 n 层岩层能同步变形,考虑到层状岩体中层面上的抗剪切力较弱,则由梁理论可知

$$\frac{M_1}{E_1 I_1} = \frac{M_2}{E_2 I_2} = \frac{M_3}{E_3 I_3} = \cdots = \frac{M_n}{E_n I_n} \quad (1)$$

式中:$M_i(i=1,2,3,\cdots,n)$ 为第 i 层岩层的弯矩;$E_i(i=1,2,3,\cdots,n)$ 为第 i 层岩层的弹性模量;$I_i(i=1,2,3,\cdots,n)$ 为第 i 层岩层的惯性矩,$I_i = bd_i^3/12$。

由式(1)可解得

$$\frac{M_1}{M_2} = \frac{E_1 I_1}{E_2 I_2}, \frac{M_1}{M_3} = \frac{E_1 I_1}{E_3 I_3}, \cdots, \frac{M_1}{M_n} = \frac{E_1 I_1}{E_n I_n} \quad (2)$$

其组合梁弯矩为

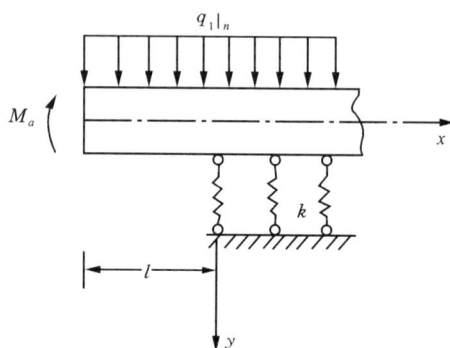

图 1 关键层的载荷计算模型
Fig. 1 Model for calculation of loads on key stratum

$$M(x) = M_1(x) + M_2(x) + M_3(x) + \cdots + M_n(x) = \sum_{i=1}^{n} M_i(x) \quad (3)$$

对于第 1 层梁来说,将式(2)代入式(3)得

$$M_1(x) = E_1 I_1 M(x) / \sum_{i=1}^{n} E_i I_i$$

由梁的受力微分原理可得

$$q_1(x) = E_1 I_1 q(x) / \sum_{i=1}^{n} E_i I_i$$

式中,$q(x)$ 为梁上的分布载荷,考虑到 I_i 和 $q(x)$ 的表达式后,得

$$q_1(x)\big|_n = (E_1 d_1^3 \sum_{i=1}^{n} \rho_i d_i) / \sum_{i=1}^{n} E_i d_i^3 \quad (4)$$

3 关键层的变形和破断

3.1 关键层的受力分析

如图 2 所示,假设梁上作用有均布载荷 $q_1|_n$,支承梁的弹性基础符合 Winkler 假设,则基础内的垂直反力为 $F=ky$,其中,k 为 Winkler 弹性地基系数,与梁下垫层的厚度和

力学性质有关，$k=(E_0/d_0)^{1/2}$；E_0 为地基的弹性模量；d_0 为垫层厚度。

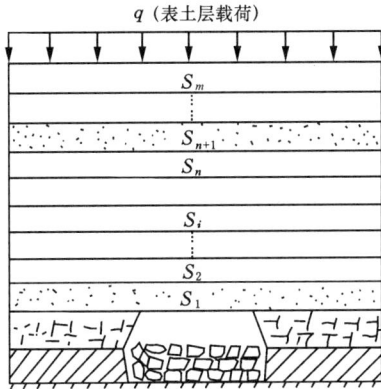

图 2　弹性地基梁力学模型

Fig. 2　Mechanical model for elastic ground foundation beam

　　根据在此条件下梁的对称性（初次断裂前），可取梁的一半长 l 进行力学分析。由梁的平衡原理，可得梁的挠度曲线方程为

$$\begin{cases} E_1 I_1 y^{(4)} = q_1 & (-l \leqslant x \leqslant 0) \\ E_1 I_1 y^{(4)} = q_1 - ky & (0 \leqslant x < \infty) \end{cases} \tag{5}$$

　　解方程（5），并代入有关边界和连续条件，可得

$$y = \frac{q_1|_n}{E_1 I_1}\Big[\frac{1}{24}x^4 + \frac{1}{6}lx^3 + \frac{1}{4}l^2(1-2\alpha)x^2 +$$

$$\frac{1}{6}l^3(1-6\alpha)x + \Big(\frac{\sqrt{2}}{\omega l} + \frac{1}{2} - \alpha\Big)\frac{l^2}{\omega^2} \Big] \quad (-l \leqslant x \leqslant 0)$$

$$y = \frac{q_1|_n l^2}{E_1 I_1 \omega^2} e^{-\frac{\omega}{\sqrt{2}}x}\Big[\Big(\frac{\sqrt{2}}{\omega l} + \frac{1}{2} - \alpha\Big)\cos\Big(\frac{\omega}{\sqrt{2}}x\Big) + \Big(\alpha - \frac{1}{2}\Big)\sin\Big(\frac{\omega}{\sqrt{2}}x\Big) \Big] \quad (0 \leqslant x \leqslant \infty)$$

式中，$\omega = (k/E_1 I_1)^{1/4}$，$\alpha = (\sqrt{2}\,\omega^2 l^2 + 6\omega l + 6\sqrt{2})/[6\omega l(2+\sqrt{2}\,\omega l)]$。

　　上式中，当 $k \to \infty$，即 $\omega \to \infty$ 时，$\alpha = 1/6$，即为两端固支梁的解。设在 $x = -l$ 处，即梁的中部，其弯矩为 M_a，则 $M_a = EIy''|_{-l} = \alpha q_1|_n l^2$。

　　当 $y'' = 0$，则此时的弯矩值 $|M| = M_{\max}$。其位置 x_β 为

$$x_\beta = \frac{\sqrt{2}}{\omega}\arctan[\sqrt{2}/(\sqrt{2} + \omega l - 2\alpha\,\omega l)]$$

　　此处弯矩 M_β 为

$$M_\beta = -q_1|_n l^2 e^{-\frac{\omega}{\sqrt{2}}x_\beta}\Big[\Big(\frac{\sqrt{2}}{\omega l} + \frac{1}{2} - \alpha\Big)\sin\Big(\frac{\omega}{\sqrt{2}}x_\beta\Big) + \Big(\frac{1}{2} - \alpha\Big)\cos\Big(\frac{\omega}{\sqrt{2}}x_\beta\Big) \Big] = -\beta q_1|_n l^2$$

式中，$\beta = e^{-\frac{\omega}{\sqrt{2}}x_\beta}\Big[\Big(\frac{\sqrt{2}}{\omega l} + \frac{1}{2} - \alpha\Big)\sin\Big(\frac{\omega}{\sqrt{2}}x_\beta\Big) + \Big(\frac{1}{2} - \alpha\Big)\cos\Big(\frac{\omega}{\sqrt{2}}x_\beta\Big) \Big]$。

3.2　关键层的初次破断距和周期破断距

　　垫层作用后的关键层初次破断距可用如下方法求得：首先判别 α 与 β 的大小，求得最

大弯矩 $M_{\max}$。如 $\alpha > \beta$，则 $M_{\max} = \alpha q_1 |_n l^2$。然后设坚硬岩层的抗拉极限 $\sigma_{t1} = \sigma_c/10$，抗弯截面模量为 $W = d_1^2/6$。根据梁的强度理论可得 $\sigma_{\max} = M_{\max}/W = 6\alpha q_1 |_n l^2/d_1^2 = \sigma_{c1}/10$。将 α 的表达式代入得

$$10\sqrt{2}\,\omega^2 q_1 |_n l^3 + 60\omega q_1 |_n l^2 + (60\sqrt{2}\,q_1 |_n - \sqrt{2}\,d_1^2\sigma_c\omega^2)l - 2d_1^2\sigma_c\omega = 0$$

从上式中解得 l，则关键层的初次破断距 L_c 为

$$L_c = 2l + 2x_\beta \tag{6}$$

若 $\beta > \alpha$，也可作类似分析，得关于 l 的表达式为

$$15q_1 |_n l^2 \mathrm{e}^{-\frac{\omega}{\sqrt{2}}x_\beta}\left[\left(\frac{\sqrt{2}}{\omega l}+\frac{1}{2}-\alpha\right)\sin\left(\frac{\omega}{\sqrt{2}}x_\beta\right)+\left(\alpha-\frac{1}{2}\right)\cos\left(\frac{\omega}{\sqrt{2}}x_\beta\right)\right]-d_1^2\sigma_c = 0$$

将上式求得的 l 代入式(6)即为关键层的初次破断距。

同理可得关键层的周期破断距 L_z 为 $L_z = l_1 + x_1$，式中的 l_1 可由下式求得

$$30q_1 |_n l_1 \mathrm{e}^{-\frac{\omega}{\sqrt{2}}x_1}\left[\frac{2\sqrt{2}+\omega l_1}{\omega}\sin\left(\frac{\omega}{\sqrt{2}}x_1\right)+l_1\cos\left(\frac{\omega}{\sqrt{2}}x\right)\right]-d_1^2\sigma_c = 0$$

4 关键层的判别

4.1 关键层的判别方法

根据关键层的定义和变形特征，如有 n 层岩层同步协调变形，则其最下部岩层为关键层。再由关键层的支承特征可知

$$q_1(x)\big|_n > q_i(x)\big|_n \qquad (i = 2,3,\cdots,m)$$

若第 $n+1$ 层岩层的变形小于第 n 层的变形特征，第 $n+1$ 层以上岩层已不再需要其下部岩层去承担它所承受的任何载荷，则必定有

$$q_1(x)\big|_{n+1} < q_1(x)\big|_n \tag{7}$$

其中

$$q_1(x)|_{n+1} = \left\{E_1 d_1^3\left[\sum_{i=1}^{n}\rho_i d_i + q_{n+1}(x)\right]\right\}\Big/\sum_{i=1}^{n+1}E_i d_i^3 \tag{8}$$

在式(8)中，若 $n+1=m$，则 $q_{n+1}(x)=\rho_m d_m + q$；若 $n+1<m$，则 $q_{n+1}(x)$ 应用式(4)中求解 $q_1(x)$ 的方法求得。假如第 $n+1$ 层岩层能控制到第 m 层，则 $q_1(x)$ 为

$$q_1(x)|_{n+1} = E_{n+1} d_{n+1}^3\left(\sum_{i=n+1}^{m}\rho_i d_i + q\right)\Big/\sum_{i=n+1}^{m}E_i d_i^3$$

假如第 $n+1$ 层岩层不能控制到第 m 层，则对 $q_{n+1}(x)$ 仍需采用式(8)中 $q_1(x)$ 的形式对 $n+1$ 层的载荷进行计算，直到其解能控制到第 m 层为止。

式(7)形式为载荷比较，实为关键层的刚度(变形)判别条件。其几何意义为，第 $n+1$ 层岩层的挠度小于下部岩层的挠度。当 $n+1<m$ 时，第 $n+1$ 层并非边界层，因此还必须了解 $n+1$ 层的载荷及其强度条件，此时 $n+1$ 层有可能成为关键层，但还必须满足关键层的强度条件。假如第 $n+1$ 层为关键层，它的破断距为 l_{n+1}，第 1 层的破断距为 l_1，则关键层的强度判别条件为

$$l_{n+1} > l_1 \tag{9}$$

此时第 1 层为亚关键层。如果 l_{n+1} 不能满足式(9)的判别条件，则应将第 $n+1$ 层岩

层所控制的全部岩层作为载荷作用到第 n 层岩层上部,计算第 1 层岩层的变形与破断距。

在式(7)和式(9)均成立的前提下,就可以判别出关键层 1 所能控制的岩层厚度或层数。如 $n=m$,则关键层 1 为主关键层;如 $n<m$,则关键层 1 为亚关键层。

4.2　数值模拟分析

设采场覆岩由 m 层岩层和厚度为 d 的表土层组成,其中仅有两层岩性相同(弹性模量为 E)的较坚硬的厚岩层,它们分别为第 1 和第 $n+1$ 层。第 1 层厚岩层厚为 d_1,第 $n+1$ 层厚岩层厚为 d_2。第 1 层上部至第 n 层的岩层总厚为 d_1',第 $n+1$ 层上部至第 m 层的岩层总厚为 d_2',并且假设这些岩层的分层厚度小于坚硬厚岩层的 $1/5$,弹性模量小于坚硬厚岩层的 $1/2$,所有岩层包括(表土层)的密度为 ρ,则可能成为关键层的岩层为第 1 层和第 $n+1$ 层岩层。这里,先进行刚度判别,看这些岩层是否成为关键层(包括主关键层和亚关键层)。由式(4)得

$$q_1|_n = \left[Ed_1^3\left(\sum_{i=2}^{n}d_i+d_1\right)\rho\right]/\left(\sum_{i=2}^{n}E_id_i^3+Ed_1^3\right)$$

上式中,当 $n\leqslant25$ 时有

$$\sum_{i=2}^{n}E_id_i^3+Ed_1^3=Ed_1^3(0.5\times0.2^3\times24+1)\approx Ed_1^3$$

因此

$$q_1|_n = (d_1+d_1')\rho \tag{10}$$

考虑到第 $n+1$ 层时

$$q_1|_{n+1} = \left[Ed_1^3\left(\sum_{i=2}^{n}\rho d_i+\rho d_1+q_{n+1}|_{m-n}\right)\right]/\left(\sum_{i=2}^{n}E_id_i^3+Ed_1^3+Ed_2^3\right)$$

上式中,当 $n\leqslant25,m-n\leqslant25$ 时,有

$$\sum_{i=2}^{n}E_id_i^3+Ed_1^3+Ed_2^3\approx E(d_1^3+d_2^3),\quad q_{n+1}|_{m-n}=(d_2+d_2'+d)\rho$$

因此

$$q_1|_{n+1} = \frac{d_1^3(d_1+d_1'+d_2+d_2'+d)\rho}{d_1^3+d_2^3} \tag{11}$$

将式(10)和式(11)代入关键层的刚度判别式(7)得

$$\frac{d_1^3(d_1+d_1'+d_2+d_2'+d)\rho}{d_1^3+d_2^3} < (d_1+d_1')\rho$$

上式中,假设 $d_1+d_1'+d_2+d_2'+d=3(d_1+d_1')$,则得第 1 层岩层成为亚关键层的刚度条件为

$$d_2 > \sqrt[3]{2}d_1 \tag{12}$$

式(12)表明:当 $d_2>\sqrt[3]{2}d_1$ 时,第 1 层岩层与上部 $n-1$ 层岩层协调变形,第 1 层岩层为亚关键层,第 $n+1$ 层岩层为主关键层;当 $d_2\leqslant\sqrt[3]{2}d_1$ 时,所有 m 层岩层都协调变形,第 1 层岩层即为主关键层。

当然,以上判别仅为刚度条件所得,是否完全成立还需进行关键层的强度条件判别。例如,设 $d_1=10$ m,$d_2=20$ m,$d_1+d_1'=50$ m,$\rho=2\,500$ kg/m^3,$E=30$ GPa,$E_0=3$ GPa,$d_0=6$ m。这样,情况 1:当 $\sigma_c=40$ MPa 时,第 1 层的周期破断距 $l_1=11.3$ m,第 $n+1$ 层的周期破断距 $l_2=14.8$ m;情况 2:当 $\sigma_c=60$ MPa 时,第 1 层的周期破断距 $l_1=13.5$ m,

第 $n+1$ 层的周期破断距 $l_2 = 19.6$ m。因此,经强度条件进一步判别可知,本例中第 1 层岩层为亚关键层,第 $n+1$ 层岩层为主关键层。

5 岩层移动和离层

在工作面初次采动后,采场上覆岩层中关键层未破断前,将以弹性地基板或梁的结构形式产生挠曲下沉变形,此时,关键层下部将产生不协调性连续变形离层。离层的大小,取决于已破断岩层的松散系数及采高。如有亚关键层,则局部破断后的关键层(或岩层组)将形成砌体梁结构,并将在主关键层下部产生非连续变形和连续变形之间的不协调性离层。亚关键层与亚关键层、亚关键层与主关键层都破断成砌体梁结构后,在上覆岩层中将形成非连续变形的不整合性离层,这种离层将发生在开采边界的四周,而并非在中部。

非连续变形的不整合离层 Δy,可由相邻两关键层的砌体梁结构下沉位移形态拟合曲线[2]之差求得,以第 1 和第 2 层关键层为例(其他可类推),Δy 为

$$\Delta y = \overline{y_1} - \overline{y_2} = w_1(e^{-\frac{x}{2l_2}} - e^{-\frac{x}{2l_1}})$$

(13)

式中,$\overline{y_1}$,$\overline{y_2}$ 分别为亚关键层与主关键层的砌体梁形态曲线;l_1,l_2 分别为亚关键层与主关键层中组成的砌体梁岩块的平均块长;w_1 为主关键层的最大下沉量。

以上述数值模拟计算为例。如果主关

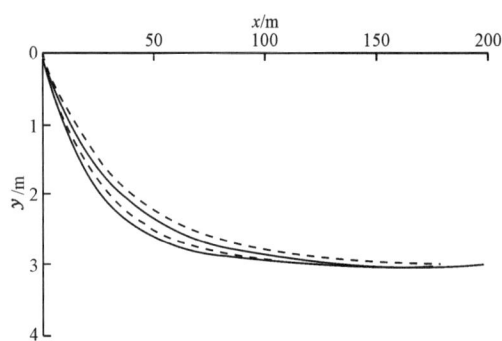

图 3　岩层移动曲线
Fig. 3　Strata movement curve

键层的最大下沉量为 3 m,则由式(13)可得,情况 1 中主关键层下部发生的离层曲线为图 3 中的两实线之差;情况 2 中主关键层下部的离层曲线为图 3 中两虚线之差。

6 结　论

(1)采场上覆岩层的变形、破断、离层和地表沉陷等一系列矿压显现规律主要由坚硬岩层中的关键层控制。采场上覆岩层中的关键层理论将使采场矿压、岩层移动和地表沉陷等方面的研究有机地统一成一个整体。

(2)判断某一岩层是否为关键层,需同时满足关键层的刚度判别条件和强度判别条件。

(3)当出现与地表沉陷相对应的多层岩层同步协调变形和破坏时,其最下部坚硬岩层为主关键层,只是岩体内部数层岩层协调变形与破断,并不影响至地表时,其下部坚硬岩层为亚关键层。

(4)关键层在破断前为弹性地基梁(或板),用此模型可较为准确地计算出采场来压步距和岩层移动的周期性变化规律,关键层破断后将成为砌体梁结构。

(5)主关键层与亚关键层之间、亚关键层与亚关键层之间的变形不协调或不整合将形成岩层移动中的离层和各种裂隙分布。

参 考 文 献

[1]　钱鸣高,缪协兴.采场砌体梁结构的关键块分析[J].煤炭学报,1994,19(6):557-563.

[2]　钱鸣高,缪协兴.采场上覆岩层结构的形态与受力分析[J].岩石力学与工程学报,1995,14(2):
　　　97-106.

Theoretical Study of Key Stratum in Ground Control

Qian Minggao　　*Miao Xiexing*　　*Xu Jialin*

(China University of Mining and Technology)

Abstract:The key stratum theory for movement of the overlying strata in the workings is proposed for the first time. The criterion for determining the key stratum is also discussed. The rules of deformation, separation and fracture of the strata affected by the key stratum behaviour are studied in detail. Based on the key stratum theory, a structure model of the overlying strata is given. This theory provides a unified thinking and method for study of strata displacement and strata behaviour in longwall mining.

Keywords:key stratum; strata movement; mining pressure; structure of surrounding rock

采场覆岩中关键层上载荷的变化规律[①]

钱鸣高　茅献彪　缪协兴

(中国矿业大学)

摘　要：运用有限元方法分析了关键层上部载荷和下部支承压力受软弱层几何特征及力学特性影响的变化规律。结果表明：受采动影响后关键层上部岩层的作用一般不能视为均布载荷。

关键词：关键层理论；采动岩体；有限元法；支承压力

在文献[1]中已定义：在采场上覆岩层中存在几层坚硬岩层时,对岩体活动全部或局部起决定作用的岩层为关键层。但哪是主关键层,哪是亚关键层,主要取决于其破断的次序。为此,关键层载荷及其跨度的确定就成为主要问题。传统的矿压分析中,常把关键层上的垂直压力简化为均匀分布载荷,而把下部软岩层的支承作用简化为 Winkler 弹性地基,忽略垂直方向的剪切作用[2]。如果要较准确而全面地分析采场覆岩的整体力学特性和活动规律,这样的简化显然不能满足实际要求。本文在关键层理论模型的框架内,考虑岩层的分层力学性质变化,运用有限元数值分析方法,较系统地分析软岩层几何和力学特性对关键层上的载荷和支承压力分布的影响。

1　采场覆岩的力学模型

为了对采场覆岩内应力进行定量分析,需要明确采场覆岩的力学模型。首先考虑较为简单的覆岩结构,即假设采场覆岩力学模型如图 1 所示。图 1 中,采场覆岩中具有 2 层坚硬岩层。这里,仅考虑采场覆岩处于初次来压前。由于对称性,可以取覆岩的一半进行力学分析。

根据前面的定义,关键层上部的载荷分布规律,即为关键层上部垂直应力分布规律；关键层下部的支承压力分布规律,即为关键层下部垂直应力分布规律。它们将随着软岩层的厚度、软岩层与硬岩层的相对硬度以及关键层(老顶)的断裂线位置而变化,下面将分别分析它们的变化规律。

2　软岩层厚度变化对关键层上载荷和支承压力的影响

根据一般煤系岩层的几何和力学特性参数,在关键层上载荷和支承压力与软岩层厚

---

①　本文发表于《煤炭学报》,1998 年第 2 期,第 135～139 页。

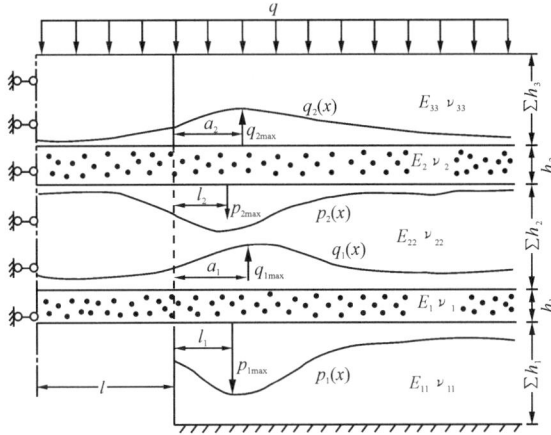

图 1　采场覆岩力学模型

Fig. 1　Mechanical model of the overlying strata

l——采空区长度的一半；$\sum h_1$——采场底板到第 1 层坚硬岩层的高度；

$\sum h_2$——第 1 层坚硬岩层到第 2 层坚硬岩层的高度；$\sum h_3$——第 2 层坚硬岩层到表土层的高度；

$p_1(x)$，$p_2(x)$——第 1，2 坚硬岩层下部的支承压力；l_1，l_2——p_{1max} 和 p_{2max} 到煤壁的距离；

$q_1(x)$，$q_2(x)$——第 1，2 层坚硬岩层上部的载荷；a_1，a_2——q_{1max} 和 q_{2max} 到煤壁的距离；

q——表土层对基岩的作用力，此处视为均布载荷（取表土层高度 $h=100$ m，密度 $\rho=2\,000$ kg/m³，则 $q=2$ MPa）；E_1，E_2，ν_1，ν_2——第 1，2 层坚硬岩层的弹性模量和泊松比；

E_{11}，E_{22}，E_{33}，ν_{11}，ν_{22}，ν_{33}——第 1 层坚硬岩层下部软岩层、第 1 层与第 2 层坚硬岩层之间软岩层、第 2 层上部软岩层的弹性模量和泊松比

度的关系分析中，假定两层硬岩层弹性模量 $E_1=E_2=30.0$ GPa，泊松比 $\nu_1=\nu_2=0.3$，高度 $h_1=h_2=5$ m；软岩层的弹性模量 $E_{11}=E_{22}=E_{33}=3.0$ GPa，泊松比 $\nu_{11}=\nu_{22}=\nu_{33}=0.3$。考察当 $\sum h_1$、$\sum h_2$、$\sum h_3$ 变化时 $q_1(x)$、$q_2(x)$、$p_1(x)$、$p_2(x)$ 的变化规律。

2.1　固定 $\sum h_1$、$\sum h_2$，改变软岩层 $\sum h_3$ 的高度

固定 $\sum h_1=\sum h_2=15$ m，$\sum h_3$ 分别为：0、50、100、150、200 m。利用有限元数值计算方法得 $q_1(x)$、$q_2(x)$、$p_1(x)$、$p_2(x)$ 的变化规律。为消除量纲的影响，将 $q_1(x)$、$q_2(x)$、$p_1(x)$、$p_2(x)$ 分别除以该层面上垂直应力的平均值，并用相应的无量纲量 $\tilde{q}_1(x)$、$\tilde{q}_2(x)$、$\tilde{p}_1(x)$、$\tilde{p}_2(x)$ 表示，即 $\tilde{q}_1(x)=q_1(x)/[q+\rho(\sum h_3+\sum h_2+h_2)]$，$\tilde{q}_2(x)=q_2(x)/(q+\rho\sum h_3)$，$\tilde{p}_1(x)=p_1(x)/[q+\rho(\sum h_3+\sum h_2+h_1+h_2)]$，$\tilde{p}_2(x)=p_2(x)/[q+\rho(\sum h_3+h_2)]$。其特征参数见表1。

从表 1 中可得到如下规律：① 随着软岩层 $\sum h_3$ 的增大，载荷峰值位置和支承压力峰值位置（$\tilde{p}_1$ 除外）有远离煤壁的趋势。同时，关键层上的支承压力峰值和载荷峰值的无量纲值都相应降低。例如当 $\sum h_3$ 分别为 0、200 m 时，$\tilde{p}_{1max}$ 将降低 26.7%。但是，当 $\sum h_3$ 达到一定高度时，这种降低趋势越来越少，例如，当 $\sum h_3$ 分别为 150、200 m 时，$\tilde{p}_{1max}$ 仅降低 1.94%。关系曲线见图 2、图 3。表明，随 $\sum h_3$ 的增加，关键层上载荷和支承压力有均匀化的趋势。② 随 $\sum h_3$ 增加，p_{2min} 有下降趋势，甚至出现负值，说明在采区上方，关键层下部容易出现离层现象。当然，这与硬岩层和软岩层的刚度比有关。

表 1　关键层上的载荷和支承压力与 $\sum h_3$ 的关系

Table 1　Load and abutment pressure versus $\sum h_3$

参　数	$\sum h_3 / \mathrm{m}$				
	0	50	100	150	200
$\tilde{q}_{1\max}$	1.326	1.291	1.226	1.189	1.169
a_1 / m	15	25	30	35	35
$\tilde{q}_{1\min}$	0.660	0.268	0.221	0.209	0.205
$\tilde{q}_{2\max}$	—	1.261	1.217	1.178	1.154
a_2 / m	—	35	50	55	60
$\tilde{q}_{2\min}$	—	0.593	0.471	0.442	0.432
$\tilde{p}_{1\max}$	2.000	1.651	1.541	1.490	1.466
l_1 / m	10	10	10	10	10
$\tilde{p}_{2\max}$	1.597	1.457	1.356	1.305	1.297
l_2 / m	20	25	30	30	30
$\tilde{p}_{2\min}$	−0.049	−0.048	−0.047	−0.032	−0.021

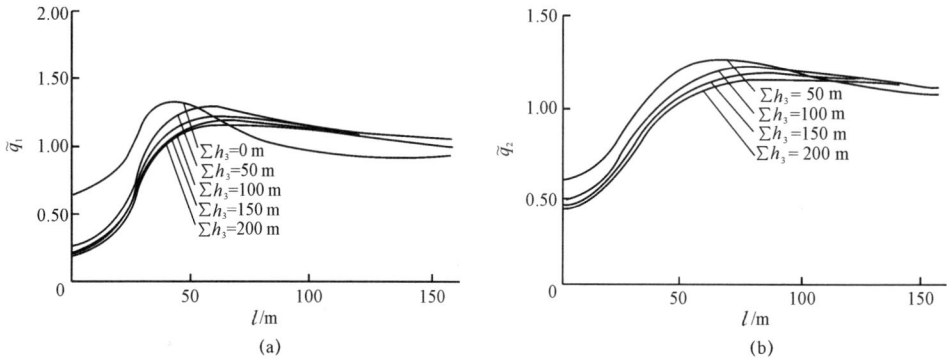

图 2　$\tilde{q}_1(x)$、$\tilde{q}_2(x)$ 与 $\sum h_3$ 的关系

Fig. 2　$\tilde{q}_1(x)$,$\tilde{q}_2(x)$ vs $\sum h_3$

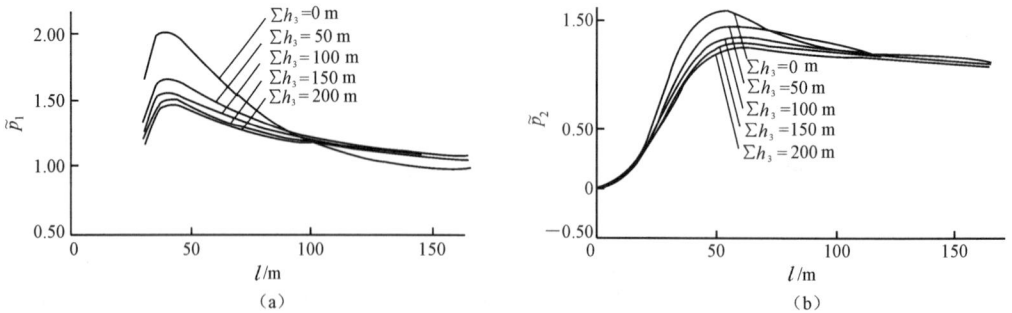

图 3　$\tilde{p}_1(x)$、$\tilde{p}_2(x)$ 与 $\sum h_3$ 的关系

Fig. 3　$\tilde{p}_1(x)$,$\tilde{p}_2(x)$ vs $\sum h_3$

2.2 固定 $\sum h_1$、$\sum h_3$，改变两坚硬层的间距 $\sum h_2$

固定 $\sum h_1 = 15$ m，$\sum h_3 = 100$ m，$\sum h_2 = 5$、10、15、20、25 m 时，有关 $\tilde{q}_1(x)$、$\tilde{q}_2(x)$、$\tilde{p}_1(x)$、$\tilde{p}_2(x)$ 的特征参数见表 2。

表 2 关键层上的载荷和支承压力与 $\sum h_2$ 的关系

Table 2 Load and abutment pressure versus $\sum h_2$

参 数	$\sum h_2$/m				
	5	10	15	20	25
$\tilde{q}_{1\,max}$	1.162	1.196	1.226	1.250	1.272
a_1/m	30	30	30	35	35
$\tilde{q}_{1min}$	0.256	0.231	0.221	0.224	0.233
$\tilde{q}_{2max}$	1.248	1.231	1.217	1.204	1.193
a_2/m	45	45	50	55	55
$\tilde{q}_{2min}$	0.390	0.440	0.471	0.513	0.553
$\tilde{p}_{1max}$	1.463	1.506	1.541	1.573	1.603
l_1/m	10	10	10	10	10
$\tilde{p}_{2max}$	1.442	1.397	1.356	1.322	1.293
l_2/m	20	25	30	35	40
$\tilde{p}_{2min}$	-0.174	-0.105	-0.047	0.034	0.118

从表 2 中可以得到如下规律：随着两坚硬岩层中间的软岩层高度 $\sum h_2$ 增加，关键层上载荷峰值的位置和支承压力峰值的位置（$\tilde{p}_{1max}$ 除外）都有远离煤壁的趋势；上部关键层上的支承压力峰值 $\tilde{p}_{2max}$ 和载荷峰值 $\tilde{q}_{2max}$ 有下降趋势，但不明显。软岩层下部关键层上的支承压力峰值 $\tilde{p}_{1max}$ 和载荷峰值 $\tilde{q}_{1max}$ 有增加趋势，也不明显。

2.3 固定 $\sum h_2$、$\sum h_3$，改变垫层厚度 $\sum h_1$

固定 $\sum h_2 = 15$ m，$\sum h_3 = 100$ m，$\sum h_1 = 5$、10、15、20、25 m 时，有关 $\tilde{q}_1(x)$、$\tilde{q}_2(x)$、$\tilde{p}_1(x)$、$\tilde{p}_2(x)$ 的特征参数见表 3。

表 3 关键层上的载荷和支承压力与 $\sum h_1$ 的关系

Table 3 Load and abutment pressure versus $\sum h_1$

参 数	$\sum h_1$/m				
	5	10	15	20	25
$\tilde{q}_{1max}$	1.431	1.250	1.226	1.205	1.187
a_1/m	5	30	30	35	40
$\tilde{q}_{1min}$	0.269	0.223	0.221	0.221	0.221
$\tilde{q}_{2max}$	1.203	1.224	1.217	1.211	1.203
a_2/m	20	45	50	55	60
$\tilde{q}_{2min}$	0.594	0.480	0.471	0.467	0.466
$\tilde{p}_{1max}$	3.240	1.689	1.541	1.438	1.396
l_1/m	0	10	10	15	15
$\tilde{p}_{2max}$	1.532	1.403	1.356	1.319	1.289
l_2/m	10	25	30	35	40
$\tilde{p}_{2min}$	0.010	-0.046	-0.047	-0.046	-0.045

从表3中可以得到：随着煤层加直接顶的高度 $\sum h_1$ 的增加，关键层上的载荷与支承压力峰值的位置有远离煤壁的趋势；关键层上的载荷峰值和支承压力峰值都有下降的趋势。需要特别说明的是，$\sum h_1$ 越小，也即直接顶与老顶的相对刚度差越小，支承压力峰值的位置也就越靠近煤壁，峰值也越大。

3 软岩层硬度变化对关键层上载荷和支承压力的影响

在关键层上载荷和支承压力与软岩层硬度的关系分析中，根据一段煤系岩层的几何和力学特性参数，假定两硬岩层弹性模量 $E_1 = E_2 = 30.0$ GPa，泊松比 $\nu_1 = \nu_2 = 0.3$，高度 $h_1 = h_2 = 5$ m；软岩层的泊松比 $\nu_{11} = \nu_{22} = \nu_{33} = 0.3$，高度 $\sum h_1 = \sum h_2 = 15$ m，$\sum h_3 = 100$ m。

3.1 固定 E_{11}、E_{22}，改变基岩层弹性模量 E_{33}

先固定 $E_{11} = E_{22} = 3.0$ GPa，$E_{33} = 0.9、1.0、2.0、3.0、4.0、5.0$ GPa 时，有关 $\tilde{q}_1(x)$、$\tilde{q}_2(x)$、$\tilde{p}_1(x)$、$\tilde{p}_2(x)$ 的特征参数见表4。

表 4 关键层上的载荷和支承压力与 E_{33} 的关系
Table 4　Load and abutment pressure versus E_{33}

参 数	$E_{33}/$GPa					
	0.9	1.0	2.0	3.0	4.0	5.0
$\tilde{q}_{1max}$	1.218	1.219	1.223	1.226	1.228	1.230
$a_1/$m	25	25	30	30	35	35
$\tilde{q}_{1min}$	0.460	0.438	0.295	0.221	0.176	0.146
$\tilde{q}_{2max}$	1.103	1.115	1.183	1.217	1.234	1.244
$a_2/$m	80	65	50	50	50	50
$\tilde{q}_{2min}$	1.005	0.955	0.619	0.471	0.370	0.301
$\tilde{p}_{1max}$	1.772	1.752	1.616	1.541	1.492	1.458
$l_1/$m	10	10	10	10	10	10
$\tilde{p}_{2max}$	1.418	1.412	1.376	1.356	1.341	1.329
$l_2/$m	25	25	30	30	30	30
$\tilde{p}_{2min}$	−0.026	−0.028	−0.040	−0.047	−0.051	−0.054

从表4中可以得到如下规律：随着软岩层弹性模量 E_{33} 的增加，下部关键层上载荷峰值几乎不变，而支承压力峰值有下降的趋势；上部关键层上的载荷峰值有所增加，而支承压力峰值呈下降趋势，特别当 $E_{33} = 0.9$ GPa 时，$\tilde{q}_2(x) \approx 1$。$\tilde{q}_2(x)$ 与 E_{33} 的关系曲线见图4。说明此时该坚硬层上载荷可视为均布载荷；关键层上载荷和支承压力的峰值位置变化不明显。

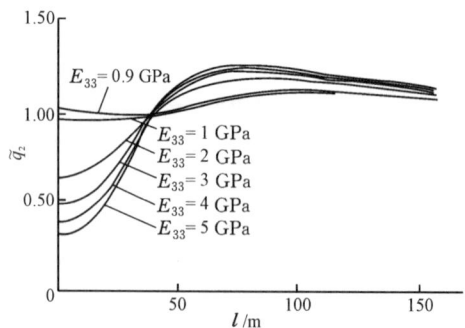

图 4　$\tilde{q}_2(x)$ 与 E_{33} 的关系
Fig. 4　$\tilde{q}_2(x)$ vs E_{33}

3.2　固定 E_{11}、E_{33},改变中间软岩层弹性模量 E_{22}

固定 $E_{11} = E_{33} = 3.0$ GPa,$E_{22} = 1.0$、2.0、3.0、4.0、5.0 GPa 时,有关 $\tilde{q}_1(x)$、$\tilde{q}_2(x)$、$\tilde{p}_1(x)$、$\tilde{p}_2(x)$ 的特征参数见表5。

表5　关键层上的载荷和支承压力与 E_{22} 的关系

Table 5　Load and abutment pressure versus E_{22}

参　　数	E_{22}/GPa				
	1.0	2.0	3.0	4.0	5.0
$\tilde{q}_{1max}$	1.199	1.213	1.226	1.236	1.246
a_1/m	45	35	30	30	25
$\tilde{q}_{1min}$	0.443	0.271	0.221	0.198	0.183
$\tilde{q}_{2max}$	1.239	1.226	1.217	1.211	1.207
a_2/m	45	45	50	50	55
$\tilde{q}_{2min}$	0.407	0.444	0.471	0.491	0.506
$\tilde{p}_{1max}$	1.786	1.613	1.541	1.499	1.472
l_1/m	10	10	10	10	10
$\tilde{p}_{2max}$	1.423	1.386	1.356	1.333	1.317
l_2/m	25	30	30	30	35
$\tilde{p}_{2min}$	−0.219	−0.120	−0.047	0.048	0.048

从表5中可以得到:上部关键层上的载荷和支承压力随 E_{22} 的增加而减小,且其峰值位置逐渐远离煤壁;下部关键层上的载荷峰值随 E_{22} 的增加而增加,其峰值位置有趋近于煤壁的趋势。但下部关键层的支承压力峰值随 E_{22} 的增加反而减小,这是由于中间软岩层承载能力提高的原因。

3.3　固定 E_{22}、E_{33},改变垫层弹性模量 E_{11}

固定 $E_{22} = E_{33} = 3.0$ GPa,$E_{11} = 1.0$、2.0、3.0、4.0、5.0 GPa 时,有关 $\tilde{q}_1(x)$、$\tilde{q}_2(x)$、$\tilde{p}_1(x)$、$\tilde{p}_2(x)$ 的特征参数见表6。

表6　关键层上的载荷和支承压力与 E_{11} 的关系

Table 6　Load and abutment pressure versus E_{11}

参　　数	E_{11}/GPa				
	1.0	2.0	3.0	4.0	5.0
$\tilde{q}_{max}$	1.175	1.207	1.226	1.239	1.247
a_1/m	40	35	30	30	30
$\tilde{q}_{1min}$	0.214	0.218	0.221	0.224	0.226
$\tilde{q}_{2max}$	1.196	1.211	1.217	1.220	1.222
a_2/m	60	55	50	35	35
$\tilde{q}_{2min}$	0.444	0.460	0.471	0.480	0.488
$\tilde{p}_{1max}$	1.367	1.466	1.541	1.602	1.651
l_1/m	15	15	10	10	10
$\tilde{p}_{2max}$	1.278	1.326	1.356	1.375	1.390
l_2/m	40	35	30	30	25
$\tilde{p}_{2min}$	−0.063	−0.053	−0.047	−0.042	−0.038

从表 6 可以看到,关键层上载荷及支承压力峰值随 E_{11} 的增加而变大,其峰值位置随 E_{22} 的增加逐渐趋近煤壁。说明直接顶和煤层的刚度越大,煤壁处应力集中程度越大。

4 结 论

通过大量的有限元分析结果表明:当受采动影响后,关键层上部岩层的作用一段不可视作为均布载荷,它类似于支承压力,是非均匀分布的,也有载荷峰值。载荷峰值一般是平均载荷的 1.2 倍左右,与最小值之比一般大于 6。关键层上的载荷分布和支承压力分布规律都与软弱夹层的厚度和硬度有关,软弱层越薄或越硬,关键层上载荷和支承压力的峰值就越高,且峰值位置越靠近煤壁;软弱层越厚或越软,关键层上载荷和支承压力的峰值就越低,且峰值位置越远离煤壁。

参 考 文 献

[1] 钱鸣高,缪协兴,许家林.岩层控制中的关键层理论研究[J].煤炭学报,1996,21(3):225-230.
[2] 钱鸣高,刘听成.矿山压力及其控制(修订本)[M].北京:煤炭工业出版社,1992.

Variation of Loads on the Key Layer of the Overlying Strata Above the Workings

Qian Minggao   Mao Xianbiao   Miao Xiexing
(China University of Mining and Technology)

Abstract:Variation of the loads on the key layer and of the abutment pressure under the key layer, which are affected by the geometrical and mechanical behavior of the weak and soft strata, are investigated by the finite element method. It is found that the load of strata exerted on the key layer, in general, can not be regarded as a uniformly distributed load after coal is extracted.

Keywords:theory of the key layer; rock mass affected by coal mining; FEM; abutment pressure

覆岩采动裂隙分布的"O"形圈特征研究[①]

钱鸣高　许家林

（中国矿业大学）

摘　要：应用模型实验、图像分析、离散元模拟等方法,对上覆岩层采动裂隙分布特征进行了研究,揭示了长壁工作面覆岩采动裂隙的两阶段发展规律与"O"形圈分布特征,并将其用于指导卸压瓦斯抽放钻孔布置,在淮北矿区卸压瓦斯抽放中得到应用,取得了显著效果。

关键词：采动裂隙;"O"形圈;卸压瓦斯抽放

1　采动裂隙分布的模型实验研究

1.1　实验的设计

为了研究煤层开采后上覆岩层采动裂隙分布特征,做了 5 个相似材料模型实验,其中沿煤层走向模型 4 个,沿倾向模型 1 个。实验条件为淮北桃园矿 1018 工作面,开采 10 煤层,煤层倾角 22°,采高 2.5 m,工作面斜长 180 m,采深 500 m,表土层厚 300 m,10 煤层上覆中组煤(6 煤、7 煤、9 煤)瓦斯含量高。根据岩性参数测试结果,将 10 煤至 6 煤间各岩层简化为 4 类:① 坚硬岩层,从下往上共有 4 层,依次名为 A、B、C、D,其厚度分别为 11.8、8.8、9.3、9.8 m,距 10 煤高度分别为 30、82、132、146 m;② 中硬岩层;③ 软岩层;④ 煤层。实验采用平面应力模拟实验台。模型开采时进行位移观测与裂隙分布的照相素描。

1.2　实验结果及分析

煤层开采后在上覆岩层中形成两类裂隙:一类为离层裂隙,是随岩层下沉在层与层间出现的沿层裂隙;另一类为竖向破断裂隙,是随岩层下沉破断形成的穿层裂隙。实验结果表明,竖向破断裂隙仅在 10 煤顶板高度约 30 m 以下有明显发展,30 m 以上以离层裂隙为主。

为了定量描述采动裂隙的发育程度,采用离层率和裂隙密度 2 个指标。离层率 F (mm/m)反映了单位厚度岩层内离层裂隙的高度。在实验中测得上、下岩层的下沉量 S_s 和 S_x (mm)后,通过 S_s 与 S_x 的差值与上、下岩层间距离 h (m)的比值求得 F 值,即 $F=(S_x-S_x)/h$。裂隙密度是通过图像分析技术对模型实验采动裂隙分布的照片进行扫描并在微机上进行测量与统计获得的[1],照片上的裂隙图像被分割成像元(pixels),裂隙密

---

①　本文发表于《煤炭学报》,1998 年第 5 期,第 466～469 页。

度用像元的个数表示,像元的个数越多则表示裂隙越发育。图 1 为离层率分布的实验结果,文献[1]得出了裂隙密度分布的图像分析结果。

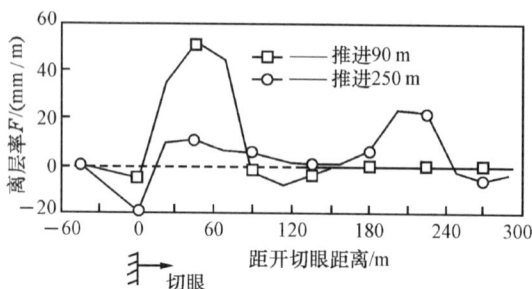

图 1 离层率分布曲线

Fig. 1 The distribution curve of the bed-separation ratio

实验结果表明,随工作面推进,离层裂隙分布呈现两阶段特征:第一阶段从开切眼开始,随着工作面推进,离层裂隙不断增大,采空区中部离层裂隙最发育,离层率分布曲线呈高帽状(图 1 中推进至 90 m 离层率分布曲线)。第二阶段从采空区中部离层率下降开始,采空区中部离层裂隙趋于压实,而采空区两侧离层裂隙仍能保持,离层率分布曲线呈驼峰状(图 1 中推进至 250 m 离层率分布曲线)。裂隙带与中组煤离层裂隙分布的第一阶段极限分别出现在工作面推进至 90、158 m 处,裂隙带与中组煤第一阶段离层率最大值是第二阶段离层率最大值的 2.3 倍左右,对于近水平煤层而言,在空间的任意水平面内采动覆岩离层是沿采空区走向和倾向中心线对称分布的。在采空区对角线区域由于顶板呈弧三角板结构,覆岩离层发展相对迟缓,位于对角线区域与采空区走向中部的两点,若二者距采空区边界距离相同,则前者的离层率相对要小。根据覆岩离层空间分布的上述特征可以推断出工作面推进至 250 m 处裂隙带离层率沿平面分布的等值线如图 2 所示,可见在顶板任意高度处的水平面内,当工作面推进一定距离进入离层裂隙分布的第二阶段时,位于采空区中部的离层裂隙基本被压实,而在采空区四周存在一连通的离层裂隙发育区,其形状与老顶岩板破断的"O-X"形相似,称之为采动裂隙"O"形圈。"O"形圈的周边宽度为 34 m 左右[1]。

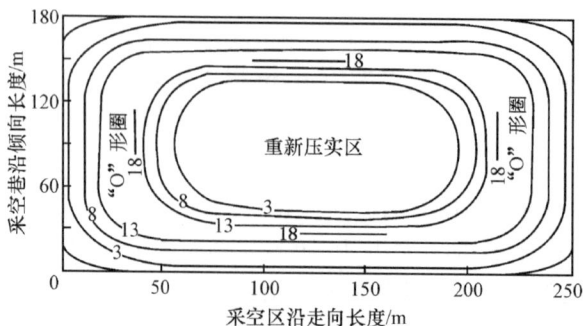

图 2 "O"形圈

Fig. 2 The sketch of the "O-shape" circle

2 离层裂隙分布的影响因素研究

上覆岩层采动裂隙是煤层开采后上覆岩层移动破断形成的。上覆岩层为软硬相间、厚度不等的层状岩层,破断前其下沉变形相当于板梁的挠曲。显然,当岩层强度及厚度不同时,其下沉挠度值是不等的,当上层挠度小于下层挠度时,即形成上、下岩层间的离层裂隙。由梁的力学模型不难发现,岩层破断前其弹性模量 E 与厚度 δ 越大,岩层的挠度越小。因此,上覆岩层中的关键层[2]与下方薄软岩层间的离层裂隙最为发育。破断后的岩层将形成"砌体梁",由"砌体梁"移动的拟合曲线形式可知[3],当采高及距开采煤层的距离一定后,覆岩破断后的移动曲线取决于岩层断块长度及距煤壁的距离。厚硬岩层的断块长度比薄软岩层的断块长度大,二者下沉曲线挠度不一样。根据上覆岩层破断后移动的拟合曲线方程绘出的断块长度分别为 5、10 m,两岩层的下沉分布曲线及两岩层间离层量分布曲线如图 3 所示,可见在煤壁侧断块长的岩层挠度值小于断块短的岩层挠度值,但随着离煤壁距离增大二者挠度值趋于一致,若断块长的厚硬岩层位于断块短的薄软岩层之上,将在采空区上方形成离层裂隙,且离层区主要分布在工作面四周煤柱侧,从而形成采动裂隙分布的"O"形圈。

上述分析表明,一定开采条件下岩层的岩性、厚度、断块长度及其层序是影响上覆岩层离层裂隙分布的主要因素。只要有厚硬岩层存在,即使远离开采层处于所谓的弯曲下沉带内,也能产生较大的离层裂隙。这是地面钻孔抽放上覆远距离煤层卸压瓦斯及地面钻孔注浆阻沉可行的原因所在。

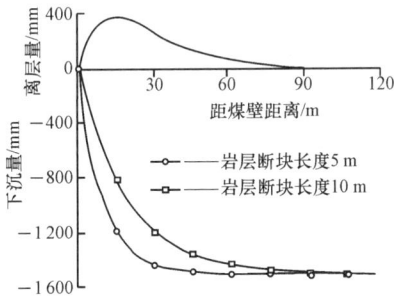

图 3　岩层断块长度对下沉曲线
的影响及离层区的形成

Fig. 3　The influence of the strata
broken lenght on the subsidence curve
and forming of the bed-separation zone

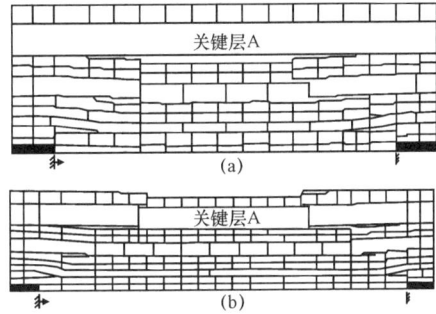

图 4　采动裂隙分布的离散元模拟结果
(a) 关键层 A 破断前;(b) 关键层 A 破断后

Fig. 4　Simulation results of discrete
element of fracture distribution
caused by mining

3 "O"形圈特征的离散元模拟研究

离散单元法模拟的条件与相似模型实验基本一致,只是 10 煤顶板高度只模拟到关键层 A 上 5 m 为止,分别对工作面从切眼推进至 90、110、140 m 时采动裂隙分布进行了模拟。计算模型的单元划分是基于相似模型实验结果各岩层的断裂块度大小进行的。推进至 90、140 m 时采动裂隙分布的模拟结果如图 4 所示,推进至 90 m 时,关键层 A 没有破断,与其下部岩层间离层在采空区中部最发育,与模型实验推进至 90 m 时的裂隙分布状态一致。推进至 140 m 时,关键层 A 周期破断,与下部薄软岩层间在采空区中部的离层趋于压实,在采空区两侧离层裂隙仍发育,由下往上在采空区两侧存在一离层裂隙发育区,且离层主要出现在上覆断块长的岩层与下方断块短的岩层之间,从而在平面上形成离层裂隙的"O"形圈。通过上述离散元模拟研究,进一步验证了采动裂隙分布的"O"形圈特征。

4 应用"O"形圈特征抽放卸压瓦斯

煤层卸压瓦斯的流动是一个连续的两步过程:第一步,以扩散的形式,瓦斯从没有裂隙的煤体中流到周围的裂隙中去;第二步,以渗流的形式,瓦斯沿裂隙流到抽放钻孔处。采动离层裂隙成为瓦斯流动的通道。显然,将抽放钻孔布置在离层裂隙发育且能长时间保持的区域,有利于卸压瓦斯流动到抽放钻井,保证钻井有效抽放时间长、抽放范围大、瓦斯抽放率高。由覆岩采动裂隙两阶段发展与"O"形圈分布特征可建立卸压瓦斯抽放钻井布置的原则如下:卸压瓦斯抽放钻井的合理位置应打到离层裂隙的"O"形圈内,且沿走向的第一个钻场应布置在离层裂隙分布的第一阶段区域内。上述原则先后在淮北桃园、芦岭等矿进行了试验与应用。

桃园矿为高瓦斯矿井,中组煤(6 煤、7 煤、9 煤)瓦斯含量高,为了探索中组煤瓦斯治理与开发途径,开展了"地面钻井抽放上覆远距离采动区煤层气试验研究",试验地点为桃园矿首采面 1018 工作面,开采 10 煤层,其上覆中组煤距 10 煤 80~150 m,其卸压瓦斯不能流动到 1018 工作面采空区内。根据卸压瓦斯抽放钻井布置的原则,提出了桃园矿 1018 工作面上覆中组煤卸压瓦斯地面抽放钻井 94—W₁ 井的布置方案。94—W₁ 井连续抽放 1 年多,抽放纯瓦斯量最大 1 008 m³/d,平均 521 m³/d,钻井瓦斯抽放率达 64.1%。该项目作为淮北矿务局大面积开发利用煤层气资源的第一步,试验研究取得了圆满成功,为我国上覆远距离缓倾斜煤层瓦斯突出防治与煤层气开采提供了一条新的途径。

芦岭煤矿是高突矿井,为了解决 8 煤工作面瓦斯超限,根据卸压瓦斯抽放钻井布置原则,提出了大面积抽放 8 煤一分层采空区卸压瓦斯的走向高抽巷、底板穿层钻孔及地面钻井等 3 个技术方案[4],上述方案的应用基本解决了 8 煤回采工作面瓦斯超限问题。

5 结 论

(1) 在一定的开采条件下,岩层的硬度、厚度、断块长度及层序是影响上覆岩层离层裂隙分布的主要因素,覆岩关键层下的离层裂隙最为发育。

(2) 随着采煤工作面的推进,覆岩离层裂隙的分布呈现两阶段规律。第一阶段离层裂隙在采空区中部最为发育,其最大离层率是第二阶段的数倍。第二阶段采空区中部离层裂隙趋于压实,而采空区四周存在一个离层裂隙发育的"O"形圈,其周边宽度为 34 m左右。

(3) 采动裂隙"O"形圈是卸压瓦斯流动的通道和贮存空间,为了大面积、长时间地抽放卸压瓦斯,抽放钻孔应打到"O"形圈内,且第一个钻场应布置在离层裂隙分布的第一阶段的区域内,根据覆岩采动裂隙场分布特征提出的采空区及上覆远距离采动区卸压瓦斯抽放钻孔布置方案,已在淮北矿区进行了成功的试验并开始推广应用。

参 考 文 献

[1] 许家林,钱鸣高.应用图像分析技术研究采动裂隙分布特征[J].煤矿开采,1997(1):37-39.

[2] 钱鸣高,缪协兴,许家林.岩层控制中的关键层理论研究[J].煤炭学报,1996,21(3):225-230.

[3] 钱鸣高,缪协兴.采场上覆岩层结构的形态与受力分析[J].岩石力学与工程学报,1995,14(2):97-106.

[4] 许家林,刘华民.采空区瓦斯抽放钻孔布置的研究[J].煤炭科学技术,1997,25(4):28-30.

Study on the "O-shape" Circle Distribution Characteristics of Mining-induced Fractures in the Overlying Strata

Qian Minggao　　*Xu Jialin*

(China University of Mining and Technology)

Abstract:The distribution, characteristics of mining-reduced fractures in the overlaying strata are studied by means of model experiments, the image analysis and discrete element simulation method, and revealed that two stage development law of fracture caused by mining and distribution characteristics of "O-shape" circle in long wall face and guide for hole patters, of relieving gas drainage. Applied in relieving gas drainage in Huaibei Mining District and gained evident results.

Keywords:mining induced fracture; O-shape circle; relieved gas drainage

采动覆岩中关键层的破断规律研究[①]

茅献彪 缪协兴 钱鸣高

(中国矿业大学应用数学力学系,徐州 221008)

摘 要: 介绍了采动覆岩中关键层上的载荷和支承压力分布随覆岩分层的几何和力学特性变化的规律,具体分析了关键层内的极限应力与软弱夹层厚度及坚硬岩层厚度的关系。由关键层断裂的先后次序说明了主关键层和亚关键层的辩证关系,并且揭示了坚硬岩层与坚硬岩层之间的复合效应。

关键词: 采动岩体;关键层理论;有限元法;支承压力;复合梁

在采场覆岩的关键层理论中[1]已经指出:在采动覆岩中起主要承载作用的岩层为关键层,因此关键层一般为较厚的坚硬岩层。但是,当在采动覆岩中存在多层坚硬岩层时,哪层是在岩体活动中起主要控制作用的主关键层呢?哪层是在岩体活动中起局部控制作用的亚关键层呢?这主要取决于其破断次序。在文献[2]中,采用有限元方法,已经分析清楚了关键层上部的载荷及下部支承压力的分布规律,这为本文进行关键层的破断规律研究,判别主、亚关键层奠定了基础。

1 采场覆岩的力学模型

为了对采场覆岩内应力进行定量分析,判断关键层的破断规律,需要明确采场覆岩的力学模型。这里考虑较为简单的覆岩结构,即假设采场覆岩力学模型如图 1 所示。图 1 中,采场覆岩中具有两层坚硬岩层,且仅考虑采场覆岩处于初次来压前。由对称性,可以取覆岩的一半进行力学分析。

假定图 1 状态为模型 I。如果第一层关键层 h_1 发生断裂而垮落,则第一层关键层与第二层关键层之间的软弱夹层 $\sum h_2$ 也同时垮落。这时,第二层关键层 h_2 下部与虚线左侧部分的岩体去掉,此状态为模型 II。再在模型 II 上分析第二层关键层内的应力,判断它是否达到极限状态。

图 1 中:l 为采空区长度的一半,$\sum h_1$ 为采场底板到第 1 层坚硬岩层的高度;$\sum h_2$ 为第 1 层坚硬岩层到第 2 层坚硬岩层的高度;$\sum h_3$ 为第 2 层坚硬岩层到表土层的高度;$p_1(x)$ 为第 1 坚硬岩层下部的支承压力;l_1 为 $p_{1\max}$ 到煤壁的距离;$p_2(x)$ 为第 2 坚硬岩层下部的支承压力;l_2 为 $p_{2\max}$ 到煤壁的距离;$q_1(x)$ 为第 1 层坚硬岩层上部的载荷;a_1 为

---

① 本文发表于《中国矿业大学学报》,1998 年第 1 期,第 39~42 页。

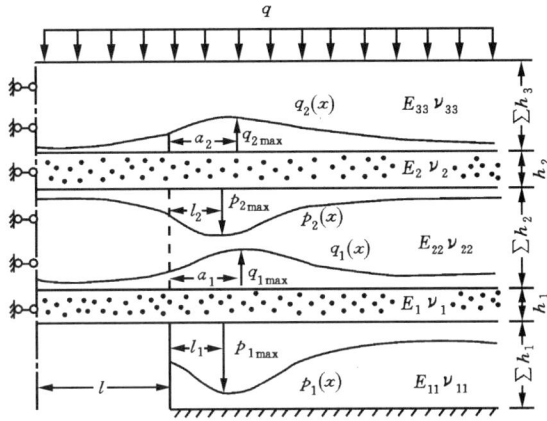

图 1　采场覆岩的力学模型

Fig. 1　Mechanical model of the overlying strata in the workings

q_{1max} 到煤壁的距离；$q_2(x)$ 为第 2 层坚硬岩层上部的载荷；a_2 为 q_{2max} 到煤壁的距离；q 为表土层对基岩的作用力，此处视为均布载荷(取表土层高度 $h=100$ m，重力密度 $\gamma=20$ kN/m³，则 $q=\gamma h=2$ MPa)；E_1，ν_1 分别为第 1 层坚硬岩层的弹性模量和泊松比；E_2，ν_2 分别为坚硬岩层的弹性模量和泊松比，E_{11}，ν_{11} 分别为第 1 层坚硬岩层下部软岩层的弹性模量和泊松比，E_{22}，ν_{22} 分别为第 1 层与第 2 层坚硬岩层之间软岩层的弹性模量和泊松比；E_{33}，ν_{33} 分别为第 2 层坚硬岩层上部软岩层的弹性模量和泊松比。

2　关键层上的载荷和支承压力分布规律

通常把关键层上部的垂直压力称为载荷，而把下部的垂直支承力称为支承压力，传统的矿压分析中，常把关键层上的垂直压力简化为均匀分布载荷，而把下部软岩层的支承作用简化为 Winkler 弹性地基，忽略垂直方向的剪切作用[3]。如果要较准确而全面地分析采场覆岩的整体力学特性和活动规律，这样的简化显然是不能满足实际要求的。这里在关键层理论模型的框架内，考虑了岩层的分层几何和力学性质变化，运用有限元数值分析方法，较系统地分析了软岩层几何和力学特性对关键层上的载荷和支承压力分布的影响。

在文献[2]中，由有限元分析表明：当受采动影响后，关键层上部岩层的作用一般不可视为均布载荷，它类似于支承压力，是非均匀分布的，也有载荷峰值。载荷峰值一般是平均载荷的 1.2 倍左右，与最小值之比一般大于 6。关键层上的载荷分布与支承压力分布规律都与软弱夹层的厚度和硬度有关，软弱层越薄或越硬，关键层上载荷和支承压力的峰值越高，并且峰值位置越靠近煤壁，软弱层越厚或越软，关键层上载荷和支承压力的峰值越低，并且峰值位置越远离煤壁。这里，以固定 $\sum h_1$、$\sum h_3$，改变两坚硬层之间的软岩层高度 $\sum h_2$ 为例，说明这种变化规律。

根据一般煤系岩层的几何和力学特性，在关键层上载荷和支承压力与软岩层厚度的关系分析中，假定两硬岩层弹模为 $E_1=E_2=30.0$ GPa，泊松比为 $\nu_1=\nu_2=0.3$，厚度为 $h_1=h_2=5.0$ m；软岩层的弹模为 $E_{11}=3.0$ GPa，$E_{22}=E_{33}=10.0$ GPa，泊松比为 $\nu_{11}=\nu_{22}=$

$\nu_{33}=0.3$，采空区长 $l=25.0$ m。

在模型上利用有限元数值计算可得 $q_1(x)$、$q_2(x)$、$p_1(x)$、$p_2(x)$ 的变化规律，x 为模型左侧到任一点的水平距离，为消除量纲的影响，将 $q_1(x)$、$q_2(x)$、$p_1(x)$、$p_2(x)$ 分别除以该层面上垂直应力的平均值，并用相应的无量纲量 $\tilde{q_1}(x)$、$\tilde{q_2}(x)$、$\tilde{p_1}(x)$、$\tilde{p_2}(x)$ 表示，即：

$$\tilde{q}_1(x)=\frac{q_1(x)}{q+\gamma(\sum h_3+\sum h_2+h_2)}$$

$$\tilde{q}_2(x)=\frac{q_2(x)}{q+\gamma\sum h_3}$$

$$\tilde{p}_1(x)=\frac{p_1(x)}{q+\gamma(\sum h_3+\sum h_2+h_1+h_2)}$$

$$\tilde{p}_2(x)=\frac{p_2(x)}{q+\gamma(\sum h_3+h_2)}$$

在计算中，取 $\sum h_1=15$ m，$\sum h_3=100$ m，$\sum h_2$ 分别以 5.0、10.0、15.0、20.0、25.0 m 变化。有关 $\tilde{q_1}(x)$、$\tilde{q_2}(x)$、$\tilde{p_1}(x)$、$\tilde{p_2}(x)$ 的特征参数见表1。$\tilde{q_2}(x)$ 曲线与 $\sum h_2$ 的关系见图2，$\tilde{p_2}(x)$ 曲线与 $\sum h_2$ 的关系见图3。图2和图3中编号1、2、3、4、5分别对应于 $\sum h_2$ 为 5.0、10.0、15.0、20.0、25.0 m 的情形。

表 1　关键层上的载荷和支承压力与 $\sum h_2$ 的关系

Table 1　Load and abutment pressure vs $\sum h_2$

$\sum h_2$/m	5.0	10.0	15.0	20.0	25.0
$\tilde{q}_{1max}$	1.162 3	1.196 9	1.226 0	1.250 4	1.272 5
a_1/m	30.0	30.0	30.0	35.0	35.0
$\tilde{q}_{1min}$	0.256 8	0.231 8	0.221 7	0.224 7	0.233 2
$\tilde{q}_{2max}$	1.248 5	1.231 7	1.217 6	1.204 9	1.193 7
a_2/m	45.0	45.0	50.0	55.0	55.0
$\tilde{q}_{2min}$	0.390 8	0.440 8	0.471 7	0.513 0	0.553 7
$\tilde{p}_{1max}$	1.463 3	1.506 2	1.541 2	1.573 3	1.603 8
l_1/m	10.0	10.0	10.0	10.0	10.0
$\tilde{p}_{2max}$	1.442 8	1.397 0	1.356 6	1.322 3	1.293 5
l_2/m	20.0	25.0	30.0	35.0	40.0
$\tilde{p}_{2min}$	−0.174 3	−0.105 9	−0.047 1	0.033 7	0.118 4

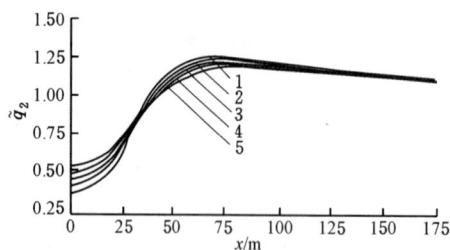

图 2　$\tilde{q_2}(x)$ 曲线与 $\sum h_2$ 的关系

Fig. 2　$\tilde{q_2}(x)$ vs $\sum h_2$

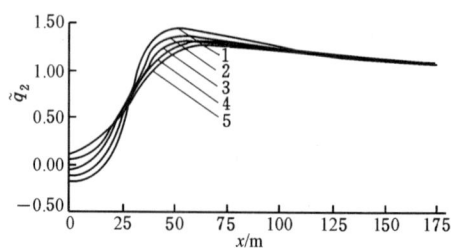

图 3　$\tilde{p_2}(x)$ 曲线与 $\sum h_2$ 的关系

Fig. 3　$\tilde{p_2}(x)$ vs $\sum h_2$

3 关键层的破断规律

3.1 关键层破断与软弱夹层厚度的关系

根据一般煤系岩层的几何和力学特性,在关键层破断与软弱夹层厚度的关系分析时,有关采动覆岩模型Ⅰ和模型Ⅱ的有限元计算中,几何和力学参数的选择与前面关键层上的载荷分布规律分析时相同。这里,取 $h_1 = h_2 = 5.0$ m, $\sum h_1 = 15.0$ m, $\sum h_3 = 115 - \sum h_2$, $\dfrac{\sum h_2}{h_1}$ 分别为:0.5、1、1.5、2、2.5、3。分别由模型Ⅰ计算得到的第一层关键层 h_1 内的最大拉应力 σ_{h_1}(位置在采场中部该坚硬岩层的下缘处)和模型Ⅱ计算得到的第二层关键层 h_2 内的最大拉应力 σ_{h_2}(位置在采场中部该坚硬岩层的下缘处)见表 2, σ_{h_1} 和 σ_{h_2} 与 $\sum h_2$ 的对应曲线关系见图 4。

从表 2 和图 4 中可以清楚地看到,当两层坚硬岩层的层厚与力学性质均相同时,对各种不同 $\sum h_2$, σ_{h_1} 均大于 σ_{h_2},即下部坚硬岩层达到强度极限而断裂垮落后,上部坚硬岩层也不会随即达到它的强度极限而同时垮落,也即,第 2 层坚硬岩层的垮落步距要大于第 1 层坚硬岩层的垮落步距。根据定义[1],在这种情况下,第 1 层坚硬岩层为亚关键层,第 2 层坚硬岩层为主关键层。

另外,从计算结果中还可以看到,当两层坚硬岩层靠得比较近时,将产生复合梁(或复合板)效应。这种效应为:两层坚硬岩层中的软弱层越薄,则其复合后的抗弯截面模量就越小;反之,软弱层越厚,抗弯截面模量就越大。

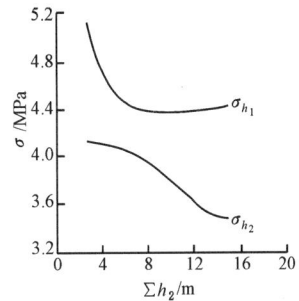

图 4 σ_{h_1}、σ_{h_2} 与 $\sum h_2$ 的关系

Fig.4 σ_{h_1}, σ_{h_2} vs $\sum h_2$

表 2 σ_{h_1}、σ_{h_2} 与 $\sum h_2$ 的关系

Table 2 σ_{h_1}, σ_{h_2} vs $\sum h_2$

$\sum h_2$/m	2.5	5.0	7.5	10.0	12.5	15.0
σ_{h_1}/MPa	5.12	4.54	4.38	4.37	4.38	4.42
σ_{h_2}/MPa	4.13	4.07	3.99	3.77	3.56	3.48

假设 h_1、$\sum h_2$、h_2 组成复合梁,在 $h_1 = h_2$ 的条件下,如最大弯曲应力截面上的弯矩为 M,则根据材料力学原理,最大弯曲应力 σ_{h_1} 为

$$\sigma_{h_1} = \frac{12 E_1 M (H_1 + 0.5 \sum h_2)}{E_1 [(2h_1 + \sum h_2)^3 - \sum h_2^3] + E_{22} \sum h_2^3} \tag{1}$$

以 $h_1 = h_2 = 5.0$ m, $E_1 = E_3 = 30.0$ GPa, $E_{22} = 10.0$ GPa 为例, σ_{h_1}/M 与 $\sum h_2$ 的曲线关系见图 5。由于弯矩 M 仅取决于梁的约束条件及所受载荷,与 $\sum h_2$ 无关,因而,图 5 实际上反映了 σ_{h_1} 随 $\sum h_2$ 的变化规律。

从图 5 中可以看到,随 $\sum h_2$ 增加, σ_{h_1} 将快速下降。但是,随着软弱夹层 $\sum h_2$ 的厚度增加,其复合梁效应会越来越弱,即软弱层的"平面保持平面"能力较弱。在该算例中,可以看到,当 $\sum h_2$ 大于 5.0 m,即 $\sum h_2 > h_1$ 或 h_2 后,其复合梁效应就明显减弱。

3.2 关键层破断与其厚度的关系

在分析关键层破断与其坚硬岩层厚度关系时,取 $h_1 = 5.0$ m,$\sum h_2 = 15.0$ m,$\sum h_3 = 105 - h_2$,让 h_2/h_1 以如下规律变化:0.5、1、1.5、2、2.5、3。分别由模型 I 计算得到的第一层关键层 h_1 内的最大拉应力 σ_{h_1}(位置在采场中部该坚硬岩层的下缘处)和模型 II 计算得到的第二层关键层 h_2 内的最大拉应力 σ_{h_2}(位置在采场中部该坚硬岩层的下缘处)见表 3,σ_{h_1} 和 σ_{h_2} 与 h_2 的对应曲线关系见图 6。

表 3　σ_{h_1}、σ_{h_2} 与 h_2 的关系
Table 3　σ_{h_1}，σ_{h_2} vs h_2

h_2/m	2.5	5.0	7.5	12.0	12.5	15.0
σ_{h_1}/MPa	4.57	4.42	4.28	4.15	4.07	3.99
σ_{h_2}/MPa	2.86	3.48	4.17	4.55	4.65	4.48

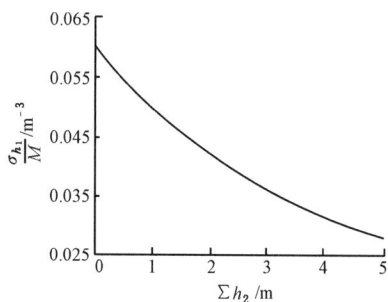

图 5　σ_{h_1}/M 与 $\sum h_2$ 的关系曲线
Fig. 5　σ_{h_1}/M vs $\sum h_2$

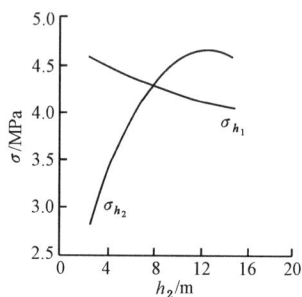

图 6　σ_{h_1}、σ_{h_2} 与 h_2 的关系
Fig. 6　σ_{h_1}，σ_{h_2} vs h_2

从图 6 中可以清楚地看到,当两坚硬岩层的强度相同时,在 $h_2/h_1 \leqslant 1.6 (h_2 = 8$ m) 前,上部坚硬岩层不会随下部坚硬岩层同时垮落,则上部坚硬岩层为主关键层,而下部坚硬岩层为亚关键层。当 $h_2/h_1 = 1.6$,上部坚硬岩层将随下部坚硬岩层同时垮落,则下部坚硬岩层就为该覆岩中唯一的关键层。这是由于上部坚硬岩层的厚度变化,对下部坚硬岩层的应力分布发生了作用。这一点,由表 3 中的 σ_{h_1} 和表 2 中的 σ_{h_1} 相比较即可得到证实。比较后可以看到,随 h_2 增加,σ_{h_1} 会有相应降低。这就说明,随 h_2 的增加,将引起 h_1 的垮落步距增大。事实上,在本算例中,当 $h_2/h_1 > 1.6$ 后,又可以将 h_1 和 h_2 看做复合关键层,更能体现关键层在岩层活动中的控制作用。

4　结　语

关键层上的载荷与支承压力有类似的分布规律,它们均与覆岩的分层力学特性和几何特性有关。软弱夹层的刚度越大,支承压力和载荷峰值就越高,其位置也越靠近煤壁。

当两坚硬岩层靠得比较近时(如 $\sum h_2 \leqslant h_1$),它们将与中间的软弱夹层组成复合梁(或

复合板),起到增强岩层承载能力的作用。因此,坚硬岩层在采动覆岩中的控制作用是始终存在的。并且,相邻坚硬岩层的存在,对其关键层上的载荷分布及应力分布影响较大。上部坚硬岩层越厚,下部坚硬岩层内的应力就越小,也即垮距就越大。

关键层的破断规律是由其载荷与支承压力特征所决定的,因而也与覆岩的分层力学特性和几何特性密切相关,有限元分析结果表明,当两坚硬岩层厚度相同时,其上部坚硬岩层的垮距要大于下部坚硬岩层的垮距,即上部坚硬岩层为主关键层,下部坚硬岩层为亚关键层。当两坚硬岩层厚度不等时,如 $h_2 < 1.6h_1$,则上部坚硬岩层的垮距大于下部坚硬岩层的垮距;如 $h_2 \geqslant 1.6h_1$,则上部坚硬岩层与下部坚硬岩层的垮距相同。

参 考 文 献

[1] 钱鸣高,缪协兴.岩层控制中的关键层理论研究[J].煤炭学报,1996,21(3):225-230.
[2] 茅献彪,缪协兴,钱鸣高.软岩层厚度对关键层上载荷与支承压力的影响[J].矿山压力与顶板管理,1997(3-4):1-3.
[3] 钱鸣高,刘听成.矿山压力及其控制(修订本)[M].北京:煤炭工业出版社,1992.

Study on Broken Laws of Key Strata in Mining Overlying Strata

Mao Xianbiao　　*Miao Xiexing*　　*Qian Minggao*

(Department of Mathematics and Mechanics, CUMT, Xuzhou 221008)

Abstract:In this paper,the variation laws of the load above the key strata and the abutment pressure which vary with the geometrical and mechanical properties of the overlying strata are explored,the relation between the critical stress of the key strata and the thickness at the soft strata and the harden strata is analyzed. The results show that the first key strata can be determined according to the rupture order of the key strata. Finally the mixed effect of one harden stratum on the other is introduced.

Keywords:mining rocks; key strata theory; FEM; abutment pressure; compound beam

软岩层厚度对关键层上载荷与支承压力的影响[①]

茅献彪　　缪协兴　　钱鸣高

（中国矿业大学）

摘　要：本文简单介绍了岩层控制中关键层理论的基本概念，并运用有限元法详细分析了软岩层厚度对关键层上部载荷和下部支承压力分布规律的影响。研究结果表明：关键层上的载荷与支承压力分布一样，都受软岩层厚度变化影响，一般不可视为均布状态。

关键词：关键层理论；有限元法；采动岩层；支承压力；岩层应力

1　引　　言

现已经初步建立了岩层控制中的关键层理论[1]，而对关键层的进一步研究，像对关键层强度和变形分析，需要首先确定其上部的载荷和下部的支承压力。显然，它是与软岩层的作用密切相关的。传统的矿压分析中，常把关键层上的垂直压力简化为均布载荷，而把下部软岩层的支承作用简化为 Winkler 弹性地基，忽略垂直方向上的剪切作用[2]。如果要较准确而全面地分析采场覆岩的整体力学特性和活动规律，这样的简化显然是不能满足实际要求的。

2　关键层理论简介

在采场上覆岩层中存在着多层坚硬岩层时，对岩体活动全部或局部起决定作用的岩层称为关键层。关键层判别的主要依据为其变形和破断特征，即在关键层破断时，其上覆全部岩层或局部岩层的下沉变形是相互协调和同步的，前者称为岩层运动的主关键层，后者称为亚关键层。也就是说，关键层的断裂将导致全部或相当部分的上覆岩层产生整体运动。显然，关键层的断裂步距即为上覆岩体中部分或全部岩层的断裂步距，从而引起明显的岩层运动和矿压显现。关键层将由其岩层厚度、强度和载荷大小而定。

一般来说，关键层即为主承载层，在破坏前可以板（或简化为梁）结构的形式承受上覆岩层的部分重量，断裂后则可形成砌体梁式结构，其结构的形态即是岩层移动的形态，而各亚关键层之间移动的不整合即形成岩体内部的离层。

---

①　本文发表于《矿山压力与顶板管理》，1997 年第 3-4 期，第 1～3 页。

3　采场覆岩的力学模型

为了对采场覆岩内应力进行定量分析,需要明确其力学模型。首先考虑较为简单的覆岩结构,即假设其力学模型如图 1 所示。图中,采场覆岩中具有 2 层硬岩层。这里,我们仅考虑采场覆岩处于初次来压前。由于对称性,可取覆岩的一半进行力学分析。

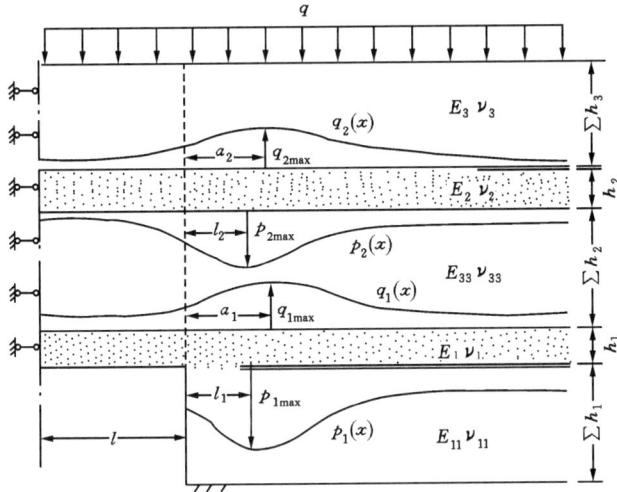

图 1　采场覆岩力学模型

l——采空区长度的一半;$\sum h_1$,$\sum h_2$,$\sum h_3$——分别为底板至 1# 页岩、1# 至 2#、2# 至表土高度;

$p_1(x)$,$p_2(x)$——1#、2# 硬岩下部的支承压力;l_2,l_2——p_{1max},p_{2max} 到煤壁的距离;

$q_1(x)$,$q_2(x)$——1#、2# 硬岩上部的载荷;a_1,a_2——q_{1max},q_{2max} 到煤壁的距离;

q——表土层作用力,此处视为均布载荷(取表土高 100 m,重力密度 20 kN/m³,则 $q=2$ MPa);

E_1,E_2 和 ν_1,ν_2——分别为 1#、2# 硬岩的弹性模量和泊松比;

E_{11},E_{22},E_{33} 和 ν_{11},ν_{22},ν_{33}——分别为 1# 层以下、1# 至 2#、2# 以上软岩层的弹性模量和泊松比

关键层上部的载荷分布规律及下部的支承压力分布规律,将随着软岩层的厚度、软岩层与硬岩层的相对硬度以及关键层(老顶)的断裂线位置而变化。

4　软岩层厚度对关键层上载荷和支承压力的影响

假定两硬岩层弹性模量为 $E_1=E_2=30.0$ GPa,$\nu_1=\nu_2=0.3$,高度为 $h_1=h_2=5$ m;软岩层的弹性模量为 $E_{11}=E_{22}=E_{33}=3.0$ GPa,泊松比为 $\nu_{11}=\nu_{22}=\nu_{33}=0.3$。

4.1　固定 $\sum h_1$、$\sum h_2$,改变软岩层 $\sum h_3$ 的高度

固定 $\sum h_1=\sum h_2=15$ m,$\sum h_3$ 以如下规律变化:0、50、100、150、200 m。利用有限元数值计算可得 $q_1(x)$、$q_2(x)$、$p_1(x)$、$p_2(x)$ 的变化规律。为消除量纲的影响,我们将它们分别除以该层面上垂直应力的平均值,并用相应的无量纲量 $\tilde{q}_1(x)$、$\tilde{q}_2(x)$、$\tilde{p}_1(x)$、$\tilde{p}_2(x)$ 表示,由计算结果得 $\tilde{q}_1(x)$、$\tilde{p}_1(x)$ 变化曲线如图 2、图 3 所示。

可得如下规律:

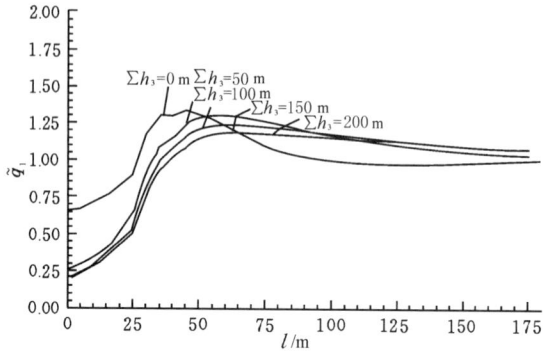

图 2　$\tilde{q}_1(x)$ 与 $\sum h_3$ 的关系

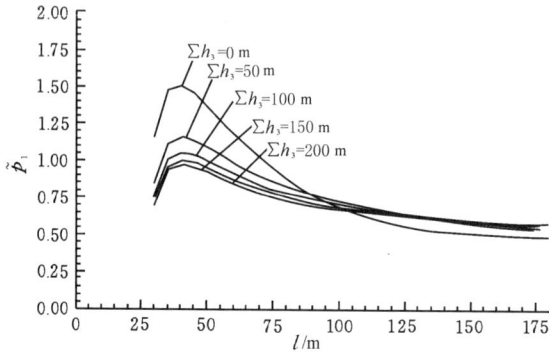

图 3　$\tilde{p}_1(x)$ 与 $\sum h_3$ 的关系

（1）随着软岩层 $\sum h_3$ 的变大，关键层上支承压力峰值和载荷峰值的无量纲值都相应降低，载荷峰值和支承压力峰值位置（$\tilde{p}_1$ 除外）有远离煤壁的趋势。例如当 $\sum h_3$ 分别为 0 和 200 m 时，p_{1max} 将降低 26.7%。但是，当 $\sum h_3$ 达到一定高度时，这种降低趋势越来越小，上述表明，随 $\sum h_3$ 的增加，关键层上载荷和支承压力有均匀化的趋势。

（2）随 $\sum h_3$ 增加，p_1、q_1、p_2、q_2 均将发生变化，且 p_{2min} 有可能出现负值。这说明在采空区上方，关键层下部容易出现离层。

4.2　固定 $\sum h_1$、$\sum h_3$，改变两坚硬层的间距 $\sum h_2$

固定 $\sum h_1 = 15$ m，$\sum h_3 = 100$ m，$\sum h_2$ 如以下变化：5、10、15、20、25 m，可得如下规律。

（1）随着两硬岩层中间的软岩层高度 $\sum h_2$ 的增加，上关键层的载荷峰值的位置和支承压力峰值的位置 p_{2max} 和 q_{2max} 有下降趋势，但不十分明显。下部关键层的 p_{1max} 和 q_{1max} 有增加趋势，但也不明显。

（2）随着 $\sum h_2$ 的增加，关键层上载荷峰值的位置和支承压力峰值的位置（p_{1max} 除外）都有远离煤壁的趋势。

4.3　固定 $\sum h_2$、$\sum h_3$，改变垫层厚度 $\sum h_1$

固定 $\sum h_2 = 15$ m，$\sum h_3 = 100$ m，$\sum h_2$ 以如下规律变化：5、10、15、20、25 m。有关 $\tilde{q}_1(x)$、$\tilde{p}_1(x)$ 与 $\sum h_1$ 的变化曲线分别见图 4、图 5。

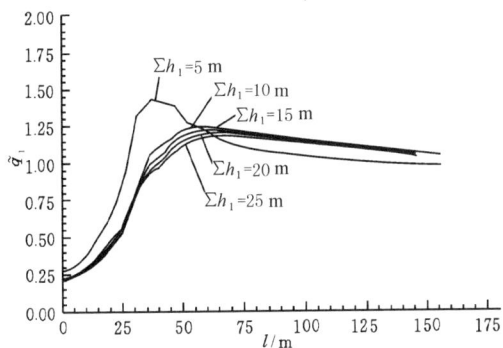

图 4 $\tilde{q}_1(x)$ 与 $\sum h_1$ 的关系

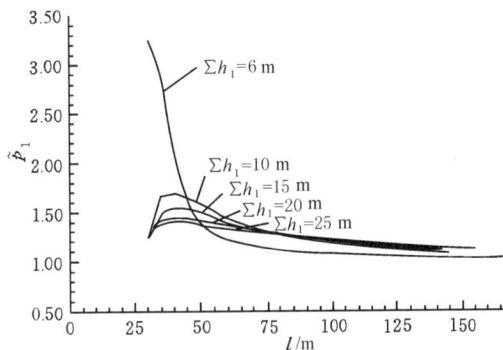

图 5 $\tilde{p}_1(x)$ 与 $\sum h_1$ 的关系

可得如下规律:

(1) 随着煤层加直接顶的高度 $\sum h_1$ 增加,关键层上载荷和支承压力的峰值都有下降的趋势。当 $\sum h_1$ 越小,也即直接顶与老顶的相对刚度差越小,支承压力峰值的位置也就越靠近煤壁,峰值也越大。

(2) 随着 $\sum h_1$ 增加,上部关键层上的载荷与支承压力峰值的位置也有远离煤壁的趋势。

5 结 论

在岩层活动中,无论是其破坏前还是破坏后,关键层始终是承载的主体,分析清楚关键层上部的载荷和下部的支承压力是深入研究关键层特性的基础。软岩层厚度有明显的影响,关键层上的载荷一般不可视作均匀分布。软岩层越薄,关键层上载荷和支承压力峰值就越高,且其峰值位置也越靠近煤壁;反之则相反。

参 考 文 献

[1] 钱鸣高,缪协兴,许家林.岩层控制中的关键层理论研究[J].煤炭学报,1996,21(3):225-230.
[2] 钱鸣高,刘听成.矿山压力及其控制(修订本)[M].北京:煤炭工业出版社,1992.
[3] 钱鸣高,缪协兴.砌体梁结构的关键块分析[J].煤炭学报,1994,19(6):557-563.

采高及复合关键层效应对采场来压步距的影响[①]

茅献彪　缪协兴　钱鸣高

(中国矿业大学采矿系,江苏 徐州　221008)

摘　要：本文运用有限元数值分析方法详细研究了采高变化和关键层复合效应对关键层破断即采场来压步距的影响,建立了相应的采场来压步距估算公式。

关键词：采动覆岩;关键层;破断;有限元;采场来压

0　引　言

在文献[1]中,首先提出了采动覆岩中关键层的概念,原采场覆岩中老顶即为关键层理论中的第 1 关键层,老顶的破断将造成采场来压,同时将对覆岩破裂、移动和地表沉陷产生较大影响。在文献[2]中,建立了复合关键层的概念,当采动覆岩中两坚硬岩层相距较近时,将形成复合关键层,复合关键层的存在,也将对采场来压和覆岩破裂、移动及地表沉陷产生较大影响。

近年来,作者在对综放采场矿压和覆岩破断、移动规律研究中发现,采高的变化对关键层的破断产生较大影响,即综放开采的关键层破断距明显小于相同条件下的分层开采的关键层破断距,而传统采场来压距估算方法[3]是不考虑采高与复合关键层影响的。

鉴于此,本文运用有限元计算方法,在考虑采高及复合关键层影响下[4],分析了采动覆岩中关键层的破断规律,进而提出了对传统矿压理论估算采场来压步距的修正公式。

1　关键层破断与采高的关系

1.1　采动覆岩中具有单一关键层的力学模型

为了对采动覆岩中关键层的破断规律进行力学分析,需要建立相应的力学模型。这里,为了突出关键层破断与采高的关系,考虑采场覆岩中仅存在一层关键层的情况,具体力学模型见图 1。图 1 中,关键层厚度为 h_1,关键层上部为软弱岩层和表土层,表土层用均布载荷 q 表示,关键层下部为软弱岩层和煤层,并且,采动覆岩处于周期来压期间。

1.2　计算参数的选取

图 1 中假设采场底板至地表为 250 m,其中表土层厚 $h=100$ m,关键层上部软弱岩层厚 $\sum h_2=100$ m,坚硬岩层厚 $h_1=5$ m,煤层与关键层下部软弱岩层总厚 $\sum h_2=45$ m,煤层厚 10 m。

---

①　本文发表于《湘潭矿业学院学报》,1999 年第 1 期,第 1～5 页。

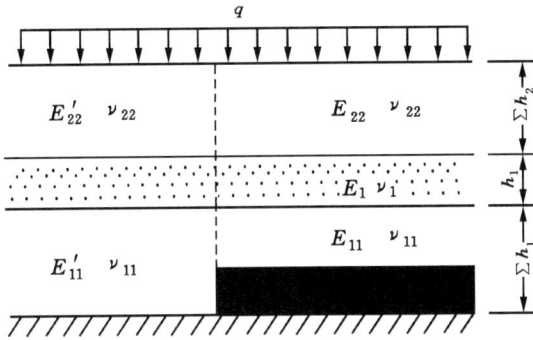

图 1 具单一关键层的采动覆岩力学模型

Fig. 1 Mechanical model of mining overlying

strata for one key stratum

根据一般煤系岩层的力学特性,在数值计算中取软弱岩层的弹性模量 $E_{11}=E_{22}=$ 10.0 GPa,泊松比 $\nu_{11}=\nu_{22}=0.3$,其中 E_{11}、ν_{11} 包括煤层;坚硬岩层的弹性模量 $E_1=$ 30.0 GPa,$\nu_1=0.3$;表土层载荷 $q=\gamma h=2$ MPa,其中 $\gamma=20$ kN/m^3。

本项计算参数选取的难点在采空区上方软弱岩层弹性模量的折减系数 η 上,即 $E'_{11}=$ $E'_{22}=\eta E_{11}$(或 E_{22})。已经知道,采空区上方岩层弹性模量的折减系数与采高 b 有关,采高越大,折减系数 η 也就越小。从有限元计算中也可以看到,折减系数 η 越小,关键层的破断距就越小。这样,根据相似材料模拟试验结果,并假设折减系数 η 与采高 b 成线性反比关系,即可确定具体计算中的 η 参数。

本算例中,采高 b 分别为 2、4、6、8、10 m,其采空区上方软弱岩层的弹模折减系数 η 与采高 b 的对应关系见表 1。

表 1 弹模折减系数 η 与采高 b 的关系

Tab. 1 Relationship between decline coefficient η of modulus of elasticity and mining height b

b/m	2	4	6	8	10
η/%	75	65	55	45	35

1.3 计算结果分析

利用 SAP93 有限元计算软件,将水平长 150 m、高 150 m 采动围岩计算区域非均匀地剖分成 8 500 个平面应变单元,计算关键层的极限破断距 L_m。计算中取关键层的抗压强度 $\sigma_c=50$ MPa,抗拉强度 $\sigma_t=5$ MPa。相应于各采高 b 的关键层极限破断距 L_m 见表 2 和图 2。

表 2 单一关键层的 L_m 与 b 的关系

Tab. 2 L_m vs b for one key stratum

b/m	2	4	6	8	10
L_m/m	19.5	17.0	14.0	11.5	9.0

从表 2 和图 2 计算结果可以看到,关键层的极限破断距 L_m 与采高 b 呈较好的线性反比关系。通过线性拟合,可得线性拟合方程为

$$L_m = l_m - k_1(b - b_0) \tag{1}$$

其中,l_m 为采高 2 m 时的关键层的极限破断距,即传统矿压理论估算值,$l_m = 19.5$ m;$b_0 = 2$ m;k_1 可称为关键层极限破断距随采高增加的递减系数,本算例中,$k_1 = 1.33$。

通过大量调整参数计算,k_1 均为 1.3 左右。因此,式(1)可代表如下物理意义:传统矿压理论计算中的关键层极限破断距 l_m 仅适用于采高为 2～3 m 情况,如采高超过 3 m,需用式(1)加以修正。修正时可取 l_m 为传统矿压理论的估算值,b_0 为 2～3 m,$k_1 = 1.3$。

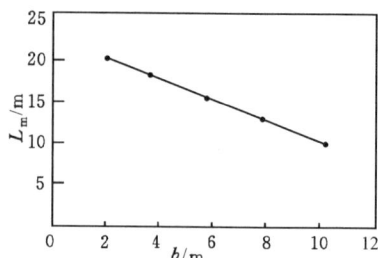

图 2　单一关键层的 L_m 与 b 的关系

Fig. 2　L_m vs b for one key stratum

2　复合关键层的破断

2.1　采动覆岩中具有复合关键层的力学模型

前面已经建立了采动覆岩中具有单一关键层的力学模型,这里,与其相类似,可建立采动覆岩中具有复合关键层的力学模型,见图 3。并且,采动覆岩也处于周期来压期间。计算系数的选取也与前面相同,并设 $E_2 = E_1$,$\nu_2 = \nu_1$,即两层关键层的力学特性完全一致。

本节仅分析采高 $b = 2$ m 时,复合关键层对第 1 关键层破断距的影响。

2.2　两关键层间距对第 1 关键层极限破断的影响

计算软件和剖分方法与前面类同。计算中分别取 $\sum h_2$ 为 2.5、5.0、7.5、10.0、12.5、17.5、20.0 m。其他几何系数 $\sum h_1 = 45$ m,$h_1 = h_2 = 5$ m,$\sum h_2 = 95 - l_m$。

第 1 关键层的极限破断距 L_m 与 $\sum h_2$ 计算结果见表 3,具体曲线关系见图 4。

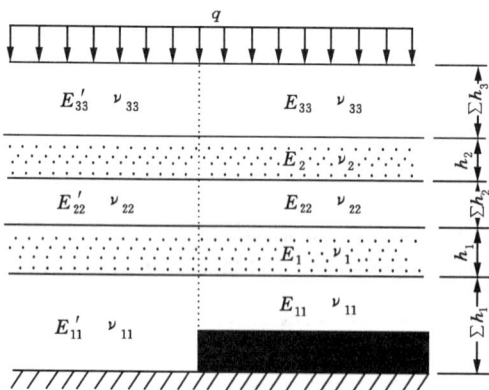

图 3　具有复合关键层的采动覆岩力学模型

Fig. 3　Mechanical model of mining overlying strata for the mixed key strata

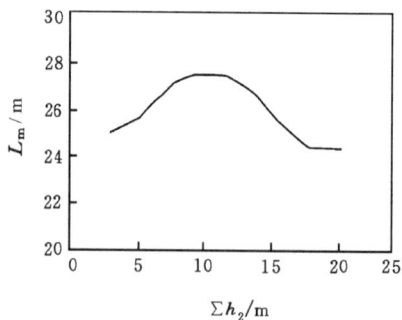

图 4　第 1 关键层 L_m 与 $\sum h_2$ 曲线的关系

Fig. 4　L_m of the first key stratum vs $\sum h_2$

表 3 第 1 关键层的 L_m 与 $\sum h_2$ 的关系

Tab. 3 L_m of the first key stratum vs $\sum h_2$

$\sum h_2/m$	2.5	5	7.5	10	12.5	15	17.5	20
L_m/m	25.0	25.5	26.5	27.0	27.0	26.0	24.5	24.5

从表 3 和图 4 中可以看到,复合关键层的复合效应最强区间集中在 $\sum h_2 : h_1$(或 h_2)的 1~3 倍之间。不妨假设 L_m 与传统矿压理论估算(不考虑复合关键层效应)的 l_m 之间存在如下算术平均关系

$$L_m = \frac{1}{n}\sum_{i=1}^{n}(L_m)_i = kl_m \qquad (2)$$

其中,$n=5$;$(L_m)_i$ 分别为 $\sum h_2 = 1 \sim 3\ m$ 之间的极限破断距;$l_m = 19.5\ m$,则 $L_m = 26.4\ m$,$k=1.35$。

这样,式(2)表示如下物理意义:如在采动覆岩中存在复合关键层,并在其较强复合效应范围内,用传统矿压理论仅考虑单一关键层作用的极限破断距需作修正,其修正系数为 k。

2.3 两关键层厚度变化对第 1 关键层破断的影响

在本部分计算中,主要分析 $h_2 : h_1$ 的值分别为 1.0、1.5、2.0、2.5、3.0、3.5、4.0 的两关键层相对厚度变化情况,其他几何参数为 $\sum h_1 = 45\ m$,$h_1 = 5\ m$,$\sum h_2 = 5\ m$,$\sum h_3 = 95 - h_2$。

第 1 关键层的极限破断距 L_m 与 $\sum h_2$ 的计算结果见表 4,具体曲线关系见图 5。

表 4 第 1 关键层的 L_m 与 h_2 的关系

Tab. 4 L_m of the first key stratum vs h_2

h_2/m	5	7.5	10	12.5	15	17.5	0
L_m/m	25.5	27.0	28.0	29.0	30.5	32.0	33.0

从表 4 和图 5 中均可看到,L_m 与 h_2 具有较好的线性正比关系,通过线性拟合,可得拟合方程为

$$L_m = kl_m + k_2(h_2 - 1.5h_1) \qquad (3)$$

其中,$k_2 = 0.5$。

式(3)的物理意义为:如果复合关键层在其较强复合效应范围内,且其第 2 关键层又明显厚于第 1 关键层($h_2 > 1.5h_1$),在用传统方法估算第 1 关键层极限破断距时,需用式(3)加以修正。

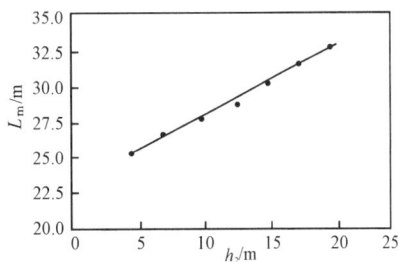

图 5 第 1 关键层 L_m 与 h_2 的关系

Fig. 5 L_m of the first key stratum vs h_2

3 复合关键层破断与采高的关系

复合关键层与单一关键层一样,其极限破断距与采高密切相关。这里,假设图 3 力学模型中几何参数分别为 $\sum h_1 = (45 - b)\ m$,h_1

$=h_2=5$ m,$\sum h_2=7.5$ m,$\sum h_3=87.5$ m,各岩层的力学参数选取与前面完全相同,分别计算采高 b 为 2、4、6、8、10 m 时第 1 关键层的极限破断距 L_m,其计算结果见表 5 和图 6。

表 5　第 1 关键层时 L_m 与 b 的关系

Table 5　L_m of the first key stratum vs b

b/m	2	4	6	8	10
L_m/m	26.5	23.0	20.5	17.5	15.0

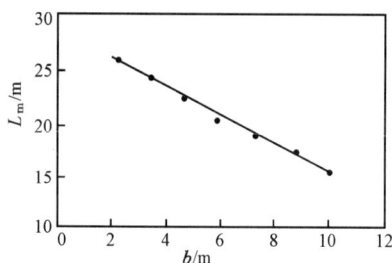

图 6　第 1 关键层时 L_m 与 b 的关系

Fig. 6　L_m of the first key stratum vs b

从表 5 和图 6 中均可以看到,第 1 关键层的极限破断距 L_m 与采高 b 呈较好的线性反比关系,其线性拟合方程为

$$L_m = kl_m = k_1(b - b_0) \tag{4}$$

其中,$k_1=1.33$,$b_0=2$。

式(4)与式(1)比较有类似之处,因此,式(4)也具有如下物理意义:当用传统矿压理论估算具有复合关键层情况下关键层极限破断距 L_m 时,需考虑复合效应 k 和采高影响 k_1。

4　结　语

通过上述研究,具体明确了采高和复合关键层效应对采场来压步距(即关键层极限破断距)的影响。这是传统矿压理论在估算采场来压步距时所忽略的因素,因而对其必须加以修正。

研究表明,关键层的极限破断距 L_m 与采高 b 呈较好的线性反比关系,即采高 b 越大,极限破断距 L_m 越小,当采动覆岩中两关键层相距较近时,即 $\sum h_2$ 在 1～3 倍的 h_1(或 h_2)范围内,将产生较大的复合效应,其关键层的极限破断将增加 1.35 倍左右。

参 考 文 献

[1]　钱鸣高,缪协兴,许家林.岩层控制中的关键层理论[J].煤炭学报,1996,21(3):225-230.

[2]　茅献彪,缪协兴,钱鸣高.采动覆岩中关键层的破断规律研究[J].中国矿业大学学报,1998,27(1):39-42.

[3]　钱鸣高,刘听成.矿山压力及其控制(修订本)[M].北京:煤炭工业出版社,1992.

[4]　丁安民,康全玉.采场上覆岩层移动参数的试验研究[J].湘潭矿业学院学报,1998,13(2):6-11.

Influence of Mining Height and Mixed Effect of Key Strata on Broken Length of the Harden Strata

Mao Xianbiao   Miao Xiexing   Qian Minggao

(Dept. of Min. of China Univ. of Mining and Technology, Xuzhou, Jiangsu 221008, China)

Abstract: Influence of mining height and mixed effect of key strata on broken length of the harden strata, or roof weighting span in longwall face, were investigated in detail by the finite element method. Formulas of the roof weighting span were constructed.

Keywords:mining overlying strata; key strata; broken; FEM; weighting of working face

采动覆岩中复合关键层的断裂跨距计算[①]

茅献彪　缪协兴　钱鸣高

(中国矿业大学数力系，徐州　221008)

摘　要：基于采动覆岩中的关键层理论深入分析了相邻坚硬岩层产生的复合效应，并用有限单元法计算了复合关键层的断裂跨度。

关键词：关键层理论；采动覆岩；采场来压；复合关键层；岩层控制

1　引　言

文献[1]对岩层控制中的关键层进行理论研究，给出了采动覆岩中关键层的定义，分析了关键层的特征和判定条件。文献[2]较为详细地分析了关键层上部的载荷及下部的支承压力随覆岩分层的几何和力学特性变化的分布特征，为对关键层的进一步分析奠定了基础。基于文献[2]，文献[3]较为详细地分析了两相邻坚硬岩层在覆岩断裂中的相互作用问题，建立了复合关键层的概念。本文将在上述研究成果的基础上，用有限元数值计算方法进一步分析在采动覆岩中复合关键层的断裂跨距问题。

2　采动覆岩的力学模型

为了对采动覆岩中复合关键层的断裂跨距进行定量分析，需要确定采场覆岩的力学模型。这里，像文献[2]和[3]一样，考虑较为简单的覆岩结构，即假设采场覆岩力学模型如图1所示。图1中，采场覆岩中具有2层坚硬岩层，具备了形成复合关键层的条件。并且，我们仅考虑采场覆岩处于初次来压阶段。由于对称性，可以取覆岩的一半进行力学分析。

假定图1状态为模型Ⅰ。如果第一层坚硬岩层 h_1 发生断裂而垮落，则第一层坚硬岩层与第二层坚硬岩层之间的软弱夹层 $\sum h_2$ 也同时垮落。这时，第二层坚硬岩层 h_2 下部与虚线左侧部分的岩体去掉，此状态为模型Ⅱ。再在模型Ⅱ上分析第二层坚硬岩层内的应力，判断它是否达到极限状态，求出极限断裂跨距。

3　复合关键层在采动覆岩中的力学特征

通过文献[2]和[3]的分析可知，当采动覆岩中两层（或两层以上）相邻坚硬岩层相距较近时，它们将形成复合关键层。由于复合效应，复合后的坚硬岩层的强度和刚度比单一

---

① 本文发表于《岩土力学》，1999 年第 2 期，第 1～4 页。

坚硬岩层要大得多,也即增大了采动覆岩的断裂跨距。

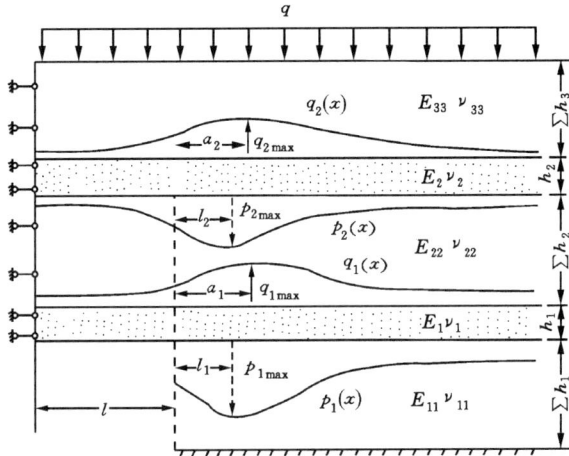

图 1　采场覆岩的力学模型

Fig. 1　Mechanical model of the overlying strata in long wall face

l——采空区长度的一半;$\sum h_1$——采场底板到第 1 层坚硬岩层的高度;

$\sum h_2$——第 1 层坚硬岩层到第 2 层坚硬岩层的高度;$\sum h_3$——第 2 层坚硬岩层到表土层的高度;

$p_1(x)$——第 1 坚硬岩层下部的支承压力;l_1——p_{1max}到煤壁的距离;

$p_2(x)$——第 2 坚硬岩层下部的支承压力;l_2——p_{2max}到煤壁的距离;$q_1(x)$——第 1 坚硬岩层上部的载荷;

a_1——q_{1max}到煤壁的距离;$q_2(x)$——第 2 坚硬岩层上部的载荷;a_2——q_{2max}到煤壁的距离;

q——表土层对基岩的作用力,此处视为均布载荷(取表土层高度 $h=100$ m,重力密度 $\gamma=20$ kN/m³,则 $q=\gamma h=2$ MPa);

E_1,ν_1——分别为第 1 层坚硬岩层的弹性模量和泊松比;E_2,ν_2——分别为第 2 层坚硬岩层的弹性模量和泊松比;

E_{11},ν_{11}——分别为第 1 层坚硬岩层下部软岩层的弹性模量和泊松比;

E_{22},ν_{22}——分别为第 1 层与第 2 层坚硬岩层之间软岩层的弹性模量和泊松比;

E_{33},ν_{33}——分别为第 2 坚硬岩层上部软岩层的弹性模量和泊松比

〔算例一〕　以图 1 具体算例来说明复合关键层的一些基本力学特征。设 $E_1=E_2=$ 30.0 GPa,$E_{11}=3.0$ GPa,$E_{22}=E_{33}=10.0$ GPa,$\nu_1=\nu_2=\nu_{11}=\nu_{22}=\nu_{33}=0.3$,$l=25.0$ m。取 $h_1=h_2=5.0$ m,$\sum h_1=15.0$ m,$\sum h_3=115-\sum h_2$,$\dfrac{\sum h_2}{h_1}$ 分别为:0.5、1.0、1.5、2.0、2.5、3.0。相应地由模型 I 计算得到第一层坚硬岩层 h_1 内的最大拉应力 σ_{h_1}(位置在采场中部该坚硬岩层的下缘处)和模型 II 计算得到第二层坚硬岩层 h_2 内的最大拉应力 σ_{h_2}(位置在采场中部该坚硬岩层的下缘处),见表 1。

表 1　坚硬岩层中最大拉应力与 $\sum h_2$ 的关系

Table 1　The relationship between σ_{h_1},σ_{h_2} of hard strata and $\sum h_2$

$\sum h_2/h_1$	0.5	1.0	1.5	2.0	2.5	3.0
σ_{h_1}/MPa	5.12	4.54	4.38	4.37	4.38	4.42
σ_{h_2}/MPa	4.13	4.07	3.99	3.77	3.56	3.48

从表 1 中可以清楚地看到,当 $\sum h_2$ 从 2.5 m 增加到 5.0 m 时,σ_{h_1} 从 5.12 MPa 降至 4.54 MPa,降低 11.3%。当 $\sum h_2$ 从 5.0 m 增加到 7.5 m 时,σ_{h_1} 仅从 4.54 MPa 降至 4.38 MPa,只降了 3.1%。$\sum h_2$ 再增加时,σ_{h_1} 下降趋势越来越小,甚至会出现增大现象。这个算例定量说明了两相邻坚硬岩层的复合效应随软弱夹层厚度 $\sum h_2$ 的变化关系,即 $\sum h_2/h_1$(或 h_2)约为 1.0 时,两者的复合效应最为明显,其原理可用力学中的复合梁或复合板效应来解释。

〔算例二〕 分析复合关键层中的坚硬岩层相对厚度变化对其应力大小的影响。其中取 $h_1 = 5.0$ m,$\sum h_2 = 15.0$ m,$\sum h_3 = 105 - h_2$,让 h_2/h_1 以如下规律变化:0.5、1.0、1.5、2.0、2.5、3.0。相应由模型 I 计算得到第一层坚硬岩层 h_1 内的最大拉应力 σ_{h_1}(位置在采场中部该坚硬岩层的下缘处)和模型 II 计算得到第二层坚硬岩层 h_2 内的最大拉应力 σ_{h_2}(位置在采场中部该坚硬岩层的下缘处),见表 2。

表 2 坚硬岩层中最大拉应力与 h_2 的关系

Table 2 The relationship between σ_{h_1}, σ_{h_2} of hard strata and h_2

h_2/h_1	0.5	1.0	1.5	2.0	2.5	3.0
σ_{h_1}/MPa	4.57	4.42	4.28	4.15	4.07	3.99
σ_{h_2}/MPa	2.86	3.48	4.17	4.55	4.65	4.48

从表 2 可以清楚地看到,当两坚硬岩层的强度相同时,在 $h_2/h_1 \leqslant 1.6$ 前,上部坚硬岩层不会随下部坚硬岩层同时垮落,则上部坚硬岩层为主关键层,而下部坚硬岩层为亚关键层。当 $h_2/h_1 \geqslant 1.6$ 后,上部坚硬岩层将随下部硬岩层同时垮落,则下部坚硬岩层就为该覆岩中唯一的关键层。这里需要说明的是,并不是上部坚硬岩层越厚,它在岩层活动中的作用越小。相反,上部坚硬岩层越厚,它在整个岩层活动中的作用就越大。这是由于上部坚硬岩层的厚度变化对下部坚硬岩层的应力分布发生了作用。这一点,由表 2 中的 σ_{h_1} 和表 1 中的 σ_{h_1} 相比较即可得到证实。比较后可以看到,随 h_2 增加,σ_{h_1} 会有相应降低。这就说明,随 h_2 的增加,将引起 h_1 的断裂跨距增大。事实上,在以上两算例中,将 h_1 和 h_2 看做复合关键层,更能体现关键层在岩层活动中的控制作用。

4 复合关键层的断裂跨距

4.1 软弱夹层厚度对坚硬岩层断裂跨距的影响

这里,在有限元分析中采用的参数基本上与前面算例一相同,分两种情况计算坚硬岩层的断裂跨距。一种情况是,假设图 1 中只有第一坚硬岩层,而没有第二坚硬岩层,并设坚硬岩层的抗拉极限 $[\sigma] = 3.0$ MPa,则计算得到坚硬岩层的极限断裂跨距 $l = 7.0$ m。第二种情况是,取 $h_1 = h_2 = 5.0$ m,$\dfrac{\sum h_2}{h_1}$ 分别为:0.5、1.0、1.5、2.0、2.5、3.0、3.5、4.0。相应由模型 I 计算得到第一层坚硬岩层的极限断裂跨距 l_1 和模型 II 计算得到第二层坚硬岩层的极限断裂跨距 l_2,其计算结果见表 3 和图 2。

表 3　坚硬岩层的极限断裂跨距与 $\sum h_2$ 的关系

Table 3　The relationship between l_1, l_2 of hard strata and $\sum h_2$

$\sum h_2/h_1$	0.5	1.0	1.5	2.0	2.5	3.0	3.5	4.0
l_1/m	8.5	9.5	10.0	10.0	10.0	9.5	9.0	9.0
l_2/m	9.5	10.0	10.5	10.5	11.0	11.5	11.5	12.0

从表 3 和图 2 的计算结果可以看到，第一层坚硬岩层的极限断裂跨距 l_1，即采场来压步距受相邻第二坚硬岩层影响较大。有第二坚硬层存在时 l_1 明显大于 l，最大差为 3.0 m，达 42.8%。另外，由于受软弱夹层厚度 $\sum h_2$ 变化的影响，相邻坚硬岩层之间的复合效应会有所变化。当 $\sum h_2$ 与 h_1（或 h_2）之比在 1.5 至 2.5 之间，这种复合效应最强。当 $\sum h_2$ 继续增大时，复合效应又会降低。l_2 与 l_1 比较，随 $\sum h_2$ 增加，它们之间的差距不大，保持在 1.0 m 左右。当 $\sum h_2$ 与 h_1（或 h_2）之比大于 3 后，复合效应将逐步降至零。

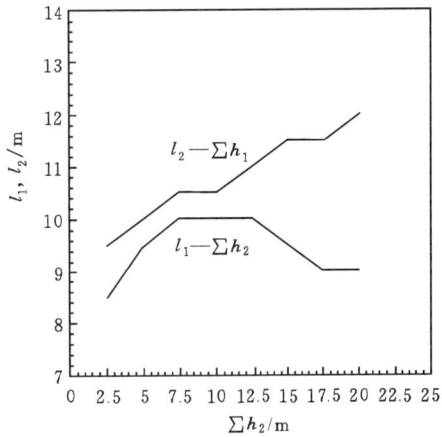

图 2　l_1、l_2 与 $\sum h_2$ 的关系

Fig. 2　The relationship between l_1, l_2 and $\sum h_2$

4.2　复合坚硬岩层相对厚度对其断裂跨距的影响

这里，在有限元分析中采用的参数基本上与前面算例二相同。与 4.1 节相似，可以得到 $l=7.0$ m。取 $h_1=5.0$ m，$\sum h_2=10.0$ m，h_2/h_1 以如下规律变化：0.5、1.0、1.5、2.0、2.5、3.0。相应由模型 I 计算得到第一层坚硬岩层的极限断裂跨距 l_1 和模型 II 计算得到第二层坚硬岩层的极限断裂跨距 l_2，其计算结果见表 4 和图 3。

表 4　坚硬岩层的极限断裂跨距与 h_2 的关系

Table 4　The relationship between l_1, l_2 of hard strata and h_2

h_2/h_1	0.5	1.0	1.5	2.0	2.5	3.0
l_1/m	9.5	9.5	11.0	12.0	12.5	13.5
l_2/m	10.5	11.0	11.0	12.0	12.5	13.5

从表 4 和图 3 计算结果中可以看到，当 $h_2/h_1 \geqslant 1.5$ 时，第一层坚硬岩层的极限断裂跨距 l_1 与相邻第二层的极限断裂跨距 l_2 就相同了。这说明，此时的两相邻坚硬岩层已成为变形与破断相一致的复合关键层。随着 h_2 的增加，第二层坚硬岩层在覆岩活动中的作用就越大。当 $h_2=15.0$ m 时，采场来压步距 $l_1=l_2=13.5$ m，与 $l=7.0$ m 比较，大 92.9%。

5　结　语

通过对采动覆岩中复合关键层的断裂跨距的深入研究可知,当采动覆岩中两层(或两层以上)坚硬岩层相邻较近时,它们之间将产生复合效应,其原理类似于力学中的复合梁或复合桩。复合效应的大小受两类因素影响,一类为岩层分层的几何参数,另一类为岩层分层的力学特性参数。两相邻坚硬岩层的复合效应与软弱夹层的厚度存在极值关系,既不是夹层越薄效应越大,也不是夹层越厚效应越大,夹层厚度约为两坚硬岩层的平均厚度时复合效应达到极限状态。若在老顶上方相邻老顶 3 倍距离内存在另外坚硬岩层,用传统矿压理论估算的采场来压步距需作修正。

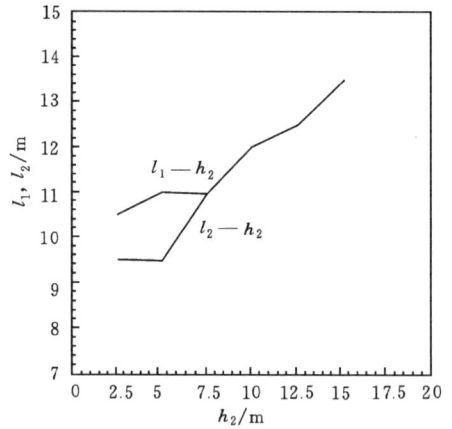

图 3　l_1、l_2 与 h_2 的关系

Fig. 3　The relationship between l_1, l_2 and h_2

参 考 文 献

[1]　钱鸣高,缪协兴,许家林. 岩层控制中的关键层理论研究[J]. 煤炭学报,1996,21(3):225-230.

[2]　钱鸣高,茅献彪,缪协兴. 采场覆岩中关键层上载荷的变化规律[J]. 煤炭学报,1998,23(2):135-139.

[3]　茅献彪,缪协兴,钱鸣高. 采动覆岩中关键层的破断规律研究[J]. 中国矿业大学学报,1998,27(1):39-42.

Calculation for Fracture Span of Compound Key Strata in Mining Rocks

Mao Xianbiao　　*Miao Xiexing*　　*Qian Minggao*

(China University of Mining & Technology, Xuzhou 221008)

Abstract:On the basis of the research of theory of key strata in the mining rocks, the compound effect caused by hard strata is studied in detail. The fracture span of compound key strata is calculated by FEM.

Keywords:key strata theory; mining rocks; roof weighting; compound key strata; strata control

采动覆岩中关键层的复合效应分析[①]

（中国矿业大学）

摘　要：研究关键层的复合效应对深入揭示关键层在采动覆岩中的控制机理有重要推动作用。本文进一步明确了关键层复合效应的概念,系统分析了关键层复合效应对关键层破断、采场来压、岩层移动、采动裂隙分布和地表沉陷的影响。

关键词：采动岩体;关键层;砌体梁;复合效应;岩层控制

1　引　言

岩层控制中的关键层理论是将采场矿压、岩层移动和地表沉陷三方面研究有机结合的桥梁,因此,自从文献[1]提出关键层理论以来,引起了学术界的广泛关注。本文对采动覆岩中关键层的复合效应进行较系统的分析。

2　关键层复合效应的基本概念

当覆岩中存在两层以上坚硬岩层时,无论上部或下部坚硬岩层都将对下部或上部坚硬岩层的采动变形和破断产生影响,也即对采动覆岩变形、破断、移动全过程产生影响。广义地讲,这种影响就为两坚硬岩层间的复合效应。如两坚硬岩层为关键层,则它们之间的相互影响称之为关键层的复合效应。这里,所分析的关键层复合效应仅指两相邻关键层之间产生明显的刚度和强度增加现象,并对相邻关键层岩性和几何特征作如下限定：① 两坚硬岩层的岩性基本相同,它们之间的软弱夹层与之有明显的差别;② 无论坚硬岩层还是软弱夹层,它们的厚度无量级差别。

关键层的复合效应类似于复合梁或复合板的复合效应。有三层材料组成的矩形截面的复合梁,设截面的上层 h_2、下层 h_1 为硬材料,中间层 $\sum h_2$ 为软材料,其复合效应为：$\sum h_2$ 越薄,则其复合后的抗弯截面模量就越小;反之,软层越厚,抗弯截面模量越大。

设 h_1、$\sum h_2$、h_2 的弹性模量分别为 E_1、E_{22}、E_2。在 $h_1=h_2$ 的条件下,横截面上的弯矩为 M,则根据材料力学原理,最大弯曲应力 σ_{h_1} 为

$$\sigma_{h_1}=\frac{12E_1M(h_1+0.5\sum h_2)}{E_1\left[(2h_1+\sum h_2)^3-\sum h_2^3\right]+E_{22}\sum h_2^3} \tag{1}$$

① 本文发表于《矿山压力与顶板管理》,1999 年第 3-4 期,第 19～21 页。

以 $h_1 = h_2 = 0.5$ m，$E_1 = E_2 = 30.0$ GPa，$E_{22} = 3.0$ GPa 为例，σ_{h_1}/M 与 $\sum h_2$ 的曲线关系见图 1。由于弯矩 M 仅取决于梁的约束条件及所受载荷，与 $\sum h_2$ 无关，因而图 1 实际上反映了 σ_{h_1} 随 $\sum h_2$ 的变化规律。

从图 1 中可以看到，随 $\sum h_2$ 增加 σ_{h_1} 将快速下降。但是，随着 $\sum h_2$ 的厚度增加，其复合梁效应会越来越弱。在该算例中，当 $\sum h_2$ 大于 5.0 m，即 $\sum h_2 > h_1$ 或 h_2 后，其复合梁效应就明显减弱。

在式(1)中可以看到，上下坚硬层间距 $\sum h_2$ 是影响复合梁效应的主要因素，除此之外，E_{22} 也是影响因素之一，但为次要因素。

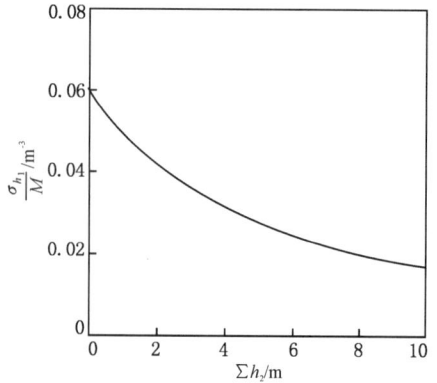

图 1　σ_{h_1}/M 与 $\sum h_2$ 关系曲线

在此，需对采动岩体中的关键层、关键层的复合效应及复合关键层作如下说明：

① 关键层——岩层无论是坚硬还是软弱，不管岩层厚薄，在采动岩体中均具有加载和承载能力，只是为了简化采动岩体中复杂的分析对象，根据其承载能力的大小，对在岩体活动中承载能力十分突出的坚硬岩层(或称承载主体)进行重点分析，因此，把在采动岩体中起控制作用的承载主体称为关键层。

② 关键层的复合效应——两层坚硬岩层相距较近时，将产生类似于复合板或复合梁那样的结构效应，它们的承载能力不是简单的线性叠加，可远比线性叠加值大。这时，如分别单层分析岩层破断和移动规律，将产生重大误差。因此，我们把两相距较近的关键层产生的承载能力显著增强现象称之为关键层的复合效应。

③ 复合关键层——两相邻关键层仅会产生复合效应，而且可能同步破断。因此，我们把两同步破断的关键层称为复合关键层。

3　关键层复合效应对采场矿压的影响

现通过有限元数值分析来给出复合效应的定量概念。

如图 2 所示，采场覆岩中存在两相邻硬岩层，为 h_1 和 h_2，弹性模量和泊松比为 E_1、ν_1 和 E_2、ν_2。中间软弱层为 $\sum h_2$，弹性模量和泊松比为 E_{22}、ν_{22}。第二硬岩层上部的软弱层厚 $\sum h_3$，弹性模量和泊松比为 E_{33}、ν_{33}。表土层转化为均布载荷后集度为 q。采空区长度的一半为 l。

先假设覆岩中不存在第二硬岩层，而只有第一硬岩层。可计算出其破断距为 $l = 7.0$ m。计算中具体岩性参数如下：$E_1 = 30.0$ GPa，$E_{11} = 3.0$ GPa，$E_{22} = E_{33} = 10.0$ GPa，$\nu_1 =$

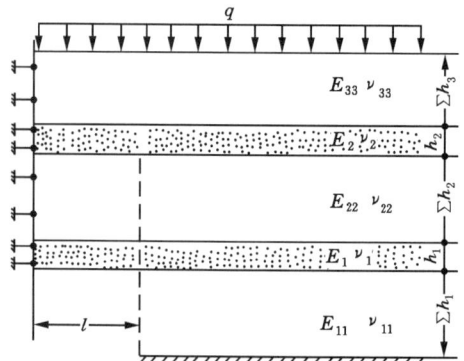

图 2　采动覆岩力学模型

$\nu_{22} = \nu_{33} = 0.3$，$h_1 = 5.0$ m，$\sum h_3 = 115.0$ m，$\sum h_1 = 15.0$ m，硬岩的抗拉极限 $[\sigma]$ $= 3.0$ MPa。

当存在两层硬岩时，假设两层硬岩的厚度和力学参数均相同，分析软夹层 $\sum h_2$ 厚度变化对其破断距的影响。由模型 I（图2）计算得到第一硬岩层的极限断裂跨距 l_1 和模型 II（指图2中第二硬岩层下部与虚线左侧部分的岩体去掉）计算得到第二硬岩层的极限断裂跨距 l_2，其计算结果见图3。

从图3可知，第一硬岩层的极限断裂跨距 l_1 受相邻第二硬岩层影响较大。有第二硬层存在时 l_2 明显大于 l_1，最大差为 3.0 m，达 42.8%。另外，由于受软夹层厚度 $\sum h_2$ 变化的影响，相邻硬岩层的复合效应会有所变化。当 $\sum h_2$ 与 h_1（或 h_2）之比在 1.5 至 2.5 之间，这种复合效应最强。当 $\sum h_2$ 继续增大时，复合效应又会降低，l_2 与 l_1 比较，随 $\sum h_2$ 增加，差距不大，保持在 1.0 m 左右。当 $\sum h_2$ 与 h_1（或 h_2）之比大于 3 后，复合效应将逐步降至零。

当两硬岩层间距 $\sum h_2 = 10.0$ m 不变，假设两硬岩层的相对厚度 h_2/h_1 变化，其他计算参数与前述相同，可得到其复合效应对采场来压的影响关系。其计算结果见图4。

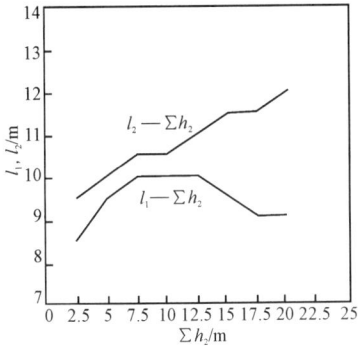

图3　l_1、l_2 与 $\sum h_2$ 的关系

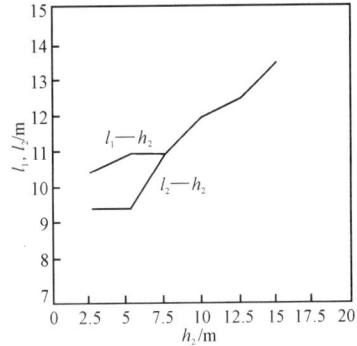

图4　l_1、l_2 与 h_2 的关系

从图4可知，当 $h_2/h_1 \geqslant 1.5$ 时，两硬岩层的极限断裂跨距 l_1 与 l_2 就相同了。这说明，此时的两岩层已成为变形与破断相一致的复合关键层。随着 h_2 的增加，第二硬岩层在覆岩活动中的作用就越大。当 $h_2 = 15.0$ m 时，采场来压步距 $l_1 = l_2 = 13.5$ m，与 $l = 7.0$ m 比较，大 92.9%。

4　关键层复合效应对岩层移动的影响

关键层在破断前，作为梁（或板）结构，是采动覆岩中的承载主体。关键层在破断后，形成砌体梁结构，继续作为破裂岩体中的骨架，起承载主体作用。因此，关键层的复合效应不仅影响采场矿压，同时要影响岩层移动，包括离层裂隙分布和地表沉陷曲线等等。

在工作面初次采动后，采场覆岩中关键层未破断前，关键层将以弹性地基板或梁的结构形式产生挠曲下沉变形。此时，关键层下部将产生离层，离层的大小取决于采高及软弱岩层的松散系数。如有亚关键层，则破断后的亚关键层将形成砌体梁结构，并也将在主关键层下部产生离层。亚关键层与主关键层都破断成砌体梁结构后，在覆岩中将形成不整合性离层。这种离层将发生在开采边界的四周，而并非在中部。

关键层破断垮落的非连续变形曲线即为砌体梁结构下沉位移形态曲线，此曲线表达式即[2]

$$y(x) = -W(1 - e^{-\frac{x}{2l}}) \tag{2}$$

式中，W 为关键层中部的最大下沉量；l 为关键层的平均破断块长。

假设采场覆岩中存在两层关键层，即下层为亚关键层，上层为主关键层。上下关键层的砌体梁下沉曲线之差即为关键层的离层 Δy，即

$$\Delta y = y_1 - y_2 = W_2(e^{-\frac{x}{2l_1}} - e^{-\frac{x}{2l_2}}) \tag{3}$$

式中，y_1，y_2 分别为亚、主关键层的下沉量；l_1，l_2 分别为亚、主关键层的破断块长；W_2 为主关键层中部的最大下沉量。

在亚关键层和主关键层前、后破断后，由式（2）、式（3）绘制出的主关键层下部的离层拟合曲线见图 5。图中 $W=W_2=1\ 500$ mm，$l_1=9$ m，$l_2=14$ m。

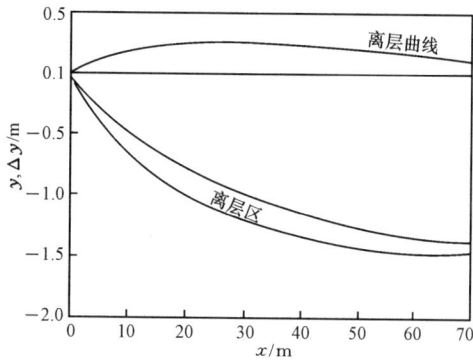

图 5　主关键层破断后下部的离层

用数值模拟和物理模拟等方法都可证明关键层理论所描述的离层情况。

由式（2）可知，当关键层受复合效应影响后，破断距 l 将显著增大，因而关键层曲线也将发生显著变化。同时，岩层移动、离层、地表沉陷曲线等也将有相应变化。

由式（3）可知，当关键层受复合效应影响后，特别当形成复合关键层（$l_1=l_2$）后，即 $\Delta y \equiv 0$。这说明图 5 中离层区将不存在。

5　结　语

深入揭示关键层之间的复合效应，将对岩层控制理论的发展起积极推进作用。两硬岩层之间的复合效应主要与其间距有关，当间距与坚硬岩层厚度没有量级差别时，复合效应最明显。复合效应将影响采动岩体活动的多个方面，包括采场矿压、岩层离层裂隙分布及地表沉陷。

参 考 文 献

［1］　钱鸣高,缪协兴,许家林.岩层控制中的关键层理论研究[J].煤炭学报,1996,21(3):225-230.

［2］　钱鸣高,缪协兴.采场上覆岩结构形态与受力[J].岩石力学与工程学报,1995,14(2):97-106.

Study and Application of the O-shaped Circle Theory for Relieved Methane Drainage[①]

Xu Jialin & *Qian Minggao*

(China University of Mining and Technology, Xuzhou, People's Republic of China)

Abstract: Experiments and discrete simulation results have revealed that as the excavated area is large enough, mining-induced fractures are repressed and closed in the middle zone of goaf, but the fractures can still exist around the goaf for a long time, so that an O-shaped circle with developed fracture is formed around the goaf with the width about 30 m. The experiment results have shown that the O-shaped circle is the main flowing passage of relieved methane, and the relieved methane drainage holes should be laid in the O-shaped circle. Guided by the O-shaped circle theory about relieved methane drainage, the industrial experiment to drain methane from long away overlying coal seam through surface well has been completed successfully. The plan to drain the relieved methane in the goaf of Lu Ling Colliery has been put forward and applied.

1 INTRODUCTION

Methane is a harmful gas to threaten mine safety and also a kind of clean and efficient energy. Methane drainage is an important measure to reduce the mine methane emission rate and prevent methane explosion and coal-methane outburst. Methane drainage methods include the unrelieved methane drainage before coal mining and relieved methane drainage after coal excavation. The mining-induced fractures cause methane to be relieved and become the flow passage for the relieved methane. The flow pattern of the relieved methane is related with the mining-induced fracture distribution. The relieved methane drainage is adopted by almost all gassy mines and its key point is the drainage holes layout. In order to improve the relieved methane drainage rate and reduce the drilling works, the layout of the relieved methane drainage holes should be optimized by using the distribution law of the mining-induced fractures.

---

① 本文发表于'99. *Mining Science and Technology* Published by A. A. Balkema/Rotterdam/Brockfield, 1999 年, 第113～116页。

2 DISTRIBUTION CHARACTERISTICS OF MIINIG-INDUCED FRACTURES IN THE OVERLYING STRATA

2.1 Physical model experiments

In order to study the distribution characteristics of the mining-induced fractures in the overlying strata after coal seam is excavated, 5 model experiments of equivalent material have been done in Tao Yuan Colliery. The first long wall mining face No. 1018 excavates No. 10 coal seam with the mining height 2.5 m, the face length 180 m, and the mining depth 500 m. A plane-stress model with dimensions $2\,500 \times 200 \times 1\,600\ mm^3$ is adopted. The strata displacement of the models is measured and the fractures distribution of the models is photographed.

The mining-induced fractures in the overlying strata can be classified into two groups as follows: one is the fracture occurred with the bed separation while roof caving, and it can be developed between the bedding planes along the whole overlying strata; the other is cross-breaking fracture, and it becomes the flow passage for the released gas to flow down into the longwall mining face and its goaf from near overlying coal seams. The experiment results indicate that the cross-breaking fracture is only developed up to 30 m from No. 10 seam. The indexes of bed-separation ratio and fracture density are adopted to assess quantitatively the development of the mining-induced fractures. The bed-separation ratio(mm/m, or ‰) expresses the height of bed-separation in the unit thickness of rock. The bed-separation ratio is got by measuring the displacement difference between two strata (in the physical model). The fracture density is got by image analysis technique. An image of fracture distribution obtained by scanning the photographs of the physical model is measured and counted by a special computer program FIMAGE(Xu, 1998).

The image of fracture is divided into pixels and the fractures density expressed by the pixels numbers. The more the pixels numbers are, the more the fractures are developed. The fracture density distribution of the models is illustrated in Fig. 1. The bed-separation ratio contour in the goaf, as the face is advanced 250m along strike, is illustrated in Fig. 2.

Fig. 1 and Fig. 2 indicate that as the

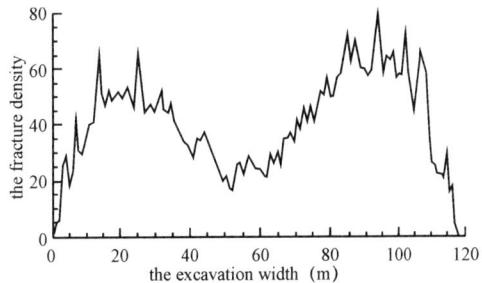

Fig. 1   The distribution of the fracture density by image analysis

excavated area is big enough, the mining-induced fractures are repressed and closed in the middle zone of the goaf, but the fractures can still exist around the goaf for a long time, so that a developed fracture zone is formed around the goaf. The zone is named as

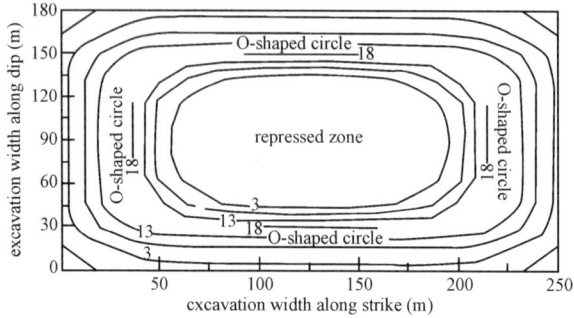

Fig. 2　The contour lines of the bed-separation ratio in the goaf

O-shaped circle and it periphery width is about 30 m.

2.2　Discrete element simulation

The simulation condition of the discrete element method is same as the physical simulation model, but the roof is only simulated up to 30 m above No. 10 seam. The elements selected in the computer simulation model are based on the size of the broken blocks in the layers shown in the physical simulation model. The fracture distribution simulation results, as excavation length of working face is up to 140 m, is illustrated in Fig. 3.

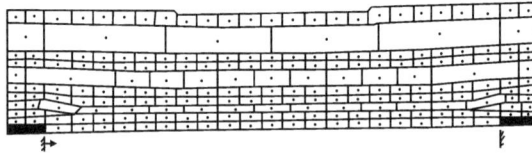

Fig. 3　Discrete element simulation results
of fracture distribution

Fig. 3 indicates that a developed bed-separation zone exists in two boundaries of the goaf, so that an O-shaped circle of bed-separation is formed around the goaf. The bed-separations mainly occur between the overlying strata with large broken blocks and the lower strata with smaller broken blocks. The discrete element simulation results verify the O-shaped circle distribution characteristics.

2.3　The strata movement mechanism of mining-induced fracture distribution

The mining-induced fractures are formed due to the strata movement and breaking after excavation. The overlying rock mass is the rock strata with different thickness and strength. The broken blocks of hard strata from the structure of voussoir beam. Based on the analysis of the mechanics model of the voussoir beam(Qian, 1995) and the O-shaped curve characteristics of the subsidence profile of strata(the subsidence profile is convex in the orefield and then turn to concave curve), the formula about the subsidence curve of the voussoir beam has been shown as follows:

$$w = w_0 \left[1 - I/(1 + e^{(x-0.5l)/0.25l}) \right] \qquad (1)$$

where w is the subsidence of the voussoir beam;

w_0 is the maximum subsidence of the voussoir beam;

x is the distance to the excavation boundary;

l is the length of broken block in the voussoir beam.

The formula (1) indicates that when the mining thickness and the distance between the voussoir beam and the coal seam are defined, the subsidence curve of the voussoir beam depends on the broken length of the voussoir beam and the distance to the mining boundary. If there are two adjacent strata with the same $w_0 = 1.5$ m and the length of the broken blocks in the upper or the lower strata are 15 m or 10 m respectively, by using the formula (1), the subsidence curve of the two strata and the bed-separation distribution curve between the two strata can be illustrated in Fig. 4. Fig. 4 indicates that in the goaf the subsidence of the longer blocks is less than that of the shorter blocks, and their subsidence tends to be same when the distance to the mining boundary becomes longer. The difference of the subsidence of the two strata causes the bed-separation occurrence. The bed-separation mainly occurs near the mining boundary, so that the O-shaped circle of the bed-separation is formed around the goaf.

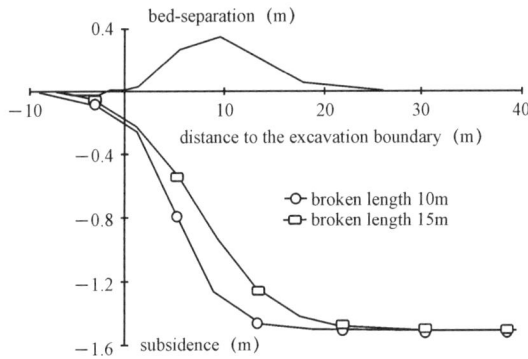

Fig. 4　Influence of the length of broken blocks on the subsidence and forming of bed-separation zone

3　TEST AND APPLICATION OF THE O-SHAPED CIRCLE THEORY OF RELIEVED METHANE DRAINAGE

3.1　The O-shaped circle theory about relieved methane drainage

The flow of the relieved methane is with two steps: firstly, the methane flow from coal mass into the surrounding fractures by diffusing, then the methane flow through the fractures to gas drainage holes with permeating manner. The mining-induced fractures become the passage for the methane migration. Obviously, if the drainage holes is laid in the area with developed fractures, the methane can easily flow to the drainage holes. Based on the mining-induced fracture distribution characteristics, the O-shaped circle theory about the relieved methane drainage has been put forward as follows: the O-shaped circle of the mining-induced fractures is like a "methane river bed". The relieved methane from the surrounding rock and coal migrates continuously to and gather in the "methane river". Accordingly, the relieving methane drainage holes should be laid in the O-shaped circle to keep the period of the effective drainage longer, the drainage area bigger and methane drainage rate higher. In order to keep the drainage holes laid in the O-shaped circle, the horizontal distance of the bottom of drainage hole to the return airway should be calculated by the following formula:

$$S = [H - (B + H\cot\varphi)\tan\alpha]\sin\alpha + (B + H\cot\varphi)/\cos\alpha \qquad (2)$$

where S is the horizontal distance of the bottom of the drainage hole to the return airway, m.

H is the vertical distance of the bottom of drainage hole to the excavated coal seam, m, different types of drainage hole types have different value of H.

B is the distance of the drainage hole to the outer boundary of the O-shaped circle, m, in general, B stands for the value at $0 \sim 30$ m.

φ is the dip angle of the coal seam, (°).

α is the intersection angle between the coal seam and the line connecting the outer boundary of the O-shaped circle and the mining boundary, (°).

The numerical simulation result (Ding, 1996) about the relieved methane permeating in the goaf testify the O-shaped circle theory. The tracer analysis results for gas migration in the goaf using the gas SF_6 also testify the O-shaped circle theory about relieved methane drainage.

3.2   The application of the O-shaped circle theory about relieved methane drainage

The O-shaped circle theory about the relieved methane drainage has been applied in Tao Yuan Colliery and Lu Ling Colliery of Huaibei Coal Mining Bureau in AnHui province.

Tao Yuan Colliery is a gassy mine. Being conducted by the O-shaped circle theory, the industrial experiment to drain methane from long away overlying coal seam through surface gas well has been completed in its first longwall face No. 1018. The No. 1018 face excavates No. 10 seam with the excavated height 2.5 m and the working face is 150 m long along dip. The methane releasing amount of the middle group coal seams(No. 7, 8, 9) is about $4.1 \sim 5.9$ m³/t, and the gas pressure $0.72 \sim 1.03$ MPa, and the permeability coefficient is 0.03 m³/(MPa² · d). The middle group coal seams are not mined because of its little thickness, and the thickness of 7, 8, 9 coal seams is $0.9 \sim 0.3$ m and 0.3 m respectively. The distances of middle group coal seams to No. 10 seam are about $84 \sim 150$ m, so that the released methane from the coal seams in the middle group can't flow down to the goaf and the working face. Based on the O-shaped circle theory about the relieved methane drainage, the layout plan of the surface gas well 94-w1 which is used to drain methane from the middle group coal seams has been put forward. The surface gas well 94-w1 has kept draining for 15 months, and the maximum drainage rate is up to 1 008 m³/d, the average drainage rate up to 521 m³/d. The gas drainage ratio is about 64. 1 in the drainage radius 100 m. The successful drainage experiment of the 94-w1 surface gas well proved that the long away overlying coal seam could be relaxed completely due to the bed-separation development in the overlying strata. Its permeability increases greatly, and its relieved gas can be drained out through the O-shaped circle. It has provided a new way for many coal mines in China to exploit the methane resource.

Lu Ling Colliery is a gassy coal mine. The permeability of No. 8 seam is low, and its methane drainage rate is only about 15 before excavation. As the first flat of No. 8 seam is excavated, the released methane from No. 8 seam and the adjacent seams(7,9) migrate into the goaf. The methane concentration often exceeds the safe limit and the mining operation has to stop, so that the high productivity and the safety can't be guaranteed. To drain the relieved methane in the goaf is an essential way to solve the problem. Based on the O-shaped circle theory about relieved methane drainage, the plan of the floor cross-measure drainage holes, the plan of horizontal drainage tunnel in the roof and the plan of the surface gas well been put forward to drain the relieved methane in the goaf of the first layer of No. 8 seam. A good effect has been achieved and the surface gas well has drained a lot of methane which has been used. The maximum draining rate is up to 2 300 m³/d and good economic results has been got.

4　CONCLUSIONS

1. The mining-induced fractures are repressed and closed in the middle zone of the goaf, but an O-shaped circle with developed fracture around the goaf exist for a long period.

2. The O-shaped circle of the mining-induced fractures is like a "methane river bed", the releasing methane migrate continuously to and gather in the "methane river". The drainage holes should be laid in the O-shaped circle to keep methane drainage rate higher. To keep the drainage holes to be laid in the O-shaped circle, the location of the drainage holes bottom should be calculated by the formula (2).

3. The O-shaped circle theory about relieved methane drainage has been applied successfully in HuaiBei Coal Mining Bureau.

REFERENCES

[1]　Xu J L & Qian M G. 1998, The study on the quantitative analysis of the experiment results of mining-induced fractures, in Chinese, *Journal of Liao Ning University of Engineering and Technology* , P37-39.

［2］ Qian M G & Liao X X. 1995，The analysis on the structure and mechanic characteristic of the overlying strata of working face，in Chinese，*Journal of rock mechanics and engineering*，P97-106.

［3］ Ding D X. 1996，*Mine Atmosphere and three-dimensional how of methane in Chinese*，The Publishing House of China University of Mining & Technology，P217-222.

［4］ Wang J Z，Liang D & Zhang Q F. 1995，The tracing analysis on the methane migration in the semi-seal goaf，in Chinese，*Journal of Fu Xin Mining Institute*，P1-3，14(2).

Simultaneous Extraction of Coal and Coalbed Methane in China[①]

Li Shugang

(Department of Mining Engineering, Xi'an Mining Institute, People's Republic of China)

Qian Minggao & *Xu Jialin*

(Department of Mining Engineering, China University of Mining and

Technology, Xuzhou, People's Republic of China)

Abstract: The paper reports on studies of behavior of coal bed methane using the stratum theory. The features related to coalbed methane accumulations and flows are discussed and a technique for simultaneous extraction of coal and coalbed methane is proposed.

1　INTRODUCTION

There is a rich reserves of coal in China, up to now ascertained reserves of raw coal are about 9×10^5 million tons. China is also one of the richest country in coalbed methane, according to geological survey there are $(3.0 \sim 3.5) \times 10^3$ million m^3 coalbed methane contained in bituminous and anthracite coal field with depth less than 2 000 m. In view of the sustainable development, the extraction mode which only mines coals but ignores other energy resources such as coalbed methane has to be reviewed again. In fact, for many years, China not only has greatly extracted coal (the output of coal has won the first of the world for several years) to meet the needs of the national economy construction and to export for earning the foreign currency, but also try to greatly drain coallbed methane out in benefit of both assuring the safety of extraction and using of methane (such as Fushun, Yangquan and Furong mining district). But the research and productivity levels still lag well behind advanced coal-mining countries. According to the national statistics, the average rate of drained methane out of 117 coal mines in 42

---

①　本文发表于 '99. *Mining Science and Technology* Published by A. A. Balkema/Rotterdam/Brockfield, 1999 年, 第 357~360 页。

mining bureaus is 16. 5% only (Tu Xigen et al. 1995), the most of them is in Fushun mining bureaus about $30\% \sim 50\%$. Recently the field tests of extracting coalbed methane by drilling have be carried out in Liulin, ShanXi, Liujiatun of Fuxing and Daxin of Tiefa, but the result is not ideal. There are many reasons for that, but incomprehension of the inborn nature characteristic of coalbed methane in coal seam is certainly one of them.

2   THE FEATURES OF COALBDE METHANE IN CHINA

Contrasted with USA, Russia, Ukraine and Poland, the coalbed methane of China has the following characteristics:

(1) Plenty of coalbed methane storage. Geological survey made in 1989 by an united research group of China University of Mining and Technology, Huai Nan Mining Institute and Xi'an Branch of the Central Coal Mining Research Institute showed that the storage of coalbed methane in China is about 3.318×10^3 million m^3, which is more than 3 times those in USA. There are 2.5×10^3 million m^3 coalbed methane in 68 poly-coal units locating below surface $300 \sim 1\,500$ m, which mainly is distributed in the North, Northwest and South of China. (Yang Xilu 1996)

(2) Quite high methane adsorbing ability on coal seam.

(3) Lower pressure of coal seam methane. In China in most of cases the coal seam methane pressure is between $0.5 \sim 3.0$ MPa, while in a few mines the pressure can reach $5.0 \sim 8.5$ MPa below $800 \sim 1\,000$ m. However, in the Black Warrior Basin and the San Juan Basin of USA, the methane pressure is up to $5.6 \sim 8.8$ MPa at the depth of $600 \sim 822$ m.

(4) Lower scale fissure formed in coal seam by the forced measure such as hydraulic shattering. The half-length of fissure of the Black Warrior Basin is $76 \sim 91.44$ m, but it is only about 30 m in China, and in Fushun coal field it can reach 50 m.

(5) Lower permeability coefficient of methane in seam. In most of cases the permeability coefficient is less than 0. 001 mD, and the maximum is about $0.54 \sim 3.87$ mD in Fushun mine. The permeability of coal seam is the most important parameter in methane extracting, but lower permeability coefficient will result in difficulties in exploration and extraction to some extent.

The permeability has a close relation to the structure of porosity, characteristics of failure, ground pressure, methane content, methane adsorbing and analytic feature, the temperature of China shows that the modification of coalbed methane moving and the ground pressure caused by mining play a decisive role in the change of coal seam permeability, and in return it is also important for assembling and draining out methane and the distribution of methane pressure.

In China, the annual mount of methane drained out is up to 6 billion m^3. Research and draining Practice show that the relations between methane and coal seam feature as "inter-growth" and "coexisting" i. e. coal seam is both generation and reservoir body for gas.

The methane produced and reserved in the coal seam will not immigrate enormously, unless the methane becomes unbalanced due to the change of ground pressure and the deforming, moving, destabilizing of surrounding rocks induced by mining. The methane immigration includes permeation, diffusion, float, emitting to cracked zone or drained out artificially, over assembling, emitting, and even gas burst. The facts have showed that it is not suitable for us to directly extract the coalbed methane on large scale by drilling as USA did. More attentions should be focused on the research of the strata stress distribution, fissure distribution and the immigration of coalbed methane induced by mining in order to extract coal and methane efficiently and safely.

3　THE INSIGHT OF CO-EXTRACTING COAL AND COALBED METHANE FROM KEY STRATUM TERORY

The extraction of underground minerals will lead stress redistribution, the deformation and fracturing of the surrounding rock, and causes change of the fissure in the surrounding rocks. The movement of stratum around mining fields can cause all kinds of hazards, such as injuries and deaths of miners, collapses of working face and tunnel, and distribution change of water and methane in the coal seams, surface subsidence, even gas and coal burst, or floor water outburst from floor. Recent research has found out that the movement of overlying stratum induced by mining depends dominantly on some of harder thick rock seams, which bear most of mining-induced ground pressure. This one or several harder seams within the overlying stratum are called key strum (Qian Minggao et al 1996) which play a main control in ground activities. The mechanical behavior of the key stratum, such as deformation, crack, formed structure and movement, will control a large range of strata activities in surrounding rocks of working face, and affect the scope from working face, support system and floor rock mass to the earth's surface. So it can be concluded that the research of stope ground pressure, strata displacement and surface subsidence should be based on the model of key structure structure integrity.

The key problem lies in that before roof caving the key stratum of above the working face subside down based on Winkler elastic foundation (beam or plate) and while other stratum below the key stratum will deform discontinuously and separation among the stratum will emerge incompatibly. If the sub-key structure existed, the strata can form voussoir beam after the local fracturing. In the meantime, incompatible bed-separation under the main key stratum will emerge between the discontinuous and continuous deformation (Qian Minggao et al. 1997). After sub-key strata or key strata fractured and formed voussoir beam, discontinuous and disintegrated deformation bed-separation developed around the boundaries above the working face rather than in the middle. The amount of bed-separation depends on the length ratio of fractured rock in the key stratum, the loose coefficient of soft strata and mining depth.

The existence and change of broken fissures and bed-separated fissures of the overlying stratum provide assembly spaces and immigration passages for the immigration and assembly of methane coming from working coal seam and adjacent coal seam during the course of mining. And in this course, the forms of strata structure, disruption and destabilizing of key strata will be greatly influence on the immigration of coalbed methane. Fast or abnormal methane emitting to working face is also a kind or ground behavior caused by the initial fracturing and periodic fracturing of key stratum. The key stratum theory and the following control practice will certainly give new insight to coextracting coal and coalbed methane. So comprehensive understanding of mechanical behavior of key stratum, features of coalbed methane immigration and assembly, and reasonable and effective measures of draining methane out, will hopefully lead the new technology of co-extracting coal and coalbed methane more safely and economically.

4 THE SPACIAL DISTRIBUTION OF CRACKED STRATUM BEFORE AND AFTER CAVING OF KEY SYRATUM

The recent research has confirmed that the distribution of cracked zone within overlying stratum is not a uniformly bedding distribution as expected by the traditional ground control theory. According to the study of numerical and physical simulation as well as field observation, a prominent bed-separated deformation will develop below the main key strata before floor caving. Before destabilizing of main key strata, the breakthrough of bed-separation fissures and broken fissures forms a banded distribution just elliptic-paraboloidal zone in space. The bedding cut produces a cracked development elliptical zone, which also is named "O" type circle zone. This cracked space, where coalbed methane will immigrate and assemble, is upper part of collapsed around boundaries over the working face. The middle part of it will resolidified by the collapsed rockmass, thus the paraboloidal band distribution is formed in the section.

After full mining, the key strata have undergone the initial fracturing and periodic fracturing, and elliptic-paraboloidal crack zone is vanished. But elliptical cracked zone spread on bedding plane still exists. Moreover, the width of cracked zone on the initial mining boundary is equal to the initial fracture distance of key strata, while the width of cracked zone above the working face varies in one or two times of periodic fractured distance.

Hence, the space distribution of cracked zone of overlying zone, the assembly and immigration methane from working coalbed or adjacent coalbed are in dynamic process, so the methane-drained-out techniques should also follow this dynamic process. During extracting of coal seam, methane coming from working coal seam and adjacent coal seam will assemble and float up because of the density or concentration difference between methane and air (fresh air or leakage air) and diffuse to the cracked zone by the buoyancy. Then methane assembles in the upper developed cracked or bed-separated band. The upward depth of methane floating is directly proportional to the density and emission pressure of methane from working seam and adjacent coalbed. This dynamic process of methane assembly and immigration can be explained by the theory of methane "float-diffuse", which interprets that the mining induced crack zone in overlying stratum is the delivery and assembly zone as well as drainage passages of methane. This provides scientific basis for new technology of methane drainage by drilling.

5　THE KEY TECHNIQUE OF CO-EXTRACTING COAL & COALBED METHANE

By the field measurement and lab experiment, the abutment pressure induced by mining play a key role in the distribution of permeability coefficient. Permeability coefficient of coal seam is rather low in concentrated zone of abutment pressure ahead of working face, hence methane pressure is increased and the outflow of methane is decreased. but in the pressure relieving zone, the outflow of methane is increased and permeability coefficient is increased, sometimes even about 100 times higher than that of concentrated zone, therefore the outflow is increased greatly, this is so called "pressure relieving and outflow increasing effect". So the conclusion is that no matter how low original permeability coefficient of coal seam is , after the pressure relieving due to mining, the permeability will be increasing greatly, and the seepage velocity of methane as well as the outflow are increasing greatly too. While leakage will lead methane rising, floating and diffusing to cracked zone. So it is more favorable for methane drainage in the cracked zone. All that is the theoretical basis of co-extracting coal and coalbed methane.

According to above discussion, whatever measures would be taken in the drainage of coalbed methane, such as hole suction, roadway drainage and surface drilling, the position of roadway or drilling terminal hole should be selected in the active and enrichment zone of coalbed methane. Practice shows the feasible techniques are as follows.

(1) Rational layout of drilling hole for methane suction should be arranged at zone, where the methane outflow increases while methane pressure relieves, ahead of workingface.

(2) In order to extract high density methane, drilling well should be located in the advancing zone of coal face, in stead of goaf zone, according to dynamic process of the cracked zone of overlying stratum during the extracting of coal seam.

(3) In order to extract enrichment methane in the cracked zone, high drainage roadway should be located in cracked zone on strike or dip direction. Alternative is to adopt drilling hole with the major diameter of 200~300 mm and long horizontal distance of 500~600 m in the mining induced crack zone of the overlying stratum.

(4) To extract methane fully by adopting mining method with protecting layer, such as top slice per-mining method in fully-mechanized top coal caving, or in advance relieving adjacent seam. It not only pre-breaks the hard roof to relieve the ground pressure but also speed-ups the methane delivering, increases the rate of outflow. Through above techniques, the delivering velocity of methane is faster, and floating content is increasing in the range of pressure relieving, and methane can be extracted fully.

6 REALIZABLE GOOD BENEFITS OF CO-EXTRACTING COAL & COALBED METHANE

As well known methane is a harmful gas to threaten mine safety. Since human began to mine coal, easy-to-burn and easy-to-explode methane has resulted in countless vicious accidents. On other hand, however Methane is also a kind of clean and efficient energy. Hence co-extracting coal and coalbed methane must get good economical and social benefits.

In order to explain the above point, we take Lu Ling mine, at Huaibei coalfield in China, as an example. This mine belongs to high methane and easy outburst one with designed capacity of 2.4 million tons per year. The coalbed methane storage is 15 m³ per ton coal. There are 3.71 billion tons recoverable coal and 64 billion m³ methane above 1 200 m depth. At moment this mine produces annual 1.85 million tons coal while the methane emission is about 31.62 millions m³ each year. According to the features of thicker while softer coal seam as well as lower permeability (0.006 7 mD), the vertical drainage holes were drilled from earth surface. The drainage holes were laid in the elliptic paraboloier cracked zone. The long distance holes along roof and across roof were also drilled horizontally in order to drain out methane. In this technique of co-extracting coal and methane, the methane extracted can provide 4 000 household diary usage (Xu Jialin et al, 1997). Suppose if every household uses 3 tons coal each year, that means it can save 12 thousand tons coal and 180 million RMB Yuan every year totally. If the price of methane is 1 RMB Yuan/m³ and each family is supplied methane 1 m³ everyday, the mine can get 1.46 million Yuan of income in addition. Taking both above into account the total income is 3. 26 million yuan, so the economic benefit is very great. On the other hand, as raw material methane can be used to generate electricity, made for synthetic ammonia, methanol, ethyne and hydrogen and so on. Research shows that 1 000 m³ of methane are equal to 4 tons raw coal if account for equivalent calorific capacity. Taking Luling mine as an example, if only the 80% of methane emission can be used each year, that means 101. 2 thousand tons raw coal will be saved. Moreover the problem of environment pollution caused by methane emission can also be solved.

Co-extracting coal and coalbed methane has the following advantages: reducing amount of emission methane in working environment underground, assuring safety of mining on working face, minimizing the outburst of coal and methane, decreasing the ventilation load and air speed on working face, reducing the coal dust flying up, improving the working condition, is an excellent "green energy"(Xie Zhengyi 1998). It not only can reduce the environment pollution which is caused by draining methane into atmosphere, but also create significant economic benefit. For example, Luling mine economizes on coal 12 thousand tons every year, we can avoid about 96 tons SO_2 and 768 tons smoke draining out if methane was utilized. Therefore the new technique of co-extracting coal and methane can significantly improve the quality of atmosphere environment.

According to geological surveying, the reserves of extractable coal is up to 867 billion tons and coalbed methane is about 9 078 billion m³ within the depth of 2 000 m in Huainan and Huaibei mine field in China(Liu Huamin 1997). If we can co-extract coal and coalbed methane safely and efficiently in zone of so rich resources, there will be a great strategic significance for the economic development in East of China. Farther more, there are about 30% of total coalmines with high methane and coal-and-methane outburst in China today. As continuous increase of mining scale and depth, the possibility of accident resulted from methane burst will increase consequently. It is significant to apply and study the theory and technique of co-extracting coal and coalbed methane.

7 CONCLUSIONS

Based on the features of coalbed methane in China, ideal technique of draining methane out seems to be co-extracting coal and coalbed methane in the course of mining, in this way we can drain out the fast moving and plentiful assembled methane efficiently. It implies two aspects: The first is that we can minimize methane-related disaster when extracting coal. Second, we can make full use of mechanical behavior of overlying stratum to study the distribution of delivery and assembly of methane flowing in rock mass or coal seam. If we take effective techniques to exploit and use excellent methane resources, a significant benefit can be obtained in point of good economical and commercial efficiency, the improvement of environment and atmospheric condition, as well as sustainable development of coal industry.

REFERENCES

[1] Liu Huamin 1997. The current situation and prospects of coalbed exploration and use in two Hui coal field of Anhui. China Coalbed Methane(2):21-24.

[2] Qian Minggao, Miao Xiexing & Xu Jialin 1996. Theoretical study of key stratum in ground control Journal of China Coal Society vol 21(3):225-230.

[3] Qian Minggao, Miao Xiexing 1997. Mining strata mechanics. Science and Technology Review(3): 29-31.

[4] Tu Xigen, Wang You'an & Wang Zhenyu 1995. The current situation and prospect of controlling coal mine methane in our country Coal. Mine Safety (2):3-7.

[5] Xie Zhengyi 1998. 06. 16. household use "green energy" in Luling coal mine China Science and Technology Daily 6.

[6] Xu Jialin, Liu Huamin 1997. Study on layout of methane suction hole in gob. Coal Science and Technology(4):28-30.

[7] Yang Xilu 1996. The progress of exploitative exploration of coalbed methane. Coal Geology and Exploration(1):29-32.

采动岩体的关键层理论研究新进展[①]

缪协兴[1]　钱鸣高[2]

（1. 中国矿业大学岩控中心，江苏 徐州　221008；2. 中国矿业大学采矿工程系，江苏 徐州　221008）

摘　要：在分析关键层理论基本原理基础上，详细介绍了有关关键层复合效应对采场矿压和岩层移动的影响，综述了关键层理论在采场矿压控制、岩层移动和地表沉陷控制及煤层瓦斯抽放等应用研究方面的最新进展。

关键词：采动岩体；关键层理论；复合效应；岩层移动；控制

岩层控制中的关键层理论是将采场矿压、岩层移动和地表沉陷三方面研究有机结合的纽带，因此，自文献[1]建立关键层理论的初步框架以来，引起了学术界和工程应用界的广泛关注。文献[2-5]深入分析了采动覆岩中关键层上部的载荷分布、关键层下部的支承压力分布、关键层的破断规律等一系列与关键层理论有关的基本原理。文献[6]进而详细分析了采动覆岩中关键层的复合效应，这对深入揭示关键层在采动覆岩中的控制机理起到了积极的推动作用。文献[7]和[8]将关键层理论研究成果用于指导离层注浆、合理层位确定、地面瓦斯抽放钻孔布置设计及地下开采沉陷控制等方面，展示了关键层理论的广阔应用前景。本文对上述研究的最新进展作一综合介绍。

1　关键层理论的基本原理

在煤系岩层中，由于成岩时间和矿物成分等不同，使各岩层厚度和力学性质等方面总存在着不同程度的差别。一些较为坚硬的厚岩层在采动岩体的变形和破坏中起主要控制作用，它们以某种力学结构（破断前为连续梁，破断后为砌体梁等）支承上部岩层，而它们的破断又直接影响采场矿压、岩层移动和地表沉陷。在现实中，我们发现由于各坚硬岩层的特征不一，因而并不是每一层坚硬岩层在采动岩体运动中起决定作用，有时仅仅为一层或几层。因此，我们把这种在岩层活动中起主要控制作用的岩层称为关键层。

鉴于此，我们可对采动岩体中的关键层作如下定义：在采动岩体中，对岩体活动全部或局部起控制作用的岩层称为关键层。判别关键层的主要依据是其变形和破断特征，即在关键层破断时，其上部全部岩层或局部岩层的下沉变形是相互协调一致的，前者称为岩层活动的主关键层，后者称为亚关键层。也就是说，关键层的断裂必将导致全部或相当部分的岩层产生整体运动。

[①]　本文发表于《中国矿业大学学报》，2000 年第 1 期，第 25～29 页。

关键层在采动覆岩中的作用,尤其是在浅部,上可影响至地表,下可影响至采场和支架,因而它可作为采场矿压、岩层移动及地表沉陷研究统一的基础。关键层理论的研究可以进一步解决:① 工作面周期来压的离散性及各项支架—围岩参数确定的依据;② 岩层移动的周期性变化规律以及岩层移动裂隙与边界线的描述;③ 地表沉陷与采场推进关系的力学描述等等。

判别某一岩层为关键层,必须同时满足其刚度条件和强度条件。假设覆岩中共有 m 层岩层,且从下至上第 1 层岩层为关键层,则其刚度条件为

$$q_1|_{n+1} < q_1|_n \qquad (n<m) \tag{1}$$

$$q_1|_n = \frac{E_1 h_1^3 \left(\sum_{i=1}^{n-1} \gamma_i h_i + q_n\right)}{\sum_{i=1}^{n} E_i h_i^3} \tag{2}$$

式中　q_1, q_n——分别为第 1 层和第 n 层岩层承受的载荷;

E_i, h_i, γ_i——分别为第 i 层($i=1,2,\cdots,n$)岩层的弹性模量、高度和重力密度。

强度条件为:

$$l_{n+1} > l_1 \tag{3}$$

式中　l_1, l_{n+1}——分别为第 1 层和第 $n+1$ 层岩层的断裂长度。

在式(1)和式(3)均成立的前提下,就可判别出关键层 1 所能控制的岩层数或岩层高度。当 $n=m$,则关键层 1 为主关键层,控制全部岩层的活动;当 $n<m$,关键层 1 为亚关键层,仅控制 n 层岩层的活动。

2　关键层的复合效应

当覆岩中存在 2 层以上坚硬岩层时,无论上部或下部坚硬岩层都将对下部或上部坚硬岩层的采动变形和破断产生影响,也即对采动覆岩变形、破断、移动全过程产生影响。广义地讲,这种影响就为两坚硬岩层间的复合效应。如果两坚硬岩层为关键层,则它们之间的相互影响称之为关键层的复合效应。这里,我们所分析的关键层复合效应仅指两相邻关键层之间产生明显的刚度和强度增加现象,并对相邻关键层岩性和几何特征作如下限定:① 两坚硬岩层的岩性基本相同,它们之间的软弱夹层与之有明显的差别;② 无论坚硬岩层还是软弱夹层,它们的厚度无量级差别。

关键层的复合效应类似于复合梁或复合板的复合效应。图 1 为由 3 层材料组成的矩形截面复合梁,假设截面的上下层为坚硬材料,中间层为软弱材料,其复合效应为:两层坚硬岩层中的软弱层越薄,则其复合后的抗弯截面模量就越小;反之,软弱层越厚,抗弯截面模量就越大。

假设 h_1、h_2、h_3 组成 3 层矩形复合梁,矩形截面宽为 1 m。在 $h_1 = h_3$ 的条件下,如横截面上的弯矩为 M,则根据材料力学原理,最大弯曲应力 σ_{h_1} 为

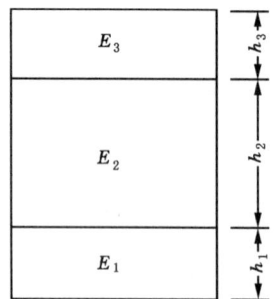

图 1　矩形复合梁截面

Fig. 1　Section of rectangle combined beam

$$\sigma_{h_1} = \frac{12E_1M(h_1 + 0.5h_2)}{E_1\big[(2h_1 + h_2)^3 - h_2^3\big] + E_2 h_2^3} \tag{4}$$

以 $h_1 = h_3 = 5.0$ m，$E_1 = E_3 = 30.0$ GPa，$E_2 = 10.0$ GPa 为例，σ_{h_1}/M 与 h_2 的曲线关系如图 2 所示。由于弯矩 M 仅取决于梁的约束条件和所受载荷而与 h_2 无关，因而，图 2 实际上反映 σ_{h_1} 随 h_2 的变化规律。

从图 2 中可以看到，随 h_2 增加 σ_{h_1} 必将快速下降。但是，随着软弱夹层 h_2 的厚度增加，其复合梁效应会越来越弱。在该算例中可以看到，当 $h_2 > 5.0$ m，即 $h_2 > h_1$ 或 $h_2 > h_3$ 之后，其复合梁效应明显减弱。

在式(4)中可以看到，上下坚硬层之间的间距 h_2 是影响复合梁效应的主要因素。除此之外，E_2 也是影响因素之一，为次要因素。

在此，需对采动岩体中的关键层、关键层的复合效应和复合关键层做如下说明。

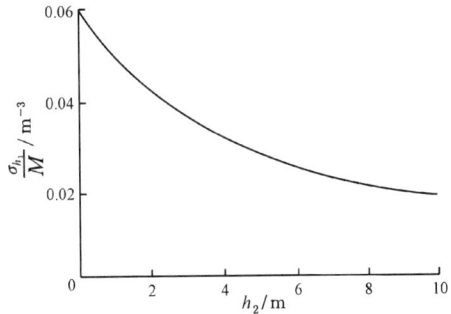

图 2 σ_{h_1}/M 与 h_2 的关系曲线

Fig. 2 σ_{h_1}/M vs h_2

① 关键层——无论是坚硬岩层还是软弱岩层，不管岩层厚薄，在采动岩体中均具有加载作用和承载能力，只是为了简化采动岩体中复杂的分析对象，根据其承载能力大小，把在岩体活动中承载能力十分突出的坚硬岩层（或称承载主体）作为主要研究对象而进行重点分析。为此，遂把在采动岩体中起控制作用的承载主体称为关键层。

② 关键层的复合效应——两层坚硬岩层相距较近时，将产生类似于复合板或复合梁那样的结构效应。其承载能力并非简单的线性叠加，可远比线性叠加值大。这时，如果只是分别分析单层岩层破断和移动规律，必将产生重大误差。因此，把两相距较近的关键层产生的承载能力显著增强现象称之为关键层的复合效应。

③ 复合关键层——两相邻关键层不仅会产生复合效应，而且可能同步破断。因此，可把两同步破断的关键层称为复合关键层。

3   关键层理论的应用

3.1   关键层理论在采场矿压控制中的应用

关键层理论可对采场矿压控制机理作出更为系统和准确的分析，因而可对传统矿压估算公式作全面的修正。传统采场矿压理论是以老顶作为采场来压的主体，老顶上部覆岩均简化为载荷作用于老顶。而关键层理论是将在整个覆岩活动中起主要控制作用的岩层作为采场来压的主体，同时考虑关键层的复合效应。为了形象地说明这个问题，文献[5]给出了用关键层理论分析采场来压步距的具体算例。

假设采场覆岩中仅有 1 层关键层，且为传统矿压估算中的老顶。传统采场矿压理论在估算来压步距时不考虑采高的影响，而关键层理论分析中要考虑采高的影响。文献[5]给出的用关键层理论计算的采场来压步距 L_m 与传统矿压理论估算的来压步距 l_m 之间的关系为如下：

$$L_m = l_m - k_1(b - b_0) \tag{5}$$

式中　b——实际采高；$b_0 = 2\text{ m}$；

　　　k_1——修正系数，算例中 $k_1 = 1.33$。

关键层理论分析的结果表明：采高越高，采场来压步距越小。这与实际情况是一致的，特别能用于分析和解释综采放顶煤技术出现后的一些矿压显现规律。

假设采场覆岩中具有 2 层关键层，其复合效应将对采场来压产生影响，文献[5]实际计算得到复合效应的平均影响为：

$$L_m = k l_m \tag{6}$$

式中　k——修正系数，算例中 $k = 1.35$。

当既考虑采高影响又考虑复合效应时，实际采场来压步距的修正公式可表示为

$$L_m = k l_m - k_1(b - b_0) \tag{7}$$

需要说明的是，传统采场来压步距估算主要以梁理论为基础，分析简单直观；而关键层理论则要综合分析覆岩结构与开采空间形态对采场来压的影响，不能给出简单直观的表达形式。式(5)～式(7)仅是由具体算例比较而得到的计算式，主要还是作定性说明。

3.2　关键层理论在岩层移动裂隙分布中的应用

在工作面初次采动后，采场覆岩中关键层未破断前，关键层将以弹性地基板或梁的结构形式产生挠曲下沉变形。此时，关键层下部将产生离层，离层的大小取决于采高及软弱岩层的松散系数。如有亚关键层，则破断后的亚关键层将形成砌体梁结构，并也将在主关键层下部产生离层。亚关键层与主关键层都破断成砌体梁结构后，在覆岩中将形成不整合性离层，这种离层将发生在开采边界的四周，而并非在中部。

关键层破断垮落的非连续变形曲线即为砌体梁结构下沉位移形态曲线，文献[9]给出了砌体梁结构下沉位移形态 $y(x)$ 的拟合曲线表达式，即

$$y(x) = -W\left[1 - \exp\left(-\frac{x}{2l}\right)\right] \tag{8}$$

式中　W——关键层中部的最大下沉位移量；

　　　l——关键层的平均破断块长；

　　　x——采场推进方向的位移。

假设采场覆岩中存在两层关键层，即下部一层为亚关键层，上部一层为主关键层。上下关键层的砌体梁结构下沉位移形态拟合曲线之差即为关键层之间破断垮落后的离层 Δy，即

$$\Delta y = y_1 - y_2 = W_2\left[\exp\left(-\frac{x}{2l_1}\right) - \exp\left(-\frac{x}{2l_2}\right)\right] \tag{9}$$

式中　y_1, y_2——分别为亚关键层和主关键层的下沉位移；

　　　l_1, l_2——为亚关键层和主关键层的破断块长；

　　　W_2——主关键层中部的最大下沉位移。

用数值模拟和物理模拟等方法均可证明关键层理论所描述的离层情况。例如,用离散元方法计算得到的亚关键层破断后、主关键层破断前主关键层下部的离层情况详见图3(采场推进距为90 m);在亚关键层和主关键层均破断后主关键层下部的离层情况详见图4(采场推进距为140 m)。

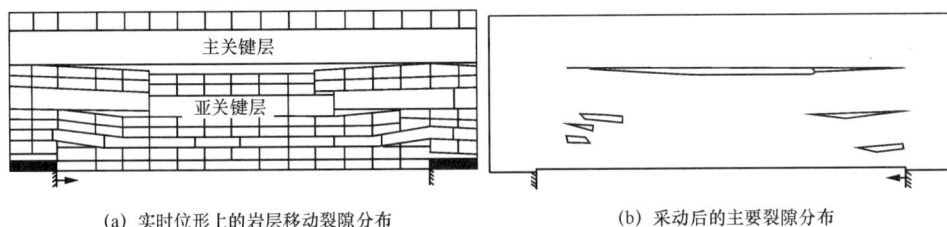

(a) 实时位形上的岩层移动裂隙分布　　　　(b) 采动后的主要裂隙分布

图3　主关键层破断前离层的数值模拟

Fig. 3　Numerical simulation of bed-separation before key stratum broken

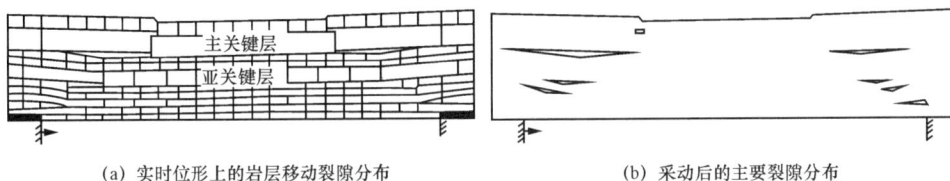

(a) 实时位形上的岩层移动裂隙分布　　　　(b) 采动后的主要裂隙分布

图4　主关键层破断后离层的数值模拟

Fig. 4　Numerical simulation of bed-separation after key stratum broken

3.3　关键层理论在岩层移动控制中的应用

建筑物下采煤对于地表移动变形量控制极为严格,用关键层理论指导开采设计的基本原则是——保证主关键层不破断并限制其弯曲变形量。文献[8]中介绍了在关键层理论指导下沛城矿地下条带开采试验的成果。

在运用关键层理论指导选定离层注浆的合理层位研究方面,文献[7]指出:从离层注浆减沉技术机理分析可知,除注浆浆液配比与工艺外,离层注浆的层位选取和注浆孔的位置确定将成为这项技术的关键。当采深较深,覆岩中存在多层或多组坚硬岩层时,根据关键层理论分析,主关键层下部将产生较为显著的离层变形,并且主关键层的破断将引起地表较大幅度的沉降。因此,主关键层下部将是离层注浆的最佳层位。另外,亚关键层下部也能形成较为明显的离层区,在其下部注浆既能起到保护主关键层作用,又能起到地表减沉的效果。从岩层控制机理分析出发,文献[7]指出了提高离层注浆效果的注意事项。

3.4　关键层理论在煤层瓦斯抽放中的应用

关键层理论,特别是有关采动覆岩裂隙分布规律方面的研究成果,可用于指导煤层卸压瓦斯抽放工作。文献[8]在这方面的主要研究成果是:

① 运用关键层破断移动规律,建立了卸压瓦斯抽放"O"形圈理论,它是指导卸压

瓦斯抽放钻孔布置的理论依据,并已在淮北、淮南、阳泉等矿区的卸压瓦斯抽放中得到成功应用。

② 理论与实测研究证明,覆岩远距离煤层能充分卸压,其卸压煤层气可通过"O"形圈大面积抽放出来。首次在桃园进行了覆岩远距离卸压煤层气抽放的工业性试验,取得了较好的抽放效果,为我国低透气性煤田煤层气开采开辟了一条新途径。同时,该方法扩展了开采下解放层的应用范围,为煤与瓦斯突出的防治提供了新途径。该方法在我国许多矿区具备推广应用前景。

③ 试验研究表明,邻近开采煤层的下部关键层的破断运动对"导气"裂隙发育的动态过程起控制作用。邻近层卸压瓦斯的涌出受控于"导气"裂隙发育的动态过程,对阳泉五矿15煤综放面而言,在初采期,其上部邻近层卸压瓦斯涌出呈四阶段特征。

④ 根据"导气"裂隙发育规律,上部邻近层卸压瓦斯走向高抽巷布置应遵循如下原则:高抽巷沿倾向位置,在初采期应位于采空区中部,而在正常回采期间,应位于"O"形圈内。据此提出了阳泉五矿15煤综放面邻近层卸压瓦斯走向高抽巷布置的优化方案。

4　结束语

关于采动岩体中的关键层理论的基本原理及其在采场矿压、岩层移动和地表沉陷等方面的应用研究工作已经全面展开,随着计算机模拟技术在关键层运动分析中的运用,必将更加有力地促进岩层移动控制、煤层瓦斯抽放、地面建筑和环境保护等多项采矿关键技术的发展。

参 考 文 献

[1] 钱鸣高,缪协兴,许家林. 岩层控制中的关键层理论研究[J]. 煤炭学报,1996,21(3):225-230.
[2] 钱鸣高,茅献彪,缪协兴. 采场覆岩中关键层上载荷的变化规律[J]. 煤炭学报,1998,23(2):135-139.
[3] 茅献彪,缪协兴,钱鸣高. 采动覆岩中关键层的破断规律研究[J]. 中国矿业大学学报,1998,27(1):39-42.
[4] 茅献彪,缪协兴,钱鸣高. 采动覆岩中复合关键层的断裂跨距计算[J]. 岩土力学,1999,20(2):1-4.
[5] 茅献彪,缪协兴,钱鸣高. 采高及复合关键层效应对采场来压步距的影响[J]. 湘潭矿业学院学报,1999,14(1):1-5.
[6] 缪协兴,茅献彪,钱鸣高. 采动覆岩中关键层的复合效应分析[J]. 矿山压力与顶板管理,1999(3,4):5-9.
[7] 缪协兴,茅献彪,许家林,等. 用关键层理论确定离层注浆的合理层位[A]//面向国民经济可持续发展战略的岩石力学与岩石工程[C]. 北京:中国科学技术出版社,1998.527-531.
[8] 许家林. 岩层移动与控制的关键层理论及其应用[D]. 徐州:中国矿业大学采矿工程系,1999.
[9] 钱鸣高,缪协兴. 采场上覆岩结构形态与受力[J]. 岩石力学与工程学报,1995,14(2):97-106.

Advance in the Key Strata Theory of Mining Rockmass

Miao Xiexing[1]　*Qian Minggao*[2]

(1. Research Centre of Rock Mechanics and Ground Control, CUMT, Xuzhou, Jiangsu 221008, China;

2. Department of Mining Engineering, CUMT, Xuzhou, Jiangsu 221008, China)

Abstract:Based on analyzing the elemental principle of the key strata theory, the influence of mixed effect of key strata on ground pressure and strata movement was introduced in detail. At same time, the recent development of the application of key strata theory in ground pressure control, strata movement and surface subsidence as well as gas suction were summarised.

Keywords:mining rockmass; key strata theory; mixed effect; strata movement; control

关键层运动对覆岩和地表移动影响的研究[①]

许家林　钱鸣高

（中国矿业大学采矿系,江苏 徐州　221008）

摘　要：采用实验、实测和数值模拟方法,研究了关键层对覆岩和地表移动的控制作用以及关键层破断块度对其位移曲线形态的影响,提出了"砌体梁"结构位移曲线拟合方程;对关键层与表土层间耦合关系进行了研究,揭示了关键层与表土层间耦合关系的一些基本规律,对改进地表下沉预计方法有指导意义。

关键词：关键层；岩层与地表移动；耦合关系

对岩体局部或直至地表的全部岩体的运动起控制作用的坚硬岩层称为关键层,前者称为亚关键层,后者称为主关键层。为了弄清岩层移动由下往上传递的动态过程,并对岩层移动中形成的采场矿压显现、煤岩体中水与瓦斯流动和地表沉陷等采动损害进行有效控制,关键在于弄清关键层的变形破断规律及其运动过程中与上、下部软岩层间的相互耦合作用关系。关键层理论是矿山压力、岩层移动和地表沉陷研究领域相互联系的纽带,将实现三者研究的有机统一。笔者基于岩层控制关键层理论[1,2],就关键层破断运动对覆岩及地表移动的影响进行了研究。

1　关键层对覆岩和地表移动的控制作用

1.1　实验研究

实验条件为沛城煤矿 B 煤层长壁开采工作面,由钻孔柱状筛选出 B 煤层上覆直至地表有 4 层厚硬岩层可能成为覆岩主关键层,由下往上分别称为 A、B、C、D。其中,A 为厚 15 m 粗砂岩,距 B 煤层 31 m；B 为厚 11 m 的含砾粗砂岩,距 B 煤层 58 m；C 为厚 9.6 m 的中砂岩,距 B 煤层 113 m；D 为厚 11 m 的中砂岩,距 B 煤层 140 m。采用平面应力模拟实验台,模型几何相似比为 1：150,覆岩模拟至硬岩 D 以上 20 m,其上至地表以加载方式模拟。

图 1 为距切眼 90 m 处硬岩 A 和硬岩 D 的下沉量和下沉速度与工作面相对位置的关系曲线,其下沉速度为工作面每推进 1 m 的下沉量。

由图 1 可知,硬岩 A 与 D 几乎同步运动,采过测点 105 m 之前,硬岩 A 和 D 下沉速度均较小；采过测点 105 m 时,硬岩 A 破断急剧下沉并导致上覆岩层直至硬岩 D 同步急

---

①　本文发表于《煤炭学报》,2000 年第 2 期,第 122~126 页。

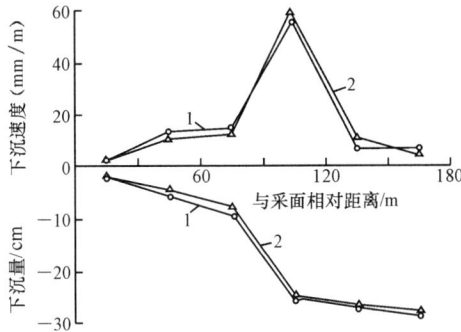

图1　硬岩 A 和 D 下沉量及下沉速度曲线

Fig. 1　The subsidence curve and subsidence velocity curve of hard rock A and D

1——硬岩 A；2——硬岩 D

剧下沉，硬岩 A 控制着其上覆硬岩 B、C、D 的运动。由此可确定硬岩 A 为覆岩主关键层。实验结果证明，主关键层对其上覆所有岩层破断运动起控制作用，主关键层破断前其上覆岩层与之同步协调运动，主关键层的破断导致上覆岩层同步破断。

1.2　实测研究

对阳泉矿区岩移观测资料的分析证明，主关键层破断不仅造成其上覆所有岩层的同步破断，也将引起地表的快速下沉。实测工作面为阳泉一矿70310面，走向长壁全部冒落开采3号煤层，煤层倾角3°～6°，采厚2.2 m，采面斜长70 m，走向长217 m。70310工作面从1964-08-21投产至1964-12-01回采结束，生产期间基本上保持了正规循环作业。采面地表为一顺煤层走向倾斜的山坡，采深在开切眼下为211 m，停采线附近为150 m。钻孔取芯结果表明，3煤覆岩共有5层分层厚度大于6 m 的硬岩层[①]，按关键层判别方法确定出距3煤层顶板78～103 m 间邻近的3层硬岩层（累计厚度20 m）组成复合关键层并成为覆岩主关键层[2]。

为了观测上覆岩层活动及地表移动规律，从70310工作面地面打了6个岩移观测钻孔，同时布置了走向地表下沉测线及倾向地表下沉测线[3]。其中岩移观测孔 I 位于工作面倾向中部，距切眼134 m，孔内由下往上布置了4个测点，其中测点4距3煤层顶板81.79 m，位于覆岩主关键层上。地表下沉走向测线位于工作面倾向中部。

表1、表2分别为钻孔 I 中测点4下沉速度与地表走向测线各测点下沉速度的实测结果，图2为不同日期地表沿走向测线的下沉曲线。钻孔 I 中的测点4位于主关键层上，因此该测点的下沉过程代表了覆岩主关键层的下沉过程。由表1可见，覆岩主关键层在采面采过钻孔 I 31(1964-11-07)～57 m(1964-11-20)下沉速度最快，其下沉速度最大达23.3 mm/d，可以推断钻孔 I 处主关键层在此期间发生破断。

由表2和图2可知，地表各测点在1964-11-17下沉速度最大，因此沿走向地表最大下沉速度出现的时间基本与覆岩主关键层破断时间同步，且由钻孔 I 中测点4观测所得主关键层的破断为其初次破断。

---

①　阳泉矿务局，阳泉一矿70310工作面岩层内部（钻孔）观测资料，1966。

表1 钻孔Ⅰ中测点4(即主关键层)下沉速度观测结果

Table 1 The subsidence velocity of point 4(in the main key stratum) in the boring Ⅰ

项　　　目	日　　　　　　期						
	1964-10-23	1964-10-27	1964-10-30	1964-11-02	1964-11-05	1964-11-07	1964-11-10
与采面的相对距离/m	−1	9	15	21	27	31	37
下沉速度/(mm/d)	1.7	2.5	8.3	6.7	8.3	12.5	23.3
项　　　目	日　　　　　　期						
	1964-11-13	1964-11-15	1964-11-17	1964-11-20	1964-11-25	1964-11-30	1964-12-10
与采面的相对距离/m	43	47	51	57	67	77	83
下沉速度/(mm/d)	23.3	21.6	12.5	16.7	9.0	7.0	3.0

表2 地表走向测线各测点下沉速度的观测结果

Table 2 The subsidence velocity of the surface point along strike

日　　　期	推进距离/m	下沉速度/(mm/d)							
		测点9	测点10	测点11	测点12	测点13	测点14	测点15	测点16
1964-09-26	75	0.6	0.7	1.0	1.0	0.6	0.4	0.1	0
1964-10-16	115	1.8	2.5	3.5	3.5	2.8	2.3	1.0	0
1964-11-17	185	1.9	2.5	3.4	4.2	5.0	5.0	3.8	3.4
1964-12-28	217	0.5	0.6	0.7	1.0	1.1	1.6	2.2	2.2

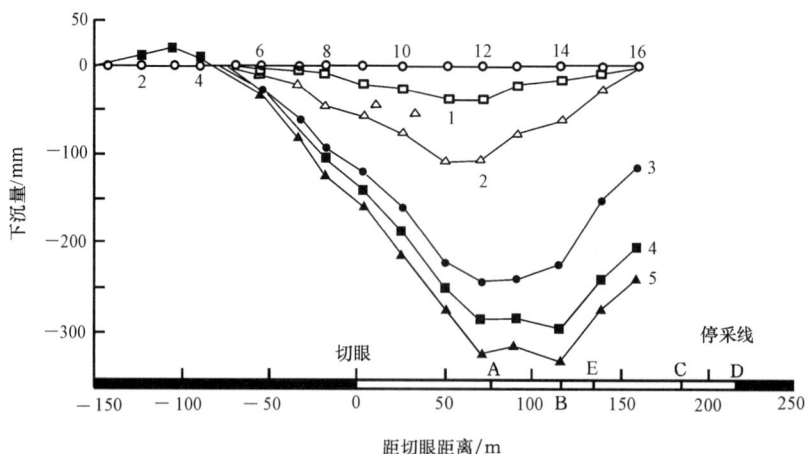

图2 地表沿走向测线的下沉曲线

Fig. 2 Surface subsidence curve along strike

1. A———1964-09-26；2. B———1964-10-16；3. C———1964-11-17；

4———1964-12-28；5———1966-04-30；D———1964-12-01；E———钻孔Ⅰ位置

由上述分析可知,覆岩主关键层的初次破断导致了地表的同步快速下沉,证明了覆岩主关键层运动对地表下沉的控制作用。

关键层对覆岩及地表移动的控制作用有许多典型工程实例。如大同矿区直接赋存于煤层上的厚硬砂岩、新汶华丰矿靠近地表的厚层砾砂岩的破断垮落，不仅造成采场强烈矿压显现，而且其上部直至地表的所有岩层随之同步下沉[4,5]。再如，乌克兰卢图金煤矿，在采深 800 m 条件下，距开采煤层 180 m 处厚 60 m 的砂岩控制着整个上覆岩层直至地表的移动[6]。

上述 3 个典型实例的主关键层距地表的位置分别位于下、上、中部，采深有浅有深，说明在不同的关键层位置和采深条件下，主关键层对覆岩及地表的控制作用都是存在的。

2　关键层破断后位移特征研究

关键层破断后的断裂块体若能满足"砌体梁"结构的"S-R"稳定条件[7]，则将形成稳定的"砌体梁"结构。关键层破断后形成的"砌体梁"结构的位移曲线形态直接影响着其上覆岩层及地表下沉曲线形态特征。因此，正确掌握"砌体梁"结构位移曲线形态对覆岩及地表沉陷的预计十分重要。采用离散元数值模拟方法，就关键层断块长度对其位移曲线形态的影响进行了研究[2]。模拟结果表明，断块长度对"砌体梁"位移曲线形态影响显著。关键层断块长度不一致导致其位移曲线的挠度不同，从而影响地表下沉曲线形态及覆岩内部离层区形态。

根据"砌体梁"结构位移曲线形态的离散元模拟结果，考虑到岩层下沉曲线的 S 型特征（即下沉曲线在煤壁侧呈上凸，在采空区则转为下凹），提出"砌体梁"结构位移曲线的拟合方程为

$$w = w_0 \left[1 - \frac{1}{1 + \mathrm{e}^{(x-0.5l)/a}} \right] \tag{1}$$

式中，w 为"砌体梁"的位移，mm；w_0 为"砌体梁"下沉稳定后的最大下沉量，mm；$w_0 = M - \sum h(k_p - 1)$，其中 M 为煤层采高，$\sum h$ 为关键层到煤层顶板的距离，k_p 为关键层以下岩层的残余碎胀系数；x 为距开采边界的距离，煤体侧为负，采空侧为正，m；l 为砌体梁块体长度，m；a 为与砌体梁块度及煤体刚度有关的系数，根据离散元模拟结果，a 一般可取为 $0.25l$。

由式(1)得到的关键层破断后下沉的拟合曲线与模型实验结果具有较好的吻合度[2]，式(1)的提出为覆岩及地表沉陷预计方法的改进奠定了基础。

3　关键层与表土层耦合关系的研究

地表下沉是煤层开采后覆岩移动由下往上逐步发展到地表的结果。覆岩岩性对地表沉陷的特征有显著影响。目前地表沉陷预计方法中将覆岩分为坚硬、中硬、软弱来选取相关系数[8]，这种考虑过于笼统和均化。以关键层理论观点来看，地表下沉是关键层与表土层耦合的结果。笔者采用离散元软件 UDEC 3.0 对关键层与表土层耦合关系进行了研究。

3.1　模拟方案

设计数值模型时假定：煤层为水平煤层，覆岩中仅有一层关键层，且表土层直接覆盖在关键层上。关键层破断块度的大小模拟两种条件：① 关键层厚 10 m，破断长度 30 m；

② 关键层厚 5 m,破断长度 10 m。针对上述两种块度的关键层,分别对表土层厚度为 30、50、100 m 三种条件进行模拟,共建立了 6 个模型。图 3 为关键层破断块度长 30 m、表土层厚 100 m 的模型.各模型的煤层采高均为 2.5 m,模型走向长度均为 500 m.

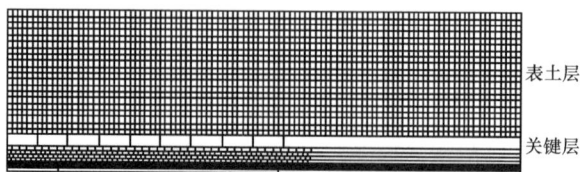

图 3　表土层与关键层耦合的离散元模型

Fig. 3　Discrete element model of the coupling between soil and key strata

3.2　模拟结果

各方案达到半无限开采状态时,考察表土层与关键层的垂直位移变化(即下沉曲线),其结果如图 4 所示。在图 4 中,将关键层断块长度为 30 m 与 10 m 的下沉曲线绘于同一张图上,并根据下沉曲线的拟合方程求得其相应的倾斜曲线。为了便于比较,倾斜曲线中的纵坐标即斜率值作了归一化处理(即将各点斜率除以其最大斜率值)。由图 4 可见,随着表土层厚度增大,地表下沉曲线越来越均化,其倾斜越来越接近于正态分布。由图 4 还可以发现,在表土层厚度相同的条件下,关键层破断块度越短,地表下沉曲线越均化,其倾斜曲线也越接近于正态分布。当表土层厚 100 m 时,关键层断块长 30 m 与 10 m 的地表下沉曲线及其倾斜曲线接近重合,说明此时关键层破断块度对地表下沉的影响减弱。

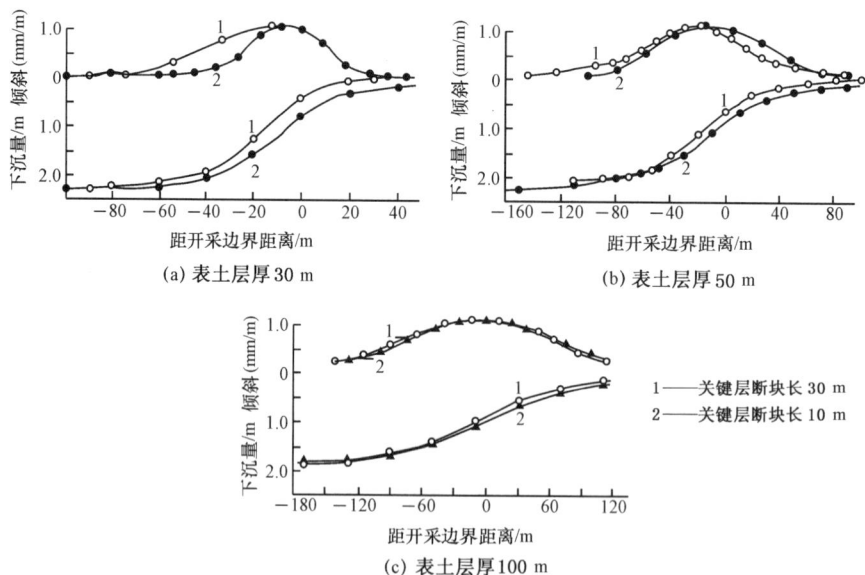

(a) 表土层厚 30 m

(b) 表土层厚 50 m

(c) 表土层厚 100 m

图 4　各方案地表下沉曲线模拟结果

Fig. 4　Simulation results of surface subsidence curve

由上述分析可以得到以下结论:一方面,关键层破断块度越大,其对地表下沉曲线特征的影响越显著,相应地表下沉曲线的非正态分布特征越显著;另一方面,表土层起着消化关键层非均匀下沉的作用,表土层越薄,地表下沉的非均匀、非正态特征越显著,反之亦然。当关键层破断块度较小或表土层厚度足够大时,关键层对地表下沉的影响已很小。因此,对于表土层很厚或覆岩无典型关键层的条件下,地表下沉的预计仍可按目前常用的概率积分法进行,其预计的精度较高。但对于表土层较薄或覆岩中有典型的关键层(即其破断块度很大)的情况,地表下沉的预计必须考虑表土层与关键层的耦合关系,应根据关键层破断后下沉曲线特征来预计地表下沉曲线,才能保持其预计的准确性。

4　结　论

(1) 实验及实测研究结果都证明,关键层对其上覆岩层及地表移动起控制作用,主关键层的破断将导致上覆所有岩层的同步破断和地表快速下沉。

(2) 关键层断块长度对"砌体梁"结构的位移曲线形态有显著影响,根据离散元模拟结果,得出了"砌体梁"结构位移曲线的拟合方程。

(3) 地表下沉是表土层与覆岩关键层运动的耦合结果。关键层的破断块度及表土层厚度影响地表下沉曲线特征。当表土层较薄或覆岩中有典型的关键层时,表土层将不能完全消化掉关键层的非均匀下沉,此时应根据关键层破断后下沉曲线特征来预计地表下沉曲线。在本文研究基础上,下一步将就具体预计方法作后续研究。

参 考 文 献

[1] 钱鸣高,缪协兴,许家林. 岩层控制中的关键层理论研究[J]. 煤炭学报,1996,21(3):225-230.
[2] 许家林. 岩层移动与控制的关键层理论及其应用[D]. 徐州:中国矿业大学采矿工程系,1999.
[3] 阳泉矿务局. 回采工作面上部岩层活动的观测与研究[A]//矿压文集[C]. 北京:煤炭工业出版社,1978:79-90.
[4] 徐林生. 采场难冒上覆岩层活动与结构形式的探讨[J]. 矿山压力,1986(2):12-17.
[5] 郭惟嘉,沈光寒,毛仲玉,等. 华丰煤矿采动覆岩移动变形及治理的研究[J]. 山东矿业学院学报,1995,14(4):359-363.
[6] САВОСТЪЯНОВ А В. Мтод расчета параметров сдвижения поверфности при разрабртке пологиф пластов [M]. Ноябрь:Уголь Украины,1995.
[7] 钱鸣高,缪协兴,何富连. 采场"砌体梁"结构的关键块分析[J]. 煤炭学报,1994,19(6):557-563.
[8] 何国清,杨伦,凌赓娣,等. 矿山开采沉陷学[M]. 徐州:中国矿业大学出版社,1991.

Study on the Influence of Key Strata Movement on Subsidence

Xu Jialin　　*Qian Minggao*

(Department of Mining Engineering, China University of Mining and Technology, Xuzhou 221008, China) that the strata movement and surface subsidence were controlled by the key strata; the influence of key strata broken length on the subsidence curve of the voussoir beam was studied, and the formula for the subsidence curve of the voussoir beam has been put forward; the coupling relation between the soil and the key strata has been studied, some suggestions to revise the surface subsidence prediction method have been put forward.

Keywords: key stratum; strata movement and subsidence; coupling relation between soil and key strtum

覆岩关键层位置的判别方法[①]

许家林 钱鸣高

(中国矿业大学采矿工程系,江苏 徐州 221008)

摘 要:本文建立了判别覆岩中关键层位置的实用方法并编制了相应的计算机软件 KSPB。首次建立了相邻两层硬岩层同步破断的理论判别式,并就相邻两层硬岩层破断顺序的影响因素进行了分析。结果表明,两硬岩层厚度、间距和上层硬岩承受的载荷大小是影响相邻两层硬岩层破断顺序的主要因素。

关键词:关键层;破断顺序;判别方法;KSPB 软件

将对岩体局部或直至地表的全部岩体的运动起控制作用的坚硬岩层称为关键层,前者称为亚关键层,后者称为主关键层。关键层理论的提出为矿山压力、岩层移动和地表沉陷等领域的研究提供了相互联系的纽带。自文献[1]建立关键层理论的初步框架以来,引起了学术界的广泛关注,关键层理论研究也已在理论和应用两方面取得了很大进展。如何判别覆岩中的关键层位置是关键层理论应首先解决的问题。文献[1]提出了关键层判别的基本原则,本文基于文献[1]和[2],建立了关键层判别的具体步骤和方法,编制相应的计算机软件,并基于关键层判别方法对相邻两层硬岩层破断顺序的影响因素进行分析。

1 关键层判别方法

关键层判别方法分以下 3 个步骤进行。

第 1 步,由下往上确定覆岩中的坚硬岩层位置。此处的坚硬岩层非一般意义上的坚硬岩层,它是指那些在变形中挠度小于其下部岩层,而不与其下部岩层协调变形的岩层。假设第 1 层岩层为坚硬岩层,其上直至第 m 层岩层与之协调变形,而第 $m+1$ 层岩层不与之协调变形,则第 $m+1$ 层岩层是第 2 层坚硬岩层。由于第 1 层至第 m 层岩层协调变形,则各岩层曲率相同,各岩层形成组合梁,由组合梁原理可导出作用在第 1 层硬岩层上的载荷为[1,3]

$$q_1(x)|_m = E_1 h_1^3 \sum_{i=1}^{m} h_i \gamma_i / \sum_{i=1}^{m} E_i h_i^3 \tag{1}$$

式中,$q_1(x)|_m$ 为考虑到第 m 层岩层对第 1 层坚硬岩层形成的载荷;h_i,γ_i,E_i 分别为第 i 岩层的厚度、重力密度、弹性模量($i=1,2,\cdots,m$)。

---

① 本文发表于《中国矿业大学学报》,2000 年第 5 期,第 463~467 页。

考虑到第 $m+1$ 层对第 1 层坚硬岩层形成的载荷为

$$q_1(x)|_{m+1} = E_1 h_1^3 \sum_{i=1}^{m+1} h_i \gamma_i / \sum_{i=1}^{m+1} E_i h_i^3 \qquad (2)$$

由于第 $m+1$ 层为坚硬岩层,其挠度小于下部岩层的挠度,第 $m+1$ 层以上岩层已不再需要其下部岩层去承担它所承受的载荷,则必然有

$$q_1(x)|_{m+1} < q_1(x)|_m \qquad (3)$$

将式(1)、式(2)代入式(3)并化简可得

$$E_{m+1} h_{m+1}^2 \sum_{i=1}^{m} h_i \gamma_i > \gamma_{m+1} \sum_{i=1}^{m} E_i h_i^3 \qquad (4)$$

式(4)即为判别坚硬岩层位置的公式。具体判别时,从煤层上方第 1 层岩层开始往上逐层计算 $E_{m+1} h_{m+1}^2 \sum_{i=1}^{m} h_i \gamma_i$ 及 $\gamma_{m+1} \sum_{i=1}^{m} E_i h_i^3$,当满足式(4)则不再往上计算,此时从第 1 层岩层往上,第 $m+1$ 层岩层为第 1 层硬岩层。从第 1 层硬岩层开始,按上述方法确定第 2 层硬岩层的位置,以此类推,直至确定出最上一层硬岩层(设为第 n 层硬岩层)。通过对坚硬岩层位置的判别,得到覆岩中硬岩层位置及其所控软岩层组。

第 2 步,计算各硬岩层的破断距。坚硬岩层破断是弹性基础上板的破断问题,但为了简化计算,硬岩层破断距采用两端固支梁模型计算,则第 k 层硬岩层破断距 l_k 可由下式计算

$$l_k = h_k \sqrt{\frac{2\sigma_k}{q_k}} \qquad (k = 1, 2, \cdots, n) \qquad (5)$$

式中,h_k 为第 k 层硬岩层的厚度,m;σ_k 为第 k 层硬岩层的抗拉强度,MPa;q_k 为第 k 层硬岩层承受的载荷,MPa。

由式(1)可知,q_k 可按下式确定

$$q_k = \frac{E_{k,0} h_{k,0}^3 \sum_{j=0}^{m_k} h_{k,j} \gamma_{k,j}}{\sum_{j=0}^{m_k} E_{k,j} h_{k,j}^3} \qquad (k = 1, 2, \cdots, n-1) \qquad (6)$$

由于表土层的弹性模量可视为 0,设表土层厚度为 H,重力密度为 γ,则最上一层硬岩层即第 n 层硬岩层上的载荷可按下式计算

$$q_n = \frac{E_{n,0} h_{n,0}^3 (\sum_{j=0}^{m_n} h_{n,j} \gamma_{n,j} + H\gamma)}{\sum_{j=0}^{m_n} E_{n,j} h_{n,j}^3} \qquad (7)$$

式(6)、式(7)中,下标 k 代表第 k 层硬岩层;下标 j 代表第 k 层硬岩层所控软岩层组的分层号;m_k 为第 k 层硬岩层所控软岩层的层数;$E_{k,j}, h_{k,j}, \gamma_{k,j}$ 分别为第 k 层硬岩层所控软岩层组中第 j 层岩层弹性模量、分层厚度及重力密度,单位分别为 GPa,m,MN/m³。当 $j=0$ 时,即为硬岩层的力学参数。例如 $E_{1,0}, h_{1,0}, \gamma_{1,0}$ 分别为第 1 层硬岩层的弹性模量、厚度及重力密度,$E_{1,1}, h_{1,1}, \gamma_{1,1}$ 分别为第 1 层硬岩层所控软层组中第 1 层软岩的弹性模量、厚度及重力密度。

第 3 步,按以下原则对各硬岩层的破断距进行比较,确定关键层位置。

① 第 k 层硬岩层若为关键层,其破断距应小于其上部所有硬岩层的破断距,即满足

$$l_k < l_{k+1} \qquad (k = 1, 2, \cdots, n-1) \tag{8}$$

② 若第 k 层硬岩层破断距 l_k 大于其上方第 $k+1$ 层硬岩层破断距,则将第 $k+1$ 层硬岩层承受的载荷加到第 k 层硬岩层上,重新计算第 k 层硬岩层的破断距。若重新计算的第 k 层硬岩层的破断距小于第 $k+1$ 层硬岩层的破断距,则取 $l_k = l_{k+1}$。说明此时第 k 层硬岩层破断受控于第 $k+1$ 层硬岩层,即第 $k+1$ 层硬岩层破断前,第 k 层硬岩层不破断,一旦第 $k+1$ 层硬岩层破断,其载荷作用于第 k 层硬岩上,导致第 k 层硬岩随之破断。这一现象在文献[2]的数值模拟研究中得到了证实,限于篇幅在此不做详细介绍。

③ 从最下一层硬岩层开始逐层往上判别 $l_k < l_{k+1}$ ($k = 1, 2, \cdots, n-1$) 是否成立,及当 $l_k > l_{k+1}$ 时重新计算第是层硬岩层破断距。

例如,假设由第 1、2 步确定出覆岩中有 3 层硬岩层,各自破断距分别为 l_1、l_2、l_3,根据上述原则确定关键层位置的流程如图 1 所示。

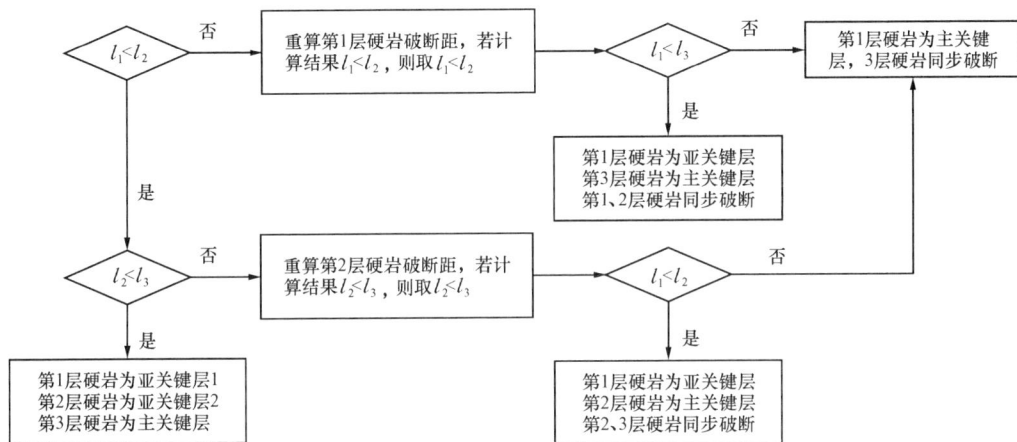

图 1　共 3 层硬岩层时关键层判别流程图

Fig. 1　The flow chart of distinguishing key strata with 3 hard strata

应当指出的是,当煤层采出宽度为 l 时,各硬岩层的悬空跨距一般不相等且小于 l,各硬岩层悬空跨距边界(即固支梁支点)的连线与煤层近似呈一内倾的夹角 α——岩层的平均破断角。因此,在进行关键层位置判别时,若考虑上下位硬岩层间悬空跨距的差异,则式(8)应修正为

$$l_k + 2H_k \cot \alpha < l_{k+1} + 2H_{k+1} \cot \alpha \qquad (k = 1, 2, \cdots, n-1) \tag{9}$$

式中,H_k,H_{k+1} 分别为第 k、$k+1$ 层坚硬岩层距开采煤层的垂直距离。

当 $\alpha = 90°$ 时,则式(9)变为式(8)。

2　关键层判别方法的软件编制

采用手工进行关键层判别计算相当繁杂,为此采用 Dephi 4.0 语言编制了关键层判别方法的计算机软件 KSPB。图 2 为关键层判别软件 KSPB 程序框图。由软件 KSPB,按屏幕提示从煤层上方第 1 层岩层开始逐层输入各岩层的厚度、重力密度、弹性模量、抗拉强度及岩层破断角(默认状态下为 90°),计算机就能自动进行关键层位置判别;判别结果的显示有表格形式和柱状图形式两种。软件 KSPB 需在 586 以上微机的 Windows 环境下运行。

3 关键层判别实例

采用关键层判别软件 KSPB 对神府大柳塔矿及新汶华丰矿覆岩关键层位置进行了判别,判别中岩层破断角取 90°,判别结果见表 1、表 2。

由表 1 可见,大柳塔矿覆岩中共有 2 层硬岩层,破断距分别为 $l_1 = 16.6$ m,$l_2 = 12$ m。由于 $l_2 < l_1$,故硬岩层 1 为主关键层,两层硬岩同步破断。大柳塔矿 1203 面生产实践表明,回采面顶板呈"全厚切落式"来压[4],这正是由于两层硬岩层同步破断引起的。

由表 2 可见,华丰矿四煤层覆岩中有 4 层硬岩层,破断距分别为 $l_1 = 31.3$ m,$l_2 =$

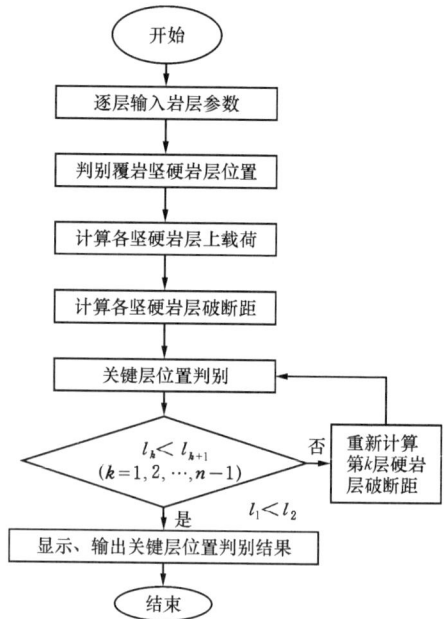

图 2 KSPB 软件框图

Fig. 2 The flow chart of the program KSPB

44.3 m,$l_3 = 80.4$ m,$l_4 = 282$ m,可见,$l_1 < l_2 < l_3 < l_4$,因此,4 层硬岩层由下往上逐层破断,皆为覆岩关键层,其中巨厚砾岩为主关键层。上述结果与华丰矿四煤层工作面矿压显现与冲击地压及地表下沉的实测结果相符。

表 1 大柳塔矿覆岩组成及关键层位置判别结果

Table 1 The distinguishing results for key strata in overburden in Daliuta mine field

层序	厚度/m	重力密度/(kN/m³)	抗拉强度/MPa	弹性模量/GPa	岩 性	硬岩层位置	关键层位置
10	27.0	17.0	0	0	风积沙		
9	3.0	23.3	0	0	风化砂岩		
8	2.0	23.3	1.53	18.0	风砂岩		
7	2.4	25.2	3.03	43.4	砂 岩		
6	3.9	25.2	3.03	30.7	中砂岩	第 2 层硬岩	
5	2.9	24.1	1.53	18.0	砂质泥岩		
4	2.0	23.8	3.83	40.0	粉砂岩		
3	2.2	23.8	3.83	40.0	粉砂层	第 1 层硬岩	主关键层
2	2.0	24.3	1.53	18.0	碳质泥岩		
1	2.6	24.3	1.53	18.0	粉砂岩		
	6.3	13.0			1⁻²煤层		

表 2　华丰矿覆岩组成及关键层位置判别结果
表 2　华丰矿覆岩组成及关键层位置判别结果

Table 2　The distinguishing results for key strata in overburden in Huafeng mine field

层序	厚度 /m	重力密度 /(kN/m³)	弹性模量 /GPa	抗拉强度 /MPa	岩　　性	硬岩层位置	关键层位置
9	6	18	0	0	表土层		
8	500	26	44	2.3	砾岩	第 4 层硬岩	主关键层
7	50	25	32.1	2.1	红层		
6	19	24	12.1	1.7	泥岩		
5	56	26	38	2.7	细砂岩	第 3 层硬岩	亚关键层 3
4	12.3	26	38	2.7	中砂岩	第 2 层硬岩	亚关键层 2
3	3.7	25	38	3	粉砂层		
2	5.8	26	38	2.7	中砂岩		
1	9.45	26	38	2.7	细砂岩	第 1 层硬岩	亚关键层 1
	6.4	13	16	1.6	四煤		

上述两个实例的判别结果表明,关键层判别方法及其软件 KSPB 是可行的。多数矿井缺乏开采煤层覆岩中所有岩层弹性模量及抗拉强度等岩性参数的测试结果,而只能靠类比来取值,这是影响覆岩关键层位置准确判别的一个重要原因。此外,相邻几层岩性相同的分层在柱状图中有时被合成一层,导致岩层分层厚度比实际大,从而影响关键层位置判别结果的准确性。应指出的是,尽管按固支梁求解得到的各硬岩层的破断距与实际存在误差,但各硬岩层破断距是用来比较各硬岩层破断顺序的,而各硬岩层破断距都存在同样的计算误差,因而固支梁算法引起的误差一般不会影响硬岩层破断顺序的比较,即不影响关键层判别结果。

4　两层硬岩层破断顺序及影响因素研究

假设覆岩中仅有两层硬岩层,则两层硬岩同步破断的条件为 $l_1 \geqslant l_2$,由式(5)~式(7)可导出两层硬岩层同步破断判别条件为

$$\frac{\sigma_1 E_{2,0} h_{2,0} \sum_{j=0}^{m_1} E_{1,j} h_{1,j}^3 \left(\sum_{j=0}^{m_2} h_{2,j} \gamma_{2,j} + H\gamma \right)}{\sigma_2 E_{1,0} h_{1,0} \sum_{j=0}^{m_1} h_{1,j} \gamma_{1,j} \sum_{j=0}^{m_2} E_{2,j} h_{2,j}^3} \geqslant 1 \tag{10}$$

式中,m_1,m_2 分别为硬岩 1、2 上软岩层组分层数;$E_{1,j}$,$h_{1,j}$,$\gamma_{1,j}$ 分别为硬岩 1 上软岩层组各分层的弹性模量、厚度、重力密度(当 $j=0$ 时,即为硬岩 1 的弹性模量、厚度、重力密度);$E_{2,j}$,$h_{2,j}$,$\gamma_{2,j}$ 分别为硬岩 2 上软岩层组各分层弹性模量、厚度、重力密度(当 $j=0$ 时,即为硬岩 2 的弹性模量、厚度、重力密度);σ_1,σ_2 分别为硬岩层 1、2 的抗拉强度;H 为表土层厚度;γ 为表土层重力密度。

由式(10)可知,影响两层硬岩层破断顺序的因素主要包括:

① 两硬岩层厚度、抗拉强度及弹性模量;

② 硬岩层所控软岩层的厚度、弹性模量;

③ 表土层厚度。

为了进一步分析两硬岩层厚度、间距及表土层厚度对两硬岩层破断顺序的影响,作如下假设(简化):

① 两硬岩层岩性相同,各软岩层的岩性相同;

② 表土层直接赋存在硬岩 2 上;

③ 硬岩 1 与硬岩 2 间的软岩层组分层厚度为硬岩 1 的 1/2,其分层数为 s,根据硬岩层的弹性模量与软岩层弹性模量的差别,可设软岩层弹性模量为硬岩层的 1/2;

④ 基岩层重力密度相同,根据基岩重力密度与表土层重力密度的差别,可设表土层重力密度为基岩重力密度的 2/3。

则式(10)可简化为

$$h_1 \geqslant 24(2+s)h_2^2/(16+s)(2H+3h_2) \tag{11}$$

由式(11)可作如下分析:

(1) 两硬岩层厚度对破断顺序的影响

当表土层厚度及两硬岩层间距一定,如取 $H=100$ m,$s=2$ 时,代入式(11)可得两硬岩层破断顺序与两硬岩层厚度变化的关系。如图 3 所示,当两硬岩层厚度组成的点(h_2, h_1)落在图中曲线上及其上方时,两硬岩层将同步破断;若落在该曲线下方,硬岩 1 先于硬岩 2 破断。

(2) 两硬岩层间距对破断顺序的影响

当表土层厚度一定时,如 $H=100$ m,两硬岩层间距变化对破断顺序的影响如图 4 所示。由图 4 可见,若硬岩 1 厚度一定,两硬岩层间距越小(即 s 值越小),则两硬岩层同步破断允许的硬岩 2 的最大厚度相对越大;当硬岩层厚度一定时,两硬岩层间距越小,则二者同步破断的可能性越大。

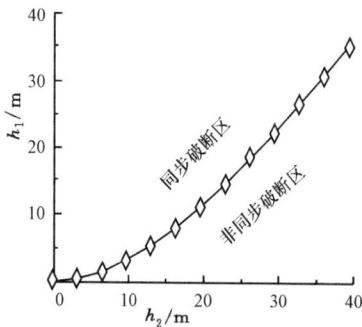

图 3 两硬岩层厚度对破断顺序的影响
Fig. 3 The influence of the thickness of two hard strata on the fracturing order

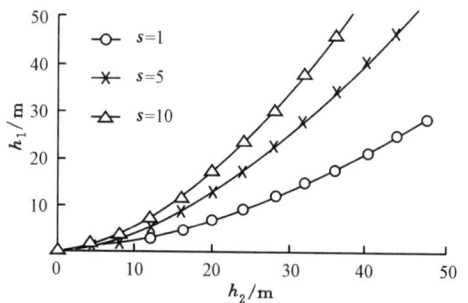

图 4 两硬岩层间距对破断顺序的影响
Fig. 4 The influence of the distance between the two hard strata on the fracturing order

(3) 表土层厚度对破断顺序的影响

当两硬岩层间距一定时,如 $s=2$,表土层厚度变化对破断顺序的影响如图 5 所示。由图

5 可见,当硬岩 1 厚度一定时,表土层厚度 H 越大,两硬岩层同步破断所允许的硬岩 2 的最大厚度相对越大;当两硬岩层的厚度一定时,表土层厚度 H 越大,则两硬岩层同步破断的可能性越大。例如,若表 1 中风积沙厚度小于 9.3 m,则两硬岩层不同步破断,两层关键层由下往上逐层破断,不会再出现"全厚切落式"来压显现。

对于覆岩中有 3 层或 3 层以上硬岩的条件,2 层硬岩层上方第 3 层硬岩层向下传递的载荷可视为上述分析中的表土层的重力,因此上述分析结论仍然适用于有多层硬岩层的条件。

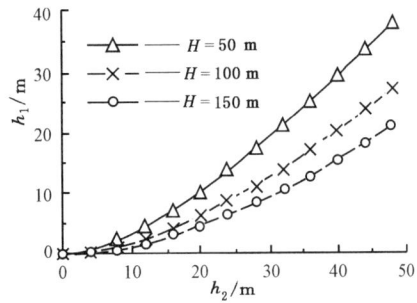

图 5 表土层厚度对破断顺序的影响

Fig. 5 The influence of the thickness of the soil on the fracturing order

5 结 论

(1) 建立了关键层判别的实用方法及其软件 KSPB,对大柳塔矿及华丰矿覆岩关键层位置的判别结果表明,该方法是可行的。

(2) 首次建立了两层硬岩层同步破断的理论判别式。

(3) 两硬岩层厚度、间距及上层硬岩承受载荷的变化将影响相邻两层硬岩层的破断顺序。当两硬岩层厚度及上层硬岩承受载荷一定时,两硬岩层间距越小,或当两硬岩层厚度及间距一定时,上层硬岩承受载荷越大,则两硬岩层同步破断的可能性越大。

参 考 文 献

[1] 钱鸣高,缪协兴,许家林. 岩层控制中的关键层理论研究[J]. 煤炭学报,1996,21(3):225-230.

[2] 许家林. 岩层移动与控制的关键层理论及其应用[D]. 徐州:中国矿业大学采矿工程系,1999.

[3] 钱鸣高,刘听成. 矿山压力及其控制(修订本)[M]. 北京:煤炭工业出版社,1991.

[4] 张世凯,王永申,李钢. 厚松散层薄基岩煤层矿压显现规律[J]. 矿山压力与顶板管理,1998(3):5-8.

Method to Distinguish Key Strata in Overburden

Xu Jialin   Qian Minggao

(Department of Mining Engineering, CUMT, Xuzhou, Jiangsu 221008, China)

Abstract:A practical method to distinguish key strata in overburden was put forward, and a computer program KSPB for distinguishing key strata has been drawn up. A theoretical formula was given to decide whether two adjacent hard strata fracture synchronously. The factors influencing the fracturing order of two adjacent hard strata were also discussed. The results show that the thickness of two hard strata, the distance between them and the load on the upper hard stratum are the main influencing factors.

Keywords:key strata; fracturing order of two adjacent hard strata; method to distinguish key strata; program KSPB

岩层控制关键层理论的应用研究与实践[①]

许家林　钱鸣高

（中国矿业大学采矿系，徐州　221008）

摘　要：介绍了岩层控制关键层理论的基本概念，对关键层理论在采场矿压控制、卸压瓦斯抽放、底板突水防治、离层注浆和建筑物下采煤等方面的工程应用研究情况进行了总结。

关键词：关键层理论；卸压瓦斯抽放；离层注浆；"三下一上"采煤

1　关键层理论的基本概念

煤层开采后必然引起岩体向采空区内移动，岩层移动将造成如下采动损害：① 形成矿山压力显现，危及井下回采工作面人员及设备的安全，需要对围岩进行支护。② 形成采动裂隙，会引起周围岩体中的水与瓦斯的运移，引起井下瓦斯突出与突水等事故，需对此进行控制与利用。③ 岩层移动传递到地表引起地表沉陷，导致农田、建筑设施的毁坏，引发一系列环境问题，需对地表下沉进行预测与控制。上述三方面是煤矿采动损害的主要方面，也是岩层控制研究的主要内容。掌握整个采动岩体的活动规律，特别是内部岩层的活动规律，是解决采动岩体灾害的关键。

由于成岩时间及矿物成分不同，煤系地层形成了厚度不等、强度不同的多层岩层。实践表明，其中一层至数层厚硬岩层在岩层移动中起主要的控制作用。从采场矿山压力控制的角度出发，以研究老顶岩层的破断运动为主体，于 20 世纪 80 年代初提出了"砌体梁"理论并研究了坚硬岩层板模型的破断规律。在此基础上，近年来为了解决岩层控制中更为广泛的问题，钱鸣高院士领导下的课题组提出了岩层控制的关键层理论。将对采场上覆岩层活动全部或局部起控制作用的岩层称为关键层。覆岩中的关键层一般为厚度较大的硬岩层，但覆岩中的厚硬岩层不一定都是关键层。关键层判别的主要依据是其变形和破断特征，即在关键层破断时，其上覆全部岩层或局部岩层的下沉变形是相互协调一致的，前者称为岩层活动的主关键层，后者称为亚关键层。也就是说，关键层的断裂将导致全部或相当部分的上覆岩层产生整体运动，覆岩中的亚关键层可能不止一层，而主关键层只有一层。关键层理论研究的总体思路是：为了弄清开采时由下往上传递的岩层移动动态过程，并对岩层移动过程中形成的采场矿压显现、煤岩体中水与瓦斯的流动和地表沉陷

---

①　本文发表于《中国矿业》，2001 年第 6 期，第 54～56 页。

等状态的变化进行有效监测与控制,关键在于弄清关键层的变形破断及其运动规律以及在运动过程中与软岩层间的相互耦合作用关系。

关键层理论的研究对层状矿体开采过程中的矿山压力控制、开采沉陷控制、瓦斯抽放以及突水防治等具有重要意义。自建立关键层理论的初步框架以来,引起了学术界的广泛关注。在此基础上,近年来课题组对关键层理论开展了全面深入的研究。本文仅就关键层理论的工程应用研究情况进行介绍。

2 关键层理论在卸压瓦斯抽放研究中的应用

瓦斯抽放不仅可以降低矿井瓦斯涌出量,防止瓦斯爆炸和瓦斯突出灾害,而且抽出的瓦斯可作为洁净能源加以利用,减少环境污染。煤岩体的裂隙构成瓦斯流动通道,它对瓦斯抽出率起决定作用:卸压瓦斯的运移与岩层移动及采动裂隙的动态分布特征有着紧密的关系。卸压瓦斯抽放为国内外瓦斯矿井普遍采用,但仍存在诸如抽出率不高、钻孔工程量大及当瓦斯特别大时仍不能完全解决工作面安全等问题。将关键层理论及其有关采动裂隙分布规律的研究成果应用于我国卸压瓦斯抽放的研究与工程实践,取得了以下主要成果:

(1)理论与试验研究揭示,当关键层破断后,位于采空区中部的采动裂隙趋于压实,而在采空区四周存在如图1所示一连通的采动裂隙发育区,称其为采动裂隙"O"形圈,其周边宽度为30 m左右,采动裂隙"O"形圈能长期保持。据此建立了卸压瓦斯抽放"O"形圈理论:"O"形圈相当于一条"瓦斯河",周围煤岩体中的瓦斯解吸后通过渗流不断地汇集到这条"瓦斯河"中。因此,卸压瓦斯抽放钻孔应打到采动裂隙"O"形圈内,以保证钻孔有较长的抽放时间、较大的抽放范围、较高的瓦斯抽放率。它已在淮北、淮南、阳泉等矿区的卸压瓦斯抽放中得到成功试验与应用。

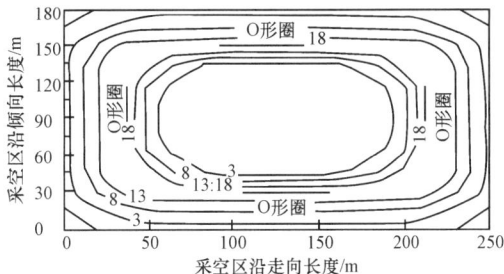

图1 采动裂隙分布的"O"形圈

(2)首次在淮北桃园矿开展了地面钻井抽放上覆远距离煤层卸压煤层气的工业性试验,结果表明远距离煤层卸压煤层气可通过"O"形圈抽放出来,为我国低透气性煤田煤层气工采开辟了一条新途径。同时,该方法扩展了开采下解放层的应用范围,为煤与瓦斯突出的防治提供了新途径。该方法在我国许多矿区具备推广应用前景。

(3)应用"O"形圈理论提出并实施了大面积抽放淮北芦岭矿8煤采空区卸压瓦斯技术方案,解决了8煤顶分层回采面瓦斯超限问题,抽出了大量可用瓦斯。

(4)对阳泉15煤综放面"导气"裂隙发育动态过程的研究表明,在开采初期,下位关

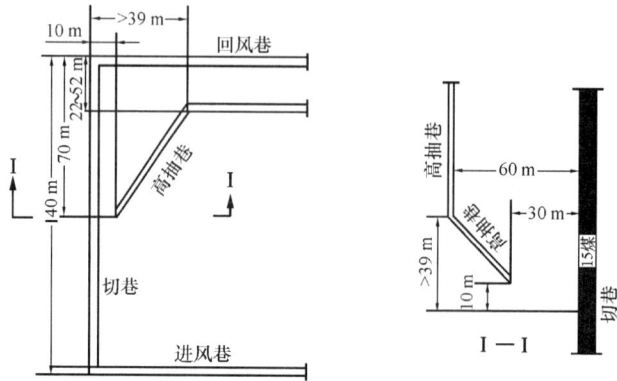

图 2   综放面邻近层瓦斯走向高抽巷布置优化方案

键层的破断运动对"导气"裂隙从下往上发展的动态过程起控制作用。导气裂隙高度由下往上发展是非匀速的,随关键层的破断而突变。针对阳泉五矿综放面初采期瓦斯严重超限问题,提出并实施了图 2 所示阳泉五矿 15 煤综放面邻近层卸压瓦斯走向高抽巷布置的优化方案。

3   关键层理论在"三下一上"采煤研究中的应用

"三下一上"采煤包括建筑物下、铁路下、水体下和承压水体上采煤。据全国统配煤矿的不完全统计,我国国有煤矿"三下"压煤量达 138 亿 t,可供 10 个年产 1 000 万 t 的矿井开采 140 年。其中一些老矿区随着煤炭资源的枯竭,开采"三下"压煤势在必行,华北和华东地区的主要矿区开采石炭二叠纪煤层,石炭二叠系的基盘是奥陶系石灰岩,其厚度很大并含有丰富的岩溶承压水,如何防治开采煤层底板奥陶纪灰岩承压水的突水事故,是我国华北型煤田开采过程中面临的一大安全问题。我国的"三下一上"采煤技术的研究取得了很大成就,但在理论和实践上还要进一步完善与发展。关键层理论的提出为"三下一上"采煤的深化研究提供了理论基础。将关键层理论应用于"三下一上"采煤研究与工程实践,取得了以下主要成果。

关键层理论为进一步完善建筑物下开采设计提供了理论指导,其基本原则是保证上覆岩层中的主关键层破断并保持长期稳定,通过条带开采、覆岩离层注浆等技术手段来保证覆岩主关键层的稳定。在关键层理论指导下,开展了县城密集建筑物下深部条带采煤试验,依据主关键层与煤层的力学特征,采用了采留宽比为 50 m∶50 m 的走向冒落条带开采城下压煤,保证了主关键层与煤柱的稳定性,能使地表呈平缓下沉,变形量符合三下采煤规程要求,地面建筑物未采取任何加固措施,开采后完好无损。已安全采出城下压煤约 60 万 t,直接经济效益达 8 000 余万元。

抚顺矿务局在我国首次采用离层注浆减缓地表下沉的试验取得成功之后,此项技术引起了我国从事岩层控制的专家和工程技术人员的重视,先后在多个煤矿进行了离层注浆减缓地表沉降现场试验。关键层理论对此项技术的基本认识可归纳如下:

(1)关键层理论研究认为,确定具体矿井覆岩中的关键层位置,掌握其下沉破断及离层特征参数,是注浆减沉技术应用可行性分析、钻孔布置设计及减沉效果评价的基础。

(2)离层注浆减沉技术是有其适用条件的。要取得好的注浆减沉效果,覆岩中必须存在典型的关键层并能形成较长的离层区。当覆岩中无典型关键层或关键层间复合破断时,覆岩离层不发育,离层注浆减沉技术是不适用的。例如,对于厚冲积层矿区,由于表土层厚度很大,作用于覆岩主关键层上的载荷就大,易出现关键层复合破断,使得覆岩"二带"以外岩体内无明显离层区,此种采矿地质不适于采用离层注浆减沉技术。此外,如果覆岩的主关键层邻近开采煤层而处于裂隙带或冒落带内,则此种采矿地质(如大同矿区)也不适于采用离层注浆减沉技术。

(3)合理布置注浆钻孔是离层注浆减沉技术成功应用的关键技术之一。钻孔位置及最佳的注浆减沉效果是保证关键层始终不发生初次破断。长壁开采覆岩内离层主要出现在关键层下,注浆钻孔的注浆层位应选择在关键层下,主关键层下部将是离层注浆的最佳层位。而亚关键层下部也能形成较为明显的离层区,在其下部注浆既能起到保护主关键层作用,又能起到地表减沉的效果。沿走向的第1个注浆钻孔应布置在关键层初次破断前的离层区内,距切眼距离为关键层初次破断距的一半。相邻注浆钻孔间距应小于关键层初次破断距。

(4)注浆工艺的优化是离层注浆减沉技术成功应用的另一关键技术。主要包括注浆材料的选择,合理注浆压力、注浆孔孔径和单孔最大注浆能力的选择等。好的注浆材料应既保证其流动性又有一定的支承能力。目前的注浆材料中水的比重过大,随着煤层的不断开采和时间的推移,注浆材料中的水将流动和析出,不能对关键层进行有效的支撑。研制新的注浆材料将是离层注浆减沉技术进一步发展的重点。

底板突水是在采动和水压共同作用下底板破坏所致,因此,底板突水机理及防治研究应重视采动底板破坏规律的研究。岩层控制的关键层理论的原理可以用于采场底板突水治理研究中,即在采场底板隔水层中,找出起主要控制作用的岩层——隔水关键层,由此展开相应的力学分析。在采场底板突水事故统计分析的基础上,对无断层底板关键层的破断与突水机理及有断层底板关键层的破断与突水机理进行了研究,据此提出了底板突水预测预报的原理与方法,在淮北朱庄矿6313工作面底板突水危险性的预测预报中得到了应用与验证。

4 关键层理论在矿压控制研究中的应用

邻近采场并对采场矿压显现产生影响的关键层习惯上称为老顶。关键层理论研究表明,相邻硬岩层的复合效应增大了关键层的破断距,当其位置靠近采场时,将引起工作面来压步距的增大和变化。此时不仅第一层硬岩层对采场矿压显现造成影响,与之产生复合效应的邻近硬岩层也对矿压显现产生影响。其影响主要体现在两方面:其一,当产生复合效应的相邻硬岩层破断距相同时,一方面关键层破断距增大,另一方面一次破断岩层厚度增大,增大了工作面的来压步距和矿压显现强度;其二,当产生复合效应的相邻硬岩层破断距不等,工作面来压步距将呈一大一小的周期性变化。神府浅埋煤层等多个矿井的实测资料都证实了关键层复合效应对采场矿压显现的上述影响。当覆岩中存在典型的主关键层时,由于其一次破断运动的岩层范围大,往往会对采场来压造成影响,尤其当主关键层初次破断时,将引起采场较强烈的来压显现。

5 结 语

关键层理论研究已在理论和实践两方面取得了很大进展。关键层理论进一步研究的重点是关键层破断复合效应的深入研究、表土层与关键层耦合关系、关键层理论进一步在"三下一上"采煤研究中的应用。关键层理论的工程应用仅仅是一个开始,随着关键层理论研究的不断深入,必将给岩层移动控制带来重大的进展和突破。

Study and Application of Dominant Stratum Theory for Control of Strata Movement

Xu Jialin   Qian Minggao

(Department of Mining Engineering, China Mining Technology University, Xuzhou 221008)

Abstract: The concept of dominant stratum theory for strata control is introduced. Applications of the theory in the cases such as control of rock pressure in working face, gas suction, prevention of water burst from bottom, stratified growing, coal mining under buildings are summarized.

Keywords: Theory of dominant stratum; Gas suction for pressure relief; stratified grouting; Coal mining under buildings

超长综放工作面覆岩关键层破断特征 及对采场矿压的影响[①]

缪协兴 钱鸣高

(中国矿业大学,徐州 221008)

摘 要:模拟试验和现场实测中发现:随着综放工作面长度增加,采场覆岩关键层的破裂块度将相应减小,因而采场来压均匀、便于顶煤破碎和放出,但亦会发生主关键层来压现象,必须采取相应措施将其加以有效控制。

关键词:采矿工程;超长综放工作面;采场矿压;关键层;主关键层来压

1 引 言

综放开采技术在我国的发展已经历了 10 多年历史,经过深入研究和开发,综放技术已趋于成熟,尤其是低位放顶煤技术,已成为我国厚煤层开采高产、高效的主导技术[1]。综放技术,利用割一部分煤和放一部分煤来实现厚煤层一次采全高,并能在一个工作面上实现多点出煤,其技术优势十分明显。但是,与国外综采技术产量比较,虽然综放技术在我国已经发挥出了一定的技术优势,但技术优势的潜力还很大,如大幅度加长工作面长度,其单产和效益还有望大幅度提高。

超长综放工作面的顺利快速推进要依靠有效的采场矿压控制[2]为基础。众所周知,采用综放开采,一次采出厚度大,采场覆岩活动强烈,如果大幅度增加其工作面长度,必将引出一系列的矿压新问题。在这方面的研究中,以采动覆岩的关键层理论[3,4]为基础,从相似材料模拟试验、现场矿压观测与控制实践等方面,研究超长综放工作面覆岩关键层破断特征及对采场矿压的影响。

2 相似材料模拟试验及分析

我国第一个超长综放工作面工业性试验选在潞安矿区王庄煤矿 4326 超长综放工作面,其面长达 270 m,是目前世界上最长的综放工作面。

运用采动覆岩关键层的判别方法和程序得到,王庄煤矿 4326 超长综放工作面的主关键层距地表 145.4 m,距煤层 46.5 m,为砂岩层,厚度为 8.6 m。运用关键层理论对 4326

---

① 本文发表于《岩石力学与工程学报》,2003 年第 1 期,第 45～47 页。

超长综放工作面覆岩关键层破断规律分析知,布置普通长 180 m 和超长 270 m 工作面其破断特征有明显不同,见图 1。图 1 分别是 180 m 长工作面和 270 m 长工作面覆岩关键层的四周固支板结构的采动破裂模拟试验结果的照片。从图 1 中可以看到,模拟 270 m 长工作面关键层破碎块度明显小于 180 m 长工作面情况,并且周期性破断沿工作面方向出现不同步现象,而 180 m 长情况基本是同步的,两者平均周期破断距之比约为 7∶11。根据同样推进距范围内两种情况的关键层破碎块度数统计,长者与短者关键层的破碎块数之比约为 3∶1。也即,270 m 长综放工作面覆岩的关键层破碎率约为 180 m 长综放工作面覆岩破碎率的 3 倍。覆岩关键层破碎块度小,即采场来压强度小且均匀。

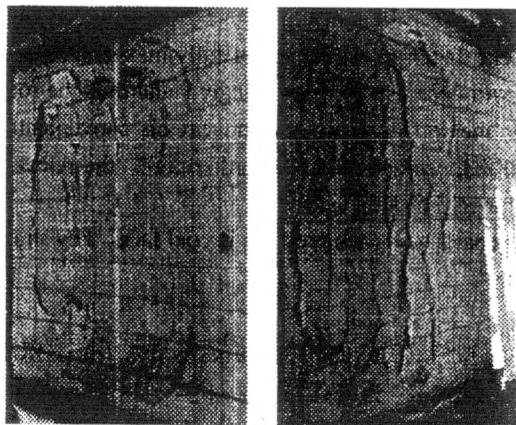

图 1 采场覆岩关键层破断对比试验

Fig. 1 Comparison test on broken behaviors of key strata in coal face

鉴于上述试验现象,可以得到如下结论:

(1) 超长综放开采,由于顶板和关键层破碎块度小于普通开采,一般采场矿压显现程度小于普通开采。但是,由于工作面长且顶板破碎块度小,周期来压步距短,沿工作面方向来压不同步,造成生产期间工作面上始终有区段存在周期来压,使工作面矿压和生产管理一直处于紧张状态。

(2) 由于超长综放工作面开采顶板破碎块度小,周期来压步距短,因此在工作面推进期间,支架受力将较为均匀,便于破碎顶煤,因而可提高顶煤的冒放性和回收率。与短工作面情况比较,这里的支架受力均匀是指支架长期处于工作面来压影响状态,因而顶煤不断处于较强受压状态,破碎状况好。

(3) 在采深较浅的情况下,布置超长综放工作面会造成采动覆岩主关键层的剧烈运动,引起采场来压和地表大幅度快速沉陷同步出现,即采场出现主关键层来压现象。此时,如采动覆岩砌体梁结构出现滑落失稳(S形失稳)[5],必将造成采场矿压事故。因此,超长综放工作面开采必须对主关键层来压实施有效控制。深部的岩层移动和地表沉陷分析表明,在与王庄煤矿 4326 工作面同样的开采条件下,工作面长 250 m 后将出现主关键层来压现象。

3　采场矿压显现规律及控制

在王庄煤矿 4326 超长综放工作面回采期间,对采场矿压显现进行了较为系统的观测。测试主要利用了 KGJ-B 自动化监控系统和围岩活动深孔观测及支架工况观测等手段。

现场实测表明,超长综放工作面开采,采场老顶来压,即一般意义下的采场来压强度较小。初次来压步距为 21.8～25.0 m,沿工作面方向不同步,老顶破断成多块垮落。周期来压步距为 8.4～12.7 m,沿工作面方向明显不同步,加之采场顶板受断层切割影响,工作面在推进期间一直有区段处于周期来压状态。与预计分析基本一致,当工作面推进84.5 m 时,发生主关键层来压现象,地表和工作面同时受主关键层来压产生剧烈影响。此时,地表出现明显裂缝,最大下沉处达 0.92 m,超前影响 55 m,影响角 77°,最大下沉点的下沉速度达 100 mm/d。关键层来压时的支架动载系数明显高于周期来压时的支架动载系数,具体对比情况见表 1。主关键层来压与周期来压的动载系数之比为 1:0.77。

表 1　工作面支架来压时的动载系数
Table 1　Dynamic coefficients during weighting

型　　号	老顶来压动载系数	主关键层来压动载系数
8	1.28	1.65
66	1.37	1.82
86	1.14	1.52
129	1.13	1.55
166	1.34	1.56
平均	1.25	1.64

工作面支架沿工作面长度方向受力(kN/架)的分布见表 2。由表 2 可见,开采初期,4326 超长综放工作面支架的实际初撑力偏低,其主要原因为超长综放工作面老顶破碎块度小,相对支架动载系数就小。另外,工作面长度加大以后,泵压损失较大和支架工作状况不是很好,串液、漏液现象严重。当发现这种现象后,及时调整了泵站布置及对支架阀组系统进行了检修,提高了支架的初撑力。

表 2　4326 工作面支架的工作状态
Table 2　Working resistance of supports in coal face 4326

架号	初撑力 /kN	均方差	最大工作阻力 /kN	均方差	加权工作阻力 /kN	均方差
8	969.0	17.4	3 706.7	21.3	3 498.1	18.7
66	1 096.8	18.5	4 206.8	13.6	4 328.7	14.2
86	1 108.2	13.9	3 449.1	21.8	2 442.7	19.4
129	1 084.2	19.1	2 764.3	16.5	2 529.4	13.1
166	2 182.6	16.3	4 543.5	20.9	4 531.0	15.9
平均值	1 288.2		3 734.1		3 466.0	

表 3　泵站供液系统改造前后支架初撑力的对比

Table 3　Comparison of setting pressures before and

after transforming pump system

kN/架

支架号	8	66	86	129	166	平均值
改造前	969	1 096.8	1 108.2	1 084.2	2 182.6	1 288.2
改造后	2 503.7	2 711.4	2 729.5	2 964.3	3 142.1	2 810.2
提高率	258.4%	247.2%	246.3%	273.4%	144%	218.1%

从循环末阻力和时间加权阻力的数据得到,4326 超长综放工作面所选用的
ZZP4800-17/33F 型放顶煤液压支架的工作阻力基本满足要求。当覆岩主关键层破断时,
工作面个别支架安全阀开启,达到额定工作阻力值,但绝大部分支架的工作阻力还没有达
到额定值。

另外,在开采初期,支架前柱压力均大于后柱压力,平均大于后柱 64.8%,且支架前
后柱压力很不均匀,对于这种现象,也必须及时调整支架控制措施。

综合现场实测的分析结果可以得到,ZZP4800—17/33F 型放顶煤液压支架基本适用
于 4326 超长综放工作面整层放顶煤开采,但主关键层来压时部分支架受力较大,必须加
强对主关键层来压时的支架工作状态监控。针对工作面加长以后,液压管路的损失较大,
再加上工作面中部支架阀组损坏较多,支架串液、漏液现象比较严重,造成工作面实际初
撑力较低,带来煤壁片帮和端面冒顶等一系列问题,采用的具体技术措施为:除对损坏支
架进行及时检修外,对乳化液供液方式进行了重大改造,将工作面支架分成上下两组,增
加一台泵站,分别对两组支架采用双泵双回路供液。经过改造后,支架初撑力(kN/架)的
值有了很大的提高,如表 3 所示。当支架初撑力提高后,彻底控制了端面冒顶和片帮及工
作面顶板下沉量,解决了超长综放工作面顶板的控制问题。

4　结　语

超长综放工作面生产实践证明,布置超长综放工作面能使综放单面单产和效益成倍
增长。当然,同时也引起了一些采场矿压及安全方面的新课题,在推广普及这项新技术时
必须研究清楚和加以有效控制。本文研究表明,超长综放工作面采场覆岩关键层破碎块
度较普通短工作面小。由此,一方面,使采场来压强度小,且压力分布均匀,有利于顶煤破
碎和放出;另一方面,会出现覆岩主关键层来压现象,必须加强预测、预报和有效控制。

参 考 文 献

[1]　朱光亚.中国科学技术前沿[M].上海:上海教育出版社,1998.

[2]　钱鸣高,刘听成.矿山压力及其控制[M].北京:煤炭工业出版社,1984.

[3]　钱鸣高,缪协兴,许家林,等.岩层控制的关键层理论[M].徐州:中国矿业大学出版社,2000.

[4]　缪协兴,钱鸣高.采动岩体的关键层理论研究新进展[J].中国矿业大学学报,2000,29(1):25-29.

[5]　钱鸣高,缪协兴.采场砌体梁结构的关键块分析[J].煤炭学报,1994,19(6):557-563.

Broken Feature of Key Strata and Its Influence on Rock Pressure in Super-length Fully-mechanized Coal Face

Miao Xiexing   Qian Minggao

(China University of Mining and Technology，Xuzhou 221008，China)

Abstract：It is found by model experiment and field measurement that with the length of fully-mechanized coal face，the size of the broken blocks of key strata in the coal face will decrease correspondingly，and thus the rock pressure in the face is much well distributed. This is good for the top coal broken and caving conveniently. However，the overlying rock pressure of the main key strata will happen accordingly. Furthermore，the relevant measurements must be taken efficiently to control the key strata for coal mining safely.

Keywords：mining engineering；super-length fully-mechanized coal face；rock pressure in coal face；key strata；the overlying rock pressure of main key strata

相邻亚关键层破断对采场来压的影响分析[①]

陈荣华　　浦　海　　缪协兴　　钱鸣高

(中国矿业大学理学院,江苏 徐州　221008)

摘　要: 采用具两层亚关键层的采场矿压模型,通过力学分析给出了相邻亚关键层破断对采场来压步距影响的计算公式,并用具体算例和数值模拟说明了相邻亚关键层破断与采场矿压所受影响间的相互关系。

关键词: 亚关键层;采场矿压;关键层理论

岩层控制的关键层理论[1,2]深入揭示了采场非均匀性周期来压的机理,尤其是主关键层破断对采场矿压的重大影响关系[3]已被人们所认识。同时,两坚硬岩层之间复合关系的研究也取得了一定进展[4]。然而,相邻亚关键层的破断对采场来压也会产生重要影响,本文将在这方面展开相关的矿压分析工作。

1　具两层亚关键层的采场矿压模型

为了简单直观地说明相邻亚关键层破断对采场来压的影响关系,这里特建立具有两层亚关键层的采场矿压模型(图 1)。在图 1 中,亚关键层 1 的厚度为 h_1,其上部软弱岩层(载荷层)的厚度为 $\sum h_1$;亚关键层 2 的厚度为 h_2,其上部软弱岩层的厚度为 $\sum h_2$,在此矿

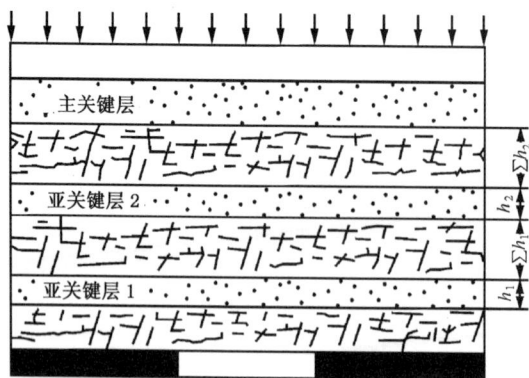

图 1　具两层亚关键层的采场矿压模型

Fig. 1　A model of rock pressure around coal face with two inferior key stratum

---

①　本文发表于《煤炭学报》,2004 年第 3 期,第 257～259 页。

压模型上分析亚关键层1、2的破断步距,由此说明其对采场矿压的影响,而对主关键层的破断不作讨论。

2 亚关键层的破断步距分析

根据传统的采场矿压分析方法,采用梁模型计算关键层(坚硬岩层)的破断步距,即初次来压采用两端固支梁受均布载荷、周期来压采用悬臂梁受均布载荷力学模型。这里假设亚关键层1、2的岩性相同,亚关键层与载荷层的重力密度相同,则亚关键层1、2的初次来压步距 L_{ci}($i=1$ 为亚关键层1,$i=2$ 为亚关键层2)和周期来压步距 L_{zi} 分别为

$$L_{ci}=h_i\sqrt{2\sigma_t/(\sum h_i+h_i)\gamma}, L_{zi}=h_i\sqrt{\sigma_t/3(\sum h_i+h_i)\gamma} \tag{1}$$

式中,σ_t 为亚关键层1、2的抗拉极限应力;γ 为岩层的重力密度。

若 $L_{c1}=L_{c2}$(或 $L_{z1}=L_{z2}$),则亚关键层1、2的破断步距相等,$L=L_{c1}=L_{c2}$(或 $L=L_{z1}=L_{z2}$),来压强度是其二者的简单叠加;若 $L_{c1}>L_{c2}$(或 $L_{z1}>L_{z2}$),则不能简单地将亚关键层1上承受的均布载荷 q_1 记为

$$q_1=(\sum h_1+h_1+\sum h_2+h_2)\gamma \tag{2}$$

这样将忽略亚关键层2的承载作用。若亚关键层1、2破断步距相差不大,采场来压步距可简化为 $L=L_{c2}$(或 $L=L_{z2}$)。若 $L_{c1}<L_{c2}$(或 $L_{z1}<L_{z2}$),则亚关键层1、2的破断会造成采场来压的非均匀性变化,以周期来压为例,周期来压步距:$L_1=L_{z1}$,$L_2=L_{z2}-L_{z1}$,$L_3=L_{z1}$,$L_4=L_{z2}-L_{z1}$,$L_5=L_{z1}$……周期来压强度分别为弱、强、弱、强、弱……当然,上述分析都没有考虑主关键层破断的影响。照此思路,可以考虑主关键层和亚关键层同时破断对采场来压的影响。

3 算例分析

假设 h_1 和 h_2 在4~6 m范围内变化,并取 $\sum h_1=\sum h_2=10$ m,$\gamma=2.5$ kN/m³,$\sigma_t=10$ MPa。若 $h_1=h_2=5$ m,则由式(1)得 $L_c=L_{c1}=L_{c2}=36.5$ m,$L_z=L_{z1}=L_{z2}=15.0$ m。若 $h_1=5$ m,$h_2=4$ m,则 $L_{c1}=36.5$ m,$L_{c2}=22.9$ m。而假如忽略亚关键层2的作用,以式(2)计算 q_1,则 $L_{c1}=h_1\sqrt{2\sigma_t/(\sum h_1+h_1+\sum h_2+h_2)\gamma}=13.8$ m,显然是不正确的。而当亚关键层2达到承载极限跨距 $L_{c2}=22.9$ m时,失去承载能力,其自重和载荷突然加到亚关键层1上,亚关键层1将超过极限承载能力而破断,所以,$L_c=L_{c2}=22.9$ m。同理,周期来压也是如此。如果 $h_1=4$ m,$h_2=6$ m,则 $L_{c1}=12.3$ m,$L_{c2}=17.3$ m。这样,周期来压步距分别为12.3、5.0、12.3、5.0、12.3 m……每间隔 12.3+5.0=17.3 m 则为亚关键层1、2同时来压,采场发生一次较强来压显现;每间隔17.3 m中的12.3 m时则有一次亚关键层1的破断,造成采场来压的强度较弱。

4 数值模拟分析

采用东北大学开发的岩石破裂全过程分析系统(RFPA²ᴰ)模拟相邻亚关键层破断对采场来压的影响。图2为具有两层亚关键层采场的数值模拟模型(局部图形)。模型沿水平方向取300 m,沿垂直方向取200 m,其中表土层厚120 m,主关键层厚8 m,关键层间

软弱岩层厚均为 10 m,直接顶厚 6 m,煤厚 4 m,底板厚 32 m。采用平面应变模型,数值计算时此模型被划分为 1 m×1 m 的正方形网格共 300×200＝60 000 个。模型底边固支,两侧在水平方向施加位移约束。在岩层之间加了薄弱层理。模拟煤层自左向右开挖,左侧留 100 m 煤柱,每个开挖步距为 10 m。图中各岩层的灰度代表岩层力学参数(如弹性模量、抗压强度)的大小,灰度越亮,其值越大。各岩层的基本力学参数见表 1,其中 E 为弹

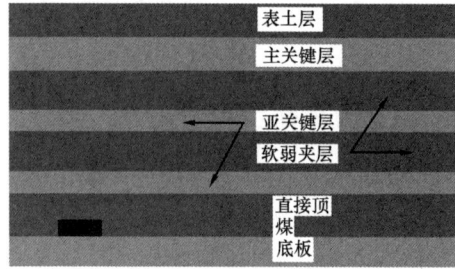

图 2 具两层亚关键层的采场覆岩
数值模拟模型

Fig. 2 A numerical simulation model of rock pressure around coal face with two inferior key stratum

性模量,σ_c 为抗压强度。为了与上部分算例分析相对应,亚关键层的厚度组合也为 3 种,即 $h_1 = h_2 = 5$ m;$h_1 = 5$ m,$h_2 = 4$ m;$h_1 = 4$ m,$h_2 = 6$ m。可以看出,3 种情况的破断规律与上部分算例完全一致的,只是具体数值有差异(因为算例分析时作了较大程度的简化),第 1 种情况:$h_1 = h_2 = 5$ m,亚关键层 1、2 总是同步破断。第 2 种情况:$h_1 = 5$ m,$h_2 = 4$ m,亚关键层 2 的承载能力弱于亚关键层 1,因而图中上、下亚关键层的破断步距也总是相同,并且其破断线的垂直度大于第 1 种情况。第 3 种情况:$h_1 = 4$ m,$h_2 = 6$ m,亚关键层 1 的破断步距小于亚关键层 2,因而上、下亚关键层来压不同步,采场周期来压步距不均匀。

表 1 数值模拟模型中各岩层力学参数

Table 1 Mechanical parameters of rock strata of the numerical simulation model

岩　性	E/GPa	σ_c/GPa	γ/(μN/mm³)
表土层	10	20	20
主关键层	30	40	25
亚关键层	30	30	25
软弱夹层	15	20	25
直接顶	15	10	25
煤	1	15	14
底板	30	40	25

5 结　论

无论是主关键层与亚关键层,还是亚关键层与亚关键层,都存在变形或破断之间的相互影响问题,如果与相邻亚关键层单独承载分析时的破断步距相近,则可将其近似为对采

场有相同的来压步距；如果下部亚关键层的破断步距长于上部亚关键层的破断步距，则采场来压步距可近似用上部亚关键层的破断步距；如果下部亚关键层的破断步距短于上部亚关键层的破断步距，则采场来压将呈现非均匀性周期变化。

参 考 文 献

[1]　钱鸣高,缪协兴,许家林,等.岩层控制的关键层理论[M].徐州:中国矿业大学出版社,2000.
[2]　钱鸣高,缪协兴,许家林.岩层控制中关键层的理论研究[J].煤炭学报,1996,21(3):225-230.
[3]　缪协兴,钱鸣高.超长综放工作面覆岩关键层破断特征及对采场矿压的影响[J].岩石力学与工程学报,2003,21(1):45-47.
[4]　缪协兴,钱鸣高.采动岩体的关键层理论研究新进展[J].中国矿业大学学报,2000,29(1):25-29.

The Effect of the Inferior Key Strata Breaking on Weighting of Longwall Face

Chen Ronghua　　*Pu Hai*　　*Miao Xiexing*　　*Qian Minggao*

(School of Science, China University of Mining and Technology, Xuzhou 221008, China)

Abstract:A model of rock pressure around longwall face with two inferior key stratum was considered. Based on the mechanical analysis, formulas of broken length were obtained for the breakage of the two inferior key stratum. The effect of inferior key strata breaking on mining pressure around longwall face was discussed by calculating and numerical simulating a concrete example.

Keywords:inferior key strata; mining pressure around longwall face; key strata theory

采场覆岩厚关键层破断与冒落规律分析①

缪协兴　陈荣华　浦　海　钱鸣高

(中国矿业大学理学院，江苏 徐州　221008)

摘　要：具良好分层性的采场覆岩破断规律已被基本掌握，但对于厚关键层(特厚层砂岩老顶)覆岩的采场矿压规律尚需深入研究。运用岩体破裂过程分析系统、结合某矿区实际覆岩构造特征分析了具厚关键层的采场覆岩的破断和冒落规律。研究表明：厚关键层的破断、垮落规律与长梁(或薄板)矿压理论存在根本差异，其初次破断和冒落形态为拱形，其周期破断和冒落呈不等长的短块状。厚关键层来压具有多样性和随机性，不同形式的采场来压对支架的作用不同，大块滑落失稳对采场支架的威胁最大，对采场矿压控制提出了严峻挑战。该研究成果为实际采矿设计和矿压控制提供了理论依据。

关键词：采矿工程；厚关键层；关键层理论；破断分析；采场矿压

1　引　言

一般情况下，煤层覆岩具有良好的分层性，长壁全部垮落式开采技术就是利用其覆岩随采随垮的特征，使采场支架无需经受剧烈动压而实现高度集中生产[1-3]。但是，也存在一些特殊覆岩构造情况，例如厚关键层(特厚层砂岩老顶)。目前，还没有完全掌握厚关键层的破断与冒落规律，这对实际采场矿压控制提出了挑战。本文将利用具有厚关键层构造的采矿地质资料，分析其采场覆岩破断与冒落规律，为该类采场矿压控制提供依据。

2　采矿地质条件和矿压分析模型

根据某矿区提供的钻孔资料，其煤层覆岩存在 $17\sim36$ m 的厚关键层。该矿区煤层埋深为 200 m，厚度为 4.5 m，属中硬煤层；厚关键层为中砂岩，一般无明显分层，抗压强度 σ_t 为 $30\sim40$ MPa，弹性模量 E 为 $35\sim40$ GPa。为了分析该矿区采动覆岩破断与冒落规律，本文根据有代表性的 1# ～3# 钻孔资料，采用岩体破裂过程分析(RFPA²ᴰ)系统[4-6]，建立了平面应变矿压分析模型。

---

①　本文发表于《岩石力学与工程学报》，2005 年第 8 期，第 1289～1295 页。

2.1 1#钻孔的平面应变矿压分析模型

1#钻孔煤层埋深为157 m,煤层厚度为5 m,厚关键层厚度为17 m,其中下部为3 m厚的细砂岩,上部为14 m的中砂岩。以1#钻孔岩层柱状图为基础建立的平面应变矿压分析模型(局部图)见图1,其中水平方向为600 m,垂直方向为200 m(煤层底板厚度38 m)。数值计算时此模型被划分为2 m×2 m的正方形网格共300×100＝30 000个。模拟煤层从左到右开挖,开挖宽度为200 m,两侧各留200 m煤柱,每个开挖步距为10 m。岩层的分层特性取值严格以钻孔资料为依据,岩层与岩层之间设有强弱不等的层理。模型中岩层亮度越高,说明其弹性模量越大。

图1 1#钻孔的平面应变矿压模型

Fig. 1 Rock pressure model of plane strain for borehole No. 1

2.2 2#钻孔的平面应变矿压分析模型

2#钻孔煤层埋深为252 m,煤层厚度为5 m,厚关键层为厚23 m的中砂岩。以2#钻孔岩层柱状图为基础建立的平面应变矿压分析模型(局部图)见图2,其中水平方向为600 m,垂直方向为300 m(煤层底板厚度43 m)。数值计算时此模型被划分为2 m×2 m的正方形网格共300×150＝45 000个。模拟煤层从左到右开挖,开挖宽度为200 m,两侧各留200 m煤柱,每个开挖步距为10 m。岩层的分层特性取值严格以钻孔资料为依据,岩层与岩层之间设有强弱不等的层理。模型中岩层亮度越高,说明其弹性模量越大。

图2 2#钻孔的平面应变矿压模型

Fig. 2 Rock pressure model of plane strain for borehole No. 2

3.3 3#钻孔的平面应变矿压分析模型

3#钻孔煤层埋深为175 m,煤层厚度为5 m,厚关键层为厚35 m的中砂岩。以3#钻孔岩层柱状图为基础建立的平面应变矿压分析模型(局部图)见图3,其中水平方向为600 m,垂直方向为200 m(煤层底板厚度20 m)。数值计算时此模型被划分为2 m×2 m的正方形网格共300×100=30 000个。模拟煤层从左到右开挖,开挖宽度为200 m,两侧各留200 m煤柱,每个开挖步距为10 m。岩层的分层特性取值严格以钻孔资料为依据,岩层与岩层之间设有强弱不等的层理。模型中岩层亮度越高,说明其弹性模量越大。

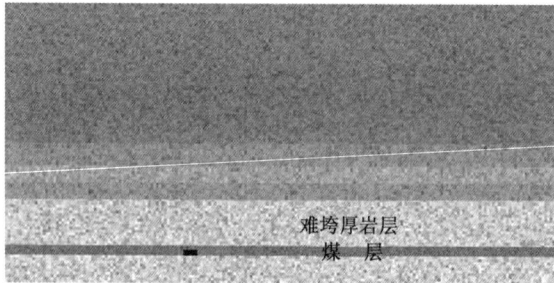

图3 3#钻孔的平面应变矿压模型

Fig. 3 Rock pressure model of plane strain for borehole No. 3

3 厚关键层的破断和冒落规律

3.1 厚层关键层的初次破断和冒落形式

1#~3#钻孔覆岩关键层(老顶)初次采场来压都存在拱形破断与冒落的特点。拱形冒落又分整体冒落和局部冒落2种情形,而局部冒落又可分为偏采空区后部和偏前部2种情形。上述3种拱形冒落情况分别见图4~图6。

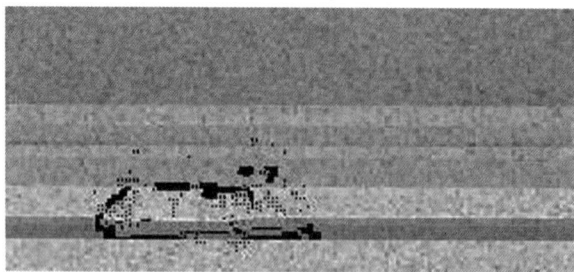

图4 厚关键层整体拱形冒落(1#钻孔)

Fig. 4 Entire arch collapse of thick key strata (borehole No. 1)

3.2 厚关键层的周期破断和冒落形式

厚关键层的周期破断与冒落一般呈短块状(图7),并具有后块短前块长的特点。在短块破断中还可分为小块破断与冒落和大块破断与冒落2种形式。如图8所示,由于厚关键层本身抗拉强度不很大,在厚关键层处于悬臂状态下,会出现分小块破断与冒落形式。如图9所示,难垮厚关键层由于其岩层完整性好,多数情况下周期来压呈大块破断与冒落,这对采场矿压控制最为不利。

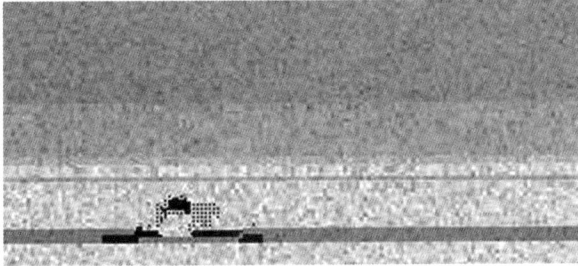

图 5　厚关键层偏采空区后局部拱形冒落(2[#]钻孔)
Fig. 5　Partial arch collapse of thick key strata near coal face (borehole No. 2)

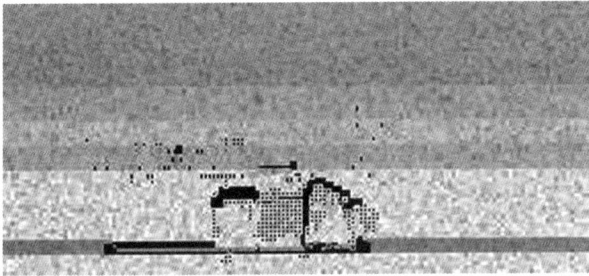

图 6　厚关键层偏采空区前局部拱形冒落(3[#]钻孔)
.6　Partial arch collapse of thick key strata near coal face (borehole No. 3)

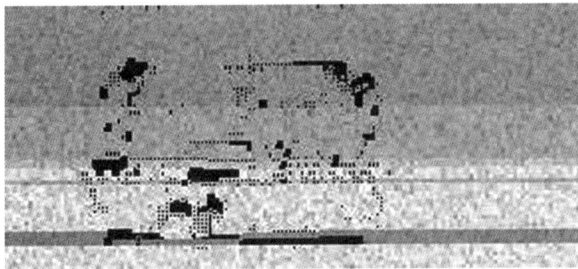

图 7　厚关键层周期来压短块状破断与冒落(2[#]钻孔)
Fig. 7　Short block breakage and collapse of thick key strata in periodic weighting (borehole No. 2)

4　厚关键块滑落失稳对采场的动压影响

由岩层控制的关键层理论[7-9]可知,采场覆岩关键块体(工作面上方破断后的老顶岩块)的失稳具有 2 种基本模式,即滑落失稳(S 型失稳)和转动失稳(R 型失稳),其中 S 型失稳对采场矿压控制最为不利。根据数值模拟可知,厚关键层大块滑落失稳可分为两种典型形式:一为断裂线在工作面上方的滑落失稳;二为断裂线在煤壁里面(超前断裂),由于支架支护能力和滑落面上摩擦力不足而引起的滑落失稳。

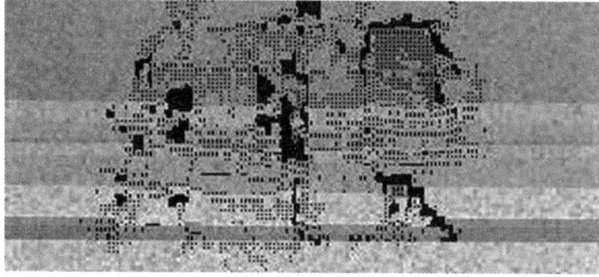

图 8　厚关键层周期来压小块破断与冒落(1#钻孔)
l block breakage and collapse o thick key strata in periodic weighting (borehole No. 1)

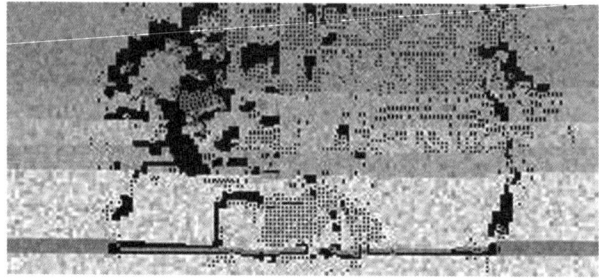

图 9　厚关键层周期来压大块破断与冒落(3#钻孔)
block breakage and collapse of thick key strata in periodic weighing (borehole No. 3)

4.1　滑落面在工作面上方的关键块体滑落失稳

如图 10 所示(左图为采场覆岩破断与垮落形态,右图为支承压分布曲线),当采场推进至 130 m 时,2#钻孔覆岩出现沿工作面上方断裂线的大块关键块体(块体长 60 m)滑落失稳现象。从滑落处支点着地到块体回转平衡,块体支点处单位宽度上的集中反力经历了如下变化过程:① 状态 1 340 t;② 状态 2 290 t;③ 状态 1 620 t;④ 状态 210 t。目前还没有能完全承受单位宽度上作用力超过 2 000 t 的这种强力采场支架,因而容易造成采场矿压事故。

关键块体滑落失稳面在工作面上方的采场来压矿压模型见图 11(该图为初次来压模型,周期来压也可类似给出)。图 11 中支点反力 Q 为该支点从着地到关键块回转平稳(图中虚线状态)时的集中反力,Q 对应图 10 的 4 种状态分别为:1 340、2 290、1 620、210 t。当滑落面离工作面煤壁较近,即 a 很小时,Q 的支点就可落到支架上。这时,如果 Q 大于支架承载能力,则会引起压架事故。

4.2　滑落面在煤壁里面的关键块体滑落失稳

如图 12 所示(左图为采场覆岩破断与垮落形态,右图为支承压分布曲线),当采场推进至 190 m 时,3#钻孔覆岩出现超前断裂状态下关键块体(块体长 63 m)回转运动,其块体在采空区支点处单位宽度上的集中反力分别为——① 状态 1 290 t;② 状态 1 870 t;③ 状态 3 430 t;④ 状态 3 990 t。如果该块体在工作面前方的另一支点处的反力也与此相当,则当工作面推过其断裂线时,会由于断裂面上的摩擦力和支架支撑力的合力不足而发生关键块体的滑落失稳,造成采场矿压事故[10]。

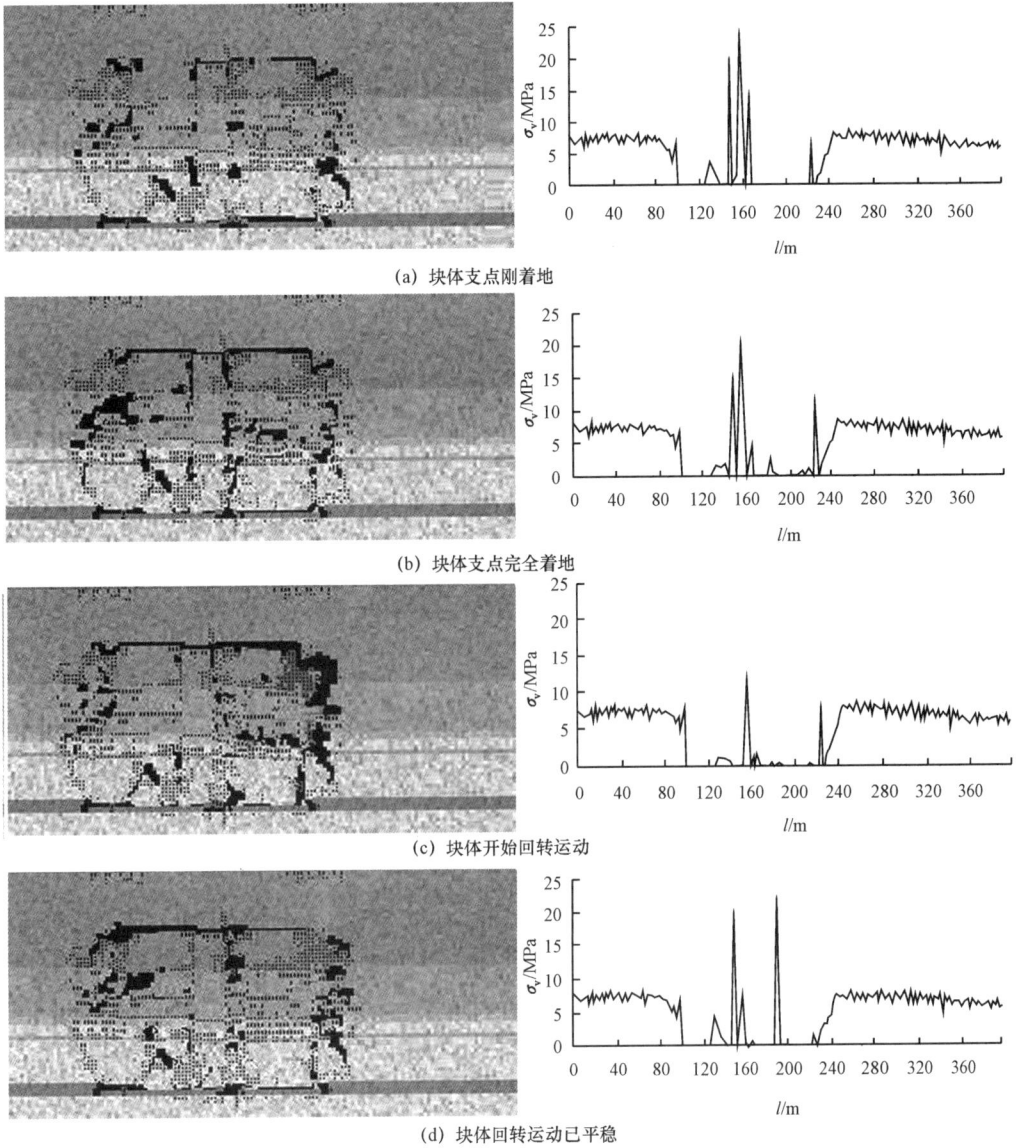

(a) 块体支点刚着地

(b) 块体支点完全着地

(c) 块体开始回转运动

(d) 块体回转运动已平稳

图 10　断裂线在工作面上方的关键块滑落失稳与支承反力（2# 钻孔）

Fig. 10　Sliding of key block and support force where fracture line is above coal face（borehole No. 2）

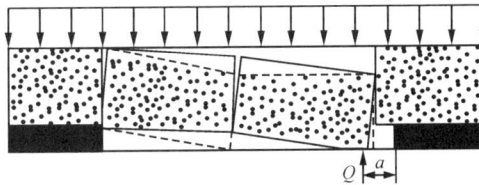

图 11　关键块体滑落失稳面在工作面上方的采场来压

Fig. 11　Roof weighting caused by sliding of key block where slide instability face is above coal face

一般情况下，由于煤层与直接顶的弹性支承作用，老顶岩层的断裂线会在工作面前方煤壁里面，即超前断裂线。关于关键块体滑落失稳面在工作面前方的采场矿压模型见图13（该图为初次来压模型，周期来压模型也可类似给出）。

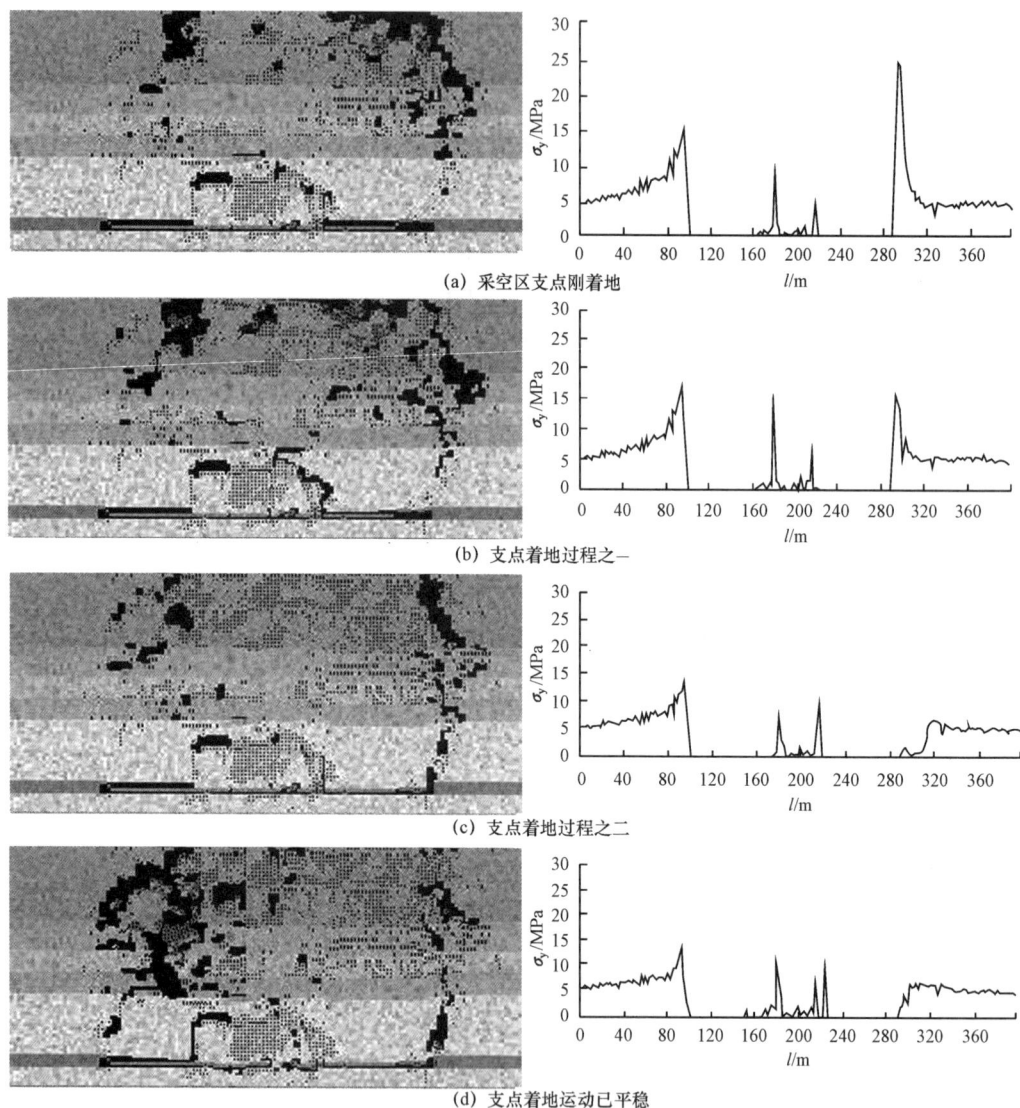

(a) 采空区支点刚着地

(b) 支点着地过程之一

(c) 支点着地过程之二

(d) 支点着地运动已平稳

图12　断裂线在煤壁里面的关键块滑落失稳与支承反力（3# 钻孔）

Fig. 12　Sliding of key block and support force where fracture line is in coal wall（borehole No. 3）

由图13可知，由于短块关键块体所受的重力 P 很大，而块体结构之间的水平挤压力 T 则相对较小，因此滑落面上的摩擦力 N 也相对较小。因此，必定需要有足够大的支撑力 Q_1 才能阻止关键块体不从滑落面上下滑失稳。当采场工作面推过滑落面时，Q_1 将全部由支架承担。由图13（b）可得

$$Q_1 + N = \frac{1}{2}P + \frac{hT}{3l} \tag{1}$$

$$Q_2 = \frac{1}{2}P - \frac{hT}{3l} \tag{2}$$

式中，h 为块体的高度；l 为块体的长度。

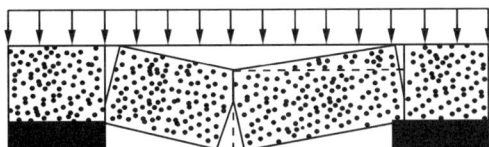

(a) 关键块体结构图

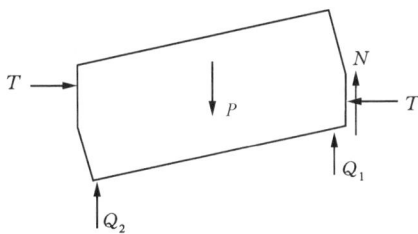

(b) 关键块体受力图

图 13　关键块体滑落失稳面在工作面前方的采场来压

Fig. 13　Roof weighting caused by sliding of key block where slide instability face is in front of coal face

一般有 $T \ll Q_1$ 或 Q_2，则由式(1)、式(2)可得

$$Q_1 \approx Q_2 \tag{3}$$

由此可以推断，在图 12 情况中，当采场推过超前断裂线时，采场支架（单位宽度上）有可能瞬时会承受高达 $Q_1 \approx Q_{2\max} = 3\,990$ t 的载荷。

5　结　语

根据对具有厚关键层覆岩二维破断与冒落过程的数值模拟可知，其破断强度极限与垮落极限是 2 个概念，这与长梁（或薄板）矿压理论存在根本差异。如果在薄板矿压模型或长梁矿压模型中，当其结构达到强度极限就即为垮落极限。由于当难垮厚层关键层结构局部达到强度极限后，如要达到破断成块的垮落状态，还需经历破断成块的扩展发育过程。

具有厚关键层采场覆岩的初次冒落形态为拱形，并可分为整体冒落和局部冒落 2 种基本形式。厚关键层的周期冒落呈短块状，并具有周期块长不相等的特点。

厚关键层来压对采场矿压控制提出了严峻的挑战，由于其破断与冒落的形式具有多样性和随机性，不同的形式对采场支架的作用力是不同的，大块滑落失稳对采场支架的威胁最大。厚关键层大块滑落失稳可分为两种典型模式：一为断裂线在工作面上方的滑落失稳；二为断裂线在煤壁里面（超前断裂），由于支架支护能力和滑落面上摩擦力的合力不足而引起的滑落失稳。

本项研究成果为实际采矿开采设计与矿压控制提供了理论依据。事实上，在我国大同、神东、兖州等矿区都有厚关键层来压对采场造成重大灾害性事故的实例，鉴于文章篇幅限制，有关实例分析将另文给出。

参 考 文 献

[1] 陈炎光,钱鸣高.中国煤矿采场围岩控制[M].徐州:中国矿业大学出版社,1994.

[2] 钱鸣高,缪协兴,许家林.岩层控制中关键层的理论研究[J].煤炭学报,1996,21(3):225-230.

[3] Pen S. Coal Mine Ground Control[M]. New York:John Wiley and Sons, 1978.

[4] Tang C A, Kaiser P K. Numerical simulation of cumulative damage and seismic energy release during brittle rock failure (Part I) Fundamental [J]. Int. J. Rock and Min. Sci. , 1998(2):113-121.

[5] 唐春安,赵文.岩石破裂全过程分析系统软件 RFPA2D[J].岩石力学与工程学报,1997,16(5):507-508.

[6] Tang C A. Numerical simulation of rock failure and associated seismicity[J]. Int. J. Rock Mech. Sci. , 1997, 34(2): 249-262.

[7] 钱鸣高,缪协兴,许家林,等.岩层控制的关键层理论[M].徐州:中国矿业大学出版社,2000.

[8] 钱鸣高,缪协兴.采场上覆岩层结构的形态与受力分析[J].岩石力学与工程学报,1995,14(2): 97-106.

[9] 茅献彪,缪协兴,钱鸣高.采动覆岩中复合关键层的断裂跨距计算[J].岩土力学,1999,20(2):1-4.

[10] 黄庆享.浅埋煤层长壁开采顶板结构及岩层控制研究[M].徐州:中国矿业大学出版社,2000.

Analysis of Breakage and Collapse of Thick Key Strata Around Coal Face

Miao Xiexing   Chen Ronghua   Pu Hai   Qian Minggao

(School of Science, China University of Mining and Technology, Xuzhou 221008, China)

Abstract:The regular behavior of weighting and caving of well-layered strata around coal face, with many thin overlying layers, is studied, and the rock pressure caused by the caving is relatively easy to control. But the caving and rock pressure of very thick sand overlying strata, the thick key strata, is very complicated and needs further study. The breakage and collapse of thick key strata(super thick roof of sand rock) around coal face, with real geological conditions from a coal mine borehole columnar section, is studied by a computer grogram, rock fracture process analysis (RFPA). The results show that there are basic differences of the breakage and collapse between thick key strata and thin strata (or long beams). The shape of the first breakage and collapse of thick key strata is an arch, and the periodic breakage and collapse is in short blocks with different lengths. The roof of thick key strata weights stochastically, and the effects on the coal face support are different. The sliding of large blocks, which is the most dangerous of rock weighting to the support observed in this paper, is a new and severe challenge to the rock pressure control. The results can provide theoretical reference for mining design and strata control.

Keywords:mining engineering; thick key strata; key strata theory; breakage analysis; rock pressure around coal face

覆岩主关键层对地表下沉动态的影响研究[①]

许家林[1,2]　钱鸣高[1,2]　朱卫兵[1,2]

(1. 中国矿业大学采矿系,江苏 徐州　221008;

2. 中国矿业大学矿山开采与安全教育部重点实验室,江苏 徐州　221008)

摘　要: 在对岩体内部移动和地表沉陷实测资料进行对比分析基础上,采用物理和数值模拟方法,就覆岩主关键层对地表下沉动态过程的影响进行了研究。研究结果证明,覆岩主关键层对地表移动的动态过程起控制作用,覆岩主关键层的破断将引起地表下沉速度和地表下沉影响边界的明显增大和周期性变化。在此基础上,提出了把控制覆岩主关键层不破断失稳作为建筑物下采煤设计原则的观点。

关键词: 采矿工程;关键层;岩层移动;地表动态下沉;绿色开采

1　引　言

众所周知,地表下沉是煤层开采后覆岩移动由下往上逐步发展到地表的结果。覆岩岩性与组合对地表沉陷的动态过程和沉陷盆地特征有显著影响。文献[1-7]从不同角度对地表下沉动态特征及影响因素进行了研究。由于成岩时间及矿物成分不同,煤系地层形成了厚度不等、强度不同的多层岩层,总体上分为表土层和基岩两部分。表土层段多为松散砂土质,与基岩段相比具有不同的变形移动特性。基岩段是由厚度不等、强度不同的岩层相间组成,实践表明,其中一层至数层厚硬岩层在岩层移动中起主要的控制作用。将对采场上覆岩层局部或直至地表的全部岩体起控制作用的岩层称为关键层,前者称为亚关键层,后者称为主关键层。岩层控制关键层理论的提出为岩层移动与开采沉陷的深入研究提供了新的理论平台[8-10]。将覆岩岩性按统计平均的方法分为坚硬、中硬、软弱来研究地表沉陷过程及其预测,显然过于笼统和均化。从关键层理论观点来看,地表下沉是覆岩主关键层与表土层耦合的结果。研究覆岩主关键层对地表沉陷影响规律对开采沉陷的预测和控制具有重要的理论和实践意义。文献[10]就覆岩关键层运动对覆岩与地表移动的控制作用及关键层破断块度与表土层厚度对地表下沉曲线形态的耦合影响进行了研究,本文将就覆岩主关键层运动对地表下沉动态特征的影响作进一步研究。

2　岩体内部移动和地表下沉实测的对比分析

山西省阳泉矿区曾于 20 世纪 60 年代在阳泉一矿 70310 面开展了岩体内部移动与地

---

①　本文发表于《岩石力学与工程学报》,2005 年第 5 期,第 787～791 页。

表下沉的对比观测[11]。70310 面为走向长壁全部冒落开采 3# 煤层,煤层倾角 3°~6°,采厚 2.2 m,工作面斜长 70 m,走向长 217 m。从 70310 面地面打了 6 个岩体内部移动观测钻孔,同时布置了走向地表下沉测线 C 及倾向地表下沉测线 D。各钻孔及测点布置见图 1。按关键层判别方法确定出距 3# 煤顶板 78~103 m 间邻近的 3 层硬岩层(累计厚度近 20 m)组成复合关键层并成为覆岩主关键层[8]。

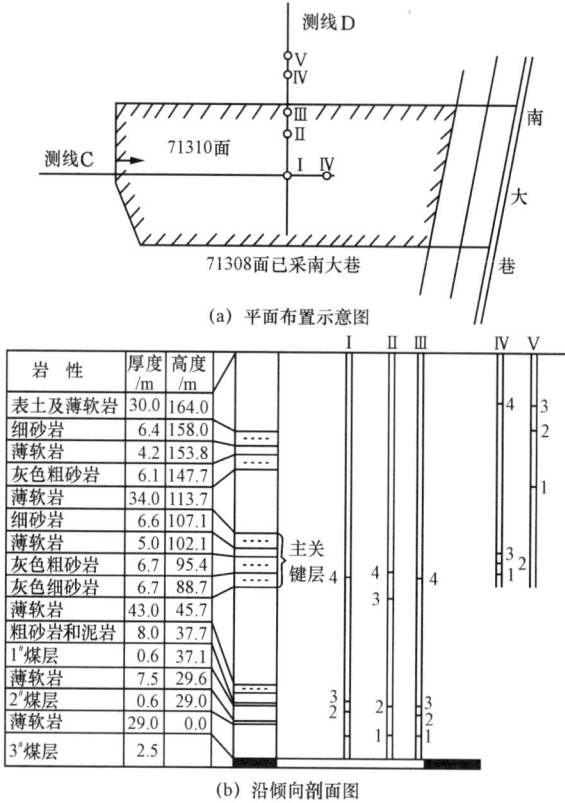

(a) 平面布置示意图

岩　性	厚度/m	高度/m
表土及薄软岩	30.0	164.0
细砂岩	6.4	158.0
薄软岩	4.2	153.8
灰色粗砂岩	6.1	147.7
薄软岩	34.0	113.7
细砂岩	6.6	107.1
薄软岩	5.0	102.1
灰色粗砂岩	6.7	95.4
灰色细砂岩	6.7	88.7
薄软岩	43.0	45.7
粗砂岩和泥岩	8.0	37.7
1#煤层	0.6	37.1
薄软岩	7.5	29.6
2#煤层	0.6	29.0
薄软岩	29.0	0.0
3#煤层	2.5	

(b) 沿倾向剖面图

图 1　阳泉一矿 70310 面岩层移动与地表下沉观测方案

Fig. 1　The observation scheme about rock strata movement and surface subsidence of face 70310 in Yangquan Colliery 1st

以关键层理论观点对其观测结果进行分析。钻孔Ⅰ中测点 4 的下沉过程代表了覆岩主关键层的下沉过程。钻孔Ⅰ对应的地表下沉测点为地表倾向测线 D 上的测点 10′。图 2 为上述两测点随工作面推进的下沉速度变化曲线。由图 2 可见,覆岩主关键层在工作面采过钻孔Ⅰ 31(1964 年 11 月 7 日)~47 m(1964 年 11 月 15 日)时下沉速度最快,其下沉速度达 21.6~23.3 mm/d,可以推断钻孔Ⅰ处主关键层在 1964 年 11 月 7 日发生破断。相应地表在工作面采过 27~49 m 时下沉速度最大达 6.0 mm/d。可见,地表最大下沉速度与关键层最大下沉速度同步。尽管由于 70310 面斜长较小,沿斜向未达充分采动,加之两次地表沉陷观测时间间隔较长,而导致地表最大下沉速度与主关键层最大下沉速度相差较大,但二者同步运动的趋势是显著的。

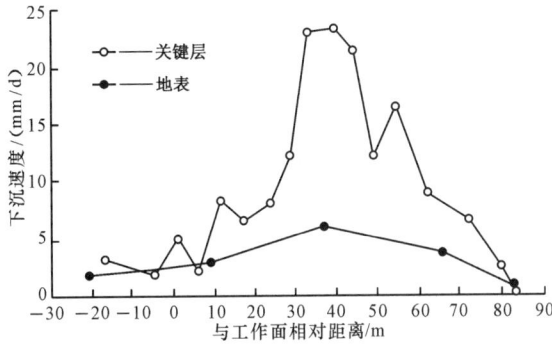

图 2　主关键层与对应地表下沉速度曲线

Fig. 2　The subsidence velocity curve of the primary key
stratum and the corresponding surface

进一步的分析表明[10]，由钻孔Ⅰ中测点 4 观测所得主关键层于 1964 年 11 月 7 日的破断为其初次破断。上述实测结果证明，覆岩主关键层的初次破断导致了地表的同步快速下沉。受 70310 面斜长和走向长度较短的条件限制，未观测到主关键层周期破断对地表下沉的影响。为了分析主关键层周期破断对地表下沉动态的影响，进一步开展了数值模拟和物理模拟研究。

3　主关键层对地表下沉动态过程影响的模拟研究

3.1　数值模拟试验研究

（1）模拟方案——煤层为水平煤层，模型中各岩层岩性、厚度以及力学参数如表 1 所示。其中，距煤层 30 m、厚 10 m 的砂岩为覆岩主关键层。模型走向长度 450 m，垂直高度 110 m，工作面开采深度为 103 m，见图 3。假设主关键层初次破断距为 72 m、周期破断距为 40 m。采用的数值模拟软件为 UDEC[2D]3.0。通过将主关键层块体间节理的参数设置得很大，使块体间不产生运动，以此来模拟关键层岩体破断前运动；当采宽达到关键层破断距时，减小块体节理参数，模拟主关键层破断后运动。

表 1　模型内各岩层赋存特征及力学参数

Table 1　The characteristic and mechanical parameters of strata in the numerical model

岩性	厚度 /m	弹性模量 /GPa	泊松比	重力密度 /(kN/m³)	内摩擦角 /(°)	抗拉强度 /MPa	黏聚力 /MPa	备　注
表土	60	1.5	0.29	20	5	0.05	0.094	分层厚度 3 m
砂岩	10	36.0	0.20	27	32	5.00	10.000	主关键层
泥岩	12	7.2	0.22	25	25	1.20	3.000	分层厚度 2 m
中砂岩	5	19.0	0.17	27	32	2.10	5.000	亚关键层
泥岩	13	7.2	0.20	25	25	1.20	3.000	分层厚度 2 m
煤层	3	8.8	0.23	13	18	0.80	1.500	煤层
砂岩	7	23.0	0.18	27	30	2.10	5.000	底板

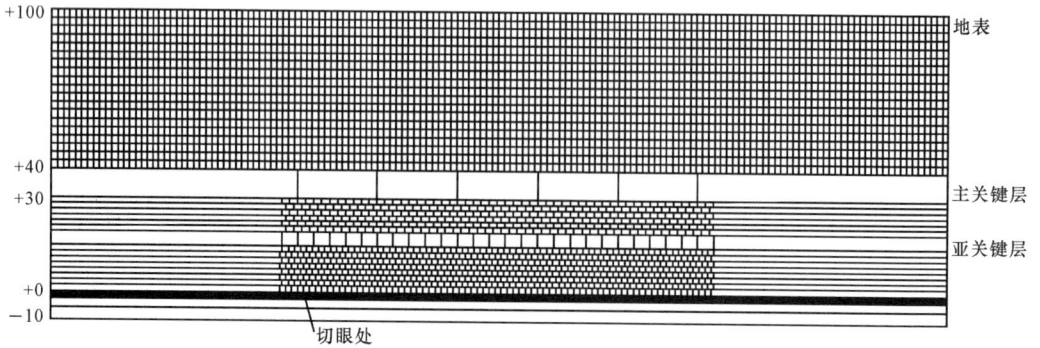

图 3 主关键层对地表移动影响的数值模拟方案(单位:m)

Fig. 3 The numerical simulation scheme about the influence
of the primary key stratum on the surface subsidence(unit:m)

(2) 主关键层破断对地表下沉速度的影响——模拟中煤层每次开挖步距为 4 m,待模型运算至平衡后再开始下一步开挖。当模型由开切眼推进至 72、112、152 m 时,主关键层分别发生初次破断、第 1 次周期破断和第 2 次周期破断。模拟结果表明,主关键层破断前,相邻两次开采引起的地表下沉增量较小;而当主关键层破断时,地表下沉增量明显增大。将主关键层破断前和主关键层破断时对应地表下沉速度(按每推进 1 m 地表下沉量计算,单位为 mm/m)曲线绘于图 4。由图 4 可见,主关键层破断时地表下沉速度明显大于主关键层破断前地表下沉速度,且地表下沉速度随主关键层周期破断呈周期性增大现象。图 5 为开切眼内侧 96 m 处地表点下沉动态过程。由图 5 可见,距切眼 96 m 处地表点的下沉速度随主关键层第 1 次周期破断(采至 112 m)和第 2 次周期破断(采至 152 m)出现两次明显峰值,说明地表任一点的下沉动态过程受主关键层周期破断影响而呈周期性变化。

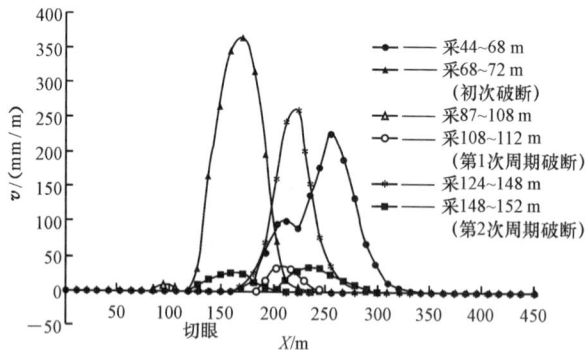

图 4 数值模拟地表下沉速度曲线

Fig. 4 The surface subsidence velocity curves in the numerical simulation

(3) 主关键层破断对地表移动影响边界的影响数值模拟结果表明,主关键层的破断不仅引起地表下沉速度的明显增大,还导致地表移动影响边界的明显变化。分别以地表

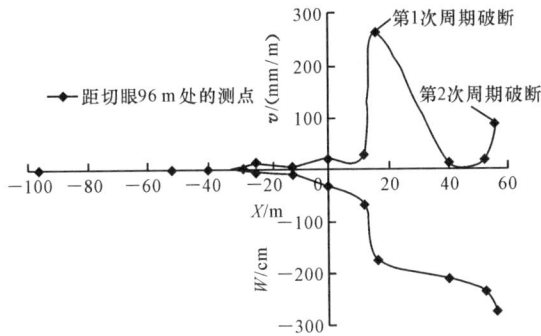

图 5　数值模拟地表任一点下沉动态过程

Fig. 5　Dynamic subsidence process of one point in the surface in the numerical simulation

下沉值为 10、100、200 mm 作为地表移动边界,计算出主关键层破断前后对应的地表移动影响角(即开采边界和对应地表下沉边界连线与煤层在煤柱一侧的夹角)如表 2 所示。由表 2 可见,一旦主关键层破断,地表移动影响角明显减小,地表移动影响边界明显向外扩大。如以 10 mm 下沉边界为例,当主关键层第 2 次周期破断时,地表移动影响角由破断前的 73°左右变为 65°,减小了 8°;地表 10 mm 下沉边界由破断前距开采边界 30.6 m 变为距开采边界 46.6 m,下沉边界向外扩大了 10 m。仍以 10 mm 下沉边界为例,将主关键层破断前后地表移动影响角及影响边界的变化绘于图 6 中,由图 6 可以更为直观地看到主关键层破断前后地表移动影响角和影响边界的上述变化。

表 2　不同采宽对应的地表移动影响角

Table 2　Surface angle of draw corresponding to various mining width

采出宽度 /m	10 mm 下沉边界		100 mm 下沉边界		200 mm 下沉边界	
	移动角 /(°)	关键层破断前后移动角差值/(°)	移动角 /(°)	关键层破断前后移动角差值/(°)	移动角 /(°)	关键层破断前后移动角差值/(°)
44	75		89		103	
56	74		86		92	
68	74	3	84	3	89	4
72(主关键层初次破断)	71		81		85	
84	74		85		88	
96	74		85		88	
108	74	10	85	8	90	8
112(主关键层第1次周期破断)	64		77		82	
136	72		82		87	
148	73	8	83	7	87	8
152(主关键层第2次周期来压)	65		76		79	

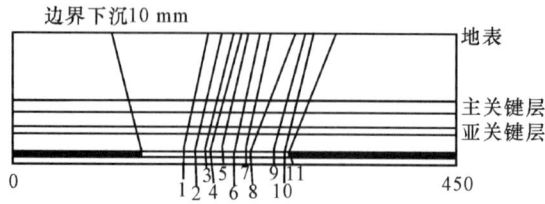

图 6 10 mm 下沉边界对应的主关键层破断前后地表移动影响边界的变化

Fig. 6 The variety of surface movement boundary corresponding to the breaking process of primary key stratum(subsidence boundary of 10 mm)

1——采 44 m;2——采 56 m;3——采 68 m;4——采 72 m(主关键层初次破断);5——采 84 m;
6——采 96 m;7——采 108 m;8——采 112 m(主关键层第 1 次周期破断);9——采 136 m;
10——采 148 m;11——采 152 m(主关键层第 2 次周期破断)

上述数值模拟研究结果表明,覆岩主关键层的破断将影响地表下沉的动态过程,覆岩主关键层的破断将引起地表下沉速度的明显增大并呈周期性变化;地表移动影响角和移动影响边界并非一成不变,而是随主关键层破断,地表下沉影响边界明显扩大。

3.2 物理模拟试验研究

参照数值模拟模型建立物理模型,模型的覆岩特征与数值模型一致。采用长×高×宽为 5 m×3 m×0.3 m 的平面应力模型架,模型的几何相似比为 1∶50。

模拟中煤层每次开挖步距为 3.25 m,每次开挖间隔时间为 60 min。物理模拟结果表明,当模型由开切眼进至 90 m 时,主关键层发生初次破断;当模型由开切眼推进至 100、110、126.5、136.5 m 时,主关键层分别发生 4 次周期破断。图 7(a)和(b)分别为距开切眼 50、90 m 主关键层和对应地表两点的下沉动态过程。由图 7 可见,主关键层破断前,主关键层与对应地表测点的下沉速度都较小;当主关键层破断时,主关键层与地表下沉速度都明显增大,地表下沉速度随主关键层周期破断呈跳跃性变化。这与数值模拟结果是一致的。

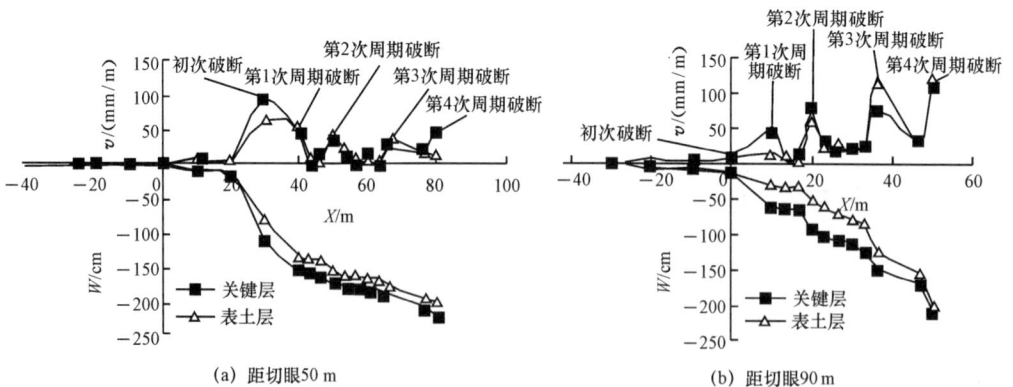

图 7 物理模拟地表任一点下沉动态过程

Fig. 7 Dynamic subsidence process of the one point in the surface in the physical simulation

4　结　语

实测和模拟研究结果证明,主关键层对地表移动的动态过程起控制作用,主关键层的破断将导致地表快速下沉,地表下沉速度随主关键层的周期破断而呈跳跃性变化;地表移动影响角和移动影响边界并非一成不变,而是随主关键层破断明显向外扩展。表土层起着消化主关键层非均匀下沉的作用,表土层厚度和主关键层破断距大小将决定主关键层对地表下沉动态影响的剧烈程度。主关键层对地表下沉动态影响的剧烈程度与表土层厚度及主关键层破断距大小的定量关系有待进一步研究。由于覆岩主关键层的破断将导致地表下沉的明显增大,因此,可将保证覆岩主关键层不破断失稳作为建筑物下采煤设计的原则。为了保证建筑物下采煤既具有较好的经济效益,同时又确保地面建筑物不受到损害,研究关键在于根据具体条件下覆岩结构与主关键层特征来确定合理的减沉开采技术及参数。形成基于上述原则的建筑物下采煤定量化设计方法将是煤矿绿色开采技术进一步研究的重点之一[12]。

参 考 文 献

[1]　何国清,杨伦,凌庚娣,等.矿山开采沉陷学[M].徐州:中国矿业大学出版社,1991.

[2]　Chudek M,李德海.开采工作面推进度对地表变形速度的影响[J].焦作矿业学院学报,1993,30(1):64-74.

[3]　余学义.影响地表下沉速度的几个采矿地质因素[J].陕西煤炭技术,1991(2):61-63.

[4]　Wu Lixing,Qian Minggao,Wang Jinzhuang. The influence of a thick hard rock stratum on under ground mining subsidence[J]. Int. J. Rock. Mech. Min. Sci. ,1997,34(2):341-344.

[5]　康建荣,王金庄.采动覆岩动态下沉速度规律的相似模拟研究[J].太原理工大学学报,2000,31(4):364-366.

[6]　于广明,孙洪泉,赵建锋.地表点动态下沉的分形增长规律研究[J].岩石力学与工程学报,2001,20(1):34-37.

[7]　王悦汉,邓喀中,吴侃,等.采动岩体动态力学模型[J].岩石力学与工程学报,2003,22(3):352-357.

[8]　钱鸣高,缪协兴,许家林.岩层控制中的关键层理论研究[J].煤炭学报,1996,21(3):225-230.

[9]　许家林.岩层移动与控制的关键层理论及其应用[D].徐州:中国矿业大学,1999.

[10]　许家林,钱鸣高.关键层运动对覆岩及地表移动影响的研究[J].煤炭学报,2000,25(2):122-126.

[11]　阳泉矿务局.回采工作面上部岩层活动的观测与研究[A]//矿压文集[C].北京:煤炭工业出版社,1978.

[12]　钱鸣高,许家林,缪协兴.煤矿绿色开采技术[J].中国矿业大学学报,2003,32(4):343-348.

Study on Influence of Primary Key Stratum on Surface Dynamic Subsidence

Xu Jialin[1,2]   *Qian Minggao*[1,2]   *Zhu Weibing*[1,2]

(1. Department of Mining Engineering, China University of Mining and Technology, Xuzhou 221008, China;

2. The Key Laboratory of Mining and Safety, China University of Mining and Technology, Xuzhou 221008, China)

Abstract:Due to differences in formation time and mineral composition, rock strata contain numerous layers of different thickness and strength. Practical experiences have shown that one or several thick and strong strata have a dominant effect on the movements and subsidence of rock strata above the underground mining excavations. The key stratum is defined as the stratum that controls the movements of a part or all of the strata in the overburden. The former is called the subordinate key stratum, and the latter is called the primary key stratum. By means of comparative analysis on the field measurement data of stratum movement and the surface subsidence, numerical and physical simulation, the influences of the primary key stratum on surface dynamic subsidence are studied. The results prove that the primary key stratum in the overburden control the dynamic process of surface subsidence, the break of the primary key stratum will obviously augment the subsidence speed and the subsidence boundary, and the subsidence speed and the subsidence boundary will change periodically as the primary key stratum break periodically. Based on the key stratum theory in ground control, the basic principle in the design of mining under buildings should ensure that the primary key stratum would not break.

Keywords: mining engineering; key stratum; rock stratum movement; surface dynamic subsidence; green mining

Strata Control and Sustainable Coal Mining

第五编

采场"支架—围岩"关系和工作面支护质量监测

顶板与架型关系的初步分析[①]

钱鸣高

（中国矿业学院）

摘　要：对不同类型顶板应选用不同架型。支撑式支架使用的基本条件是直接顶完整，如周期压力很剧烈则更显出其有利。掩护式支架可以用在直接顶比较破碎、周期压力不很剧烈的工作面。支撑掩护式支架对矿山压力有较大的适应性，国外已显发展这类架型的趋势。

按照顶底板条件选用液压支架的架型是当前发展采煤综合机械化亟待解决的一个问题。本文从现有几种典型的支架结构在不同顶底板条件下形成的"支架—围岩"关系，初步分析其各自的适用条件。

一、概　述

对支架来说，主要需弄清顶板压力的大小及其在梁上的分布状态以及合力作用点的位置。前者是决定支架支撑力的重要因素，后者却往往是选择支架架型的决定因素。关于支架合理支撑力的大小，另作专门讨论。此处主要讨论顶板压力在支架上的分布状态及其对选择架型的影响。

一般可以把顶板给予支架的压力简化为图1的力学模型。

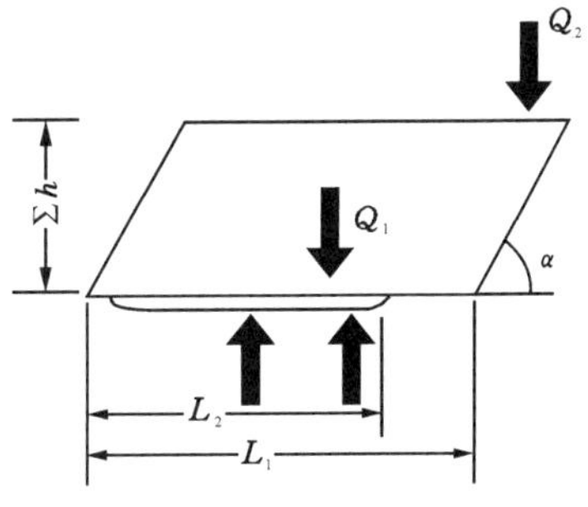

直接顶沿工作面断裂时，加于支架上的力为直接顶悬露部分的全部重量，即

$$Q_1 = \sum h \cdot \gamma \cdot L_1 \qquad (1)$$

式中　$\sum h$——直接顶冒落带的厚度；

　　　γ——岩石的重力密度；

　　　L_1——直接顶从煤壁到切顶线距离。

图1

Q_1对支架的作用力的位置由两个因素决定：其一为L_1。当顶板比较坚硬$L_1 > L_2$时，作用力合力的位置离煤壁较远，而当切顶线前移时，即$L_1 < L_2$时，则其合力位置将靠近煤壁。其二是直接顶的破断角α。一般来说，顶板愈松软，α角愈大，合力位置愈靠近煤壁，反之，合力作用点则靠后。

① 本文发表于《煤炭科学技术》，1978年第7期，第6～12页。

直接顶对支架作用力的位置如与支架支撑力作用点位置不一致,则可能引起附加力 F,其作用位置视受力情况而定(图 2)。

作用于支架上的另一部分力是 Q_2,即老顶通过直接顶作用于支架的力。Q_2 的大小及位置受各种因素的影响。例如当 L_1 较大时,Q_2 的作用位置要远离煤壁;而 L_1 较小(切顶线前移)时,则 Q_2 将靠近煤壁。

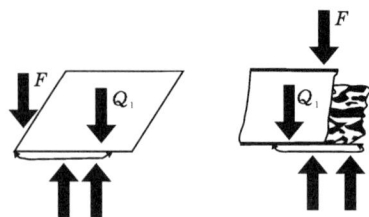

图 2

作用于支架上的顶板压力为 Q_1 与 Q_2 的合力,在有些情况下可能还有附加力 F。

合力作用于支架上的位置将随不同情况而前后移动,例如直接顶比较完整,Q_2 又较大时,合力将靠近采空区一侧;而当直接顶的切顶线前移时,则合力将靠近采煤机通道上方。有时即使是在同一个工作面,其合力作用位置也不完全一样。

各种支架设计的支撑力分布状态及其作用合力的位置是由支架结构所决定的。例如,支撑式支架一般适宜于后梁受力大于前梁,而掩护式液压支架则适宜于托梁受力大于掩护梁。因此,支架的结构就应与顶板压力状况相适应。若不相适应,不仅支架的工作阻力得不到合理的利用,而且顶板也得不到合理的支撑。

二、关于支撑式支架的"支架—围岩"关系

(一)直接顶比较完整

其含义是直接顶经过液压支架反复支撑而能保持完整或即使破断但仍整齐排列、切顶线无明显前移。

通常在这种情况下顶板压力的合力要偏靠支架后柱方向,特别是当周期来压比较剧烈时更是如此。如大同同家梁矿 12# 层 8604 工作面,顶板坚硬,必要时需强制放顶。使用四柱(450 t)垛式支架时:在一般情况下后柱受力比前柱大 20～28 t。当 L_1 过大时,差值更为明显。在一次测定中工作面中部 9 架支架前柱平均为 19 t,后柱达 92 t。

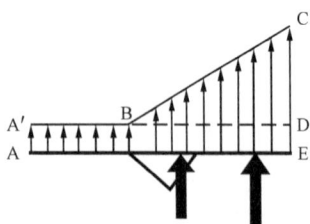

图 3

以 BZZC 型支撑式液压支架为例,其预想的支撑力的分布见图 3。

当四根柱安全阀开启,工作阻力都达到 60 t 时,其前梁对顶板的支撑力仅 40 t 左右,而后梁则达到 200 t。支撑力的合力位置远离顶梁前端约 2.55 m。这种支撑力的分布状态与直接顶比较完整,老顶有明显周期压力,或直接顶本身就是坚硬岩层($L_1 > L_2$)情况下对支架作用的顶板压力是完全一致的。图 3 中 AA′DE 部分可以认为是对直接顶的支撑力,BCD 部分则可视为支架对老顶的支撑力。

从阳泉四矿四尺煤 4223 工作面的测定可看出(表 1),当周期压力刚过时,主要是直接顶作用于支架,其作用力合力靠近前柱,因而一般表现为前柱工作阻力大于后柱。当周期来压时,则往往是后柱先于前柱达到工作阻力,此时合力的位置向前后柱中间靠近。顶板压力有 83% 的情况是作用于前后柱中间附近。这种情况说明支架的架型与当时的顶

板条件是适应的。

表 1

架型及使用地点	压力情况	顶板压力合力作用位置(m)*						
		0.605~0.75	0.505~0.60	0.405~0.50	0.305~0.40	0.205~0.30	0.105~0.20	0~0.1
阳泉四矿四尺煤 4223 BZZB 型	出现几率(%)	7	41	42	8	2	—	—
	最大值(t)	215	240	233.5	134	143		
阳泉一矿七尺煤 907 BZZC 型	出现几率(%)	5	15.2	30.4	11.3	10	12.5	13.6
	最大值(t)	146	188	179	191	136	129	122
阳泉四矿丈八煤 8241 BZZB 型	出现几率(%)	12.5	40.5	30	13.2	2.7	1.1	
	最大值(t)	106	135	156	153	128	46.2	

　　* 指顶板压力合力与前柱的距离(向采空区方向)。

　　直接顶比较完整时,常常可以靠直接顶本身的完整性来维护回采工作空间,尤其是机道上方的顶板,因此对支架前梁的要求仅为护顶作用。例如,阳泉四矿 4222 工作面 BZZB 型支架前梁的小短柱 70% 的情况是在 30 t 以下工作(设计工作阻力为 60 t)。因此一般支撑式支架工作阻力的分布情况对完整顶板显然是适宜的。

　　(二) 直接顶破碎

　　由于液压支架一般均降柱移架再支撑顶板,因而直接顶将承受支架的多次初撑力的作用(一般情况下约为 6~7 次),往往造成直接顶破碎。实践表明,一般单体支柱工作面的顶板若处于中等稳定状态,在使用液压支架后则呈破碎状态,其主要表现是切顶线前移。例如阳泉一矿 907 工作面在一次工作面中部近 80~90 m 的统计中,顶板有图 4 所示的四种破碎状态。

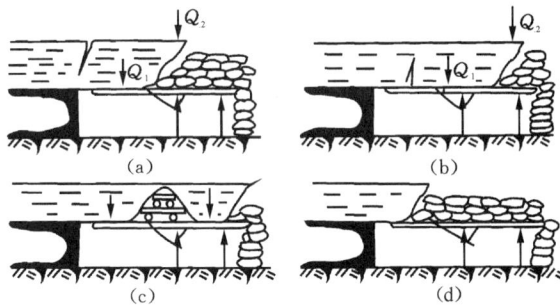

图 4

　　其中图(a)、(b)情况各占 10%~15%,图(c)占 20%~30%,图(d)占 50%。由于切顶线前移,老顶通过直接顶作用于支架上的力也随之前移。如表 1 中 907 工作面,顶板压力作用点靠近前柱,即使是周期来压时也是如此,结果是 80% 前柱受力大于后柱,甚至有 25% 的情况顶板压力基本作用于前柱并能使前柱安全阀开启。由于测定仪器及支架架型的限制,未能测得作用点超过前柱的情况。但有时后梁柱窝与支柱脱开,有固定销时甚至拉断了销耳,则可说明顶板压力作用点超过了前柱。只有当受力呈图(c)的状态时才有可能出观后柱大于前柱,或前后柱受力相等。此时全架工作阻力 240 t,最大使用到 191 t,

而前梁支承能力部明显不足,对刚裸露的顶板难于进行有效的维护。

另外,波兰 OK—1/R 型六柱支撑式支架在破碎顶板条件下使用,同样证明也是不适应的(图 5)。除直接顶比较完整、整架阻力 240 t 基本上全部发挥外,一般情况下支架的支撑力无从发挥,绝大多数支柱处于初撑工作状态(表 2),仅为额定工作阻力的 1/5 左右。

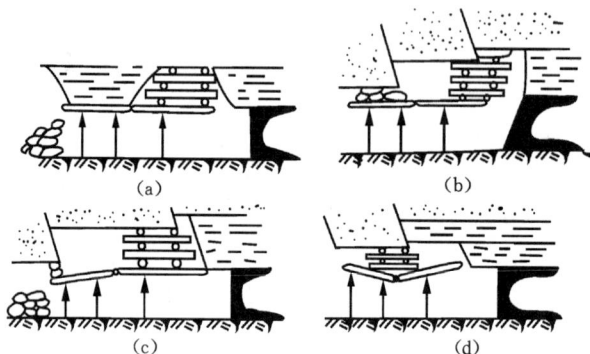

图 5

表 2

统计值(%)	立柱工作阻力(t/柱)				
柱　别	0~5	5~10	10~15	15~20	>20
前　　柱	13.3	31	39.7	11.8	4.2
中　　柱	54.3	27	13.4	3.6	1.7
后　　柱	48.1	31.1	15.8	3.5	1.5

由以上分析,支撑式支架在直接顶破碎而且冒空的情况下处于一种有力而无从发挥的境地。同时又由于其前梁支撑能力很低,因而对刚裸露的顶板也难于维护。为了研究支撑式支架工作阻力的分布对顶板压力的适应性,现对常用的 BZZ 型支架特点作一分析。

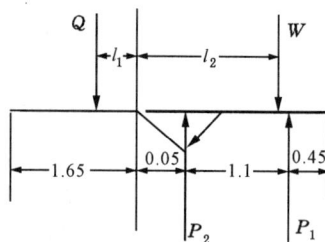

图 6

假设前梁负载能力为 Q,后梁负载能力为 W(图 6)。以 BZZC 型参数为例。取 $\sum M_0 = 0$,则

$$Q \times l_1 + P_2 \times 0.35 + P_1(0.35 + 1.1) = Wl_2$$

而

$$Q + W = P_2 + P_1$$

$$Q = P_2 \frac{(l_2 - 0.35)}{l_2 + l_1} - P_1 \frac{(1.45 - l_2)}{l_2 + l_1} \tag{2}$$

根据前面的分析,在直接顶比较破碎的情况下,关键在于提高支架前梁的支撑能力,以保证刚裸露的顶板能及时得到有力的支护。

提高 Q 的途径为:

① 调节前后柱的支撑力,使 $P_1 < P_2$;

② 使 $l_2 \geqslant 1.45$ m,即后梁上载荷的作用点超过后柱,使其更靠近采空区一侧;

③ 使 P_1 为负值,即 P_1 为拉力。

在破碎顶板条件下常常出观后柱处于初撑状态或为零,甚至后柱脱开柱窝。因此将后柱工作阻力调低事实上是无济于事的。

另外,在这种情况下,一般后柱上方的直接顶常常处于破碎状态。因此第②项办法也难以实现。

若将后柱改为千斤顶,当切顶线前移时后柱承受拉力,这样支架的支撑合力就可能前移;而当压力来自后方时,后柱又能承受压力,这样能使整个支架的支撑合力后移,因而能使支撑式支架对顶板压力具有更大的适应性。

对支撑式支架最不利的条件是直接顶冒空造成载荷分布的无规律状态。因此常采用顶板下铺金属网的办法来保证顶板即使破碎但仍能整齐排列。如表 1 中 8241 工作面(网下采第二分层时)顶板压力的作用情况,其中有 70% 的情况基本上是在前后柱的中间附近。此时顶板压力全部集中在前柱或后柱的情况不再出现。但这种办法在采单层煤时费用太贵,不宜采用。

近期以来,有采用收腿式的支架结构保证良好护顶状况的。如苏联的 2M—81Э 支架在顶梁之间采用一种滑动联系装置,移架千斤顶设在顶梁下部,移架时靠两侧支撑着的支架架住,将支柱往上收缩,尔后擦顶前移,保证了直接顶的完整性。这种支架在近期苏联的高产工作面中逐步占优势地位。

由此可知,支撑式支架一般应在直接顶完整的各类顶板,尤其是在周期来压比较剧烈的条件下使用。若在破碎顶板条件下由于瓦斯大等因素而要求支架有充分的断面时,则必须在支架结构上加以改善,使其保证直接顶的完整。只有这样才有可能取得良好的效果。

三、关于掩护式支架的"支架—围岩"关系

掩护式支架设计的支撑力主要集中于托梁部位,因而适应于切顶线前移,顶板压力主要来自机道上方破碎顶板这一特点。

(一)单铰式掩护支架受力分析

该种支架受力状况如图 7 所示。假设 Q 为托梁上的载荷,W 为掩护梁上的载荷,F 为底板对支架的反力。

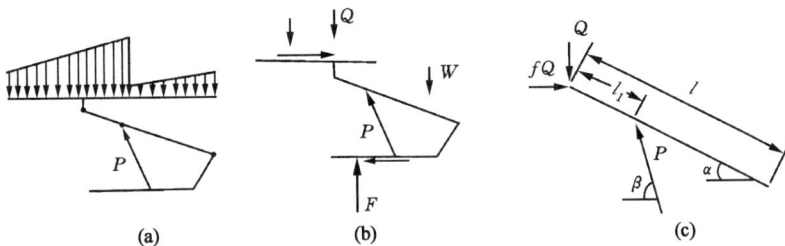

图 7

取掩护梁为脱离体[图 7(c)],并且令 $\sum M_0 = 0$,则可得

$$Q = P\left(1 - \frac{l_1}{l}\right)\frac{\sin(\beta - \alpha)}{\cos\alpha - f\sin\alpha} \tag{3}$$

为简便起见,先不考虑托梁上摩擦力 fQ 对支架的影响,则

$$Q = P\left(1 - \frac{l_1}{l}\right)\frac{\sin(\beta - \alpha)}{\cos\alpha} \tag{4}$$

当掩护梁上承受载荷 W 时,并假设 W 作用于离后铰接点 $1/3$ 处,按同理可推得

$$Q = P\left(1 - \frac{l_1}{l}\right)\frac{\sin(\beta - \alpha)}{\cos\alpha} - \frac{W}{3} \tag{5}$$

令 Q/P 为支撑效率,则

$$\frac{Q}{P} = \left(1 - \frac{l_1}{l}\right)\frac{\sin(\beta - \alpha)}{\cos\alpha} - \frac{W}{3P} \tag{6}$$

若取 W 为常数,则 Q/P 与支柱工作阻力 P 的关系如图 8 所示。由此可知,掩护式支架的初撑力以大一点为好,若小于 P_a,掩护梁就有支托不起的危险。

影响支撑效率的另一个因素是掩护梁载荷 W。显然,当支柱工作阻力一定时,W 愈小,支撑效率愈高。当 $W=0$ 时,Q/P 达最大值 $\left(1 - \frac{l_1}{l}\right)\frac{\sin(\beta - \alpha)}{\cos\alpha}$。当 $W = 3P\left(1 - \frac{l_1}{l}\right) \times \frac{\sin(\beta - \alpha)}{\cos\alpha}$时,$\frac{Q}{P} = 0$。

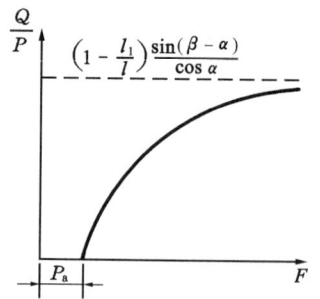

图 8

从国内外实测资料分析可知,掩护梁上的载荷并不是始终不变的,从理论上分析它也不应是常数。尤其当掩护梁坡度比较小而顶板周期来压又比较剧烈时,更易于使掩护梁上的 W 增加。

例如,徐州权台煤矿三层煤 3101 工作面使用 ОКП 支架。直接顶比较破碎,周期来压不明显。在测定期间有 52% 的情况,托梁上承受的力远比掩护梁上所受的力为大。但当掩护式支架走下坡(9°左右)及周期来压时,掩护梁上的载荷个别情况高达 70 t(支柱工作阻力为 80 t)。但由于这种情况为数不多,因而取得了良好的使用效果。如果用在周期来压剧烈的工作面,掩护式支架就可能失效。例如,苏联曾在如下条件试用 OMKT 及 OMKT—M 掩护式支架:直接顶为厚 2 m 以下的粉砂岩,易冒。老顶为厚层砂岩。采高为 $2\sim3$ m。结果支架运行很困难,其原因主要是厚层砂岩的影响。当工作面推进离开切眼 30 m 左右时,支架状况很快恶化,托梁处顶板破碎,顶板压力转由掩护梁承担。顶板的循环下沉量高达 110 mm,处于工作面中部的支架几乎全被压死,最后只好拆除。

需要指出,单铰式掩护支架的工作特性是降阻式的(支柱本身是恒阻式),即随着支柱受压下缩,β 与 α 角同时变小,其支撑效率也变低。可见,这种支架在采高愈高时其支撑力愈大;反之,则愈小。在支柱达到工作阻力后,顶板愈是来压,支架的支撑能力反而愈低,这种降阻特性对于管好顶板显然是不利的。

另外,单铰式掩护支架随着采高的变化,顶梁上的铰接点作圆弧运动,因而端面距(支架托梁端部到工作面煤壁的距离)将随着采高而变化,其结果不仅使支架的单位面积支撑力经常变化,而且随着端距离的增大容易使刚裸露的顶板得不到及时支护而冒落。

（二）双铰式掩护支架受力分析

为了改进单铰式支架结构的上述缺点,近年来比较广泛地使用了双铰式掩护支架(图9),其基本的力学原理与单铰相似,主要区别是它以瞬时的后铰点 O 及 O' 为支点,缩小了杠杆比 l_1/l,提高了支撑效率。参数选择合适时其工作特性呈微增阻式。同时,由于托梁上的铰接点呈双纽线运动,因而可以使端面距基本保持不变。

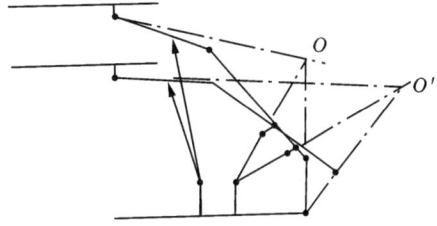

图 9

双铰式支架由于增加了一个连杆,所以,有效的通风断面有所减小,对于其在超级瓦斯矿井中使用是不利的。

综合上面的分析,掩护式支架的架型适宜于矿山压力作用于机道上方。因此对于直接顶处于中等稳定及中等稳定以下,而且无强烈周期来压的工作面是一种优良的架型。

四、关于支撑掩护式液压支架

支撑掩护式架型的种类很多,目前很多类型还在进一步探索之中。现介绍一种从掩护式液压支架发展而来的型式(图10)。

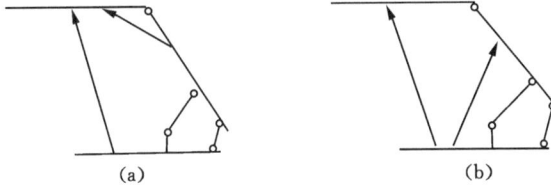

图 10

这种支架顶梁上支撑力的分布状态介于支撑式与掩护式之间,其各个参数之间的关系及受力状态如图 11 所示。

先分析千斤顶设置在托梁与掩护梁之间这种类型[图 10(a)]。首先假设顶板压力的合力作用于支柱之前。此时令小千斤顶压力的作用方面如图 11 所示。取顶梁为脱离体,则 $\sum F_Y = 0$ 时

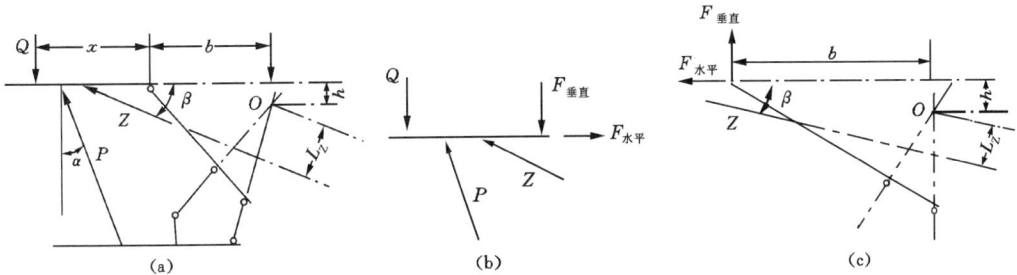

图 11

$$F_{垂直} + Q = P\cos\alpha + Z\sin\beta \tag{7}$$

取 $\sum F_X = 0$ 时

$$F_{水平} = P\sin\alpha + Z\cos\beta(不计摩擦力) \tag{8}$$

根据掩护梁的受力情况，取 $\sum M_0 = 0$，且不计掩护梁上的矸石载荷，则可以推得支架上的支撑力 Q 为

$$Q = P\left(\cos\alpha - \frac{h}{b}\sin\alpha\right) + Z\left[\sin\beta - \frac{1}{b}(h\cos\beta + L_z)\right] \tag{9}$$

同理若顶板压力作用于支柱与托梁铰接点之后，此时小千斤作用力的方向与上述情况相反，同样可以推得支架顶梁上支撑力的大小，即

$$Q = P\left(\cos\alpha - \frac{h}{b}\sin\alpha\right) - Z\left[\sin\beta - \frac{1}{b}(h\cos\beta + L_z)\right] \tag{10}$$

若设计时取 β 接近于零，且令 l_z 为千斤顶与顶梁之间的距离，则在上述设计参数情况下，$l_z = h + L_z$，公式(9)、(10)可改写为

$$Q = P\left(\cos\alpha - \frac{h}{b}\sin\alpha\right) \mp Z\frac{l_z}{b} \tag{11}$$

对图10(b)的架型同样可以得出上述关系式，只是式中 l_z 表示掩护梁上两个连杆的交点到千斤顶的间距(图12)。

公式(11)中"$\mp$"表示：(一)号为顶板压力合力作用于支柱之前。(＋)号为顶板压力合力作用于支柱之后。

从公式(10)、(11)中 P 的系数 $\left(\cos\alpha - \frac{h}{b}\sin\alpha\right)$ 分析可知：这类架型的工作阻力比相同类型的掩护式支架要大。

另外一种支撑掩护式支架如图13，其顶梁上的支撑力为

$$Q = n \cdot P\cos\alpha \tag{12}$$

式中，n 为支柱根数；P 为支柱工作阻力；α 为支柱的倾斜度。

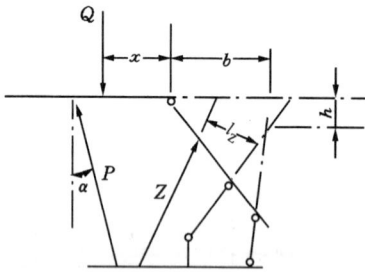

图 12

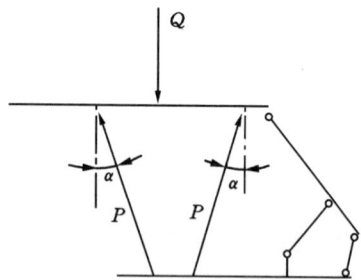

图 13

这种型式支架的优点是支架工作阻力不随采高而变化，通风断面大，挡矸性能好。另外底板受力均匀，移架也方便。

由于支撑掩护式液压支架兼有支撑式与掩护式的优点，而且对顶板压力有更大的适应性，因而国外有发展这类架型的趋势。

煤炭科学研究院开采室与徐州矿务局合作于 1976 年开始了对此种架型的研制,并进行了实验室研究。上海煤矿机械研究所也正在进行这方面的研究工作。

由于这种架型刚开始研制,实践经验少,很多细节问题还有待于进一步解决。

五、初步结论

(1) 支撑式液压支架使用的基本条件是直接顶完整。而在周期压力剧烈的工作面则更显出其有利。在破碎顶板条件下使用时,必须采取有效的护顶措施,而且必须设法提高前梁的承载能力。

(2) 掩护式液压支架可以用在直接顶比较破碎的工作面,但这种架型不适宜于周期压力很剧烈的工作面。

(3) 支撑掩护式液压支架在支架结构上具有支撑式及掩护式支架的优点,因此对于矿山压力有较大的适应性。又由于它通风断面大,因此在瓦斯涌出量大的矿井中使用比掩护式支架有更大的优越性。

总之,以上所述只是对架型的适用条件作一初步分析。随着液压支架的发展完全可能设计出各种新型的支架结构,更好地适应于顶板压力的情况,从而打破上述各种界限。

从围岩移动力学关系论采场支架
基本参数的决定[①]

钱鸣高

（中国矿业学院）

《专题讨论》发表的液压支架选型文章中，有的同志谈到了自己从围岩移动的力学关系如何确定支架参数的观点，并列出了决定支架载荷大小的关系式。但就目前这方面的研究来说，大家在一些根本问题上的看法，也不相同。例如围岩移动中各带形成力的平衡的可能性及其条件；支架应具备多少可缩量？支架上所承受的载荷由哪几部分组成，它是如何作用于支架上的？能否根据采矿的特点提出一些简便而行之有效的估算方法？为了进一步开展讨论，现提出以下几点粗浅看法。

在研究围岩图形时，应把采场围岩视为一个大结构（例如各种形式的梁或拱等），而把采场支护看做处在这个大结构中的一个小结构。研究采场中支架的各项参数及其性能的目的就是如何使小结构适应大结构，以使选用的支架既经济又合理。下面分成几个问题来谈。

一、岩层移动各带的力学平衡

在煤层开采后的岩层移动观测资料中，已充分证明：岩层运动时一般将产生冒落带、裂隙带和弯曲下沉带。这种岩层移动图形，在目前尚在使用的顶板分类中，以Ⅰ、Ⅱ类顶板最为典型。

根据冒落带的运动规律，可以把冒落的矸石视为杂乱无章的"散体"。因而在工作面推进方向，直接顶与采空区中已垮落的冒落带矸石之间，虽然有时能形成拱式的平衡，但一般来说几乎没有什么力的联系。

裂隙带中的破断岩块随着采空区冒落带矸石的压实，呈互相牵制的运动状态。最终则有可能形成"缓慢下沉"式的平衡，即在采空区一侧形成凹面向上的弯曲形状；而在回采工作面上方则呈凹面向下的弯曲形状。总的图形如煤炭科学研究院唐山研究所测量室所提供的指数函数曲线，即

$$S_x = S \cdot e^{-ax^n} \tag{1}$$
$$Z = (L - X)/L$$

式中　S——裂隙带岩层的最终下沉值；

---

①　本文发表于《煤炭科学技术》，1978 年第 11 期，第 1～5 页。

a,n——与岩层状态有关的系数；

L——从开始下沉到下沉终了的距离；

X——离起始下沉点的任意距离。

由于弯曲下沉带对工作面影响不大，此处不作讨论，回采工作面周围围岩移动图形见图1。

在实际观测中证明：由于裂隙带岩层各层力学性质不一样，岩层与岩层之间有离层现象。这种现象说明上层岩层在一定范围内并不需要下部岩层的支撑，而是靠自身的"力"的平衡悬空相当距离。除此而外，在直接顶是石灰岩时，由于这种岩层垂直于层理的裂隙比较发育，它常能在采空区一定距离内弯曲下沉，即使是处于悬空状态也不垮落。这种情况同样说明裂隙带岩层处在一定条件下，是能形成外形为 $S_x = Se^{-ax^n}$ 图形的力学平衡的。

上述现象给我们启示，即裂隙带中比较坚硬的岩层在破断后，各岩块之间有可能由于互相啮合而形成力的平衡，它就如同砖石结构中的砌体一样，称为"砌体梁"。这种结构可使回采工作面处于减压带范围之内。

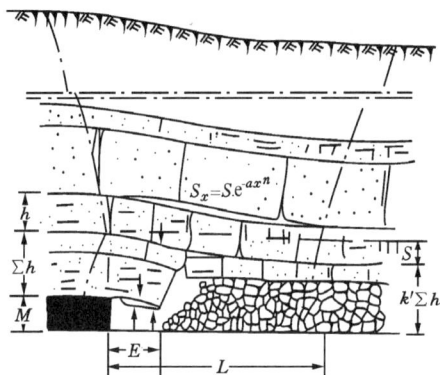

图1

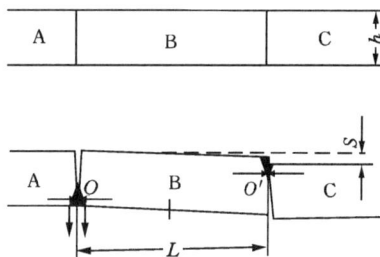

图2

现在分析一下形成这种结构的平衡条件(图2)。砌块 A、B、C，其中的 C 砌块由原来的高度沉降了一段距离，其高度为 S。由于水平方向不可能有位移，因此 C 岩块是经过回转才下降到该水平位置的。B 岩块则由于 C 岩块的下沉而作回转运动，斜置于 A、C 岩块之间。假设 A、C 岩块间距为 L，岩层厚度为 h，C 岩块的沉降量为 S，B 岩块与 A、C 岩块的咬合点为 O、O'，则

$$OO' = \sqrt{L^2 + (h-S)^2}$$

岩块的斜长为 $\sqrt{L^2 + h^2}$，显然大于 OO'。因此在回转过程中，岩块必然在 OO' 两点产生水平挤压力，这种挤压力也可能挤碎该处的岩石而使岩块 B 斜置于 O、O' 两点；也可能推动岩块向下错动，错动距离为 Δ，如图3所示。

当 B 岩块以 O 点为支点产生转动时，O' 点则随 C 岩块下降。当 C 岩块的下沉量 S 超过岩层厚度 h 时，B、C 岩块之间则失去了平衡，岩块在 O' 处将无法咬合。所以，形成平衡的条件之一是岩层的厚度要大于岩块本身的下沉量，即 $h \geqslant S$。

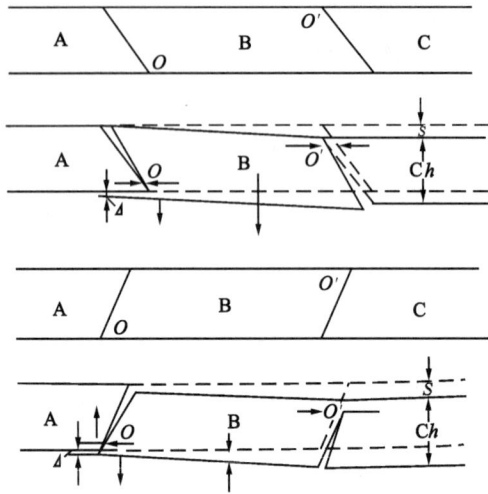

图 3

裂隙带形成"砌体梁"式的平衡后,其最大下沉量可按下式计算(图 1),即

$$S=M-\sum h(K'-1)$$

$$\sum h=M/(K-1)$$

因此
$$S=M(K-K')/(K-1) \qquad (2)$$

式中　M——采高;

　　　$\sum h$——直接顶厚;

　　　K——岩石的破碎膨胀系数;

　　　K'——岩石压实后的破碎膨胀系数,一般为 1.03 左右。因此,裂隙带岩层的最终
　　　　　下沉量几乎接近于采高。

根据上述分析,可以把裂隙带岩层中有无相当于或大于采高的整体岩层看做该岩层能否取得平衡的一个条件。通过上述关系式也可知:离开采层愈远的裂隙带岩层愈易于取得这种平衡。但是也并不是只要满足上述条件的岩层都能在采空区形成"缓慢下沉"的平衡。为此必须探索导致岩层形成"砌体梁"式平衡的第二个条件,也就是岩块之间的啮合点维持平衡的力学条件。

岩层由于断层和自然裂隙面的存在,破断成岩块时有一破断角 α,现令与 α 成余角的角为 θ;令水平挤压力 F 向下滑移的垂直分力为 R[图 4(a)],则在斜面上形成平衡的条件为

$$R/F \leqslant \tan(\varphi-\theta) \qquad (3)$$

式中　φ——岩块之间的摩擦角,一般为 $38°\sim42°$,$\tan\varphi=0.8\sim0.9$。

当 $\theta\geqslant\varphi$,即 $\theta\geqslant38°\sim42°$,$\alpha\leqslant48°\sim52°$ 时,岩块之间在任何情况下也是难于啮合的,因而无法形成平衡条件。

当 $\theta=0°$、$\alpha=90°$ 时,破断面或裂隙面与层理面呈垂直状态,此时啮合的条件是

$$R/F \leqslant \tan\varphi,\text{即 } R \leqslant (0.8\sim0.9)F$$

当 θ 为负值,即岩层裂隙面或断裂面的方向如图 4(b)所示,则岩块 B 对固定岩块 A

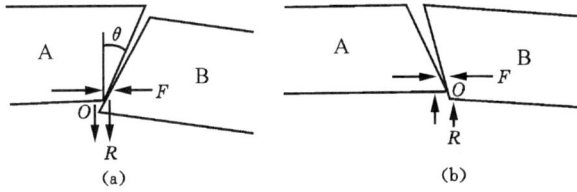

图4

回转时,B岩块在咬合点 O 处对 A 岩块呈上推现象,这样对形成平衡条件显然是很有利的,此时 O 咬合点的平衡条件是

$$R/F \leqslant \tan(\varphi + \theta)$$

由此可知,同样的裂隙情况,工作面推进方向不同所造成的岩层稳定程度也不一致。

根据上述几种情况(实测资料也证明),在邻近冒落带的裂隙带岩层(指排列整齐的岩层)中可分为能取得力系平衡的岩层和不能取得力系平衡的岩层。一般来说,在上覆岩层中总有一些能取得平衡的岩层(即前者),而后者(即不能取得力系平衡的岩层)的

图5

运动形态常常给工作面支架以严重的威胁,如图5所示。

鉴于上述对Ⅰ、Ⅱ类顶板的围岩移动图形的力学分析可知:回采工作面支架没有必要去改变这种围岩移动图形,而必须使支架的结构与性能适应于岩层移动所形成的结构,这样才能使支架既经济又合理地支持回采工作空间。由此可知,支架的可缩量必须满足围岩移动在回采工作空间所形成的必要下沉量。在这个前提上,支架可以按"定载荷"来设计。所受载荷的大小主要由下述因素决定:直接顶岩层的重量,裂隙带岩层由于自身平衡不了而造成的对支架的作用力,以及由于支架的性能和结构特点而产生的附加力。通过上述分析我们可以得出下沉量与支架载荷的简易的估算方法。

二、顶板下沉量的估算

裂隙带以上的岩层的最终下沉值,见公式(2)。若假定顶板下沉开始于工作面煤壁,令其到已冒落的矸石带压实处为止的距离为 L(据测定一般为 80～100 m),此值相对于采高而言甚大,因此可以把裂隙带"砌体梁"的变形性质粗略地视为直线。则控顶距 R 范围内的顶板下沉量 S_R 为

$$S/L = S_R/R$$

将(2)式代入,得

$$S_R = \frac{1}{L} \cdot \frac{K - K'}{K - 1} \cdot M \cdot R$$

令

$$\frac{1}{L} \cdot \frac{K - K'}{K - 1} = \eta$$

则

$$S_R = \eta \cdot M \cdot R \tag{4}$$

从上式可以看出,工作面顶板下沉量可根据采高 M 和控顶距 R 估算出来。而 η 值主要决定于裂隙带岩层的性质以及冒落带矸石的破碎膨胀特性,在一定地区,此值应是一常数。

根据我国近 50 个缓倾斜工作面的统计,离煤壁 4 m 处的顶板下沉量约为采高的 $10\% \sim 20\%$,即 $\eta = 0.025 \sim 0.05$。根据国外资料,缓倾斜全部垮落的工作面的 $\eta = 0.04 \sim 0.05$;采用充填法时 η 值约为 0.02;急倾斜走向长壁工作面 η 值为 $0.01 \sim 0.02$ 左右。

三、支架阻力的估算

根据图 1 所描述的围岩移动图形,先分析直接顶与支架的关系。图 1 中可知采空区中已冒落矸石与工作面直接顶之间无多少"力"的联系,即使有也具有随机性质。因此直接顶对支架的作用力 Q_1,在顶板完整时,像悬臂一样,以煤壁为支承点,在支架尾部处切落,这时直接顶给予支架的力很小。它主要决定于直接顶的挠曲形状以及支架的可缩性。如直接顶随悬露长度增长到一定程度后,在工作面煤壁处断裂,此时整个直接顶的重量全部加在支架上。这种情况虽不是所有工作面每时每刻都会发生,但每个工作面都有发生这种情况的可能。因此,在设计支架时,如果是用于 I、II 类顶板的,则应以这部分载荷作为支架的固定外载来考虑,如图 6 所示。

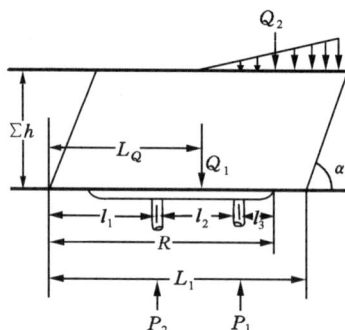

图 6

支架沿倾斜方向单位长度上所受的力 Q_1 为

$$Q_1 = \sum h \cdot L_1 \cdot \gamma \cdot \cos \psi, \qquad \text{t/m}$$

式中　L_1——从工作面煤壁到直接顶切落时的悬顶长度;

　　　ψ——煤层倾角;

　　　γ——岩石的重力密度。

对于 I 类顶板

$$Q_1 = M \cdot L_1 \cdot \gamma \cos \psi / (K-1), \qquad \text{t/m}$$

水平煤层情况下

$$Q_1 = M \cdot L_1 \cdot \gamma / (K-1), \qquad \text{t/m}$$

在控顶距范围内单位面积上的载荷为

$$q_1 = \frac{M \cdot L_1 \cdot \gamma}{R(K-1)}, \qquad \text{t/m}^2$$

若控顶距 $R = L_1$,则

$$q_1 = M \cdot \gamma / (K-1)$$

K 在一般情况下为 $1.25 \sim 1.5$,所以

$$Q_1 = (2 \sim 4) M \cdot \gamma \cdot R, \qquad \text{t/m}$$

$$q_1 = (2 \sim 4) M \cdot \gamma, \qquad \text{t/m}^2$$

作用力的位置决定于 α 角及 $\sum h$ 的大小,一般离煤壁的距离 L_Q 为

$$L_Q = L_1/2 + \sum h \cot \alpha/2 \qquad (5)$$

其次是裂隙带岩层给予支架的作用力 Q_2，它主要是那些不能形成平衡条件的裂隙带岩层所产生的力。它的大小决定于这层岩层的破断步距以及其上的附加载荷。单独一层岩层沿倾斜每米给予支架的作用力应为

$$Q_2 = h \cdot L_2 \cdot \gamma/2, \qquad t/m$$

式中 h——不能形成平衡的岩层厚度；

L_2——岩层的破断步距。

从矿山压力观点分析，Q_2 只是在周期来压期间才明显地作用于支架上。一般来说，对于 Ⅰ 类顶板 Q_2 值比较小，甚至不起作用；对于 Ⅱ 类顶板 Q_2 值显然要大一些；对于 Ⅲ 类顶板，则主要是 Q_2 起作用。

Q_2 的作用点位置应在直接顶靠采空区一侧。由于 Q_2 是通过直接顶作用于支架的，因此 Q_2 相对于支架上的作用力位置也随着直接顶的各种状态而变移。如直接顶比较完整，一般来说 Q_2 就靠近采空区一侧；直接顶较破碎，切顶线将前移，此时 Q_2 也将随之前移。此外，直接顶与支架顶梁的接顶线位置也影响着 Q_2 对支架作用力位置。统观 Q_1 与 Q_2 的作用力可知，支架维护的顶板所产生的矿压（即 Q_1 与 Q_2 的合力）是随着顶板状态、有无 Q_2 力等因素而沿着控顶距方向不断变移的。

对于常见的 Ⅰ、Ⅱ 类顶板，在设计支架时，为了简便起见，常常把 Q_1 作为支架承受载荷的基数，而后再考虑一定的富裕系数 n。此时支架单位面积上应具有的工作阻力为

$$P = n \cdot M \cdot \gamma/(K-1), \qquad t/m^2 \qquad (6)$$

支架沿倾斜每米应具有的工作阻力为

$$P = n \cdot M \cdot \gamma \cdot R/(K-1)$$

式中 n——考虑周期来压及支架受力不均衡时的安全系数，一般可取 2。

即一般情况下可取相当于采高 6~8 倍岩柱的重量作为平均载荷来设计。就液压支架而言，设计时希望它的适用范围能广泛些，同时也由于它受力不均衡性大，因此一般都取上限。表 1 所列为国外所采用的值。

表 1

日 本		苏 联		英 国	
采高(m)	工作阻力(t/m²)	采高(m)	工作阻力(t/m²)	采高(m)	工作阻力(t/m²)
1.0	11.5	<1.0	>20	<0.9	>14
2.0	23	1~2.0	>30	0.9~2.0	>26
3.0	34.5	>2.0	>40	>2.0	>34

由表可知，日本基本上取 5 倍采高的岩柱重量；苏联为 6~8 倍；英国为 5~7 倍。显然，周期来压剧烈的工作面应取上限；周期来压不明显的则可取下限。这样在设计支架确定支架阻力时没有必要使用那些很难确定数据的关系式，而是根据顶板情况，用简便的方法很快地估算出来。除此之外，为了使支架不致承受过分的载荷，它的几何尺寸还必须与顶板冒落特征相适应；若不相适应，必然会引起支撑力增加。以支撑式液压支架为例：

在直接顶作用下,作用力的位置 L_Q 如图 6 所示,并可按公式(5)计算。若 $R=L_1$,则

$$L_Q = (R + \sum h\cot\alpha)/2$$

但设计支架参数时,应考虑下述条件,即

$$l_1 < L_Q < l_1 + l_2$$

不仅如此,在老顶来压时,$Q_1 + Q_2$ 的作用力位置也同样应满足上述条件。

若 $L_Q < l_1$ 或 $L_Q > l_1 + l_2$,则支架会失稳,从而导致支架要承受一定的附加力。

现假设支架在 Q_1 的作用下,并满足上述条件,则支架前后受力情况为

$$P_2 = Q_1(l_1 + l_2 - L_Q)/l_2$$

设 $R + \sum h\cot\alpha = L$,则

$$P_2 = Q_1[2(l_1 + l_2) - L]/2l_2$$

同理求得

$$P_1 = Q_1(L - 2l_1)/2l_2$$

前后柱受力的比为

$$\frac{P_2}{P_1} = \frac{2(l_1 + l_2) - L}{L - 2l_1} = \frac{2l_2}{L - 2l_1} - 1 = \beta$$

这样根据支架的几何尺寸和顶板来压情况,可以有以下三种情况:

(1) 令 $\frac{2l_2}{L - 2l_1} = 1$,则 $\beta = 0$。此时,压力全集中于后柱,前柱 $P_2 = 0$,其条件为 $L = 2(l_1 + l_2)$,即 $R + \sum h\cot\alpha = 2(l_1 + l_2)$。这种情况在Ⅰ、Ⅱ类顶板条件下不大可能发生,而只有在Ⅲ、Ⅳ类顶板条件下才可能发生。

(2) 令 $\frac{2l_2}{L - 2l_1} = 2$,则 $\beta = 1$。此时支架前后柱受力相等,即 $P_2 = P_1$,其条件为 $L = 2l_1 + l_2$,即 $R + \sum h\cot\alpha = 2l_1 + l_2$,$l_1 = l_3 + \sum h\cot\alpha$。这种情况在直接顶易冒且 α 接近于 $90°$ 时也不可能发生,只有当顶板 α 角在 $60°$ 左右或小于 $60°$ 时才会发生。

(3) 令 $\frac{2l_2}{L - 2l_1} > 2$,则 $\beta > 1$。此时 $P_2 > P_1$,条件是 $L < 2l_1 + l_2$,即 $R + \sum h\cot\alpha < 2l_1 + l_2$;$l_1 < l_3 + \sum h\cot\alpha$。这种情况在顶板比较坚硬时不可能发生,而在顶板强度较低、α 角在 $60°$ 以上(如 $75°$、$90°$)时产生上述情况则是常事。

若考虑在周期来压时有老顶影响,即 $Q = Q_1 + Q_2$,作用点位置 $L_Q < \frac{R}{2} + \frac{\sum h}{2}\cot\alpha$,此时出现的情况将是上述(1)、(2)两种情况的中间情况或第(2)种情况。

根据上述分析,由此可得出结论:用于Ⅰ、Ⅱ类顶板比较合适的支架几何尺寸,对于Ⅲ、Ⅳ类顶板则未必合适。所以,必须根据顶板冒落特征来设计支架的几何尺寸。

两柱掩护式支架的工作状态及其对直接顶稳定性的影响[①]

钱鸣高 刘双跃

（中国矿业学院，徐州 221008）

摘 要： 本文以实测和实验室研究为基础，对影响两柱掩护式支架端面顶板稳定性的主要因素进行了分析，发现除端面距外顶梁的俯仰角是一个不可忽视的因素。尤其当 $KA<0°$ 和 $KA>10°$ 时的影响最为严重。它不仅影响支架本身的支撑特性，而且在 $KA<0°$ 时增加了端面距，在 $KA>10°$ 时则使直接顶产生向采空区的滑移力，其结果均将导致直接顶破碎。因而，在顶板局部冒空情况下企图用调节顶梁俯仰角办法改善顶板状态的观点是没有根据的。顶梁的角度应与老顶岩块回转角度基本相适应，以形成对直接顶的夹持力较为合适，按目前的生产条件应以 $0°<KA<10°$ 较为合适。

一、问题的提出及意义

自从使用液压支架以来，虽然保证了工作面的安全及高效生产，但由于端面顶板的冒落，常常影响生产的正常进行。根据柴里、阳泉及徐州等有关矿使用两柱支掩式支架的经验，由于工作面端面顶板的冒落而导致的停产事故仍占相当比重，一般可达总停产时数的 50% 左右。因而具体分析端面顶板破碎的原因就甚为必要。

根据西德埃森采矿研究中心的研究成果，影响端面顶板破碎的主要原因为端面距，在实际观测过程中发现，除这个因素外顶梁的俯仰角对直接顶的稳定性也有着显著的影响。图 1 表示了在柴里矿 361 工作面实际测得的支架顶梁所处的状态（以其俯仰角 KA 的大小表示）与顶板破碎情况的关系。

根据柴里 361 工作面的实际统计及回归分析，发现端面顶板的冒高 h 与顶梁所处状态 KA 之间的相关关系如图 2 所示。其关系式为

$$h = 0.18 \times (1.13)^{KA}$$

由图 2 可知，当 KA 角大于 $10°$ 时，冒高 h 将显著增加。

同时，顶梁俯仰角的大小也直接影响煤壁片帮的深度 c，其关系如图 3 所示。

由图 3 可知，当 $KA>10°$ 时对片帮影响较显著。

---

① 本文发表于《煤炭学报》，1985 年第 4 期，第 1～11 页。

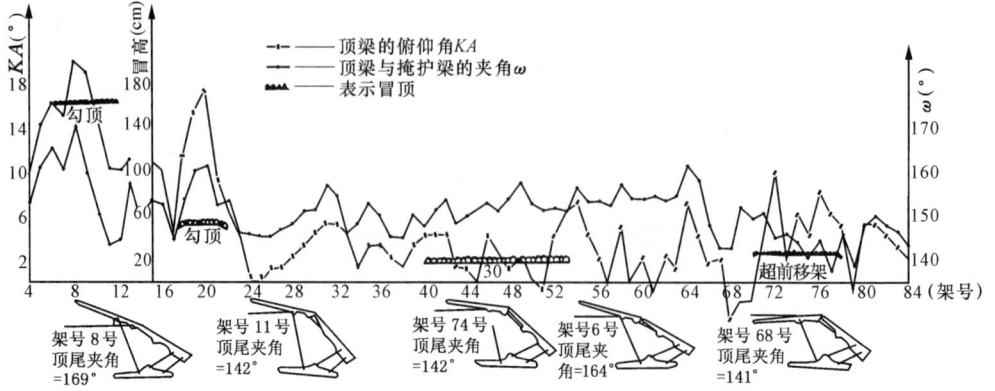

图1　柴里矿361工作面实测图

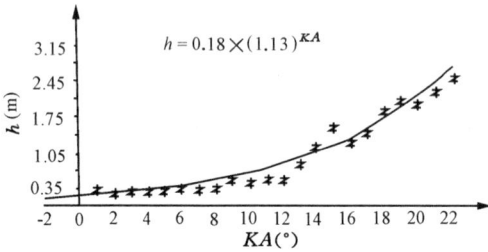

图2　冒高 h 与顶梁俯仰角 KA 的关系

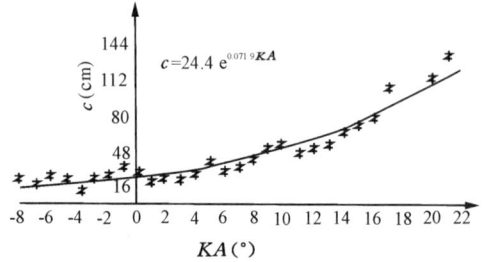

图3　顶梁俯仰角 KA 与片帮深度 c 的关系

为了进一步分析影响端面顶板冒高的影响因素，还利用计算机进行了多元回归分析。所使用的程序功能是在一定显著水平下，可以自行筛选因子，保证引进的变量均是影响显著的因素。

以冒高 h 为目标函数，考虑的影响变量有：第一接顶点至梁端的距离 a、煤壁至梁端的距离 b、煤壁片帮深度 c、顶梁的俯仰角 KA 及冒顶宽度 d 等。

首先进行多元线性逐步回归，得

$$h = 21.5 + 0.44c + 1.67KA$$

分析其显著水平 $\alpha=0.025$，复相关系数 $\beta=0.648$。由此可知，影响冒高的主要因素为片帮深度 c 和顶梁的俯仰角 KA。

然后进行多元非线性逐步回归，得

$$h = 43.07 - 0.005\,8b^2 + 0.031\,1bKA + 0.034\,7cKA$$

显著水平 $\alpha=0.025$，复相关系数 $\beta=0.748$。

分析其影响程度次序为 $cKA>bKA>b^2$，即片帮深度与顶梁俯仰角的组合对冒高影响最大。

根据上述分析可知，顶梁俯仰角对直接顶的稳定具有不可忽视的影响，为了便于分析，将顶梁俯仰角视为支架的工作状态，同时将其分为三类，即 $KA=0°\sim10°$ 为支架正常工作状态，$KA>10°$ 为支架抬头工作状态，$KA<0°$ 为支架低头工作状态。

二、支架三种工作状态的形成

在现场操作支架的过程中,常常由于顶板冒空或由于企图使支架对端面顶板有较大的支撑力造成了顶梁的三种工作状态,而在导致这些工作状态过程中有如下不同的操作方式:

(1) 保持平衡千斤顶的伸出量不变,由支柱的升降调整顶梁与水平面的夹角,如图 4 所示。

(2) 同时改变支柱和平衡千斤顶的伸出量以实现顶梁的俯仰角,如图 5 所示。在这种操作方式中,又有两种可能:

① 支柱和平衡千斤顶的下腔同时供液使支架顶梁抬头;

② 对支柱供液抬起顶梁,此时平衡千斤顶的伸出是被动的。

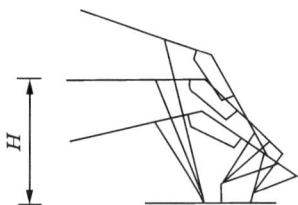

图 4　改变顶梁俯仰角操作法之一　　　图 5　改变顶梁俯仰角操作法之二

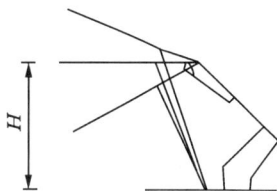

图 6 表示平衡千斤顶的上腔压力在支架移架后初撑就达到额定工作阻力,并且保持开启状态直至循环末。

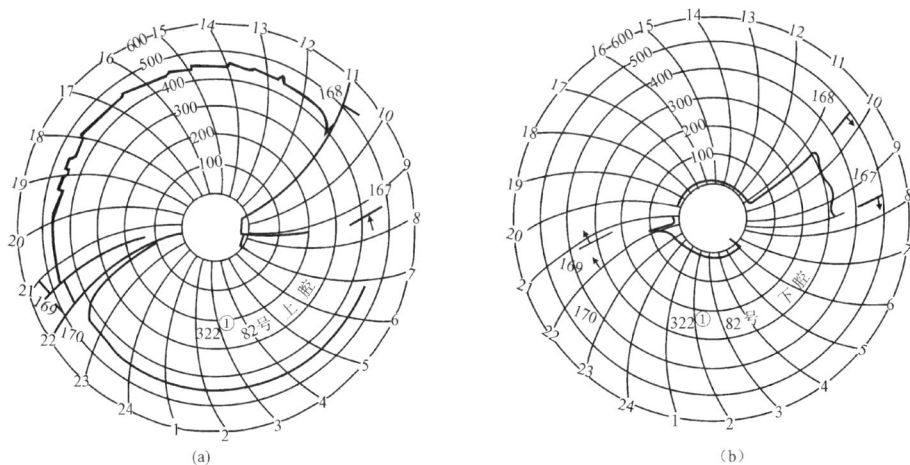

(a)　　　　　　　　　　　　　(b)

图 6　支柱供液抬起顶梁时平衡千斤顶内压力情况

(3) 移架后首先升起支柱,然后再通过平衡千斤顶来调整顶梁的接顶状况,如图 7 所示。

三、支架工作状态与受力分析

根据支架受力分析,两柱支掩式顶梁支撑力的分布、支柱工作阻力及千斤顶受力的关系如图 8 所示,可分为三个区。

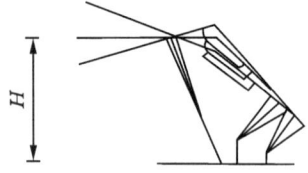

图 7　改变顶梁俯仰角操作法之三

(1)平衡千斤顶下腔工作区。图中 AB 段,此时支柱阻力 P 远远小于额定工作阻力,在此区域内支架可能承受的顶板压力 Q 比支柱工作阻力 P 还小。

(2)支柱工作区。图中 BC 段,此时支柱达到额定工作阻力,平衡千斤顶则低于其额定工作阻力。

(3)平衡千斤顶上腔工作区。图中 CD 段,此时支柱阻力由于受到千斤顶的限制,其可能承受的顶板压力也远远小于支柱的额定工作阻力。

当顶板压力作用于 AB 及 CD 段,且远大于其可能承受的 Q 值时,将在相应的 CD 及 AB 区形成附加力,其结果将导致合力向支柱工作区 BC 段转移,从而形成支架的承载力。

为了分析顶梁俯仰角对支架支撑特性的影响,此处仅以顶梁俯仰角改变后对图 8 中支撑曲线的影响加以分析。

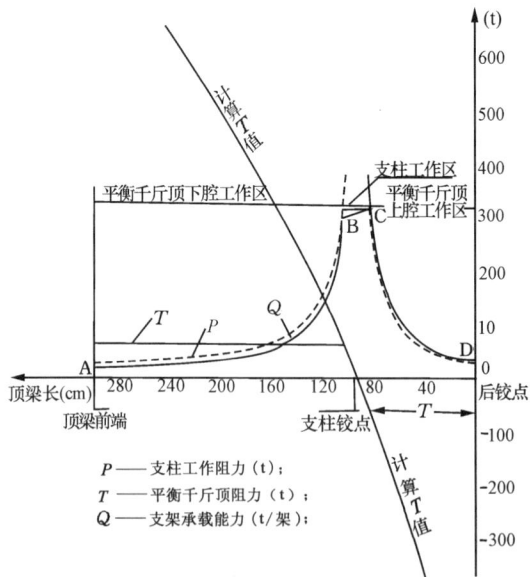

图 8　两柱支掩式支架受力分析

图 9 表示了采用支柱和平衡千斤顶同步调整顶梁角度时所得的支撑力变化,图中取采高 H 为 3.4 m,顶梁角度分别为 $-5°$、$5°$、$10°$、$15°$ 和 $20°$,顶梁与顶板的摩擦因数 $f=0.3$,掩护梁上的载荷 $W=40$ tf,其各自所得的支架承载特性以 Q_2 表示,同时与 $KA=0°$ 所得的承载特性 Q_1 相比较。

由图 9 可知,当顶梁处于低头工作状态时,支柱工作区的承载能力略有提高,并且向采空区方向偏移,但支柱工作区的宽度变窄,如图9(a)所示。当支架处于抬头工作状态时,支柱工作区的承载能力将随着 KA 的变大而显著下降。

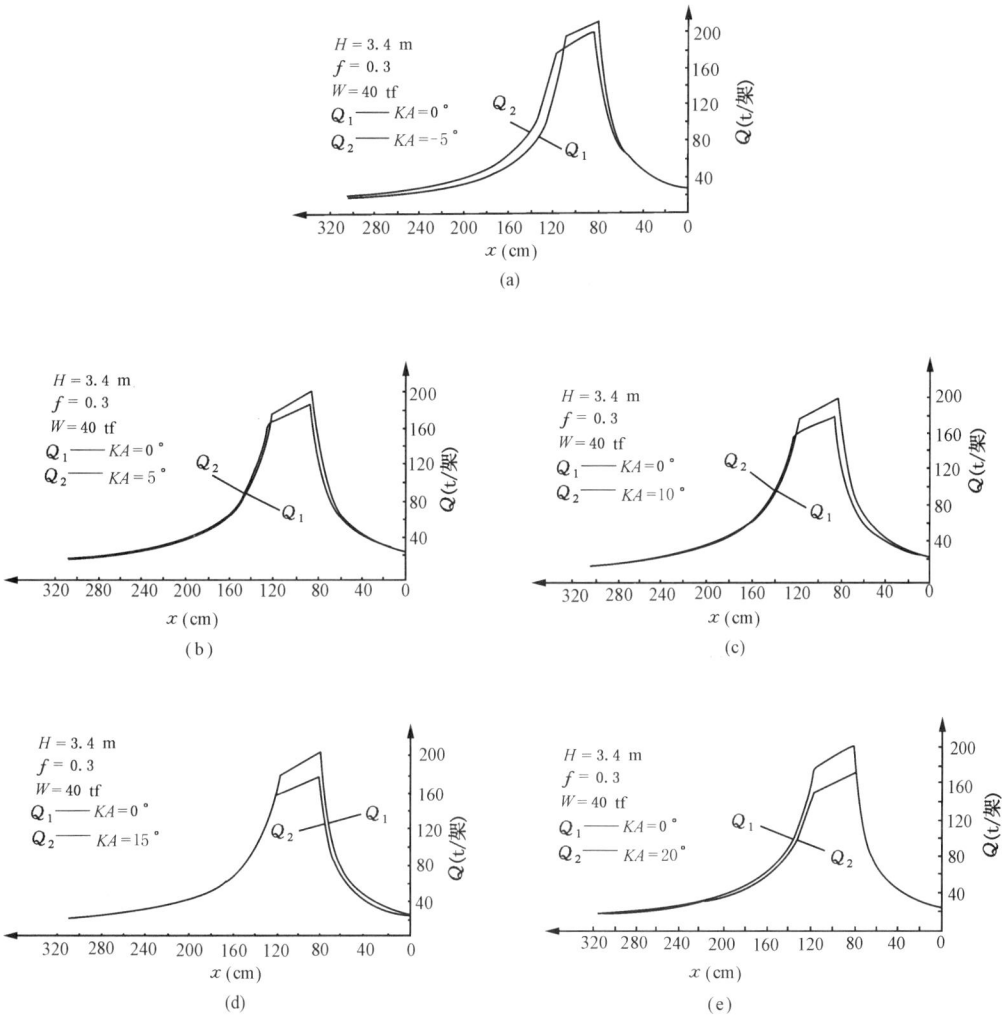

图9 采用支柱和平衡千斤顶同步调整顶梁角度时支架支撑力变化

若采取支柱伸出长度不变,改变平衡千斤顶的伸出长度来调整顶梁的角度,此时所得相应的支架承载特性曲线如图10所示。

由图10可知,采用支柱和平衡千斤顶同步调整顶梁角度对支架承载特性的影响要比只采用平衡千斤顶调整顶梁角度时大。

为了综合反映支架工作状态对支架承载特性的影响,选择采高为3.0 m和3.4 m,以平衡千斤顶调整顶梁角度的方式对下列各项参数进行了计算与对比。计算结果如表1所列。表中:

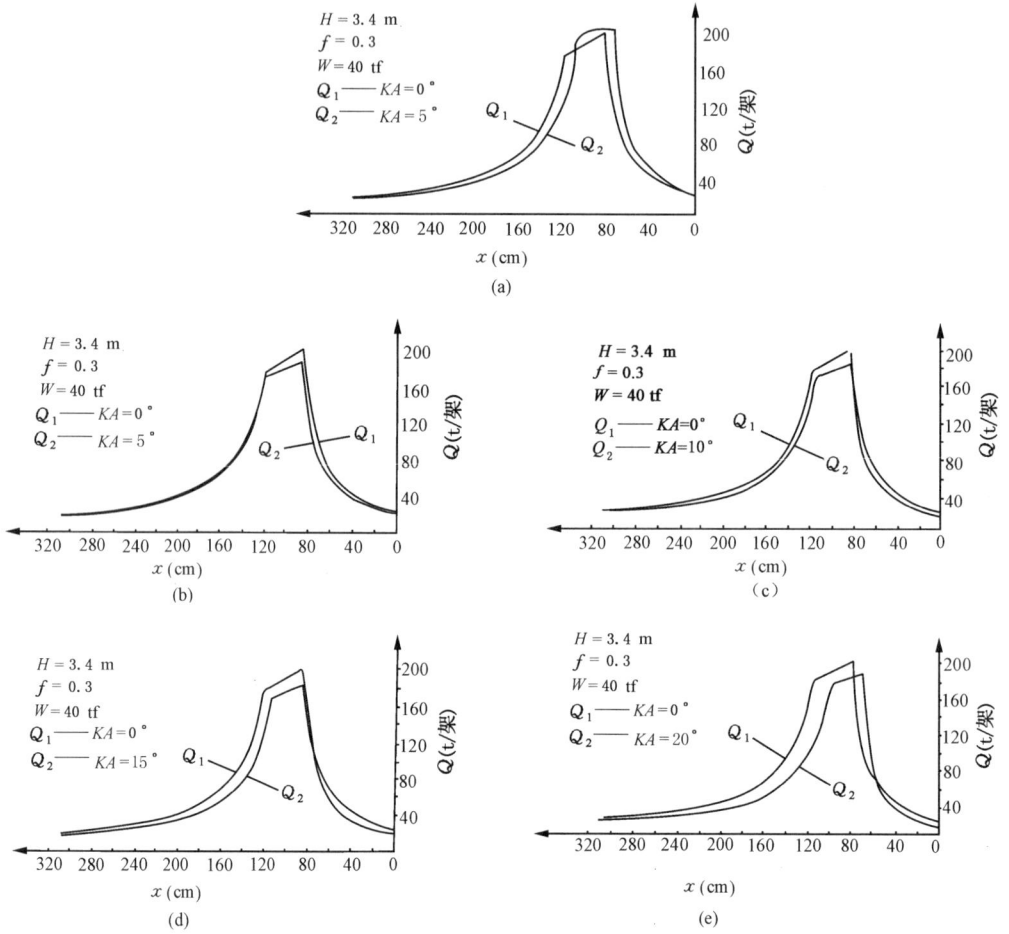

图 10　支柱伸出长度不变,由平衡千斤顶改变顶梁角度时支架支撑力变化

表 1

H(m)	项目 \\ KA(°)	−5	0	5	10	15	20
3.0	$Q_{梁端}$	18.68	18.91	18.72	18.38	17.61	16.65
	$Q_{后}$	14.83	12.08	10.18	8.49	7.21	6.04
	$\bar{Q}$	59.13	56.73	54.31	52.53	50.34	48.25
	$\Delta S(cm)$	21.6	20.9	20.4	19.4	18.4	17.1
3.4	$Q_{梁端}$	19.14	20.08	19.21	18.15	17.34	16.36
	$Q_{后}$	22.54	21.78	19.92	17.97	16.57	15.74
	$\bar{Q}$	67.49	66.74	63.06	60.32	57.41	54.12
	$\Delta S(cm)$	22.1	25.3	25.0	23.5	22.1	20.5

$Q_{梁端}$——在不依靠附加力的条件下,顶梁前端的承载能力基本上代表了千斤顶下腔工作区情况。

$Q_后$——在不依靠附加力条件下顶梁后端铰接点上的承载能力,基本上代表了平衡千斤顶上腔工作区的情况。

$\bar{Q}$——顶梁承载能力的平均值:$\bar{Q} = \frac{1}{l} \int_0^l Q_2 \, dx$,它比较全面地反映了支架承载能力及支柱工作区的宽度大小。

ΔS——支柱工作区的宽度。

由表 1 可知,随着 KA 角的增加,$Q_{梁端}$、$Q_后$、$\bar{Q}$ 和 ΔS 都随之而降低。

四、顶梁不同工作状态对直接顶稳定性的影响

上面分析了顶梁不同工作状态对支架支撑特性的影响。下面将利用模型实验直观地分析顶梁的不同 KA 角对直接顶稳定性的影响。

实验在 2.5 m 长的模型架上进行。直接顶上铺设石膏预制块形成的砌体梁,以模拟老顶对直接顶的加载条件。通过液压千斤顶加压模拟老顶的变形失稳与滑落失稳两种来压条件。直接顶采用砂子、水泥、石膏的混合材料,进行分层铺设。支架则按照 WSl.7—2/3.5 的结构尺寸以 1/10 的比例缩小制作而成。模型全貌如图 11 所示。实验数据采用微型计算机 PC—1500 进行处理。

（1）支架处于低头工作状态。先模拟老顶滑落失稳,而后将顶梁调至 $-3°$,此时顶板破坏情况如图 12 所示。即沿煤壁呈现明显的剪切裂隙,且形成了以煤壁和支架为支承点的冒落拱。

图 11　模型全貌

图 12　顶梁为 $-3°$ 时直接顶破坏情况

随着顶梁继续低头,端面顶板由下往上掉矸和冒落,但是冒落的范围由下至上逐渐减小,冒高发展到一定高度时终止,如图 13、图 14 所示。

当老顶前方继续来压时,可将已形成的冒落拱压垮。拱顶出现了错动的裂纹,如图 15 所示。

图 16 反映了与图 13 相应的直接顶的位移测定。其中图 16(a)是直接顶岩层位移曲线,图 16(b)为相应的放大曲线。

图 13　顶梁调至-6°时直接顶破坏情况

图 14　顶梁调至-8°时直接顶破坏情况

图 15　顶梁调至-10°时直接顶破坏情况

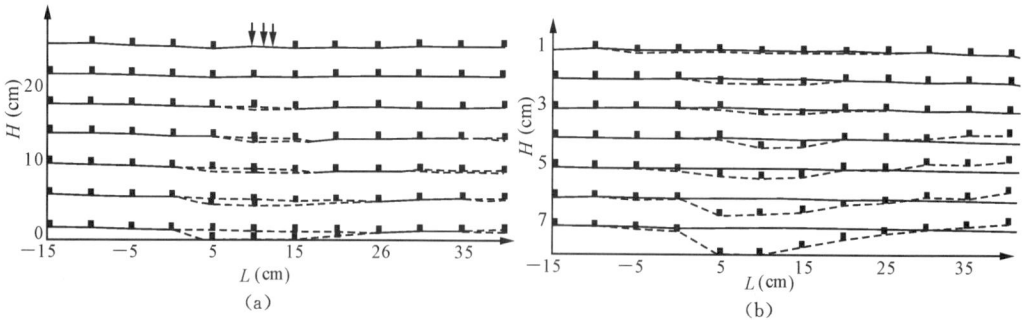

图 16　直接顶岩层位移曲线

　　当模拟老顶变形失稳时,随着顶梁低头直接顶形成的冒落拱如图 17 所示。由图 17(e)可知,随着直接顶的弯曲形成了从上至下的拉开裂缝。

　　图 18 为测得的位移曲线,其中图 18(a)为直接顶岩层位移曲线,图 18(b)为相应的放大曲线。从上述分析可知:支架顶梁的低头,导致支架梁端第一接顶点的后移,即加宽了端面距。使这段无支护的顶板从下至上弯曲、离层直至冒落。当老顶滑落失稳时,还可能切断拱顶,使直接顶发生错动。

(a)

(b)

(c)

(d)

(e)

图 17 老顶变形失稳、支架低头工作状态时直接顶破坏情况

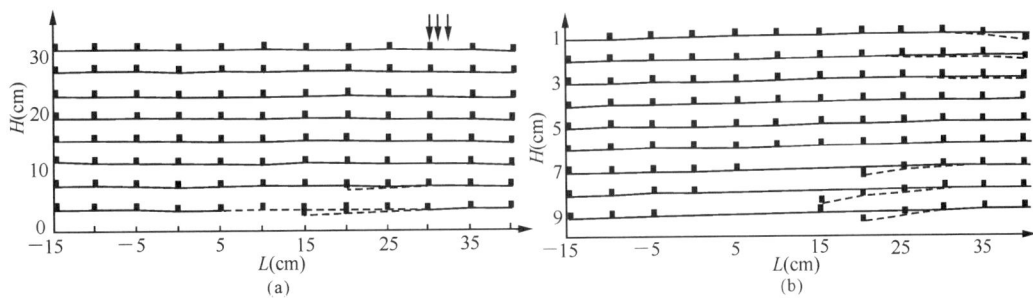

(a)

(b)

图 18 老顶变形失稳、支架低头工作时直接顶岩层位移曲线

（2）支架处于抬头工作状态。将顶梁调至 $6°$、$8°$、$10°$、$12°$ 及 $14°$，此时直接顶的破坏情况如图 19 所示。

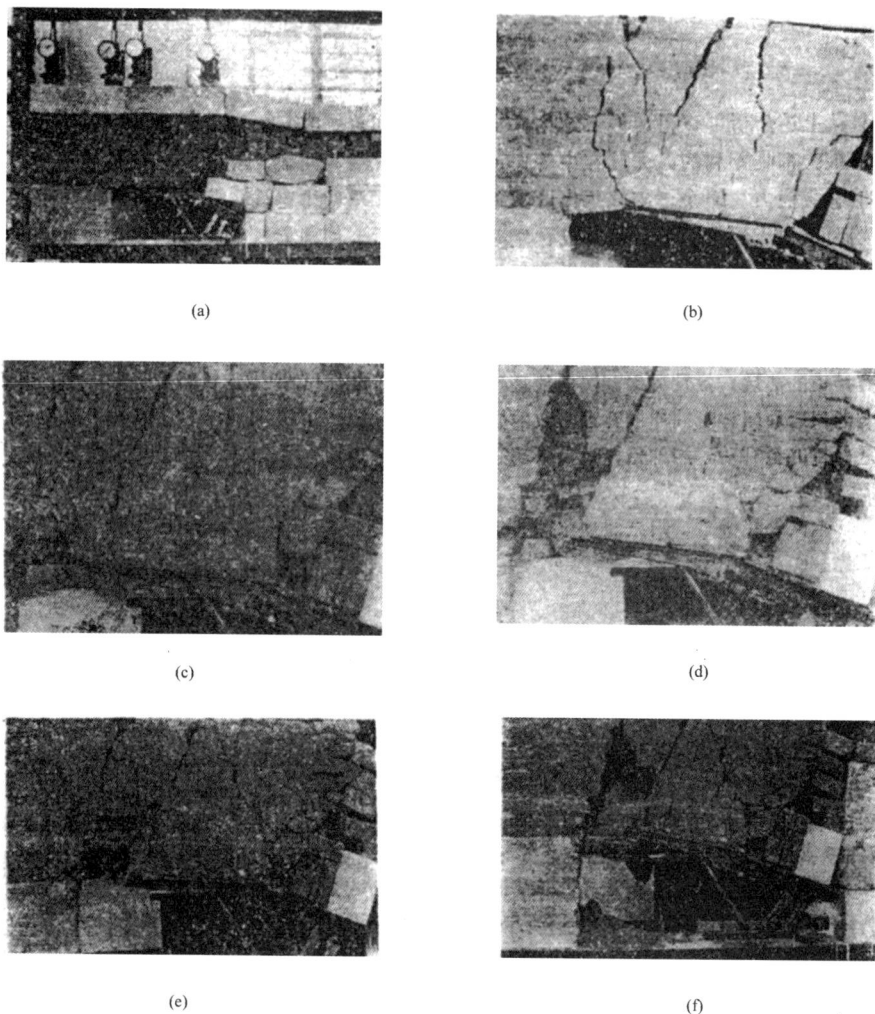

图 19　支架顶梁抬头工作时直接顶破坏情况

随着顶梁的抬头，首先采空区的顶板下沉并发生离层。直接顶内部形成楔形裂缝。再提高顶梁的角度，煤壁与梁端的无支护区顶板开始冒落，直接顶倒向采空区。当顶梁角度＞$14°$时，顶板已几乎全部破碎。直接顶的位移曲线如图 20 所示。其中图 20（a）是直接顶岩层位移曲线，图 20（b）是相应的放大曲线。

显然，从表面上看，顶梁的抬头减小了端面距，改善了梁端的接顶情况，事实上由于顶梁的抬头改变了支架反作用力的方向，甚至当 KA 等于或大于顶板与顶梁间的摩擦角时，加剧了直接顶向采空区的移动，其结果只能是增加端面顶板的破碎与垮落。

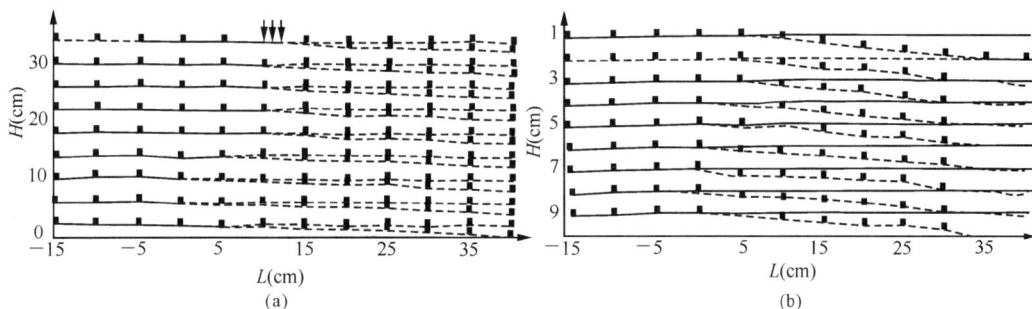

图 20 老顶滑落失稳、顶梁抬头工作时直接顶岩层位移曲线

五、结　论

从上述分析可以得出以下结论:支架顶梁低头工作($<0°$)与过大的抬头($>10°$)对顶板的维护都是不利的,尤其在中等稳定以下的顶板情况更为明显。此时,不仅降低了支架自身的承载能力,缩小了支柱工作区的宽度,而且对直接顶的稳定性更为不利。显然当机道上方端面顶板或顶梁尾部顶板形成冒空时,通过抬起顶梁或使顶梁低头(无论采用何种操作方式)来控制顶板冒落的观点是没有根据的,其后果只能是适得其反,顶梁处于这种工作状态时,老顶的来压(无论是滑落失稳或变形失稳)均将进一步加剧直接顶的破坏程度。

为了保持直接顶自身的稳定性,就必须保证老顶与支架对直接顶的夹持力(即尽量避免直接顶的离层)以及梁端到煤壁的最小距离。因此,合理的支架工作状态应是保持支架顶梁与老顶岩块回转时同样或几近一致的倾斜角度。从目前的生产条件及统计资料看,顶梁一般应保持 $0°$ 至 $3°\sim5°$ 的仰角,最大不超过 $10°$。

本文是在柴里、阳泉及徐州等有关矿进行矿压测定及提供有关资料下写成的,在此一并致谢。

参 考 文 献

[1] 钱鸣高.采场矿山压力与控制.北京:煤炭工业出版社,1983.
[2] 钱明高,李鸿昌.采场上覆岩层活动规律及其对矿山压力的影响.煤炭学报,1982(2).

Working Status of 2-leg Shield Support and Its Influence on the Stability of the Nether Roof

Qian Minggao   Liu Shuangyue

（China Institute of Mining & Technology）

Abstract:In the light of the practical measurements and research work carried out in lab. , the main factors affecting the stability of the roof over the tip of the shield support are analyzed. It is found that, besides the distance from the tip to the face, the angle of depression or elevation of the canopy is a factor which can not be neglected. Especially when $KA<0°$ and $KA>10°$, the influence is the most serious, which not only affects the characteristics of the support itself,but also increases the distance from the tip of canopy to the face when $KA<0°$. And when $KA>10°$, a sliding force from the nether roof towards the mined-out area occurs, resulting in a breakage of the nether roof, Therefore, when the roof locally collapses, it is groundless trying to improve the roof conditions by adjusting the depression or elevation angle of the canopy. In order to produce a clamping force to the nether roof, the angle of the canopy should matches the revolving angle of the rock of the main roof. Under the present production conditions, an angle of $0°<KA<10°$ is suitable.

A Study of the Interaction Between the 2-leg Shield Support and the Roof Strata[①]

Qian Minggao　　*Liu Shuangyue*

(Department of Mining Engineering, China Institute of Mining & Technology)

Abstract: This paper attempts on the basis of the data obtained from the strata measurements in the Collieries Zhai Li, Yang Quan and Xu Zhou in conjunction with the model testing of equivalent materials in the laboratory to give an analysis of the main factors which effect the roof fall in the face-to-canopy area. Furthermore, an investigation of the relationship between the supporting capacity of this type of shield and the breakage of roof has been made, the causes of damage to the stabilizing cylinder joints and the methods to improve the support design have been given.

INTRODUCTION

The 2-leg shield powered support is shown in Fig. 1.

Fig. 1　2-leg shield support

---

①　本文发表于 *China Coal Industry Publishing House and TRANS PUBLICATIONS*,1987 年,第 27～38 页。

It is known that in order to assess the adaptability of a powered support normally there are two principles to be considered:

Effectiveness of roof control

Obviously, shield support is much easier to prevent the broken rocks from falling into the working space, but it is much harder to prevent the broken rocks from falling into the face-to-canopy area. On the basis of the statistical data obtained from the Collieries Yang Quan and Zhai Li, the downtime leads to stop production due to falling roof in the face-to-canopy area is about $40\%\sim60\%$ of the total downtime in the working face. Collapse of roof strata along the faceline is shown in Fig. 2. That is to say, in a face installed with 2-leg shield powered support much more attention must be paid to the problem of immediate roof control, especially in the face-to-canopy area.

Effect on support structure under the action of roof pressure

Recent reports from some collieries reveal that 2-leg shield support has been broken under the action of roof pressure, especially at the joint of the canopy and the stabilizing cylinder as shown in Fig. 3. It is evident that the supporting capacity of this type of support could not be considered as adequate to some such kind of roof conditions and must be improved.

Fig. 2   Collapse of a longwall
face at the faceline

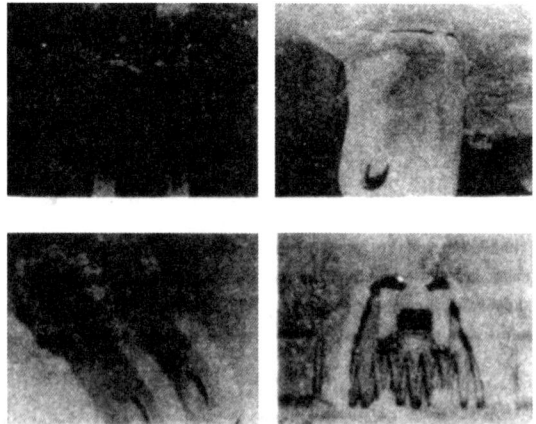

Fig. 3   Damage at the joint of the stabilizing
cylinder and the canopy

ANALYSIS OF LOADING CONDITIONS OF 2-LEG SHIELD SUPPORT

The forces acting on the canopy of the 2-leg shield support are: the roof pressure, the forces from the support legs, ram, hinge pin of the canopy and the caving shield, the surface friction between the canopy and the roof strata.

Assuming that the surface friction and the force acting on the caving shield are not taken into account, the following formula can be obtained:

$$Z = \frac{[(b \cdot \cos \alpha - h \cdot \sin \alpha)x - p \cdot b]}{[(h \cdot \cos \beta + L_z - b \cdot \sin \beta)x + zb]} \cdot P$$

The meanings of all the symbols used in this formula are illustrated in Fig. 4(a).

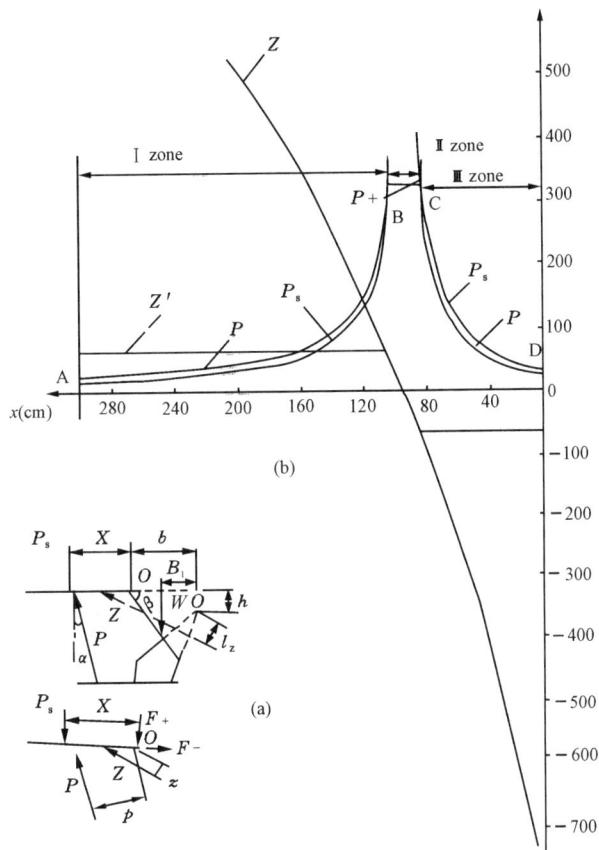

Fig. 4　Three working zones of support canopy

Assuming that　$A = \cos \alpha - (h \cdot \sin \alpha)/b$

$B = \sin \beta - (h \cdot \cos \beta + L_z)/b$

then we can obtain the following formula.

$$Z = \left(\frac{A \cdot x - p}{z - B \cdot x}\right) \cdot P$$

It can be seen that When p is increased to the yield load p_+, the force thus formed in the ram would be distributed as shown in curve Z in Fig. 4b. In fact the ram has a yield load in push and in pull. For example, for the shield support W. S. 1. 7, the yield load in push is equal to 67. 7 t and in pull 62. 4 t. So the curve of the force from the ram would be redistributed in the face as curve Z', and the curve of force for the support legs would be redistributed as curve P shown in Fig. 4(b), Then the total load P_s for the whole support can be given as follows:

$$P_s = P(\cos \alpha - h/b \cdot \sin \alpha) \pm Z(\sin \beta - (h \cdot \cos \beta + L_z)/b) - Wb_1/b$$

Assuming that $W = 0$, then:

$$P_s = P \cdot A \pm Z \cdot B$$

Thus, according to the position where the roof pressure acts on the canopy and refer the support performance to the support resistance, we can divide the canopy into three working zones (as shown in Fig. 4), via: I—AB zone, on which the load of the ram Z is equal to $+Z_+$, (the yield load of the ram in push), II—BC zone, on which the load of the leg P is equal to P_+ (the yield load of the leg) and III—CD zone, on which the load of the ram is equal to $-Z_-$ (the yield load of the ram in pull).

The load bearing characteristics of the support legs and the ram on each zone of the canopy are shown as follows:

I zone
$$Z = +Z_+$$
$$P = \frac{(z - B \cdot x)}{(A \cdot x - p)} Z_+$$
$$P_s = \frac{(A \cdot z - B \cdot p)}{(A \cdot x - p)} Z_+$$

II zone
$$P = P_+$$
$$Z = \frac{(A \cdot x - p)}{(z - B \cdot x)} P_+$$
$$P_s = \frac{(A \cdot z - B \cdot p)}{(z - B \cdot x)} P_+$$

III zone
$$Z = -Z_-$$
$$P = \frac{(B \cdot x - z)}{(A \cdot x - p)} Z_-$$
$$P_s = \frac{(B \cdot p - A \cdot z)}{(A \cdot x - p)} Z_-$$

Obviously, the resistances of I zone and III zone on the canopy are produced by the yield load of the ram. For example, if Z is equal to zero, the resistance of the support itself in zones I and III would loss and the resistance can be produced only when there exists some additional forces from the corresponding zones. In zone III or I, there exists a balance force produced by the roof strata. If the yield load of the ram is increased, obviously, the interval of tile II zone would become much wider, and the resistances on the zones I and III will be increased accordingly. These are shown in Fig. 5.

INTERACTION BETWEEN ROOF PRESSURE AND SUPPORT RESISTANCE

It is well known that the roof pressure acting on the canopy of the support can be

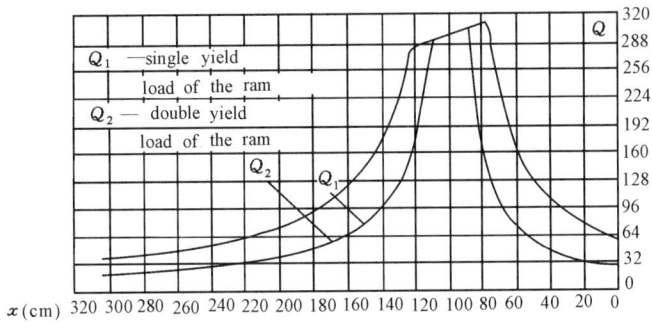

Fig. 5　Resistance Curves of different yield load of ram

divided into two components, they are: Q_1 produced by the immediate roof and Q_2 by the main roof, as shown in Fig. 6.

As a general rule, the immediate roof can be considered as a discontinuous media (like a loose body) and there is a free face along the caving line. Load Q_1 acts steadily on the supports. Load distribution on the canopy may be considered as uniform. Load Q_2 from the main roof may be considered as a concentrated load which acts on the immediate roof and then acts on the canopy of the support. Based on the displacement measurement of roof strata it has been found that the main roof of the overlying strata can be considered as a structure formed by layers of rock blocks interlocking with one another, when the coal face advances, each block becomes to move forming a turning block. The displacement of the main roof is shown in Fig. 7.

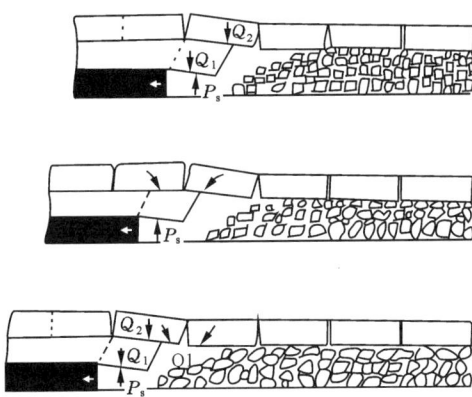

Fig. 6　Roof Pressure Produced by the main roof and the immediate roof

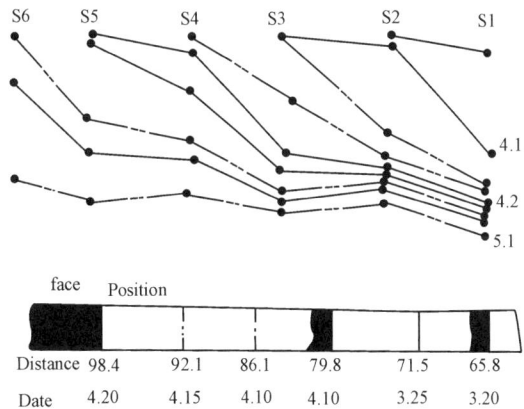

Fig. 7　Displacement of the main roof

Obviously, the acting position of the load from the main roof firstly depends on the stability condition of the blocks in the main roof. Q_2 can act either in front or in the rear of the canopy. Secondly, it depends on the position where the immediate roof falls. If the front section of the immediate roof is fractured and falls into the working space, then the force from the main roof would act on the rear of the canopy. If the condition is opposite to this, then the force would act on the position in front of the canopy.

Consequently, the roof pressure Q acting on the canopy can thus be combined from those of Q_1 and Q_2.

When the roof pressure Q acts on zone I and $Q > P_s$, the relief valve of the ram would firstly open, then the front part of the canopy would turn downwards and the balance force Q_3 would be produced in the rear part of the canopy. Obviously, in this case the roof above the rear part of the canopy must be kept intact or must not cave yet. Then the acting point of the combined force $(Q + Q_3)$ moves forward to zone II until the combined force $(Q + Q_3)$ is equal to the resistance force (P_s) of the support. In the opposite condition the balance force Q_3 would be produced in zone I.

From this we can see that the resistance of this type of support can thus be formed in the condition when the balance force Q_3 occurs and acts on the canopy. That is to say, the immediate roof must not cave at all.

According to the analysis mentioned above, now consider that it is under the following different conditions: The roof is unbroken and the resistance of the support P_s is equal to P_+ (the yield load of the legs). Then the resistance of the support can be expressed as follows:

$$Q + Q_3 = P_s$$

Assume $P_s = P_+$, so that

$$\frac{(A \cdot z - B \cdot p)}{(z - B \cdot x)} = 1$$

Then the acting position X where the combined force $(Q + Q_3)$ acts would become

$$x = P + (1 - A) \cdot z / B$$

Assume that the acting position where the roof pressure Q acts is at x_1, and the balance force Q_3 is x_3 (the origin is in the hinge pin point), then the following formula is obtained:

$$Q \cdot x_1 + Q_3 \cdot x_3 = (Q + Q_3) \cdot (p + (1 - A) \cdot z / B)$$

and Q_3 is equal to:

$$Q_3 = \frac{(x_1 - p - (1 - A) \cdot z / B)}{(p + (1 - A) \cdot z / B - x_3)} \cdot Q$$

The roof pressure Q which the support can resist is equal to:

$$Q = \frac{(p + (1 - A) \cdot z / B - x_3)}{(x_1 - x_3)} P_+$$

Take Q/P_+ to stand for the efficiency of the support, obviously, this has relation with the following factors: the geometrical parameters of the support, i. e. parameters P, A, B, and z; the acting position of the roof pressure x_1; the acting position of the balance force (reaction) of the immediate roof x_3. It is obvious that the nearer the value

x, approaches to zone II, the higher the efficiency of the support would be. Sometimes the value x_3 can be represented as an index to stand for the interactive relation between the canopy and the immediate roof. When Q acts in the position ($p+(1-A)z/B$), the balance force Q_3 is equal to zero, and the efficiency of the support Q/P_+, is equal to I.

Fig. 8 shows that when a variable roof pressure (Q) acts in three different positions (x_1) in zone I of the canopy and with different index x_3 in zone III, in order to resist the roof pressure (Q), a corresponding balance reaction force Q_3 with different values must be given in zone III. For example, when the roof pressure is acting on the tip of the canopy and is equal to 80 t if $x_3 > 37$ cm, then there would be no such balance force formed in the rear part of the canopy.

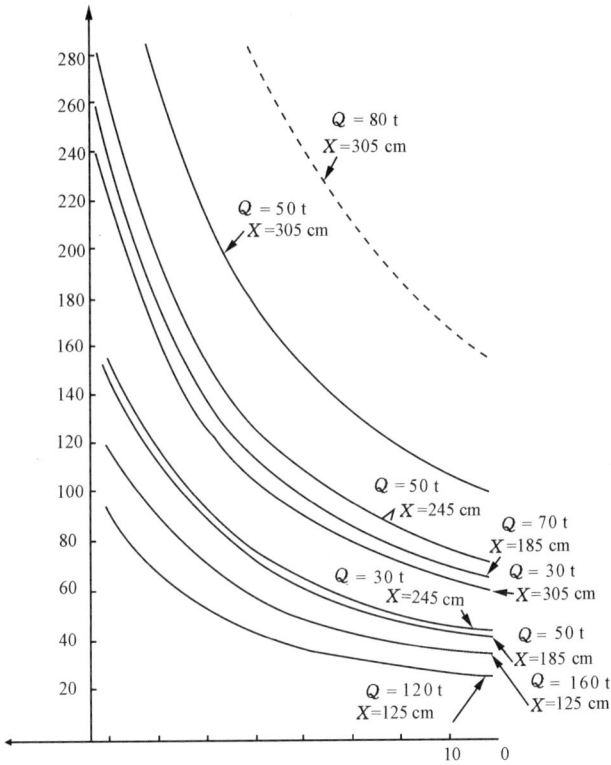

Fig. 8　Balance force Curves for different index x_3 in zone III

Because roof fall occurs in the face-to-canopy area where the roof would become irregular, thus the canopy would have three kinds of operating condition for the canopy to swing: downwards ($<0°$) upwards ($>10°$) and at an angle from $0°$ to $10°$. According to statistical data collected from ZhaiLi Colliery, the percentage of the operating conditions of the canopy swinging canopy in $<0°$ accounts for 3.5% and that of in $>15°$, for 11%.

Due to the fact that the acting position of the roof pressure on the canopy is different, the angle between the canopy and the caving shield may be variable. Table 1 shows the variation of this angle in each operation cycle.

From Table 1, we can see that the percentage of positive variation accounts for 44.8%, which means that the roof pressure (Q) firstly acts on zone I and then the balance force (reaction) (Q_3) is formed on zone III; finally, the acting position of the combined force ($Q+Q_3$) would move towards zone II. In Table 1 the percentage of negative variation accounts for 19.4%.

Similar results have also been obtained from field measurements in working face No. 322 of ZhaiLi Colliery as shown in Table 2 and Fig. 9.

Table 1 The Variation of included angle between the canopy and the caving shield in a cycle for each support advance

$-2°>\Delta w$	$-2°>\Delta w<0°$	$\Delta w=0°$	$2°>\Delta w>0°$	$\Delta w>2°$
3.3%	16.10%	35.6%	39.0%	5.8%

Table 2 Variation of acting positions of roof pressure on the canopy in longwall face No. 322

at the front part of the canopy in setting condition $Z>0$			at the rear part of the canopy in setting condition $Z<0$		
The acting position moves			The acting position moves		
to II	over II	forward	to II	over II	backward
50	11	3	21	2	5
54.4%	11.96%	3.3%	22.8%	2.2%	5.4%

Obviously, whether the roof pressure acts on zone I or III of the canopy, if the acting position of tile combined force ($Q+Q_3$) moves towards zone II, the operating condition of the support would be normal. But if the acting position of the combined force moves over zone II and continuously moves forwards or backwards, the support would then work in abnormal conditions.

WORKING CONDITIONS OF THE SUPPORT AND ITS EFFECT ON THE STABILITY OF THE IMMEDIATE ROOF

Some of the working conditions of irregular roof contact of the canopy have been illustrated as aforesaid. Curves showing the results of the statistical data collated from strata measurements in a number of mines are illustrated in Fig. 10 Where Fig. 11 is a photograph of this working condition in-situ.

From the results of the studies given by the colliery mining engineers, the main factor which effects roof fall in the "face-to-canopy" area is "tip-to-face" distance. But the statistical data obtained from the collieries reveal that the inclination of the canopy is also an important factor which seriously effects the stability of the roof in the "face-to-

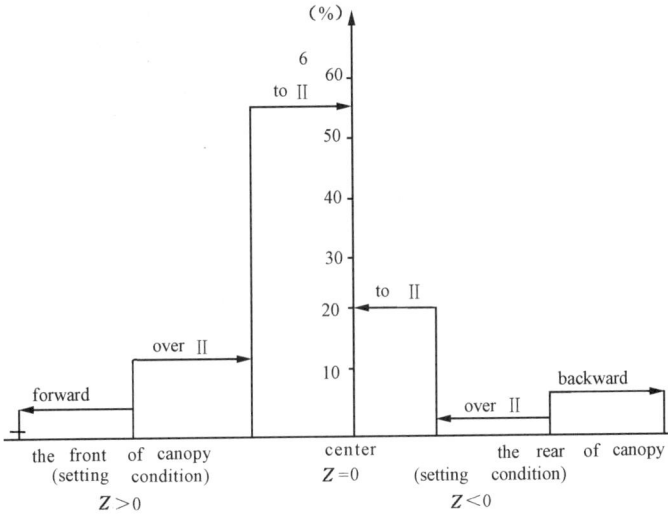

Fig. 9 Variation of acting positions of roof pressure on the canopy

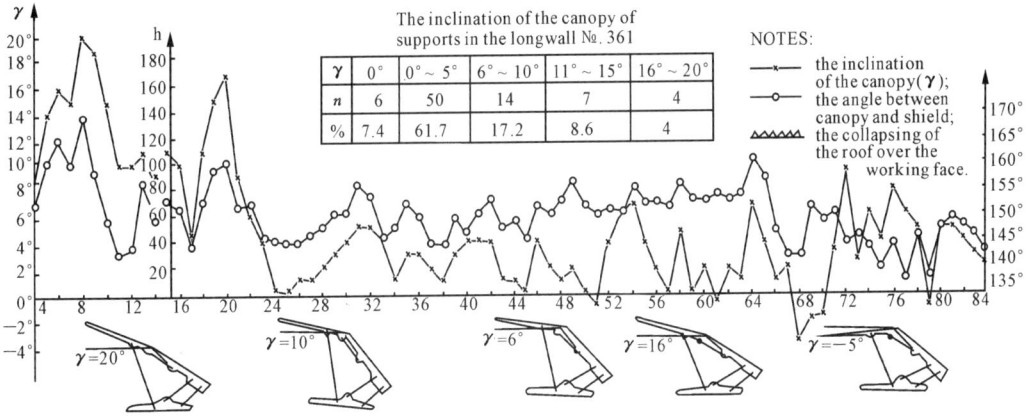

Fig. 10 Curves showing effects of roof contact with canopy on support performance

canopy" area.

The authors have taken the caving height (h) of the roof in "face-to-canopy" area as the objective function, and the following influence variables have been taken into consideration, they are: the distance from the first roof contact point to the tip of the canopy (a); the "tip-to-face" distance (b); the depth of face spalling (c); the width of the roof fall in the "face-to-canopy" area (d) and the inclination (γ), the angle of the canopy made with the plane of the seam in the direction the face advances.

Firstly, we made the statistical data into a multivariate linear regression and obtained following formula:

$$h = 21.5 + 0.44c + 1.67\gamma$$

In this formula, the level of significance is equal to 0.025 and the multiple

Fig. 11　Actual working condition of canopy under irregular roof contact

correlation coefficient $\beta = 0.648$, obviously, the influence degree of γ is greater than c. So that it can be said that the caving height of the roof (h) depends not only on the depth of face spalling (c), but also on the inclination of the canopy (γ).

Then, by multivariate nonlinear regression, the formula is given as follows:

$$h = 43.7 - 0.005\ 8b^2 + 0.031\ 1b\gamma + 0.347c\gamma$$

The level of significance a is equal to 0.025 and the multiple correlation coefficient $\beta = 0.748$. The influence degree of these factors is $c\gamma > b\gamma > b^2$. That is to say, the combined factors of the inclination (γ) and the depth of face spalling (c) would influence the function (h) greatly.

Besides statistical analysis, we have studied the effects of the inclination (γ) on the stability of the immediate roof.

In order to solve this problem the authors have carried out model testing by utilizing a physical model of equivalent materials to perform model testing. The model scale is 1 : 10.

The photographs in Fig. 12 show the conditions of the immediate roof when the roof pressure Q_2 makes the adjacent blocks in the main roof a relative displacement, and the front part of the canopy swings downwards. From these photographs, it can be seen that for the sake of the depressing of the front part of the canopy, the width of the "face-to-canopy" area increases, then the roof breaks and fall occurs. With the increase of the roof pressure Q_2 , when it acts on the front part of the canopy, the continuity of the roof strata above the top of the arch formed on the face-to-canopy area would be disturbed as shown in Fig. 12.

The roof pressure Q_2 is produced in case when turning of the block of the main roof occurs, the stability condition of the immediate roof is shown in Fig. 13.

If the front part of the canopy swings upwards, the stability condition of the immediate roof is shown in Fig. 14. From these photographs it has been found that with the increase of the inclination of the canopy, the stability of the immediate roof would be seriously disturbed, the roof would become very difficult to control.

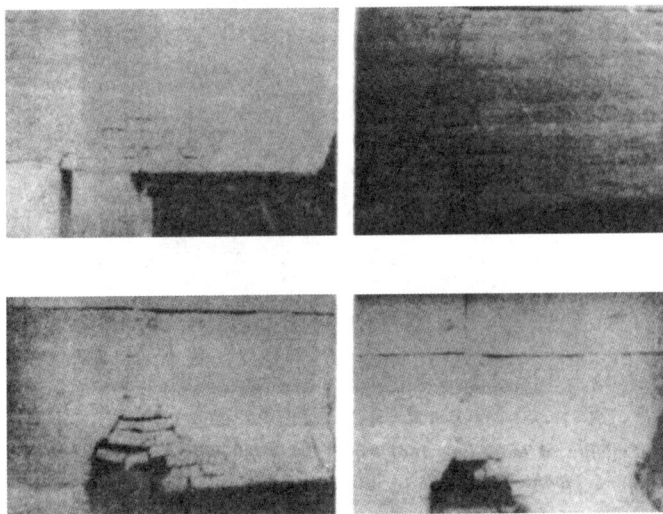

Fig. 12　The stability, conditions of the immediate roof when the arch is disturbed

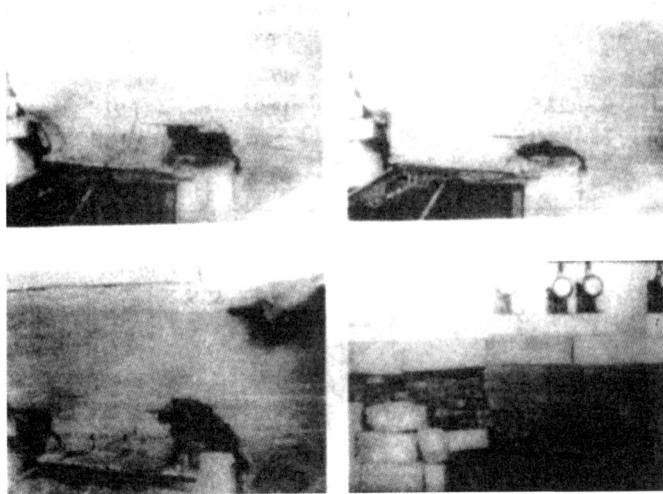

Fig. 13　Stability condition of immediate roof when turning of blocks of main roof occurs

It can be seen also that in this case despite the distance from "the face-to-canopy" is reduced, the acting direction of the resistance of the support points towards the goaf so the "arch structure" in the immediate roof would be disturbed, especially when the inclination (γ) of the canopy is $>10°$.

Except the aforesaid condition, with the increase of the inclination of the canopy, the load-bearing effect of the support resistance can become inefficient also. Now take

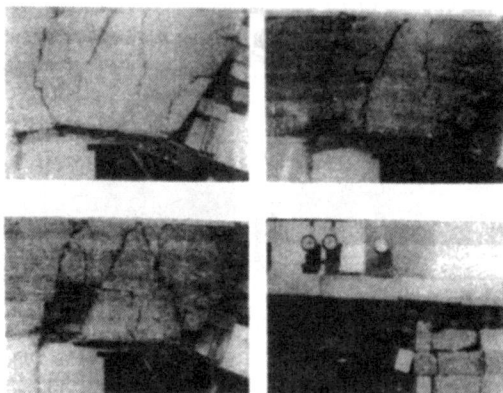

Fig. 14 Stability of immediate roof when the front part of canopy swings upwards.

the indexes to describe the performance of the support resistance as follows:

P_{sf}—the resistance at the tip of the canopy when the balance force on the rear part of the canopy is not considered;

P_{sb}—in the same way as above for the resistance at the point of the articulation of the canopy and the caving shield;

$\bar{P}_s$—the mean resistance of the support on the canopy, $\bar{P}_s = \dfrac{1}{L}\displaystyle\int_0^L P_s \mathrm{d}x$, here L is the length of the canopy;

ΔS—the width of the zone II.

The values of these indexes would be changed with the variation of the inclination (γ) of the canopy. These are listed in Table 3.

Table 3

H	index　　　γ	5°	0°	5°	10°	15°	20°
3.0 m	$P_{sf}(t)$	18.68	18.91	18.72	18.36	17.61	16.65
	$P_{sb}(t)$	14.83	12.08	10.18	8.49	7.21	6.04
	$\bar{P}_s(t)$	59.13	56.73	54.31	52.53	50.34	48.25
	$\Delta S(cm)$	21.6	20.9	20.4	19.4	18.4	17.1
3.4 m	$P_{sf}(t)$	19.14	20.08	19.20	18.15	17.34	16.36
	$P_{sb}(t)$	22.54	21.78	19.92	17.97	16.57	15.74
	$\Delta S(cm)$	22.1	25.3	23.0	23.5	22.1	20.5
	$\bar{P}_s(t)$	67.49	66.74	63.06	60.32	57.41	54.12

It is clear that these indexes become smaller when the inclination (γ) of the canopy is increased.

Based on the analysis aforesaid, it is clear that if the immediate roof in the face-to-canopy area is broken and roof fall occurs, the roof would become much more irregular, under such circumstance tile front part of the canopy can not be elevated or depressed too much.

In order to keep the immediate roof fixed pretty well between the main roof and the canopy, the inclination of the canopy should be kept at an angle within the range of $0° < \gamma < 10°$.

When the position that the combined force ($Q + Q_3$) acts beyond zone II of the canopy and extends continuously forwards or backwards, the relief valve of the ram would incessantly open, then the ram would be pulled or pushed to its end under roof pressure and damages to the stabilizing cylinder joints would happen.

Fig. 15 shows the abnormal working condition of the ram relief valve and Fig. 2 shows the damaged canopy under roof pressure.

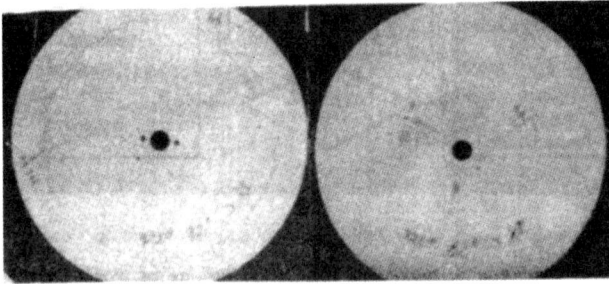

Fig. 15   Pressure chart gives the abnormal working condition of the ram

Obviously, in order to prevent the support from damage, it is needed either to develop some effective methods to reinforce the roof in the "face-to-canopy" area for the roof cavities, or change the geometrical configurations for the support design, particularly to select proper structural parameters of the support. Colliery Zhai Li has utilized this concept to improve the shield support and has proven good results.

CONCLUSIONS

In light of the analysis aforesaid, the interaction between 2-leg shield support and the roof strata is summarized as shown in. Fig. 16, and some interesting conclusions can be given as follows:

1. The essential measure to improve the working condition of 2-leg shield support is to prevent the formation of roof cavity at the face-to-canopy area;

2. To a 2-leg shield support, there exists on the canopy three working zones, of which the main part to support the load is the working zone of the support legs adjacent to the articulation of the canopy and the leg. The roof pressure (acting on zone I or III) that this type of shield actually can support depends on, and is adjusted by, the additional force produced by the interaction of the canopy and the roof strata.

3. When a roof cavity happens to either in front or in the rear of the support, it would be very difficult to form an additional force Q_3. When this condition happens the

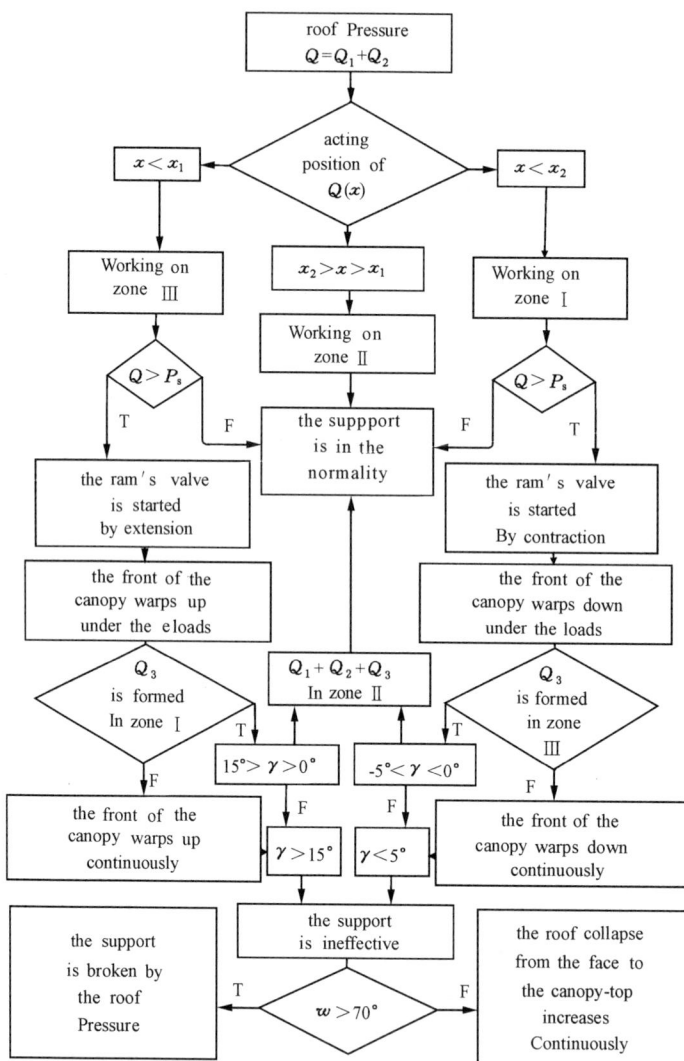

Fig. 16　A summary of the interaction between 2-leg shield support and the roof strata

support is said ineffective, or in other words, this type of shield support is not suitable to this kind of roof;

4. Besides the "tip-to-face" distance, there are some other factors which effect roof fall at the face-to-canopy area, the main one is the inclination (γ) of the canopy. When $\gamma > 15°$, this is the condition most unfavorable to the roof stability. Generally, the inclination (γ) should be limited between $0° \sim 10°$. Even when a roof cavity occurs, it is not necessary to swing the canopy upwards or downwards too much, otherwise the results would be just the opposite.

5. This type of shield is suitable for the mine roof where the roof at the face-to-canopy area is considerably stable and be used considerably effectively when the

overhanging part of the roof does not extend too long into the gob.

6. In the prevention of damage to the support, it is advisable to adopt some roof reinforcement measures or make some alternations for the structural parameters of the support. But there still exist optimization problem in selecting these parameters which would effect the supporting characteristics of the support naturally.

REFERENCES

[1] Qian Minggao: "Roof pressure and strata control in longwall mining" published by Coal Industry Publishing House, 1983.

[2] Zhou Yongchang: Preliminary analysis of mechanical characteristics of shield supports, Journal of China Coal Society, 1981, No. 1.

[3] Liu Shuangyue: "An analysis to the resistance performance of the 2-leg shield powered support" Master degree Thesis, China Institute of Mining and Technology.

Neue Untersuchungen von Hangendausbrüchen im Nicht Ausgebauten Strebbereich [①]

Qian Minggao   Liu Shuangyue   Yin Jiansheng

（Chairman of Dept. of Min. Engin.）

Kurzfassung

Aus einer Reihe von betrieblichen Beobachtungen untertage in den Bergwerken Chinas und aus Ergebnissen physikalischer und numerischer Modelluntersuchungen läßt sich ableiten, daß Hangendausbrüche im Bereich zwischen der Kappenspitze und dem Kohlenstoß als erhebliches problem der Hangendbeherrschung anzusehen und die Hauptursachen weiter zu untersuchen sind.

Abgesehen vom Abstand der Kappenspitze des Schildausbaus und der Arbeitsweise des Ausbaus läßt sich sagen, daß das Verhalten des gebrochenen Haupthangenden der Hauptfaktor ist. Nach dem Bruch des Haupthangenden und nach dem Vorrücken des Strebs verändert die Neigung des Bruchkörpers des Haupthangenden unmittelbar den Spannungszustand im unmittelbaren Hangenden und beeinträchtigt so dessen Stabilität. Zunächst bilden sich zwei Zonen, erstens die Zugbruchzone unter der Bruchkante des Haupthangenden und zweitens eine durch Druck plastische zone oberhalb der nicht ausgebauten Hangendfläche des Strebs. Die ungünstigste Bedingung für die Beherrschung des unmittelbaren Hangenden ergibt sich, wenn diese beiden Zonen zusammenwachsen.

Zur Vermeidung größerer Ausbrüche des unmittelbaren Hangenden in diesem Bereich werden im vorliegenden Beitrag geeignete parameter und die geeignete Art des Schildausbaus angegeben.

1   Einführung

Mehr als 15 Jahre sind seit dem ersten Betriebsversuch mit Schreitausbau im Langfrontbau auf den Bergwerken Chinas vergangen. Bis heute blieben jedoch einige ernsthafte Probleme der Beherrschung des unmittelbaren Hangenden im nicht ausgebauten Strebbereich.

Abbildung 1 zeigt Ausbrüche im nicht ausgebauten Bereich eines Strebs. Nach statistischen Daten, die in Chinas Bergwerken gewonnen wurden, sind für 40% ~ 60%

---

①   本文发表于 *8th International Strata Control Conference. D. 4. Dusseldorf Germany*, 1989 年。

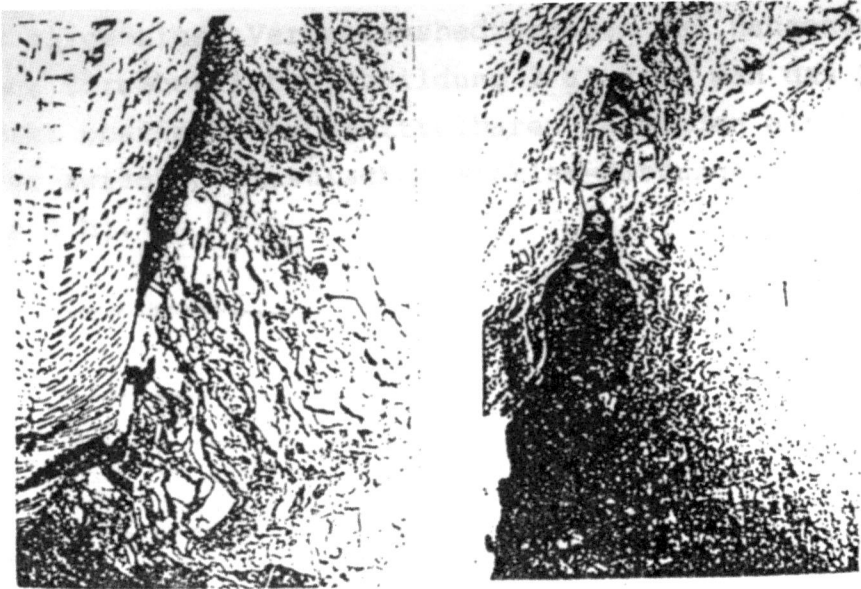

Abbildung 1

aller Stillstände im Streb Ausbrüche des nicht ausgebauten Hangenden die Ursache. Die Ausbrüche der nicht ausgebauten Flächen beeinträchtigen also die Förderung eines Strebs erheblich. Die Schwierigkeiten der Beherrschung des unmittelbaren Hangenden führen auf einigen Bergwerken dazu, daß die mögliche Leistung des Schreitausbaus unter den gegebenen Hangend-bedingungen nicht zum Tragen kommt. Deshalb wurde in China den Problemen der Beherrschung des nicht ausgebauten Hangenden besondere Aufmerksamkeit gewidmet, um die Randbedingungen für die Betriebe zu verbessern.

2 Bruch und Abkippen des Haupthangenden

Die Analyse der Stabilität des unmittelbaren Hangenden erfordert die Kenntnis der Randbedingungen desselben. Klar ist, däß die Randbedingungen von unten her durch den Ausbaustützdruck und dessen Verteilung im Strebbereich, von oben her durch Belastungen, die sich aus dem Verhalten des Haupthangenden ergeben, bestimmt werden.

Im vorliegenden Bericht wird zunächst das Verhalten des Haupthangenden untersucht. Das Haupthangende in der Mitte des Strebs kann als typisches zu untersuchendes Modell betrachtet werden.

Unter den allgemeinen Verhaltensbedingungen der Hangendschichten während des Strebbetriebs [Abbildung 2 (a)] kann man das Haupthangende direkt oberhalb des unmittelbaren Hangenden als Träger auffassen, der zwischen elastischen Winkler-Bettungen eingespannt ist [Abbildung 2 (b)].

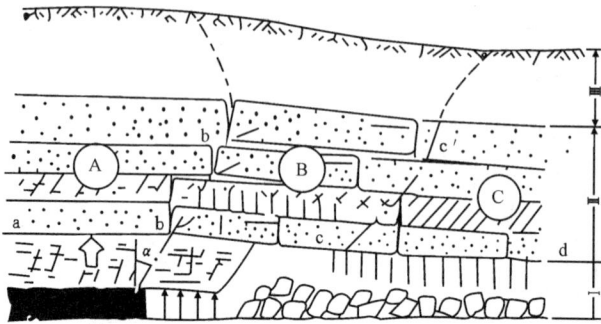

（a）

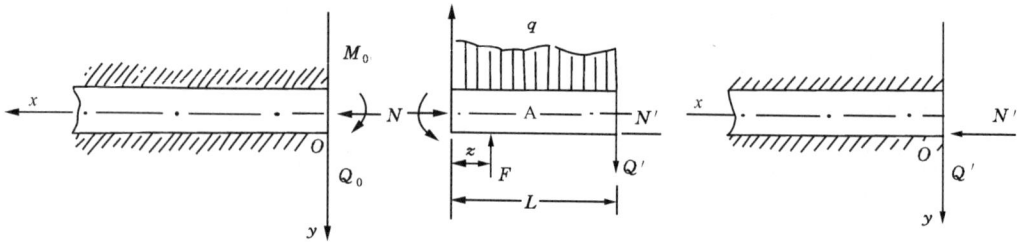

（b）

Abbildung 2

Die Biegemomentverteilung längs des Trägers läßt sich wie folgt darstellen:

$$M = e^{-\alpha x}\left[M_0 \cos \beta x + \frac{\alpha(r+s)M_0 + rQ_0}{(r-s)\beta} \sin \beta x \right]$$

wobei $r^2 = k/EI$, $s = N/EI$, $\alpha = (r/2 - s/4)^{1/2}$, $\beta = (r/2 + s/4)^{1/2}$, EI die Beigesteifigkeit, k der Index der Winkler-Bettung, N die auf das Ende des eingespannten Trägaers einwirkende Axialkraft und M_0 das Biegemoment am Ende des eingespannten Trägers ist. M_0 läßt sich über die folgende Formel errechnen:

$$M_0 = qL^2/2 + Q'L + N'\Delta S_1 - Fz$$

Q_0 ist die Querkraft am Ende des eingespannten Trägers und beträgt

$$Q_0 = qL + Q' - F$$

x ist der Abstand auf der X-Achse vom Ende des eingespannten Trägers aus. Aus dieser Formel läßt sich in folgender Weise die Lage des größten Moments auf der X-Achse errechnen:

$$x = \left[\arctan\left(\frac{2\beta(2\alpha M_{0s} + rQ_0)}{(2r^2 - s^2)M_0 + 2\alpha r Q_0} \right) \right] \Big/ \beta$$

Das maximale Biegemoment im Haupthangenden läßt sich durch die folgende Formel ausdrücken:

$$M_{\max} = M_0 e^{-\alpha x}\left(\cos \beta x + \frac{\alpha(r+s) + rQ_0/M_0}{\beta(r-s)} \sin \beta x \right)$$

Ein Beispiel, folgende Bedingungen: der Elastizitätsmodul des Haupthangenden E

$=30$ GN/m^2，Zugfestigkeit $R_t = 6$ MN/m^2 können, $k = 0.25 \times 10^2$ MN/m^2 pro mm oder 4×10^2 MN/m^2 pro mm.

Da s immer erheblich kleiner ist als r, können wir annehmen $\alpha = \beta$, und dann ergeben sich r und α unter verschiedenen Bedingungen für k und h wie folgt (Tabelle 1):

Tabelle 1

$k=$	0.25×10^2		4×10^2	
h	r	$\alpha = \beta$	r	$\alpha = \beta$
2	0.035	0.132	0.141	0.266
4	0.012 5	0.079	0.05	0.158
6	0.006 8	0.058	0.027	0.116

Die Länge des überkragenden Bereichs und des Bruchkörpers sowie die Lage der Bruchkante des Haupthangenden von der Streblinie ab lassen sich wie in Tabelle 2 auflisten.

Tabelle 2

$k = 0.25 \times 10^2$

	begrenzte uberkragende länge	Länge des Bruchkörpers(Block)	Bruchkante(ab Streb)
2	5~6 m	8~10 m	2.5~2.9 m
$h=4$	7~8 m	12~14 m	4~5 m
6	8~9 m	14~16 m	7 m

$k = 4 \times 10^2$

	begrenzte uberkragende länge	Länge des Bruchkörpers(Block)	Bruchkante(ab Streb)
2	6~8 m	6~8 m	0.7~0.8 m
$h=4$	8~10 m	10~12 m	1.5 m
6	11~12 m	12~14 m	2 m

Von dieser Tabelle läßt sich ablesen, daß die Bruchkante des Haupthangenden meistens vor der Streblinie verläuft und, wenn k geringer ausfällt, sich die Bruchkante noch weiter feldwärts der Streblinie bildet. Bei Beginn des Bruchs des Haupthangenden wird der Bruchkörper A gestützt durch das Flöz, den Ausbau im Streb und den Druck des Blocks B. Entsprechend dem Vorrücken des Strebs geht die Stabilität des Blocks A verloren, und Block A gerät dann selbst unter Abkippbedingungen. Der von Block A ausgeübte Druck geht dann stufenweise vom Flöz auf den Ausbau über.

In einem Streb des Bergwerks Dai-tun (siehe Abbildung 3) ermittelte man das Verhalten des Bruchkörpers des Haupthangenden als Funktion des Strebfortschritts durch Beobachtung der Bewegung von Meßankern.

Abbildung 3 (a) zeigt den Bruch des Haupthangenden und den Beginn seiner

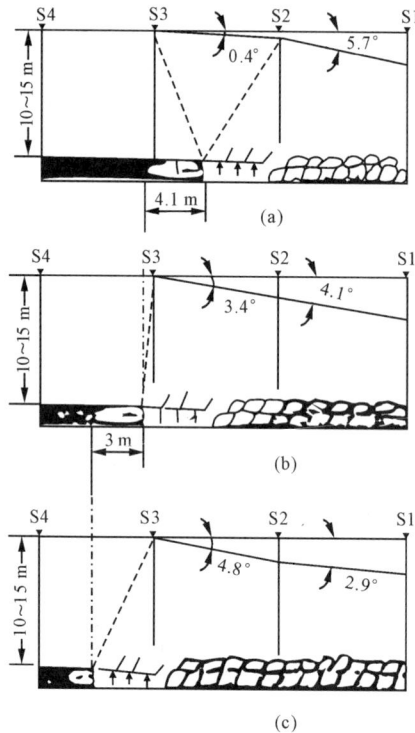

Abbildung 3

Abkippbewegung. Abbildung 3(b) zeigt das Abkippen des Blocks A bei Lage des Strebs genau unterhalb der Bruchlinie des Haupthangenden. Abbildung 3(c) zeigt, daß der Streb um 4 m feldwärts der Bruchlinie vorgerückt ist und das überkragende Haupthangende wieder unter Bruchbedingungen gerät. Es leuchtet ein, däß neben dem Abkippen des Bruchkörpers auch ein Abgleiten eines Blocks relativ zum anderen vorkommen kann. Diese beiden Vorgänge beeinträchtigen die Stabilität des unmittelbaren Hangenden im Streb.

In Anlehnung an Abbildung 3 läßt sich ein mechanisches Modell, wie auf Abbildung 4 gezeigt, ableiten. Die obere Randbedingung zur Analyse der Stabilität des unmittelbaren Hangenden läßt sich durch die Bewegung oder das Abkippen des Bruchkörpers des Haupthangenden ausdrücken. Ausgehend vom Verhalten des Bruchkörpers wird das Abkippen durch folgende Faktoren beeinflußt: den Abstand (x) von der Bruchkante zur Streblinie, das Verhältnis (N) zwischen der Mächtigkeit des unmittelbaren Hangenden ($\sum h$) zur Abbaumächtigkeit (m), den Auflockerungsfaktor (K) des Bruchhaufwerks im Alten Mann und die Länge des Bruchkörpers des Haupthangenden.

Unter Einsatz des Programms ADINA läßt sich das Abkippen dieses Blocks berechnen. Vereinfacht dargestellt werden folgende Bedingungen angenommen:

Bruchkante 4 m feldwärts des Strebs, genau oberhalb des Strebs und 4 m dahinter (Abbildung 4).

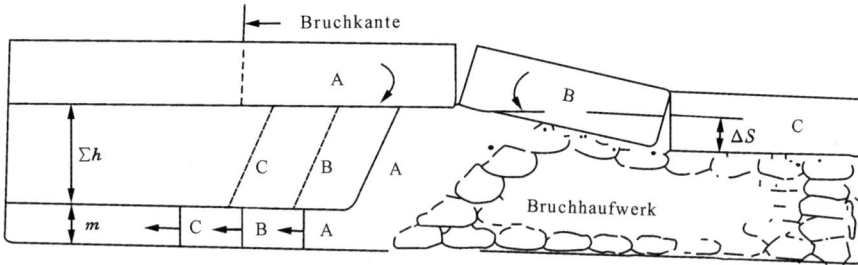

Abbildung 4

Folgende Vorgaben seien als Beispiel für eine Berechnung angenommen: Mächtigkeit des Haupthangenden 4 m, Zugfestigkeit des Haupthangenden 6 MN/m².

Für verschiedene Werte von K und N läßt sich, wie in Abbildung 5 dargestellt, das Abkippen des Blocks bei $x = -4$ m, 0 m und 4 m ermitteln.

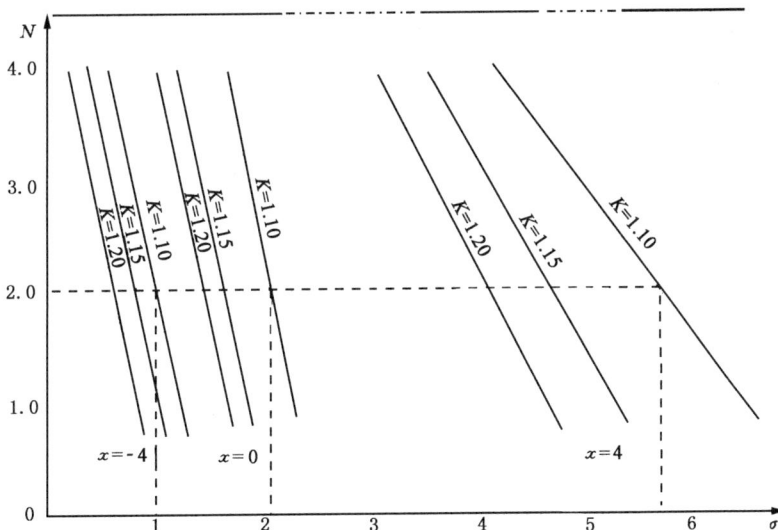

Abbildung 5

Man sieht, daß die errechneten Ergebnisse den auf Dai-tun gemessenen Werten nahekommen (Abbildung 3). In den meisten, normalen Fällen kippt der Bruchkörper kurz nach dem Bruch des überkragenden Hangenden nur in sehr geringem Maße, und mit dem Zu-Felde-Gehen des Strebs wird das Abkippen stufenweise stärker.

Die Ergebnisse lassen sich wie folgt zusammenstellen:

$K=1.1\sim1.2$:

$x=$	-4	0	4
$\alpha=$	$0.2°\sim1.0°$	$1.2°\sim2.4°$	$3.2°\sim6.2°$

3 Die Stabilität des unmittelbaren Hangenden

Wenn die Randbedingungen für das unmittelbare Hangende bestätigt sind, Iäβ sich das numerische Modell (Abbildung 6) einsetzen, um die Spannungsverteilung im unmittelbaren Hangenden mit Hilfe des Rechnerprogramms ADINA zu analysieren.

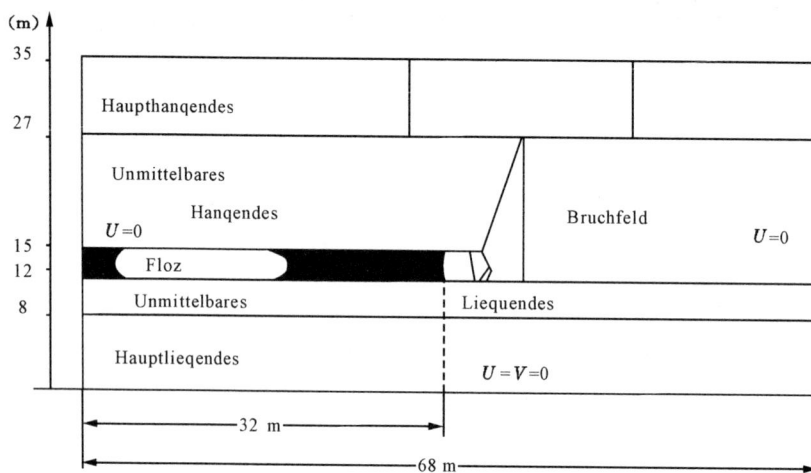

Abbildung 6

Als Funktion des Strebfortschritts und des Abkippens des Blocks A läβt sich die Spannungsverteilung im unmittelbaren Hangenden ihrer Natur nach zweckmäigerweise in zwei Bereiche unterteilen: Unter der Grenzlinie des Haupthangenden befindet sich die zugbedingte Bruchzone (T. Z.), und im Hangenden oberhalb des nicht ausgebauten Strebteils befindet sich die Druckzone mit plastischer Verformung (P. Z.), wie auf Abbildung 7 gezeigt.

Je nach Art des Abkippens des Bruchkörpers, der Zugfestigkeit R_t und der Kohäsionskraft C des unmittelbaren Hangenden ergeben sich unterschiedliche Bereiche der Zugbruchzone und der Druckzone mit plastischer Verformung.

Abbildung 8 zeigt als Beispiel die Höhe dieser beiden Bereiche bei unterschiedlichem Abkippen (α) des Bruchkörpers für $x=-4$ m.

Besonders interessant war die Feststellung, däβ, wenn die Summe der Höhen dieser beiden Zonen gröβer als die Mächtigkeit $\sum h$ des unmittelbaren Hangenden ist, sich das Riβsystem über die gesamte Mächtigkeit des unmittelbaren Hangenden ausbreitet. Logischerweise ist dies der Stabilität des unmittelbaren Hangenden äuβerst abträglich. Ein Beispiel zur Verdeutlichung dieses Phänomens: Abbildung 9 zeigt die Bedingungen

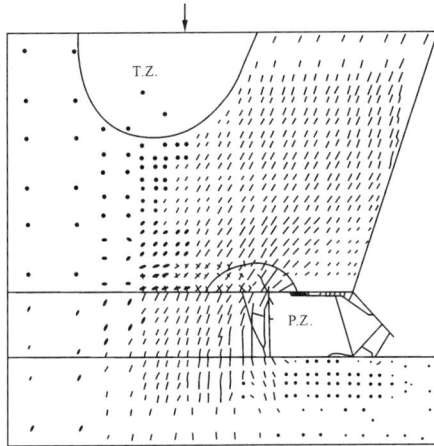

Abbildung 7

T. Z.　durch Zugspannung gebrochene Zone

P. Z.　durch Druck plastisch verformte Zone

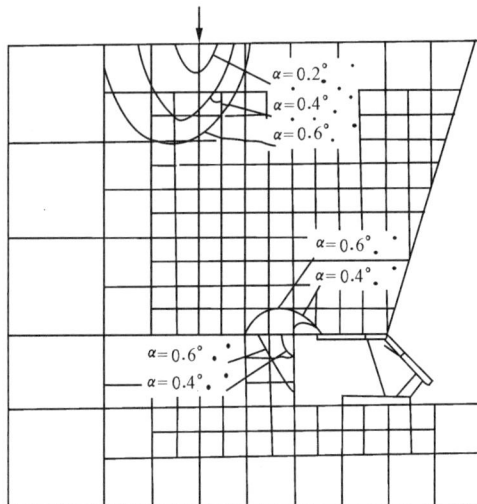

Abbildung 8

und die Größe dieser beiden Zonen. Auf Abbildung 9(a), bei $C = 4.0$ MN/m^2, hat sich das druckbedingte Bruchsystem nicht durch das gesamte unmittelbare Hangende ausgebildet; dagegen ist dies in Abbildung 9(b) bei $C = 2.0$ MN/m^2 der Fall.

Abbildung 10(a),(b) und (c) zeigen den Einfluß der Faktoren R_t und K auf die Stabilität des unmittelbaren Hangenden.

Aus diesen Untersuchungen geht hervor, däß je nach Zugfestigkeit des unmittelbaren Hangenden auch die durch Zug gebrochene Zone unterschiedlich weit reicht, däß die Kohösionskraft des unmittelbren Hangenden Einfluß auf die Größe der

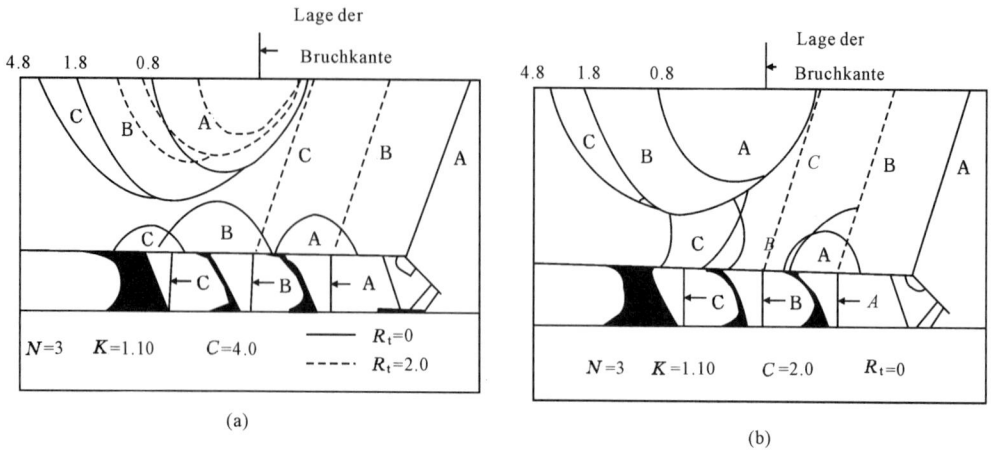

Abbildung 9

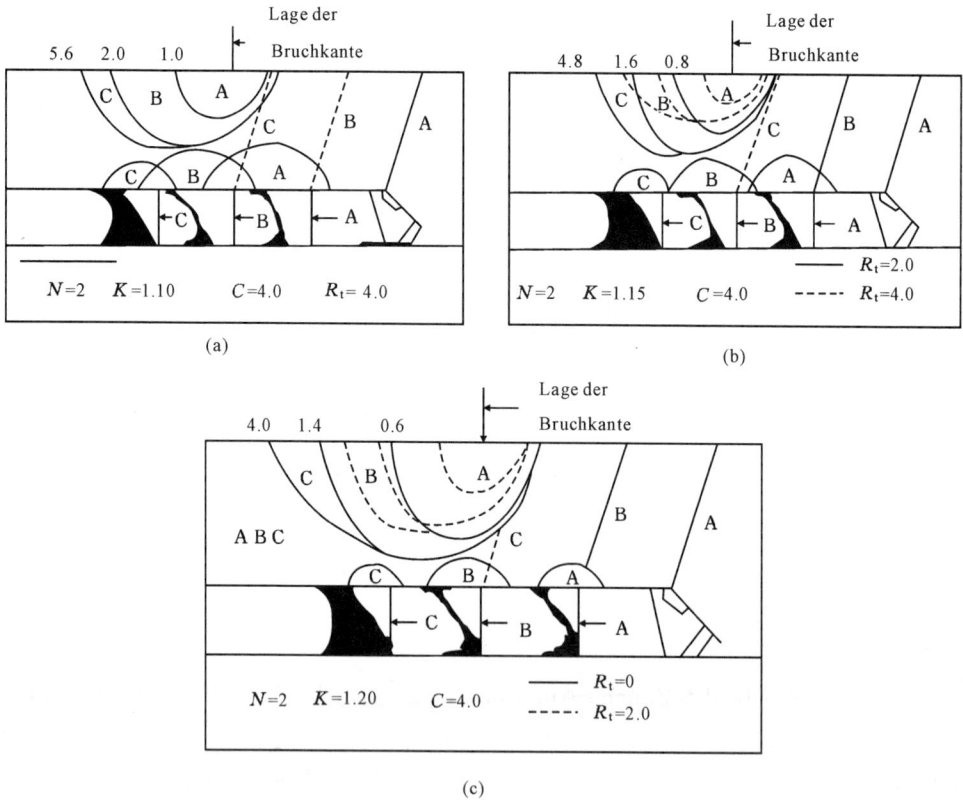

Abbildung 10

plastischen Druckzone hat; und daß schließlich mit stärkerem Abkippen des Bruchkörpers die plastische Druckzone und die Zugbruchzone größer werden.

Die vorstehenden Informationen erlauben folgende Klassifizierung der Stabilität des unmittelbaren Hangenden:

a) Schwer beherrschbar

In Abhängigkeit vom Strebfortschritt können die durch Zugspannung gebrochene Zone und die durch Druck plastische Zone zusammenwachsen. Um unter diesen Bedingungen Ausbrüche des freigelegten Hangenden zu vermeiden, sollten Maßnahmen zur Erhöhung der Kohäsion bzw. des Verhältnisses h/m getroffen werden, d. h. entweder müssen Verfestigungsstoffe in das unmittelbare Hangende injiziert oder aber Versatz in den ausgekohlten Bereich eingebracht werden.

b) Beherrschbar

Bei diesen Hangendbedingungen liegen zwar die Zugbruchzone und die durch Druck plastische Zone nahe beieinander, zeigen aber keine gemeinsame Auswirkung. Unter diesen Bedingungen sind Art und technische Daten des Ausbaus sorgsam festzulegen.

c) Leicht zu beherrschen

In diesem Fall ist das unmittelbare Hangende mächtiger oder mechanisch fester. Unter diesen Bedingungen kann Ausbau gleich welcher Art eingesetzt werden. Jedoch ist der Ausbauwiderstand sorgsam festzulegen.

4　Schlußfolgerungen

1. Größere Ausbrüche aus dem unmittelbaren Hangenden über der freigelegten Hangendfläche ergeben sich beim Abkippen oder Abgleiten des Bruchkörpers im Haupthangenden. Die Bruchkante des Haupthangenden liegt weit feldwärts vor der Streblinie. Das Abkippen des Bruchkörpers hängt vom Verhältnis $\sum h/m$, dem relativen Abstand zwischen der Bruchkante und dem Streb sowie dem Auflocke-rungsfaktor des hereinbrechenden Hangenden ab.

2. Aufgrund des Abkippens des Bruchkörpers des Haupthangenden bilden sich eine durch Zug gebrochene Zone unterhalb der Bruchkante und eine durch Druck plastische Zone oberhalb der freigelegten Hangendfläche. Die Größe dieser beiden Zonen steht im Zusammenhang mit dem Abkippen des Bruchkörpers im Haupthangenden, der Zugfestigkeit R_t und der. Kohäsion C des unmittelbaren Hangenden.

3. Diese beiden Zonen beeinflussen die Stabilität des unmittelbaren Hangenden und beeinträchtigen sie besonders, wenn sie zusammenwachsen. In diesem Falle ist das Hangende nur sehr schwer zu beherrschen.

4. Der Ausbautyp hat keinerlei Wirkung auf die Zugbruchzone, kann jedoch einen Einfluß auf den Zustand der durch Druck plastischen Zone haben. So hat beispielsweise ein 4-Stempel-Bockausbau auf letztere Zone einen günstigen Einfluß. Es ist offensichtlich, däß der Ausbauwiderstand so gewählt werden muß, däß Gleitbewegungen der Bruchkchkörper im Haupthangenden relativ zueinander vermieden werden.

5. Im Lichte der unterschiedlichen Zustandsbedingungen der Zugbruchzone und der

durch Druck plastischen Zone läßt sich das unmittelbare Hangende klassifizieren: schwer zu beherrschen, beherrschbar und leicht zu beherrschen. Für jede dieser Kategorien sind unterschiedliche Maßnahmen zu treffen.

6. Die auf den Bergwerken gewonnenen statistischen Daten lassen sich zur Überwachung und Beherrschung der Stabilität des unmittelbaren Hangenden einsetzen.

Literatur

[1] Oskar Jacobi: Praxis der Gebirgsbeherrschung. Verlag Glückauf GmbH. Essen, 1976.

[2] B. C. D. Smart, A. Redfern. The Evaluation of Powered support Specifications from Geological and Mining Practice Information Proceedings of the 27th U. S. Symposium on Rock Mechanics. pp 367-377, 1986.

[3] Qian Minggao, Liu Shuangyue. A Study of the Interaction between the 2-leg Shield support and Roof strata. Mining Science & Technology, Trans Tech Publications. China coal Industry Publishing House, pp 27-38, 1987.

综采工作面支架与围岩相互作用关系的研究[①]

钱鸣高　刘双跃　殷建生

(中国矿业大学)

一、本课题的提出

液压支架在我国使用已有十年多的历史。架型由支撑式逐步发展到掩护式和支撑掩护式,由于架型的改变,使工作面的顶板控制状态得到了很大的改善,顶板事故明显降低,单产和效益大幅度提高。但是,架型的改革并没有完全杜绝工作面顶板冒落。

据柴里矿、徐州及阳泉矿务局的调查,因顶板冒落造成工作面停产时数与总停产时数的比为 40%～60%。从全国来看,每年大约有 1/6 的综采面因顶板控制而处在低产状态。因此,从事以下几方面的研究实属必要:

① 支架工作状态与围岩的相互作用关系;

② 支架受力及适应性分析;

③ 直接顶稳定性研究与控制。

二、支架工作状态与围岩的相互作用关系

支架在井下使用中,由于顶板条件及操作者水平的限制可能形成某种工作状态,如支架顶梁仰起,掩护梁倾角很小,四连杆提不起来等。这些状态既与地面及支架实验台上的支架状态大不一样,又与以往所进行的支架与围岩相互作用关系的分析不相同。一般来讲,可以将支架顶梁与水平面的夹角来代表支架工作状态的主要特征,由于在回采过程中顶板有一定下沉和倾斜,所以支架顶梁仰起 $3°\sim5°$ 的仰角是正常的。然而,据柴里及阳泉的井下实际观测,支架顶梁处于低头($\gamma<0°$)工作状态占 6.5%,处于抬头($\gamma>5°$)工作状态占 51.4%。这种低头或抬头均属于不正常工作状态。如图1,在支架顶梁低头或过大抬头地段,伴随着端面顶板的冒落也较剧烈。

除此,顶梁过大的抬头增加了顶梁与掩护梁的夹角。由于平衡千斤顶伸出量的限制而造成了刚性连接,在顶板压力的作用下,导致支架顶梁的平衡千斤顶耳座或平衡千斤顶本身的损坏,此情况均在柴里、阳泉、西山等地发生。

根据现场实测数据进行回归分析,得到:

$$h = (0.18)^{1.13\gamma}$$

① 本文发表于《矿山压力》,1989 年第 2 期,第 1～8 页。

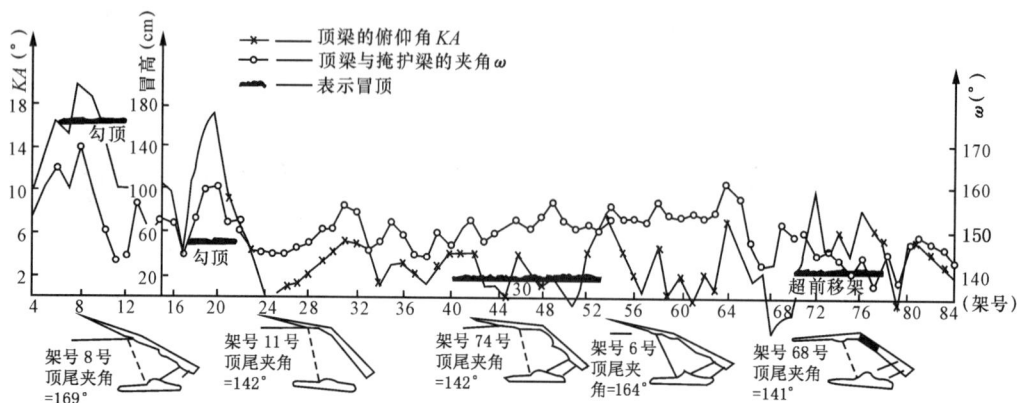

图 1 顶梁俯仰角在倾向的分布

$$F = 8.34 e^{0.135\gamma}$$

式中　h——端面顶板冒落高度；

　　　F——端面顶板破碎度；

　　　γ——顶梁俯仰角。

从回归方程中看出，当 $\gamma > 10°$ 时，端面顶板的稳定性将急剧恶化。

综上所述：

（1）支架顶梁处在低头状态工作时，虽然对端面可能形成平衡拱而有一定的水平力作用，但是，这样低头的状态，加大了顶梁与顶板之间接触点至梁端的距离，从而导致事实上的端面距（无支护空间）的加大。在破碎顶板条件下，引起端面顶板的冒落。

（2）当支架处在抬头状态工作时，会产生指向采空区方向的分力，而使端面难以形成冒落平衡拱。顶梁抬头只是前端接顶，而顶梁后部不去主动支承顶板，失去了支架的切顶作用。直接顶由于过大的下沉而呈松散状态，必然导致切顶线前移到煤壁附近，由此会使端面顶板冒落，出现恶性循环。

（3）支架的不正常工作状态严重地影响着支架力学特性的发挥，尤其是顶梁过大的抬头既造成了支架对顶板支承力的减小，又造成顶梁平衡千斤顶耳座的大量损坏。

因此，支架工作状态这一点必须引起注意，只有提高液压支架操作者的素质，保证使用支架的合理性和完善程度，才能发挥支架应有的最大的控顶能力。

三、液压支架受力及适应性分析

支架顶梁上各个点的承载能力大小取决于支柱工作阻力（P）、平衡千斤顶阻力（Z），以及支架的几何参数，而 P 与 Z 相互限制，其关系为

$$Z = \frac{(b \cdot \cos\alpha - h \cdot \sin\alpha) \cdot X - p \cdot b}{(h \cdot \cos\beta - l_z - b \cdot \sin\beta)X - z \cdot b} \cdot P$$

式中的有关符号见图 2(a)。

令

$$A = \cos\alpha - \frac{h}{b} \cdot \sin\alpha$$

$$B = \sin \beta - \frac{1}{b}(h\cos \beta + l_z)$$

则

$$Z = \left(\frac{A \cdot X - p}{z - B \cdot X}\right) \cdot P$$

由此可见，如果不论顶板压力作用在顶梁上的任何位置，保证支柱的阻力恒为额定工作阻力，则 Z 必须具备的工作阻力分布如图 2(b) 中曲线 Z 所示。但事实上，平衡千斤顶均有额定拉、压工作阻力，可能的工作阻力如 Z' 所示。此时顶梁上任意一点 X 的最大承载能力 P_s 为：

$$P_s = P(\cos \alpha - h/b \cdot \sin \alpha) \pm Z\left[\sin \beta - \frac{1}{b}(h \cdot \cos \beta - l_z)\right] - W \cdot b_1/b$$

若 $W=0$，则

$$P_s = P \cdot A \pm Z \cdot B$$

以顶梁长度方向为横坐标 (X)，以支架所承受的载荷 P_s 为纵坐标。绘制 P_s—X 曲线如图 2(b) 所示，支架承载能力 P_s 与作用位置 X 的变化关系称为支架承载特性曲线，划分三个区。

Ⅰ区——AB 段，称为平衡千斤顶下腔工作区。此区内的 Z 为平衡千斤顶受压额定工作阻力，且有 $P_s<P$。

Ⅱ区——BC 段，称为支柱工作区。此区内支柱阻力 P 为额定值，该区的宽窄反映了支架对围岩的适应性。两柱掩护式支架的Ⅱ区宽度为 19.4 ~36.0 cm。

Ⅲ区——CD 段，称平衡千斤顶上腔工作区。此区内 Z 为平衡千斤顶受拉额定工作阻力，且有 $P_s>P$。

作用在支架顶梁上的顶板压力 Q 由两部分组成，即直接顶的重量 Q_1 和老顶的载荷 Q_2，顶板压力的作用位置将随老顶来压方式、直接悬顶情况以及顶梁与顶板的接顶状况而变化，因此有可能

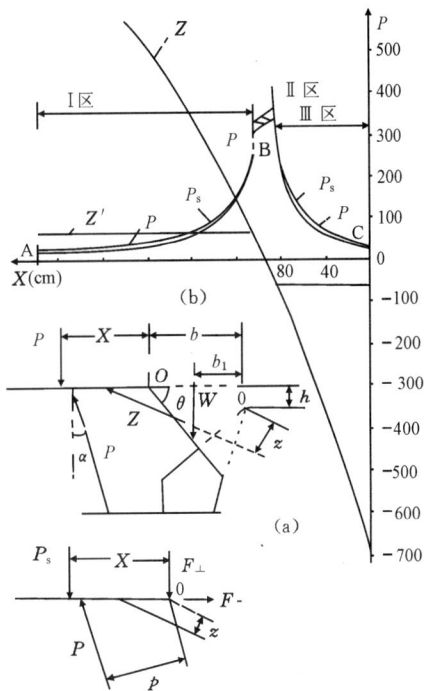

图 2　支架受力及承载特性曲线

作用于顶梁上的任何位置。据阳泉一矿 8602 工作面测力计的观测得到合力作用位置，Ⅰ区：25.4％；Ⅱ区：58.7％；Ⅲ区：15.9％。

当顶板压力 Q 作用于第Ⅰ区，且 $Q>P_s$，其结果将导致平衡千顶下腔安全阀开启，从而顶梁逐渐低头，以致在顶梁的尾部形成附加力 Q_3，条件为顶梁尾部接顶必须有所保证，而后形成的合力 $Q+Q_3$ 逐渐移向Ⅱ区，$Q+Q_3$ 的合力作用的位置 (X) 将平衡在Ⅰ区或Ⅱ区，条件为 $P_s>Q+Q_3$。

相反来讲，若 Q 作用Ⅲ区，且有 $Q>P_s$，会引起平衡千斤顶上腔开启，支架顶梁逐渐抬头，从而在Ⅰ区产生附加力 Q_3，Q_3 的大小取决于产生的位置 X_1，即顶梁前部顶板的冒空情况，此时的合力 $Q+Q_3$ 作用点为 X，只有当 $P_s>Q+Q_3$ 时，支架才能处于稳定工作

状态。

令顶板压力 Q 作用于Ⅲ区,其作用点为 X_3,在Ⅰ区产生附加力 Q_3,其作用点为 X_1,均从后铰点算起,合力 $(Q+Q_3)$ 的作用点可能平衡在Ⅲ区,最大极限平衡在Ⅱ区的交界处。所以

$$X = \frac{(B \cdot p - A \cdot z)Z - P_s \cdot p}{A \cdot P_s}$$

式中 Z——平衡千斤顶上腔额定压力值。

将力平衡式 $P_s = Q + Q_3$ 代入,得:

$$X = \frac{(B \cdot p - A \cdot z) \cdot Z - (Q + Q_3) \cdot p}{A \cdot (Q + Q_3)}$$

此式中的 X 为 $Q+Q_3$ 的作用位置,见图3。

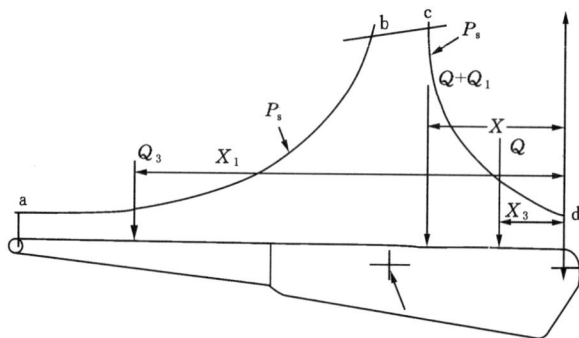

图3 顶板压力与附加力

如图3所示,取 $\sum M = 0$,得:

$$QX_3 + Q_3 X_1 = (Q + Q_3) \cdot X$$

整理后得:

$$Q_3 = \frac{Z - (B \cdot p - A \cdot z) - Q(AX_3 - p)}{AX_1 - p}$$

由此可见,附加力 Q 的大小与 X_3、X_1 有关,并还要受支柱额定工作阻力的限制,取 $X_3 = 0$ 或 0.4 m,$Q = 1\,000$ 或 $2\,000$ kN,Q_3 与 X_1 的变化关系如图4所示,图中虚线部分就是由于支柱额定工作阻力限制而不能平衡的部分。

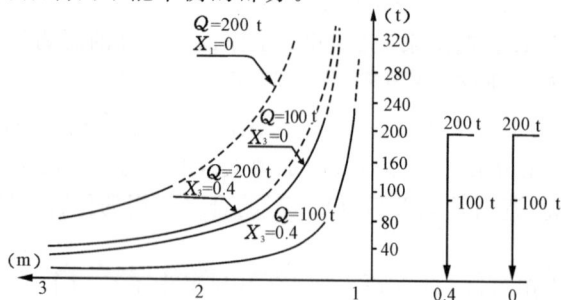

图4 附加力与作用点的变化曲线

综上所述,支架可能失效或与顶板条件不相适应的情况有:

(1)直接顶坚硬有悬顶,或由于老顶来压方式的影响,必然是 Q 作用于Ⅲ区,并且 X_3 趋近后铰点,这将产生较大附加力 Q_3,有可能 $Q+Q_3$ 大于支柱额定阻力而使支架失效。

(2)由于端面顶板冒空,顶梁的后半部分与顶板接触,顶板压力 Q 将作用于Ⅲ区,而在Ⅰ区内失去产生附加力 Q_3 的条件,所以导致支架的失效。

(3)直接顶超前切顶,或顶梁过大抬头引起采空区侧顶板的松散,顶板压力 Q 作用在Ⅲ区失去产生附加力 Q_3 的条件,导致支架失效。

两柱掩护式支架的工作过程及与顶板条件的适应关系可归纳为图5。

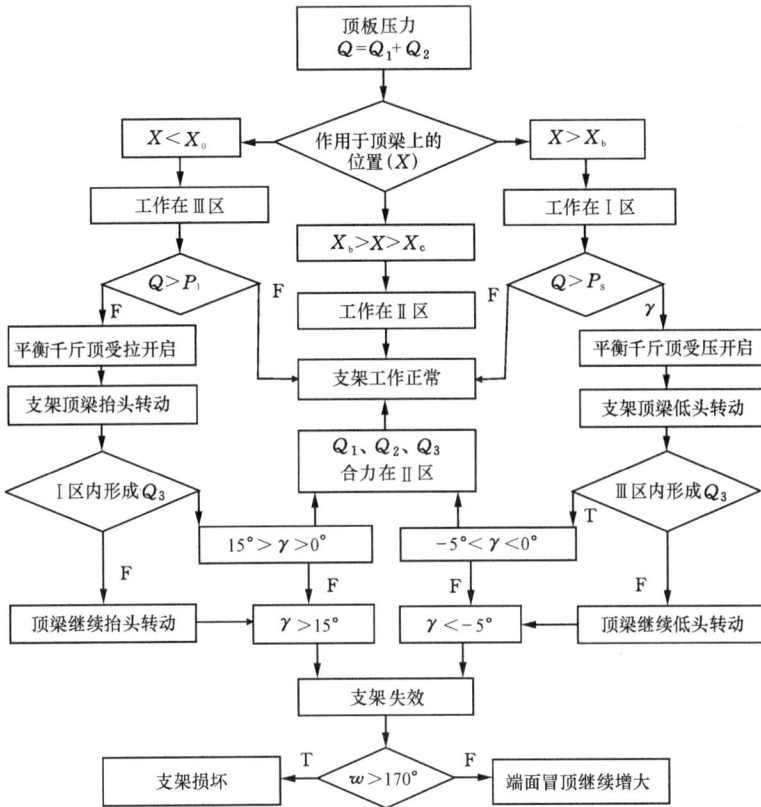

图5　支架工作流程图

四、直接顶稳定性研究与控制

从直接顶运动的边界来讲,上部是老顶岩层可能形成的结构及其变形运动,下部是液压支架的结构和阻力及其分布。对于下部边界条件人们研究得比较多,而老顶的活动也是影响直接顶稳定性不可忽略的因素。

通过实验室及有限元的分析,当老顶厚度为 $4\sim8$ m,抗拉强度为 $4\sim6$ MPa,垫层弹性模量为 $8.4\times10^2\sim1.72\times10^3$ MPa时,求得老顶岩层的断裂位置在煤壁前方 $0\sim8$ m,而老顶断裂的回转角 α 与矸石碎胀系数 K、直接顶厚度与采高之比 N 以及煤壁和老顶断

裂线的距离有关,一般来讲,当 $K=1.1\sim1.2$,$N=1\sim4$ 时:

$X=-4$ m $\alpha=0.2°\sim1.0°$

$X=0$ m $\alpha=1.2°\sim2.4°$

$X=4$ m $\alpha=3.2°\sim6.2°$

X 值以老顶断裂线超前煤壁时为负。

老顶断裂位置及回转角的确定,使得直接顶的上部边界条件得以数量化,这为直接顶稳定性的研究奠定了基础。

从采用支撑式、两柱掩护式及四柱支撑掩护式支架对端面顶板的控制情况的实验可以得到如下结果:

(1)老顶在煤壁前方断裂时的回转,导致直接顶上部产生多条纵向裂隙,从而形成拉断区。

(2)随着工作面的推进,老顶岩块的回转角继续加大,在端面出现不同程度的冒落,从而形成端面顶板的冒落区。

(3)最危险的情况是直接顶上部拉断区与端面冒落区贯通,如支撑式支架的实验,此时顶板处于完全失控的状态。

(4)直接顶上部拉断区的产生和发展很少受支架架型的影响,主要由老顶断裂后的回转角所决定。

(5)端面顶板冒落后的平衡状态很像一个平衡拱,三种架型主要表现在对这个冒落平衡拱范围控制的差异。其中四柱支掩式支架优于其他架型。

直接顶拉断区和冒落区的产生发展必然要受到直接顶本身力学性质的影响,利用ADINA 程序的计算结果如图 6 所示。

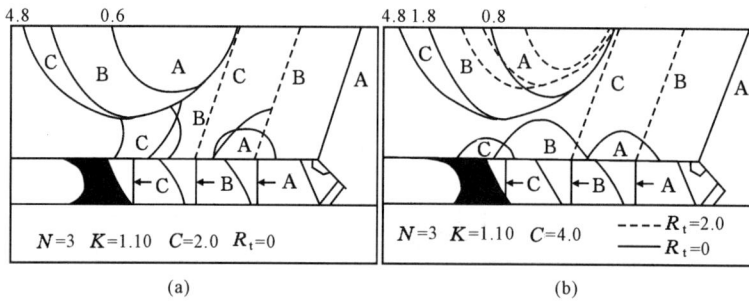

图 6　直接顶力学性质与稳定性关系

计算中主要考虑了直接顶的抗拉极限 R_t 和内聚力 C,从中可以看出:

(1)随着工作面推进,拉断区逐步增加,塑性区(冒落区)也有增加的趋势,这是由于老顶断裂后的回转角不断加大所致。

(2)直接顶岩层的内聚力 C 是决定塑性区大小的指标。当 $C=2$ MPa 时,塑性区由下至上发展,并与拉断区贯通,如图 6(a)所示;当 $C=4$ MPa 时,塑性区的边界近似于一个拱形,这样有可能避免与拉断区的贯通,如图 6(b)所示。

(3)直接顶抗拉强度 R_t 决定拉断区的大小。如图 6 所示,虚线是将 $R_1=0$ 提高到 R_t

＝2 MPa 的拉断区的范围，且有明显的减小，从而避免了与下部塑性区贯通。

从上述分析中可知，由于不同 N、K、C、R_t 的组合，决定了直接顶上下两个区是否贯通，或者说决定了直接顶的破坏程度以及控制的难易程度。

直接顶的稳定性或者控制的难易程度可分为三类，这三类顶板与 N、K、R_t、C 的关系如表1所列。

(1) 难控顶板，表中用×表示。这类顶板主要是由于直接顶比较薄，老顶断裂后的回转角 α 值比较大，或者是由于直接顶比较软，即 C、R_t 值都比较小，造成两个区完全沟通使顶板难以维护。一般来讲，这类顶板只用支撑方法是难以解决的，但可采取辅助措施：

① 采取措施控制老顶的回转角，即增大直接顶厚度与采高比 N。例如进行采空区辅助充填等。

② 提高直接顶的强度，即增大 C、R_t 值。例如在端面进行化学固化或施工锚杆等，避免两个区贯通。

(2) 可控顶板，表中用※表示。这类顶板的两个区并没有贯通，但相距较近，对其支护方式的选择要求比较严格，也就是说这类顶板是靠支护方式的合理性以及液压支架使用的完善程度来保证直接顶的稳定性，否则将转向难控顶板。

(3) 易控顶板，表中用√表示。这类顶板直接顶强度较大，或者厚度比较大，采空区的充填比较充分。对于这类顶板的控制不再是端面冒落问题。

表1　直接顶稳定性分类

R_i(MPa) 支护强度(kN/m²)		N=4 R₁			N=3 R₂			N=2 R₃		
		4	2	0	4	2	0	4	2	0
C=4 MPa	K=1.1	√	√	√	√	√	√	※	√	√
	k=1.15	√	√	√	√	√	√	√	※	√
	K=1.2	√	√	√	√	√	√	√	√	※
	支护强度	>450			>400			350		
C=2 MPa	K=1.1	√	√	√	※	※	※	×	×	×
	K=1.15	√	√	√	√	√	√	※	※	※
	K=1.2	√	√	√	√	√	√	√	√	√
	支护强度	>550			>500			>450		
C=1 MPa	K=1.1	※	※	※	×	×	×	×	×	×
	K=1.15	√	√	√	※	※	※	×	×	×
	K=1.2	√	√	√	√	√	√	※	※	※
	支护强度	>650			>600			>550		

参 考 文 献

[1] 钱鸣高,刘双跃.两柱掩护式支架的工作状态及其对直接顶稳定性的影响.煤炭学报,1985(4).
[2] 钱鸣高,刘双跃.两柱掩护式支架适应性研究.中国矿业大学学报,1985(3).
[3] 阳泉矿区 15 号煤层使用 WSI—2.0/35 型液压支架适应性分析(共 5 篇论文,评议资料),1986 年 9 月.
[4] 钱鸣高,殷健生,刘双跃.综采工作面端面顶板冒落(第四届煤矿采场矿压理论与实践讨论会论文),1987 年 8 月.

Stability and Control of Immediate Roof of Fully Mechanized Coal Face[①]

S. Y. Liu, *Lecturer*   *M. G. Qian*, *Professor and Chairman*

(Dept. of Mining Engineering, China University of Mining and Technology, Xuzhou, Jiangsu Province, PEOPLE'S REPUBLIC OF CHINA)

Abstract: Based on the underground measurements, physical model test of simulated materials in the laboratory and finite element analysis, this paper demonstrates the pattern and process of roof fall over the tip-to-face area in the fully mechanized coalfaces. The main factors that affect the stability of the immediate roof are thoroughly studied including the fracture position and tilt angle of the main roof, the tensile strength (R_t) and cohesive force (c) of the immediate roof, and type and resistance of the powered support. Based on these factors, this paper proposes the basic process of immediate roof breakage as follows: As the longwall face advances, the main roof breaks and then rotates. A tensile fracture zone will be formed in the immediate roof under the fracture line of the main roof. A caving zone (plastic zone) will be formed in unsupported area between coalface and canopy tip. If these two zones overlap the immediate roof will be completely unstable. Under this condition, powered support will have difficulties to control the roof. Therefore it is necessary to study the process of immediate roof breakage and look for effective methods for controlling the roof.

INTRODUCTION

China began to employ powered supports for longwall mining in the 1970's. Coal production of the fully mechanized coalfaces has been increasing at a rate of 9.5 million metric tons per year. But up to 1/6 of those faces produces less than 200,00 metric tons per year because they are unable to control the roof. Downtime due to roof caving accounts for 40%~60% of the total downtime. Therefore roof control problems must be resolved in order to further develop the use of fully mechanized longwall mining in China.

Roof falls occur mainly in unsupported area between coalface and canopy tip. As the roof caves remedial actions must be taken and coal production stops (Fig. 1).

---

①　本文发表于 *9th International Conference on Ground Control in Mining* ,1990 年,第 150~158 页。

Timber consumption and safety hazard increase. Sometimes it causes damages to powered supports or tilting of powered supports along the face advancing direction (Fig. 2).

Fig. 1 Roof falls in unsupported area

Fig. 2 Tilting of powered supports along face advancing direction

Therefore research must be performed to:

a. investigate the stability and failure of the immediate roof,

b. analyze the factors that control roof caving in unsupported area and classify the immediate roof, and

c. determine the best controlling methods for each type of roof, i. e. proper type and resistance of the powered supports.

UNDERGROUND MEASUREMENTS AND STATISTICAL ANALYSIS

Based on the statistical analysis of the data obtained from underground measurements, the factors that control roof caving in unsupported area can be determined as follows:

1. Movement of the main roof

The main roof is located above, and forms the upper boundary of the immediate roof. As the longwall face advances, the main roof breaks and rotates, and subsequently affects the stability and failure of the immediate roof. Table 1 shows the results of underground measurements.

It can be seen from Table 1 that during main roof weighting F and RFL are two times of those during nonweighting period. Therefore the structure and stability conditions of the fractured blocks of the main roof formed during face advance are the necessary boundary conditions for studying the stability of the immediate roof.

2. Mechanical property of the immediate roof

Stability of the immediate roof is related to its mechanical property and thickness of its component strata. Based on the measured data,

Table 1　Observed roof caving and main roof weighting

Period	d(mm)	FFW/FL(%)	F(%)	RFL/FL(%)	H(mm)
nonweighting weighting	682.6	27.4	24.6	27.7	713
	827.8	33.4	49.0	52.9	917
weighting/nonweighting	1.2	1.2	1.99	1.9	1.2

Footnote：d＝depth of face spalling；FFW＝length of face spalling along panel width direction；

　　　　FL＝panel width；F＝caving intensity＝ratio of roof caving width to unsupported width in percent；

　　　　RFL＝length of roof caving along panel width direction；and H＝caving height

$$E = 7.85I - 9.37 \tag{1}$$

$$E = 35.8Ie^{-1.33h} \tag{2}$$

where　E＝roof sensitivity index. I＝fracture density in the immediate roof（number of fracture per meter），and h＝thickness of the component strata in the immediate roof.

Therefore roof sensitivity index is proportional to the number of fracture per meter, i. e. the more number of fractures the worse is the broken roof. On the other hand, roof sensitivity index is related to the thickness of component strata in the immediate by a negative exponential function, i. e. increasing the thickness of the component strata will make the immediate roof more stable.

Stability of the immediate roof is related to its mechanical properties which in turn are related to fracture distribution and thickness of the component strata. Therefore the mechanical property that could be used to determine the stability of the immediate roof should be its tensile and cohesive strengths, because the immediate roof breaks easily under tension.

3. Unsupported distance

As shown in Fig. 3, the unsupport distance $s=a+b+c$. In general an increase in s is due to the increase of a, b, and c, and the roof caving intensity $F=d/s$ will also be increased. According to the measurements

$$F = 3.28e^{1.29s} \tag{3}$$

$$H = -1.30 + 0.377a + 0.7336c \tag{4}$$

where a is the distance between canopy tip and first roof contact point of the canopy, b is the distance between canopy tip and intact faceline, and c is the depth of face spall, all in meters. Table 2 shows the measurement values for a, b, c, and s.

It can be seen from Table 2 that b ranges from 300 to 400 mm which are the minimum values for shield design. Since a ranges from 500 to 700 mm and c ranges from 200 to 400 mm, the sum of both items accounts for 70% of s. Therefore, in order to reduce s, a or c or both must be reduced.

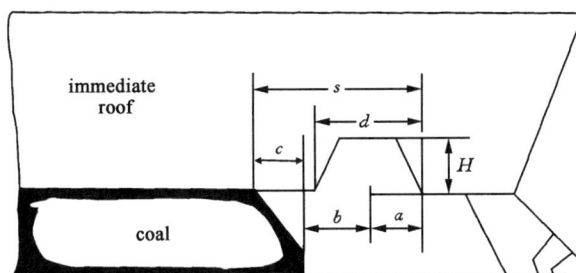

Fig. 3   Symbols used in roof fall description

Table 2   Measured a, b, c, and s

Face No.	a (mm)	a/s (%)	b (mm)	b/s (%)	c (mm)	c/s (%)	s (mm)
8105	680	48.9	310	22.3	400	28.7	1390
8107	473	40.5	406	34.8	288	24.7	1169
8602	451	40.0	417	37.8	259	23.0	1127
8601	506	44.5	316	34.0	194	18.3	1061
Average	527	44.5	375	31.5	285	24.1	1186

4. Upward tilting angle of the canopy (γ)

In practice due to the constraints of roof conditions and errors in support operation, the canopy is not horizontal, but deviates an angle of γ from the horizontal. If γ is too large, the roof will be damaged. Statistical analysis shows that

$$F = 8.34e^{0.135\gamma} \tag{5}$$

$$H = 24.8 + 0.004a + 0.29c + 64.49\gamma \tag{6}$$

When a solid canopy is used in order to insure contact at the canopy tip, γ is increased. This gives the roof strata a force component toward the gob and creates a larger horizontal displacement toward the gob(Table 3).

Table 3   Measured upward tilting angles and horizontal displacement

duration of observation (hr)	4.08	5.33	9.88	10.00	8.00
horizontal displacement (mm)	+70.00	−257.00	−13.00	−21.00	−12.00
rate of displacement (mm/hr)	+17.20	−4.70	−1.30	−2.10	−1.50
upward tiling angle (degree)	3.00	12.00	4.00	7.00	6.00
Remarks	+toward faceline, −toward gob				

It can be seen from Table 3 that when $\gamma = 12$, the roof moves toward the gob at the rate of 4.7 mm/hr. Therefore it is impossible to improve the roof by increasing γ.

5. Support type and resistance

Underground longwall production records have demonstrated that different type of support has a different effect on roof control, in particular the chock supports are not suitable for most roof conditions in China. Support resistance is also one of the important parameters in roof control. According to the statistical analysis

$$H = 4.33e^{-0.02P_0} \tag{7}$$

$$H = 638.2e^{-0.051P_t} \tag{8}$$

$$H = 7.48e^{-0.015P_m} \tag{9}$$

where P_0 is setting load, P_t is time-weighted average resistance and P_m is final lead in a mining cycle.

Increasing the support resistance is advisable for effective roof control, especially increasing the setting load.

BOUNDARY CONDITIONS FOR THE IMMEDIATE ROOF

The movement of the main roof will definitely affect the stability of the immediate roof in terms of:

a. the location where the main roof breaks, i. e. the horizontal distance between faceline and the location of fracture (X).

b. the angle of rotation when the main roof reaches equilibrium immediately after fracture, i. e. the angle between the main roof beam and the horizontal line (α).

The stability of the immediate roof can be determined with confidence only when X and α are accurately determined.

In this paper the computer program ADINA was used (Fig. 4). Two special features about this model are:

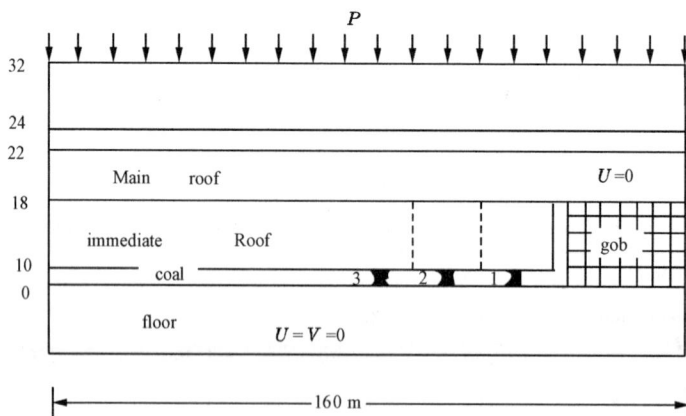

Fig. 4 FEM Model for determining the fracture position of main roof as the face advances

(1) the program simulates coal extraction, immediate roof caving, and backfilling of the caved rocks in the gob. Therefore the processes of main roof fracture during longwall retreat mining are simulated.

(2) after fracture of the main roof, rock stratum near the fracture can not sustain any tensile stress, i. e. when tensile stress of the element $\sigma_1 > R_t$ (where R_t = tensile strength of the main roof), the program will implement the tensile fracture computation and output the results, thereby determining the location where the main roof breaks.

Fig. 5 shows a computational result. In Fig. 5(a) the abutment pressure distribution on the floor as the face advances is shown. It can be seen that the abutment pressure exhibits periodic changes and stress concentration may reach 2. 25~2. 70. Its magnitude increases with the increase in the length of overhang of the main roof. Its maximum value occurs immediately before the main roof breaks.

Fig. 5(b) shows that when the face advances to $T = 5$, 4, 22, and 30 (T is step of calculation), the main roof breaks. The location and length of fractures are shown. It breaks at 4~8 m ahead of the faceline and the length of the broken blocks are 32~36 m.

Fig. 5(c) shows the vertical displacement of the main roof during longwall retreat mining. When the main roof breaks, its vertical displacement increases drastically and then gradually stabilizes.

By changing the computational parameters (e. g. thickness and tensile strength of the main roof. magnitude of loading, and Young's modulus of the foundation strata), the horizontal distance between faceline and position of the main roof fractures can be determined under various conditions. In general, when the main roof is 4~8 m thick with tensile strength of $R_t = $ 4~6 MPa, it breaks at 0~8 m ahead of the faceline.

Since after fracture, the main roof blocks move as a unit. Thus the angle of rotation at equilibrium condition is also an important factor that directly affect the stability of the immediate roof. It must be analyzed and determined.

Fig. 6 shows the process of block rotation after fracture. It can be seen that the major factors that determine the angle of rotation of block A are:

a. horizontal distance, X, between faceline and fracture locations.

b. the ratio, N, of immediate roof thickness ($\sum h$) to mining height, and

c. bulking factor of the broken rocks in the gob, K.

when the following values are used, $K = 1. 0, 1. 15, 1. 2; N = 1, 2, 3, 4; X = -4$ m, 0, 4 m (negative value refer to position ahead of the faceline), the results can be summarized as follows (α is in degree):

(1) the larger the bulking factor the smaller the α. When N=1~4, α are:

K	$X = -4$ m	$X = 0$ m	$X = 4$ m
1. 10	0. 6~1. 1	1. 4~2. 4	4. 0~6. 2
1. 15	0. 3~0. 9	1. 2~2. 2	3. 2~5. 8
1. 20	0. 2~0. 8	1. 1~2. 0	3. 0~5. 4

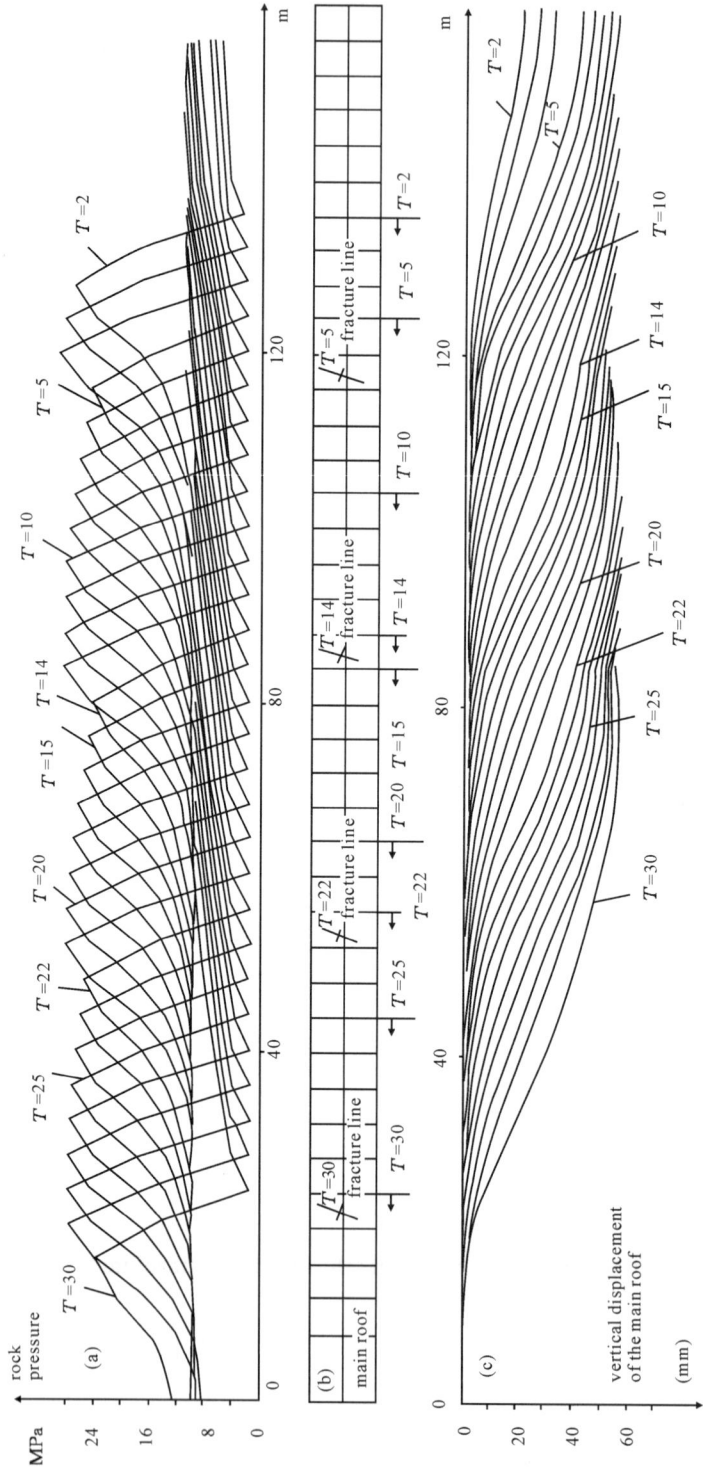

Fig. 5　Result of computation for determining the fracture position of main roof

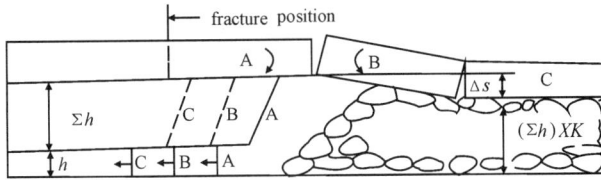

Fig. 6 Process of block rotation after fracture

(2) the larger the N, the smaller the α. If $K=1.1\sim1.2$, α varies with N as follows：

N	$X=-4$ m	$X=0$ m	$X=4$ m
1	$0.9\sim1.1$	$2.1\sim2.4$	$5.4\sim6.2$
2	$0.6\sim0.9$	$1.5\sim2.1$	$4.1\sim5.4$
3	$0.3\sim0.8$	$1.2\sim1.8$	$3.0\sim4.8$
4	$0.2\sim0.6$	$1.0\sim1.6$	$3.0\sim4.2$

(3) X greatly affects α When $K=1.1\sim1.2$ and $N=1\sim4$, α varies in the following ranges：

$$X=-4 \text{ m}, \quad \alpha=0.2\sim0.4$$
$$X=0 \text{ m}, \quad \alpha=1.2\sim2.4$$
$$X=4 \text{ m}, \quad \alpha=3.2\sim6.2$$

In summary，the determination and analysis of the location of main roof fracture and its angle of rotation define the boundary conditions for the upper part of the immediate roof and enable the analysis on the stability of the immediate roof.

The simulated model tests of one-to-ten ratio were performed using three types of powered support. The results are shown tn Fig. 7. It can be seen that：

(1) the main roof breaks ahead of the face and rotates，thereby producing many longitudinal fractures on top of the immediate roof and forming the tensile zone. As the face continues to advance，the main roof blocks rotate further，thereby enlarging the tensile zone.

(2) when the face advances to the area underneath the main roof fracture line，the unsupported roof in front of the canopy caves to various degrees and forms the caving zone.

(3) the most dangerous condition in roof damage is when both tensile and caving zones are connected.

(4) the creation and development of the tensile zone are seldom influenced by the powered supports，but mainly controlled by the angle of rotation of the mean roof blocks！

(5) the creation and development of the caving zone are affected both by the angle of rotation of the main roof blocks and the type and resistance of the powered support. When the angle of rotation is large，4-leg chock shield can control the roof better.

(a) chock support

(b) 2-leg shield

(c) 4-leg chock shield

Fig. 7　Results of simulated model tests

Otherwise 2-leg shield is better.

Again using the ADINA program, the model for studying the stability of the immediate roof is shown in Fig. 8. Under the rotational movement of the main roof, the major principal stress distribution in the immediate roof is shown in Fig. 9. the results from the computer analysis and simulated model tests are exactly the same. This model was used to investigate various factors affecting the stability of the immediate roof, e. g. angle of rotation of the main roof blocks, tensile (R_t) and cohesive (c) strengths of the immediate roof, and the broken conditions of the immediate roof during longwall retreat mining. The effect of α on immediate roof stability is very obvious (Fig. 10) As α increases both zones expand greatly.

As the face continues to advance, the effect of the tensile (R_t) and cohesive (c) strength of the immediate roof on its fracture conditions is shown in Fig. 11 It can be seen that:

(1) as the face continues to advance, the tensile zone in the upper portion and the

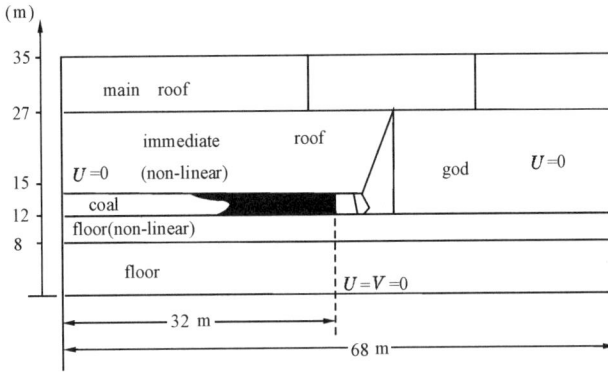

Fig. 8　Model for studying the stability of immediate roof

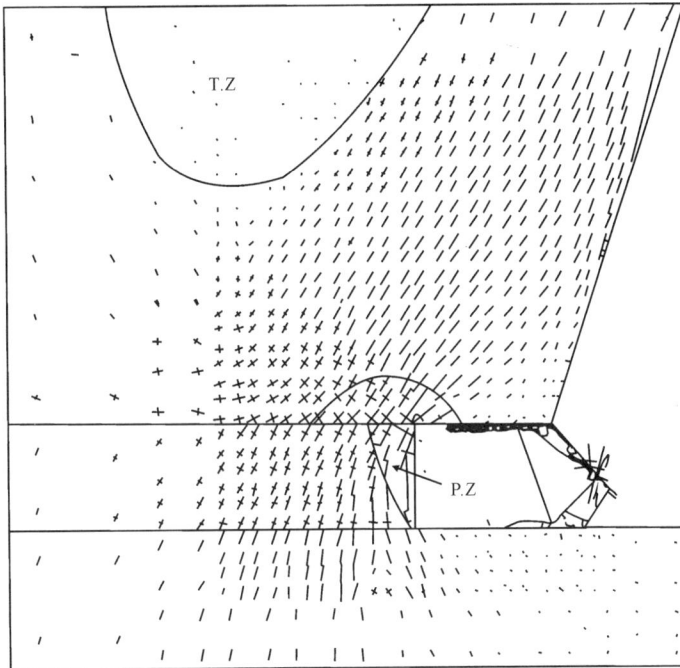

Fig. 9　Distribution of major principal stress

T. Z＝tensile fracture zone；P. Z＝plastic zone

plastic zone in the lower portion of the immediate rof expand. When the face is under the fracture line of the main roof, both zones reach the maximum size and easily, become connected. At this time the immediate roof is most severely damaged.

(2) the cohesive strength (c) of the immediate roof is the factor that determine the size of the plastic zone. When $c＝2$ MPa, the plastic zone develops upward and connects with the tensile zone in the upper portion [Fig. 11(b)]. When $c＝4$ MPa, the boundary of the plastic zone resembles an arch [Fig. 11(a)].

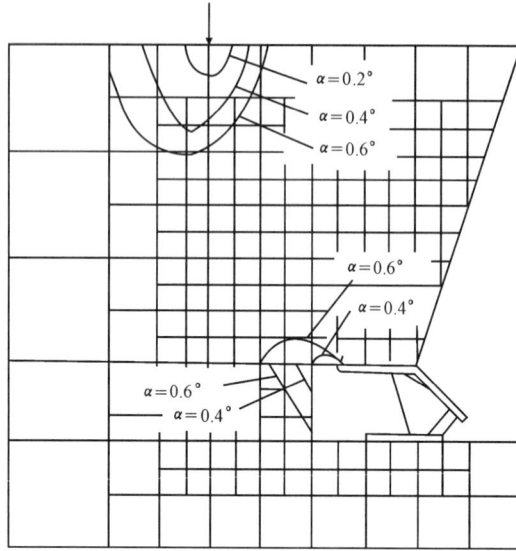

Fig. 10   Effects of angle of rotation of the main roof blocks

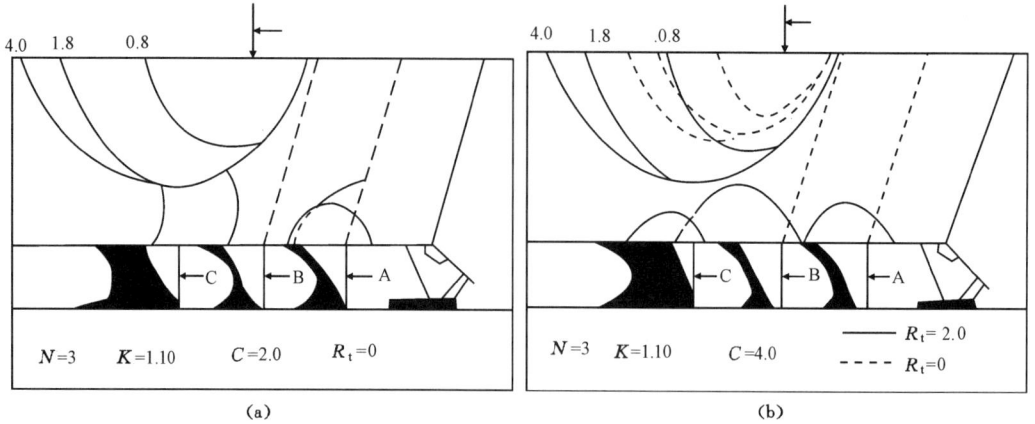

Fig. 11   The effect of R_t and c

(3) the tensile strength of the immediate roof determine the size of the tensile zone. As shown in Fig. 11(b), when $R_t = 2$ MPa, the size of the tensile zone is smaller than that when $R_t = 0$ MPa. That's why the tensile zone is not connected with the plastic zone in the lower portion.

CLASSIFICATION AND CONTROL OF THE IMMEDIATE ROOF

As shown by the analysis above, the major factors that determine the stability of the immediate roof are:

N—ratio of the immediate roof thickness to mining height;

K—bulking factor of the broken rocks in the gob;

c—cohesive strength of the immediate roof, and

R_t—tensile strength of the immediate roof.

N and K represent the tilt angle of the main roof while c and R_t are the mechanical properties of the immediate roof. By performing the computations and analyses using various combinations of N, K, c, and R_t, the results are shown in Table 4.

Table 4 Classification of roof strata

	N		4			3			2		
	R_t(MPa)		4	2	0	4	2	0	4	2	0
4	K	1.10	E	E	E	E	E	E	P	D	D
		1.15	E	E	E	E	E	E	E	P	D
		1.20	E	E	E	E	E	E	E	E	P
	Load(MPa)		>0.45			>0.40			>0.35		
2	K	1.10	E	E	E	P	P	P	D	D	D
		1.15	E	E	E	E	E	E	P	P	P
		1.20	E	E	E	E	E	E	E	E	E
	Load(MPa)		>0.55			>0.50			>0.45		
1	K	1.10	P	P	P	D	D	D	D	D	D
		1.15	E	E	E	P	P	P	D	D	D
		1.20	E	E	E	E	E	E	P	P	P
	Load		>0.65			>0.60			>0.55		

Note: E (easily controllable), P (controllable), D (difficult to control)

Based on whether or not the tensile zone in the upper portion and the plastic zone in the lower portion of the immediate roof is connected, roof strata can be classified into three types:

(1) Difficult-to-control roof—The roof in this type is mainly thinner, i. e. N is small. Broken rocks in the gob is loose and α is large or because the immediate roof is softer, i. e. R_t and c are low. Therefore both zones in the immediate roof are connected making the roof difficult to control. It is difficult to change the broken conditions of this type of roof merely by choosing a proper support type and capacity. But the following actions can be taken:

a. control the tilt angle α of the main roof blocks, i. e. increasing the ratio of immediate roof thickness to mining height or adopting auxiliary backfilling in the gob.

b. increase the strength of the immediate roof, i. e. increasing R_t and c or strengthening the roof in unsupported area by chemical injection or roof bolting.

(2) Controllable roof—In this type of roof, the two zones are not connected, but they are very close to each other. Support type and capacity will play a big role in controlling this type of roof. Therefore only through a properly selected support type and capacity, can the stability of the immediate roof be insured. If the support is not properly selected or if it is not properly operated, this type of roof may be degrated into

a difficult-to-control roof.

(3) Easily controllable roof—In this type of roof, the immediate roof is strong and thick. There will be no roof caving problem in the unsupported area.

CONCLUSIONS

1. The Chinese coal mining statistics indicate that downtime due to roof falls account for $40\% \sim 60\%$ of the total downtime. Each year 1/6 of the fully mechanized longwall faces exhibits poor production due to roof falls. Therefore how to improve roof conditions in unsupported area is an important topic.

2. Numerous ground control measurements and statistical analyses were performed to identify the major factors that affect the stability of the immediate roof. Based on underground measurements, those factors are:

a. the behavior of the fractured blocks of the main roof;

b. fracture distribution, thickness of component strata and mechanical properties of the immediate roof;

c. unsupported distance from canopy to faceline;

d. upward tilting angle of the canopy, and

e. support type and capacity.

3. Under the rotational movement of the main roof blocks, a tensile fracture zone forms in the upper portion of the immediate roof while a caving zone forms in unsupported area. The tilt angle of the main roof blocks completely controls the size of the tensile fracture and caving zones. When those two zones are connected, the immediate roof is difficult to control.

4. The size of the tensile fracture and caving zones are related to the tensile and cohesive strength of the immediate roof. Support type and capacity will affect the development of caving zone but have little effect on the tensile zone.

5. Based on the simulated model tests and FEM modeling using ADINA program, under various combinations of N, K, c, and R_t, the immediate roof can be classified into three types: difficult-to-control, controllable, and easily controllable.

REFERENCES

[1] Liu Shuangyue. A study and control of the stability of the immediate roof in fully mechanized longwall coalfaces. Ph. D. dissertation, Dept. of Mining Engineering, China University of Mining and Technology, 1988 (in Chinese).

综采工作面直接顶的端面冒落[①]

钱鸣高　　殷建生　　刘双跃

(中国矿业大学)

摘　要：液压支架在我国使用已有近 15 年历史,架型也有很大变化,但迄今为止影响综采工作面生产效率的重大因素之一是顶板的端面冒落。本文研究了顶板形成端面冒落的机理,着重分析了老顶断裂后引起的滑落失稳和变形失稳对直接顶稳定性的影响,及其对直接顶内破碎带形成所起的作用。同时,初步探讨了支架结构的改变对防止端面顶板冒落所起的作用。

关键词：端面冒落;顶板滑落失稳;顶板变形失稳

1　概　述

液压支架在我国使用已有近 15 年历史,架型也已由支撑式逐步发展到支撑掩护式。由于掩护式及支撑掩护式支架的使用,工作面顶板控制的状态得到了很大改善,顶板事故大大降低,工作面单产也因此而大幅度地提高。但是直到目前为止,各种支架的使用仍然杜绝不了工作面端面顶板的冒落。从柴里、权台及阳泉等部分综采工作面统计,由于端面冒顶事故而导致对工作面的影响,在这类工作面中仍然占总事故数的 20％～60％。尤其遇到地质构造或顶板相当破碎时,其控制效果更为不佳。如阳泉一矿 8401 工作面使用 Y320 支架,年产量达 25 万 t,但 2 月份仅产煤 3 000 t 多,在阳泉四矿使用 WS1.7—1.2/2.8 支架时,1985 年 6～8 月 3 个月中,因构造影响,每月出煤仅 1 万 t 多,而平时可达 4 万 t 以上。由此可知,端面冒顶事故仍然严重地影响着工作面的生产。对有些矿务局来说至今仍无合适的架型,致使机械化程度仍然很低。

为此,在研制适用于这类条件的架型之前,必须花较大的精力研究端面顶板破碎的机理,以及支架本身可能改善的效果。

2　直接顶端面冒落的现场观测

由于液压支架的使用,工作面顶板的监控标准在西德第一次使用了端面顶板破碎度 (F) 的概念,用它作为衡量顶板控制质量好坏的标准。在西德的研究过程中经过大量统计,找出了顶板端面冒落与支架强度、端面距及岩层压力之间的关系,并且认为最为重要

[①]　本文发表于《煤炭学报》,1990 年第 1 期,第 1～9 页。

的因素是端面距,它对端面顶板冒落的影响如图 2.1 所示。西德在生产实践中一直致力于改善缩小端面距可能性的工作。

我国自从使用液压支架以来,也采用了端面顶板破碎度的观测,其观测情况几乎在所有矿压观测报告中都有,但却未得出重要的规律性的结论。为了研究这个问题,作者曾在现场记录了很多顶板冒落的实况图,其典型状态如图 2.2(a)～(c)所示。

根据实际调查统计也提供了端面顶板冒落情况与端面距、工作面推进速度及支架顶梁倾斜度之间的关系。

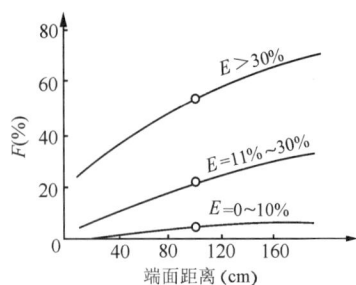

图 2.1 端面距对端面顶板冒落的影响

Fig.2.1 Effect of the distance from coal face to canopy tip on roof caving

E——顶板冒落敏感度

(a)

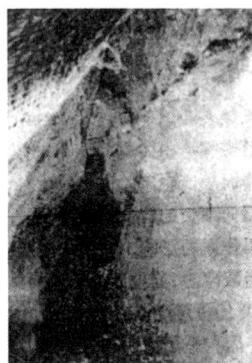

(b)

(c)

图 2.2 现场顶板冒落的实况图像

Fig 2.2 Site of roof caving

图 2.3 表示了阳泉矿务局 15 号煤层顶分层使用综采时端面距与顶板冒落度的关系。由图 2.3(a)～(c)可以粗略地说,端面距(S)在 0.8 m 以下时,端面顶板的维护状况及生产状况都较好。

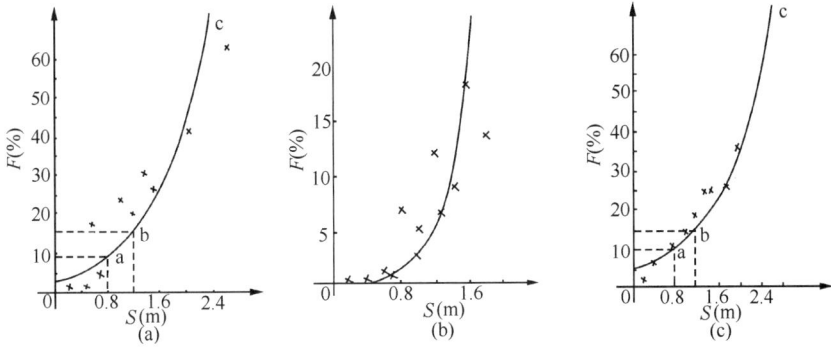

图 2.3　15 号煤层顶分层端面距与顶板冒落度的关系

Fig 2.3　Relation between the distance from coal face to canopy tip and roof caving in the upper slice of No. 15 coal seam

图 2.4 表示统计所得推进速度（u）与端面顶板冒落度的关系，由图 2.4 可知工作面推进速度超过 3 m/d 时的效果较好，最低不能小于 2 m/d。

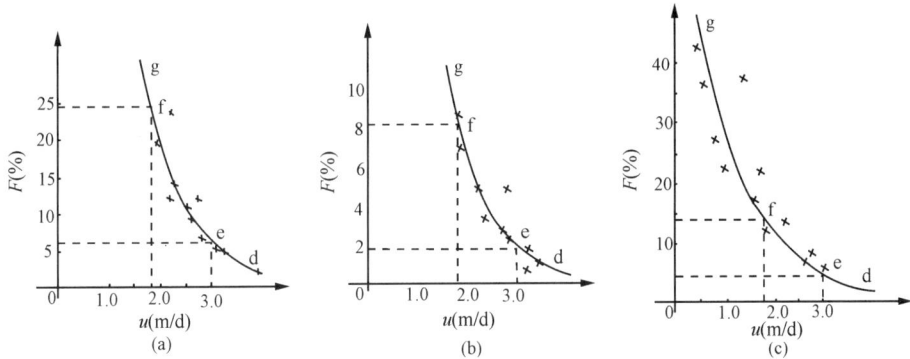

图 2.4　工作面推进速度与顶板冒落度的关系

Fig 2.4　Face advance vs roof caving

图 2.5 表示顶梁的抬头角与低头角（γ）所造成的影响。有关抬头角、低头角与顶板端面冒落的关系见文献[1,2]。由图 2.5 可知，在阳泉矿务局 15 号煤层的具体条件下，无论抬头角或低头角都不宜超过 $6°\sim9°$。

上面所述仅是一个统计数值，而从另一方面讲，正是由于端面顶板的冒落才导致端面距的增加、推进速度的迟缓以及顶梁的抬头与低头工作状态。因此，从根本上来说，主要应研究端面顶板冒落的机理，而不应停留在数值统计上。

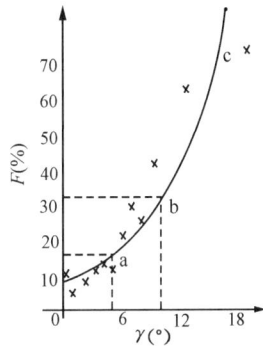

图 2.5　顶梁抬头角与低头角对端面冒落的影响

Fig 2.5　Influence of canopy tilting angle on roof caving in unsupported area in coal face

3 端面顶板冒落的机理

众所周知,直接顶的稳定性,除了受它本身的力学特性决定外,主要受老顶岩层断裂及其变形以及支架性能的影响。为此,首先必须研究老顶的变形及运动对直接顶的影响。鉴于老顶的破断运动对端面冒落的影响可以以回采工作面中部作为典型进行分析,在一般条件下,可将工作面中部的老顶岩层视为夹持于弹性基础上的岩梁[3],其形式如图 3.1 (a)～(c)所示。

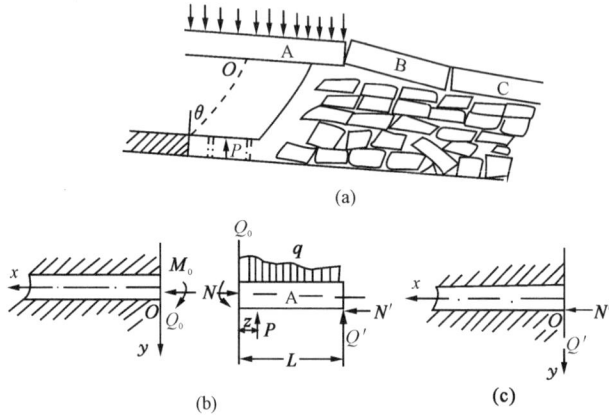

图 3.1 工作面中部的老顶岩梁

Fig 3.1 Model of main roof beam in the middle of face

此时岩梁(老顶)内的弯矩分布可用下述公式表示,即

$$M = \mathrm{e}^{-\alpha x}\left[M_0\cos\beta x + \frac{\alpha(r+s)M_0 + rQ_0}{(r-s)\beta}\sin\beta x\right]$$

式中,$r=\sqrt{\dfrac{k}{EI}}$;$s=\dfrac{N}{EI}$;$\alpha=\left(\dfrac{r}{2}-\dfrac{s}{4}\right)^{1/2}$;$\beta=\left(\dfrac{r}{2}+\dfrac{s}{4}\right)^{1/2}$;$E,I$ 分别为老顶岩层的弹性模量和单位宽度岩梁的断面模数;K 为垫层系数,物理含义为使直接顶与煤层发生单位竖向变形所需的压强,单位为力/〔长度〕²;N 为悬伸岩梁承受的轴向力;M_0 为被夹持部分梁开始点的弯矩,可采用公式 $M_0=\dfrac{1}{2}qL^2+Q'L+N'\Delta s_1-Pz$ 进行计算;Q_0 为被夹持开始端的剪力,$Q_0=qL+Q'-P$。

这个力学模型可计算出最大弯矩发生的位置为

$$x = \left\{\arctan\left[\frac{2\beta(2\alpha s + r\omega)}{2r^2 - s^2 + 2r\alpha\omega}\right]\right\}\bigg/\beta$$

式中,$\omega=Q_0/M_0$。

最大弯矩为

$$M_{\max} = M_0\mathrm{e}^{-\alpha x}\left[\cos\beta x + \frac{\alpha(r+s) + r\omega}{\beta(r-s)}\sin\beta x\right]$$

为了求得随着回采工作面推进在岩梁内形成的弯矩变化,可以假设老顶形成数种不同的悬露情况,并求得相应的 Q_0、M_0 及 Q_0/M_0 值,如表 3.1 所列。

若取老顶岩层的弹性模量为 $E=30$ GN/m²;抗拉强度 $\sigma_s=6$ MN/m²;k 值取 0.25×10^2 MN/m² 及 4×10^2 MN/m² 两种情况,又鉴于 s 值远较 r 为小,因而 $\alpha \approx \beta$,为此在上述条件下的 r 与 α 值如表 3.2 所列。

表 3.1 老顶岩梁弯矩的变化

Table 3.1 Bending moment of main roof beam at different hanging lengths

悬伸长 L'	0	$\frac{L}{5}$	$\frac{2L}{5}$	$\frac{3L}{5}$	$\frac{4L}{5}$	L	备 注
Q_0	$\frac{1}{2}qL$	$\frac{7}{10}qL$	$\frac{9}{10}qL$	$\frac{11}{10}qL$	$\frac{13}{10}qL$	$\frac{15}{10}qL$	L 为已破断岩块(即 B 岩块)的长度
M_0	0	$\frac{11}{50}qL^2$	$\frac{24}{50}qL^2$	$\frac{39}{50}qL^2$	$\frac{56}{50}qL^2$	$\frac{75}{50}qL^2$	
Q_0/M_0		$\frac{35}{11}\frac{1}{L}$	$\frac{45}{24}\frac{1}{L}$	$\frac{55}{39}\frac{1}{L}$	$\frac{65}{56}\frac{1}{L}$	$\frac{1}{L}$	

表 3.2 给定条件下的 α、r 值

Table 3.2 Values of α and r at given conditions

h	$k=0.25 \times 10^2$		$k=4 \times 10^2$	
	r	$\alpha=\beta$	r	$\alpha=\beta$
2	0.035	0.132	0.141	0.266
4	0.012 5	0.079	0.05	0.158
6	0.006 8	0.058	0.027	0.116

根据上述关系就可以求得在各种情况下老顶岩层的断裂位置及最大弯矩,以 $h=4$m 为例(h 为老顶厚度),其情况如图 3.2 所示。

图 3.2 中纵坐标表示弯矩值的大小,横坐标则表示老顶岩层从悬伸端起始的长度。横向线则为假设已断裂岩块(B 岩块)的长度(即 $L=6$、8、10 m…),而纵向则表示各种不同的悬伸长度(即 0、$\frac{L}{5}$、$\frac{2L}{5}$、$\frac{3L}{5}$…),图 3.2 中各点即表示在上述条件下的最大弯矩所在位置及其数值。

由图 3.2 可知,当直接顶与煤层刚度较大时(如 $k=4 \times 10^2$ MN/m²),则老顶悬伸后形成的最大弯矩所在位置明显靠近煤壁,相反则远离煤壁而深向煤体内部。

假设老顶岩层的抗拉强度 $\sigma_s=6$ MN/m²,则可得有关参考值(表 3.3)。由表 3.3 可知老顶断裂于煤壁前方,而且 k 值越低越向煤体深度发展。随着老顶的断裂,图 3.1 中的 A 岩块将由支架及 B 岩块的撑力所支撑,且由于 A 岩块的失稳而导致回转,同时压缩煤壁与支架。老顶折断后的运动轨迹,可以由大屯孔庄矿岩层内部移动测定情况所说明,如图 3.3 所示。

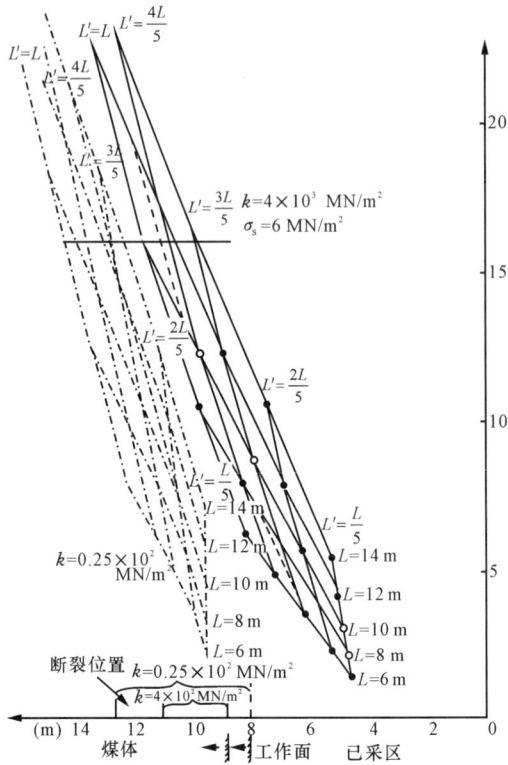

图 3.2 老顶岩层的断裂位置和最大弯矩

Fig. 3.2 Position of fracture in main roof and

the maximum bending moment

表 3.3 当 $\sigma_s = 6$ MN/m² 时的老顶岩梁悬伸长度、断裂长度和断裂位置

Table 3.3 Hanging length, position of fracture and fracture length when

tensile strength of main roof $\sigma_s = 6$ MN/m²

k 长度 h	0.25×10^2 MN/m²			4×10^2 MN/m²		
	悬伸长度 /m	断裂长度 /m	断裂位置 /m	悬伸长度 /m	断裂长度 /m	断裂位置 /m
2 m	5~6	8~10	2.5~2.9	6~8	6~8	0.7~0.8
4 m	7~8	12~14	4~5	8~10	10~12	1.5
6 m	8~9	14~16	7	11~12	12~14	2

图 3.3①为 A 岩块在岩体内断裂,并开始回转;图 3.3②为随着工作面的推进 A 岩块逐步呈原来 B 岩块的状态,而未断的老顶又处于悬伸状态;图 3.3③则表示已悬伸的老顶又有可能处于极限状态。

由于老顶断裂,对于已形成的老顶"结构"则可能导致破断岩块的滑落失稳与变形失稳两种状态,而这两种状态均影响到直接顶的稳定性。

由于老顶岩梁的断裂导致已断裂岩块的回转,其结果在直接顶内部形成"预成"裂缝,

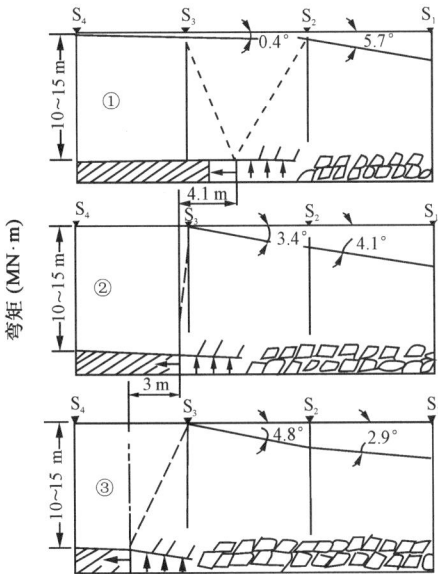

图 3.3　大屯孔庄矿老顶断裂后的运动轨迹
Fig. 3.3　Locus of movement after
fracture of main roof in
Kongzhuang Colliery，Datun

图 3.4　老顶断裂、回转引起的直接顶中的
"预成"裂隙
Fig. 3.4　Pre-produced cracks in
immediate roof induced by fracture
and rotation of main roof

这种裂缝平行于工作面而垂直于煤层层面，因而对于直接顶的控制是极为不利的（图 3.4）。当工作面推至裂缝附近时，若破断岩块与未断岩块间形成的摩擦阻力小于岩块的重量及载荷，则直接顶将沿此裂缝形成错动，同时引起端面顶板的冒落，如图 3.5 所示。由此可知，端面顶板的冒落起源于老顶岩梁的断裂及其形成的失稳状态。

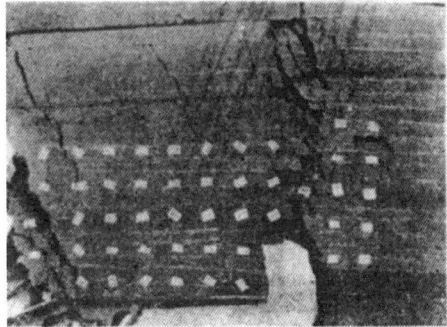

4　支架—围岩关系与端面冒落

图 3.5　直接顶沿裂缝错动情况
Fig. 3.5　Displacement of immediate
roof along the Crack

以一般两柱掩护式支架而言，支架的承载特性如图 4.1 所示[2]，即支架本身承载特性可在顶梁上划分为Ⅰ、Ⅱ、Ⅲ区。其中Ⅰ、Ⅲ区是由平衡千斤顶的协助而形成，而支架由于支柱而形成的支撑能力主要表现在Ⅱ区。为此，当顶板压力作用于Ⅰ、Ⅲ区时，只有依靠顶板完整而形成的平衡力才能使支架承受载荷。

随着工作面的推进，老顶断裂时在直接顶形成的断裂线外露，此时支架支撑力形成的反力矩越来越小，从而使老顶破断岩块的回转愈激烈，导致对支架后部直接顶的载荷就越来越大。若此时采空区已冒落的直接顶充填采空区并不严实（例如直接顶较薄），可能导

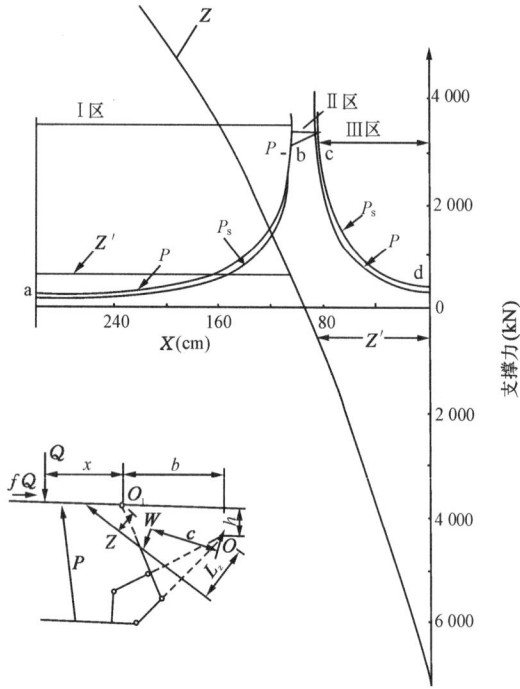

图 4.1 支架的承载特性和分区

Fig. 4.1 Loading characteristics and grouping of the support

致在切顶线处的直接顶破碎,结果将使顶板压力在顶梁上的作用点前移,出现顶梁低头的工作状态,直接顶与顶梁实际接触点后移,从而导致端面顶板的冒落。这种情况可能多次出现。图 4.2(a)(b)均表示了在这种情况下的端面顶板冒落情况。若在这种情况下顶梁下的支柱靠后铰点布置,这种冒落情况更易于出现。此时虽然梁端到煤壁的距离并不大,但实际的悬顶距离确实增加了,此种情况如图 4.3 所示。

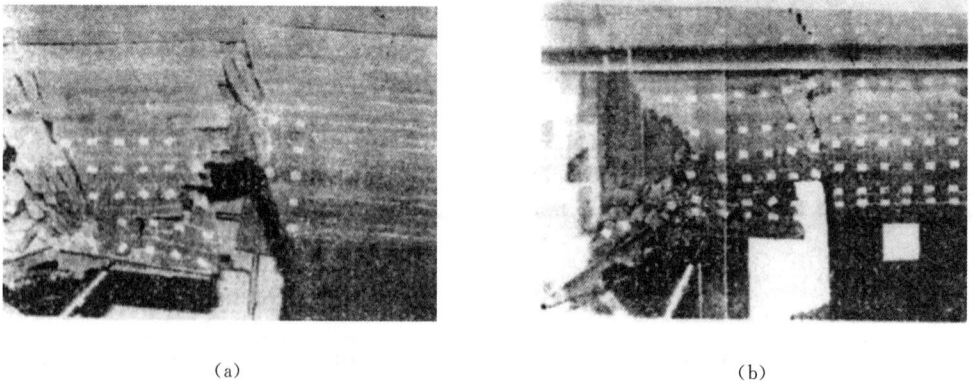

(a)   (b)

图 4.2 顶梁处在低头工作状态下的端面顶板冒落情况

Fig. 4.2 Roof cave-in in the unsupported area when canopy tilting downward

若将支架内的支柱布置成偏向梁端,这样可以使支架的承载区Ⅱ区沿顶梁前移,此时若顶板压力作用于支柱与后铰接点之间,在端面顶板有细小冒顶的情况下,有可能使支架顶梁形成抬头工作,其结果可能使顶梁上的直接顶沿顶梁向采空区方向滑移而造成端面顶板的冒空,其状况如图 4.4 所示。在这种情况下,若顶梁继续抬头,则直接顶状况越来越恶化。

图 4.3 顶梁处在抬头工作状态下
引起悬顶距的增加

Fig. 4.3 Increased hanging distance
when the canopy tilting upward

图 4.4 直接顶沿顶梁向采空区方向滑移
引起端面顶板的冒落

Fig. 4.4 Roof failure in the face unsupported
area when the immediate roof sliding
towards the goaf along the canopy

若将支架的前连杆改为千斤顶,则在支架压缩过程中,顶梁具有明显的前移力,从而有可能改变顶板端面的冒落。图 4.5(a)表示了这种情况。但是当前连杆的伸缩量压死时,顶梁又将出现低头现象,端面顶板又将继续冒落,如图 4.5(b)所示。

(a)   (b)

图 4.5 将支架前连杆改为千斤顶后的顶板冒落情况

Fig. 4.5 Roof caving after the front linkage was replaced by a jack

5 结 论

作者通过对综采工作面直接顶的端面冒落的研究,得出了以下一些结论:

(1)端面顶板的冒落与直接顶的性质、工作面推进速度、支架架型及其运行特性有关。但不可忽视的一个重要因素是由于老顶破断后引起的运动。破断岩块的运动促使煤壁前方直接顶内部形成垂直于层面、平行于工作面的贯穿裂缝。

（2）老顶的滑落失稳可能导致此贯穿裂缝的错动，从而形成顶板的台阶下沉及端面冒落。

（3）老顶的变形失稳，可能导致支架顶梁的抬头工作与低头工作状态，从而恶化端面顶板的完整性。

（4）根据顶板性质，改变支架的架型与参数有可能改善端面顶板的完整情况。

（5）根据统计规律所得的影响端面顶板冒落稳定性指标可作为监测顶板控制状态的一项指标在实际工作中加以使用。

参 考 文 献

[1] 钱鸣高,刘双跃.两柱掩护式支架的工作状态及其对直接顶稳定性的影响.煤炭学报,1985(4).

[2] 钱鸣高,刘双跃.两柱支掩式支架适应性研究.中国矿业学院学报,1985(3).

[3] 钱鸣高,赵国景.老顶断裂前后的矿山压力变化.中国矿业学院学报,1986(4).

Immediate Roof Caving in "Tip to Face" Area of a Fully Mechanized Longwall Face

Qian Minggao   Yin Jiansheng   Liu Shuangyue

(China University of Mining and Technology)

Abstract: The powered supports have been applied in China about fifteen years, and the types of support have changed considerably. Up to now, one of the important factors that affects face productivity of a fully mechanized face is roof caving in tip to face area. The paper studies the mechanism of roof cavings. Emphasis is laid on the effect of sliding instability and rotation instability due to fracture of main roof on stability of the immediate roof, and effect on formation of fractured zone in immediate roof. The paper investigates preliminarily how to prevent roof caving in "Tip to Face" area by changing the structure of the powered support.

Keywords: roof caving in "Tip to Face" area; roof sliding instability; roof rotation instability

综采工作面直接顶控制[①]

钱鸣高 刘双跃 何富连 李全生

(中国矿业大学)

摘 要： 直接顶稳定性是影响综采工作面正常生产的重要因素。本文从自然因素和人为因素方面分析了直接顶稳定性的机理,并提出了消除人为因素的支护质量监控办法,在实际生产中得到了应用并取得了成功。

一、问题的提出

液压支架在我国已使用了 20 年,架型与支架参数也在不断改进,特别是支撑掩护式支架的使用,使工作面顶板控制状态得到了很大改善,顶板事故明显降低,出现了一批年产百万吨的工作面。

即使如此,在全国综采工作面中大约有 1/6 仍处于低产状态,影响的主要因素是端面顶板的冒落,由于它所造成的工作面停产时数约占总停产时数的 $40\% \sim 60\%$。为了解决端面顶板的冒落,在国外常常采用聚氨酯固化顶板的办法,这固然有效,但价格昂贵,且影响生产。因此,从另一方面讲,必须弄清端面冒顶的机理及其影响因素,尽可能减少人为因素的影响,并使加固顶板的措施缩小到必须使用的范围。本文的研究目的即是分析直接顶稳定性、机理及其影响因素以及如何消除导致端面顶板冒落的人为因素。

二、顶板条件的影响

顶板力学性质对端面顶板冒落的影响,可应用图 1 所示的力学模型。

显然,随着工作面的推进,老顶的活动规律将对直接顶的稳定性有直接影响。根据老顶破断岩块的平衡状态,可形成滑落失稳和变形失稳两种。

当老顶形成滑落失稳时,直接顶在端面部位将形成如图 2 所示的破碎带。显然,这种破碎带对端面顶板的稳定很为不利。因此在任何场合应避免老顶破断岩块的滑落失稳。为此支架必须有足够的支撑力,其关系为

$$P \geqslant Q_{(A+B)} - T \cdot \tan(\varphi - \theta)$$

式中,P 为支架对老顶的支撑力,kN/m；$Q_{(A+B)}$ 为老顶悬露破断岩块 A 和 B 的重量,kN/m；T 为岩块间的挤压力,kN/m；φ 为内摩擦角；θ 为岩块咬合处的破断角。

---

① 本文发表于《山东矿业学院岩石力学与岩层控制国际学术讨论会论文集》,1991 年,第 158~167 页。

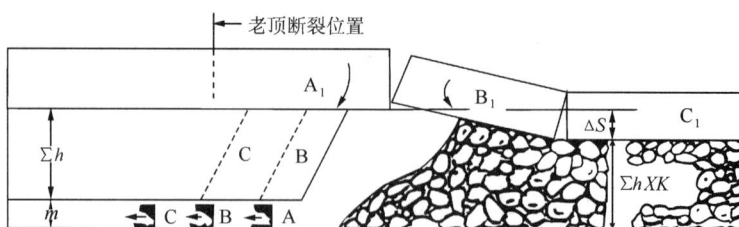

图 1　老顶断裂与直接顶及采高关系图

图 2　老顶滑落失稳形成的破碎带

当老顶破断后,随着回采工作面的推进,在所有的工作面均将发生回转运动。根据实测的变形失稳实例,可以将其构造成老顶断裂线在工作面前方 4 m、断裂线在工作面上方和断裂线在工作面后方 4 m 三种(图1),根据老顶在这三种情况下的不同回转角,用有限元分析对直接顶稳定性的影响,如图3所示。由图3知,随着老顶破断岩块的回转,在直接顶的端面部位的上方将形成受拉区,而在靠近煤壁部位形成压缩变形区。显然,影响这些区域分布的主要因素是老顶破断岩块的回转角及直接顶本身的力学性质。影响前者的主要因素是老顶破断岩块的尺寸、直接顶厚度 $\sum h$ 与采高 m 的比值 $N(N=\dfrac{\sum h}{m})$、采空区已冒落矸石的碎胀系数 k。

根据研究可以得出如图4的两种典型情况,其中图(a)表示受拉区与压缩变形区相互分离,而图(b)则表示形成两个区的贯通。

图中 A 表示老顶断裂线在煤壁前方 4 m 时工作面位置、受拉区及压缩变形区的情况;B 则表示断裂线位于工作面上方;C 则表示工作面推过断裂线 4 m 的情况。

由图可以得出如下的结论:

(1)老顶在煤壁前方断裂后开始回转,它将导致直接顶上部产生多条纵向裂隙,从而形成拉断区。

(2)随着工作面的推进,老顶岩块的回转角继续加大,此时将形成端面顶板的压缩变形区,而且随老顶回转角的加大而扩大,同时有可能在端面出现不同程度的冒顶现象。

(3)最危险的情况是拉断区与压缩变形区的贯通,此时可能导致贯穿式的端面冒顶。

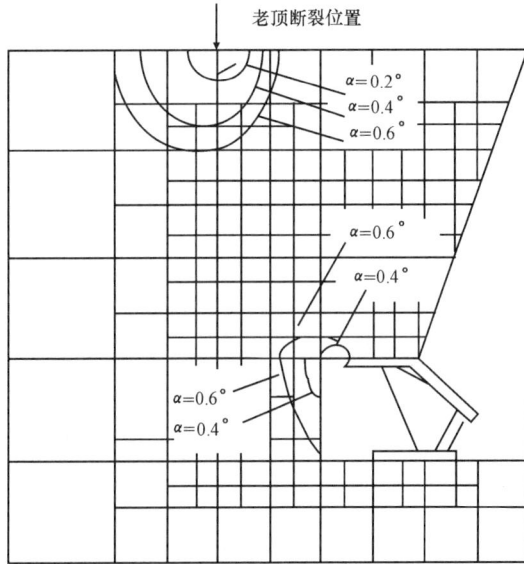

图 3　老顶破断岩块回转及在直接顶中形成的拉断区与压缩变形区

（4）端面顶板有可能形成平衡拱，支架的力学性能对此平衡拱有一定影响，但支架对拉断区的产生和发展影响较小。

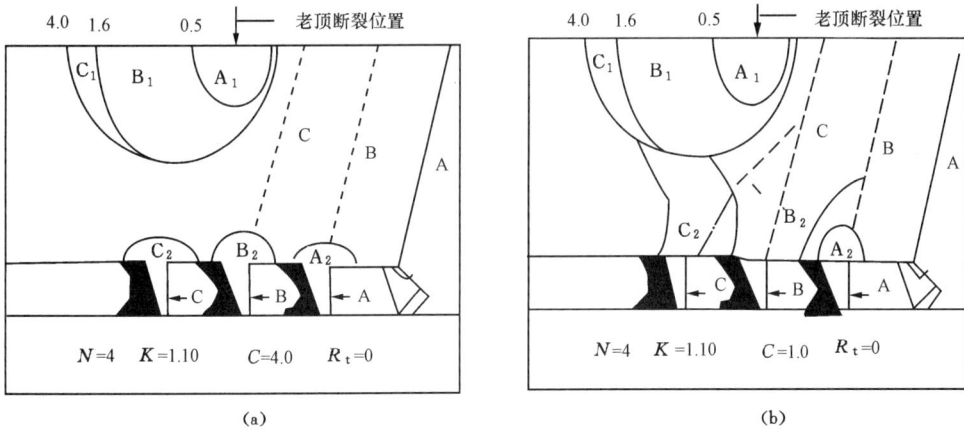

图 4　顶板条件对直接顶稳定性影响的两个示例

由此，可根据老顶及直接顶的条件以及开采后形成拉断区与压缩变形区的相互关系将顶板划分为易控顶板、可控顶板和难控顶板三种类型。其中易控顶板指老顶来压不明显、直接顶本身又具有一定强度的顶板；可控顶板是老顶岩块回转虽然形成了一定范围的拉断区和压缩变形区，但两区没有贯通，因而即使形成端面冒顶，范围也有限。易控顶板和可控顶板只要支架架型及参数选择合适都能达到较好的管理。另外，若两个区形成贯通，则属于难控顶板，此时，必须采取固化顶板等措施，才能很好地控制顶板。

三、端面顶板成拱条件分析

如上所述,端面顶板的稳定性实质上是端面顶板成拱的条件问题。因此,减少端面顶板的冒落,主要是减小端面顶板成拱的跨距及在支架方面给予端面顶板一定的支撑力和水平挤压力问题,所有这些应该是分析与评价支护合理性的出发点。

(一)支架对顶板的支撑力

端面顶板的支撑点一侧为煤壁,另一侧为支架,如图 5 所示。

图 5　端面顶板支撑情况图

支架侧的实际支撑力按照两柱掩护式支架的力学分析,在顶梁上可分为三个区,如图 6 所示[2]。

Ⅰ区——顶梁 AB 段,当顶板压力作用于该区时,平衡千斤顶下腔工作,即使它处于极限状态,支架所能承受的顶板压力 P_s 远小于支架的额定工作阻力 P_t。

Ⅱ区——BC 段,支柱工作区,此时支架所能承受的顶板压力可达到支柱的额定工作阻力。由图可知,此区域处于支柱与顶梁的铰接点附近,宽度仅 20~40 cm。

Ⅲ区——CD 段,平衡千斤顶上腔工作区,与 AB 段一样能承受的顶板压力远较支架的额定工作阻力为小。

根据图 6 及支架的结构可得出如下结论:

(1)支架的支撑力首先是支柱的初撑力,形成对顶板的主动垂直压力;

(2)支架最大支撑力的实际作用位置是在Ⅱ区,而不是在梁端;

(3)按架型分析,四柱支撑掩护式支架的支柱工作区比其他架型为宽,也就是说四柱支撑掩护式支架比其他架型的支架具有更足够的支撑力。

(二)支架对顶板的水平力

为了保证端面顶板的稳定性,必须使支架对端面顶板具有一定的水平挤压力。影响支架水平挤压力的因素如下:

(1)支架顶梁的运动轨迹,对于四连杆的支架结构即是双扭线轨迹。为了保持端面距的恒定,采用垂直线段部分,这样顶梁上的摩擦力即为阻碍端面顶板冒落的水平力。

(2)在实际测定中[3]发现,两柱掩护式支架随着顶板压力使支架变形时能形成一定的主动水平力,这种水平力事实上是由于支柱前倾,而支柱与其他部件装配时具有间隙反

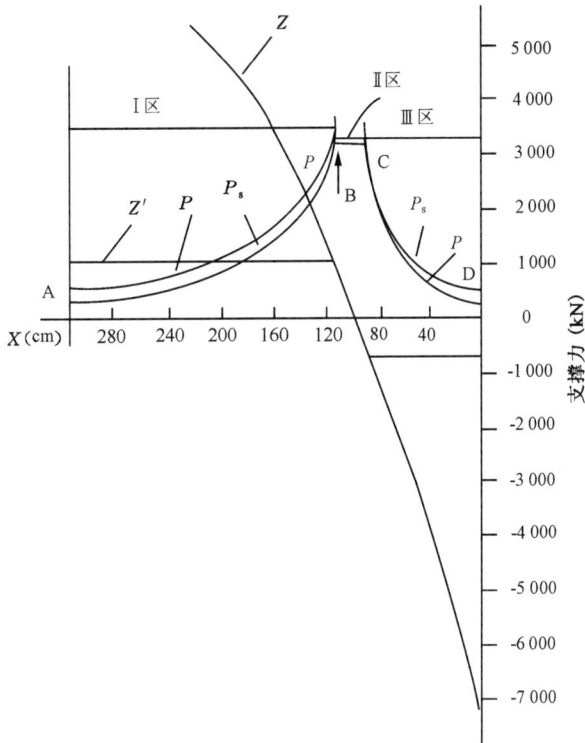

图 6 顶梁上支撑力分区图

形成。因此支撑式及四柱支撑掩护式支架并不具备。为此,从提供水平挤压力促使端面顶板稳定方面考虑,两柱掩护式支架比其他架型优越。

(3)前面均假设支架顶梁处于水平状态,事实上由于操作及顶板压力作用点位置的影响,顶梁常常出现抬头或低头工作状态。显然,由于顶梁的抬头或低头将使支架的水平力朝向煤壁(低头时)或朝向采空区(抬头时),从而使直接顶处于完全不同的状态。前者有利于成拱,后者则不利。图 2 表示了支架顶梁低头时直接顶的情况,图 7 表示了抬头时直接顶的情况。

由上述分析可知,在设计支架时必须使支架具有一定的前推力。另外,当顶梁抬头>15°时,直接顶全呈松散状态,支架将不起支撑作用而仅起掩护作用,端面顶板将明显不稳定。

(三)端面距分析

从端面顶板成拱分析,拱宽应是片帮深度 c、梁端到煤壁距离 b 及支架实际支撑点到梁端的距离 a 三者之和。

根据阳泉 15 号煤层的测定,端面距与顶板破碎度有着明显的相关关系,如图 8(a)所示。

根据实验,散块体在一定的水平挤压力时,可能形成拱式平衡,但一般拱宽不能超过块体尺寸的 4 倍,其情况如图 8(b)所示。

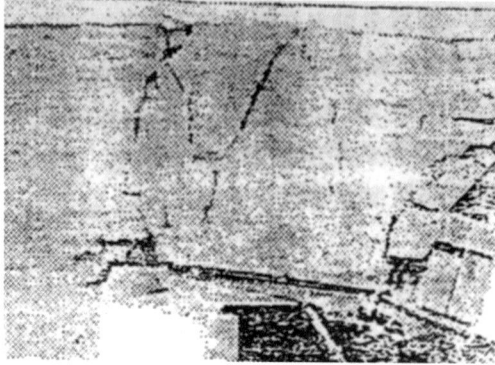

图 7   顶梁抬头时直接顶情况

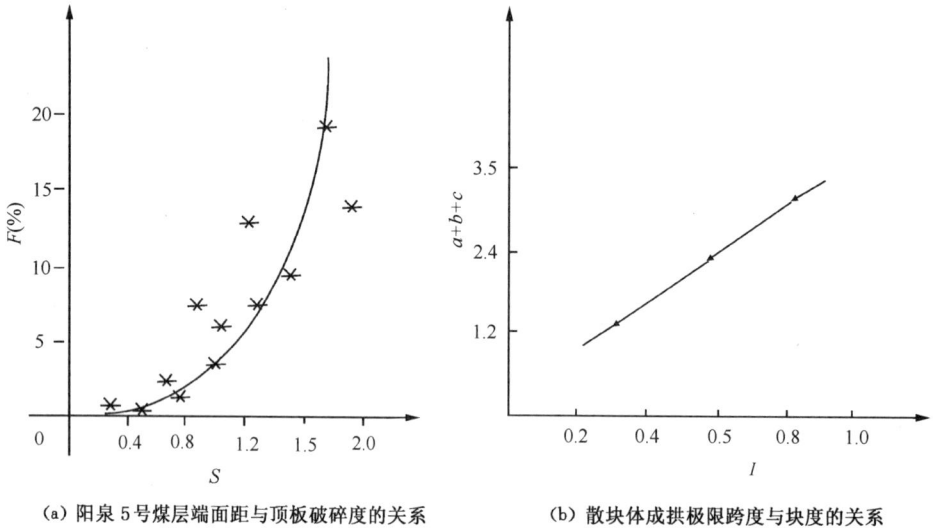

(a) 阳泉 5 号煤层端面距与顶板破碎度的关系   (b) 散块体成拱极限跨度与块度的关系

图 8

在实际控制中,减小拱跨距的具体措施为:

(1) 减小 c 值,在支承压力较大而煤壁又比较松软时,可采取加固煤壁的办法;

(2) 减小 b 值,在操作时保证及时移架,使梁端与煤壁接近;

(3) 在支架设计及选择架型时应尽量减少 a 值,或增加梁端支撑力,在漏顶比较严重时,可采用铺顶网的办法,这样有利于顶梁在受力后取得平衡。

采取上述措施后应保证 $a+b+c$ 值小于四倍直接顶裂隙间距。

四、工作面支护质量监测

(一) 原理

由上述分析,可将综采工作面端面冒顶的原因概括为如下的影响因素:

```
                                            ┌ 老顶 ── 来压强度
                    ┌ 自然因素(顶板条件) ┤            ┌ 力学性质
                    │                       └ 直接顶 ┤
                    │                                   └ 节理裂隙切割程度
                    │                                   ┌ 结构形式
冒顶原因 ┤                    ┌ 支架结构及参数 ┤           ┌ 初撑力
                    │          │                       └ 参数 ┤
                    └ 人为因素 ┤                               └ 工作阻力
                               │            ┌ 支架工况
                               └ 操作因素 ┤
                                           └ 端面距
```

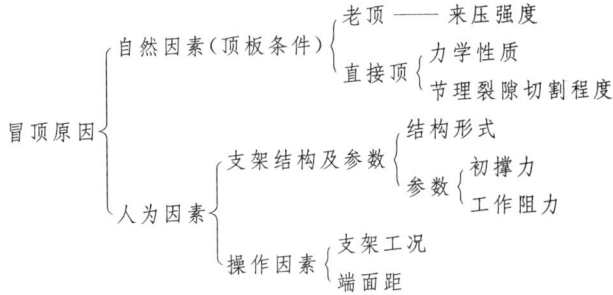

为了分辨这些影响因素的主次,必须使各个因素量化,为此采用以下指标:

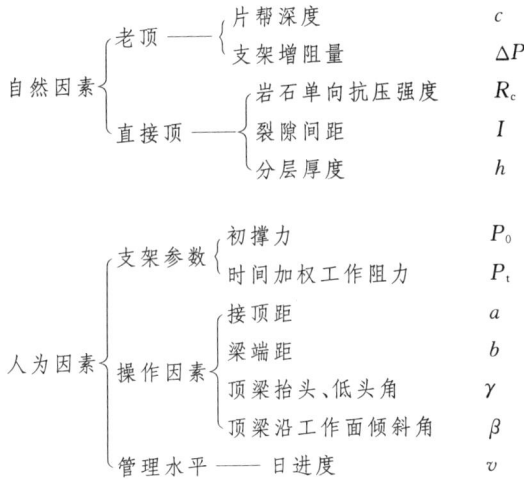

```
                  ┌ 老顶 ──┌ 片帮深度              c
                  │         └ 支架增阻量           ΔP
自然因素 ┤                  ┌ 岩石单向抗压强度    Rc
                  └ 直接顶 ┤ 裂隙间距              I
                           └ 分层厚度             h
```

```
               ┌ 支架参数 ┌ 初撑力                P0
               │           └ 时间加权工作阻力      Pt
               │           ┌ 接顶距                a
人为因素 ┤ 操作因素 ┤ 梁端距               b
               │           │ 顶梁抬头、低头角      γ
               │           └ 顶梁沿工作面倾斜角    β
               └ 管理水平 ── 日进度               v
```

为了分析各个因素的显著性及权重,可构造如下的层次结构模型:

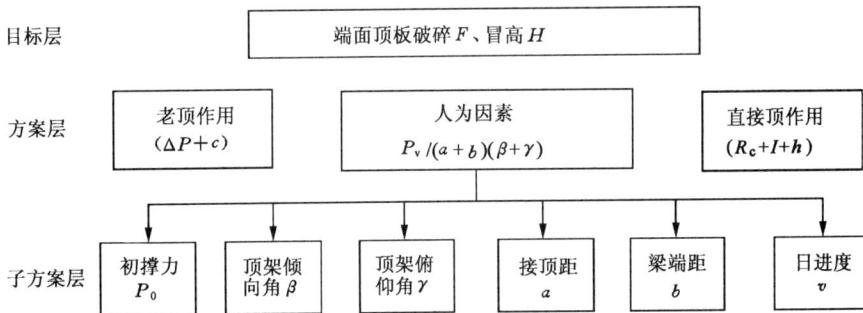

目标层 　　　　　 端面顶板破碎 F、冒高 H

方案层 　　 老顶作用 $(\Delta P+c)$ 　　 人为因素 $P_v/(a+b)(\beta+\gamma)$ 　　 直接顶作用 (R_c+I+h)

子方案层 　　 初撑力 P_0 　　 顶架倾向角 β 　　 顶架俯仰角 γ 　　 接顶距 a 　　 梁端距 b 　　 日进度 v

在架型和支架参数一定的情况下,支护质量主要反映在支架工作状态上,其关系如下:

$$
\text{支架工作状态}
\begin{cases}
\text{支设状态}
\begin{cases}
\text{初撑力 } P_0 \text{ 的大小} \\
\text{初撑力作用位置（与接顶状态有关）} \\
\text{初撑力作用方向（低、抬头角）}
\end{cases} \\
\text{移设状态}
\begin{cases}
\text{接顶距} & a \\
\text{梁端距} & b \\
\text{片帮深度} & c
\end{cases}
\end{cases}
$$

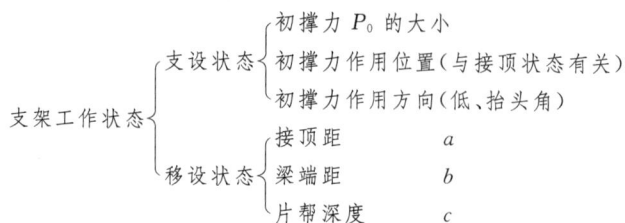

根据测量的大量数据,经过多元线性回归确定各影响因素的显著性排序,采用层次分析法确定各因素的权重,从而明确造成事故的原因是自然条件为主抑或人为因素为主,而后确定相应的技术措施及支护支设质量的监控指标,对工作面进行监测,并以日报的方式及时通知工作面,以保证工作面生产的正常进行。其关系可表示为:

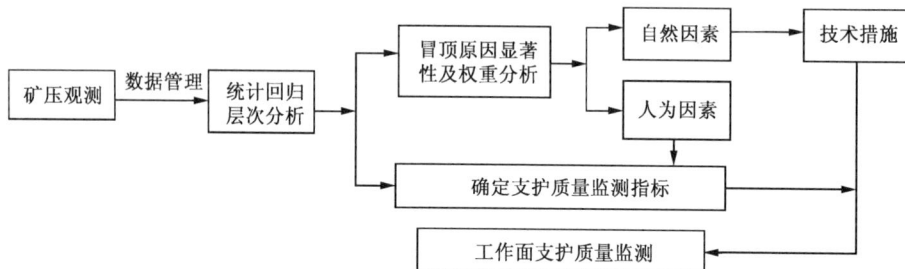

（二）实例

作者曾对平顶山八矿 11110 工作面进行了上述矿压观测,对所观测的数据,以顶板破碎度 F 及顶板冒高 H 作为目标函数进行了层次分析,所得自然条件及人为因素的权重如表 1 所列。

表 1

以破碎度 F 为目标函数			以冒高 H 为目标函数		
老顶	直接顶	人为因素	老顶	直接顶	人为因素
0.050 9	0.204 35	0.744	0.056	0.219	0.72

由表可知,在该条件下顶板不稳定的原因主要是由于人为因素所造成,直接顶次之,而老顶的作用不明显,这是由于该工作面直接顶厚达 14～17 m,裂隙密度为 5～7 条/m,单向抗压强度为 15～20 MPa,因此导致老顶来压不明显,而直接顶却有一定的影响。

进而对各个人为因素进行层次分析并确定权重,如表 2 所列。

表 2

			以破碎度 F 为目标函数			
因素	接顶距 a	梁端距 b	顶梁倾向角 β	顶梁俯仰角 γ	初撑力 P_0	日进度 v
权重	0.148	0.14	0.146 6	0.188 6	0.201 2	0.175 5

由表可知,人为因素中以支架初撑力及顶梁的俯仰角影响较大。

实际测定中该工作面发现如下问题:

① 初撑力偏低,仅占额定值的 55.7%;

② 支架相互间有台阶错动,达 320 mm,且形成漏矸;

③ 移架不及时,端面距平均达 1.47 m;

④ 顶梁抬头较大,平均达 6.2°,导致切顶线前移。

根据上述测定情况,决定对该工作面采用铺顶网的技术措施,并确定了监控指标,如表 3 所列。

表 3

项目	接顶距 (m)	梁端距 (m)	顶梁倾向角 β (°)	顶梁俯仰角 γ (°)	初撑力 $P_0/(kN)$	日进度 (m/d)
铺网前	0.42	0.485	8.1	4.6	2 194	2.97
铺网后	0.544	0.523	9.3	7.5	2 538	2.94

监控后工作面顶板及生产情况产生如表 4 所列的变化。

表 4

项目	破碎度(%)	冒顶长/工作面长(%)	片帮深度(m)	片帮长/面长(%)	日产量(万 t/月)
监控前	33.9	14.5	0.43	22.5	2
监控后	10.2	3.4	0.24	9.3	5

五、结 论

(1)综采工作面直接顶稳定性问题主要表现形式是端面顶板成拱条件问题,影响因素可归纳为自然因素和人为因素两大类。

(2)自然因素主要是指直接顶本身的力学性质及老顶破断后失稳状态对直接顶的影响,最危险状态是拉断区与压缩变形区的贯通,从而可将顶板分为易控、可控和难控三大类。对于难控顶板则应采用人工固化顶板的办法处理,而对其他各类则可采用调节支架参数及架型等办法加以解决。

(3)人为因素主要是支架的因素,它主要表现在提高初撑力,选择合适的架型,操作上避免顶梁过分地低、抬头及移架时保证最小的梁端到煤壁的距离。

(4)对具体工作面可进行矿山压力观测,并通过对观测数据的多元回归及层次分析确定影响因素的主次和权重,从而提出相应的技术措施及监控指标对工作面进行监控。事实证明,采用这种办法可以消除顶板事故对生产的影响。

参 考 文 献

［1］ Liu S Y, Qian M G. Stability and Control of Immediate Roof of Fully Mechanized Coal Face. Proceedings of 9th International Conference on Ground Control in Mining，1990:150-158.

［2］ Qian Minggao, Liu Shuangyue. A study of the Interaction Between the 2-leg Shield Support and the Roof Strata. Proceedings of the International Symposium on Mining Technology and Science，27~38,1987. China Coal Industry Publishing House and TRANS TECH PUBLICATIONS.

［3］ 朱德仁,Peng S S,姜汉信,等.2柱掩护式液压支架水平力的研究.中国矿业大学学报,1990(3).

［4］ 钱鸣高,殷建生,刘双跃.综采工作面直接顶的端面冒落.煤炭学报,1990,15(1):1-9.

［5］ 刘双跃,李全生.综采面顶板与支护质量监控.矿山压力与顶板管理,1990(2):18-21.

A Study of the Interaction Between Supports and Surrounding Rocks in Longwall Mining Face With Large Mining Height[①]

He Fulian   *Qian Minggao*   *Zhu Deren*

(Department of Mining Engineering, China University of Mining & Technology, Xuzhou, Jiangsu 221008, People's Republic of China)

Abstract: It is well-known that supports and surrounding rocks, especially in the caving of immediate roof in the face-to-canopy area, often have a great influence upon coal output in fully mechanized face and the interaction between them is an important ground control problem which is always studied by mining engineers. Based on observations on movements of supports and surrounding rocks during advancing of face 2703 of Dongpang Mine with large mining height, not only the interior movement rule of supports and surrounding rocks but the interaction between them are analysed in this paper, then the main factors influencing immediate roof caving or support deviating from normal line of coal seam and their reasonable value under difficultly geological conditions in the supporting system of face 2703 are provided.

Introduction

The result of investigation on downtime in chinese fully mechanized face shows that the ratio of productive time to total time is $17\% \sim 23\%$, the downtime due to supports and surrounding rocks accounts for 30% of the total downtime and especially serious in the large mining height face.

The coal seam 2♯ is mined by use of 2-leg shield supports BY320—23/45 and BY380—25/50 in face 2703 of Dongpang Mine, the thickness of coal seam 2♯ is 4.2 to 4.9m, and the inclination of coal seam is $18°\sim23°$. The main roof is white coarse sandstone which thickness is $10\sim12$ m, the immediate roof is grey argillaceous fine sandstone which thickness is $2\sim5$ m. The average ratio of productive time to total time is only 19%, the downtime due to supports and surrounding rocks accounts for 49% of the total downtime, and the chief components of downtime due to supports and

---

① 本文发表于 *Proceedings of the 2nd International Symposium on Mining Technology & Science*,1991 年,第 493~500 页。

surrounding rocks are roof downtime and support downtime.

The roof downtime is due to roof caving in the face-to-canopy area, and it is the most serious in all kinds of downtime. The roof caving makes canopy swing up and stagger each other, stabilizing cylinder break(Fig. 1), then supports cann't support roof effectively and advance normally. In order to control roof downtime effectively, the thoroughgoing and painstaking study of roof caving in face-to-canopy area is needed.

The support downtime is due to the abnormal support position in the direction of coal seam line of coal seam on a large scale.

Fig. 1

Study of immediate roof caving in face-to-canopy area

The field observation and physical model test of simulated materials show that immediate roof caving depends on many factors, it should be comprehensively studied according to mechanics model shown in Fig. 2.

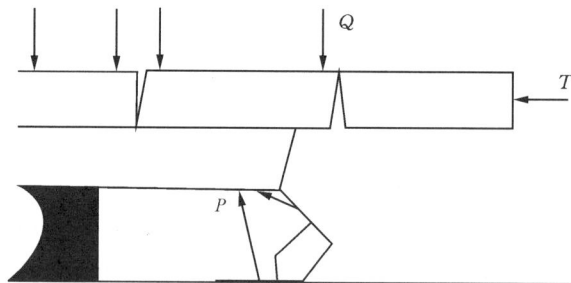

Fig. 2

1. Movement of main roof[1]

The main roof is upper boundary condition of immediate roof, it will break and swing downwards periodically during face advancing. Equivalent material simulation test that with increasing of the rotation angle of main roof(i. e. , the angle between the main roof beam and the horizontal line) , the original fissure of immediate roof above coal face opens, staggers and spreads, or new fissure due to coal mining occurs. Then bed separation and caving occur in face-to-canopy area, caving lofthead of immediate roof is formed and shown in Fig. 3. The calculating result of main roof movement influence on the immediate roof breaking by use of programme ADINA is shown in Fig. 4, the most dangerous situation is that the tensile zone is linked with plastic zone.

2. Immediate roof

The immediate roof is cut by a lot of fissures, the fissure system plays an important role in immediate roof caving. So the study of immediate roof stability must consider its fissure system, and discontinuous medium mechanics should be used to analysis the immediate roof property and breaking rule.

The underground measurements and physical model tests of simulated materials in the laboratory show that middle-stable or unstable immediate roof caving has three types of caving according to its mechanics property and supporting condition, i. e. , spalling of stacked block layer(Fig. 5), slipping of block pyramid (Fig. 6), collapsing of discrete block medium(Fig. 7).

Fig. 3

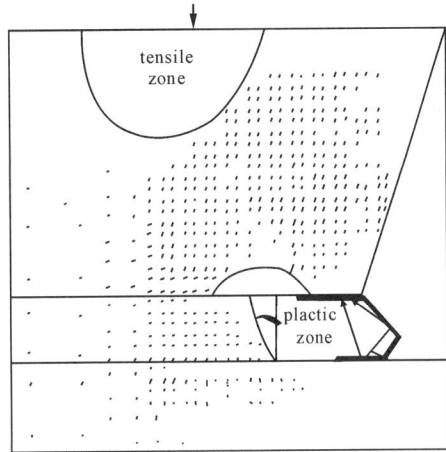

Fig. 4

Fig. 5

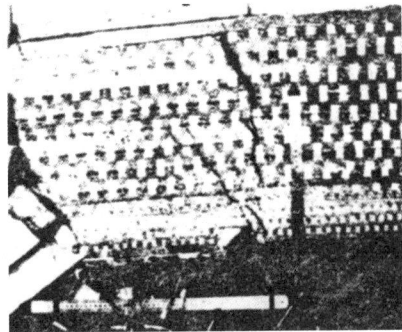

Fig. 6

Fig. 7

Stacked block beam mechanics model can be applied to analyse spalling of stacked block layer. The equilibrium of stacked block layer depends on crowding and friction between stacked blocks[2]. The condition of stacked block beam maintaining equilibrium is

$$\delta < \delta_0 = h(1 - (4\eta_M\eta_\sigma n)^{-0.5})$$

where: δ —subsidence displacement of stacked block beam;

δ_0 —limited subsidence displacement of stacked block beam;

h —thickness of stacked block beam;

η_M —bending moment coefficient, $\eta_M = M_{max}/ql^2$;

η_σ —ratio of extrusive strength and pressing strength,

$$\eta_\sigma = [\sigma_J]/[\sigma_c],$$

n — ratio of pressing strength and tensile strength, $n = [\sigma_c]/[\sigma_1]$.

Block theory can be applied to study sliping of block pyramid. The immediate roof in coal face is generally cut by original fissure plane(strata plane P_1), original or mining fracture plane P_2 in the direction of immediate roof trend, fracture plane P_3 due to coal mining in the direction of immediate roof inclination, plane P_4 neighbouring space in face-to-canopy area or during support advancing, plane P_5 neighbouring space formed by immediate roof caving in gob. The block stability is shown in Fig. 8 and Fig. 9,

According to Fig. 8, block comprising JP133 and P_4, block comprising JP313 and P_5, and block comprising JP113, P_4 and P_5 are movable, other blocks are not movable. According to Fig. 9, block comprising JP133 and P_4 in face-to-canopy area and block comprising J P113, P_4 and P_5 over rear canopy area are key blocks. The key to control slipping of block pyramid is to increase the horizontal force support canopy acting on immediate roof in face-to-canopy area and decrease the distance between face and canopy, then slipping does not occur as blocks are changed into stable blocks or supported effectively by support canopy.

Granular medium mechanics and discrete medium mechanics can be applied to study

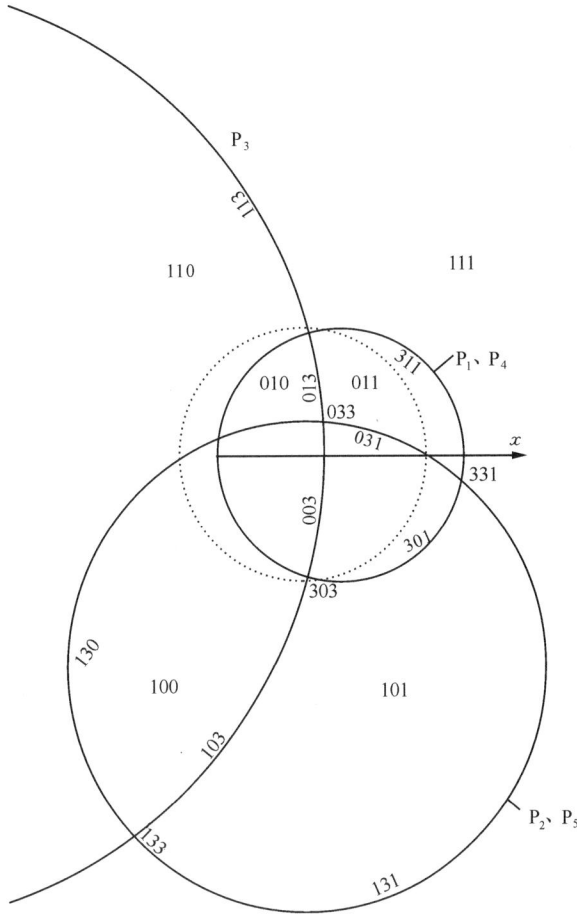

Fig. 8 judgement of movable block

collapsing of discrete block medium. The results of equivalent material simulation test[3] and granular medium mechanics analysis show that , the lofthead in face-to-canopy area is caving arch, and caving height(H) increases with caving width(d)

$$H = (n-1)\eta d / n \tag{1}$$

where: n —number of immediate roof caving blocks in lower lofthead;

η —ratio of height to length of caving blocks.

In fact, according to discrete medium mechanics[4], the shape of caving height(H) and caving width(d) is

$$H = d(4\tan \varphi) \tag{2}$$

where: φ —interior friction angle.

According to equation (1) and (2), the way to control caving height is to decrease caving width (by decreasing the distance between face and canopy), the condition of arch maintaining stable in face-to-canopy area is $\varphi > \arctan (n/(4\eta(n-1)))$, i. e., the larger φ and η is, the more stable the arch in face-to-canopy area is. Furthermore the

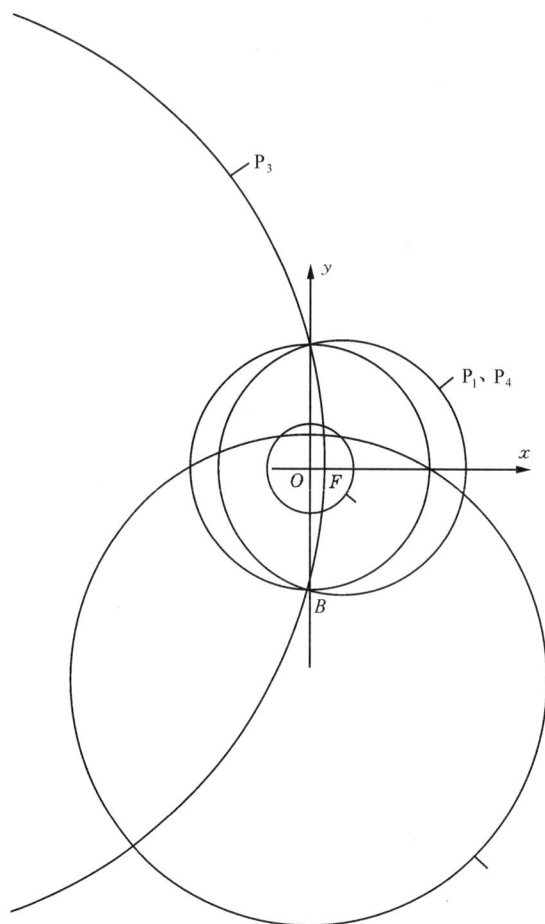

Fig. 9　judgement of key block

horizontal support force of support canopy acting on immediate roof in face-to-canopy area plays an important role in the stability of caving arch, the measures of increasing horizontal force include increasing friction coefficient of canopy surface, decreasing the upward tilting angle of canopy(i. e. , the angle between the canopy and the horizontal line).

　　3. Powered Support

　　After coal body is mined, supports take the place of mined coal body and are the lower boundary condition of immediate roof. Based on the above analysis of three types of immediate roof caving and field observation results, the theoretical factors to control roof by support include the value of vertical and horizontal force components, distribution of these force components, resultant force acting site of support, and time factor. The practical support factors to control roof are shown in Fig. 10. in these factors, the support designed property should be considered when support is designed and bought, abnormal condition of support working is caused by wrong operation, for example, coal body is not mined completely and the immediate roof in face-to-canopy area is coal body, emulsion concentration is too low, and so on.

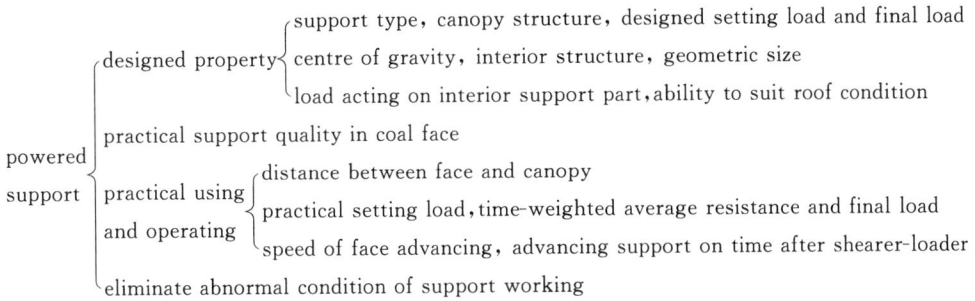

powered support
- designed property
  - support type, canopy structure, designed setting load and final load
  - centre of gravity, interior structure, geometric size
  - load acting on interior support part, ability to suit roof condition
- practical support quality in coal face
- practical using and operating
  - distance between face and canopy
  - practical setting load, time-weighted average resistance and final load
  - speed of face advancing, advancing support on time after shearer-loader
- eliminate abnormal condition of support working

Fig. 10

Field observation results and control of supports and surrounding rocks movement

1. Downtime due to roof and its control

When the control of downtime due to roof caving by use of supports is considered as the final destination, the relationship between downtime due to roof caving and influencing factor and relationship between influencing factors in coal face 2703 of Dongpang Mine are shown in Table 1. in Table 1, y_1 is the ratio of downtime due to roof to total time, H is the maximum roof caving height in face-to-canopy area, λ is the ratio of the sum of all lofthead length to coal face length along coal face, h is the roof caving height in face-to-canopy area, s is the distance between face and canopy, P_0 is the support setting load, v is the speed of face advancing. In order to control downtimes effectively ($y_1 < 10\%$), these factors should be controlled effectively according to Fig. 11, in Fig. 11, x_1 is the ratio of damaged legs to all legs among any five neighbouring supports, x_2 is the ratio of damaged front canopies to all front canopies among any ten neighbouring supports, abnormal roof condition means fault zone, crushing zone, etc. .

Table 1 Regression analysis of downtime due to roof and its influencing factor

objective function	influencing factor	regression equation
y_1	$H(\mathrm{m})$	$y_1 = 0.022\ 8\mathrm{e}^{1.88H}$
y_1	λ	$y_1 = -0.011\ 9 + 0.447\lambda$
$h(\mathrm{m})$	$s(\mathrm{m})$	$h = -0.032 + 0.979s$
$h(\mathrm{m})$	$P_0(\mathrm{MPa})$	$h = 2.831 - 0.684\ln P_0$
$h(\mathrm{m})$	$v(\mathrm{m/d})$	$h = 2.53\mathrm{e}^{-0.46v}$

2. Downtime due to support and its control

Field observation about support deviation from normal line of coal seam shows that

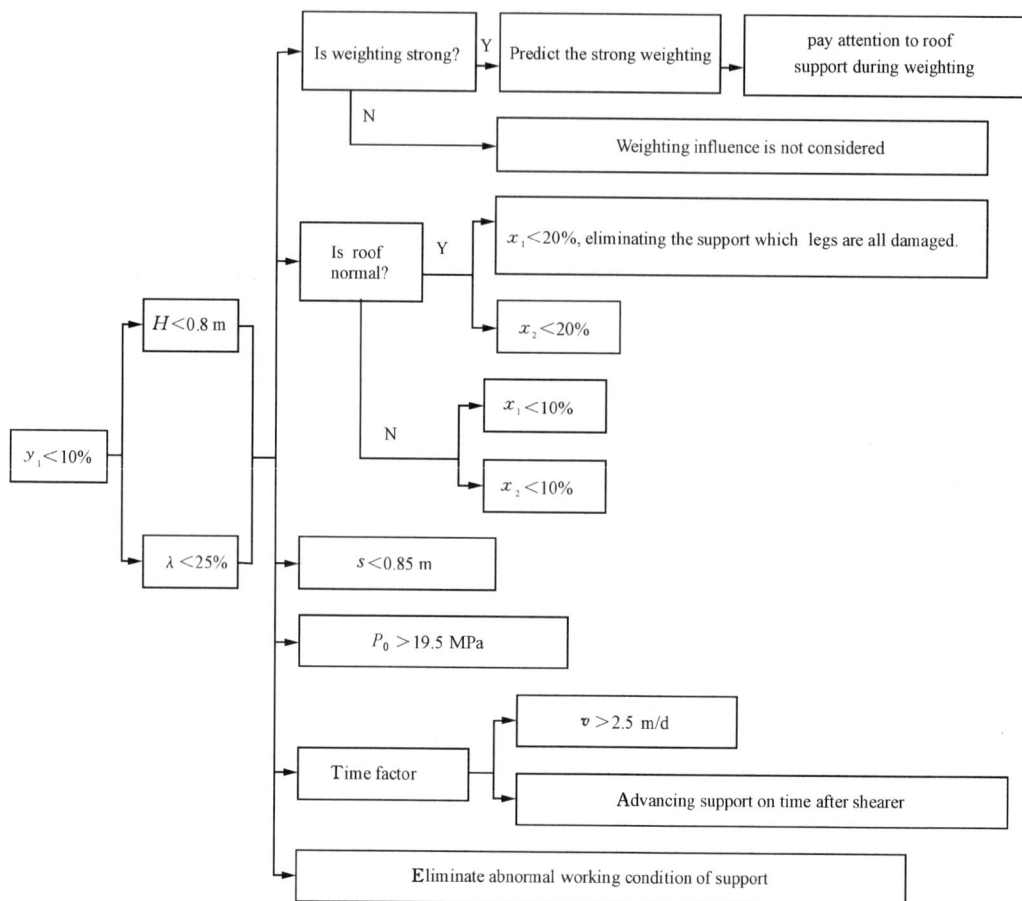

Fig. 11

70% of supports deviate upwards and 29% of supports deviate downwards in face 2703. Deviating upwards in upper face end is the most serious, deviating downwards in lower face end is the most serious in coal face. In order to decrease downtime due to support (the ratio of downtime due to support deviation to the total time is less than 1%) and prevent support deviating from normal line of coal seam on a large scale, parameter value is out of the reasonable value in Table 2, increasing stability of supports in face end, changing the number and working condition of equipments preventing support deviating and conveyor slipping, and modifying support deviation by use of hydraulic ram or prop will be needed.

By controlling supports and surrounding rocks movement effectively, the ratio of downtime due to supports and surrounding rocks decreases 17%, the ratio of productive time to total time increases to 38%.

Table 2   Control of support deviating parameter

parameter		reasonable value
ratio of the downtime due to support deviation to total time		<1%
deviating upwards	the most serious area	upper face end
	the angle between support leg and normal line of coal seam	<15°
deviating downwards	the most serious area	lower face end
	the angle between support leg and normal line of coal seam	<7.5°
distance of headentry ahead of tailentry		10~15 m

Note: the average value of bottom dip angle is 19° at upper face end, and 10° at lower face end in coal face 2703.

Conclusions

1. Supports and surrounding rocks have a great influence on coal output in fully mechanized face with large mining height. The key problem of control ling supports and surrounding rooks is whether the immediate roof caving in face-to-canopy area and support deviating from normal line of coal seam are controlled effectively.

2. Many factors influence the immediate roof caving in face-to-canopy area. The main roof is upper displacement or load boundary condition of immediate roof, the immediate roof property in rook mechanics has a great influence on its breaking and caving, powered supports take the place of mined coal body and·are lower boundary condition of immediate roof.

3. During face advancing, the usual measures to control immediate roof caving in face-to-canopy area include predicting the strong weighting of main roof and paying attention to supporting roof during weighting, increasing the ratio of undamaged supports to all supports in coal face, decreasing the distance between face and canopy, increasing support setting load, insuring the face advancing speed, advancing support on time after shearer-loader, and eliminating abnormal working condition of support.

4. The majority of supports deviate upwards from normal line of coal seam, support deviation in face end is the most serious in coal face. The measures to control support deviation include maintaining the distance of headentry ahead of tailentry to be reasonable, increasing the stability of supports in face end, changing the number and working condition of equipments preventing support deviating and conveyor slipping, and modifying support deviation by use of hydraulic ram or prop during support advancing.

References

[1] Liu Shuangyue. A Study and Control of the Stability of the Immediate Roof in Fully Mechanized Longwall Coalfaces. Ph. D. Thesis, China University of Mining and Technology, 1988.

〔2〕 Miao Xiexing. The Theoretical and Experimental Study for the Fracture Law of Rock Layers above the Mining Field, CUMT. , MSc Thesis, 1988.

〔3〕 Li Quan-sheng. Monitor of Roof Condition and Support Quality in Fully Mechanized Mining Face, China University of Mining and Technology. MSc thesis, 1989.

〔4〕 Wu Guangtao, Yang Wenyuan. Engineering Geology. Geology press, 1984.

鲍店矿仰斜开采综采面顶板控制研究[①]

许家林 钱鸣高 金 泰 李鸿远 张金仓

（中国矿业大学） （鲍店煤矿）

摘 要：本文通过深入细致的现场测定和理论分析，弄清了造成鲍店煤矿一采区端面冒顶和低产低效的原因，在此基础上对1303面和1302面进行了综合治理。通过支护质量监测、支架选型和顶梁改造、水胀锚杆加固顶板以及采掉部分下位直接顶等技术措施的实践，取得了有益的经验和较好的效果。

关键词：顶板岩性；仰斜开采；支架适应性；综合治理

1 问题的提出

1.1 基本条件

鲍店煤矿是兖州矿区一大型矿井，年生产能力300万t。位于矿井北翼的一采区，采用倾斜长壁仰斜分层综合机械化开采3煤层，共布置7个区段（图1）。一采区位于小南

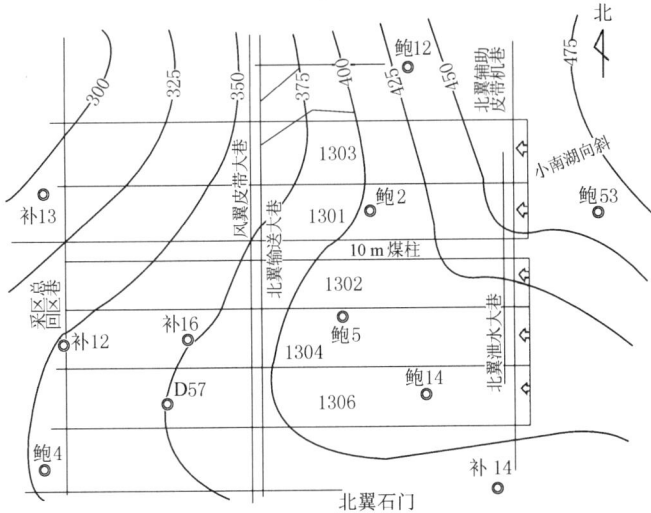

图1 一采区平面布置图

---

① 本文发表于《矿山压力与顶板管理》，1994年第2期，第10～16页。

湖向斜构造之上。3 煤厚 8.7 m，$f=3.0$，有自然发火危险。煤层倾角由南往北逐渐增大。3 煤直接顶为 1～6 m 厚的泥岩和粉砂岩。老顶为灰白色中细砂岩，厚 15 m 左右，属 Ⅱ 级老顶。一采区第一分层各面开采技术条件见表 1。

表 1　一采区各工作面主要开采技术参数及开采效果

工　作　面	1303	1301	1302	1304	1306
面长/m	153	163	125	157	159
平均倾角/(°)	5～13/8	4～11/7	0～10/5	0～9/1	0～8/1
采高/m	2.8	2.8	2.8	2.8	2.8
支架	FJ—2×475	FDT—4×550	FDT—4×550K	FJ—4×457	ZZP5100—1.7/3.5
平均月产量/t	20241	19716	88111	40355	27646
工效/(t/工)	8.028	7.359	40.972	14.606	9.864

1.2　问题的提出

一采区的第四个开采面 1303 自 1991 年 9 月开始，因端面冒顶严重生产处于半停顿状态，至 1991 年 9 月至 12 月，仅推进了 66 m，平均月产量不足 1.0 万 t。一采区已开采过的前 3 个工作面中，1301 和 1306 工作面也曾因端面冒顶而使生产陷入被动，平均月产量仅 2 万 t 左右，造成工作面的低产低效，见表 1。

为了弄清一采区仰采综采面端面冒顶的原因，寻求一采区顶板控制的关键技术措施，改善 1303 面被动状况，并为 1992 年 5 月一采区第 5 个工作面 1302 的支护设计和生产管理提供科学依据，于 1992 年 1～12 月开展了本课题研究。

2　端面冒顶原因的调研

通过全面深入的实测研究和理论分析，结合各工作面开采效果的对比研究，我们认为造成一采区端面冒顶及低产低效的主要原因有以下四个方面。

2.1　直接顶岩性构成

通过对 1303 及 1302 面端面冒落断面的专项实测统计和一采区范围内所有钻孔资料的研究发现，一采区范围内 3 煤的直接顶岩性构成具有以下特点：① 沿走向，从北往南即从 1303 面往 1306 面，直接顶厚度有减少趋势。② 沿倾向，从东往西即从切眼往停采线，1301、1303 面直接顶厚度逐渐变厚，且直接顶中泥岩含量增大，直至局部岩相变为泥岩；1302、1304、1306 面直接顶厚度逐渐变薄且岩性逐渐变硬，直至局部岩相变为细砂岩。③ 3 煤直接顶岩性在一采区范围分布是变化的，主要有三种岩性——泥岩及粉砂质泥岩；泥质粉砂岩及粉砂岩；细砂岩。它们在一采区构成两类典型的直接顶：第一类，厚 4.0 m 左右，由上下两组构成，由泥岩及粉砂质泥岩构成松软破碎的下位直接顶，厚 1.5 m 左右，一般分 3 层，从下往上厚度依次为 0.8、0.4、0.2 m 左右；由粉砂岩构成上位直接顶，厚 2.5 m 左右。第二类，厚 2.5 m 左右，由粉砂岩及泥质粉砂岩构成，局部地段岩相变为细砂岩或粉砂质泥岩。1303、1301 面的直接顶大都属于第一类，1306、1304、1302 面的直接顶大都属于第二类。

显然,一采区的两类直接顶的稳定性和管理难易程度是有区别的。通过对直接顶端面冒落稳定时间的专项实测统计,结合直接顶初次垮落步距和强度等指标(表2),可以认为,第一类直接顶的下位直接顶属于不稳定难管理直接顶,第二类直接顶属于中等稳定直接顶。这是造成一采区1303、1301面与1302、1304、1306面顶板管理难易程度不同及工作面月产量高低差异的最根本原因。

2.2 仰斜开采影响

仰采条件下,由于顶板岩层自重产生的沿层面指向采空区的分力,使得直接顶岩层有一向采空区滑动的趋势,使直接顶岩层受拉力作用,易于出现裂隙和加剧破碎,不利于端面顶板冒落平衡拱的平衡和稳定。并且顶板在顶梁后端易于向采空区冒落,造成支架顶梁后端的空顶,恶化了支架的工况。研究表明,当仰采角度超过某一临界值 α_m 时,直接顶因受拉而破坏,处于难以维护的状况,若支护不好,则必然加剧顶板端面冒落,称 α_m 为该直接顶的临界稳定角。直接顶岩性不同,其临界稳定角不同。

一采区的生产实践表明,仰采角度大小是影响顶板管理难易和工作面月产量高低的重要因素之一。由图2可见,随仰采角度的增大与减少,相应月进尺也随之减少与增大。统计回归表明,一采区工作面月产量 A 与仰采角度 α 间存在显著的负指数函数关系(表3)。若按 A 为3.0万t作为临界月产量,由回归方程可得第一类与第二类直接顶相应的 α_m 分别为3°、6°。

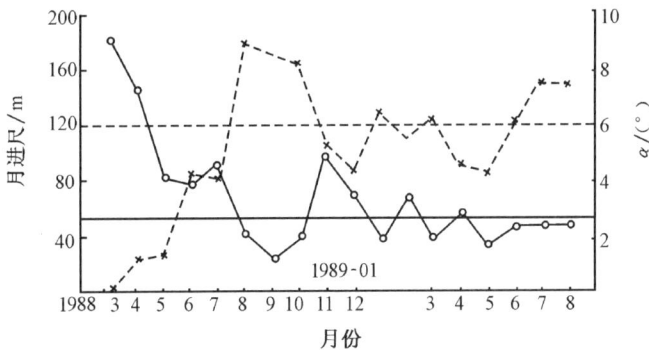

图2 月进尺及仰采角度分布曲线

表2 一采区直接顶稳定性

直接顶类型	D	l_0/m	E	T/min	稳定性
第一类	28	7	87%	13.2	不稳定
第二类	44.8	10	17%	21.2	中等稳定

注:D、l_0、E、T 分别为直接顶强度指标、初垮步距、冒落灵敏度、当量冒落稳定时间。

表3 一采区月产量 A(万t)与仰采角度 α (°)的回归方程

直接顶类型	回归方程	相关系数	统计量
第一类直接顶	$A=4.13e^{-0.099\alpha}$	0.32	42
第二类直接顶	$A=7.26e^{-0.143\alpha}$	0.73	34

由表1得知,1303、1301面煤层倾角平均7°~8°,远大于第一类直接顶的 α_m,而1306、1304、1302面煤层倾角平均4°~5°,小于第二类直接顶的 α_m。这是造成一采区1301、1303面与1302、1304、1306面顶板管理难易程度与月产量高低不同的重要原因之一。

2.3 向斜构造影响

一采区位于小南湖向斜构造之上。位于向斜轴部的区域（1301 位于面切眼附近，1306 面位于北翼大巷上部距切眼 660~770 m 的范围），煤岩破碎，片帮冒顶严重，导致工作面的低产。由图 3 可见，1306 面自 1990 年 5 月进入向斜轴部区域，因端面冒顶严重，连续 8 个月陷入半停顿状态，平均月产不足 1 万 t。这是造成 1306 面平均月产比同为第二类直接顶的 1304、1302 面低的主要原因。若除去向斜构造影响段，1306 面平均月产量达 4 万 t。因受向斜轴部影响，1301 面从切眼开始连续 10 个月平均月进度仅为 6 m 左右。

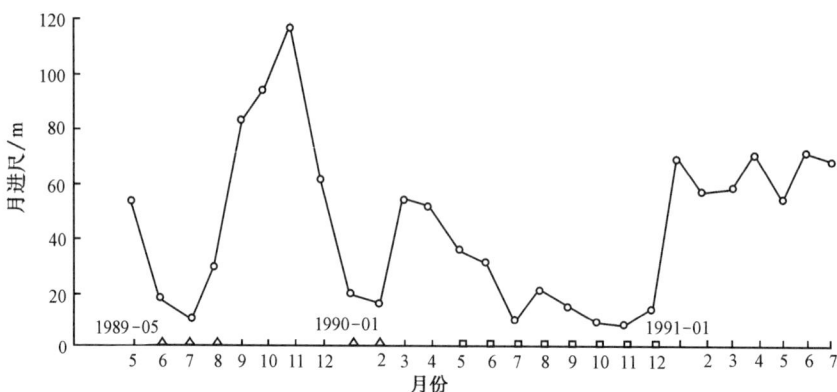

图 3　1306 面月进度分布曲线

2.4 巷道一侧沿空的影响

1303、1302 面的轨巷及 1306 面的运巷都是沿采空区掘进的巷道，各工作面的矿压显现以沿空巷道侧最为明显。研究表明，在沿空、留煤柱及实体煤三种护巷方式中，靠工作面煤体一侧的应力升高区范围以沿空方式最大，应力集中系数也最大。观测表明 1303 面内受轨巷沿空影响范围达 40 m 左右，该范围内下位直接顶几乎随采随冒，液压支架难以对它进行支护。而上位直接顶却是完整可控的，由于下位直接顶的不均匀冒落及液压支架架型不适，支架不能对上位直接顶进行有效支撑，随周期来压发生上位直接顶大面积的周期性冒落，冒高达 3~4 m，冒落矸石量大，使工作面陷入停顿，成为 1303 面卡脖子地段。

2.5 支架适应性研究

一定条件下端面冒顶是顶板与支架共同作用的结果，不良的支架工况将导致直接顶的冒落，直接顶的冒落又进一步恶化支架工况。要保证支架处于良好的工况，首先应使支架架型及结构参数适应具体的顶板条件，以保证支架的支护质量。

303 面 FJ—4×457 支架实际工况很差（表 4），初撑力及工作阻力偏低，低头严重。造成支架初撑力低下的主要原因是因顶梁后端空顶，稍升后柱便导致顶梁严重低头。

若假设顶板初撑反力为三角形分布[图 4(b)]且不计 W、f，则四柱支撑掩护式支架前后立柱初撑力 P_1、P_2 与顶梁后端空顶长度 x' 应满足：

$$P_2 = \frac{(A-3C)l_1 + Al_2 + 2Ax'}{3Dl'_1 - B(l_1 + l_2) - 2Bx'} \cdot P_1$$

表 4　支架实际工况统计结果

内　　　　容		前柱 /kN	后柱 /kN	实测/额定 /%	低头率 /%	抬头率 /%	安全阀开启率 /%
1303 面 FJ—4×457	初撑力	1342	428	46	40	9	0
	循环末阻力	1357	432	39			
1302 面 FDT—4×550K	初撑力	1560	1580	82	5	1	47
	循环末阻力	1752	1860	67			

式中各参数意义见图 4，且 $A=\sin\alpha-\dfrac{h}{b}\cos\alpha$，$B=\sin\beta-\dfrac{h}{b}\cos\beta$，$C=\sin\alpha$，$D=\sin\beta$。

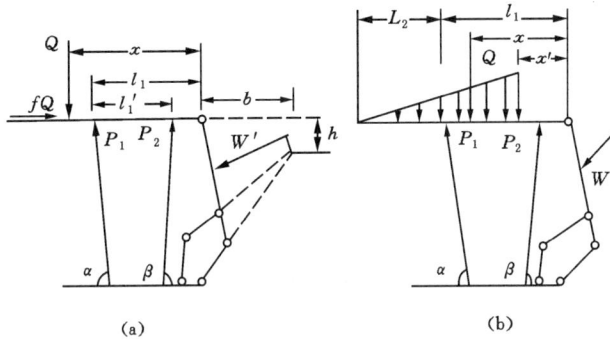

图 4　四柱支撑掩护式支架受力分析图

当 $x'\leqslant[3Dl'_1+(3C-A-B)l_1-(A+B)l_2]/2(A+B)$ 时，P_1、P_2 都可达额定值而不使顶梁低头。可见，随 l_1、l'_1 增大或 l_2 减小，支架对顶梁后端空顶的适应性增大，即前后立柱初撑力都达额定值而不使顶梁低头时允许顶梁后端最大空顶长度 x' 增大。FJ—4×457 型支架：$l_1=1\ 125$ mm，$l'_1=0$，$l_2=2\ 150$ mm；FDT—4×550K 型支架：$l_1=1\ 600$ mm，$l'_1=300$ mm，$l_2=950$ mm。可见，FDT—4×550K 支架较 FJ—4×457 支架更能适应顶梁后端空顶的条件。如当 $x'=150$ mm 时，若不计掩护梁上载荷作用，FDT—4×550K 支架的 P_1、P_2 都可达额定值而顶梁不致低头，而 FJ—4×457 支架只有当顶梁严重低头使第一接顶点后移 1 600 mm 才能保证前后柱都达额定初撑力。此外，从提供水平支撑力来说，FDT—4×550K 也较 FJ—4×457 优越，前者前柱前倾，而后者立柱垂直于顶梁，不能主动提供水平支撑力，不利于仰采面顶板的稳定。

如前文所述，仰采面 $\alpha>\alpha_m$ 时，直接顶破碎易于造成支架顶梁后端的空顶。因此，FJ—4×457 支架不适应仰采面，在 1304 面当 $\alpha>\alpha_m$ 时，此支架不能对顶板进行有效支护，导致冒顶和产量低下(图 2)；在 1303 面，松软破碎的下位直接顶、仰采角度大与此架型不适，成"三位一体"，造成工作面冒顶的恶性循环。FDT—4×550K 支架对仰采面有较好的适应性，在 1302 面支架工况良好(表 4)，即使当 $\alpha>\alpha_m$ 时，也能对顶板进行有效支撑，保证工作面较高的月产量。

3 端面冒顶的综合治理

3.1 治理的基本思路

在调研的基础上,围绕下位直接顶的控制这个中心,以工作面机尾 40 m 地段为重点对 1303 面进行综合治理,主要按以下三方面开展:(1)通过支架改造和支护质量监测等,充分发挥支架的支护性能,实现支架对顶板的有效支护。(2)采用人工加固的方法增加煤壁及下位直接顶的稳定性。(3)避开对下位直接顶的直接支护,留护顶煤或采掉下位直接顶,使支架支护在稳定性相对较好的煤顶或上位直接顶上。

3.2 顶梁改造

在治理初期,为了对"滑坡式"冒顶导致的超前暴露顶板进行支护,在 FJ—4×457 支架顶梁上加一辅助伸缩顶梁,它是由三根矿用 12# 工字钢梁焊接而成,总长 3.6 m,宽 1.2 m,伸出长度最大 1.5 m,最小 0.3 m。由于加长顶梁与原顶梁成一整体结构,根据上述支架适应性的分析知,当加长梁伸出时,l_2 增大,从而降低了支架对顶梁后端空顶的适应性,使支架更易于出现低头,实际接顶点后移,加长梁没能起到预想的作用(表 5)。若加长梁与原顶梁成铰接结构,并给加长梁一支撑力,效果会好一些。

3.3 支护质量监测

支护质量监测贯穿在综合治理的始终。根据一采区具体条件和存在问题,逐步调整监测方法,形成了一套更为科学和实用的监测方法,编制了相应的监测日报软件。监测的流程如图 5 所示。

表 5 加长顶梁实际使用效果统计

S/mm	S 平均值/mm	a/mm	$S-a$/mm	$a>S$ 的频率/%	$(S-a)/S$/%
≥1 000	1 128	1 114	14	64	1.2
600≤S<1 000	777	614	163	39	20.6
<600	417	200	217	26	52
全部平均	723	612	112	42	15.5

注:表中 S 为加长顶梁伸出长度,a 为顶梁第一接顶点至梁端距离。

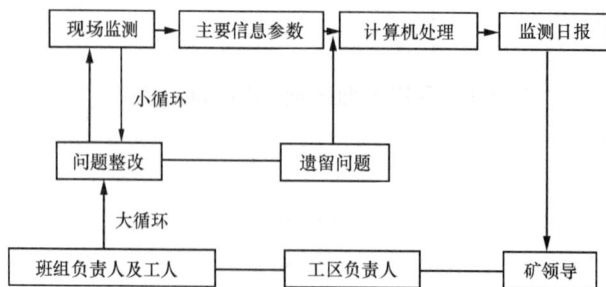

图 5 监测流程图

该监测方法将监测指标分为关键指标与辅助指标两大体系,并首次将顶板冒落稳定时间作为中等稳定以下顶板的关键监测指标。围绕监测信息反馈小循环的有效实现,将监测分为职工培训、跟机逐架监测、选点抽查三个阶段。在每一架支架的前柱、后柱、前梁千斤顶上各安设一块直读式压力表,为上述三步的实现提供了保证。通过支护质量监测使 1303 面 FJ—4×457 支架的工况有所好转,但因支架不适应 1303 面仰采条件下的破碎下位直接顶,支架工况和端面状况并没有得到根本改善(表6)。支护质量监测在 1302 面取得了显著的效果(表7)。可见在适宜的条件下,通过该支护质量监测方法可有效地提高工作面单产水平。

表 6   1303 面监测效果

内 容	初撑力/kN	工作阻力/kN	顶梁低头率/%	冒高/mm	片帮深度/mm
监控前	1 303	1 543	60	900	510
监控后	1 770	1 789	40	876	501

表 7   1302 面监测效果

内 容	初撑力占额定值/%	片帮深度/mm	冒高/mm	端面距/mm	月产量/万 t
监测前	40	350	500	450	4.0
监测后	82	150	210	100	8.0

3.4   水胀金属锚杆加固顶板

在 1303 面治理中,为了取消工作面靠沿空巷道侧 40 m 的扩棚,曾采用 48 mm×2 500 mm 的水胀金属锚杆对下位直接顶进行加固。由于下位直接顶的超前冒落和较大的顶板压力,水胀锚杆的加固作用不理想。实践证明,由于加固材料较贵且施工较复杂,通过人工加固技术来控制 1303 面的下位直接顶是不现实的。

3.5   采下位直接顶

综合治理的实践证明,1303 面松软的下位直接顶通过现有的支架及工艺很难控制,工作面全长的 80% 发生冒落,平均冒高达 0.9 m,下位直接顶的被动不均匀冒落进一步导致支架工况恶化和上位直接顶的冒落,因此提出了采下位直接顶的治理方案。在工作面靠沿空巷道侧 40 m 范围采用了采下位直接顶的措施。采掉的下位直接顶为厚 0.8~1.0 m 左右的泥岩,煤层采高控制在 2.2 m 以下。自 4 月 8 日开始采下位直接顶,该段支架接顶状况好转,支架工况明显改善,取消了扩棚,疏通了上部卡脖子地段,顺利地通过了一次周期来压而没有发生上位直接顶的大面积冒落,推进速度加快,至 4 月底月进尺达 32 m,是自 1991 年 9 月以来月进尺最多的一个月。实践表明,采下位直接顶是改善 1303 面被动状况较为有效的措施。

1303 面因冒顶(或采顶)导致煤的灰分高、煤质差,严重地影响了整个矿的煤质,使全矿的经济效益受到影响,因此在进行了近 5 个月的综合治理后,根据课题组的调研结论,矿上决定于 5 月中旬改用放顶煤回采。

4   简要结论

(1)影响一采区端面冒顶及各面产量高低差异的主要因素有直接顶岩性、仰采角度大小、架型,此外,还有小南湖向斜构造、巷道一侧沿空。

(2) 当仰采角度大于直接顶的临界稳定角,将导致直接顶的破坏,易于出现支架顶梁后端的空顶,导致支架低头和初撑力低下,不利于端面顶板稳定。仰采面月产量与仰采角度存在负指数函数关系。

(3) 一采区存在两类直接顶,第一类属于不稳定顶板,第二类属于中等稳定顶板。两类直接顶的仰采临界稳定角分别为 3°、6°。

(4) 不同的支架结构尺寸对顶梁后端空顶的适应性不一样。FJ—4×457 支架不适应仰采,FDT—4×550K 支架对仰采适应性较好。

(5) 破碎的下位直接顶、仰采角度大、架型不适导致了 1303 面的端面冒顶,通过综合治理获得了有益的经验和一定的效果,并形成了一种更为科学实用的支护质量监测方法。1302 面直接顶中等稳定、平均仰采角度不大、架型合适,通过该支护质量监测方法的有效应用获得了高产高效。

采场支架与围岩耦合作用机理研究[①]

钱鸣高 缪协兴 何富连 刘长友

(中国矿业大学)

摘 要：本文从研究采场支架受力特点出发，把支架和围岩视为有机整体，深入分析了它们之间的耦合作用。认为老顶断裂后形成的给定变形与支架作用力无关，而与采空区处理方法和采高等有关，支架承受的给定变形压力则与直接顶整体力学性能有关且反比于直接顶（含顶煤）厚度 $\sum h$，从而在理论上进一步揭示了支架工作阻力与顶板下沉量之间的耦合关系。

关键词：砌体梁；支架；围岩；双曲线

在采场矿山压力的研究中，支架受力来源和受力大小一直是人们关心的课题。如传统的研究认为，采场支架载荷来源于受采动影响的直接顶岩柱重量和老顶来压时的动载，且严格正比于采高。但随着人们对综放工作面采场矿压的测定，发现在同样覆岩结构条件下，综放开采的支架工作阻力大大低于按计算公式所获得的结果，这是用传统理论无法解释的现象。因而，必须对采场支架与围岩的相互作用展开深入的研究工作，以进一步解决采场支架载荷的确定方法。

1 支架受力的来源

采场支架的受力来自于直接顶的重量和老顶运动对支架的作用。根据已有的研究成果，老顶断裂前后可视为梁或板结构，经初次和多次断裂后，岩块相互铰合可形成砌体梁结构[1]。根据对此结构关键块的分析[2]，可将采场工作面周围岩体结构形态（以放顶煤为例）用图 1 表示。

图 1 是老顶断裂并在工作面形成来压时极限状态的力学模型。根据支架与围岩变形的耦合关系，显然支架受力来源于直接顶（含顶煤，下同）岩柱（A 块）的重量和老顶（B 块）转动对 A 造成的挤压变形压力。基于将直接顶视为不可自身平衡的岩体，它的重量 W 将全部由支架支承，其表达式为 $W=lb\sum h\rho$，其中，l 为直接顶岩块的长度；b 为直接顶岩块的宽度，即与支架同宽；$\sum h$ 为直接顶高度；ρ 为直接顶岩柱密度。

$\sum h$ 的计算方法之一，可根据自然赋存状况而定，即老顶以下的岩层为直接顶，其厚度为 $\sum h$。若 $\sum h$ 的大小以填满采空区为准，则有 $\sum h=h_1/(k_0-1)$，其中，h_1 为采高；k_0

---

① 本文发表于《煤炭学报》，1996 年第 1 期，第 40～44 页。

为岩层的松散系数，$k_0 = 1.25 \sim 1.50$。则 $\sum h = (2 \sim 4) h_1$，直接顶岩柱重为 $W = (2 \sim 4) lbh_1 \rho$。

老顶（B块）转动对直接顶所造成的挤压变形压力一直难于确定，传统的观点是用实测所得到的所谓动载系数 η 来估算。根据实测，η 在一般条件下都小于 2，在设计支架工作阻力时，取其最大值，即 $\eta = 2$。这样，支架的最大载荷 Q_m 可表示为 $Q_m = \eta W = (4 \sim 8) lbh_1 \rho$，即支架最大工作载荷相当于 $4 \sim 8$ 倍采高岩柱的重量。

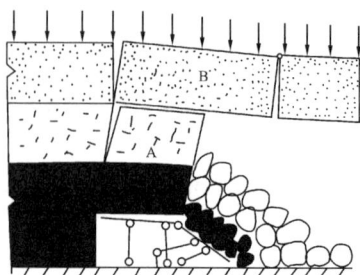

图 1　支架与围岩相互关系模型

Fig. 1　Support and surrounding rock model

另外一种观点是视直接顶为刚体，提出对老顶的变形进行限定的"限定变形"的观点，从而提出控制老顶"位态"来确定支架工作载荷的计算方法。从力学角度分析，由支架来控制老顶的"位态"事实上也是不可能的。

从上面的分析中可以看到，所谓动载系数 $\eta = 2$ 是个较为模糊的概念，并不能准确反映老顶（B块）转动对直接顶造成挤压变形的作用机理。实际情况也证明了这一点。

例如，阳泉四矿 8312 综放工作面，煤层厚为 5.75 m，综放支架型号为 2FS4400—1.65/2.6，支架初撑力为 4 MN，额定工作阻力为 4.4 MN。若以 Q_m 计算支架载荷，则每架支架工作阻力应为 2.16 $\sim$ 4.32 MN，但实测结果仅为 1.444 $\sim$ 2.600 MN，只达到此值的 60% $\sim$ 70%。潞安王庄矿 4309 综放工作面，煤层厚为 7.26 m，支架型号为 ZFD4000—17/30，初撑额定工作阻力为 3.6 MN，实测支架载荷仅为额定工作阻力的 60% 左右。

还有扎赉诺尔、铁法等放顶煤的矿井，实测支架工作阻力都大致与上述情况相同，说明原有的工作阻力计算方法已不能使用。

2　直接顶为弹性状态下的给定变形压力

根据放顶煤采场支架工作阻力实测结果可以推测，直接顶的重量将由支架承受，但对老顶（B块）转动并通过直接顶对支架形成的挤压变形压力则与直接顶的整体力学性质有关。

老顶砌体梁结构前后的两个主要支撑点是煤壁与采空区的矸石，同时老顶不会因支架的支承而造成反向运动。考虑到直接顶的破断角，因此老顶下沉是绝对的，将以"给定变形"的形式作用于直接顶，故称这部分支架载荷为给定变形压力。以图 1 的结构模型来推导给定变形压力的计算公式，直接顶的受力状态如图 2 所示。

由图 2 可知，$P = F_z \cos \alpha$，$F = F_z \sin \alpha$。在支架与直接顶这个摩擦面上有 $F \leqslant fP$（f 为摩擦因数），即 $\tan \alpha \leqslant f$，若取 $f = 0.3 \sim 0.5$，则 $\alpha \leqslant 16.7° \sim 26.6°$。若 α 超过此限定范围，直接顶的平衡必须由老塘或断裂面上的附加压力来维持。根据矸石是否充满采空区，传递给支架的力有可能大于直接顶重量与给定变形压力之和，也可能小于它。

如直接顶为线弹性介质，则给定变形压力如图 3 所示。给定应变 $\varepsilon = (\Delta - \Delta_1)/\sum h$，与此相应的应力为 $\sigma = E\varepsilon = E(\Delta - \Delta_1)/\sum h$。由轴的偏心压缩应力求解理论可得 $\sigma/\cos \alpha = F_z/A + M_e/W$，其中，$A = lb\cos \alpha$，$M_r = (lF_z\cos \alpha)/6$，$W = (l^2 b\cos^2 \alpha)/6$，则

$$\sigma = 2F_z/lb \tag{1}$$

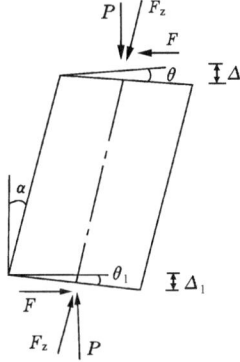

图 2 给定变形压力计算模型

Fig. 2 Model for calculation for given deformation pressure

P——给定变形压力;F——支架的摩擦阻力;F_z——直接顶承受的轴向合力(即 P 与 F 的合力);α——直接顶的断裂斜角;θ,Δ——给定变形的几何参数;θ_1,Δ_1——直接顶下沉的几何参数

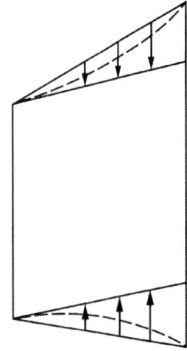

图 3 给定变形压力的分布规律

Fig. 3 Distribution of given deformation pressure

将 $P = F_z \cos\alpha$ 代入式(1)得 $P = Elb(\Delta - \Delta_1)\cos\alpha/2\sum h$。如 Δ 用老顶回转角 θ 表示,有简化关系 $\Delta - \Delta_1 = l\sin(\theta - \theta_1)$,则

$$P = \frac{El^2 b\cos\alpha\sin(\theta - \theta_1)}{2\sum h} \tag{2}$$

从式(1)或式(2)可知,支架承受的给定变形压力与直接顶高 $\sum h$ 成反比关系,如图 4 所示。

从前面的分析可知,支架所承受的最大工作载荷分为直接顶重量和给定变形压力两个部分,如直接顶为线弹性介质,则给定变形压力可由式(2)求得,因而支架的最大工作载荷 Q_{gm} 为

$$Q_{gm} = (2 \sim 4)lbh_1\rho + \frac{El^2 b\cos\alpha\sin(\theta - \theta_1)}{(4 \sim 8)h_1} \tag{3}$$

可见,支架的最大工作载荷与采高并非成简单的正比关系,应为非线性关系。

3 直接顶为松散介质下的给定变形压力

随着工作面的推进与老顶断裂岩块的回转,直接顶将处于较为破碎状态,并非简单的线弹性介质,支架与老顶对直接顶的作用实质上是一挤压过程,因而可看成为压实过程,压实曲线的表达形式为 $\sigma = K\varepsilon^n$,其中,K 为压实系数;n 为压实指数,对于破碎直接顶可取 $n = 3$,对于完整顶板 $n = 1$。

根据实测情况,对于较为破碎的直接顶,$K \approx 1.0$ GPa。给定变形压力的分布情况如图 3 中虚线所示,其合力 F' 为

$$F' = b\int_0^l \sigma \mathrm{d}x = bK\int_0^l \varepsilon^n \mathrm{d}x$$

将 $\varepsilon = x\sin(\theta - \theta_1)/\sum h$ 代入上式得 $P = bKl^{n+1}\sin(\theta - \theta_1)/(n+1)(\sum h)^n$。这样,考

虑直接顶为松散介质后的支架最大工作载荷为

$$Q_{gm} = lb\sum h\rho + bKl^{n+1}\sin(\theta-\theta_1)/(n+1)(\sum h)^n$$

根据国内外现场实测和实验室模拟测定,支架工作阻力与工作面顶板下沉的统计关系类似于双曲线关系。为了与统计系数相对应,将支架载荷 Q_{gm} 转化为支架单位支护面的平均载荷 $p_m = Q_{gm}/lb$,直接顶的回转平均下沉量用 $\delta_1 = \Delta_1/2$ 表示,则

$$p_m = \sum h\rho + \frac{Kl^n\sin^n(\theta-\theta_1)}{(n+1)(\sum h)^n} \tag{4}$$

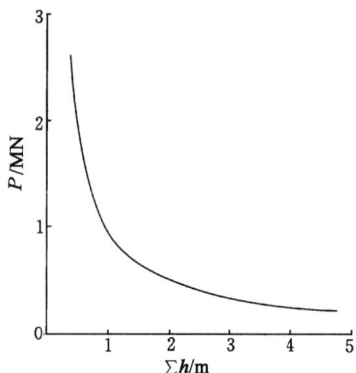

图 4   给定变形压力与直接顶高的关系

Fig. 4   GiVen deformation pressure
VS height of immediate roof

$$P' = P/0.5Eb(\Delta-\Delta_1)\cos\alpha$$

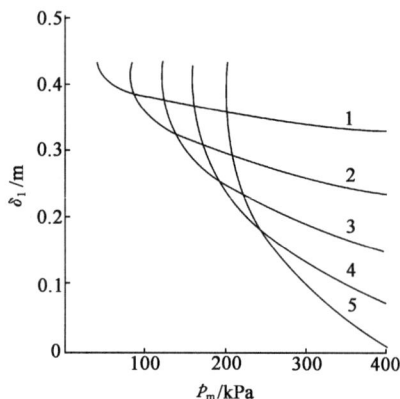

图 5 p_m 与 δ_1 的关系曲线

Fig. 5 p_m vs δ_1

1～5 中的 $\sum h$ 分别为 2、4、6、8、10 m

在式(4)中,假设 $l=5$ m,$\rho=2.0\times10^3$ kg/m^3。当 $n=3$ 时,取 $K=1.0$ GPa,对应 $\sum h$ $=2$、4、6、8、10 m 的 5 条 p_m—δ_1 关系曲线如图 5 所示。

p_m—δ_1 实为近似抛物线关系,在有关参数可能的取值范围内,p_m—δ_1 关系曲线形状上类似于双曲线。如果考虑到顶板下沉系数转化等原因,p_m—δ_1 关系与实际统计结果是完全吻合的。

4   实例分析

在实际估算支架载荷时,考虑到式(4)中某些参数取值困难,用式(3)计算较为方便。对于介质的影响,可用适当降低弹性模量 E 来近似。

〔实例 1〕 阳泉矿务局四矿 8312 综放工作面,如取 $\rho=2.0\times10^3$ kg/m^3,$\alpha=25°$,$\theta-\theta_1=10°$,$E=300$ MPa,$l=3.0$ m,$b=1.5$ m,则代入式(3)可得,$Q_{gm}=1.673\sim2.446$ MN;如为分层开采,$h_1=5.72$ m/2,$E=600$ MPa,其他参数不变,则式(3)计算可得 $Q_{gm}=2.237\sim2.936$ MN。

〔实例 2〕 潞安矿务局王庄矿 4309 综放工作面,如取 $\rho=2.0\times1.0^3$ kg/m^3,$\alpha=25°$,$\theta-\theta_1=3.0°$,$E=300$ MPa,$l=30$ m,$b=1.5$ m,则代入式(3)可得 $Q_{gm}=1.825\sim2.945$ MN;如为分层开采,$h_1=7.26$ m/2,$E=600$ MPa,其他参数不变,则 $Q_{gm}=2.295\sim2.557$ MN。

从上述实例分析结果可以看出,用给定变形压力理论分析得到的支架载荷计算公式能较好地反映出支架载荷随采高变化的非线性关系,并能准确地估算出综放采场的支架工作阻力。

5 结 语

(1)老顶岩块回转形成的"给定变形"主要与采空区处理方法及采高有关,支架无法阻止其变形大小。而回采工作面顶板的下沉量是由于老顶、直接顶及支架耦合作用的结果。

(2)支架的工作载荷由两部分组成:一部分为直接顶的重量;另一部分为老顶回转对直接顶造成的挤压力,称"给定变形压力"。直接顶重量是绝对的,"给定变形压力"则取决于直接顶的整体力学性质和支架的让压程度。

(3)支架工作载荷与采高的双曲线关系只是在现有工作面一般小于 3 m 时适应,而对于放顶煤条件下($\sum h$ 与顶煤均较厚),工作载荷与采高变化并无明显的关系,主要与顶煤及直接顶的整体力学性质(即刚度)有关,后者刚度越小,则"给定变形压力"也越小。

(4)根据上述观点,支架载荷 p_m 与顶板平均下沉量 δ_1 实为近似抛物线关系。数值模拟计算表明,在可能的取值范围内,p_m—δ_1 曲线与实测统计所得形似双曲线的结果相吻合。

参 考 文 献

[1] 钱鸣高,刘听成.矿山压力及其控制(修订本)[M].北京:煤炭工业出版社,1992.

[2] 钱鸣高.再论采场矿山压力理论[J].中国矿业大学学报,1994,23(3):1-9.

[3] 钱鸣高,缪协兴,何富连.砌体梁结构的关键块体分析[J].煤炭学报,1994,19(6):557-563.

Mechanism of Coupling Effect Between Supports in the Workings and the Rocks

Qian Minggao   Miao Xiexing   He Fulian   Liu Changyou

(China University of Mining and Technology)

Abstract:The support and the surrounding rocks are regarded as an organic integrity and their coupling effect are discussed, on the basis of the stressing of the supports in the workings. It is considered that the given deformation formed after fracture of the main roof is not related to the support acting force, but related to mining height and the method for treatment of the mine out area etc. The given deformation pressure on the support is relevant to the integral mechanical properties of the immediate roof and it is in reverse proportion to the thickness of the immediate roof including the top coal $\sum h$. It reveals further in theory the coupling relation between the resistance of support and the amount of roof convergence.

Keywords:voussoir beam; support; surrounding rocks; hyperbola

采场直接顶岩体刚度的研究[①]

曹胜根　刘长友　钱鸣高

（中国矿业大学）

摘　要：分析了直接顶岩体的受力特征和约束情况,结合老顶岩体的给定变形给出了直接顶岩体所处力学状态及其判别方法,最后给出了直接顶岩体刚度的表达式。

关键词：岩体刚度；直接顶；给定变形

岩体刚度是反映其承载特性的物理量,表明其整体力学特性。长期以来,在采场支架—围岩关系研究中,一直把直接顶认为刚体来处理,随着采场矿压理论的发展,人们对直接顶介质在支架—围岩关系中的作用有了新的认识。采场顶板下沉量与支架工作阻力的双曲线关系不是由于支架对老顶位态限制的结果,而是由于"直接顶—支架"刚度系统相互耦合而形成的。因而进一步研究直接顶刚度特性有重大意义。

1　采场直接顶岩体受力特征

1.1　直接顶受力及约束情况

直接顶是工作面直接维护的对象,夹持于支架和老顶之间。直接顶上面受老顶给定变形压力作用[1],下面有支架的支撑,前面是煤壁(在老顶来压期间由于煤壁对上覆岩层支撑影响角的存在,直接顶和煤壁分离,但也受到煤壁的约束),后面是采空区。故沿走向取单位直接顶长度进行研究,其三面有约束,一面(采空区)自由(视采空区充填的状况而定),直接顶的受力及约束情况如图1所示。

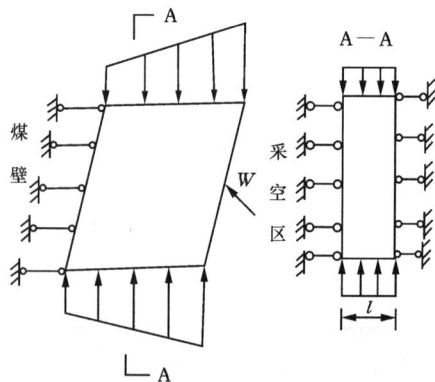

图1

1.2　试验研究

对于采场直接顶来说,由于其层理、裂隙明显,是结构复杂的岩体,因此对于采场直接顶载荷位移全过程曲线可通过相似材料模拟试验的方法进行。用砂子、石膏、碳酸钙、水泥作为相似材料,模拟不同强度的直接顶。直接顶分层铺设,模型分层厚度5 cm,试块尺寸25

---

①　本文发表于《矿山压力与顶板管理》,1997 年第 3-4 期,第 16～19 页。

cm×16 cm×5 cm,模拟直接顶厚度分别为10、20、30 cm,模拟直接顶强度及材料配比如表 1 所列。

表 1 模拟直接顶强度及相似材料配比

岩 层	强度/MPa		相似材料/%				尺寸/cm
	模型	原型	砂子	$CaCO_3$	石膏	水泥	
坚硬直接顶	2.35	80	87.5	—	8.75	3.75	25×16×5
软弱直接顶	0.44	15	87.5	3.75	8.75	—	25×16×5

为了在实验室中模拟直接顶的受力及约束情况,设计加工了一个三面固定、一面自由、可在其上下两面加载的"加载体",将直接顶相似材料试块放入该"加载体"中,再进行单轴压缩试验。这样尽管是单轴压缩试验,仍可以将直接顶的比较复杂的受力状态模拟出来。

试验中加载大小通过荷重传感器测得,位移用位移传感器量测,并通过 $X—Y$ 函数记录仪直接画出压力与垂直位移关系曲线。

试验结果如图 2 所示。

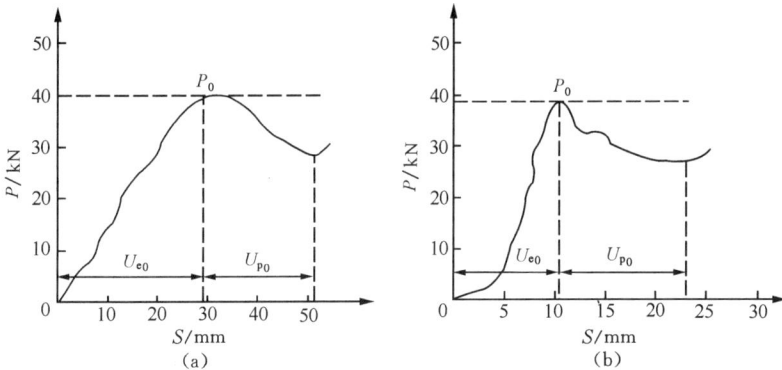

图 2 直接顶岩体载荷—位移全程曲线
(a) 硬岩$\sum h=30$ cm;(b) 软岩$\sum h=10$ cm

从图中可以看出,载荷位移全程曲线可以分为三个部分:弹性阶段、塑性弱化阶段、重新压实阶段,其极限弹塑性位移量分别为 U_{e0}、U_{p0},试验中发现,对于同一种岩体来说,其 U_{e0}、U_{p0} 及破坏载荷 P_0 与 $\sum h$ 呈线性关系(图 3)。

经回归分析,得到它们之间的关系为:

硬岩直接顶: $U_{e0}=8.7+0.7\sum h$ $r=0.987$

$U_{p0}=6.7+0.4\sum h$ $r=0.989$

$P_0=71-1.05\sum h$ $r=-0.997$

软岩直接顶: $U_{e0}=5.7+0.45\sum h$ $r=0.998$

$U_{p0}=8.3+0.45\sum h$ $r=0.989$

$P_0=46-0.8\sum h$ $r=-0.997$

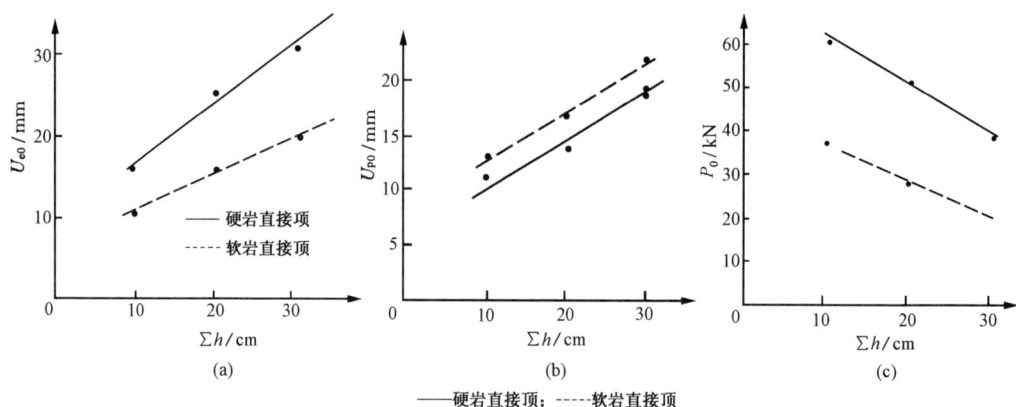

图 3　U_{e0}、U_{p0}、P_0 与 $\sum h$ 关系曲线

(a) U_{e0}—$\sum h$ 曲线；(b) U_{p0}—$\sum h$ 曲线

由此可见，在直接顶岩体加载宽度一定的条件下，直接顶的极限弹、塑性位移量 U_{e0}、U_{p0} 随着直接顶厚度的增大而线性增大，破坏载荷 P_0 则线性减小。

2　直接顶岩体刚度及分析

述单轴试验可以将直接顶的受力全过程即弹性→峰后弱化→重新压实模拟出来，而对于实际情况来说，由于直接顶受老顶的给定变形压力作用及可缩支架的支撑，不是每一种情况下直接顶实际受力都经历全过程，在一些情况下具有其中一部分，即在一定的条件下，有些直接顶只经历弹性阶段，有些进入峰后弱化阶段，而有些则可进入重新压实阶段，这需根据具体情况进行判定。

2.1　直接顶所处力学状态的判定

直接顶所受到的老顶给定变形量的大小为

$$\Delta S = \frac{L_k}{l}\left[M - \sum h(k_p - 1)\right]$$

式中，L_k 为控顶距；l 为老顶岩块断裂长度（老顶周期来压步距）；M 为采高；$\sum h$ 为直接顶厚度；k_p 为岩石碎胀系数。

取 $k_p = 1.25$，则 $\Delta S = \frac{L_k}{l}(M - \frac{1}{4}\sum h)$。

由此可见，老顶给定变形量的大小与采高、直接顶厚度以及控顶距、老顶岩块断裂长度等有关，如图 4 所示。

设直接顶岩体的极限弹、塑性变形量分别为 U_{e0}、U_{p0}，暂不考虑支架的可缩量，则：

当 $\Delta S \leqslant U_{e0}$ 时，直接顶岩体处于弹性阶段；

$U_{e0} < \Delta S \leqslant U_{e0} + U_{p0}$ 时，直接顶岩体处于峰后弱化阶段；

$\Delta S > U_{e0} + U_{p0}$ 时，直接顶岩体处于重新压实阶段。

2.2　直接顶岩体刚度分析

（1）直接顶处于弹性状态。岩体刚度定义为岩体沿作用力方向发生单位位移增量需

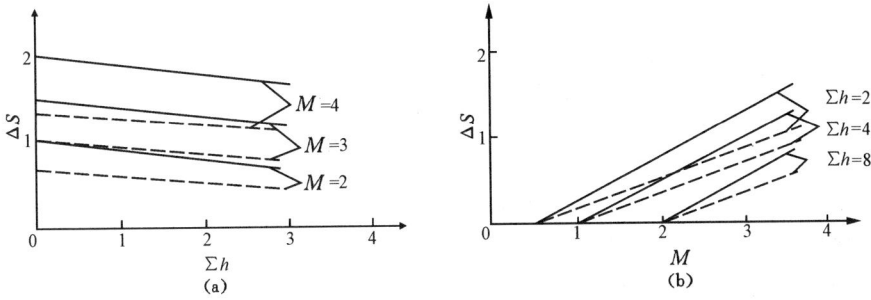

图 4　老顶给定变形量与采高、直接顶厚度关系曲线

(a) ΔS—$\sum h$ 曲线；(b) ΔS—M 曲线

——$L_k/l=1/2$；————$L_k/l=1/3$

要的力,表达式为 $K=\dfrac{P}{\Delta l}$。

由虎克定律及应力应关系可知,$\Delta l=l\varepsilon$,$P=\sigma A$,$\sigma=E\varepsilon$。

则
$$K=\frac{EA}{l}$$

式中,l 为岩体厚度;A 为力的作用面积。

对于采场四边形直接顶来说,根据对四边形体直接顶的力学特性及其分区的研究[2],采场四边形体直接顶的刚度是由承载区直接顶的刚度所决定的,其表达式为
$$K=\frac{E(L_k-\sum h\tan\alpha)\cdot b}{\sum h}$$

式中,E 为弹性模量;α 为直接顶的破断角。

(2) 直接顶处于峰后弱化状态。通过对岩样应力峰值之后弱化过程的研究发现[3],岩样强度的降低根源于内部的剪切滑移,其宏观表现是岩样产生不可恢复的塑性变形。材料的非匀质性使岩样内材料的屈服不会同时出现,而部分材料屈服之后承载应力降低,从而沿载荷方向,其附近材料不可能达到自身的承载极限,将永远不会屈服弱化。即岩样内的屈服弱化具有局部化特征。特别是材料峰值之后只有岩样的最弱断面在压缩变形作用下继续屈服弱化,其余断面则由于没有达到承载极限将随着整个岩样的应力降低而卸载。岩样的弹性应变将释放,转化为最弱断面的塑性变形。

在应力峰值附近,岩样的最弱承载断面存在弱化和弹性变形两种不同状态,因而整个岩样的变形成非线性状态。但当最弱断面完全屈服之后,岩样强度或承载能力的降低与塑性变形量的增加呈线性关系,并且比例系数在岩样直径相同时与其长度无关,即与岩样的形状无关,即
$$\mathrm{d}\sigma/\mathrm{d}u_p=-Y$$

定义 Y 为弱化模量,表示单位塑性变形量所引起的岩样强度降低。

岩样应力峰值之后的弱化过程用表观应变表示,则是
$$\frac{\mathrm{d}\sigma}{\mathrm{d}\varepsilon}=\frac{\mathrm{d}\sigma}{\mathrm{d}u_p}\cdot\frac{\mathrm{d}u_p}{\mathrm{d}\varepsilon}=-YL\left(1-\frac{1}{E}\frac{\mathrm{d}\sigma}{\mathrm{d}\varepsilon}\right)$$

即
$$\frac{\mathrm{d}\sigma}{\mathrm{d}\epsilon} = \frac{-YL}{1-YL/E}$$

这样,当直接顶处于峰后弱化阶段时的"负刚度"K为

$$K = \frac{Y \cdot \sum h}{1-Y\sum h/E} \cdot \frac{L_k}{\sum h} = \frac{YL_k}{1-Y\sum h/E}$$

直接顶厚度增加,弹性变形刚度减小但"负刚度"增加,变形趋于不稳定,即峰后"负刚度"与其弹性变形刚度并无直接关系。

(3) 直接顶处于压实状态。由前面的分析可知,直接顶的压实不同于一般散、粒体的压实。直接顶岩体的破坏是其最弱承载断面的破坏,当破坏的断面由于约束的作用压实之后,没有达到承载极限的断面卸载后随着老顶岩层的继续旋转而重新加载,从这个意义上讲,直接顶岩体处于压实阶段的应力应变关系可近似看成弹性,但弹性模量与先前相比要降低许多。在支架围岩关系的研究中,很多学者都采用将破碎的直接顶视作弹性,但弹性模量适当降低的方法,取得与实际较为相近的结果。

这样压实阶段直接顶岩体刚度表达式与弹性阶段相似,只需将弹性模量 E 换为弱化弹性模量 E' 即可。

3 结 论

(1) 实验表明,直接顶岩体载荷—位移全程曲线可以分为三个部分,即弹性阶段、塑性弱化阶段和重新压实阶段。结合老顶的给定变形压力作用,可以判定特定条件之下的直接顶所处的力学状态。

(2) 根据直接顶所处的力学状态,分别给出了它们的刚度表达式,从而可进一步将刚度进行分类。

参 考 文 献

[1] 钱鸣高,等. 再论采场矿山压力理论[J]. 中国矿业大学学报,1994,23(3).
[2] 刘长友. 采场直接顶整体力学特性及支架围岩关系研究[D]. 徐州:中国矿业大学,1996.
[3] 尤明庆,等. 岩样单轴压缩的尺度效应和矿柱支承性能[J]. 煤炭学报,1997,22(1).

采场直接顶的结构力学特性及其刚度[①]

刘长友　　钱鸣高　　曹胜根　　缪协兴

(中国矿业大学采矿工程系,徐州　221008)

摘　要：分析了采场四边形体直接顶的结构力学特性,给出了直接顶刚度的计算方法。按刚度把直接顶分为似刚性、似零刚度和中间型刚度三类,给出了确定不同直接顶刚度类型的方法,分析了不同直接顶刚度条件下的支架工作阻力与顶板下沉量的关系。

关键词：直接顶;刚度;分类;工作阻力;顶板下沉量

长期以来,在采场支架—围岩关系的研究中,一直把直接顶视为刚体来处理。随着采场矿山压力理论研究的发展,人们对直接顶介质在采场支架围岩关系中的作用开始有了新的认识。研究表明[1,2],支架所受载荷来源于两部分,其一为顶板松脱体压力,其二为老顶回转迫使直接顶变形产生的回转变形压力,它取决于老顶的回转角及直接顶自身的整体力学特性即刚度。采场顶板下沉量与支架工作阻力的双曲线关系是由于"直接顶—支架"刚度系统相互耦合而形成的,因此,重新认识直接顶介质在支架—围岩关系中的作用,深入研究采场直接顶的力学特性及刚度,对于进一步完善采场矿山压力理论具有重要意义。本文把直接顶介质视为变形体,研究了直接顶介质的刚度及支架与围岩的关系[3]。

1　采场四边形体直接顶的结构力学特性

在实验室对采场直接顶进行了单轴压缩下载荷 P 和位移 Δl 的全程试验,试验所得 $P—\Delta l$ 关系如图 1 所示。

试验结果表明,采场四边形体直接顶的失稳破坏与其结构体强度和几何稳定性有关,直接顶几何形状(破断角或直接顶厚度)不同时,表现出不同的力学特性。

(1)四边形体直接顶的承载能力随直接顶破断角的增大(由 $0° \to 10° \to 20°$)而减小,说明四边形体直接顶破断角的增大减小了其实际承载面积。

(2)四边形体直接顶承载过程中,首先沿其上下

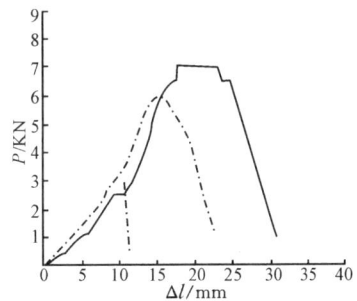

图 1　采场直接顶单轴压缩下的载荷—位移全程曲线

Fig. 1　The complete curve of load versus displacement of immediate roof under uniaxial compression

---

①　本文发表于《中国矿业大学学报》,1997 年第 2 期,第 20～23 页。

两端点产生剪切裂缝,说明四边形体直接顶的实际承载体为两剪切线间的柱形体,实际承载面积 $S=(L_k-h\tan\alpha)b$。其中,L_k 为控顶距,m;h 为直接顶厚度,m;α 为直接顶破断角(断裂面与竖直线的夹角);b 为直接顶单位宽度(取 1 m)。

(3) 直接顶的失稳形式主要有两种:当直接顶的承载能力较大,实际承载体的高宽比较小时,呈稳定的剪胀性破坏;当直接顶的承载强度较小,实际承载体的高宽比较大时,呈不稳定的脆性破坏。

由此可见,采场直接顶的几何形状不同时,失稳破坏形式也不同,表现出不同的刚度特征。

2 采场四边形体直接顶的刚度分类及分析

2.1 采场四边形体直接顶的刚度分类

由于采场直接顶已经历了超前支承压力的破坏,因此,其应力状态实际上位于 σ—ε 全程曲线的峰后区。在图 1 中,把峰后区的 P—Δl 关系曲线简化为直线,则根据采场直接顶的承载特性,它的刚度可用下式表示

$$K=\frac{E'(L_k-h\tan\alpha)b}{100h} \qquad (1)$$

式中,K 为直接顶刚度,kN/cm;E' 为直接顶的弱化弹性模量,kPa;100 为单位换算系数,cm/m。

令 $m=\dfrac{h}{L_k-h\tan\alpha}$,则式(1)变为

$$K=\frac{E'b}{100m} \qquad (2)$$

可见,采场直接顶刚度与其弱化弹性模量和实际承载体的几何稳定性有关。

根据采场直接顶的破坏失稳特征及 K—m 关系曲线(图 2),可按刚度将直接顶分为三类。

Ⅰ类:似刚性直接顶——当 $K>K_A$ 时,直接顶产生单位压缩量需要的力非常大,因而可把直接顶视为似刚性体。

Ⅱ类:似零刚度直接顶——当 $K<K_C$ 时,作用于直接顶的力有单位增量时,其变形量(位移量)相对很大,因而可认为直接顶的刚度近似为零。

Ⅲ类:中间型刚度直接顶——当 $K_C\leqslant K\leqslant K_A$ 时,直接顶刚度介于似刚性和似零刚度之间,与它的几何条件有关。

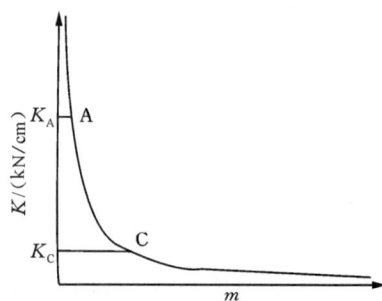

图 2 K—m 关系曲线
Fig. 2 K versus m

不同刚度类型的直接顶表现出的力学特性也不一样,因而对支架—围岩关系的影响机制也不同。

2.2 采场直接顶的刚度分析

由式(2)可知,直接顶的刚度取决于弱化弹性模量 E' 和直接顶的几何参数 m,当 E' 一定时,对应于不同的几何参数 m,直接顶刚度可呈现不同的类型。

岩体的单向抗压强度 R 与弹性模量间存在关系[4]

$$R = \varepsilon E$$

式中,ε 为相对变形量;E 为岩体的弹性模量。

根据岩体的坚硬程度不同,将其划分为三类,相应的 ε 和岩块的单向抗压强度 R_c 如表1所列。

表1 不同强度岩体的 ε 值
Table 1 The value ε of rock mass with different strength

岩性	坚硬岩体	中等坚硬岩体	软弱岩体
$\varepsilon/‰$	1~1.5	2~3	3~5
R_c/MPa	≥80	80~20	≤20

考虑到岩体强度为岩块强度的 1/5~1/10,处于峰后区的破碎岩体,其 $E'=E/6$[4],则

$$E' = \frac{R_c}{(30 \sim 60)\varepsilon}$$

E' 的临界值为:$R_c = 20$ MPa,取 $\varepsilon = 0.004$,$E' = (0.8 \sim 1.67) \times 10^2$ MPa;$R_c = 80$ MPa,取 $\varepsilon = 0.00125$,$E' = (1.03 \sim 2.13) \times 10^3$ MPa。

因此,不同强度直接顶的刚度 K 与 m 的关系曲线如图3所示。

由图3可见,当直接顶较软时,只有在厚度较小时才可能呈现似刚性状态,当直接顶较硬时,只有在厚度较大时才可能呈现似零刚度状态。三种不同强度直接顶达到不同刚度类型时的 m 值如表2所列。

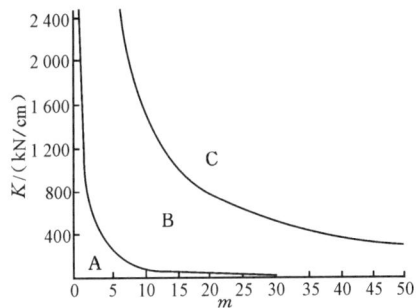

图3 不同强度直接顶的 K—m 关系曲线
A——软弱直接顶;B——中硬直接顶;C——坚硬直接顶

Fig.3 The relation between K and m of immediate roof with different strength

表2 不同刚度类型直接顶的 m 值
Table 2 The value m of immediate roof with different stiffness

	软弱直接顶	中硬直接顶	坚硬直接顶
似零刚度	≤6	6~24	≥24
似刚性	≤0.19	0.19~1.58	≥1.58
中间型刚度	0.19~6	1.58~6	1.58~24

由表2中的 m 值,即可求得在强度一定的条件下,采场直接顶呈现不同类型刚度时的 h 值,如表3所列。

表3 直接顶呈现不同刚度类型时 h 与 α 的关系

Table 3 *h* versus *α* for different stiffness

	软弱直接顶	中硬直接顶	坚硬直接顶
似零刚度	$h \leqslant \dfrac{6L_k}{1+6\tan\alpha}$	$\dfrac{6L_k}{1+6\tan\alpha} < h < \dfrac{24L_k}{1+24\tan\alpha}$	$h \geqslant \dfrac{24L_k}{1+24\tan\alpha}$
似刚性	$h \leqslant \dfrac{0.19L_k}{1+0.19\tan\alpha}$	$\dfrac{0.19L_k}{1+0.19\tan\alpha} < h < \dfrac{1.58L_k}{1+1.58\tan\alpha}$	$h \geqslant \dfrac{1.58L_k}{1+1.58\tan\alpha}$
中间型刚度	$\dfrac{0.19L_k}{1+0.19\tan\alpha} < h < \dfrac{6L_k}{1+6\tan\alpha}$	$\dfrac{1.58L_k}{1+1.58\tan\alpha} < h < \dfrac{6L_k}{1+6\tan\alpha}$	$\dfrac{1.58L_k}{1+1.58\tan\alpha} < h < \dfrac{24L_k}{1+24\tan\alpha}$

3 不同刚度类型直接顶的支架工作阻力与顶板下沉量的关系

由于采场直接顶在不同条件下可以呈似刚性、似零刚度和中间型刚度直接顶三种类型,因此在不同类型直接顶条件下,其支架工作阻力 P 与顶板下沉量 Δl 的关系不同。

3.1 似刚性直接顶

在似刚性直接顶条件下,顶板下沉量与老顶的位态有关,并不取决于支架的工作阻力。而老顶的位态取决于采空区矸石的充填程度和压实程度。由于老顶的回转变形为给定变形,因此支架处于给定变形工作状态,即有

$$\Delta l = L_k \sin\theta \tag{3}$$

式中,Δl 为顶板下沉量,m;θ 为老顶的回转角,(°)。

可见,老顶位态一定时,Δl 为常数。

3.2 似零刚度直接顶

在似零刚度直接顶条件下,老顶回转作用于直接顶的回转变形压力为零,因此支架的载荷与老顶的位态无关,只取决于直接顶的重量。此时支架处在给定载荷工作状态,顶板的下沉量取决于支架的刚度。在正常情况下,有

$$p = \gamma h \tag{4}$$

式中,p 为支架的支护强度,kPa;γ 为直接顶重力密度,kN/m³。

3.3 中间型刚度直接顶

当直接顶刚度为中间型时,其在老顶回转过程中的变形量介于似刚性和似零刚度直接顶之间,支架的载荷由直接顶的重量和老顶的回转变形压力两部分组成,后者则取决于直接顶的刚度。根据文献[1]及采场直接顶的承载特征,可推导出支护强度与顶板下沉量之间的关系

$$p = \gamma h + \frac{E'(L_k - h\tan\alpha)^n \left(\sin\theta - \dfrac{\Delta l}{L_k}\right)^n}{(n+1)h^n} \tag{5}$$

式中,n 为系数,$n=3$。

3.4 举例分析

取单向抗压强度 $R_c=20$ MPa,$E'=124\times10^3$ kPa,$L_k=5.0$ m,$\gamma=2.0\times10^4$ N/m³,$\theta=10°,\alpha=20°$,则根据表2中 m 的判定值,得到:

当 $h=0.893$ m 时,直接顶呈似刚性状态,此时顶板下沉量取决于老顶的位态,最大下沉量 $\Delta l=L_k\sin\theta=0.868$ m。

当 $h=9.423$ m 时,直接顶呈似零刚度状态,顶板下沉量与老顶位态无关,支护强度 $p=\gamma h=188.45$ kPa。

当 0.893 m$<h<9.423$ m 时,直接顶呈中间型刚度状态,支护强度与顶板下沉量间有关系

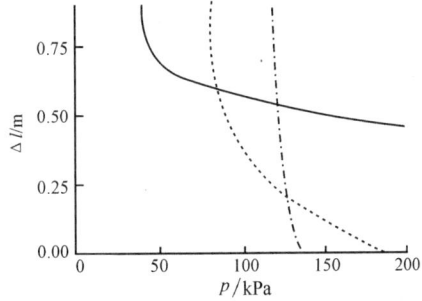

图 4 中间型刚度直接顶的 p—Δl 关系曲线

Fig. 4 p—Δl curve for immediate roof with middle stiffness

$$\Delta l=L_k\left(\sin\theta-\frac{h}{L_k-h\tan\alpha}\sqrt[3]{\frac{4(p-\gamma h)}{E'}}\right)$$

当 $h=2$、4、6 m 时,支架工作阻力与顶板下沉量的关系如图4所示。

由图4可见,直接顶厚度越小,其刚度越大,p—Δl 关系曲线越趋于似刚性状态,直接顶厚度越大,其刚度越小,p—Δl 关系曲线越趋于似零刚度状态。

4 结 论

通过对采场直接顶结构力学特性及其刚度的分析,可得出如下主要结论:

(1)采场直接顶的整体强度与其破断形状密切相关。直接顶厚度越大,其稳顶性越差,整体强度越小;其失稳方式主要为稳定发展的剪胀性破坏和不稳定的脆性破坏。

(2)由采场直接顶的结构力学特性,可按刚度将其分为似刚性直接顶、似零刚度直接顶和中间型刚度直接顶三类。

(3)采场直接顶的刚度是由其弱化弹性模量 E' 和几何稳定性系数 m 决定的。对于一定强度的直接顶,几何参数不同时,直接顶刚度可呈现不同的类型,因而表现出不同的力学特性。

(4)支架工作阻力与顶板下沉量呈近似双曲线关系是在中间型刚度直接顶条件下支架与直接顶共同作用的结果。在直接顶为其他刚度类型时,支架工作阻力与顶板下沉量之间不具有近似双曲线关系。

参 考 文 献

[1] 钱鸣高,缪协兴,何富连.采场支架与围岩耦合作用机理研究[J].煤炭学报,1996,21(1):40-44.
[2] 钱鸣高,何富连,王作棠,等.再论采场矿山压力理论[J].中国矿业大学学报,1994,Z3(3):9-11.
[3] 刘长友.采场直接顶整体力学特性及支架围岩关系的研究[D].徐州:中国矿业大学采矿系,1996.
[4] 李先炜.岩体力学性质[M].北京:煤炭工业出版社,1990.

Structural Mechanics Characteristics and Stiffness of Immediate Roof for Coal Faces

Liu Changyou   Qian Minggao   Cao Shenggen   Miao Xiexing

（Department of Mining Engineering，CUMT，Xuzhou 221008 ）

Abstract：The structural mechanics characteristics of immediate roof for coal faces are analyzed，and the calculating method of the stiffness of immediate roof is presented. Based on its stiffness, immediate roof is classified as rigid, zero stiffness and middle-stiffness types. In addition，the method of stillness determining is presented and the relation between the resistance of support and the amount of roof convergence for immediate roof with different stiffness is discussed.

Keywords：immediate roof；stiffness；classification；resistance of support；roof convergence

采场支架—围岩关系新研究[①]

曹胜根 钱鸣高 刘长友 缪协兴

(中国矿业大学)

摘 要：以砌体梁结构的"S-R"稳定理论为指导,运用相似模拟试验和数值计算等方法,研究了采场直接顶岩体的受力边界条件、位移场分布特征和 p—Δl 关系曲线。视直接顶为可变形体,得到传统的 p—Δl 双曲线关系并不适用于厚度为 6 倍采高时的直接顶。本文的研究结果是对传统支架围岩关系的补充和完善。

关键词：砌体梁；"S-R"稳定理论；p—Δl 关系曲线；支架—围岩关系

支架—围岩间的相互作用是工作面矿压控制的基本理论问题,国内外学者对此进行了大量的卓有成效的工作[1-3]。支架工作阻力 p 与顶板最终下沉量 Δl 之间的关系是支架—围岩关系的最终特征值表现,它反映了支架与围岩间相互作用的力学机理,同时又把支架与围岩有机联系在一起。从现场实测、实验室研究得到的 p—Δl 关系是一近似的双曲线,即在一定的工作阻力以上,支架工作阻力的增加对顶板下沉量影响较小,但低于此值时影响极大。

随着综放开采技术在我国的迅速发展,煤层采出厚度的增大,传统的确定支架工作阻力的方法和在综放面的实测结果相差较大,文献[4]对此进行了分析。既然传统的确定支架工作阻力的方法不适用于综放开采,那么传统的 p—Δl 双曲线关系是否还适用于综放开采呢? 或者说直接顶厚度成倍增加以后,p—Δl 关系是否还是双曲线? 本文对此进行了探讨。

1 "砌体梁"结构的"S-R"稳定理论[5,6]

"砌体梁"的关键块体结构有两种失稳形式:滑落失稳和转动变形失稳。

由力学分析,可得"砌体梁"结构不致发生滑落失稳的条件为

$$\delta + \delta_1 \leqslant \sigma_c \left(\tan \varphi + \frac{3}{4} \sin \theta_1 \right)^2 \Big/ 30\rho g$$

结构不致发生回转变形失稳的条件为

$$\delta + \delta_1 \leqslant 0.15\sigma_c \left(i^2 - \frac{2}{3} i \sin \theta_1 + \frac{1}{2} \sin^2 \theta_1 \right) \Big/ \rho g$$

式中,δ,δ_1 分别为结构层及载荷层厚度；σ_c 为岩层单向抗压强度；ρ 为岩层密度；$\tan \varphi$ 为

---

① 本文发表于《煤炭学报》,1998 年第 6 期,第 575～579 页。

块间摩擦因数；θ_1 为回转变形角；i 为岩块的厚长比，即 $i=\delta/l$。

随着回采工作面推进，上覆岩层所形成的"砌体梁"的稳定性主要受关键块所控制。它既要防止在 θ_1 较小且岩层刚断裂时可能形成的滑落失稳，又要防止在 θ_1 增大时咬合点挤碎而形成的转动变形失稳。在满足这两个条件下的"砌体梁"结构才是稳定的，因而称之为"砌体梁"结构的"S-R"稳定理论。

2 直接顶岩层破断角

现场实测结果表明[7]，煤壁对上覆岩层的活动存在影响角 α，如图 1 所示。

英国学者威尔逊在估算顶板压力时[1]，考虑了直接顶的形状。他认为，直接顶形状由其破断角 α 决定。由此，在支架围岩关系研究中，直接顶的破断角 α 是一个非常重要的因素，它直接决定了直接顶的形状及其边界条件。

图 1 直接顶岩层破断线

Fig. 1 Breakage line of the immediate roof

2.1 相似模型设计

(1) 老顶边界条件——将老顶砌体梁结构简化成三铰拱结构形式。在工作面推进过程中，老顶的超前断裂位置和给定变形量都事先给定。

(2) 模型支架——采用小千斤顶模拟液压支柱，并在供油系统中安设截止阀、安全阀和压力表。千斤顶中初始压力的大小通过压力表显示。截止阀关闭后，当顶板压力反作用于支架时，被封闭的油路压力增大，实现增阻。油路中安全阀可调至不同的开启压力值，从而模拟不同的支架工作阻力。

(3) 模型设计 取几何相似比为 1:15（线比），直接顶的强度分两种情况：坚硬岩体（$R_c > 80$ MPa）和软弱岩体（$R_c < 20$ MPa）。对于坚硬岩层，还考虑了不同的直接顶厚度（2 倍采高、4 倍采高、6 倍采高）。

2.2 试验结果分析

(1) 软弱直接顶——当老顶之上千斤顶加载时，在支架上方直接顶内和老顶断裂线位置处同时出现垂直裂隙，但上下没有贯通。随工作面的推进，裂隙逐渐增多，支架后部直接顶垮落，在支架尾部正上方出现一不规则的垂直裂缝，裂缝间距平均 15 mm，到图 2(a)位置时，工作面已推过老顶断裂线，支架后面直接顶垮落成大小不等的松散块体，支架上方垂直裂隙也进一步发展，老顶断裂线下方的垂直裂隙逐步发展到煤壁附近。此时可将这条不连续的裂隙看做煤壁对上覆岩层的影响线。通过测算，影响角的大小 $\alpha = 83°$。

(2) 坚硬直接顶——在开始位置加载时，直接顶内没有裂隙出现。随工作面的推进，支架后部出现一贯通到老顶的裂缝，但在支架上方很少有裂缝出现，支架后部直接顶规则垮落，老顶断裂线位置处出现斜向下部的倾斜裂隙，至图 2(b)位置时，这一倾斜裂隙贯通至煤壁处，支架后部出现一倾斜贯通裂隙，采空区直接顶呈规则块体状冒落。经测算，坚硬直接顶条件下煤体对上覆岩层影响角 $\alpha = 49°$，远远小于软弱直接顶条件下的影响角。

上述试验结果是在直接顶厚度为 2 倍采高条件下得到的，通过进一步变化直接顶厚度的试验，发现对于坚硬直接顶，随其厚度的增加，其破断角有一极限值。直接顶顶部破

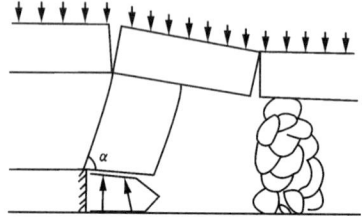

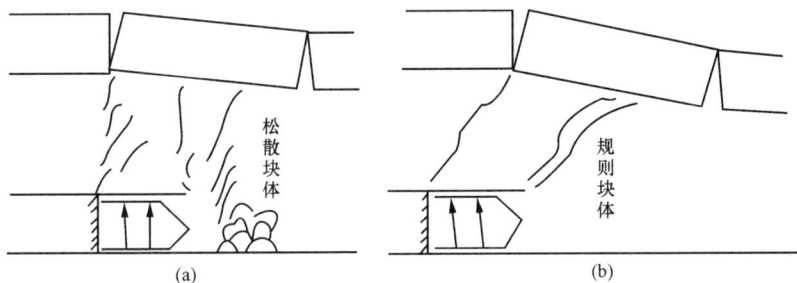

图 2　直接顶内裂隙分布

Fig. 2　Fracture distribution in the immediate roof

（a）软弱直接顶；（b）坚硬直接顶

断的极限位置是在支架尾部垂直正上方，而不可能出现在此位置之后。具体试验结果为，坚硬直接顶厚度为 4 倍采高时，α 基本和 2 倍时一样；当厚度为 6 倍采高时，直接顶的破断角就处在极限位置，此时 $\alpha = 60°$。

3　p—Δl 关系曲线

采用 FLAC 程序分析了直接顶为 2 倍采高（3 m）、4 倍采高（6 m）、6 倍采高（9 m）等 3 种情况下的 p—Δl 曲线。以图 1 所示的模型为计算力学模型，采场直接顶范围网格划分较细（0.5 m×0.5 m），其余则采用大网格，模型上边界载荷按 300 m 采深模拟，底边界固定，左右边界水平方向固定，以老顶的给定变形为上边界条件。计算时每一模型分别考虑了 5 种支护反力和 3 个不同的老顶回转角。

3.1　直接顶内位移场分布特征

取直接顶的两个层位进行研究。上层位距老顶岩层 1 m，下层位距煤层 1 m。3 种不同厚度直接顶岩层上下层位垂直位移分布曲线如图 3 所示（上面一组曲线为上层位，下面一组曲线为下层位）。由图可以看出：

（1）沿空顶区方向从煤壁向采空区方向垂直位移量逐渐增大，直接顶受老顶的给定变形特征的影响非常明显。

（2）在 2 倍和 4 倍采高直接顶厚度条件下，整个直接顶区域内的位移分布都受到支护阻力的影响，当支护阻力增大时，直接顶内每个节点的位移值都会减少，反之则增大；同时老顶的回转变形也将影响到从上位到下位的直接顶的位移。

（3）在 6 倍采高直接顶厚度条件下，上位直接顶位移分布只受老顶回转角的影响，支护阻力的改变不影响各点位移大小，下位直接顶的位移分布则主要受支护阻力的影响，老顶回转角的变化对其影响不大。这说明支护阻力或老顶的回转角都不能影响到整个直接顶内位移分布情况，支护阻力只对下位有影响，老顶回转变形只对上位有影响，老顶的回转变形经直接顶吸收以后，对支架产生不了作用。这是 6 倍采高直接顶支架围岩关系中不同于 2、4 倍采高直接顶的地方。

3.2　支护阻力—顶板下沉量关系

通过计算得到不同支护阻力时顶板下沉量的值，将它们进行回归，得到图 4 所示的曲线。

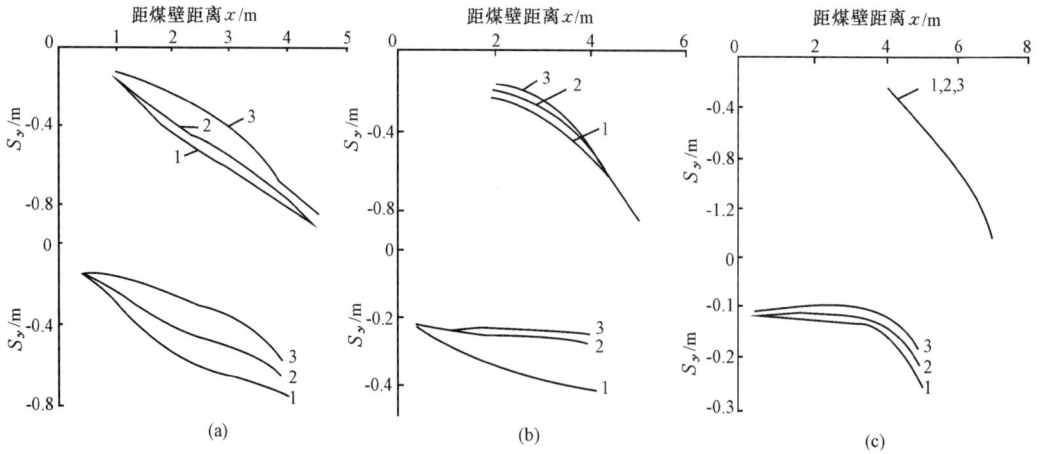

图 3   直接顶内位移分布曲线

Fig. 3   Displacement distribution in the immediate roof

(a) 2 倍采高直接顶，$\theta = 10°$；1～3——$p = 120$、160、300 kN/m²；

(b) 4 倍采高直接顶，$\theta = 15°$；1～3——$p = 140$、220、300 kN/m²；

(c) 6 倍采高直接顶，$\theta = 20°$；1～3——$p = 180$、260、360 kN/m²

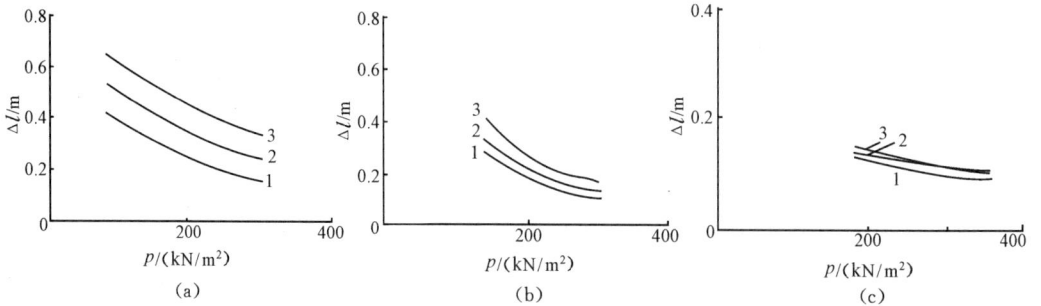

图 4 p—Δl 关系曲线

Fig. 4 p—Δl curve

(a) 2 倍采高直接顶；1～3——$\theta = 5°$、$7.5°$、$10°$；(b) 4 倍采高直接顶；1～3——$\theta = 7.5°$、$10°$、$15°$；

(c) 6 倍采高直接顶；1～3——$\theta = 7.5°$、$15°$、$20°$

　　由上述曲线可以看出，2 倍和 4 倍采高直接顶的 p—Δl 曲线是一近似的双曲线，这与以前的调压试验以及在国内外实测统计得到的 p—Δl 曲线非常类似。6 倍采高直接顶的 p—Δl 曲线，其双曲关系不明显或者说是在曲率最大点之下的一段双曲线（曲线上没有曲率最大点），这段曲线非常平缓，即支护阻力的改变对顶板下沉量的影响很小。

　　由上节的内容可知，老顶的回转在直接顶厚度为 6 倍采高时影响不到最下位直接顶的位移，而在 2、4 倍采高时却能够影响到最下位的直接顶的位移。支架的工作阻力由直接顶的重量和老顶的给定变形压力两部分组成。当直接顶厚为 6 倍采高时，老顶的给定变形压力全部由直接顶内部吸收，传递不到支架上，因而在求算支架工作阻力时，老顶的给定变形压力可以看成零，支架只需承受直接顶岩层的重量。这是 6 倍采高直接顶的

p—Δl 曲线不同于 2、4 倍采高直接顶的原因所在。

近年来对综放开采的研究表明,传统的以采高的倍数来确定支架工作阻力的方法并不适用于综放支架。通过进一步的分析,在综放工作面,由于顶煤的存在,使得直接顶(含顶煤)厚度成倍增加。这样,综放开采工作面的支架—围岩关系就不同于一般的非综放开采工作面。正是由于它们的 p—Δl 曲线变化规律的不同,使得传统的确定支架工作阻力的方法不能应用到综放支架。新的综放支架工作阻力确定方法[4],充分考虑到这种差异,得出的计算公式与现场实测结果较为吻合。

从 p—Δl 关系曲线还可看出,在 3 种直接顶厚度条件下,老顶回转角的改变只是改变了顶板下沉量的绝对值,并没有改变整个曲线的形状,即老顶的位态不会改变 p—Δl 关系曲线的整体规律,支架工作阻力与顶板下沉量关系的实质是由支架与直接顶相互作用的结果,采场支架工作阻力并不能改变上覆岩层的总体活动规律。这一结论对所有类型直接顶均适用。

4　结　论

(1) 现场实测和实验室相似模拟试验均表明,煤壁对上覆岩层的活动存在影响角 α,即直接顶存在破断角 α,其大小与直接顶岩层的强度以及直接顶厚度有关。直接顶越坚硬,破断角越小。但随直接顶厚度的增加,对于坚硬岩层来说破断角有一极小值。

(2) 数值模拟计算结果表明,在直接顶厚度为 2 倍和 4 倍采高的条件下,老顶的回转和支架的工作阻力均可影响整个直接顶区域内的各点位移;在直接顶厚度为 6 倍采高的条件下,老顶的回转只能影响上位直接顶的位移,对下位影响很小,而支架工作阻力对上位影响则很小。

(3) 直接顶厚度为 2 倍、4 倍采高时,其 p—Δl 曲线与以前所进行的调压试验及实测统计得到的曲线非常类似;而对于 6 倍采高直接顶来说,p—Δl 曲线规律发生变化,变得非常平缓,即支护阻力的改变对顶板下沉量的影响都很小。

(4) 对所有类型直接顶来说,老顶的位态不会改变 p—Δl 曲线的整体规律,支架工作阻力与顶板下沉量关系的实质是由支架与直接顶相互作用的结果,采场支架工作阻力并不能改变上覆岩层总体活动规律。

参 考 文 献

[1]　钱鸣高,刘听成.矿山压力及其控制[M].北京:煤炭工业出版社,1991.

[2]　宋振骐.实用矿山压力控制[M].徐州:中国矿业大学出版社,1988.

[3]　奥尔洛夫 A A.机械化支架与顶板的相互作用[M].芮素生,辛镜敏,张声涛,等译.北京:煤炭工业出版社,1933.

[4]　钱鸣高,缪协兴.采场支架与围岩耦合作用机理研究[J].煤炭学报,1996,21(1):40-44.

[5]　钱鸣高,缪协兴.采场砌体梁结构的关键块分析[J].煤炭学报,1994,19(6):557-563.

[6]　钱鸣高,张顶立,黎良杰,等.砌体梁的"S-R"稳定及其应用[J].矿山压力与顶板管理,1994(3):6-10.

[7]　钱鸣高,何富连,王作棠,等.再论采场矿山压力理论[J].中国矿业大学学报,1994,23(3):1-9.

New Research About Support and Surrounding Rock Relationship in Working Face

Cao Shenggen   Qian Minggao   Liu Changyou   Miao Xiexing

（China University of Mining and Technology）

Abstract: Based on the theory of "S-R" stability for the voussoir beam, the mechanics boundary condition, the distribution feature of displacement field and the p—Δl curve of the immediate roof are analysed by using the method of simulated model test and the numerical calculation. Regarding the immediate roof in working face as deformable medium, traditional p—Δl curve is not suitable for the immediate roof which thickness equals 6 times mining height. The research results of this paper give the supplement and perfect of the traditional support and surrounding rock relationship.

Keywords:voussoir beam; theory of "S-R" stability; p—Δl curve; support and surrounding rock relationship

综放采场围岩—支架整体力学模型及分析[①]

缪协兴　钱鸣高

(中国矿业大学)

摘　要：在初步建立综放采场围岩—支架整体力学模型基础上，重点分析了采场支架与围岩耦合作用关系和基本顶刚性块的稳定性，以及关键层（基本顶）上部的载荷分布规律和其破断规律。

关键词：综放开采；围岩；支架；力学模型；关键层

近年来，综放开采技术在我国发展迅速，已成为我国厚煤层开采的主要方法。综放开采所引起的一系列新的矿压现象，促使人们对传统矿压理论进行更加深入的思考，包括建立更加完善的矿压模型，以及研究影响矿压显现的每个细节。鉴于此，在完善综放采场围岩—支架整体力学模型的基础上，初步分析了此力学模型中各单元独立或耦合状态下的力学特性。

1　采场围岩—支架整体力学模型

就综放开采而言，构成采场围岩—支架整体力学模型的基本单元与一般长壁开采工作面是相同的，即基本顶（采场覆岩中第一层关键层，其上部岩层可视作关键层上的载荷）、直接顶、支架、底板，如图1所示。但是，各单元的力学状态将有所区别。例如，基本顶：由于综放开采一次采出煤厚大于分层开采，因而形成稳定的砌体梁结构层的高度必将高于分层开采；直接顶（其中包括顶煤）：不仅直接顶的厚度大于分层开采，而且其结构的损伤破碎程度也比分层开采严重；支架：不仅综放支架结构较分层综采支架复杂，而且，由于受放煤等影响，综放支架受力更加复杂，并受动载影响更严重；底板：综放采场底板的完整性较分层要好。

根据综放采场围岩—支架整体力学模型中各单元的受力状态和结构特性，可将其简化为相应的受力体（图1）。① 基本顶，可简化为刚体，在整体力学模型中起主动力作用，给定整个系统转动和滑移变形；② 直接顶，可简化为损伤或破碎体，其作用有二：一是给支架加载，二是传递基本顶对支架的作用力；③ 在考虑到支架安全阀启动情况下，可将支架简化为弹性—滑移体，采场支架为采场矿压控制的主体，既要维护生产空间和围岩稳定性，又要能放落顶煤；④ 底板，可简化为弹性体或刚体。如用数值法分析力学模型，可将

---

① 本文发表于《煤》，1998 年第 8 期，第 1～5 页。

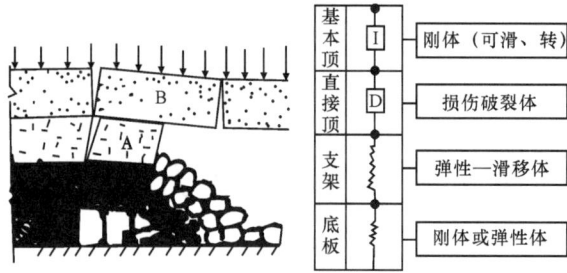

图 1　综放采场围岩—支架整体力学模型与单元

其视为弹性体;如作理论分析,考虑到综放底板较为完整,可将其简化为刚体。

在综放采场围岩—支架整体力学模型分析中,基本顶单元和直接顶单元是研究的关键问题。基本顶单元相对其他各部分而言,它对系统的作用是主动的,而且是相对独立的。基本顶作为覆岩中的第一关键层,要形成稳定的砌体梁结构,它的刚性转动量是有一定范围的,其作用于直接顶,称为“给定变形”。

对于直接顶单元,在综放开采情况下,考虑到顶煤的可放性,其部分介质必定进入破碎状态。破碎状态介质的力学特性描述不仅是本项研究的难点,而且也是固体力学研究的难点。如在非综放开采情况下,视具体采矿地质条件的不同,将直接顶简化为刚体、弹性体、弹—塑性体、塑性体、损伤体、破碎体等都是可能的。

鉴于综放采场围岩—支架整体力学模型分析的复杂性,现只介绍本项研究的一些初步结果。

2　采场支架受力与直接顶下沉 p—δ 关系

根据放顶煤采场支架工作阻力实测结果可以推测,直接顶的重量将由支架承受,但对基本顶(图 1 中的 B 块)转动并通过直接顶对支架形成的挤压变形压力则与直接顶的整体力学性质有关。

基本顶砌体梁结构前后的两个主要支撑点是煤壁与采空区的矸石,同时基本顶不会因支架的支承而造成反向运动,考虑到直接顶的破断角,基本顶下沉是绝对的,并以“给定变形”的形式作用于直接顶,故称这部分支架载荷为给定变形压力。在此,以图 1 的结构模型来推导给定变形压力的计算公式,直接顶的受力状态如图 2 所示。

由图 2 可知,$P=F_z\cos\alpha$,$F=F_z\sin\alpha$,在支架与直接顶的摩擦面上有 $F\leqslant fp$(f 为摩擦因数),即 $\tan\alpha\leqslant f$。若取 $f=0.3\sim0.5$,则 $\alpha\leqslant16.7°\sim26.6°$,若 α 超过此限定范围,直接顶的平衡必须由采空区或断裂面上的附加压力来维持。根据矸石是否充满采空区,传递给支架的力有可能大于直接顶重量与给定变形压力之和,也可能小于它。

如直接顶为线弹性介质,则给定变形压力见图 3 实线。

但是,随着工作面的推进与基本顶岩块的转动,直接顶将处于较为破碎状态,并非简单的线弹性介质。支架与基本顶对直接顶的作用实质上是一挤压过程,因而可看成为压实过程,压实曲线的表达形式为 $\sigma=K\varepsilon^n$,其中,K 为压实系数;n 为压实指数,对于破碎直接顶可取 $n=3$,对于完整顶板 $n=1$(此时为弹性状态)。

根据实测情况,对于较为破碎的直接顶,$K\approx1$ GPa,给定变形压力的分布情况见图 3 中虚线,其合力 p 为:

$$p = b\int_0^l \sigma \mathrm{d}x = bK\int_0^l \varepsilon^n \mathrm{d}x \tag{1}$$

将 $\varepsilon = x\sin(\theta-\theta_1)/\sum h$,代入上式得 $p = bKl^{n-1}\sin(\theta-\theta_1)/(n+1)(\sum h)^n$。这样,考虑直接顶为松散介质后的支架最大工作载荷为:

$$Q_{gm} = lb\rho\sum h + bKl^{n+1}\sin(\theta-\theta_1)/(n+1)(\sum h)^n \tag{2}$$

根据国内外现场实测和实验室模拟测定,支架工作阻力与工作面顶板下沉的统计关系类似于双曲线关系,为了与统计系数相对应,将支架载荷 Q_{gm} 转化为支架单位支护面的平均载荷 $p_m = Q_{gm}/lb$,直接顶的回转平均下沉量用 $\delta_1 = \Delta_1/2$ 表示,则

$$p_m = \rho\sum h + \frac{Kl^n\sin(\theta-\theta_1)}{(n+1)(\sum h)^n} \tag{3}$$

在式(3)中,假设 $l=5$ m,$\rho=2\times10^3$ kg/m^3,当 $n=3$ 时,取 $K=1$ GPa,则 p_m—δ_1 关系曲线如图 4 所示。

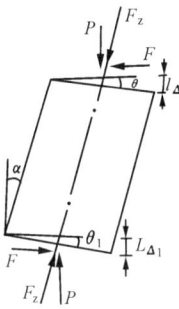

图 2　给定变形压力计算模型

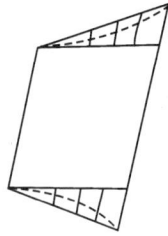

图 3　给定变形压力的分布规律

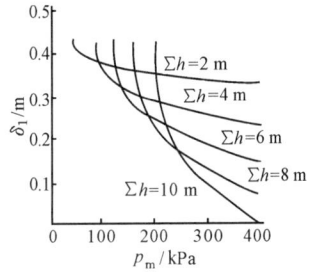

图 4　p_m—δ_1 关系曲线

p_m—δ_1 实为近似抛物线关系,在有关参数可能的取值范围内,p_m—δ_1 关系曲线形状上类似于双曲线,如果考虑到顶板下沉系数转化等原因,p_m—δ_1 关系与实际统计结果是完全吻合的。

3　基本顶刚性块的稳定性条件

由文献[1]可知,随着回采工作面的推进,上覆岩层所形成的砌体梁结构的稳定性主要与刚性块 B 的几何状态有关,它既要防止 δ 较小时(岩层断裂初期)可能形成的滑落(Sliding)失稳,又要防止在 θ 增大时咬合点挤碎而形成的转动(Rotation)变形失稳,在满足这两个条件下的砌体梁结构才是稳定的,因而称之为砌体梁结构的 S-R 稳定理论。根据图 5,其平衡条件为:

$$h + h_1 \leqslant \frac{\sigma_c}{30\rho g}\left(\tan\varphi + \frac{3}{4}\sin\theta\right)^2 \tag{S 条件}$$

$$h + h_1 \leqslant \frac{0.15\sigma_c}{\rho g}\left(i^2 - \frac{3}{2}i\sin\theta + \frac{1}{2}\sin^2\theta\right) \tag{R 条件}$$

由此在图 5 中可找到结构保持 S-R 稳定的范围及其相应 θ 角。S-R 条件中,h 为基本

顶岩块的高度,h_1 为基本顶上部的载荷层高度,σ_c 为基本顶的抗压强度。

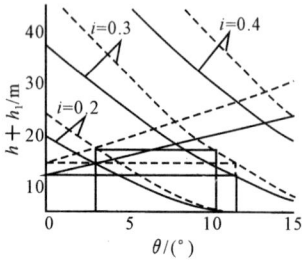

图 5　结构承载厚度($h+h_1$)
与回转角(θ)的关系

由图 5 可知,影响滑落失稳的关键是此结构负荷的岩层厚度($h+h_1$)。例如以 $\sigma_c=60$ MPa 计,仅为 7.2 m,影响转动变形失稳的关键是回转角 θ,而此回转角的大小最终将决定于

$$\sin\theta=\frac{1}{l}\left[m-\sum h(K_p-1)\right] \quad (4)$$

因此,若采高 m 越小,直接顶高 $\sum h$ 越大,且基本顶块长 l 又比较长时,不易产生转动变形失稳。

此时,根据采区岩层柱状分层性质及其采高,就可对稳定性作出判断:① 当 $h+h_1$ 不能满足式(S 条件)时,应防止工作面沿煤壁的顶板切落,加强支柱的初撑力以防止工作面出现压垮型事故;② 当最终回转角超出变形稳定范围时,例如 $\sum h/m$ 过小或采高过大时,则应注意支柱刚度的调节,以保证支架有足够的稳定性,防止工作面发生推垮型事故。

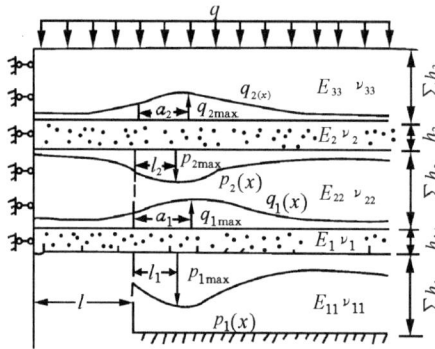

图 6　采场覆岩力学模型

l——采空区长度的一半;$\sum h_1$——采场底板到第一层坚硬岩层的高度;
$\sum h_2$——第一层坚硬岩层到第二层坚硬岩层的高度;$\sum h_3$——第二层坚硬岩层到表土层的高度;
$p_1(x),p_2(x)$——第一、二坚硬岩层下部的支承压力;l_1,l_2——p_{1max},p_{2max}到煤壁的距离;$q_1(x)$,
$q_2(x)$——第一、二层坚硬岩层上部的载荷,a_1,a_2——q_{1max},q_{2max}到煤壁的距离;
q——表土层对基岩的作用力,此处视为均布载荷(取表土层高度 $h=100$ m,密度 $\rho=2\,000$ kg/m³,则 $q=2$ MPa);
E_1,E_2,ν_1,ν_2——第一、二层坚硬岩层的弹性模量和泊松比;$E_{11},E_{22},E_{13},\nu_{11},\nu_{22},\nu_{33}$——第一层坚硬岩层下部软岩层、第一层与第二层坚硬岩层之间软岩层、第二层上部软岩层的弹性模量和泊松比

4　关键层上的载荷与支承压力分布规律

4.1　采场覆岩的力学模型

为了对采场覆岩内应力进行定量分析,判断关键层的破断规律,需要明确采场覆岩的力学模型。在此考虑较为简单的覆岩结构,即假设采场覆岩力学模型如图 6 所示。图中,采场覆岩中具有两层坚硬岩层,仅考虑采场覆岩处于初次来压前。由于对称性,可以取覆岩的一半进行力学分析。

假定图 6 状态为模型 Ⅰ,如果第一层关键层 h_1 发生断裂而垮落,则第一层关键层与第二层关键层之间的软弱夹层 $\sum h_2$ 也同时垮落。这时,第二层关键层 h_2 下部与虚线左侧部分的岩体去掉,此状态为模型 Ⅱ。再在模型 Ⅱ 上分析第二层关键层内的应力,判断它是否达到极限状态。

4.2　关键层上的载荷与支承压力分布规律

通常把关键层上部的垂直压力称为载荷,把下部的垂直支承力称为支承压力。传统的矿压分析中,常把关键层上的垂直压力简化为均匀分布载荷,而把下部软岩层的支承作用简比为 Winkler 弹性地基,忽略垂直方向的剪切作用[2]。如果要较准确而全面地分析采场覆岩的整体力学特性和活动规律,这样的简化显然是不能满足实际要求的。在关键层理论模型的框架内,考虑了岩层的分层几何和力学性质变化,运用有限元数值分析方法,较系统地分析了软岩层几何和力学特性对关键层上的载荷和支承压力分布的影响。

在文献[3]中,由有限元分析表明,当受采动影响后,关键层上部层岩的作用一般不可视作均布载荷,它类似于支承压力,是非均匀分布的;也有载荷峰值,载荷峰值一般是平均载荷的 1.2 倍左右,与最小值之比一般大于 6。关键层上的载荷分布和支承压力分布规律都与软弱夹层的厚度和硬度有关,软弱层越薄或越硬,关键层上载荷和支承压力的峰值越高,并且峰值位置越靠近煤壁。软弱层越厚或越软,关键层上载荷和支承压力的峰值越低,并且峰值位置越远离煤壁。在此,以固定 $\sum h_1$、$\sum h_3$,改变两坚硬层之间的软岩层高度 $\sum h_2$ 为例,说明这种变化规律。

根据一般煤系岩层的几何和力学特性参数,在关键层上载荷和支承压力与软岩层厚度的关系分析中,假定两层硬岩层弹性模量为 $E_1 = E_2 = 30$ GPa,泊松比 $\nu_1 = \nu_2 = 0.3$,高度为 $h_1 = h_2 = 5$ m;软岩层的弹性模量为 $E_{11} = 3$ GPa,$E_{22} = E_{33} = 10$ GPa,泊松比为 $\nu_{11} = \nu_{22} = \nu_{33} = 0.3$;采空区长度 $L = 25$ m。

在模型 Ⅰ 上利用有限元数值计算可得 $q_1(x)$、$q_2(x)$、$p_1(x)$、$p_2(x)$ 的变化规律,变量 x 为模型左侧到任一点的水平距离。为了消除量纲的影响,将 $q_1(x)$、$q_2(x)$、$p_1(x)$、$p_2(x)$ 分别除以该层面上垂直应力的平均值,并用相应的无量纲量 $\tilde{q}_1(x)$、$\tilde{q}_2(x)$、$\tilde{p}_1(x)$、$\tilde{p}_2(x)$ 表示,即 $\tilde{q}_1(x) = q_1(x) / [q + \rho(\sum h_3 + \sum h_2 + h_2)]$,$\tilde{q}_2(x) = q_2(x) / [q + \rho \sum h_3]$,$\tilde{p}_1(x) = p_1(x) / [q + \rho(\sum h_3 + \sum h_2 + h_1 + h_2)]$,$\tilde{p}_2(x) = q_2(x) / [q + \rho(\sum h_3 + h_2)]$。

在计算中,取 $\sum h_1 = 15$ m,$\sum h_3 = 100$ m,$\sum h_2$ 以如下规律变化:5、10、15、20、25 m。有关 $\tilde{q}_1(x)$、$\tilde{q}_2(x)$、$\tilde{p}_1(x)$、$\tilde{p}_2(x)$ 的特征参数如表 1 所列。其中 $\tilde{q}_z(x)$ 曲线与 $\sum h_2$ 的关系如图 7 所示,$\tilde{p}_2(x)$ 曲线与 $\sum h_2$ 的关系如图 8 所示。

表 1　关键层上的载荷和支承压力与 $\sum h_2$ 的关系

参　　数	$\sum h_2 / \text{m}$				
	5	10	15	20	25
$\tilde{q}_{1max}$	1.162	1.197	1.206	1.250	1.272
a_1 / m	30	30	30	35	35
$\tilde{q}_{1min}$	0.257	0.232	0.222	0.225	0.233
$\tilde{q}_{2max}$	1.248	1.232	1.218	1.205	1.194
a_2 / m	45	45	50	55	55

续表 1

参　　数	$\sum h_2/\text{m}$				
	5	10	15	20	25
$\tilde{q}_{2\min}$	0.391	0.441	0.472	0.513	0.554
$\tilde{p}_{1\max}$	1.463	1.506	1.541	1.573	1.604
l_1/m	10	10	10	10	10
$\tilde{p}_{2\max}$	1.443	1.379	1.357	1.322	1.294
l_2/m	20	25	30	35	40
$\tilde{p}_{2\min}$	−0.174	−0.106	−0.047	0.034	0.118

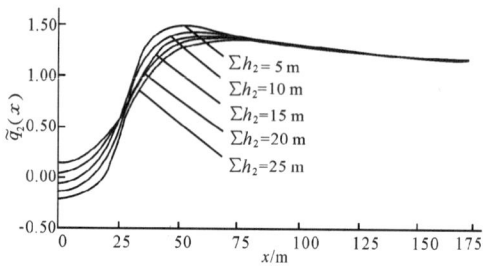

图 7　$\tilde{q}_2(x)$ 与 $\sum h_2$ 的关系

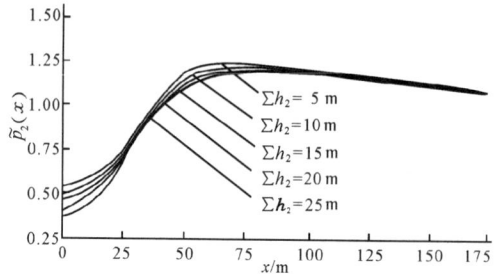

图 8　$\tilde{p}_2(x)$ 与 $\sum h_2$ 的关系

5　关键层的破断规律

5.1　关键层破断与软弱夹层厚度的关系

根据一般煤系岩层的几何和力学特性参数,在分析关键层破断与软弱夹层厚度的关系以及有关采动覆岩模型Ⅰ和模型Ⅱ的有限元计算中,几何和力学参数的选择与前面关键层上的载荷分布规律分析时相同。这里,取 $h_1=h_2=5$ m,$\sum h_1=15$ m,$\sum h_3=115-\sum h_2$,$\sum h_2/h_1$ 分别为:0.5、1、1.5、2、2.5、3,分别由模型Ⅰ计算得到的第一层关键层 h_1 内的最大拉应力 σ_{h_1}(位置在采场中部该坚硬岩层的下缘处)和模型Ⅱ计算得到的第二层关键层 h_2 内的最大拉应力 σ_{h_2}(位置在采场中部该坚硬岩下缘处),如表 2 所列。

表 2　σ_{h_1}、σ_{h_2} 与 $\sum h_2$ 的关系

$\sum h_2/\text{m}$	2.5	5	7.5	10	12.5	15
σ_{a_1}/MPa	5.12	4.54	4.38	4.37	4.38	4.42
σ_{b_2}/MPa	4.13	4.07	3.99	3.77	3.56	3.48

从表 2 可以看出,当两层坚硬岩层的层厚与力学性质相同时,对各种不同 $\sum h_2$,σ_{h_1} 均大于 σ_{h_2},说明下部坚硬岩层达到强度极限而断裂垮落后,上部坚硬岩层也不会随即达到它的强度极限而同时垮落,即第二层坚硬岩层的垮落步距要大于第一层坚硬岩层的垮落步距。根据定义,在这种情况下,第一层坚硬岩层为亚关键层,第二层坚硬岩层为主关

键层。

另外,从计算结果中还可以看出,当两层坚硬岩层靠得比较近时,将产生复合梁(或复合板)效应。这种效应为:两层坚硬岩层中的较弱层越薄,则其复合后的抗弯截面模量就越小;反之,软弱层越厚,抗弯截面模量就越大。

假设 h_1、$\sum h_2$、h_2 组成复合梁,在 $h_1 = h_2$ 的条件下,如最大弯曲应力截面上的弯矩为 M,则根据材料力学原理,最大弯曲应力:

$$\sigma_{h_1} = \frac{12E_1 M(h_1 + 0.5\sum h_2)}{E_1\left[(2h_1 + \sum h_2)^3 - \sum h_2^3\right] + E_{22}\sum h_2^3} \tag{4}$$

以 $h_1 = h_2 = 5$ m,$E_1 = E_2 = 30$ GPa,$E_{22} = 10$ GPa 为例,σ_{h_1}/M 与 $\sum h_2$ 的关系如图 9 所示。由于弯矩 M 仅取决于梁的约束条件及所受载荷,因而,图 9 实际上反映了 σ_{h_1} 随 $\sum h_2$ 的变化规律。

从图 9 中可以看到,随 $\sum h_2$ 增力,σ_{h1} 快速下降。但是,随着软弱夹层 $\sum h_2$ 的增加,其复合梁效应会越来越弱,即软弱层的"平面保持平面"能力较弱。在该算例中可以看到,当 $\sum h_2 > 5$ m,即 $\sum h_2 > h_1$ 或 h_2 后,其复合梁效应就明显减弱。

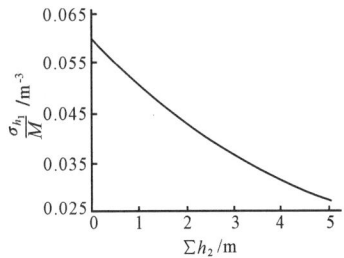

图 9 σ_{h_1}/M 与 $\sum h_2$ 的关系

5.2 关键层破断与其厚度的关系

在分析关键层破断与其坚硬岩层厚度关系时,取 $h_1 = 5$ m,$\sum h_2 = 15$ m,$\sum h_3 = 105 - h_2$,使 h_2/h_1 以如下规律变化:0.5、1、1.5、2、2.5、3。分别由模型 Ⅰ 和模型 Ⅱ 计算得 σ_{h_1} 和 σ_{h_2},如表 3 所列。

表 3 σ_{h_1}、σ_{h_2} 与 h_2 的关系

h_2/m	2.5	5	7.5	10	12.5	15
σ_{h_1}/MPa	4.57	4.42	4.28	4.15	4.07	3.99
σ_{h_2}/MPa	2.86	3.48	4.17	4.55	4.65	4.48

从表 3 可以看出,当两坚硬岩层的强度相同时,在 $h_2/h_1 \leqslant 1.6$ 时,上部坚硬岩层不会随下部坚硬岩层同时垮落,则上部坚硬岩层为主关键层,而下部坚硬岩层为亚关键层;当 $h_2/h_1 = 1.6$,上部坚硬岩层将随下部坚硬岩层同时垮落,则下部坚硬岩层就为该覆岩中唯一的关键层。这是由于上部坚硬岩层的厚度变化,对下部坚硬岩层的应力分布发生了作用。这一点,由表 3 中的 σ_{h_1} 和表 2 中的 σ_{h_1} 相比较即可得到证实,比较后可以看到,随 h_2 增加 σ_{h_1} 会有相应降低,说明随 h_2 的增加,将引起 h_1 的垮落步距增大。事实上,在本算例中,当 $h_2/h_1 > 1.6$ 时,又可以将 h_1 和 h_2 看做复合关键层,更能体现关键层在岩层活动中的控制作用。

6 结 语

综放采场围岩—支架整体力学模型也由四个单元构成,但相对而言,综放开采模型中

的各单元状态更为复杂,特别是基本顶平衡位置上移,直接顶处于破碎状态,需要在研究清楚各单元的介质状态和平衡条件的基础上,深入开展综放采场围岩—支架整体结构的力学分析。

基本顶岩块回转形成的给定变形主要与采空区处理方法及采高有关,而回采工作面顶板下沉量是由于基本顶、直接顶和支架耦合作用的结果,在综放开采条件下,支架工作载荷与采高变化关系不大,主要与顶煤和直接顶的整体力学性质有关。

基本顶刚性块的 S-R 稳定性分析表明,基本顶的稳定性与其需控岩层的范围有关,满足滑动和转动平衡是一对矛盾,因而维持基本顶岩块平衡状态的回转角被限定在一定的范围内。

关键层上的载荷与支承压力有类似的分布规律,它们均与覆岩的分层力学特性和几何特性有关。软弱夹层的刚度越大,支承压力和载荷峰值越高,其位置也越靠近煤壁。

当两坚硬岩层靠得比较近时(如 $\sum h_2 \leqslant h_1$),它们将与中间的软弱夹层组成复合梁(或复合板),起到增强岩层承载能力的效果。因此,坚硬岩层在采动覆岩中的控制作用始终存在,且相邻坚硬岩层的存在,对其关键层上的载荷分布及应力分布影响较大,上部坚硬岩层越厚,下部坚硬岩层内的应力越小,即垮落步距越大。

关键层的破断规律是由其载荷和支承压力特征所决定的,因而也与覆岩的分层力学特性和几何特性密切相关。

参 考 文 献

[1] 钱鸣高,缪协兴.采场"砌体梁"结构的关键块分析[J].煤炭学报,1994,19(6):557-563.

[2] 钱鸣高,刘昕成.矿山压力及其控制(修订本)[M].北京:煤炭工业出版社,1992.

[3] 钱鸣高,茅献彪,缪协兴.采场覆岩中关键层上载荷的变化规律[J].煤炭学报,1998,23(2):135-139.

采场直接顶承载特性研究①

刘长友　曹胜根　钱鸣高

（中国矿业大学）

摘　要：视采场直接顶为可变形介质,采用 FLAC 程序计算分析了采场直接顶厚度为不同采
高倍数时的应力场和位移场分布特征,提出了其承载的区域性特征,并把直接顶划
分为三个区域,为采场支架围岩关系的进一步研究奠定了基础。

关键词：直接顶;应力场;位移场;特性

老顶—直接顶—支架—底板组成了支架与围岩相互作用的力学体系。在这一体系
中,老顶的运动是给定的,而直接顶既是支架的直接维护对象,又是支架的施力和传力介
质,即老顶的回转变形量和作用力通过直接顶作用到支架上。因此,直接顶的力学特性对
于支架围岩关系具有重要的影响。由于直接顶是具有一定刚度的可变形介质,而非完全
刚性体[1],因此,本文从直接顶为可变形介质这一角度,利用数值计算方法分析了直接顶
的承载特性,从而为支架与围岩关系的进一步研究奠定了基础。

1　数值计算模型的建立

在支架与围岩体系中,采场直接顶受煤壁支撑及老顶断裂回转的作用而在煤壁处断
裂成具有垮落角 α 的"四边形",因此,采场直接顶呈"四边形"成为其主要特征。由于对直
接顶的分析在一般情况下以分析某变形特性为准,因此将直接顶分为2、4 及 6 倍采高三
种情况进行对分析。采高为 1.5 m。

根据问题研究的需要,采场直接顶范围用小网格划分,其余范围则用大网格划分。模
型上边界所加载荷按 300 m 采深模拟,控顶区内支护阻力由煤壁向采空区方向呈三角形
分布,最大阻力 250 kPa。模型底边界用固定边界处理,左右边界则施以一定的水平压
力。直接顶破断角为 20°,在其上老顶中一定位置用弱面处理。老顶断裂步距为 9 m。材
料本构模型为摩尔—库伦模型,变形模式为大变形。

2　采场直接顶应力场分布特征

2.1　直接顶内的应力场分布特征

图 1(a)、(b)、(c)所示分别为 2 倍采高(3 m)、4 倍采高(6 m)及 6 倍采高(9 m)厚的直

---

①　本文发表于《矿山压力与顶板管理》,1999 年第 3-4 期,第 35～39 页。

接顶内沿控顶区方向不同层位最大主应力的分布情况。由图 1 中可以得出：

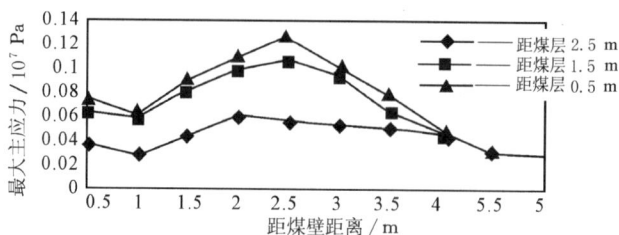

（a）直接顶厚度为 2 倍采高（3 m）时最大主应力的分布

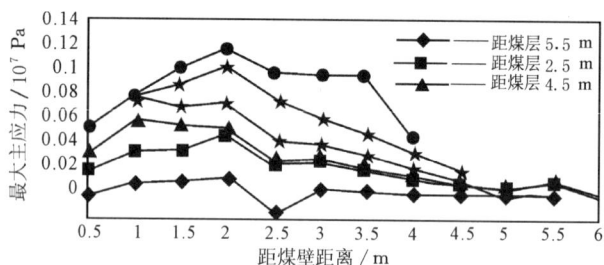

（b）直接顶厚度为 4 倍采高（6 m）时最大主应力的分布

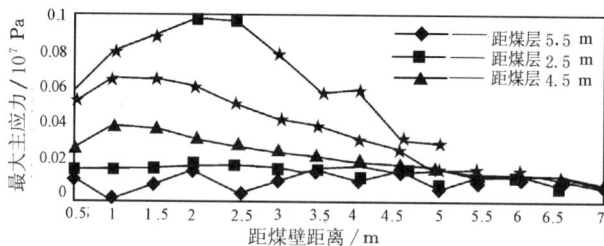

（c）直接顶厚度为 6 倍采高（9 m）时最大主应力的分布

图 1　采场直接顶最大主应力分布

（1）沿控顶区方向直接顶内的最大主应力极大值分布在四边形直接顶两个"三角形区域"之间的"矩形区"直接顶内。如直接顶厚度为 3 m 时[图 1(a)]，此范围在距煤壁 1～4 m；直接顶厚度为 6 m 时[图 1(b)]，在距煤壁 1.5～2.5 m 范围。随着直接顶厚度的增大，矩形区减小，最大主应力极大值的分布范围减小。当直接顶厚度大到一定程度，即直接顶内矩形区小于一定值时，该区直接顶不能承受老顶的回转压力，其最大主应力降低，最大主应力的极大值则转移到靠煤壁侧的三角形区域内。如直接顶厚为 6 倍采高（9 m）时，直接顶内的"矩形区"宽 0.72 m，此时最大主应力极值在距煤壁 3.5 m 之内。

（2）沿直接顶厚度方向不同层位直接顶内的最大主应力由下到上逐渐减小，相同层位的直接顶最大主应力随直接顶整体厚度的增大而减小。即直接顶厚度越大，沿厚度方向的最大主应力差越大，最大主应力的衰减幅度越大。如距直接顶上、下边界 0.5 m 处的最大主应力差在直接顶厚度为 3、6、9 m 时分别为 0.69、0.87、1.2 MPa。

（3）受支架阻力作用的影响，直接顶下部的最大主应力大于直接顶上部。

2.2 直接顶内主应力矢量的分布

采场直接顶的应力状态属低应力区。主应力矢量的方向基本与 y 轴平行,其分布范围主要在直接顶下部、直接顶中间矩形区及靠煤壁侧的三角形区域内,显然直接顶内主应力矢量的分布与直接顶内不同区域的承载能力及支护反力有关。

3．采场直接顶位移场分布特征

图 2(a)、(b)、(c)分别是厚度为 3、6、9 m 直接顶内控顶区方向的垂直位移变化。

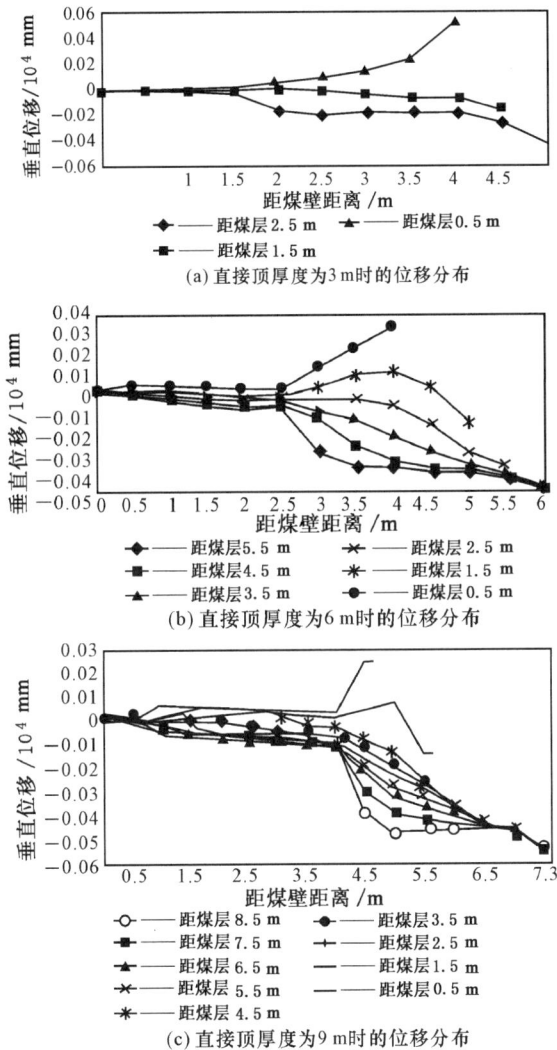

(a) 直接顶厚度为 3 m 时的位移分布

(b) 直接顶厚度为 6 m 时的位移分布

(c) 直接顶厚度为 9 m 时的位移分布

图 2 采场直接顶内垂直位移变化

由图 2 可见,控顶区范围内下位直接顶的垂直位移量随直接顶厚度的增大而减小。如距煤层 2.5 m、位于最大控顶距(4 m)处的顶板,其垂直位移量在直接顶厚度为 3、6、9 m 时分别为 200、50、30 mm。直接顶厚度为 9 m 时,在最大控顶距 4 m 处为垂直位移的突变点,控顶区以外位移量很大,控顶区以内上位顶板的位移量较小且变化平缓。直接顶厚度为 6 m 时,在控顶区内距煤壁 2.5 m 处为位移突变点,之外垂直位移量很大,之内则位移较小。直接顶厚度为 3 m 时,控顶区内距煤壁 1.5 m 处为位移突变点。可见,随着直接顶厚度减小,控顶区内直接顶位移量增长的范围扩大,而位移量变化小的范围则是四边形直接顶靠煤壁侧的三角形区域。说明采场四边形直接顶随着其厚度或垮落角的不同,其承载或传力的能力及范围是不同的。

4 采场直接顶承载特性分析

由上述采场直接顶内的应力场及位移场分布特征可以得出:

(1)直接顶内的最大主应力极大值分布在直接顶的"矩形区"内。随直接顶厚度的增大,"矩形区"的减小,最大主应力极大值的分布范围减小,并向靠煤壁的"三角形区"转移,而直接顶内发生位移的范围增大。

(2)直接顶厚度越大,沿厚度方向的最大主应力差越大,最大主应力的衰减幅度越大,直接顶上部与下部间的"非位移区"范围越大。直接顶的位移主要是其上部"外三角形区"顶板向采空区的位移。

(3)采场直接顶的应力状态为低应力区,支架阻力对下位直接顶内的应力状态有较大影响。

(4)随直接顶厚度的减小,控顶区方向发生位移的范围增大,位移增长量增大。

(5)靠煤壁侧的"三角形区"内的应力及位移变化相对较小。

可见,直接顶内的应力场及位移场分布具有区域特征,并受直接顶厚度及破断角的影响。直接顶的承载范围主要在四边形直接顶中间的"矩形区"内。因此,作为施力和传力介质的直接顶,除了作为静载施加给支架外,在传递老顶回转变形压力到支架上时,其传力的效果则与直接顶内"矩形区"的范围和力学特性有关。因此,直接顶内不同的区域具有不同的承载特性和传力效果,

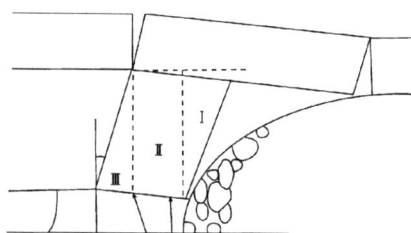

图 3 采场直接顶分区示意图

直接顶的几何形状不同,将表现为不同的整体力学特性。据此,把四边形直接顶分为图 3 所示的三个区,即 I 区非承载区(非传力区)、II 区承载区(传力区)和 III 区弱承载区(弱传力区)。

5 主要结论

(1)采场直接顶作为支架与围岩体系中的中间介质,在施加静载荷予支架的同时,还传递老顶的作用力,因此其承载特性对于支架与围岩关系具有重要影响。

(2)采场直接顶内的最大主应力峰值分布在"矩形区"内,其宽度将随直接顶厚度的增大而减小,当直接顶厚度大于某一值时,最大主应力峰值转移到靠煤壁侧的"三角形"区域内,老顶回转变形压力主要通过矩形体向下传递。直接顶越厚,上下位直接顶间的应力差越大,最大主应力的衰减幅度越大。

(3)采场直接顶的位移场主要分布在靠采空区侧的"三角形"区域,直接顶厚度越大,

该范围内的位移量越大,位移场的分布范围越大,而该范围以外的直接顶沿厚度方向上的位移递减梯度增大。

（4）采场直接顶的承载具有区域性,根据直接顶的应力场和位移场分布特征,可将其分为非承载区、承载区和弱承载区。直接顶的承载特性主要是由承载区决定的,该区的力学特性反映了整个采场四边形直接顶的力学特性。

参 考 文 献

[1] 刘长友.采场直接顶整体力学特性及支架围岩关系的研究[D].徐州:中国矿业大学,1996.

[2] 刘长友,钱鸣高,曹胜根.采场支架与围岩系统刚度的研究[J].矿山压力与顶板管理,1998(3).

Mechanical Characteristics of the Immediate Roof in Working Face and Working Resistance of Supports[①]

Cao Shenggen   Qian Minggao   Liu Changyou   Xu Jialin

(China University of Mining and Technology, Xuzhou, People's Republic of China)

ABSTRACT: Based on numerical modeling and field observation, this paper analyzes displacement distribution, the $P-\Delta l$ curve as well as support controlling effect on immediate roof in long wall top-coal caving(LTC) technology. FLAC and UDEC software is used for modeling. The relationship between support and surrounding rock of different immediate roof thickness is also studied in detail.

1   INTRODUCTION

With rapid development of long wall top-coal caving(LTC) technology, it is found out that support resistance of field observation in LTC is quite different from that predicted by traditional methods adopted in slice mining system. The reason is that immediate roof has been always regarded as rigid body in the traditional methods over a long period of time. However, recent research shows that the load acting upon the support is composed of two parts, one is from the weight of mediate roof while the other is from the given deformation pressure which depends on main roof rotation angle and mechanical characteristics of immediate roof. As well known that the relation of $P-\Delta l$ represents interacting mechanism of support and surrounding rock. In traditional long wall slice mining, $P-\Delta l$ curve obtained from both field measurements and lab tests is similar to a hyperbola, which means that increasing working resistance, when it reaches a set value, has little influence on roof convergence. While this working resistance is below the set value, the influence on roof convergence increases greatly. Will the traditional $P-\Delta l$ hyperbola curve still be suitable to LTC mining and will the $P-\Delta l$

---

① 本文发表于'99. *Mining Science and Technology*(Published by A. A. Balkema/Rotterdam/Brockfield),1999年,第309~312页。

curve still be a hyperbola after the thickness of immediate roof has doubled and redoubled? In order to probe into these problems, numerical analyses method (FLAC and UDEC programs) are applied in this paper.

2 DEFORMATION AND FAILURE CHARACTERISTICS OF IMMEDIATE ROOF

2.1 Numerical modeling by FLAC

Deformation and failure characteristics of immediate roof are analyzed by using FLAC program when the thickness of immediate roof is 2 times (3 m), 4 times (6 m) and 6 times (9 m) the mining height respectively. The analyzing model in FLAC is shown in Fig. 1. The upper boundary load of model is equal to the rock weight of 300 m the mining depths. The bottom boundary is fixed, right and left boundaries are fixed in the direction of horizon, and the upper is the given deformation of main roof.

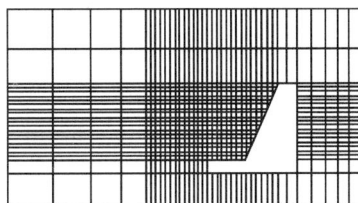

Fig. 1 Numerical model of FLAC

2.2 Displacement distribution feature in the immediate roof

Two layers of immediate roof are considered. The distance from upper layer to main roof is 1 m, and the lower layer to coal seam is also 1 m. Displacement distribution curves of the two layers are shown in Fig. 2. (The upper set of curves represent those of upper layer, the lower set of curves represent those of lower layer).

From above, the following conclusions can be drawn:

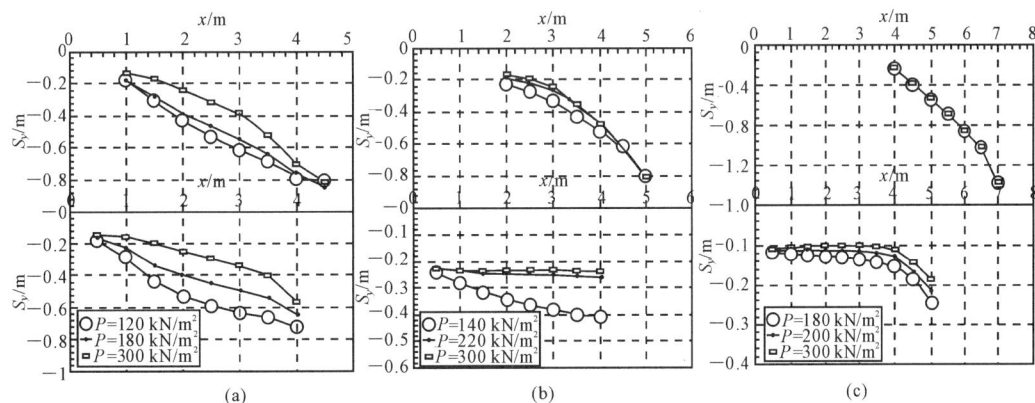

Fig. 2 Displacement distribution in the immediate roof
(a) $\sum h = 3$ m, $\theta = 10°$; (b) $\sum h = 6$ m, $\theta = 15°$; (c) $\sum h = 9$ m, $\theta = 20°$

(1) The vertical displacement increases gradually along the direction from coal rib to goaf. The feature of given deformation exerted to immediate roof is very clear.

（2）If the thickness of immediate roof is 2 times or 4 times the mining height，the displacement distribution of the whole immediate roof can be influenced by support working resistance. The displacements of each point will begin to decrease with the increasing of working resistance. On the contrary，it will begin to increase with the decreasing of working resistance. Meantime，main roof rotation angles will also influence the displacement from upper to lower layer.

（3）If the thickness of immediate roof is 6 times mining height，the upper layer displacement will be influenced only by main roof rotation angle，while the lower layer displacement will be mainly influenced by working resistance. This indicates neither working resistance nor main roof rotation angle can influence the displacement of the whole immediate roof. The working resistance can only influence the lower layer and the main roof rotation angle can only influence the upper layer. The main roof rotation deformation absorbed by the immediate roof will not act on the support. This is the difference in support and surrounding rock relationship between 6 times and 2，4 times of mining height.

2.3 Relation between working resistance and roof convergence

By regressing the vertical displacement and working resistance obtained from numerical calculation，a set of curves can be gained shown in Fig. 3.

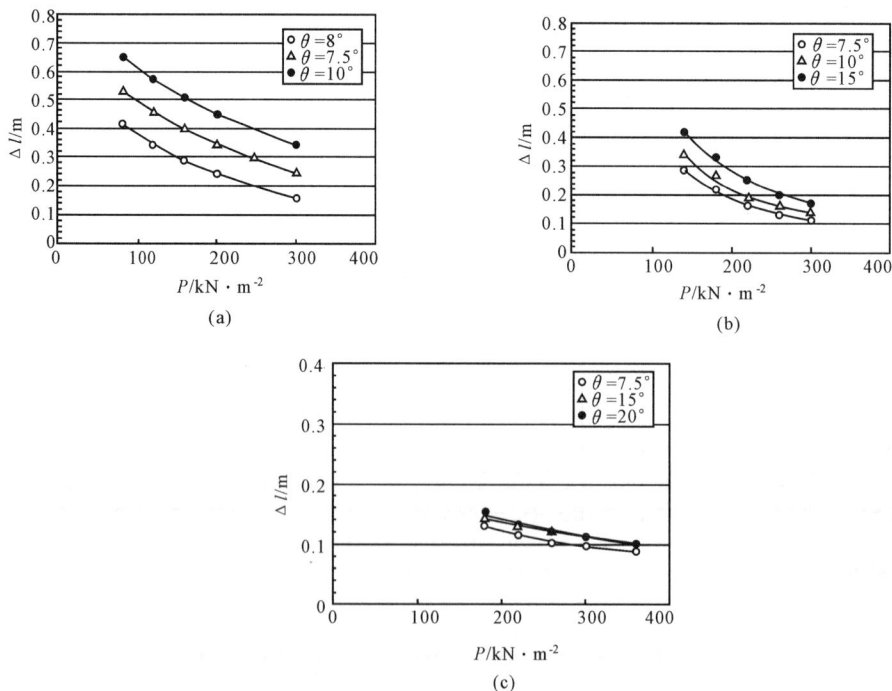

(a)

(b)

(c)

Fig. 3 $P - \Delta l$ curve

(a) $\sum h = 3$ m；(b) $\sum h = 6$ m；(c) $\sum h = 9$ m

From above, we can see that the $P - \Delta l$ curve is similar to a hyperbola while thickness of immediate roof is 2 or 4 times mining height. This coincides with the results of tests in the lab and field measurements. While it is 6 times of mining height, the hyperbola curve of $P - \Delta l$ is not quite clear, in other words, it is only a section of the whole hyperbola which is below the inflection point. In this section of curve, the working resistance has little influence on roof convergence.

The support's working load is composed of both the weight of immediate roof and given deformation pressure of main roof. While thickness of immediate roof is 6 times the mining height, the given deformation pressure can be fully absorbed by the immediate roof so that it cannot be transferred to the support. So the given deformation pressure may be considered as zero, then the support only needs to bear the weight of immediate roof. This is the reason why there is a difference of $P - \Delta l$ curve when the height of immediate roof is different.

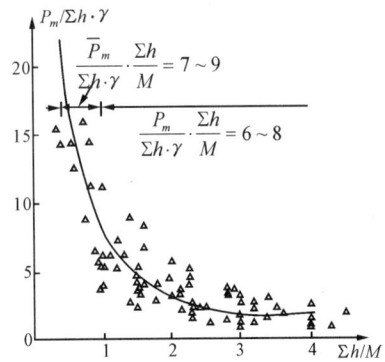

Fig. 4 (left) Statistics curve between $\overline{P}_m / \sum h\gamma$ & $\sum h/M$

From the $P - \Delta l$ curve, the following conclusion is also obtained. Main roof rotation angle can only change the absolute value of roof convergence rather than the whole curve shape in different heights of immediate roof. This means that the location and state of main roof cannot change the characteristics of $P - \Delta l$ curve. $P - \Delta l$ curve is the direct result of the interaction between support and immediate roof. So the regularity of overlying strata movement cannot be changed by the support's,s working resistance. This conclusion goes for all types of immediate roof.

3 RESISTNACE OF WORKING SUPPORT

3.1 Statistics analyses of support's working resistance

The load of support usually comes from the weight of immediate roof and periodic weighting after the main roof's breaking.

Immediate roof is regarded as the strata which cannot be compressed and self-balanced, the whole weight Q_1 must be undertaken by the support. If the length of working face is treated as a unit, then:

$$Q_1 = \sum h \cdot L \cdot \gamma$$

Where $\sum h$ is the height of immediate roof,

  L is face width,

  γ is unit weight of rock.

$\sum h$ is determined by the following formula:

$$\Sigma h + M = K_0 \Sigma h$$

$$\Sigma h = M/(K_0 - 1)$$

Generally $K_0 = 1.15 \sim 1.2$, so $\Sigma h = (2 \sim 4) M$.

Where M is the mining height.

So the load of immediate roof is similar to the rock weight of $2 \sim 4$ times the mining height.

The dynamic coefficient η is usually used to estimate the load of main roof. Generally $\eta = 2$. So when taking the load of main roof into account, the load of support should be similar to the rock weight of $4 \sim 8$ times the mining height.

When $\Sigma h/M > 1$, $\bar{P}_m = (6 \sim 8)M\gamma$

When $0.5M < \Sigma h < M$, $\bar{P}_m = (7 \sim 9)M\gamma$

When $\Sigma h < 0.5M$, $\bar{P}_m$ depends on the weighting intervals and the load caused by unstability in rotation.

3.2 Relation between support's working resistance and the stability of tip-to-face

From above analyses, the support's working load does not increase with the increasing of the height of immediate roof. It is known that roof accidents take place mainly in the tip-to-face unsupported area after hydraulic supports are used. Reasonably determined support's working resistance can provide a key to dealing with roof flaking control and smooth top coal caving in LTC at the same time. The relation between support working resistance and roof flaking in tip-to-face area is analyzed by UDEC program in the next paragraph when the thickness of immediate roof is 6 times the mining height.

Under the conditions of different working resistance and tip-to-face distances, roof flaking in tip-to-face area is simulated by UDEC program. Five kinds of working resistance ($P = 800$, $1\,200$, $1\,600$, $2\,800$, $4\,400$ kN) and four different tip-to-face distances ($s = 0$, 1, 2, 3 m) are considered in calculating.

The calculating results of roof flaking in tip-to-face area are shown in Fig. 5.

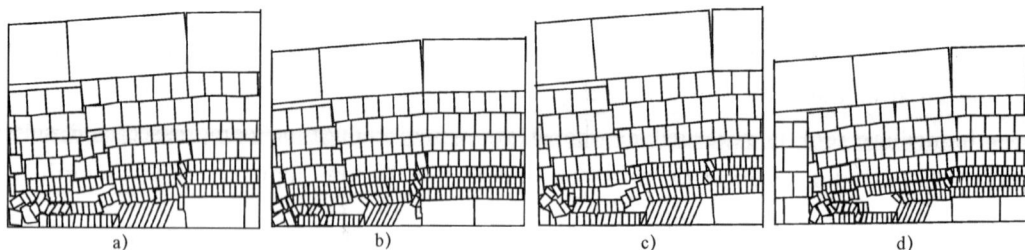

Fig. 5   The roof flaking in tip-to-face area

(a) $P = 800$ kN, $s = 1$ m; (b) $P = 800$ kN, $s = 2$ m;

(c) $P = 4\,400$ kN, $s = 1$ m; (d) $P = 4\,400$ kN, $s = 2$ m

In China this has been confirmed by the results of field measurements at 71 mining faces as shown in Fig. 4.

The calculating results are as following:

(1) Whether roof flaking will occur in tip-to-face area mainly depends on working resistance P and tip-to-face distance support resistance. In Fig. 5, roof flaking occurs, when $P = 800$ kN. But when $P = 4\,400$ kN, the tip-to-face blocks can be kept in temporary balance. This illustrates that increasing the support's working resistance can control roof flaking when tip-to-face distance is within a certain scope.

(2) When tip-to-face distance $s = 0$, no matter what P is, roof flaking will occur. While roof flaking in tip-to-face will never occur when $s = 3$ m.

(3) When $s = 1$ or 2 m, roof flaking is closely related to the working resistance P.

(4) The balancing state after roof flaking is similar to a falling arch whose height depends support's working resistance. Take $s = 2$ m as an example, when $P = 4\,400$ kN, roof flaking cannot occur; when $P = 2\,800$ kN, the blocks of tip-to-face begin to fall but the falling arch height reaches minimum. When $P = 800$ kN, the height reaches maximum and the roof is in uncontrolled state.

4   CONCLUSIONS

(1) Working resistance of support and main roof rotation angle can influence the displacement distribution of the whole immediate roof if its thickness is 2 times or 4 times the mining height. If its thickness is 6 times the mining height, the upper layer displacement will be influenced only by main roof rotation angle while the lower only by working resistance.

(2) If thickness of immediate roof is 2 times or 4 times the mining height, the $P - \Delta l$ curve is similar to a hyperbola which coincides with the results of tests in lab and field measurements. If its thickness is 6 times the mining height , the law of $P - \Delta l$ curve is changed to gentleness, which means that support working resistance has little influence on roof convergence.

(3) In all types of immediate roof, the location and state of main roof cannot change the law of $P - \Delta l$. The $P - \Delta l$ curve is the direct result of the interaction between support and immediate roof.

(4) Roof flaking in tip-to-face area mainly depends on working resistance and tip-to-face distance if thickness of immediate roof is 6 times the mining height When the tip-to-face distance is within a certain scope, the falling arch height can be reduced and even the blocks in tip-to-face area can be kept in temporary balance by improving support's working resistance.

(5) The load acting upon mining face support comes from the weight of immediate roof and the given deformation pressure which depends on main roof rotation angle and

mechanical characteristics of immediate roof. If the immediate roof is 6 times the mining height, the given deformation pressure can be partly or wholly absorbed by the immediate roof. The working resistance of sublevel caving hydraulic support may properly be improved in order to control roof flaking in tip-to-face area.

ACKNOWLEDGEMENT

The project is supported by National Science Found of China (59734090)

REFERENCES

[1] Qian Minggao, et al. A further discussion on the theory of the strata behavior in longwall mining. J. of China University of mining and Technology, 1994 No. 3, pp 1-9.

[2] Qian Minggao, et al. "S-R" stability for the voussoir beam and its application. Ground Pressure and strata Control, 1994, No. 3, pp 6-10 Wu, jian et al. Basic concept of determining resistance of the support with fully mechanized mining and top coal caving. Ground Pressure and Strata Control, 1995, No. 3, pp 69-71.

[3] Qian Minggao, et al. Analyses of the key block in the structure of voussoir beam. J. of China Coal Society, 1996, No. 4.

大同综采工作面直接顶端面块体失稳与平衡分析[①]

康立勋 杨双锁 钱鸣高

(太原理工大学) (中国矿业大学)

摘 要：根据大同坚硬顶板的块体特征,运用赤平投影判别法对三类端面块体的有限性、可动性进行了分析;运用矢量分析方法结合结构面的力学特性,对端面块体的稳定性和运动形式进行了研究,并提出了三类端面块体的平衡、失稳判据。

关键词：端面块体;平衡;失稳

采场直接顶板岩体被各种不连续面分割成不同形状、不同大小的块体,随着煤层的采出,部分块体总会暴露在工作面端面形成的临空面上,处于悬露状态。这样,位于临空面上的某些块体,可能沿着结构面滑移、失稳,进而产生连锁反应,引起第一自然分层及以上岩体的运动失稳,形成端面漏冒。块体理论[1]从岩体是由块体组成的构造特征出发,对岩体的稳定进行理论分析,既符合岩体的材料特性,又符合岩体的工程特性。采场控顶区内,特别是端面临空的直接顶岩体,由具有不同确定产状的结构面所切割,且结构面多为平面,采场控顶区内的块体直接顶岩层处于工作面的应力降低区,因此,可以不计块体的自身变形和结构面的压缩变形。一般情况下,也可不考虑块体的强度破坏,即可把被结构面分割而成的岩石块体视为刚体。在块体直接顶板条件下,综采工作面顶板的端面漏冒,是由块体在各种载荷作用下的脱落失稳或沿着结构面产生的剪切滑移失稳所致。大同易漏块体直接顶板大多由粉砂岩和细砂岩组成,抗压强度一般在 80 MPa 以上,属于坚硬的工程裂隙岩体,与块体理论的基本假定基本一致。

1 块体直接顶可动性的赤平投影判别

端面顶板的漏冒归因于关键块体的存在,而块体成为关键块体的前提是块体必须具备有限性和可动性。

图 1 为综采工作面常见的两种块体结构的直接顶板,以最大控顶距时的端面为临空面。其中图 1(a)所示的块体锥由 3 对互相平行的结构面(包括临空面)切割而成(即由 R_1 和 R_3 切割成的块体),图 1(b)所示的块体锥由两组结构面 P_2、P_3,一对互相平行的结构面 P_4 和临空面 P_1 切割而成(即由 R_1、R_3 和 R_4 切割成的楔形块体),由这些结构面和临空面切割成的三维块体分别如图 1(a′)和(b′)所示。两种块体锥结构面和临空面的产状

---

① 本文发表于《煤炭学报》,1999 年第 3 期,第 247～251 页。

列于表 1 和表 2 中。

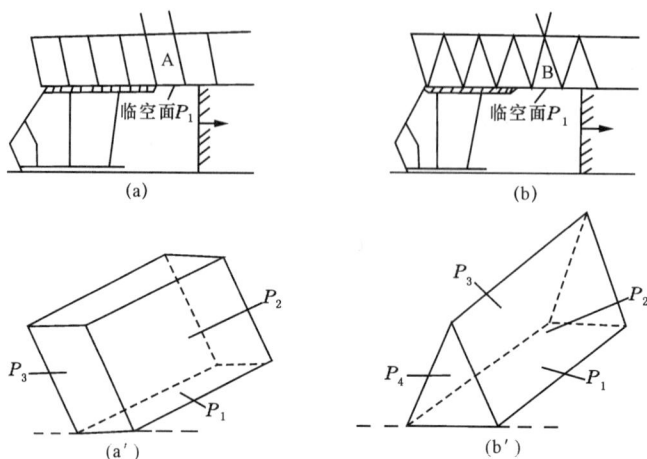

图 1 端面块体结构

Fig. 1 Structure of blocks at the end face

表 1 图 1(a′)块体锥结构面产状

Table 1 Structure plane occurrence of block pyramid in Fig. 1(a′)

结构面	倾角 $\alpha/(°)$	倾角 $\beta/(°)$
P_1	0	0
P_2	70	90
P_3	90	0

表 2 图 1(b′)块体锥结构面产状

Table2 Structure plane occurrence of block pyramid in Fig. 1(b′)

结构面	倾角 $\alpha/(°)$	倾角 $\beta/(°)$
P_1	0	0
P_2	60	90
P_3	60	270
P_4	90	0

运用赤平投影的方法,很容易直观地判别出采场端面的可动块体。本文采用了直角坐标法:选择参照圆半径 R 并绘出参照圆,赤平投影图直角坐标系以参照圆圆心为原点,正东为 x 轴,正北为 y 轴,则各结构面或临空面的投影参数可由文献[1]中的公式计算。取参照圆的半径 $R=2$ cm 绘制的综采工作面端面块体的赤平投影如图 2(a)、(b)所示,由于临空面的倾角为 0°,故其与参照圆重合。

由于可动块体包含在有限块体之中,首先需对块体是否有限进行判断。块体有限的充分必要条件为

$$JP \cap EP = \phi \tag{1}$$

或
$$JP \subset SP \tag{2}$$

式中,JP 为裂隙锥;EP 为开挖锥;ϕ 为空集;SP 为空间锥。

分析中,采用 U_i 和 L_i 分别表示结构面 i 的上盘和下盘,上盘由赤平投影大圆的内域表示,下盘由大圆的外域表示。在图 2(a)中,U_1 为临空面(EP),$L_1U_2L_2U_3L_3$ 构成裂隙锥(JP)。由于 P_2 和 P_3 为两对互相平行的结构面,因此,该裂隙锥同时位于两对互相平行界面的上盘和下盘,既是 P_2 上盘又是 P_2 下盘的是 P_2 投影大圆的圆弧段,既是 P_3 上盘

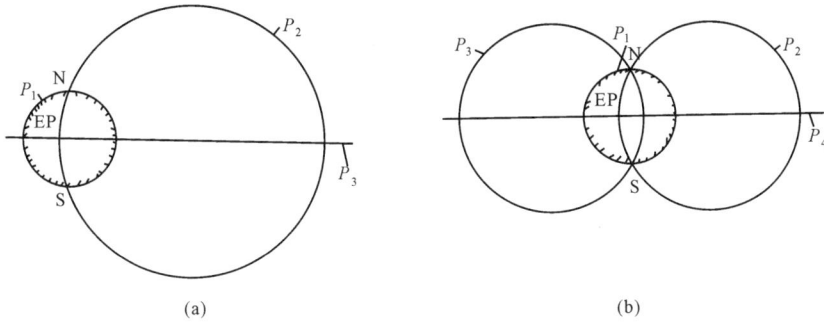

图 2 端面直接顶块体赤平投影

Fig. 2 Stereographic projection of the block at the end face

又是 P_3 下盘的是 P_3 投影的直线段,这样裂隙锥 $L_1U_2L_2U_3L_3$ 实际为赤平投影图上的一点。而该 JP 和 EP 无公共域,所以块体 $L_1U_2L_2U_3L_3$ 为有限。

在图 2(b)中,U_1 仍为临空面(EP),裂隙锥(JP)由 $L_2L_3U_4L_4$ 构成。由于 P_4 为一对互相平行且垂直于临空面的结构面,其赤平投影为一经参照圆圆心的直线,在判断区内的 P_4 上盘和下盘,实际上就是 P_2、P_3 赤平投影大圆外的 PG_4 投影直线部分,因此,裂隙锥 $L_2L_3U_4L_4$ 分别为 P_2、P_3 大圆外的两段射线。由于 JP 与 EP 无公共域,所以块体 $U_1L_2L_3U_4L_4$ 为有限块体。有限块体中包括了可动块体和不可动块体,可动块体是可沿空间某一个或若干个方向移动而不被相邻块体所阻的块体;不可动块体或称倒楔形块体,沿空间任何方向的移动皆受相邻块体所阻,如果其相邻块体不发生运动,则这类块体将不可能发生运动。判断块体可动的充分必要条件为

$$\begin{cases} JP \neq \phi \\ JP \bigcap EP = \phi \end{cases} \tag{3}$$

从图 2(a)可看出,端面块体 $A(U_1L_1U_2L_2U_3L_3)$ 分别由结构面 P_1 的下盘,P_2 的上、下盘,P_3 的上、下盘和临空面的上盘构成。由此可以判断,裂隙锥$(JP)L_1U_2L_2U_3L_3$ 有公共域,即 $JP \neq \phi$,故与裂隙锥 $L_1U_2L_2U_3L_3$ 相应的裂隙块体无限,同时,JP 和开挖锥(临空面)U_1 没有公共域,说明由 JP 和 EP 构成的块体锥为空集,即块体 A 有限且可动。同理可以证明图 2(b)中的块体 B——$U_1L_2L_3U_4L_4$ 有限且可动。采用同样的方法,可以证明图 3 中,由 R_1 和 R_4 切割成的块体 C 有限且可动。

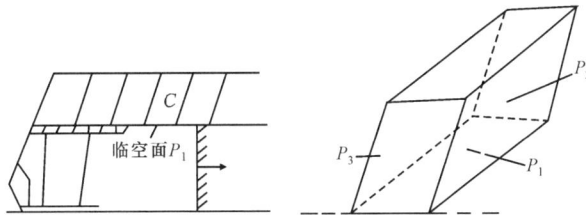

图 3 R_1 和 R_4 切割成的端面块体

Fig. 3 Blocks cut by R_1 and R_4

2 端面块体的运动形式和关键块体的判别

在上节,运用赤平投影方法,证明了综采工作面几种常见的端面块体是有限且可动的,本节将运用力学分析方法,对这几种块体的运动形式,是否是关键块体作进一步的研究。

2.1 力的平衡方程

如图 4 所示,作用于可动块体上的力有:

(1) 主动力 r,即块体自重;

(2) 滑动面上的法向反作用力 N 为

$$N = \sum_l N_l v_l \quad (4)$$

式中,N_l 为作用于滑动面 l 上的法向反作用力;v_l 为结构面 l 的指向块体内部的单位法矢量。

(3) 滑动面上的切向摩擦阻力合力 T(假定不计结构面的咬合力)为

$$T = \sum_l N_l \tan \varphi_l s \quad (5)$$

式中,φ_l 为结构面 l 的内摩擦角;s 为块体运动方向的单位法矢量。

(4) 为方便分析运算,在滑动面上虚设切向力 F,表示"净滑动力"。

这样,可动块体上力的平衡方程为

$$Fs = r + \sum_l N_l v_l - Ts \quad (6)$$

若 $F>0$,净滑动力为正值,该块体为关键块体;反之,若 $F<0$,说明滑动面上切向下滑力小于摩擦阻力,块体处于平衡状态。

2.2 块体运动形式及关键块体判别

块体结构的综采工作面直接顶,未完全暴露的块体受煤壁和上方顶板岩体的夹持处于平衡状态,架上块体则会随着支架的下缩作同步运动,在端面临空的块体,因组成块体的结构面产状的不同,将会有以下几种运动形式:脱离岩体运动(掉落)、沿单面滑动和沿双面滑动。

由图 5 可以看出,由 R_1、R_3 和 R_4 切割而成的端面楔形块体,在脱离岩体运动时各结构面上的法向反力 $N_l=0$,这时由式 (6) 可导出

$$r = Fs \quad (7)$$

此时,块体的净滑动力为

$$F = |r| \quad (8)$$

即 F 等于块体的自重,由于 $F>0$,故图中所示块体为关键块体。

当块体由 R_1 和 R_3 结构面切割而成时,端面临空

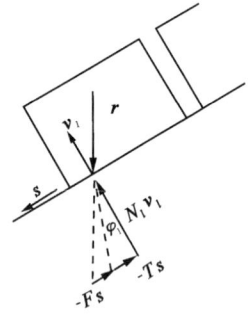

图 4 作用于可动块体上的力
Fig. 4 Forces acting on the movable block

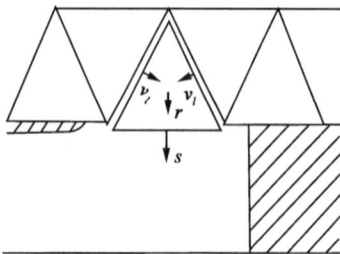

图 5 块体脱离岩体运动
Fig. 5 Block moving down away from the rock mass

的块体除有向下的位移之外,还有向采空区方向的回转,使临空块体与支架上方的块体保持接触,而与被煤壁及其上方岩体所夹持的块体分离,形成如图 6 所示的沿着靠支架一侧的 R_3 结构面下滑的趋势。在这种情况下,净滑动力 F 的计算公式为

$$F = |v_i \times r| - |v_i \cdot r| \tan \varphi \tag{9}$$

式中,v_i 为结构面上向上的单位法矢量。

由于 $v_i = (\sin \alpha, -\cos \alpha)$,$r = (0, \omega)$,此时,若临空块体保持平衡,净滑动力应小于或等于零,即

$$|v_i \times r| - |v_i \cdot r| \tan \varphi \leq 0, \tag{10}$$

所以

$$\alpha \leq \varphi \tag{11}$$

鉴于由采动产生的 R_3 结构面的倾角一般在 70°以上,而 φ 在 35°左右,因此,净滑动力 $F>0$,临空块体为关键块体。

当块体由 R_1 和 R_4 结构面切割而成时,临空块体运动分两种:(1)若梁端上方块体的重力线穿过顶梁,临空块体将沿靠煤壁一侧的 R_4 结构面滑移,其状况与图 6 所示的类似;(2)若梁端上方块体的重力线不穿过顶梁,该块体则有向煤壁方向回转的趋势,从而使之与临空块体保持接触,并使临空块体有沿着一对平行的 P_4 结构面滑移的趋势,形成块体的双面滑动,如图 7 所示,图中:$v_j = -v_i$;$s_i = s_j = s$;$v_i \perp s$;$T_i = N_i \tan \varphi$,$T_j = N_j \tan \varphi$。此时,作用于临空块体上力的平衡方程为

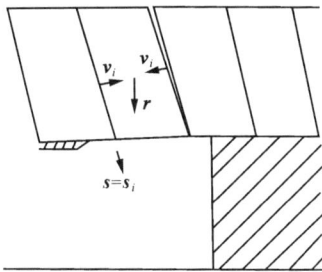

图 6　块体沿单面下滑
Fig. 6　Block sliding on single plane

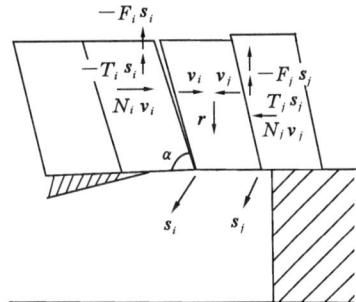

图 7　块体沿双面下滑
Fig. 7　Block sliding on two planes

$$Fs = F_i s_i + F_j s_j = r + N_i v_i + N_j v_j - T_i s_i - T_j s_j \tag{12}$$

由上式可得临空块体保持平衡的条件为

$$w\sin \alpha - (N_i + N_j)\tan \varphi \leq 0 \tag{13}$$

近似取 $N_i = -w\cos \alpha$,$N_j = -2w\cos \alpha$,可得

$$\alpha = \arctan(-3\tan \varphi) \tag{14}$$

反之,若 $\alpha \leq \arctan(-3\tan \varphi)$,则临空块体将失去平衡而成为关键块体。

3　结　论

(1)大同易漏块体直接顶大多由粉砂岩和细砂岩组成,具有强度高、刚度大的特点,可运用块体理论进行分析。

（2）端面块体属有限块体,随着工作面的推进,总会出现可动块体。

（3）可动块体所受净滑动力 $F>0$,则成为关键块体,若不加控制,将会造成端面漏冒。

参 考 文 献

［1］ 刘锦华,吕祖珩.块体理论在工程岩体分析中的应用［M］.北京:水利电力出版社,1986.

［2］ 康立勋.大同综采工作面漏冒及其控制［D］.徐州:中国矿业大学,1994.

The Study on the Destabilization and Equilibrium of the Block at the End Face of the Fully Mechanised Face in Datong

Kang Lixun   Yang Shuangsuo

（Taiyuan University of Technology）

Qian Minggao

（China University of Mining and Technology）

Abstract:According to the block characteristics of some hard immediate roof in Datong, stereographic projection has been used to judge the finiteness and movability of three types of rock blocks which are enclosed by different joints at the end face. Fully concerned mechanical features of block structure plane, block stability and movement patterns at the end face have been studied and three criteria of equilibrium and destabilization for blocks at the end face have been deduced from vector analysis.

Keywords:rock block at the end face; equilibrium; destabilization

Study on the Stability of Immediate Roof Blocks at the End Face[①]

Yang Shuangsuo（杨双锁）　*Kang Lixun*（康立勋）

（Taiyuan University of Technology，Taiyuan　030024）

Qian Minggao（钱鸣高）

（China University of Mining and Technology，Xuzhou　221008）

Abstract：Using vector-analysis，three kinds of roof blocks at the end face of fully mechanized long wall faces have been studied. The result indicates that with face advancing，the three kinds of blocks may all become key blocks. It is put forward that the key blocks can reach into the scope of angle of fracture through supporting，and the formulas for calculating supporting force needed for the three key blocks to maintain stability have been derived.

Keywords：end face；key block；equilibrium state；supporting force

The disturbing of the stability state of the blocks contacting with the excavation surface at the end face may result in disequilibrium of the neighbouring blocks in the same layer and even above，thus result in roof caving at the end face. To remain the stability of roof，appropriate supporting force should be supplied to it，so that the key blocks can be in the state of equilibrium. The aim of this paper is to study the problem mentioned above by the method of vector-analysis.

1　The simplified models and the attributes of the roof blocks at the end face

Regarding the end face as the excavation surface when the roof control distance is the longest，three common kinds block-jointed immediate roof in fully mechanized long wall face are shown in Fig. 1. The block shown in Fig. 1 (a) is formed by the excavation surface R_1 and three groups of fracture surface R_2，R_3，R_4，it is called block $P_1P_2P_3P_4$ (i. e. it is enclosed by four groups of surface). The block shown in Fig. 1(b) is formed by the excavation surface R_1 and two pairs of parallel fracture surface R_2 and R_3，and it is called block $P_1P_2P_3$ (i. e. it is enclosed by three groups of surface). The block shown

---

①　本文发表于 *Journal of Coal Science & Engineering（China）*，1999 年第 1 期，第 30～32 页。

in Fig. 1 (c) is formed by the excavation surface R_1 and two pairs of parallel fracture surface R_2 and R_4 , and it is called block $P_1P_2P_4$ (i. e. it is enclosed by three groups of surface).

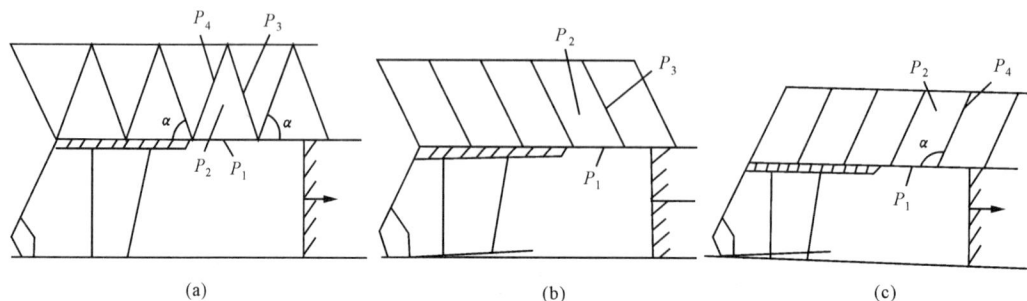

Fig. 1　Models of roof block at the end face

The results of stereographic projection and vector-analysis indicate that these three kinds of immediate roof blocks mentioned above are all finite and movable. Under the action of self-gravity, the first kind of block is always key block, the other two kinds of block will be key blocks only under certain conditions. The conditions are:

$$\alpha > \varphi, \ \alpha \leqslant \arctan(-3\tan \varphi),$$

where, α is the angle between the sliping plane and horizontal plane; φ is the internal friction angle of the sliping plane.

2　Supporting force needed for the key block to remain the state of equilibrium

2.1　Equilibrium condition of block $P_1P_2P_3P_4$

Suppose that block $P_1P_2P_3P_4$ is in the state of equilibrium under the action of the force system shown in Fig. 2 (a), then

$$N(v_1 + v_2) - T(s_1 + s_2) + r = 0, \tag{1}$$

where, $N_1 = N_2 = N$; $T_1 = T_2 = T = N\tan \varphi$; $v_1 = (\sin \alpha, \cos \alpha)$; $v_2 = (-\sin \alpha, \cos \alpha)$; $s_1 = (-\cos \alpha, \sin \alpha)$; $s_2 = (\cos \alpha, \sin \alpha)$; $r = (0, \omega)$.

Based on formula (1), the following can be deduced: $2N\cos \alpha - 2N\tan \varphi \sin \alpha + \omega = 0, N = -\omega \times \cos \varphi/2\cos(\alpha + \varphi)$. Let $N \to \infty$, i. e. $\cos (\alpha + \varphi) \to 0$, the changing range of a within that the key block can be kept in equilibrium state could be determined: $\alpha \geqslant 90° - \varphi$. When the value of α is in the range above, the appropriate force P that should be supplied by support for the key block to keep in the state of equilibrium is $\boldsymbol{P} = N\boldsymbol{v}_1 + T\boldsymbol{s}_1$, i. e. $P_x = N(\sin \alpha + \cos \alpha \tan \varphi) = -0.5W\tan(\alpha + \varphi), P_y = N(\cos \alpha - \sin \alpha \tan \varphi) = -\omega$.

2.2　Equilibrium condition of block $P_1P_2P_3$

If block $P_1P_2P_3$ is in the stale of equilibrium under the action of the forces shown in Fig. 2 (b), then

$$(N_1 - N_2)\boldsymbol{v} - (T_1 + T_2)\boldsymbol{s} + \boldsymbol{r} = 0,$$

where, $\boldsymbol{v} = \boldsymbol{v}_1 = -\boldsymbol{v}_2 = (\sin\alpha, -\cos\alpha)$; $\boldsymbol{s} = (\cos\alpha, \sin\alpha)$.

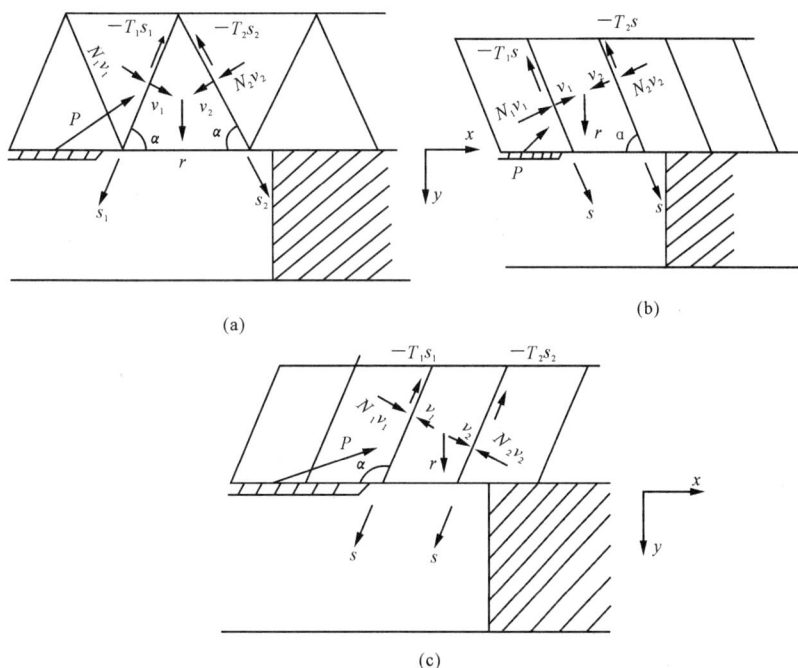

Fig. 2 Equilibrium condition of block

(a) block $P_1P_2P_3P_4$; (b) block $P_1P_2P_3$; (c) bock $P_1P_2P_4$

The appropriate force $\boldsymbol{P}$ supplied by support is $\boldsymbol{P} = N_1\boldsymbol{v} + (-T_1\boldsymbol{s}) = N_1(\boldsymbol{v} - \tan\varphi\boldsymbol{s})$ $= \dfrac{\sin(\alpha+\varphi)}{2\sin\varphi} \times (\boldsymbol{v} - \tan\varphi\boldsymbol{s})w$. When in equilibrium state, the horizontal force $P_x = w\sin(\alpha+\varphi)\sin(\alpha-\varphi)/\sin 2\varphi$; the vertical resistance force $P_y = -w\sin(\alpha+\varphi)\cos(\alpha-\varphi)/\sin 2\varphi$.

2.3 Equilibrium condition of block $P_1P_2P_4$

Suppose that block $P_1P_2P_4$ is in the state of equilibrium under the action of force system shown in Fig. 2 (c), the derived equilibrium condition of block is

$$(N_1 - N_2)\boldsymbol{v} - (T_1 + T_2)\boldsymbol{s} + \boldsymbol{r} = 0,$$

where, $\boldsymbol{v} = \boldsymbol{v}_1 = -\boldsymbol{v}_2 = (\sin\alpha, -\cos\alpha)$; $\boldsymbol{s} = (\cos\alpha, \sin\alpha)$.

When block reach to equilibrium state, the appropriate force $\boldsymbol{P}$ supplied by the support is $\boldsymbol{P} = N_1\boldsymbol{v} - T_1\boldsymbol{s} = \dfrac{\sin(\alpha+\varphi)}{2\sin\varphi}(\boldsymbol{v} - \tan\varphi\boldsymbol{s})w$. The horizontal force $P_x = w\sin(\alpha+\varphi)\sin(\alpha-\varphi)/\sin 2\varphi$; the vertical resistance force $P_y = w\sin(\alpha+\varphi)\cos(\alpha-\varphi)/\sin 2\varphi$.

2.4 Comparison among different equilibrium conditions of blocks at end face

When $\varphi = 35°$, $\alpha = 70°$ and block $P_1P_2P_3P_4$ is in the state of equilibrium, the appropriate support horizontal forces and vertical resistance force are $P_x = 1.866w$, P_y

$=-w$. When $\varphi=35°$ and $\alpha=70°$, the appropriate support horizontal force and vertical resistance force needed for keeping block $P_1P_2P_3$ in the equilibrium um state are $P_x=0.59w, P_y=-0.842w$. When $\varphi=35°$ and $\alpha=110°$, the appropriate support horizontal force and vertical resistance force needed for keeping block $P_1P_2P_4$ in the equilibrium state are $P_x=0.59w$, $P_y=-0.158w$.

Based on the calculations above, it can be known that, when internal friction angles of block $P_1P_2P_3$ and $P_1P_2P_4$ are equal and the sum of the fracture angles of them is a supplementary angle, the horizontal forces needed for keeping the equilibrium state of these two kinds of blocks are equal, but the vertical force are unequal. The appropriate force needed by block $P_1P_2P_3P_4$ is more than that needed by the former two kinds of block, especially its horizontal component force is more than 3 times of that needed by the formers. In order to enable the support to fit various conditions of immediate roof, the design of horizontal force of support should be based on the case of block $P_1P_2P_3P_4$.

3   Conclusions

(1) The immediate roof blocks at the end face are all finite blocks, and with face advancing, they can become movable blocks.

(2) In some cases, the movable blocks will become key blocks, and their state of equilibrium will be disturbed, and this may result in roof caving at the end face without appropriate supporting

(3) For block $P_1P_2P_3P_4$, when its fracture angle is in the range of $\alpha>90°-\varphi$ and block $P_1P_2P_3$ as well as block $P_1P_2P_4$ can be kept in the state of equilibrium by supplying appropriate supporting force, and the roof caving at the end face could be prevented.

References

［1］ 刘锦华,吕祖珩.块体理论在工程岩体分析中的应用[M]. 北京:水利电力出版社,1986.

［2］ 康立勋.大同综采工作面漏冒及其控制[D]. 北京:中国矿业大学(北京),1994.

采场支架工作阻力与顶板下沉量
类双曲线关系的探讨[①]

高　峰　钱鸣高　缪协兴

（中国矿业大学，徐州　221008）

摘　要： 本文把直接顶视为可变形体，根据支架—围岩关系的整体力学模型，从能量角度出发证明了支架工作阻力与顶板下沉量存在类双曲线关系，并进一步探讨了直接顶高度、直接顶坚硬程度或损伤程度对此类双曲线关系的影响。研究成果对现场支护设计有重要指导意义。

关键词： 支架工作阻力；支架围岩整体力学模型；顶板下沉量；损伤

1　前　言

采场支架与围岩关系研究是采场矿山压力理论的重要课题，是指导现场支护设计的理论依据。传统矿压理论认为采场支架承受了直接顶岩体和老顶来压的全部载荷，由此得出支架阻力严格正比于采高等不合理的结果。但综放开采支架阻力实测表明，实际支架工作阻力大大低于传统矿压理论的预测量，这一方面是由于支架受力来源及大小未能完全确定，另一方面也是更本质的原因是传统矿压理论将直接顶视为刚性体的过于简化的结果。早在 20 世纪 50 年代，前苏联、英国、西德等国家实测统计得出的支架工作阻力与顶板下沉量呈近似双曲线关系，在我国，于 60 年代首次在实验室发现了支架工作阻力和顶板下沉量呈双曲线关系的规律，并在现场实测分析中得到了证实[1]。这种现象利用传统矿压理论无法有效解释。90 年代中期，随着放顶煤开采技术的发展，才逐渐将直接顶视为可变形体，在此基础上初步建立了一类支架围岩关系的整体力学模型[2]，使人们对支架—直接顶—老顶这一力学系统有了崭新的认识。

由于采场围岩条件的复杂性，支架与围岩相互作用关系是多种多样的。众所周知，在普遍情况下，从实际测定的支架工作阻力与顶板最终下沉量呈双曲线关系，本文拟对这种双曲线形成作一探讨。本文是在老顶断裂后能形成"砌体梁"式结构以及保证老顶、直接顶、支架处于正常工作状态下，也即视老顶、直接顶与支架为一个整体力学模型的前提下进行探讨，并试图从力学角度得到解释，由此开辟一个新的概念来讨论支架与围岩相互作

---

①　本文发表于《岩石力学与工程学报》，1999 年第 6 期，第 658～662 页。

用机理。

本文从能量角度分析了老顶回转作用下支架工作阻力和顶板下沉量呈类双曲线形成的力学机理,并进一步探讨了直接顶高度、直接顶刚度(或弹性模量)对支架工作阻力和顶板下沉量关系的影响。

2 支架工作阻力与顶板下沉量的关系

采场支架受力来源于直接顶重量和老顶运动的作用,这是确定无疑的,但由于老顶断裂后可形成稳定的结构,这种结构自身具有一定的承载能力,因此确切地说老顶是以"给定变形"的形式作用于直接顶,老顶传递给直接顶的压力称为"给定压力"[3]。下面根据支架围岩整体力学模型,进一步探讨支架工作阻力与顶板下沉量的关系。

2.1 老顶回转做功

设老顶因自重和上覆岩层作用而施加到直接顶上的给定压力的线分布集度为 $f(x)$ (图1),直接顶宽为 a,厚度取一个单位,老顶回转角设为 θ,则老顶施加到直接顶的给定压力在回转变形过程中所做的功为

$$W_1 = \int_0^a f(x)\theta x \,\mathrm{d}x \tag{1}$$

作为一种最简单情形,设 $f(x)$ 呈均匀分布,即 $f(x)=q=\mathrm{const}$,则

$$W_1 = \int_0^a q\theta x \,\mathrm{d}x = \frac{q\theta a^2}{2} \tag{2}$$

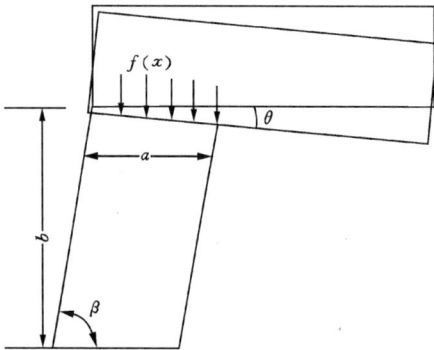

图1　老顶给定变形

Fig. 1　Given deformation of main roof

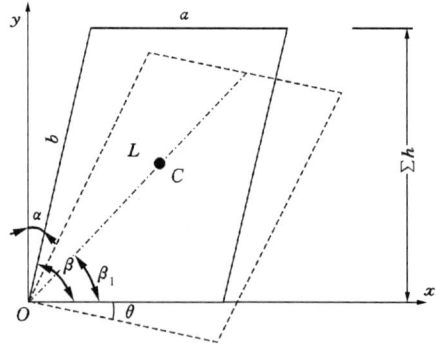

图2　直接顶回转运动

Fig. 2　Rotation of immediate roof

2.2 直接顶回转做功

设直接顶边长分别为 a,b,两边的锐角夹角为 β(图2),高为 $\sum h = b\sin\beta$,对角线长为 L,重力密度为 γ,断裂角为 α,$\alpha+\beta=90°$,则因老顶回转导致的直接顶重心 C 的垂直位移 Δ_C 为

$$\Delta_C = \frac{b}{2}\sin\beta - \frac{L}{2}\sin(\beta_1 - \theta) \tag{3}$$

β_1 如图2所示,注意到:$L=\sqrt{a^2+b^2+2ab\cos\beta}$,$\sin\beta_1 = \frac{b}{L}\sin\beta$,$\cos\beta_1 = \sqrt{1-\frac{b^2}{L^2}\sin^2\beta}$,

则有

$$\Delta_C = \frac{b}{2}\sin\beta(1-\cos\theta) + \frac{\sin\theta}{2}\sqrt{a^2+b^2+2ab\cos\beta-b^2\sin^2\beta} \qquad (4)$$

因此老顶回转迫使直接顶下沉导致的势能减少为

$$W_2 = \frac{ab\gamma\sin\beta}{2}\{b\sin\beta(1-\cos\theta)+\sin\theta\sqrt{a^2+b^2+2ab\cos\beta-b^2\sin^2\beta}\} \qquad (5)$$

当 θ 为小量时,上式可简化为

$$W_2 = \frac{ab\gamma\theta\sin\beta}{2}\sqrt{a^2+b^2+2ab\cos\beta-b^2\sin^2\beta} \qquad (6)$$

2.3　支架贮存的变形能

设想当无支架约束时,随着老顶回转,直接顶底部的回转量必然与老顶相同,同为 θ,由于直接顶为变形体,因支架阻力作用使直接顶变形而产生回缩变形,设回缩变形量(转角)为 θ_1(图3),由于支架对直接顶的阻力,只考虑最简单的极限情况,即支架阻力集度 p 为均布常量(相当于泄压阀开启),则支架贮存的变形能为

$$W_3 = \int_0^a p(\theta-\theta_1)x\,\mathrm{d}x = \frac{p(\theta-\theta_1)a^2}{2} \qquad (7)$$

取支架中点的位移量(即平均位移量)为直接顶的下沉量,即支架位移,记为 Δ,则

$$W_3 = pa\Delta \qquad (8)$$

2.4　直接顶的变形能

设直接顶的弹性模量为 E,因老顶给定变形,当计算直接顶的变形时,直接顶受力图可等效简化为图4所示,其中假定直接顶的断裂面和工作面近似于自由面,支架施加于直接顶的切向力相比于法向力为小量,可忽略不计。当 b 相对于 a 较大时,可采用组合变形近似算法,得直接顶所贮存的变形能为

$$W_4 = \frac{(pa)^2 b\sin\beta}{2Ea} + \int_0^{b\sin\beta}\frac{(pa)^2 x^2\cos^2\beta\,\mathrm{d}x}{2EI} = \frac{(pa)^2 b\sin\beta}{2Ea} + \frac{2(pa)^2 b^3\sin\beta\cos^2\beta}{Ea^3} \qquad (9)$$

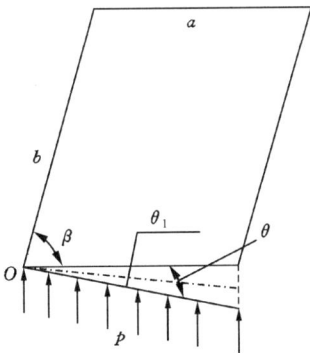

图3　支架与直接顶耦合变形

Fig. 3　Coupled deformation of supports and the immediate roof

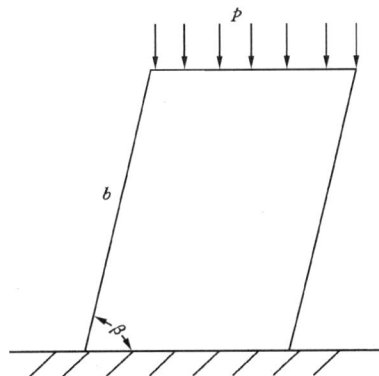

图4　直接顶受力简图

Fig. 4　Mechanical model of the immediate roof

由于采动影响,直接顶经历了从变形到断裂线产生的损伤过程,此时的直接顶应考虑损伤效应,该直接顶的损伤变量为 D,则其有效应力张量和弹性模量分别为

$$\begin{cases} \bar{\sigma} = (1-D)^{-1}\sigma \\ \bar{E} = (1-D)E \end{cases} \tag{10}$$

根据 Lemaitre 应变等效原理,损伤材料本构方程都可以用无损伤材料同样的方式导出,只是其中的应力须用有效应力代替,所以岩体损伤本构方程可表示为

$$\varepsilon = \frac{1+\nu}{E}(1-D)^{-1}\sigma - \frac{\nu}{E}Itr\left[(1-D)^{-1}\sigma\right] \tag{11}$$

同样损伤材料的变形可由无损伤材料变形能表达式中将弹模转换为有效弹模而得到。如果考虑直接顶为均匀的各向同性损伤体,则直接顶变形能为

$$W_4 = \frac{(pa)^2 b\sin\beta}{2E(1-D)a} + \frac{2(pa)^2 b^3\sin\beta\cos^2\beta}{E(1-D)a^3} \tag{12}$$

将直接顶和支架视为一个力学系统,根据能量守恒原理,外力所做的功等于贮存在直接顶和支架中的变形能,于是有

$$\int_0^a f(x)\theta x\,\mathrm{d}x + \frac{ab\gamma\sin\beta}{2}\left\{b\sin\beta(1-\cos\theta) + \sin\theta\sqrt{a^2+b^2+2ab\cos\beta-b^2\sin^2\beta}\right\}$$

$$= \frac{(pa)^2 b\sin\beta}{2E(1-D)a} + \frac{2(pa)^2 b^3\sin\beta\cos^2\beta}{E(1-D)a^3} + pa\Delta \tag{13}$$

对于简化情况,有

$$\frac{q\theta a^2}{2} + \frac{ab\gamma\theta\sin\beta}{2}\sqrt{a^2+b^2+2ab\cos\beta-b^2\sin^2\beta}$$

$$= \frac{(pa)^2 b\sin\beta}{2E(1-D)a} + \frac{2(pa)^2 b^3\sin\beta\cos^2\beta}{E(1-D)a^3} - pa\Delta \tag{14}$$

当 a、b、α、β、γ 等参数给定时,上式可记为

$$p\Delta + C_1 p^2 - C_2 = 0 \qquad (C_1>0, C_2>0) \tag{15}$$

式中,C_1,C_2 为常量,C_1 反映了直接顶变形效应,C_2 代表了单位长度的外力功。因为

$$\frac{\mathrm{d}\Delta}{\mathrm{d}p} = -C_1 - \frac{C_2}{p^2} < 0$$

$$\frac{\mathrm{d}^2\Delta}{\mathrm{d}p^2} = \frac{2C_2}{p^3} > 0$$

因此 p—Δ 为严格单调减少并且下凸的曲线,虽然它不是数学意义上的双曲线,但是它具有类似于双曲线的变化性质,即支架工作阻力与支架变形呈严格的非线性反变关系,或称为类双曲线型关系。

3 支架工作阻力和顶板下沉量关系的影响因素

3.1 支架工作阻力和顶板下沉量类双曲线关系

根据实际情况选择适当的参数值,取 $q = 0.22$ MPa,$\gamma = 22$ kN/m³,$\sum h = 5$ m,$a = 4$ m,$\beta = 75°$,$\theta = 5°$,$E = 1$ GPa,$D = 0.7$,可得 p—Δ 曲线如图 5 所示,这与实测情况较为相符。

从图 5 中可知,曲线前部较陡,而后部较为平坦,这表明一味提高支护阻力其支护效

果并不一定明显,只有在一定的范围内,提高单位支护力对于控制顶板下沉最为有效。

3.2　直接顶刚度的影响

将式(14)改写为

$$\Delta = \left(\frac{qa\theta}{2} + \frac{\gamma\theta\sum h}{2} \cdot \sqrt{a^2 + \left(\frac{\sum h}{\sin \beta}\right)^2 + 2a\sum h\cot \beta - (\sum h)^2} \right) \Big/ p - \tag{16}$$
$$\frac{p}{2E(1-D)}\left[\sum h + 4(\sum h)^3\cot^2\beta\right]$$

令式(16)中 q、θ、a、γ、β 为定值,在相同强度的支护作用情况下,当直接顶岩石材料弹性模量较小,即直接顶刚度较低时,由上式立即看出顶板下沉量 Δ 变小,这意味着对于松软直接顶,老顶给定回转变形更多地为直接顶的变形所吸收,而支架所承担的部分相应减少。直接顶的损伤也产生相同的效应,因为损伤的加重导致直接顶的弹模软化和刚度降低,损伤后的直接顶吸收变形的能力增大。图6为相同支护阻力下直接顶下沉量随弹模软化的变化趋势。

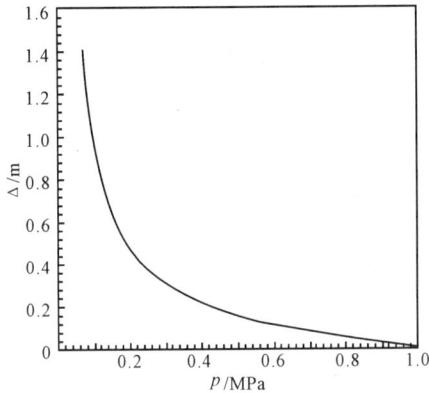

图5　支架工作阻力和顶板
下沉量关系曲线

Fig. 5　Relation between support resistance
and immediate roof subsidence

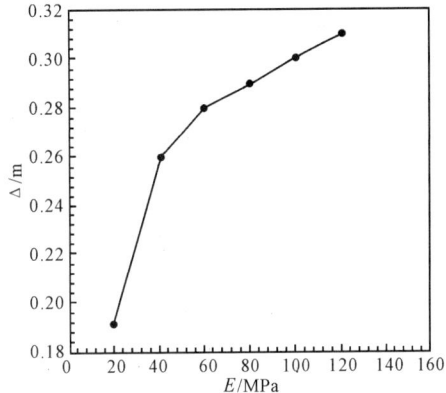

图6　顶板下沉随直接顶弹性
模量的变化趋势

Fig. 6　The variation of elastic modulus with
respect to immediate subsidence

3.3　直接顶高度的影响

从式(16)知,顶板下沉量与直接顶高度之间呈非线性关系,假如老顶来压较大,直接顶下沉所做的功与老顶做功相比可以忽略不计,则从式(16)得顶板下沉量随直接顶高度增加而单调减少(图7),因为直接顶体积增加增强了其贮存变形的能力。如果考虑直接顶回转下沉运动,则发现当直接顶为坚硬顶板时,直接顶下沉量随直接顶高度增加而增加(图8),但对于刚度较低的松软顶板,直接顶下沉量却随直接顶高度增加而减少(图9),实质上这与前面第二节讨论的弹模软化效应机理是一致的。

以上讨论直接强度与顶板下沉量的影响是在假定直接顶悬长为常量的情况下进行的,而实际上随着直接顶厚度的增大,顶板的跨度可能将随之发生变化,因此 a、b、h 是相关的,其影响关系将在另文讨论。

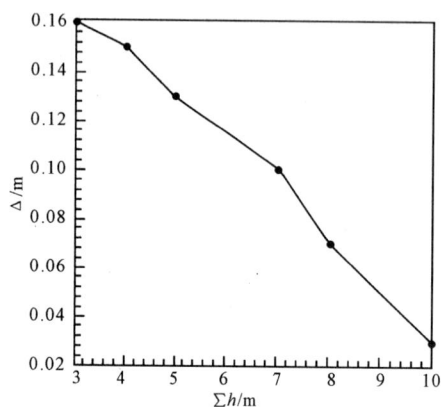

图 7　顶板下沉量与直接
顶高度关系

Fig. 7　Relation between subsidence and
height of the immediate roof

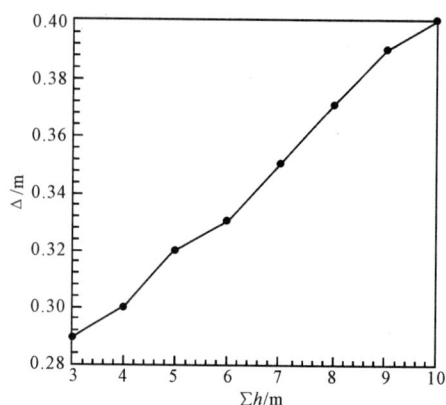

图 8　一般坚硬直接顶下沉量与直接顶
高度关系（$E = 1$ GPa）

Fig. 8　Relation between subsidence and
height of hard immediate roof（$E = 1$ GPa）

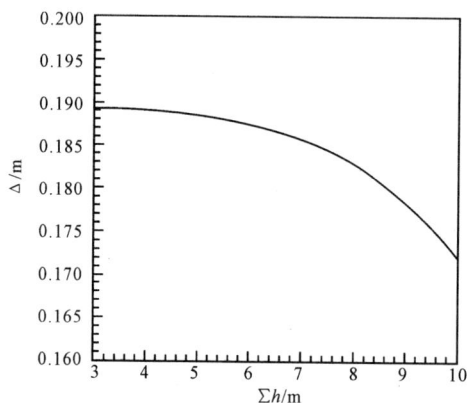

图 9　软弱破碎直接顶下沉量与直接顶高度关系（$E = 0.2$ GPa）

Fig. 9　Relation between subsidence and height of weak immediate roof（$E = 0.2$ GPa）

4　结　语

本文从支架围岩整体力学模型出发,从能量角度探讨了直接顶断裂后支架工作阻力与顶板下沉量之间的关系,结果表明,支架工作阻力与顶板下沉量之间确实存在类双曲线的单调反变关系。虽然给出的力学分析尚为粗糙,但根据量纲守恒原理,这并不影响 p—Δ 整体性质的定性描述。研究结果进一步表明,p—Δ 曲线之所以是类双曲线关系,其原因就是直接顶是可变形体,具有吸收变形、贮存能量的能力,这一点是最本质、最至关重要的。

参 考 文 献

[1] 李鸿昌.缓倾斜回采工作面单体支架的特性研究[D].北京:北京矿业学院,1964.

[2] QIAN M G,HE F L,MIAO X X. The system of strata control around longwall face in China// Mining Science and Technology[C]. Guo Y ed. Rotterdam:A. A. Balkema, 1996.

[3] 钱鸣高,何富连.再论采场矿山压力理论[J].中国矿业大学学报,1994,23(3):1-9.

Discussion on the Hyperbolic Relation Between Support Resistance and Immediate for Subsidence

Gao Feng　Qian Minggao　Miao Xiexing

(China University of Mining and Technology, Xuzhou　221008，China)

Abstract：According to the global mechanical model of support resistance, immediate rof subsidence and surrounding rocks, the immediate roof is considered as a deformable body, and the hyperbolic relation is theoretically proved from point view of energy. The effect of the height, the elastic modulus and the damage degree of the immediate roof on the hyperbolic relation is further discussed. The results are of significance to engineering support design.

Keywords：support resistance; global mechanical model of supports and surrounding rocks; immediate roof subsidence; damage

综放开采端面顶板稳定性的数值模拟研究[①]

曹胜根　钱鸣高　缪协兴　刘长友

(中国矿业大学,徐州　221008)

摘　要： 由于直接顶(含顶煤)厚度的成倍增加,综放采场顶板下沉量与支架工作阻力并不存在类双曲线关系,因此用顶板最大下沉量判断直接顶(含顶煤)稳定性已失去意义。应用 UDEC 程序分析了综放开采端面顶板稳定性与支架工作阻力及端面距的关系,得到当端面距在一定范围之内时,端面顶板冒落情况与支架工作阻力及支护角度密切相关,支架工作阻力 p 和端面顶板下沉量 Δl_d 呈类双曲线关系。在此基础上提出综放支架工作阻力新的确定方法。

关键词： $p-\Delta l_d$ 曲线;数值模拟;支架工作阻力;端面顶板稳定性

1　前　言

随着综放开采技术在我国的迅速发展,煤层采出厚度的增大,传统的确定支架工作阻力的方法与在综放面的实测结果相差较大,由此展开了对综放开采的"支架—围岩"关系的再研究。在放顶煤工作面,直接顶中以破碎或几近破碎的顶煤为主,此时,视直接顶(含顶煤)为似刚体是不合适的。在综放面,由于直接顶的变形致使老顶"砌体梁"对支架的回转变形载荷被破碎了的直接顶所吸收,故综放开采中顶板下沉量 Δl 的大小与支架工作阻力 p 并不存在类双曲线关系,支护阻力的改变对顶板下沉量的影响很小。因此对于放顶煤开采用顶板最大下沉量来判断直接顶(含顶煤)的稳定性已失去意义,此时支架工作阻力的确定应以什么作为标准呢?

统计分析表明,在采用液压支架以后,工作面顶板事故主要集中在煤壁到支架顶梁前端的无支护空间内。在综放开采工作面,控制端面顶板的冒落与使顶煤顺利放落是一对矛盾。端面顶板的稳定性是顶板控制的重点,支架工作阻力的确定应该与端面顶板稳定性紧密联系起来。本文借助新的数值分析方法(UDEC 程序)对此进行了一些初步探讨。

2　数值计算模型

为了求解支架与端面顶板稳定性的关系,根据离散元计算方法的发展,利用 UDEC 程序是完全可以得到解决的。

---

①　本文发表于《岩石力学与工程学报》,2000 年第 4 期,第 472～475 页。

采用 UDEC 程序模拟了放顶煤采场端面顶板冒落和支架工作阻力的关系。模拟煤层采高 2.5 m，放煤高度 8 m。将顶煤划分为 0.5 m×1 m 的块体，其上直接顶块体大小为 1 m×1.5 m 和 2 m×2 m，模拟老顶断裂步距 10 m。模型尺寸为 100 m×25 m，上边界载荷按 300 m 采高模拟，底边界固定，左右边界水平方向固定。计算时分别考虑了 $p=180、220、260、300、360、420、480、540 \ kN/m^2$ 等几种支护阻力和 $\beta=60°、70°、80°$ 等三种支护角度，以模拟不同的水平支护力。端面距 s 的大小则重点考察了 $s=0、0.5、1、1.5、3$ m 等几种情况。

数值计算过程如下：

原岩应力计算——→煤层开挖——→控顶区支护——→UDEC 计算——→工作面推进，撤销原支护——→新控顶区支护——→放煤——→UDEC 计算——→结果输出。

各岩层块体本身力学参数和接触面的力学参数如表 1、表 2 所列。

表 1 岩 块 参 数
Table 1 Parameters of blocks

岩层	体积模量 b /10^9 Pa	剪切模量 s /10^8 Pa	重力密度 d /(N/m³)	摩擦角 φ /(°)	黏结力 c /10^6 Pa	抗拉强度 t /10^6 Pa
煤层	2.2	1.2	1 300	15	1	3.5
直接顶	2.5	1.2	2 500	300	10	3.5
老顶	15	7	2 500	40	30	10

表 2 接触面参数
Table 2   Parameters of interfaces

岩层	法向刚度 K_n/10^9 Pa	切向刚度 K_t/10^8 Pa	黏结力 c /Pa	摩擦角 φ /(°)	抗拉强度 t /Pa
煤层	1	1	0	30	0
直接顶	5	5	0	0	0
老顶	25	11	0	40	0

3 计算结果分析

3.1 端面顶板冒落状况

图 1 是不同支架工作阻力时端面顶板冒落情况。

由计算结果可以得到：

(1) 在岩体地质条件一定时端面顶板的冒落与否，主要取决于端面距和支护阻力及支护角度的大小。

(2) 当端面距 $s=0$ 时，不论 p 为多大，端面均不发生冒落（实际情况难以达到），当 $s=3$ m 时，在表 1、表 2 所列顶煤强度条件下，不论支护阻力为多大，端面均发生比较严重的冒落。

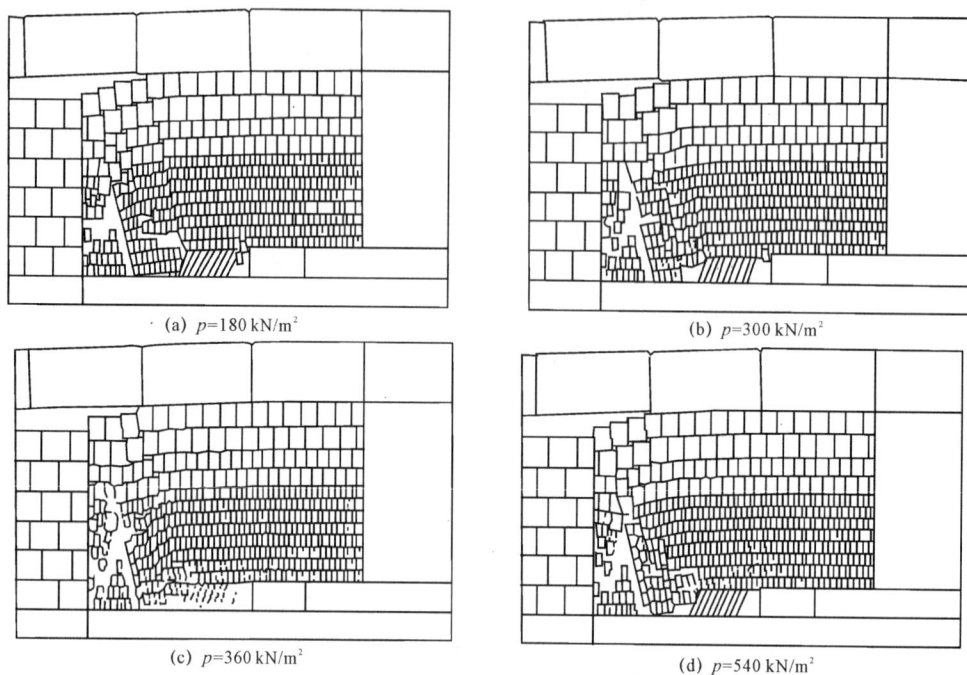

(a) $p=180 \, \mathrm{kN/m^2}$

(b) $p=300 \, \mathrm{kN/m^2}$

(c) $p=360 \, \mathrm{kN/m^2}$

(d) $p=540 \, \mathrm{kN/m^2}$

图 1 $s=1 \, \mathrm{m}, \beta=70°$ 时端面顶板冒落状况

Fig. 1   Caving phenomena with $s=1 \, \mathrm{m}$ and $\beta=70°$

（3）当 $s=0.5\sim1.5 \, \mathrm{m}$ 时，端面冒落情况与支架工作阻力及支护角度（即水平支护力）密切相关。由图 1 知，当 $p\leqslant300 \, \mathrm{kN/m^2}$ 时，端面块体发生冒落，当 $p\geqslant360 \, \mathrm{kN/m^2}$ 时端面块体却能保持住暂时的平衡，这说明，加大支架工作阻力，在一定的端面距范围内，可以控制端面顶板的冒落。在相同支护阻力的条件下，水平支护力的增加（即支护角度的减小）也有利于端面顶板的稳定。

（4）端面顶板冒落后的平衡状态很像一个冒落拱，不同支护阻力的控顶效果主要表现在对这个冒落拱拱高控制的差异。以 $s=1 \, \mathrm{m}, \beta=70°$ 为例，$p\geqslant360 \, \mathrm{kN/m^2}$ 时，端面没有发生冒落；$p=300 \, \mathrm{kN/m^2}$ 时，端面开始冒落，冒落拱拱高最小；而 $p=180 \, \mathrm{kN/m^2}$，冒落拱的拱高达到最大，此时顶板处在难控状态。

3.2   支护阻力—端面顶板下沉量曲线

在计算过程中对端面距为 $s=0.5$、1、$1.5 \, \mathrm{m}$ 等三种情况下的端面顶板的垂直位移量（端面距 $1/2$ 处）进行了监测，得到不同支护阻力时端面顶板下沉量的值，将它们进行回归，得到图 2 所示的曲线。

由曲线可以看出：

（1）端面距 s 在一定的范围之内时，其数值的变化只是改变端面顶板下沉量的绝对值，并不会改变整个 $p-\Delta l_{\mathrm{d}}$ 曲线的形状。端面距越大，端面顶板绝对下沉量也越大。

（2）当支护角度即水平支撑力变化时，$p-\Delta l_{\mathrm{d}}$ 曲线形状会发生变化。当 $\beta=70°$ 或 $\beta=80°$ 时，$p-\Delta l_{\mathrm{d}}$ 的类双曲线关系非常明显。此时，当 $p\geqslant360 \, \mathrm{kN/m^2}$ 时，端面顶板下沉量

Δl_d 受支架工作阻力的影响较小;但当 $p \leqslant 300$ kN/m^2 时,减少支护阻力,Δl_d 就有一较大幅度的上升。当 $\beta = 60°$ 时,曲线上最大曲率点 p_0 变为 260 kN/m^2,即当 $p \leqslant 200$ kN/m^2 时,Δl_d 急速上升,而当 $p \geqslant 260$ kN/m^2 时,增大支架工作阻力,Δl_d 的减小幅度较小。

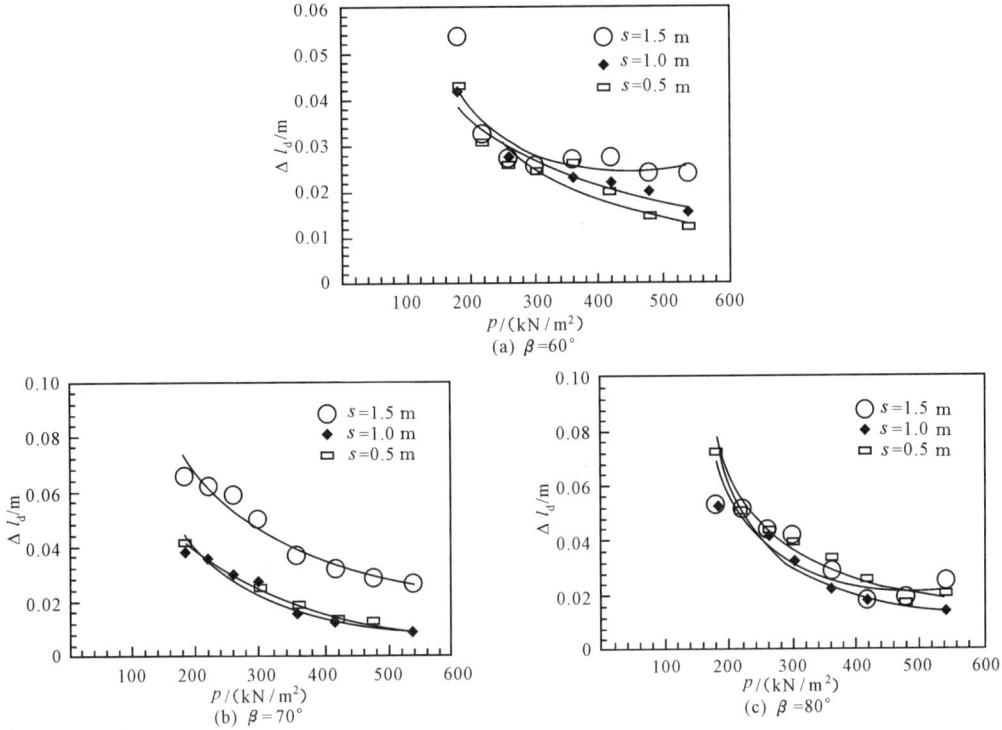

图 2　支护阻力—端面顶板下沉量关系

Fig. 2　p—Δl_d curves

3.3　综放支架工作阻力的确定

从理论分析和综放面现场实测的结果来看,直接顶(含顶煤)厚度成倍增加以后,由于直接顶为可变形体,可以全部或部分吸收老顶的给定变形压力,因此支架的工作载荷并没有因采高的增加而增加,甚至小于相似地质条件下采高较小的综采面。因此在设计综放液压支架时,如何确定其工作阻力就成为广大科技工作者面临的一个问题。

对于直接顶厚度不很大的一般综采面,可以利用允许顶底板移近量作为判定支架工作阻力是否合理的标准。顶底板允许移近量系指能保证在整个控顶区内顶板完整不破碎,不沿煤壁产生裂隙,保证移架安全的顶底板移近量。由于此时顶底板移近量与支架工作阻力呈类双曲线关系,因此评价支架工作阻力是否合理,可求出曲线最大曲率点,以此作为衡量其合理性的临界点,即顶底板移近量的允许值。

对于综放开采来说,由于直接顶(含顶煤)的力学特性发生了根本性变化,由数值计算得到的顶底板移近量与支架工作阻力的关系如图 3 所示。

图 3 中的曲线,并不存在最大曲率点,无法根据顶底板允许移近量确定综放支架工作阻力。因此综放开采工作面岩层控制的重点应转移到煤壁到支架顶梁前端的无支护

空间。

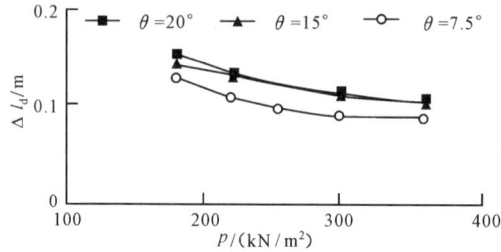

图 3 综放开采支架工作阻力—顶板下沉量关系曲线

Fig. 3 $p-\Delta l_d$ curves in top coal caving mining

由上述分析,综放工作面岩层控制的重点是端面顶煤的稳定性,其影响因素有顶煤自身的力学性质、块度大小、端面距的大小以及支架工作阻力等,在顶煤块度大小及其力学性质(表 1、表 2)一定时,顶煤的稳定性与支架工作阻力密切相关。由于综放支架工作阻力—端面顶板下沉量存在类双曲关系曲线(图 2),因此可以据此曲线确定综放支架临界阻力。

在设计综放支架时,由于在综放面实测支架载荷没有因采高的增加而增加,甚至小于相似地质条件下采高较小的一般综采面,因此出现了可以降低综放支架工作阻力的观点。虽然这对于工作面顶板下沉量的影响不大(图 3),但对于端面顶板的冒落却有很大的影响(图 2)。在综放面,一方面希望顶煤有良好的可放性,同时,不希望端面发生冒落,从这点考虑,应适当增加综放支架工作阻力,使其不小于临界阻力 p_0 值。

此外,当支护角度即水平支护力不同时,p_0 也会发生变化。随水平支护力的增大,p_0值减小,因此为最大限度地发挥支架的支撑效能,还应适当增加水平支护力。

4 结　论

(1)对于综放开采,由于直接顶厚度成倍增加,其支架—围岩关系和一般综采面有很大的不同,工作面顶板下沉量与支架工作阻力间并不存在类双曲线关系,用顶板最大下沉量判断直接顶(含顶煤)的稳定性已失去意义。

(2)在顶煤块度和力学性质一定时,端面顶板的稳定性主要取决于端面距和支护阻力的大小。端面距在一定范围之内,增大支护阻力可以减小端面冒落拱的拱高,甚至可以使端面块体保持住暂时的平衡。端面距超过一定值时,增大支护阻力不能控制端面顶板的冒落。

(3)支护阻力—端面顶板下沉量曲线呈类双曲线关系,端面距的大小只是改变端面顶板下沉量的绝对值,而不改变曲线形状。综放面岩层控制的重点是端面顶煤的稳定性。

(4)综放支架工作阻力可根据支护阻力—端面顶板下沉量曲线即端面顶板允许下沉量来确定。从综放面岩层控制的实践出发,综放支架工作阻力不但不能降低,还要适当增加,使其不小于 p_0 值。

参 考 文 献

[1] 曹胜根,钱鸣高,刘长友,等. 采场支架—围岩关系新研究[J]. 煤炭学报,1998,23(6):575-579.

［2］ 钱鸣高,何富连,王作棠,等. 再论采场矿山压力理论[J]. 中国矿业大学学报,1994,23(3):1-9.

［3］ 钱鸣高,张顶立,黎良杰,等. 砌体梁的"S-R"稳定及其应用[J]. 矿山压力与顶板管理,1994(3):6-10.

Numerical Simulation Study on Roof Stability of Face Area in Fully Mechanized Mining With Top Coal Caving

Cao Shenggen   Qian Minggao   Miao Xiexing   Liu Changyou

(China University of Mining and Technology, Xuzhou 221008, China)

Abstract: With increment of the thickness of immediate roof including top coal, the relation curve between roof convergence and support resistance usually is not similar to a hyperbola, so it is not significant to determine the stability of immediate roof including top coal with the maximal roof convergence. The roof stability of face area in fully mechanized mining with top coal caving and the relationship between support resistance and the distance to face are analyzed by using numerical calculation with UDEC program. The calculation results show that the caving of face area is directly related to the support resistance and the support angle in the area with a certain distance to face, and the relation curve between support resistance and roof convergence in face area is similar to a hyperbola. Based on these, a new method is proposed to determine the support resistance of the fully mechanized mining with sublevel caving.

Keywords: $p - \Delta l_d$ curve; fully mechanized mining with top coal caving; support resistance; roof stability in face area

老顶给定变形下直接顶受力变形分析[①]

高　峰　钱鸣高　缪协兴

（中国矿业大学数力系，徐州　221008）

摘　要：根据砌体梁理论，上覆岩层破断后仍可形成能承受载荷的稳定岩体结构，因此老顶通常以给定变形方式作用于直接顶，这使得在老顶给定变形下直接顶成为一个混合边界条件的复杂力学问题，其位移至今尚未给出。根据"砌体梁"理论的支架—围岩整体力学模型，运用能量变分方法对老顶给定变形情况下直接顶的变形进行了初步求解，进而探讨了顶板下沉量、支架工作阻力、直接顶高度、直接顶弹性模量和老顶回转角之间的相互关系。

关键词：直接顶；变分方法；支架工作阻力；顶板下沉量

1　引　言

在采场矿山压力理论研究中，支架受力的来源和大小以及支架受力与顶板下沉量的关系一直是人们关心的课题，这对于研究支架—围岩耦合作用机理、选择合理的支护方案、选取合适的支架类型和设计参数均具有重要的指导意义和应用价值。虽然这方面的研究已有几十年的历史，但大都是经验性的和定性的分析。近年来随着我国综放开采的开展，现场原位实测数据表明支架工作阻力大大低于传统矿压理论的预计结果，因而有必要对有关传统矿压理论及其计算公式进行再研究。

造成传统理论与现场实测结果严重不符的一个主要原因是传统矿山压力理论通常把直接顶视为刚体来分析它的受力与运动，这是导致传统矿压理论无法解释实际情况的本质原因。

近年来，人们开始将直接顶视为可变形体来研究支架—围岩关系，取得了一些可喜的进展。但是这方面的工作仍是初步的、定性的，许多文献将直接顶简化为弹簧模型来研究支架受力与变形，这虽然可能有助于了解支架—围岩作用方式，但是过于简化使得结果离工程要求相差甚远。本文中我们将直接顶视为可变形体，利用能量变分理论求解直接顶混合边界条件问题，并简单定量探讨了顶板下沉量、支架工作阻力、直接顶高度、直接顶弹性模量等相互关系。

[①]　本文发表于《岩石力学与工程学报》，2000年第2期，第145～148页。

2 直接顶力学模型的建立及其求解

2.1 力学模型

在地下数百米甚至数千米的深处进行煤炭开采,首先要了解上覆岩层的结构形态和活动规律。从 19 世纪末,开始对上覆岩层结构形态进行了种种推测,相继形成了自然平衡拱假说、假塑性梁假说、板结构假说等岩体结构假说[1]。

本文作者之一钱鸣高于 20 世纪 70 年代末创建了砌体梁理论,继而系统地研究了采场上覆岩层结构的平衡条件、砌体梁关键块的"S-R"稳定条件、采场—围岩整体结构模型、老顶来压预测预报及关键层理论等问题[2-6]。1995 年,又建立了老顶给定回转变形条件下的支架—围岩整体力学模型(图 1),为研究支架—围岩耦合作用机理、建立顶板下沉量和支架工作阻力的定量关系创造了条件。

本文着重研究在老顶给定变形下直接顶的受力、变形情况以及顶板下沉量和支架工作阻力的关系,建立直接顶的力学模型,如图 2 所示。由于只研究直接顶悬伸部分,直接顶的左边界可简化为固定边界,右边界假设为无载荷作用的临空面,上边界为老顶施加给定变形的边界,给出的是位移边界条件,而下边界受支撑作用,给出的是应力边界条件。因此在老顶给定变形情况下,直接顶的响应是个复杂的应力与位移混合边界条件的力学问题。

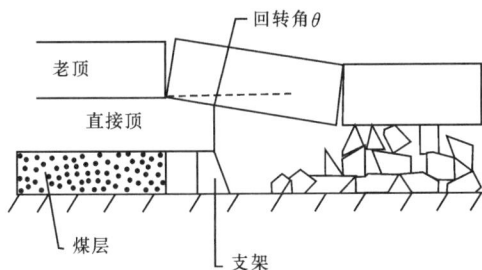

图 1 支架围岩整体力学模型

Fig. 1 Global mechanical model of supports and surrounding rocks

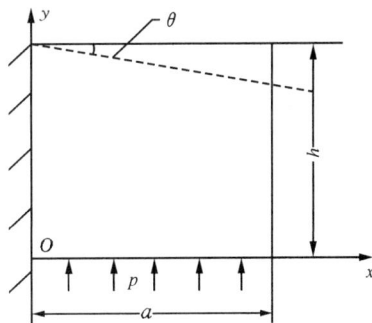

图 2 直接顶悬伸部分力学模型

Fig. 2 Mechanical model of immediate-roof rock

2.2 变分方法

在一般应力状态下,弹性体贮存的形变势能为

$$U = \iiint \frac{1}{2} \sigma \epsilon \, \mathrm{d}V \tag{1}$$

采用位移分量可表示为

$$U = \frac{E}{2(1+\mu)} \iiint \left[\frac{\mu}{(1-\mu)} \left(\frac{\partial u}{\partial x} + \frac{\partial v}{\partial y} + \frac{\partial w}{\partial z} \right)^2 + \left(\frac{\partial u}{\partial x} \right)^2 + \left(\frac{\partial v}{\partial y} \right)^2 + \left(\frac{\partial w}{\partial z} \right)^2 + \right.$$

$$\left. \frac{1}{2} \left(\frac{\partial w}{\partial y} + \frac{\partial v}{\partial z} \right)^2 + \frac{1}{2} \left(\frac{\partial u}{\partial z} + \frac{\partial w}{\partial x} \right)^2 + \frac{1}{2} \left(\frac{\partial u}{\partial y} + \frac{\partial v}{\partial x} \right)^2 \right] \mathrm{d}x \mathrm{d}y \mathrm{d}z \tag{2}$$

假设弹性体位移分量 u、v、w 发生了位移边界条件所允许的微小改变 δu、δv、δw,则

得拉格朗日位移变分方程为

$$\delta U = \iiint (X\delta u + Y\delta v + Z\delta w)\,dxdydz + \iint (\overline{X}\delta u + \overline{Y}\delta v + \overline{Z}\delta w)\,dS \tag{3}$$

式中，X,Y,Z 为体力分量；$\overline{X},\overline{Y},\overline{Z}$ 为面力分量。取位移分量表达式为

$$u = u_0 + \sum_m A_m u_m$$
$$v = v_0 + \sum_m B_m v_m \tag{4}$$
$$w = w_0 + \sum_m C_m w_m$$

式中，u_0,v_0,w_0 为满足边界条件的设定函数；u_m,v_m,w_m 为在边界上等于 0 的函数；A_m，B_m,C_m 为待定常数。代入式(3)得位移变分方程为

$$\frac{\partial U}{\partial A_m} = \iiint X u_m\,dxdydz + \iint \overline{X} u_m\,dS$$
$$\frac{\partial U}{\partial B_m} = \iiint Y v_m\,dxdydz + \iint \overline{Y} v_m\,dS \tag{5}$$
$$\frac{\partial U}{\partial C_m} = \iiint Z w_m\,dxdydz + \iint \overline{Z} w_m\,dS$$

如果选取的位移表达式同时满足位移边界条件和应力边界条件，则上式可简化为

$$\iiint \left[\frac{E}{2(1+\mu)}\left(\frac{1}{1-2\mu}\frac{\partial e}{\partial x} + \nabla^2 u \right) + X \right] u_m\,dxdydz = 0$$
$$\iiint \left[\frac{E}{2(1+\mu)}\left(\frac{1}{1-2\mu}\frac{\partial e}{\partial y} + \nabla^2 v \right) + Y \right] v_m\,dxdydz = 0 \tag{6}$$
$$\iiint \left[\frac{E}{2(1+\mu)}\left(\frac{1}{1-2\mu}\frac{\partial e}{\partial z} + \nabla^2 w \right) + Z \right] w_m\,dxdydz = 0$$

式中，e 为体积应变。求出 A_m、B_m、C_m 即可得弹性体位移场，继而得到应力应变分布的解析表达式。

2.3 问题求解

根据直接顶的力学模型，有

体力分量：$X=0, Y=-\rho g$

面力边界条件：$x=a, \overline{X}=\overline{Y}=0; y=0, \overline{X}=0, \overline{Y}=p$

位移边界条件：$x=0, u=v=0; y=h, v=-x\theta$

取位移分量表达式为

$$u = A\frac{x}{a}\left(1-\frac{y}{h}\right) \tag{7}$$

$$v = -x\theta\frac{y}{h} + B\frac{x}{a}\left(1-\frac{y}{h}\right) \tag{8}$$

式中，a, h, θ 如图 1、图 2 所示；A, B 为待定常数。

显然，上两式满足问题的位移边界条件，可用瑞兹方法求解。对于平面应变问题，直接顶的弹性势能为

$$U = \frac{E}{2(1+\mu)}\int_0^a\int_0^b\left[\frac{\mu}{1-\mu}\left(\frac{\partial u}{\partial x}+\frac{\partial v}{\partial y}\right)^2 + \left(\frac{\partial u}{\partial x}\right)^2 + \left(\frac{\partial v}{\partial y}\right)^2 + \frac{1}{2}\left(\frac{\partial u}{\partial y}+\frac{\partial v}{\partial x}\right)^2 \right]dxdy$$

$$= \frac{E}{2(1+\mu)(1-2\mu)} \left\{ \frac{A[B - a\theta(1-4\mu)]}{4} + \right.$$

$$\frac{a[A^2(2\mu - 1) - (1-\mu)][2B^2 + 4aB\theta + 2a^2\theta^2]}{6h} +$$

$$\left. \frac{h[-2A^2(1-\mu) - (1-2\mu)][B^2 - aB\theta + a^2\theta^2]}{6a} \right\} \tag{9}$$

利用瑞兹位移变分方法,可以建立待定常数 A、B 的联立方程组为

$$\frac{E}{2(1+\mu)(1-2\mu)} \left\{ \frac{2hA(1-\mu)}{3a} + \frac{aA(1-2\mu)}{3h} + \frac{B - a\theta + 4a\mu\theta}{4} \right\} = 0$$

$$\frac{E}{2(1+\mu)(1-2\mu)} \left\{ \frac{A}{4} + \frac{h(1-2\mu)(2B - a\theta)}{6a} + \frac{2a(1-\mu)(B + a\theta)}{3h} \right\}$$

$$= -\frac{h\rho g}{4a} + \frac{ap}{2}\left(1 - \frac{y}{h}\right) \tag{10}$$

这是 A、B 的二元一次方程组。求出 A、B 后即可得到直接顶位移分量的具体表达式,并可进而求出应力、应变分量来探讨直接顶的受力、变形和破坏情况,因篇幅所限,这方面的研究将另文探讨。另外,由于 A、B 表达式极为冗长,在此不一一列出。

3 结果讨论

为方便起见,在探讨顶板下沉量、支架工作阻力、直接顶高度、直接顶弹性模量、老顶回转角等相互关系时,将某些参量取定值。根据实际经验,可取 $a = 4$ m,$\rho g = 22 \times 10^3$ kN/m³,$h = 3 \sim 8$ m,$\theta = 5° \sim 15°$,$\mu = 0.3$,$E = 1$ GPa,$p = 10^4 \sim 10^7$ Pa,另记直接顶下边中点的垂直位移为顶板下沉量 Δ。

3.1 支架工作阻力 p、顶板下沉量 Δ 与直接顶高度 h

分别取 $h = 4$ m 和 $h = 8$ m,可得

$$\Delta = 0.135 - 2.10 \times 10^{-8} p \tag{11}$$

$$\Delta = 0.035 - 4.76 \times 10^{-8} p \tag{12}$$

如图 3 所示,在弹性范围内,Δ 与 p 呈反比关系,而且直接顶越高,p 对 Δ 的影响越小。如果考虑直接顶高度 h 对顶板下沉量的影响,计算可得

$$\Delta = \frac{1.65 \times 10^{10} - 5 \times 10^7 h + 3 \times 10^4 h^2 - 1.1 \times 10^7 h^3 - 6 \times 10^7 h^4}{8.8 \times 10^{10} + 1.5 \times 10^{10} h^2 + 3.45 \times 10^8 h^4} \tag{13}$$

结果表明,当直接顶高度增加时,顶板下沉量随直接顶高度的增加而减少(如图 4 所示),这是因为直接顶高度的增加增强了直接顶承载能力和贮存变形能的能力,而当直接顶断裂以后,则支架工作阻力与顶板下沉量呈类双曲线的反变关系,关于这一点我们已在另文探讨。

3.2 顶板下沉量 Δ 与直接顶刚度(或弹性模量 E)

取 $p = 10^5$ Pa,$h = 6$ m,则有

$$\Delta = 0.08 - \frac{2.3 \times 10^5}{E} \tag{14}$$

由图 5 知当弹性模量较小时,即直接顶岩体较为软弱和破碎时,顶板下沉量较小,老

顶给定变形多为直接顶吸收,对于软弱直接顶支护效果较为明显;而当直接顶弹性模量增大时,顶板下沉量相应增大。从图中可以看出,当 $E \rightarrow \infty$ 时,即直接顶近似为刚性体时,顶板下沉量趋于一定值,即老顶的回转变形量。

3.3 顶板下沉量 Δ 与老顶回转角 θ

取 $h = 4$ m, $p = 10^5$ Pa,有

$$\Delta = 0.002\ 3 + 0.904 \times \frac{3.14}{180} \times \theta \tag{15}$$

如图 6 所示,老顶回转角的大小对直接顶受力变形,即支架阻力与顶板下沉量的影响最为强烈,老顶回转角的微小增加将引起顶板下沉量的急剧增长和支护阻力的增大,因此能否较为精确地预测老顶的破断形态与位移是能否准确地确定支架工作阻力与顶板下沉量的前提和关键。

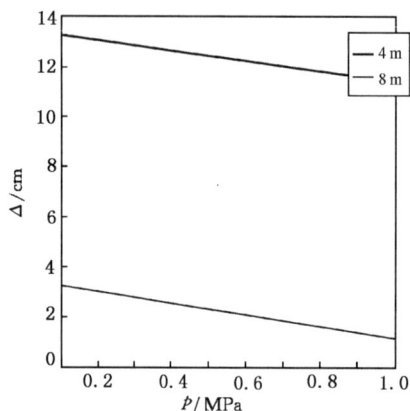

图 3 支架工作阻力 p 与顶板下沉量 Δ

Fig. 3 Relation between support resistance p and roof subsidence Δ

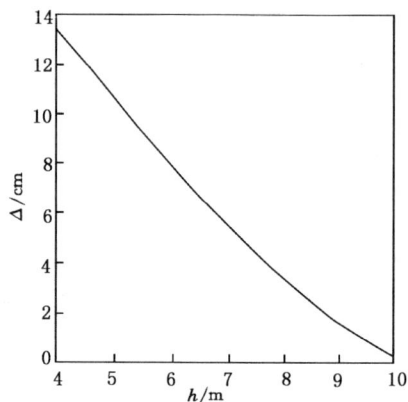

图 4 直接顶高度 h 与顶板下沉量 Δ

Fig. 4 Relation between the height of immediate roof h and roof subsidence Δ

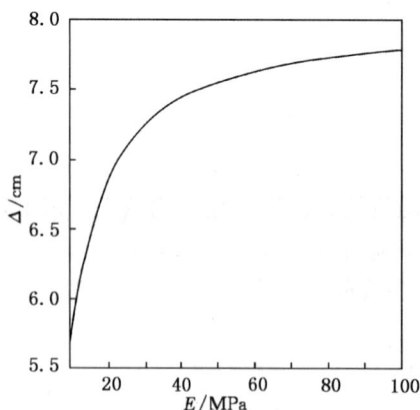

图 5 顶板下沉量 Δ 与直接顶弹性模量 E

Fig. 5 Relation between roof subsidence Δ and the elastic modulus of immediate roof E

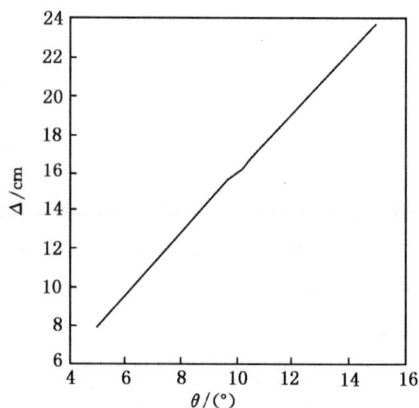

图 6 顶板下沉量 Δ 与老顶回转角 θ

Fig. 6 Relation between the roof subsidence Δ and rotation angle of main roof θ

4 结 语

直接顶的受力与变形以及支架阻力与支架变形的关系是采场矿压理论的重要内容。以往将直接顶视为可变形体的力学分析是较为简单、定性的。本文讨论的给定变形下直接顶混合边界的力学问题,是砌体梁理论中支架围岩整体力学模型的关键问题之一。本文作者运用位移变分的方法进行求解,得到了直接顶在给定变形情况下的解析解,并进而探讨了直接顶下沉量、支架工作阻力、直接顶高度、直接顶刚度等因素的相关性,所得结果与实际也较为相符。本文研究方法为现场支护设计从理论上提供了依据。

参 考 文 献

[1] 钱鸣高,刘昕成. 矿山压力及其控制[M]. 北京:煤炭工业出版社,1986.

[2] 钱鸣高,何富连,王作棠,等. 再论采场矿山压力理论[J]. 中国矿业大学学报,1994,23(3):1-9.

[3] 钱鸣高,缪协兴. 采场上覆岩层结构的形态与受力分析[J]. 岩石力学与工程学报,1995,14(2):97-106.

[4] 钱鸣高,缪协兴,何富连,等. 采场围岩与支架耦合作用机理研究[J]. 煤炭学报,1996,21(1):40-44.

[5] 钱鸣高,缪协兴. 岩层控制中的关键层理论研究[J]. 煤炭学报,1996,21(3):225-230.

[6] 黎良杰,殷有泉,钱鸣高. KS结构的稳定性与底板突水与处理[J]. 岩石力学与工程学报,1998,17(1):40-45.

Mechanical Analysis of the Immediate Roof Subjected to Given Deformation of the Mining Roof

Gao Feng   Qian Minggao   Miao Xiexing

(China University of Min. & Tech., Xuzhou 221008, China)

Abstract:In the light of the voussior beam theory, the broken upper strata would be able to form a stable structure to support the loads. The main roof applies a given deformation on the immediate roof. Therefore the immediate roof is a mechanical model with mixed boundary conditions. But its solution was not given before. The mechanical problem of the immediate roof under a given deformation is solved by the variational approach. And the relations among the subsidence of the immediate roof, the support resistance, the height and the modulus of the immediate roof, and the rotation angle are further discussed.

Keywords:immediate roof; variational method; support resistance; subsidence of immediate roof

不同顶煤条件下支架工作阻力的确定[①]

方新秋　钱鸣高　曹胜根　缪协兴

（中国矿业大学能源科学与工程学院，江苏 徐州　221008）

摘　要：从端面顶板稳定性控制角度出发，应用数值模拟离散元法分析了不同顶煤条件下端面顶板稳定性与支架工作阻力和端面距的关系。模拟结果表明：在软和中硬煤条件下，端面距一定范围内支架工作阻力 P 与端面顶板下沉量 Δl_d 为类双曲线关系；而硬煤条件下没有类似关系。由此给出不同顶煤条件下支架工作阻力的计算方法，认为在软和中硬煤条件下可以利用 $P-\Delta l_d$ 关系曲线确定支架临界工作阻力，而传统支架工作阻力确定方法则适合于硬煤条件。结论在实测中已得到验证。

关键词：顶煤；数值模拟；端面顶板；稳定性；支架工作阻力

1　引　言

综放开采中，煤层一次采出厚度的增大，导致了一系列新的矿山压力现象。研究表明[1]：综放开采条件下，由于直接顶（含顶煤）厚度成倍增加，支护阻力—顶板下沉量不存在类双曲线关系，因而传统的利用允许顶底板移近量判定合理支架工作阻力的标准已失去意义。文献[2]通过对大量综放工作面支架工作阻力的测定，发现与传统的确定支架工作阻力的方法相差较大。文献[3]从控制端面冒顶角度出发，对特定顶煤和块体大小条件下的端面顶板稳定性进行了定性分析，认为在此类顶煤和块体大小条件下，支架工作阻力—端面顶板下沉量呈类双曲线关系，且端面顶板的稳定性主要取决于端面距和支架阻力，端面距大小只是改变端面顶板下沉量的绝对值，不改变曲线形状。从综放面岩层控制特点出发，其重点是控制端面顶煤的稳定性，由此首先是确定端面顶板允许下沉量，而后支架工作阻力可根据端面顶板允许下沉量来确定。

鉴于顶煤力学性质的差异，因此，首先应研究不同顶煤条件下支护阻力—端面顶板下沉量曲线关系将如何变化，而后再确定支架工作阻力的差异。本文借助于数值模拟工具（UDEC）对此问题进行探讨。

2　不同顶煤条件下端面顶板稳定性分析

为了研究各种类型顶煤的稳定性，可将顶煤根据普氏系数 f 分为软煤（$f<1$）、中硬

---

①　本文发表于《岩土工程学报》，2002 年第 2 期，第 233～236 页。

煤($f=1\sim3$)和硬煤($f>3$)三种。数值模拟过程中则取软煤 $f=0.9$,中硬煤 $f=2$,硬煤 $f=3.1$。鉴于顶煤在综放条件下已处于破碎状态,因而由于裂隙而造成的失稳远大于煤本身的力学性质,但是裂隙的发育程度与煤的力学性质密切相关。为便于比较,模型假设中硬煤的裂隙间距为不同顶煤条件时的划分标准,而事实上为提高硬顶煤冒放性,对顶煤进行预松动爆破也能达到这种状态。因此应用离散元(UDEC)完全可以对不同顶煤条件下的综放开采端面顶板稳定性进行分析。

2.1 模型建立

根据现场的一般条件,模拟采高 2.5 m,放煤高度 8 m。根据现场实测资料,可将顶煤划分为 0.5 m×1 m 的块体,其上直接顶块体的大小为 1.5 m×1.5 m 和 2 m×2 m,模拟老顶断裂步距 15 m。整个模型尺寸为 100 m×27 m,上边界载荷按采深 300 m 计算,底边界固定,左右边界水平方向固定。模拟液压支架的顶梁分为两段,即 3 m 顶梁和 1 m 前梁,前梁受力较小,顶梁受力较大,顶梁和前梁上的力均匀分布,其合力值即为支架工作阻力 P。计算时考虑 $P=900$、$1\,200$、$1\,800$、$3\,000$、$3\,600$ kN 几种现场中存在的支架工作阻力以及 $\alpha=60°$、$70°$、$80°$ 三种支护角度模拟不同的水平支护力,支架初撑力按工作阻力的 70% 设定。端面距 s 大小考虑 0.5、1.0、1.5、2.5 m 几种情况。

2.2 数值模拟结果分析

计算过程中对不同顶煤条件下的顶板下沉量、端面顶板下沉量进行监测,绘出相应曲线,如图1、图2所示。$s=2.5$ m 时,不论 P 为多大,软煤及中硬煤端面顶板均已冒落,因此不存在关系曲线,而硬煤则没有冒落,如图3所示。限于篇幅,其他端面距和支护角度时的关系曲线不一一列出。当 $\alpha=80°$ 时,将不同顶煤端面距 $s=0.5\sim1.5$ m 之间的 $P-\Delta l$ 与 $P-\Delta l_d$ 关系曲线进行回归,如表1、表2所列。

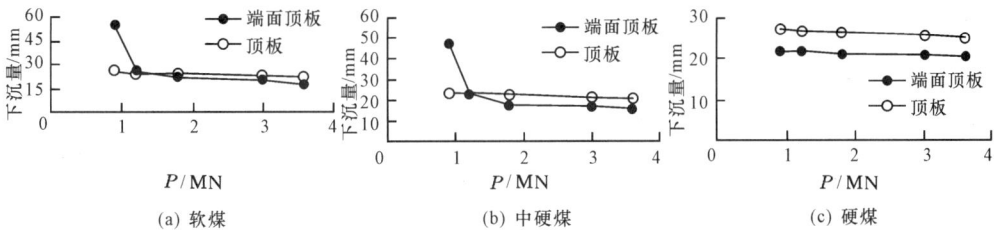

图 1　$s=1.0$ m,$\alpha=80°$ 时 $P-\Delta l$ 和 $P-\Delta l_d$ 曲线

Fig.1　$P-\Delta l$ and $P-\Delta l_d$ curves ($s=1.0$ m,$\alpha=80°$)

由图1、图2、表1、表2及数值模拟结果可以得出:

(1) 软及中硬煤条件下,$P-\Delta l$ 与 $P-\Delta l_d$ 关系曲线形状不同,$P-\Delta l$ 曲线平缓,为线性,而 $P-\Delta l_d$ 曲线类似于双曲线。硬煤条件下,$P-\Delta l_d$ 曲线不存在类双曲线关系,两曲线形状相同,均为线性,下沉量随支护阻力增加而缓慢下降,只是绝对值不同。若将硬顶煤块体划分更细(0.3 m×1 m),则将产生与软及中硬煤相似情况,因而不同顶煤的关系曲线是相对的。

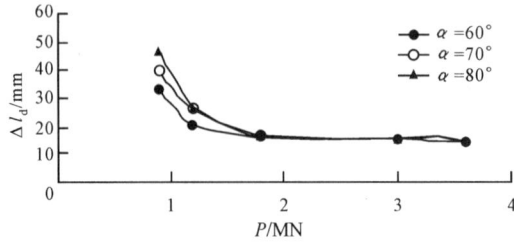

图 2 $s=1.0$ m 时中硬煤条件下 $P—\Delta l_{\mathrm{d}}$ 曲线

Fig. 2 $P—\Delta l_{\mathrm{d}}$ curves ($s=1.0$ m, medium-hard coal)

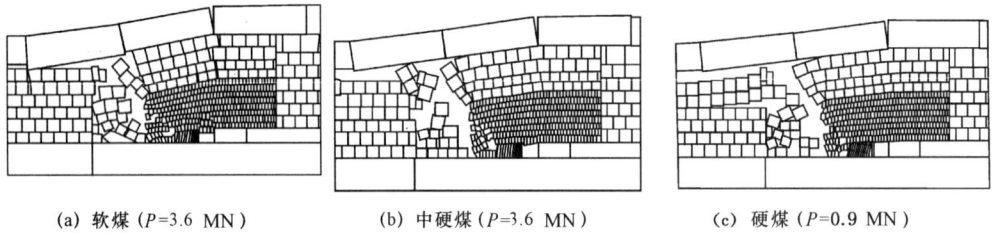

(a) 软煤 ($P=3.6$ MN)   (b) 中硬煤 ($P=3.6$ MN)   (c) 硬煤 ($P=0.9$ MN)

图 3 $s=2.5$ m, $\alpha=80°$ 时端面顶板冒落状况

Fig. 3 Caving phenomena in face area ($s=2.5$ m, $\alpha=80°$)

表 1 $P—\Delta l$ 关系曲线回归结果

Table 1 Regression results of $P—\Delta l$ curves

顶煤类型	端面距/m	回 归 方 程	相关系数
软 煤	0.5	$\Delta l=27.592-1.8722P$	0.943
	1.0	$\Delta l=27.763-1.6111P$	0.958
	1.5	$\Delta l=28.592-1.9389P$	0.991
中硬煤	0.5	$\Delta l=24.842-1.1722P$	0.997
	1.0	$\Delta l=24.920-1.1333P$	0.996
	1.5	$\Delta l=24.970-1.1667P$	0.992
硬 煤	0.5	$\Delta l=28.105-0.8500P$	0.989
	1.0	$\Delta l=28.237-0.8556P$	0.993
	1.5	$\Delta l=28.062-0.7722P$	0.992

注：Δl 单位为 mm，支护阻力 P 单位为 MN。

表2　P—Δl_d 关系曲线回归结果

Table 2　Regression results of P—Δl_d curves

顶煤类型	端面距/m	回　归　方　程	相关系数
软　煤	0.5	$\Delta l_d = 4.378\,8 + 35.134/P$	0.882
	1.0	$\Delta l_d = 3.680\,6 + 39.856/P$	0.895
	1.5	$\Delta l_d = 2.286\,4 + 45.086/P$	0.906
中硬煤	0.5	$\Delta l_d = 4.978\,6 + 28.802/P$	0.894
	1.0	$\Delta l_d = 3.170\,5 + 34.087/P$	0.888
	1.5	$\Delta l_d = 0.960\,2 + 40.885/P$	0.911
硬　煤	0.5	$\Delta l_d = 22.287 - 0.555\,6P$	0.971
	1.0	$\Delta l_d = 22.478 - 0.561\,1P$	0.994
	1.5	$\Delta l_d = 22.762 - 0.572\,2P$	0.993

注：Δl_d 单位为 mm，支护阻力 P 单位为 MN。

（2）端面距在 0.5～1.5 m 范围内变化时，只会改变端面顶板下沉量的绝对值，不会改变曲线的类双曲线形状。端面距越大，端面顶板下沉量越大，端面越不稳定，而维护端面稳定的支架工作阻力要求越高。端面距的变化对顶板下沉量影响不大。

（3）支撑角度的改变会影响 P—Δl_d 曲线的形状，支撑角度越小，即支架提供的水平支护力占支架工作阻力的比例越大，端面顶板下沉量越小，而且支架工作阻力越小时差异更明显，但不会改变曲线的整体形状。支撑角度的改变同样对顶板下沉量影响不大。

（4）软及中硬煤条件下，支架工作阻力的增加，对顶板下沉量影响不大，但对端面顶板下沉量影响明显，它们之间存在类双曲线关系，当支架工作阻力增加到一定程度时，端面顶板下沉量趋于缓和。以软煤条件下 $s = 1.0$ m，$\alpha = 80°$ 为例［如图1(a)］，当 $P \geqslant 1\,800$ kN 时，端面顶板下沉量趋缓；当 $P < 1\,200$ kN 时，端面顶板下沉量增大明显。

3　综放支架工作阻力的确定

从现场实测结果看，综放开采条件下，由于直接顶（含顶煤）厚度成倍增加，支架工作阻力并没有因采出煤厚的增加而增加，甚至小于相似条件下采高小的综采面，因此传统的确定支架工作阻力方法并不一定适合，综放面支架工作阻力的确定是一个新课题。

3.1　不同顶煤支架工作阻力的确定

（1）利用 P—Δl_d 关系曲线确定支架工作阻力

根据数值模拟结果，由表1可见，不同顶煤条件下的 P—Δl 曲线均为线性关系，P—Δl 曲线不存在最大曲率点，因而传统的利用允许顶底板移近量判定合理支架工作阻力的标准已失去意义。对于 P—Δl_d 关系（表2），在不同顶煤综放开采条件下，有不同的情况。软及中硬煤条件以及硬煤弱化处理后，P—Δl_d 曲线均为双曲线关系，而硬煤条件下为线性关系。由于端面顶煤稳定性对综放面安全顺利生产的重要性，因此软及中硬煤条件下可用端面顶煤的稳定性来判定支架工作阻力的合理性。由于软及中硬煤条件 $P—\Delta l_d$ 关系类似于一双曲线,可以据此确定支架临界工作阻力 P_0,双曲线形式为

$$\Delta l_d = a + \frac{b}{P} \quad 或 \quad \frac{1}{\Delta l_d} = a - \frac{b}{P} \tag{1}$$

式中 a,b 为回归常数,与地质及生产技术因素有关。

将此回归曲线的最大曲率点和等速度变化点对应的支护阻力区间作为临界支护阻力区间。

对于函数 $y=f(x)$,其曲率可用下式表示:

$$K = \frac{\dfrac{d^2 y}{dx^2}}{\left[1 + \left(\dfrac{dy}{dx}\right)^2\right]^{3/2}} \tag{2}$$

取 $\dfrac{dK}{dx}=0$ 即可求得最大曲率点对应的自变量。

对于式(1)中 $\Delta l_d = a + \dfrac{b}{P}$,可写成 $y=a+\dfrac{b}{x}$,则 $\dfrac{dy}{dx}=-bx^{-2}$,$\dfrac{d^2y}{dx^2}=2bx^{-3}$,因此得

$$\left. \begin{aligned} K &= \frac{2bx^{-3}}{(1+b^2 x^{-4})^{3/2}} \\ \frac{dK}{dx} &= \frac{-6bx^{-4} - 6b^3 x^{-8} + 12b^3 x^{-8}}{(1+b^2 x^{-4})^{5/2}} \end{aligned} \right\} \tag{3}$$

$\dfrac{dK}{dx}=0$ 即 $-6bx^{-4} + 6b^3 x^{-8} = 0$,得 $x=\sqrt{b}$,即临界阻力

$$P_{01} = \sqrt{b} \tag{4}$$

对于参数等速度变化点,在双曲线上可以找到自变量和应变量变化速率相等的点,即

$$\frac{d\Delta l_d}{dP} = -1 \tag{5}$$

对于 $\Delta l_d = a + \dfrac{b}{P}$,由 $\dfrac{d\Delta l_d}{dP}=-1$,得 $-\dfrac{b}{P^2}=-1$,即

$$P_{02} = \sqrt{b} \tag{6}$$

由此可知,按最大曲率点求得的临界阻力 P_{01} 与由参数等速度变化点计算的临界阻力 P_{02} 是一致的。

对于形如 $\dfrac{1}{y}=a+\dfrac{b}{x}$ 的双曲线,用最大曲率点或参数等速度变化点来确定临界阻力,其结果也一致。

对于参数等速度变化点,在双曲线上找到自变量 P 和应变量 Δl_d 变化速率相等的点,即 $\dfrac{d\Delta l_d}{dP}=-1$,代入 $\dfrac{1}{\Delta l_d}=a-\dfrac{b}{P}$,得 $\dfrac{d\Delta l_d}{dP}=\dfrac{-b}{(aP-b)^2}=-1$,得

$$P_0 = \frac{\sqrt{b}+b}{a} \tag{7}$$

(2)利用岩石自重法确定支架工作阻力

以上是利用 $P—\Delta l_d$ 关系曲线确定支架临界工作阻力。此外,支架应能承受直接顶

与顶煤的重量以及老顶周期来压变形失稳的冲击载荷[4]，即岩石自重法。根据此法可确定支架工作阻力 P_1。

支架承受直接顶与顶煤的全部重量 Q_1 为

$$Q_1 = L_k B(\sum h\gamma + M_1\gamma_1) \tag{8}$$

若 $\sum h$ 的大小以填满采空区为准，并考虑放煤损失，即有

$$\sum h + M = K\sum h + M(1-\eta) \tag{9}$$

整理得

$$\sum h = M\eta/(K-1) \tag{10}$$

考虑老顶周期来压变形失稳所引起的冲击载荷，用测定的冲击载荷系数 k_1 表示，因此

$$P_1 = k_1 L_k B(\sum h\gamma + M_1\gamma_1) \tag{11}$$

式中，k_1 为老顶冲击载荷系数；L_k 为控顶距，m；B 为支架宽度，m；$\sum h$ 为直接顶厚度，m；M 为整层煤厚，m；K 为采空区矸石的初始松散系数；M_1 为顶煤厚度，m；γ 为直接顶重力密度，kN/m^3；γ_1 为顶煤重力密度，kN/m^3；η 为煤层回收率。

综合上述两种方法，支架合理工作阻力 P 就可以确定，本文确定的公式如下：

当 $P_0 > P_1$ 时，$P = P_0$；反之则 $P = P_1$。

在硬煤条件下，$P-\Delta l_d$ 曲线为非双曲线，说明硬煤条件与软及中硬煤条件下直接顶（含顶煤）力学性质对 $P-\Delta l_d$ 关系影响有本质不同。软及中硬煤条件下，直接顶刚度为似零刚度，能够吸收老顶的"给定变形压力"，支架处于"给定载荷"或"限定载荷"工作状态；而硬煤下，直接顶刚度为似刚性，直接顶和顶煤能够传递老顶的"给定变形压力"，支架处于"给定变形"工作状态。因此，传统的确定支架工作阻力方法适用于硬煤条件下，由此，综放开采条件下，不同顶煤条件有不同的支架工作阻力确定方法，应分别对待。当然，这些关系具有相对性，在某种程度上可以相互转换。

3.2 支架工作阻力确定的实例分析

阳泉 4 矿 8312 综采放顶煤工作面所采煤层厚为 5.75 m，平均硬度系数 $f=2.5$，重力密度 $\gamma=14.35$ kN/m^3。直接顶为 $1\sim2$ m 的黑色泥岩，平均为 1.17 m，老顶为 3.21 m 的石灰岩。煤层采用放顶煤开采，支架型号为 ZFS440—1.65/2.6，支架初撑力为 4 000 kN，额定工作阻力为 4 400 kN，支架阻力测定结果如表 3 所列。

表 3　支架阻力及其利用率

Table 3　The support resistance and its efficiency

指　　标	支架平均阻力±均方差/kN			支架阻力占额定值的百分比/%		
	初撑力	时间加权阻力	循环末阻力	初撑力	时间加权阻力	循环末阻力
非周期来压期间	1 040±500	1 444±683	1 829±814	26	33	42
周期来压期间	1 432±598	2 600±331	3 475±540	36	59	79
总　平　均	1 067±540	1 534±701	2 022±895	27	35	46

工作面割煤高度 2.5 m,采放比 1.0∶1.3。支架支护面积取 6 m²,$\gamma = 27$ kN/m³,$\gamma_1 = 14$ kN/m³,$K = 1.25$,$\eta = 0.8$,$k_1 = 1.9$,则考虑直接顶和顶煤重量以及老顶周期载荷后的支架工作阻力 P_1 为 3 350.5 kN/架。采用 P—Δl_d 关系曲线方法,根据离散元模拟结果,得

$$s = 0.5 \text{ m} \qquad P_0 = 2\ 509.1 \text{ kN/架}$$
$$s = 1.0 \text{ m} \qquad P_0 = 3\ 298.0 \text{ kN/架}$$
$$s = 1.5 \text{ m} \qquad P_0 = 4\ 278.4 \text{ kN/架}$$

根据现场经验,端面距不应超过 1.0 m,两种方法相比较,P 可取 3 350.5 kN/架,与工作面周期来压期间支架实测循环末阻力平均值接近,可见有足够精确度。

4 结 论

(1)软及中硬煤条件下,支护阻力—顶板下沉量(P—Δl)与支护阻力—端面顶板下沉量(P—Δl_d)关系曲线形状不同,支护阻力—顶板下沉量曲线平缓,而支护阻力—端面顶板下沉曲线类似于双曲线。硬煤条件下,两曲线形状相同,不存在双曲线关系,或为双曲线的一部分,均比较平缓,只是绝对值不同。

(2)不同顶煤条件下支架工作阻力确定方法应分别对待,软及中硬煤条件下可通过支护阻力—端面顶板下沉量关系曲线即端面顶板允许下沉量确定,而传统的确定支架工作阻力方法适用于硬煤条件。经实例分析,所得支架工作阻力计算公式较符合实际。

参 考 文 献

[1] 曹胜根,钱鸣高,刘长友. 采场支架—围岩关系的新研究[J]. 煤炭学报,1998,23(6):575-579.
[2] 钱鸣高,缪协兴. 采场支架与围岩耦合作用机理研究[J]. 煤炭学报,1996,21(1):40-44.
[3] 曹胜根,钱鸣高,缪协兴,等. 综放开采端面顶板稳定的数值模拟研究[J]. 岩石力学与工程学报,2000,19(4):472-475.
[4] 刘长友. 采场直接顶整体力学特性及支架围岩关系的研究[D]. 徐州:中国矿业大学,1997.

Determination of Working Resistance of Support Under Different Top Coal Conditions

Fang Xinqiu　Qian Minggao　Cao Shenggen　Miao Xiexing

(College of Mineral and Energy Resources, China University of Mining & Technology, Xuzhou 221008, China)

Abstract: From the control angle of roof stability in face area, UDEC program has been used in analysis of the relationship between the roof stability in face area, the working resistance of support and the distance to face under different top coal conditions. The results show that the relation curves between working resistance P of support and roof convergence Δl_d in face area are similar to the hyperbola with certain distances to face under soft and medium-hard coal conditions, but not under hard coal condition. Hence, methods to calculate of working resistance of support under different top coal conditions are given, and the critical working resistance of support may be determined by $P-\Delta l_d$ curves under soft and medium-hard coal conditions, while traditional method may be used under hard coal condition. The results have been verified by an example.

Keywords: top coal; numerical simulation; roof in face area; stability; working resistance of supports

综放开采不同顶煤端面顶板稳定性及其控制[①]

方新秋[1]   钱鸣高[1]   曹胜根[1]   缪协兴[2]

(1. 中国矿业大学能源科学与工程学院,江苏 徐州   221008;2. 中国矿业大学理学院,江苏 徐州   221008)

摘　要: 采用离散元程序 UDEC 模拟分析了不同顶煤条件下端面顶板的稳定性和支架工作阻力与端面距的关系。模拟结果表明,在软及中硬煤条件下,在一定的端面距范围内,支架工作阻力与端面顶板下沉量呈类双曲线关系;而在硬煤条件下没有类似关系。据此,提出了端面顶板控制原则,认为在软煤条件下最重要的是控制端面距,在中硬煤条件下在于端面距与支架工作阻力的合理匹配,而在硬煤条件下则应以提高顶煤冒放性为重点。上述结论已成功地运用于现场端面顶煤稳定性的控制。

关键词: 综放开采;数值模拟;端面顶板;稳定性

在综采放顶煤开采(简称综放开采)条件下,工作面顶板及采空区均处于封闭状态,其中裸露部分是支架前梁端部到煤壁部分的顶板,因此工作面正常生产、高产高效的前提是保证端面顶板稳定。有关端面冒落而影响生产的情况在兖州、潞安等高产高效矿区的工作面均存在[1,2]。可见,端面顶煤的稳定性控制有实际意义。

由于综放开采一次采出的厚度增大,导致了一系列新的矿山压力现象。研究[3]表明,在综放开采条件下,由于直接顶(含顶煤)厚度成倍增加,支护阻力 P 与顶板下沉量 Δl 之间不存在类双曲线关系,因而传统的利用允许顶底板移近量判定支架合理工作阻力的标准已失去意义。文献[4]通过对大量综放工作面支架工作阻力的测定,发现与用传统方法确定的支架工作阻力相差较大。文献[5]从控制端面冒顶的角度出发,对特定顶煤条件下的端面顶板稳定性进行了定性分析,认为:① 在这类顶煤条件下,支架工作阻力与端面顶板下沉量呈类双曲线关系;② 端面顶板的稳定性主要取决于端面距和支架工作阻力的大小;③ 端面距的大小只是改变端面顶板下沉量的绝对值,不改变曲线形状;④ 从综放面岩层控制的特点出发,重点应控制端面顶煤的稳定性。由此应首先确定端面顶板的允许下沉量,然后可根据端面顶板允许的下沉量来确定支架工作阻力。

然而,由于顶煤力学性质的差异,将导致端面顶煤的稳定性及控制的变化。因此,应首先研究不同顶煤条件下支护阻力与端面顶板下沉量之间的关系,据此提出不同顶煤条件下端面稳定性的控制原则,从而实现端面稳定性的控制。鉴于顶煤在综放条件下已处于破碎状态,且裂隙发育,本文借助于离散元数值模拟软件 UDEC 对此进行了探讨。

---

① 本文发表于《中国矿业大学学报》,2002 年第 1 期,第 69～74 页。

1 不同顶煤条件下端面顶板的稳定性

为了研究的需要,将顶煤按普氏系数 f 分为软煤($f<1$)、中硬煤($f=1\sim3$)、硬煤($f>3$)。数值模拟过程中,软煤、中硬煤和硬煤的 f 取值分别为 0.9、2.0 和 3.1。鉴于顶煤在综放条件下已处于破碎状态,由于裂隙造成的失稳远大于煤本身的力学性质,但裂隙的发育程度与煤的力学性质密切相关。因此,为了比较顶煤力学性质的差异对端面顶板稳定性的影响,模型采用软煤的裂隙间距作为不同顶煤的划分标准。事实上,当硬煤进行预松动爆破也能达到这种状态。裂隙间距对端面顶板稳定性的影响,将另文讨论。

1.1 模型的建立

根据对部分综放工作面直接顶、顶煤位移及支架工作阻力的测定,建立综放工作面力学模型如图 1 所示。

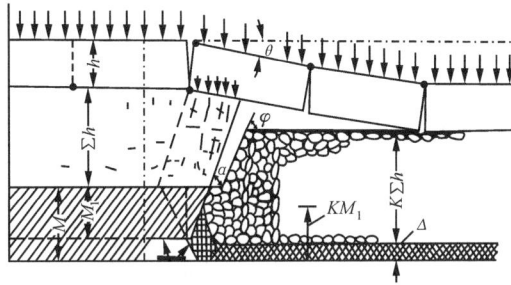

图 1 综放工作面力学模型

φ——安息角;α——垮落角;θ——回转角;Δ——浮煤厚度

Fig.1 Mechanical model for a fully-mechanized top-coal caving face

根据现场一般条件,模拟采高 2.5 m,放煤高度 8 m。根据现场实测资料,将顶煤划分为 0.5 m×1 m 的块体,直接顶划分为 1.5 m×1.5 m 和 2 m×2 m 的块体,模拟老顶断裂步距为 15 m。

整个模型尺寸长×高=100 m×27 m,上边界载荷按 300 m 计算,底边界固定,左右边界水平方向固定。考虑到 UDEC 软件的特点和液压支架的实际情况,模拟液压支架顶梁分为 2 段,即长 3 m 顶梁和 1 m 前梁;作用在前梁的力为顶梁上的 1/4,顶梁和前梁上的力均匀分布,合力即为支架工作阻力 P;计算时取 $P=0.9$、1、2、1.8、3.0、3.6 MN。支架初撑力按工作阻力的 70% 设定。一般来说,液压支架前柱倾角 α 以 80°居多,但为比较支架水平支护力的影响,取 $\alpha=60°$、70°、80°三种角度模拟不同的水平支护力。由采煤工艺的特点,在液压支架的该模拟状态下,端面距 s 定义为前梁端部到煤壁的空顶距离,并取 $s=0$、0.5、1.0、1.5 和 2.5 m 五种情况。

1.2 不同顶煤条件下顶板状况分析

不同顶煤条件下典型的端面顶板冒落状况如图 2～图 4 所示。在图 2 的计算条件下,软煤及中硬煤端面发生冒落,而硬煤的端面并不垮落。当 $s=2.5$ m,$\alpha=80°$时,即使 P 提高到 3.6 MN,中硬煤端面仍然发生冒落[图 3(a)];而对于硬煤,即使 P 降低到 0.9 MN,端面仍然保持稳定[图 3(b)]。而当 $s=0$(实际上可能性很小),$\alpha=80°$,$P=0.9$ MN

时,软煤端面也能保持稳定(图4)。

数值模拟结果表明:

(1)端面冒落与端面距s、支护阻力P、支撑角度α及顶煤力学性质密切相关。

(2)当$s=0,\alpha=80°,P=0.9$ MN时,软煤端面也能保持稳定。当$s=2.5$ m时,即使P提高到3.6 MN,软煤及中硬煤端面均发生冒落;而对于硬煤,在相同条件下,即使P降低到0.9 MN,端面顶板仍然保持稳定。

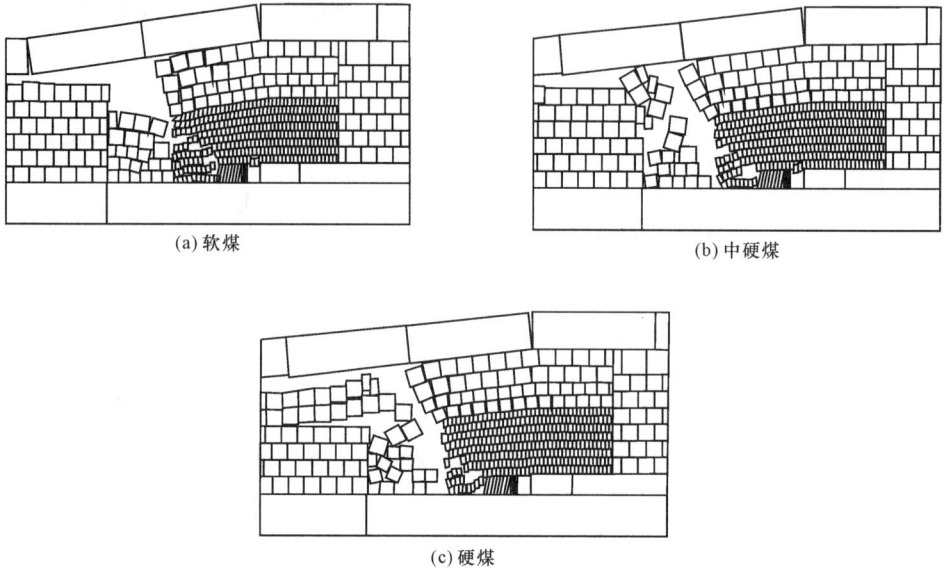

(a)软煤

(b)中硬煤

(c)硬煤

图2　$s=1$ m、$P=1.2$ MN时端面顶板冒落状况

Fig. 2　Fall of roof in tip-to-face area under the condition of $s=1$ m and $P=1.2$ MN

(3)当$s=0.5\sim1.5$ m时,软及中硬煤的端面冒落状况与支架工作阻力及支护角度(水平支护力)密切相关。以软煤为例,当$s=1$ m,$\alpha=80°,P<1.8$ MN时,端面发生冒落;而$P\geqslant1.8$ MN时,端面块体能保持暂时平衡。

在支护阻力相同条件下,增大水平支护力(即减小支撑角度)对提高端面顶板稳定性有利,尤其是支护阻力较小时更为明显。对于硬煤,表现为端面顶板下沉量增大,但未冒落。

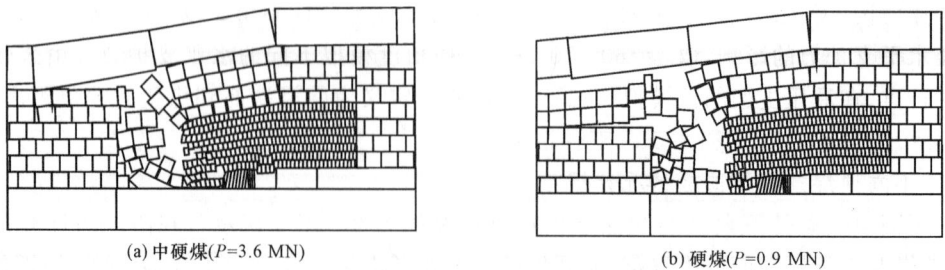

(a)中硬煤($P=3.6$ MN)

(b)硬煤($P=0.9$ MN)

图3　$s=2.5$ m时端面顶板冒落状况

Fig. 3　Fall of roof in tip-to-face area with $s=2.5$ m

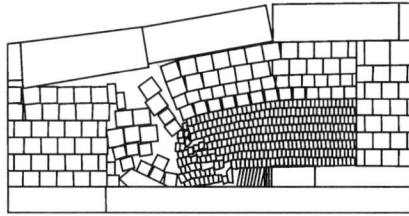

图 4　$s=0$、$P=0.9$ MN 时软煤端面顶板冒落状况

Fig. 4　Fall of in tip-to-face area in soft coal with $s=0$ and $P=0.9$ MN

（4）端面顶板冒落后的平衡状态为一个冒落拱，端面距、支护阻力与支撑角的不同主要表现在冒落拱拱高及跨度的大小上。若端面距较大，支护阻力较小，而支撑角度较大时，冒落拱拱高及跨度均较大。例如，软煤条件下，当 $s=1.5$ m，$P=0.9$ MN，$\alpha=80°$ 时，冒落拱拱高及跨度均较大，处于不稳定状态，端面顶板已难于控制；而 $s=1$ m，$P=3.6$ MN，$\alpha=70°$ 时，冒落拱拱高及跨度均较小。

上述结论是在顶煤块体划分一定（0.5 m×1 m）的条件下得到的，因而在此条件下硬煤的端面顶板并未发生冒落。从现场情况看，为了提高顶煤的冒放性，将顶煤进行松动爆破，因此，若将顶煤划分得更小一些（如 0.3 m×1 m），则将发生与软及中硬煤条件下类似的冒落。这说明顶煤性质强弱应综合考虑煤体强度、节理裂隙发育程度等影响因素（另文讨论）。

1.3　不同顶煤条件下的 $P—\Delta l$ 与 $P—\Delta l_d$ 关系曲线

根据数值模拟结果绘制的典型的支护阻力与顶板下沉量及支护阻力与端面顶板下沉量关系曲线即 $P—\Delta l$，$P—\Delta l_d$ 关系曲线如图 5、图 6 所示。图 5 表明，在 $s=1$ m、$\alpha=80°$ 的条件下，对于软煤，当 $P<1.4$ MN，对于中硬煤，当 $P<1.3$ MN 时对端面顶板下沉量的影响较大，此时端面顶板下沉量大于顶板下沉量；而支护阻力对硬煤端面顶板稳定性的影响不大。图 6 为 $s=1$ m 时，在中硬煤条件下，支护角度不同时支护阻力与端面顶板下沉量的关系曲线。可见：

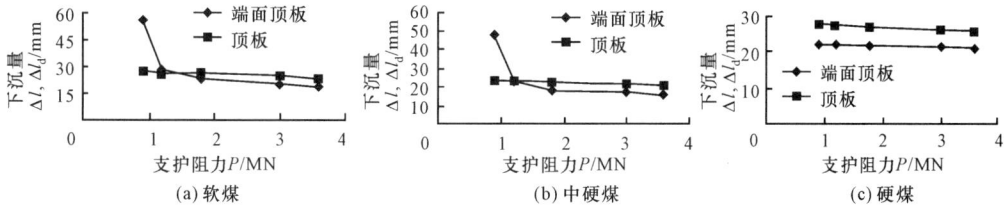

图 5　$s=1$ m，$\alpha=80°$ 时的 $P—\Delta l$ 和 $P—\Delta l_d$ 关系曲线

Fig. 5　$P—\Delta l$ and $P—\Delta l_d$ curves under the condition of $s=1$ m and $\alpha=80°$

（1）在软及中硬煤条件下，当 $s=0.5\sim1.5$ m，$\alpha=80°$ 时，$P—\Delta l$ 无类双曲线关系，$P—\Delta l_d$ 关系曲线类似于一双曲线。而在硬煤条件下，P　Δl_d 也不存在类双曲线关系；两曲线形状相同，均随支护阻力增大而下降，但绝对值不同。硬顶煤块体细分后，将产生与软

及中硬煤相似的情况。端面距在一定范围内(0.5～1.5 m)变化时,只会改变端面顶板下沉量的绝对值,不会改变曲线的类双曲线形状。端面距越大,端面顶板下沉量越大,端面越不稳定,而维护端面稳定的支架工作阻力要求越高。模拟结果表明,端面距变化对顶板下沉量 Δl 的影响不大。

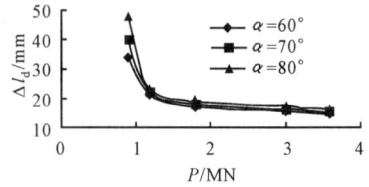

图 6　中硬煤条件下
$P—\Delta l_d$ 关系曲线($s=1$ m)

Fig. 6　$P—\Delta l_d$ curves for medium-hard coal under the condition of $s=1$ m

(2)如图 6 所示,支撑角(水平支护力)的改变会影响 $P—\Delta l_d$ 关系曲线的形状。支撑角越小,即支架提供的水平支护力越大,端面下沉量越小(支架工作阻力越小,差异越明显),但不会改变曲线的整体形状。

(3)软及中硬煤条件下,支架工作阻力的增大对顶板下沉量 Δl 的影响不大,但对端面顶板下沉量 Δl_d 影响明显,它们之间存在类双曲线关系。当支架工作阻力增加到一定程度时,端面顶板下沉量趋于缓和。以软煤条件下 $s=1$ m,$\alpha=80°$ 为例,当 $P\geqslant 1.8$ MN 时,端面顶板下沉量变化不大;当 $P<1.2$ MN 时,端面顶板下沉量增大明显[图 5(a)]。

1.4　不同顶煤端面顶板稳定性的控制原则

综合考虑数值模拟结果及现场实测资料,顶煤力学性质不同,端面顶板稳定性的控制原则不同。就端面顶板稳定性的影响因素而言,顶煤力学性质一定时,端面距和支护阻力(含水平支护力)是主要影响因素。

在软煤条件下,由于煤体松软,易于吸收老顶和支架给予的能量,存在"限定载荷"现象,因而支架工作阻力的大小受到限制。从控制端面顶板稳定性出发,在支架工作阻力受限制的情况下,从 $P—\Delta l_d$ 关系曲线与端面顶板冒落状况看,必须尽量缩小端面距,使端面顶板处于稳定状态。在上述的数值模拟结果中,若 $P=1.5$ MN,$\alpha=80°$,则端面距 s 应控制在 0.5 m 以内,使端面顶板处于稳定状态。从现场实际看,端面距包括接顶、梁端距和片帮深度,因此缩小端面距应从这几个方面入手。另外,必须保证支架工作阻力合理,不能低于允许值,同时应保证一定的水平支护力。

在中硬煤条件下,端面距在一定范围内时,端面顶板容易冒落,存在与软煤相同的情况,应通过端面距与支架工作阻力的合理匹配控制端面顶板的稳定性。从 $P—\Delta l_d$ 关系曲线分析,端面距为 1.5 m,支架工作阻力户控制在 2.4 MN 以上时,端面顶板处于稳定状态。端面距越小,控制端面顶板稳定所需要的支架工作阻力越小。但支架工作阻力至少应大于控顶距内顶煤与直接顶的重力。

在硬煤条件下,根据数值模拟结果,端面距在一定范围内(0～2.5 m)时,端面顶煤不易冒落,$P—\Delta l_d$ 不存在类双曲线关系。若端面距增大到一定程度(如 3 m),端面顶板将发生冒落,则也产生与软及中硬煤类似的情况。但实际上端面距不可能超过 3 m,因此硬煤端面顶板稳定性的控制原则与软煤不同。在硬煤条件下,端面距保持在一定范围内,控制端面顶板稳定性主要应从提高支架工作阻力入手,控制措施包括合理选择架型、改善支架工作状态等。实际上,硬煤顶板端面冒落的例子不多,除非支架前探梁损坏或不用,以及煤壁严重片帮,使端面距超过允许范围(允许范围与顶煤力学性质密切相关)。既然硬煤条件下端面顶板不容易冒落,那么如何改善其顶煤冒放性则成为研究的重点。

　　若为了提高硬煤的冒放性而采用松动爆破等措施,并因此发生了端面顶板冒落,则处理原则与软及中硬煤相同。

　　根据数值模拟结果,不同顶煤条件下允许的端面距与支架工作阻力的合理匹配关系可用图7表示。从图7可见,顶煤硬度(强度)越大,允许的端面距越大,同时要求相应提高支架工作阻力。

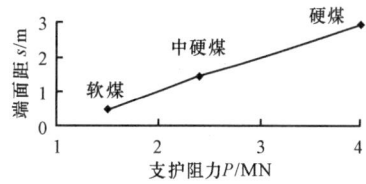

图 7　不同顶煤允许的端面距
与支架工作阻力的关系
Fig. 7　s—P curve for
different top-coals

2　端面顶煤稳定性控制的实践

　　(1)五阳煤矿七五采区 7506 工作面煤层平均厚度 6.45 m,普氏系数 $f=0.8\sim1.0$,为软煤。伪顶为泥岩,厚 0.4 m;直接顶为厚 5.6 m 的砂质泥岩;老顶为厚 5.0 m 的中砂岩。采用放顶煤开采,支架为改进的 PY400—1.7/3.5,整架初撑力为 3 MN,额定工作阻力为 3.92 MN;割煤高度为 2.8 m,采放比 1∶1.3。

　　由于煤层松软,加之液压支架泄漏严重,导致支架—围岩关系恶化,端面顶煤冒漏与煤壁片帮极其严重,产量一直很低。据统计,工作面冒高大于 1 m 的占 53%,片帮深度大于 0.5 m 的占 52%。

　　根据现场实测和数值模拟结果认为,影响端面顶煤冒漏与煤壁片帮的主要原因是端面距和支架工作阻力(包括水平支护力)。如图8所示,冒高随着端面距增大而增大,近似呈抛物线关系。端面距存在一个临界值,超过该值时,冒高将迅速增加。根据统计资料,该值为 0.7 m。经过研究,当端面距控制在该值以内、支架工作阻力提高到 1.5 MN 以上时,端面顶煤处于可控状态。根据以上分析,采取了(打木锚杆)加固煤壁(减少煤壁片帮)、缩小梁端距、改善支架几何位态、加强液压支架检修、提高支架初撑力和工作阻力等措施,端面顶板(煤)稳定性大大改善——最大冒高从 6 m 降到 3 m 左右,平均冒高从 3.5 m 降到 0.8 m;最大片帮深度从 2.5 m 降到 1.5 m,平均片帮深度从 1.0 m 降到 0.4 m,冒顶和片帮范围均大幅度减少,取得了显著的效果。

　　(2)兴隆庄煤矿 4318 综放面煤层厚度 7.8~8.4 m,倾角 3.5°~14°。煤层普氏系数 $f=1.8$,属中硬煤;顶部煤质较硬,含 1~2 层夹矸,中下部夹有丝炭层,易离层破碎。煤层中层理、节理发育,间隔 10~50 mm 及 200~400 mm 发育一组节理面。该面长 195 m,采用 ZFS5200—17/35 型低位放顶煤液压支架,割煤高度 3.0 m,采放比为 1∶1.74。

　　该面自投产以来,片帮、端面冒顶事故频繁发生。片帮长度占工作面长度的 59.8%,其中片帮深度大于 300 mm 的占 64%,大于 900 mm 的达 15.5%,并诱发端面冒顶。端面冒顶与端面距(空顶距)有关,冒高随空顶距增大而急剧增大,如图9所示。观测结果还表明,顶煤发生冒落的概率随空顶距增大而急剧增大:空顶距小于 0.6 m 时冒顶的概率为 6.5%,0.6~1.4 m 时为 31.2%,大于 1.4 m 时为 79.0%。可见,只要端面距控制在 1.4 m 以内,冒顶概率将大大降低。

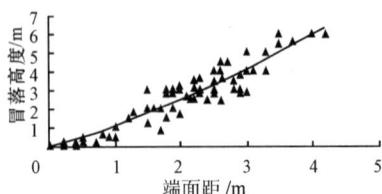

图 8　软煤冒高与端面距的关系

Fig. 8　Relationship between
tip-to-face distance s and
collapse height for soft coal

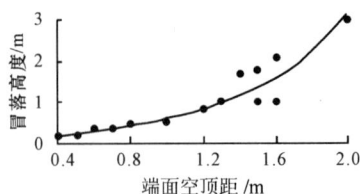

图 9　空顶距对端面冒顶的影响

Fig. 9　Influence of unsupported
roof distance on collapse of
in roof tip-to-face area

　　观测结果还表明,支架初撑力通常不超过 2 MN,工作阻力为 3 MN 左右,支护能力远没有充分发挥,支架处于不良的工作状态。端面冒顶与煤壁片帮和支架工作状态是密不可分的,三者互相影响。减少煤壁片帮,改善支架工作状态可有效地控制端面冒顶。

　　综放面破碎顶板控制的关键是控制端面冒顶,因此必须从提高端面顶煤的稳定性和改善支架工作状态两方面入手。提高端面顶煤的稳定性,可采取缩小空顶距(应小于 1.4 m)、加固煤壁和顶煤等措施。改善支架工作状况,必须首先减少或消除顶梁上的浮煤,支架初撑力不小于 3 MN,顶梁不低头工作,仰角不超过 5°,并采用带压移架方式。

　　兴隆庄矿 4318 综放面采用上述措施后取得了显著效果[1],使工作面支架—围岩系统进入良性循环,没有发生影响生产的冒顶事故,工作面平均月产量超过 20 万 t,取得了明显的技术经济效果。

　　可见,软煤和中硬煤端面稳定性控制的原则不尽相同:对于软煤,必须严格控制端面距;而对于中硬煤,端面距可大一些,但应与支架工作阻力合理匹配,并且对支架工况要求严格。

3　结　论

　　(1) 综放开采条件下,端面冒落与端面距、支架阻力、支撑角度及顶煤力学性质密切相关。

　　(2) 软及中硬煤条件下,支护阻力—顶板下沉量($P—\Delta l$)关系曲线与支护阻力—端面顶板下沉量($P—\Delta l_d$)关系曲线形状不同,前者近似一水平线,而后者近似一双曲线。在硬煤条件下,两曲线均为一近似水平线,但绝对值不同。

　　(3) 提出了不同顶煤端面顶板稳定性的控制原则。软煤条件下,应将端面距控制在较小的范围内;中硬煤条件下,端面距可大一些,但应与支架工作阻力合理匹配;硬煤条件下,应以提高冒放性为研究重点。上述控制原则在现场得到了初步验证。

参 考 文 献

[1]　徐金海,张顶立,李正龙,等. 综放工作面破碎顶板冒落特点及控制技术[J]. 煤,1999(2):30-32.

[2]　霍灵军,魏清,赵福贤. 4319 综放工作面周期来压期间架前漏顶分析[J]. 煤,1999(5):62-63.

[3]　曹胜根,钱鸣高,刘长友. 采场支架—围岩关系的新研究[J]. 煤炭学报,1998,23(6):575-579.

[4]　钱鸣高,缪协兴. 采场支架与围岩耦合作用机理研究[J]. 煤炭学报,1996,21(1):40-44.

[5]　曹胜根,钱鸣高,缪协兴,等. 综放开采端面顶板稳定性的数值模拟研究[J]. 岩石力学与工程学报,2000,19(4):472-475.

Research on Tip-to-face Roof Stability and Its Control for Different Hardness Coals in Fully-mechanized Top-coal Caving Mining

Fang Xinqiu[1] *Qian Minggao*[1] *Cao Shenggen*[1] *Miao Xiexing*[2]

(1. College of Mineral and Energy Resources, CUMT, Xuzhou, Jiangsu 221008, China;

2. College of Sciences, CUMT, Xuzhou, Jiangsu 221008, China)

Abstract:Different control rules of tip-to-face roof stability were put forward for different hardness coals in fully-mechanized top-coal caving mining. The relationship of roof stability and support resistance and tip-to-face distance was analyzed by using UDEC program. The results show that the relation curves of support resistance and roof convergence in tip-to-face area are approximately a hyperbola under the condition of a certain distance and soft and medium-hard coals, but it is different for hard coal. Based on this, the control rules of tip-to-face roof stability were given: for soft coal, it should be very important to control tip-to-face distance; for medium-hard coal, it is the reasonable distance and support resistance; and for hard coal, it should pay much attention to the improvement of top-coal caving behavior. The results have also been used successfully to the control of tip-to-face roof stability.

Keywords:fully-mechanized top-to-coal caving mining; numerical simulation; roof in tip-to-face area; stability

Relationship Between Support and Surrounding Rock and Support's Working Resistance in Longwall Top-coal Caving Face[①]

Cao Shenggen   Qian Minggao   Miao Xiexing

(China University of Mining and Technology, Xuzhou, Jiangsu, P. R. China)

Abstract: With increment of the thickness of immediate roof including top coal, the relation curve between roof-to-floor convergence and support, working resistance($P - \Delta l$)usually is not approximate hyperbola. So the stability of immediate roof (including roof coal)does not depend on maximal roof-to-floor convergence. Roof stability in up-to-face area must be considered. The calculation results show that the caving of face area is directly related to the support's working resistance and the support angle in the area with a certain distance to face. And the relation curve between support's working resistance and roof-to-floor convergence in face in face area ($P - \Delta l_\mathrm{d}$) is similar to a hyperbola. Based on these, critical support's working resistance in longwall top coal caving face is determined. At last an applied example illustrates that the calculated critical support's working resistance has a good coincide with the in-situ observed result.

1 INTRODUCTION

To use the top-coal caving mining technique, for coal mining started in 1982 in China. And this technique has had a rapid development in later twenty years, In top-coal caving mining face, with increasing of shear height in Chinese coal mining operation, the roof coal above the supports of a thick seam needs to be specially attended. A support's working resistance determined by traditional method is greatly different from that by the field measurements in longwall top-coal caving face. But when designing a support's working resistance of top-coal caving face, the method to be used in fully-mechanized coal face is adopted. There has no tendency of reducing the working resistance of top-coal caving supports. Figure 1 shows the distribution of designing working resistance of designing working resistance of top-coal caving supports in our

---

① 本文发表于 *Mining Science and Technology*,2004 Taylor & Francis Group,London ISBN,第 101~105 页。

country.

The roof coal in the immediate roof at the working face is mainly broken or nearly broken. So, it is not suitable to regard the roof coal as an approximately rigid body. Because the immediate roof deformation resulting from the rotation deformation load upon the support by the main roof "voussoir beam"is absorbed by the breaking of immediate roof, the $P - \Delta l$ approximate hyperbola is affected under this condition in longwall top-coal

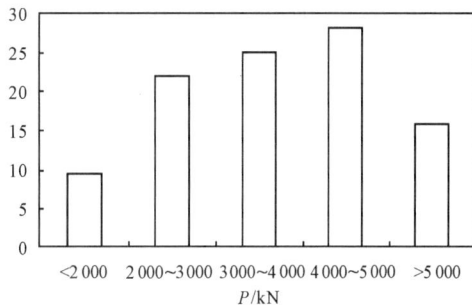

Figure 1   The distribution of designing working resistance of top-coal caving support in our country

caving face. According to the conduced research, the relation between the amount of the roof convergence and the support's working resistance does not show the approximate hyperbola, and the $P - \Delta l$ curve becomes very gentle and the change of supporting resistance does not affect the roof convergence dramatically in longwall top-coal caving face. So it is not significant to determine the stability of immediate roof (including roof coal)by using maximal roof convergence in longwall top-coal caving face. A new method for determining the support's working resistance in longwall top-coal caving face must be found out.

The roof stability in tip-to-face area in fully mechanized mining with top-coal caving is analyzed using numerical modeling software UDEC in this paper. And a new methodology for determining the support's critical working resistance of the fully mechanized mining with top-coal caving has been established.

2   WORKING RESISTANCE OF SUPPORTS AND ROOF STABILITY IN TIP-TO-FACE AREA

2.1   Construction of numerical model

The relation of roof flaking in tip-to-face area and support's working resistance is analyzed by using UDEC program. The mining height equals 2.5 m and top coal height is 8 m. The top coal is divided into small blocks which size is 0.5 m$\times$1 m. The size of immediate roof block respectively equals 1 m$\times$1.5 m and 2 m$\times$2 m. The breakage interval of main roof is 10 m. The scope of model is 100 m$\times$25 m. The upper boundary load of model is equal to the rock weight of 300 m the mining depths. The bottom boundary is fixed, right and left boundaries are fixed in the direction of horizon, and the upper is the given deformation of main roof. The variable factors are p,β,s. The subsidence in the middle of tip-to-face distance is taken as criteria in judging the stability of tip-to-face area.

The mechanics parameters in calculating are shown in Tables 1 and 2.

2.2 Analysis of the modeling results

By monitoring the maximal vertical displacement of the tip-to-face area in numerical calculation (under the conditions of three different tip-to-face distances: $s = 0.5$ m, 1 m, 1.5 m), the roof-to-floor convergence of the tip-to-face area under the conditions of different support resistance is acquired. By regressed the displacements, a set of curves was obtained in Figure 2.

Table 1   Parameters of blocks

	Bulk modulus/Pa	Shear modulus/Pa	Density /N · m^{-3}	Friction angle/(°)	Cohesion /Pa	Tensile strength/Pa
Seam	2.2×10^9	1.2×10^9	1 300	15	1×10^6	3.5×10^6
Immediate roof	2.5×10^9	1.2×10^9	2 500	30	10×10^6	3.5×10^6
Main roof	1.5×10^9	7×10^9	2 500	40	30×10^6	10×10^6

Table 2   Parameters of interfaces

	Joint normal stiffness/Pa	Joint shear stiffness/Pa	Joint cohesion/Pa	Joint friction angle/(°)	Joint tensile strength/Pa
Seam	1×10^9	1×10^9	0	30	0
Immediate roof	5×10^9	5×10^9	0	0	0
Main roof	25×10^9	11×10^9	0	40	0

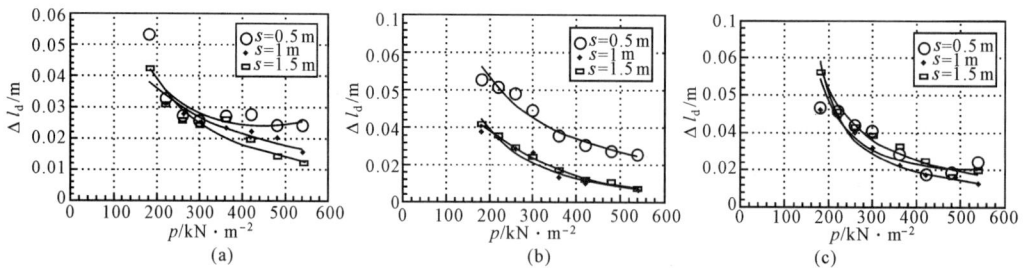

Figure 2   Relation between the support resistance and the roof convergence in tip-to-face area
(a) Support angle $\beta = 60°$; (b) Support angle $\beta = 70°$; (c) Support angle $\beta = 80°$

The following results can be obtained from the above curves:

(1) When the tip-to-face distance s is within a certain range, the variations of the s can only change the absolute value of the roof convergence in tip-to-face area rather than the whole shape of the $p - \Delta l_d$ curve. The longer the tip-to-face distance s, the bigger the absolute value of the roof convergence in tip-to-face area.

(2) The shape of the $p - \Delta l_d$ curve varies with the change of support angle or horizontal supporting force. When $\beta = 70°$ or $\beta = 80°$, the shape of $p - \Delta l_d$ curve clearly

shows approximate hyperbola. In this case, the roof convergence Δl_d in tip-to-face area is almost not affected with $p \geqslant 360$ kN/m². When $p \leqslant 360$ kN/m², i. e. decreasing the supporting force, a big increase in Δl_d value would be experienced. When , $\beta = 60°$, the maximal curvature point p_0 value of the curve is 260 kN/m². This means that there is a rapid increment in Δl_d value when $p \leqslant 200$ kN/m² and a small decrease in Δl_d when the supporting force increases to $p \geqslant 260$ kN/m².

(3) Relation between the maximal roof-to-floor convergence and the support's working resistance can not show the approximate hyperbola in the fully mechanized mining. The reason is that the given rotation deformation pressure exerting on the immediate roof by the main roof (voussoir beam) can be absorbed by the flaking immediate roof. Although mining height increases, ground pressure behavior does not change significantly. So, focal point of strata control in fully mechanized mining with top-coal caving should be shifted to the tip-to-face area—between coal wall and roof beam of the support—which is unsupported space.

3 THE SUPPORT'S CRITICAL WORKING RESISTANCE OF FULLY MECHANIZED MINING WITH TOP-COAL CAVING

According to the theoretical analysis and results of the field measurements in fully mechanized mining with top-coal caving face, it can been found that not only the support's working load does not increase with the mining height but it is even lower than that at a fully mechanized mining face with geological conditions similar to that of the top-coal caving. The reason is that the immediate roof is a variable-shape body and it can absorb partly or wholly the given deformation pressure of the main roof. So, how to determine the support's working resistance has become an issue to which a great number of researchers and engineering practitioners have to face. The establishment of the relation between the support's working resistance and the stability of roof in tip-to-face area has provided a new basis for studying the critical support's supporting resistance.

From the above analyses, the focal point of strata control in fully mechanized mining with top-coal caving face can be referred to the stability of the roof coal in tip-to-face area. Factors influencing the stability of the roof coal are its mechanical properties, the fragmentation degree, tip-to-face distance as well as the support's working resistance etc. The stability of the roof coal has a direct relation on the support's working resistance when the fragmentation degree of the roof coal and its mechanical properties meet the given conditions (Tables 1 and 2). There is a maximal curvature point p_0 value on one of the approximate hyperbola curve — the relation between the support's working resistance and the roof-to-floor convergence in tip-to-face area. When $p < p_0$, an increment in the support's working resistance can significantly reduce the Δl_d value of the roof-to-floor convergence in tip-to-face area. When $p \geqslant p_0$, there is a small decrease in Δl_d value of the roof-to-floor convergence in tip-to-face area when the supporting force increases further. So, the support's working resistance in fully mechanized mining with top-coal caving face can be determined by the acceptable roof-to-floor convergence in tip-to-face area.

Firstly, $p - \Delta l_d$ curve can be obtained as follows according to the numerical calculation or in-situ observation:

$$\Delta l_d = a + \frac{b}{p} \qquad \text{or} \qquad \frac{1}{\Delta l_d} = a - \frac{b}{p}$$

where a, b are regressed constants related to geological and productive technique factors.

Taking the working resistance region between the maximal curvature point and variable point in same velocity of this regress curve as critical working resistance region.

Curvature of function $y = f(x)$ can be expressed as follows:

$$K = \frac{\dfrac{d^2 y}{dx^2}}{\left[1 + \left(\dfrac{dy}{dx} \right)^2 \right]^{3/2}}$$

Then let $(dK/dx) = 0$, the independent variable corresponding the maximal curvature point can be obtained.

To the formula $\Delta l_d = a + (b/p)$, it can be changed to another expression $y = a + (b/x)$.

So

$$\frac{dy}{dx} = -bx^{-2}, \frac{d^2 y}{dx^2} = 2bx^{-3}$$

Then

$$K = \frac{2bx^{-3}}{(1 + b^2 x^{-4})^{3/2}}$$

$$\frac{dK}{dx} = \frac{-6bx^{-4} - 6b^3 x^{-8} + 12b^3 x^{-8}}{(1 + b^2 x^{-4})^{5/2}}$$

Let

$$\frac{dK}{dx} = 0$$

So

$$-6bx^{-4} + 6b^3 x^{-8} = 0$$

$$x = \sqrt{b}$$

So the critical working resistance $p_K = \sqrt{b}$.

To the variable point in same velocity, the same velocity point of p and Δl_d of hyperbola curve can be found, that is $(d\Delta l_d / dp) = -1$.

To the curve

$$\Delta l_d = a + \frac{b}{p}$$

$$\frac{d\Delta l_d}{dp} = -1$$

that is

$$-\frac{b}{p^2} = -1$$

So
$$p_V = \sqrt{b}$$

From above we can see that critical working resistance p_K gained from maximal curvature point equals p_V gained from variable point in same velocity.

4 APPLIED EXAMPLE

Taking Yangquan 4th Coal Mine 8312 fully mechanized top-coal mining face as an example, we can determine support's critical working resistance by using of $p - \Delta l_d$ curve.

The height of this face seam is 5.75 m. The immediate roof is black mudstone and the main roof is limestone which height equal respectively 1~2 m and 3.21 m. The top-coal caving support pattern is ZFS4400—1.65/2.6, which setting load and working resistance equal respectively 4 000 kN and 4 400 kN. the supporting area per support is 6 m². The in-situ observation results of support resistance are shown in Table 3.

Table 3　In-situ observation results of support resistance

Index	Support average load ±means quare error/kN			Percent of working resistance/%		
	Setting load	Time-weighted resistance	Cycling resistance	Setting load	Time-weighted resistance	Cycling resistance
Non-periodic weighting	1 040±500	1 444±683	1 829±814	26	33	42
Periodic weighting	1 432±598	2 600±331	3 475±540	36	59	79
Average	1 067±540	2 022±701	2 022±895	27	35	46

The relation of roof-to-floor convergence in face area and support's working resistance of this face can be calculated by using of numerical calculation method. By regressing data, $p - \Delta l_d$ curve (non-periodic weighting period) is obtained as follows:
When $s = 0.5$ m
$$\frac{1}{\Delta l_d} = 106.355 - \frac{23\ 259.2}{p} \quad r = -0.918$$

When $s = 1$ m
$$\frac{1}{\Delta l_d} = 195.134 - \frac{56\ 213.67}{p} \quad r = -0.932$$

when $s = 1.5$ m
$$\frac{1}{\Delta l_d} = 313.875 - \frac{117\ 463.5}{p} \quad r = -0.925$$

To the hyperbola curve $1/y = a + b/x$, the critical working resistance determined by maximal curvature point is the same as that by variable point in same velocity.

To the variable point in same velocity, the same velocity point of p and Δl_d of hyperbola curve can be found, that is $(\mathrm{d}\Delta l_d/\mathrm{d}p) = -1$.

To the formula

$$\frac{1}{\Delta l_d} = a - \frac{b}{p}$$

$$\frac{d\Delta l_d}{dp} = \frac{-b}{(ap-b)^2} = -1$$

$$p_V = \frac{\sqrt{b} + b}{a}$$

Take a, b into above formula, p_V can be obtained:

(1) $s = 0.5$ m $p_V = 220.1$ kN/m²

(2) $s = 1$ m $p_V = 289.3$ kN/m²

(3) $s = 1.5$ m $p_V = 375.3$ kN/m²

From above we can see that when $s = 0.5$ m, the calculated critical working resistance is closely to the in-situ observation. When $s = 1$ m or 1.5 m, the calculated critical working resistance increases obviously. So when support load equals half of its working resistance, the tip-to-face area distance is strictly limited within small scope. When support load equals approximately its working resistance, the tip-to-face distance may be enlarged in the condition of stabilization in tip-to-face area.

The supporting load according to field measurements will not increase with the increase of the mining height in fully mechanized mining with top-coal caving face and it is even lower than that of the traditional fully mechanized mining face. So, there is a viewpoint of reducing the working resistance of top-coal caving hydraulic support in support design as it has little influence on roof convergence, but has a great influence on the roof flaking in tip-to-face area (Fig. 2). In fully mechanized mining face with top-coal caving, a reasonable promotion of support's working resistance (should be $\geqslant p_0$) is a good approach to achieving a smooth top coal caving meanwhile avoiding the roof flaking.

In addition, the p_0 value will vary with support angle (that indicates the direction of the horizontal supporting force). The p_0 value will decrease with the increase of the horizontal supporting force. Thus, in order to maximize the performance of the support, the horizontal supporting force also should be increased.

5 CONCLUSIONS

(1) In longwall top-coal face, as the height to immediate roof increases by $2 \sim 4$ times, the relation of support and surrounding rock is greatly different from that of traditional fully mechanized coal mining. The relation curve between root-to-floor convergence and support's working resistance usually does not show approximate hyperbola, but the relation between the support's working resistance and the roof convergence in tip-to-face area shows an approximate hyperbola curve. Variation of the

tip-to-face distance can only change the absolute value of the roof-to-floor convergence in tip-to-face area rather the curve's shape.

(2) The support's working resistance can be determined by the relation curve of support resistance to roof-to-floor convergence in tip-to-face area using the acceptable roof-to-floor convergence in tip-to-face area. Practical example indicates that this determined method has a good coincide with in-situ observation. For the practice of strata control in longwall top-coal caving face, the support's working resistance must be increased to a set value that is not below p_0 value.

ACKNOWLEDGEMENT

The project was supported by the National Science Fund for the Distinguished Young Scholars (50225414).

REFERENCES

[1] Cao S G, et al. 1998. New research about support and surrounding rock relation in working face [J]. *Journal of China Coal Society*, 23(6): 575-579.

[2] Qian M G, et al. 1994. A further discussion on the theory of the strata behavior in longwall mining [J]. *Academic Tournal of China University of Mining and Technology*, 23 (3): 1-9.

Monitoring Indices for the Support and Surrounding Strata System on a Longwall Face[①]

Qian Minggao[1]

(Professor, Dept. of Mining Engineering, China University of Mining and Technology, Xuzhou, Jiangsu Province, P. R. China)

He Fulian[2]

(Dr. , Dept. of Mining Engineering,CUMT, PRC.)

Zhu Deren[3]

(Prof. , Dept. of Mining Engineering,CUMT, PRC.)

Abstract: How to monitor and control the support and surrounding strata system on a longwall face effectively is one of the major research problems in ground control. Based on observations on movements of the support and surrounding strata of face No. 2703 of Dongpang colliery, the relationship between the downtime related to support and surrounding strata and other influential factors is analysed systematically in this paper. Monitoring indices and control measures are then determined by taking corresponding downtime as an objective function. When the monitoring method, developed from the above findings, was used on face No. 2703, the downtime due to support and surrounding strata was remarkably reduced, and the face advanced normally.

INTRODUCTION

Since the 1970's, fully mechanized longwall mining has been rapidly developed in China. Investigations on downtime due to various factors indicate that downtime due to support and surrounding strata accounts for 30% of total downtime on certain longwall faces and the situation is more serious on faces with a large mining height.

Face No. 2703 of Dongpang Colliery is 150 m long. As shown in Fig. 1, the face should be regulated "fan-shapedly" twice during extraction. The geological log of the face is shown in Fig. 2. The seam inclination is between 16° and 23°.

---

① 本文发表于 11th *International Conference on Ground Control in Mining* (The University of Wolongong), 1992 年第 7 期，第 255～262 页。

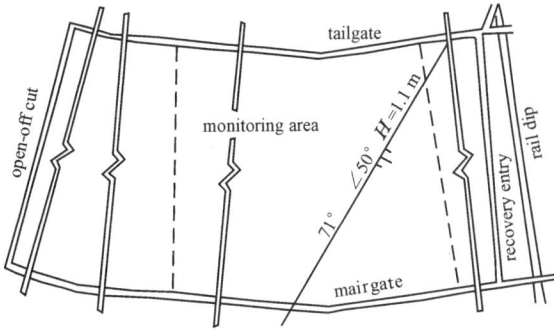

Fig. 1 Layout of face No. 2703

Fig. 2 Geological log of face No. 2703

Face No. 2703 is equipped with 2-leg shield supports. The ratio of downtime due to support-surrounding strata to total time was up to 38.5% before monitoring. The immediate roof in the prop-free area often caves into the face severely, then canopies swing up seriously(as shown in Fig. 3), balance jacks are damaged by pulling force, supports may be pushed against each other, come to grips and tilt to the dip.

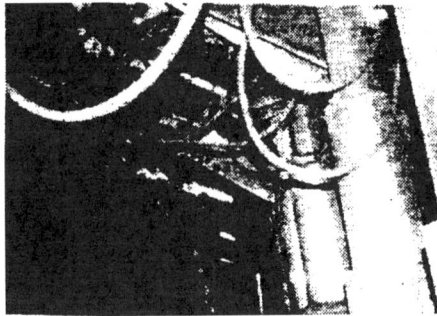

Fig. 3 Canopies swinging into void parameters

MONITORING CONTROL PARAMETERS OF SUPPORT & SURROUNDING STRATA SYSTEM

According to results of in-situ support and surrounding strata system measurements, equivalent material simulation tests, finite element calculation and theoretical analysis, the monitoring and control parameters of support and surrounding strata system are determined and are shown in Fig. 4.

The layout of measuring stations in face No. 2703 is shown in Fig. 5. The pressure gauges in the measuring stations are used to measure the setting pressures and the varying working pressures. The support behaviour (support tilt angles, distance

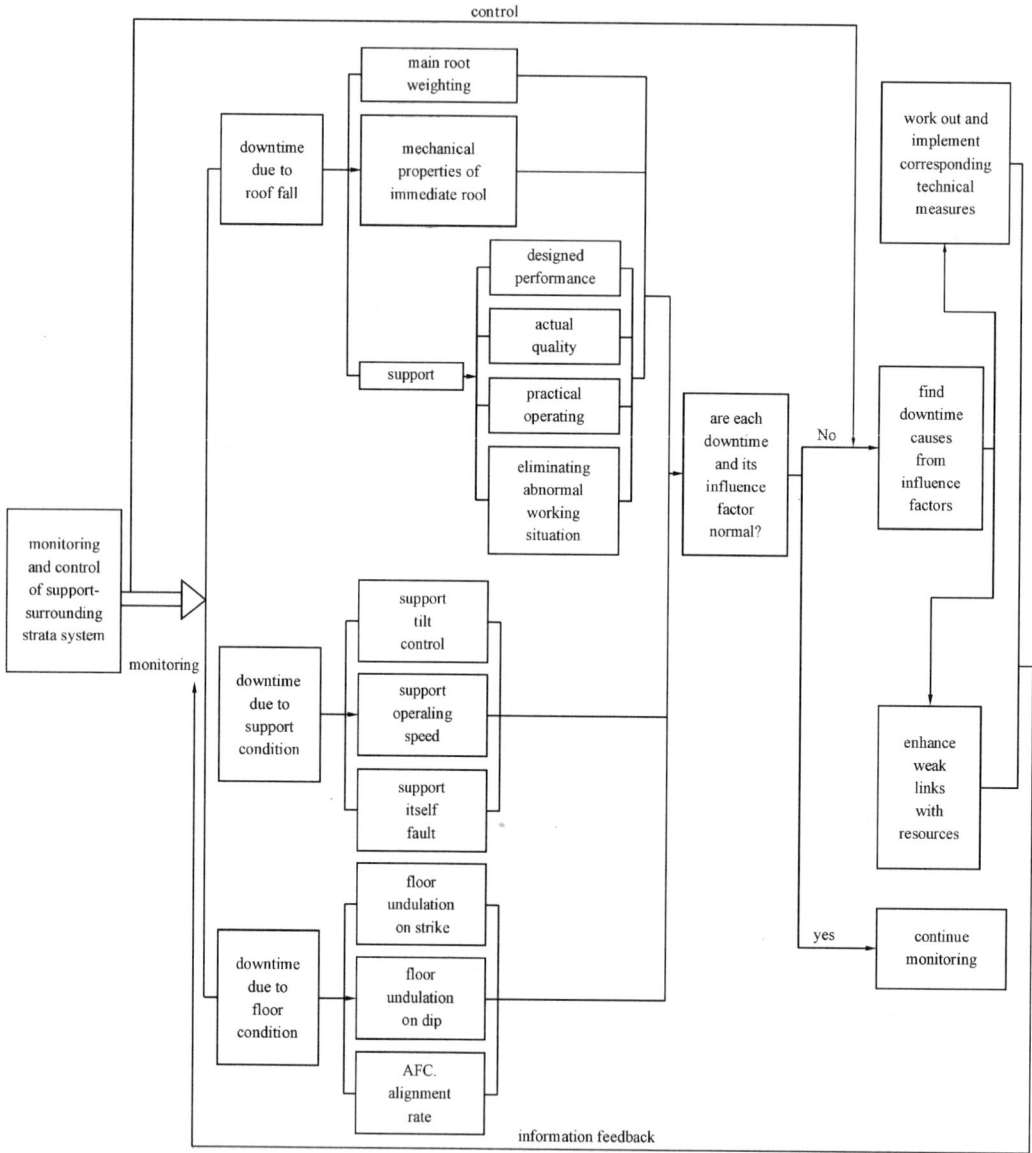

control

main root weighting

downtime due to roof fall

mechanical properties of immediate rool

designed performance

actual quality

support

practical operating

eliminating abnormal working situation

work out and implement corresponding technical measures

are each downtime and its influence factor normal?

No

find downtime causes from influence factors

monitoring and control of support-surrounding strata system

monitoring

downtime due to support condition

support tilt control

support operaling speed

support itself fault

enhance weak links with resources

downtime due to floor condition

floor undulation on strike

floor undulation on dip

AFC. alignment rate

yes

continue monitoring

information feedback

Fig. 4

between faceline and canopy roof contact, etc.) and surrounding strata behaviour (caving height, ratio of caving length to face length, etc.) are measured every day. The quality of all supports is investigated generally several times during one month.

It is obvious that the monitoring and control information in a large sample set is composed of a number of indices, measuring stations and measurements. The monitoring and control group programmed the ZCJK—1 analysis program. Using programs for regression analysis, cluster analysis and analytic hierarchy process

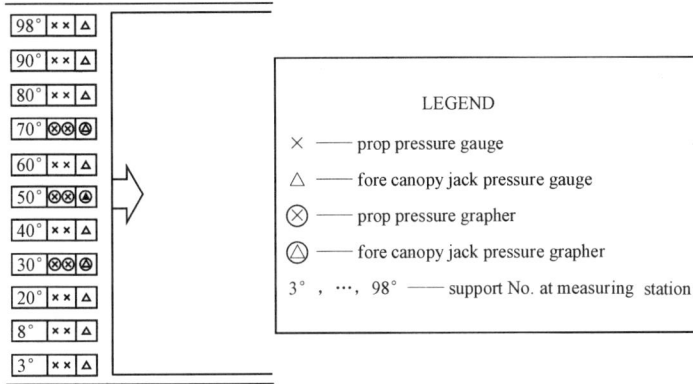

Fig. 5 Layout of measuring stations

(AHP), the relationship between the various monitoring indices and their reasonable ranges can be calculated and determined. The group also programmed the ZCJK—2 data processing program which was used for processing daily information from monitoring and outputting daily bulletins and special reports.

DETERMINATION OF THE MONITORING AND CONTROL INDICES OF THE SUPPORT AND SURROUNDING STRATA SYSTEM

Analysis and determination of the monitoring and control indices of the support and surrounding-strata system is important. During the monitoring period in face No. 2703, the monitoring and control indices were divided into two categories, independent, and dependent, indices. In accordance with Fig. 4, a distinct system at each level and a reasonable range of monitoring and control indices were determined. This progress simplified the monitoring and control process, laid stress on the principal aspects of support and surrounding strata system control, and provided a basis for making corresponding technical decisions.

Roof Falls

Roof falls in the prop-free area generally lead to a reduction of face advance rate. However, it is very difficult to take any measures to change support-designed performance of the mechanical properties of immediate roof during the monitoring period.

The regression relationship between downtime due to roof fall and corresponding indices is shown in Table 1; the reasonable range of monitoring indices are as shown in Table 2. In order to control X_1, H and λ. (within the ranges in Table 2) various influence factors should be monitored and controlled.

Table 1

regression function	influence factor	regression equation
ratio of downtime due to roof fall to total time, X_1	maximum caving height, H	$X_1 = 0.022\,8e^{1.85H}$
ratio of downtime due to roof fall to total time, X_1	ratio of caving length to face length, λ	$X_1 = -0.019 + 0.447\lambda$
caving height, h	caving width, d	$h = 0.113 + 0.76d$
caving height, h	angle between canopy and horizontal line, γ	$h = 0.197 + 4.33\gamma$
caving height, h	height difference of canopies, f	$h = 0.184 + 2.061f$

Table 2

index	ratio of downtime due to roof fall to total time, X_1	maximum caving height H(m)	ratio of caving length to face length, λ	caving width d(m)	angle between canopy and horizontal line γ	height difference of canopies, f(m)
range	<10%	<0.8	<25%	<0.9	<8°	<0.3
note	the index with * at right upper corner is a dependent monitoring index.					

How to monitor main roof weighting

Depending on the geological condition of the face No. 2703 and the monitoring information, the face is divided into three areas—the lower area (support No. 1 to 35), the middle area (support No. 36 to 65) and the upper area (support No. 66 to 100). Reasonable categories and cluster centres of roof pressure behaviour (shown in Table 3) are determined. During the monitoring period, the corresponding daily indices can be entered into a computer and evaluated by a cluster analysis program; the patterns of everyday roof pressure behaviour can then be obtained. During a weighting period, the main roof weighting behaviour should be kept under control with respect to supports and mining technology etc.

Table 3

area	ordinal number	roof pressure behaviour pattern	cyclic prop pressure increment (MPa)	maximum coal body spalling depth(m)	ratio of coal body spalling length to face length	maximum caving height (m)	ratio of roof caving length to face length
lower	1	during weighting time	7.0	0.95	0.45	1.10	0.47
	2	just before weighting time	5.0	0.65	0.27	0.75	0.27
	3	no weighting period	3.0	0.35	0.20	0.45	0.18
middle	1	during weighting time	13.5	1.10	0.50	1.30	0.50
	2	just before weighting time	9.5	0.85	0.35	0.85	0.29
	3	no weighting period	5.5	0.55	0.15	0.50	0.15

Table 3-1

area	ordinal number	roof pressure behaviour pattern	cyclic prop pressure increment (MPa)	maximum coal body spalling depth(m)	ratio of coal body spalling length to face length	maximum caving height (m)	ratio of roof caving length to face length
upper	1	during weighting time	8.5	1.00	0.35	1.30	0.45
	2	just before weighting time	6.5	0.70	0.20	0.90	0.30
	3	no weighting period	4.0	0.40	0.10	0.60	0.20

How to monitor actual quality of the face supports

The actual quality of the face supports is defined as the degree of failure of the support's hydraulic system and damage to the support's mechanical elements. Based on the relationship between roof caving dimensions (H, λ.) in the drop-free area and actual support quality, the monitoring indices of actual support quality can be determined via. Table 4.

How to monitor factors of support's practical use and operation

The interconnection of the caving height and each index and its regression equation are shown in Table 5. The practical use and operation indices of supports (shown in Table 6) are determined by Table 5.

Table 4

monitoring index	applicable condition	calculating method	range
rate of failure props	normal roof condition	any adjacent 5 units	$<20\%$
rate of failure props	abnormal roof condition (e. g. ,through fault, fractured region, etc.)	any adjacent 5 units	$<10\%$
rate of failure fore canopies	normal roof condition	any adjacent 10 units	$<20\%$
rate of failure fore canopies	abnormal roof condition (e. g. , through fault, fractured region, etc.)	any adjacent 10 units	$<10\%$

Table 5

regression function	influence factor	regression equation
caving height, h	distance between faceline and roof-canopy contact, s	$h = -0.032 + 0.979s$
caving height, h	setting pressure, P_0	$h = 2.831 - 0.684 \ln P_0$
caving height, h	face advancing speed, v	$h = 2.53 e^{-0.46v}$
time-weighted average pressure, P_t	setting pressure, P_0	$P_1 = 11.34 e^{0.935 P_0}$
final pressure, P_m	setting pressure, P_0	$P_m = 3.36 + 1.11 P_0$

Elimination of abnormal support situations

Abnormal support situations are caused by operators who operate face equipment improperly. To eliminate abnormal support situations, attention should be paid to certain aspects, e. g. the emulsion concentration should be kept normal and supports should use contact advance.

Table 6

monitoring index	distance between faceline and canopy roof contact s(m)	distance from conopy — roof contact to front and of canopy a(m)	distance between canopy and faceline, b(m)	setting pressure, P_0 (MPa)	weighted pressure, P_1^* (MPa)	final pressure, P_m^* (MPa)	face advancing speed, v(m/d)
range	<0.85	<0.5	<0.2~0.3	>19.5	>23	>25	>2.5
note	If unmoved supports behind shearer are more than 10 units, coalcutting should stop and supports should advance. If the spalling depth of coal body is up to 0.6 m, roof should be supported in advance. If the roof is fractured, supports should advance immediately after the shearer.						

SUPPORT CONDITION

Support condition includes the geometric state of the support, support advance speed and faults in the support itself. Abnormal support conditions cause restrictions to the face advance rate. A key control problem on a face with a large mining height is prevention of the supports from tilting. The monitoring indices for support condition are shown in Table 7. If the support tilt angle (β) is beyond the ranges in Table 7, the devices of slipproof, tiltproof, and anchorage should be regulated, and, during support advancing, the position of supports should be regulated by a hydraulic prop.

Table 7

monitoring index	ratio of downtime due to support tilt to total time	tilt upwards		tilt down wards		distance of headentry ahead of tailentry (m)
		key area	angle, β	key area	angle, β	
note	β is the angle between support leg and normal line of coal seam. At the face 2703, average floor inclinations are 10° at lower face end and 19° at upper face and respectively.					

FLOOR CONDITION

Abnormal conditions of floor are normally caused by undulating floor or where the shearer cuts unevenly. The monitoring indices concerned with the floor are shown in Table 8. In order to improve the floor condition, it is important that the shearer driver should regulate the cutting drum in accordance with the floor condition and cut the floor flat. In addition, rock debris and coal left between the supports and AFC should be cleared before advance.

Table 8

monitoring index λ	angle variation of AFC on dip		angle variation of AFC on strike		
	downtime rate	angle variation at turning point of slope	downtime rate	angle of elevation	angle of depression
range	<2%	<4°~5°	<2.5%	<3°~4°	<4°
note	AFC should be in alignment on dip.				

PRACTICE OF MONITORING AND CONTROL

DAILY MONITORING BULLETIN

By daily bulletin (an example is shown in Appendix 1), the monitoring group issues that day's various monitoring index information and puts forward corresponding control measures to rectify problems that exist in the support and surrounding strata system.

In addition, one day's bulletin can be used to check the previous day's bulletin and and even the control situation of the day before that. In accordance with the daily bulletin, the practice of various control measures can be combined with check, feedback and modification of the effects of these measures.

SPECIAL REPORT

Based on investigations of practical support quality, downtime caused by the support and surrounding strata system and certain other problems, the monitoring group regularly issues special reports. For example, one particular special report includes the investigation results (shown in Fig. 6) of practical support quality monitoring. The corresponding repair measures are also put forward in this report.

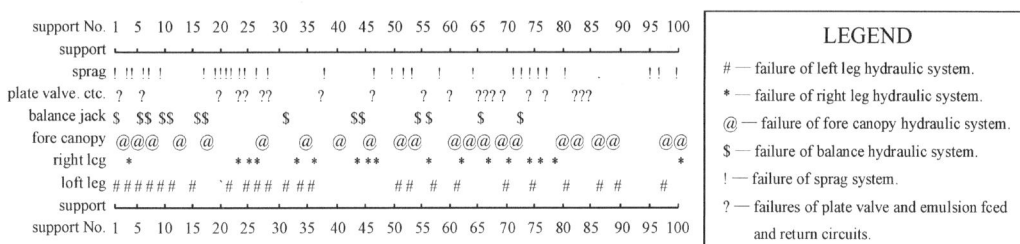

```
support No. 1   5  10  15  20  25  30  35  40  45  50  55  60  65  70  75  80  85  90  95 100
    support  ┗━━━━━━━━━━━━━━━━━━━━━━━━━━━━━━━━━━━━━━━━━━━━━━━━━━━━━━┛
      sprag  ! !! !! ! !    ! !!!!! !! ! !     !     !  ! !!! !   !   ! !!!!! ! !       !! !
plate valve. ctc.  ?   ?       ? ?? ??      ?      ?      ?  ?  ???? ? ?   ???
balance jack  $  $$ $$  $$          $       $$       $ $     $   $
  fore canopy  @@@  @  @    @    @  @  @  @@    @@@@@   @@ @@     @@
    right lcg  *          *** * *   *** *   *   *  * * * **  *               *
     loft leg  # # # # # #  #    '# ### ###        ## # #     # #   #   # #    #
     support  ┗━━━━━━━━━━━━━━━━━━━━━━━━━━━━━━━━━━━━━━━━━━━━━━━━━━━━━━┛
support No. 1   5  10  15  20  25  30  35  40  45  50  55  60  65  70  75  80  85  90  95 100
```

LEGEND
— failure of left leg hydraulic system.
* — failure of right leg hydraulic system.
@ — failure of fore canopy hydraulic system.
$ — failure of balance hydraulic system.
! — failure of sprag system.
? — failures of plate valve and emulsion feed and return circuits.

Fig. 6 Observations and investigations of support quality in Dec.

By monitoring the support and surrounding strata system, face No. 2703 underwent regulation fan-shapedly and passed through a fault; however, the ratio of downtime due to support and surrounding strata to total time decreased from 38.5% to 21.7%, and the ratio of productive time to total time increased from 19.5% to 37.7%.

CONCLUSIONS

1. The support and surrounding strata system has a great influence on the production rate of a longwall face. Effective monitoring of this system is an important ground control problem in longwall mining.

2. In order to control various kinds of downtime effectively, (due to roof falls, support problems and floor undulation), the corresponding influence factors should be controlled positively. The key problem to controlling the influence factors is to control

independent monitoring indices at each level.

3. The regression analysis method can be used to determine the relationship between various monitored indices. The monitored indices and their reasonable ranges can then be determined according to corresponding objective functions.

4. Effective measures to control the support and surrounding strata system can be determined, implemented and feedback by using daily monitoring bulletins and special reports, thus the downtime due to support and surrounding strata decreases significantly.

5. Further reasonable determination of monitoring indices depends on a thorough study of the movement mechanism of support and surrounding strata. Furthermore, the monitoring automation should be improved.

APPENDIX 1 DAILY MONITORING AND CONTROLLING BULLETIN OF SUPPORT— SURROUNDING STRATA SYSTEM IN FACE NO. 2703

Dec. 25, 1990

A. Behaviour of support-surrounding strata

B. Evaluation and measures

1. The daily advances at the ends of tailgate and maingate are 2. 50 m and 3. 45 m respectively. The ratio of face regulation is 1. 38. Please quicken advance at the end of maingate.

2. AFC drivehead is 1. 25 m away from ribside of maingate and the support is 3. 18 m from ribside.

3. AFC tailend is 0. 23 m away from ribside of tailgate and the support is 0. 90 m from ribside.

monitoring index	mining height (m)	support tilt, β (°)	height difference between canopies (m)	angle between canopy and horizontal line γ (°)	distance from canopy -roof contact to front end of canopy (m)	pressure of fore canopy jack (MPa)	working pressure of prop (MPa)	angle between AFC and advancing jack (°)	inclination of AFC on strike (°)	spalling depth (m)	caving height (m)
mean value	4. 11	−0. 25	0. 12	5. 45	0. 04	24	20. 82	97. 82	−2. 333	0. 57	0. 16
the horst value		13. 00	0. 40	17. 00	0. 40	7. 00	9. 00	115. 00	5. 000	1. 20	0. 90
support No.		98	98	50	3	19	98	80	98	74~80	47~56

4. Malposition rate of canopies is 18. 18%. Near unit No. 98, the height differences between canopies relarger. Please regulate. 5. The rate of canopies swinging

upwards is 36. 36%. The canopies swing upwards seriously near Unit No. 50. Please regulate during support advancing.

6. None of the distance from canopy-roof contact to the front end of canopy is more than 0. 5 m.

7. The mean setting pressure is 17. 13MPa. Please increase setting pressure.

C. Note

1. The upper and middle areas of the face are in the influence region of periodic weighting. Please take care.

2. In the lower area, the faceline is uneven and the fore canopies swing downwards severely.

3. Support No. 21 is lagged, and spalling depth of coal body is up to 1 m.

4. Two ear sets of the fore canopy jacks are damaged on Unit No. 17. The fore canopy falls automatically.

综采工作面顶板状态与支护质量监控[①]

李全生 钱鸣高

（煤炭科学研究总院北京开采所） （中国矿业大学采矿系）

我国自 1974 年使用综合机械化采煤，至今已有 17 年历史。实践证明，综采具有产量高、安全好、效益好、劳动强度低等优点，是煤炭生产发展的方向。但是，在综采发展过程中存在着一些急需解决的问题。据统计，我国综采工作面中顶板、支架及管理不善引起的事故占全部事故的一半左右，顶板及支架事故对生产的影响时间占全部事故的 1/3 左右，从全国来看，每年大约有 1/6 的综采面因顶板控制问题而处于低产状态，即年产不足 20 万 t，还有的不足 10 万 t，常常由于冒顶、片帮、设备损坏而被迫停产，因此，采取有效的顶板控制技术和科学的顶板管理方式，大幅度地降低综采工作面的顶板事故，是提高综采面产量和效益的重要措施。

调查分析结果表明，造成综采面控顶效果不佳的主要原因是控顶技术和支护质量问题，而更多的是支护质量问题。

合理的控顶设计是管理好综采工作面顶板的前提和基础，如何保证实现合理的控顶设计是管理好顶板的关键。目前，由于缺乏完善的监测和控制系统来掌握综采面的顶板和支架工作状态，根据顶板和支护条件选取和确定合理的支护质量监控指标，并通过监控系统保证支护质量，导致顶板管理中"顶板状态与支护质量"两不清现象的普遍存在和顶板管理的盲目性，使支架对顶板的控制作用难以有效地发挥。

据此，本文提出了"综采工作面顶板状态与支护质量监控"，试图通过矿压观测数据的计算机统计分析、相似材料模型实验和支架—围岩关系分析，确定支护质量监控指标，通过研制计算机软件保证监控的日报化、及时化。

1 综采面顶板状态与支护质量监控系统

1.1 综采面顶板状态与支护质量监控系统

综采面顶板状态与支护质量监控系统如图 1 所示，它包括两部分，即控顶技术监控和顶板状态与支护质量监控。

控顶技术监控——通过矿压观测，划定顶板类级，分析架型及参数的合理性，分析顶板冒落类型及原因和机理，分析影响控顶效果的因素并将其量化，通过多元线性逐步回归和层次分析法确定各影响控顶效果因素的影响程度，以便在顶板管理中分清主次、抓住关

---

① 本文发表于《煤矿开采》，1991 年第 1 期，第 34～39 页。

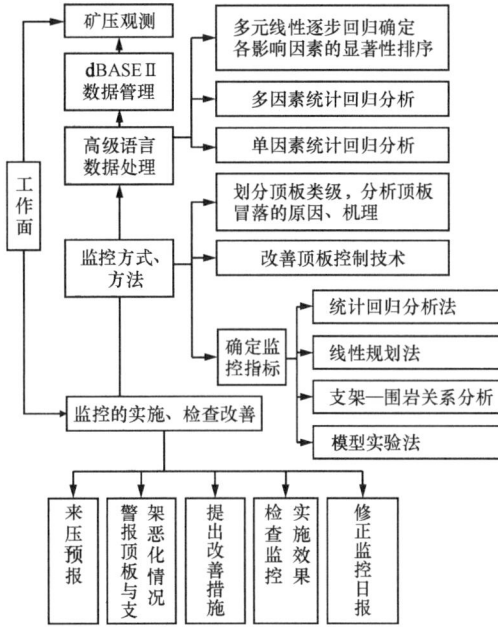

图1 综采面监控系统

键因素,针对顶板管理小的技术问题,提出相应的控顶技术改善措施,包括"诊断"和"防治"两方面。所谓"诊断",即诊断综采面顶板冒落的主要原因;所谓"防治",即提出控顶技术改善措施,防止和治理顶板冒落。

顶板状态与支护质量监控——在确定各因素对控顶效果影响程度的基础上,利用数学方法(数理统计、线性规划)、相似材料模型实验和支架—围岩关系分析相结合的方法确定既定工作面的支护质量监控指标;根据确定的支护质量监控指标,利用计算机监控软件实施监控;及时掌握顶板状态及其变化和支护质量情况,并针对支护质量不合格的情况,提出相应的改善措施,并将其反馈到工作面,实施改善,以将顶板破坏的诱导因素消除在萌芽状态;这部分工作也包含"诊断"和"防治"两方面。"诊断"即诊断支护质量合格与否,"防治"即对支护质量不合格的情况由监控日报表及图报出,并对顶板恶化的地段提出防治措施。

1.2 影响综采面控顶效果的因素分析

根据矿压有关成果及分析,可将影响综采面控顶效果的因素概括如下:

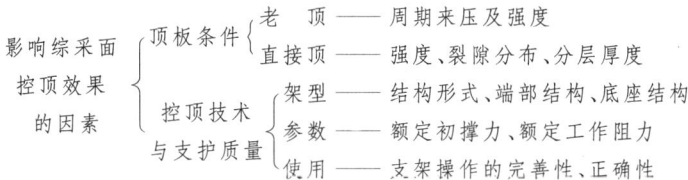

$$
\text{影响综采面控顶效果的因素}\begin{cases}\text{顶板条件}\begin{cases}\text{老 顶——周期来压及强度}\\\text{直接顶——强度、裂隙分布、分层厚度}\end{cases}\\\text{控顶技术与支护质量}\begin{cases}\text{架型——结构形式、端部结构、底座结构}\\\text{参数——额定初撑力、额定工作阻力}\\\text{使用——支架操作的完善性、正确性}\end{cases}\end{cases}
$$

在支架架型及参数一定的条件下,支护质量主要反映在支架工作状态上,支架工作状态如下：

$$
支架工作状态
\begin{cases}
支设状态
\begin{cases}
初撑力大小及升柱的均匀性 \\
支撑力的作用位置（接顶状态） \\
支撑力作用方向（低、抬头角）
\end{cases} \\
移护状态
\begin{cases}
梁端距 \\
接顶距 \\
片帮深度
\end{cases}
\end{cases}
$$

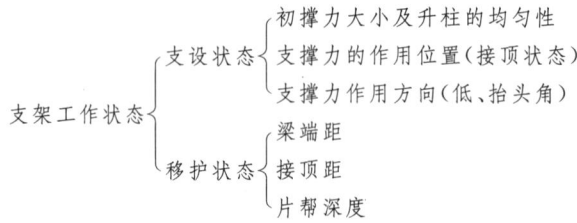

将上述影响综采面控顶效果的因素进行量化，得到如下的影响控顶效果因素。

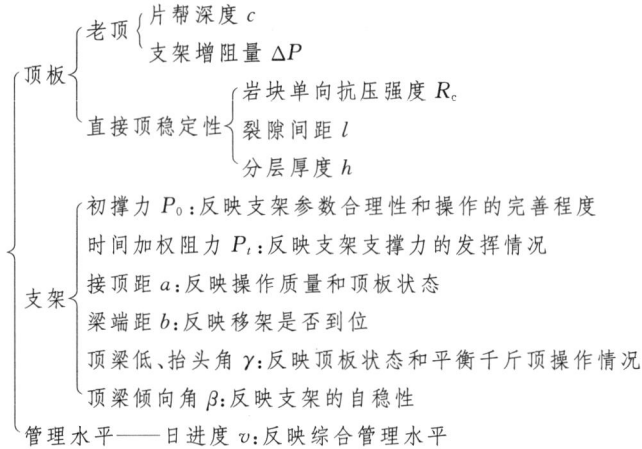

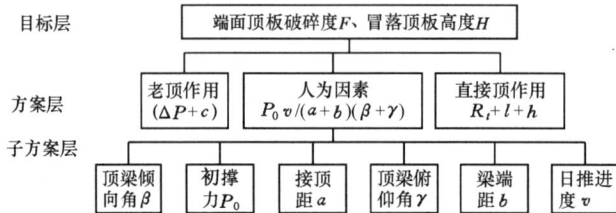

$$
\begin{cases}
顶板
\begin{cases}
老顶
\begin{cases}
片帮深度\ c \\
支架增阻量\ \Delta P
\end{cases} \\
直接顶稳定性
\begin{cases}
岩块单向抗压强度\ R_c \\
裂隙间距\ l \\
分层厚度\ h
\end{cases}
\end{cases} \\
支架
\begin{cases}
初撑力\ P_0：反映支架参数合理性和操作的完善程度 \\
时间加权阻力\ P_t：反映支架支撑力的发挥情况 \\
接顶距\ a：反映操作质量和顶板状态 \\
梁端距\ b：反映移架是否到位 \\
顶梁低、抬头角\ \gamma：反映顶板状态和平衡千斤顶操作情况 \\
顶梁倾向角\ \beta：反映支架的自稳性
\end{cases} \\
管理水平——日进度\ v：反映综合管理水平
\end{cases}
$$

图 2　确定影响控顶效果各因素的权重

1.3　多元线性逐步回归和层次分析法确定各影响因素的显著性排序和权重

以端面顶板破碎度 F 和冒顶高度 H 作为回归函数，进行多元线性逐步回归，以确定各影响因素的显著性排序。

根据所研究的问题，构造如图 2 所示的层次结构模型。

利用预处理过的数据进行二元线性回归，以标准回归系数的比值构造判断矩阵，利用幂法求所构造判断矩阵的特征向量，对特征向量进行归一化处理即得各影响因素的权重。

2　综采工作面支护质量监控指标确定的原则和方法

2.1　矿压观测数据统计回归分析

数理统计中的控制方法，即要 y 值在某一区间 (y_1', y_2') 内取值时，应控制 x 在什么范围,亦即要求以 $100(1-\alpha)\%$ 的置信度求出相应的 x_1'、x_2',使得 $x_1'<x<x_2'$ 的所有对应的 y 值均落在区间 (y_1',y_2') 内。由于所得的回归方程为大样本数据处理的结果 $(n>50)$,故 y_0 的 $100(1-\alpha)\%$ 的控制区间近似为

$$(\tilde{y}_0-\tilde{\sigma}_{\alpha/2},\tilde{y}_0+\tilde{\sigma}_{\alpha/2})$$

以端面顶板破碎度 F 和冒顶高度 H 为目标函数进行回归分析,并将其控制在不需要采取特殊支护措施(如勾顶)及不影响正常生产为原则来确定各监控指标。

2.2　线性规划法优化各监控指标

综采面顶板冒落是多因素综合作用的结果,在既定的地质和生产技术条件下,控顶效果(端面顶板破碎度 F 和冒顶高度 H)是支架工作状态和其他人为因素的函数,即 $F=f_1(P_0,v,a,b,\beta,\gamma)$,$H=f_2(P_0,a,b,\beta,\gamma,v)$。通过多元线性回归求得上述方程,利用线性规划优化各监控指标。

2.3　通过综采面端面顶板冒落的力学分析确定有关监控指标

据调研,综采面端面冒顶率高的主要是 1、2 类直接顶,现以这类顶板为例作一论述。

(1) 1、2 类直接顶受节理裂缝切割严重,由于裂隙切割的岩块间及层间的揉搓错动,使顶板呈似散离状态。

据现场观测和分析,这类顶板的端面冒落呈拱式平衡结构。这是一个不同基础的不等高拱,前拱脚在刚度较大、支撑力较大的煤壁上,后拱脚在刚度较小的支架上。

(2) 拱结构力学分析。当拱结构处于平衡状态时,拱结构的力学模型如图 3 所示。
由平衡条件解得:

$$(1)\quad\begin{cases}V_A=\dfrac{1}{2}qL+\dfrac{q(L-l_a)\tan\alpha}{2(h-l_a\tan\alpha)}\\[2mm]V_B=\dfrac{1}{2}qL-\dfrac{q(L-l_a)\tan\alpha}{2(h-l_a\tan\alpha)}\\[2mm]H_A=\dfrac{q(L-l_a)}{2(h-l_a\tan\alpha)}\\[2mm]H_B=H_A=\dfrac{q(L-l_a)}{2(h-l_a\tan\alpha)}\end{cases}$$

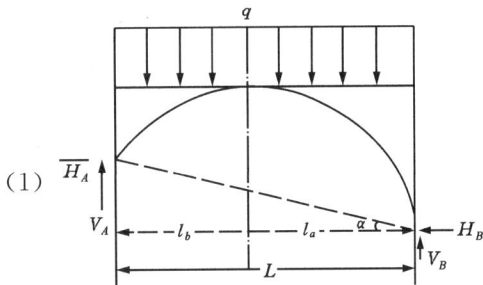

图 3　拱结构力学模型

式中,q 为拱结构上的载荷集度,tf/m;h 为冒落拱的拱高,m;L 为冒落拱的拱跨,m;$L\tan\alpha$ 为冒落拱前、后拱脚高差,m。

(3) 影响拱结构平衡的因素分析。拱结构平衡的关键在于后拱脚的支撑状态,即支架工作状态,由式(1)可知,保持拱结构平衡的后拱脚支撑力与拱结构上的外载 q,拱结构的参数(拱高 h,拱跨 L),前、后拱脚的高差 $L\tan\alpha$ 等有关。

① 在其他条件一定的情况下,后拱脚力 V_A、H_A 随拱结构上的载荷增加而线性增加;② 在其他条件一定的情况下,后拱脚力与拱跨间呈线性增加关系;③ 后拱脚水平支撑力与拱高 h 成反比关系;④ 后拱脚力随前、后拱脚间的高差的增大而增加;⑤ 拱结构平衡所需的后拱脚力与拱轴线的形状无关,只与前、后拱脚及拱顶三者间的位置有关。

(4) 支架提供后拱脚力的分析。以柱支顶梁掩护式支架为例,分析其梁端的铅垂支撑力 Q_1 和水平支撑力 Q_2,如图 4 所示。

$$Q_1 = (\cos \gamma + f\sin \gamma) \frac{L - L_1}{L} P\cos(\alpha + \gamma + \frac{h_2}{L} \cdot T)$$

$$Q_2 = (f\cos \gamma - \sin \gamma) \frac{L - L_1}{L} P\cos(\alpha + \gamma + \frac{h_2}{L} \cdot T)$$

(2)

式中,P 为立柱的支撑力,tf;γ 为顶梁俯仰角、仰角为正,(°);T 为平衡千斤顶的支撑力,tf;f 为顶梁与顶板间的摩擦因数。

由式(2)可知,梁端支撑力随支架立柱支撑力 P 及平衡千斤顶支撑力 T 的增加而线性增加,与顶梁俯仰角 γ 呈三角函数关系。

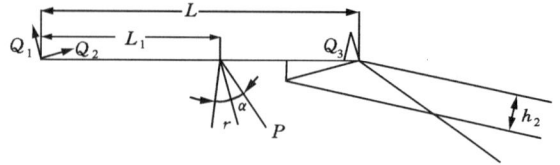

图 4   支架支撑力分析

在分析拱结构平衡和支架受力分析的基础上,就可确定有关支护质量监控指标。

2.4   通过相似材料模型实验确定支护质量监控指标

通过相似材料模型和调整支架工作状态将控顶效果控制在最佳状态,即可确定既定工作面的有关支护质量指标。

3   监控内容和方法

监控是以日报形式传递有关信息来实现的。监控日报由专职人员每天进行井下观测得到。观测内容有顶板状态、支架使用情况、各生产环节等。监测数据上井后及时输入计算机处理并自动打印监控日报表,随后报送有关部门和综采队,以此指挥综采工作面的生产和顶板管理。

3.1   顶板状态

① 根据支架载荷增量、煤壁片帮深度等对工作面的周期来压监测和预报;② 采用"简易岩石强度计"进行顶板岩石强度测定;③ 对工作面机道上方顶板,测量裂隙间距和分层厚度。

直接顶岩性特征的监测可数日进行一次,以掌握走向和倾斜方向顶板的变化,倾斜方向分上、中、下三段进行,观测数据及时输入计算机处理。

3.2   支护质量

(1)由量图压力自计仪和压力指示器进行支架载荷测定;
(2)支架顶梁之间的倾向台阶错动,防止支架咬架;
(3)支架立柱偏离煤层法线的偏离角,防止支架倾倒;
(4)支架顶梁第一接顶点到煤壁的距离,反映顶梁梁端接顶状态;
(5)顶梁端部至煤壁的距离,反映移架是否到位;
(6)支架顶梁的俯仰角,反映平衡千斤顶的操作是否正确及顶板动态;
(7)支架底座偏离工作面推进方向的角度,反映运输机的上窜、下滑现象。

3.3   支护效果

主要有端面顶板冒落高度、宽度、倾斜长度,煤壁片帮深度、倾斜长度。

4　监控作用与效果

监控是将采面顶板管理提高到现代化水平的一项工作。监控日报既可以掌握顶板状态,又可以了解支架在使用中的问题,并可分清顶板与支架的主次矛盾,以做到有的放矢,同时也可对某些技术措施进行验证。具体体现在:

4.1　顶板管理

由计算机用汉字打印的监控日报及工作面状态图,可以及时掌握工作面顶板状态,并预报来压,以提醒注意及时整改、补救并加强支护。

4.2　支架使用

监控支架支设状态——支架初撑力、顶梁俯仰角,对工人升柱、平衡千斤顶操作和管路维护情况进行检查,监控支架移护状态——梁端接顶情况,检查移架是否到位,监控支架稳定性——立柱倾斜方向的歪斜角、支架之间的台阶错动,避免支架失稳。

监控工作是逐日进行的,今日的监控是对昨日的检查,经过一段时间,就可逐步消除支架使用不当的人为因素。

4.3　支护效果

监控日报及时指出由于顶板条件恶化及支架使用不当而引起的顶板破坏地点、范围,以及处理冒顶而引起工作面停产时间,使生产指挥者做到心中有数并及时整改。

5　顶板状态与支护质量监控在平八矿的应用

试验在平八矿己一采区己 15—11110 工作面进行。己一采区过去曾两次使用综采,但由于距煤层顶板 1.0～2.0 m 处有一层煤线,构成是复合顶板,加之架型结构不甚合理,支架使用不够完善,使煤线以下的顶板难以控制,出现架前冒顶、架间漏矸、倒架等现象,致使两次使用综采都失败了。

5.1　试验工作面概况

己 15—11110 工作面使用 FAZOS—17/37 支架 85 架,架型为二柱掩护式,顶梁具有端部伸缩结构。煤层平均厚 3.55 m,倾角 9°;直接顶为灰色砂质泥岩;中间夹薄层砂岩,厚 14～17.9 m,岩性脆,易于塌落;距煤层顶板 1.0～2.0 m 有一煤线,厚 0.01～0.02 m;老顶为灰白色石英质粗砂岩,含黑色矿物及白云母片,厚 16.0 m 左右。

1988 年 12 月 7 日开始井下观测,初期曾出现多次端面冒顶和倒架现象,回采十分困难。通过观测分析认为,工作面周期来压步距 8～10 m,动载系数 1.1～1.2,属Ⅰ级老顶,直接顶属 1 类顶板,端面冒顶没有周期性。工作面直接顶强度低,单向抗压强度仅 15～20 MPa,裂隙密度 5～7 条/m,且顶板内有煤线,这是顶板难控的一个方面。另一方面虽然支架架型和顶梁结构比较完善,支架额定工作阻力和初撑力较高,但在支架使用上存在以下问题:① 支架初撑力偏低。仅有 11.4 MPa,为额定值的 55.7%,有时还出现仅单柱工作的现象。② 顶梁之间形成台阶错动和漏矸。错动量达 320 mm,极易造成咬架。③ 支架顶梁前端接顶较差,移架滞后不到位,端面距平均值达 1.47 m。④ 支架顶梁抬头较大。抬头角平均值为 6.2°,导致切顶线前移。⑤ 立柱偏离煤层法线。偏离角平均值为 4.2°,易引起倒架。⑥ 工作面伪斜不当,引起运输机上窜下滑而导致支架底座偏离推进方向,最大偏离角 5.7°,故引起支架倾倒,失去控顶能力。

5.2 试验工作面监控指标确定

5.2.1 评价控顶效果的指标

对于综采工作面,主要考虑支架对端面顶板的控制效果,以端面顶板冒落后不再需要特殊支护,不影响正常回采为原则来确定。按此原则,结合已 15—11110 面实际情况,确定该面监控效果指标如表 1 所列。

表 1　监控效果指标

冒高 (mm)	破碎度 (%)	冒顶倾斜长/ 采面长(%)	片帮深度 (m)	片帮倾斜长/ 采面长(%)	K 值 (%)
0.3	10	10	0.5	25	16

5.2.2 评价支护质量的指标

通过前述几种确定支护质量指标的方法,综合确定出已 15—11110 面支护质量监控指标如表 2 所列。

表 2　支护质量指标

内容	实测初撑力/ 额定初撑力(%)	梁端距 (m)	接顶距 (m)	端面距 (m)	顶梁 俯仰角(°)	推进度 (m/d)
最佳值	80	0.4	0~0.2	0.65	3~5	2.5
极限值	>60	>0.6	<0.4	<1.0	<9	>1.2

5.3 试验工作面监控效果

(1)监控前后支护质量对比见表 3。
(2)监控前后控顶效果及产量对比见表 4。
(3)监控期间产量变化情况见表 5。

表 3　监控前后支护质量对比

内容	初撑力 (t)	接顶距 a(m)	梁端距 b(m)	端面距 s(m)	顶梁角 γ(°)	立柱偏角 β(°)	顶梁错距 Δ(m)
监控前	114.1	0.64	0.41	1.48	6.2	4.2	0.32
监控后	191.2	0.27	0.32	0.83	3.4	2.6	0.22
比较/%	67.6	67.8	21.9	43.4	45.2	38.1	31.2

表 4　监控效果对比

项目	平均日产 (t)	破碎度 (%)	冒顶倾斜长 /采面长(%)	片帮深度 (m)	片帮倾斜长 /采面长(%)
监控前	1 138	33.9	14.5	0.43	22.5
监控后	1 618	10.2	3.4	0.24	9.2
比较/%	+42.2	−69.9	−76.6	−44.2	−98.7

表 5 己 15－11110 综采面产量和工效

月 份	产量(t/月)	工效(t/月)
88-12	27 728	12.285
89-01	36 008	12.113
89-02	40 645	12.994
89-03	53 200	24.350
89-04	53 897	19.184
89-05	53 139	16.315

通过在平八矿己 15—11110 面实施监控,使得控顶效果明显改善,片帮深度减少 44.2%,端面破碎度减少 69.9%,冒长/面长减少 76.6%,片长/面长减少 58.7%;支护质量明显提高,支架初撑力提高 67.6%,接顶距减少 67.8%。虽然沿推进方向煤线距煤层愈近,有增加冒顶的可能,但产量逐月增加,月产由约 2.8 万 t 提高到近 6 万 t。

6 结 论

通过平八矿己 15—11110 面"顶板状态与支护质量监控"的成功实践充分说明,在我国目前现有的综采面管理水平下,实行本文所提出的"监控",不失为保证支架控顶作用的发挥、提高工作面单产的重要手段。监控是矿山压力研究成果应用的具体体现和发展,也是对工作面生产过程和顶板管理实行科学化的具体手段。

参 考 文 献

[1] 钱鸣高. 矿山压力及控制. 北京:煤炭工业出版社,1983.
[2] 中山大学数力系. 概率论及数理统计. 1986,3.
[3] 李全生. 综采工作面顶板状态与支护质量监控. 1989.

综采工作面端面顶板控制[①]

钱鸣高　何富连　李全生　刘双跃

(中国矿业大学)

1　问题的提出

液压支架在我国已使用有近 20 年的历史,架型与支架参数在不断改进,特别是支撑掩护式支架的使用,使工作面顶板控制状态得到了很大改善,顶板事故明显降低,年产百万吨的工作面也出现了许多。

即使如此,在全国 200 多个综采工作面中大约有 1/6 仍处于低产状态,影响的主要因素是端面顶板的冒落,由于它所造成的工作面停产时数与总停产时数的比约占 40% ～ 60%。为了解决端面顶板的冒落,在国外常常采用聚氨酯固化顶板,此法虽有效,但价格昂贵,且影响生产。因此,从另一方面讲,必须弄清端面冒顶的机理及其影响因素,尽可能减少人为因素的影响,并使加固顶板的措施缩小到必须使用的范围。因此本文的研究目的是:分析直接顶稳定性机理及其影响因素以及如何消除导致端面顶板冒落的人为因素。

2　顶板条件的影响

众所周知,随着采面的推进,老顶的活动将对直接顶的稳定性有直接影响。根据老顶破断岩块的平衡状态,可采用如图 1 所示的力学模型。

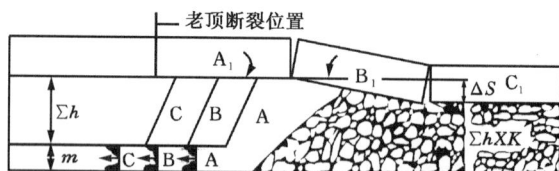

图 1

当老顶形成滑落失稳时,直接顶在端面部位形成如图 2 所示的破碎带。显然,这种破碎带对端面顶板的稳定很不利。因此在任何场合应避免老顶破断岩块的滑落失稳,为此支架必须有足够的支撑力,其关系为

$$P \geqslant Q_{(A+B)} - T \cdot \tan(\varphi - \theta)$$

---

①　本文发表于《煤炭科学技术》,1992 年,第 1 期,第 41～45 页。

式中　P——支架对老顶的支撑力,kN/m;

$\quad\quad Q_{(A+B)}$——老顶悬露破断岩块 A 和 B 的重力,kN/m;

$\quad\quad T$——岩块间的挤压力,kN/m;

$\quad\quad \varphi$——内摩擦角,(°);

$\quad\quad \theta$——岩块啮合处的破断角,(°)。

当老顶破断后,随着回采工作面的推进,在所有的工作面均将发生回转运动。根据有限元计算,当老顶断裂线在回采工作面前方 4 m 处时,由于老顶破断岩块形成的不同回转角,将在直接顶的上部(老顶断裂线处)形成受拉区,而在靠近煤壁部位形成压缩变形区,如图 3 所示。显然,影响这些区域分布的主要因素是老顶破断岩块的回转角及直接顶本身的力学性质。影响前者的主要因素是老顶破断岩块的尺寸、直接顶厚度 $\sum h$ 与采高 M 的比值 $N(N=\sum h/M)$、采空区已冒落矸石的碎胀系数 K。

图 2

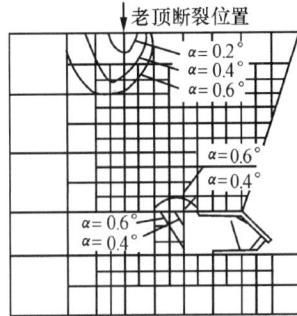

图 3

根据研究可以得出如图 4 所示的两种典型情况,由图可以得出如下结论:

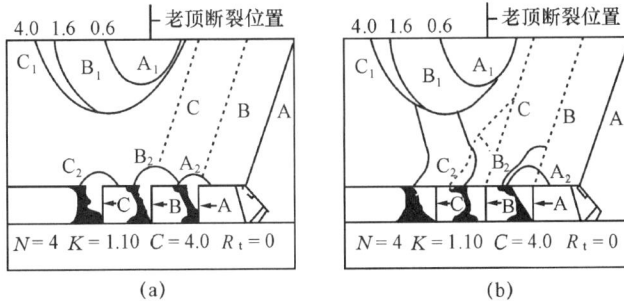

图 4

(a) 受拉区与压缩变形区相互分离;(b) 受拉区与压缩变形区相互贯通

A——老顶断裂线在煤壁前方 4 m 时工作面位置、受拉区及压缩变形区的情况;

B——断裂线位于工作面上方;C——工作面推过断裂线 4 m 的情况

(1) 老顶在煤壁前方断裂并开始回转,它将导致直接顶上部产生多条纵向裂隙,从而形成了拉断区;

(2) 随着工作面的推进,老顶岩块的回转角继续加大,此时将形成端面顶板的压缩变

形区,而且随老顶回转角的加大而扩大,同时有可能在端面出现不同程度的冒顶现象;

（3）最危险的情况是拉断区与压缩变形区的贯通,此时可能导致贯穿式的端面冒顶;

（4）端面顶板有可能形成平衡拱,支架的力学性能对此平衡拱有一定影响,但支架对拉断区的产生与发展影响较小。

由此,可根据老顶及直接顶的条件以及开采后形成拉断区与压缩变形区的相互关系,将顶板划分为易控顶板、可控顶板和难控顶板三种类型。

其中易控顶板指老顶来压不明显,直接顶本身又具有一定强度的顶板;可控顶板是指老顶岩块回转时虽然形成了一定范围的拉断区与压缩变形区,但两区没有贯通,因而即使形成端面冒顶,范围也有限。易控与可控顶板只要支架架型及参数选择合适,都能达到较好的管理。另外,若两个区形成贯通,则属于难控顶板,此时,必须采取固化顶板等措施,才能很好地控制顶板。

3 端面顶板成拱条件分析

如上所述,端面顶板的稳定性实质上是端面顶板成拱的条件问题。因此,减少端面顶板的冒落,主要是减小端面顶板成拱的跨距及在支架方面给予端面顶板一定的支撑力及水平挤压力问题,所有这些应该是分析与评价支护合理性的出发点。

3.1 支架对顶板的支撑力

端面顶板的支撑点一侧为煤壁,另一侧为支架,如图 5 所示。

支架侧的实际支撑力按照两柱掩护式支架的力学分析,在顶梁上可分为三个区,如图 6 所示。

图 5

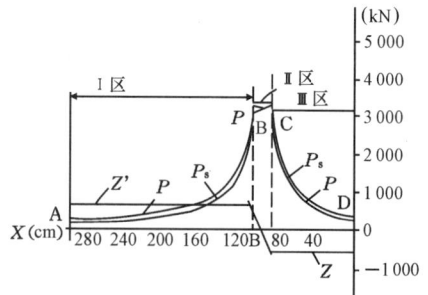

图 6

Z——千斤顶阻力;P——液压支柱阻力;
P_s——液压支架阻力

I 区——顶梁 AB 段,当顶板压力作用于该区时,平衡千斤顶下腔工作,即使它处于极限状态,支架所能承受的顶板压力远小于支架的额定工作阻力。

II 区——BC 段,支柱工作区,此时支架所能承受的顶板压力可达到支柱的额定工作阻力。由图可知,此区域处于支柱与顶梁的铰接点附近,宽度仅 $20 \sim 40$ cm。

III 区——CD 段,平衡千斤顶上腔工作区,与 AB 段一样能承受的顶板压力远较支架的额定工作阻力为小。

根据图 6 及支架的结构,可以得出如下结论:

（1）支架的支撑力首先是支柱的初撑力,形成了对顶板的主动的垂直压力;

（2）支架最大支撑力的实际作用位置是在Ⅱ区,而不是在梁端,由图5也可得到证明;

（3）按架型分析,四柱支撑掩护式支架的支柱工作区比其他架型为宽,也就是说为了保证支架有足够的支撑力,四柱支撑掩护式支架比较优越。

3.2 支架对顶板的水平力

为了保证端面顶板的稳定性,必须使支架对端面顶板具有一定的水平挤压力。影响支架水平挤压力的因素如下:

（1）支架顶梁的运动轨迹。对于四连杆的支架结构即是双纽线轨迹,为了保持端面距的恒定,采用垂直线段部分,这样顶梁上的摩擦力即为阻碍端面顶板冒落的水平力。

（2）在实际测定中发现两柱掩护式支架随着顶板压力使支架变形时能形成一定的主动水平力,这种水平力事实上是由于支柱前倾,而支柱与其他部件装配时具有间隙所形成。因此在支撑式及四柱支撑掩护式支架并不具备。为此,从提供水平挤压力促使端面顶板稳定来看,两柱掩护式支架比其他架型优越。

（3）前面均假设支架顶梁处于水平状态,事实上由于操作及顶板压力作用点位置的影响,顶梁常常出现抬头或低头工作状态。显然,由于顶梁的抬头或低头将使支架的水平力朝向煤壁(低头时)或朝向采空区(抬头时),从而使直接顶处于完全不同的状态。前者有利于成拱,后者则不利。图2亦表示了支架顶梁低头时直接顶的情况;图7表示了抬头时的情况。

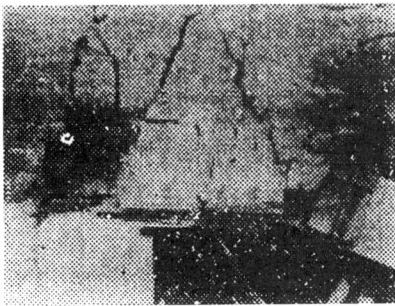

图 7

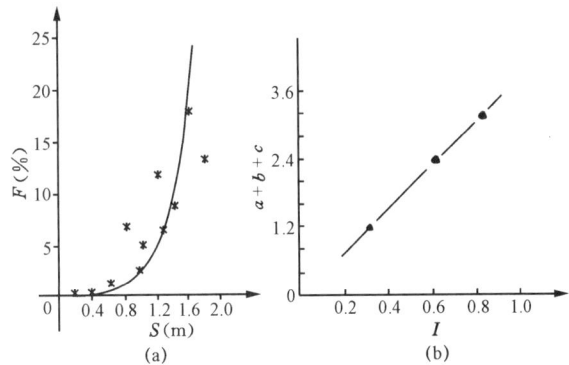

图 8

（a）阳泉15号煤层端面距与顶板破碎度关系;

（b）散块体成拱跨度$(a+b+c)$与块度I的关系

由上述分析可知,在设计支架时必须使支架具有一定的前推力,另外当顶梁抬头大于$15°$时,直接顶全呈松散状态,支架将不起支撑作用而仅起掩护作用,端面顶板将明显不稳定。

3.3 端面距分析

从端面顶板成拱分析,拱宽应是片帮深度c、梁端到煤壁距离b及支架实际支撑点到梁端的距离a二者之和。

根据阳泉15号煤层的测定,端面距离与顶板破碎度有着明显的相关关系[图8(a)]。

根据实验,散块体在受一定的水平挤压力时,可能形成拱式平衡,但一般拱跨不能超过块体尺寸的 4 倍[图 8(b)]。

在实际控制中,减小拱跨距的具体措施为:

(1) 减小 c 值,在支承压力较大而煤壁又比较松软时,可采取加固煤壁的办法;

(2) 减小 b 值,在操作时保证及时移架,使梁端与煤壁接近;

(3) 在支架设计及选择架型时应尽量减少 a 值,或增加梁端支撑力,在漏顶比较严重时,可采用铺顶网的办法,这样有利于顶梁在受力后取得平衡。

采取上述措施后应,保证 $a+b+c$ 值小于 4 倍直接顶裂隙间距。

4 工作面支护质量监测

4.1 原理

由上述分析,可将综采工作面端面冒顶的原因概括为如下的影响因素:

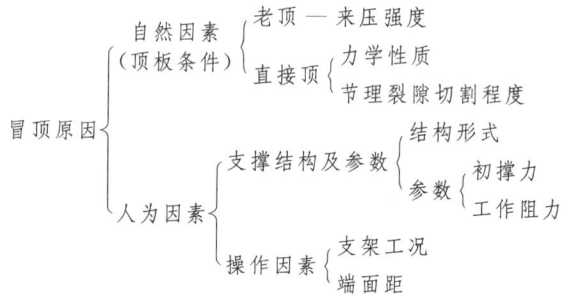

冒顶原因
- 自然因素(顶板条件)
  - 老顶——来压强度
  - 直接顶
    - 力学性质
    - 节理裂隙切割程度
- 人为因素
  - 支撑结构及参数
    - 结构形式
    - 参数
      - 初撑力
      - 工作阻力
  - 操作因素
    - 支架工况
    - 端面距

为了分辨这些影响因素的主次,必须使各因素量化,为此采用以下指标:

自然因素
- 老顶
  - 片帮深度 c
  - 支架增阻量 ΔP
- 直接顶
  - 岩石单向抗压强度 R_c
  - 裂隙间距 I
  - 分层厚度 h

人为因素
- 支架参数
  - 初撑力 P_0
  - 时间加权工作阻力 P_t
- 工作面日推进速度 v
- 操作因素
  - 接顶距 a
  - 梁端距 b
  - 顶梁抬头低头角 γ
  - 顶梁沿工作面倾斜角 β

为了分析各个因素的显著性及权重,可构造如下的层次结构模型(图 9)。

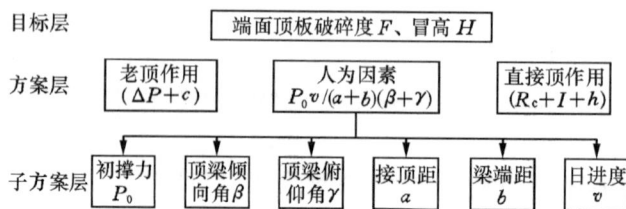

图 9

在架型和支架参数一定的情况下,支护质量主要反映在支架工作状态上,其关系如下:

$$支架工作状态 \begin{cases} 支设状态 \begin{cases} 初撑力\ P_0\ 的大小 \\ 初撑力作用位置(与接顶状态有关) \\ 初撑力作用方向(低抬头角) \end{cases} \\ 移设状态 \begin{cases} 接顶距\ a \\ 梁端距\ b \\ 片帮深度\ c \end{cases} \end{cases}$$

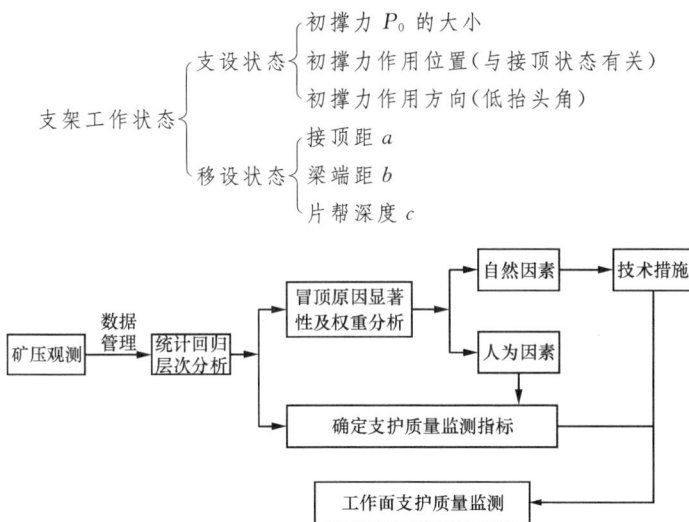

图 10

根据测量的大量数据,经过多元线性回归确定各影响因素的显著性排序,采用层次分析法确定各因素的权重,从而明确造成事故的原因是自然因素为主或人为因素为主,而后确定相应的技术措施及支护支设质量的监控指标,对工作面进行监测,并以日报的方式及时通知工作面,以保证工作面生产的正常进行。其关系如图 10 所示。

4.2　实例

作者曾以平顶山八矿 11110 工作面及邢台东庞矿 2703 工作面,按照上述思路进行分析及监测。例如平顶山八矿 11110 工作面以顶板破碎度 F 及冒高 H 为目标函数时,老顶、直接顶及人为因素的权重如表 1 所列。

表 1

以破碎度 F 为目标函数			以冒高 H 为目标函数		
老顶	直接顶	人为因素	老顶	直接顶	人为因素
0.050 9	0.204 35	0.744	0.056	0.219	0.72

由表 1 可知,在该条件下顶板不稳定的原因主要是由于人为因素所造成的。在对各人为因素分析中得到各影响因素的权重如表 2 所列。

表 2

因素	接顶距 a	梁端距 b	顶梁倾向角 β	顶梁俯仰角 γ	初撑力 P_0	日进度 v
权重	0.148	0.14	0.146 5	0.188 6	0.201 2	0.175 5

由表 2 可知,人为因素中该处以支架初撑力及顶梁俯仰角影响较大。

根据上述测定情况,决定对该工作面采用铺顶网的技术措施,相应确定的监控指标如表 3 所列。

由于监控工作面顶板情况有很大好转,从而使工作面的月产量也有大幅度的提高。如表 4 所列。

表 3

项　　目	接顶距 （m）	梁端距 （m）	顶梁倾向角 β(°)	顶梁俯仰角 γ(°)	初撑力 P_0(kN)	日进度 （m/d）
铺网前	0.42	0.485	8.1	4.6	2194	2.97
铺网后	0.544	0.523	9.3	7.5	2538	2.94

表 4

项　　目	破碎度 （%）	冒顶长/ 工作面长（%）	片帮深度 （m）	片帮长 /面长（%）	月产量 （万 t/月）
监控前	33.9	14.5	0.43	22.5	2
监控后	10.2	3.4	0.24	9.3	5

同样对邢台东庞矿 2703 工作面的监测中,在工作面要求产量达 8 万 t/月的条件下,要求顶板事故率<10%,再根据顶板事故率及其相应指标的回归关系,可定出应控制的范围如表 5 所列。

表 5

项　　目	指　　　　标					
	顶板事故率 （%）	最大冒高 （m）	冒顶长/ 工作面长（%）	冒宽 （m）	顶梁俯仰角 （°）	顶梁间台阶 （m）
范围	<10	<0.8	<25	<0.9	<8	<0.3

而后根据最大冒高与各指标的回归关系及各指标相互联系等分析,可确定如表 6 所列的支架实际操作指标。

表 6

项　　目	监　控　指　标						
	端面距 （m）	接顶距 （m）	梁端距 （m）	初撑力 P_0(MPa)	加权阻力 P_t(MPa)	末阻力 P_m(MPa)	推进度 （m/d）
标准值	<0.85	<0.5	<0.2~0.3	>19.5	>23	>25	>2.5

由于进行了监控,事故率显著下降,月产量大幅度上升,东庞矿 2703 工作面监控前后的情况如表 7 所列。

5 结 语

(1)综采工作面直接顶稳定性问题主要表现形式是端面顶板成拱条件问题,影响因素可归纳为自然因素和人为因素两大类。

表 7

项目	监 控 指 标				
	开机率 (%)	顶板事故率 (%)	支架事故率 (%)	底板事故率 (%)	月产量 (t/月)
监控前	19.5	20.8	11.4	6.3	42 453
监控后	37.73	10.0	5.7	5.9	75 997

(2)自然因素主要是指直接顶本身的力学特性及老顶破断后失稳状态对直接顶稳定性的影响,最危险状态是拉断区与压缩变形区的贯通,从而可将顶板分为易控、可控和难控三大类。对于难控顶板则应采用人工固化顶板的处理办法,而对其他各类的顶板端面冒顶则可采用调节支架参数及架型等办法加以解决。

(3)人为因素主要是支架的因素,它主要表现在提高初撑力,选择合适的架型,操作上避免顶梁过分地低抬头及移架时保证最小的梁端到煤壁的距离;在一定条件下将成为影响端面顶板稳定性的主要因素。

(4)对具体工作面可进行矿山压力观测,并通过对观测数据的多元回归及层次分析确定影响因素的主次及权重,从而提出相应的技术措施及监控指标对工作面进行监控。事实证明,采用这种办法可以消除一定的端面顶板冒顶事故,从而保证工作面生产的正常进行。

Application of the Roof Disturbance to Monitoring and Predicting the Ground Pressure[①]

Fu Guobin(付国彬)   *Qian Minggao*(钱鸣高)

(Department of Mining Engineering)

Abstract：Based on study of the influence on main roof fracture on ground pressure，this paper considered the immediate roof as a semi-infinite long beam on a Winkler elastic foundation. In the model the coal seam is the foundation and the pressure caused by mian roof deflection is the load. Having solved the model and analyzed relevant factors，the authors indicate that the disturbance caused by the breakage of the mian roof can be observed in both gates of longwall face and explain why it can be. The paper points out that the applicability of the method to obtain the disturbance information by measuring the loads on supports is wider than that by measuring the roof convergence rate. The results are useful for monitoring and predicting ground pressure.

Keywords：underground pressure；roof disturbance；beam on elastic foundation

1　Introduction

When the main roof fractures，a disturbing phenomenon，"bound-back" and compression occures ahead of the fracture line[1]. The results of simulation model tests on the phenomenon are shown in Fig. 1[2]. There is no doubt that this phenomenon can be applied to monitoring the breakage of the main roof. Practice[3,4] has proved that the mechanism of the method ，which applies the disturbance to monitoring the fracture of the main roof and further predicting weightings，is clearer. This method has overcome the shortcoming that the "critical value" of predication indexes used previously in the prediction of face weighting is very difficult to be determined. This method combines the advantages of simplicity and reliability. And it is worthy to be spread widely.

The key to successfully apply the method to predict roof weighting lies in

---

①　本文发表于 *Journal of China University of Mining & Technology*，1992 年第 1 期，第 74～82 页。

obtainment of the disturbance information. We know that the so called disturbance means the phenomenon that at the moment of its failure the main roof ahead of the fracture line produces a vertical displacement in the direction contrary to that before the breakage. In majority of our country's coal mines, the main roof was not immediately deposited on the seam; therefore it is usually impossible to use present measuring techniques to directly measure the disturbance of the main roof in both gates of the longwall face. However, the coal seam and the immediate roof are the foundation of the main roof consequently we can obtain the disturbance information by measuring mechanical effects induced in the foundation by the disturbance. Can the disturbance always induce relevant

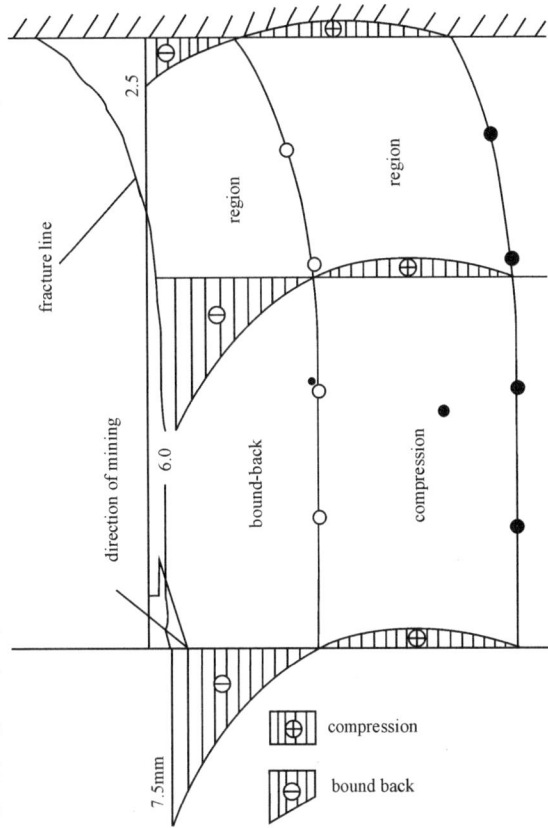

Fig. 1   Results of simulation model tests

mechanical effects in the foundation? What difference in the forms of mechanical effects there is for different conditions of the coal seam and the immediate roof? In other words, is there any possibility to obtain the disturbance information in both of the gates? What measuring method ought to be used under different conditions? They are two basic problems that must be answered before the disturbance phenomenon can be applied to monitoring and predicting ground pressure. The paper preliminarily studies the problems.

2   Constitution of the Mechanical Model of the Immediate Roof

Because of the influence of working boundary condition, the laws of the deformation and breakage of the main roof are different for different positions at the face. The disturbance quantity along the central line of the longwall face is different from that along both gates, and so is its distribution (Fig. 1). Therefore, it is practical to adopt a mechanical model of a flat plate for studying the problems of the underground pressure of the face. The paper's purpose, however, is to analyse theoretically the mechanical effects induced in the foundation by the breakage and disturbance of the main roof and the research has a qualitative characteristic. For the reason, the paper mainly considers the central area of the longwall face which can be considered as a "beam" in the direction of face advance.

Based on mechanical characteristics of the main roof, immediate roof, and coal seam, the coal seam, together with the immediate roof, is considered as the foundation of the main roof[1]. For the same reason, the coal seam can also be taken as the foundation of the immediate roof. If the plastic zone of the coal seam is temporarily neglected and the coal seam is assumed to be conformable to Winkler's condition, i. e.

$$p_1 = -k_m \cdot y_1 \qquad (1)$$

Where p_1 is the counter force of the coal seam in N/m, y_1 is vertical displacement of the immediate roof in m, and k_m is the regdity modulus of the coal seam in Pa. The value of k_m is related to the elastic modulus E_1 and thickness h_1 of the immediate roof and the rigidity modulus k of the foundation of the main roof, which may be expressed as:

$$\frac{1}{k} = \frac{1}{k_m} + \frac{h_1}{E_1} \qquad (2)$$

As the paper studies only the influence of the disturbance on the immediate roof convergence, we may not consider the load which is exerted on the immediate roof due to the weight of the overlying strata and has reached an equilibrium condition, and only the pressure $q_1(x)$ acting on the immediate roof due to the deflection and deformation of the main roof is taken into account. Quoted from Reference [1], $q_1(x)$ is as follows:

before the breakage of the main roof

$$q_1(x) = k e^{-\alpha x} \left[\frac{rM_0 + 2\alpha Q_0}{EIr(r-s)} \cos \beta x - \frac{2\alpha r M_0 - sQ_0}{2EIr(r-s)\beta} \sin \beta x \right] \qquad (3)$$

after the breakage of the main roof

$$q_1(x) = k e^{-\alpha x} \left[\frac{2\alpha Q'}{EIr(r-s)} \cos \beta x + \frac{sQ'}{2EIr(r-s)\beta} \sin \beta x \right] \qquad (3')$$

where EI—bend rigidity of the main roof, N $\cdot$ m^2;

Q_0, Q'—shear force at the coal wall before and after the breakage of the main roof respectively, N;

M_0—bending moment at the coal wall before the breakage of the main roof, N $\cdot$ m;

r, α, β, s—calculation parameter, where $r = \sqrt{k/EI}$, 1/m^2; $\alpha = \left(\dfrac{r}{2} - \dfrac{s}{4} \right)^{\frac{1}{2}}$, 1/

m; $\beta = \left(\dfrac{r}{2} + \dfrac{s}{4} \right)^{\frac{1}{2}}$, 1/m; and $s = \dfrac{N}{EI}$ (N is extrusion force in the

horizontal direction), 1/m^2.

Thus, the immediate roof may be simplified as a semi-infinite long beam on a Winkler elastic foundation shown in Fig. 2 and analyzed as a plane strain problem. In the model, its coordinate origin is settled at the coal wall, I is the exposure length of the immediate roof, R is the distribution of support resistances at face, q_0 is the weight of the immediate roof, and the others are shown in Fig. 2.

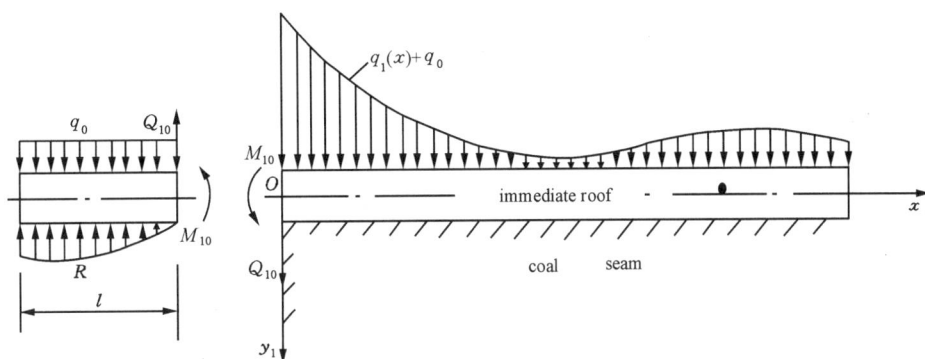

Fig. 2　The mechanical model of the immediate roof

3　Solution of the Mechanical Model

The differential equation of the beam shown in Fig. 2 on an elastic foundation is as follows[5]

$$E_1 I_1 y_1^{(4)} = q_1(x) - k_m y_1 \tag{4}$$

where $E_1 I_1$ is the bend rigidity of the immediate roof in $N \cdot m^2$. In a plane strain model, E_1 should be replaced by the value of $\dfrac{E_1}{1-\mu^2}$ (μ is Poisson's ratio).

Substituting respectively Eqs. (3) and (3$'$) into (4), solving the differential equation, and then utilizing the boundary conditions for deciding undetermined coefficients[3], the vertical displacements before and after the breakage of the main roof, y_{11} and y_{12}, are obtained respectively

$$y_{11} = e^{-\alpha x}(A_1 \cos \beta x + B_1 \sin \beta x) + e^{-\zeta}(C_1 \cos \zeta x + D_1 \sin \zeta x) + \frac{q_0}{k_m} \tag{5}$$

$$y_{12} = e^{-\alpha x}(A_2 \cos \beta x + B_2 \sin \beta x) + e^{-\zeta}(C_2 \cos \zeta x + D_2 \sin \zeta x) + \frac{q_0}{k_m} \tag{5$'$}$$

The variation induced by the breakage and disturbance of the main roof in the vertical displacement (convergence) of the immediate roof can be derived from Eq. (5$'$) $-$(5) as follows:

$$\Delta y_1 = y_{12} - y_{11} = e^{-\alpha x}[(A_2 - A_1)\cos \beta x + (B_2 - B_1)\sin \beta x] +$$
$$e^{-\zeta}[(C_2 - C_1)\cos \zeta x + (D_2 - D_1)\sin \zeta x] \tag{6}$$

where ζ—calculation parameter, $\zeta = (k_m/4E_1 I_1)^{\frac{1}{4}}$, $1/m$;

$$A_2 - A_1 = \frac{k}{E1E_1 I_1 r(r-s)\varphi} \{ (\alpha^4 + \beta^4 + 4\zeta^4 - 6\alpha^2 \beta^2)[2\alpha(Q' - Q_0) - rM_0] +$$
$$2\alpha(\alpha^2 - \beta^2)[s(Q' - Q_0) + 2\alpha rM_0] \}, m;$$

$$B_2 - B_1 = \frac{k}{EIE_1 I_1 r(r-s)\varphi}\left\{\frac{1}{2\beta}(\alpha^4 + \beta^4 + 4\zeta^4 - 6\alpha^2\beta^2)[s(Q'-Q_0) + 2\alpha r M_0] -\right.$$

$$\left. 4\alpha\beta(\alpha^2 - \beta^2)[2\alpha(Q'-Q_0) - rM_0]\right\}, m;$$

$$C_2 - C_1 = \frac{1}{2\zeta^3}\{(A_2 - A_1)[\alpha(\alpha^2 - 3\beta^2) + \zeta(\beta^2 - \alpha^2)] +$$

$$(B_2 - B_1)[\beta(\beta^2 - 3\alpha^2) + 2\alpha\beta\zeta]\}, m;$$

$$D_2 - D_1 = \frac{-1}{2\zeta^2}[(A_2 - A_1)(\beta^2 - \alpha^2) + 2\alpha\beta(B_2 - B_1)], m;$$

$$\varphi = (\alpha^4 + \beta^4 + 4\zeta^4 - 6\alpha^2\beta^2)^2 + [4\alpha\beta(\alpha^2 - \beta^2)]^2, 1/m^3.$$

The variation induced by the disturbance in the immediate roof convergence and its distribution are shown in Fig. 3. The relevant parameters of the main roof are taken according to Table 1 except when it is especially indicated. From Fig. 3, it can be seen that the fracture and disturbance of the main roof will lead the vertical displacement of the immediate roof under certain conditions to increase or decrease, its maximum value, Δy_{1max}, being equal to $(\Delta y_1)_{x=0}$ and its distribution have the same law as that of the disturbance of the main roof. Discontinuity is a characteristic of the variation in the vertical displacement of the immediate roof. A sudden change occures at the moment the main roof fractures. Thus, it is practically the variation in the roof convergence rate, but its direction is contrary to the original one. The disturbance leads the load acting on the immediate roof to vary suddenly and the roof convergence rate to vary instantaneously in the opposite direction, which is a result induced by both the breakage and disturbance of the main roof and elastic restitution of the coal seam. From the energy point of view, actual mining makes the main roof and immediate roof deflect, deform, and stored elastic strain energy. And the breakage of the main roof leads the energy stroed in itself to be released to cause the disturbance. The disturbance of the main roof leads the energy stored in the immediate roof to be released further, and it has a tendency to restitute the original state before extraction, hence produces a vertical displacement (convergence) in the direction contrary to that before the breakage of the main rate. As the disturbance of the main roof leads certainly to the change in the pressure $q_1(x)$ acting on the immediate roof and in the roof convergence rate under certain conditions, it is quite possible that we successfully measure the variations in the pressure and the roof convergence rate in both the gates of the longwall face to monitor the fracture of the main roof and to realize the prediction of roof weightings.

4 Analysis of Influence Factors

In order to state and discuss the following problems more conveniently, Δy_{1max}, which is equal to $(\Delta y_1)_{x=0}$, is taken as an example to analyse. Generally speaking, factors that affect Δy_1 contain the elastic modulus E_1 and thickness h_1 of the immediate

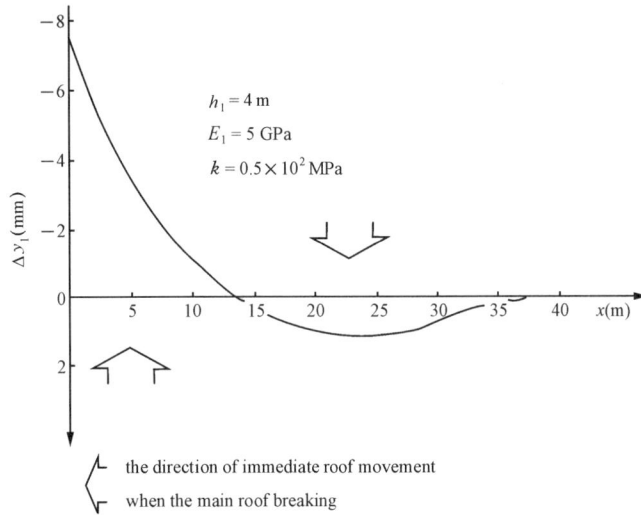

Fig. 3　The variation in immediate roof convergence at the moment of main roof fracture

roof, the rigidity modulus k_{m}, of the coal seam, and geometrical and mechanical parameters of the main roof. Based on the character of the studied problems, however, we may assume that the parameters of the main roof are given (according to Table 1).

Table 1

serial number	parameter	unit	value	serial number	parameter	unit	value
1	E	GPa	30	5	Q'	MN	1.19
2	I	m⁴	5.33	6	N	MN	1.40
3	M_0	MN・m	16.94	7	k	MPa	50
4	Q_0	MN	2.38				

4.1　The elastic modulus E_1 of the Immediate roof

As shown in Fig. 4, when the values of h_1 and k are given there is a point E_{10} at which $\Delta y_{1\max}$ comes to its maximum value. As E_1 is greater than E_{10}, $\Delta y_{1\max}$ sightly decreases with the increase of E_1. When E_1 is less than E_{10}, $\Delta y_{1\max}$ falls sharply and approaches zero very rapidly as E_1 reduces. Eqs. (3) and (3′) show that if the parameters of the main roof and the rigidity modulus k of its foundation are given, the disturbance-induced variation in the pressure acting on the immediate roof is certain, but the one in roof convergence is different for different conditions of the coal seam and immediate roof. The relationship between $\Delta y_{1\max}$ and E_1 shows that in case the elastic modulus E_1 of the immediate roof is quite small, the disturbance can make the load acting on the immediate roof vary, but it can hardly lead the roof convergence rate to be changed, and only the immediate roof relaxes and densificates. Hence we may come to a valuable conclusion that if the immediate roof is broken, it is very difficult to measure the disturbance-induced variation in the roof convergence rate in both the gates. And in that case, we can obtain the disturbance information only by measuring the disturbance-induced variation in the pressure (the load on roadway supports).

4.2 The thickness h_1 of the immediate roof

When the values of E_1 and k are given, Δy_{1max} decreases almost linearly with the increasing of h_1 (Fig. 5). This shows that as the immediate roof is thicker, the great part of the elastic energy released due to the breakage if the main roof will be absorbed by it. and the convergence (or convergence rate) of the immediate roof does not change obviously due to the disturbance. Hence another valuable conclusion can be derived that it is more appropriate to use methods of measuring pressure in both the gates to obtain the disturbance information if the immediate roof is thicker.

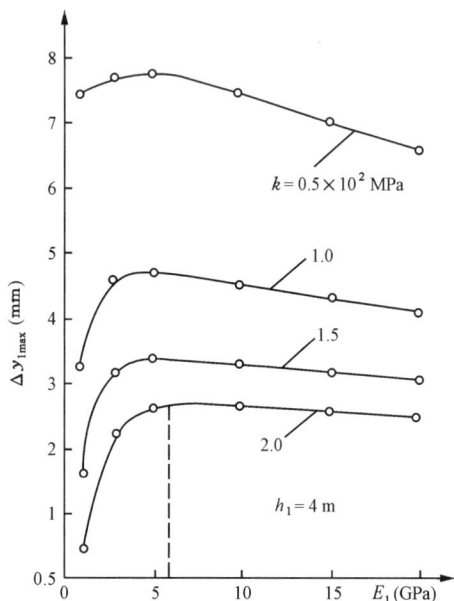

Fig. 4　The relation between Δy_{1max} and E_1　　　　Fig. 5　The relation between Δy_{1max} and h_1

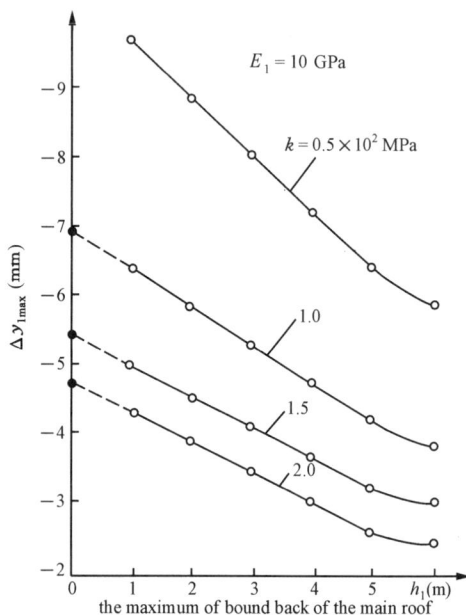

Analytic and calculative results show that Δy_{max} the maximum value of bound-back of the main roof is always greater than Δy_{1max} (Fig. 5). The reason is that the disturbance quantity is composed of two parts of elastic restitution of the immediate roof and coal seam, while Δy_1 is only the elastic restitution of the coal seam, which is the part that can be measured in both the gates. From Fig. 5 it can be seen that the differenee between Δy_{max} and Δy_{1max} decreases as h_1 decreases. When h_1 approaches to zero. Δy_{1max} approaches to Δy_{max} which, does not relate to E_1 and k (Fig 5,6). This shows that it is possible to measure directly the disturbance phenomenon of the main roof in both the gates only when the main roof is immediately on the seam, which is quite consistent with real conditions.

4.3 The rigidity modulus k of the foundation of the main roof

Δy_{1max} decreases in an approximate negative exponential relation with the increase of k (Fig. 7). The reason is that k has an influence on the disturbance quantity and further on the variation in the load acting on the immediate roof. From Eq. 2, otherwise, it is easily to know that k is a monodrom function of k_m when the values of E_1 and h_1 are given, and $\dfrac{dk}{dk_m} = E_1^2/(E_1 + k_m h_1)^2 > 0$ is always tenable, i. e. k is a monodrom and monotone increasing function of k_m whereas Δy_1 certainly falls as k_m increases. Thus it can been seen that k embodies an influence of k_m on Δy_1 to a certain extent.

Summing up the previous analyses, it can be seen that the disturbance will lead up to an obvious instantaneous variation in the roof convergence rate if the immediate roof has a moderate stability and its thickness is not also great (in case the stability is beyond moderation, its thickness must be relevantly small). It is an accelerated movement in the opposite direction. And the disturbance will only lead to immediate roof relaxing and densificating if it is broken. And the disturbance will not make the roof convergence rate vary obviously as the immediate roof is thick.

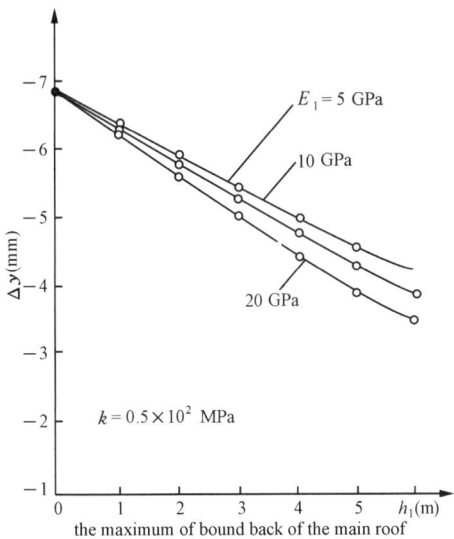

Fig. 6　The relation between Δy_{1max} and Δy_{max}

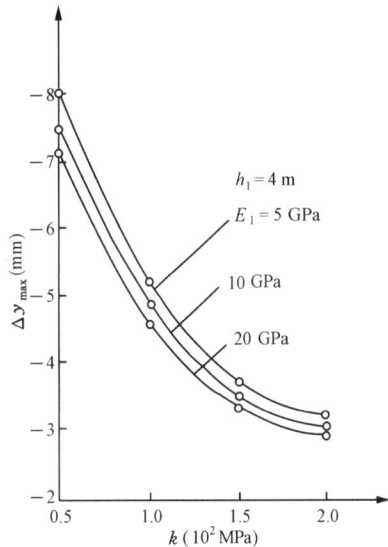

Fig. 7　The relation between Δy_{1max} and k

As stated above, completion of the paper is based on Reference [1] and the established model is appropriately simplified in the light of the character of the studied problems. As the fractured and plastic zones of the coal seam are taken into account, which is practically equivalent to increasing the overhanging length L' of the main roof, the position of the maximum bending moment, or of the breakage of the main roof, will tend to moving forwards, and so will do relevantly the disturbance limits. On the other

---

hand, the disturbance quantity is also related to the value of L'. Now analysing the maximum value of bound-back of the main roof is instanced to explain this. According to Reference [1]

$$\Delta y_{max} = \frac{1}{EIr(r-s)}[rM_0 + 2\alpha(Q_0 - Q')]$$

where $M_0 = \frac{1}{2}qL'^2 + Q'L' + N'\Delta s_1 - Fz$;

$Q_0 - Q' = qL' - F$.

In the formulas, F and $N'\Delta s_1$ are not related to L', and Fz is much smaller than the terms containing L'. Obviously, Δy_{max} increases as L' does. Thus it can be seen that the disturbance limits will tend to moving forwards, the disturbance quantity will increase to a certain extent because $EIr(r-s)$ is much greater than $[rM_0 + 2\alpha(Q_0 - Q')]$, and the disturbance-induced mechanical effects in the foundation will be more obvious when the fractured zone and the plastic zone are considered. Secondly, when abutment pressures are taken into account, the disturbance quantity should still contain what the variation in the abutment pressure ahead of face the induces at the moment when main roof fractures. However, we have known that the abutment pressure comes to its peak value before the breakage of the main roof and decreases after the breakage. This change (in which the variation, on of the pressure induced by the deflection and deformation of the main roof is contained) will reinforce the disturbance phenomenon and the mechanical effects induced in the foundation to a certain extent.

5 Conclusions

(1) The breakage of the main roof is usually a weighting precondition. The breakage will cause the disturbance phenomenon, and the disturbance will lead the pressure acting on the immediate roof to vary and the immediate roof to vary and the immediate roof to produce a momentary and opposite direction displacement under certain conditions. Consequently, the research results may be applied to the longwall faces at which the prediction of weightings is necessary. We are able to obtain the disturbance information about the fracture of the main roof by measuring the variations in the pressure and the roof convergence rate in both of the gates to realize the monitor and prediction of ground pressure in longwall face.

(2) It is possible to monitor and predict ground pressure successfully by means of measuring the disturbance-induced variation in the roof convergence rate in both gates of longwall face only in the condition that the immediate roof has a moderate stability and its thickness is not great. Whereas to measure the variation in the pressure (the load on roadway supports) in both of the gates to obtain the disturbance information has a wide applicability. Face 2322, Chaili coal mine, and Face 7417, Jiahe coal mine, the immediate

roofs of which are respectively moderately stable and breaking, have successfully obtained the disturbance information by measuring the pressure variation in both the gates with individiual hydraulic props fixed a dispressure graph[3,4]. The facts have proved that the research results are correct in the conditions of the faces stated above.

References

[1] 钱鸣高,赵国景. 老顶断裂前后的矿山压力变化. 中国矿业学院学报,1986(4):11.

[2] 付国彬. 再论老顶破断引起的扰动及在 2322 工作面的实践(硕士学位论文). 徐州:中国矿业学院,1988.

[3] 朱德仁. 工作面矿压监测和来压预报方法. 矿山压力,1988(1):22.

[4] 何富连. 老顶初次来压步距及其影响因素分析(硕士学位论文). 徐州:中国矿业学院,1988.

[5] 龙驭球. 弹性地基梁的计算. 北京:人民教育出版社,1981.

大同综采面支护质量与顶板动态监控系统的试验[①]

康立勋　钱鸣高　陈永和　彭　德　王兴礼

1　监控试验的目的

通过在综采工作面进行的试验,逐步完善监控信息采集方法和监控信息处理系统,并从以下方面检验监控系统:促进综采工作面支护质量标准化;实现综采面管理的科学化;在可控顶板条件下把端面漏冒顶事故降至最低限度;对工作面来压作出较为准确的预测和预报;在综采面取得高产、高效和安全的技术经济和社会效益。

2　监控试验工作面概况

在大同矿务局生产处和中国矿业大学采矿系调研的基础上,在综合考虑了开采煤层、开采时间、顶板条件等因素后,双方共同决定选择永定庄矿主采煤层 14# 层的 81517 工作面和 11# 层的 81509 工作面为试验工作面。两工作面的地质概况、基本技术条件、所用支架的技术参数分别见表 1、表 2、表 3 和图 1、图 2、图 3。

表 1　地 质 概 况

内容名称项目	11# 层 315 盘区 81509 工作面	14# 层 315 盘区 81517 工作面
井上位置	地面位于焦家楼南侧,有树木及农田种植	地面位于龙沟,有农田种植及沟谷从工作面通过
井下位置	315 盘区东翼	315 盘区西部
埋藏深度	260～328 m	338～356 m
上下煤层关系	上部 3# 层局部已采空	2#、3#、11# 已开采,12# 不可采
层间距	3#～11# 120 m	11#～12# 25.5 m,12#～14# 12 m
四邻情况	东为 315−4 大巷,东南为 81507 未采,西北为 81511 已采	东北为 315 盘区巷,其余周围未采
煤厚	3.35 m(夹石下)	3.03 m
倾角	1°45′～5°27′	1°09′～4°27′
层理、节理	层理不发育,节理明显,为复合煤层	单一煤层

[①]　本文发表于《山西煤炭》,1994 年第 2 期,第 17～23 页。

续表1

项 目 \ 内 容 \ 名 称	11#层 315 盘区 81509 工作面	14#层 315 盘区 81517 工作面
硬度、相对密度	硬度为3,相对密度为1.35	同左
围岩	综合柱状图[见图1(a)]	综合柱状[见图1(b)]
直接顶	深灰色粉砂岩,层理发育	灰白色细砂岩
老顶	灰色粉细砂岩	灰色细砂岩
底板	粉砂岩	粉砂岩
煤层地质构造	本工作面地质构造简单,近似于单斜构造,煤层赋存稳定	本工作面地质构造较为复杂,切眼巷附近为向斜,煤层波状起伏
采煤方法	倾斜长壁后退式采煤法;上沿夹石(0.17~0.3 m),下留底煤开采	相同;见顶留底开采
巷道布置	见地质平面图,如图2(a)所示	见地质平面图,如图2(b)所示
工作面长	130 m	130 m
可采走向长	752 m	531~551 m

表2 工作面基本技术条件

工序号	81509 型号	容量/kW	数量	名称	81517 型号	容量/kW	数量
1	MG2×300	600	1	采煤机	AM500	750	1
2	SGB764	264	1	输送机	SGB764	264	1
3	ZPL—600	新改制	87	液压支架	ZY—560/4		87
4	SZB764	132	1	转载机	SGB764	132	1
5	DSP1000	125	2	皮带输送机	DSP1000	125	2
6	DRB125/315	75	2	乳化液泵	MRB125/315	75	2

表3 支架技术参数

指标 \ 架型	ZPL—600—3.1/2.0	ZY—560/4
初撑力/(kN/架)	5 209	4 760
工作阻力/(kN/架)	5 880	5 600
安全阀开启压力/MPa	35.4	33.4
支护强度/(kN/m²)	890	840
支护宽度/m	1.5	1.5
最大高度/m	3.1	2.65
最小高度/m	1.95	1.6
最小外形尺寸/m	4.1×1.42×2.0	3.58×1.4×1.65
移动步距/m	0.5	0.75
支架质量/t	15.93	14.5

层厚(m)	累厚(m)	柱状	岩性描述
1.72	1.72		深灰色粉砂岩,致密性脆
2.97	4.69		灰色细砂岩以石英长石为主
3.13	7.82		深灰色粉砂岩,性脆
0.13			黑色煤
0.10			灰色细砂岩
3.22	1.27		黑色煤

(a)

层厚(m)	累厚(m)	柱状	岩性描述
4.53			灰色细砂岩,以石英长石为主,次有云母片
0.35	4.88		黑色煤
2.84	7.72		灰色中砂岩组织疏松
0.45	8.17		黑色煤
2.99	11.16		灰色细砂岩、致密
3.18	14.34		黑色煤

(b)

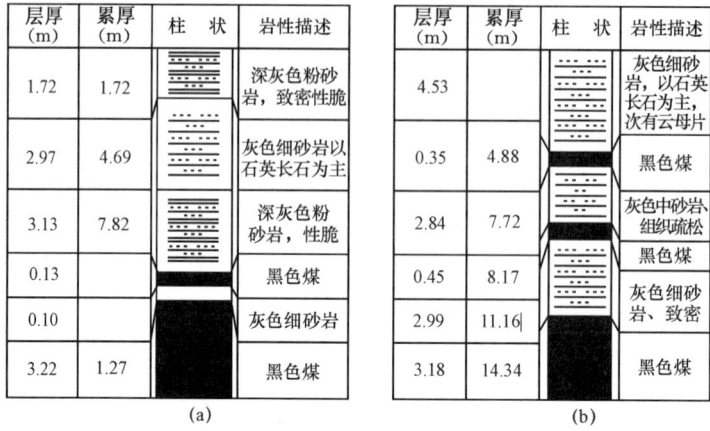

图 1 综合柱状图
(a) 81509 工作面;(b) 81517 工作面

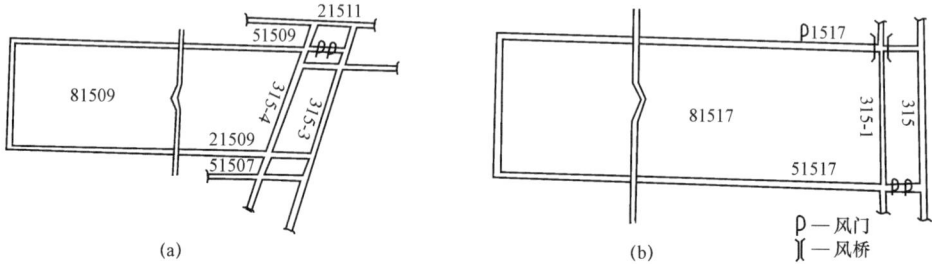

图 2 试验工作面平面图
(a) 81509 工作面;(b) 81517 工作面

3 监控研究试验

3.1 工作面测站布置

根据中国统配煤矿总公司关于综采工作面质量标准化的要求和大同局现行的测站布置方式,试验工作面均设置了 5 个测站,其中在距上顺槽 15 m 左右的头、尾各设一个测站,在工作面中部设 3 个测站,间距一般为 5 架。在测站支架的左前右后(或在右前左后)立柱和前梁千斤顶上安装圆图压力自记仪,记录各循环支架的初撑力和末阻力。观测小组在检修班沿测站量测反映支架和顶板动态的其他参数。另外,在 81509 工作面支架进液管路末端安装普通压力表一块,用以检测支架液压系统的压力损失。在运输顺槽超前支护的单体支柱上,安装了 3 台圆图压力自记仪,间隔为 5 m,用以监测老顶的动态和超前支护的质量。81509 工作面测站布置如图 3 所示。其他参数的采集,均按监控设计中的要求进行。

3.2 信息处理系统的研究开发

有 29 个模块和 5 个数据库的监控信息处理系统的研究开发可分为三个阶段。

1992 年 4 月,软件小组完成了工作面支架动态参数和部分顶板动态参数处理程序的控制,建立了相应的数据库。4 月下旬,这部分程序试运行期间,为 81517 工作面发出一些监控日报。

5月1日～14日,软件小组完成了整个信息处理系统的软件研制,建立了相应的数据库,从5月15日开始,正式为81509工作面发出监控日报。

5月中旬～7月,根据软件运行情况和局、矿、队等信息处理系统的意见,在运行过程中完善了信息处理系统,并建立了一整套与之相适应的数据管理系统软件。

3.3　监控试验

3.3.1　14$^\#$层81517工作面

观测是在81517工作面推进至310/308 m,进入煤岩复合顶板(参见柱状图)条件下开始的,历时38 d,推进91.75 m,生产原煤48 912 t。

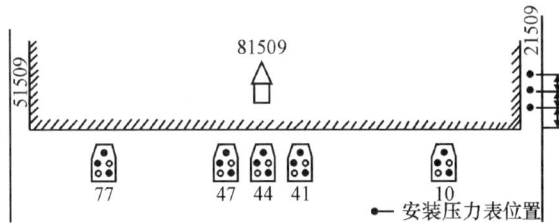

图3　测区、测站布置示意图

监控初期,监控信息处理系统的研究开发与井下观测同步开始,因此对井下实测提供的大量数据尚不能进行微机处理。在此期间,监控课题组曾就观测中反映出的问题,数次与综采四队交换意见。

4月22日,监控信息处理系统的部分软件开始试运行。在此期间,课题组为综采四队发出一些81517工作面的监控日报,但为综采四队提供信息的方式仍以技术科的矿压日报为主。虽然课题组发出的日报是断续的,且未形成较完善的反馈系统,但是81517工作面的初撑力仍有一定幅度的提高(参见表4),平均合格率提高了9.68%。

在81517面观测后期,在5号测线,即尾部77$^\#$架及其附近曾发生数次端面漏冒事故,其事后处理的结果,反映在表5和图4中。从图、表中可以清楚地看出,漏冒期间,除其他参数诸如端面距、第一接顶点至梁端距、片帮深度和推进度等对漏顶有一定影响之外,77$^\#$架(即5号测线)初撑力低是一个主要因素。以后在81509工作面的监控实践表明,若当时能及时发出监控日报,综采四队根据日报反映的情况采取提高支护质量的有效措施,一些端面漏冒事故是可以避免的。

表4　81517面初撑力合格率

时　　间 ＼ 项　　目	平均值/%	最大值/%	最小值/%
4月25日～4月30日	27.66	32.35	23.08
5月1日～5月8日	37.34	59.18	19.44

表 5 77#架及其附近漏顶状况与其他参数的关系

漏顶时间	位　　置	漏高/m	初撑力平均值/MPa			接顶点至梁端/m	端面距/m	片帮/m	推进度/m	
			前柱	后柱	前梁				尾部	头部
5月3日	77～80架	2.0	12	14.5	15	0.75	1.0	0.65	1.0	1.0
5月5日	70～76架	0.4	12.3	13.1	15.3	0.3	0.4	0.7	2.5	5.5
5月6日	65～80架	2.0	14	14.2	18.3	1.5	0.4	0.45	3.0	1.5
5月8日	65～76架	2.5	7.2	12.8	14	0.45	0.5		0.0	1.0

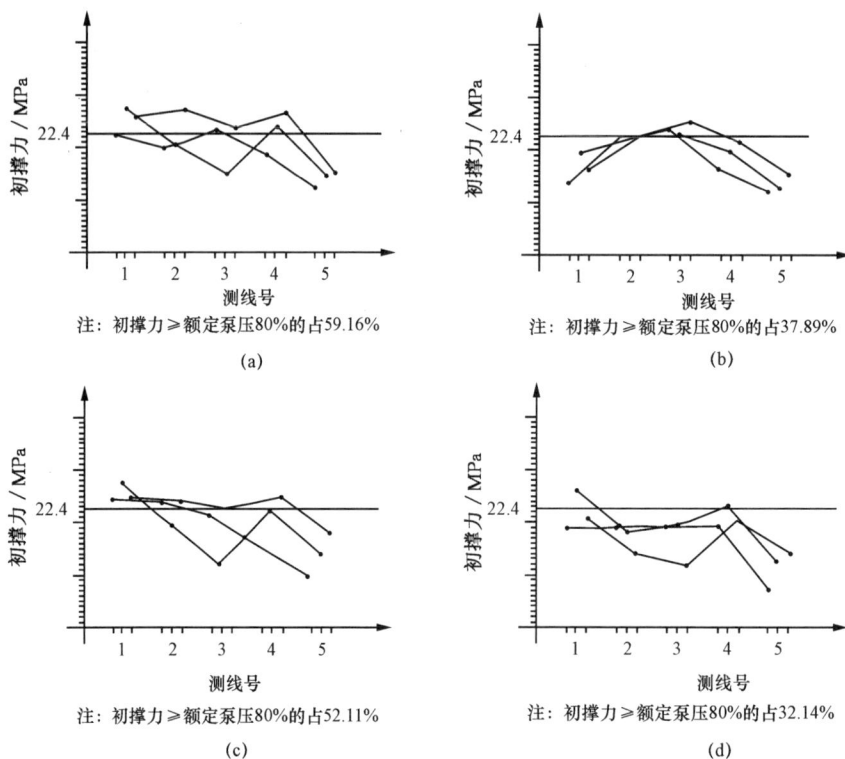

注：初撑力≥额定泵压80%的占59.16%

(a)

注：初撑力≥额定泵压80%的占37.89%

(b)

注：初撑力≥额定泵压80%的占52.11%

(c)

注：初撑力≥额定泵压80%的占32.14%

(d)

图 4 81517 工作面支架初撑力

(a) 5月3日；(b) 5月5日；(c) 5月6日；(d) 5月8日

3.3.2 11#层81509工作面

5月8日，综采四队转移至11#层81509工作面。81509面沿夹石层开采，夹石厚度为0.17～0.3 m，其上有厚度为0.2 m左右的煤线，工作面的实际顶板为煤岩复合型。在大同局的开采条件中，属易漏冒、难管理顶板。选择这类顶板条件的工作面，无论就监控系统的检验来说，还是就监控系统在全局的推广，均有普遍意义。

监控实施前，工作面直接顶板初次冒落已完成，冒落步距为8 m，高度2～3 m，监控试验从5月15日至7月底，历时2.5个月，工作面推进396 m，产煤187 883 t，基本上取得了预期的效果。

4 监控试验效果

4.1 监控可掌握工作面支架—围岩系统动态,为生产、技术管理决策提供全面的信息

监控期间,自记仪的换纸和其他监控参数的采集均在早班(检修班)进行。数据出井后,下午即可由微机进行处理,输出监控日报,日报经有关领导和负责人签署意见后,分送主管领导、科室和综采队,从而形成一个完善的信息收集、处理、传递和反馈的系统。试验表明,该监控系统在没有过多增加观测人员工作量的同时,却极大地增加了工作面支架—围岩系统的信息量。监控系统选取的各参数,可以较全面地反映综采工作面支架—围岩系统中各个子系统的动态,可为各级管理人员提供进行生产管理、技术管理决策的信息。

4.2 监控可极大提高综采工作面支护质量

各监控参数的控制指标,大多采用了中煤总公司质量标准化的指标,这样就使监控成为贯彻落实质量标准化强有力的手段。

监控试验期间,泵站乳化液配比不低于 3% 的记录,泵站压力一般大于 30 MPa,工作面整个液压系统的压降仅为 1 MPa 左右,有时甚至无明显的压降,合格的液压系统为支架初撑力的达标提供了物质保证。

在 81509 面监控试验期间,支架沿工作面倾斜、支架顶梁的俯仰角、推移千斤顶与运输机的夹角都在标准规定的指标范围中,即工作面支架无严重的上斜下倾,顶梁无严重的仰俯,输送机无严重的上窜下滑。

工作面支架的端面距,6 月上、中旬的合格率为 23.2%,下旬为 35%,提高了 11.8%。

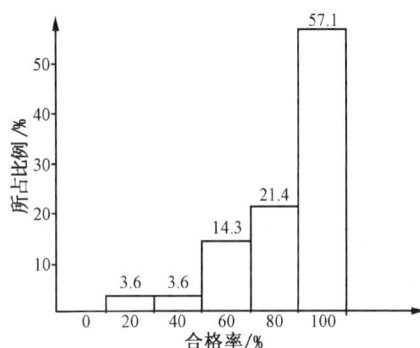

图 5 6 月份接顶至梁端距合格率

6 月份工作面支架第一接顶点至梁端距的合格率也有明显的改善,合格率为 100% 的占 57.1%,详见图 5。

改善最为明显的是支架初撑力,如表 6 所列。在较短的时间内,初撑力的平均合格率由 47.59% 提高到 6 月份的 80.48%,达到总公司质量标准化的要求。7 月份初撑力的合格率仍保持在 80% 以上。

4.3 监控基本消除了顶板事故

如前所述,81509 工作面的顶板属于易漏冒、难管理的顶板。同盘区类似条件的 81511、81513、81517、81519 综采面在开采过程中均发生过不同程度的端面漏冒事故。由于 81509 工作面支护质量的改善,从初采至 7 月底,工作面掘进 396 m,未发生过漏冒顶事故。监控期间逐月事故情况如表 7 所示。

表 6 5 月中、下旬及 6 月份初撑力合格率统计表

时 间	平均值/%	最大值/%	最小值/%
5 月(15~20 日)	47.59	56.64	36.54
5 月(21~31 日)	65.44	79.46	51.85
6 月	80.48	91.18	65.52

表 7 监控期间逐月事故统计表

月份 \ 事故类别		采煤机	输送机转载机	顶板	皮带	供电	其他	合计
5 月 (中、下旬)	次数	15	3		2	4		24
	影响小时/h	81.92	5.27		12.5	35.83		135.24
	影响产量/t	5 000	400		800	800		7 000
6 月	次数	14	3			4	1	22
	影响小时/h	151.33	37.33			11.75	19.17	219.58
	影响产量/t	12 100	3 000			800	500	16 400
7 月	次数	15	3			5		23
	影响小时/h	89.67	7.83			32.33		129.83
	影响产量/t	6 200	600			1 800		8 600

4.4 监控提高了工作面单产水平

5 月 15 日至 7 月底,81509 工作面实际生产原煤 187 883 t,最高日产量达 3 700 t,工作面单产水平均在 7.5 万 t 以上,创造了综采四队近年来的最好水平。监控期间各月的实际产量和折算的月单产水平如表 8 所列。按 6 月份的产量计,分别比盘区类似条件的 81517 和 81519 工作面的平均月产提高了 41 648.3 t 和 26 540 t,比上述两工作面最高月产量提高了 24 646 t 和 14 454 t。

表 8 监控期间各月产量和单产水平

月份	实际产量/t	月单产水平/t	备注
5 月 15~31 日	44 010	80 253	按后半月日均产量折算
6 月	77 701	77 701	
7 月	66 172	75 975	停产检修 4 d

4.5 监控系统可反映顶板动态,对采场来压作出较准确的预报

5 月 15 日至 6 月 19 日,81509 工作面经历了初次来压和 4 次周期来压。根据工作面来压前的矿压显现,共发出 6 次预报,准确率为 75%。如 5 月 22 日,靠运输顺槽一侧的老顶产生断裂反弹,巷道中距煤壁 3.8 m 的自记仪曲线出现降阻,如图 6 所示,结合回风顺槽中超前工作面 30 m 范围内出现较大片帮等现象及时发出初次来压预报,头部实际来压位置滞后测出反弹位置 3.5 m,各次来压情况如表 9 和图 7 所示。表、图中反映的情况归纳如下。

(1)初次来压时三区不同步,其顺序为中部 52 m,尾部 53.5 m,头部 58.5 m,相差约为 1 d。

(2)周期来压时工作面同时出现压力峰值,来压步距最大为 44 m,最小为 29.5 m,在正常推进下,来压间隔近 7 d。

(3)来压前,一侧临空的回风巷道中,有剧烈矿压显现,主要表现为巷道超前 15~30

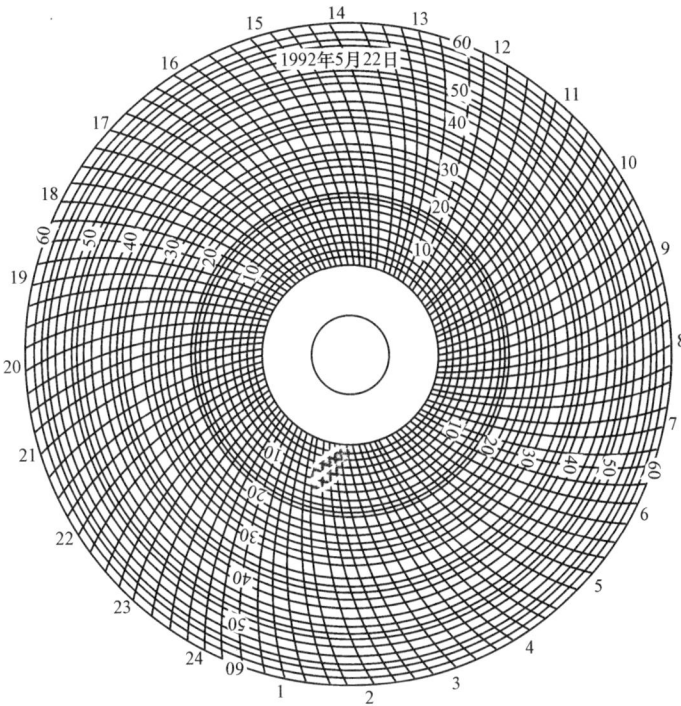

图 6　下顺槽 1 号表测出的老顶反弹

（1992 年 5 月 22 日测）

m 产生片帮，矿压显现一般超前工作面高峰压力出现 1～2 d。

（4）来压时动载系数较小，最大为 1.11，最小仅为 1.01，平均为 1.074，与大同矿务局矿压观测的结果相差较大。其原因是初撑力普遍较低时，非来压期间导致低工作阻力，这样采场来压时的工作阻力与平时的低工作阻力造成了动载系数较低。

（5）从三区日均末工作阻力分布图可以看出，在监控初期，初撑力波动幅度较大，造成末工作阻力曲线也有明显的起伏，随着初撑力提高到一个较为稳定的水平，末阻力曲线也呈现出平滑的势态。

表 9　顶板历次来压情况统计表

序号	来压性质	来压时间	推进距离 /m	来压步距 /m	来压时阻力值 /(kN/架)	循环增阻 /(kN/架)	动载系数
	老顶初次来压	5 月 22 日	52.0	52	4 983.6	971.8	1.11
1	老顶周期来压	5 月 30 日	91.0	39	5 398.9	1 096.4	1.07
2	老顶周期来压	6 月 6 日	135.0	44	5 365.6	789	1.09
3	老顶周期来压	6 月 13 日	175.5	40.5	5 116.5	818.9	1.01
4	老顶周期来压	6 月 19 日	205.00	29.5	5 266	764.2	1.09
	平　　均	6.75 d		38.25	5 226.1	888.1	1.074

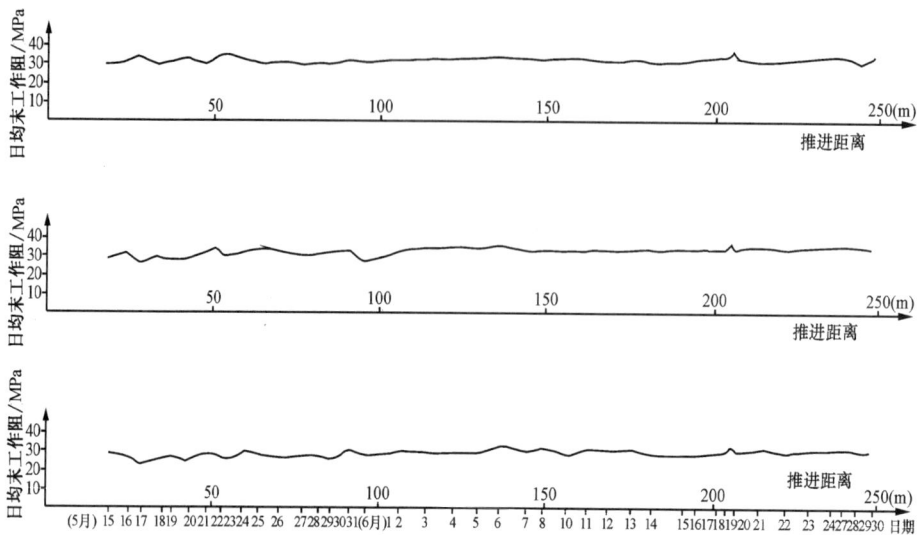

图 7   三区日均末工作阻力

4.6   监控可促进综采面管理的科学化

综采队每天不仅可以从监控日报中获得大量直观的工作面支护质量、顶板动态方面的信息,而且可获得主管领导和部门对生产和技术管理方面的意见,从而提高综采队日常生产和技术管理决策的科学化程度,为把经验型的粗放管理转变为信息型的科学管理创造条件。监控试验的实践表明,监控促进了管理水平的提高,管理水平的提高产生了较好的经济效益,经济效益既提高了工人的积极性又增强了工人的责任心,从而使管理向着更高层次发展。这种生产、技术管理过程中良性循环的出现,必将为进一步解放生产力打开残余的桎梏。

5   结   论

(1)监控设计中提出的指导思想:掌握动态,提供信息,促进管理,提高质量,减少事故,增加质量,在 81509 工作面的试验中获得较全面的落实。

(2)试验表明,监控设计中所选择的参数,可以全方位地反映工作面支架—围岩各个子系统的动态;选用中煤总公司质量标准化的指标作为监控参数的控制指标,可对综采面的支护质量进行逐日评判。

(3)综采工作面实施监控时,每天井下只需一人采集各类数据,人员占用少,工作量也不太大;地面每矿只需一人进行数据整理和微机操作,一个综采面监控信息从数据整理、数据输入到输出日报不足一小时,监控系统配有详细的操作指南,操作简单,易于普及。

(4)监控系统在易漏冒顶板条件下取得了较好的社会效益和经济效益,在大同局具有广泛的应用前景。

综采工作面矿压显现与支护质量监控①

钱鸣高　　何富连　李全生　　　　　孟祥荣

（中国矿业大学）　　　　　　（邢台矿务局东庞煤矿）

摘　要：介绍了综采工作面顶板状态与支护质量监控系统的原理,以及分析各种影响因素及其权重,根据所要求的顶板状态确定各人为因素的监控指标的方法。事实证明,由于综采工作面监控的实施促使顶板状态在一定程度上得到了改善,解决了"顶板状态与支护质量"两不清问题,形成了一套完整的顶板与支护质量的"诊断"与"防治"技术。

关键词：顶板状态;支护质量;监控

我国自 1974 年使用综合机械化采煤,至今已有 20 多年的历史。实践证明,综采具有产量高、安全好、效益好、劳动强度低等优点,是煤炭生产发展的方向。但是,在综采发展过程中存在着一些亟待解决的问题。据统计,我国综采工作面因顶板、支架管理不善引起的事故占全部事故的一半左右,顶板及支架事故对生产的影响时间占全部事故的 1/3 左右。从全国来看,每年大约有 1/6 的综采面因顶板控制问题而处于低产状态,即年产不足 20 万 t,还有的不足 10 万 t,常常因冒顶、片帮、设备损坏而被迫停产。因此,采取有效的顶板控制技术和科学的顶板管理方式,大幅度地降低综采工作面的顶板事故,是提高综采面产量和效益的重要措施。

调查分析结果表明,造成综采面控顶效果不佳的主要原因是支护质量问题。

合理的岩层控制设计是管理好综采工作面顶板的前提和基础,如何保证实现合理的控顶设计是管理好顶板的关键。目前,由于缺乏完善的监测和控制系统来掌握采面的顶板和支架工作状态,并根据顶板和支架条件选取和确定合理的支护质量监控指标,通过监控系统保证支护质量,这就导致了顶板管理中"顶板状态与支护质量"两不清现象的普遍存在和顶板管理的盲目性,使支架对顶板的控制作用难以有效地发挥。

1　综采面顶板状态与支护质量监控系统

它包括两部分,即控顶技术监控和顶板状态与支护质量监控。

控顶技术监控——通过矿压观测,划定顶板类级,分析架型及参数的合理性;分析顶板冒落类型、原因和机理,分析影响控顶效果的因素并将其量化;通过多元线性逐步回归

---

①　本文发表于《中国煤炭》,1995 年第 7 期,第 48～51 页。

和层次分析法确定各影响控顶效果因素的影响程度,以便在顶板管理中分清主次,抓住关键因素;针对顶板管理中的技术问题,提出相应的控顶技术改善措施,包括"诊断"和"防治"两方面。所谓"诊断",即诊断综采面顶板冒落的主要原因;所谓"防治",即提出控顶技术改善措施,防止和治理顶板冒落。

顶板状态与支护质量监控——在确定各因素效果影响程度的基础上,利用数学方法(数理统计、线性规划)、相似材料模型实验和"支架—围岩"关系分析相结合的方法确定既定工作面的支护质量监控指标;根据确定的支护质量监控指标,利用计算机监控软件实施监控;及时掌握顶板状态及其变化和支护质量情况,并针对支护质量不合格的情况,提出相应的改善措施,将其反馈到工作面,实施改善,以将顶板破坏的诱导因素消除在萌芽状态;这部分工作也包含"诊断"和"防治"两方面。"诊断"即诊断支护质量合格与否,"防治"即对支护质量不合格的情况用监控日报表及图报出,并对顶板恶化的地段提出防治措施。

1.1　影响综采面控顶效果的因素分析

影响综采面控顶效果的因素概括如下:

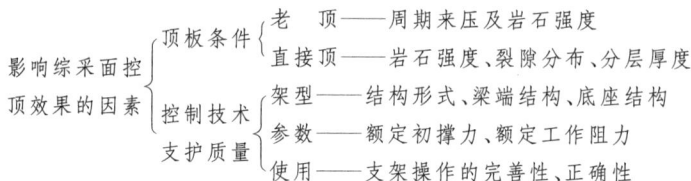

$$
\text{影响综采面控}\atop\text{顶效果的因素}\left\{
\begin{array}{l}
\text{顶板条件}\left\{
\begin{array}{l}
\text{老　顶——周期来压及岩石强度}\\
\text{直接顶——岩石强度、裂隙分布、分层厚度}
\end{array}\right.\\
\text{控制技术}\atop\text{支护质量}\left\{
\begin{array}{l}
\text{架型——结构形式、梁端结构、底座结构}\\
\text{参数——额定初撑力、额定工作阻力}\\
\text{使用——支架操作的完善性、正确性}
\end{array}\right.
\end{array}\right.
$$

在支架架型及参数一定的条件下,支护质量主要反映在支架工作状态上,支架工作状态如下:

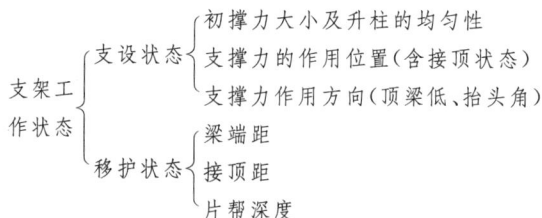

$$
\text{支架工}\atop\text{作状态}\left\{
\begin{array}{l}
\text{支设状态}\left\{
\begin{array}{l}
\text{初撑力大小及升柱的均匀性}\\
\text{支撑力的作用位置(含接顶状态)}\\
\text{支撑力作用方向(顶梁低、抬头角)}
\end{array}\right.\\
\text{移护状态}\left\{
\begin{array}{l}
\text{梁端距}\\
\text{接顶距}\\
\text{片帮深度}
\end{array}\right.
\end{array}\right.
$$

将上述影响综采面控顶效果的因素进行量化,得到如下的影响控顶效果因素:

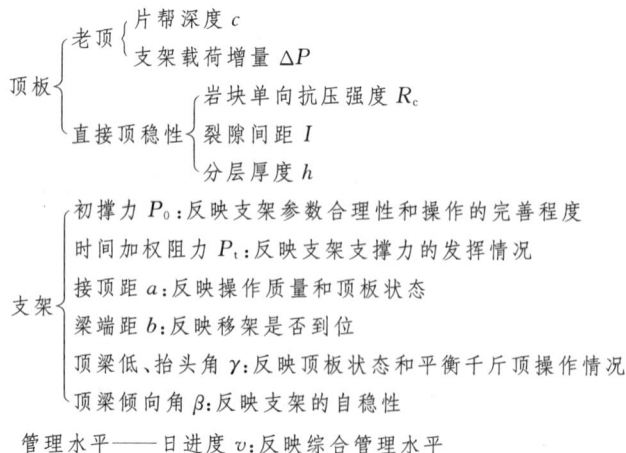

$$
\begin{array}{l}
\text{顶板}\left\{
\begin{array}{l}
\text{老顶}\left\{
\begin{array}{l}
\text{片帮深度 } c\\
\text{支架载荷增量 } \Delta P
\end{array}\right.\\
\text{直接顶稳性}\left\{
\begin{array}{l}
\text{岩块单向抗压强度 } R_\text{c}\\
\text{裂隙间距 } I\\
\text{分层厚度 } h
\end{array}\right.
\end{array}\right.
\end{array}
$$

$$
\text{支架}\left\{
\begin{array}{l}
\text{初撑力 } P_0\text{:反映支架参数合理性和操作的完善程度}\\
\text{时间加权阻力 } P_\text{t}\text{:反映支架支撑力的发挥情况}\\
\text{接顶距 } a\text{:反映操作质量和顶板状态}\\
\text{梁端距 } b\text{:反映移架是否到位}\\
\text{顶梁低、抬头角 } \gamma\text{:反映顶板状态和平衡千斤顶操作情况}\\
\text{顶梁倾向角 } \beta\text{:反映支架的自稳性}
\end{array}\right.
$$

管理水平——日进度 v:反映综合管理水平

1.2　各影响因素的显著性排序

以端面顶板破碎度 F 和冒顶高度 H 作为回归函数,进行多元线性逐步回归,以确定各影响因素的显著性排序。

根据所研究的问题,构造如图 1 所示的层次结构模型。

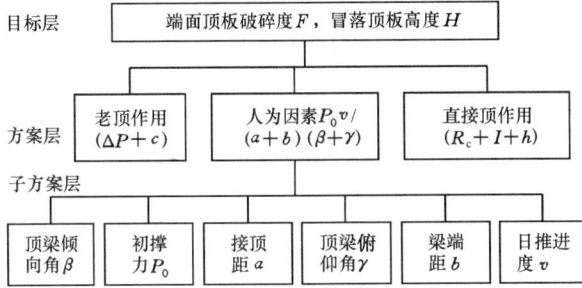

目标层　　　端面顶板破碎度 F,冒落顶板高度 H

方案层　　　老顶作用 $(\Delta P + c)$　　人为因素 $P_0 v / (a+b)(\beta+\gamma)$　　直接顶作用 $(R_c + I + h)$

子方案层　　顶梁倾向角 β　初撑力 P_0　接顶距 a　顶梁俯仰角 γ　梁端距 b　日推进度 v

图 1　确定影响控顶效果各因素的权重

利用预处理过的数据进行二元线性回归,以标准回归系数的比值构造判断矩阵,利用幂法求所构造判断矩阵的特征向量,对特征向量进行归一化处理即得各影响因素的权重。

2　综采面支护质量监控指标确定的原则和方法

2.1　矿压观测数据统计回归分析

数理统计中的控制方法,即要 Y 值在某一区间 (Y_1', Y_2') 内取值时,应控制 X 在什么范围,亦即要求以 $100(1-\alpha)\%$ 的置信度求出相应的 X_1', X_2',使得 $X_1' < X < X_2'$ 的所有对应的 Y 值均落在区间 (Y_1', Y_2') 内。

以端面顶板破碎度 F 和冒顶高度 H 为目标函数进行回归分析,并将其控制在不需要采取特殊支护措施(如勾顶)及不影响正常生产为原则来确定各监控指标。

2.2　线性规划优化各监控指标

综采面顶板冒落是多因素综合作用的结果,在既定的地质和生产技术条件下,控顶效果(端面顶板破碎度 F 及冒顶高度 H)是支架工作状态和其他人为因素的函数,即 $F = f_1(P_0, v, a, b, \beta, \gamma)$,$H = f_2(P_0, a, b, \beta, \gamma, v)$,通过多元线性回归求得上述方程,利用线性规划优化各监控指标。

3　监控内容和方法

监控是以日报形式传递有关信息来实现的。监控日报由专职人员根据每天进行井下观测数据制作而成。观测内容有顶板状态、支架工况和工作面各生产环节等。监测数据上井后及时输入计算机处理并自动打印监控日报表,随后报送有关部门和综采队,以此指挥综采工作面的生产和顶板管理。

3.1　顶板状态

主要测定支架载荷增量、煤壁片帮深度、采用"简易岩石强度计"进行测定的顶板岩石强度以及工作面机道上方顶板裂隙间距和分层厚度。

直接顶岩性特征的监测可数日进行一次,以掌握走向和倾斜方向顶板的变化,倾斜方向分上、中、下三段进行,观测数据及时输入计算机处理。

3.2 测定数据

支护质量主要测定以下数据:

(1)由圆图压力自计仪或压力指示器测定支架载荷;

(2)为防止支架间咬架而测定支架顶梁之间倾向台阶错动;

(3)为防止支架倾倒而测定支架立柱偏离煤层法线的偏离角;

(4)反映顶梁梁端接顶状态的支架顶梁第一接顶点到煤壁的距离;

(5)反映移架是否到位的顶梁端部至煤壁的距离;

(6)反映平衡千斤顶的操作是否正确及顶板动态的支架顶梁的俯仰角;

(7)反映输送机上窜、下滑现象的支架底座偏离工作面推进方向的角度。

3.3 支护效果

主要有端面顶板冒落高度、宽度、倾斜长度、煤壁片帮深度和倾斜长度等。

4 监控作用与效果

监控是将采面顶板管理提高到现代化水平的一项工作。监控日报既可以掌握顶板状态,又可以了解支架在使用中的问题,并可分清顶板与支架的主次矛盾,以做到有的放矢;同时,也可对某些技术措施进行验证。

4.1 顶板管理

由计算机用汉字打印的监控日报,附有工作面状态图,可以及时掌握工作面顶板状态,并预报来压,以提醒注意及时整改、补救、加强支护。

4.2 支架使用

监控支架支设状态——支架初撑力、顶梁俯仰角、人工升柱、平衡千斤顶操作和管路维护情况;监控支架移护状态——梁端接顶情况,移架是否到位;监控支架稳定性——立柱倾斜方向的歪斜角,支架之间的台阶错动,避免支架失稳。

监控工作是逐日进行的,今日的监控是对昨日的检查,经过一段时间,就可以逐步消除支架使用不当的人为因素。

4.3 支护效果

监控日报及时指出由于顶板条件恶化及支架使用不当而引起的顶板破坏地点、范围,以及处理冒顶而引起工作面停产时间,使生产指挥者做到心中有数,及时整改。

5 顶板状态与支护质量监控举例

按照上述思路曾对平顶山八矿 11110 工作面进行过监测。若以顶板破碎度 F 及冒高 H 为目标函数,则影响冒顶的自然因素及人为因素权重如表1所列。

由表可知,在该条件下顶板不稳定的原因主要由人为因素所造成。在对各人为因素分析中,各影响因素的权重如表2所列。

由表可知,人为因素中该处以支架的初撑力及顶梁的俯仰角影响较大。

表 1　冒顶自然因素与人为因素分析

以破碎度 F 为目标函数			以冒高 H 为目标函数		
老顶	直接顶	人为因素	老顶	直接顶	人为因素
0.051	0.204	0.744	0.056	0.219	0.725

表 2　冒顶人为因素权重分析

因　素	接顶距 a	梁端距 b	顶梁倾向角 β	顶梁俯仰角 γ	初撑力 P_0	日进度 v
权　重	0.148	0.14	0.146 5	0.188 6	0.201 2	0.175 5

根据 11110 工作面的情况,确定其控顶原则为端面冒顶以下不再需要特殊支护且不致严重影响正常回采为原则,据此确定监控效果指标如表 3 所列。

表 3　11110 工作面监控效果指标

冒高/m	破碎度/%	冒顶倾斜长/采面长/%	片帮深度/m	片帮倾斜长/采面长/%	K 值/%
0.3	10	10	0.5	25	15

而后再通过前述几种确定支护质量指标的方法,综合确定出 11110 面支护质量监控指标如表 4 所列。

表 4　11110 工作面支护质量指标

	实测初撑力/额定初撑和/%	梁端距/m	接顶距/m	端面距/m	顶梁俯仰角/(°)	推进度/(m/d)
最佳值	80	0.4	0~0.2	0.65	3~5	2.5
极限值	>60	<0.6	<0.4	<1.0	<9	>1.2

监控后 11110 工作面支护质量与顶板状况明显好转。监控前后支护质量状况对比见表 5,顶板及煤壁片帮情况则可见表 6。

表 5　11110 工作面监控前后支护质量对比

	初撑力/kN	接顶距 a/m	梁端距 b/m	端面距 s/m	顶梁角 γ/(°)	立柱偏角 β/(°)	顶梁错距 Δ/m
监控前	114.1	0.64	0.41	1.48	6.2	4.2	0.32
监控后	191.2	0.27	0.32	0.83	3.4	2.6	0.22
比较/%	+67.6	−57.8	−21.9	−43.4	−45.2	−38.1	−31.2

表 6 11110 工作面监控前后状况对比

	平均日产/t	破碎度/%	冒顶倾斜长/采面长/%	片帮深度/m	片帮倾斜长/采面长/%
监控前	1138	33.9	14.5	0.43	22.5
监控后	1618	10.2	3.4	0.24	9.3
比较/%	+42.2	−69.9	−76.6	−44.2	−58.7

参 考 文 献

[1] Qian Minggao, He Fulian, Zhu Deren. Monitoring Indices for the Support and Surrounding Strata System on a Longwall Face[C]//Proceedings:11th International Conference on Ground Control in Mine. The University of Wollongong, N. S. W, July 1992,255-262.

[2] 钱鸣高,何富连,等.综采工作面端面顶板控制[J].煤炭科学技术,1992(1):41-45.

[3] 李全生,钱鸣高.综采工作面顶板状态与支护质量监控[J].煤矿开采,1991(1):34-39.

[4] 陈炎光,钱鸣高.中国煤矿采场围岩控制[M].徐州:中国矿业大学出版社,1994.

单体液压支柱工作面压力监控
"支护质量与顶板动态"[①]

王作棠　钱鸣高　许家林

(中国矿业大学)

关键词：高档普采工作面；监控；阻力

为了解决支柱更新换代后单体液压支柱工作面的"监控"问题，淮北矿务局与中国矿业大学合作，在淮北朱仙庄矿进行了历时一年半的试验研究。在原有"监控"方法的基础上提出并实施了"压力监控法"。该方法的主要内容包括监控指标、监控内容、实施方法等方面，现分述如下。

1　监控指标及其监控值的确定

1.1　监控指标的确定原则

首先，就单体液压支柱工作面支架—围岩关系而言，监控指标应能反映支护对顶板的控制效果，更重要的是应能及时有效地反映"冒顶隐患区"的地点、类型及其"主导因素"。实践表明，工作面第一排支柱初撑力的大小对维护机道安全有直接影响，而且，它还直接影响着支柱的增阻性能和工作阻力的大小。此外，支柱工作阻力对整个控顶区、尤其是放顶线支柱的切顶能力和稳定性具有特别重要的作用。另外，工作面支柱的初撑力和工作阻力是顶底板岩性、顶板活动状况与支护体相互作用的结果，它直接反映顶板动态规律和围岩条件，以及支架对顶板的控制效果。由此可见，支柱支撑力"薄弱区"和顶板动态"异常段"是形成"冒顶隐患区"的"主导因素"。因此，对初撑力"薄弱区"的监测与排除，是预防顶板事故的关键问题。

其次，根据支护质量控制原理分析表明，监控指标应是支护质量的具有关键意义的特性值。工作面支柱初撑力及工作阻力均是反映支护质量的关键特性值。而按"以防为主"的方针，监控初撑力对于支护质量控制具有更重要的意义。另一方面，支柱压力大小可反映支护质量的优劣，再辅以补液可宏观显现支柱压力。因此能十分清楚地找出支护质量差的"主导因素"：如顶空不实、支柱歪斜、底软无鞋等，从而针对"主导因素"采取措施重点整改，做到有效地控制支护质量。

---

①　本文发表于《矿山压力与顶板管理》，1991年第2期，第3～9页。

再者,支撑在顶底板之间的单体液压支柱本身就是一种承压装置,故测定压力时不必专门设置观测基点,只需使用简单测压仪器,既操作简便,工作量小,且便于大面积抽查测定,增加监控工作覆盖面。凡支柱压力不合格者,可立即补液、整改,及时排除隐患。

因此,本监控方法确定实行以初撑力指标为主、工作阻力指标为辅的压力监控指标体系。

1.2 指标合理监测值的确定

(1) 初撑力指标合理监控值的确定。

① 按直接顶初次垮落步距确定初撑力。要有效地控制直接顶岩层的完整性,维持岩块间的挤压状态,避免冒落带以下岩层离层,根本措施是对冒落带岩层实行全主动支撑。

对于冒落带岩层实行全主动支撑所需的初撑力,可由直接顶的初次垮落步距来确定,即

$$P_0 = (2 + l_0/10) \frac{\gamma M}{100n} \tag{1}$$

式中　P_0——初撑力,kN;

　　　l_0——直接顶初次垮落步距,m;

　　　γ——直接顶岩层的重力密度,kg/m³;

　　　M——采高,m;

　　　n——支扩密度,根/m²。

按此公式计算第八、十层煤初撑力(P_0)结果见表1。

表1　八、十层煤初撑力(P_0)计算结果

煤层类别	计算参数					初撑力 P_0 (kN/柱)
	l_0(m)	M(m)	γ(kg/m³)	n(根/m²)	柱距(mm)	
八层煤	6	2.0	2 500	2	500	65
				1.82	550	71.5
				1.67	600	78
十层煤	16	2.0	2 500	2	500	90
				1.82	550	98.9
				1.67	600	107.8

② 按工作面初撑力调压试验结果确定。845—1和1062工作面进行的初撑力调压试验结果见表2。根据顶板管理标准,顶底板按每米采高顶底移近量≤100 mm,并且保证顶板处于良好状态的要求,在工作面支护密度为2根/m²、采高为2 m的条件下,八层煤、十层煤工作面初撑力合理监控值分别为50 kN和70 kN。

(2) 工作阻力指标下限监控值的确定。工作阻力指标一般只需确定下限监控值,可按下面两个原则来确定,即:

① 按不降阻原则来确定。支柱阻力不降阻原则是支柱工作阻力下限监控值 P_d 应不小于初撑力 P_0 的规定要求,即 $P_d \geq P_0$。本原则适用于初采、初放阶段,以及工作面端头、

上下出口超前支护的阻力抽查。对于支柱出现降阻的现象,需根据活柱缩量正负与宏观显现来判别支柱是否失效。

表 2　初撑力 P_0 各调压值的末阻力与顶底板移近量测定结果

指标 工作面	P_0(kN)	P_m(kN)	ΔL(mm)
845—1	30	89±51	225.5±68.0
	50	130±36	150.8±48.0
	70	155±29	129.1±41
1062	50	187±101	233±159
	70	230±87	181.0±121.0
	90	255±48	152±86

② 按支撑冒落带岩层重量来确定。对于直接顶充分冒落或初次来压后,末前排支柱工作阻力应能支撑住冒落带岩层的重量,可由式(1)来确定。

此外,实践表明在朱仙庄矿顶板条件下,以上两种阻力监控值也能满足放顶线支护稳定性的要求。

综上所述,朱仙庄矿监控指标及其合理监控值为"两个指标三个数",见表 3。

表 3　监控指标合理监控值一览表

监控指标 煤层类别	初撑力 (kN)	工作阻力(kN)	
		初次来压前	初次来压后
八层煤	50	50	70
十层煤	70	70	90

2　监控的基本内容

① 监控每循环第一排质量和初撑力,把住支护基础质量关;

② 监控末前排支柱阻力,把住放顶线顶板动态监控关;

③ 抽查监控"薄弱区"、"异常段"、"特殊点"的支护阻力,消除支护质量的"漏洞"和"死角"。

此外,对支柱失效状况进行宏观普查,及时更换。

3　监控基本方法

3.1　监控职能与工作环节

支护质量与顶板动态监控,包括监测和控制两个方面。其监控对象是支护质量"薄弱区"、顶板动态"异常段"等安全隐患区域。因此,根据回采工作面支护质量保证体系的目标要求,监控工作应当具有"诊断隐患、排除隐患和预防隐患"三项职能。即:

① 诊断隐患职能——监控工作应能及时准确地检测出"安全隐患"地点、类型及其"主导因素",从而为指导"排除隐患、预防隐患"提供信息与建议需要采取的措施。

② 排除隐患职能——包括现场排除和反馈排除两个方面。监控工作必须做到现场整改,当班排除安全隐患;而当班无法排除的隐患则通过监控信息的传递反馈和措施的落实予以排除。

③ 预防隐患职能——包括现场监督和技术管理两个方面。实现监控要在工作现场监督、指导职工操作,预防因作业质量差而出现的隐患。另一方面,还要根据监控信息来加强质量管理的"三基"工作。比如:进行针对性的质量教育和技术培训、完善管理制度、充实作业规程等,以便从根本上消除事故隐患、确保安全生产。

监控工作环节包括检测、补改、验收、填报和处理,即:

① 检测——即检查测定,发现问题。在检查工程质量、安全隐患的同时,按要求测定初撑力和支护阻力,从中发现支护质量"薄弱区"和顶板动态"异常段",做到"以压力指导管理、以数据指导补改"。

② 补改——即补液整改,排除问题。对检测出的初撑力、阻力不合格柱(棚)要立即补液,对于补不上足够压力者,要采取针对性措施进行"现场整改"。

③ 验收——即验收测定,严格把关。对补改后的柱棚要进行补撑力验收测定。补撑力不合者应分析其具体原因,确定是操作技术问题,还是当班不能解决的问题。

以上"检测、补改、验收"是监控工作的现场把关环节,要做到检测指导补改,补改要经验收。

④ 填报——即监控信息的传递,包括填写监控原始记录和微机处理发报监控图。填写内容主要是记录补改前后的检测数据和验收数据,宏观说明工作面顶底板状况和当班解决不掉的问题及隐患,必要时可标明各"茬"作业者的姓名。记录方式为"两项数据、一个说明"。

⑤ 处理——即监控信息的利用和处理,包括解决现场问题和进行质量教育等方面。采煤区队接到监控图后,首先在班前会上分析总结上一循环的作业质量状况,针对初撑力低、作业质量差的区段和个人,尽管补液、整改后合格,仍要进行质量教育。其次,可根据监控图反映的问题和建议措施来做备料、派活等生产安排,切实做到利用监控图来提高职工思想技术素质,加强现场作业管理。

矿主管领导接到监控图后,每天可以掌握全矿各个工作作面的支护质量和顶板动态信息,并在调度会上进行质量评比、分析问题,重点处理属矿上解决的问题,由生产矿长负责组织有关部门研究对策,再由部门和采煤区队落实兑现。对于本矿解决不了的重大问题和隐患,应及时报请矿务局研究处理。

综上所述,即是"检测、补改、验收、填报和处理"五个环节组成回采工作面"压力监控系统",其框图如图1所示。该"压力监控系统"的实质内容是:压力监测、现场整改、信息反馈和质量教育。应用实践表明,只要系统的各个环节保质保量正常运转,工作面支护质量、安全生产就有保障。

3.2 测区布置与监控要求

(1) 测区布置原则

① 采用定点监测与点外抽查相结合,既要对工作面实行"全方位"监控,又要重点加强煤壁线、放顶线、上下出口等"事故多发点"的监控。

② 采用测区布置与回采时期相结合,对整个回采时期实行"全过程"监控,重点加强初次放顶阶段的监控。

(2) 测区布置方式与具体要求

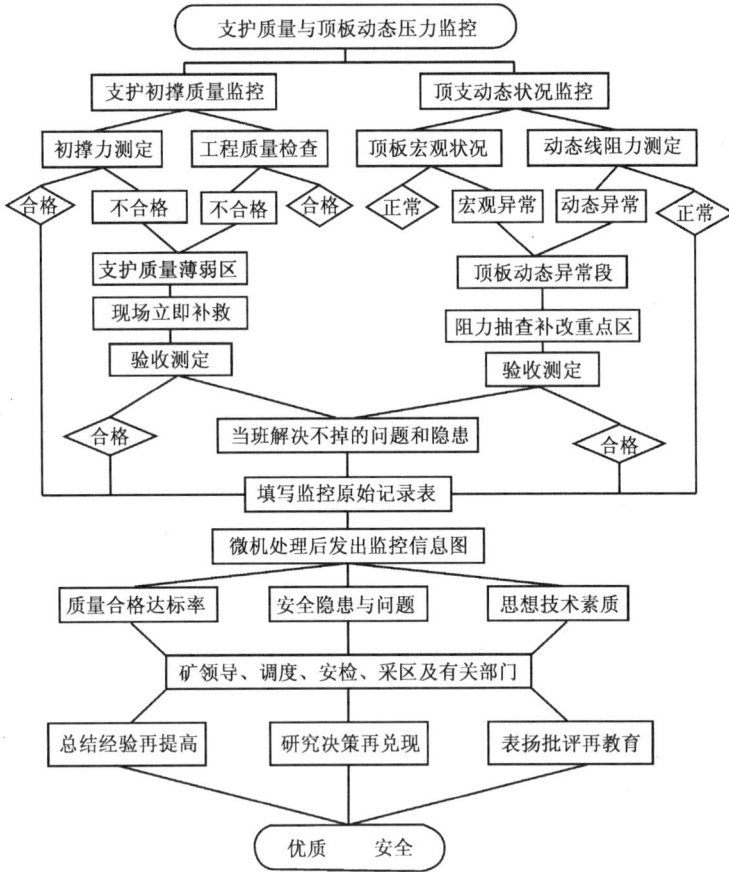

图 1 工作面"压力监控系统"框图

回采工作面在整个推进过程中,分为"装面、初次放顶、正常回采和收作"四个阶段。

① 装面阶段——预备区装面要强化监控,杜绝装面隐患。新面交接时,要有交接"压力监控图"手续,不合格者不准移交生产。

② 初次放顶阶段——测区布置如图 2 所示。

a. 以每循环第一排支柱为"初撑质量监控线",要求对第一排支柱做到棵棵监控,并经验收合格,杜绝作业隐患。

b. 以末前排(新放顶线)为"顶板动态监控线",要求每隔 5 个棚设置一个测点,定点观测支柱阻力,分析掌握顶板动态"异常段"和支柱阻力"薄弱区",并且对"异常段"和"薄弱区"要再进行重点抽查监控,杜绝阻力不合格柱棚进入放顶排;对于坚硬顶板,按同样要求监控戗棚支柱阻力。

c. 以端头上下口、分段回柱接茬处和过断层、老巷、煤顶区、煤底区、回采超高地段为"特殊点",进行重点抽查监控。

d. 要求对工作面顶板状态、工程质量和安全隐患等宏观状况有详细记述,并提出建议。

③ 正常回采阶段——正常回采阶段主要是对每循环第一排支柱初撑力进行监控,测定率不得低于30％。末前排支柱阻力测定率一般不得低于10％。测区布置可据图2酌情简化。

④ 收作阶段——在收作前要对收作眼的每棵支柱进行监控,并严格按收作专项措施要求,进行收作作业。

3.3 监控人员组织管理与职责

监控工作应作为回采工艺的一道重要工序来安排,纳入日常生产技术管理工作。监控组以采煤区为主体,由区长全面负责,技术员具体落实,跟班的区干部、班队长、安检员、初放领导小组成员必须参加监控组。全矿各采区监控组由矿总工程师在技术上全面负责,生产矿长和采煤副总组织实施。技术科矿压组为全矿监控信息管理中心,配备3～5人,负责各区数据处理和监控图的发报,并参与实施、检查指导、分析总结。

4 监控信息图的发报

4.1 监控信息图的发报方式

监控数据处理可用KJ—2程序在PC—1500A计算机上进行,也可由KJ—3程序在IBM微机上完成。微机处理后,发出三种方式的监控图,即初撑力监控图、末阻力监控图和工作面安全隐患图。初撑力监控图是最基本的,采煤班队每班一报;末阻力监控图每天一报;工作面安全隐患图只是当控顶区中出重大安全隐患才发报,一般的问题和隐患已在初撑力监控图中表示说明。

4.2 监控信息图的内容与应用

监控信息图的内容主要有质量动态信息、质量指令信息、质量反馈信息和顶板动态信息。

(1)初撑力监控信息图

① 格式(一图三线一点两说明),如图3所示。

② 信息内容:

a. 初撑力频率图——反映初撑力的统计特征,即吨位频率分布和合格率大小。

b. 初撑力分布线——以棚号(或溜子节号)为单位,反映各作业段人员对第一排支柱的作业质量和技术素质。

c. 补撑力分布线——反映补液整改后第一排支柱初撑力分布状况,即初撑力监控结果。

d. 控制线、不合格(＊)——分别表示初撑力的控制要求值和不合格柱棚的位置。

e. 统计数据说明——表明现场整改前、后的初撑力最大值、最小值、平均值、均方差

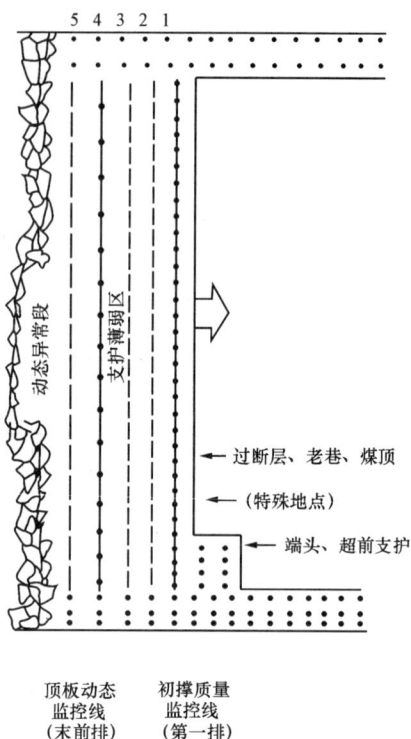

图2 测区布置图(初次放顶期间)

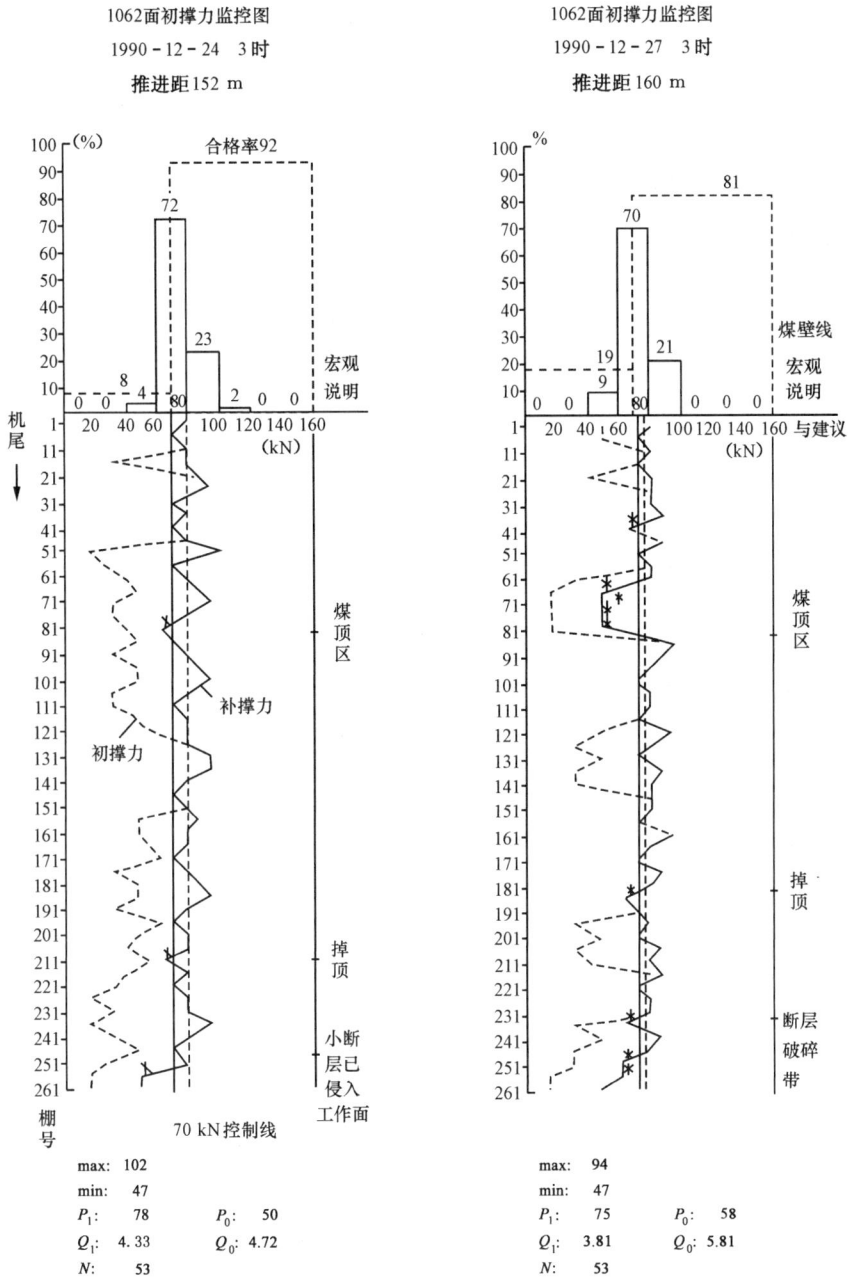

图 3 初撑力监控信息图

(离散程度),以及测点数和测定率。

f. 宏观说明与建议——反映煤壁线顶底板状况、初撑力和补撑力达不到要求的原因、当班解决不掉的问题和隐患,以及质量评价和整改建议。

③ 监控信息图的特点和应用:初撑力监控图简明、扼要地反映出第一排支柱初撑质量的监控结果,以及煤壁线顶底板状态和当班解决不掉的问题与隐患。特别是能够定棚、

定人、定量，定性地反映监控过程和职工作业质量与技术素质的特点，不仅反映问题明确具体，而且具有解决问题针对性强、质量教育说服力强的优点，还可作为质量评比、奖惩、分配、事故追查处理的重要依据之一。

（2）末阻力监控信息图（略）

（3）工作面安全隐患图（略）

5 应用效果

"压力监控法"在朱仙庄煤矿先后十二个工作面次的试验与应用中，取得了显著的安全、技术、经济效果。主要表现在：

（1）安全效果显著。该矿原是近年来"顶板事故多发矿"，自全面应用"压力监控法"后，实现了安全生产。

（2）促进了质量达标，改善了安全环境。据统计 1990 年度全矿回采面一级品率达 87％，比 1989 年提高 33％。

（3）促进了生产发展。1990 年采煤上纲要等级队比 1989 年提高了 17％，提高了回采面单产。

（4）提高了思想认识。过去不少同志认为，朱仙庄矿生产条件差，管理难度大，顶板事故难以控制。也有人认为，搞"监控"费工费时。通过应用实践，提高了认识，摆正了"监控"与"安全生产"的关系，从不理解到自觉地把"监控"作为回采工作一道重要工序来安排。

在此，向组织并参与该课题组的淮北矿务局梁怀青总工、张希久处长、陈道华矿长、周鼎浩总工、夏毓福副总、周现斌高工等致以诚挚的感谢！

Strata Control and Sustainable Coal Mining

第六编

绿色开采技术体系

煤矿绿色开采技术的研究与实践[①]

钱鸣高 许家林 缪协兴

(中国矿业大学,江苏 徐州 221008)

摘 要:本文阐述了煤矿绿色开采的提出、概念和绿色开采技术体系。绿色开采技术的主要内容应包括:保水开采、建筑物下采煤和离层注浆减沉、条带和充填开采、煤和瓦斯共采、煤巷支护和部分矸石的井下处理、煤炭地下气化等。介绍了基于岩层控制关键层理论而开展的绿色开采技术研究和实践成果。

关键词:绿色开采;关键层理论;岩层移动

1 煤矿绿色开采的提出

党的十六大报告明确提出:"······走出一条科技含量高、经济效益好、资源消耗低、环境污染少、人力资源优势得到充分发挥的新型工业化路子"。因此,必须充分考虑我国资源相对短缺、环境比较脆弱的基本特点,建立起适合我国国情的资源节约、环境友好的新型工业化发展道路。

近期提出的循环经济(recycling economy)是指遵循自然生态系统的物质循环和能量流动规律重构经济系统[1],将经济活动高效有序地组织成一个"资源利用—绿色工业—资源再生"的封闭型物质能量循环的反馈式流程,保持经济生产的低消耗、高质量、低废弃,从而将经济活动对自然环境的影响破坏减少到最低程度。它不同于传统经济的"高开采、低利用、高排放",而是达到"低开采、高利用、低排放"的可持续发展目标。显然,此处的"绿色工业"是广义的概念,应由各个工业部门去实现。对矿业来说就是要实现"绿色矿业"。"绿色矿业"的核心内容之一就是要实现"绿色开采"。

"绿色开采"的内涵是努力遵循循环经济中绿色工业的原则,形成一种与环境协调一致的,努力去实现"低开采、高利用、低排放"的开采技术。

矿区在开发建设之前与周围环境是协调一致的,而进行开发建设后,强烈的人为活动便使环境发生巨大的变化,由此形成了矿区独特的生态环境问题,如造成农田以及建筑物破坏,村庄迁徙,矸石堆积,使河川径流量减少,以及地下水供水水源干枯,在地面导致的土地沙漠化,由于开采而使矿物内的有害物质流入地下水中等。我国目前的煤矿生产是在以下两种情况下进行的:一是生产成本不完全。如投入不足;技术装备落后;安全设施

---

① 本文发表于《能源技术与管理》,2004 年第 1 期,第 1~4 页。

欠账；工人工资太低。二是相关费用支付不全。如矿产资源费以及植被恢复，地面塌陷与水损失；污染治理等。提出并形成绿色开采技术是为了正视开采对环境造成的影响和破坏，并有清醒的认识与足够的估量，以便提出必要的对策和对政府提出必要的政策建议。

煤炭开采形成的环境问题主要为：

（1）对土地资源的破坏和占用。煤炭开采对土地资源的破坏损害，井下开采以地表塌陷和矸石山压占为主，而露天开采则以直接挖损和外排土场压占为主。

（2）对水资源的破坏和污染。煤炭开采过程中，进行的人为疏干排水和采动形成的导水裂隙对煤系含水层的自然疏干，破坏了地下水资源。同时开采还可能污染地下水资源。

（3）对大气环境的污染。主要来自矿井排出的煤层瓦斯抽放和煤矿矸石山的自燃。

以山西省为例，1949～1998 年共生产原煤 56 亿多吨，地面塌陷破坏面积达 66.6 万公顷，其中 40% 是耕地。矸石山占地 2 000 公顷以上。至 1998 年煤炭地下采空面积达 1 300 km² （全省面积的 1%）。采煤破坏地下水 4.2 亿 m³/a，地表水径流减少，导致井水位下降或断流共计 3 218 个，影响水利工程 433 处，水库 40 座，输水管道 793 890 m；造成 1 678 个村庄，812 715 口人，108 241 头牲畜饮水困难。使本来缺水的山西环境受到进一步破坏。平均每采万吨原煤造成塌陷土地 0.2 hm²，每年新增塌陷地约 2 万 hm²。

矿井瓦斯即煤层气，它是比 CO_2 还严重的温室气体，也是导致煤矿重大安全事故的根源。据初步估计，我国 2 000 m 浅范围内具有 30 万亿～35 万亿 m³ 煤层气资源，居世界前列。但由于我国煤层透气性小，难以在开采前抽出。新中国成立以来，我国煤矿发生煤与瓦斯突出事故 1 500 余次，仅 2001 年由于瓦斯事故的死亡人数达 2 356 人，为煤矿总死亡人数的 40%。煤矿每年排放瓦斯 70 亿～190 亿 m³。同时瓦斯又是最好的清洁能源，因此必须加以利用，变害为宝。

由此可见，提出并尽快形成煤矿的"绿色开采技术"已迫在眉睫。事实上，笔者从 20 世纪 90 年代初已开始了有关"绿色开采技术"的研究和实践。在长期研究和实践的基础上，正式提出了煤矿绿色开采的理念及其技术体系[2]。

2 绿色开采的内涵和技术体系

从广义资源的角度论，在矿区范围内的煤炭、地下水、煤层气（瓦斯）、土地以至于煤矸石以及在煤层附近的其他矿床，都应该是经营这个矿区的开发对象而加以利用。

而原来对矿井瓦斯的定义是："矿井中主要由煤层气构成的以甲烷为主的有害气体"。而在矿井水文地质类型划分中认为："根据矿井水文地质条件、涌水量、水害情况和防治水难易程度，划为……类型"。显然，上述概念将原本为矿区资源的瓦斯和水单纯作为有害物来对待是不合适的。

煤矿绿色开采以及相应的绿色开采技术，在基本概念上是从广义资源的角度上来认识和对待煤、瓦斯、水等一切可以利用的各种资源；基本出发点是防止或尽可能减轻开采煤炭对环境和其他资源的不良影响；目标是取得最佳的经济效益和社会效益。根据煤矿中土地、地下水、瓦斯以及矸石排放等，"绿色开采技术"主要包括以下内容：① 水资源保护——形成"保水开采"技术；② 土地与建筑物保护——形成离层注浆、充填与条带开采

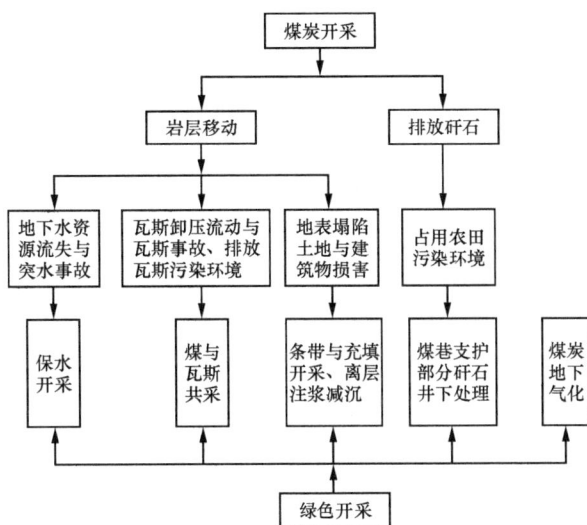

图 1　煤矿绿色开采技术体系

技术；③ 瓦斯抽放——形成"煤与瓦斯共采"技术；④ 煤层巷道支护技术与减少矸石排放技术；⑤ 地下气化技术。这些内容构成的绿色开采技术体系简要表达如图 1 所示。

开采引起环境与主要安全问题的发生都与开采后造成的岩层运动有关(岩体不破坏上述问题都不会发生)，因此，绿色开采的重大基础理论为：① 采矿后岩层内的"节理裂隙场"分布以及离层规律；② 开采对岩层与地表移动的影响规律；③ 水与瓦斯在裂隙岩体中的渗流规律；④ 岩体应力场分布规律及岩层控制技术。

3　基于关键层理论的绿色开采技术研究与实践

采场老顶岩层"砌体梁"结构模型是针对开采过程中的矿山压力控制而提出来的。近年来，为了解决岩层控制中更为广泛的问题，提出了岩层控制的关键层理论[3]。关键层理论提出的目的是为了研究覆岩中厚硬岩层对层状矿体开采中节理裂隙的分布及其对瓦斯抽放与突水防治以及对开采沉陷控制等的影响。因而，关键层理论将为绿色开采的研究提供理论平台。

开采后，随着关键层的破断，在该区域内地下水将形成下降漏斗。地下水位能否恢复，则决定于随着工作面的推进，上覆岩层中有否软弱岩层(事实上它是研究地下水渗漏的"关键层")经重新压实导致裂隙闭合而形成隔水带。把地下水视为资源，必须形成保水开采技术，即开采后地表水暂时形成下降漏斗仍能恢复到原来状态的开采技术。底板突水是在采动和水压共同作用下底板破坏所致，因此，底板突水机理及防治研究应重视采动底板破坏规律的研究。岩层控制的关键层理论的原理可以用于采场底板突水治理研究中，即在采场底板隔水层中，找出起主要控制作用的岩层——隔水关键层，由此展开相应的力学分析。在采场底板突水事故统计分析的基础上，对无断层底板关键层的破断与突水机理及有断层底板关键层的破断与突水机理进行了研究，据此提出了底板突水预测预报的原理与方法，在淮北朱庄矿 6313 工作面底板突水危险性的预测预报中得到了应用与验证[4,5]。

基于岩层控制的关键层理论提出:将保证覆岩主关键层不破断失稳作为建筑物下采煤设计的基本原则。为了保证建筑物下采煤既具有较好的经济效益,同时又确保地面建筑物不受到损害,关键在于根据具体条件下覆岩结构与关键层特征来研究确定合理的减沉开采技术及参数。确定覆岩中的关键层位置,掌握其离层与破断特征参数,是注浆减沉技术应用可行性分析、钻孔布置与注浆工艺设计及减沉效果评价的基础[6,7]。从理论上来说,充填采矿是解决煤矿开采环境问题的理想途径。为了降低充填成本,基于岩层控制的关键层理论,提出了部分充填(条带充填)控制开采沉陷的思路:仅充填部分采空区,只要保证未充填采空区的宽度小于覆岩主关键层的初次破断跨距,且充填条带能保持长期稳定,就可有效控制地表沉陷。在关键层理论指导下,开展了多个矿井建筑物下条带采煤试验和巨厚火成岩下离层充填减沉试验,累计安全采出建筑物下压煤数百万吨,取得了显著的经济与社会效益。目前,关键层理论正应用于多个矿井的建筑物下采煤实践。

我国煤层70%以上煤层的渗透率小于 $1 \times 10^{-3} \mu m^2$,这对我国开展煤层瓦斯采前预抽是极为不利的。正因为如此,我国已钻的200多口采前地面煤层气井中,稳产高产井很少,单井产量超 3 000 m³/d 的也只有约30口[8]。而如何提高煤层采前渗透率是尚未解决的难题。实践表明,一旦煤层开采引起岩层移动,即使是渗透率很低的煤层,其渗透率也将增大数十倍至数百倍,为煤层气运移和开采创造了条件。因而,卸压煤层气抽放将是我国煤层气开采的重要途径。我国煤矿卸压瓦斯抽放工作一直在进行并取得了很大进展,但我国煤矿抽放瓦斯的主要目的还是为了采煤的安全,而不是将瓦斯作为一种有用的资源进行开采,大部分矿井抽放瓦斯未能利用而直接排放到大气中。目前,我国卸压瓦斯抽放总体上仍存在抽出率低及钻孔工程量大的问题,瓦斯总体抽出率仅为23%。如何基于岩层移动规律进行卸压瓦斯抽放方案的优化、提高瓦斯采出率将是我国煤矿卸压瓦斯抽放进一步研究的主要方向。基于岩层控制的关键层理论及煤矿绿色开采思想提出的"煤与煤层气共采"的基本观点为:将煤层气作为一种资源,充分利用采煤过程中岩层移动对瓦斯卸压作用并根据岩层移动规律来优化抽放方案、提高抽出率,在煤层开采时形成采煤和采煤层气两个完整的开采系统,即形成"煤与煤层气共采"技术,煤矿从采掘部署上把瓦斯抽放当做正规的开采工艺流程,从时间、空间与资金上给予保证,对抽放瓦斯进行利用。若在开采时形成采煤和采瓦斯两个完整的系统,利用岩层运动的特点将煤层气高效开采出来,即形成"煤与瓦斯共采"技术。关键层理论所得出的节理裂隙场分布规律将对瓦斯抽出技术有重要参考作用。将关键层理论及有关采动裂隙分布规律的研究成果应用于我国卸压瓦斯抽放的研究与工程实践,取得了以下主要成果[9-11]:

(1)建立了卸压瓦斯抽放"O"形圈理论,它是指导卸压瓦斯抽放钻孔布置的理论依据,并已在淮北、淮南、阳泉等矿区的卸压瓦斯抽放中得到成功试验与应用。

(2)理论与实测研究证明,上覆远距离煤层能充分卸压,其卸压煤层气可通过"O"形圈大面积抽放出来。首次在桃园矿进行了上覆远距离卸压煤层气抽放的工业性试验,取得了较好的抽放效果,为我国低透气性煤田煤层气开采开辟了一条新途径。同时,该方法扩展了开采下解放层的应用范围,为煤与瓦斯突出的防治提供了新途径。该方法在我国许多矿区具备推广应用前景。

(3)试验研究表明,邻近开采煤层的下位关键层的破断运动对"导气"裂隙发育的动态过程起控制作用。邻近层卸压瓦斯的涌出受控于"导气"裂隙发育的动态过程。对阳泉五矿 15 煤综放面而言,在初采期,其上邻近层卸压瓦斯涌出呈四阶段特征。上邻近层卸压瓦斯抽放孔(巷)布置应遵循如下原则:抽放孔(巷)沿倾向位置,在初采期应位于采空区中部,而在正常回采期间,应位于"O"形圈内。据此提出了阳泉五矿 15 煤综放面邻近层卸压瓦斯走向高抽巷布置的优化方案。

矸石不上井涉及煤巷维护问题,而且随着采深的增加,岩石巷的开掘将是不可避免的。因此矸石不上井就存在一个矸石井下处理系统,结果成本如何?应该说,在经济原则下矸石的井下处理是绿色采矿问题。但矸石的井上处理就像地面复垦一样是环境治理问题,不属于绿色开采技术。

煤炭地下气化是一种整体绿色开采技术。首先是如何使地下煤炭气化产生的致癌物质苯和酚不扩散与污染和毒化地下水资源,其次是如何处理燃烧形成的大量二氧化碳对空气严重污染的问题。否则煤炭地下气化就失去了绿色开采的意义。

4 绿色开采若干待研究问题

下列问题将是绿色开采有待进一步研究的主要问题:

① 采动破裂煤岩体中水与瓦斯流动规律研究;
② 基于岩层移动与关键层理论的开采沉陷预测与建筑物下采煤的定量设计方法;
③ 适合煤矿特点的充填采矿材料与工艺系统;
④ 煤矿绿色开采技术的经济评价方法与法规。

参 考 文 献

[1] 循环经济——实现现代化的理想经济模式. 中国现代化进程战略构想[M]. 北京:科学出版社,2002.

[2] 钱鸣高,许家林,缪协兴. 煤矿绿色开采技术[J]. 中国矿业大学学报,2003,32(4):343-348.

[3] 钱鸣高,缪协兴,许家林,等. 岩层控制的关键层理论[M]. 徐州:中国矿业大学出版社,2000.

[4] 钱鸣高,缪协兴. 采动底板岩层破断规律的理论研究[J]. 岩土工程学报,1995,17(6):55-62.

[5] 黎良杰,钱鸣高,李树刚. 断层突水机理分析[J]. 煤炭学报,1996,21(2):119-223.

[6] 许家林,钱鸣高. 覆岩注浆减沉钻孔布置的试验研究[J]. 中国矿业大学学报,1998,27(3):276-279.

[7] 许家林,钱鸣高. 岩层采动裂隙分布在绿色开采中的应用[J]. 中国矿业大学学报,2004,33(2):141-144.

[8] 黄盛初,朱超,刘馨,等. 中国煤矿煤层气开发产业化前景[A]//煤炭信息研究院. 2001 年煤矿煤层气项目投资与技术国际研讨会论文集[C]. 徐州:中国矿业大学出版社,2001.

[9] Xu Jialin, Qian Minggao. Study and Application of the "O-shaped" Circle Theory for Relieved Methane Drainage. Proceedings of the '99 International Symposium on Mining Science and Technology, A. A, BALKEMA,1999:113-116.

[10] 许家林,钱鸣高. 地面钻井抽放上覆远距离卸压煤层气试验研究[J]. 中国矿业大学学报,2000,
    29(1):78-81.

[11] 许家林,钱鸣高,金宏伟. 基于岩层移动的"煤与煤层气共采"技术研究[J]. 煤炭学报,2004,29
    (2):129-132.

Study and Application of the Green Mining Technology

Qian Minggao   Xu Jialin   Miao Xiexing

(China University of Mining and Technology, Xuzhou 221008, China)

Abstract: This article clarifies the putting forward, connotation and greening technical system of mining. The main content of the green technique in coal mining should include water preserving mining, coal mining under building and bed separation grouting to reduce surface subsidence, partial extraction and backfill mining, simultaneous extraction of coal and coal—bed methane, coal roadway supporting and underground discharge of partial rock refuse, underground coal gasification, etc. The theory of key strata in ground control provide a theory foundation for the green mining technology research.

Keywords: grin mining; the key stratum theory in ground control; strata movements

资源与环境协调(绿色)开采及其技术体系[①]

钱鸣高[1]　缪协兴[2]　许家林[1]

(1. 中国矿业大学能源与安全工程学院,江苏 徐州　221008;2. 中国矿业大学理学院,江苏 徐州　221008)

摘　要: 煤炭开采对环境的影响问题,是国际上广泛关注的焦点问题,更是影响中国社会和经济发展战略的重要问题之一。从国家对煤炭工业发展要求出发,阐述了研究煤炭资源绿色开采的必要性和意义,对煤炭绿色开采的内涵做了进一步阐述。在论述煤炭绿色开采技术体系框架的同时,对保水开采、煤和瓦斯共采、条带开采和充填开采、井下矸石处理、煤炭地下气化等主要的关键问题及研究现状做了深入分析,提出了进一步研究和发展的建议。

关键词: 煤炭资源;循环经济;绿色开采;关键层

1　资源与环境协调(绿色)开采的提出

1.1　资源开采与政府的宏观政策

由于经济高速发展,凸显发展对环境的影响。新型工业化道路以及循环经济的提出迫使人们考虑"绿色矿业"问题。近期国务院关于促进煤炭工业健康发展的若干意见中更具体对煤炭工业提出了要求。如:在指导思想中提出"走资源利用率高、安全有保障、经济效益好、环境污染少和可持续的煤炭工业发展道路"。同时提出要"统筹煤炭工业与相关产业协调发展、统筹煤炭开发与生态环境协调发展、统筹矿山经济与区域经济协调发展。"在发展目标中具体提出"用3~5 a时间,矿区生态环境恶化的趋势初步得到控制,再用5 a左右时间,形成以煤炭加工转化、资源综合利用和矿山环境治理为核心的循环经济体系"。

显然,若干意见中的3个统筹就是要把矿区资源优势变成经济优势,就是要把矿区变成矿工的绿色家园。煤炭是否能成为主体能源,关键是要解决煤炭开发与利用中对环境的影响问题。而煤炭工业能否健康发展,则需要综合研究资源经济特点,解决政策、机制、规划、价格、技术等诸多问题,并相应地提出举措,才能成功。

显然,若干意见的发表促使煤炭企业在一系列问题上要作出回答,例如,在煤炭开发与生态环境协调发展方面应该如何应对。事实上,在意见发表前后作为以生产煤炭为主的煤炭企业也作了不少很有成效的探索,如:

(1) 利用劣质煤和地面堆积如山的煤矸石发电、制砖。

(2) 利用煤矿坑下排水净化。

[①]　本文发表于《采矿与安全工程学报》,2006年第1期,第1~5页。

（3）利用瓦斯发电。

（4）开采塌陷区的复垦和景观化等。

兖州、潞安、新汶、神华、淮南等矿业集团都有自身特色的生态恢复系统。

1.2 开发资源需思考的几个问题

有的专家认为，事实上资源开采存在2种情况：

其一，人类的索取超过了自然的生产力，生态资本出现赤字。人类将自食其果。

其二，在向自然索取的同时，尊重自然意志，遵循自然规律，时刻不忘回馈自然和养护自然，从而在人类和自然之间建立起复合的生态平衡机制。

显然，对于采矿来说就是在开采过程中不要让生态资本出现赤字。否则速度越高，经济效益越低，这是一种不可持续的（虚假）繁荣。

1.3 煤炭开采与环境

众所周知，矿区在开发建设之前与周围环境已形成了一定的协调方式，而一旦开发建设，强烈的人为活动便使环境发生巨大的变化，由此形成了独特的矿区的生态环境问题。因此有人提出警告："莫让资源大省成为地质灾害大省"。

煤炭开采形成的环境问题有：

（1）对土地资源的破坏和占用。煤炭开采对土地资源的破坏损害，井工开采以地表塌陷和矸石山压占为主，而露天开采则以直接挖损和外排土场压占为主。

（2）对水资源的破坏和污染。煤炭开采破坏地下水资源表现在对其进行人为疏干排水和采动形成的导水裂隙对煤系含水层的自然疏干，同时开采还可能污染地下水资源。

（3）对大气环境的污染。主要来自矿井排出的煤层瓦斯和煤矿矸石山的自燃所形成的废气。

以山西为例，由于山西煤炭产量占全国的 $1/4 \sim 1/3$，因而开采对山西环境影响最大。$1949 \sim 1998$ 年间山西共生产原煤 56 亿 t，造成地面塌陷破坏面积超过 6.7 万 hm^2，其中 40% 是耕地；矸石山占地 2 000 hm^2。到 1998 年煤炭地下采空面积累计达 1 300 km^2（全省面积的 1%），采煤破坏地下水 4.2 亿 m^3/a。这使本来缺水的山西环境受到进一步破坏。

假若如报道那样，山西煤炭开采可能导致生态资本出现赤字。而煤炭的价值要依靠延长产业链形成，开采煤炭本身赢利很少，因而仅靠出售原煤，环境破坏得不到补偿，只会越挖越穷，而下游产业利用煤炭富裕起来，造成社会分配的不公平。

山西提出了开征煤炭价格调节基金就是促使煤炭生产企业自觉履行治理环境污染的义务，建立生态补偿费制度，将煤炭工业生态破坏成本内部化。由此对经济情况并未完全好转的煤炭工业造成压力。

2 资源与环境协调（绿色）开采的内涵

2.1 对原有矿井废弃（或有害）物观念的转变

从广义资源的角度论，在矿区范围内的煤炭、地下水、煤层内所涵的瓦斯、土地以至于煤矸石以及在煤层附近的其他矿床都应该是经营这个矿区的开发对象而加以利用。

在原来的定义中，矿井瓦斯（mine gas）被定义为[1]：矿井中主要由煤层气构成的以甲烷为主的有害气体。事实上瓦斯是清洁能源,1 m³ 瓦斯可发电 3～3.5 kW・h。

矿井水文地质类型(hydrogeological type of mines)被定义为:根据矿井水文地质条件、涌水量、水害情况和防治水难易程度,矿井水文地质类型划分为……类型。事实上水是资源,采矿应该将其调控。

其他,如矸石作为塌陷地的复垦材料以及制砖利用等。

2.2　绿色开采技术涉及的范围

(1)采矿方法的改变。如:为保护地面建筑物而发展条带开采和条带充填技术、采空区以及离层区充填技术;煤与瓦斯共采技术;保护地下水资源开采技术——保水开采技术;地下气化技术;开采与土地保护。

(2)加强煤巷维护技术,从而不出或少出矸石。从经济原则出发,矸石在井下处理,或考虑地面处理以保护环境或将其进行制砖、填方等加以利用。

2.3　绿色开采技术的基础理论问题

开采的环境问题都是由于采动所引起,因此与开采后造成的岩层运动有关(岩体不破坏上述问题都不会发生)。岩层运动不仅对矿山压力有影响,对环境而言开采后形成岩层节理"裂隙场",由此影响离层的发育状态及位置,引起地表沉陷、瓦斯与地下水在裂隙岩体内的渗流等。为此提出了岩层控制的关键层理论[2]。

2.4　关键层的判别方法与程序

关键层的判别可以用覆岩中的坚硬岩层的刚度条件和强度条件加以判别。两层邻近坚硬岩层在一起,可能形成同时破断复合效应,则:

(1)当相邻两硬岩层复合破断时,两硬岩层间将不会出现离层。

(2)当形成复合效应时,增大了关键层的破断距,在位置靠近采场时,将引起工作面来压步距的增大和变化。

在仅有两层(h_1 和 h_2)坚硬岩层条件下,$\sum h_2$ 为 h_1 到 h_2 的距离,而 $\sum h_3$ 则是 h_2 到地表的距离。只要满足下述关系,硬岩层 h_1 与 h_2 将同时垮落:

$$\sum h_3 + h_2 \geqslant (\sum h_2 + h_1)(h_2/h_1)^2$$

例如:h_2 是 h_1 的 2 倍,则 $\sum h_3 + h_2$ 只要等于或大于 $\sum h_2 + h_1$ 的 4 倍,h_2 和 h_1 将同时垮落。此时,虽然 h_2 远大于 h_1,但 h_2 将不会产生离层。

采动后岩体内的"裂隙场",主要有以下特点:

(1)中心离层区的形成。关键层运动对离层产生、发展的时空分布起控制作用。覆岩中心最大离层区主要出现在关键层下采空区的中部。

(2)采动裂隙"O"形圈的形成。关键层初次垮落后,关键层在采空区中部离层趋于压实,而在采空区两侧仍各自保持一个离层区。此时,从平面看,在采空区四周存在一沿层面横向连通的离层发育区,称之为采动裂隙"O"形圈。

3　煤炭资源绿色开采技术体系

构建如图 1 所示的煤炭绿色开采技术体系[3]。鉴于各种绿色开采技术都具有各自适用条件,各个矿区应针对矿区的具体条件采用合适的技术,从而形成具有各自矿区特色的绿色开采模式。

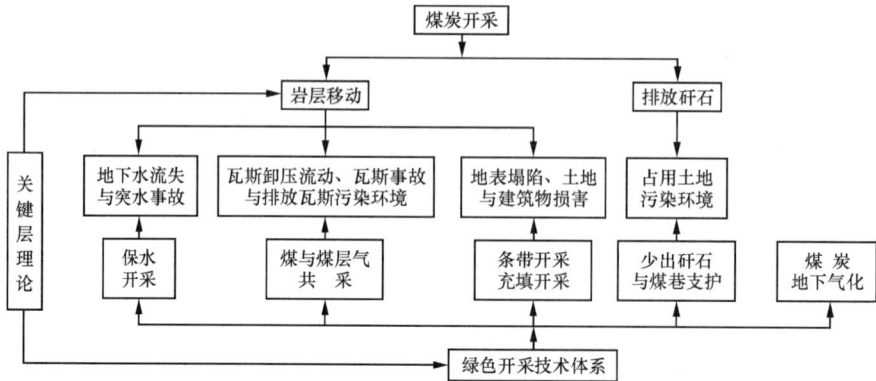

图 1　煤炭资源绿色开采技术体系

Fig. 1　Technological system of coal resource green mining

3.1　煤和瓦斯共采技术原理

显然,卸压瓦斯的运移与岩层移动及采动裂隙的动态分布特征有着紧密的关系。由关键层理论建立的关键层破断后形成"O"形通道理论,在一些矿区的卸压瓦斯抽放中对钻孔布置起到指导作用[4-5]。

(1)揭示了阳泉 15 煤综放面岩层移动对邻近层瓦斯涌出的影响规律,提出并实施了阳泉矿区 15 煤综放面上邻近层卸压瓦斯高抽巷布置优化方案及初采期瓦斯超限治理方案。

(2)在淮北桃园矿开展了地面钻井抽放上覆远距离煤层卸压瓦斯的工业性试验,结果表明,上覆远距离煤层卸压瓦斯可通过"O"形圈大面积抽放出来。

(3)淮南矿区在潘一矿和潘三矿顶板岩层进行"环"形圈抽放瓦斯纯量达 $19\sim20$ m^3/min,抽放率达 48% 以上。因此,若在开采时形成采煤和采瓦斯 2 个完整的系统,则不仅有益矿井的安全,而且采出的还是洁净能源。政府应从政策上给以支持。鉴于我国大部分煤层透气性低,因此在开采高瓦斯煤层的同时,利用岩层运动的特点将煤层气开发出来将是我国煤层气开发的一个重要途径。

3.2　开采与地下水分布

开采后,随着地表的沉陷将改变地表水的流向,同时随着上覆岩层中关键层的破断,在该区域内地下水将形成下降漏斗。地下水位能否恢复,则决定于上覆岩层中有否软弱岩层(事实上它是研究地下水渗漏的关键层),随着工作面的推进,经重新压实并导致裂隙闭合而形成隔水带。若有隔水带,则随着雨水的再次补给,下降漏斗也将随之消失。另外,必须指出:

(1)保水开采与防止溃水是 2 个概念,后者是从安全考虑,而保水开采则必须研究开采前后岩层的水文地质变化。

(2)我国西北地区保水开采是重点,必须研究所开采的岩层是否有隔水带,开采对地下水的破坏形成的漏斗以及在降雨水后的恢复过程。

(3)要研究地下水是全部流失还是保存在更深的岩层内形成地下水库而后再利用。

3.3　减沉技术

减沉开采技术主要包括：条带开采、充填开采和离层区注浆减沉技术。

（1）条带开采：实验证明主关键层对地表移动过程起控制作用，主关键层的破断将导致地表快速下沉，地表下沉速度随主关键层周期性破断而呈现跳跃性变化。控制主关键层就是控制地表。对建筑物下开采设计的原则是构建成"条带煤柱—上覆岩层—主关键层"结构体系。因此，首先要判别上覆岩层中的主关键层位置，在对主关键层破断特征进行研究的基础上，通过合理设计条带参数、覆岩离层注浆等技术手段来保证覆岩主关键层不破断并保持长期稳定。

（2）充填技术：充填技术是解决"三下"开采技术的重要组成部分，在国外它与采矿技术密切相关。尤其在经济发达地区充填技术是解决建筑物下开采的特殊措施。

目前我国充填技术的使用成本高，但如果将"充填体—上覆岩层—主关键层"视为统一结构体来应对地面建筑，并使其达到最低廉的成本，它将对地面有良好的控制效果。顺利解决上述问题将根本改变将来我国在经济发达区域的开采技术。

鉴于在形成结构体中对充填体强度与密实度要求，应该考虑使用膏体充填。所谓膏体充填[6]，指的是把物料制作成不需脱水的牙膏状浆体，通过泵压和/或重力作用，经过管道输送到井下，在采空区形成充填体的方法。

考虑到经济原则采用充填技术可以是不同的，为了减少吨煤成本，它可以是：① 短壁间隔充填法；② 长壁间隔充填法；③ 冒落区充填法。

（3）离层区注浆减沉技术[7]：① 关键层理论研究认为，确定具体矿井覆岩中的主关键层位置，掌握其与下部岩层离层区发育较好及离层特征参数。② 合理布置注浆钻孔。

利用条带开采、间隔全工作面充填和离层区充填法等技术，完全可以做到保护地面建筑物而又尽可能回收煤炭资源。

3.4　井下矸石的处理

绿色开采技术之一是井下矸石处理。首先是加强煤巷维护技术，从而少出或不出矸石。随着采深的增加，岩石巷道的开掘将不可避免。因此可以将矸石不上井，如作为充填材料。这样就存在一个矸石井下处理技术与系统，关键是成本如何？另一种考虑能否将矸石在地面处理，变废为宝，如变为建筑材料、充填材料等，终究矸石的地面处理要比井下处理简单得多。

3.5　煤炭地下气化

煤炭地下气化是一种整体绿色开采技术。煤的地下气化作为绿色开采技术来理解，是指其不将煤炭采出地面，而将其在地下直接气化，即将地下煤炭通过热化学反应在原地转化为可燃气体的技术。它1912年开始于英国，美国始于1946，苏联始于1932年。其他如德国、法国、荷兰、西班牙都进行过试验，但由于热值低、成本高而未得到发展。

我国于1958～1960年曾在16个矿区进行试验，于1962年停止，1984年又开始了新的试验，1994年达到连续生产295 d，产气量为200 m^3/h，热值13 816.44～17 584.56 kJ/m^3，采用的是有井式、长通道、大断面的煤炭地下气化方法。

另外，地下煤炭气化燃烧产生的苯和酚是致癌物质，有可能毒化水资源。其次燃烧形成的大量二氧化碳对空气也是严重的污染。上述问题均需要进行研究。

显然,目前我国的地下气化技术仍处于工业试验阶段,有很多问题需要去研究和探索。因此国家和有关部门应给予资金等大力支持以推动这方面的研究工作。煤炭地下气化与常规的开采方法不同,而且还在试验阶段,很不成熟,因而在这里不作详细讨论。

4 关于经济原则

随着经济的发展和国家对环境的要求,绿色开采技术必然将受到充分的重视。随着科技的发展,绿色开采中的部分技术可以成为产业,甚至可以利用变废为宝以进一步降低开采成本。例如瓦斯发电与矿井地下水以及矸石资源的利用,地下残煤气化等。另一方面若处理不好很容易增加煤矿企业的成本,尤其使一些本来开采成本较高的煤炭企业难以接受。

资源开发必须与环境协调,这是采矿者的责任。但首先必须解决煤炭开发的经济问题,在市场经济条件下矿业开发具有其本身的发展规律,例如煤炭的价值是由整个产业链系统表现出来,而具体的煤炭作为商品很难体现其在开采时的难度及技术含量。煤炭开采成本与售价不仅与技术有关,还与赋存状况及区位等条件有关,这显然与加工类型企业有本质的区别。如:有些条件下煤质虽差,但开采难度大(采深增加,构造复杂等),成本就很高,相反成本反而很低。

因此为了满足国家经济发展对能源的要求,而又要实现资源开发与环境的协调,必须从煤炭开采到利用的整个系统来考虑加以宏观调控,政府应根据各类情况在政策与税收等方面加以支持,以使煤炭企业得到健康发展。

各个矿区开采对环境影响是不同的,加上开采成本也不一样,因此必须分类作出成本核算,以便提出希望政府给予的政策支持。

5 结 论

绿色采矿是形成绿色矿业及矿区绿色家园的重要组成,政府应该考虑"资源经济"的特点,对煤炭企业关心与支持,使煤炭企业健康发展。

在科学与技术方面,应该将岩层运动对工作面的影响转为研究开采后岩层运动对岩体内形成空隙的影响,以及气、液体在其中的渗流规律。另外,还应研究岩层运动可能形成的岩体结构对保护地表建筑物的影响。重要标志是:

(1)将有一定含量的瓦斯应视为资源,变害为利,在采煤的同时形成地面或井下瓦斯共同开采系统。

(2)根据岩层的组成,确定保水采煤相宜的开采方法,不要使水资源流失。

(3)根据具体条件,形成城镇及村庄下充填、条带开采、离层区注浆等保护建筑物及地面的技术;对塌陷的土地则采取复垦或者造景技术。

(4)根据经济原则形成矸石在井下的处理技术或者矸石在井上的利用技术。加强煤层内维护巷道技术的研究。

(5)形成煤炭地下气化技术,并研究其对地下水环境的影响。

参 考 文 献

[1]　俞启香. 矿井瓦斯防治[M]. 徐州：中国矿业大学出版社，1993.

[2]　钱鸣高，缪协兴，许家林，等. 岩层控制的关键层理论[M]. 徐州：中国矿业大学出版社，2003.

[3]　钱鸣高，许家林，缪协兴. 煤矿绿色开采技术[J]. 中国矿业大学学报，2003，32（4）：343-348.

[4]　许家林，钱鸣高. 岩层采动裂隙分布在绿色开采中的应用[J]. 中国矿业大学学报，2004，32（2）：141-144.

[5]　许家林，钱鸣高，金宏伟. 基于岩层移动的"煤与煤层气共采"技术研究[J]. 煤炭学报，2004，29（2）：129-132.

[6]　孙恒虎，黄玉诚，杨宝贵. 当代胶结充填技术[M]. 北京：冶金工业出版社，2002.

[7]　XU JIAlIN, LAI WENQI, QIAN MINGGAO. An approach to developing prospect and technical ways of fill mining in Chinese Collieries[J]. Mining Research and Development, 2004, 24(109):26-30.

Resources and Environment Harmonious (Green) Mining and Its Technological System

Qian Minggao[1]　　*Miao Xiexing*[2]　　*Xu Jialin*[1]

(1. School of Mining and Safety Engineering, China University of Mining & Technology, Xuzhou, Jiangsu 221008, China；

2. College of Sciences, China University of Mining & Technology, Xuzhou, Jiangsu 221008, China)

Abstract：The impact of the coal resources exploiting on environment is not only a focal point of great attention in the world but also one of the important issues influencing on the social and economic development strategy in China. Based on the request of coal industry development, the necessity and significance of researching the coal resource green mining is expounded, and the connotation of green mining is particularly explained. Companied with the discussion on the technological system of coal resource green mining, the key problems and research status are analyzed in depth, which include water preserving mining, simultaneous extraction of coal and coal-bed methane, partial extraction and backfill mining, underground discharge of partial rock refuse and underground coal gasification, etc. And the corresponding suggestions for a further research on green mining are put forward.

Keywords：coal resource; circular economy; green mining; key strata

覆岩采动裂隙分布特征的研究[①]

许家林　钱鸣高

（中国矿业大学）

摘　要：本文应用模型实验、图像分析、离散元模拟等方法，对上覆岩层采动裂隙分布特征进行了研究。揭示了长壁工作面覆岩采动裂隙分布的两阶段特征和"O"形圈特征，建立了卸压瓦斯的"O"形圈抽放理论，并将其应用于淮北矿区卸压瓦斯的抽放，取得了显著效果。

关键词：采动裂隙；"O"形圈；卸压瓦斯抽放；钻孔布置

煤层开采后将引起上覆岩层的移动与破断，并在覆岩中形成采动裂隙。覆岩采动裂隙场分布与水体下采煤、卸压瓦斯抽放及地面注浆阻沉等工程问题密切相关，为了优化卸压瓦斯抽放及地面注浆阻沉的钻孔布置，提高卸压瓦斯抽放率及注浆阻沉效果，有必要开展覆岩采动裂隙场动态分布特征的研究。

1　采动裂隙分布的模型实验研究

1.1　实验的设计

为了研究煤层开采后上覆岩层采动裂隙分布特征，做了 5 个相似材料模型实验。其中沿煤层走向 4 个，沿倾向 1 个。条件为淮北桃园矿 1018 面，开采 10 煤，倾角 22°，采高 2.5 m，工作面斜长 180 m，采深 500 m，表土厚 300 m，10 煤上覆中组煤（6#、7#、9#）瓦斯含量高。根据岩性参数测试结果，将 10 煤至 6 煤间各岩层简化为四类：(1) 坚硬岩层，从下往上共有 4 层，依次名为 A、B、C、D，其厚度分别为 11.8、8.8、9.3、9.8 m，距 10 煤高度分别为 30、82、132、146 m；(2) 中硬岩层；(3) 软岩层；(4) 煤层。

实验采用尺寸 2 500 mm×200 mm×1 600 mm 平面应力模拟试验台。模型几何尺寸比为 1：150，强度比为 1：225。模型下部模拟至 10 煤底板 15 m 左右，上部模拟至 10 煤顶板 150 m 左右，达到 6 煤顶板，6 煤顶板以上至地表以加载方式模拟。模型开采时进行位移观测与裂隙分布的照相素描。

1.2　实验结果及分析

煤层开采后的上覆岩层中形成两类裂隙：一类为离层裂隙，是随岩层下沉在层与层间出现的沿层裂隙；另一类为竖向破断裂隙，是随岩层下沉破断形成的穿层裂隙。实验结果

---

①　本文发表于《矿山压力与顶板管理》，1997 年第 3-4 期，第 210～212 页。

表明,竖向破断裂隙仅在 10 煤顶板 30 m 左右高度以下有明显发展,30 m 以上以离层裂隙为主。

为了定量描述采动裂隙的发育程度,采用了离层率和裂隙密度两个指标。离层率 F(mm/m 或‰)反映了单位厚度岩层内离层裂隙的高度。图 1 为裂隙带离层率分布的实验结果。裂隙密度是通过图像分析技术对模型实验采动裂隙分布的照片进行扫描并在微机上进行测量与统计获得的[2],照片上的裂隙图像被分割成像元,裂隙密度用像元的个数表

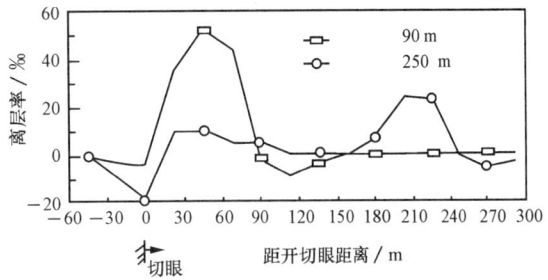

图 1　裂隙带离层率分布曲线

示。图 2 为倾向模型(斜长 120 m)裂隙带沿倾向裂隙密度分布的图像分析结果。

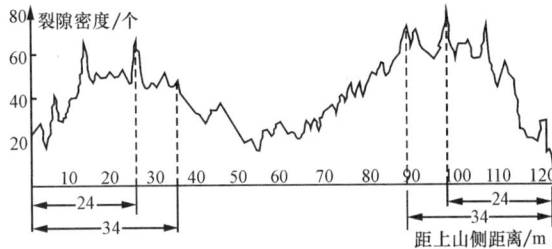

图 2　沿倾向裂隙密度分布

实验结果表明,离层裂隙分布呈现两阶段特征:第一阶段从开切眼开始,随着工作面推进,离层裂隙不断增大,采空区中部离层裂隙最发育,曲线呈"∩"型高帽状(图 1 中 90 m 分布曲线)。第二阶段采空区中部离层裂隙趋于压实,离层率下降,而采空区两侧离层裂隙仍能保持,离层率分布曲线呈驼峰状(图 1 中 250 m 分布曲线)。第一阶段极限分别出现在工作面推进至 90、158 m 处,其离层率最大值是第二阶段的 2.3 倍。在顶板任意高度处的水平面内,在第二阶段时,位于采空区中部的离层裂隙基本被压实,而在采空区四周存在一连通的离层裂隙发育区,其形状与老顶岩层板破断的"O-X"型相似,称之为采动裂隙"O"形圈。其周边宽度为 34 m 左右。图 3 为工作面推进至 250 m 处裂隙带离层裂隙分布的"O"形圈示意图。

2　离层裂隙分布的影响因素研究

随着工作面采出空间增大,上覆岩层发生破断,破断后的岩层将形成"砌体梁"。通过"砌体梁"力学模型分析研究得到[1],当采高及距开采煤层的距离一定后,覆岩破断后的移动曲线取决于岩层断块长度及距煤壁的距离。厚硬岩层的断块长度比薄软岩层的大,两者下沉曲线挠度不同。根据上覆岩层破断后移动的拟合曲线方程绘出断块长度分别为 5、10 m 两岩层的下沉分布曲线及两岩层间离层量分布曲线如图 4 所示,可见在煤壁侧断块长的岩层挠度小于断块短的岩层,但随着离煤壁距离增大,两者挠度趋于一致,若断块

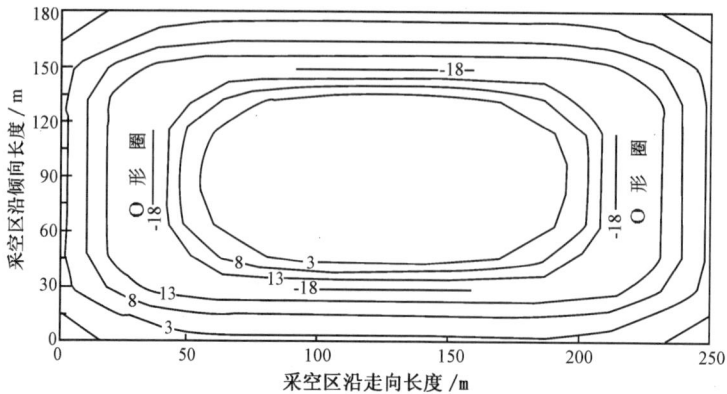

图 3 "O"形圈示意图

长的厚硬岩层位于断块短的薄软岩层之上,将在采空区上方形成离层裂隙,且离层区主要分布在工作面四周煤柱侧。

一定开采条件下岩层的岩性与厚度及其层序是影响上覆岩层离层裂隙分布的主要因素。只要有厚硬岩层的存在,即使远离开采层处于弯曲下沉带内,也能产生较大的离层裂隙。这是地面钻孔抽放上覆远距离煤层卸压瓦斯及地面钻孔注浆阻沉可行的原因所在。

3 "O"形圈特征的离散元模拟研究

离散单元法模拟的条件与相似模型试验基本

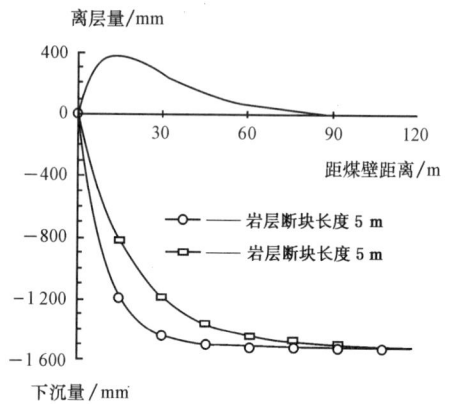

图 4 岩层断块长度对下沉曲线的影响

一致,只是 10 煤顶板高度只模拟到关键层 A 上 5 m 为止。分别对工作面推进至 90、110、140 m 时采动裂隙分布进行了模拟,计算模型的单元划分是基于相似模型实验各岩层的断裂块度进行的。当工作面推进至 90 m 时,关键层 A 没有破断,此时在关键层 A 下形成明显的离层裂隙。推进至 140 m 时,关键层 A 周期破断,岩层 A 与下部薄软岩层间在采空区中部的离层趋于压实。如图 5 所示。在采空区两侧离层裂隙仍发育,并且由下往上

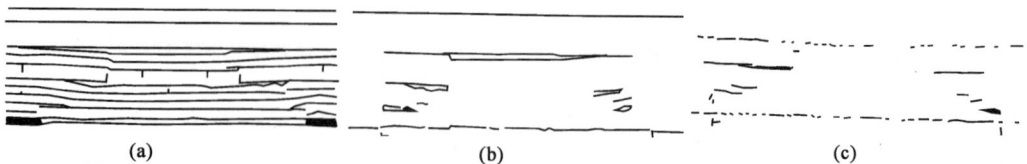

图 5 采动裂隙分布的模拟结果

(a) 推进至 90 m 时岩层移动;(b) 90 m 时采动裂隙分布;(c) 140 m 时采动裂隙分布

在采空区两侧存在一离层裂隙发育区,且离层主要出现在上覆断块长的岩层与下方断块

短的岩层之间,从而在平面上形成离层裂隙的"O"形圈,它与推进至 250 m 时的采动裂隙分布状态一致。

4 "O"形圈抽放理论的试验与应用

　　煤层卸压瓦斯的流动是连续的两步过程:第一步,以扩散的形式,从没有裂隙的煤体中流到周围的裂隙中去;第二步,以渗流的形式,沿裂隙流到抽放钻孔处。采动离层裂隙成为瓦斯流动的通道。显然,将抽放钻孔布置在离层裂隙发育且能长时间保持的区域,有利于卸压瓦斯流动到抽放钻井,保证钻井有效抽放时间长、抽放范围大、瓦斯抽放率高。卸压瓦斯的"O"形圈抽放理论如下:卸压瓦斯抽放钻井的合理位置应打到离层裂隙的"O"形圈内,且沿走向的第一个钻场应布置在离层裂隙分布的第一阶段区域内。该理论先后在淮北桃园、芦岭等矿进行了试验与应用。

　　桃园矿为高瓦斯矿井,试验地点为首采面 1018 面,开采 10 煤,与上覆中组煤相距80～150 m,其卸压瓦斯不能流动到 1018 面采空区内,但中组煤的离层率达 10‰,其瓦斯已充分卸压是可以被抽放的。根据卸压瓦斯的"O"形圈抽放理论,提出了地面抽放钻井 94—W₁ 井的布置方案。于 1994 年下半年施工,同年 12 月 30 日开始抽放瓦斯,至 1996 年 3 月结束,累计抽出纯甲烷约 18 万 m³,日抽放量最大 1 008 m³/d,平均 521 m³/d,钻井瓦斯抽放率达 64.1%。试验研究取得了圆满成功,为上覆远距离缓斜煤层瓦斯防治与开采提供了新途径。

　　芦岭煤矿是高突矿井,8 煤的原始透气性低,其瓦斯采前预抽率仅 15%,在开采 8 煤一分层时,8 煤及其上、下邻近层瓦斯卸压后涌入采空区,导致瓦斯超限和间歇式生产,限制了工作面的高产高效。为此,根据卸压瓦斯的"O"形圈抽放理论提出走向高抽巷、底板穿层钻孔及地面钻井等三个方案[3],应用于 8 煤一分层采空区瓦斯的抽放,取得了满意效果,根本解决了 8 煤采面瓦斯超限问题,其中地面钻孔还抽出大量可用瓦斯,抽放纯瓦斯最大达 2 300 m³/d,效益显著。

5 结　论

　　(1) 一定的开采条件下,岩层的硬度、厚度及层序是影响上覆岩层离层裂隙分布的主要因素,覆岩关键层下的离层裂隙最为发育。

　　(2) 随着回采工作面推进,覆岩离层裂隙的分布呈现两阶段特征,第一阶段离层裂隙最为发育,其最大离层率是第二阶段的数倍。在第二阶段,采空区四周存在一个离层裂隙发育的"O"形圈,其周边宽度为 34 m 左右。

　　(3) 采动裂隙"O"形圈是卸压瓦斯流动的通道和贮存空间,为了大面积、长时间地抽放卸压瓦斯,抽放钻孔应打到"O"形圈内,且第一个钻场应布置在离层裂隙分布的第一阶段的区域内。根据卸压瓦斯的"O"形圈抽放理论提出的采空区及上覆远距离采动区卸压瓦斯抽放钻孔布置方案,已在淮北矿区得到成功试验和应用,可推广应用。

　　本文关于采动裂隙分布特征的研究成果对地面注浆阻沉的钻孔布置也具有借鉴意义,如沿走向第一个地面注浆钻孔应布置在相应关键层下离层裂隙分布的第一阶段区域内,这样注浆阻沉的效果将会事半功倍。

参 考 文 献

[1] 钱鸣高,缪协兴.采场上覆岩层结构的形态与受力分析[J].岩石力学与工程学报,1995(2).

[2] 许家林,钱鸣高.应用图像分析技术研究采动裂隙分布特征[J].煤矿开采,1997(1).

[3] 许家林,刘华民.采空区瓦斯抽放钻孔布置的研究[J].煤炭科学技术,1997(4).

采动裂隙实验结果的量化方法①

许家林　钱鸣高　高红新

(中国矿业大学采矿系,徐州　221008)

摘　要：在分析计算机图像处理的步骤和采动裂隙二值化图像统计算法的基础上,编制了采动裂隙图像处理程序 FIMAGE。应用该程序可对覆岩采动裂隙模型实验结果进行定量统计。应用该量化方法对采动裂隙分布实验结果进行后续分析,取得了新的认识和成果。

关键词：采动裂隙;量化分析;图像处理;FIMAGE 程序

0　引　言

煤层开采引起围岩移动破断并形成采动裂隙。采动裂隙分布规律的研究与水体下采煤、卸压瓦斯抽放等采矿工程安全问题紧密相关。相似模型实验是研究采动裂隙分布的常用方法,但目前只能对采动裂隙分布的实验结果进行定性描述,影响实验结果的应用和研究的深化。图像处理技术可对不能为人眼视觉清晰感知的画面进行处理,使之能够清晰完整地判读,并能按照某种法则提取出定量化的目的信息。计算机图像处理技术已广泛应用于天文、地理、医学、军事、工程等各个领域。采用图像处理技术对模型实验结果的采动裂隙照相素描进行后续分析,通过编制专门的计算机程序进行处理和统计可得到采动裂隙分布的定量化信息,这为进一步深化研究覆岩的采动裂隙分布特征提供了新途径。

1　采动裂隙图像处理方法及步骤

1.1　原始裂隙图像的准备

原始裂隙图像是通过对采动模型进行照相获得的。为了减少原始采动裂隙信息的损失,应注意获得质量好的照片。由于计算机只能接收数字信息,因此需要进一步对原始裂隙照片进行数字化,即将一幅灰度有连续变化的照片变成用平面位置像素表示的类度离散值,并以一定的图像文件格式存贮在磁盘上。数字化后裂隙图像的灰度范围可以采用 256 级灰度,其亮度值由 0(黑色)到 255(白色),也可以采用其他灰度级如 64 级、24 级,作归一化处理后各灰度级灰度范围可以统一表示为[0,1]。若原始裂隙图像照片是通过数字化相机(或数字化摄像机)所摄,则可以直接输入计算机。若原始裂隙图像照片是通过

---

①　本文发表于《辽宁工程技术大学学报(自然科学版)》,1998 年第 6 期,第 586～589 页。

普通相机所摄,则需通过扫描仪进行扫描数字化,扫描分辨率应不低于照片本身的分辨率。数字化后的原始裂隙图像需要进行适当的人为预处理,如利用 Photoshop、Paint 等图像处理工具对图像进行锐化并人为地擦去背景中较为突出的"噪声"。

1.2 裂隙图像的增强

图像增强是通过一定方法来突出模型实验照片中的采动裂隙,削弱或除去其他不需要的信息(如模型架、测线网格和背景),使图像更加适合于人的视觉或计算机的识别和理解。以灰度映射变换为基础的图像二值化处理是重要的图像增强方法之一[1,2],它是将一幅有灰度变化的原始数字化图像转化为仅有黑(灰度值为 0)白(灰度值为 1)二值的图像。对于采动裂隙二值化图像而言,灰度值为 0 的像素集合作为裂隙,则灰度值为 1 的像素集合即为背景。二值化处理灰度变换判别函数为

$$f(x,y) = \begin{cases} 0 & f(x,y) \leqslant t \text{ 时} \\ 1 & f(x,y) > t \text{ 时} \end{cases}$$

式中　$f(x,y)$——原始图像素在(x,y)位置处的灰度值;

　　　t——二值化阈值。

选择合理的阈值 t 是二值化处理的关键。阈值 t 过大会增加许多非隙裂虚假信息,阈值 t 太小又会丢失部分裂隙信息。阈值 t 的确定方法主要有灰度频率直方图法[2],它按一定灰度间隔统计原始裂隙图像的灰度频率分布作出其灰度频率分布直方图,选取直方图中位于两极大值之间的极小值点作为二值化阈值。当原始裂隙图像中干扰因素多、不同部分因拍照时光照不均或背景涂料不匀而造成图像不同部的亮度不同时,按灰度频率直方图法不能直接确定阈值 t,可采用区域直方图法[2]对原始数字图像的不同区域分别按上述灰度频率直方图法确定各自阈值来进行二值化处理。原始裂隙图像通过二值化处理后,得到仅剩采动裂隙的黑白图像,作为下一步定量测量与统计之用。

1.3 裂隙图像的测量与统计

为了获得采动裂隙分布的定量化信息,还需对采动裂隙二值化图像进行测量与统计。我们所关心的是采动裂隙的发育程度及其沿工作面推进方向与沿煤层顶板高度方向分布的定量信息。采用裂隙密度作为采动裂隙的定量描述指标。裂隙密度是通过对裂隙图像进行扫描测量获得的,对裂隙所含像元数进行累加得扫描线上裂隙密度。裂隙密度用像元的个数表示,其单位为个/单位长度,像元的个数越多,则表示扫描线所处位置的裂隙越发育。每个图像可以在水平和垂直两个方向进行扫描。水平扫描时,图像从顶到底一行一行地扫描,得到与距开采煤层距离有关的裂隙密度分布;垂直扫描时,图像从左至右一列一列进行扫描,得到与距两侧煤壁距离有关的裂隙密度分布。水平裂隙与垂直裂隙具有不同的应用特点,垂直裂隙是上覆岩层中的水和瓦斯涌入回采面与采空区的流动通道,应对水平裂隙与垂直裂隙分别予以统计。统计中水平离层裂隙与竖向破断裂隙的区分是通过设置单像素上像元个数值进行的。沿垂直方向做单像素扫描,像元数大于阈值判定为垂直裂隙,否则为水平裂隙;沿水平方向做单像素扫描,像元数小于阈值判定为垂直裂隙,否则为水平裂隙。合理的阈值需要经过多次调试才能确定。

2 采动裂隙图像处理程序设计

原始数字采动裂隙图像的二值化处理及采动裂隙二值化图像的测量统计都需要通过

编制专门程序来实现。程序设计前需要确定数字化裂隙图像的位图文件格式,通过分析确定采用 BMP 格式[3]。根据采动裂隙图像处理的步骤及其算法要求,用 Turbo C 语言编制了采动裂隙图像处理程序 FIMAGE。FIMAGE 程序的主要功能包括以下几个方面:(1) 对一幅以 BMP 位图文件格式存贮的数字化采动裂隙照片进行图像灰度值统计并作出相应的灰度频率直方图;(2) 对 BMP 格式原始采动裂隙图像进行二值化处理得到采动裂隙的黑白图像;(3) 对二值化裂隙图像进行测量统计,得到沿走向与顶板高度两个方向上总的裂隙密度、水平裂隙密度、垂直裂隙密度的分布结果。FIMAGE 程序框图如图 1 所示。

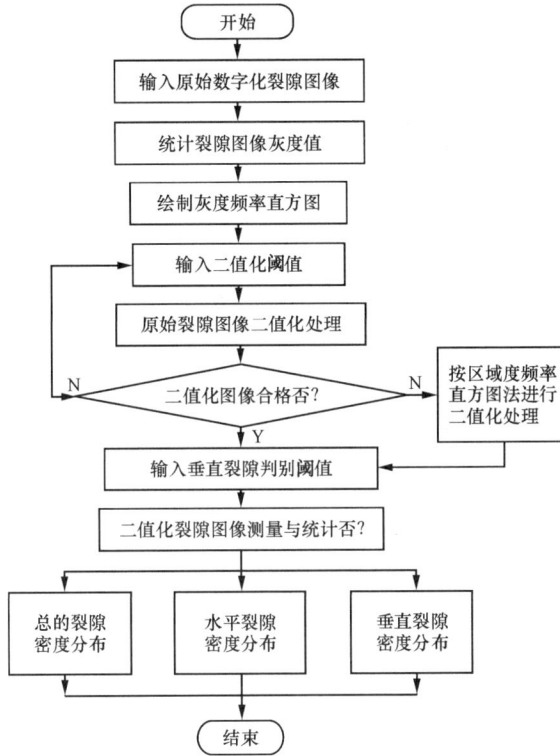

图 1 FIMAGE 程序框图

Fig. 1 The flow chart of the program FIMAGE

　　FIMAGE 程序采用数据文件作为模块之间传递数据的媒介,虽然影响了程序的执行效率,但扩大了程序的适用范围,它可处理 1 M 以上的位图文件,并且降低了对内存的要求。读取位图文件及统计二值化图像文件时均采用了行缓冲方式,在一定程度上弥补了数据文件传递数据降低程序执行效率的不足。本程序需在 486 以上微机的 Windows 环境下运行。

3 FIMAGE 程序的应用

　　应用采动裂隙图像处理技术对某矿覆岩采动裂隙分布的平面应力相似模型实验结果

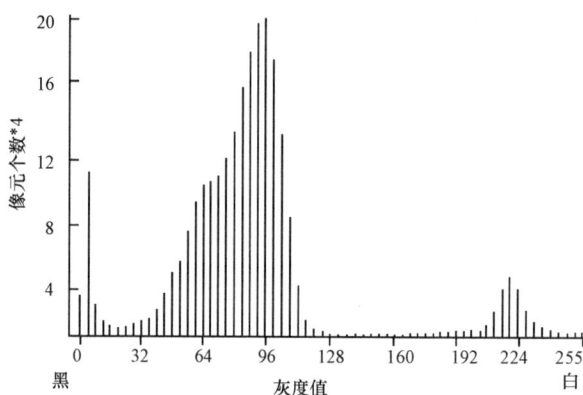

图 2 原始采动裂隙图像的灰度频率图

Fig. 2 The grey-scale frequency diagram of the raw fracture image

进行了后继分析。模拟煤层采高为 2.0 m，图像处理的原始裂隙图像为工作面由切眼推进至 140 m 时模型采动裂隙的素描照片。首先用扫描仪对该照片进行扫描数字化并对数字化后的采动裂隙图像进行适当的人为预处理；应用 FIMAGE 程序统计数字化后的原始裂隙图像灰度分布如图 2 所示。采用区域直方图法对原始数字采动裂隙图像进行二值化增强处理，得到仅剩采动裂隙的二值化图像

图 3 二值化处理后的采动裂隙图像

Fig. 3 The binary image of the mining-induced fracture

如图 3 所示。对图 3 所示采动裂隙图像分别进行水平与垂直两个方向的测量统计得到沿走向和煤层顶板高度的采动裂隙密度分布,分别如图 4 及图 5 所示。图 4 与图 5 中的曲线 1 为水平离层裂隙密度分布曲线,曲线 3 为其拟合曲线,曲线 2 为竖向破断裂隙密度分布曲线,曲线 4 为其拟合曲线。

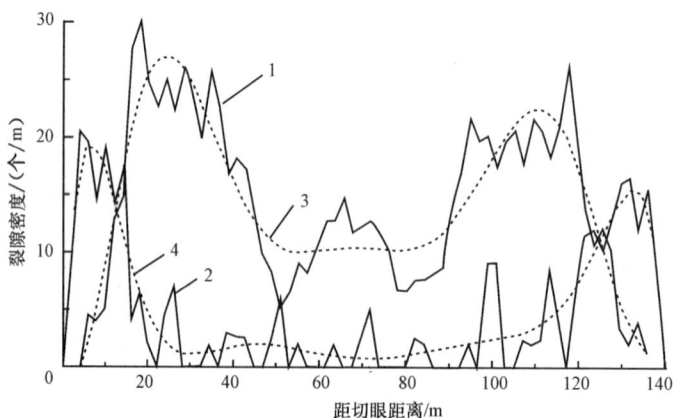

图 4 沿走向裂隙密度分布

Fig. 4 The distribution of the fracture density along the strike

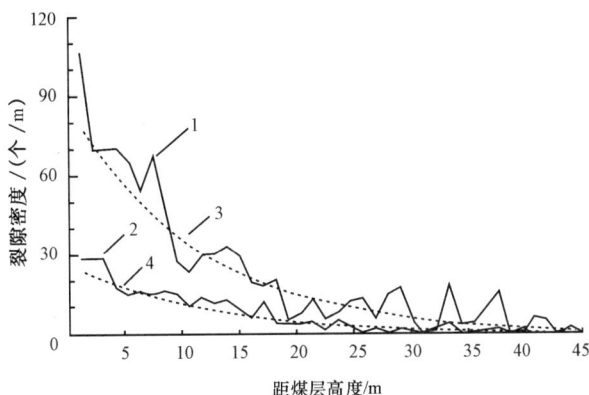

图 5　沿顶板高度裂隙密度分布

Fig. 5　The distribution of the fracture density along the roof height

　　由于缺乏对覆岩采动裂隙场分布的定量描述,致使在卸压瓦斯运移特征的研究中煤岩体渗透性系数的描述未能充分体现采动后煤岩体裂隙场特征。由图 4 及图 5 可获得采动裂隙密度分布的定量表达式,为采动煤岩体渗透性系数的合理描述奠定了基础。

　　由图 4 可见,裂隙密度沿走向分布曲线都呈明显的驼峰状,说明采空区中部裂隙趋于压实,而在采空区四周存在着裂隙发育的"O"形圈,根据采动裂隙分布的"O"形圈特征提出了采空区卸压瓦斯抽放钻孔布置的原则并已在淮北矿区得到成功应用[4]。

　　由图 5 中曲线 2 可见,随着距煤层高度增大竖向破断裂隙密度逐步减小,且在距煤层高度 30 m 以下竖向裂隙密度皆大于 0,而在距煤层高度 30 m 以上竖向裂隙密度有等于 0 值的,说明竖向裂隙在 30 m 以下范围内是连续导通的,因而也是导水的,而在 30 m 以上竖向裂隙是断续的,因而是不导水的,由此可以确定其最大导水裂隙高度约为 30 m,与实测结果相符。

4　结　语

　　应用 FIMAGE 程序对模型实验的采动裂隙分布照片进行后继图像处理,可获得采动裂隙分布的量化信息及其定量表达式,为采动煤岩体渗透性系数的合理描述奠定了基础。图像处理技术应用于采动裂隙分布的定量化研究,方法新颖有效,为这个领域的研究提供了一个有效而节约的途径。只需对 FIMAGE 程序中裂隙统计算法稍作修改即可用于处理井下和野外岩石节理产状照片,实现对岩石节理产状特征的计算机自动识别与统计。应用 FIMAGE 程序对混凝土材料的显微图像进行处理也获得了令人满意的结果。

参 考 文 献

[1]　徐华. 图像理解[M]. 长沙:图防科技大学出版社,1995.

[2]　张远鹏,董海,周文灵. 计算机图像处理技术基础[M]. 北京:北京大学出版社,1996.

[3]　林福宗. 图像文件格式-windows 编程[M]. 上册. 北京:清华大学出版社,1996.

[4]　许家林,刘华民. 采空区瓦斯抽放钻孔布置研究[J]. 煤炭科学技术,1997,25(4):28-30.

Study on the Quantitative Analysis Method for the Experiment Results of the Mining-induced Fracture

Xu Jialin   Qian Minggao   Gao Hongxin

（Department of Mining Engineering，CUMT，Xuzhou，China）

Abstract：Based on the analysis of the computer image analysis steps，the pattern of VMP image file and the statistical algorithm of the binary fracture image，a special computer program FIMAGE for the image analysis of mining-induced fracture has been drawn up and the program can be used to make quantitative statistics of the experiment results of the mining-induced fracture. New results have been got with the quantitative analysis method in succeeding study of the experiment results of the mining-induced fracture.

Keywords：mining-induced fracture；quantitative analysis；image analysis；program FIMAGE

覆岩注浆减沉钻孔布置的试验研究①

许家林　钱鸣高

（中国矿业大学采矿工程系，徐州　221008）

摘　要： 基于岩移关键层理论，通过试验和理论研究证明采动覆岩离层主要出现在关键层下并揭示了离层分布的动态规律。在此基础上论述了覆岩离层注浆减沉钻孔布置的原则，为注浆减沉钻孔设计提供了理论依据。

关键词： 关键层；离层分布；注浆减沉；钻孔布置

为了安全开采"三下"煤炭，减少地面塌陷，保护矿区环境，多年来国内外采用了多种开采技术措施，其中以条带开采和采空区充填最为常用、有效，前者的缺点是煤炭采出率低，后者的缺点是成本高、系统复杂及干扰工作面生产。"覆岩离层注浆减缓地表沉陷"技术已先后在抚顺、大屯、新汶和兖州等矿区进行了工业性试验，取得了较好的减沉效果[1-3]。覆岩注浆减沉的基本原理是，利用岩移过程中覆岩内形成的离层空间，通过地面钻孔向离层空间充填材料以支撑覆岩，从而减缓覆岩移动向地表的传播。覆岩离层注浆充填与采空区充填不同之处在于，其充填区不在采空区而在上部岩层，因而充填工作不会干扰工作面生产。覆岩注浆减沉技术应用的前提条件是煤层采后在覆岩内部能形成较大的离层，技术关键是合理布置注浆钻孔。为此，国内多位学者就覆岩离层产生的条件进行了探讨[4-6]，但对离层的动态分布规律缺乏深入研究，而这对离层注浆钻孔的布置是至关重要的。

1　覆岩离层位置的确定

煤系地层由厚度不等、软硬不同的岩层相间组成，其中一层或几层硬度与厚度较大的岩层在覆岩移动中起主要控制作用，称之为关键层[6]。若厚硬岩层只对其上局部岩层起控制作用，称之为亚关键层；若对其上部直至地表的全部岩层起控制作用，则称之为主关键层。覆岩中的亚关键层不唯一，而主关键层只有一层，且所有亚关键层均在主主关键层的下部，破断前关键层下沉变形时，其所控制的上覆岩层与之同步变形，一旦关键层破断，将导致所控制的上覆岩层同步破断下沉。

确定具体条件下覆岩内离层出现的层位是应用注浆减沉的第一步。覆岩离层出现的必要条件为：上层挠度 $f_上$ ＜下层挠度 $f_下$，由于关键层与其控制的上覆岩层同步下沉变

---

①　本文发表于《中国矿业大学学报》，1998 年第 3 期，第 276～279 页。

形,故破断前关键层与其控制的上覆岩层间不会出现离层,离层只能在各关键层下出现。若某岩层非关键层,则尽管其硬度与厚度都较其下位岩层大,两岩层间也不会出现离层。因此,要确定覆岩中离层的层位,只需由下往上确定出覆岩中各亚关键层与主关键层的位置即可。按关键层的判别方法[7],确定徐州沛城矿B煤层上覆岩层中关键层的位置如表1所列(限于篇幅,主关键层以上岩层未列出)。由表1可见:距B煤11.4 m、厚2.2 m的细砂岩为第Ⅰ亚关键层,距B煤17.0 m、厚5.9 m的细砂岩为第Ⅱ亚关键层;距B煤30.5 m、厚15.3 m的粗砂岩为主关键层。

根据上述岩层条件进行了相似模拟试验,经过图像处理[7]的离层裂隙见图1。图1(a)为采68 m时的离层情况,此时离层主要出现在亚关键层1下;图1(b)为采135 m时的离层情况,此时亚关键层Ⅰ、Ⅱ已垮落,采空区中部离层主要出现在主关键层下。试验结果表明,破断前离层主要出现在各关键层下,当然,破断前关键层下出现离层应满足$H<m/(K-1)$,其中H为关键层距开采煤层高度,m为采高,K为碎胀系数(与上部载荷大小有关)。

图1 覆岩离层位置的试验结果

Fig. 1 The experiment results of bed-separation position

2 离层分布规律

按表1的岩层条件,采用模型试验和离散元法对关键层下离层的动态分布规律进行了研究,图2为距煤层30.5 m处的主关键层下离层随工作面推进变化的试验结果,图3为不同推进距时主关键层下最大离层量的变化曲线。

表1 徐州沛城矿B煤覆岩关键层位置

Table 1 The position of key strata above coal seam B in Peicheng Colliery

层号	岩性	距煤层高度/m	厚度/m	弹性模量/GPa	重力密度/(t/m³)	关键层位置
13	粗砂岩	30.5	15.3	30	2.5	主关键层
12	黏土层	27.4	3.1	10	2.5	
11	细砂岩	24.3	3.1	30	2.5	
10	泥岩	22.9	1.4	20	2.5	
9	细砂岩	17.0	5.9	30	2.5	亚关键层Ⅱ
8	泥岩	15.6	1.4	20	2.5	
7	细砂岩	13.6	2.0	30	2.5	
6	细砂岩	11.4	2.2	30	2.5	亚关键层Ⅰ
5	泥岩	9.2	2.0	20	2.5	

首页

第六编 绿色开采技术体系

续表 1

层号	岩性	距煤层高度/m	厚度/m	弹性模量/GPa	重力密度/(t/m³)	关键层位置
4	泥　岩	7.2	2.0	20	2.5	
3	细砂岩	5.2	2.0	30	2.5	
2	粉砂岩	2.6	2.6	20	2.5	
1	粉砂岩	0	2.6	20	2.5	

　　由图 2、3 可以看出,随工作面推进,覆岩关键层下离层的动态分布规律总体上呈现两阶段。

　　阶段Ⅰ:从开切眼开始到关键层初次垮落,关键层下离层量沿走向的分布曲线呈高帽状,采空区中部离层最发育;不同推进距时关键层下的最大离层量皆位于采空区走向中部,此阶段内关键层下离层发展由以下 3 个区组成:

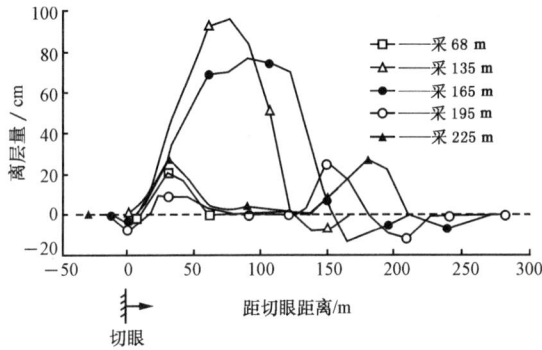

图 2　主关键层下离层随工作面推进的变化

Fig. 2　The changes of the bed-separation below the main key stratum with face advancing

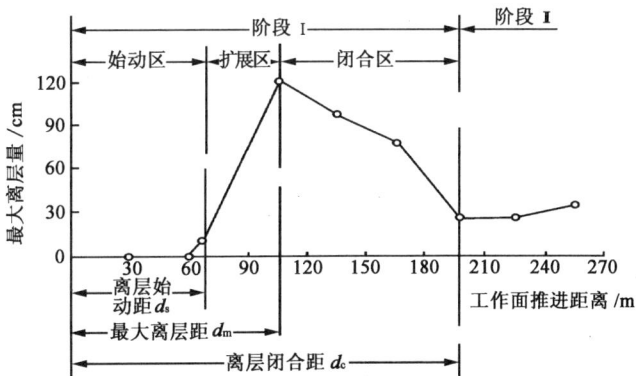

图 3　主关键层下最大离层量随工作面推进的变化

Fig. 3　The biggest bed-separation below the main key stratum as a function of face advancing

（1）离层始动区：该区岩层移动是由下向上逐渐发展的，当岩移未发展到关键层下部时，关键层下不会出现离层，一旦工作面推进距达到一定值，岩移发展到关键层，关键层下开始出现离层。该推进距称为离层始动距（d_s），此区间称为离层始动区。

（2）离层扩展区——关键层下出现微小离层后，随着工作面继续推进，离层量不断增大，当工作面推进距达某一值时，离层量达到最大，此时工作面距切眼的距离称为最大离层距（d_m）。从开始出现离层到离层达最大的区间称为离层扩展区。

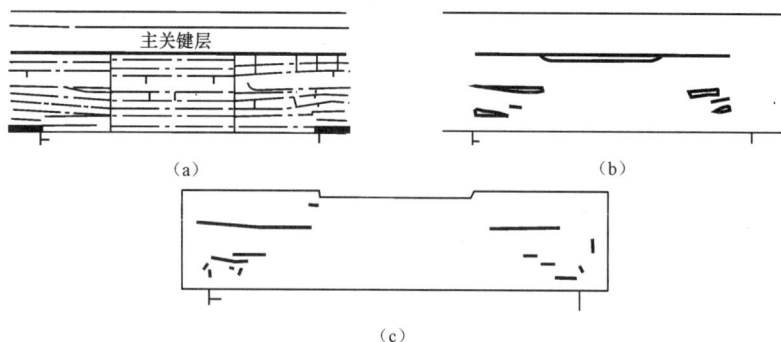

图 4　离层分布的离散元模拟结果

Fig. 4　Discrete element simulation of bed-separation

（3）离层闭合区——在离层扩展区，关键层的下沉速度小于其下软岩的下沉速度，因而关键层下的离层量不断增大。当工作面推进距超过 d_m 后，关键层下软岩的快速下沉过程已结束，其下沉速度小于上覆关键层的下沉速度，从而导致关键层下离层逐渐减小，呈闭合趋势，直至关键层初次垮落。此时工作面距切眼的距离称为离层闭合距（d_c）。从产生最大离层至关键层初次垮落的区间称为离层闭合区。

阶段Ⅱ：关键层初次垮落后，采空区中部离层趋于压实，而在采空区两侧（即切眼侧与工作面侧）仍有一离层区，关键层下离层沿走向呈驼峰状分布。切眼侧离层区固定不动，工作面侧离层区则随着工作面开采而不断前移，而该离层区的长度（d_b）、最大离层量及其距工作面煤壁的距离基本保持不变。试验结果表明，工作面侧离层区的长度 d_b 约为主关键层离层闭合距 d_c 的 1/3；其最大离层量约为阶段Ⅰ最大离层量的 1/4。

由图 3 可见，关键层下最大离层经历了由小→大→小的过程。试验结果表明，关键层下沿走向任一点的离层同样经历了由小→大→小的过程，其离层变化曲线形式与图 3 类似。在阶段Ⅰ区域内任意一点从产生离层到离层闭合，工作面相应推进的距离与阶段Ⅱ离层区的长度是相等的。

为了对上述试验结果进行验证，采用离散单元法对离层裂隙的分布特征进行了模拟[8]。计算模型基于模拟试验各岩层断裂块度大小划分单元，模拟结果如图 4 所示。其中，图 4(a)为主关键层破断前的岩移状况，图 4(b)、(c)分别为主关键层破断前后的离层分布。可见，主关键层破断前后其下离层的分布规律呈现出两阶段，与试验结果相符。

3　注浆钻孔布置原则

地面钻孔注浆减缓地表沉陷技术应用的前提是,煤层开采后上覆岩层中能出现较大的离层空间。要取得理想的注浆减沉效果,关键在于根据覆岩离层的动态分布规律合理设计注浆钻孔。注浆钻孔的布置主要包括以下内容:① 注浆层位的选择;② 钻孔沿走向的布置,即确定第一个钻孔距开切眼的距离及相邻钻孔间距;③ 确定钻孔沿倾向的位置。注浆层位选择的原则是,将钻孔打到离层发育的关键层下。注浆钻孔沿走向的布置应保证对关键层下的离层能及时注浆充填,以阻止关键层的破断垮落。如前所述,关键层下离层分布规律呈现两阶段。阶段 Ⅰ 的最大离层量与离层空间体积是阶段 Ⅱ 的数倍,可见,阶段 Ⅰ 是离层注浆的最好时机,也是阻止关键层垮落的关键时期,因此,沿走向的第一个钻孔应布置在阶段 Ⅰ 范围内。为了尽量在关键层开始下沉前即能通过注浆充填其下的离层空间,第一个钻孔应位于阶段 Ⅰ 的离层扩展区内,距切眼的距离应为 $d_m/2$。若注浆材料的最大流动距离大于 $d_c - d_m/2$,则沿走向的第二个钻孔可 以布置在阶段 Ⅰ 以外,且它与第一个钻孔的间距 d 应满足 $d_c - d_m/2 < d < d_c + d_b - d_m/2$。第二个钻孔以后各相邻钻孔的间距应小于阶段 Ⅰ 范围内工作面侧离层区长度 d_b。钻孔沿倾斜应布置在工作面倾向上侧离层区范围内,以便于浆液的流动,距开采边界的距离应视离层边界而定。

本文揭示的关键层下离层发展两阶段规律在华丰煤矿地面注浆减沉实践中得到了验证。华丰煤矿厚 550 m 的整层坚硬砾岩为覆岩主关键层,它的破断导致地面出现斑裂下沉[3]。为了防止地面斑裂下沉,在联合开采的 1047 和 1048 工作面沿走向布置了 3 个地面注浆减沉钻孔。注浆层位选择在巨厚砾岩层下,沿走向布置的 1、2、3 号钻孔距开切眼的距离分别为 400 m、780 m 和 980 m。根据地面斑裂显现特征推断厚层砾岩下离层闭合距 $d_c = 400 \sim 600$ m,可见 1 号孔沿走向位于砾岩层下离层发展的阶段 Ⅰ 区域内,而 2、3 号孔处于阶段 Ⅱ 区域内。注浆结果表明,1 号孔较 2、3 号孔容易注入浆液的持续时间长,其注浆总量比 2、3 号孔多,说明 1 号孔处巨厚砾岩下离层区长度及离层空间体积较 2、3 号孔处大,符合关键层下离层发展阶段 Ⅰ 的最大离层量与范围较阶段 Ⅱ 大数倍的规律。若将 1 号孔布置在离层扩展区范围内(距切眼 200 ～ 300 m),注浆量会更大,减沉效果更好。当工作面推进至 2 号孔前方 71 m 处时,2 号孔的注浆量显著增加,并持续到工作面推过 2 号孔 117 m,此后注浆量急剧减小。这说明 2 号孔处离层从工作面前方 71 m 开始出现,至工作面后方 117 m 处闭合,区间长度为 188 m,约为砾岩层离层闭合距 d_c 的 1/3,符合关键层下离层发展经历由小→大→小的过程及阶段 Ⅱ 工作面侧离层区长度约为 1/3 离层闭合距的规律。

4　结　论

(1) 长壁开采覆岩内离层主要出现在各亚关键层与主关键层下。

(2) 关键层下离层分布呈两阶段发展规律,阶段 Ⅰ 由始动区、扩展区和闭合区组成,其最大离层量与离层范围都比阶段 Ⅱ 大数倍。阶段 Ⅰ 在采空区中部离层最大,而阶段 Ⅱ 在采空区中部离层闭合,仅在采空区四周存在离层区。工作面侧离层区随工作面推进不断前移,其离层区长度与最大离层量都基本保持不变,其离层区长度 d_b 约为离层闭合距

d_c 的 1/3。

（3）地面注浆减沉钻孔的注浆层位应选在覆岩关键层下。沿走向的第一个钻孔应布置在离层扩展区内，距切眼的距离为最大离层距 d_m 的一半，第二钻孔以后各相邻钻孔间距应小于阶段Ⅱ工作面侧离层区长度 d_b。

（4）确定具体条件下关键层的位置，并掌握关键层的 d_s、d_m、d_c 等离层特征参数，是注浆减沉技术应用的可行性分析、钻孔布置及评价减沉效果的基础。

在华丰矿调研期间，得到了毛仲玉高级工程师的帮助，特致感谢！

参 考 文 献

[1] 孟以猛,吕振先. 高压注浆减缓地表沉陷技术在大屯矿区的应用[J]. 世界煤炭技术,1993(4): 24-26.

[2] 王志刚. 东滩煤矿 4307 放顶煤工作面覆岩注浆减沉试验初步总结[J]. 煤矿现代化,1995(4): 26-27.

[3] 毛仲玉,王学民. 浮选尾矿水注浆充填控制地表斑裂下沉[J]. 煤炭科学技术,1995,21(4):26-29.

[4] 张玉卓,陈立良. 长壁开采离层产生的条件[J]. 煤炭学报,1996,21(6):576-581.

[5] 郭惟嘉,刘立民,沈光寒. 采动覆岩离层性及离层规律研究[J].煤炭学报,1995,20(1):39-44.

[6] 钱鸣高,缪协兴,许家林. 岩层控制中的关键层理论研究[J].煤炭学报,1996,21(3):225-230.

[7] 许家林,钱鸣高. 应用图像分析技术研究采动裂隙分布特征[J].煤矿开采,1997(1):37-39.

[8] 许家林,钱鸣高. 覆岩采动裂隙分布特征的研究[J].矿山压力与顶板管理,1997(3,4):210-212.

Study on Layout of Grouting Boreholes for Retarding Stratum Subsidence

Xu Jialin   Qian Minggao

(Department of Mining Engineering, CUMT, Xuzhou 221008)

Abstract: Based on the key stratum theory and simulation experiments, it is proved that the bed-separation appears mainly below key strata, and the dynamic distribution characteristics of the bed-separation have been revealed, From the above results, the layout principle of grouting boreholes for retarding strata subsidence is established. The research results provide a theoretical basis for the layout of grouting boreholes.

Keywords: key strata; bed-separation distribution; retarding strata subsidence by grouting; layout of grouting borehole

综放开采覆岩离层裂隙变化及空隙渗流特性研究[①]

李树刚[1] 钱鸣高[2] 石平五[1]

(1. 西安科技学院采矿系,西安 710054;2. 中国矿业大学,徐州 211008)

摘 要: 通过相似模拟实验得出综放开采过程中覆岩离层裂隙变化形态,给出了关键层初次破断前后离层裂隙当量面积和不同裂隙发育区的空隙渗透系数的理论解。在靖远局魏家地煤矿 110 综放面实测基础上分析了采空区裂隙区域的空隙渗流特性。

关键词: 离层裂隙;当量面积;空隙;渗透系数;瓦斯运移

1 引 言

综合机械化放顶煤(简称综放)开采过程中,采放高度的加大,使上覆岩层垮落带、规则移动带高度增大[1]。覆岩活动范围的增大,使赋存于煤岩层或聚积于采空区的瓦斯有了新的运移和聚积空间,换言之,综放开采中煤岩层瓦斯赋存、运移及聚积形态的变化,很大程度上取决于工作面围岩产生的煤岩体结构、裂隙形态、采空区裂隙特性的变化。具有高产高效、低耗、安全性好、掘进率低、工作面搬家次数少等优越性的综放技术之所以在富含瓦斯厚煤层开采中难以发挥其优势,其中之一的原因是综放开采时采场绝对瓦斯涌出量增加、局部瓦斯聚积加剧、采空区瓦斯涌出量增大及瓦斯涌出不均衡等,从而导致综放面上隅角瓦斯超限且不易控制。国内外许多学者多把研究的焦点集中在采场瓦斯涌出规律、分布特点上,很少探讨动态的放顶煤开采过程中顶板岩层结构形式、变形失稳及裂隙变化形态对煤岩中瓦斯运移和聚积的影响范围及程度。事实上,在我国综放开采理论研究中,瓦斯运移规律和采场矿压与岩层控制两者研究曾一度相脱节。本文首次将两者有机结合,研究覆岩结构变化、裂隙变化形态及空隙渗流特性,力求找到有效治理综放开采瓦斯问题的新方法。

2 覆岩关键层运动引起的离层裂隙变化形态

采场覆岩实质上是一系列岩层的有序组合,而层状组合的覆岩中有一层或几层较为坚硬的厚岩层在整个上覆岩体的变形与破坏中起主要的控制作用,这种坚硬的岩层即称为关键层(key stratum)[2]。采场覆岩中的关键层未破断失稳前,将以 Winkler 弹性地基结构形式产生挠曲下沉变形,此时,关键层下部将产生不协调性的连续变形离层,主关键

---

① 本文发表于《岩石力学与工程学报》,2000 年第 5 期,第 604～607 页。

层与亚关键层之间、亚关键层与亚关键层之间变形的不协调将形成岩层移动中的离层和各种裂隙分布。从力学机制上讲,离层就是岩层接触面上的黏结力与岩体自重及作用在层面间的剪切力相比是很小量的结果。

2.1 覆岩关键层破断位移曲线

大屯孔庄矿长壁开采覆岩活动规律的深基点观测,从覆岩结构形式上证实了层间离层存在的必然性[3],并指出岩层移动曲线符合负指数函数关系,即以工作面位置为原点,走向距离为 x 处的位移量 W_x 为

$$W_x = W_m(1 - e^{-\mu^{a^b}})\tag{1}$$

式中,W_m 为岩层移动基本稳定后的位移量,mm;$\mu = x/L$,L 为基本稳定点离工作面的距离,一般取 $50\sim60$ m;a 为岩层碎胀和离层特性的系数;b 为前后基础特性的指标。

参数 a 和 b 的变化决定着上覆岩层移动曲线的斜率和曲率,而岩层断裂块度的大小,更明显地影响着岩层移动曲线形态。

通过力学分析数值模拟计算,可得断裂岩块长度为 8、10、12 m 的计算曲线,如图 1 所示,可见它与孔庄矿测得岩块长度为 $7\sim9$ m 的移动曲线基本吻合。

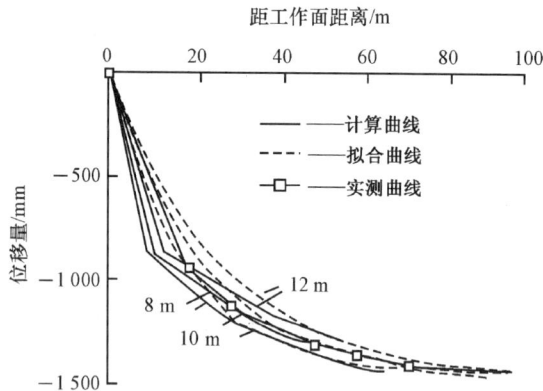

图 1 砌体梁结构的位移曲线

Fig. 1 The displacement curves of the voussoir beam

由此可知,若覆岩关键层破断后砌体梁力学模型成立,则其形态曲线即是岩层内部的移动曲线。又根据砌体梁全结构中的力学分析,岩层内部第 i 关键层结构的移动曲线 W_{xi}(mm)可近似地用下述拟合曲线表示:

$$W_{xi} = [m - \sum h_i'(K_{p_i}' - 1)](1 - e^{-\frac{x}{2l_i}})\tag{2}$$

式中,$\sum h_i'$ 为第 i 关键层到煤层顶板的距离,m;K_{p_i}' 为 $\sum h_i'$ 内岩层的残余碎胀系数;l_i 为第 i 关键层岩块断裂长度,m,$l_i = h_i\sqrt{\dfrac{\sigma_i}{3q}}$,$\sigma_i$,$h_i$ 为第 i 关键层的抗拉强度及厚度,q 为岩块自重及其上部软岩层重量。

可见,上覆岩层移动曲线将主要取决于采高(包括放煤高度)和相应垫层(直接顶)的松散系数及其厚度、关键层岩块断裂的长度及距煤壁的距离,其中采高和相应垫层的厚度及松散系数主要决定最终下沉值,即基本稳定后的下沉量,即

$$W_{1i} = m - \sum h_i'(K_{p_i}' - 1) \tag{3}$$

由此可见,一定开采条件下关键层的岩性与厚度及其层序是影响上覆岩层离层裂隙变化的主要因素。只要有厚硬岩层存在,即使在规则移动带上方,充分采动后也可能产生较大的离层,而且这种离层将发生在开采边界的四周,而并非在中部。相似材料模拟实验也证实了这一点。

2.2　离层裂隙动态变化的相似模拟实验

以阳泉五矿15#煤综放开采为原型,模拟8204工作面开采,进行了1∶100和1∶200的2台相似材料模拟实验[4]。煤层硬度系数$f=1$,厚7 m,平均采深397 m,直接顶为7.04 m砂质泥岩和6.34 m细砂岩,5.30 m厚的K_2灰岩为一关键层。实验采用规格为2 000 mm×200 mm×1 600 mm的平面应力模拟实验台,相似材料主要有石膏、碳酸钙、石砂、大白粉、煤灰等。铺设模型时匀撒云母粉作分层弱面。实验严格遵循几何相似、运动相似、动力相似、边界相似及由无因次参数所确定的相似准则。

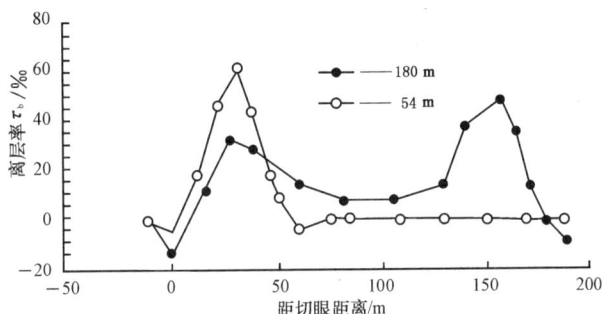

图2　8204面覆岩离层率分布曲线

Fig. 2　The distribution curves of the bed-separated ratio in the overlying strata of face 8204

实验测试中,以离层率τ_b(即单位厚度岩层内离层裂隙的高度,mm/m或‰)定量描述采动过程中覆岩离层的动态变化。8204综放面覆岩离层裂隙分布如图2所示。

实验表明,离层裂隙分布在综放过程中的时间与空间上呈现3阶段特征:第1阶段自切眼开始,随综放面推进,离层裂隙不断增长,采空区中部离层率最大(距切眼54 m时$\tau_b=62$‰);第2阶段,经综放面初次及周期来压后,采空区中部离层裂隙趋于压实,离层率下降(距切眼180 m时,$\tau_b=7.8$‰);第3阶段为远离切眼的综放面附近,覆岩离层裂隙仍然保持,离层率较大(距切眼180 m时,最大$\tau_b=49$‰)。可见,覆岩采动裂隙的发生、发展完全受制于覆岩关键层在综放过程所形成的砌体梁结构及其破断失稳形态。

3　关键层破断前后离层裂隙的当量面积及流径

关键层初次破断失稳前,最大下沉量可由式(2)算出,于是相邻i和$i+1$两关键层间非连续变形的不协调性最大离层量ΔW_{mi}为

$$\Delta W_{mi} = W_{mi} - W_{mi+1} = \sum h_{h+1}'(K_{p_i+1}' - 1) - \sum h'(K_{p_i}' - 1) \tag{4}$$

由其初次来压前结构的对称性[3],应用Helen公式,可计算得离层当量面积$\Delta \widetilde{S}_1$

$$\Delta \widetilde{S}_1 = 2[P(P-l_{i+1})(P-l_i)(P-\Delta W_{mi})]^{\frac{1}{2}} \tag{5}$$

$$P = \frac{1}{2}(l_{i+1} + l_i + W_{mi}) \tag{6}$$

所以总当量面积为

$$\widetilde{S} = 2\sum_{i=1}^{n-1} \{P(P-l_{i+1})(P-l_i) \cdot$$
$$[P - \sum h'_{i+1}(K'_{P_i+1}-1) - \sum h'_i(K'_{P_i}-1)]\}^{\frac{1}{2}} \tag{7}$$

若以圆形流通管道表示瓦斯流态,则其当量流径 $\widetilde{D}$ 为

$$\widetilde{D} = \sqrt{\frac{8}{\pi}} \left\{ \sum_{i=1}^{n-1} [P(P-l_{i+1})(P-l_i)(P-\Delta W_{mi})] \right\}^{\frac{1}{4}} \tag{8}$$

关键层破断失稳后,由其下沉拟合曲线表达式可求得离层量 $\Delta W_i = W_{mi}(e^{-\frac{x}{2l_{i+1}}} - e^{-\frac{x}{2l_i}})$,则微元体离层当量面积为

$$d\widetilde{S}_i = \Delta W_i dx = W_{mi}(e^{-\frac{x}{2l_{i+1}}} - e^{-\frac{x}{2l_i}})dx \tag{9}$$

则

$$\widetilde{S}_i = \int_0^A W_{mi}(e^{-\frac{x}{2l_{i+1}}} - e^{-\frac{x}{2l_i}})dx \tag{10}$$

式中,A 为覆岩采动裂隙带宽,m。模拟实验表明,采动裂隙带宽与顶板初次来压步距相一致。设采动裂隙带宽具有对称性,则覆岩总离层当量面积为

$$\widetilde{S}_i = 2\sum_{i=1}^{n-1} \int_0^A W_{mi}(e^{-\frac{x}{2l_{i+1}}} - e^{-\frac{x}{2l_i}})dx \tag{11}$$

当量流径 $\widetilde{D}_i$ 为

$$\widetilde{D}_i = \sqrt{\frac{8}{\pi}} [\sum_{i=1}^{n-1} \int_0^A W_{mi}(e^{-\frac{x}{2l_{i+1}}} - e^{-\frac{x}{2l_i}})dx]^{\frac{1}{2}} \tag{12}$$

可见,$\widetilde{S}_i$、$\widetilde{D}_i$ 与采高、软岩垫层厚度及松散系数、关键层断裂块度及距煤壁距离等参数有关。

4　综放采空区裂隙带内空隙渗流特性

采动裂隙带内由离层引起的平均空隙率 $\bar{n}$ 可由下式计算:

$$\bar{n} = \frac{(\sum h_i + h_i) - W_{mi}(e^{-\frac{x}{2l_{i+1}}} - e^{-\frac{x}{2l_i}})}{\sum h_i + h_i} = 1 - \frac{W_{mi}(e^{-\frac{x}{2l_{i+1}}} - e^{-\frac{x}{2l_i}})}{\sum h_i + h_i} = 1 - \tau_b \tag{13}$$

式中,τ_b 为关键层的离层率,‰。

由多孔介质的 Carman 公式[5],可得离层裂隙发育区内平均渗透系数 $\overline{K}$ 的计算公式:

$$\overline{K} = \frac{D_m^2 \bar{n}^2}{180(1-\bar{n})^2} = \frac{D_m^2(1-\tau_b)^2}{180\tau_b^2} \tag{14}$$

式中,D_m 为离层裂隙区内破断岩块的平均粒径,m。

采空区中部压实带,其渗透系数计算公式为

$$\overline{K} = \frac{D_m^2 \left(1 - \dfrac{1}{K_p}\right)^2}{180 \left(\dfrac{1}{K_p}\right)^2} = \frac{1}{180} \overline{K}_p^2 D_m^2 \left(1 - \frac{1}{K_p}\right)^2 \tag{15}$$

式中,$\overline{K}_p$ 为裂隙区岩体平均碎胀系数。

根据综放采场覆岩结构形式和活动规律[6-9],分析开采后采空区后方顶板岩性和垮落岩体的破坏特性,可将其分为:① 自然堆积区;② 载荷影响区;③ 压实稳定区[10]。各区内垮落岩体的碎胀系数各有不同。

对靖远局魏家地矿 110 综放面矿压观测的同时,还对采空区进行了瓦斯运移形态的实时监测,用通用红外线气体仪分析采自采空区束管探头的气体(CH_4、O_2、CO_2、CO 等)[11],这样即可对综放采空区裂隙带内垮落岩体的范围、碎胀系数、空隙率及渗透系数进行分析计算。

魏家地矿 110 综放面直接顶总厚 24.4 m,顶煤回收率为 72.9%,采空区遗煤碎胀系数取为 1.12,采高 2.5 m,放煤高度 9.5 m,周期来压步距 25 m。岩体垮落破碎后的平均粒径,据经验取为:(a) 区,$D_m = 0.35$ m;(b) 区 $D_m = 0.25 \sim 0.34$ m;(c) 区 $D_m = 0.15 \sim 0.24$ m。110 综放面采空区裂隙带垮落岩体空隙渗流特性计算结果如表 1 所列。

表 1　110 综放面采空区岩体空隙渗流特性

Table 1　The interstice permeability of rock masses in top coal caving face 110

分区	宽度 /m	瓦斯浓度 /%	氧浓度 /%	碎胀系数 K_p	空隙率 n/%	渗透系数 $K/10^{-5}$ mD		
						$D_m = 0.35$ m	$0.25 \sim 0.34$ m	$0.15 \sim 0.24$ m
(a)	$0 \sim 20$	$0.38 \sim 54.8$	$16.8 \sim 20.9$	1.32	24.24	70.61		
(b)	$20 \sim 80$	$11.88 \sim 44.6$	$10.2 \sim 17.6$	$1.32 \sim 1.13$	$24.24 \sim 11.50$		$59.46 \sim 11.00$	
(c)	>80		<10	$1.13 \sim 1.10$	$11.50 \sim 9.08$			$3.24 \sim 1.27$

5　结　论

(1) 覆岩关键层与其上覆和下伏岩层间变形的不协调将形成岩层移动中的离层裂隙,主关键层与亚关键层、亚关键层与亚关键层破断形成砌体梁结构后在上覆岩层中产生非连续变形的离层,且离层区主要发生在开采四周边界。由岩层移动的统计曲线可拟合出关键层断裂块度对位移曲线的影响,进而推知瓦斯在离层裂隙内运移的当量面积、当量流径及空隙渗流特性。

(2) 随综放面开采,离层裂隙的时空发展具有明显的 3 阶段特征:切眼及回采面附近覆岩离层裂隙发育,采空区中部离层裂隙被较大的垮落带和规则移动带重新压实,离层裂隙带的发生与发展基本上受制于覆岩关键层层位及其形成的砌体梁结构的变形、破断和失稳形态。

(3) 综放采空区后方垮落岩体碎胀特性具有明显的分区性,可将其分为自然堆积区、载荷影响区和实压稳定区。通过束管监测分析采空区瓦斯浓度和氧浓度变化规律,即可确定出各区范围,自然堆积区和载荷影响区是分析瓦斯流态的关键区。

参 考 文 献

[1] 钱鸣高,缪协兴. 采场上覆岩层结构的形态与受力分析[J]. 岩石力学与工程学报,1995,14(2): 99-106.

[2] 钱鸣高,缪协兴,许家林. 岩层控制中的关键层理论研究[J]. 煤炭学报,1996,21(3):225-230.

[3] 钱鸣高,刘听成. 矿山压力及其控制(修订本)[M]. 北京:煤炭工业出版社,1992.

[4] 李树刚. 综放开采围岩活动影响下瓦斯运移规律及其控制[D]. 徐州:中国矿业大学,1998.

[5] 贝尔 J. 多孔介质流体动力学[M]. 李竞生,陈崇希,译. 北京:中国建筑工业出版社,1983.

[6] 钱鸣高,缪协兴. 采场上覆岩层结构的形态与受力分析[J]. 岩石力学与工程学报,1995,14(2): 97-106.

[7] 张顶立,钱鸣高. 综放工作面围岩结构分析[J]. 岩石力学与工程学报,1997,16(4):320-326.

[8] 黎良杰,殷有泉,钱鸣高. KS结构的稳定性与底板突水与处理[J]. 岩石力学与工程学报,1998,17 (1):40-45.

[9] 高峰,钱鸣高,缪协兴. 老顶给定变形下直接顶受力变形分析[J]. 岩石力学与工程学报,2000,19 (2):145-148.

[10] 李树刚. 综放面采空区岩体特性及漏风形态[J]. 焦作工学院学报,1997,16(6):6-10.

[11] 李树刚,徐精彩. 综放开采围岩移动影响下瓦斯运移规律[J]. 阜新矿业学院学报,1997,16(3): 165-167.

Study on Bed-separated Fissures of Overlying Stratum and Interstice Permeability in Fully-mechanized Top Coal Caving

Li Shugang[1]   *Qian Minggao*[2]   *Shi Pingwu*[1]

(1. Xi'an University of Science and Technology, Xi'an 710054, China;

2. China University of Mining and Technology, Xuzhou 221008, China)

Abstract:Based on the model test of simulated material, the distribution of bed-separated fissures is measured in the process of fully-mechanized top coal caving. The analytic formulas of equivalent areas of bed-separated fissures are calculated both ahead of and behind initial rupture of the key strata, and the analytic formulas of interstice permeability coefficients are also calculated for different fissure district. By in-situ observation and monitoring in working face 110[#] of Weijiadi coal mine, Jingyuan ming bureau, the interstice permeability of gob fissure region is studied.

Keywords:bed-separated fissures; equivalent area; interstice; permeability coefficient; gas delivery

煤样全应力应变过程中的渗透系数—应变方程[①]

李树刚[1] 钱鸣高[2] 石平五[1]

(1. 西安科技学院,陕西 西安 710054;2. 中国矿业大学,江苏 徐州 221008)

摘 要:借助于现代化电液伺服岩石力学试验系统,以数控瞬态渗透法进行了全应力应变过程的软煤样渗透特性试验。试验中首次设置了环向应变传感器,得出煤样渗透性与主应力差、轴向应变、体积应变关系曲线并拟合出相应方程。煤样全应力应变过程对应的渗透系数是体积应变的双值函数,体积缩小时为 2 次多项式,体积膨胀时为 5 次多项式。该方程用于应力场—渗流场耦合数值分析,可使计算结果更符合工程实际。

关键词:全应力应变;渗透系数—应变方程;煤样渗透性;瓦斯运移

1 引 言

原始煤岩体与瓦斯流体组成的系统在多孔介质中处于平衡状态。采动影响下煤岩体发生变形,并使煤岩的渗透性质随其变形程度发生变化,从而影响其中的瓦斯压力分布及运移状况。在瓦斯运移的基本参数中,地应力或采动后的矿山压力对煤岩渗透性变化有决定性作用,而渗透性的大小对瓦斯的聚集和运移(排放)等起着主要的作用。

B. B. Xonot、W. H. Somerton、林柏泉、赵阳升等通过大量试验对不同矿井的各种煤样应力与瓦斯渗透系数关系进行了广泛研究[1-4],结果表明它们一般均为指数函数关系,这对煤层瓦斯流动特性、抽排瓦斯参数选取及煤与瓦斯突出预防等有重要的指导意义。但此前研究只揭示了事实的一部分,即在试验的峰值强度前,随着轴向压力和侧压力的增加,煤体结构不断被压密实,所以渗透系数自然趋于减小,而在煤样超过峰值强度后,其渗透性会有何变化,尚未见报道。本文即是首次对全应力应变过程中煤样渗透系数与应变规律的探讨。

2 煤样电液伺服试验及其结果

2.1 试验设置、原理及煤样采集加工

煤样试验在中国矿业大学引进的先进的室内岩石力学试验系统——MTS815.02 型电液伺服岩石力学试验系统(Electro Hydraulic Servocontrolled Rock Mechanics Testing System)上进行,该系统具有国内唯一的孔隙水压(pore water pressure)和水渗透(water

---

① 本文发表于《煤田地质与勘探》,2001 年第 1 期,第 22～24 页。

permeability)试验的相关设备,它曾对岩石试件进行了大量的渗透试验,但未就煤样渗透性做系统试验。

水渗透试验中,先施加一定的轴压 p_1、侧压 p_2 及孔压 p_3($p_3 < p_2$),然后降低试件一端的孔压至 p_4,在试件两端形成渗透压差 $\Delta p = p_3 - p_4$,从而引起水体通过试件渗流。渗流过程中,Δp 不断减少,其减少速率与试样种类、组构(Fabric)、试件长度(渗流路程)、截面尺寸,流体密度、黏度,以及应力状态和应力水平等因素有关。根据试验过程中计算机自动采集的数据,试样渗透系数 K 按下式计算。

$$K = \frac{1}{A} \sum_{i=1}^{A} 526 \times 10^6 \times \lg[\Delta p(I-1)/\Delta p(I)] \tag{1}$$

式中　A——数据采集行数;

　　　$p(I-1)$——第($I-1$)行渗透压差值;

　　　$\Delta p(I)$——第 I 行渗透压差值。

本试验采用常规试验机上难以实现的瞬态渗透法,采样时间精度为 1 s。一定的 p_1、p_2、p_3 和 p_4 下渗透性试验完成后,可调整上述各参数开始下一轮的渗透试验。经恰当安排,如先固定 p_2、p_3 和 p_1 不变,在伺服机的载荷控制(load control)下,使轴压力 p_1 从煤样处于弹性段的低应力开始逐步提高至和弹塑性段相对应的应力。当应力接近峰值以及峰值后区,自动转换为冲程控制(stroke control)方式,即可安全顺利地进行接近峰值应力及峰后区的渗透性试验。这样全应力应变过程的煤样水渗透特性试验可通过计算机程序控制,使其在同一试件的一次不间断的试验中自动完成。同时本试验首次设置了环向应变传感器,以测定环向变形[3]。

试样取自靖远矿务局魏家地矿 105 综放面内的一层煤。首先在井下精心采集免受采动影响和风化的典型地质单元的煤块,然后运至井上仔细蜡封塑包、锯末隔离装箱,再谨慎运至试验现场。在岩控中心 78—50 型立式岩石钻样机上严格取芯,DQ—1 型自动岩石切片机上切平两端并磨光,最终在平均硬度 $f = 0.58$ 的煤块中加工出 5 块标准试样。

2.2　试验设计及试验结果

试验前先将试样用真空浸水装置含水饱和,确认其饱和后用聚四氟乙烯热缩塑料双层致密牢固热封煤样周围,保证流体介质不能从防护套和试件间隙渗漏,然后置于伺服机三轴缸内进行加压试验。本次试验成功了 4 个煤样,其规格、试验条件及试验参数如表 1 所列。试验中控制试件应力峰值前后至少 7 个关键点,即最高、最低及峰值应力时的渗透系数,弹性段、弹塑性段、应变软化段、塑性流动段的渗透系数,这样可基本控制全应力应变过程的渗透曲线的几何特征和数值特征。设定 60 s 加载过程、100 s 渗透过程,微机自动采集数据,并给出每次采样的渗透压差值 Δp—t 曲线,试件 W_3 和 W_4 的全应力应变曲线及渗透系数、体积应变随轴向应变的变化曲线如图 1 所示。试验结束后煤样破坏形状如图 2 所示。

表1 试件规格、试验条件及参数表

煤样编号	试件尺寸 $D \times H$/mm	侧压 p_2/MPa	孔隙压力 p_3/MPa	渗透压力 Δp/kPa	峰值应力 /MPa	峰值应变 ε	渗透系数变化 $K/\times 10^{-3}$mD	层理状态
W_1	54.0×66.1	4.0	3.9	1 500	24.9	0.008 169	1.35～30.96	倾斜
W_2	54.0×60.4	4.0	3.9	1 500	36.2	0.011 48	0.46～3.03	近水平
W_3	54.0×61.8	3.0	2.9	1 500	37.2	0.012 57	0.45～12.79	近水平
W_4	54.0×71.8	3.0	2.9	1 500	23.6	0.019 64	0.05～6.51	倾斜

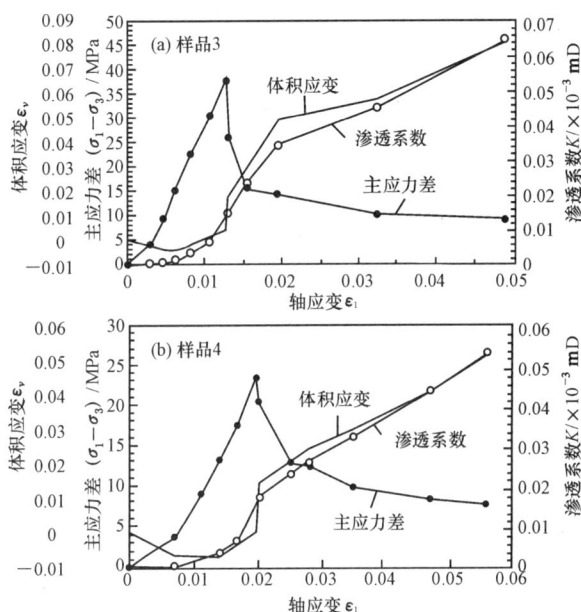

图1 W_3 和 W_4 煤样渗透系数应变曲线

图2 试验后煤样的破坏形状

3 试验结果分析及拟合方程

分析试验结果,可得出以下重要结论:

(1)煤样渗透系数并非随应力增加一直呈负指数规律降低,在应力超过弹性极限进入弹塑性段,试件中逐步由少到多地产生新的微裂隙,渗透系数转而趋向增长;越接近峰值应力,产生的微裂隙越多,其中有裂隙互相交割而贯通,因此渗透系数急剧增长;至峰值强度后,煤样失去最大承载能力,渗透系数仍趋增长,但增长斜率有渐缓趋势,说明峰后区新裂隙虽仍有扩展,但其数量较少。

(2) 最大渗透系数值发生在软化段或塑性流动段,最小值则出现在弹性变形发展到一定程度时,它表明初期弹性段,因有孔隙和微裂隙在应力作用下被压密闭合而使渗透系数减小,两极值相差最大130.2倍(W$_4$煤样),最小6.6倍(W$_2$煤样),即最大增加了两个数量级。

(3) 应变与渗透系数间亦呈非线性变化。从图1中可看出,渗透系数K随轴应变ε_1的变化梯度在全应力应变过程中有所不同。借助通用的Graphtool软件,可分两段进行多项式拟合,以W$_4$为例,其回归方程为:

$$K_1 = 7.310\ 8 \times 10^{-5} - 4.025\ 8 \times 10^{-2}\varepsilon_1 + 15.096\ 6\varepsilon_1^2 - 1\ 237.66\varepsilon_1^3 + 34\ 721\varepsilon_1^4$$
$$(0 < \varepsilon_1 \leqslant 0.025\ 07) \quad (R = 0.916\ 7) \tag{2}$$

$$K_2 = 5.506\ 9 \times 10^{-5} - 8.701\ 6 \times 10^{-3}\varepsilon_1 + 0.649\ 4\varepsilon_1^2 -$$
$$20.089\ 3\varepsilon_1^3 + 290.371\varepsilon_1^4 - 158\ 571\varepsilon_1^3$$
$$(0.025\ 07 < \varepsilon_1 < 0.055\ 72) \quad (R = 0.998\ 9) \tag{3}$$

体积应变ε_v($\varepsilon_v = -\varepsilon_1 + 2\varepsilon_2$)和$K$随$\varepsilon_1$的变化有同步发展的趋势,但在加载初始阶段,试样体积因其中孔裂隙受压密闭合而减小,进入弹塑性段后,总体积膨胀,尤其在峰后区,试样急剧膨胀,即试样扩容或剪胀(dilatancy),但在塑性流动段,K值增加减缓,K与ε_v间变化关系如图3所示。

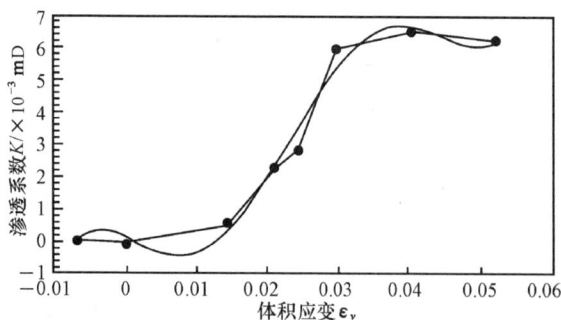

图3 煤样渗透系数—体积应变关系曲线(W$_4$)

以W$_4$为例通过曲线拟合可得出其多项式方程。
体积缩小:

$$K_1 = 1.335\ 6 \times 10^{-9} - 4.233\ 4 \times 10^{-2}\varepsilon_v - 4.995\ 7\varepsilon_v^2 \quad (R = 0.923\ 1) \tag{4}$$

体积膨胀:

$$K_2 = 1.429\ 2 \times 10^{-4} - 1.000\ 7\varepsilon_v - 4.392\ 3\varepsilon_v^2 + 1.431\ 8 \times 10^4\varepsilon_v^3 -$$
$$4.412\ 4 \times 10^4\varepsilon_v^4 + 3.718\ 5 \times 10^5\varepsilon_v^5 \quad (R = 0.938\ 7) \tag{5}$$

可见,试样体积缩小、膨胀过程中,渗透系数为体积应变的双值函数。

4 结 论

(1) 通过试验,首次拟合出对应于煤样全应力应变过程的渗透系数—应变过程,即 $K—\varepsilon$ 曲线的数学表达式。随煤体性质的不同,$K—\varepsilon$ 表达式有各自相应的系数。

(2) 影响煤样渗透系数的因素很多,其渗透过程亦具极端复杂性。煤样在峰值前后的体积变化以及由此引起的渗透系数变化,较难从纯理论上分析清楚,只有通过大量试验寻求其内在规律。我们首次提出,煤样渗透系数—体积应变作为应力场和渗流场耦合数值分析中与本构方程同等重要的控制方程,通过应变量可以使两种方程产生相互影响的耦合联系,唯其如此,所分析结果才更符合工程实际。

本文实验得到中国矿业大学岩控中心李玉寿和张少华高工、缪协兴教授的大力帮助,谨表谢忱。

参 考 文 献

[1] XONOT B B. 煤与瓦斯突出[M]. 宋世钊,王佑安,译. 北京:中国工业出版社,1966.
[2] SOMERTON W H. Effect of stress on permeability of coal[J]. Int. J. Rock Mech, Min. Sci, 1974,(12):129-145.
[3] 林柏泉,周世宁. 煤样瓦斯渗透率的实验研究[J]. 中国矿业学院学报,1987(1):21-28.
[4] 赵阳升. 矿山岩石流体力学[M]. 北京:煤炭工业出版社,1994.
[5] 李树刚. 综放开采围岩活动影响下瓦斯运移规律及其控制[D]. 徐州:中国矿业大学,1998.

Permeability-strain Equation Relation to Complete Stress-strain Path of Coal Sample

Li Shugang[1]   *Qian Minggao*[2]   *Shi Pingwu*[1]

(1. Xi'an University of Science Technology, Shaanxi Xi'an 710054, China;

2. China University of Mining and Technology, Jiangsu Xuzhou 221008, China)

Abstract:With the Electro-hydraulic Servocontrolled Rock Mechanics Testing System, the permeability of soft coal sample related to complete stress-strain path is experimented with instantaneous permeating method of data auto control. An annular strain sensor is set up firstly in testing, and the curves, reflecting the relationship between permeability of coal sample and principal stress difference, axial strain and volumetric strain, as well as the relevant equations are established. Thus it can be seen the coal sample permeability coefficient is two fold function of volumetric strain. It is binomial equation when the sample volume decreased, and five-polynomial one when the volume increased. The equation can be applied to the numerical analysis of the coupled stress field and the fluid flow field, and the calculated results agree well with those observed.

Keywords:complete stress-strain path; permeability-strain equation; permeability of coal sample; gas delivery

Mechanism of Partial Backfilling
for Controlling Mining Subsidence[①]

Xu Jialin   Zhu Weibing   Jin Hongwei   Qian Minggao

(Department of Mining Engineering, China University of Mining and Technology, Xuzhou, Jiangsu, China)

Abstract: Based on the key stratum theory in ground control, an idea of partial backfilling for controlling coal mining subsidence is put forward: only a part of the goaf instead of the whole is to be filled on condition that the width of the unfilled goaf is less than the initial break span of the primary key stratum and fine backfilling strips can maintain stability, then the surface subsidence can be controlled effectively. By doing so, the filling volume reduced, resulting in a decrease of cost. According to the mining conditions of Xuchang coal mine, the feasibility, applicability and applying schemes of partial backfilling for controlling mining subsidence have been researched through numerical simulation.

1   INTRODUCTION

It's always a puzzle for China's coal mines about coal mining under buildings. At present, partial extraction is the main method to achieve mining under buildings. The low mining efficiency and the low recovery rate are its shortcomings. Theoretically, backfilling is an ideal method to resolve the problem of mining under buildings. But its high cost blocks its experiments and applications in coal mines. To the cemented filling applied in metal mines, the filling cost accounts for $35\% \sim 50\%$ of the direct cost of mining. For an example, the filling cost for 1 m^3 filling material is $84.8 \sim 100$ Yuan (RMB) (Liu 2001).

The key of the backfilling research in coal mines is to manage to decrease the filling cost. There are two ways to achieve it. One is to decrease the unit price of filling material, for instance, using the paste filling material coming from solid wastes (e. g. gangue and fly ash), the other is to use the method of partial backfilling, so as to cut down the needed quantity of filling material; this must be based on the principle of rock

---

①   本文发表于 *Ming Science and Technology*〔Wang Ge & Guo(eds.)〕,2004 年,第 709～713 页。

strata movements. The key stratum theory in strata control provides a theoretical foundation for fine partial backfilling.

2 THEORY OF PARTIAL BACKFILLING TO CONTROL MINING SUBSIDENCE

The basic concept of the key stratum theory (Xu 1999, Qian et al. 1996, 2003) is: due to differences in rock formation time and mineral element, coal measure rock strata contain numerous layers with different thickness and strength. Practical experiences have shown that one or several thick and strong strata have a dominant effect on the rock strata movements. The key stratum is defined as the stratum that controls the movements of parts or all of the overburden strata. The former is called the subordinate key stratum, and the latter is called the primary key stratum. In other words, the breakage of the key strata will cause the movements of the whole or many rock strata in the overburden. There are several subordinate key strata, but only one primary key stratum in the overburden. To clarify the dynamic process of rock strata movement propagating from the coal seam to the surface, and to effectively observe and control the ground behavior, ground water and methane flow in rocks and coal, and the surface subsidence behavior, it is important to understand the principles of deformation, breakage and movement of the key strata and its interaction with the soft rock during overburden movement.

Underground measurement and simulation have shown that the primary key stratum controls the dynamic process of surface movements, and its breakage may induce the rapid subsidence of surface (Xu et al. 2000). Because the breakage of the primary key stratum will result in an obvious increase of surface subsidence, we can get the design principle of mining under buildings, that is, to guarantee no breakage of the primary key stratum. To ensure a good economic benefit and no damage to the surface buildings, the key problem is to select reasonable mining technical and parameters according to the overburden structures and the characteristics of the primary key stratum. The principle is, through ascertaining the position and the break characteristics of the primary key stratum, to select and design the reasonable technique among partial extraction, overburden bed separation grouting, goaf area partial backfilling, etc., so to guarantee no breakage and the long-term stability of the overburden primary key stratum.

In order to reduce the quantity of the filling material to cut down the filling cost, based on the key stratum theory in strata control, the idea of partial backfilling to control the coal mining subsidence has been put forward: just to fill parts of the goal, ensuring that the width of the unfilled goaf is less than the initial break span of the primary key stratum and the backfilling strips can maintain stability for a long time, thus the surface subsidence can be controlled effectively.

Following this thought, the feasibility, applicability and applying schemes of the partial backfilling in Xuchang coal mine have been researched.

3 THE SIMULATION OF PARTIAL BACKFILLING TO CONTROL MINING SUBSIDENCE

3.1 Coal mine conditions

In 1998, Xuchang coal mine was put into production. It is 8 km away from Jining, ShanDong, and extends 8 km from north to south and 6 km from west to east, with a total area of 56.3 km², and a design capacity of 1.5 Mt/a. There are dense villages and other buildings in the mining field. The workable reserves under buildings, railroads and water bodies accounts for 33% of the total. The reserves under buildings and water bodies in the south of the first mining area 130 accounts for 68.7% of the total reserves in this mining area. It's a significant problem for Xuchang coal mine to study and resolve the mining of coal under buildings, railroads and water bodies. For this reason, Xuchang coal mine cooperates with China University of Mining and Technology to conduct the feasibility research of mining with partial backfilling instead of villages' transference.

The experiment spot is in the east region of the south mother rise heading of the mining area 130. This region lies in the south of the line through exploratory borehole X6-3 and X6-2, and the north of exploratory borehole X9-1 and working face 1304. Its east abuts against the shallow outcrop of coal seam, and its west abuts against the south mother rise heading of the mining area 130, extending 500 m from north to south and 1,400 m from east to west. The coal seam No. 3 is mined, which has an average thickness of about 4 m, and a dip angle of 0°~12°.

3.2 Position of primary key stratum in overburden and estimation of its break span

After the analysis of rock strata structures of several borehole columnar sections in the south of mining area 130, the key stratum identifying software KSPB (Xu et al. 2000) was used to identify the key stratum position in the overburden. The result indicates that the primary key stratum corresponding to coal seam 3 is a medium-grained sandstone stratum which is 19~27 m away from coal seam 3 and whose thickness is 17.5~30 m. This thick stratum is very stable in mining area 130. The primary key stratum thins out above the elevation of -150 m.

Before the initial breakage of the primary key stratum, it exposes above the goaf, the breakage of the key stratum is similar to the breakage of plate. Using the simplified Marcus arithmetic about thin plate to estimate the break span of the primary key stratum, the result shows that the primary key stratum doesn't break when the face width is less than or equal to 49 m.

3.3　Ascertaining of the partial backfilling scheme

According to the estimation of break span of the primary key stratum, to guarantee a non-breakage of the primary key stratum, the width of shortwall face should less than 49 m. Considering the existing state change of the primary key stratum and the calculating errors, to ensure the security, the face width is chosen as 40 m. In order to provide the filled strip with a valid lateral restrictive force so as to enhance the carrying capacity of filling body, there should be some pillars left between working faces. Therefore the filled strips are flanked by pillars. At the depth of 300 m, the plastic zone width in both sides of the pillars is 2~3 m and in order to guarantee the stability of pillars, the pillar width is chosen as 10 m. The final mining scheme with partial backfilling is selected as: shortwall face, 40 m in width, backfilling a shortwall face at an interval of a shortwall face, reserving 10 m of pillars between the filled face and the unfilled face.

3.4　Feasibility study of the partial backfilling scheme through simulation

3.4.1　Simulation schemes

For easy analysis, a general partial extraction scheme has been simulated. In this scheme, the mined-out strip width is 40 m, and the pillar width is 60 m, that is, the width ratio of mined-out strip to pillar is 40 to 60. According to the prediction with the probability integration method and the experience, in this mining condition (260 m of mining depth, 4 m of mining height), the surface deformation can be guaranteed against damage of the first class.

According to the conditions of the planed backfilling test area, two mining conditions of shallow position and deep position are chosen respectively, 6 simulation schemes have been designed and studied through contrast (Table 1). In the mining schemes of shallow position, there is no primary key stratum in the overburden.

Table 1　The simulation schemes of partial backfilling

Scheme number	Scheme name	Mining height (m)	Mined-out strip width (m)	Pillar width or filled strip width (m)	Recovery rate (%)	Mining depth (m)	Bedrock thickness (m)	Existing primary key stratum
1	Strip extraction	4	40	60	40	264	70	Yes
2	Shortwall with intervals backfilling	4	40	60	80	264	70	Yes
3	Strip extraction	4	40	60	40	232	38	Yes
4	Shortwall with intervals backfilling	4	40	60	80	232	38	Yes
5	Shortwall with intervals backfilling	4	40	60	80	170	15	No
6	Shortwall with backfilling	4	40	100	80	170	15	No

3.4.2 Selecting of simulation parameters

In the design of tile model size, the mining influence scope is considered so the model length is 1,500 m (it is the section width along the strike of coal seam) and the vertical scope is from the line which is 35 m to the upper coal seam 3 to the surface. The adopted simulation software is UDEC3.0. The constitutive model of materials used in simulation is Mohr-Coulomb model.

In order to improve the reliability of simulation results, the simulation parameters have been adjusted to fit the observational data of surface subsidence above working face 1315 in the mine. After many times of simulation corresponding to different lithology and joint mechanical parameters of bedrock and topsoil, the simulation results ultimately fit to the observational data of face 1315 approximately. Consequently the method of block splitting of bedrock and topsoil and mechanical parameters of rock strata and joints are ascertained (Table 2). According to the experimental results of the mechanical properties of paste filling material, the mechanical parameters of filling material are got (Table 3).

Table 2   The mechanical parameters of rock strata in the models

Lithology	Elastic modulus (GPa)	Poisson's ratio	Body force (kN · m^{-3})	Compressive strength (MPa)	Tensile strength (MPa)	Frcition angle (°)
Topsoil	10	0.20	20	0	0	10
Siltstone	48	0.25	27	60	4.0	35
Packsand	50	0.30	27	70	5.0	35
sandstone	50	0.27	27	70	5.0	35
Claystone	20	0.20	25	15	1.5	30
Coal	15	0.30	13	15	2.0	25

Table 3   The mechanical parameters of filling material in the models

Compressive strength (MPa)	Elastic modulus (MPa)	Tensile strength (MPa)	Shear strength (MPa)	body force (kN · m^{-3})	Internal friction angle(°)
4	450	0.25	2	21	35

3.4.3 Simulation results

The surface subsidence after mining in the simulation results of the scheme 1~6 is showed in Table 4 and Figures 1~2. Table 4 shows the maximum of surface subsidence and deformation of each scheme. Figure 1 shows the contrasts of surface subsidence and horizontal deformation between scheme 1 and scheme Figure 2 shows the contrasts of surface subsidence and horizontal deformation between scheme 5 and scheme 6.

Table 4   The maximum of surface subsidence and deformation in the simulation results of scheme 1－6

Scheme number	Maximal subsidence (mm)	Gradient (mm·m^{-1})	Curvature (mm·m^{-2})	Horizontal movement (mm)	Horizontal deformation (mm·m^{-1})	Class of surface buildings damage
1	252	1.61	−0.023 5	57.0	0.543	Below 1 class
2	291	1.82	−0.028 0	61.1	0.631	Below 1 class
3	273	1.89	−0.032 0	65.7	0.596	Below 1 class
4	305	2.09	−0.035 3	72.6	0.660	Below 1 class
5	915	12.2	0.105 0	114.0	0.830	4 class
6	108	0.474	0.009 2	23.9	0.170	Below 1 class

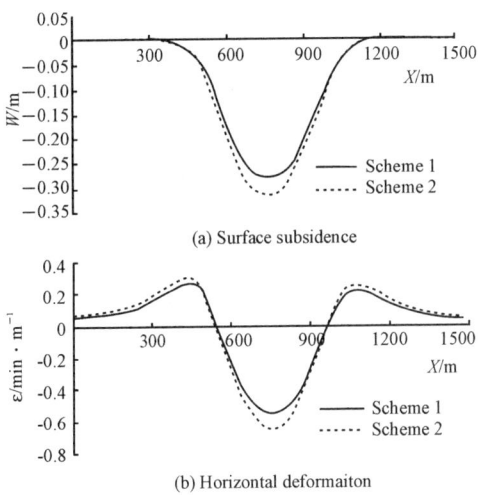

Fig. 1   Contrasts of surface subsidence and horizontal deformation between scheme 1 and scheme 2

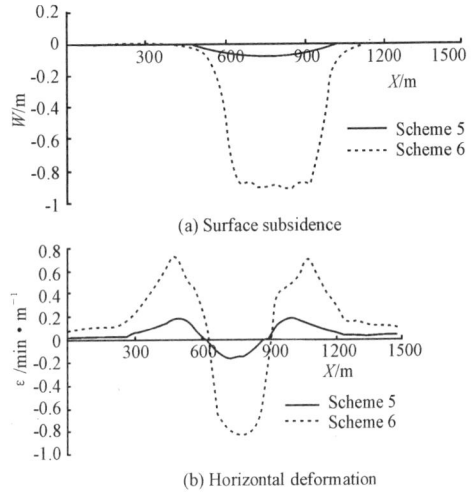

Fig. 2   Contrasts of surface subsidence and horizontal deformation between scheme 5 and scheme 6

Through the above simulation, the following conclusion can be gotten.

The strip mining scheme with the width ratio of mined-out strip to pillar is 40 to 60 can guarantee the surface deformation against the first class damage.

Whether shallow or deep mining, as long as there is a certain primary key stratum in the overburden, the shortwall face mining with backfilling at intervals can guarantee the maximum of the surface deformation being close to that of partial extraction, both of them are far smaller than the permitted first class damage. This indicates that the shortwall face scheme with backfilling at intervals can replace the partial extraction scheme completely, which means that the scheme 2 or 4 can replace scheme 1 or 3 and the shortwall face scheme with backfilling at intervals is technical feasible. The detail description of the shortwall face scheme with backfilling at intervals is: 3 m wide shortwall face, backfilling a shortwall face at an interval of a shortwall face, 10 m wide pillar reserved between the filled face and unfilled face. In this way the recovery ratio of coal can improve from 40% of partial extraction to 80%.

When there is no typical primary in the overburden, the surface deformation with the shortwall face scheme with backfilling at intervals increases obviously, it indicates that the partial backfilling scheme is not fit for these conditions.

4　CONCLUSION

Goaf area backfilling is an available approach to control rock strata movements and surface subsidence, but the high filling cost blocks its experiments and applications in China's coal mines. It's an effective method to develop partial backfilling to reduce the filling cost. The key stratum theory in strata control provides a theoretical foundation for the partial backfilling. The simulation shows that the reasonable designed partial backfilling scheme can replace the partial extraction scheme and effectively control the mining subsidence and raise coal recovery ratio. Based on the simulation results, the mining scheme with partial backfilling instead of villages' transference in Xuchang coal mine has been put forward.

ACKNOWLEDGEMENT

The project was supported by the national natural science foundation (50374066) and by Xuchang coal mine.

REFERENCES

[1]　Liu, T. Y. 2001. *The technical and application of backfilling mining*. Beijing: Metallurgical Industry Press.

[2]　Qian, M. G. , Miao, X. X. & Xu, J. L. 1996. Theoretical study of key stratum in ground control. *Journal of China Coal Society* 21 (3): 225-230.

[3]　Qian, M. G. , Miao, X. X. , Xu, J. L. & Mao, X. B. 2000. *The key strata theory in ground control*. Xuzhou: China University of Mining & Technology Press.

[4]　Xu, J. L. 1999. *The theoretical study and application of the key stratum theory in ground control*. Xuzhou: China University of Mining and Technology.

[5]　Xu, J. L. & Qian, M. G. 2000. Study on the influence of key strata movement on subsidence. *Journal of China Coal Society* 25(12): 122-126.

[6]　Xu, J. L. & Qian, M. G. 2000. Method to distinguish key strata in the overburden. *Journal of China University of Mining & Technology* 29(5): 463-467.

岩层移动离层演化规律及其应用研究[①]

许家林　钱鸣高　金宏伟

(中国矿业大学采矿系,江苏 徐州　221008)

摘　要: 通过试验和理论分析,对岩层移动过程中的离层位置和离层量、离层动态发育特征及其影响因素进行了深入研究。覆岩离层主要出现在各关键层下,覆岩离层最大发育高度止于覆岩主关键层。相邻两关键层复合破断时,尽管上部关键层的厚度和硬度比下部关键层大,其下部也不会出现离层。关键层初次破断后的离层区长度和最大离层量仅为关键层初次破断前的 $25\%\sim33\%$。因此,离层区充填应在关键层初次破断前进行并保持关键层不破断。针对目前覆岩离层区充填工艺不能阻止覆岩关键层初次破断的问题,提出了离层区充填和留设煤柱相结合的"覆岩离层分区隔离充填减沉法",发展了覆岩离层充填减沉技术。

关键词: 岩层移动;关键层;离层;离层区充填;绿色开采

0　前　言

煤层开采后将引起岩层移动和破断,并在覆岩中形成离层和裂隙。覆岩移动过程中的离层与裂隙分布规律的研究与水体下采煤、离层区注浆减沉及卸压瓦斯抽放等工程问题紧密相关。

岩层控制关键层理论的提出为岩层移动及采动裂隙分布规律的深化研究提供了理论基础。关键层理论的基本学术思想为[1]:由于成岩时间及矿物成分不同,煤系地层形成了厚度不等、强度不同的多层岩层。实践表明,其中一层或数层厚硬岩层在岩层移动中起主要的控制作用。将对采场上覆岩层局部或直至地表的全部岩层起控制作用的岩层称为关键层。前者称为亚关键层,后者称为主关键层。也就是说,关键层的断裂将导致全部或相当部分的上覆岩层产生整体运动。覆岩中的亚关键层可能不止一层,而主关键层只有一层。为了弄清岩层移动由下往上传递的动态过程,并对岩层移动过程中形成的采场矿压显现、煤岩体中水与瓦斯的流动和地表沉陷等状态的变化进行有效监测与控制,关键在于弄清关键层的变形破断及其运动规律以及在运动过程中与软岩层间的相互耦合作用关系。

---

① 本文发表于《岩土工程学报》,2004 年第 5 期,第 632~636 页。

1 覆岩离层位置

关键层理论研究证明[1,2],岩层移动由下往上成组运动,岩层移动的动态过程受控于关键层的破断运动,而呈现图1所示的覆岩移动结构。由图1可见,当第1亚关键层破断时,它所控制的上覆岩层组与之同步破断运动,并在第2亚关键层下出现离层,如此往上发展直至覆岩主关键层下出现离层。主关键层的破断导致上覆直至地表的所有岩层同步下沉。由岩层移动的动态发育过程研究结论可知,岩层移动过程中的离层主要出现在各关键层下,覆岩离层最大发育高度止于覆岩主关键层,判别覆岩离层位置只需按文献[3]判别出覆岩中关键层位置即可。

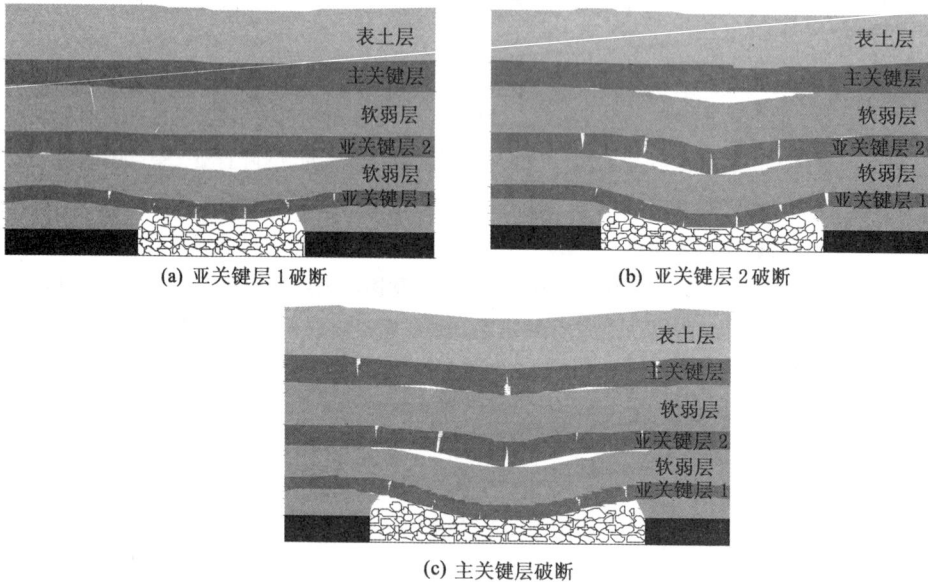

(a) 亚关键层1破断   (b) 亚关键层2破断

(c) 主关键层破断

图1 覆岩移动的动态过程及离层位置示意图

Fig. 1 Dynamic process of the overburden movement and bed separation position

关键层理论研究表明[1],一定条件下相邻两层关键层会出现同步破断的现象,称之为关键层复合破断。当相邻两关键层复合破断时,尽管上部关键层的厚度与硬度比下部关键层大,其下部也不会出现离层。图2为相邻两层关键层非复合破断[图2(a)]与复合破断[图2(b)]条件下,上部关键层下离层的物理模拟结果。两模型除上部关键层的载荷条件不同外,其他条件一致。模型2上部关键层的载荷比模型1上部关键层的载荷大。两关键层的岩性相同,上部关键层的厚度是下部关键层的2倍。由图2可见,模型2由于上部关键层上载荷较大,导致了两关键层的复合破断,上部关键层下未出现模型1所示的离层。

关键层下离层量大小与煤层采高、冒落岩层的碎胀特性、关键层距煤层高度及关键层承载和变形特征有关。第 i 层关键层破断前,其下方离层量理论计算式可表达为

$$B_i = M - K_i \cdot H_i - W_i \tag{1}$$

式中,B_i 为关键层下离层量;M 为煤层采高;H_i 为第 i 层关键层距煤层高度;K_i 为第 i 层

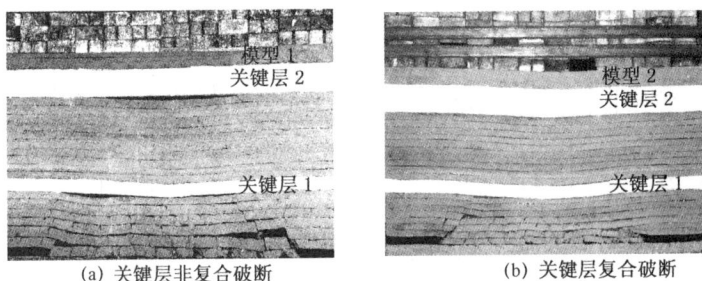

(a) 关键层非复合破断　　　　　　　　(b) 关键层复合破断

图 2　关键层下离层的模拟结果

Fig. 2　Bed separation simulation below the key stratum

关键层以下全部岩层的综合碎胀系数；W_i 为第 i 层关键层的挠度。

煤层采高一定条件下，关键层下离层量大小主要取决于 K_i 和 W_i。K_i 主要为冒落带和裂隙带岩层的碎胀系数。冒落带和裂隙带破碎岩石的残余碎胀系数与所受载荷大小有关，载荷越大残余碎胀系数越小。因此，当关键层距煤层距离 H_i 增大时，冒落带和裂隙带的破碎岩石所受载荷相对增大，K_i 相对减小。K_i 还与第 i 层关键层下部岩层是否达到充分采动有关，即与工作面开采尺寸 L 及下部岩层的岩性结构有关。

2　覆岩离层动态演化规律

模拟及实测研究表明[1,4]，关键层运动对离层的产生、发展和时空分布起控制作用。

（1）沿工作面推进方向，关键层下离层动态分布呈现两阶段发展规律：即关键层初次破断前，随着工作面推进，离层量不断增大，最大离层位于采空区中部。关键层初次破断后，关键层在采空区中部离层趋于压实，而在采空区两侧仍各自保持一个离层区。工作面侧的离层区是随着工作面开采而不断前移的，工作面侧离层区最大宽度及高度仅为关键层初次破断前的 1/4～1/3 左右（图 3）。从平面看，在采空区四周存在如图 4 所示的一沿层面横向连通的离层发育区，称之为采动裂隙"O"形圈。

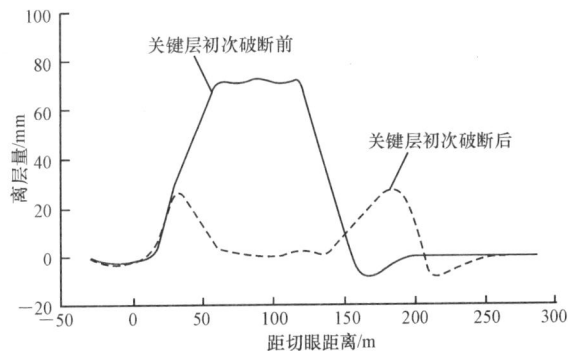

图 3　关键层破断前后离层分布

Fig. 3　Bed separation distribution when the key stratum breaks

（2）沿顶板高度方向，随工作面推进离层呈跳跃式由下往上发展（图 1）。首先，第 1

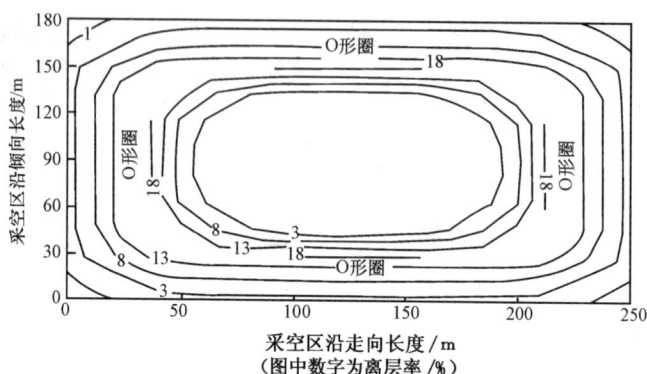

图 4 覆岩离层分布的"O"形图

Fig. 4 O-shaped circle of the mining-induced fractures

层亚关键层下出现离层,当其破断后其下离层呈"O"形圈分布;此时,上部第 2 层亚关键层下出现离层,当其破断后其下离层呈"O"形圈分布,如此发展直至主关键层。

3 覆岩离层分区隔离充填减沉法

3.1 覆岩离层分区隔离充填减沉原理

覆岩离层注浆减沉的基本原理是利用岩移过程中覆岩内形成的离层空洞,从钻孔向离层空洞充填外来材料来支撑覆岩,从而减缓覆岩移动往地表的传播。覆岩离层注浆充填与采空区充填的不同在于其充填区不在采空区而在上部岩层,充填工作不会干扰井下工作面的生产。

自 20 世纪 80 年代后期抚顺矿务局在我国首次采用离层注浆减缓地表下沉的试验取得成功之后[5],此项技术引起了我国从事开采沉陷及"三下"采煤的专家和工程技术人员的重视,先后在新汶华丰煤矿、兖州东滩煤矿、开滦唐山煤矿等进行了离层注浆减缓地表沉降现场试验,取得了一定的成效[6-12],但大部分矿井实际减沉效果并不理想[13,14]。

成功应用离层注浆减沉技术,必须解决下列问题:① 离层注浆减沉的适用条件;② 离层注浆减沉钻孔布置原则;③ 注浆工艺优化。关键层理论及其关于覆岩离层动态分布规律的研究结果,为上述问题的解决提供了理论依据。确定覆岩中的关键层位置,掌握其离层与破断特征参数,是注浆减沉技术应用可行性分析、钻孔布置与注浆工艺设计及减沉效果评价的基础。

前文研究表明,关键层初次破断前的离层区发育、离层量大,易于注浆充填;而一旦关键层初次破断后,关键层下离层量明显变小,仅为关键层初次破断前的 25% ~ 33%(图3),注浆难度增加。因此,离层注浆必须在主关键层临初次破断前进行。钻孔布置及最佳的注浆减沉效果应保证关键层始终不发生初次破断。

由于离层区充填为非固结充填材料,浆液浓度稀,关键层下离层随采面推进不断扩展,浆液随之向前流动,关键层初次破断前其下离层空间很难被充填满。因而,充填浆液不能对初次破断前的关键层进行支撑,因此不能阻止关键层的初次破断,从而影响后续离层注浆和注浆减沉效果。这是我国一些矿井离层注浆减沉试验未达到预想效果的主要原因之一。

　　针对现有离层注浆工艺不能阻止关键层的初次破断问题,作者提出了"覆岩离层分区隔离充填法",其基本原理是(图 5):按关键层初次破断所允许的极限跨距对采面进行分区,分区间采用跳采的方式,使关键层下离层区在关键层初次破断前被分区隔离煤柱隔离成各自封闭的空间,确保各个分区隔离的离层区可以注满浆体,从而起到对关键层有效支撑作用。目前注浆材料中水的含量过大,浆体中的水仅起输灰作用,随着煤层不断开采和时间的推移,浆体中的水最终将大部分流失,最终对关键层起支撑作用的是灰体而非浆体。鉴于上述原因,笔者进一步提出了"覆岩离层分区隔离注浆法"的主动滤水技术思路:与其让浆体中的水缓慢被动漏失,不如采取主动滤水措施,增加注灰量,提高对关键层的支撑能力。

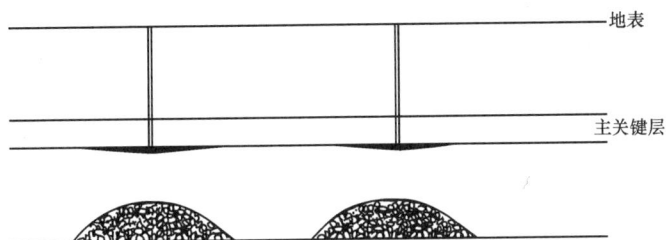

图 5　覆岩离层分区隔离充填原理

Fig. 5　Isolated section-grouting for the overburden bed separation space

　　按分区内关键层下部岩层是否达到充分采动,有 2 类性质的分区:① 充分采动分区,分区内关键层下部岩层已达到充分采动;② 非充分采动分区,分区内主关键层下部岩层未达到充分采动。对于充分采动分区,当分区隔离煤柱被采出,分区内关键层下部岩层将不会继续下沉,充填体对关键层继续起支撑作用。因而,对于充分采动分区,原则上不需在两分区间留设永久煤柱,可将因跳采而留设的两分区间隔离煤柱采出。而对于非充分采动分区,一旦分区隔离煤柱被采出,分区内关键层下部岩层将会继续下沉,导致原已对关键层起支撑作用的充填体脱离关键层,关键层下再次出现离层,从而导致关键层悬跨面积超出其初次破断的极限悬跨面积而发生破断。因此,对于非充分采动分区,必须在两分区间留设永久煤柱,因跳采而留设的两分区间隔离煤柱不能采出,实际上形成了离层注浆与条带开采两种方法相结合的综合减沉方案。此时,"离层区充填体+关键层+永久分区隔离煤柱"形成共同承载体,离层区充填体分担部分覆岩载荷,减少了分区隔离煤柱上载荷,其载荷小于条带开采留设煤柱承受载荷。因而永久分区隔离煤柱宽度小于单纯条带开采留设煤柱宽度。离层区干灰充填量越多,充填体承担载荷越多,永久分区隔离煤柱宽度相对越小。

　　显然,离层注浆减沉技术理想的适用条件应为:各分区内关键层下部岩层能达到充分采动,使得关键层初次破断前离层量达最大值。此时,要求关键层初次破断的极限跨距要大,即覆岩中要存在典型厚硬的关键层。反之,当覆岩关键层的初次破断距较小,图 5 所示的分区宽度相应减小,从而导致关键层下岩层移动不充分,关键层下离层量较小,注浆量不大,此种条件是不适合采用离层注浆减沉技术的。

3.2 覆岩离层分区隔离充填减沉原理的模拟研究

采用数值模拟对前文所述的"离层区充填体＋关键层＋永久分区隔离煤柱"共同承载原理进行了初步研究,采用的数值模拟软件为 UDEC3.0。模型走向长度 500 m,垂直高度 210 m(图 6)。煤层为水平煤层,厚 2.5 m,距煤层 60 m 处有一层 40 m 厚的细砂岩,为本模型中覆岩主关键层。表土层厚 100 m,直接赋存在主关键层上。模型中各岩层岩性、厚度以及力学参数如表 1 所列。

表 1 数值计算模型各岩层赋存特征及力学参数

Table 1 Strata properties and mechanics parameter of the model

岩性	厚度 /m	弹性模量 /GPa	泊松比	重力密度 /(t/m³)	φ /(°)	抗拉强度 /MPa	内聚力 /MPa
表土层	100	1.0	0.29	2.0	5	0.02	0.01
细砂岩	40	18	0.25	2.7	41	7	10
砂质泥岩	60	4.6	0.22	2.5	25	3	4
煤	2.5	3.4	0.23	1.4	18	2.3	3
底板粗砂岩	7.5	6.5	0.18	2.7	30	4	4.5

模拟开采方案为:煤层采出宽度 80 m,分区隔离煤柱宽度 80 m,采出两个工作面(图 6)。分别模拟在覆岩主关键层下离层区进行充填与不充填两种状态下,分区隔离煤柱变形与受力状态。离层区充填体的增阻特性按矸石粉承载压缩特性的试验结果确定。

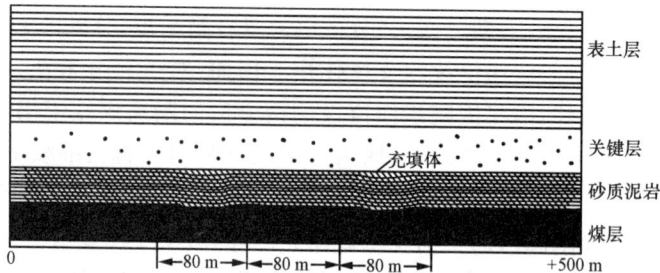

图 6 覆岩离层分区隔离充填减沉的数值模拟模型

Fig. 6 The numerical simulation model of isolated section-grouting
for the overburden bed separation space

图 7 为离层区充填与不充填时,分区隔离煤柱上支承压力分布的模拟结果。由图 7 可见,由于离层区充填体分担了部分覆岩载荷,作用在隔离煤柱上的载荷明显减小。模拟结果表明,离层区充填后煤柱承受载荷减小,与煤柱宽度相等而未充填的煤柱相比,其安全系数增大,因而在保持相同安全系数的前提下,采用离层区充填后可减少煤柱宽度,提高采出率。

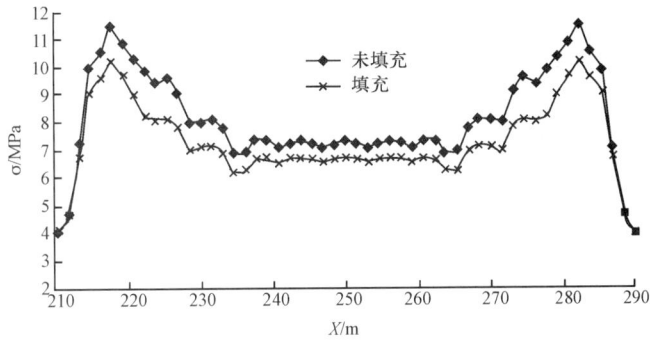

图 7   分区隔离煤柱上支承压力分布的模拟结果

Fig. 7   Simulation results of the loading on the barrier pillar

4   结　语

覆岩离层区充填减沉技术是煤矿绿色开采技术的重要组成部分。本文对覆岩离层动态演化规律的研究成果为覆岩离层区充填减沉技术的进一步发展提供了理论指导。作者提出的"覆岩离层分区隔离充填减沉法",目前正应用于淮北海孜煤矿巨厚火成岩条件下不迁村绿色开采试验,其实际减沉效果及适用条件有待深入研究。本文有关覆岩离层动态演化规律的研究成果对卸压煤层气开采中有关问题的研究有指导意义,限于篇幅不再赘述。

参 考 文 献

[1] 钱鸣高,缪协兴,许家林,等. 岩层控制的关键层理论[M]. 徐州:中国矿业大学出版社,2003.

[2] 许家林,钱鸣高. 关键层运动对覆岩及地表移动影响的研究[J]. 煤炭学报,2000,25(2):122-126.

[3] 许家林,钱鸣高. 覆岩关键层位置的判别方法[J]. 中国矿业大学学报,2000,29(5):463-467.

[4] 许家林,钱鸣高. 覆岩注浆减沉钻孔布置的研究[J]. 中国矿业大学学报,1998,27(3):276-279.

[5] 范学理. 中国东北煤矿区开采损害防护理论与实践[M]. 北京:煤炭工业出版社,1998.

[6] 张玉卓,徐乃忠. 地表沉陷控制新技术[M]. 徐州:中国矿业大学出版社,1998.

[7] 孟以猛,吕振先. 高压注浆减缓地表沉陷技术在大屯矿区的应用[J]. 世界煤炭技术,1993(4):24-26.

[8] 郭惟嘉,沈光寒. 华丰煤矿采动覆岩移动变形与治理的研究[J]. 山东矿业学院学报,1995,14(4):359-364.

[9] 张东俭,郭恒庆. 覆岩离层注浆技术在济宁矿区的应用[J]. 矿山测量,1999,(3)34-36.

[10] 张华兴,魏遵义. 离层带注浆的实践与认识[J]. 煤炭科学技术,2000,28(9):11-13.

[11] 钟亚平,高延法. 唐山矿覆岩注浆减沉的工程实践[J]. 矿山压力与顶板管理,2001(4):75-76.

[12] 于广明,杨伦,苏仲杰,等. 地层沉陷非线性原理、监测与控制[M]. 长春:吉林大学出版社,2000.

[13] 王金庄,康建荣,吴立新. 煤矿覆岩离层充填减缓地表沉陷机理与应用探讨[J]. 中国矿业大学学报,1999,28(4):331～334.

[14] 杨伦. 对采动覆岩离层充填减沉技术的再认识[J]. 煤炭学报,2003,27(4):352-356.

Study and Application of Bed Separation Distribution and Development in the Process of Strata Movement

Xu Jialin   Qian Minggao   Jin Hongwei

(Department of Mining Engineering, China University of Mining and Technology, Xuzhou 221008, China)

Abstract: The position, size, development characteristics and their influence factors of bed separations have been analyzed deeply by experimental and theoretical methods. The results show that bed separations mainly occur below the key strata, and the highest bed separation space is right below the primary key stratum. When a combined breakage occurs on two adjacent key strata, even if the upper stratum is thicker and stronger than the lower one, there will be no bed separations below the upper key stratum. The largest width and size of bed separations after the key stratum breaks for the 1st time only reach to about 25% ~ 33% of those occurred before the breakage. Therefore, grouting is best done before the key stratum breaks for the 1st time, and ensure that the key stratum would never break. In order to deal with the problem that the current bed separation grouting technology can not prevent the key stratum from breakage, the authors proposed the isolated section-grouting method for overburden bed separations by composing bed separation space grouting and pillar. This would be a technical progress in the bed separation grouting.

Keywords: strata movement; key stratum; bed separation; bed separation space grouting; green mining

覆岩采动裂隙椭抛带动态分布特征研究[①]

李树刚　　石平五　　　钱鸣高

（西安科技学院）　　　（中国矿业大学）

摘　要：本文分析了综放开采富含瓦斯厚煤层条件下覆岩关键层活动特征对裂隙带分布形态的影响，首次提出了上覆岩层中破断裂隙和离层裂隙贯通后在空间形成椭抛带分布，为合理确定瓦斯抽放方法和参数提供了理论依据。

关键词：椭抛带；综放开采；关键层；裂隙

1　引　言

采场覆岩中的关键层未破断失稳前，将以 Winkler 弹性地基结构形式产生挠曲下沉变形，此时关键层下部产生不协调的连续变形离层，如有亚关键层存在，则局部破断后的关键层（或岩层组）将形成砌体梁结构[1]，这将在主关键层下部产生非连续变形和连续变形之间的不协调性离层。

综放开采时采放高度的加大，使垮落带和规则移动带高度增大，上覆岩层活动范围增大，其内所产生的离层裂隙和破断裂隙为煤岩体中瓦斯运移和聚积提供了通道和空间。为有效治理综放开采时的瓦斯超限等问题，有必要分析综放开采时覆岩裂隙带的动态分布特征。

在靖远魏家地矿、阳泉五矿的现场观测及大同、石嘴山、铜川、韩城等局的调研中发现，富含瓦斯厚煤层综放开采时瓦斯超限最严重在初采期[2]，如阳泉五矿 8204 面初采时因绝对瓦斯涌出量达 97 m³/min 而被迫停产，强风（>2 400 m³/min）力排瓦斯后才恢复生产，因此综放前期覆岩采动裂隙带分布状态是本文的研究重点。

2　顶板初次来压前裂隙带的空间分布形态

相似模拟实验研究表明[2]，随综放面推进，上覆岩层具有明显的依次向上发展分层运动的破断与离层特征，即覆岩存在采动裂隙带，初次来压前其平面应力状态下的分布如图 1 所示，而在空间上采动裂隙带外边界为一近似的椭圆抛物面形状。

在直角坐标中，可用数学方程表示

$$\frac{x^2}{2a^2} + \frac{y^2}{2b^2} = \frac{z}{c} \tag{1}$$

---

①　本文发表于《矿山压力与顶板管理》，1999 年第 3-4 期，第 44～46 页。

式中,a 为椭圆长轴之半,即综放面推进距离之半;b 为椭圆短轴之半,即工作面长之半(图2);c 为岩层破断碎胀系数,可由实验测定。

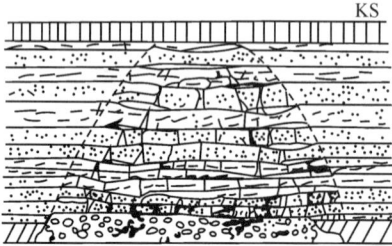

图 1　初次来压前覆岩采动裂隙带分布

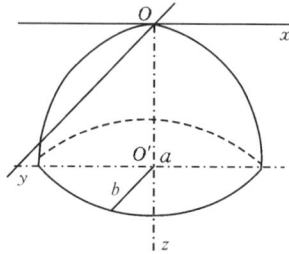

图 2　椭圆抛物面几何表示

其几何意义是,$2b$ 长的综放面推过 $2a$ 距离时,覆岩采动裂隙中的穿层破断裂隙和岩层层面离层裂隙相互贯通,在空间上产生形似椭圆抛物面的外部边界,称为外椭抛面;同时在实验中还观察到,综放面推进一定距离后,位于采空区中部的覆岩采动裂隙基本被压实,而被压实的边界亦可用近似的椭圆抛物面描述,称为内椭抛面。于是在整个采空区上覆岩层中,内外椭抛面之间形成帽状采动裂隙带,我们将此带称为椭圆抛物带,简称椭抛带。

对于任意和 a、b 同号的 h,$z=h$ 和曲面的截痕是平面 $z=h$ 上的椭圆。

$$\begin{cases} \dfrac{cx^2}{2a^2h} + \dfrac{cy^2}{2b^2h} = 1 \\ z = h \end{cases} \qquad (2)$$

综放开采意义上,$z=h(0<h\leqslant H_1)$,H_1 为直接顶垮落最大高度时,在煤岩层层面上将形成一个椭圆。同样,与内椭抛面切割亦有近似椭圆出现。

同理,在综放采场走向方向和倾斜方向的截面都呈抛物线性分布,其数学表达式分别为

$$\begin{cases} y^2 = \dfrac{2b^2z}{c} - \dfrac{b^2}{a^2}l^2 \\ x = l \end{cases} \qquad (3)$$

$$\begin{cases} x^2 = \dfrac{2a^2z}{c} - \dfrac{a^2}{b^2}b_1^2 \\ y = b_1 \end{cases} \qquad (4)$$

3　主关键层对椭抛带的影响及其特征

主关键层在采场覆岩变形和破坏中起着最主要的控制作用,其在覆岩中的位置不同,将直接影响到采动裂隙带的形状及特性,一般情况下可分三类。

3.1　主关键层位于椭抛带上方

主关键层只控制着覆岩弯曲下沉带岩层,其上出现与地表沉陷相对应的多层岩层同步协调变形,此时关键层下的椭抛带上部离层裂隙较发育、下部则有较多的破断裂隙,参见图1。

3.2　主关键层切割椭抛带

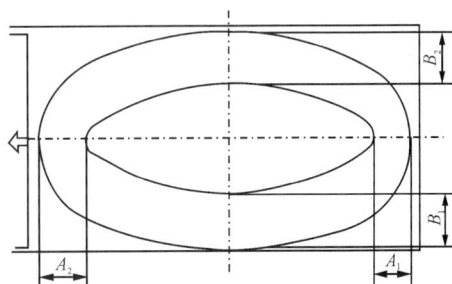

采场上覆岩层内将不再形成曲面轮廓(图3)，整个裂隙带呈椭球台状。其主要特点是，关键层下采动裂隙带较为发育，且以破断裂隙为主，而在关键层上方由于采动影响及关键层控制作用，将有较少的离层裂隙，但主关键层在覆岩活动过程中，亦将产生变形甚至破裂，因而其中也存在破断裂隙，仍可与其上离层裂隙贯通，为瓦斯向上运移提供通道。

3.3　充分采动后裂隙带层面的椭圆区展布

综放面经初次来压、周期来压等过程的充分采动后，其覆岩椭抛带在某种岩体构成中可能消失，但采动裂隙带层面展布的裂隙区仍为一近似的椭圆区，如图4所示。

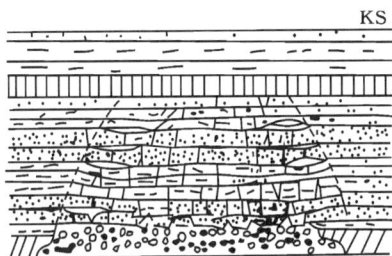

图3　主关键层切割椭抛带分布　　　　图4　覆岩采动裂隙层区面椭圆区

在分析多次模拟实验中发现，空间采动裂隙带不是恒定值，而与综放面开采时的初次来压步距 L_0 和周期来压步距 L_z 有密切关系。即切眼上方采空区裂隙带宽 A_1 约为初次来压步距 L_0，而在工作面上方裂隙带宽 A_2 则是变化的，其动态变化范围是

$$L_z < A_2 < 2L_z \tag{5}$$

因此，A_1、A_2 的具体值可视不同开采边界条件由弹塑性理论推出[3]，并可通过相似模拟实验测出。工作面端头附近采空区上方裂隙带宽，则视周边支承条件不同而有异，若在弹性地基上支承条件相同时，$B_1 = B_2$，一般条件下 $B_1 < L_0$。

4　结　语

(1)覆岩采动裂隙带并非传统认识中的层状分布，而是经破断裂隙与离层裂隙贯通后在初次来压前为椭抛带分布，层面切割为椭圆形裂隙发育区。

(2)裂隙带宽在初采边界处相当于初次来压步距，在综放面上方则变化在1~2倍的周期来压步距之间，因而裂隙带是动态变化的。

(3)覆岩主关键层对椭抛带的形成有重要影响，当关键层只控制弯曲下沉带岩层时，覆岩采动裂隙带是曲面轮廓较为连续的椭抛带，而当主关键层切割椭抛带后，整个裂隙带呈椭球台状，充分采动下椭抛带可能不存在，但层面上的椭圆裂隙区仍有展布。

(4)走向高抽巷布置在覆岩采动裂隙带内可充分抽排运移和聚积于此带的瓦斯；抽放钻孔终孔位置打在椭抛带内可有效抽放瓦斯，解决综放初期瓦斯严重超限问题。

参 考 文 献

[1] 钱鸣高,缪协兴,等. 岩层控制中的关键层理论研究[J].煤炭学报,1996(3).

[2] 李树刚. 综放开采围岩活动影响下瓦斯运移规律及控制[D].徐州:中国矿业大学,1998.

[3] 陈炎光,钱鸣高. 中国煤矿采场围岩控制[M].徐州:中国矿业大学出版社,1994.

综放采空区冒落特征及瓦斯流态[①]

李树刚　钱鸣高

（中国矿业大学）

摘　要：通过理论分析和现场观测,论述了综放采空区冒落岩体碎胀特性的不同使得其内瓦斯运移形态有所区别,为治理综放面上隅角瓦斯超限问题提供了依据。

关键词：碎胀系数；瓦斯运移；采空区；综放面；漏风

综放工艺之所以在富含瓦斯特厚煤层推广应用中遇到困难,很大程度是因为综放面上隅角易出现瓦斯超限。上隅角瓦斯主要源于采空区的瓦斯涌出,支架顶部断裂煤体、架后采空区遗煤及邻近层煤岩中的瓦斯涌出是采空区瓦斯的基本构成,而采空区内瓦斯含量及其流态往往受制于采空区矿压特征和顶板岩性所决定的空隙率及其漏风状况。随着我国矿井开采深度和生产规模的不断增扩,综放面瓦斯问题亦趋严重。

1　综放面采空区岩体冒落特征分析

采场上覆岩层受采动影响在垂直方向可形成冒落带、裂隙带和弯曲下沉带,水平方向形成煤壁支撑影响带、岩层离层带和重新压实带[1]。从采空区瓦斯运移特征看,采空区裂隙带及其下的冒落带岩体为关键区域。据采场上覆岩层移动理论,分析综放开采后采空区顶板和冒矸的碎胀特征,可将其划分为图 1 所示的三个区：a 为自然堆积区,b 为载荷影响区,c 为压实稳定区。

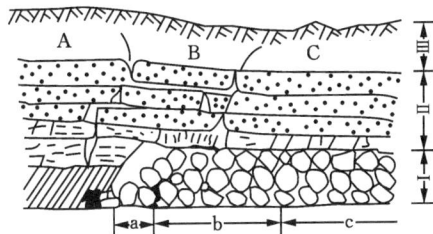

图 1　综放面覆岩分带及采空区分区

采空区冒落岩体的碎胀特征可用其碎胀系数表示,在距煤壁约一个周压步距内,老顶下沉量很小,冒落岩体与其上部顶板间有一定空隙,故冒矸呈自然堆积状态,其碎胀系数

---

①　本文发表于《矿山压力与顶板管理》,1997 年第 3-4 期,第 76～78 页。

K_{p1} 可由下式计算：

$$K_{p1} = \frac{\sum h - \Delta h + m_1 + m_2 \left[1 - (1-C)K_{pc}\right]}{\sum h} \tag{1}$$

式中，m_1，m_2 为机采煤厚及放煤厚度，m；$\sum h$ 为直接顶厚，m；Δh 为冒矸与顶板间隙，m；C 为顶煤回收率，%；K_{pc} 为采空区遗煤碎胀系数。

砌体梁结构力学模型表明开采后覆岩可能形成大结构，若此结构处于平衡状态，则其覆岩重量将由此结构传递到煤壁前方及采空区冒矸上；若此结构失稳[2]，冒矸将很快处于承压状态，并使采空区矿山压力再次升高，且顶板下沉使岩体的碎胀系数随之变化。考虑老顶断裂岩块回转时对采空区可能形成影响的变形量，即可求出载荷影响区岩体碎胀系数 K_{p2}[3]

$$K_{p2} = \frac{m_1 + m_2 + \sum h}{\sum h} - \frac{L_0(1-C)}{\sum h(L_0 - L)} m_2 K_{pc} \tag{2}$$

式中，L 为采空中煤点到煤壁的距离，m；L_0 为周期来压步距，m。

随工作面推进，支承压力不断前移，采空区压力逐渐趋于稳定。经过一段时间的重新压实，遗煤残余碎胀系数可近似为 1，因此，压实稳定区岩体碎胀系数 K_{p3} 为

$$K_{p3} = \frac{m_1 + m_2 + \sum h}{\sum h} - \frac{L_0(1-C)}{\sum h(L_0 - L)} m_2 \tag{3}$$

阳泉三矿 80606 综放面矿压观测表明，工作面推进 139 m 后采空区压实处于稳定状态[4]，岩体碎胀系数为 1.11，而当 L 达到足够远时，K_{p3} 将趋恒定。

为保护工作面两端，大多数综放采场各留 2～3 架上顶煤不放，完全遗留在采空区中，此处岩体碎胀系数可用下式计算：

$$K_{p4} = \frac{\sum h + (m_1 + m_2)(1 - K_{p2}) + H K_{pc}}{\sum h} \tag{4}$$

式中，H 为回风巷运输巷高度，m。

采场端头两巷经过采掘影响，其顶部附近正是老顶"O-X"形破断中圆弧形断裂破坏区，巷道回棚后，老顶下沉使离煤壁向采空方向 12～18 m 的冒矸很快被压实。

综放面采空区各处的遗煤和冒矸的压实程度差异很大，从而引起瓦斯运移方向和速度分布不同，主要是各点冒矸碎胀系数不尽相同。阳泉三矿观测得出图 2 所示的 K_p 值分布。

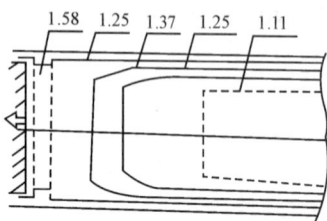

图 2　综放采空区内 K_p 值分布图

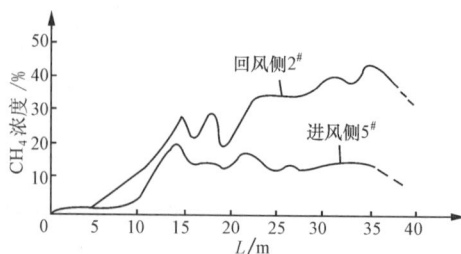

图 3　瓦斯浓度随采空区宽度变化图

2 综放面采空区瓦斯运移形态分析

综放开采特厚煤层后,一部分遗煤散落于采空区,其中含有部分瓦斯进一步解吸逸散;另外采空区周围煤岩体因受采动影响,在残余支承压力作用下,赋存于其中的瓦斯卸压,不同程度地沿裂隙通道涌入采空区。靖远局魏家地矿 110 综放面监测了瓦斯涌出形态,包括采空区瓦斯分布状态。监测采用 ASZ—2 矿井火灾预报监测装置和 KJ—10 矿井瓦斯监测系统,并用 FTH—1 通用红外气体仪分析采自采空区束管探头的气体。图 3 表示了瓦斯浓度随采空区宽度的关系曲线,工作面后方 20 m 内瓦斯浓度随采空区宽度增加而增大,之后回风侧瓦斯浓度随采空区宽度增加继续升高,最高达 44.6%,进风侧基本稳定在 12%～19% 范围内。

综放面采空区为遗煤及上覆岩层垮落后形成的非均质多孔介质充填体,其内气体流态是复杂的,往往同时存在层流区、过渡流区和紊流区,可用雷诺数 Re 差别

$$Re = q \cdot d / \nu \tag{5}$$

式中,q 为多孔介质中流体的比流量,m/s;d 为流场煤岩平均粒径,m;ν 为流体的运动黏性系数,m²/s。

一般,a 区风流流速较大,为紊流流态,其 Re 最大可达 265;在采空区深部 c 区,风流速度较小,$Re \leqslant 0.034$,属层流状态,其流动服从达西定律;在载荷影响 b 区,风流为过渡流和紊流状态,属非线性流区,其流动规律可用非线性渗流流动方程表示[5]

$$KJ = \frac{\nu}{g}\left(1 + \frac{qD_m\beta}{n\nu}\right)q \tag{6}$$

式中,K 为渗透率,二阶张量,对采空区可近似为标量 K,m²;J 为压力梯度,$J = -\nabla \cdot h$(∇ 为密顿算符,$\nabla = e_1\frac{\partial}{\partial x}$,$h$ 为压头,m);β 为介质颗粒形状系数;D_m 为多孔介质骨架的平均粒径,m;n 为空隙率,$n = 1 - 1/K_p$。

根据 Dupit-Forchheimer 方程 $q = nv$,式(6)可改写为

$$-\nabla h = (A + B\nu)v \tag{7}$$

式中,$A = \frac{\nu n}{Kg}$;$B = \frac{\beta D_m n}{Kg}$;$v$ 为介质渗流速度,m/s。此即采空区流体的非线性渗流定律,空隙率 n 同时影响着 A、B 两个参数。

3 综放采空区漏风引起上隅角瓦斯超限分析

式(7)表明,采空区漏风压头受制于其中流体渗流速度,而渗流速度与冒落岩体碎胀特性密切相关。可见采空区漏风状况直接影响其瓦斯分布及其运移。魏家地矿 110 综放面监测表明,综放面瓦斯绝对和相对涌出量分别比周期采压前增加了 44% 和 54%,来压期间,工作面上部 6～8 m 范围瓦斯浓度达 1.2%,即上隅角瓦斯超限,回风巷瓦斯浓度亦大,说明采空区内有丰富的由煤岩体解吸的游离瓦斯,并由漏风流带至采场。

自然堆积区邻近采场,碎胀系数 K_p 最大,漏风量较大,气体流动近似采场呈紊流流态,是瓦斯涌出较活跃区,瓦斯浓度变化在 0.38%～29.7% 之间;载荷影响区内,冒矸和遗煤承受上覆岩层载荷,K_p 值减小,相应的漏风量亦减少,氧浓度在直 10%～18% 之间,

煤岩体中的瓦斯在采空区矿压作用下,又在一定程度上经历着吸附解吸过程,空隙率的降低使得透气性亦降低,瓦斯运移通道不畅而易于聚集,瓦斯浓度变化在 33%～44.6% 之间,b 区范围约在采场后 20～120 m 内;压实稳定区内因风速过小,测不到漏风,氧含量降到 10% 以下,K_p 值很小,瓦斯运移困难,对采场构不成威胁。

4 结 语

(1)综放采场顶板的变形失稳经历不同,使采空区冒矸碎胀特性具有明显的分区性,可划分为自然堆积区、载荷影响区和压实稳定区。

(2)自然堆积区和载荷影响区是分析瓦斯流态的关键区域,顶板周期来压往往会引起上隅角瓦斯超限,故应对此区,尤其是载荷影响区内瓦斯进行埋管或钻孔抽放,由于冒矸空隙率较低而增加抽放难度,故应合理设计抽放参数。

参 考 文 献

[1] 钱鸣高,刘听成. 矿山压力及其控制(修订本)[M].北京:煤炭工业出版社,1991.
[2] 钱鸣高,何富连,等. 再论采场矿山压力理论[J]. 中国矿业大学学报,1994(3).
[3] 李树刚. 综放面采空区岩体碎胀特性分析[J]. 陕西煤炭技术,1996(4).
[4] 邸志乾,丁广骧. 放顶煤综采采空区"三带"的理论计算与观测分析[J]. 中国矿业大学学报,1993(1).
[5] 贝尔J. 多孔介质液体动力学[M]. 李竞生,等译.北京:中国建筑工业出版社,1983.

对我国煤层与瓦斯共采的几点思考[①]

李树刚　　　　钱鸣高　许家林　缪协兴

（西安矿业学院）　　　　（中国矿业大学）

摘　要：我国煤系地层赋存的瓦斯虽极具开采利用价值，但目前的开采效果并不理想。运用
　　　　岩层控制的关键层理论探讨了采动影响下的瓦斯大量运移和聚集特征，提出了煤层
　　　　和瓦斯安全高效共采的新思路并进行了效益分析。

关键词：煤层；瓦斯；关键层理论；煤层透气性；瓦斯抽放

　　我国煤炭储量丰富，目前已探明地质储量 5.6 万亿 t，同时也是世界上煤层瓦斯（煤层
气、煤层甲烷）资源最丰富的国家之一。据测算，仅陆地上烟煤和无烟煤煤田中 2 000 m
以浅煤层中蕴藏着 30 万亿～35 万亿 m³ 的煤层瓦斯资源。从可持续发展的战略眼光看，
煤矿仅开采原煤而不顾及其他的生产模式早已过时。事实上，我国煤矿多年来一直奉行
着既大量开采煤炭资源（已连续几年产量居世界之首）以满足国民经济建设快速发展的需
要和能源出口创汇，同时又大量抽排瓦斯以保证煤矿的安全生产和充分利用瓦斯资源（如
抚顺、阳泉及芙蓉等大矿区）的开发策略，但与先进产煤国的勘探开发现状比，仍有不小差
距。据统计，我国 42 个矿务局（公司）117 对矿井平均瓦斯抽放率仅为 16.5%[1]，最好的
抚顺矿区也只有 30%～50%。近年来我国在山西柳林、阜新刘家屯、铁法大兴等地进行
钻井开采煤层瓦斯试验，其效果并不理想，主要原因在于我国煤层瓦斯本身的赋存特征。

1　我国煤层瓦斯储层的低透气性及共生共储特征

　　与美国、俄罗斯、乌克兰和波兰等国相比，我国煤层瓦斯赋存有"两高三低"的明显特
性，即：① 煤层瓦斯贮存量高。中国矿业大学、淮南矿业学院和西安勘探分院（1989 年）
联合研究概标全国煤层瓦斯贮量为 33 万亿 m³，是美国的 3 倍还多。国内 68 个聚煤单
元，埋深 300～1 500 m 范围内煤层瓦斯资源量为 25 万亿 m³，主要分布在华北、西北和华
南地区[2]。② 煤层吸附瓦斯能力高。③ 煤层瓦斯压力较低。大部分瓦斯压力为 0.5～
3.0 MPa，仅少数矿井煤层深达 800～1 000 m 处出现高压区，瓦斯压力为 5.0～8.5
MPa，而美国布莱克沃里尔（Black Warrior）及圣胡安（San Juan）盆地在深 600～822 m 处
瓦斯压力可达 5.6～8.8 MPa。④ 煤层在水力压裂等强化措施下形成常规破裂裂隙所占
比例低。美国布莱克沃里尔盆地裂隙半长在 76～91.44 m，而我国仅有 30 m 左右，抚顺

---

　　① 本文发表于《煤》，1999 年第 2 期，第 4～6 页。

煤田钻孔影响范围可达 50 m。⑤ 煤层瓦斯储层渗透系数低。绝大多数在 $10^{-12}\,m^2$ 以下,渗透系数最大的是抚顺煤田,约为 $5.4\times10^{-10}\sim3.87\times10^{-9}\,m^2$。其中煤层渗透性是煤层瓦斯开采的关键性参数,但低渗透性等特征在一定程度上给煤层瓦斯的勘探和开采带来困难。

煤层渗透性与煤的孔隙结构、破坏特征、矿山压力、瓦斯含量、瓦斯的吸附解吸特性、煤温度及煤岩中水分均有密切关系。多年的开采实践表明,采动过程中,煤层瓦斯运移状态发生变化,矿山压力对煤层渗透性变化有决定性作用,而渗透性变化又对瓦斯的聚集与排放(涌出)、瓦斯压力的分布起重要作用。

我国煤矿年抽放瓦斯量近 6 亿 m^3,多年的科研和抽放实践表明:瓦斯和煤岩体具有"共生"、"共储"的特点,即煤岩体既是瓦斯气体的生气源岩,又是储气岩;生储于煤岩体中的瓦斯只有在煤层被开采和围岩体在采动影响下变形、移动及破断失稳后才会有大量的运移,其中包括渗流、扩散、升浮、向回采空间自然涌出或人工抽排等正常运移和超限聚集、突出、喷出及倾出等异常运移。事实已表明,我国不宜完全像美国那样大规模直接进行地面钻井(孔)抽放瓦斯,而应该着力于采动影响下层状岩体应力分布和裂隙分布与煤层瓦斯运移形态的研究和实践,从而高效安全地开采煤炭和瓦斯这两种优质资源。

2 采动岩体关键层理论为煤层和瓦斯共采研究注入新的活力

地下矿体的采出会引起采场围岩体内应力重新分布,进而引起围岩的变形、破坏和运动,导致围岩裂隙状态的变化。采场围岩活动会造成各类顶板事故、人员伤亡及巷硐破坏,在煤岩层内部会引起水体和瓦斯气体运移状态的改变,严重时将危及工作面的安全生产(如煤与瓦斯突出、底板突水等),在地面会引起地表的开裂和沉陷,造成对地表建(构)筑物、农田水体的损害。因此国内外学者都十分重视采动围岩活动规律及其控制的研究。

事实上,缘于成岩时间、矿物成分和地质构造的不同,煤岩层中各层厚度和力学特性等方面存在着不同程度的差别,而其中一些较坚硬厚岩层在采场围岩变形和破坏中起主要的控制作用,它们以某种力学结构支承上部岩体的压力,而它们破断后形成的结构形式(如砌体梁)又直接影响着采动矿压显现和岩层移动。钱鸣高院士把这种在岩层活动中起主要控制作用的一层或几层坚硬岩层称为关键层[3]。关键层的变形、破裂、形成结构和运动将在采场围岩中引起大范围的岩层活动,这种活动下可影响到采场、支架和底板岩体,上可影响到地表,因此说关键层结构模型可作为采场矿压、岩层移动和地表沉陷等研究的统一基础。

问题的关键还在于,采场覆岩关键层未破断失稳前,将以 Winkler 弹性地基板或梁的结构形式产生挠曲下沉变形,此时关键层下部将产生不协调性的连续变形离层,如有亚关键层存在,则局部破断后的关键层(或岩层组)将形成砌体梁结构,这将在主关键层下部产生非连续变形和连续变形之间的不协调性离层[4]。亚关键层与亚关键层、亚关键层与主关键层都破断形成砌体梁结构后,在覆岩中形成非连续变形的不整合性离层,这种离层将发生在开采边界的四周,而非中部。离层量大小取决于已破断关键层的断裂块度、垫层软散系数及开采深度。

覆岩离层裂隙和破断裂隙的存在及其变化形态为工作面回采过程中本煤层瓦斯和邻

近层(含围岩)瓦斯运移和聚集提供了通道和空间,而在此形成过程中,关键层的结构、破断及失稳对煤岩层中瓦斯运移产生很大影响。而采场瓦斯大量快速涌出或异常涌出是关键层初次破断或周期破断失稳的一种矿山压力显现,对于开采含瓦斯煤层而言,关键层理论及其控制实践为煤层与瓦斯共采研究注入新的活力,通过关键层变形、活动规律的研究,掌握瓦斯运移和聚集的通道和时间,采取合理有效的抽放措施,即可达到安全共采之目的。

3　主关键层失稳前后覆岩断裂带的空间分布

覆岩采动断裂带分布并非传统认识中的位于垮落带之上的层状均匀分布。通过数值模拟和物理模拟等方法的研究可知,主关键层下部将产生较为显著的离层变形,而且在主关键层破断失稳前离层与破断裂隙贯通后在空间上构成形似椭圆抛物面内外边界所包围的椭抛带状分布,其层面切割为椭圆形(又称"O"形圈)的裂隙发育区,即可供于瓦斯运移和聚集的裂隙空间为开采四周上部范围内,其中部已被垮矸压实而少见宏观裂隙,这样在剖面上形成抛物带状分布。

充分采动后,主关键层经历了初次破断和周期破断,覆岩裂隙椭抛带不复存在,但层面展布的椭圆形裂隙区仍将出现。而且断裂带宽在初采边界处相当于关键层初次破断步距,而在回采面上方断裂带宽变化在1~2倍的周期破断距范围内。

由此可见,覆岩断裂带的空间分布及来自本煤层和邻近层瓦斯运移聚集都将随工作面开采而处在动态变化过程中,因此相应的抽排瓦斯技术要遵循这种变化规律。由流体力学原理知,采动中来自本煤层或邻近层的瓦斯高浓度聚集,因与周围环境气体(有效风或漏风)存在密度差而升浮,在浮力作用下沿断裂带上升过程中不断掺入周围气体使涌出源瓦斯与环境气体的密度差渐减至零,瓦斯则会聚集(漂浮)在断裂带上部较发育的离层裂隙内,瓦斯升浮高度与本煤层及邻近层瓦斯含量和涌出强度成正比。混入矿井空气中的瓦斯在其浓度梯度作用下会引起气体分子向上的普通扩散和压强扩散。瓦斯的"升浮—扩散"理论解释了覆岩采动断裂带是瓦斯运移和聚集带,这为断裂带内钻孔抽放巷道排放瓦斯技术措施提供了科学依据。

4　煤层与瓦斯共采的关键技术

现场测定和实验研究表明,采动后支承压力对开采煤层的渗透系数变化起主导作用,采场前方应力集中带内煤层渗透系数极低而瓦斯压力在增大,故其内瓦斯涌出量会下降;当开采煤层卸压围岩松动后,瓦斯涌出量会急剧增加,渗透系数值增大很多,可达数百倍,并使解吸流量也增加很多,此即"卸压增流效应"。由此得出结论:不论原始渗透系数怎样低的煤层,在采动影响煤层卸压后,其渗透性会急剧增加,煤层内瓦斯渗流速度大增,煤层涌出量也随之剧增,漏风影响会使涌出瓦斯升浮扩散至覆岩采动断裂带,这为瓦斯抽排提供了极便利条件,此即主张的我国矿山煤层与瓦斯"共采"理论根据之所在。

由此可见,无论在煤壁前方及覆岩采用钻孔抽放、巷道排放或地面钻井(孔)抽放何种措施,都应将巷道或钻井(孔)终孔点布置在瓦斯运移活跃区和聚集富有区。可实现的关键技术有:① 工作面前方瓦斯卸压增流区内合理布置边采边抽钻孔;② 利用采动区(半封闭式采空区)井(孔)以替代采空区井(孔),据采动过程中覆岩断裂带的动态变化,合理布置井(孔)位置,高浓度抽出瓦斯;③ 在覆岩采动断裂带内布置走向高抽巷、倾向高抽巷或水平长距离(500～600 m)大直径(200～300 mm)钻孔抽放断裂带内富集瓦斯;④ 采用保护层开采技术,其中综放开采中的预采顶分层或邻近层作为保护层开采等,既可使坚硬顶板预破碎以减缓采场矿压显现程度,又可使卸压范围内瓦斯运移速度加快、流量增加,充分抽排瓦斯。当然,为保证工作面安全回采,可预测瓦斯大量涌出或涌出异常,这种涌出是矿山压力的一种显现,因而是可预测的。

5 煤层与瓦斯共采可实现的良好效益

自有煤炭开采以来,易燃易爆的瓦斯曾导致无数次矿毁人亡的重大恶性事故,然而主要成分为甲烷的煤层瓦斯却具有其他能源无法比拟的无污染、无油污等多种优点,实现煤层与瓦斯两种资源有效共采,定会获得良好的经济效益和社会效益。

以淮北芦岭矿为例,该矿为设计能力 2.4 Mt/a 的高瓦斯突出矿井,煤层瓦斯含量为 15 m^3/t,−1 200 m 以上水平煤炭可采储量 371 Mt,瓦斯储量 64 亿 m^3,现年产煤达 1.85 Mt,瓦斯涌出量为 31.62×10^6 m^3/a。该矿针对煤层厚、煤质松酥及透气性低(6.7×10^{-11} m^2)等特点,充分利用煤层开采后形成的采动裂隙椭圆形发育区特征,采用地面垂直采动区孔、顶板长距离水平钻孔和顶板穿层钻孔相匹配抽放瓦斯[5],供 4 000 户居民燃用。以每户每年用燃煤 3 t 计,居民燃用煤可节约 12 kt,节支 180 万元/a,井口气价按 1.0 元/m^3 计,每户日供气 1 m^3,则可增收 146 万元,两项合计为 326 万元,经济效益十分可观;瓦斯作为原料,可用于发电,可一次性加工为合成氨、甲醇、乙炔、氢气等产品,其使用价值更高;以等效发热量计,1 000 m^3 瓦斯相当于 4 t 原煤,若年瓦斯涌出量之 80% 能充分利用,可节省原煤 101.2 kt/a,而且解决了瓦斯排放对环境的污染。

实现煤层与瓦斯共采,可减少工作地点的瓦斯涌出量,保证工作面安全生产,基本消除采掘工作中煤与瓦斯突出现象,减轻矿井通风负荷,降低工作面风速,减少煤尘飞扬,改善劳动环境;瓦斯利用,变废为宝,作为生活燃料方便卫生,是优质的"绿色能源"[6],会使职工劳动热情增高、企业凝聚力增强;既可减少因燃煤造成的环境污染,又可消除瓦斯直接排放大气所造成的污染,以芦岭矿年节燃煤 12 kt 计,则全年减少排放 SO_2 约 96 t、烟尘 768 t,提高了大气环境质量。

两淮煤田埋深 2 000 m 以浅保有和预测煤炭储量 86.7 Gt,煤层瓦斯资源量 90.87×10^{10} m^3[7],这样丰富的煤炭和瓦斯资源,若能安全高效地"共采",则对华东经济发展极具重大的战略意义。更进一步讲,我国现有矿井中 30% 以上为高瓦斯突出矿井,随着矿井开采规模和深度的不断扩大,由瓦斯引起的事故隐患将逐渐增大,可见煤层与瓦斯共采理论和技术的研究和应用是一个意义重大的课题。

6 结 语

我国煤层瓦斯赋存特征决定了只有在煤层开采过程中才可有效地抽排快速运移大量聚集的瓦斯,其内涵包括两个方面,一方面可消除开采过程中由瓦斯引起的事故威胁,二是可充分利用采动岩体变形活动特征,探讨煤岩体内瓦斯运移聚集规律,以采取合理有效技术开发和利用优质的瓦斯资源,从而取得良好的社会经济效益,改善大气环境,促进煤炭工业的可持续发展。

参 考 文 献

[1]　屠锡根,王佑安,王震宇. 我国煤矿瓦斯防治工作现状与展望[J]. 煤矿安全,1995(2):3-7.

[2]　杨锡禄. 煤层气勘探开发进展[J]. 煤田地质与勘探,1996(1):29-32.

[3]　钱鸣高,缪协兴,许家林. 岩层控制中的关键层理论[J]. 煤炭学报,1996(3):225-230.

[4]　钱鸣高,缪协兴. 采动岩体力学——一门新的应用力学研究分支学科[J]. 科技导报,1997(3):29-31.

[5]　许家林,刘华民. 采空区瓦斯抽放钻孔布置的研究[J]. 煤炭科学技术,1997(4):28-30.

[6]　谢正义. 芦岭煤矿居民用上"绿色能源"[N]. 科技日报,1998-06-16(6).

[7]　刘华民. 安徽两淮煤田煤层气开发利用现状及前景[J]. 中国煤层气,1997(2):21-24.

煤层采动后甲烷运移与聚集形态分析[①]

李树刚 　　　　　钱鸣高 　　　　　石平五

（西安科技学院　710054）　　（中国矿业大学，徐州　221008）　　（西安科技学院　710054）

摘　要： 富含甲烷厚煤层经综采放顶煤方法开采后，甲烷运移通道和聚集空间随采场上覆岩层活动特征和导气裂隙带空间分布形态而不同。本文分析了煤层采动后采场覆岩关键层活动特征对导气裂隙带分布形态的影响，提出了上覆岩层中破断裂隙和离层裂隙贯通后在空间形成的椭抛带分布，阐述了卸压甲烷在椭抛带的升浮—扩散运移理论，为实现煤层与甲烷的安全共采提供了科学依据。

关键词： 采动裂隙；煤层气；运移；聚集；椭抛带

1　引　言

煤层甲烷主要以吸附状态储集在煤演化过程中形成的三维储集网络内。勘查、开发和利用煤层甲烷将有助于改善能源结构和生态环境，促进煤炭工业可持续发展。美国煤层甲烷的年产量占天然气总产量的 5%，相当于我国天然气年总产量[1]。我国自 20 世纪 80 年代开始煤层甲烷的勘探开发，先后在山西柳林、河北大城、阜新刘家屯、安徽淮南等地进行钻井开采煤层甲烷试验，但日产气量超过 1 000 m³ 之探井数目不多，且产气量不甚稳定，主要原因在于我国煤层甲烷本身的赋存特征。

与美国相比，我国煤层甲烷赋存有"两高三低"的明显特征[2]。即：

① 煤层甲烷贮存量高，国内 68 个聚煤单元、埋深 300～1 500 m 内煤层甲烷资源量为 25 万亿 m³，是美国的 3 倍还多。

② 煤层吸附甲烷能力高。

③ 煤层甲烷压力较低。大部分甲烷压力为 0.5～3.0 MPa，而美国布莱克沃里尔（Black Warrior）及圣胡安（San Juan）盆地在深 600～822 m 处甲烷压力可达 5.6～3.8 MPa。

④ 煤层在水力压裂等强化措施下形成常规破裂裂隙所占比例低。美国布莱克沃里尔盆地裂隙半长在 76～91.44 m，而我国仅有 30 m 左右，抚顺煤田钻孔影响范围可达 50 m。

⑤ 煤层甲烷储层渗透系数低。绝大多数在 0.001 mD 以下，渗透系数最大的是抚顺

---

① 本文发表于《煤田地质与勘探》，2000 年第 5 期，第 31～33 页。

煤田,约为 0.54~3.87 mD。其中煤层渗透性是煤层甲烷开采的关键性参数,但低渗透性等特征在一定程度上给煤层甲烷的勘探和开采带来困难。

煤在演化过程中形成的煤层甲烷,在煤岩层内基本上处于平衡状态。只有在巷道掘进、煤层开采过程中,或在进行煤层甲烷抽放时,煤岩层内甲烷在压力差作用下发生流动,涌出到采掘形成的空间(工作面),或运移聚集于采动形成的导气裂隙带。采动过程中,煤层甲烷运移状态发生变化,矿山压力对煤层渗透性变化有决定性作用,而渗透性变化又对甲烷的聚集与排放(涌出)、甲烷压力的分布起重要作用。我国煤矿年抽放甲烷量近 6 亿 m³,科研和抽放实践表明:煤岩体既是甲烷气体的生气源岩,又是储气岩;生储于煤岩体中的甲烷只有在煤层被开采和围岩体在采动影响下变形、移动及破断失稳后才会有大量的运移。事实已表明,我们不宜完全像美国那样大规模直接进行地面钻井(孔)抽放甲烷,而应该着力于采动影响下层状岩体应力分布和裂隙分布与煤层甲烷运移形态的研究和实践,从而高效安全地开采煤炭和甲烷两种优质资源。

2　综放采场顶板初次来压前导气裂隙带的空间分布形态

综放开采时采放高度加大使垮落带和规则移动带高度增大。上覆岩层活动范围的增大,其内所产生的离层裂隙(bed-separated fissures)和破断裂隙(broken fissures)为煤岩体中甲烷运移和聚集提供了通道和空间。我们在靖远魏家地矿、阳泉五矿的现场观测及大同、石嘴山、铜川、韩城等局的调研中发现,富含甲烷厚煤层在综放开采初期甲烷超限最严重,如阳泉五矿 8204 面初采时因绝对甲烷涌出量达 97 m²/min 而被迫停产,强风(>2 400 m³/min)力排甲烷后才恢复生产,因此综放前期覆岩采动裂隙带分布状态是本文研究的重点。

相似模拟实验研究表明[2],随综放面推进,上覆岩层具有明显的依次向上发展分层运动的破断与离层特征,即覆岩存在采动裂隙带。初次来压前其平面应力状态下的分布如图 1 所示,而在空间上采动裂隙带外边界为一近似的椭圆抛物面形状。

在直角坐标中,可用数学方程表示:

$$\frac{x^2}{2a^2}+\frac{y^2}{2b^2}=\frac{z}{c} \tag{1}$$

式中,a 为椭圆长轴之半,即综放面推进距离之半,m;b 为椭圆短轴之半,即工作面长之半,m,如图 2 所示;c 为岩层破断碎胀系数,可由实验测定。

图 1　初次来压前覆岩采动裂隙带分布　　　　图 2　椭圆抛物面几何表示

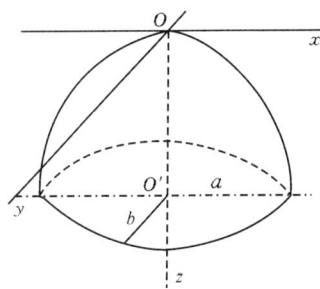

其几何意义是，$2b$ 长的综放面推过 $2a$ 距离时，覆岩采动裂隙中的穿层破断裂隙和岩层层面离层裂隙相互贯通，在空间上产生形似椭圆抛物面的外部边界，谓之外椭抛面；同时在实验中还观察到，综放面推进一定距离后，位于采空区中部的覆岩采动裂隙基本被压实，而被压实的边界亦可用近似的椭圆抛物面描述，谓之内椭抛面。于是在整个采空区上覆岩层中，内外椭抛面之间形成帽状采动裂隙带，我们将此带称为椭圆抛物带（elliptic paraboloid zone），简称椭抛带（EPZ）。

对于任意和 a、b 同号的 h（裂隙带发育高度），$z=h$ 和曲面的截痕是平面 $z=h$ 上的椭圆：

$$\begin{cases} \dfrac{cx^2}{2a^2h} + \dfrac{cy^2}{2b^2h} = 1 \\ z = h \end{cases} \tag{2}$$

综放开采意义上，$z=h$（$0<h\leqslant H_1$，H_1 为直接顶垮落最大高度，m）时，在煤岩层层面上将形成一个椭圆。同样与内椭抛面切割亦有近似椭圆出现。同理，EPZ 在综放采场走向方向和倾斜方向的截面都呈抛物线性分布，其数学表达式如下：

$$\begin{cases} x^2 = \dfrac{2a^2z}{c} - \dfrac{a^2}{b^2}b_1^2 \\ y = b_1 \end{cases} \tag{3}$$

$$\begin{cases} y^2 = \dfrac{2b^2z}{c} - \dfrac{b^2}{a^2}l^2 \\ x = l \end{cases} \tag{4}$$

其推导方法见文献[2]。

进一步的研究还表明，主关键层在采场覆岩变形和破坏中起着最主要的控制作用[1]。其在覆岩中的位置不同，将直接影响到采动裂隙带的形状及特性。主关键层位于椭抛带上方，它只控制着覆岩弯曲下沉带岩层，其上出现与地表沉陷相对应的多层岩层同步协调变形，此时关键层下的椭抛带上位离层裂隙较发育，下位则有较多的破断裂隙。主关键层切割椭抛带情况下，采场上覆岩层内将不再形成曲面轮廓较为连续的 EPZ，整个裂隙带呈椭球台状，其主要特点是，关键层下采动裂隙带较为发育，且以破断裂隙为主。而在关键层上方由于采动影响及关键层控制作用，将有较少的离层裂隙，但是主关键层在覆岩活动过程中，亦将产生变形甚至破裂，因而其中也存在破断裂隙，仍可与其上离层裂隙贯通，为甲烷向上运移提供通道。综放面经初次来压、周期采压等过程的充分采动后，其覆岩椭抛带在某种岩体构成中可能消失，但采动裂隙带层面展布的裂隙区仍为一近似的椭圆区。

在分析多次模拟实验中发现，空间采动裂隙带不是恒定值，而与综放面开采时的初次采压步距 L_0 和周期来压步距 L_z 有密切关系。即切眼上方采空区裂隙带宽 A_1 约为初次来压步 L_0，而在工作面上方裂隙带宽 A_2 则是变化的，其动态变化范围是：

$$L_z < A_2 < 2L_z \tag{5}$$

因此，A_1、A_2 的具体值可视不同开采边界条件由弹塑性理论推出[3]，并可通过相似模拟实验测出。

3 煤层甲烷在导气裂隙带的升浮—扩散形态

由环境流体力学原理可知,甲烷在导气裂隙带升浮,其控制微分方程组内含连续方程、动量方程、含有物守恒方程和状态方程,并服从相似性假定和卷吸假定。通过积分计算可得甲烷沿流程上升与源点距离 Z 有下列比例关系[2]:

$$Q \propto Z^{5/3}, m \propto Z^{4/3}, W_m \propto Z^{-1/5}, b \propto Z, \Delta \rho \propto Z^{-1/5} \tag{6}$$

式中,Q 为单位质量流体的比质量通量;m 为比动量通量;W_m 为断面中心的最大流速;b 为浮伞流断面的半厚度;$\Delta \rho$ 为浮伞流密度差。

推导及计算结果表明,煤层开采中甲烷涌出的不均衡性及其高浓度聚集,与周围环境气体存在密度差而升浮,在浮力作用下沿裂隙带破断裂隙上升过程中不断掺入周围气体(漏风及邻近层或围岩甲烷),使涌出源甲烷与环境气体的密度差渐减至零,瓦斯则会聚集(漂浮),在裂隙带离层裂隙较发育的上部,瓦斯升浮高度与本煤层及邻近层甲烷含量及涌出强度成正比。

甲烷分子在其本身浓度(或密度)梯度的作用下,由高浓度向低浓度方向运移,即扩散。显然,综放采场及其覆岩导气裂隙带内都有产生甲烷扩散的条件。对于甲烷扩散的研究,常通过气体运动过程中的分子运动论来分析。

由 Boltzmann 所建立的非平衡态气体分子速度分布函数入手可推知[4],甲烷在其密度梯度作用下会引起气体分子的普通扩散和压强扩散,一般由于空气的重力产生向下的压强梯度,则由甲烷产生的扩散流方向与压强梯度反向,即甲烷具有向上扩散的趋势。

这样,从理论上解释了采动裂隙带是甲烷运移及聚集带,为覆岩采动裂隙带内钻孔抽放、巷道排放甲烷技术措施提供科学依据。限于篇幅,具体技术方案将在另文述及。

4 结 论

(1)富含甲烷厚煤层采动后,其储层渗透系数大为增加,从而引起甲烷气体大量运移和高浓度聚集于覆岩采动导气裂隙带。

(2)采动导气裂隙带经破断裂隙与离层裂隙贯通后在初次来压前为椭抛带分布,层面切割为椭圆形裂隙发育区。裂隙带宽在初采边界处相当于初次来压步距,在综放面上方则变化在 $1 \sim 2$ 倍的周期来压步距之间,因而裂隙带是动态变化的。

(3)走向高抽巷布置在覆岩采动裂隙带内可充分抽排运移和聚集于此带的甲烷;地面或井下抽放钻井(孔)终孔位置确定在椭抛带内可高纯度抽放甲烷,既可以解决综放初期甲烷严重超限问题,又可实现煤层与甲烷的安全共采。

参 考 文 献

[1] 杨锡禄. 煤层气勘探开发进展[J]. 煤田地质与勘探,1996,24(1):29-32.
[2] 李树刚. 综放开采围岩活动影响下甲烷运移规律及控制[D]. 徐州:中国矿业大学,1998.
[3] 钱鸣高,缪协兴,等. 岩层控制中的关键层理论研究[J]. 煤炭学报,1996(3):225-230.
[4] 应纯同. 气体输运理论及应用[M]. 北京:清华大学出版社,1990.

Methane Migration and Accumulation State After Seam Mining

Li Shugang

(Xi'an University of science and Technology)

Qian Minggao

(China University of Mining and Technology)

Shi Pingwu

(Xi'an University of science and Technology)

Abstract: The pathway of methane migration and methane accumulation space are varying with both of activities in overburden and the occurrence pattern of fractured zones after comprehensive mining in methane-rich thick coal seams. The influences of variation caused by mining operation in over key seams to pattern of fractured zone occurrence are analyzed. It is proposed that of the crush zone and separated-bed zone were connected, a elliptic parabolic-shaped zone would be formed. The lift-diffusion theory of methane from relieved zone in the elliptic parabolic-shaped zone is explained, that will be served as scientific base for coal and gas production.

Keywords: fracture caused by mining; coalbed methane; migration; accumulation; parabolic zone

地面钻井抽放上覆远距离卸压煤层气试验研究[①]

许家林　钱鸣高

（中国矿业大学 采矿工程系，江苏 徐州　221008）

摘　要： 通过模拟和实测，对下保护层开采后其上覆远距离煤层的卸压效果进行了研究，并在淮北桃园矿开展了地面钻井抽放上覆远距离卸压煤层气试验。结果表明，下解放层开采后其上覆远距离煤层能充分卸压，将地面抽放钻井打到采动裂隙"O"形圈内，可将其卸压煤层气大面积抽放出来，为我国煤层气开采提供了一条新途径，具有推广应用前景。

关键词： 上覆远距离煤层；煤层气；卸压抽放；地面钻井

　　煤层气是矿井瓦斯的主要来源，煤层气的开发在我国逐渐兴起。开发煤层气的方法主要有两类：一类是采后卸压抽放，另一类是采前地面钻井抽放。煤层气抽放效果主要取决于煤层裂隙发育程度与渗透率大小。采前地面钻井抽放方法在美国的圣胡安和黑勇士煤田的应用取得了较好效果[1]，它普遍采用水力压裂等人工方法增加煤层裂隙和渗透率[2]。我国具有较丰富的煤层气资源，预计总贮量达 14 万亿 m^3（单位含量 4 m^3/t 以上，埋藏 2 000 m 以浅）[3]，但相对美国煤层气开发成功的煤盆地而言，中国煤层的渗透率普遍偏低[4]，其中相当部分煤层不具备采前地面钻井抽放条件，因而，对采后卸压抽放方法仍不能忽视。煤层开采将引起围岩及煤层应力场和裂隙场的变化，增加了煤层裂隙和渗透率，相对开采煤层而言，可将卸压瓦斯分为以下 3 类：① 本煤层卸压瓦斯；② 邻近层卸压瓦斯；③ 上覆远距离煤层卸压瓦斯。其中①和③会涌入回采工作面及其采空区，引起工作面瓦斯积聚，而③不能流入开采工作面。国内外卸压瓦斯抽放是从开采工作面安全生产出发，主要研究本煤层与邻近层卸压瓦斯抽放，而对上覆远距离煤层卸压瓦斯的抽放缺乏研究。本文在理论研究的基础上，从煤层气资源开发出发，在淮北桃园矿开展了上覆远距离卸压煤层气抽放的工业性试验。

1　试验矿井条件

　　桃园矿属高瓦斯矿井，深部有瓦斯突出危险。瓦斯分布不均匀，上组煤（3、4、5、6 煤）及下组煤（10 煤）瓦斯含量低，中组煤（7、8、9 煤）瓦斯含量较高，其透气性系数平均仅为 0.03 m^2/(MPa^2·d)。1018 工作面为桃园矿首采面，开采 10 煤层。采区上、中组煤薄而

---

① 本文发表于《中国矿业大学学报》，2000 年第 1 期，第 78～81 页。

不可采。1018 面成为其上覆中组煤的下保护层。工作面走向长 460 m,倾斜长 50~184 m,采深平均为 530 m。煤层采高 2.2 m,全部垮落法管理采空区。井下钻孔与地面钻井取样测得的 1018 面上方中组煤瓦斯含量见表 1。

表 1 1018 面上覆中组煤瓦斯含量
Table 1 Gas content of the middle group coal seam

煤层	距 10 煤顶板距离 /m	煤厚 /m	瓦斯压力 /MPa	瓦斯含量 /(m³/t)	煤厚稳定性
9	84	0.57	1.03	5.91	不稳定,局部缺失
8	118	0.26	0.79	5.59	不稳定,局部缺失
7	148	0.83	0.72	5.57	稳定

2 煤层卸压特征的模拟

中组煤距开采煤层垂直距离在 84 m 以远,属于上覆远距离煤层。10 煤层开采后中组煤能否卸压及其渗透率增大程度将决定地面钻井的瓦斯抽放效果。只有当上覆远距离煤层充分卸压且渗透率显著增大,地面钻井抽放上覆远距离卸压煤层气方法才能比采前地面钻井水力压裂抽放方法更具优越性,技术上也才具有可行性。为此,对 10 煤层开采后中组煤卸压效果及其渗透率变化开展了研究。

2.1 相似材料模拟

为了研究 10 煤层开采后中组煤的卸压程度及范围,做了 3 个相似材料模型实验,其中沿煤层走向模型 2 个,沿倾向模型 1 个。

实验结果表明,竖向破断裂隙仅在 10 煤顶板 30 m 高度以下有明显发展,30 m 以上以离层裂隙为主。为了定量描述中组煤离层的发育程度,采用了离层率指标,它反映了单位厚度岩层的膨胀率,同时反映了煤层的卸压程度与渗透率的变化。保护层开采试验结果表明[5],当煤层的膨胀率增加 0.2%~0.3% 时,煤层将充分卸压,其渗透率将增大数十倍。因此,可将膨胀率 0.3% 作为煤层充分卸压及渗透率明显增大的临界值。图 1 为 7 煤沿走向距切眼 30,113 m 处的膨胀率变化与工作面相对位置的关系。

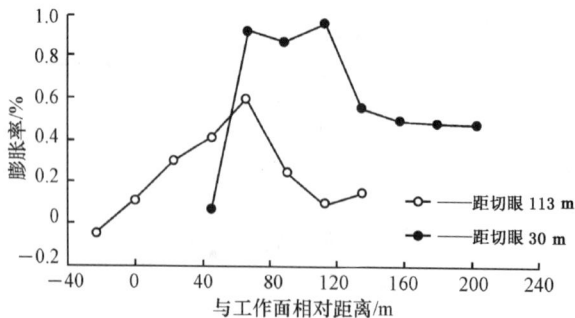

图 1 7 煤层膨胀率变化曲线
Fig.1 Curves of expanding ratio of seam No.7

　　由图 1 可见,随着下部 10 煤工作面的推进,7 煤任一点的膨胀率经历小→大→小的过程,一般在工作面采过 60 m 左右时膨胀率达到最大(0.59%～0.90%)。因此,7 煤层得到充分卸压,其渗透率也将显著增大。在工作面采过 100～150 m 后,位于采空中部的煤层趋于重新压实,其膨胀率低于 0.3%,而在采空区四周仍存在一个未压实的"O"形圈[6],其膨胀率仍大于 0.3%,具有较好的导气性。实验结果表明,8 煤与 9 煤在 10 煤开采后也都能达到充分卸压,其膨胀率发育过程具有与 7 煤相同的特点。

2.2　数值模拟

　　采用离散元软件 UDEC[2D] V3.0 对 10 煤层开采后覆岩及中组煤的垂直应力变化进行模拟,从应力场变化来论证中组煤的卸压效果。计算模型沿走向长 800 m,沿垂向高 200 m,300 m 表土层以载荷形式施加在上边界,根据模型实验岩层破断块度划分块体。

　　随工作面推进覆岩垂直应力变化模拟结果如图 2 及图 3 所示。图 2 为距切眼 40 m 与 100 m 处 9 煤垂直应力变化与工作面相对位置关系,图 3 为工作面由切眼推进 400 m 时覆岩垂直应力分布等值线图。由图 2 可见,在工作面采过 50～100 m 时,9 煤垂直应力降至最小接近于 0,已充分卸压。当工作面采过 200 m 后垂直应力又升高并趋于稳定,且位于采空区中部的垂直应力已基本恢复至原岩应力,但在采空区四周仍保持一个垂直应力降低区(如图 3 所示),它与膨胀率发育的"O"形圈是对应的。

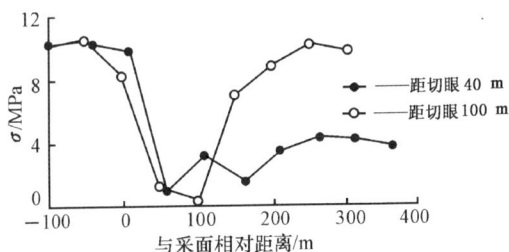

图 2　9 煤垂直应力变化的模拟

Fig. 2　Simulation of vertical stress for seam No. 9

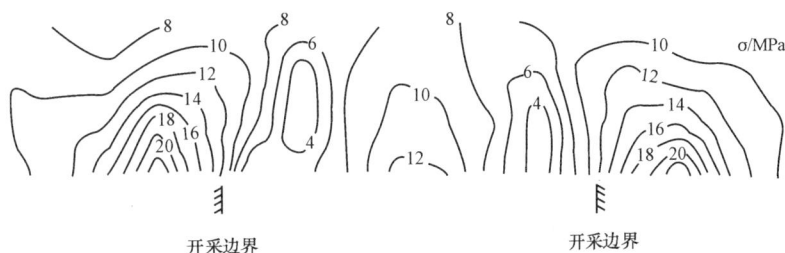

图 3　覆岩垂直应力分布等值线图

Fig. 3　Isoline of vertical stress distribution of overburden strata

3 卸压煤层气抽放试验

3.1 地面抽放钻井布置

煤层卸压瓦斯的流动是一个连续的两步过程:第一步,以扩散的形式,瓦斯从没有裂隙的煤体中流到周围的裂隙中去;第二步,以渗流的形式,瓦斯沿裂隙流到抽放钻孔处,采动裂隙成为瓦斯流动的通道,"O"形圈相当于一条"瓦斯河",周围煤岩体中的瓦斯解吸后通过渗流不断地汇集到这条"瓦斯河"中。因此,将卸压瓦斯抽放钻孔打到采动裂隙"O"形圈内,可以保证钻孔有较大的抽放范围、较高的瓦斯抽放率。根据这一原则确定了桃园矿 1018 面上覆中组煤卸压煤层气地面抽放钻井 94—W_1 沿走向与倾向的位置。

94—W_1 井开口直径 190 mm,中组煤段下直径 89 mm 筛管,作为抽放中组

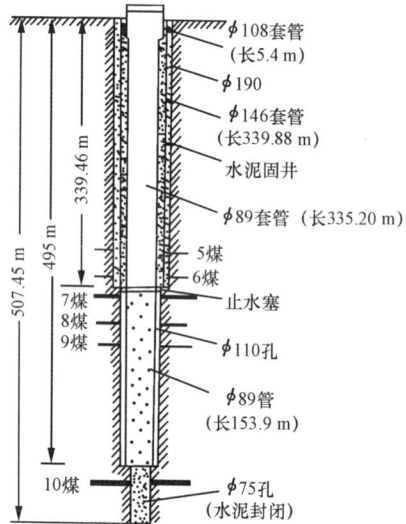

图 4 94—W_1 瓦斯抽放钻井结构示意图
Fig. 4 Structure diagram of the gas well 94—W_1

煤卸压煤层气通道,钻井结构如图 4 所示。采用 YD—1 型移动瓦斯抽放泵站,利用孔板流量计测量瓦斯流量。

由于 94—W_1 钻井施工中水泥固井段一直延续到 7 煤顶板,因此 94—W_1 钻井仅可抽放 7 煤、8 煤、9 煤中卸压煤层气。根据中组煤卸压范围的模型实验结果及钻井位置,确定出 94—W_1 井有效抽放范围内的卸压瓦斯储量估算结果如表 2 所列。

3.2 抽放效果

94—W_1 地面煤层气井从工作面推过钻井 25 m 开始抽放,至工作面推过钻井约 309 m 停机撤人,连续抽放 15 个月。抽放期间,瓦斯浓度一直保持在 90% 以上,抽放负压保持在 85.3 kPa 左右。94—W_1 井总计抽放 CH_4 约 0.18 hm^3,最大日抽放瓦斯达 1 008 m^3/d,平均日抽放瓦斯 521 m^3/d。按表 2 估算的 94—W_1 井有效抽放范围卸压瓦斯储量计算,94—W_1 井的瓦斯抽放率达到 64.1%。图 5 为平均单位时间瓦斯抽放量与工作面采过钻井距离的回归曲线。

表 2 94—W_1 井有效抽放范围内卸压瓦斯储量估算
Table 2 Calculation of relieved gas reserves around the gas well 94—W_1

煤 层	9 煤	8 煤	7 煤	合 计
走向长/m	230	230	230	
最大倾斜长/m	160	180	200	
卸压瓦斯储量/hm^3	0.114	0.042	0.124	0.28

94—W$_1$ 井成井后,曾利用井口压力表多次对钻井内瓦斯压力进行测量。图 6 为停泵关井后钻井内瓦斯压力上升曲线,图中三条曲线分别为钻井抽放前、已抽放近 10 个月、已抽放近 15 个月瓦斯压力测定曲线,三次测定的最大压力分别为 0.75,0.22,0.07 MPa。可见,随着抽放,钻井内瓦斯压力不断降低,中组煤得到完全卸压与解放。上覆远距离煤层的卸压瓦斯若不能流入其下开采煤层采空区,当岩层逐渐压实后,瓦斯压力又逐渐回升上去,起不到解放作用。但 94—W$_1$ 井抽放实践表明,开采下保护层的同时配合被解放层卸压瓦斯的抽放,那么下保护层的有效解放高度是可以扩大的。

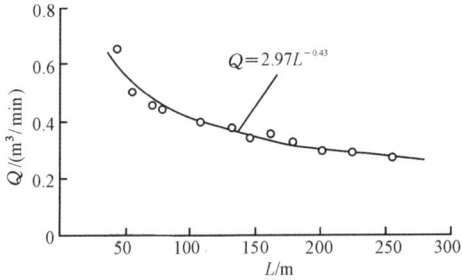

图 5　瓦斯抽放量回归曲线

Fig. 5　Regression curve of gas drainage rate

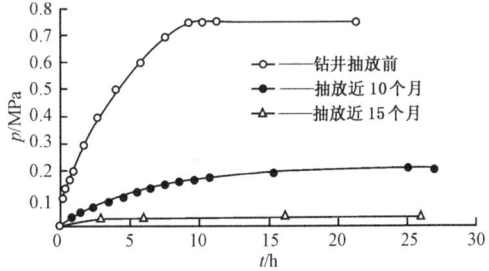

图 6　钻井瓦斯压力测定曲线

Fig. 6　The measured gas pressure in the gas well

4　推广应用前景

地面钻井抽放上覆远距离卸压煤层气试验是成功的,为我国煤层气资源开发提供了一条新途径。同时,该方法扩展了开采下保护层的应用范围,为煤层与瓦斯突出防治提供了新途径。在我国淮北、淮南、阳泉、平顶山等矿区具备推广应用前景。

如淮北芦岭矿 8 煤层平均厚 9 m 左右,煤层瓦斯含量平均达 15 m^3/t 以上。瓦斯是限制 8 煤高效开采的主要因素,且大量瓦斯资源得不到开发利用而白白浪费。若芦岭矿采用上行开采程序,即先开采 8 煤下方 70 m 处的 10 煤层,并采用地面钻井抽放 8 煤层卸压瓦斯,既可根本解决芦岭矿 8 煤层顶分层开采或放顶煤开采的瓦斯危害,又可充分抽放出 8 煤层丰富的煤层气资源。芦岭矿 8 煤层厚度是 94—W$_1$ 井中组煤厚度的 5 倍以上,吨煤瓦斯含量是 94—W$_1$ 井中组煤瓦斯含量的 3 倍左右,可以预计其地面钻井卸压瓦斯平均抽放量将达 6 000 m^3/d。若一个地面钻井的服务年限按 1 年计算,年抽放甲烷总量可达 2 hm^3,其年经济效益将达 300 万元左右。

对于阳泉矿区,若先采下部 15 煤,则其上覆 10~15 层富含瓦斯煤层得到卸压,采用本方法可以最大限度地抽出其卸压煤层气资源,且可以一劳永逸地解决开采 15 煤上覆各煤层瓦斯危害问题。如以阳泉五矿为例,15 煤上部有 10~15 层不可采薄煤层,累计厚度平均达 11.0 m。若各煤层瓦斯含量平均按 15 m^3/t 计,则可以预计地面钻井卸压瓦斯抽放量将达 9 000 m^3/d,单井年抽放量将达 3 hm^3。

地面瓦斯抽放钻井受覆岩移动的影响而破断,是目前影响该技术推广应用的一个重要因素。地面抽放钻井的破坏主要为岩层间水平错动导致,在硬岩层之间更易出现错断。

如何避免打到"O"形圈内的抽放钻井发生错断,还需作进一步研究。

5 结 论

(1) 理论与试验研究证明,下保护层开采后其上覆远距离煤层能充分卸压,将地面抽放钻井打到采动裂隙"O"形圈内,可将其卸压煤层气大面积抽放出来。

(2) 桃园矿地面钻井抽放上覆远距离卸压煤层气试验连续抽放 15 个月,平均日瓦斯抽放量 521 m³/d,有效抽放半径 100 m 以上,抽放率达 64%,试验取得了成功。为我国煤层气开采提供了一条新途径,在许多矿区具备推广应用前景。

(3) 上覆远距离卸压煤层气抽放实践证明,只要对上覆煤层卸压瓦斯进行抽放,则下保护层的解放高度是可以扩大的。

研究工作得到了淮北矿务局刘华民高工、李大伟高工、蔡国玉高工的大力支持。

参 考 文 献

[1] 孙茂远,黄盛初,朱超. 世界煤层气开发利用现状[J]. 中国煤炭,1996(4):51-53.

[2] PALMER I D. 煤层甲烷储层评价及生产技术[M]. 秦勇,译. 徐州:中国矿业大学出版社,1996.

[3] 中国煤田地质总局. 中国煤层气资源[M]. 徐州:中国矿业大学出版社,1998.

[4] 叶建平,史保生,张春才. 中国煤储层渗透性及其主要影响因素[J]. 煤炭学报,1999,24(2): 118-122.

[5] 俞启香. 矿井瓦斯防治[M]. 徐州:中国矿业大学出版社,1992.

[6] 钱鸣高,许家林. 覆岩采动裂隙分布的"O"形圈特征研究[J]. 煤炭学报,1998,23(5):466-469.

Study on Drainage of Relieved Methane From Overlying Coal Seam Far Away From the Protective Seam by Surface Well

Xu Jialin   Qian Minggao

(Department of Mining Engineering,CUMT,Xuzhou,Jiangsu 221008,China)

Abstract:Based on physical and numerical simulation,it has been proved that the pressure of overlying coal seam far away from the protective seam can be relaxed completely after the protective seam has been mined out. Its relieved methane can not flow down into the working face of the protective seam but can be drained out from the "O-shaped" circle of mining-induced fractures by surface well. The method has been used successfully in Taoyuan Colliery and has provided a new way for many gassy mines in China to exploit coal bed methane resource.

Keywords:overlying coal seam; coal bed methane; drainage of relieved methane; surface gas well

基于岩层移动的"煤与煤层气共采"技术研究[①]

许家林　钱鸣高　金宏伟

(中国矿业大学能源科学与工程学院,江苏 徐州　221008)

摘　要：研究了岩层移动对煤层气卸压运移的影响。结果证明,覆岩关键层的破断运动对邻近层煤层气涌出的动态过程起控制作用;覆岩主关键层位置决定下保护层可能的最大卸压高度。

关键词：岩层移动;煤与煤层气共采;关键层;绿色开采

煤层气开采方法分为煤层采前预抽与采动卸压抽放。研究表明[1-3],我国埋深 2 000 m 以内具有 30 万亿～35 万亿 m^3 煤层气资源,但煤储层普遍具有变质程度高、渗透率低、压力小和含气饱和度低的特点,70% 以上煤层的渗透率小于 $1.0 \times 10^{-3} \mu m^2$,这对我国开展煤层气采前预抽极为不利。正因为如此,我国已钻的 200 多口采前地面煤层气井中,稳产、高产井很少,单井产量超 3 000 m^3/d 的也只有约 30 口,如何提高煤层采前渗透率是尚未解决的难题。实践表明,一旦煤层开采引起岩层移动,即使是渗透率很低的煤层,其渗透率也将增大数十倍至数百倍,这就为煤层气运移和开采创造了条件。因而,卸压煤层气抽放将是我国煤层气开采的重要途径。我国煤矿卸压瓦斯抽放工作一直在进行并取得了很大进展,但煤矿抽放瓦斯的主要目的还是为了采煤安全,而不是将瓦斯作为一种有用的资源进行开采,大部分矿井抽放瓦斯未能利用而直接排放到大气中。目前,我国卸压瓦斯抽放总体上仍存在抽出率低及钻孔工程量大的问题,瓦斯总体抽出率仅为 23%。如何基于岩层移动规律进行卸压瓦斯抽放方案的优化、提高瓦斯采出率将是我国煤矿卸压瓦斯抽放进一步研究的主要方向。基于岩层控制的关键层理论及煤矿绿色开采思想提出的"煤与煤层气共采"的基本观点[4-6]为:将煤层气作为一种资源,充分利用采煤过程中岩层移动对瓦斯卸压作用并根据岩层移动规律来优化抽放方案、提高抽出率,在煤层开采时形成采煤和采煤层气两个完整的开采系统,即形成"煤与煤层气共采"技术,从采掘部署上把瓦斯抽放当做正规的开采工艺流程,从时间、空间与资金上给予保证,对抽放瓦斯进行利用。本文就"煤与煤层气共采"技术有关问题开展深入研究。

1　关键层运动对上邻近层瓦斯涌出的影响

关键层理论研究证明[5],覆岩关键层对岩层移动动态过程与采动裂隙的分布起控制

---

① 　本文发表于《煤炭学报》,2004 年第 2 期,第 129～132 页。

作用,因而关键层运动将影响邻近层瓦斯涌出动态。笔者就阳泉五矿综放工作面岩层移动对邻近层瓦斯涌出动态的影响开展了研究。阳泉五矿主采 15 煤,其上部 6~8 层不可采薄煤层及石灰岩中富含瓦斯。15 煤采用综放开采后,邻近层瓦斯大量涌入,为此在距 15 煤顶板 60~70 m 处布置走向高抽巷抽放邻近层卸压瓦斯。但高抽巷不能有效地解决初采期瓦斯超限问题。如 8110 综放工作面由开切眼推进至 27~38 m 段,瓦斯超限时间总计 383 h,瓦斯超限影响天数为 9 d。因瓦斯严重超限,累计断电 17 次,停产 40 h。表 1 为阳泉五矿已开采的 6 个综放工作面(采面斜长 140~170 m)初采期瓦斯涌出统计结果。由表 1 可知,15 煤综放工作面初采期瓦斯涌出呈现 4 阶段特征:阶段 I,由切眼推进至 0~16.1 m,工作面瓦斯涌出量平均为 3.2 m³/min,为 15 煤本层瓦斯,邻近层瓦斯未涌入;阶段 II,由切眼推进至 16.1~24.5 m,邻近层瓦斯涌出明显增加,工作面瓦斯涌出量平均升至 10.5 m³/min;阶段 III,由切眼推进至 24.5~38.5 m,邻近层瓦斯涌出进一步增加,工作面瓦斯涌出量平均升至 22.7 m³/min;阶段 IV,由切眼推进至 38.5 m 后,走向高抽巷开始大量抽出瓦斯,工作面瓦斯涌出量降至 4.0 m³/min。

表 1　15 煤综放工作面初采期瓦斯涌出特征统计结果

Table 1　The statistical datum about the characteristics of methane effusion in the top-coal caving face of 15th coal seam

参　　数	邻近层瓦斯涌出特征			
	邻近层瓦斯没有涌入工作面	邻近层瓦斯涌出第 1 次峰值	邻近层瓦斯涌出第 2 次峰值	高抽巷开始大量抽出瓦斯
推进距离/m	<10.1~21.5/16.1	10.1~21.5/16.1	20.6~26.0/24.5	37~41.6/38.5
瓦斯涌出量/(m³/min)	1.3~6.44/3.2	7.5~16.0/10.5	17.0~29.0/22.7	1.5~6.1/4.0

对 15 煤覆岩典型柱状的关键层位置判别和物理模拟实验结果表明,图 1(a)覆岩范围有 3 层关键层,由下往上依次为:关键层 1 为距 15 煤顶板 7 m、厚 6 m 的细砂岩;关键层 2 为距 15 煤顶板 13.5 m、厚 5.3 m 的 K_2 石灰岩;关键层 3 为距 15 煤顶板 30 m、厚 6.6 m 的细砂岩。3 层关键层的初次破断运动对初采期岩层移动由下往上发展过程和邻近层瓦斯涌出动态起控制作用。随工作面推进,岩层移动将呈图 1 所示的 3 个阶段:阶段 1[图 1(a)],由开切眼推进 16 m 左右,关键层 1 破断,导致 14 煤和 K_2 石灰岩中瓦斯涌入下部采空区,从而引起采面瓦斯涌出的第 1 次峰值;阶段 2[图 1(b)],由开切眼推进 25 m 左右,关键层 2 破断,导致 13 煤和 K_3 石灰岩中瓦斯涌入下部采空区,从而引起采面瓦斯涌出的第 2 次峰值;阶段 3[图 1(c)],由开切眼推进 39 m 左右,关键层 3 破断,导致覆岩破裂范围发展到走向高抽巷,走向高抽巷开始大量抽出瓦斯,邻近层卸压瓦斯大部分由高抽巷抽出,采面瓦斯涌出量明显降低。

走向高抽巷布置不适应初采期岩层移动和邻近层瓦斯涌出规律而不能及时起作用,是造成初采期瓦斯严重超限的原因,为解决 15 煤综放工作面初采期瓦斯严重超限问题,高抽巷在距开切眼 40 m 以内的布置必须遵循上述初采期覆岩移动规律[7]。

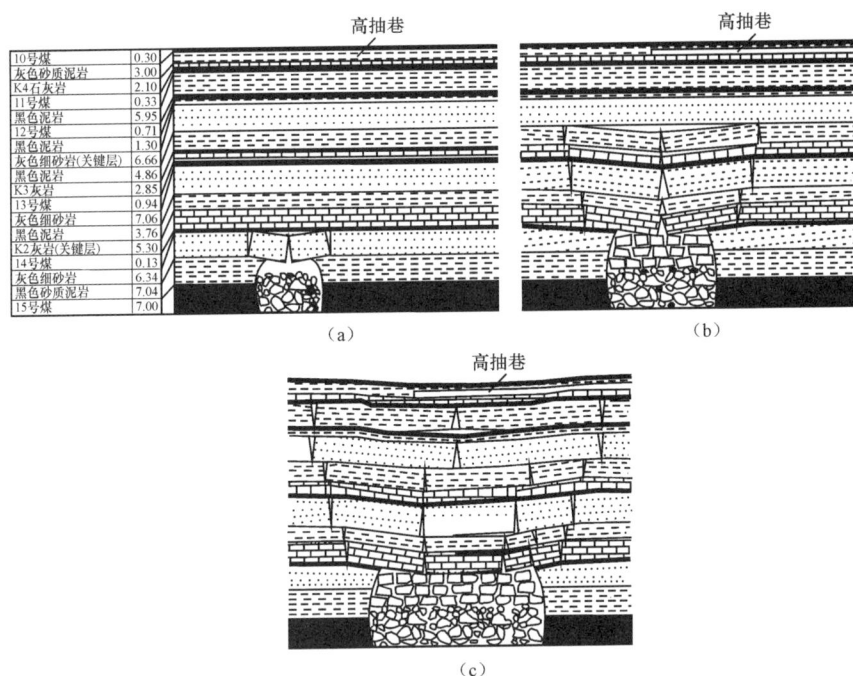

10号煤	0.30
灰色砂质泥岩	3.00
K4石灰岩	2.10
11号煤	0.33
黑色泥岩	5.95
12号煤	0.71
黑色泥岩	1.30
灰色细砂岩(关键层)	6.66
黑色泥岩	4.86
K3灰岩	2.85
13号煤	0.94
灰色细砂岩	7.06
黑色泥岩	3.76
K2灰岩(关键层)	5.30
14号煤	0.13
灰色细砂岩	6.34
黑色砂质泥岩	7.04
15号煤	7.00

图 1　阳泉 15 煤综放工作面初采期覆岩移动动态

Fig. 1　Strata movements at the initial mining stage in the top-coal

caving face of 15th coal seam in Yangquan

2　主关键层对下保护层卸压高度的影响

我国从 20 世纪 50 年代开始使用保护层开采技术,形成了独具特色的保护层开采与瓦斯抽放相结合的综合措施[8,9]。但长期以来,对层间岩性及其组合对保护层有效保护范围的影响研究不多,下保护层卸压范围的临界垂距仅能按经验参数取值[9],未能给出具体开采条件下保护层开采最大卸压范围的理论判别方法。由于关键层破断前其下部将出现离层现象,因而其下部岩层必将出现膨胀和应力降低的卸压过程。研究表明[5],覆岩离层位置的最大发育高度将止于覆岩主关键层,因而,这一卸压过程将终止于主关键层,主关键层上部岩层将不产生卸压,也就是说,主关键层位置将决定覆岩卸压的可能最大高度。

采用数值模拟研究对上述推断进行验证。二维 UDEC 计算模型为:走向长度 450 m,垂直高度 357 m,煤层为水平煤层,厚 2.5 m,工作面开采深度为 352 m。共计算了 2 个模型,模型 1 在煤层上方 250 m 处有 1 层厚 30 m 的主关键层,而模型 2 没有。图 2 为煤层采出 150 m 后,在煤层上方 240 m 处对应的垂直应力分布曲线和岩层膨胀率分布曲线。由图 2 可见,当煤层上方 250 m 处存在厚 30 m 主关键层时,煤层上方 240 m 处垂直应力降和岩层膨胀率都明显大于无主关键层的条件,说明主关键层的存在使得卸压高度明显增大。模拟结果表明,模型 1 主关键层上部岩层的压力降和岩层膨胀率接近于 0,说明岩层卸压高度止于主关键层,主关键层位置决定覆岩卸压的最大高度。因此,判别具体开采条件下主关键层位置,即可确定下保护层开采的理论最大卸压高度。主关键层下岩层的卸压程度大小还受煤层采高、主关键层距煤层高度及主关键层厚度与极限悬跨步距等影响,有关定量关系有待进一步研究。

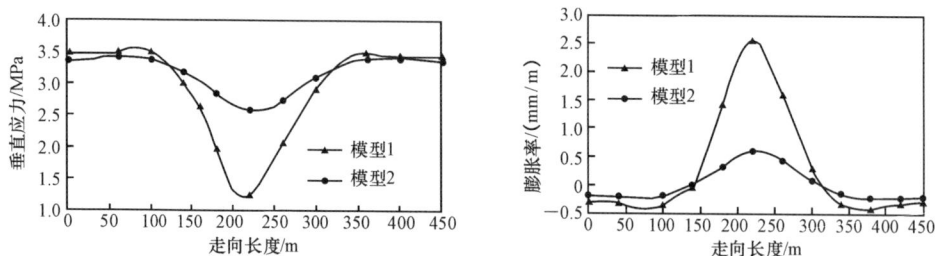

图 2　煤层上方 240 m 处岩层垂直应力和岩层膨胀率分布

Fig. 2　The distribution curves of vertical stress and expansion ratio above the seam 240 m

3　"煤与煤层气共采"技术体系及示例

按卸压瓦斯的来源及卸压瓦斯抽放方法的不同,构建了"煤与煤层气共采"技术体系(图3)。对煤层群开采条件,应优先考虑利用开采保护层的方法来实现"煤与煤层气共采";而对于单一高瓦斯煤层开采条件,目前要实现"煤与煤层气共采"仍存在较大的技术难度,文献[10]提出了一条新的大胆思路。

岩层采动裂隙动态分布规律的研究成果为卸压瓦斯抽放钻孔优化布置提供了理论指导,提出的卸压瓦斯抽放钻孔布置的"O形圈"理论已在淮北、阳泉、淮南等矿区的上覆远距离煤层卸压煤层气抽放、邻近层卸压煤层气抽放、本煤层采空区卸压煤层气抽放中得到成功试验与应用[4,7,11,12]。淮北芦岭煤矿为煤与瓦斯突出矿井,8 煤层为高瓦斯煤层,10 煤层为低瓦斯煤层,两煤层的平均间距为 70 m。8 煤层在 −400 m 水平瓦斯含量为 16 m³/t,预计矿井煤层气储量达 7 亿 m³。由于 8 煤层原始透气性太低,芦岭煤矿瓦斯抽放率一直徘徊在 15% 左右。8 煤层开采过程中瓦斯涌出量大,影响采煤的高产高效,对安全生产造成了严重的威胁,建井以来多次发生瓦斯突出与爆炸事故,且大量的煤层气资源由通风排放到大气中,造成资源的浪费和环境的破坏。只有高效抽放 8 煤层瓦斯,减少 8 煤层开采瓦斯涌出量,才能实现芦岭煤矿的高效、绿色开采。

淮北桃园煤矿曾利用 1018 工作面 10 煤层开采过程中覆岩移动对上覆远距离煤层的卸压作用,成功地开展了地面钻井开采上覆远距离卸压煤层气的工业性试验[12]。根据桃园矿卸压煤层气开采试验的成功经验和芦岭煤矿开采条件,提出芦岭煤矿"煤与煤层气共采"技术方案,即改变芦岭煤矿现行的下行开采程序,而采用上行开采程序,即先开采 8 煤层下方 70 m 处瓦斯含量较低的 10 煤层,利用 10 煤层开采过程中上覆岩层移动对 8 煤层的卸压作用,提高 8 煤层的透气性,同时利用地面钻井高效开采 8 煤层的卸压煤层气,形成高效的"煤与煤层气共采"系统(图4)。预计其地面钻井平均卸压煤层气产量将达 6 000 m³/d,单井年采煤层气总量可达 2 hm³,8 煤层瓦斯采出率将提高到 60% 以上。待 10 煤层开采结束和 8 煤层卸压煤层气大部分被抽放后,再开采 8 煤层。为了实现上述

"煤与煤层气共采"技术方案,芦岭煤矿必须彻底转变观念,将煤层气作为一种资源,调整8煤层与10煤层的开采顺序,全面推行上行开采程序,从采掘部署上将8煤层卸压瓦斯开采当做正规的开采工艺流程,并对开采煤层气进行利用。

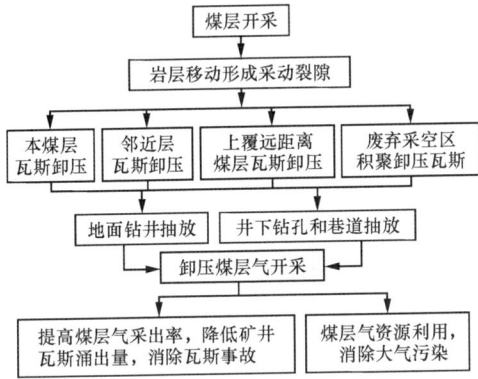

图 3　"煤与煤层气共采"技术体系

Fig. 3　The technical system of coal and coal-bed methane simultaneous extraction

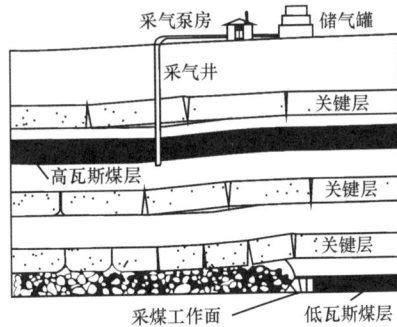

图 4　芦岭矿"煤与煤层气共采"方案

Fig. 4　The scheme of "coal and methane simultaneous extraction" in Luling Mine

4　结　语

利用煤层开采引起的岩层移动对煤层渗透性的增大作用,在采煤的同时高效开采卸压煤层气,即形成"煤与煤层气共采"技术,将是我国煤层气开采的重要途径,也是煤矿绿色开采技术的重要内容之一。岩层移动与采动裂隙分布规律是"煤与煤层气共采"技术研究的重要理论基础。卸压瓦斯在采动裂隙场中的渗流规律、岩层移动对卸压瓦斯抽放钻孔的破坏及其防护对策等方面还有待进一步研究。

参　考　文　献

[1]　叶建平,史保生,张春才. 中国煤储层渗透性及其主要影响因素[J]. 煤炭学报,1999,24(2):118-122.

[2]　周世宁,鲜学福,朱旺喜. 煤矿瓦斯灾害防治理论战略研讨[M]. 徐州:中国矿业大学出版社,2001.

[3]　黄盛初,朱超,刘馨,等. 中国煤矿区煤层气开发产业化前景[A]//2001 年煤矿区煤层气项目投资与技术国际研讨会论文集[C]. 徐州:中国矿业大学出版社,2001. 5-11.

[4]　钱鸣高,许家林,缪协兴. 煤矿绿色开采技术[J]. 中国矿业大学学报,2003,32(4):343-348.

[5]　许家林. 岩层移动与控制的关键层理论及其应用[D]. 徐州:中国矿业大学,1999.

[6]　李树刚,钱鸣高,许家林,等. 对我国煤层与瓦斯共采的几点思考[J]. 煤,1999,8(2):4-6.

[7]　许家林,钱鸣高,武钢,等. 综放面邻近层瓦斯抽放孔(巷)布置的优化[J]. 矿山压力与顶板管理,1998(增刊):126-129.

[8]　于不凡. 我国预防煤和瓦斯突出的主要措施[J]. 工业安全与防尘,1990(4):15-20.

[9]　林柏泉,崔恒性. 矿井瓦斯防治理论与技术[M]. 徐州:中国矿业大学出版社,1998.

[10] 周世宁,林伯泉,李增华. 高瓦斯煤层开采的新思路及待研究的主要问题[J]. 中国矿业大学学报,2001,30(2):111-113.

[11] 许家林,刘华民. 采空区瓦斯抽放钻孔布置的研究[J]. 煤炭科学技术,1997,25(4):28-30.

[12] 许家林,钱鸣高. 地面钻井抽放上覆远距离卸压煤层气试验研究[J]. 中国矿业大学学报,2000,29(1):78-81.

Study on "Coal and Coal-bed Methane Simultaneous Extraction" Technique on the Basis of Strata Movement

Xu Jialin   *Qian Minggao*   *Jin Hongwei*

(School of Energy Science and Engineering, China University of Mining & Technology, Xuzhou 221008, China)

Abstract:The impact of strata movement on the flow pattern of the pressure－relieved coal－bed methane was researched. The result showed that the breakages and movements of the overlying key strata control the dynamic process of coal-bed methane effusion on the adjacent strata, and the location of the primary key stratum will determine the maximum released height above the lower protective seam.

Keywords:strata movement; coal and coal-bed methane simultaneous extraction; key stratum; green mining

岩层采动裂隙分布在绿色开采中的应用[①]

许家林　钱鸣高

(中国矿业大学能源科学与工程学院,江苏 徐州　221008)

摘　要：岩层采动裂隙分布的研究与水体下和承压水上采煤、卸压瓦斯抽放、离层区充填和开采沉陷控制等工程问题紧密相关。通过试验和理论分析,对岩层移动过程中的覆岩采动裂隙动态发育特征及其影响因素进行了深入研究。结果证明:覆岩关键层对离层及裂隙的产生、发展和时空分布起控制作用。基于关键层破断前后来动裂隙动态发育特性和差异,提出了"覆岩离层分区隔离充填减沉法"和卸压瓦斯抽放的"O"形圈理论,并分别应用于我国不迁村采煤试验和卸压煤层气开采实践。

关键词：关键层理论;采动裂隙;离层区充填;卸压煤层气开采;绿色开采

1　岩层采动裂隙与绿色开采的关系

煤层开采后将引起岩层移动与破断,并在岩层中形成采动裂隙。按岩层采动裂隙出现的位置可以分为顶板岩层采动裂隙、煤层采动裂隙、底板岩层采动裂隙、地表采动裂隙。按采动裂隙的性质可以分为竖向破断裂隙、岩层层间的离层裂隙和断层面的活化。贯通的竖向破断裂隙是地下水与瓦斯穿层流向回采工作面与采空区的通道,离层裂隙是由覆岩软硬岩层间不同步下沉引起的,可以利用它减缓地表下沉;采动断层活化会加剧地表沉陷的危害,引发井下水与瓦斯突出事故;岩层采动裂隙的重新压实与闭合程度还将影响地表下沉,尤其是冒落带与裂隙带岩层采动裂隙和碎胀压实特性将直接影响地表下沉系数。显然,岩层采动裂隙分布的研究不仅与煤矿地下水资源的破坏和保护及井下突水事故有关,也与煤矿采动瓦斯卸压流动和煤矿瓦斯事故及煤层气资源的高效开采有关。采动覆岩离层动态分布规律的研究将为离层区充填减沉提供理论指导。因此,岩层采动裂隙分布的研究具有重要的理论与实践意义[1]。

岩层采动裂隙分布理论与应用研究应包含的主要内容及相互关系如图 1 所示。本文就图 1 所示的部分内容展开研究。

2　覆岩采动裂隙动态分布规律

刘天泉院士等对我国煤矿开采覆岩破坏与导水裂隙分布作了大量的实测和理论研

---

①　本文发表于《中国矿业大学学报》,2004 年第 2 期,第 141~144 页。

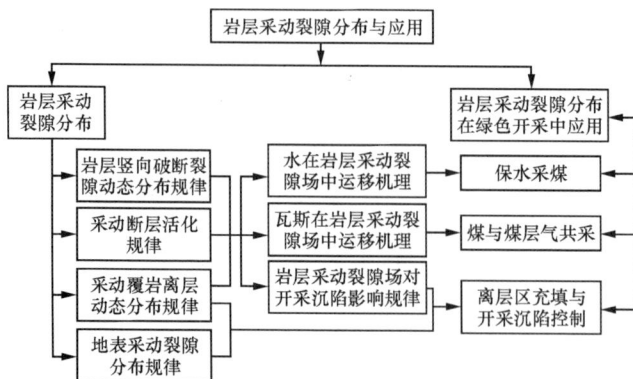

图 1 采动裂隙分布与应用研究内容框图

Fig. 1 Sketch of contents about study and application of mining-induced fracture distribution

究[2-5],对采场上覆岩层移动破断与采动裂隙分布规律提出了"横三区"、"竖三带"的总体认识,即沿工作面推进方向覆岩将分别经历煤壁支承影响区、离层区、重新压实区,由下往上岩层移动分为垮落带、断裂带、整体弯曲下沉带;得出计算导水裂隙带高度的经验公式,并指导了许多煤矿的水体下采煤试验。随着覆岩离层区充填减沉技术在我国煤矿的应用,国内许多学者对覆岩离层进行了多方面的研究[6-11]。

由于对岩层内部移动的动态过程难以清楚地了解,因而难以掌握岩层采动裂隙动态发育规律,这显然不能更好地适应煤矿绿色开采实践的需求。为了解决岩层控制中更为广泛的问题,于1996年提出了岩层控制的关键层理论[12-14],它为深入研究岩层内部移动的动态过程和岩层采动裂隙动态分布规律提供了强有力的理论工具。关键层理论的基本学术思想为:由于成岩时间及矿物成分不同,煤系地层形成了厚度不等、强度不同的多层岩层,其中一层至数层厚硬岩层在岩层移动中起主要的控制作用,将对岩体活动全部或局部起控制作用的岩层称为关键层。关键层判别的主要依据是其变形和破断特征,即在关键层破断时,其上部全部岩层或局部岩层的下沉变形是相互协调一致的,前者称为岩层活动的主关键层,后者称为亚关键层。也就是说,关键层的断裂将导致全部或相当部分的上覆岩层产生整体运动。覆岩中的亚关键层可能不止一层,而主关键层只有一层。为了弄清开采时由下往上传递的岩层移动动态过程,并对岩层移动过程中形成的采场矿压显现、煤岩体中水与瓦斯的流动和地表沉陷等状态的变化进行有效监测与控制,关键在于弄清关键层的变形破断及其运动规律以及在运动过程中与软岩层间的相互耦合作用关系。

基于关键层理论,对覆岩采动裂隙的动态分布规律开展了深入的研究[13-17],有关研究成果归纳总结如下:

(1)岩层移动过程中的离层主要出现在各关键层下,覆岩离层最大发育高度止于覆岩主关键层。当相邻两关键层复合破断时,尽管上部关键层的厚度与硬度比下部关键层大,其下部也不会出现离层。

(2)沿工作面推进方向,关键层下离层动态分布呈现两阶段发展规律:即关键层初次破断前,随着工作面推进,离层量不断增大,最大离层位于采空区中部。关键层初次破断后,关键层在采空区中部离层趋于压实,而在采空区两侧仍各自保持一个离层区。工作面侧的离层区是随着工作面开采而不断前移的,工作面侧离层区最大宽度及高度仅为关键层初次破断前的 1/3~1/4。从平面看,在采空区四周存在一沿层面横向连通的离层发育区,称之为采动裂隙"O"形圈。沿顶板高度方向,随工作面推进离层呈跳跃式由下往上发展。

(3) 贯通的竖向破断裂隙是水与瓦斯涌入工作面的通道,故也称其为"导水、导气"裂隙。"导水、导气"裂隙仅在覆岩一定高度范围内发育,其最大发育高度与采高及岩性有关。对"导气"裂隙发育动态过程的研究表明,在开采初期,下位关键层的破断运动对"导气"裂隙从下往上发展的动态过程起控制作用,导气裂隙高度由下往上发展是非均速的,随关键层的破断而突变。当采空区面积达一定值后,"导气"裂隙的分布也同样呈"O"形圈特征,它是正常回采期间邻近层卸压瓦斯流向采空区的主要通道。

3　在覆岩离层区充填减沉试验中的应用研究

3.1　基于关键层理论的开采沉陷控制原则

实测和模拟研究结果证明[18],主关键层对地表移动的动态过程起控制作用,主关键层的破断将导致地表快速下沉。由于覆岩主关键层的破断将导致地表下沉明显增大,因此可将保证覆岩主关键层不破断失稳作为建筑物下采煤设计的原则。为了保证建筑物下采煤既具有较好的经济效益,同时又确保地面建筑物不受到损害,关键在于根据具体条件下覆岩结构与主关键层特征来研究确定合理的减沉开采技术及参数。其原则为,判别覆岩层中的主关键层位置,在对主关键层破断特征进行研究的基础上,通过合理设计条带开采、覆岩离层区充填、采空区部分充填等技术手段来保证覆岩主关键层不破断并保持长期稳定。形成基于上述原则的建筑物下采煤定量化设计方法,将是煤矿绿色开采技术进一步研究的重点之一。

3.2　覆岩离层分区隔离充填减沉原理

充填开采技术是煤矿绿色开采技术的重要组成部分。如何降低充填成本,是煤矿充填采矿技术研究的关键问题。按充填位置,充填方法包括离层区充填和采空区充填。覆岩离层区充填减沉的基本原理是利用岩移过程中覆岩内形成的离层空洞,从钻孔向离层空洞充填外来材料来支撑覆岩,从而减缓覆岩移动往地表的传播。覆岩离层区充填与采空区充填的不同在于其充填区不在采空区而在上部岩层,充填工作不会干扰井下工作面的生产。

离层区充填是20世纪80年代从波兰首先发展起来的,自80年代后期抚顺矿务局在我国首次采用离层区充填减缓地表下沉的试验取得成功之后,此项技术引起了我国从事开采沉陷及"三下"采煤的专家和工程技术人员的重视,先后在新汶华丰煤矿、兖州东滩煤矿、开滦唐山等多个煤矿进行了离层注浆减缓地表沉降现场试验,取得了一定的成效[19-25]。

关键层理论研究表明,关键层初次破断前的离层区发育、离层量大,易于充填;而一旦关键层初次破断后,关键层下离层量明显变小,充填难度增加。因此,离层充填必须在关键层初次破断前进行。钻孔布置及最佳的充填减沉效果应保证关键层始终不发生初次破断,文献[16]提出了阻止关键层初次破断的充填钻孔布置原则。但由于离层区充填为非固结充填材料,浆液浓度稀,关键层下离层随采面推进不断扩展,浆液随之向前流动,关键层初次破断前其下离层空间很难被充填满。因而,充填浆液不能对初次破断前的关键层进行支撑,不能阻止关键层的初次破断,文献[16]提出的钻孔布置原则实际上难以实现阻止关键层不发生初次破断,从而影响后续离层注浆和注浆减沉效果。这是我国一些矿井离层注浆减沉试验未达到预想效果的主要原因之一。

针对现有离层充填工艺不能阻止关键层的初次破断问题,作者提出了"覆岩离层分区隔离充填减沉法",其基本原理是(图2):按关键层初次破断所允许的极限跨距对采面进行分区,分区间采用跳采的方式,使关键层下离层区在关键层初次破断前被分区隔离煤柱隔离成各自封闭的空间,确保各个分区隔离的离层区可以充满浆体,从而起到对关键层有效支撑作用。目前离层充填材料中水的比重过大,浆体中的水仅起输灰作用,随着煤层不断开采和时间的推

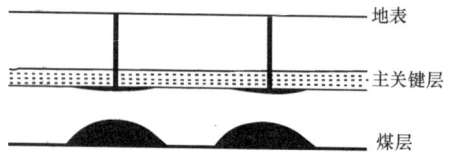

图2 覆岩离层分区隔离充填减沉原理示意图

Fig. 2 Theoretical sketch of isolated section-grouting for overburden bed separation space to reduce subsidence

移,浆体中的水最终将大部分流失,最终对关键层起支撑作用的是灰体而非浆体。鉴于上述原因,进一步提出了"覆岩离层分区隔离充填减沉法"的主动滤水技术思路:与其让浆体中的水缓慢被动漏失,不如采取主动滤水措施,增加注灰量,提高对关键层的支撑能力。

当分区隔离煤柱被采出,分区内关键层下部岩层一般将会继续下沉,导致原已对关键层起支撑作用的充填体脱离关键层,关键层下再次出现离层,从而导致关键层悬跨面积超出其初次破断的极限悬跨面积而发生破断,因此,必须在两分区间留设永久煤柱,实际上形成了离层区充填与条带开采两种方法相结合的综合减沉方案。此时,"离层区充填体+关键层+永久分区隔离煤柱"形成共同承载体,离层区充填体分担部分覆岩载荷,减少了分区隔离煤柱上载荷,其载荷小于条带开采留设煤柱承受载荷。因而永久分区隔离煤柱宽度小于单纯条带开采留设煤柱宽度。离层区干灰充填量越多,充填体承担载荷越多,永久分区隔离煤柱宽度相对越小。

上述的"覆岩离层分区隔离充填减沉法",目前正应用于淮北海孜煤矿巨厚火成岩条件下不迁村绿色开采试验。

4 在"煤与煤层气共采"技术中的应用研究

煤层瓦斯即煤层气,它既是一种有害气体,同时又是一种洁净、高效燃料和优质的化工原料。瓦斯爆炸、煤与瓦斯突出,一直是我国煤矿所面临的重大灾害。同时,因煤炭开采而排放到大气中的瓦斯还加剧了温室效应,造成了环境污染。将煤层气作为一种资源加以开采利用,是解决上述问题的极好出路。

由于我国煤储层的渗透率普遍较低,这对在煤层开采前进行煤层气开采是不利的。当煤层开采后,由于岩层移动导致岩层应力场与裂隙场的改变,即使是渗透率很低的煤

层,其渗透率也将增大数十倍至数百倍,为煤层气卸压运移和开采创造了条件。因而,我国应重视对卸压煤层气开采的研究,走"煤与煤层气共采"之路。即将煤层气作为一种资源,充分利用采煤过程中岩层移动对瓦斯卸压作用并根据岩层采动裂隙分布来优化抽放方案、提高采出率,在煤层开采时形成采煤和采煤层气两个完整的开采系统,即形成"煤与煤层气共采"技术,煤矿从采掘部署上把卸压煤层气开采当做正规的开采工艺流程,从时间、空间和资金上给予保证,对开采煤层气进行利用。

将关键层理论及采动裂隙场分布规律应用于卸压瓦斯抽放研究,建立卸压瓦斯抽放的"O"形圈理论如下[26]:采动裂隙"O"形圈相当于一条"瓦斯河",周围煤岩体中的瓦斯解吸后通过渗流不断地汇集到这条"瓦斯河"中。因此,卸压瓦斯抽放钻孔应打到采动裂隙"O"形圈内,以保证钻孔有较长的抽放时间、较大的抽放范围、较高的瓦斯抽放率。卸压瓦斯抽放"O"形圈理论是指导卸压瓦斯抽放孔(巷)布置的基本原则,已在淮北、阳泉、淮南等矿区的上覆远距离煤层卸压煤层气开采、邻近层卸压煤层气开采、本煤层采空区卸压煤层气开采中进行了成功试验与应用[26-29]。

5　结　语

岩层采动裂隙分布的研究是煤矿绿色开采的重要理论基础之一,基于岩层控制的关键层理论和煤矿绿色开采的思想,重点研究了岩层移动过程中覆岩离层与竖向破断裂隙的动态分布规律,并将有关研究成果应用于我国"煤与煤层气共采"技术研究和实践、覆岩离层区充填减沉试验。有关瓦斯与水在裂隙场中的运移机理、卸压瓦斯抽放钻孔采动破坏与防护、覆岩离层分区隔离充填减沉法的适用条件与减沉效果、保水采煤、岩层采动裂隙分布对开采沉陷的影响等方面还有待深入研究。

参 考 文 献

[1] 钱鸣高,许家林,缪协兴. 煤矿绿色开采技术[J]. 中国矿业大学学报,2003,32(4):343-348.
[2] 煤炭科学院北京开采所. 煤矿地表移动与覆岩破断规律及其应用[M]. 北京:煤炭工业出版社,1981.
[3] 刘天泉. 矿山岩体采动影响与控制工程学及其应用[J]. 煤炭学报,1995,20(1):1-5.
[4] 钱鸣高,刘听虎. 矿山压力及其控制[M]. 北京:煤炭工业出版社,1991.
[5] 国家煤炭工业局. 建筑物、水体、铁路及主要井巷煤柱留设与压煤开采规程[M]. 北京:煤炭工业出版社,2000.
[6] 张玉卓. 长壁开采覆岩离层产生条件[J]. 煤炭学报,1996,21(6):576-581.
[7] 杨伦,于广明,王旭春,等. 煤矿覆岩采动离层位置的计算[J]. 煤炭学报,1997,22(5):477-480.
[8] 高延法. 岩移"四带"模型与动态位移及分析[J]. 煤炭学报,1996,21(1):51-53.
[9] 滕云海,阎振斌. 采动过程中覆岩离层发育规律的研究[J]. 煤炭学报,1999,24(1):26-27.
[10] 郭惟嘉. 采动覆岩离层性确定方法及离层规律的研究[J]. 煤炭学报,1995,20(1):39-42.
[11] 王金庄,康建荣,吴立新. 煤矿覆岩离层注浆减缓地表沉陷机理与应用探讨[J]. 中国矿业大学学报,1999,26(4):331-334.
[12] 钱鸣高,缪协兴,许家林. 岩层控制中的关键层理论研究[J]. 煤炭学报,1996,21(3):225-230.
[13] 许家林. 岩层移动与控制的关键层理论及其应用[D]. 徐州:中国矿业大学,1999.

[14] 钱鸣高,缪协兴,许家林,等. 岩层控制的关键层理论[M]. 徐州:中国矿业大学出版社,2000.

[15] 许家林,钱鸣高. 覆岩采动裂隙分布特征的研究[J]. 矿山压力与顶板管理,1997(3,4):210-212.

[16] 许家林,钱鸣高. 覆岩注浆减沉钻孔布置的研究[J]. 中国矿业大学学报,1998,27(3):276-279.

[17] 钱鸣高,许家林. 覆岩采动裂隙分布的"O"形圈特征研究[J]. 煤炭学报,1998,23(5):466-469.

[18] 许家林,钱鸣高. 关键层运动对覆岩及地表移动影响的研究[J]. 煤炭学报,2000,25(2):122-126.

[19] 齐东洪,范学理. 抚顺特厚煤层上覆岩层高压注浆减缓地表沉陷[J]. 东北煤炭技术,1990(增刊):9-12.

[20] 孟以猛,吕振先. 高压注浆减缓地表沉陷技术在大屯矿区的应用[J]. 世界煤炭技术,1993(4):24-26.

[21] 郭惟嘉,沈光寒. 华丰煤矿采动覆岩移动变形与治理的研究[J]. 山东矿业学院学报,1995,14(4):359-364.

[22] 张玉卓,徐乃忠. 地表沉陷控制新技术[M]. 徐州:中国矿业大学出版社,1998.

[23] 张东俭,郭恒庆. 覆岩离层注浆技术在济宁矿区的应用[J]. 矿山测量,1999(3):34-36.

[24] 张华兴,魏遵义. 离层带注浆的实践与认识[J]. 煤炭科学技术,2000,28(9):11-13.

[25] 钟亚平,高延法. 唐山矿覆岩注浆减沉的工程实践[J]. 矿山压力与顶板管理,2001(4):75-76.

[26] XU J L, QIAN M G. Study and Application of the "O-shaped" Circle Theory for Relieved Methane Drainage[A]//Proceedings of the '99 International Symposium on Mining Science and Technology[C]. Heping Xie & Tad S. Golosinski ed. Rotterdam: A. A. BALKEMA, 1999. 113-116.

[27] 许家林,刘华民. 采空区瓦斯抽放钻孔布置的研究[J]. 煤炭科学技术,1997,25(4):28-30.

[28] 许家林,钱鸣高,武钢,等. 综放面邻近层瓦斯抽放孔(巷)布置的优化[J]. 矿山压力与顶板管理,1998(增刊):126-129.

[29] 许家林,钱鸣高. 地面钻井抽放上覆远距离卸压煤层气试验研究[J]. 中国矿业大学学报,2000,29(1):78-81.

Study and Application of Mining-induced Fracture Distribution in Green Mining

Xu Jialin   Qian Minggao

(School of Mineral and Energy Resources, CUMT, Xuzhou, Jiangsu 221008, China)

Abstract: The study of mining-induced fracture distributions is closely related to some mining engineering problems such as mining under or above water bodies, relieved coalbed methane drainage, overburden bed separation grouting and mining subsidence control etc. By means of experiments and theoretical analysis, the dynamic distributions and its influence factors of the mining-induced fractures were studied. The results show that the key strata control the emergence, development and space-time distribution of the overburden bed separations and fractures. Based on the dynamic distribution characteristics of the mining-induced fractures, the method of isolated section grouting for the overburden bed separation space to reduce subsidence and the O-shaped circle theory for relieved-methane drainage were proposed，and they have been applied respectively in some coal mines in China to reduce mining subsidence and to drain relieved methane.

Keywords：key stratum theory in ground control；mining-induced fractures；overburden bed separation grouting；relieved methane drainage；green mining

关键层运动对邻近层瓦斯涌出影响的研究

屈庆栋[1,2]　　许家林[1,2]　　钱鸣高[1,2]

(1. 中国矿业大学煤炭资源与安全开采国家重点实验室,江苏 徐州　221008；

2. 中国矿业大学能源与安全工程学院,江苏 徐州　221008)

摘　要：煤矿覆岩中的关键层控制着上覆岩层的移动和采动裂隙的动态发展过程,进而也必将影响到邻近层瓦斯在采动破裂岩体内的动态涌出规律。利用阳泉矿区 2 种不同覆岩结构综放面的实测数据,对比研究关键层运动对邻近层瓦斯动态涌出的影响,研究结果表明:不同覆岩关键层结构条件下,邻近层瓦斯涌出的动态过程是不一致的,进一步证实了关键层运动对邻近层瓦斯动态涌出的控制作用。分析不同覆岩关键层结构条件下初采期邻近层瓦斯抽采技术方案的适应性,提出初采期邻近层瓦斯抽采方案的确定必须结合具体覆岩关键层结构特征,才能取得预期的抽采效果。

关键词：采矿工程；岩层移动；关键层；煤与瓦斯共采；邻近层瓦斯涌出

1　引　言

近年来,重特大瓦斯爆炸事故频频发生,严重影响了我国煤矿的安全生产。矿井瓦斯灾害事故的预防和治理已成为目前矿业发展中亟待解决的重大问题。许多学者[1-5]认为,矿井瓦斯抽采是防治瓦斯灾害事故的最佳途径。但我国绝大多数矿区煤层变质程度高、渗透率低和含气饱和度低的特点决定了我国抽采瓦斯不能像美国和澳大利亚一样,采取地面钻井直抽和预抽的方式。实践表明,一旦煤层开采引起岩层移动,即使渗透率很低的煤层,其渗透率也将增大数十倍至数百倍,这就给瓦斯的抽采提供了可能[2-7]。因而,煤与瓦斯共采将是我国瓦斯抽采的基本途径。这个特点决定我国矿井特别是以邻近层瓦斯涌出为主的矿井的瓦斯抽采必须紧密结合采场覆岩移动规律对瓦斯卸压涌出的影响。

国内学者对单一煤层应力、变形及其内渗透率、瓦斯渗流规律等作了许多细观上的研究,建立了不同条件下的煤体与瓦斯的固流耦合模型、应力—损伤—渗流耦合模型等,在单一煤层瓦斯流动规律的研究中得到很好的应用[8-11]。但煤矿采动区是一个各向非均质的多层状煤系地层组合,要了解煤层群条件下卸压瓦斯的涌出规律及进行瓦斯抽采设计,还需将层状岩体的整体运动规律与瓦斯涌出规律宏观结合起来。近年来,关键层理论的提出和应用,给研究岩层移动的动态过程和采动裂隙的动态扩展提供了强有力的理论工具。本文即通过阳泉煤业集团三矿和五矿 2 种不同覆岩结构综放面的对比分析,就关键层运动对邻近层卸压瓦斯涌出及瓦斯抽采效果的影响开展进一步研究。

2　关键层运动对邻近层瓦斯涌出的影响分析

2.1　关键层及其运动

在采场覆岩层中存在多个岩层时,对岩体活动全部或局部起决定作用的岩层称为关键层,前者称为主关键层,后者称为亚关键层[12]。关键层判别的主要依据是其变形和破断特征,即在关键层运动时,其所控制的全部或局部岩层的下沉变形是相互协调一致的,关键层的断裂将导致其所控制的岩层随之产生整体运动。关键层控制着上覆裂隙的动态发展,相关研究结果[13,14]表明:采动裂隙由下往上的动态扩展过程不是匀速的,而是受下位关键层的控制,随关键层的破断而突变。

2.2　关键层运动对邻近层瓦斯涌出的影响分析

瓦斯在煤层中的赋存主要有游离和吸附两种状态,并以吸附状态为主。煤层瓦斯只有在游离状态下并且有大量裂隙通道存在时方能大量涌出。在特定的煤层赋存条件下,煤层瓦斯的吸附—解吸主要受到瓦斯压力的影响[15]。煤体吸附状态可用朗缪尔方程表示,瓦斯吸附量[15]可表示为

$$X_x = \frac{abp}{1+bp} = \frac{ab}{1/p+b} \tag{1}$$

式中,a,b 均为煤的吸附常数;p 为瓦斯压力。在一般情况下,煤体吸附瓦斯随瓦斯压力的减小而解吸。

煤层采动过程中,覆岩在下部关键层运动的控制下随之弯曲下沉进而破断。随着关键层的弯曲下沉,覆岩层内将产生应力卸压区和增高区。处在卸压区内的含瓦斯煤体卸压膨胀,瓦斯压力减小,吸附瓦斯得到解吸,游离瓦斯增多。关键层的突然破断,将引起其所控制的岩层随之整体破断,产生上下贯通的穿层裂隙,给上覆煤体卸压瓦斯的运移提供通道,这必将引起其内瓦斯大量涌出和持续解吸。因此,控制覆岩移动和裂隙动态扩展的关键层必将影响上覆邻近层瓦斯的动态涌出过程。

3　不同覆岩关键层结构条件下邻近层瓦斯涌出特征的对比研究

3.1　阳泉五矿 8205 综放面关键层运动对瓦斯涌出的影响

阳泉五矿 8205 综放面走向长 420 m,面长 143 m,采用 U 形通风方式。工作面含瓦斯上邻近层主要有 14#、13#、12#、11#、10# 煤及 K2、K3、K4 石灰岩。经关键层判别方法[16]计算可知,工作面走向高抽巷下部岩层中存在着 3 层关键层,分别为 6.0 m 的细砂岩(关键层 1)、5.3 m 的 K2 石灰岩(关键层 2)和 6.6 m 的细砂岩(关键层 3)。根据关键层理论,该面上覆岩层的运动将随着各关键层的破断呈现 3 个阶段的规律。许家林等[2]给出了包括该工作面在内的覆岩移动动态示意图,五矿 8205 综放面初采期上覆岩层移动动态示意图如图 1 所示。

图 2 所示为五矿 8205 综放面初采期瓦斯涌出规律。由图 2 可知,工作面初采期间瓦斯涌出呈现 4 个阶段特征。第 1 阶段,工作面推进 13 m 之前,瓦斯涌出量很低,平均为 3 m³/min;第 2 阶段,工作面推至 13～19 m,瓦斯涌出量明显增加,并于 15 m 处出现第 1 次高峰,最大涌出量为 9 m³/min;第 3 阶段,工作面推至 19～38 m,瓦斯涌出量进一步增加,于 22

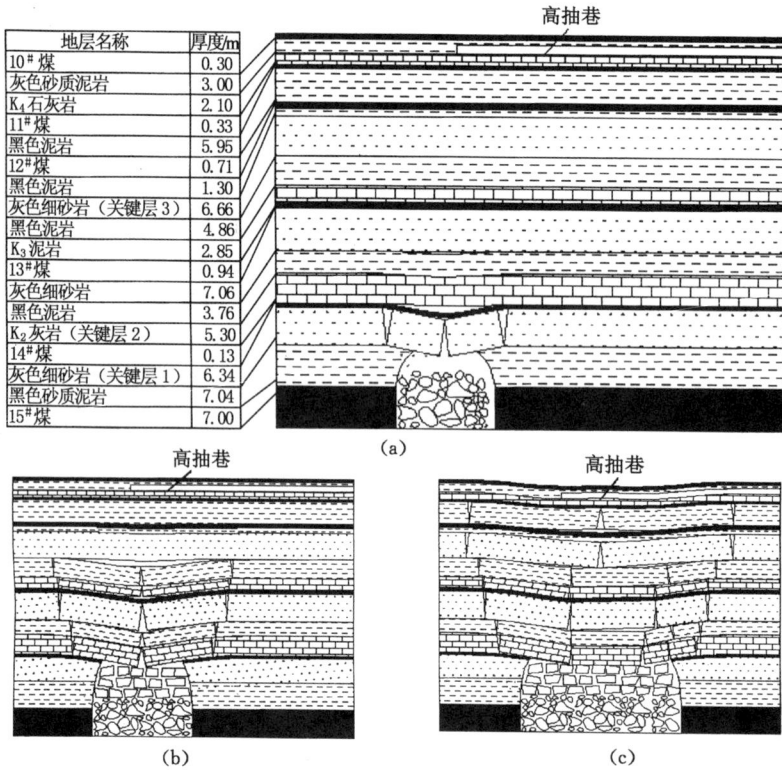

地层名称	厚度/m
10#煤	0.30
灰色砂质泥岩	3.00
K₄石灰岩	2.10
11#煤	0.33
黑色泥岩	5.95
12#煤	0.71
黑色泥岩	1.30
灰色细砂岩（关键层3）	6.66
黑色泥岩	4.86
K₃泥岩	2.85
13#煤	0.94
灰色细砂岩	7.06
黑色泥岩	3.76
K₂灰岩（关键层2）	5.30
14#煤	0.13
灰色砂岩（关键层1）	6.34
黑色砂质泥岩	7.04
15#煤	7.00

图 1　五矿 8205 综放面初采期上覆岩层移动动态示意图[2]

Fig. 1　Schematic diagram of strata movements at the initial mining stage in the top-coal caving face 8205 in Fifth Mine[2]

m 处达到第 2 次高峰，最大涌出量为 20 m³/min；第 4 阶段，工作面推过 38 m 后，走向高抽巷开始大量抽出瓦斯，风排瓦斯量明显降低，由 12.3 m³/min 降低为 2.5 m³/min。

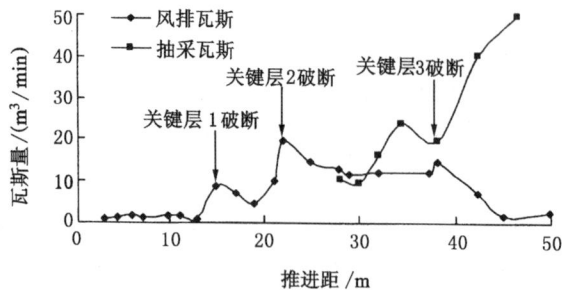

图 2　五矿 8205 综放面初采期瓦斯涌出规律

Fig. 2　Trend of gas emission at the initial mining stage in top-coal caving face 8205 in the Fifth Mine

　　通过对五矿 8205 综放面上覆岩层运动规律与瓦斯涌出规律对比分析可知，该面瓦斯涌出与关键层运动之间存在着明显的耦合关系：在关键层 1 未破断前，邻近层瓦斯没有卸压涌出的通道,工作面瓦斯基本为本煤层瓦斯,瓦斯涌出量较低,对应瓦斯涌出第 1 阶段;关键层 1 的破断引起 14# 煤层的破断[见图 1(a)],其内卸压瓦斯沿破断裂隙涌入采空区,致使工作面瓦斯涌出量增加并出现第一次高峰,对应上述瓦斯涌出第 2 阶段;随着工作面的继续推进,关键层 2 的破断[图 1(b)]又导致 K_2 灰岩、13# 煤和 K_3 灰岩的卸压瓦斯向下部采空区涌出,进一步增加了工作面的风排瓦斯量,引起工作面瓦斯涌出的第 2 次高峰,同时高抽巷所在层位应力卸压,高抽巷开始抽上少量卸压瓦斯,对应瓦斯涌出第 3 阶段;关键层 3 的破断[图 1(c)],促使高抽巷与下部岩体裂隙之间贯通,下位各邻近层瓦斯在高抽巷负压下被大量抽走,工作面风排瓦斯量明显下降,对应瓦斯涌出第 4 阶段。

3.2　阳泉三矿 K8206 综放面关键层运动对瓦斯涌出的影响

阳泉三矿 K8206 综放面走向长 1 579 m,面长 252 m,工作面采用"U+I(内错尾巷)"型通风方式。上覆含瓦斯邻近层有 13#、12#、11# 煤以及 K_2、K_3、K_4 石灰岩。经判别,走向高抽巷下部覆岩范围内共含有 2 层关键层[见图 3(a)],分别为 5.74 m 的石灰岩以及 12 m 的粗砂岩和 16 m 的粗砂岩组成的复合关键层,覆岩关键层结构显然不同于阳泉五矿 8205 面。该面主要含瓦斯邻近层 13#、12#、11# 煤以及 K_3、K_4 石灰岩集中分布在复合关键层之上,其运动受到复合关键层的控制。综放面初采期上覆岩层移动动态示意图如图 3 所示。

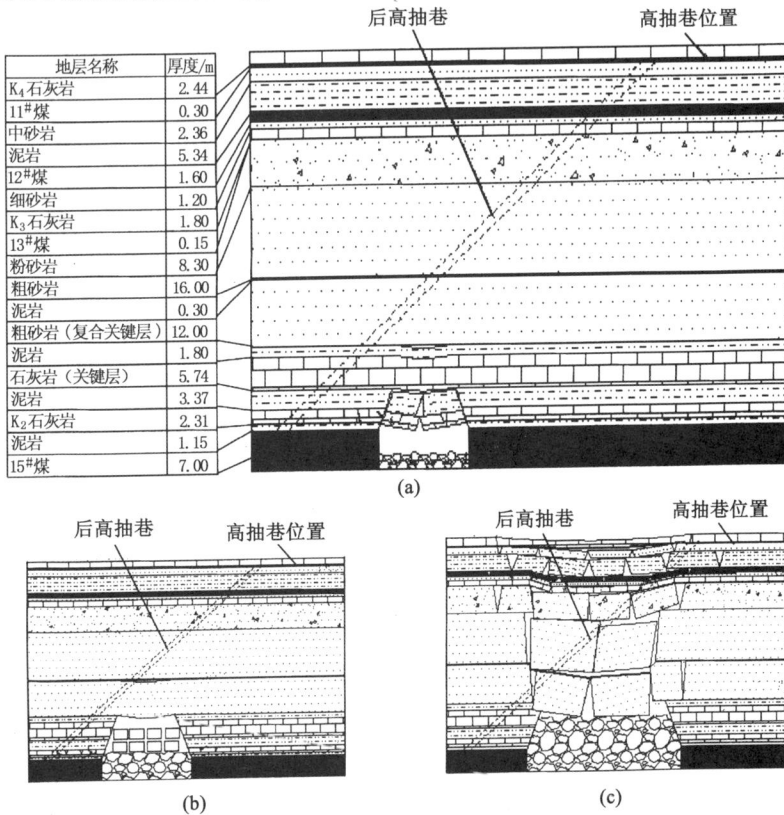

图 3　三矿 K8206 综放面初采期上覆岩层移动动态示意图

Fig. 3　Schematic diagram of strata movements at the initial mining stage in
top-coal caving face K8206 in the Third Mine

图 4 为三矿 K8206 综放面瓦斯涌出规律以及支架立柱工作强度随推进距的变化关系。由图 4 可知,该面瓦斯涌出规律仅呈现 2 个阶段特征:第 1 阶段,工作面推进 32 m 之前,后高抽巷基本抽不到瓦斯,工作面风排瓦斯量随工作面推进逐渐增加并最终稳定在 30～34 m³/min,风排瓦斯没有明显的峰值出现;第 2 阶段,工作面推至 32 m 之后,高抽巷开始大量抽上瓦斯,风排瓦斯量下降至 30 m³/min 以下。

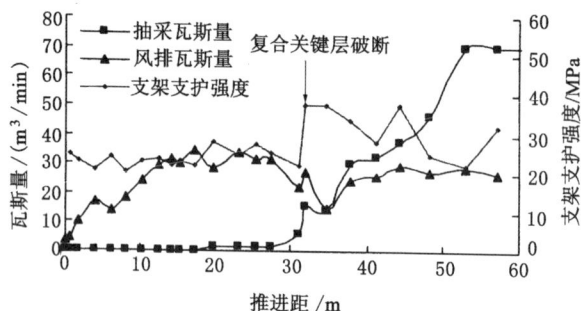

图 4 三矿 K8206 综放面初采期瓦斯涌出规律及
支架支护强度随推进距的变化关系

Fig. 4 Trend of gas emission and the leg intensity of
the support at the initial mining stage in top-coal caving face
K8206 in the Third Mine

上述分析可见,该面初采期的瓦斯涌出规律也明显不同于五矿 8205 面。结合图 3 覆岩移动规律和图 4 中该面支架工作强度分析可知,在工作面推进 32 m 之前,由于复合关键层对主要含瓦斯邻近层的控制,邻近层瓦斯得不到卸压涌出[图 3(a)],工作面布置的后高抽巷抽不到瓦斯,只在工作面推至 20 m,顶板继续冒落使得切眼后方裂隙有所发育后[图 3(b)],始抽上 1.63 m³/min 的少量瓦斯;工作面风排瓦斯量则随着未经瓦斯排放带的揭露、采空区遗煤的增加以及少量 K₂ 灰岩瓦斯的涌出逐渐增加,并在工作面推进 13 m 处达到稳定,基本无明显的高峰出现,此过程对应瓦斯涌出规律的第一阶段。工作面推至 32 m 时,图 4 中支架工作强度的急剧增加表明此时复合关键层破断,受其控制的各含瓦斯邻近层随之破断[图 3(c)],贯通了其与高抽巷之间的裂隙,走向高抽巷开始大量抽取瓦斯,工作面风排瓦斯量下降至 30 m³/min 以下,基本为该大采长面本煤层瓦斯涌出,呈现瓦斯涌出规律的第 2 阶段。

上述 2 个典型实例证明,不同覆岩关键层结构条件下,邻近层瓦斯涌出的动态过程是不一致的。关键层对采动裂隙也就是瓦斯运移通道动态扩展的控制也即控制了邻近层瓦斯的动态涌出过程。邻近层卸压瓦斯抽采必须紧密结合覆岩关键层运动规律对瓦斯涌出的影响,方能达到瓦斯高效抽采和有效治理的目的。

4 不同覆岩结构条件下初采期邻近层瓦斯抽采效果分析

阳泉矿区 15# 煤层多数综放面上覆岩层构成与五矿 8205 综放面相似,高抽巷下方存在着 3 层关键层。综放面走向高抽巷的位置一般沿 12#、11# 煤层顶板布置,距 15# 煤层的距离为 50~60 m。受其层位限制,走向高抽巷要在工作面推进一定距离后方能起到作用,工作面初采期间常因其下位邻近层瓦斯涌出而引起瓦斯超限。阳泉矿区根据瓦斯涌出特点,逐渐提出布置后高抽巷抽采初采期邻近层卸压瓦斯,其一般布置方式为沿回风巷过切眼继续掘进一段距离后,按一定的伪倾角反向起坡往工作面上方掘进至与走向高抽巷贯通,利用走向高抽巷负压抽采初采期邻近层瓦斯。后高抽巷一般布置方式如图 5 所示,其深入岩层内部情况可参考图 3。

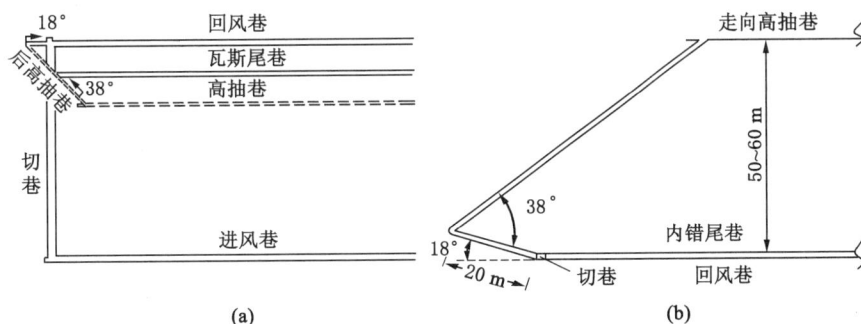

图 5 阳泉矿区综放面初采期瓦斯抽采技术方案

Fig. 5 Common way of the gas extraction at the initial mining stage
in top-coal caving face in Yangquan Coal Mines

图 6 为五矿 8131 综放面与三矿 K8206 综放面初采期瓦斯抽采情况对比图。两工作面都布置有后高抽巷,其中五矿 8131 面与 8205 面覆岩柱状一致,在开采煤层与走向高抽巷之间存在着图 1 所示的 3 层关键层。由图 6 可见,五矿 8131 综放面后高抽在工作面推

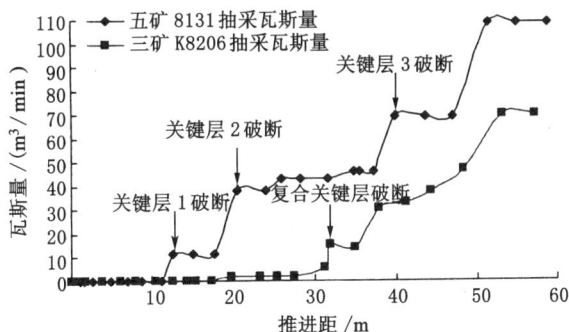

图 6 五矿 8131 综放面与三矿 K8206 综放面初采期瓦斯抽采情况对比图

Fig. 6 Comparison of the gas extraction at the initial mining stage in working faces 8131 of the
Fifth Mine and the K8206 of the Third Mine

进 13 m 关键层 1 破断时便抽取 10 m³/min 的邻近层瓦斯,随后随关键层 2 和 3 的逐层破断,抽采量分别在工作面推进 20,40 m 处增加至 40 和 70 m³/min,该面后高抽的布置较好地抽取了初采期邻近层瓦斯。而由 3.2 节的分析可知,三矿 K8206 综放面因复合关键层的存在,在工作面推进 32 m 复合关键层破断后,才开始大量抽上瓦斯,此时随复合

关键层的破断走向高抽巷已开始起到作用。可见该面后高抽的布置没有起到效果,如预先仔细分析 K8206 综放面覆岩结构条件对瓦斯涌出的影响,取消或改进后高抽巷的采掘,则能大大减少工作面的瓦斯抽采成本。

5 结 论

(1)阳泉矿区 2 个典型覆岩结构综放面的实测数据表明,不同覆压关键层结构条件下,邻近层卸压瓦斯的动态涌出过程是不一致的,进一步证实了关键层运动对邻近层卸压瓦斯动态涌出的控制。

(2)阳泉矿区工作面走向高抽巷下方含有 3 层关键层分别控制不同层位含瓦斯邻近层的运动时,随关键层的逐层破断,工作面出现 2 次瓦斯涌出高峰。走向高抽巷下方含有一层复合关键层控制主要含瓦斯邻近层的共同运动时,复合关键层破断前后,工作面没有出现瓦斯涌出高峰。

(3)阳泉矿区工作面走向高抽巷下方含有 3 层关键层时,后高抽巷可有效抽采初采期邻近层瓦斯,走向高抽巷下方含有一层复合关键层时,后高抽巷抽采不到邻近层瓦斯。设计工作面初采期邻近层瓦斯的抽采方案时,必须结合覆岩关键层的结构特征。

参 考 文 献

[1] 周世宁,鲜学福,朱旺喜. 煤矿瓦斯灾害防治理论战略研讨[M]. 徐州:中国矿业大学出版社,2000.

[2] 许家林,钱鸣高,金宏伟. 基于岩层移动的"煤与煤层气共采"技术研究[J]. 煤炭学报,2004,29(2):129-132.

[3] 钱鸣高,许家林,缪协兴. 煤矿绿色开采技术[J]. 中国矿业大学学报,2003,32(4):343-348.

[4] 胡千庭,蒋时才,苏文叔. 我国煤矿瓦斯灾害防治对策[J]. 矿业安全与环保,2000,27(1):1-4.

[5] 俞启香,程远平,蒋承林,等. 高瓦斯特厚煤层煤与卸压瓦斯共采原理及实践[J]. 中国矿业大学学报,2004,33(2):127-131.

[6] 李树刚,林海飞,成连华. 综放开采支撑压力与卸压瓦斯运移关系研究[J]. 岩石力学与工程学报,2004,23(19):3288-3291.

[7] 袁亮. 淮南矿区煤矿煤层气抽采技术[J]. 中国煤层气,2006,3(1):7-9.

[8] 杨天鸿,徐涛,刘建新,等. 应力—损伤—渗流耦合模型及在深部煤层瓦斯卸压实践中的应用[J]. 岩石力学与工程学报,2005,24(16):2900-2905.

[9] 唐巨鹏,潘一山,李成全,等. 固流耦合作用下煤层气解吸—渗流实验研究[J]. 中国矿业大学学报,2006,35(2):274-278.

[10] 孙培德,万华根. 煤层气越流固—气耦合模型及可视化模拟研究[J]. 岩石力学与工程学报,2004,23(7):1179-1185.

[11] 赵阳升,冯增朝,文再明. 煤体瓦斯愈渗机制与研究方法[J]. 煤炭学报,2004,29(3):293-297.

[12] 钱鸣高,缪协兴,许家林,等. 岩层控制的关键层理论[M]. 徐州:中国矿业大学出版社,2003.

[13] 许家林,钱鸣高. 岩层采动裂隙分布在绿色开采中的应用[J]. 中国矿业大学学报,2004,33(2):141-149.

[14] 许家林,钱鸣高,朱卫兵. 覆岩主关键层对地表下沉动态的影响研究[J]. 岩石力学与工程学报,2005,24(5):787-791.

［15］　周世宁,林柏泉. 煤层瓦斯赋存与流动理论［M］. 北京:煤炭工业出版社,1999.

［16］　许家林,钱鸣高. 覆岩关键层位置的判别方法［J］. 中国矿业大学学报,2000,29(5):463-467.

Study on Influences of Key Strata Movement on Gas Emission of Adjacent Layers

Qu Qingdong[1,2]　　*Xu Jialin*[1,2]　　*Qian Minggao*[1,2]

(1. State Key Laboratory of Coal Resources and Mine Safety, China University of Mining and Technology, Xuzhou, Jiangsu 221008, China; 2. School of Mineral and Safety Engineering, China University of Mining and Technology, Xuzhou, Jiangsu 221008, China)

Abstract: The key strata control the process of the overlying strata movement and the dynamic expanding of the mining-induced fracture in coal mining stope, and then it will influence the gas dynamic emission of the adjacent layers in the mining-induced fractured rock mass. Based on the in-situ data of two fully-mechanized top-coal caving faces in different overlaying strata in Yangquan Coal Mines, the influences of key strata movement on the gas dynamic emission of the adjacent-layers are comparatively studied. The results show that the dynamic processes of the gas emission of the adjacent-layers in the different overlaying key strata are different, which has further verified the dynamic control of the key strata on the gas emission of the adjacent layers. The applicability of the gas extraction way of the adjacent layers in different overlaying key strata at the initial mining stage is also analyzed. It is put forward that, in order to improve the gas extraction efficiency, the actual overlaying key strata should be considered before the decision of the gas extraction way of the adjacent layers at the initial mining stage.

Keywords: mining engineering; strata movement; key strata; co-extraction of coal and gas; gas emission of adjacent layers